航空宇航科学与技术教材出版工程

空气动力学试验设计及流动测试

（上）

Experiment Design and Flow Testing for Aerodynamics

王福新　姜裕标　吴军强　赵长辉 等 **编著**

科　学　出　版　社

北　京

内 容 简 介

本书主要内容是介绍空气动力学试验,侧重风洞试验的基本理论和方法,尤其是试验方案的规划和设计,同时全书分为理论基础篇、试验设计篇、数据分析篇、先进测试篇和实践应用篇 5 个部分,系统地讲述了风洞试验相关的基础理论、试验技术、试验数据分析后处理方法、先进测试技术及典型现代风洞试验技术等。

本书可作为航空航天院校的硕士/博士研究生教材,也可作为初入风洞试验行业的工程技术人员的培训手册,也可为航空航天飞行器研制相关工程技术人员提供参考。

图书在版编目(CIP)数据

空气动力学试验设计及流动测试／王福新等编著.
北京:科学出版社,2025. 2. -- ISBN 978-7-03
-079614-1

Ⅰ. V211

中国国家版本馆 CIP 数据核字第 20241KG791 号

责任编辑:徐杨峰／责任校对:谭宏宇
责任印制:黄晓鸣／封面设计:殷　靓

科 学 出 版 社 出版

北京东黄城根北街 16 号
邮政编码:100717
http://www.sciencep.com

南京展望文化发展有限公司排版
苏州市越洋印刷有限公司印刷
科学出版社发行　各地新华书店经销

*

2025 年 2 月第 一 版　开本:787×1092　1/16
2025 年 2 月第一次印刷　总印张:48 3/4
总字数:1 150 000
总定价:200.00 元(全二册)
(如有印装质量问题,我社负责调换)

航空宇航科学与技术教材出版工程
专家委员会

航空宇航科学与技术教材出版工程
编写委员会

空气动力学试验设计及流动测试
编写委员会

丛书序

我在清华园中出生,旧航空馆对面北坡静置的一架旧飞机是我童年时流连忘返之处。1973 年,我作为一名陕北延安老区的北京知青,怀揣着一张印有西北工业大学航空类专业的入学通知书来到古城西安,开始了延绵 46 年矢志航宇的研修生涯。1984 年底,我在美国布朗大学工学部固体与结构力学学门通过 Ph.D 的论文答辩,旋即带着在 24 门力学、材料科学和应用数学方面的修课笔记回到清华大学,开始了一名力学学者的登攀之路。1994 年我担任该校工程力学系的系主任。随之不久,清华大学委托我组织一个航天研究中心,并在 2004 年成为该校航天航空学院的首任执行院长。2006 年,我受命到杭州担任浙江大学校长,第二年便在该校组建了航空航天学院。力学学科与航宇学科就像一个交互传递信息的双螺旋,记录下我的学业成长。

以我对这两个学科所用教科书的观察:力学教科书有一个推陈出新的问题,航宇教科书有一个宽窄适度的问题。20 世纪 80~90 年代是我国力学类教科书发展的鼎盛时期,之后便只有局部的推进,未出现整体的推陈出新。力学教科书的现状也确实令人扼腕叹息:近现代的力学新应用还未能有效地融入力学学科的基本教材;在物理、生物、化学中所形成的新认识还没能以学科交叉的形式折射到力学学科;以数据科学、人工智能、深度学习为代表的数据驱动研究方法还没有在力学的知识体系中引起足够的共鸣。

如果说力学学科面临着知识固结的危险,航宇学科却孕育着重新洗牌的机遇。在军民融合发展的教育背景下,随着知识体系的涌动向前,航宇学科出现了重塑架构的可能性。一是知识配置方式的融合。在传统的航宇强校(如哈尔滨工业大学、北京航空航天大学、西北工业大学、国防科技大学等),实行的是航宇学科的密集配置。每门课程专业性强,但知识覆盖面窄,于是必然缺少融会贯通的教科书之作。而 2000 年后在综合型大学(如清华大学、浙江大学、同济大学等)新成立的航空航天学院,其课程体系与教科书知识面较宽,但不够健全,即宽失于泛、窄不概全,缺乏军民融合、深入浅出的上乘之作。若能够将这两类大学的教育名家聚集于一堂,互相切磋,是有可能纲举目张,塑造出一套横跨航空和宇航领域、体系完备、粒度适中的经典教科书。于是在郑耀教授的热心倡导和推动下,我们聚得 22 所高校和 5 个工业部门(航天科技、航天科工、中航、商飞、中航发)的数十位航宇专家为一堂,开启"航空宇航科学与技术教材出版工程"。在科学出版社的大力促进下,为航空与宇航一级学科编纂这套教科书。

考虑到多所高校的航宇学科,或以力学作为理论基础,或由其原有的工程力学系改造而成,所以有必要在教学体系上实行航宇与力学这两个一级学科的共融。美国航宇学科之父冯·卡门先生曾经有一句名言:"科学家发现现存的世界,工程师创造未来的世界……而力学则处在最激动人心的地位,即我们可以两者并举!"因此,我们既希望能够表达航宇学科的无垠、神奇与壮美,也得以表达力学学科的严谨和博大。感谢包为民先生、杜善义先生两位学贯中西的航宇大家的加盟,我们这个由18位专家(多为两院院士)组成的教材建设专家委员会开始使出十八般武艺,推动这一出版工程。

因此,为满足航宇课程建设和不同类型高校之需,在科学出版社盛情邀请下,我们决心编好这套丛书。本套丛书力争实现三个目标:一是全景式地反映航宇学科在当代的知识全貌;二是为不同类型教研机构的航宇学科提供可剪裁组配的教科书体系;三是为若干传统的基础性课程提供其新貌。我们旨在为移动互联网时代,有志于航空和宇航的初学者提供一个全视野和启发性的学科知识平台。

这里要感谢科学出版社上海分社的潘志坚编审和徐杨峰编辑,他们的大胆提议、不断鼓励、精心编辑和精品意识使得本套丛书的出版成为可能。

是为总序。

2019 年于杭州西湖区求是村、北京海淀区紫竹公寓

前　　言

　　本书的编写初衷，一是满足上海交通大学航空宇航科学与技术和航空/航天工程专业硕士/博士研究生的专业前沿课程建设的需要；二是为风洞试验单位的工程技术人员，尤其是刚刚上岗不久的人员提供一本培训教材或参考书；三是希望能够成为相关行业人员需要进行风洞试验研究或评估验证时一本可供参考的专业书籍。

　　空气动力学是飞行器设计必备的专业基础知识之一，而实验空气动力学是探索和应用空气动力学的重要的方法之一，尤其是对于复杂构型飞行器的三维非定常流动的相对准确的研究，有时甚至是唯一的评估、研究手段。因此，从这个意义上讲，空气动力学也可以说是一门实验力学，当然这就离不开飞行器绕流空气动力学研究的地面研究平台——风洞及其试验技术。而一个飞行器型号的研制所需的风洞试验到底量有多大、种类有多少、哪些是必须的、从何时开始谋划、试验到底如何安排、方案如何优化等问题，从某种意义上讲，这是个比较复杂的系统工程问题，可能从型号开始立项不久就应当启动试验规划工作了，也就是型号的试验设计问题。这些问题的解答，在有关手册中或许提到过，但缺乏系统性、可操作性，同时这些问题又很重要，往往在型号研制中占有重要的地位。对于即将成为或要成为飞行器设计工程师的学生来说，了解并掌握相关的知识和经验，对未来工作的顺利开展必然大有裨益。而有关试验测量和流场显示技术也是必须要掌握的试验技术，所以本书命名与所开课程一致，即《空气动力学试验设计及流动测试》。

　　中国空气动力研究与发展中心（以下简称气动中心）是老一代科学家钱学森、郭永怀等人规划倡议并亲自选址的，拥有我国乃至亚洲最大的风洞群所在，也是我国空气动力学学会挂牌单位，在那里聚集了我国多座功勋风洞，为我国航空航天事业的发展作出了卓越贡献，也培养和锻炼了一支技术精湛、经验丰富、求实创新的空气动力学试验与研究队伍。本书主编有幸在气动中心低速所工作了20年，可以说绵阳市安县（现安州区）是我的第二故乡。正式离开四川是"5·12"汶川特大地震后的事情，之后便加入上海交通大学航空航天学院，后来又开始主讲本科"空气动力学"和研究生"空气动力学试验设计和流动测试"等课程。在教授研究生的这一实验课过程中，我与教学团队老师都深感相关教材和参考资料已使用多年且不太适合研究生教学。为此，也根据自己的科研活动，查找相应文献如期刊论文等，编写了各自的教案，以满足教学大纲要求。但每学期授完课后，总是感觉还不够充分，有必要把我的老同事们的知识、经验和技术传承过来，传授给学生们，那将是一笔宝贵的知识财富，学生们肯定会受益匪浅。因此，下决心联系他们开启经验和前沿知识的总结会战,同姜裕标和吴军强两位总师(当时分别担任气动中心低速所和高速所总工程师)一拍即合,达成共识。因此,本书的多个章节都是这些长期奋斗在空气动力学研究一线的老专家的经验和对前辈的传承,如张晖、胥继斌等老师,在低速和高速空气动力学试验领域耕耘30年以上,沉淀了许多宝贵的试验经验。同时,我们也盛情邀请中国航空工业空气动力研究院的赵长辉和李小刚两位老师加入编写团队。中国航空工业空气动力研究院是我国另一个风洞群单位,也是我国成立最早的空气动力学研究机构,与共和国航空工业诞生、发展和壮大几近同步,为我国各类航空飞行器的研制发挥了重要作用。

另外,我国航空航天事业自20世纪末进入快速发展时期,建设了多个业界急盼和论证多年的大型设备,如结冰风洞、声学风洞、大型回流式低速风洞乃至跨声速、高超声速风洞,更先进的低温高雷诺数跨声速风洞也已进入调试阶段。这些世界一流的设备及配套的试验技术,需要及时反映在高校教学课堂中才有助于高等工程技术人员和科研人才的培养,使学生们在掌握经典理论专业知识的基础上能及时地站在科学研究的时代前沿,领略科技进步带来的科研手段的跃升以及对创新成果和国之重器研制的贡献,更重要的是了解和掌握其基本的运行和使用原理,以便后续具体运用。

基于以上原因,本书的内容主要分为五大篇章,即**理论基础篇**、**试验设计篇**、**数据分析篇**、**先进测试篇**和**实践应用篇**。从试验的基本原理出发,着重介绍试验方案设计方法、试验测试测量技术、试验数据处理技术和分析方法,最后是试验案例,覆盖常规试验到特种试验及其试验技术。内容不仅具有对传统内容的继承,还有像先进测试技术和数据分析方法乃至最新试验设备和试验技术如声学和结冰风洞试验等最新试验技术的介绍。通过学习本书,读者不仅能尽快掌握风洞试验的基本原理,还能通过结合案例介绍的试验方案的设计思路和方法、测试技术和数据后处理技术及分析方法,系统地掌握风洞试验所涉及的理论、原理、技术和方法,也可进入专题性的篇章进行学习,因而更具有可操作性。在理解了相应的基本原理或方法后,按照书中介绍的方法或试验步骤,读者基本就可以完成一个试验从方案设计到试验完成的全过程,而在其中可能遇到的问题甚至也可以直接在本书中找到答案或解决的思路,所以从这个意义上讲本书也是一本实用性很强的风洞试验手册。

本书大部分章节是编者们汇聚了几代气动人几十年来的辛勤实践成果,各章编著者如下:

第1章　王福新　编

第2章　刘志涛　刘光远　陈方　编

第3章　刘志涛　刘光远　编

第4章　张晖　编著

第5章　徐扬帆　胥继斌　编

第6章　李小刚　赵长辉　编

第7章　刘忠华　编

第8章　田伟　编

第9章　刘大伟　吴军强　编

第10章　张晖　著

第11章　邱展　王福新　编著

第 12 章　陈方　田伟　编著

第 13 章　田伟　编

第 14 章　杨可　编

第 15 章　张晖　编著

第 16 章　何彬华　编著

第 17 章　郭洪涛　著

第 18 章　吕彬彬　余立　编

第 19 章　刘志涛　姜裕标　编著

第 20 章　陈正武　卢翔宇　黄奔　编著

第 21 章　郭龙　编著

王福新负责全书统稿,姜裕标、吴军强、赵长辉分别对相关章节进行了仔细的审阅。

最后希望本书的编写能够达到我们所有编者共同的初衷,使知识的传承得以赓续!但由于编者水平有限,书中一定会有很多不妥乃至错误之处,诚恳地欢迎读者批评指正。

另外,由于一些引用的图片来自互联网却地址不详,若有侵权请及时联系主编,不胜感谢。

主　编

2024 年 6 月

目　录

试验设计篇

数 据 分 析 篇

理论基础篇

第 1 章
相似理论

1.1 概　　述

利用相似模型系统进行相似现象的研究是人类认知自然现象、把握其发生发展规律的一个重要途径和手段。而所依据的相似理论也从萌芽式的探索，到 17 世纪至 19 世纪的多领域摸索，至近现代的完善和发展，经历了比较漫长的过程。按文献[1]所言世界最早的相似科学萌芽来源于 1638 年伽利略在《论两门新的科学》中关于船舶制造的讨论，而目前可知的最早的比较完善的相关理论著作是苏联热工学者 M. B. 基尔皮契夫[2] 在 1933 年出版的《相似原理》，1955 年这本书被中国学者沈自求翻译并由科学出版社出版。此后，其中最著名的相似三定理又由同为苏联热工学者的 Π. K. 科纳科夫[3] 给出了相对更完善的表述。国内 20 世纪 80 年代先后有李之光[4]、徐挺[5] 及左东启等[6]学者结合各自领域试验研究成果出版了有关模型试验和相似理论的专著，引领了相应领域的模型试验技术的发展。典型的航空航天实验流体力学教材大都对这一原理尤其是相似三定理进行了比较完整的介绍，但具体阐述的方式各有所不同，本章将采用王铁城等[7]编写的教材所使用的术语和定理等的表达和阐述方式，并参考有关教科书的范例来说明相似理论的有关基本概念和定理等。

研究空气动力学现象，利用地面试验设备即风洞进行模型试验模拟空中飞行情况是重要的研究手段之一。而风洞是利用相对运动原理将飞行器模型固定而驱动空气运动流过模型的地面空气动力学试验研究装置。由于成本问题，一般风洞不可能做得很大而将全尺寸飞行器尤其是大型飞机容纳其中并满足试验要求，因此飞行器模型一般为将全尺寸飞行器按比例缩尺后制造的缩比模型，且处于地面大气环境条件下进行试验，进而存在如下问题：

（1）影响流动的因素很多，如何确保或判定在地面的模拟试验中的绕模型的流动与空中飞行的一致呢？

（2）需要模拟所有影响参数吗？

（3）试验结果如何整理才能应用到实际飞行器上呢？

回答这些问题的基本理论就是相似理论。它涉及两个相似物理现象的物理量的无量纲化、相似的前提和基本条件、相似准则数、相似的充要条件等基本概念或定理。下面将分别加以介绍。

1.2 量　　纲

1.2.1 物理量与物理方程

物理量(量)：是量度自然界物质的**物理属性**或描述物体所处**状态**及其**变化过程**或与周围环境**相互作用特性**的量；或是指物理学中描述现象、物体或物质且可定性区别和定量确定其属性的量；简称为量，如长度、质量、时间等。物理量具有明确定义及其物理意义。

力学中的绝大多数物理量都存在着内在的联系，也就是都有某种内在自然规律将各量联系起来——客观规律。对于未知现象也一定存在着这样的规律，只是人类还没有发现！将已知的物理规律以数学的形式表达出来，就是我们要定义的。

物理方程：针对所研究的物理现象，用数学的形式按客观规律量化性地将各相互关联物理量以方程或方程组的形式准确地表达成其间的关系的式子，即为反映客观规律本质的物理方程。

如牛顿第二定律：

$$F = ma \tag{1.1}$$

流体静平衡方程：

$$\mathrm{d}p = \rho g \mathrm{d}h \tag{1.2}$$

无黏不可压缩流体(忽略彻体力)的伯努利方程[沿流线或全场(无旋)成立]：

$$p + \rho v^2/2 = \mathrm{const} \tag{1.3}$$

完整的流体力学方程如下。

（1）连续方程：

$$\frac{\mathrm{D}\rho}{\mathrm{D}t} + \rho \nabla \cdot V = 0 \tag{1.4}$$

（2）动量方程：

$$\rho \frac{\mathrm{D}V}{\mathrm{D}t} = \rho f - \nabla p + \mu \nabla^2 V + \frac{\mu}{3} \nabla(\nabla \cdot V) \tag{1.5}$$

（3）能量方程：

$$\rho \frac{\mathrm{d}e}{\mathrm{d}t} + V \cdot \nabla p = \nabla \cdot (k \nabla T) + \nabla \cdot (V \cdot \tau_{ij}) + \rho \dot{q} \tag{1.6}$$

1.2.2 物理量的单位及单位制

一个物理现象的发生会涉及很多物理量，而要精确地描述这一现象，就需要在一定的前提假设下揭示这些物理量之间所遵循的物理规律是什么，在可能的情况下，一般最终应是常见的物理方程式,其定量地将各物理量之间关系以方程式或函数的形式表达出来。对于方程式,可以利用数学的方法在给定的初始条件或边界条件下给出各物理量的值,这个值是用一定的形式表达的,即数值加单位,才能完整地表达该物理量的含义。也就是要表明一个物理量的量值特性除了数值还需要表明它的种类,例如:黑白兀鹫(*Gyps rueppellii*, Accipitridae)是目前已知鸟类中飞行高度最高的鸟——可在距地面 11.18 km 高度处飞翔! 如果仅给出数值表达则其物理意义就不完整了,于是有如下定义。

物理量的单位:用于度量某一物理量的大小且表明其本质属性或种类的量。如某物体的重量是 20 N(**牛顿——力**),即此物的重量是 20 倍的牛顿;在标准海平面条件下水的沸点是 100℃(**摄氏度——温度**),即沸点是 1℃ 的 100 倍,比冰水混合物的温度高 100℃。

单位本身也是一个量,且与被度量物理量是同类量。在说明一个物理量的量值时必须同时给出数值和单位。而用大小不同的单位来测量同一个物理量并不会改变其大小和属性。人类从早期简单贸易逐渐发展扩大渐渐形成了各国独特的计量体制——度量衡,其中,除了商业贸易以外还有大量的科技知识交流活动,本国内的度量衡也逐渐趋于统一。我国历史上秦始皇统一全国后为加强中央集权制而采取的主要措施之一就是在华夏大地统一度量衡(“度同制”),刻诏于权。

单位制:由选定的一组基本单位和由定义或方程式与比例因数确定的导出单位组成的一系列完整的单位体制。所谓单位制就是我们通常讲的——度量衡。由于各个国家历史及发展经历的不同,各自形成了不同的度量衡体制。为了顺畅地进行科技和经贸交流,诞生了目前公认的国际统一的单位制——国际单位制(Système International d'Unités, SI)作为国际标准单位制。但仍有各国的国家标准存在。

单位制不同,给出的物理量的具体数值不同,但不同单位制间可通过基本单位间的转换关系联系起来。

国际单位制基本单位:国际单位制的基本单位是经国际计量大会确认推荐的度量自然界物理现象的最基本的单位,目前总计有 7 个。力学中常用的有长度 m、质量 kg、时间 s和温度 K(开尔文温度)或℃(摄氏温度)。

每一个**基本单位**都有标准的精确计量方法。如秒的定义:铯- 133 原子基态的两个超精细能阶之间跃迁时所辐射的电磁波的周期的 9 192 631 770 倍的时间。这也是我们通常所说的“国际原子时”(1967 年)。这个定义提到的铯原子必须在绝对零度时是静止的,而且所在的环境是零磁场、海平面。根据最新报道[8],依据新的光学原子钟研究成果,未来可能会重新定义时间的基本单位的计量方法。

导出单位:其他物理量的单位都可以按照定义或定律表达成基本单位的幂指数组合。如力的度量是根据牛顿第二定律给出的:单位牛顿为 $kg \cdot m/s^2$;而密度则是根据定义给出的:单位体积内所含物质的质量——kg/m^3。

1.2.3　物理量的量纲

在流体力学或空气动力学研究中,经常会用到无量纲力学系数,如升力系数、阻力系数和力矩系数等,那什么是量纲呢? 定义如下。

量纲:是对要测的或关注的物理量的种类或属性的一种抽象反映或标识,一般用大写正体字母表示,如长度 L 和时间 T。同一种类的物理量,具有相同的量纲! 但量纲相同的量不一定是同类量。如力矩和功率虽非同类量,但具有相同的量纲。

量纲和单位的区别:量纲反映的是物理量的本质或特点,不涉及其具体数值的大小;而单位既反映物理量的类别又反映其数值大小特性。可以说前者是定性说明,后者是既定性又定量的描述。量纲与所选取的单位制无关,单位制可以有多种,但讨论一个现象时,选择唯一的单位制是合理、规范且是必须的,否则混用单位制会带来诸多问题。一般为对内对外交流方便,目前采用国际标准单位制来处理问题已成共识。因此,以下问题的具体陈述都以国际标准单位制来讨论。

量纲分类:对应基本单位,量纲也分基本量纲和导出量纲。

基本量纲:一般将单位制中所选定的基本单位对应的物理量的量纲定义为基本量纲。例如,对应国际标准单位制体系所选定的基本单位,力学中常用的基本量纲为——长度 L、质量 M、时间 T 和温度 K。在 SI 体系中,基本单位是确定且唯一的,其他物理量单位都可以依据相关的定义、定律、定理等推导出来。相应地,其他任意物理量的量纲也就都可用基本量纲的幂积表达——给出该物理量的导出量纲,即

$$\dim q = L^{c_1} M^{c_2} T^{c_3} K^{c_4} \tag{1.7}$$

式(1.7)即**量纲式或量纲积**,式中,q 任意;dim 表示取此量的量纲;c_1、c_2、c_3、c_4 为量纲指数;等号仅示意属性相同关系。

由定义或定理/定律可推出任意物理量的量纲:

如密度 ρ:$\dim \rho = L^{-3} M$;

力 F:$\dim F = LMT^{-2}$。

若一量的量纲指数全为零,则称其为**无量纲量**:可以看作是具有相同量纲量的比值,而用于**无量纲化**的量一般是几个物理量(即基本物理量)的幂次积的组合。如升力系数 $C_L = L/[(1/2)\rho V^2 c^2]$。若量纲式中至少有一个量纲指数不为零,则该物理量就是有量纲量。对于有量纲量,其量值大小是与单位制有关的,即采用的单位制不同,其数值(即与所用单位的比值)是不同的;但对于无量纲量,其数值与所选单位制无关。

可以看出,异于纯数字,量纲式表达了量的特征和本质,且与单位制无关。给出导出量纲的明确的定义如下。

导出量纲:用量制中基本量纲的幂的乘积表示的、数字系数为 1 的一个量的量纲表达式。可依据物理定律或物理量的定义等导出。

而在描述一个物理现象时,虽然涉及的物理量很多,但仅含单一(独立、量纲指数为 1)基本量纲的物理量不多,即基本量纲对应的物理量不是该现象的独立影响变量,而往往含在某一物理量的量纲式中,因此,对应基本量纲和导出量纲,定义如下。

基本(物理)量:选定的彼此独立的可作为其他量基础的一组量的名称。其量纲式不能以幂次单项式的形式表示为其他各量量纲式的组合,即本身无法组合成无量纲量。且一般不止一组,一般选择其中量纲式相对简单的一组。但现象所含基本物理量的数目是与基本量纲对应的。当然,若基本量纲对应的物理量以独立存在影响的方式出现在所发生的物理现象中,则其必然可以作为基本物理量之一,甚至几个都是。

导出(物理)量(非基本量):物理学中的其他物理量的量纲式都可用基本物理量的

量纲式的幂积的形式来表达。用此幂积组合量有时再乘以适当纯数字去除导出物理量即上面提到的对该导出物理量进行**无量纲化**。

一个物理现象中含有很多物理量,可以选出一般不止一组基本物理量,那是否存在判断所选的一组物理量为基本物理量的方法呢? 答案是肯定的,具体如下。

量纲矩阵和基本物理量的判别方法

设一物理现象,描述该现象的各物理量 $q_k (0 \leqslant k \leqslant n)$ 间有

$$q_0 = f(q_1, q_2, \cdots, q_k, q_{k+1}, q_{k+2}, \cdots, q_n), \ k \leqslant n \tag{1.8}$$

设其中有 k 个基本量纲: $G_i, (i = 1 \sim k)$,则描述此现象的其中任一物理量的量纲式由如下式子表达:

$$\dim q_i = G_1^{c1i} G_2^{c2i} \cdots G_k^{cki} \tag{1.9}$$

则有对应矩阵: 称以下排列为**量纲矩阵**。

$$
\begin{array}{c|ccccc}
 & q_1 & q_2 & \cdots & & q_n \\
\hline
G_1 & c_{11} & c_{12} & \cdots & & c_{1n} \\
G_2 & c_{21} & c_{22} & & & c_{2n} \\
\vdots & \vdots & \vdots & \vdots & \ddots & \vdots \\
G_k & c_{k1} & c_{k2} & & \cdots & c_{kn}
\end{array}
\tag{1.10}
$$

设 q_i 中前 $k(1 \leqslant k \leqslant n)$ 个为基本物理量,则应满足以下两点:

(1) 其他物理量的量纲式都可写成这 k 个量的量纲式的幂积形式,幂为 λ_{im},$i = 1 \sim k$;$m = 0, (k + 1) \sim n$;

(2) 而不可能有: λ_{im} 全为零的情况。而除 k 个基本物理量以外的任意物理量 q_m 的量纲式可由下式导出:

$$\dim q_m = \dim(q_1^{\lambda_{1m}} q_2^{\lambda_{2m}} \cdots q_k^{\lambda_{km}}) \tag{1.11}$$

据此,将式(1.9)代入式(1.11)可得如下线性方程组:

$$[c_{ij}] \{\lambda_{im}\} = \{c_{im}\} \tag{1.12}$$

式(1.12)成立的充要条件是

$$|c_{ij}| \neq 0 \tag{1.13}$$

也是另一条件不成立(所列方程组只有 0 解)的充要条件。

在空气动力学中,一般选 ρ、v、l、c_p(热力学参数)作为基本物理量。

综上所述,将物理量及其单位和量纲的基本关系总结在图 1.1 中,对应物理量的基本单位,有表征物理量基本种类或属性的基本量纲,而对应基本量纲,描述某物理现象的所有物理量中,必然存在至少一组数目与描述该类现象所必需的基本量纲数目相同的基本物理量,而其他物理量的量纲都可以表达成这组基本物理量的量纲的幂次积形式。

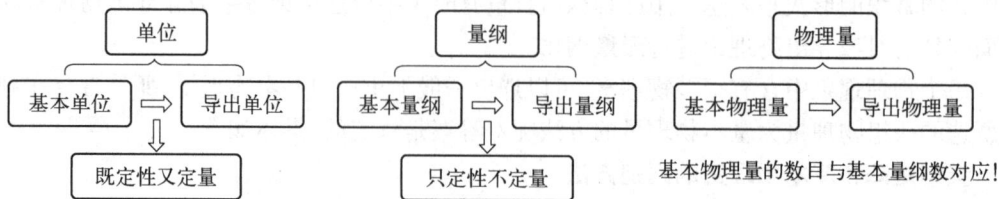

图 1.1　物理量及其单位和量纲的基本关系

1.2.4　量纲一致性原理

一个物理现象,一般可以根据自然规律将描述该物理现象的各个物理量之间的关系通过物理方程描述出来,而物理方程中所含各加减项必须是同量纲量,或者说方程的各项的量纲具有齐次性,所以对此常识性认识的总结即为——**物理方程的量纲一致性原理**:正确反映客观规律的物理方程中,各项量纲必须一致。也即反映实际物理世界内在联系的方程,其中每一项的量纲必须相同! 依此原理可以:一是作为检查所列方程是否正确的判据,如通过实验等手段拟合或构建的经验或半经验物理方程是否成立;二是该原理是以下相似理论的基础;三是可用于确定物理方程(组)物理量的指数,并可用于建立物理方程。

例:如下方程,即反映某一物理过程或现象的物理关系式:

$$A + B + C + D = E \tag{1.14}$$

式中,A、B、C、D、E 的量纲必须相同,否则如同不同类物质相加一样。假设用 E 除方程两边得

$$\frac{A}{E} + \frac{B}{E} + \frac{C}{E} + \frac{D}{E} = 1 \tag{1.15}$$

则式中的各项必为无量纲量。其中,A、B、C、D、E 可以是单个变量也可是多个变量的幂次积组合(微/积分式等),幂次可大于零也可小于零。

1.3　相　似　定　理

1.3.1　物理现象相似

单值条件:同类现象中将各个物理现象区别开来所必须具备的基本条件。包括:

(1)物性条件:物体状态和性质条件,包括流动介质的物理性质如黏性、热传导特性,以及在流体中运动物体相对流体流动方向的姿态等;

(2)几何条件:发生现象空间几何形状和大小,包括现象发生的空间条件如飞行高度和空域大小,以及运动物体的几何形状及尺寸等;

(3)时间条件:现象发生初始条件,随时间的变化特性即定常还是非定常;

(4)边界条件:与四周介质相互作用的条件,即边界的流动条件和边界的性质等。

从上可知,这些条件都是用来反映或描述现象所发生的状态、空间、时间和边界的,表征物理现象的特有的物理条件。如一个流体流动的流场,包括几何条件、运动条件、热力学条件、质量条件,都为此流动现象的单值条件。

单值条件相似:我们最熟悉的一般是几何相似,如相似三角形,即两个相似三角形对应各边长比例相同——推广到一般情况,也就是单值条件成比例,即保持固定的比例(若为矢量如速度场还应保持方向相同)关系,是两个现象相似的重要条件,称为**单值条件相似**。例如,如两个流动的流场相似,包括几何相似(各对应点运动物体外形尺寸)、运动相似(各对应点流体运动速度)、热力学相似(各对应点流体温度)、质量相似(各对应点流体密度)和动力相似(流场中各对应点压力或物体表面压力分布),而前四者为单值条件相似,最后一项却非单值条件相似。从后面介绍可知,动力相似是前四者相似的必然结果。在同一种流体中匀速运动的两个物体,若要使两者的动力学相似,首先要保证二者的外形相似即外形为等比例收缩或放大,运动姿态相同,各对应点处的运动学参数如流动速度保持相同的比例且方向相同等。

1.3.2 相似准则

两个相似的物理现象,在对应点处由一些特征物理量组合而成的无量纲参数的数值是相同的。这些参数称作**相似准则**或**相似准则数**。

同名相似准则相同,是现象相似的特征和标志,有些还是衡量现象相似与否的判据。

自然界的物理现象一般都服从一定的物理规律,也就是表征物理现象的各个物理量之间存在某种固有的联系,有的人们已经在一定条件下可以用方程的形式表达出来了,这就是物理方程。也有很多现象虽然还未发现其具体规律,但描述其现象的物理量之间还是存在某种关系的,只是还未发现而已。同一类物理现象必然服从同一个物理规律,若存在物理方程,则也必然满足同一个方程。两个相似的现象必是同一类现象,也必然满足同一个物理方程式,而且各个物理量保持各自固定的比例。

算例 1:两个受力物体的运动都满足牛顿第二定律,如果二者的动力学相似,则设:

$$F = m\frac{\mathrm{d}v}{\mathrm{d}t} \tag{1.16}$$

$$F' = m'\frac{\mathrm{d}v'}{\mathrm{d}t'} \tag{1.17}$$

设定比例常数:

$$\frac{F}{F'} = C_F;\ \frac{m}{m'} = C_m;\ \frac{v}{v'} = C_v;\ \frac{t}{t'} = C_t \tag{1.18}$$

代入原方程式(1.16):

$$\frac{C_F}{C_m}\frac{C_t}{C_v}F' = m'\frac{\mathrm{d}v'}{\mathrm{d}t'} \tag{1.19}$$

与原式(1.17)相比:以下系数称作**相似系数**,则此系数必须等于 1 才可保证二者满足同形式的物理方程,即可推出:

$$\frac{C_F}{C_m} \frac{C_t}{C_v} = 1 \tag{1.20}$$

$$\frac{Ft}{mv} = \frac{F't'}{m'v'} \tag{1.21}$$

式中，$\dfrac{Ft}{mv}$ 即为相似准则(数)，用 Ne 来表示，即

$$Ne = \frac{Ft}{mv} \tag{1.22}$$

$$Ne = Ne'$$

因此，由牛顿第二定律导出一个无量纲参数：$Ne = Ft/(mv)$，称为**牛顿数**。而牛顿给出的表达式是 $F/(\rho V^2 l^2)$，二者实质是等价的。若两个力学现象的牛顿数相同，则表示两个力学现象相似。牛顿数也就是力学现象相似的特征和标志！实际上，空气动力学中采用的空气动力系数实质上都是牛顿数，这一点可以从力系数看出，如升力系数 $C_L = L/[(1/2)\rho V^2 c^2]$，这与前面所说的牛顿当年给出的表达式是十分接近的。

1.3.3 相似定理

第一定理(正定理)：相似现象，其同名相似准则的数值相同。

从前面的介绍可知，两个现象相似的前提是二者的单值条件相似，包括几何相似，且对应点上同类物理量保持各自的固定比例关系；相似现象一定是同类物理现象，服从同一个物理规律或方程，即物理方程式或函数的形式必须从文字形式上相同，据此，可以导出若干个相似准则，而对于相似的现象而言，二者的同名相似准则的数值必然相同。这是相似现象所具有的重要性质之一。

第二定理：现象的各物理量之间的关系，可以化为各相似准则之间的关系。

描述物理现象的各物理量之间关系，一般可以用物理方程式或一般函数关系来表达，而根据量纲一致性原理，可以将方程中的各项进行无量纲化，通过整理即可转化为相似准则数之间的关系。而这种无量纲形式的方程对于两个相似现象来说是完全相同的。因此，用相似准则来整理实验结果，即可应用于与之相似的物理现象。后面的白金汉 π 定理是对此定理的具体阐述。

第三定理(逆定理)：两个现象的单值条件相似，且由单值条件组成的同名相似准则数值相同，则这两个现象相似。

单值条件相似，除了确保两个现象的状态、几何、时间以及边界条件相似外，还隐含了相似现象是同一性质的现象这一前提。因此，单值条件相似是现象相似的必要条件。但这还不够，还需要保证由单值条件组成的同名相似准则的数值相同。在所研究现象的所有相似准则中，有一部分是由单值条件组成的，这些相似准则在判定两个现象相似时起决定性作用，而其他准则在两个现象相似时数值也是相同的，但其是现象相似的必然结果，也就是非决定性的相似准则。只要两个现象的单值条件相似且决定性相似准则数值相同，这两个现象就是相似的。因此，本定理是判定两个现象相似的充分必要条件。这一定

理对试验的指导意义在于,为了将风洞试验的结果能应用于飞行试验或与之对比,只要保证单值条件相似和决定性相似准则相同就足够了,而非决定性相似准则只是相似的必然结果,即没必要事先考虑所有相似准则数相同。就如同下面的**算例 3**,在一定假设前提下,并在单值条件相似的情况下,只要决定性相似准则 Re 和 Ma 相同,就可以将无量纲系数即牛顿数——空气动力学力素系数应用于实际飞行情况,因为两种现象相似后,其空气动力学力素系数必然相同。

1.3.4　确定相似准则的方法

1. 基本方程法(相似变换法)

前提条件:所研究现象可用具体的物理方程描述。

具体步骤:

(1)列出方程;

(2)列出相应物理量成比例的关系式;

(3)得出由相似常数组合而成的相似系数(相似指标),令其为 1,整理可得相似准则。

下面利用一个演示算例来说明一下利用这一方法推导相似准则的具体步骤,实际上算例 1 就是利用基本方程法给出了一般力学系统的重要相似准则数——牛顿数。

算例 2:无黏性力 N - S 方程(以 x 方向分量为例):

$$\rho\left(\frac{\partial u}{\partial t} + u\frac{\partial u}{\partial x} + v\frac{\partial u}{\partial y} + w\frac{\partial u}{\partial z}\right) = -\frac{\partial p}{\partial x} + \rho f_x \tag{1.23}$$

$$\rho'\left(\frac{\partial u'}{\partial t'} + u'\frac{\partial u'}{\partial x'} + v'\frac{\partial u'}{\partial y'} + w'\frac{\partial u'}{\partial z'}\right) = -\frac{\partial p'}{\partial x'} + \rho' f'_x \tag{1.24}$$

设定比例:$\rho/\rho' = c_\rho$、$u/u' = c_l/c_t = c_v$、$p/p' = c_p$、$f_x/f'_x = f_y/f'_y = f_z/f'_z = g/g' = c_g$ 和 $x/x' = y/y' = z/z' = l/l' = c_l$,代入式(1.23):

$$c_\rho\rho'\left(\frac{c_v}{c_t}\frac{\partial u'}{\partial t'} + \frac{c_v^2}{c_l}u'\frac{\partial u'}{\partial x'} + \frac{c_v^2}{c_l}v'\frac{\partial u'}{\partial y'} + \frac{c_v^2}{c_l}w'\frac{\partial u'}{\partial z'}\right) = -\frac{c_p}{c_l}\frac{\partial p'}{\partial x'} + c_\rho c_g\rho' f'_x \tag{1.25}$$

两边乘以 $\dfrac{c_l}{c_\rho c_v^2}$,得

$$\frac{c_l}{c_t c_v}\rho'\frac{\partial u'}{\partial t'} + \rho'\left(u'\frac{\partial u'}{\partial x'} + v'\frac{\partial u'}{\partial y'} + w'\frac{\partial u'}{\partial z'}\right) = -\frac{c_p}{c_\rho c_v^2}\frac{\partial p'}{\partial x'} + \frac{c_g c_l}{c_v^2}\rho' f'_x \tag{1.26}$$

与式(1.24)对比,形式必须一致:

$$\frac{c_l}{c_t c_v} = 1 \tag{1.27a}$$

$$\frac{c_p}{c_\rho c_v^2} = 1 \tag{1.27b}$$

$$\frac{c_g c_l}{c_v^2} = 1 \qquad (1.27\text{c})$$

先相应地将比例关系代入式(1.27a)：

$$\frac{c_l}{c_t c_v} = 1 \rightarrow \frac{l/l'}{(t/t') \cdot (v/v')} = 1 \rightarrow \frac{l}{v \cdot t} = \frac{l'}{v' \cdot t'} = \text{const}$$

可见这一相似系数得到的即为斯特劳哈尔数：

$$Sr = \frac{l}{v \cdot t} \qquad (1.28)$$

而由于：

$$\frac{c_p}{c_\rho c_v^2} = 1 \rightarrow \frac{p/p'}{(\rho/\rho') \cdot (v/v')^2} = 1 \rightarrow \frac{p/\rho}{v^2} = \frac{p'/\rho'}{v'^2} = \text{const}$$

则根据有关定义和公式有

$$\frac{p/\rho}{v^2} = \left(\frac{\sqrt{p/\rho}}{v}\right)^2 = \left(\frac{v}{a}\right)^{-2} = \frac{1}{Ma^2} \qquad (1.29)$$

可见这一相似系数得到的即为马赫数：

$$Ma = \frac{v}{a} \qquad (1.30)$$

而由于：

$$\frac{c_g c_l}{c_v^2} = 1 \rightarrow \frac{(g/g') \cdot (l/l')}{(v/v')^2} = 1 \rightarrow \frac{lg}{v^2} = \frac{l'g'}{v'^2} = \text{const}$$

$$\frac{lg}{v^2} = \left(\frac{\sqrt{lg}}{v}\right)^2 = \left(\frac{v}{\sqrt{lg}}\right)^{-2} = \frac{1}{Fr^2} \qquad (1.31)$$

可见这一相似系数得到的即为弗劳德数：

$$Fr = \frac{v}{\sqrt{lg}} \qquad (1.32)$$

2. 量纲分析法：白金汉 π 定理

上一节介绍了利用现象所服从的物理方程给出推导相似准则的基本方程法。

但是，当物理现象还一时无法用物理方程描述时，如何获得相似参数呢？

此时，只能应用我们已经学习过的相似理论对现象所涉及的物理量进行量纲分析，具体就是白金汉 π 定理，它提供了一种具体分析方法。

所依据的有关原理就是物理方程的量纲一致性原理和相似第二定理：前者讲的是正确描述物理现象的物理方程中各项量纲应一致！后者讲的是描述物理现象的各个物理量之间的关系可以化成各个相似准则之间的关系。前者可以说是后者可实现的一个依据。

如式(1.14)和式(1.15)所展示的,其中的每一项都为无量纲的量(右边的常数 1 本身就为无量纲了),原方程就变成了一个无量纲系数之间关系的方程。从更一般化的意义上讲,依据相似第二定理,描述某一物理现象的各个有量纲物理量之间关系可以化成或转换成若干无量纲系数或者相似准则之间的关系,无论是否可用如式(1.14)和式(1.15)的显式或明确的数学方程式表达它们之间的关系,即无论其间的关系式是否是一般性的函数关系式,如 $f(p, q, r, t \cdots) = 0$ 或 $p = p(q, r, t \cdots)$,理论上都是可以的。

因此,把以上的分析具体化,就是用于描述某一物理现象的物理量之间关系的一般性函数的量纲分析方法或无量纲相似准则确定的方法,对它的具体表达就是白金汉 π 定理,它实际上就是相似第二定理的具体化方法。

依据相似第二定理,物理现象的各个物理量之间的关系可以化为描述该现象的各相似准则之间的关系,也就是对原来有量纲方程或函数式依据量纲一致性原理进行无量纲化后,方程本身是等价的,再依据相似第二定理进行整理,可以得到用以描述该现象的各相似准则数之间的方程式或函数式,而其中由单值条件组成的相似准则是现象相似的决定性准则,而由非单值条件组成的相似准则数就由决定性相似准则确定。而非单值条件组成的相似准则数一般就是空气动力学的力素系数。描述现象的物理量经过无量纲化并相互组合成相似参数,则决定现象相似准则的数目是有限的,因而保证现象相似的独立参数就会减少。而描述现象的各个物理量中,对应基本量纲可选定对应个数的含有基本量纲的物理量作为基本物理量,而其他物理量作为非基本量或非独立变量,然后用基本物理量的幂次积组合对非独立变量进行无量纲化,即可得到所需要的相似准则。这一过程的具体实施就是以下要介绍的白金汉 π 定理。而所选择的物理量是否可作为基本物理量可以用前述的量纲矩阵方法来判断。

白金汉 π 定理:假设 k 为描述某物理现象所需的基本量纲的数目(例如: 力学里 $k = 3$ 或 4,即质量、时间、长度或加上温度)。再设 $p_1, p_2, \cdots, p_N$ 代表描述该物理现象所涉及的 N 个物理变量,则可以用如下一般性齐次数学函数关系式来表达它们之间的相互关系:

$$f_1(p_1, p_2, \cdots, p_N) = 0 \tag{1.33}$$

依据相似第二定理,这 N 个有量纲物理量之间的关系可以转换成若干个无量纲相似参数之间的关系,而在这 N 个物理量中存在若干组基本物理量,每组的基本物理量的数目就等于描述这一现象所涉及的基本量纲数,且基本物理量组内各物理量彼此独立,本身无法组合成无量纲量,它们是无量纲化其他物理量的基础物理量,也就是其他物理量都可表达成这些基本物理量的幂积形式。

前面已经给出描述这一物理现象所需的基本量纲的数目是 k,则需要无量纲化的物理量的数目就是 $N-k$ 个,π 定理中称之为无量纲乘子数(所谓乘子就是几个物理量的幂积,实际上其结果就是无量纲系数或相似参数)。因此,除去 k 个基本物理量后,原函数关系式可以转换成 $N-k$ 个 π 乘子之间的关系,即式(**1.34**):

$$f_2(\pi_1, \pi_2, \cdots, \pi_{N-k}) = 0 \tag{1.34}$$

而每个 π_i 是 k 个基本物理量加上另一变量的无量纲乘子。

假设 $p_1, p_2, \cdots, p_k$ 为选定的 k 个基本物理变量,则

$$\pi_1 = f_3(p_1, p_2, \cdots, p_k, p_{k+1})$$
$$\pi_2 = f_4(p_1, p_2, \cdots, p_k, p_{k+2})$$
$$\cdots$$
$$\pi_{N-k} = f_{N-k}(p_1, p_2, \cdots, p_k, p_N)$$

(1.35)

基本物理量的选择原则:应当包含问题中所用到的所有 k 个量纲。同时,非独立变量(如合力 R)仅出现在一个乘子中。

下面就利用 π 定理来解决一个实际问题:**在空气中运动的物体上的力和力矩的变化是由哪些物理量确定的?**

算例3[9]:如图 1.2 所示,某翼型或无限长等直翼(弦长为 c,相对来流的攻角为 α)以速度 v_∞ 在空气中飞行,我们希望获得其上所作用的气动力和力矩或它们的系数。由于实际中没有具体方程可以直接给出它们之间所服从的物理关系式,因此,要从理论上回答这一问题只能利用 π 定理进行量纲分析。

分析一下,在给定运动物体外形及其相对空气来流的姿态角即攻角后,其所受到的空气动力合力 $\boldsymbol{R}$,从直觉上应依赖于:

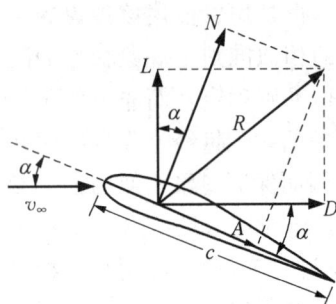

图 1.2 翼型合力及其分量[9]

- 自由流速度 v_∞;
- 自由流密度 ρ_∞;
- 流体的黏性系数 μ_∞;
- 物体的特征尺寸即翼型弦长 c;
- 流体的可压缩性(声速 a_∞)。

因此,可以设想一函数:

$$\boldsymbol{R} = f(\rho_\infty, v_\infty, c, \mu_\infty, a_\infty)$$

(1.36)

得到式(1.36)的方法是进行风洞变参数试验,难且费时费力!有没有更简单的方法呢?

此时,只能依据有关原理进行量纲分析,具体分析如下:

(1)力学中的基本量纲:质量、时间、长度、温度等;

(2)所依据的原理:量纲一致性原理、相似第二定理;

由以上两条:

(3)可以确定控制空气动力/力矩的一套无量纲参数;

(4)独立参数的数目会相对减少!

上面提到的几个物理量的量纲分别为

$$[\boldsymbol{R}] = \mathrm{MLT}^{-2}; \ [\rho_\infty] = \mathrm{MLT}^{-3}; \ [v_\infty] = \mathrm{LT}^{-1}; \ [c] = \mathrm{L}; \ [\mu_\infty] = \mathrm{ML}^{-1}\mathrm{T}^{-1}; \ [a_\infty] = \mathrm{LT}^{-1}$$

$\boldsymbol{R}$ 和 μ_∞ 的量纲是按牛顿第二定律/剪切力公式给出的。

可以看出,这一现象中的基本量纲为:质量 M、长度 L、时间 T,即 $k = 3$。而描述这一

现象的总的物理量的数目 $N = 6$，若选 ρ_∞、v_∞ 和 c 为基本物理变量，则式(1.27)变为 $N - k = 3$ 个无量纲乘子形式：

$$f_2(\pi_1, \pi_2, \pi_3) = 0 \tag{1.37}$$

由式(1.26)可得

$$\pi_1 = f_3(\rho_\infty, v_\infty, c, \boldsymbol{R}) \tag{1.38a}$$

$$\pi_2 = f_4(\rho_\infty, v_\infty, c, \mu_\infty) \tag{1.38b}$$

$$\pi_3 = f_5(\rho_\infty, v_\infty, c, a_\infty) \tag{1.38c}$$

先考察 π_1，假设：

$$\pi_1 = \rho_\infty^d v_\infty^b c^e \boldsymbol{R} \tag{1.39}$$

由量纲分析，将各物理量的量纲式代入式(1.39)有

$$[\pi_1] = (\mathrm{ML}^{-3})^d (\mathrm{LT}^{-1})^b (\mathrm{L})^e (\mathrm{MLT}^{-2}) \tag{1.40}$$

因为 π_1 为无量纲量，则右端也应如此，故可分别对基本量纲的幂列出如下方程组：

$$\mathrm{M}: d + 1 = 0$$

$$\mathrm{L}: -3d + b + e + 1 = 0$$

$$\mathrm{T}: -b - 2 = 0$$

可得出：$d = -1$；$b = -2$；$e = -2$；代入式(1.30)，有

$$[\pi_1] = \boldsymbol{R}\rho_\infty^{-1} v_\infty^{-2} c^{-2} = \frac{\boldsymbol{R}}{\rho_\infty v_\infty^2 c^2}$$

以特征面积 S 代替 c^2，或添加一个常数，上式仍为无量纲量：

$$[\pi_1] = \frac{\boldsymbol{R}}{\dfrac{1}{2}\rho_\infty v_\infty^2 S} = \frac{\boldsymbol{R}}{q_\infty S}$$

可见上式就是力系数 C_R。

同理可得

$$[\pi_2] = \frac{\rho_\infty v_\infty c}{\mu_\infty}$$

即自由来流雷诺数 $Re = \pi_2$，物理上表征流动中惯性力和黏性力之比。

还有

$$[\pi_3] = \frac{v_\infty}{a_\infty}$$

即自由来流马赫数 $Ma = \pi_3$，即流动速度与声速(弹性力与惯性力)之比，表征空气的可压

缩性。

将以上各式代入式(1.28),有

$$f_2(C_R, Re, Ma_\infty) = 0$$

或

$$C_R = f_6(Re, Ma_\infty) \tag{1.41}$$

式(1.23)表明 $\boldsymbol{R}$ 是 5 个变量的一般函数,而量纲分析表明:

(1) $\boldsymbol{R}$ 可用无量纲系数表示:

$$C_R = \frac{\boldsymbol{R}}{\dfrac{1}{2}\rho_\infty v_\infty^2 S}$$

(2) 合力系数 C_R 仅仅是由相似参数 Re 和 Ma_∞ 决定的;

(3) 各力素分量系数也都是 Re 和 Ma_∞ 的函数,即

$$C_L = f_7(Re, Ma_\infty);\ C_D = f_8(Re, Ma_\infty) \tag{1.42}$$

$$C_M = f_9(Re, Ma_\infty) \tag{1.43}$$

如攻角可变则各力素还与 α 相关。例如:

$$C_M = f_{14}(Re, Ma_\infty, \alpha) \tag{1.44}$$

空气动力学的应用之一就是获得以上关系式。

Re 和 Ma_∞ 这两个相似参数是由描述流动的单值条件物理量组成的无量纲准则数,因此它们是这类流体动力学相似的决定性控制参数。只要前面问题所描述的空气动力学现象的单值条件相似,且此时的雷诺数和马赫数相同,就可保证所研究的现象具有相似性。这是指导研究中实际利用缩尺模型进行地面风洞试验模拟全尺寸飞机空气动力特性的主要理论基础和依据。所以可以说雷诺数和马赫数是一般空气动力学现象相似的两个重要且主要的相似参数。在给定攻角的情况下,只要改变这两个参数进行变参数试验,原理上就可以得到力系数的关系式了,工作量和风洞运行时间相对减少了!可见理论指导试验还是有相当大的威力的!但对于更复杂的问题,随着相似参数的增多,而力学中基本物理量的数目一般最多只有四个,因此,减少的力度不会这么大而已。也就是,涉及热传导或热传递时,温度的量纲要计入。随之会有其他一些热力学相似参数会出现,如比热比、普朗特常数等。

1.4　实际应用中的问题

一个现象的模拟要满足相似的充要条件,即所涉及的所有决定性相似准则数值要求都相同往往是很困难的,或实现起来十分困难或代价高昂。例如,前面举的例子中,一个实验需同时满足雷诺数和马赫数相似,需要同时满足缩比模型试验的来流条件惯性力与黏性力之比与全尺寸飞行器的相同,而飞行器在不同大气高度的黏性系数是不同的,一

般飞行雷诺数高达 2 000 万以上，而地面常规风洞一般来流雷诺数只能达到几百万，很难达到飞行雷诺数值。有时，相似参数相同还会带来不可调和的矛盾，如雷诺数和弗劳德数。因此实际上绝大多数试验都是模拟了部分相似准则，选择对实物的近似模拟，关于这个话题，文献[4]进行过比较深入的探讨，就流体动力、对流换热、流固耦合以及几何形状不完全相似的近似模化进行了细致的讨论，并给出了六条近似模化的一般性原则。

下面就简单介绍一下至目前为止可见文献所述的主要处理方法或原则性建议，后面部分章节也会针对具体试验进行具体讨论。

（1）忽略一些影响不大的决定性准则，进行部分模拟，这是实际中经常用到的方法——基于机理分析选择主要影响准则数。例如文献[10]曾研究了风洞动态试验相似准则的选择问题，经相似准则的理论推导，由于试验中无法同时满足 Fr、Re 及 Ma 相同，试验只能做到部分相似。此时，针对不同实验方法的具体情况，分析了相应的主要模拟参数以尽量提高与实际情况的近似程度。

（2）利用相似准则数的自模性——也称自动模化，试验进入某相似参数的自准区/自模区——即性能变化平台区。对于很多现象的研究发现，在特定的参数条件下，某些相似参数对某现象的发展规律没有影响，基本进入相对该参数无变化的平台区。因此，自模性也可认为是非决定性准则与某一决定性准则在一定范围内互不相关的现象[6]。据此，在试验中如在某决定性准则数的自模区进行试验，就可以不考虑这一相似参数的影响，也就是可以不模拟。但不幸的是，大部分参数的进入或离开自模区的临界值目前尚不能从理论上预先确定，只能通过试验加以确定。

（3）利用新的试验设备或技术实现多参数同时模拟：依据雷诺数定义，即 $Re = \dfrac{\rho vl}{\mu}$，可以看出增大 Re 的几种途径：① 增大试验介质密度，方式有增压、使用重气体介质如六氟化硫（SF_6）；② 增大试验段尺寸；③ 降低温度使 μ 减小。对应的就是大（全）尺寸、增压、重气体或低温风洞。文献[11]综述了高雷诺数风洞的现状及其发展趋势。表 1.1[11] 给出了上述 3 种提高风洞试验雷诺数方式下雷诺数、模型载荷和功率与基本类型的比值。可以看出，降低试验介质的气流温度或采用重气体为试验介质实现相同的试验雷诺数时所需的驱动功率较小，优势明显。由此可知，高雷诺数风洞的高性价比实现，应以降低气流温度为主，而以其他手段为辅合适些。另外，低温风洞可以在试验过程中实现气流速度、总温和总压的独立调节。其优势在于，可得到纯的参数影响。

表 1.1 几种增加风洞雷诺数方式的对比[11]

方 案	试验段尺寸 /ft *		总压 /bar**	总温 /K	Re 比	载荷比	功率比
基本类型	16.4	13.8	3	323	1.0	1.0	1.0
增加尺寸	32.8	27.6	3	323	2.0	1.0	4.0

* 1 ft = 3.048×10^{-1} m。

** 1 bar = 10^5 Pa = 1 dN/mm^2。

方　案	试验段尺寸 /ft		总压 /bar	总温 /K	Re 比	载荷比	功率比
增加压力	16.4	13.8	6	323	2.0	2.0	2.0
降低温度	16.4	13.8	3	190	2.0	1.0	0.76
SF$_6$	16.4	13.8	3	323	2.4	0.81	0.35

第 1 章习题　　　　　　　第 1 章参考文献

第 2 章
风洞试验基本原理

风洞试验与理论研究、数值计算、模型和实物飞行试验均是空气动力学研究的重要手段。而风洞试验由于试验条件可控、流动物理真实、试验结果精确度和效费比高等优点,过去和现在一直是发现和确认流动现象、探索和揭示流动机理、寻求和了解流动规律,以及为飞行器气动布局设计提供优良的空气动力学特性数据的主要手段;在今后相当长的时期内,这种状况也不会改变,并将与其他手段更好地相互结合、相互补充、相互促进。

风洞种类繁多,且有不同的分类方法。按试验气流速度范围分为低速风洞($Ma<0.4$)、高速风洞和高超声速风洞($Ma \geqslant 5.0$)等。高速风洞又可分为亚声速风洞($0.4 \leqslant Ma \leqslant 0.8$)、跨声速风洞($0.8 < Ma \leqslant 1.4$)、超声速风洞($1.4 < Ma \leqslant 5.0$),有时可称为"跨超声速风洞"或"三声速风洞"。按运行时间分为连续式风洞(长时间)、暂冲式风洞(分秒级)和脉冲式风洞(毫秒甚至微秒级)[1]。通常,低速风洞为连续式;跨超声速风洞为连续式或暂冲式;高超声速风洞为暂冲式或脉冲式。随着风洞试验气流速度的提高,所需驱动功率急剧增大;受能量限制,速度越高,风洞口径越小,运行时间越短。本章主要介绍常规生产型低速、高速风洞基本概念、运行原理及试验要求。

2.1 低 速 风 洞

美国莱特兄弟最早将风洞应用于飞行器研制。1901 年,莱特兄弟建造了一座试验段尺寸横截面为 406 mm×406 mm×1 800 mm 的小型低速风洞,气流速度为 11.2~15.6 m/s,他们在这座风洞中对翼型、双翼机和三翼机进行了试验,用天平测出了升力、阻力等数据,这些风洞试验为他们发明的"飞行者"1 号成功奠定了坚实的技术基础,并于 1903 年在世界上首次实现了载人带动力飞行。随后至 1914 年间欧洲又建造了两种基本形式的几座小型风洞,一种是开路式风洞,以法国工程师名字命名,称为埃菲尔(Eiffels)型,另一种是以德国著名空气动力学家普朗特名字命名的回路式风洞,称为普朗特型。直到今天,回路式风洞这种形式仍是高、低速风洞普遍采用的一种形式。

第一次世界大战后飞行器进入了大发展的黄金时代,在性能上追求飞得更高更快,不仅在战争中作为武器投入使用,而且运送旅客的客机已开始在空中飞行。欧美等发达国家和地区为解决这一时期亚声速飞机和螺旋桨的空气动力问题,建造了一批亚声速风洞。如美国国家航空航天局(National Aeronautics and Space Administration, NASA)艾姆斯(Ames)研究中心 1934 年建成的 24 m×12 m 亚声速风洞,俄罗斯中央流体动力研究院

(Tsentralniy AeroGidrodinamicheskiy Institut, TsAGI)1939 年建成的 24 m×12 m(椭圆形试验段)低速风洞。

2.1.1　部段组成

低速风洞试验的主要部段有稳定段、收缩段、试验段、扩散段、动力段、拐角段。图 2.1 给出了典型回流式低速风洞的轮廓图。空气在风扇段电机风扇的驱动下在回流式管道中以一定速度运动,依次经过动力段、第二扩散段、稳定段、收缩度、试验段、第一扩散段,循环往复。

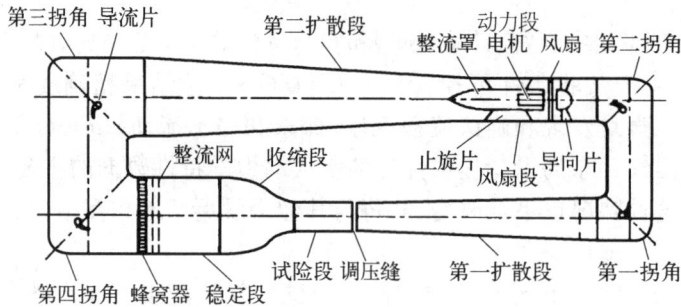

图 2.1　典型回流式低速风洞的轮廓图

1. 稳定段

稳定段的作用是使紊乱的气流有足够的时间稳定下来,降低气流中的旋涡强度,提高气流速度的均匀性。因此,稳定段一般是低速风洞中截面积最大、流速最低的区域。通常,稳定段设计成一种等截面积的管道,为了达到改善气流品质的目的,在稳定段前端一般都装有整流装置。

风洞中的整流装置一般是指蜂窝器和整流网。蜂窝器因形状如蜂窝而得名,它是由许多方形或六角形的小管子构成的。蜂窝器对气流起导向作用,减小气流偏角,并可以把大尺度旋涡分割为小旋涡,降低气流的横向湍流度。整流网也称为阻尼网,是一种网眼很小的金属丝网,在稳定段中一般安装一层或数层。整流网可使大尺度的旋涡分割为小尺度的旋涡,而小尺度的旋涡可在稳定段中迅速降低强度衰减下来,从而降低气流的湍流度特别是轴向湍流度。

2. 收缩段

收缩段是连接稳定段与试验段之间的一段光滑过渡的管道。收缩段使稳定段的气流均匀地加速后进入试验段。另外,它也有助于提高试验段气流的均匀性、降低湍流度。

收缩段的收缩曲线应使流速沿轴向均匀地增加,不产生边界层分离现象;在收缩段的入口和出口处,壁面平行于风洞轴线,保证在出口截面气流的速度均匀、方向和风洞轴线平行。

稳定段的横截面积与试验段的横截面积之比称为收缩比。在试验段横截面积和气流速度大小一定的条件下,如果收缩比取得大一些,则可以降低稳定段的气流速度,从而使稳定段和整流装置改善流场品质的作用发挥得更好,而且气流的能量损失也要小一些。

然而,收缩比大,洞体的尺寸就要增大,风洞的造价就要增加。低速风洞的收缩比一般取 5~10,低湍流度风洞的收缩比还要取得更大一些。

3. 试验段

试验段是安装模型进行试验的区域。试验段的尺寸主要取决于风洞的用途和建造与使用的费用。对教学实验和雷诺数影响小的试验,可用口径较小的风洞。而对于飞机、导弹等模型试验,为了模拟飞行流场,按照相似准则的要求,试验段的尺寸需要大一些,以使试验达到一定的雷诺数。对飞机试验,一般要求试验 $Re>1.5\times10^6$(以机翼弦长为特征长度)。

低速风洞试验段的横截面形状是多种多样的,常见的有长方形、正方形、圆形和扁八角形。试验段的横截面形状主要取决于风洞的用途,如专门进行螺旋桨试验的宜用圆截面,主要进行飞机试验的宜用扁八角形。试验段的长度应按试验要求而定。对飞机试验,闭口试验段的长度一般是横截面积当量直径的 1.5~2.5 倍,而开口试验段一般是 1~1.5 倍。

4. 扩散段

扩散段又被称为扩压段。扩散段就是一种顺气流方向逐渐扩张的管道,其作用在于使来自试验段的气流逐步减速,使气流的动能转变为压力能。因为管道中气流的能量损失与流速的三次方成正比,故气流通过试验段后,应尽快降低它的流速,以降低气流的能量损失。对于直流式风洞,气流经过扩散段,以较小的速度排入大气,从而也降低了排气损失。

气流通过扩散段也有能量损失,这个能量损失由摩擦损失和扩压损失组成。扩压损失是气流在逆压梯度下产生气流分离而产生的损失。扩散段的当量锥角称为扩散角。当量锥角是指具有与扩散段的长度、入口和出口面积相同的假想圆锥断面的锥角。扩散段扩散角增大,摩擦损失减小,但扩压损失增大。经验证明,低速气流最佳的三维扩散角是 5°~6°。

5. 动力段

动力段是安装驱动风扇的一段洞体,驱动风扇的作用是驱使风洞内的气体流动,不断向气流补充能量,以建立起试验段中稳定的流场。风扇是动力系统重要的部件。风扇设计所用的理论基本和螺旋桨设计的理论相同。风扇叶片的数量一般超过 4 片,甚至达30 多片;风扇叶片的剖面形状一般选用气动性能优良的翼型。从风扇叶片的强度、噪声和气流的压缩性等方面考虑,风扇叶片尖部的切线速度要小于 165 m/s。

6. 拐角与导流片

在回流式风洞中,气流是循环运动的,气流沿风洞循环一周需要转过 360°。风洞一般采用四个 90° 的拐角来实现气流的循环运动。来自试验段的气流依次通过第一、第二、第三和第四拐角。气流经过拐角,能量损失较大,可达到风洞所有能量损失的 30%~50%,其中第一和第二拐角的损失要更大一些。气流拐弯时,容易产生分离,因而产生旋涡,使流动很不均匀或产生脉动。

风洞中的拐角一般都安装有导流片,如图 2.1 所示。导流片的存在,相当于将一个大的拐角分割成若干个小的拐角,因而能够减弱气流分离和旋涡,减少能量损失,改善试验段的流场品质。此外,第二拐角后的流场品质好,能够提高其后的风扇效率。

2.1.2　流场品质

流场品质主要是指风洞试验段内的气流参数在时间和空间上的均匀程度。就低速风洞而言,这些气流参数包括气流速度、气流动压(即速压)、气流静压、气流温度、气流湍流度和气流噪声等。流场品质的优劣直接影响试验结果的精度和准度,如此说来,似乎流场品质越高越好,其实不然。由于风洞用途不同、试验研究的对象不同或者试验研究的内容不同,因此对流场品质要求也就不同。在风洞设计时,各风洞均有特定的流场品质要求。风洞流场品质规范是针对以航空、航天飞行器试验为主要任务的生产性风洞而制定的,其他类型的风洞也可以参照执行。

1. 气流的稳定性

气流的稳定性是指气流的动压或速度随时间脉动的情况。这种脉动是低频的,周期大约为秒的量级。气流的稳定性系数定义为在规定的时间间隔内,瞬时动压最大值和最小值的差与其和的比值。

2. 气流方向

气流方向用局部气流偏角和平均气流偏角来描述。局部气流偏角是指试验段内任何一点的气流方向与风洞轴线之间的夹角。平均气流偏角是指试验段模型区气流的平均方向与风洞轴线的夹角。

3. 轴向静压梯度

对于闭口试验段,由于洞壁边界层顺气流方向的发展,若不采取措施,会使有效流动截面缩小,气流速度增加,因而使静压沿气流方向不断降低,形成轴向静压梯度。处在该流场中的物体会受到一个沿轴向的附加压力即水平浮力。

4. 气流湍流度

风洞中,由于风扇、洞壁、拐角、扩散段、蜂窝器等的影响,气流速度总存在着微小脉动,通常用湍流度来衡量气流脉动的强度。湍流度的大小会影响边界层类型以及转捩点和分离点位置。

5. 气流噪声

空气中有了涡流或出现压强突变等情况,引起空气振动产生的噪声,被称为气流噪声。气流噪声对边界层转捩、气流分离等现象的影响十分明显。飞行器压强分布、抖振和颤振等试验结果也与气流噪声有关。在风洞流场校测中,气流噪声是测量项目之一,也是衡量风洞流场品质优劣的指标之一。

2.1.3　基本运行原理

1. 主要相似准则

低速风洞试验中常用的相似参数有以下3个。

(1)雷诺数 Re:凡是与流体的黏性有关的物理量,如阻力、最大升力、抖振起始点等,都与雷诺数有关。

(2)弗劳德数 Fr:对外挂物投放、模型自由飞、尾旋等类型的试验而言,弗劳德数是主要的相似准则。

(3)斯特劳哈尔数 Sr:当进行结构弹性振动、旋涡、螺旋桨、旋翼、旋转天平、马格努斯(Magnus)力及航空声学等模型试验时,要求模型与实物的斯特劳哈尔数相等。

一般情况下,风洞模型试验只能模拟主要的相似准则,忽略次要的相似准则,然后对试验数据进行修正后,才能应用于实际情况。因此,对于某一特定项目的试验,要针对试验的目的、要求,分析影响试验结果的相似准则,进而确定相似参数是需要重点加以模拟的。

2. 试验模型

在低速风洞进行试验的对象一般为模型或根据试验需要改装的原型(图 2.2)。为了保证模型试验的流场与真实物体所处流场相似,根据相似理论,在设计模型时,首先必须保证模型与原型几何相似。

虽然模型的外形与原型完全相似,但模型的结构与原型并不一样(图 2.3)。试验模型的结构设计一方面应在满足试验大纲所确定试验内容的要求下力求简单、易于装拆、便

图 2.2　典型运输机试验模型

于使用,另一方面还必须考虑模型与风洞设备的配合要求以及模型加工设备和制造工艺。

根据不同的试验内容,低速风洞试验模型通常分为常规测力、测压和特种试验模型等。低速风洞试验模型的设计要求主要包括:确定模型尺寸,模型外形要求,校核模型的强度和刚度(图 2.4),模型加工精度和表面粗糙度要求,模型总装技术要求,测压模型的特殊要求等。一般而言,低速风洞试验模型设计应遵从以下设计步骤:

(1)根据风洞的尺寸确定模型的缩比;

(2)根据试验目的和要求确定模型的支撑方式和结构形式,并确定模型所用的材料;

(3)根据估算的空气动力载荷校核模型的强度和刚度;

(4)确定模型加工精度及表面粗糙度;

(5)确定模型总装技术要求等。

模型最终的外形检验在模型喷漆完毕后进行。

图 2.3　飞翼布局模型透视图

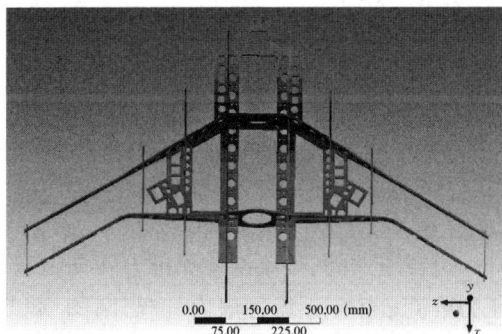

图 2.4　模型刚度计算

3. 动力系统

低速风洞动力系统的主要功能是驱动风扇,为风洞提供稳定的动压,通常采用电机驱动(图2.5)。

图2.5 典型风洞动力系统

4. 控制系统

低速风洞试验控制系统主要包括模型姿态控制、动压控制、供气压力和流量控制等。

1)模型姿态控制

模型姿态控制主要是指模型的迎角、侧滑角和滚转角控制等。通常,实现低速风洞模型姿态角变化的装置被称为模型支撑装置(图2.6)。根据支撑方式分类,有腹撑、背撑和尾撑。通常战斗机模型采用尾撑方式,运输机模型采用腹撑或背撑方式。

图2.6 典型的模型支撑方式

2)供气压力和流量控制

进气道试验、喷流试验和推力转向试验等都需要压力稳定的外供气流或气压。气流压力或流量控制系统一般由气源、闸阀、调节阀及阀门定位驱动装置、压力或流量传感器和控制装置等组成。其中调节阀是关键环节,直接影响控制特性。

5. 测量系统

测量系统是低速风洞的基本系统,是获得风洞试验数据最主要的设备。低速风洞试验的测量内容主要有：测力试验、测压试验、测量模型区域的空间流态和其他一些特种测量，如测位移、角度、频率、相位、加速度等。

测量系统由传感器和数据采集处理系统构成。测量对象大多数是非电量的物理量，必须用传感器转换为电信号。常用的传感器如各类天平（图 2.7），用于各种测力试验；压阻传感器用于测量压力；压电式加速度传感器，用于各类振动测试；光电式、磁电式传感器编码器用于转速、线位移和角位移的测量；热电式传感器，主要用于温度测量。

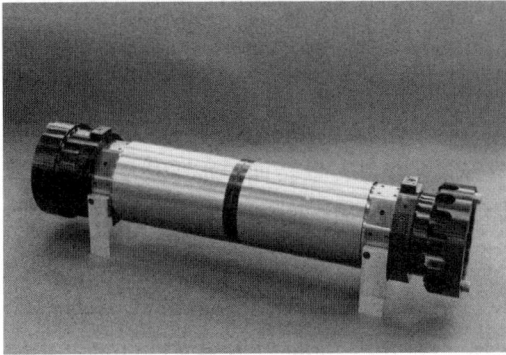

图 2.7　测力试验杆式天平

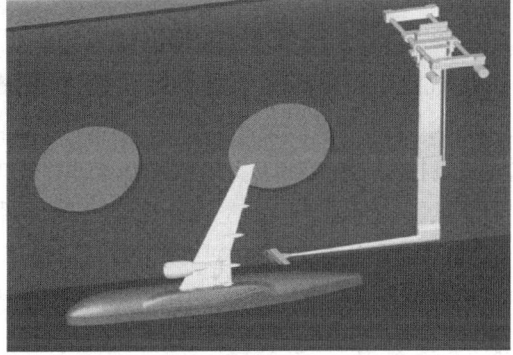

图 2.8　探针测量运输机模型尾流场

2.1.4　试验类型

1）低速风洞常规试验技术

飞行器风洞试验的目的是通过缩比模型试验，测量飞行器全机或部件的空气动力载荷，观察飞行器表面和空间流动状态（图 2.8），从而分析飞行器及其部件的空气动力性能，优化飞行器的气动布局。

模型空气动力载荷的测量一般有以下 3 种方法：

（1）用天平测量作用在模型上的力和力矩，称为衡力法；

（2）通过模型表面的测压孔，用测量装置测试模型表面的压力分布，称为测压法，对翼型的压力分布的积分计算可以得到升力系数、俯仰力矩系数和压差阻力系数；

（3）测量模型周围流动区气流的压力、速度，利用动量定理可以计算模型的升力和型阻，称为动量法。

低速风洞试验的种类很多，但是，最基本的试验是测量模型气动力和表面压力的试验，即测力和测压试验。一般把测力和测压试验称为常规试验，把其他试验称为特种试验。

2）低速风洞特种试验技术

飞行器模型常规测力、测压试验是最大量和最基本的风洞试验，但在很多情况下，仅靠常规试验是不够的，还必须进行一系列非常规的模型试验。例如，飞机的动力影响试验：螺旋桨飞机的动力影响特别是螺旋桨滑流，使飞机的气动特性受到严重影响，且飞机与螺旋桨的气动干扰复杂，要得到滑流对飞机布局和性能影响的可靠结果，必须进行带螺旋桨的飞机模型风洞试验。涡轮喷气或涡轮风扇发动机飞机的动力影响，如发动机进气、排气对飞机气动特性的影响，同样必须通过专门的风洞试验测量，提供动力影响数据，同时为发动机位置的合理布置及相关的改进设计提供依据。又如,尾旋特性试验:要预测和研究飞机的尾旋特性,就要进行从失速、偏离、进入尾旋到尾旋发展及其改出的一系列风洞试验研究,其中有大迎角静态测力试验、强迫振荡试验、旋转天平试验、水平风洞和立式风洞中的模型自由飞试验等。再如,投放模型试验和捕获轨迹试验:现代作战飞机通常带有大量的外挂物,这些处在复杂干扰流场中的外挂物在投放或发射时是否安全,会有什么样的运动轨迹和姿态,必须对其分离特性进行风洞试验预测,或用动力相似模型进行投放试验,或进行捕获轨迹试验。总之,低速风洞特种试验的类别很多,主要包括动力影响试验、尾旋特性试验、连续扫描试验、动导数试验、大振幅振荡试验、颤振试验、吹(吸)气流动控制试验、铰链力矩试验、投放试验、捕获轨迹试验、降落伞试验、弹射救生系统试验、流场测量和显示试验等。在动力影响试验中又分螺旋桨飞机动力影响试验和喷气式飞机动力影响试验(包括喷流试验、进排气试验、推力矢量转向试验)以及鱼雷动力影响试验。上述试验都是在不同类型飞行器或鱼雷的设计和研制过程中必须进行的试验项目。风洞特种试验技术是以常规试验技术为基础,根据不同的试验目的,通过研制特殊的试验设备发展起来的相关试验技术。这些特种试验技术在相似准则的模拟上各有侧重,各有专门的试验装置、不同的试验方法和步骤,对数据的处理、分析也各不相同或不尽相同。

2.1.5 典型风洞简介

从布局型式分,低速风洞有 2 种:直流式风洞和回流式风洞。对于直流式风洞,外界空气直接由风洞入口通过收缩段到试验段,再流经扩散段、风扇段,最后空气经过排出装置进入外界大气。回流式风洞具有一个连续的空气回路,气流在空气回路中往复循环流动。

低速风洞试验段有两种基本构型:风洞试验段不具有固壁边界的称为开口试验段,具有固壁边界的称为闭口试验段。

通常,低速风洞试验段尺寸从 1 m 量级到 8 m 量级。试验段最高风速可达约 $Ma0.4$。按照功能作用,可分为常规风洞、声学风洞、结冰风洞、高雷诺数风洞以及立式风洞、二元翼型风洞等类型。

1. 大型低速风洞

大型低速风洞(图 2.9)隶属中国空气动力研究与发展中心(China Aerodynamics Research and Development Center, CARDC),主要用于大尺度模型高品质气动力试验和声学试验。该风洞是一座单回流、开/闭口可更换多试验段低速风洞,动力系统电机功率为 21 MW。大型低速风洞共有三种试验段构型:① 8 m×6 m 闭口试验段(图 2.10),空风洞最大风速 137 m/s,主要用于空天飞行器高精度气动力试验研究;② 8 m×6 m 开口试验段,空风洞最大风速 103 m/s,风速 80 m/s 时气流背景噪声低于 75.2 dB(A),主要用于气动声学试验研究;③ 9.5 m×9.5 m 闭口试验段,空风洞最大风速 73 m/s,试验段有效截面积为 90 m^2,主要用于重型运载火箭、大型直升机和大中型车辆气动力试验研究。

风洞主要性能指标见表 2.1。风洞配备大型全消声室,风洞流场品质和噪声指标达到世界先进水平。

表 2.1　大型低速风洞主要性能指标

	8 m×6 m 闭口试验段	8 m×6 m 开口试验段	9.5 m×9.5 m 闭口试验段
最高风速	137 m/s	103 m/s	73.2 m/s
湍流度	0.07%	0.1%	0.1%
气流背景噪声($V=80$ m/s)	—	75.2dB(A)	—

图 2.9　大型低速风洞示意图

图 2.10　大型低速风洞闭口试验段

该风洞主要试验能力包括：常规测力测压、铰链力矩、进气道、进排气、螺旋桨、涡扇动力模拟(turbofan powered simulator，TPS)试验、声学、模型飞行试验、直升机试验等。

2.3 m×2 m 结冰风洞

3 m×2 m 结冰风洞隶属中国空气动力研究与发展中心，主要用于飞行器结冰试验和防除冰系统验证试验，也可进行高空低雷诺数试验。该风洞是一座闭口、高亚声速、回流式风洞(图 2.11，图 2.12)，风洞具有三个可更换试验段，可根据试验模型尺寸和风速模拟要求选择试验段，该风洞是目前世界上试验段尺寸最大的结冰风洞之一，表 2.2 给出了风洞的主要性能指标。

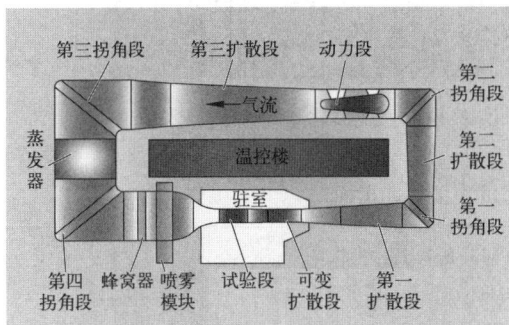

图 2.11　3 m×2 m 结冰风洞示意图

图 2.12　翼型结冰风洞试验

该风洞主要试验能力包括：飞机及其部件的结冰和冰脱落试验、风力机、桥梁钢索等结冰性能评估试验、飞机防/除冰系统验证试验、直升机旋翼结冰条件下性能评估试验、进气道防冰试验、常规气动力试验、高空低雷诺数试验等。

表 2.2　3 m×2 m 结冰风洞主要性能指标

试验段尺寸	3 m(宽)×2 m(高)×6.5 m(长)(主试验段)
	4.8 m(宽)×3.2 m(高)×9 m(长)(次试验段)
	2 m(宽)×1.5 m(高)×4.5 m(长)(高速试验段)
风速范围	21~210 m/s(主试验段)
	8~78 m/s(次试验段)
	26~256 m/s(高速试验段)
湍流度	≤0.5%
温度	−40℃~环境温度
模拟高度	0~20 000 m
平均水滴直径	10~300 μm
液态水含量	0.2~3 g/m^3

3. 立式风洞

常规低速风洞试验段均为水平布局的,试验段立式布局的称为立式风洞(图 2.13),主要用于飞机尾旋、直升机垂直升降、舱伞组合试验和跳伞训练等。2005 年中国空气动力研究与发展中心建成了国内第一座单回流圆形开口试验段立式风洞(图 2.14),其主要性能指标见表 2.3。

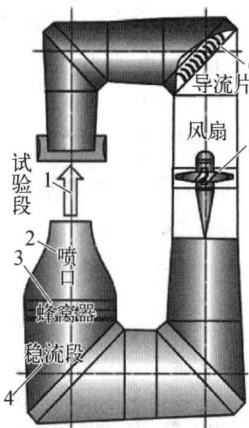

图 2.13　立式风洞轮廓图

图 2.14　立式风洞尾旋试验

表 2.3　φ5 m 立式风洞主要性能指标

试验段尺寸	直径 5 m,高 7.5 m,开口
风速范围	3~50 m/s
湍流度	≤0.5%
电机功率	1 800 kW

4. 低速高雷诺数风洞

该类风洞主要用于在低速风洞中实现较高试验雷诺数模拟,弥补常规低速风洞在试验雷诺数模拟方面的不足。2007 年,中国航空研究院在哈尔滨建成了一座低速增压高雷诺数风洞(图 2.15),风洞的总体性能指标达到国际先进水平(表 2.4)。

图 2.15　4.5 m×3.5 m 增压风洞

表 2.4　4.5 m×3.5 m 低速增压高雷诺数风洞主要性能指标

试验段尺寸	4.5 m×3.5 m
最大风速	130 m/s(常压),90 m/s(0.4 MPa)
最高 Re	$9.3×10^6$
压力范围	0.1~0.4 MPa

主要试验能力包括:具备固定 Ma 或者固定 Re 的试验能力,具备全模/半模/部件气动力特性、大迎角、铰链力矩、螺旋桨、进气道以及流动显示与测量等试验能力。

2.2　高速风洞

2.2.1　高速风洞概述

为了适应飞行器高速飞行空气动力学特性研究的需要,在 20 世纪初,欧美即开始了高速风洞的建设实践。1905 年,德国的普朗特(Prandtl)在哥廷根建造了世界上第一座超声速风洞,在 20 世纪 30 年代德国还建造了试验段尺寸为 400 mm×400 mm 的超声速风洞,最高 Ma 达 4.33;美国于 1920 年在俄亥俄州建立了世界上第一座高亚声速风洞,试验段为圆形(直径为 356 mm),气流速度为 198 m/s;但随着气流速度进一步接近声速,空气的压缩性效应越发明显,"声障"现象的出现制约了在闭口回流管道内难以形成涵盖亚声速、声速和超声速范围的跨声速流动,因此世界跨声速风洞建设相比超声速、亚声速风洞晚。在 1948 年,美国 NASA 兰利研究中心创新性地提出了透气壁试验段[2],攻克了跨声速气流壅塞问题,建成了世界上第 1 座跨声速风洞(图 2.16),其试验段尺寸为 305 mm×305 mm,壁板上开了 8 条缝,开闭比为 12.5%,能进行从高亚声速到低超声速整个跨声速范围的试验,但这种开缝式跨声速风洞在低超声速范围其洞壁的消波特性较差。1950 年,美国康奈尔航空实验室建造了一座开孔式的跨声速风洞,随后美国空军阿诺德工程发展中心(Arnold Engineering Development Center, AEDC)用 60°斜孔代替了直孔[1-3]。这一时期建设的高速风洞口径尺寸普遍偏小,主要用于技术概念探索和关键技术研究,但为大型生产型高速风洞建设积累了丰富经验。

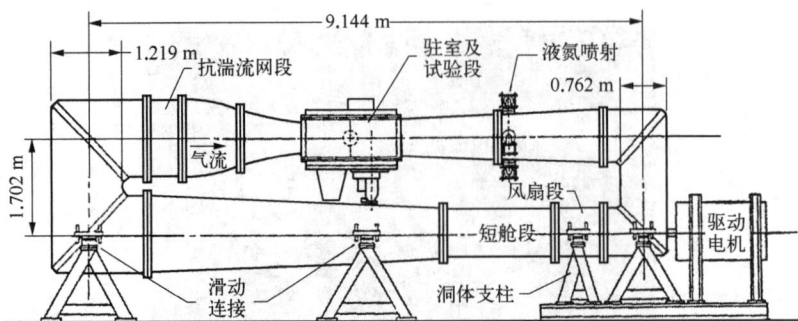

图2.16 美国NASA建造的第一座跨声速风洞[2]

二战之后，随着人们对高速飞机和导弹重要性认识的提高，从20世纪40年代中期开始，美、欧和苏联相继建成了一大批品质优良的大型生产型高速风洞，为其航空航天事业发展和领先世界奠定了坚实的研究基础。如今仍然发挥着重要作用的大型高速风洞主要包括美国阿诺德工程发展中心1952年建成的4.88 m×4.88 m跨声速风洞、4.88 m×4.88 m超声速风洞(图2.17)，NASA艾姆斯研究中心1956年建成的2.74 m×2.13 m超声速风洞，英国皇家航空航天研究院(Royal Aerospace Establishment, RAE)1957年建成的2.5 m×2.5 m跨声速风洞，法国的ϕ8 m高亚声速风洞S1MA、1.75 m×1.77 m超声速风洞S2MA，以及俄罗斯TsAGI的2.25 m×2.25 m暂冲式亚跨超声速风洞等。

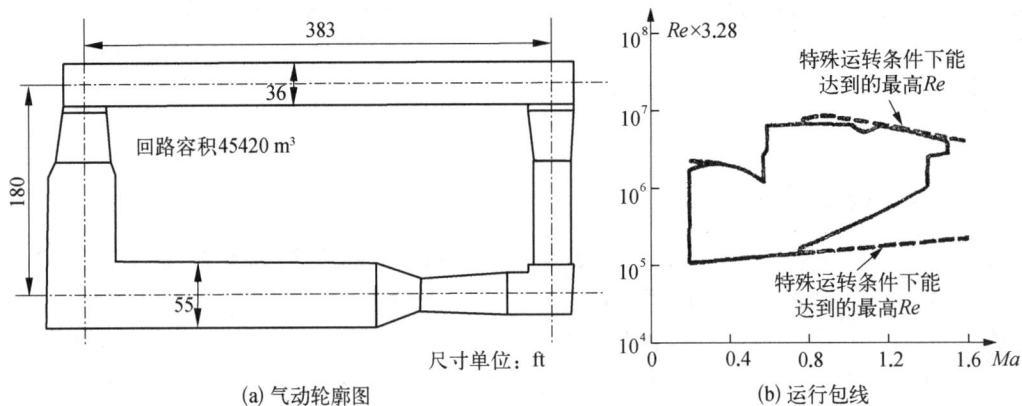

(a) 气动轮廓图 (b) 运行包线

图2.17 美国4.88 m×4.88 m跨声速风洞[4]

进入20世纪60年代之后，随着军用运输机和旅客机等大型飞机的发展及其性能的提高，其机翼所采用翼型的空气动力特性对雷诺数十分敏感，而通常风洞试验的雷诺数远小于飞行器飞行雷诺数，而当时的跨声速风洞试验雷诺数都比较低，不能满足现代飞行器对跨声速气动力试验的要求，风洞试验中雷诺数效应成为制约大型飞机发展的一大难题。为解决此难题，从20世纪60年代中、后期开始，美国、欧洲发展低温高雷诺数跨声速风洞。如美国1982年建成的国家跨声速设备(National Transonic Facility, NTF)，试验段尺寸为2.5 m×2.5 m×7.6 m，最高试验雷诺数可达120×10^6，气流工作介质最低温度可达78 K。1993年在德国科隆建成的欧洲跨声速风洞ETW，其试验段尺寸为2.4 m×2.0 m×

10 m,最高试验雷诺数达 $50×10^6$,气流工作介质温度为 90~313 K。图 2.18 是一座高雷诺数风洞示意图。跨声速低温高雷诺数风洞一般都是连续式风洞,风洞的构成与一般的连续式跨声速风洞大致相同,主要区别是:风洞有气流制冷装置和洞体有绝热保冷措施。

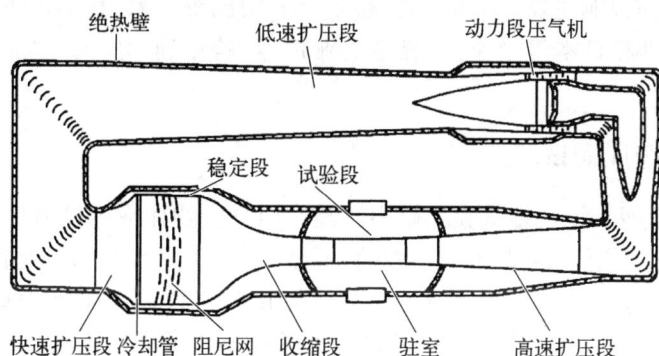

图 2.18　高雷诺数跨声速风洞示意图[4]

在我国,高速风洞建设起步较晚,从 20 世纪 60 年代初期建成 0.6 m×0.6 m 暂冲式亚跨超声速风洞开始[1,3],至目前跨超声速风洞已建成 30 余座,其中大部分都是暂冲式的,本节简要介绍 1 m 量级以上的生产型设备:

(1) 中国空气动力研究与发展中心在 20 世纪 70 年代建造了 1.2 m×1.2 m 跨超声速风洞,在 20 世纪 90 年代建造了 2.4 m×2.4 m 跨声速风洞,在 21 世纪初期建成了 2 m×2 m 超声速风洞(图 2.19);

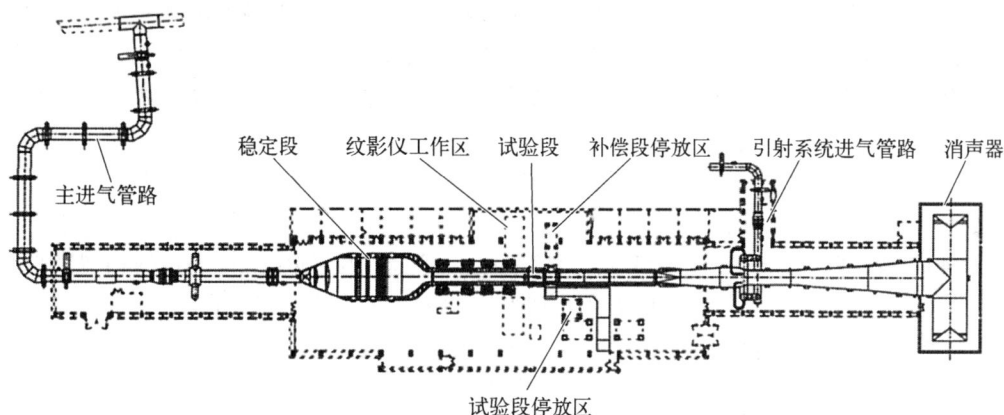

图 2.19　中国空气动力研究与发展中心的 2 m×2 m 超声速风洞[1]

(2) 航空工业空气动力研究院所属 1.2 m 亚跨超三声速风洞(FL‒2/1996 年、FL‒60/2014 年),1.5 m 亚跨超三声速风洞(FL‒3/2010 年);

(3) 中国航天空气动力技术研究院(China Academy of Aerospace Aerodynamics,CAAA)所属 1.2 m 亚跨超三声速风洞(FD‒12/2005 年)。

进入 21 世纪,西北工业大学、中国空气动力研究与发展中心、航空工业空气动力研究院分别建成了 0.6 m×0.6 m 连续式跨声速风洞,中国航空工业空气动力研究院所属 2.4 m 连续式跨声速风洞(FL‒62)已于 2019 年正式投入应用,中国空气动力研究与发展中心正在建设 2.4 m 量级低温高雷诺数跨声速风洞和 4.8 m×4.8 m 连续式跨声速风洞。

风洞的发展不仅伴随航空航天事业发展而发展,而且也促进了航空航天事业的发展。迄今全世界有各种类型、尺寸不同、用途不同的风洞近千座,其中工程用的高速风洞 100 余座,这些高速风洞主要分布在美国、俄罗斯和中国等国家,其余在法国、德国、英国、加拿大、荷兰、瑞典和日本等国家,世界主要亚声速、跨声速、超声速风洞设备可参见文献[4]。

2.2.2 高速风洞试验原理

试验研究分为两种:实物试验和模型试验。用真实物体或样机直接进行试验时,数据是可信的。但是,往往实物试验是危险的、不经济的。用模型代替实物在实验室中进行试验,一般是安全的,相对说也是经济的。但是在用模型进行模拟试验时必须考虑试验的相似性问题。在长期的实践中人们已经总结出了在第 1 章中介绍的相似理论的三条定理,相似理论也就构成了一切实验工作的理论基础。本节仅就高速风洞相似准则进行简要介绍,以下内容摘自参考文献[1]~[7]中相关内容。

1. 主要相似准则

高速空气动力学中主要相似准则如下。

(1) 马赫数 Ma:马赫数是度量气体流动压缩性影响的一个重要参数,是所有高速流动问题包括高速风洞试验最重要的相似准则之一。

(2) 雷诺数 Re:雷诺数是考虑黏性作用时的相似准则,可以说是风洞试验中需要满足的一个最为重要的相似准则。实际上,高速风洞试验的流场要与真实飞行的流场的雷诺数完全相似基本上很难做到。在常规风洞试验中,只能做到雷诺数基本相似。只有在大型低温高雷诺数高速风洞试验中,对战斗机模型、窄体客机模型等尺度不太大的飞机,其试验可做到真实飞行雷诺数值,但对类似波音 747 这类尺度的大型宽体客机模型试验还做不到真实飞行雷诺数的模拟。

(3) 比热比 γ:对于高速风洞试验要求符合热力学有关原理,比热比就是一个重要的参数。

(4) 斯特劳哈尔数 Sr:斯特劳哈尔数是非定常流动中必须考虑或满足的相似准则。

在高速风洞试验中,要满足所有的相似准则相等的要求是不可能做到的,只能根据不同试验类型,做到主要的决定性的相似准则相等,如果个别的主要相似准则(如雷诺数)不能满足,则模型流场与飞行器流场不完全相似,需要对试验结果进行一些修正。

在具体的高速风洞试验中,对相似准则的模拟一般可按下述原则考虑:如果试验雷诺数不低于自准雷诺数,流动物理量及其变化一般只与马赫数有关,不然还需考虑雷诺数相似准则要求;若试验马赫数较高,气体热力学性质会发生变化,则要考虑有关相似准则问题;此外,在高速风洞的非定常试验中,必须足够重视 Sr 相似准则及其影响问题。一些试验结果已经表明,$Sr > 0.05$ 以后,运动的非定常特性对试验结果会产生比较明显的影响。

2. 高速风洞试验基本关系式

高速风洞试验工作中往往要用到空气动力学的一些基本关系式,本节只给出一维等熵流、正激波、斜激波的一些基本关系式,空气动力学的其他基本关系式可参见其他理论空气动力学文献[7]~[9]。

1) 一维定常绝热流

(1) 使用驻点参考量的参数关系式：

$$\frac{T}{T_0} = \left(1 + \frac{\gamma - 1}{2}Ma^2\right)^{-1} \tag{2.1a}$$

$$\frac{\rho}{\rho_0} = \left(1 + \frac{\gamma - 1}{2}Ma^2\right)^{\frac{-1}{\gamma - 1}} \tag{2.1b}$$

$$\frac{p}{p_0} = \left(1 + \frac{\gamma - 1}{2}Ma^2\right)^{\frac{-\gamma}{\gamma - 1}} \tag{2.1c}$$

式中,下标"0"表示驻点参数。静温-总温关系式应用条件是绝热流(adiab),其余两式应用条件是等熵流(isen)。

(2) 使用速度系数的参数关系式：

$$\frac{T}{T_0} = 1 - \frac{\gamma - 1}{\gamma + 1}\lambda^2 \tag{2.2a}$$

$$\frac{\rho}{\rho_0} = \left(1 - \frac{\gamma - 1}{\gamma + 1}\lambda^2\right)^{\frac{1}{\gamma - 1}} \tag{2.2b}$$

$$\frac{p}{p_0} = \left(1 - \frac{\gamma - 1}{\gamma + 1}\lambda^2\right)^{\frac{\gamma}{\gamma - 1}} \tag{2.2c}$$

式中,下标"0"表示驻点参数。同理,静温-总温关系式的应用条件是绝热流(adiab),其余两式应用条件是等熵流(isen)。

(3) 等熵管流的速度 V 与截面积 A 关系：

$$(Ma^2 - 1)\frac{\mathrm{d}V}{V} = \frac{\mathrm{d}A}{A} \tag{2.3}$$

$$\frac{A_*}{A} = Ma\left[\frac{2}{\gamma + 1}\left(1 + \frac{\gamma - 1}{2}Ma^2\right)\right]^{-\frac{\gamma + 1}{2(\gamma - 1)}} \tag{2.4a}$$

$$\frac{A_*}{A} = \lambda\left[\frac{\gamma + 1}{2}\left(1 - \frac{\gamma - 1}{\gamma + 1}\lambda^2\right)\right]^{\frac{1}{\gamma - 1}} \tag{2.4b}$$

2) 平面激波前后气流参数关系式

以下激波关系式中下标"1""2"分别表示激波前、后的气流参数,下标"0"表示驻点参数,激波斜角 β 与气流转折角 δ 如图 2.20 所示。

(1) 激波斜角 β 与气流转折角 δ 的关系式：

$$\frac{\tan\beta}{\tan(\beta - \delta)} = \frac{\rho_2}{\rho_1} \tag{2.5a}$$

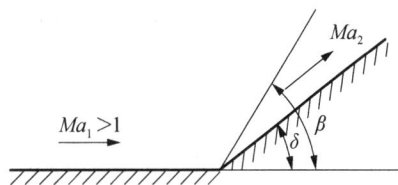

图 2.20　激波斜角 β 与气流转折角 δ

$$\tan\delta = \frac{Ma_1^2 \cdot \sin^2\beta - 1}{\left[Ma_1^2\left(\dfrac{\gamma+1}{2} - \sin^2\beta\right) + 1\right] \cdot \tan\beta} \tag{2.5b}$$

（2）激波前后马赫数关系式：

$$Ma_2^2 = \frac{Ma_1^2 + \dfrac{2}{\gamma-1}}{\dfrac{2\gamma}{\gamma-1}Ma_1^2 \cdot \sin^2\beta - 1} + \frac{\dfrac{2}{\gamma-1}Ma_1^2 \cdot \cos^2\beta}{Ma_1^2 \cdot \sin^2\beta + \dfrac{2}{\gamma-1}} \tag{2.6}$$

（3）激波前后静压关系式：

$$\frac{p_2}{p_1} = \frac{2\gamma}{\gamma+1}Ma_1^2 \cdot \sin^2\beta - \frac{\gamma-1}{\gamma+1} \tag{2.7}$$

（4）激波前后密度关系式：

$$\frac{\rho_2}{\rho_1} = \frac{\dfrac{\gamma+1}{\gamma-1} \cdot \dfrac{p_2}{p_1} + 1}{\dfrac{p_2}{p_1} + \dfrac{\gamma+1}{\gamma-1}} \tag{2.8a}$$

$$\frac{\rho_2}{\rho_1} = \frac{\dfrac{\gamma+1}{2}Ma_1^2 \cdot \sin^2\beta}{1 + \dfrac{\gamma-1}{2}Ma_1^2 \cdot \sin^2\beta} \tag{2.8b}$$

（5）激波前后静温关系式：

$$\begin{aligned}
\frac{T_2}{T_1} &= \left(\frac{p_2}{p_1}\right) \cdot \left(\frac{\rho_2}{\rho_1}\right)^{-1} \\
&= \left(\frac{\gamma-1}{\gamma+1}\right)^2 \cdot \left(\frac{2\gamma}{\gamma-1}Ma_1^2 \cdot \sin^2\beta - 1\right) \cdot \left(\frac{2}{\gamma-1} \cdot \frac{1}{Ma_1^2 \cdot \sin^2\beta} + 1\right)
\end{aligned} \tag{2.9}$$

（6）激波前后总温关系式：

$$\frac{T_{02}}{T_{01}} = 1 \tag{2.10}$$

（7）激波前后总压关系式：

$$\begin{aligned}
\frac{p_{02}}{p_{01}} &= \left(\frac{p_2}{p_1}\right)^{\frac{-1}{\gamma-1}} \cdot \left(\frac{\rho_2}{\rho_1}\right)^{\frac{\gamma}{\gamma-1}} \\
&= \left(\frac{2\gamma}{\gamma+1}Ma_1^2 \cdot \sin^2\beta - \frac{\gamma-1}{\gamma+1}\right)^{\frac{-1}{\gamma-1}} \cdot \left(\frac{\dfrac{\gamma+1}{2}Ma_1^2 \cdot \sin^2\beta}{1 + \dfrac{\gamma-1}{2}Ma_1^2 \cdot \sin^2\beta}\right)^{\frac{\gamma}{\gamma-1}}
\end{aligned} \tag{2.11}$$

（8）正激波前后速度系数关系式：

$$\lambda_2 = \frac{1}{\lambda_1} \tag{2.12}$$

（9）正激波前后马赫数关系式：

$$Ma_2^2 = \frac{1 + \dfrac{\gamma - 1}{2} Ma_1^2}{\gamma Ma_1^2 - \dfrac{\gamma - 1}{2}} \tag{2.13}$$

（10）正激波前后静压关系式：

$$\frac{p_2}{p_1} = \frac{2\gamma}{\gamma + 1} Ma_1^2 - \frac{\gamma - 1}{\gamma + 1} \tag{2.14}$$

（11）正激波前后密度关系式：

$$\frac{\rho_2}{\rho_1} = \frac{\dfrac{\gamma + 1}{2} Ma_1^2}{1 + \dfrac{\gamma - 1}{2} Ma_1^2} \tag{2.15}$$

（12）正激波前后静温关系式：

$$\frac{T_2}{T_1} = \left(\frac{\gamma - 1}{\gamma + 1} \right)^2 \cdot \left(\frac{2\gamma}{\gamma - 1} Ma_1^2 - 1 \right) \cdot \left(\frac{2}{\gamma - 1} \frac{1}{Ma_1^2} + 1 \right) \tag{2.16}$$

（13）正激波前后总压关系式：

$$\frac{p_{02}}{p_{01}} = \left(\frac{2\gamma}{\gamma + 1} Ma_1^2 - \frac{\gamma - 1}{\gamma + 1} \right)^{\frac{-1}{\gamma - 1}} \cdot \left(\frac{\dfrac{\gamma + 1}{2} Ma_1^2}{1 + \dfrac{\gamma - 1}{2} Ma_1^2} \right)^{\frac{\gamma}{\gamma - 1}} \tag{2.17}$$

2.2.3　采用的主要坐标轴系

在国家标准 GB/T 16638.2—1996 中给出的与空气动力学及飞行力学研究相关的坐标轴系有八种,这些坐标轴系是机体坐标轴系、半机体坐标轴系、风洞坐标轴系、气流坐标轴系、稳定性坐标轴系、计算坐标轴系、铅垂地面固定坐标轴系以及飞行器牵连铅垂地面坐标轴系等。在高速风洞试验中,常用的坐标轴系主要有两种:一种是机体坐标轴系(简称体轴系);另一种是气流坐标轴系(简称风轴系)。本节主要介绍这两种坐标轴系。

在目前高速风洞试验中,对气动力方向的规定,通常采用右手定则,即坐标系为右手坐标系。但在飞机外挂物测力试验中,为便于对左、右两侧外挂物气动特性的比较,通常是左侧采用左手坐标系,右侧仍采用右手坐标系。目前,采用的坐标轴系有两套,一套与美国、英国等国家采用的相同,国家标准 GB/T 16638.2—1996 也采用此规定;另一套是苏联采用的坐标轴系,这套坐标轴系相对美英所采用的坐标系,在表达空气动力的符号上更为直观些。目前,在国内外仍流行着使用两套坐标系的规定方法。本书仅介绍与风洞试验相关的,且在国家标准 GB/T 16638.2—1996 中规定的坐标轴系。

1. 机体坐标轴系 $Ox_by_bz_b$

机体坐标轴系:规定原点 O 位于飞行器的质心,对于风洞试验模型,通常将坐标轴系

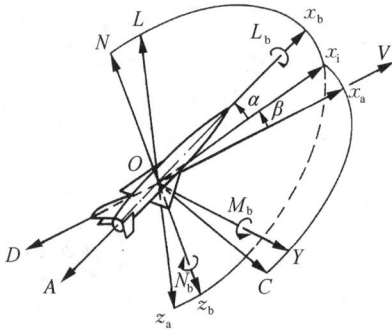

图 2.21　机体坐标轴系、气流坐标轴系

的原点 O 置于其力矩参考点上;纵轴 x_b 与机身轴线或翼根弦线平行,指向前方;横轴 y_b 与飞行器纵对称平面垂直,指向右方;竖轴 z_b 在飞行器纵对称面内,与纵轴垂直,指向下方。该坐标轴系简称体轴系,如图 2.21 所示。

按照国家标准 GB/T 16638.4—1996 的规定,在该坐标轴系中空气动力各分量及其系数表示如下:

- 轴向力 A,沿 Ox_b 轴的空气动力分量,以轴负方向为正,系数为 C_A;
- 法向力 N,沿 Oz_b 轴的空气动力分量,以轴负方向为正,系数为 C_N;

- 横向力 Y,沿 Oy_b 轴的空气动力分量,以轴的正方向为正,系数为 C_Y;
- 俯仰力矩 M_b,空气动力合力矩绕 Oy_b 轴的力矩分量,系数为 C_{M_b};
- 偏航力矩 N_b,空气动力合力矩绕 Oz_b 轴的力矩分量,系数为 C_{N_b};
- 滚转力矩 L_b,空气动力合力矩绕 Ox_b 轴的力矩分量,系数为 C_{L_b}。

2. 气流坐标系 $Ox_ay_az_a$

气流坐标系是由飞行器飞行速度矢量决定的坐标轴系,对于风洞试验模型,通常将坐标轴系的原点 O 置于其力矩参考点上,轴 Ox_a 沿飞行速度矢量,即指向前方;轴 Oz_a 在飞行器纵对称平面内,垂直于 Ox_a,指向下方;轴 Oy_a 垂直于 Ox_a 和 Oz_a,指向右方。该坐标轴系简称风轴系,如图 2.21 所示。在风轴系中空气动力各分量及其系数表示如下:

- 升力 L,沿 Oz_a 轴的空气动力分量,以轴负方向为正,系数为 C_L;
- 阻力 D,沿 Ox_a 轴的空气动力分量,以轴负方向为正,系数为 C_D;
- 侧力 C,沿 Oy_a 轴的空气动力分量,以轴的正方向为正,系数为 C_C;
- 俯仰力矩 M_a,空气动力合力矩绕 Oy_a 轴的力矩分量,系数为 C_{M_a};
- 偏航力矩 N_a,空气动力合力矩绕 Oz_a 轴的力矩分量,系数为 C_{N_a};
- 滚转力矩 L_a,空气动力合力矩绕 Ox_a 轴的力矩分量,系数为 C_{L_a}。

2.2.4　高速风洞类型和构成

高速风洞的类型按速度范围来分,可以分为亚声速、跨声速、超声速风洞;按结构形式来分,可以分为试验段开口风洞、试验段闭口风洞、直流式风洞(图 2.22)、回流式风洞(图 2.23、图 2.24)以及半回流式风洞;从风洞运行方式来分,可以分为连续式风洞和暂冲(间歇)式风洞两大类,其中暂冲式风洞又可细分为吹气式、吸气式、吹吸气式和引射式风洞。

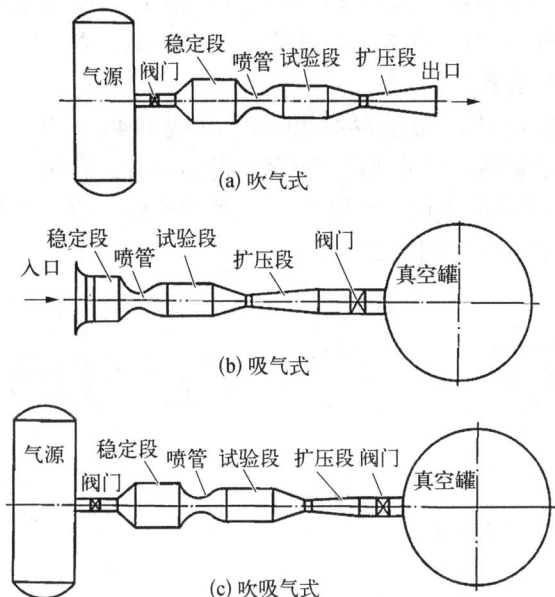

图 2.22　暂冲直流式风洞示意图

连续式风洞由多级轴流式风扇驱动,驱动功率大,连续式风洞具有运行时间长、容易控制与精确重复气流流动条件以及流场品质优于暂冲式风洞等优势;不足是:起动时达到一定的压力比所需的时间长,风洞前期建设费用高。暂冲式风洞具有前期建设费用低,一套气源装置可以供几座风洞运转,模型损坏不易引起风洞受损,风洞起动与关车快速,风洞运行所需压力比容易形成等优势。不足是:速压范围窄,运行成本高。

亚声速风洞的速度范围,一般从考虑压缩性影响($Ma = 0.30$)开始,到气流发生"壅塞"($Ma = 0.8 \sim 0.85$)为止,型式多为回流式(图 2.23),亚声速风洞速度不高,从外形上看与低速风洞区别不大。亚声速风洞和低速风洞的主要区别是:驱动风扇不同和有无冷却装置,其余部件类似。亚声速风洞动力系统大多采用两级以上的轴流式风扇,其驱动功率要比低速风洞大得多,为了减小功率,要求亚声速风洞各部件的压力损失应尽量小,以提高风洞的能量比。当跨声速风洞出现后,就没有人再建造单一的亚声速风洞,它的试验马赫数可以从亚声速到跨声速连续变化,即可以兼顾亚、跨声速试验。

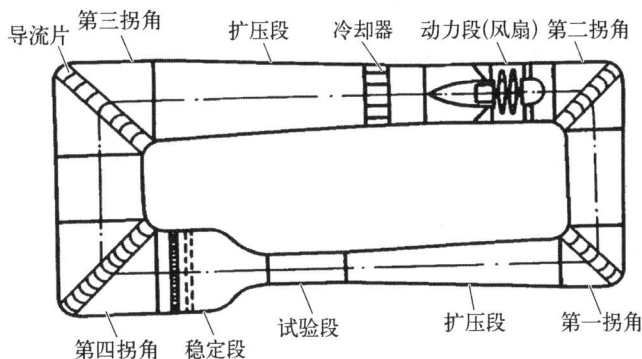

图 2.23　回流式亚声速风洞示意图

连续式风洞运转时所需的巨大功率将转化为热能,这会使气流及风洞洞体的温度随着试验时间的延续而升高,温度升高会对试验数据和洞体结构带来不利影响。因而风洞运行中必须配置有冷却装置。

跨声速风洞的速度范围,一般是 $Ma0.30\sim1.20$(或 1.40)。图 2.24 是一种典型连续回流式跨声速风洞的示意图。暂冲式跨声速风洞的驱动方式有吹气式和引射式。为了减小驱动功率,有的暂冲式风洞采用了引射式方案,如瑞典的 T1500 风洞和中国空气动力研究与发展中心的 FL-26 风洞(图 2.25)。

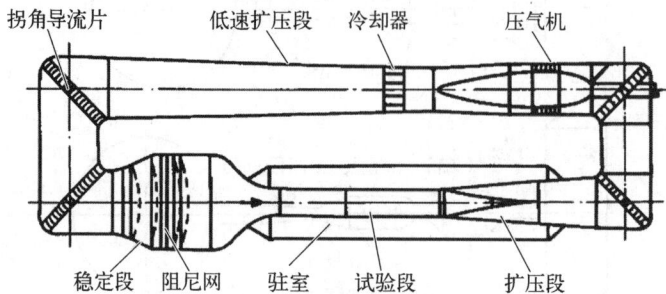

图 2.24 连续回流式跨声速风洞示意图

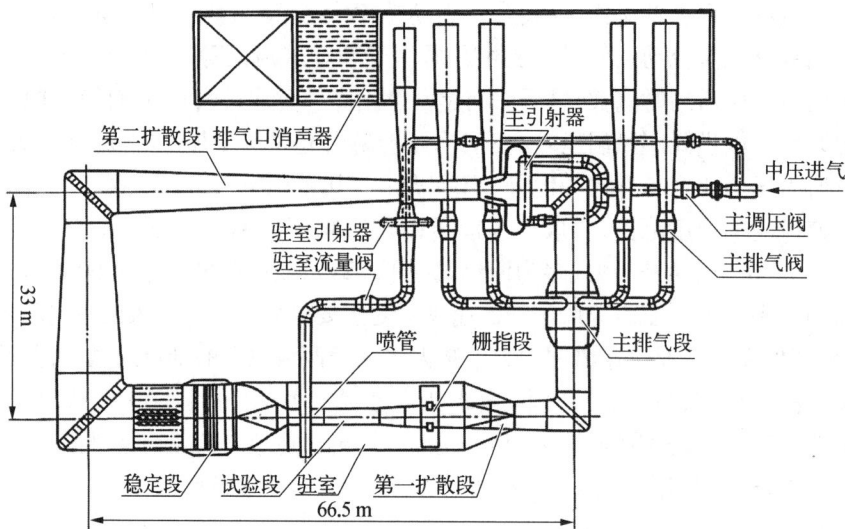

图 2.25 引射式跨声速风洞(FL-26)示意图[1]

对于跨声速风洞,无论是连续式还是暂冲式,其试验段均包裹在驻室内,试验段的壁板采用开孔或开槽的透气壁。对风洞运行的介质空气需要进行干燥和脱尘处理,以避免水蒸气凝结对试验数据的不利影响和微尘颗粒对模型的影响。对于大型跨声速风洞,一般在驻室配置有抽气系统,以精确调节驻室压力,以提高较高马赫数(0.9 以上)的控制精度[10-12]。

超声速风洞的马赫数范围一般为 1.5~4.5。对于暂冲式风洞,马赫数达不到 4.5,原因是在这类型风洞中,气流因马赫数高达 4.5 时气体处于临界饱和状态,试验数据存在问题。图 2.26 为一种暂冲式风洞的示意图。超声速风洞使用拉瓦尔喷管形成超声速气流。在这类风洞中都设计有超声速扩压段,以减少超声速气流产生的激波所带来的能量损失。超声速风洞的试验段为实壁。连续式超声速风洞的气流驱动装置是多级轴流式压气机,所需功率大,且冷却器技术复杂,图 2.27 是连续式超声速风洞示意图。

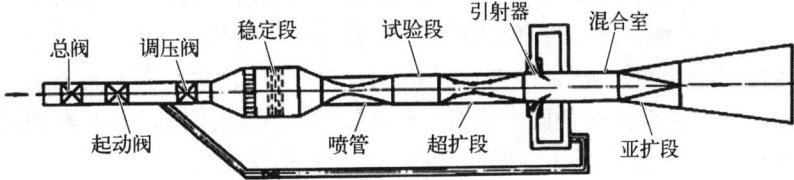

图 2.26　超声速风洞示意图

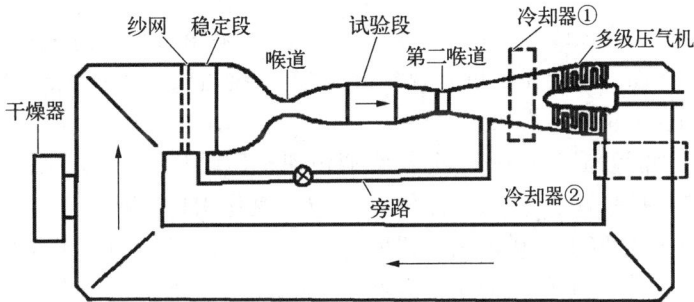

图 2.27　连续式超声速风洞示意图

有的风洞马赫数范围宽,可以进行亚、跨、超声速试验,这种风洞称为跨超声速风洞,也称三声速风洞。

高速风洞一般由稳定段、收缩段、喷管、试验段、扩散段、引射器、阀门、回流管道、消声器、动力段、冷却器等部件构成。

稳定段是一个大截面低流速管道,一般在稳定段内安装有孔板、蜂窝器、烧结丝网或多层阻尼网,经过调压阀、洞体拐角和大角度扩压器后不均匀、紊乱的气流流过稳定段后,气流将得到规整,变得比较均匀和方向一致,改善气流的品质和降低气流的紊流度。

稳定段之后是收缩段,它是一段圆滑过渡的收缩管道,气流进口面积与出口面积之比为收缩比,亚声速风洞的收缩比小,超声速风洞的收缩比较大(一般收缩比大于 10)。收缩段的作用是加速气流,并使气流速度场和方向场更加均匀,进一步降低气流的紊流度。

喷管段是高速风洞中最关键的部件之一,它是加速气流和获得满足国军标要求的流场的部件。亚、跨声速风洞的喷管为收敛形的声速喷管。超声速风洞的喷管为收敛—扩张型的拉瓦尔喷管,每个超声速马赫数都对应一个喷管型面,喷管结构有固块式、柔壁式等两类。对固块式喷管,需要更换不同型面的喷管,柔壁式喷管的型面是通过众多的机械或液压千斤顶把弹性钢板改变成不同马赫数所需要的型面。喷管型面的设计与加工水平高低对风洞的流场品质好坏起决定性的作用。

试验段是风洞最核心的部段,试验模型安装固定在这个部段上。试验段的长度一般是横截面当量直径的 1.5~2.5 倍。试验段一般有壁板扩张角调节机构，以消除气流在试验段的壁面上所形成的边界层沿气流方向逐渐增厚对流场品质的影响。亚跨声速试验时，壁板上开有斜孔（直孔）或槽，超声速试验时，洞壁使用实体壁板。透气壁的主要作用是，一是在试验段入口之后的部分区域使声速的气流继续膨胀加速，通过从驻室抽走部分流量，得到 $Ma>1.0$ 的跨声速流动，在这一加速区域的孔或槽的分布对气流加速区域的长度以及模型试验区马赫数分布的均匀性都有明显影响；二是使试验段气流不发生壅塞；三是减少或消除洞壁波反射干扰及高亚声速的洞壁壅塞干扰，这与壁板的开孔率（或开槽率）及其分布有关。试验段的截面形状有各种各样的。大型生产性风洞，特别是高速风洞试验段截面形状一般为矩形或正方形。这种截面形状的优点是：

（1）设计制造比较容易，且超声速喷管一般是二元喷管，容易衔接；

（2）流场的激波与膨胀波反射不至于集中在风洞轴线上，影响流场均匀性及试验数据；

（3）便于在壁面上安装转盘和半模机构，可进行半模和二元模型试验；

（4）便于在壁面上安装光学玻璃观察窗，对模型绕流状态进行观测；在试验段中，有模型支撑机构和姿态角控制机构。

扩压段是减小能量损失的一个部段，有亚声速扩压段和超声速扩压段两种。亚声速扩压段是一个单纯扩张管道，扩张全锥角为 5°~6°，其作用是使亚声速气流通过扩压管道降低速度提高静压，以降低能量消耗。超声速扩压段由收缩形管道、喉道以及扩张管道构成，且在风洞运行时管道的截面形状可以调节，其作用一是使超声速气流减速扩压，减小能量损失，试验段的超声速气流通过扩压段前段的收缩管道，逐渐减速，通过喉道后以远低于试验段的马赫数在扩压段的喉道附近产生正激波，气流变为亚声速，这样气流的能量损失较小，风洞运行所需的压力比可以降低。对暂冲式风洞而言，在同样马赫数下可以降低前室总压，或者延长风洞试验时间；对连续式风洞而言，减小能量损失可以减小压缩机所需的功率；二是使超声速气流保持稳定，这种稳定是指正激波处在第二喉道下游某个位置，当压力出现波动变化时，正激波会在扩压段中沿上下游方向作微小移动，使能量损失达到新的平稳，而不会影响试验段超声速气流的稳定。

暂冲式风洞的阀门有总阀、起动阀、调压阀及旁路阀等。总阀是高压气罐通向风洞的第一道阀门。总阀的结构主要是一个闸板，由电动机带动蜗杆、蜗轮和丝杠机构，使闸板升降，即可开启或关闭气源。风洞运行时，开启总阀要先打开旁路阀，使闸板前后压力平衡，闸板才容易被电动传动系统所拉起。起动阀是一种活塞阀，它的主体由一个内壁开有许多矩形孔的筒体及活塞所组成。阀门关闭时，筒体上的通气孔被堵住，气流不能流通；阀门的开启是由电机、减速器、伞形齿轮以及丝杠的作用使活塞沿筒体轴线向左移动，打开筒体上被遮蔽的通气孔，此时气流即能由孔流向下游管道。调压阀（图2.28）的结构和起动阀相似，不同的是筒体上的孔型有差别。调压阀筒体上的孔前端为矩形，后面为梯形，这是为了适应气罐压力下降时，可以更快地增大开度，以维持稳定段的总压恒定。与调压阀并联着一个旁路阀，其作用相当于增大调压阀的初始开启面积。调压阀的开度与速度是由稳定段总压与气罐压力所决定的。

在暂冲式风洞中，有多种引射器。一种是吸入引射器，它是安装在扩压器下游处的吹气管道，口朝向下游，通过向下游喷射气流来降低风洞试验段下游的静压。随着马赫数的

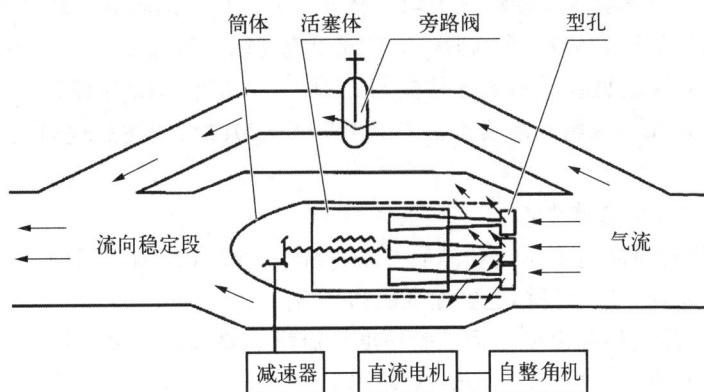

图 2.28　调压活塞阀构造示意图[11]

提高,风洞运行的压力随之升高。有了吸入引射器,试验段下游反压降低,风洞所需的前室总压就可以降低,在风洞起动过程中,若无吸入引射器,在正常前室总压情况下,风洞启动时间较长,难以较快达到预定马赫数。还有在半回流式风洞中,在稳定段上游有增量引射器,利用主气流引射部分经回流管道回来的废气重新使用,以节省气源消耗。在引射式风洞中有主引射器,贮气罐内的压缩空气经主调压阀调节后由主引射器的多个喷嘴喷出,以引射风洞管道内用过的气体继续加入循环,其效率远高于增量引射器(引射式风洞运行耗气量仅为相同尺寸的吹气式风洞的 $1/4 \sim 1/3$)。

高速风洞运行时噪声大,为降低出口气流噪声水平,一般在高速风洞出口安装消声器。消声器最简单的结构形式是由两个同心圆管组成,管壁间留有间隙,空气从内管流出,管壁上开有许多小孔,两柱形管间填有吸声物质。有的消声器是由大量装有吸声材料的消声筒组成。更复杂一些的消声器是在洞体中心通道上挂吸声幕。

连续式高速风洞才有动力段,在该段上装有压缩机。压缩机主要由直流电动机或涡轮机来驱动,在动力段有支架、整流罩、导向叶片等。

压缩机在不断给风洞空气注入能量时,也加热空气并使空气温度不断升高。随着气流温度的升高,不仅影响试验数据,还会影响风洞自动化机构正常运行。为此,在连续式高速风洞将设置冷却器,它是由一些导水管组成,水管上带有蜂窝状散热片,以产生最大的冷却效果。水管中的冷却水由水泵驱动流过冷却器再通向冷却塔。冷却塔与冷却器及水泵组成循环闭合回路系统[12]。

2.2.5　高速风洞流场品质

衡量风洞性能和直接影响风洞试验数据精度的首要因素是流场品质,即风洞试验段内尤其是放置模型的试验区内空间上和时间上的流动性能。要获得良好的风洞流场品质,必须从风洞设计、加工、安装和调试诸环节给予足够的重视,严格采取保证和提高流场品质的各项措施。一座新的风洞建成后的第一项工作就是进行风洞流场校测,全面、详细地测量风洞流场性能并选择最佳的风洞运行参数(如试验段壁板扩开角、孔壁的开壁比等),以得到最佳的运行状态。

高速风洞的流场品质指标包括速度场(马赫数分布的均方根偏差、最大偏差以及轴向马赫数梯度、参考点马赫数与模型区平均马赫数的关系)、方向场和平均气流偏角、跨声速通气壁消波特性、洞壁边界层、气流噪声、气流湍流度以及气流不稳定度等。本节主要根据国内外高速风洞长期运行的统计数据与经验[13-24]以及 2012 年修订的国家军用标准《低速风洞和高速风洞流场品质要求》(GJB 1179A - 2012),叙述高速风洞流场品质规范和要求。

1. 高速风洞流场品质要求

不同试验机构对高速风洞流场品质并没有统一的要求,随着试验要求和测试仪器性能的不断提升,流场品质的指标也更加全面和严格。

早期的流场品质指标根据模型试验精度对流场的要求而提出,更接近于优秀风洞的建议,而非硬性的要求;同时,限于流场对数据影响的认识和测试仪器的性能,早期的流校指标仅针对静态品质,例如 Jackson 提出的模型区马赫数均方根指标,Morris 提出的超声速马赫数最大偏差、气流偏角指标,以及 Steinle 提出的亚声速气流偏角、马赫数梯度指标等,具体量值见表 2.5 所示。

表 2.5 早期提出的流场品质指标[13]

指标名称	内容
Jackson 马赫数均方根偏差指标	$Ma < 1.0$ 时,$\dfrac{\sigma_{Ma}}{Ma} \leqslant 0.005$ $Ma \geqslant 1.0$ 时,$\dfrac{\sigma_{Ma}}{Ma} \leqslant 0.010$
Morris 超声速流场均匀性指标	$Ma = 1.4,\ \Delta Ma \leqslant \pm 0.003,\ \Delta\alpha \leqslant \pm 0.1°$ $Ma = 2.0,\ \Delta Ma \leqslant \pm 0.005,\ \Delta\alpha \leqslant \pm 0.1°$ $Ma = 3.0,\ \Delta Ma \leqslant \pm 0.010,\ \Delta\alpha \leqslant \pm 0.1°$
Steinle 亚声速流场均匀性指标	$Ma < 1.0$ 时,$\Delta\alpha \leqslant \pm 0.01°,\ \dfrac{dMa}{dx} \leqslant \dfrac{0.006Ma}{m}$

随着研究人员对流场动态品质认识的不断深入,20 世纪 70 年代后发布的流场指标通常都加入了动态品质的建议量值。目前应用的流场品质指标以美国发布为主,例如 20 世纪 70 年代 NASA 提出的流场品质指南、20 世纪 90 年代兰利研究中心提出的亚、跨声速风洞流场品质建议,以及国家风洞组织工程小组(National Wind Tunnel Complex, NWTC)提出的优秀流场品质建议等,具体建议量值见表 2.6 所示。需要注意的是,NWTC 流场品质建议中的噪声、湍流度指标是非常高的,绝大部分常规高速风洞都无法达到。以美国波音公司跨声速风洞(Boeing Transonic Wind Tunnel, BTWT)为例,其 20 世纪 90 年代末期进行亚声速流场品质提升与改造时确定的湍流度指标为 $\varepsilon < 0.25\%$。

表 2.6 中后期提出的流场品质指标[3, 10]

名称	静态指标	噪声(压力脉动)	湍流度(速度脉动)
NASA 流场品质指南 (20 世纪 70 年代)	$\Delta Ma \leqslant \pm 0.005$ $\Delta\alpha \leqslant \pm 0.04°$	总脉动压力系数 $C_{p,\,rms} < 0.5\%$	无

续　表

名　称	静 态 指 标	噪声(压力脉动)	湍流度(速度脉动)
兰利研究中心流场品质建议(20 世纪 90 年代)	$\Delta Ma \leq \pm 0.001$ $\Delta \alpha \leq \pm 0.10°$	1~30 kHz 范围内,总噪声声压级<120 dB	<0.2%
NWTC 优秀流场品质建议(20 世纪 90 年代)	$Ma < 1.0$: $\Delta Ma \leq \pm 0.001$ $Ma \geq 1.0$: $\Delta Ma \leq \pm 0.010$ $\dfrac{dMa}{dx} \leq \dfrac{0.0016}{m}$ $\Delta \alpha \leq \pm 0.10°$	100~20 kHz 范围内,总噪声声压级<95 dB	流向脉动<0.04% 纵向脉动<0.08% 侧向脉动<0.08%

　　国内方面,参照国外提出的流场品质指标,1990 年制定了名为《高速和低速风洞流场品质规范》的国家军用标准,对于指导国内跨、超声速风洞设计、调试和应用发挥了重要的作用;该标准经 2012 年修订,更名为《低速风洞和高速风洞流场品质要求》,并在原规范的基础上添加了马赫数梯度和校测周期等要求,其静态品质指标与美国 NWTC 优秀流场品质建议的比较见图 2.29、图 2.30 所示。需要说明的是,国军标提出的指标是生产型跨、超声速风洞流场必须达到的最低要求,而非优秀流场品质的建议值,因此其静态品质要求比国外指标低,采用现代测试技术,2000 年后建成的新设备基本上都可达到先进指标水平;同时鉴于国内对高速风洞动态品质影响认识不够深入,国军标中仅要求测量壁面与核心流的噪声频谱,而未提出量化的指标要求,湍流度更为非必测项目。

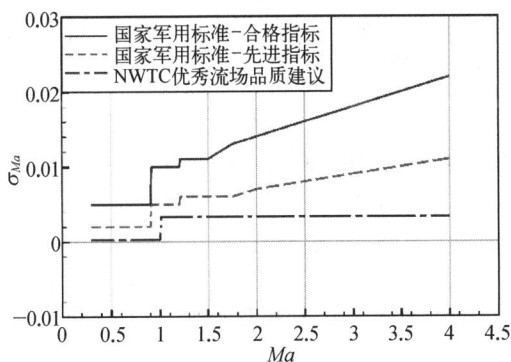

图 2.29　均方根偏差指标对比　　　　图 2.30　马赫数梯度指标对比

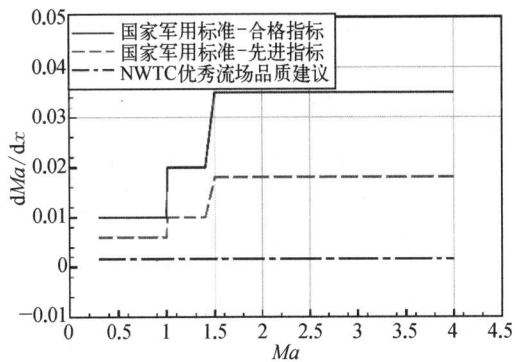

　　从国外高速风洞流场品质指标的发展历程来看,随着测试仪器性能的不断提高,以及对流场品质尤其是动态品质影响认识的不断加深,流场品质指标越来越趋于精细测试和全面量化。因此,为不断发展的风洞设计水平和校测仪器技术提供指导才是流场品质指标要求的基本功能。

　　2. 高速风洞流场校测内容

　　规范中要求在高速风洞流场校测的项目如下。

　　1)速度场

　　a. 马赫数分布均方根偏差 σ_{Ma}

　　在高速风洞中,马赫数分布均方根偏差是考核流场均匀度的一个十分重要的指标,表2.7 给出了高速风洞流场品质规范要求的马赫数均方根偏差的具体数值,在国军标规范中,规定合格指标是必须达到的指标,风洞的马赫数均方根偏差不得超过合格指标的数值,先进指标为争取达到的指标。对于目前国际先进水平的高速风洞,一般都达到了先进指标这一水平。

表 2.7　高速风洞马赫数分布均方根偏差 σ_{Ma} 指标

Ma	$0.4 \leqslant Ma \leqslant 1.0$	$1.0 \leqslant Ma \leqslant 1.2$	$1.3 \leqslant Ma \leqslant 1.5$	1.75	2.0	2.25	2.5	3.0	3.5	4.0
合格指标	0.005	0.010	0.011	0.013	0.014	0.015	0.016	0.018	0.020	0.022
先进指标	0.002	0.005	0.006	0.006 5	0.007	0.007 5	0.008	0.009	0.010	0.011

b. 马赫数分布最大偏差

给出 ΔMa 大于 $2\sigma_{Ma}$ 的测点数及其占总测点数的百分比,并给出 Ma_{max} 量值,其中 σ_{Ma} 为合格指标。

c. 轴向马赫数梯度

该值主要对试验数据的阻力带来影响,可以准确修正。对于风洞流场而言,要求该值越小越好。

d. 风洞参考点马赫数

在亚、跨声速范围,给出参考点马赫数 Ma_c(通常在驻室选定)与模型区平均马赫数的关系,即给出 $\overline{Ma} - Ma_c$ 曲线或给出 $(\overline{Ma} - Ma_c) - Ma_c$ 曲线。对于大迎角试验或大阻塞度模型试验,应该专门对风洞的来流马赫数 Ma_∞ 与参考点马赫数 Ma_c 的关系进行校测,以确定是否与空风洞的关系相同,若不同,则按实际校测的关系进行马赫数修正。

e. 模型区确定

在高速风洞流场校测中,在规范中规定模型区域的选取原则是,长度要大于 $\sqrt{A}$(A 为试验段横截面积),宽度和高度分别大于试验段宽度及高度的 2/3。亚、跨声速马赫数校测时,在模型区域范围沿轴向的测点间距应不大于试验段横截面积的十五分之一,即不大于 $\dfrac{\sqrt{A}}{15}$,超声速截面马赫数校测时,在模型区域范围内测量截面的间距不大于 $\dfrac{\sqrt{A}}{10}$,每个截面至少在水平对称线与垂直对称线上进行测量,每条线上测点间距不大于 $\dfrac{\sqrt{A}}{15}$。 以上模型区校测的间距要求,主要是针对 1.2 m 量级的高速风洞,对于 2 m 量级以上的大型高速风洞,间距应适当加密。

2) 方向场

在试验段中的气流,除要求速度均匀外,还对速度的方向场有严格的要求。一是通过校测给出局部气流偏角的分布图,要求试验段模型区各个截面内任何一点的气流方向与风洞轴线之间的夹角不超过 0.5°;二是要求在试验段模型区域的平均气流偏角不超过 0.3°,即要求:$\Delta \bar{\alpha} \leqslant 0.3°$, $\Delta \bar{\beta} \leqslant 0.3°$。

3) 跨声速透气壁消波特性

在试验段进行锥柱体表面压力测量,给出锥柱体表面压力分布 $\dfrac{p}{p_0} - \dfrac{x}{D}$ 曲线,并与无干扰曲线比较。

4）洞壁边界层

在流场校测时,应在模型区至少选择两个位置测量壁面的边界层厚度、位移厚度和速度分布。

5）气流噪声

在试验段进行噪声测量,给出洞壁及 10° 锥模型表面的气流噪声声压级（sound pressure level, SPL）和气流脉动压力系数 $C_{p,\,\mathrm{rms}}$ 以及噪声频谱图。

6）亚、跨声速气流湍流度

给出亚、跨声速试验段气流三个分量的湍流度及其频谱。

7）气流不稳定度

在亚、跨声速试验段,要求试验段参考点马赫数最大波动量,合格指标为 $\Delta Ma_{\mathrm{c,\,max}} \leqslant 0.005$,先进指标为 $\Delta Ma_{\mathrm{c,\,max}} \leqslant 0.002$。对于超声速时,则是要求稳定段总压最大波动量,合格指标 $\dfrac{\Delta p_{0,\,\mathrm{max}}}{p_0} \leqslant 0.3\%$,先进指标为 $\dfrac{\Delta p_{0,\,\mathrm{max}}}{p_0} \leqslant 0.1\%$。

3. 典型高速风洞动态流场品质

本小结简要介绍国内外设备的动态流场品质情况,对比对象为噪声（脉动压力系数）和湍流度。汇总了欧洲 ETW、俄罗斯 T‑128、美国 NTF 等十余座风洞的动态流场指标[13, 14]。

图 2.31、图 2.32 分别为孔壁、槽壁试验段核心流脉动压力系数 $C_{p,\,\mathrm{rms}}$ 随来流马赫数的变化,以及国内 FL‑26 风洞孔壁、槽壁试验段的测试结果。

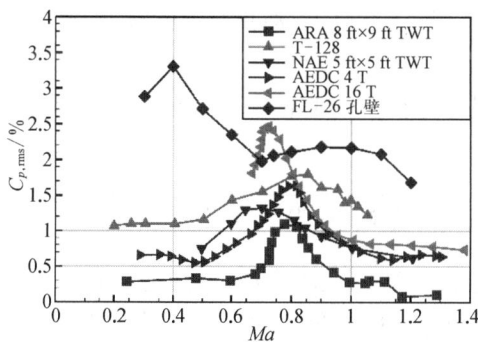

图 2.31　主要孔壁设备脉动压力系数[10]

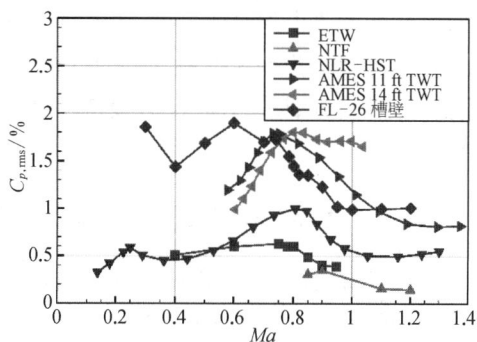

图 2.32　主要槽壁设备脉动压力系数[10]

类似 ETW 等国外先进设备非常注重试验段的动态流场品质,通过优秀的回流道和二喉道设计,结合大收缩比稳定段,高性能蜂窝器和阻尼网等整流装置,其开槽壁试验段的湍流度控制在 0.25% 以内,气流脉动压力系数 $C_{p,\,\mathrm{rms}}$ 控制在 0.7% 以内,使得该风洞流场品质处于世界先进水平。

图 2.33 给出了国内外主要风洞设备的轴向湍流度随来流马赫数的变化规律。考

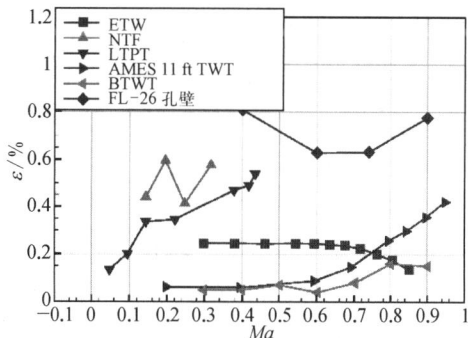

图 2.33　主要风洞设备湍流度[10]

虑到国外的主要风洞多为连续式风洞,而目前我国的主力风洞则为暂冲式风洞,两类风洞的结构形式存在差异,风洞流场的主要干扰源也各有侧重,暂冲式风洞与生俱来的局限性,决定了暂冲式风洞相比连续式风洞,在流场品质方面也存在着一定的差距。

2.2.6　试验类型

与低速风洞试验类似,高速风洞试验技术按照测试对象也大致分为常规试验、特种试验两大类,实际上,两种试验类型之间并没有绝对严格的分界线。一般把全模、半模的定常测力、测压试验称为常规试验,而把颤振试验、抖振试验、动稳定性试验、脉动压力试验、进气道试验、喷流试验、捕获轨迹试验等称为特种试验。大迎角测力试验从试验类型上说属于全模型测力,但它与中小迎角测力试验相比又有其特殊性:在一定雷诺数范围,大迎角下机身绕流会出现非对称分离,甚至产生非定常流动,非定常气动力的测量对测试仪器有特殊的要求,这又带有特种试验的性质。

由于各试验目的、流程方法、数据处理、精准度要求差异较大,本节仅针对全模型测力试验、大迎角测力试验、压力分布测量试验、半模型试验等几类最常见的试验类型简要介绍试验方法,详细的设备仪器选择、数据处理流程、典型试验结果,以及特种试验技术等内容请读者参阅专业的文献教材。以下内容参考李周复2015年修订的《风洞试验手册》[1]和王发祥2001年编写的《高速风洞试验》[6]中相关内容。由于各试验目的、流程方法、数据处理、精准度要求差异较大,本节仅针对全模型测力试验、大迎角测力试验、压力分布测量试验、半模型试验等几类最常见的试验类型简要介绍试验方法,详细的设备仪器选择、数据处理流程、典型试验结果,以及特种试验技术等内容请读者参阅本书其他有关章节或文献教材。

2.2.7　世界8 m低速风洞和2 m以上量级跨声速风洞简介

大尺寸风洞在大型飞机研制与发展中一直发挥着巨大的作用,尤其是8 m量级大型低速风洞和2 m以上量级的大型跨声速风洞,以其试验段尺寸大,模拟条件真实,可满足大尺寸乃至全尺寸飞行雷诺数模拟试验能力等优势,在大型飞行器研制中占有独特的地位。因此,以美欧、俄罗斯为代表的世界主要航空航天强国,均把8 m量级大型低速风洞和2 m以上量级的大型跨声速风洞及其试验技术和试验数据修正方法摆在满足其基础研究、产品研发的重要地位。当前,国外在用的8 m量级大型低速风洞主要有3座,2 m以上量级的大型跨声速风洞共有18座,总体分布情况见表2.8。本节简要介绍其中6座最重要的风洞设备情况,NASA艾姆斯研究中心的NFAC、兰利研究中心的NTF风洞和16英寸TDT风洞,欧洲四国的DNW-LLF风洞、ETW、法国的S1MA风洞。这六座设备均充分利用当代先进测试技术,持续改进试验方法,提高试验的精细化水平和数据质量。近三十年来,围绕这一目标,进行了一系列试验精细化模拟技术、修正方法和试验质量评估研究与验证工作,并公布了部分典型研究结果,为各国风洞试验研究人员提供了一定的参考。

表 2.8　世界 8 m 低速风洞和 2 m 以上量级跨声速风洞统计表[4]

国　家	所属机构		数量	名　称　与　试　验　段　尺　寸		
美国	NASA	艾姆斯	2	NFAC 12 m×24 m　　UPWT　3.4 m×3.4 m		
		兰利	3	NTF 2.5 m×2.5 m	TDT 4.88 m×4.8 m	16TT 4.88 m×4.88 m
		格伦	1	2.44 m×1.83 m(8 ft×6 ft)		
	AEDC		1	4.88 m×4.88 m(16 ft×16 ft)		
	波音		1	BTWT　2.4 m×3.7 m		
俄罗斯	TsAGI		3	T-128 2.75 m×2.75 m	T-101 2 m×24 m	T-109 2.25 m×2.25 m
英国	RAE		2	8(ft)2.5 m×2.25 m	法恩伯勒　1.8 m×2.4 m	
	ARA		1	TWT　2.4 m×2.7 m		
法国	ONERA		2	S1MA 6.85 m×6.7 m	S2MA 1.77 m×1.75 m	
荷兰	NLR		1	HST　1.6 m×2.2 m		
法荷英德	ETW		1	DNW-LLF　8 m×6 m　ETW　2.4 m×2.0 m		
日本	NAL		1	JTWT　2 m×2 m		

1. 美国 NASA-NFAC

美国具有世界上规模最大、尺寸最全、功能最为强大的风洞试验群,在大型飞机研制中发挥着重要的作用。NASA 艾姆斯研究中心的 12 m×24 m/24 m×36 m 亚声速风洞建于 1944 年(图 2.34),1982 年 NASA 对风洞进行了扩建,在原 12 m×24 m 风洞的基础上增加了一个 24 m×36 m 试验段,使该风洞成为世界上最大的全尺寸风洞。两座风洞共用一套驱动系统,最大试验风速分别为 154 m/s 和 51 m/s,雷诺数分别为 $9.8×10^6$/m 和 $3.6×10^6$/m。20 世纪末,对该风洞进行了航空声学试验段改造。该风洞主要用于大尺度或全尺寸飞机

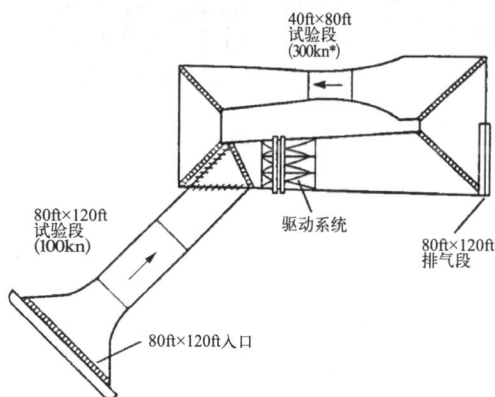

图 2.34　NASA-NFAC 风洞[25, 26]

* 　1 kn=1.852 km/h=0.514 444 m/s。

和旋翼机模型试验研究、战斗机大攻角试验、垂直/短距起落飞机的动力升力研究、发动机加力燃烧室研究、大型运输机增升研究和风洞自由飞试验等,具有完善的大型飞机低速试验技术体系和数据修正能力,在美国军民用航空航天飞行器研究中发挥了重要作用。

2. 美国 NASA - NTF

NTF 作为世界上首座生产型低温高雷诺数大型跨声速风洞,建立了较为完善的大飞机精细化风洞试验技术体系,为先进飞行器研制和性能预测提供了全面的测试平台,除满足 NASA 自身的航空、航天器研究、发展、试验和评估计划外,还为波音 767、波音 777 系列飞机提供了大量的高雷诺数试验支持服务。图 2.35、图 2.36 分别给出了 NTF 风洞的气动轮廓图和试验段照片,图 2.37、图 2.38 为客机飞机在 NTF 风洞的试验照片。

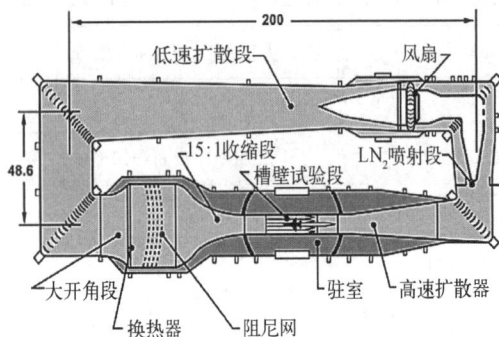

图 2.35　NTF 风洞气动轮廓图(单位: ft)[27, 28, 31]

图 2.36　NTF 风洞试验段[29]

图 2.37　波音 767 在 NTF 试验[30]

图 2.38　波音 777 - 200 模型在 NTF 试验[31]

2005 年以来,NTF 风洞针对先进飞行器设计要求,开展了精细化的试验数据修正体系建设,系统评估了槽壁干扰修正的不确定度,建立了完善的试验数据修正流程,编制了 ANTARES、STRIPPAN 等实时修正软件程序[32-35],形成在业内推广使用的专用成熟产品,图 2.39 给出了 NTF 进行洞壁干扰修正使用的壁压测点,图 2.40 为专用程序流程图。

在大型飞机风洞试验质量评估方面,NTF 采用蒙特卡罗方法和统计控制技术发展了试验不确定度评估与质量控制方法,评估了常温/低温运行条件下流场、天平、弹性变形、温度等主要参数对民机模型试验误差的贡献量,开展了大量试验质量控制和误差修正溯源分析研究工作,图 2.41 给出了某民机典型不确定度评估结果。

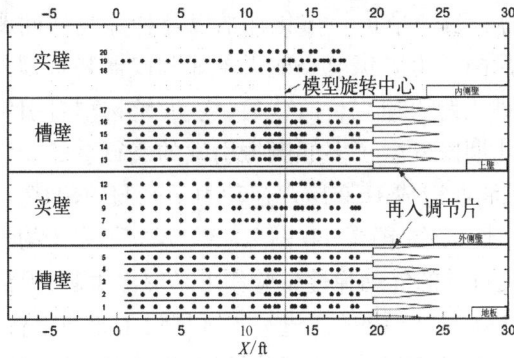

图 2.39 NTF 壁压测点分布图[33]

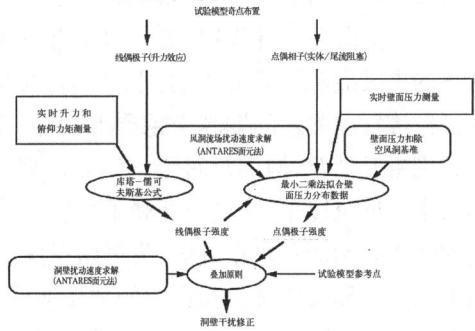

图 2.40 TWICS 数据修正程序流程图[34]

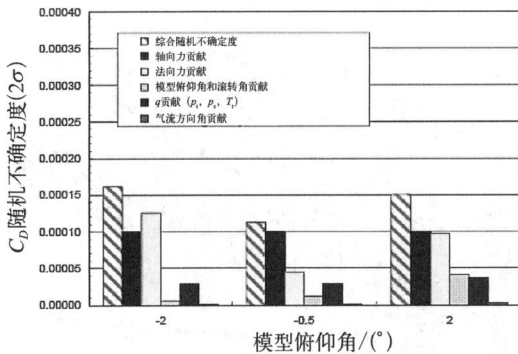

(a) $Ma_\infty 0.50$, $q_\infty = 2424$ lb*/ft²－空气模式

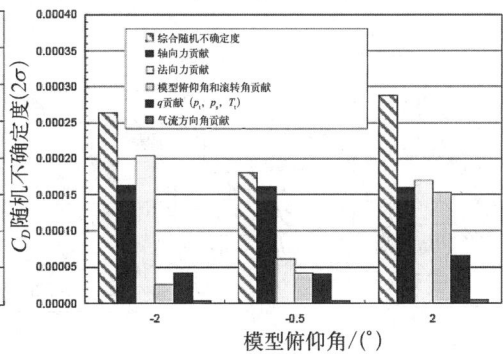

(b) $Ma_\infty 0.82$, $q_\infty = 2562$ lb/ft²－低温模式

图 2.41 典型民机试验阻力系数不确定度评估结果[35]

在飞行雷诺数试验模拟方面,NTF 于 2001 年全面提升了半模/全模试验数据的相关性水平,通过发展数据修正方法、完善垫块外形模拟以及大量程高精度半模天平研制大幅提高了民机半模试验数据质量,得到了与全模基准数据较为一致的半模结果,并成功应用于波音 777 飞机研制中(图 2.42、图 2.43)。

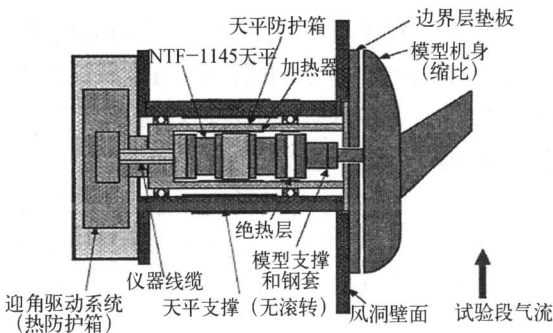

图 2.42 NTF 半模支撑装置[30]

图 2.43 波音 777 半模型试验[30]

3. 美国 16 ft TDT

5 m 量级大型跨声速风洞由于综合模拟能力强,在解决飞行器气动外形精细化模拟、

---

* 1 lb = 0.453 592 kg。

气动/结构一体化设计(静气动弹性、颤振等)、机体/推进一体化评估以及特殊复杂问题研究中发挥着关键性作用,被美欧航空航天强国视为确保航空航天事业和武器装备领先优势的重大战略资源。20世纪50年代飞机进入跨声速飞行时代后,气动/结构耦合引发的颤振等气动弹性问题越来越严重,美国在此期间发生了多起颤振引发的飞行事故。为研究飞机气动/结构耦合问题,将19 ft增压风洞改造成16 ft跨声速动力学风洞(16TDT)。随后半个世纪以来,该风洞开展了大量气动弹性试验(图2.44、图2.45),建立了完善的气动弹性影响预测及修正方法,为美国军民用飞行器的气动弹性试验作出了突出贡献,保证了美国军用和民用飞机在世界的领先地位。随后又于1997年进一步开展设备改造,将试验介质用R-134a重气体置换了R-12重气体,从而进一步提升了气动弹性试验模拟的保真度,彻底解决了大型飞机的静气动弹性影响及预测问题。

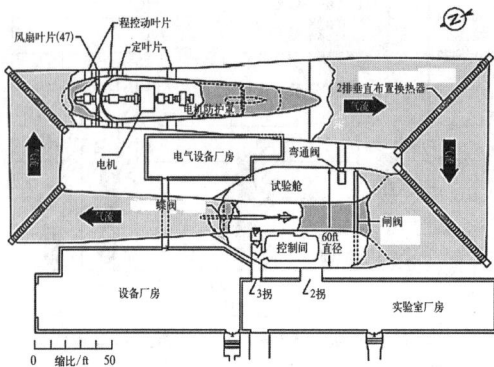

图2.44 美国16 ft TDT风洞结构示意[36-38]

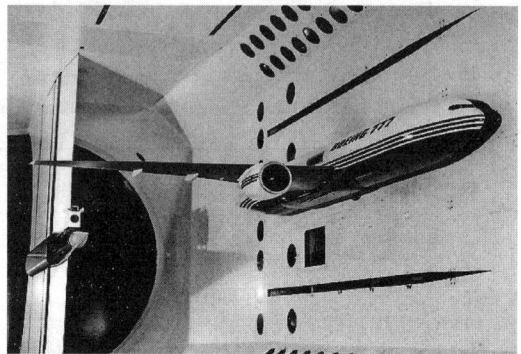

图2.45 美国TDT风洞气动弹性试验[38]

4. 欧洲DNW-LLF

由德-荷风洞管理委员会管理的LLF风洞是一座单回流低速风洞,拥有三个可更换的闭口试验段和一个开口试验段,8 m×6 m闭口试验段最高风速116 m/s、8 m×6 m开口试验段中心线外12.2 m处80 m/s风速下的气流背景噪声为80 dB(A),是目前世界上性能最好、能力最强的大型低速风洞。风洞配备尾撑系统、腹撑系统、外式天平、活动地板、涡扇动力模拟系统(TPS系统)、空气马达系统、流场测量设备、声学测试设备,可以满足各类航空航天飞行器、车辆等气动力、气动声学的试验需要。在试验数据修正方面,基于速势扰动方程理论,开发了洞壁干扰实时修正能力;通过腹支撑的辅助方式建立了支撑干扰修正技术,能够准确开展大型飞机支撑干扰试验。如空中客车公司研制的所有客机和运输机都在DNW-LLF风洞进行了气动力和气动声学试验,欧洲直升机公司研制的NH-90直升机、美国的F-35战斗机以及我国的C919客机和ARJ21飞机也在DNW-LLF开展了大量的风洞试验(图2.46)。

5. 欧洲ETW

位于德国宇航中心(Deutsches zentrum für Luft-und Raumfahrt,DLR)科隆总部的ETW风洞,由德国、英国、法国和荷兰共同投资建设(图2.47),是目前世界上性能指标最先进的大型跨声速风洞。作为世界第二座连续闭口回流式低温高雷诺数跨声速风洞,ETW主要承担大展弦比飞机模型高雷诺数风洞试验和先进测试技术的研发工作,依托自身设备

图 2.46 大型飞机在 LLF 风洞试验照片[39]

和技术优势,ETW 在广泛借鉴 NTF 风洞运行经验的基础上,针对大飞机高雷诺数试验需求,重点发展了先进运输机全雷诺数数据修正体系、半模型精细化测力试验技术(图 2.48)、温敏漆(temperature sensitive paint, TSP)/压敏漆(pressure sensitive paint, PSP)测试技术(图 2.49)、模型-支撑主动振动抑制技术等。作为关键研究平台,在欧洲联合开展的多个大型商用民机项目(表 2.9)中,ETW 风洞在飞行雷诺数模拟、高品质流场测量和精确数据修正评估等方面开展了大量研究工作。同时,作为世界上性能指标最先进的高雷诺数风洞,ETW 风洞的试验结果正在成为各国运输机研制试验数据质量评估的检验标准。

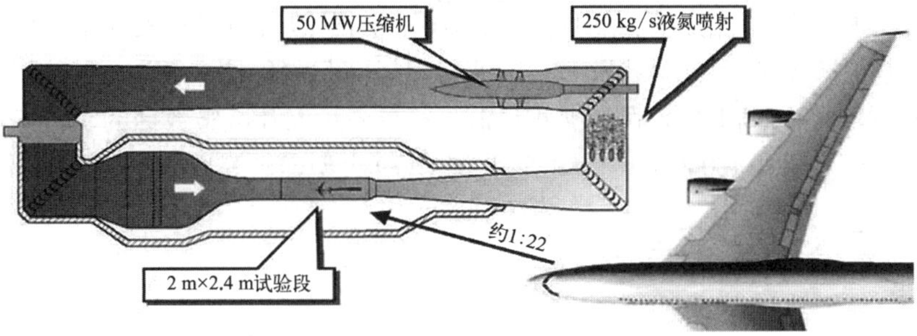

图 2.47 ETW 气动轮廓图[40]

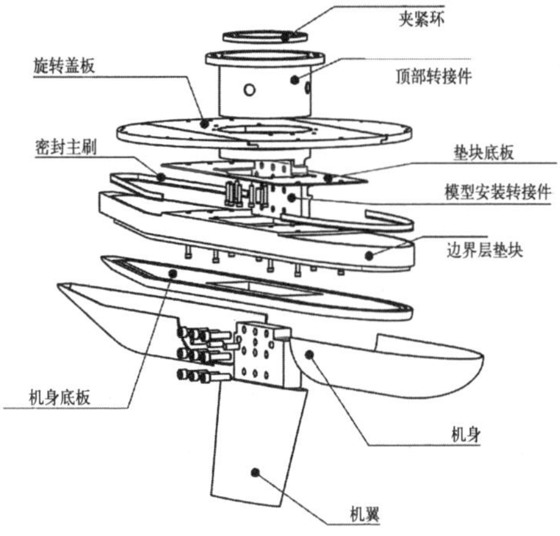

图 2.48 ETW 半模试验装置[41-43]

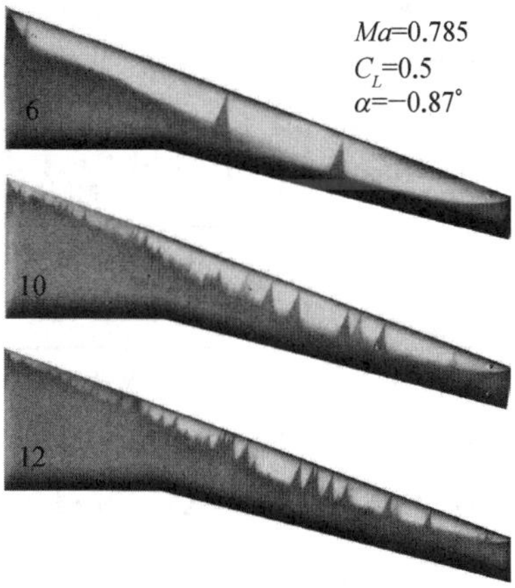

图 2.49 ETW 温敏漆试验结果[44]

表 2.9　在 ETW 中欧洲联合开展的相关研究项目

时　间	项目名称	研　究　内　容	时　间	项目名称	研　究　内　容
2000~2003 年	HiReTT	高雷诺数大型客机技术研究计划	2010~2013 年	ALSA	边界层分离噪声源定位研究计划
2000~2003 年	EUROLIFT	欧洲高升力计划	2010~2014 年	HINVA	高升力构型飞行试验验证
2002~2005 年	M-DAW	先进翼尖装置雷诺数效应研究	2012 年	HiReLF	大型层流机翼跨声速高雷诺数试验
2004~2007 年	EUROLIFT 二期	欧洲高升力计划	2012 年	NLF	自然层流研究计划
2004~2007 年	REMFI	基于流动显示的大飞机后机身及尾翼雷诺数效应研究	2016 年	RUSK	先进流动控制技术及雷诺数效应
2005~2008 年	FLIRET	飞行雷诺数试验计划	2018~2020 年	BinCola	层流短舱性能验证及高雷诺数试验能力建设
2009~2013 年	DESIREH	先进增升装置飞行雷诺数试验、仿真、设计及雷诺数效应研究	2018 年	LoCaRe	增升装置气动噪声测量及其雷诺数效应

　　ETW 风洞早在运行之初就针对典型运输机布局开展了飞行雷诺数范围的试验数据修正体系建设工作,其主要特点是经典线性修正方法与试验实测技术相结合,包括覆盖各类型支撑形式的支撑干扰修正、亚声速范围内洞壁干扰壁压信息法/实测干扰因子法修正、天平温度效应及模型变形影响修正、流场畸变修正等(图 2.50、图 2.51)。目前,该套修正体系已经与数据处理程序相结合,可以实现风洞运行参考量以及试验数据的实时修正,并在欧洲空客系列大型飞机、A400M 重型运输机、我国 C919 大型客机等型号中得到应用。

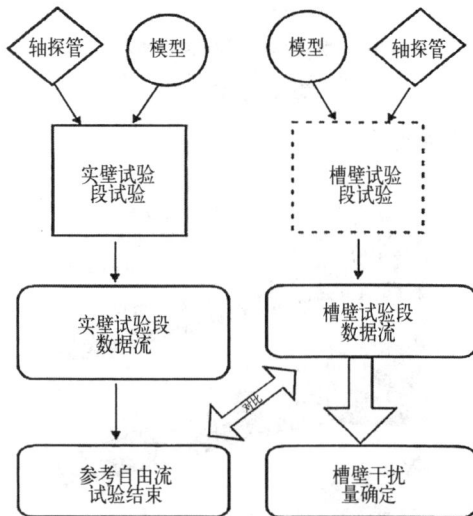

图 2.50　ETW 洞壁干扰修正流程[45]

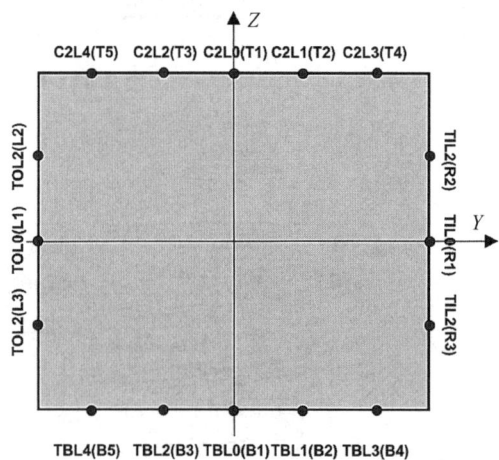

图 2.51　ETW 壁压分布示意图[45]

6. 欧洲 S1MA 风洞

二战结束后,法国乘机抢夺了德国 $\phi 8$ m 亚声速风洞,并通过持续的技术改造,扩展了

其 Ma 试验包线、流场品质、试验技术等,使其升级为世界上最大的高亚声速风洞(S1MA风洞[46],最高 $Ma0.98$)供欧洲共用(图2.52)。该风洞有3个宽度为6m左右的矩形试验段,可以进行气动力、气动弹性、气动声学和机体/推进一体化等试验(图2.53),具有完善的试验数据修正技术体系。六十多年来,S1MA风洞为欧洲大型客机,尤其是空客系列飞机的崛起作出了突出贡献。此外,该风洞对欧洲国家的战斗机、运载火箭和发动机等型号的研制也起到了不可替代的作用。

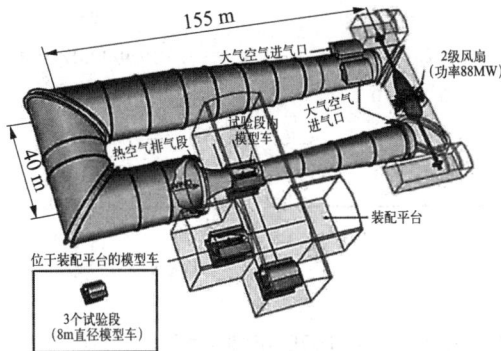

图2.52　S1MA风洞气动轮廓图[46]

图2.53　S1MA风洞大飞机试验[46, 47]

可以看出,正是由于美欧国家分别构建了"8m量级低速风洞+2m量级常规跨声速风洞+2m量级低温高雷诺数风洞+5m量级跨声速风洞"尺寸配套、功能互补、试验技术完备、试验雷诺数宽广的低速和跨声速风洞战略资源体系,有力促进了其军民用大型飞机、轰炸机、航空发动机等型号发展,也为开展相关性研究打下了坚实的设备和技术基础。

2.2.8　国内高速风洞情况

目前我国主要用于飞行器研制,口径在0.6m以上的跨超声速风洞有12座,其基本概况见表2.10。下面对FL-24、FL-26、FL-28风洞作详细介绍。以下内容摘自参考文献[1]中的相关内容。

表2.10　我国主要生产性跨超声速风洞

风洞 项目	试验段尺寸（宽×高）/m	所 属 单 位	Ma 范围	最大 $Re/10^6$（参考长度 $0.1\sqrt{A}$）	建成投入使用／改造时间
FL-21	0.6×0.6	中国空气动力研究与发展中心	0.4~3.5	1.8	1970/1982/2002
FL-23	0.6×0.6	中国空气动力研究与发展中心	0.4~4.5	2.0	1976/2004/2011
FL-24	1.2×1.2	中国空气动力研究与发展中心	0.4~3.0	4.2	1979/2010
FL-26	2.4×2.4	中国空气动力研究与发展中心	0.3~1.2, 1.4	17.0	1999
FL-28	2.0×2.0	中国空气动力研究与发展中心	1.5~4.25	14.8	2010
FL-1	0.6×0.6	中国航空工业空气动力研究院	0.35~4.0	2.4	1960/1966~1986
FL-2	1.2×1.2	中国航空工业空气动力研究院	0.2~2.0	16(可增压到0.8 MPa)	1996

项目 风洞	试验段尺寸 （宽×高）/m	所 属 单 位	Ma 范围	最大 $Re/10^6$ （参考长度 $0.1\sqrt{A}$）	建成投入使用 /改造时间
FL-3	1.5×1.6	中国航空工业空气动力研究院	0.3~2.5	9.9	2010
FL-7	0.64×0.52	中国航空工业空气动力研究院	0.2~1.5	1.0	1960/1962/1982
FL-60	1.2×1.2	中国航空工业空气动力研究院	0.2~4.0	7.65	2014
FD-06	0.6×0.6	北京空气动力研究所	0.4~4.5	1.7	1962
FD-08	0.76×0.53	北京空气动力研究所	0.25~1.2	1.1	1959/1961/1973
FD-12	1.2×1.2	北京空气动力研究所	0.3~4.0	9.48	2008
CG-01	0.6×0.6	陕西青华机电研究所	0.3~4.0	1.9	1979/1982
NH-1	0.6×0.6	南京航空航天大学	0.2~3.5	2.5	1964/1979/1987

1. FL-24 风洞

1）概况

FL-24 风洞[1]是一座半回流、暂冲式跨超声速风洞，于 1979 年建成投入运行。该风洞具有柔壁喷管、跨声速和超声速试验段及特种试验段，跨声速试验段截面尺寸为 1.2 m（宽）×1.2 m（高）×3.6 m（长），超声速试验段尺寸为 1.2 m（宽）×1.2 m（高）×2.1 m（长），特种试验段截面尺寸为 1.2 m（宽）×1.2 m（高）×3.6 m（长），Ma 范围 0.4~3.0。自建成以来，为我国航空、航天飞行器跨超声速气动特性试验，特别是选型校核试验发挥了重要作用。图 2.54 为 FL-24 风洞外貌，风洞气动轮廓见图 2.55，图 2.56 为装有模型的 FL-24 风洞跨声速试验段。

图 2.54　FL-24 风洞外貌

FL-24 风洞的洞体主要由阀门系统、增量引射器、混合段、稳定段、柔壁喷管、试验段、超声速扩散段、亚声速扩散段、拐角、回流管道、排气节流阀和消声室等组成。FL-24 风洞配有跨声速和超声速试验段及特种试验段，根据不同试验要求可通过横向轨道相互更换。

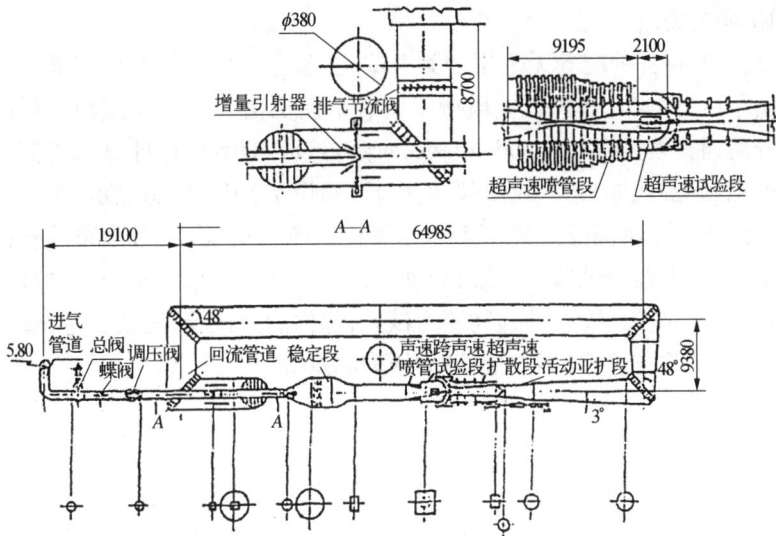

图 2.55　FL－24 风洞气动轮廓图(单位: mm)

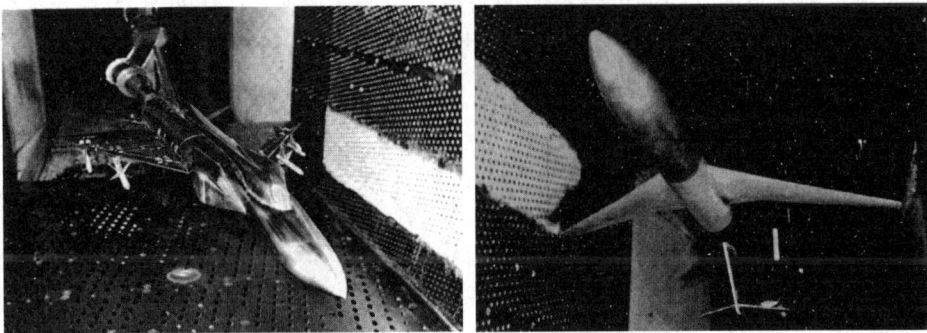

图 2.56　装有模型的 FL－24 风洞试验段

2) 风洞主要性能(表 2.11)

表 2.11　FL－24 风洞主要性能

跨声速试验段尺寸	1.2 m(宽)×1.2 m(高)×3.6 m(长)	最大试验	Re 4.2×10⁶
超声速试验段尺寸	1.2 m(宽)×1.2 m(高)×2.1 m(长)	动压	(1.03~7.5)×10⁴ Pa
特种试验段尺寸	1.2 m(宽)×1.2 m(高)×3.6 m(长)		
Ma 范围	0.4~3.0	总压	(0.98~4.54)×10⁵ Pa
温度范围	273~305 K	运行状态	2 班/天

3) 流场品质(表 2.12)

表 2.12　FL－24 风洞流场品质

Ma	$Ma<1$	$1≤Ma≤1.3$	1.483	1.778	1.977	2.22	2.47	2.946
σ_{Ma}	0.000 86~0.002 6	0.002 1~0.008 9	0.009 3	0.008 6	0.007 1	0.007 2	0.016 2	0.015 6
dMa/dx	-0.002 6~-0.000 07	-0.006 7~0.001 0	-0.005 1	-0.003 1	-0.001 7	0.003 9	0.024 8	-0.018 1

4）风洞试验能力

FL-24 风洞备有各种配套天平用于测力试验；备有量程适当的传感器和 768 个通道电子扫描阀用于压力分布试验；试验段侧壁装有半模机构用于半模试验。风洞还配备有一套外挂物分离捕获轨迹系统(captive trajectory system, CTS)，在计算机控制下完成外挂物投放轨迹模拟试验；此外，还有纹影仪和油流试验设备，用于流态显示。

FL-24 风洞可承担的主要试验项目有：纵横向测力试验；压力分布试验；半模试验；弹射救生系统试验；大迎角试验；铰链力矩试验；动导数试验；颤振试验；抖振试验；进气道试验；通气模型试验；喷流试验；外挂物测力试验；部件测力试验；捕获轨迹试验；静弹性模型试验；变雷诺数试验；气动噪声测量；脉动压力测量等。

2. FL-26 风洞

1）概况

FL-26 风洞是一座引射式、半回流、暂冲型跨声速增压风洞。风洞试验段尺寸为 2.4 m(宽)×2.4 m(高)×7.0 m(长)；Ma 范围 0.3~1.2,1.4；风洞最高工作压力可达 $4.5×10^5$ Pa；在风洞性能设计点 $Ma=0.9$，最大试验 Re 可达 $12×10^6$ 1/m[48-50]。

该风洞是我国目前唯一的世界量级的大口径跨声速风洞，于 1994 年 5 月开工建设，1997 年 12 月建成通气，1998 年 12 月完成流场校测及标模试验。图 2.57 为 FL-26 风洞试验段附近外貌，图 2.58 为装有标模的 FL-26 风洞试验段。

图 2.57　FL-26 风洞试验段附近外貌

图 2.58　装有标模的 FL-26 风洞试验段

FL-26 风洞洞体由消声段、稳定段(前室)、喷管段、试验段、驻室、补偿段、栅指段、主排气段、主引射器段以及构成回路的第一、二、三扩散段和四个拐角段等组成。风洞洞体回路管道水平布置、全钢结构，回路气流中心轴线尺寸 66.5 m(长)×33.0 m(宽)，风洞中心轴线标高 6.0 m。洞体容积 7770 m³。洞体最大直径部段为风洞稳定段，直径 9.4 m，外围承压壳体直径 11.0 m。

2）风洞主要性能

(1) 试验段尺寸：2.4 m(宽)×2.4 m(高)×7.0 m(长)；

(2) Ma 范围：0.3~1.2, 1.4；

(3) 总压：$(1.1~4.5)×10^5$ Pa；

(4) 动压：$(0.065~1.94)×10^5$ Pa；

（5）试验 Re 范围：$(1.76 \sim 17.00) \times 10^6$，$c = 0.24\ \mathrm{m}$；

（6）温度范围：300 K。

图 2.59 给出了 FL‑26 风洞试验 Re 及总压、速压模拟能力，可见其试验 Re 在目前国内常规跨声速风洞模型试验中最高。风洞由中国空气动力研究与发展中心高速所内 33 000 m^3 中压气源供气。试验段 Ma 控制精度可达 0.002。风洞具有良好的风洞流场品质和运行经济性。试验段气流压力脉动 $\sqrt{nF(n)} = 0.002 \sim 0.003$（$Ma = 0.8$，$n \leqslant 2$，实壁试验段）。风洞运行耗气量仅为相同尺寸的下吹式风洞的 1/4 左右。

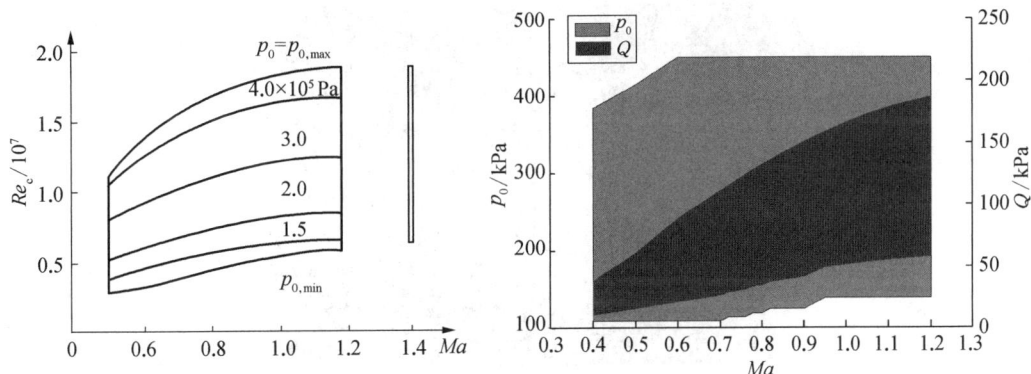

图 2.59　FL‑26 风洞运行包络线

3）风洞流场品质（表 2.13）

表 2.13　FL‑26 风洞流场品质[51]

Ma	0.3	0.4	0.5	0.6	0.7	0.8	0.9	1.0	1.1	1.2	1.4
σ_{Ma}	0.001 4	0.001 9	0.002 5	0.002 9	0.003 6	0.004 1	0.004 8	0.004 1	0.008 4	0.008 2	0.010 3
$\mathrm{d}Ma/\mathrm{d}x$	−0.001 2	−0.001 7	−0.002 2	−0.002 5	−0.002 8	−0.003 0	−0.003 2	−0.001 3	−0.005 2	0.001 4	−0.003 7
$\overline{\Delta\alpha}$	0.11°	0.14°	0.10°	0.05°	0.16°	0.07°	0.10°	0.15°	0.16°	0.11°	—

4）风洞试验能力

FL‑26 风洞试验段口径大、试验模拟程度高，投入使用以来，在以下领域发挥了重要的平台作用：大型飞机与大展弦比飞行器研制；先进战斗机的关键气动力问题（如气动外形精细模拟、推力矢量、进气道、内埋武器等）研究；先进战术弹特种问题（如动态开伞、开舵）的全尺寸模拟试验；跨声速复杂流动机理和雷诺数效应等关键问题研究。

经过十多年的发展和配套建设，风洞流场品质和试验质量得到了验证和确认，试验技术日益配套完善，已经形成了以 CTS、TPS、全模颤振、静气动弹性、大规模测压和超大迎角等国内领先技术为代表的十多项常规和特种试验能力。目前，FL‑26 风洞可承担如下试验项目：全模测力试验、大规模测压试验、半模测力试验、条带支撑测力试验、铰链力矩试验、特大迎角测力试验、多台天平部件试验、铰链力矩试验、捕获轨迹（CTS）试验、进/排气一体化试验（TPS）、全模颤振试验、静气动弹性试验、抖振、脉动压力测量等非定常试验、弹射救生系统试验、飞船舱‑伞组合体性能等。

3. FL-28 风洞

1）概况

FL-28 风洞[51]是一座暂冲、下吹、引射式、增压型超声速风洞，于 2010 年建成投入运行。该风洞具有二元全挠性壁喷管、常规和投放式两个可更换的试验段。试验段尺寸：2.0 m(宽)×2.0 m(高)×7.2 m(长)。Ma 范围：1.50~4.25。

图 2.60 为 FL-28 风洞试验段附近外貌，风洞气动轮廓见图 2.61，图 2.62 为装有标模的 FL-28 风洞试验段。

图 2.60　FL-28 风洞试验段附近外貌

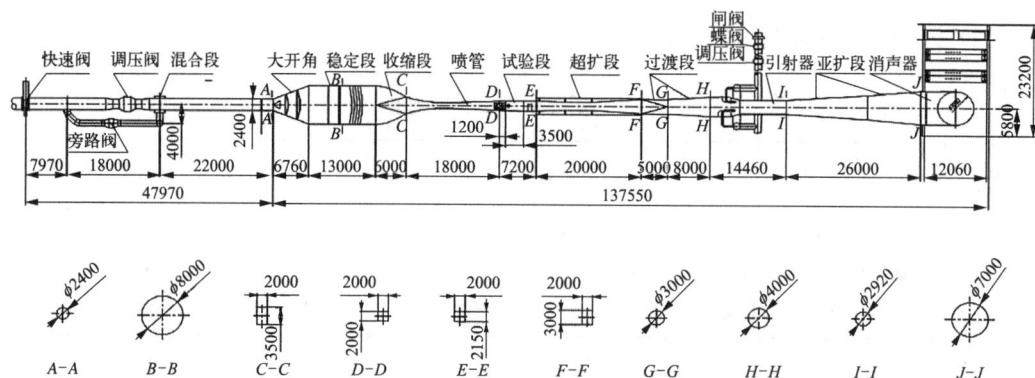

图 2.61　FL-28 风洞气动轮廓图(单位: mm)

图 2.62　装有标模的 FL-28 风洞试验段

FL-28 风洞洞体水平布置,为全钢结构,中心标高 5.8 m。洞体结构主要由阀门系统、大开角段、稳定段、收缩段、喷管段、试验段、超声速扩散段、过渡段、引射器、压声速扩散段以及外场消声器等组成。

2) 风洞主要性能

(1) 试验段尺寸: 2.0 m(宽)×2.0 m(高)×7.2 m(长);

(2) Ma 范围: 1.5~4.25;

(3) 总压: $(0.5 \sim 12.0) \times 10^5$ Pa;

(4) 动压: $(2.14 \sim 19.6) \times 10^4$ Pa;

(5) 试验 Re 范围: $(1.5 \sim 14.8) \times 10^6$, $c = 0.2$ m;

(6) 温度范围: 298 K。

3) 风洞流场品质(表 2.14)

表 2.14 FL-28 风洞流场品质

Ma	1.5	1.6	1.75	1.8	2.0	2.25	2.5
σ_{Ma}	0.005 8	0.005 2	0.005 0	0.005 2	0.005 6	0.005 2	0.004 9
$\mathrm{d}Ma/\mathrm{d}x$	-0.001 3	-0.002 2	-0.001 3	-0.001 7	-0.001 3	0.000 7	-0.001 5
ΔMa_{max}	0.020 7	0.020 9	0.021 4	0.022 4	0.025 6	0.029 4	0.025 5
$\overline{\Delta\alpha}$	0.00°	0.13°	0.18°	—	0.00°	—	0.00°

Ma	2.75	3.0	3.25	3.5	3.75	4.0	4.25
σ_{Ma}	0.005 1	0.004 4	0.005 3	0.006 4	0.006 3	0.007 0	0.008 5
$\mathrm{d}Ma/\mathrm{d}x$	0.001 1	0.000 4	0.000 7	0.001 3	0.001	0.002 8	0.002 5
ΔMa_{max}	0.019 7	0.023 1	0.023 7	0.044 8	0.033 7	0.026 8	0.033 9
$\overline{\Delta\alpha}$	—	0.04°	—	0.03°	0.00°	0.00°	-0.03°

4) 风洞试验能力

FL-28 风洞具有高逼真模拟及高 Re 试验能力。风洞配置有扇形支架模型迎角机构以及双转轴机构,用于进行全模型试验。风洞配置有多台应变天平用于测力试验。配置有电子扫描阀用于测压试验,模型测压点数最多可达 2 048 点。此外,风洞还配置有纹影仪用于流态显示。

FL-28 风洞可承担如下试验项目:各类飞机和导弹全模测力、测压试验;部件和外挂测力、测压试验;进气道通气测力、测压试验;飞行器操纵性与静稳定性试验;铰链力矩试验;进气道动态试验;脉动压力试验;变 Re 试验;模型表面油流试验;动稳定性试验;外挂与内埋武器分离轨迹试验($Ma \leq 2.25$);推进/机体一体化试验;气动弹性试验;内埋弹舱舱门开启/关闭动态特性测量试验;动力投放试验;PSP 试验等。

2.3　高超声速风洞

高超声速风洞是发展导弹武器及航天飞行器研究所必备的试验设备。目前,此类风洞在国内外高超声速试验研究中有相当重要的地位。世界各国都投入了大量的人力物力从事高超声速范围内的相关研究,并积累了大量翔实的试验数据,取得了丰硕的研究成果。

2.3.1 主要分类

1. 运行时间

常规高超声速风洞按运行时间通常分为连续式(可长时间运行)、暂冲式(数秒至数分钟量级)和脉冲式(工作时间为毫秒级)3 类。连续式风洞通常采用轴流式压气机或航空发动机驱动,运行时间长,多在低速风洞中使用。随着气流速度增加需要的驱动功率急剧增大,存在设计技术难度大、制造周期长、造价高等问题。暂冲式风洞采用压气机将空气压缩储存在储气罐中,试验瞬间打开进气管道阀门,压缩空气进入风洞稳定段内,提供建立风洞运行所需的压力比。暂冲式风洞通常雷诺数较高,常用于跨声速、超声速和高超声速风洞。脉冲式风洞根据压缩和加热气体的方法不同,又分为多种类型。

2. 驱动形式

高超声速风洞按驱动形式分为下吹式(高压气体直接排向大气)、吹吸式(通过预抽真空系统将高压气体吸入洞体)和吹引式(通过引射器使高压气体进入洞体)。

吹引式风洞采用空气引射器作为驱动装置,通过能量交换与物质掺混达到输送流体的目的。引射器结构简单、制造容易,持续运行时间长,设备及操作简单,而且引射器及其控制系统技术难度小,得到了广泛的应用。但吹引式风洞起动压力较高,在高马赫数下起动困难,允许使用的试验模型尺寸较小。而且要达到高真空度需要加大引射流量,或采用多级引射形式,对气源能力要求较高,限制了风洞持续运行时间,使风洞运行成本大大提高。

吹吸式风洞采用预抽真空系统作为驱动装置,用于提供风洞运行所需的真空环境,真空、冷却、真空阀系统及其控制系统结构复杂,技术难度较大。但吹吸式风洞起动压力较低,在高马赫数下起动容易,允许使用较大的试验模型,具有更好的起动性能和试验能力。

下吹式风洞直接将高压气体排入大气,常用于直联式超声速燃烧试验设备。从燃烧室或带有尾喷管的燃烧室喷出高温燃气,经排气系统直接排入大气。

2.3.2 典型风洞

国内在高超声速飞行器方面的研究开始于 20 世纪 80 年代后期,在国家相关项目支持下,较大规模的高超声速技术研究工作正在顺利开展,形成了以中国空气动力研究与发展中心、中国航天空气动力技术研究院、中国航空工业空气动力研究院(Aviation Industries Corporation of China Aerodynaiviics Research Institute, AVICARI,前身沈阳空气动力研究所和哈尔滨空气动力研究所,简称航空工业气动院)、航天科工集团第三研究院(简称航天三院)、中国人民解放军国防科技大学(National University of Defense Technology, NUDT)和中国科学院力学研究所(Institute of Mechanics, Chinese Academy of Sciences,

IMCAS)为主,南京航空航天大学(Nanjing University Of Aeronautics and Astronautics, NUAA)、中国科学技术大学(University of Science and Technology of China, USTC)、北京航空航天大学(Beihang University, BUAA)、西北工业大学(Northwestern Polytechnical University, NWPU)、哈尔滨工业大学(Harbin Institute of Technology, HIT)和上海交通大学(Shanghai Jiao Tong University, SJTU)等一些大学为辅的研究单位分布格局。研究内容涉及高超声速飞行器总体方案研究、地面试验设备建立、发动机和部件设计方法研究、超声速燃烧机理研究以及数值模拟方法等诸多方面,取得了极有价值的研究成果。

国内高超声速风洞多为暂冲式和脉冲式,连续式风洞则多为低速和高速风洞,如航空工业气动院 $\phi2.4$ m 连续式跨声速风洞(FL-62)($Ma0.3\sim1.6$)和 $\phi0.6$ m 连续式跨声速风洞(FL-61)($Ma0.3\sim1.6$)(图2.63)。

脉冲式高超声速风洞有中国气动中心的 $\phi2.4$ m 脉冲燃烧风洞($Ma4.0\sim7.0$)、$\phi450$ mm 脉冲燃烧风洞($Ma4.0$、4.5、5.0、6.0)、$\phi600$ mm 脉冲燃烧风洞($Ma4.0\sim7.0$)(图2.64)、$\phi600$ mm 高超声速高温风

图 2.63　FL-61 风洞

洞($Ma4.0\sim7.0$)、中国科学院力学研究所的 JF-12 高超声速激波风洞($Ma5.0\sim9.0$)(图2.65)、JF-22 爆轰超高速风洞(Ma 预计可达 30.0)、航天十一院的 FD-21 高超声速风洞(Ma 可达 15.0)(图2.66)和 FD-20 炮风洞($Ma6.0\sim12.0$)。

图 2.64　$\phi600$ mm 脉冲燃烧风洞

图 2.65　JF-12 脉冲式高超声速激波风洞

暂冲式高超声速风洞有航空工业气动院的 $\phi1$ m 高超声速气动力风洞(FL-64)($Ma4.0\sim8.0$)(图2.67)、中国气动中心的 $\phi1$ m 高超声速低密度风洞(FD-17A)($Ma10$、12、14、16、20)(图2.68)、$\phi1$ m 高超声速风洞(FD-30、30A)($Ma3.0\sim10.0$)(图2.69)、$\phi0.5$ m 高超声速风洞(FD-30B)($Ma5.0\sim10.0$)、南京航空航天大学的 $\phi0.5$ m 高超声速风洞 NHW($Ma5.0\sim8.0$),及上海交通大学的 $\phi200$ mm 高超声速风洞($Ma2.5\sim7.0$)。

图 2.66　FD‑21 高超声速风洞

图 2.67　FL‑64 风洞

图 2.68　FD‑17A 风洞

图 2.69　FD‑30、30A 风洞

　　暂冲式风洞完全避开了连续式风洞中固有的轴流式压气机特性与风洞试验马赫数范围流量特性不协调的矛盾,风洞运行压力比及其流量特性可以得到合理协调,可以获得较高雷诺数的试验模拟能力。暂冲式风洞驱动系统设计、制造技术简单、建设周期短,投资造价和运行成本要低得多,基于有限的建设经费更有现实意义,本节重点介绍暂冲式高超声速风洞。

2.3.3　主要性能指标

　　1. 风洞有效运行时间

　　对于定态模型试验,风洞所需的最短有效运行时间受多种因素影响,其中最主要的影响因素是风洞试验数据的采集速度。数据采集的速度越高,则所需的风洞运行时间越短。若对风洞运行过程进行全程采集,风洞的有效运行时间需结合数据采集频率来计算,保证在每个测点获得足够的有效数据,以此求得有效运行时间。

　　2. 马赫数范围及实现方式

　　在超声速飞行时,飞行器气动特性随马赫数变化具有图 2.70 所示的规律性[52]。当马赫数较小时($Ma < 2.0$),飞行器的气动力系数受马赫数的影响变化较大,且规律性不明显;$Ma = 2.0 \sim 3.0$ 时,气动力系数随马赫数的变化呈现出较明显的规律性,但其气动力系数受马赫数的影响仍然较大;$Ma > 3.0$ 以后,变化趋势较为平缓。同时,高超声速范围内的马赫数无关原理也指出,当来流马赫数高过某个范围以后,物体绕流之解将一致趋于其极限解。飞行器的气动力系数受马赫数的影响程度随马赫数的增加而减小,但风洞的建设成本却会随马赫数范围的增加而增加。

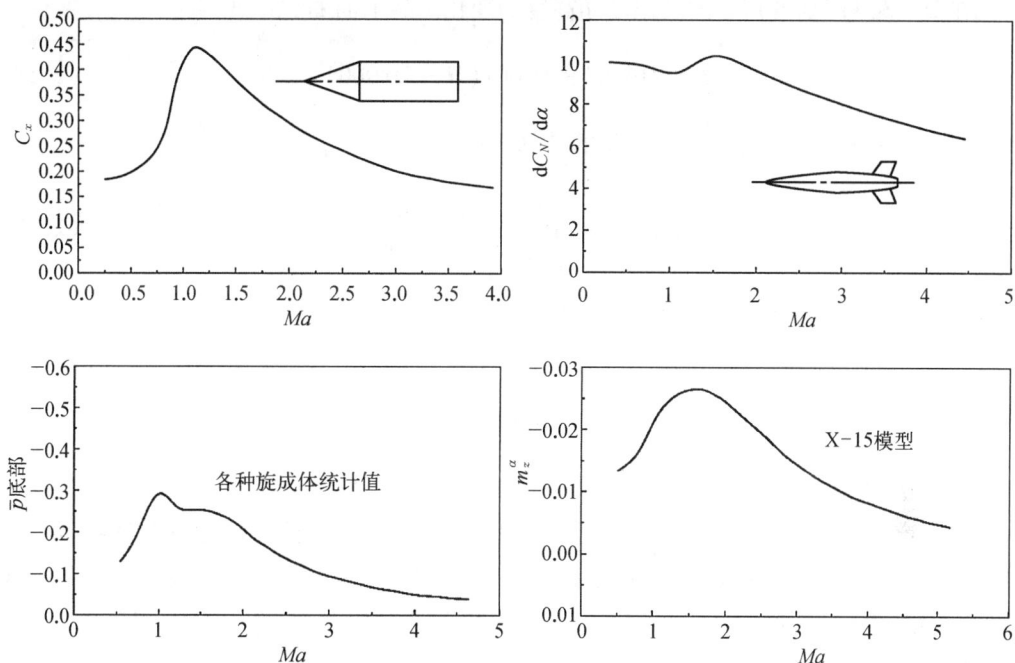

图 2.70　飞行器气动参数与马赫数关系曲线[52]

　　不同马赫数的变更通常可采用柔壁喷管和换喉道喷管来实现。柔壁喷管能够实现马赫数的连续变化,使风洞具有更为灵活的马赫数模拟能力,但由于喷管长度不可调,不适于大范围的马赫数变更;柔壁喷管的控制系统比较复杂,不宜用于小型超声速风洞;柔壁喷管出口流场均匀性较差,无法达到进行与边界层相关的实验研究对流场均匀性的要求。换喉道喷管马赫数变化间隔较大,但由于飞行器的气动力系数在此马赫数范围内变化较为缓和,因此,适当控制马赫数变化间隔不会对实验结果的普遍性产生大的影响。另外,通过精确设计喷管型线,可使换喉道喷管的均匀区流场达到较高的品质。与柔壁喷管相比,换喉道喷管还省去了复杂的控制系统,使建设成本降低。

　　3. 雷诺数范围

　　雷诺数是风洞需要模拟的一个重要参数,其定义式为 $Re = \dfrac{\rho V l}{\mu}$。在超声速和高超声速飞行中,雷诺数对飞行器的气动力系数影响较大,其中尤以摩阻系数和底阻系数为主;雷诺数对边界层的发展有直接的影响,平板可压缩层流边界层的厚度 δ 与当地雷诺数 Re 和来流马赫数 Ma_∞ 之间满足 $\delta \propto \dfrac{Ma_\infty^2}{\sqrt{Re}}$ 的关系[53]。

　　4. 静压范围

　　为更真实全面地反映高超声速飞行的特点,希望在试验段能模拟真实的飞行环境。

相对温度和密度而言,流场静压对飞行器的受力情况影响更大。另外,如果要模拟真实飞行环境下的流场静温,不仅需要功率很大的加热器,而且温度升高还将使试验雷诺数降低。因此,风洞应模拟真实飞行时的静压条件。

在 20~30 km 高度范围内的温度随高度的变化满足下面的关系式[54]:

$$T = 216.65 + 0.001(H - 20\,000) \tag{2.18}$$

大气压力是由地球对空气的引力产生的,因此有

$$\mathrm{d}p = -\rho g \mathrm{d}H = -\frac{p}{RT} g \frac{\mathrm{d}T}{0.001} \tag{2.19}$$

积分得到 20~30 km 高度范围内空气压力与高度的关系式为

$$p_H = p_{20} \left[\frac{216.65 + 0.001(H - 20\,000)}{216.65} \right]^{-34.146\,3} \tag{2.20}$$

5. 总压范围

在超声速风洞中,风洞上下游必须有足够的压力比,并且压力比随马赫数提高而增大。在高温下气体还存在真实气体效应,比热比 γ 随温度发生变化。若稳定段气流状态近似为驻点状态,气流参数为 p_0、T_0;试验段气流模拟参数为 p、T 和 Ma。根据等熵公式求得风洞设备的总压模拟范围。

6. 总温范围

通常马赫数超过 5 之后,为了避免进入试验段的空气发生凝结,空气介质需要加热。除此之外,为了尽可能地接近飞行时飞行器附近的压力和温度环境,所需气体的加热温度要远远超过气体凝结的温度,需要根据不同的马赫数范围,提出相应的风洞结构、加热器和喷管等部件的设计要求。

7. 质量流率范围

为了获得足够的推力进入轨道和维持飞行高度,飞行器必须尽可能地捕获空气。当飞行器捕获面积一定时,飞行器对流量的需求直接决定了单位面积质量流量即质量流率 ρV 的大小。反过来,要想达到设计的质量流率,风洞必须满足一定的流量要求,对应于超声速喷管出口面积,可以规划供气系统的配置要求。

8. 风洞规模

风洞试验段的横截面尺寸基本上确定了风洞设备的总体规模,是风洞气动总体设计的重要技术参数。采用大尺寸的试验段可以选用大尺寸的试验模型,获得高逼真度几何外形和高试验雷诺数的模拟能力,而且风洞试验时洞壁反射波对试验模型流场的干扰较小。但由于试验气流流量与试验段截面积成正比,而风洞建设费用与试验段当量直径成2.7 次方关系。

9. 试验段尺寸

风洞要具备相应的试验能力,其试验段流场需要满足一定的雷诺数要求。雷诺数与来流驻点参数的关系如下式所示:

$$
\begin{cases}
Re = \sqrt{\dfrac{\gamma}{R}}\,\dfrac{p_0 Ma_1 l}{\mu \sqrt{T_0}}\Big(1 + \dfrac{\gamma - 1}{2} Ma_1^2\Big)^{-\frac{\gamma+1}{2(\gamma-1)}} \\[4mm]
\dfrac{\mu}{\mu_0} = \Big(\dfrac{T}{T_0}\Big)^{1.5}\Big(\dfrac{T_0 + T_s}{T + T_s}\Big) \\[4mm]
\dfrac{T_0}{T_1} = 1 + \dfrac{\gamma - 1}{2} Ma_1^2
\end{cases}
\tag{2.21}
$$

对于空气，$\mu_0 = 17.161 \times 10^{-6}\ \mathrm{Pa \cdot s}$；$T_0 = 273.16\ \mathrm{K}$；萨瑟兰常数 $T_s = 124\ \mathrm{K}$。

由式(2.21)可以看出，试验段雷诺数是来流马赫数 Ma_1、驻点压力 p_0、驻点温度 T_0 和模型尺寸 l 的函数，即有 $Re = Re(Ma_1, p_0, T_0, l)$。对于给定的马赫数，要达到试验段雷诺数的要求，可以通过改变其余 3 个参数来实现。

（1）改变来流驻点压力。在其他条件不变的情况下，风洞试验段雷诺数与来流驻点压成正比，提高来流的驻点压力可以有效提高试验段的雷诺数。但驻点压力的提高会导致试验段流场静压和密度的升高。静压的升高可能导致气体的冷凝，而密度的升高则导致流量的增加，使风洞有效运行时间的缩短。另外，由于风洞需要模拟实际飞行的静压条件限制，单靠提高驻点压力来满足雷诺数的要求是有一定局限的。

（2）改变来流驻点温度。雷诺数与来流驻点温度的平方根成反比，降低驻点温度的同时可以降低流场的黏性系数，故而提高试验段雷诺数。但在其他条件不变的情况下，降低流场驻点温度会使试验段静温降低，还会增加气流密度。静温降低使空气更容易发生冷凝，而密度增加会提高试验段的流量，缩短风洞的有效运行时间。另外，降低驻点温度还会使风洞结构复杂化，增加设计的难度和风洞的造价。

（3）改变模型的尺寸，也即改变风洞试验段的尺寸。雷诺数与模型尺寸成正比，增加雷诺数即是增加试验段尺寸。试验段尺寸的增加可以放宽模型的尺寸要求，对提高试验的精度有利。但由于风洞的造价大致与试验段尺寸的 3 次方成正比，风洞的驱动功率大致与该尺寸的平方成正比，如果单靠增加试验段的尺寸来提高雷诺数，会使风洞的造价和运行成本成指数增加。因此，通过增加模型尺寸提高雷诺数也将受到极大的限制。

由上述分析可知，要满足雷诺数的要求，必须对影响雷诺数的参数进行综合设置。即在适当增加试验段尺寸的同时，提高来流驻点压力，并在不影响雷诺数的情况下提高驻点温度，以消除驻点压力升高对冷凝温度和流量的影响，由此达到风洞的经济性和实用性的平衡。

10. 喷管及试验舱的结构形式

喷管的常用结构形式主要有二元型和轴对称型。二元型喷管出口截面为矩形，便于试验段的设计，但此类喷管喉道尺寸与喷管的扩张比成反比，随着马赫数的升高喉道尺寸急剧减小。对于不同的马赫数，喷管的扩张比不同，还会导致喷管的最佳长度各不相同。对于马赫数较小的喷管，如果将其长度增加到与高马赫数喷管相同的长度，则会使喷管壁面的附面层过度发展，到达出口时甚至可能出现分离，严重影响流场的均匀性；同样，如果将高马赫数喷管长度减小到与低马赫数喷管相同的长度，则会因为气流膨胀过快，在喷管扩张段出现流动分离现象，同样会严重影响流场品质。鉴于此，可以考虑进行喷管设计时宜采用两套尺寸，低马赫数喷管采用较短尺寸，高马赫数喷管采用较长尺寸。

2.3.4 暂冲式风洞分系统与主要部件

1. 前室/稳定段

前室/稳定段驻点总压可以表示为 $p_0 = \varepsilon p_a$。ε 是压力比,p_a 是排气总压或动力装置入口总压。吹吸式风洞只要得到超扩段出口处的最低总压,即真空球压力,就可以估算风洞起动、运行的最小驻点总压。当风洞的压力比高于风洞的最小工作压力比,风洞都能正常工作。利用正激波理论,假设风洞的最小压力比为 $\varepsilon_{\min} = B\varepsilon_n$,$\varepsilon_n$ 是正激波前后的总压之比:

$$\varepsilon_n = \left[\frac{(\gamma + 1)Ma^2}{(\gamma - 1)Ma^2 + 2} \right]^{\frac{\gamma}{\gamma - 1}} \left[\frac{\gamma + 1}{2\gamma Ma^2 - (\gamma - 1)} \right]^{\frac{1}{\gamma - 1}} \tag{2.22}$$

式中,B 是修正系数;Ma 是正激波的波前马赫数,取为试验段的名义马赫数。对于空风洞,$\varepsilon_{\min} = 1.30\varepsilon_n$;当风洞中有模型存在时,$\varepsilon_{\min} = 1.80\varepsilon_n$。

2. 加热器

空气介质需要加热的最低温度用克劳修斯-克拉珀龙(Clausisu-Clapeyron)方程确定,即试验段流场的静压等于饱和蒸气压:

$$\lg p = B - \frac{A}{T}$$

式中,p 是大气压单位;T 单位为 K;$B = 4.45$;$A = 648$。根据比热比 γ 为常数的等熵流关系式,将 p 的单位转化为 MPa,则空气的总温加热最低要求为

$$\frac{648}{T_0}\left(1 + \frac{\gamma - 1}{2}Ma^2\right) = 3.46 + \frac{\gamma}{\gamma - 1}\lg\left(1 + \frac{\gamma - 1}{2}Ma^2\right) - \lg p_0 \tag{2.23}$$

已知喷管马赫数 Ma 和前室总压 p_0,可求 $T_{0,\min}$ 值。

加热器出口气流总温应该保证在风洞最高马赫数时,气流在试验段内不发生凝结。加热器出口温度 T_{Hx} 可由下式计算获得:

$$T_{Hx} = T_0 + \Delta T_{0S} + \Delta T_0' + \Delta T_{0C}$$

式中,T_0 是避免气流凝结的理论总温;ΔT_{0S} 是管道沿程热损失引起的温度增量;$\Delta T_0'$ 是考虑模型局部区域气流凝结引起的温度增量;ΔT_{0C} 是由于过冷度引起的总温降。其中,$\Delta T_0'$ 和 ΔT_{0C} 可以互相抵消。ΔT_{0S} 与管道的绝热能力成反比,一般取为 $50 \sim 150$ K。

加热器有效功率可根据下式确定:

$$N = GC(T_{Hx} - T_{0C}) \times 10^{-6}$$

式中,N 是加热器有效功率,单位 MW;C 是空气比热;T_{0C} 是气流初始温度;G 是流量,单位为 kg/s。

3. 超声速喷管

超声速喷管是气流等熵加速膨胀,在喷管的收缩部分将气流从低亚声速均匀加速到声速后,气流从喷管喉道开始均匀加速膨胀,至喷管出口达到所要求的马赫数。根据一维等熵流的面积比公式,可以确定喷管的喉道截面积 A^*:

$$\frac{A}{A^*} = \frac{1}{Ma}\left[\left(\frac{2}{\gamma+1}\right)\left(1+\frac{\gamma-1}{2}Ma^2\right)\right]^{\frac{\gamma+1}{2(\gamma-1)}} \tag{2.24}$$

$$A^* = AMa\left[\left(\frac{2}{\gamma+1}\right)\left(1+\frac{\gamma-1}{2}Ma^2\right)\right]^{-\frac{\gamma+1}{2(\gamma-1)}} \tag{2.25}$$

4. 试验段

1）试验段流量

风洞试验段的流量 G 可以通过以下公式测定和推算：

$$G = \sqrt{\frac{\gamma}{R}} \cdot \frac{p_0}{\sqrt{T_0}}AMa\left(1+\frac{\gamma-1}{2}Ma^2\right)^{-\frac{\gamma+1}{2(\gamma-1)}} \tag{2.26}$$

式中，Ma 是试验段马赫数，A 是喷管出口面积，气体常数 $R = 287 \, \text{J}/(\text{kg} \cdot \text{K})$。喷管喉道截面为临界截面，假定流动过程等熵，试验段流量常用临界截面的流量公式计算：

$$G = \left(\frac{2}{\gamma+1}\right)^{\frac{\gamma+1}{2(\gamma-1)}} \cdot \sqrt{\frac{\gamma}{R}} \cdot \frac{p_0}{\sqrt{T_0}}A^* \tag{2.27}$$

式中，A^* 是临界截面积，若取 $\gamma = 1.4$，可以简化为

$$G = 0.040\,42\frac{p_0}{\sqrt{T_0}}A_* \tag{2.28}$$

2）模型尺寸

选用大尺寸模型可以获得高逼真度几何外形和高试验雷诺数的模拟能力。为了满足试验要求，需要加大风洞试验模型的尺寸。为使风洞正常起动，模型的最大尺寸必须满足风洞的阻塞度要求。模型最大截面积 F_{m0} 与试验段均匀区截面积 F_T 之比应满足下式：

$$\frac{F_{m0}}{F_T} \leqslant K\left[1-\frac{q(Ma)}{\sigma}\right] \tag{2.29}$$

$$q(Ma) = \left(\frac{\gamma+1}{2}\right)^{\frac{\gamma+1}{2(\gamma-1)}} \cdot Ma \cdot \left(1+\frac{\gamma-1}{2}Ma^2\right)^{-\frac{\gamma+1}{2(\gamma-1)}} \tag{2.30}$$

$$\sigma = \left[\frac{(\gamma+1)Ma^2}{(\gamma-1)Ma^2+2}\right]^{\frac{\gamma}{\gamma-1}}\left[\frac{\gamma+1}{2\gamma Ma^2-(\gamma-1)}\right]^{\frac{1}{\gamma-1}} \tag{2.31}$$

式中，K 是修正系数，通常取 $0.2 \sim 0.4$。

随着模型尺寸的增大，喷管出口面积也相应增大。但风洞的造价大致与试验段口径的 2.7 次方成正比，风洞的驱动功率大致与试验段的面积成正比。根据试验模型最大横截面积，可以估算出风洞所需的喷管出口直径。

试验模型的最大长度要根据喷管流场均匀区大小、模型迎角变化范围等确定。模型长度不能太大，以避免模型受壁面反射激波的影响。根据马赫波反射可以进行简单估算：

$$\frac{L_{\max}}{H} \leq (0.5 \sim 0.6)\sqrt{Ma^2 - 1} \tag{2.32}$$

式中，$L_{\max}$ 是模型长度；H 是试验段高度；Ma 是喷管出口气流马赫数。

3）模型雷诺数

风洞试验段模型雷诺数 Re_L 是以模型特征长度尺寸 L 计算的单位长度雷诺数：

$$Re_L = \frac{Re}{L} = \sqrt{\frac{\gamma}{R}} \frac{p_0 Ma}{\mu \sqrt{T_0}} \left(1 + \frac{\gamma - 1}{2}Ma^2\right)^{-\frac{\gamma+1}{2(\gamma-1)}} \tag{2.33}$$

式中，Ma 是试验段马赫数；p_0、T_0 是稳定段测量的气流驻点参数。空气的黏性系数 μ 在很大的压力范围内，仅为温度的函数，最常用的经验公式为

$$\mu = 1.505 \times 10^{-6}\sqrt{T}\Big/\left(1 + \frac{124}{T}\right) \tag{2.34}$$

若取 $\gamma = 1.4$，单位长度模型雷诺数 Re_L 可以简化为

$$Re_L = 0.046\,07 \frac{\left[(1 + 0.2Ma^2)^{-1} + \dfrac{124}{T_0}\right]Ma}{(1 + 0.2Ma^2)^{1.5} \cdot T_0} p_0 \times 10^6 \tag{2.35}$$

对于飞机模型，通常取 $L = C$（C 为模型机翼平均气动力弦长）作为特征尺寸；对于细长体导弹或再入弹头模型，以 $L = D$（D 为模型弹体直径或弹头底部直径）作为特征尺寸。为了衡量风洞试验雷诺数模拟能力，通常习惯以特征长度尺寸 $L = 0.1A^{0.5}$（A 是风洞试验段几何截面积，单位为 m^2）计算风洞试验雷诺数。

5. 超扩段

超扩段性能通常是指恢复性能，常用的性能参数是压力恢复系数 $\dfrac{p_{0f}}{p_{0i}}$，而超扩段性能常用基本效率 η_{el} 和绝热效率 η_{ad} 表示：

$$\eta_{\mathrm{el}} = 1 + \frac{\gamma - 1}{\gamma} \frac{\ln(p_{0f}/p_{0i})}{\ln\left(1 + \dfrac{\gamma - 1}{2}Ma^2\right)} \tag{2.36}$$

$$\eta_{\mathrm{ad}} = \frac{\dfrac{\gamma - 1}{\gamma}\left(1 + \dfrac{\gamma - 1}{2}Ma^2\right)\ln(p_{0f}/p_{0i}) - 1}{\dfrac{\gamma - 1}{2}Ma^2} \tag{2.37}$$

式中，Ma 是超扩段入口截面来流马赫数，p_{0i} 是超扩段入口总压；p_{0f} 是超扩段出口总压。

为了有利于风洞运行状态的稳定，应使超扩段第二喉道处的气流马赫数稍大于 1。气流先通过收缩段使气流马赫数降低到接近于 1 的低超声速，然后再经过一道正激波达到亚声速，压力损失可以大大减小，从而提高了超扩段效率。使超声速气流减速的斜激波系可以是单斜激波形式，也可以是多斜激波形式。风洞运行经验证明：如果先通过一系

列斜激波时试验段超声速气流减速到低超声速,然后再经过正激波变为亚声速流,总的压力损失将低于气流直接经过正激波减速时的压力损失。

通过第一喉道的流量必须全部通过第二喉道,在第二喉道处,由于从第一喉道到第二喉道之间气流有损失,如起动时的激波损失、附面层摩擦与分离损失、模型损失等,不能认为是等熵过程,第二喉道处的气流总压 p_0' 应该低于 p_0。若没有热交换,则可以假定总温 T_0 保持不变,因此风洞完成起动过程所需的第二喉道最小允许截面积 A_2^* 应为

$$A_2^* = A^* \left(\frac{p_0}{p_0'} \right) \tag{2.38}$$

若不考虑黏性,则在起动过程中起动激波通过试验段进入超扩段减速到低超声速,再经过正激波变为亚声速流。理想状态下,考虑正激波损失,应该有

$$\frac{p_0'}{p_0} = \left[\frac{(\gamma+1)Ma^2}{(\gamma-1)Ma^2+2} \right]^{\frac{\gamma}{\gamma-1}} \left[\frac{\gamma+1}{2\gamma Ma^2-(\gamma-1)} \right]^{\frac{1}{\gamma-1}} \tag{2.39}$$

$$A_2^* = A \cdot \left[1 + \frac{1}{2}(\gamma-1)Ma^2 \right]^{\frac{1}{2}} \cdot \left[\gamma Ma^2 - \frac{1}{2}(\gamma-1) \right]^{\frac{1}{\gamma-1}} \cdot \left(\frac{2}{\gamma+1} \right)^{\frac{\gamma+1}{2(\gamma-1)}} \Big/ Ma^{\frac{\gamma+1}{\gamma-1}} \tag{2.40}$$

式中,A 是喷管出口面积。

当 $\gamma = 1.4$ 时,式(2.40)简化为

$$A_2^* = A \frac{(5+Ma^2)^{0.5}(7Ma^2-1)^{2.5}}{216Ma^6} \tag{2.41}$$

考虑到风洞的实际运行和理想无黏性假设的差异和补偿由于试验模型等而增加的损失,应使第二喉道截面积较风洞所需理论截面积增大 30%甚至更多,否则将由于第二喉道截面积偏小,导致风洞不能起动。

6. 气源需求

假定① 压气机停止工作;② 储气罐内气体是多变膨胀过程;③ 前室总压恒定;④ 忽略管道中各种损失,则气源储气量 Q_H 可由下式计算给出:

$$Q_H = \frac{G \cdot t}{1 - \left(\dfrac{p_{0K}}{p_{0H}} \right)^{\frac{1}{n}}} \tag{2.42}$$

式中,t 是风洞一次运行持续时间,即风洞有效工作时间,取决于测量项目所需的时间;p_{0H} 是储气罐初始储气压力;p_{0K} 是储气罐终止使用压力;n 是储气罐内气体膨胀过程多变指数,变化范围是从绝热膨胀过程的 1.4 到等温膨胀过程的 1.0 之间。储气罐容积越大,耗气量越小,运行时间越短,指数 n 就趋近于 1.4。气源设计时,一般取为 $n = 1.15 \sim 1.20$。

储气罐终止使用压力 p_{0K},应是风洞最高运行压力 p_0 与储气罐(最远端处)至风洞进气口之间输气管道(管网)的压降 Δp_{0K} 之和,即 $p_{0K} = p_0 + \Delta p_{0K}$。为了提高气源利用率,在

气源管道系统设计中应尽量减小输气管道压降 Δp_{0K}。如果是多组储气罐构成的气源系统,更要注意储气罐与输气管道的合理配置。有的气源系统,风洞一旦停止运行,储气罐内储气压力瞬间内可能有较大幅度回升现象,就是因为输气管道尺寸与风洞运行过程最大流量不匹配,导致沿程压力损失 Δp_{0K} 值偏大。假定高压气源设计的初始压力为 20 MPa,当调压阀前总压降到所需前室总压的 1.25 倍时,调压阀不能满足需求,风洞运行中止。主气流气源和氢气、氧气和氮气气源都可以利用以上方法进行计算。

2.3.5　流场品质校测

在超声速风洞试验中,均匀区流场的品质高低直接影响到试验数据的准确与否。

1. 设备调试

风洞系统的调试内容包括单项检查调试和分系统检查调试。

单项检查调试主要是对分系统设备进行静态的检查测试。重点放在供电系统的能源分配是否科学合理,有无完备的安全保护设施,所有电缆的连接是否正确规范;与气源相连的高压管道及阀门系统的连接是否牢固可靠;各设备(特别是风洞洞体)的安装是否达到设计精度以及各设备是否存在明显的表面损伤或缺陷。对于阀门及电机之类的活动部件,需要在无负荷条件下先手动检查其有无卡死现象。通过检查没有发现明显的异常现象,对安装精度要求最高的风洞洞体,其试验舱中心轴线与稳定段的中心轴线安装误差需在 1.5 mm 以内,轴线与水平线的角度偏差在 0.04° 以内。各分系统设备需没有明显的表面缺陷,符合单项检查的要求。

分系统检查调试主要是对组成风洞试验系统的各分系统进行动态检查调试。目的是检查各分系统能否正常运转,得出其实际运行参数与设计参数的偏差,并根据此偏差判断该分系统是否达到了设计指标。检测的分系统主要包括气源系统、加热器、真空系统、减压阀及风洞洞身等。

气源分系统为风洞试验系统提供保证风洞正常运行所需的高压气源,其主要技术参数是空压机的分钟排量和排气压力,排量的大小直接影响到试验的准备时间,排气压力则直接影响气源所能达到的极限压力。如果排气压力低于设计压力,将使气源无法提供风洞正常运行所需的压力比条件,或者使风洞的有效运行时间缩短。加热器的作用是提供防止空气冷凝和调整风洞流量所需的驻点温度,主要技术指标是加热温度和预热时间。真空系统负责提供风洞正常运行所需的低压条件,和气源分系统一起提供风洞运行所需的压力比条件。洞体分系统是风洞试验系统中最关键的部分,其设计参数的科学合理性直接影响到风洞的试验效果。

2. 流场校测

均匀区流场平均马赫数为

$$\overline{Ma} = \frac{1}{m} \sum_{i=1}^{m} Ma_i \tag{2.43}$$

式中,m 为均匀区内的测点数。

均匀区范围的确定标准为

$$|\Delta Ma|_{\max} / \overline{Ma} \leqslant 0.010 \tag{2.44}$$

式中，$|\Delta Ma|_{max} = |Ma_i - \overline{Ma}|_{max}$。

均匀区内马赫数标准差为

$$\sigma_{Ma} = \sqrt{\frac{1}{m-1}\sum_{i=1}^{m}(Ma_i - \overline{Ma})^2} \qquad (2.45)$$

由于每次试验驻点参数略有不同，喷管的边界层厚度也不相同，会导致均匀区内平均马赫数出现一定的浮动。

2.4　标　模　试　验

2.4.1　标模试验的意义及必要性

气动标模也称气动验证模型，是指具有公认几何外形、能够代表某一类飞行器气动布局特征的标准校验模型。从风洞试验角度来看，一般称之为标准模型（standard model），而从计算流体动力学（computational fluid dynamics，CFD）模拟和设计技术角度来看，一般称之为校验模型（calibration model）。随着空气动力技术和研究手段的发展，验证模型的作用已经从最初的评估风洞试验精准度的基本功能扩展到更加丰富的内涵。一般而言，验证模型主要具有以下用途：

（1）用于风洞试验质量控制，评估风洞试验数据的精准度；

（2）校核风洞流场及测量系统的完好性；

（3）用于风洞试验技术研发和调试验证；

（4）检验风洞对类标模外形飞行器的试验能力；

（5）评估和检验 CFD 算法的可信度；

（6）开展空气动力学科基础及相关设计技术研究。

由此可见，完备可靠的验证模型及其数据库不仅是风洞试验技术和 CFD 技术建立和发展的基础性支撑平台，同时也是各类飞行器研制中必不可少的标准性、基础性、功能性检验设备，国内外空气动力研究机构历来都十分重视验证模型及其数据库建设。

2.4.2　标准模型研制与使用

1. AGARD 系列标模

北大西洋公约航空航天研究与发展咨询组（Advisory Group for Aerospace Research and Development，AGARD）于 20 世纪 50 年代确定了一套测力试验标准模型来检验跨、超、高超声速风洞试验数据的准度。主要包括跨超和高超声速测力标模（AGARD‑A、B、C、HB‑1、HB‑2）、动稳定性标模（AGARD‑G、H、J）、气动弹性标模（AGARD Wing445.6、TF‑8A）等。这些模型对欧洲风洞试验技术的快速发展发挥了重要促进作用（图 2.71），在我国超、高超风洞试验领域也得到了较为广泛的应用[3]。

2. ONERA 标模

20 世纪 70 年代末，在欧洲"空客"飞机研制过程中，法国国家航空航天研究院（Office National d'Etudes et Recherches Aérospatiales，ONERA）以"空客"A300 为原型并加以简化，

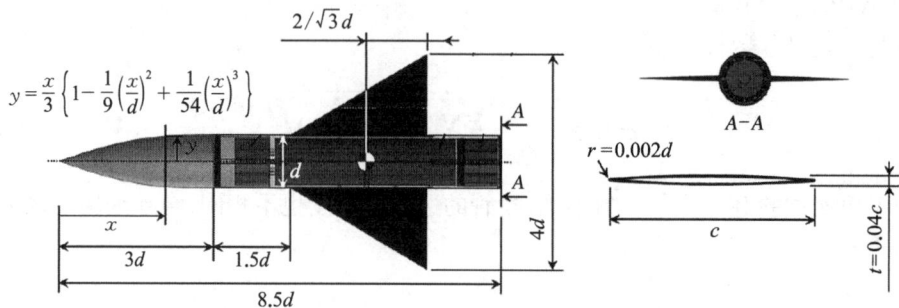

$$y = \frac{x}{3}\left\{1 - \frac{1}{9}\left(\frac{x}{d}\right)^2 + \frac{1}{54}\left(\frac{x}{d}\right)^3\right\}$$

图 2.71　AGARD-B 标模尺寸

建立了 ONERA M 系列标模[56-60]，并在美、欧、日等 10 多个国家的不同风洞中进行了对比试验和数据相关性研究，为"空客"系列商用飞机的成功研制和持续发展起到了关键支撑作用。

3. DLR 系列标模

包括 DLR-F4、F6 两个标准模型，均为典型空客飞机翼身组合体构型模型，由德国宇航中心(DLR)研制，分别在 ARA、DNW 以及 ONERA 等机构的风洞中进行了大量试验，并在欧洲被广泛用于 CFD 验证，还作为早期国际 DPW 会议(阻力预测会议)的考核模型，得到了广泛研究。其中 DLR-F4 模型巡航马赫数 0.75，升力系数 0.5，雷诺数为 3×10^6；DLR-F6 机身与 F4 相同，仅修改了机翼展弦比和后掠角，并具有翼身-短舱挂架构型，代表双发民用客机布局，巡航状态与 F4 模型相同，其外形和几何尺寸见图 2.72、图 2.73。

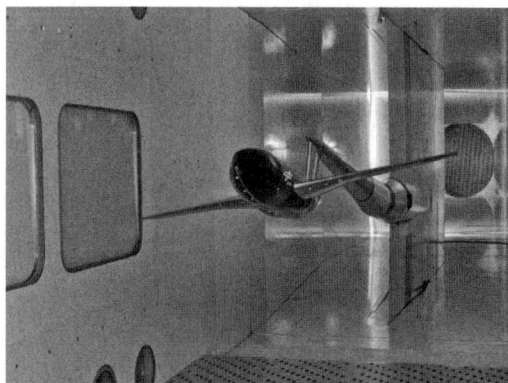

图 2.72　DLR-F6 标模 S2MA 风洞试验[61]

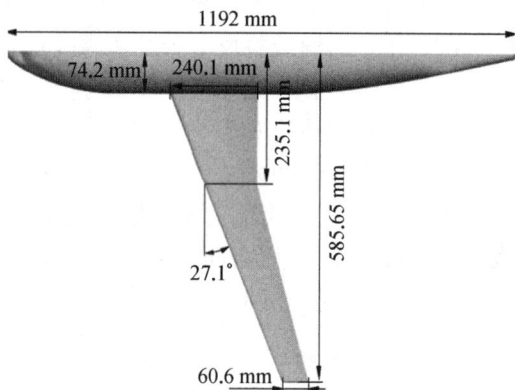

图 2.73　DLR-F6 标模几何尺寸

4. NASA CRM 翼/身/平尾组合体标模

CRM 是由 NASA 的亚声速固定翼(Subsonic Fixed Wing, SFW)项目发起，波音公司负责空气动力设计，NASA 负责模型设计、制造和测试的翼/身/平尾组合体模型，旨在为更好地理解和改善 CFD 软件的气动力预测水平提供更高质量的风洞试验数据。CRM 代表了现代跨声速运输机的典型特征，机翼采用超临界翼型设计，机身采用宽体布局，设计的巡航马赫数 0.85，巡航升力系数 $C_L = 0.50$，其外形尺寸见图 2.74[62]。CRM 模型先后在美国 NASA 兰利研究中心的 NTF 风洞(图 2.75)[63]、艾姆斯研究中心的 11 ft 跨声速风洞[64]、欧洲跨声速风洞 ETW(图 2.76)[65] 及日本 JTWT 风洞[66, 67] 进行过风洞试验，试验中分别测量了模型的气动力、表面压力、机翼静弹性变形和机翼表面流动图像。CRM 是目前能够代表宽体客机流动特性的最权威的标模,但由于该模型没有垂尾,无法用于横航向气动特性的检验与分析。

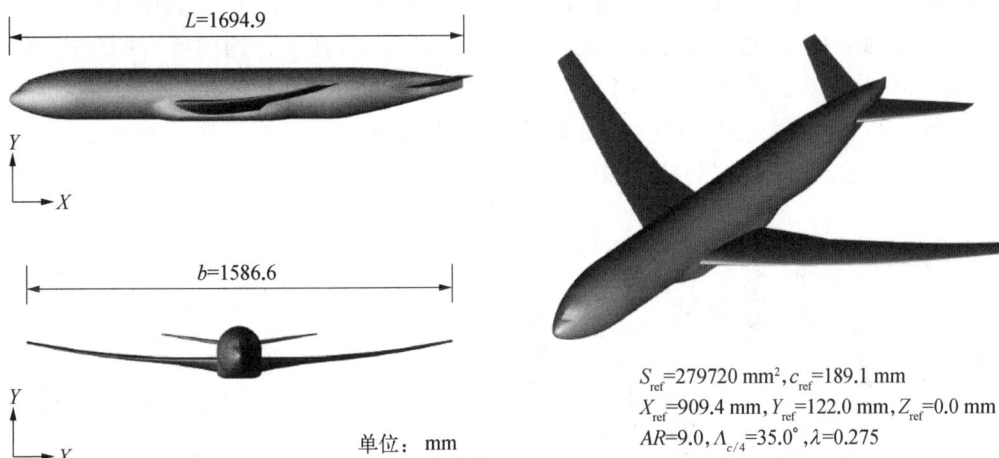

$S_{ref}=279720\text{ mm}^2, c_{ref}=189.1\text{ mm}$
$X_{ref}=909.4\text{ mm}, Y_{ref}=122.0\text{ mm}, Z_{ref}=0.0\text{ mm}$
$AR=9.0, \Lambda_{c/4}=35.0°, \lambda=0.275$

单位: mm

图 2.74　NASA CRM 标模几何外形[62]

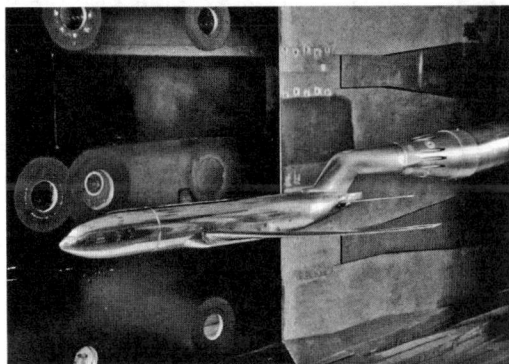

图 2.75　CRM 标模 NTF 风洞试验[63]

图 2.76　CRM 标模 ETW 风洞试验[62]

美欧航空强国虽然发展了多个气动标准模型,但出于对先进航空技术垄断的考虑,即便是面向世界公开的标准模型,其设计特点、计算范围、试验细节和试验数据的开放程度也是非常有限或有针对性的,相关信息并不完整。

鉴于气动验证模型及其数据库建设在飞机设计、风洞试验及 CFD 技术等领域的基础支撑作用,我国空气动力研究机构同样高度重视验证模型体系建设。早在 1972 年,国内有关风洞试验单位研究确定了我国高、低速风洞试验标模系列,为推动我国风洞设备建设、风洞试验技术研发和支撑我国飞行器研制作出了重要贡献[68, 69]。由于受多种因素影响,我国民机验证模型体系建设相比战斗机验证模型体系晚了将近二十年,直到中国空气动力研究与发展中心的 2.4 m 跨声速风洞建成投产之后,特别是在大飞机专项工程和民机产业化需求牵引下,我国民机验证模型体系才迅速发展起来。到目前为止,国内主要空气动力研究机构和主机所都不同程度地建立了服务于各自机构的标准验证模型。

5. DBM/GBM 标模系列

低速标模系列主要包括：DBM－01、DBM－02、DBM－03、DBM－04、DBM－05。其中，DBM－01 和 DBM－02 在国内主要低速风洞中被广泛采用，开展了大量试验研究。高速标模系列主要包括：GBM－01、GBM－02、GBM－03、GBM－04、GBM－06。其中，GBM－01、GBM－03、GBM－04 标模在国内主要高风洞中被广泛采用，几乎在国内所有的生产型高速风洞中都进行了试验研究，GBM－04 标模曾在法国 ONERA S2MA 跨超声速风洞（1.75 m×1.75 m）中做过对比试验。图 2.77 和图 2.78 给出了该标模在气动中心 2 m 超声速风洞和法国 S2MA 风洞的试验照片。

图 2.77　GBM－04 标模 2 m 超声速风洞试验[70]　　图 2.78　GBM－04 标模法国 S2MA 风洞试验[71]

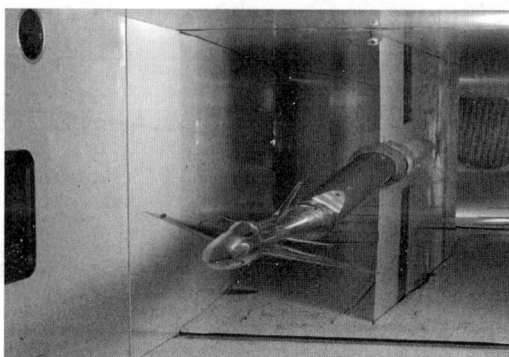

基于上述标模体系和国内主要生产型高、低速风洞获得的大量标模试验结果，"7210"办公室组织国内有关风洞试验单位制订了《高速风洞和低速风洞流场品质规范（GJB 1179－91）》和《高速风洞和低速风洞测力试验精度指标（GJB 1061－91）》两个国家军用标准，在规范我国新建风洞设备调试和第二代、第三代战斗机风洞试验中发挥了积极的指导作用。

为了更好满足我国新一代战斗机研制的试验需求，气动中心牵头负责，研制了具有现代隐身战斗机技术特征的小展弦比飞翼融合体布局标准模型 CHN－F1，并在国内 1 m 和 2 m 量级高速风洞、4 m 量级低速风洞中开展了试验技术、试验数据修正方法、流动特性观测等研究工作，获得了纵横向基本气动特性、表面/空间流场结构和舵面效率等试验数据，提出了试验精度控制指标，形成了我国新一代战斗机标模数据库，并在国内主要气动试验研究单位推广应用，为发展我国下一代战斗机气动设计评估技术发挥了明显的先导作用。

6. Ty－154 标模

"十五"期间，我国首座 2.4 m 跨声速风洞在气动中心建成并投入使用，为建立运输类飞机气动试验质量控制体系，气动中心以 Ty－154 飞机为背景机型，专门研制了两套 Ty－154 标模（1∶25 和 1∶50 标模各一套），先后在 1.2 m 跨超声速风洞和 2.4 m 跨声速风洞（图 2.79）中开展了大量试验研究，并在俄罗斯 TsAGI T－128 风洞（图 2.80）开展了对比试验。此后，该套模型作为运输类飞机标模，为 2.4 m 跨声速风洞相应试验能力建设和流场品质改进提升等发挥了重要作用，有力支撑了我国大飞机专项工程立项和起步研制阶段的相关工作。

图 2.79　Ty‑154 标模 2.4 m 跨声速风洞试验

图 2.80　Ty‑154 标模在 T‑128 风洞[72]

7. CHN‑T1/T2 标模

伴随着我国大飞机专项工程的全面展开,气动中心根据某运输机、C919 飞机的研制需求,陆续开展了大飞机专项工程风洞试验技术研究和配套设备建设,试验模拟能力和试验精细化水平均得到大幅提升。随着对超临界机翼、船尾后体绕流认识的不断加深,Ty‑154 标模布局相对落后、参数敏感度低的劣势逐渐显现,但由于全国范围内缺少体现先进大飞机布局和气动力特征的统一模型,使得我国民机风洞试验数据的质量评价标准缺乏全国公认的客观依据,在一定程度上影响到我国民机的产业化发展战略。有鉴于此,在"十二五""十三五"期间,气动中心开展了新一代民机标模体系构建工作,设计研制了分别表征单通道窄体客机气动布局特点(马赫数 0.785 级)的 CHN‑T1 标模(图 2.81)和双通道远程宽体客机气动布局特点(马赫数 0.85 级)的 CHN‑T2 标模。在此基础上,气动中心按照统一规划的试验大纲,先后在 2.4 m 跨声速风洞、8 m×6 m 低速风洞、5.5 m×4 m 航空声学风洞、4 m×3 m 低速风洞和 1.8 m×1.4 m 低速风洞中完成了 CHN‑T1 标模的纵横向测力试验、模型变形影响修正试验等,并在欧洲 ETW 和 DNW‑LLF 风洞中开展了高低速对比试验,获得了丰富全面的试验数据,形成了一套数据集。该标模是检验气动中心先进民机主力高低速风洞流场品质、评估测控系统工作稳定性的主力标模。标模试验及其典型结果见图 2.81~图 2.85。

图 2.81　CHN‑T1 标模外形

图 2.82　CHN‑T1 标模 2.4 m 跨声速风洞试验

图 2.83　CHN‒T1 标模 8 m 低速风洞试验　　　**图 2.84　CHN‒T1 标模在 ETW 风洞**

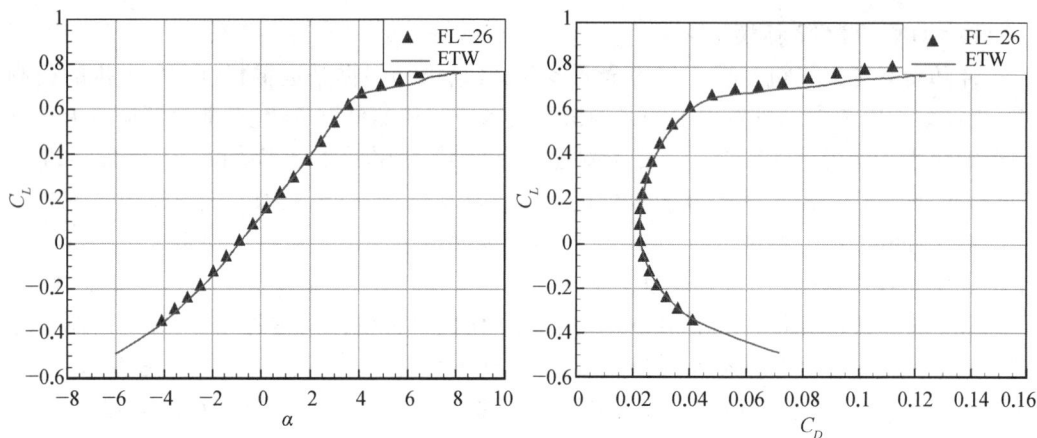

图 2.85　CHN‒T1 标模不同风洞曲线对比

　　在形成高、低速风洞试验数据集的基础上,气动中心大力推动 CHN‒T1 标模在 CFD 验证与确认方面的应用研究,参考美国航空航天学会(American Institute of Aeronautics and Astronautics, AIAA)阻力预测研讨会(Drag Prediction Workshop, DPW)和高升力预测研讨会(High Lift Prediction Workshop, HiLiftPW)模式,于 2018 年举办了第一届航空 CFD 可信度研讨会。研讨会以 CHN‒T1 为研究模型,提供了基础构型、带风洞支撑构型(图 2.86)和考虑结构弹性变形等三种计算构型。包括 7 家研究所、5 所高校、1 家型号单位、1 家商业软件公司在内的 14 家单位提交了 64 组计算结果。通过此次研讨,得出了国内主要研究机构开发的 CFD 软件精度水平与 NASA 的 CFL3D 软件计算精度相当的重要结论。此外,本次研讨会也为气动标模数据库的建设和类似外形的 CFD 验证与确认研究提供了有益的参考价值。

　　与此同时,气动中心采用多目标优化方法,设计了一款以双通道远程宽体客机为背景机型的 CHN‒T2 标模,该标模巡航马赫数 0.85,在 2.4 m 跨声速风洞(图 2.87)中进行了一系列试验研究,系统检验了该风洞宽体客机试验能力前置建设和试验质量控制措施的有效性。

　　此外,中俄宽体客机联合设计团队为评估掌握俄罗斯中央流体研究院的 T‒128 跨声速风洞(风洞尺寸为 2.75 m×2.75 m)和我国气动中心 2.4 m 跨声速风洞的试验能力水

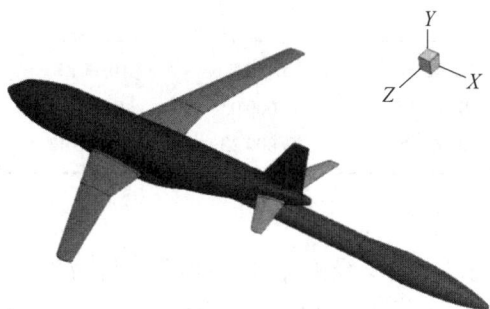

图 2.86　CHN‒T1 带简化风洞支撑构型

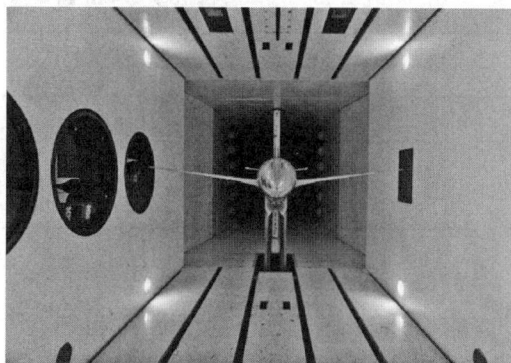

图 2.87　CHN‒T2 标模 2.4 m 跨声速风洞试验

平,于 2019 年研制了一套宽体客机标模,并以欧洲 ETW 风洞试验结果为参考,使用同一套模型先后在上述 3 座风洞中进行了纵向对比试验(图 2.88~图 2.90)。对比试验结果表明(表 2.15),该套标模在 2.4 m 跨声速风洞中的阻力重复性精度达到了 0.000 05,与 ETW 风洞数据一致性良好,其中升力线斜率差量小于 1%,焦点位置相差不到 1%,零升力矩系数相差基本在 0.000 2 以内,零阻系数相差基本在 0.000 2 以内。

图 2.88　宽体标模 2.4 m 跨声速风洞试验

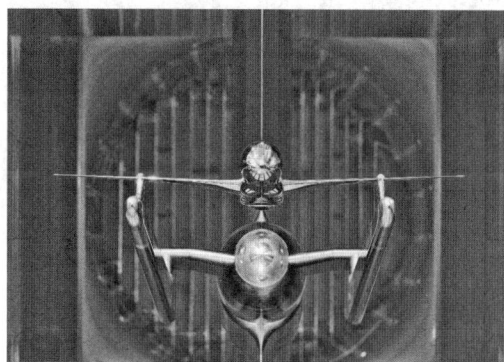

图 2.89　宽体客机标模 ETW 风洞试验

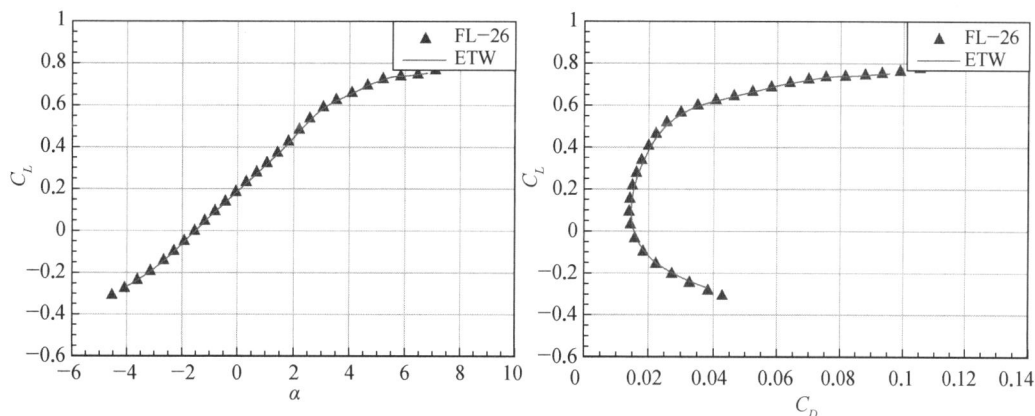

图 2.90　宽体客机标模 2.4 m 跨声速风洞/ETW 风洞对比曲线($Ma = 0.85$)

表 2.15　宽体客机标模 2.4 m 跨声速风洞试验重复性精度水平($Ma=0.85$)

α	−2°	−1°	0°	1°	2°
σ_{C_L}	0.001 2	0.000 7	0.001 1	0.001 1	0.001 2
σ_{C_D}	0.000 03	0.000 03	0.000 05	0.000 03	0.000 05
σ_{C_m}	0.000 22	0.000 17	0.000 29	0.000 22	0.000 42

8. CAE - AVM 标模

在"十二五""十三五"期间,中国航空研究院以先进支线机、高速远程公务机为背景,研制了尾吊布局形式的 CAE - AVM 标模(图 2.91)[73-75]。该标模在 DNW 的 HST 风洞(图 2.92)、LLF 风洞中进行了系列高低速试验研究,获得了基本气动特性、增升特性和表面流动结构,初步建立了气动试验数据库,曾在校验我国部分单位的 CFD 软件和算法中发挥了积极的作用。

图 2.91　CAE - AVM 标模外形

图 2.92　CAE - AVM 标模 HST 风洞试验

第 2 章习题　　　　第 2 章参考文献

第 3 章
风洞模型飞行试验

3.1 发 展 概 况

飞行试验是一个技术非常复杂的系统工程。基于空气动力学研究的出发点,本文介绍的飞行试验仅限于模型飞行试验,包括大气模型飞行试验和风洞模型飞行试验,重点介绍风洞模型飞行试验。模型飞行试验是利用动力学相似模型(含控制系统和测量系统),在空气中开展飞行试验研究,评估验证飞行器气动、飞行、控制等性能的重要模拟飞行试验手段。模型飞行试验可以综合模拟真实飞行器的飞行,但比真实的飞行试验系统相对简单、费用少得多,是真实飞机试飞的重要补充手段。

相比大气模型飞行试验而言,风洞模型飞行试验具有试验环境精确可控、周期短、风险小、成本低等独特优势。风洞模型飞行试验可分为风洞模型虚拟飞试验和风洞模型自由飞。虚拟飞试验和自由飞试验的主要差别在于试验模型的运动自由度和推力模拟:虚拟飞试验模型通常具有 3 个角运动自由度、不模拟推力;自由飞试验模型具有 6 个运动自由度、模拟推力。

3.1.1 风洞模型虚拟飞试验发展概况

目前发展水平处于领先,且最具代表性的是美国空军阿诺德工程发展中心。为了满足现代先进导弹机动性不断提高对风洞试验模拟能力的需求,AEDC 在常规静、动态风洞试验的基础上,创新性地提出了用于实现导弹气动特性、飞行动力学特性一体化研究的风洞虚拟飞试验技术。并从 20 世纪 90 年代开始,由空军科学研究办公室(Air Force Office of Scientific Research, AFOSR) 发起,逐步形成了以 AEDC 为主,空军研究实验室(Air Force Research Laboratory, AFRL)、海军空战中心武器分部(Naval Air Warfare Center Weapons Division, NAWCWD)、技术工程开发支撑小组和物理科学公司(Physical Sciences Inc. , PSI) 等多家单位共同参与的专职研究机构,并为此专门建造了一座口径为 56 in[*] 的开口连续式风洞,也对另一座风洞设备进行了相应改造,且成功地在 HiVAS 设备上完成了 AIM - 9X 导弹的虚拟飞演示验证试验,使该项技术从概念研究逐步走向工程实用阶段,为高机动飞行武器的气动/飞行力学一体化研究提供了基础技术平台。其总体试验方案是采用球形气体轴承支撑方式,实现俯仰、偏航和滚转三自由度运动,模拟飞行器在气流作用下的运动过程,检验飞行器机动飞行条件下的空气动力学特性和控制律设计的可

---

[*] 1 in = 2.54 cm。

靠性,评估飞行器的飞行性能。为了克服气体轴承承载能力小、频率响应低、运动范围受限、使用技术复杂等缺陷,随后又发展了铰接式张线支撑的虚拟飞模拟系统,如图 3.1 所示,实现了俯仰、滚转和偏航三个自由度耦合运动条件下的虚拟飞试验,并可以对气动、运动参数进行实时同步测量,通过操纵舵面对机动运动过程进行实时控制。图 3.2、图 3.3 分别给出了美国发展的虚拟飞试验系统和典型导弹模型的虚拟飞试验照片及试验结果。

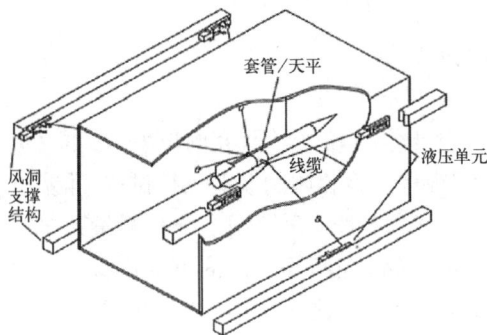

图 3.1　AEDC 风洞虚拟飞试验原理图[1]

图 3.2　AEDC 风洞虚拟飞试验系统[2, 3]

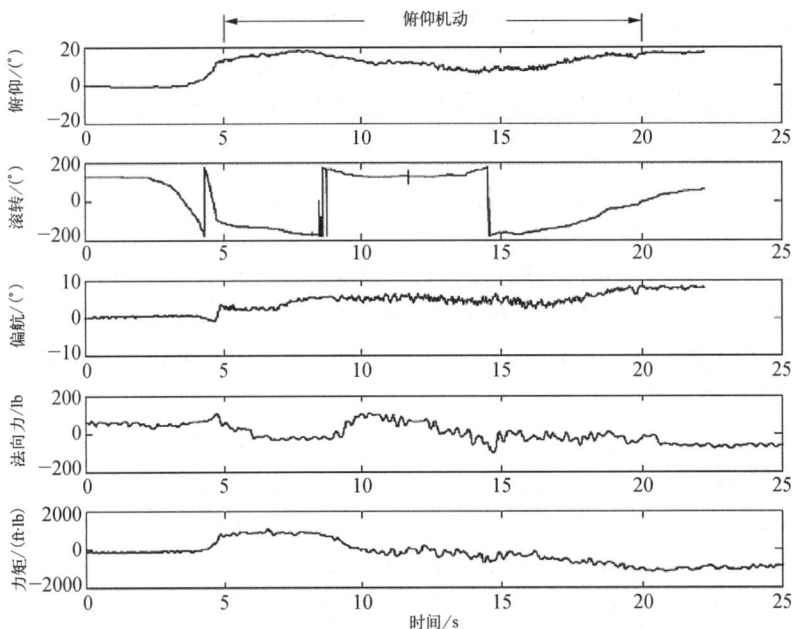

图 3.3　AEDC 导弹风洞虚拟飞试验及结果[2, 3]

俄罗斯西伯利亚航空学院在 T - 203 风洞建立了"Shtopor - 203"虚拟飞试验装置(图 3.4),可实现模型三轴姿态运动模拟。俯仰、偏航运动通过安装在模型内部的双轴铰链实现,而绕风轴的滚转运动由与模型连接的小支杆带动模型一起滚动来实现。该装置特点是能够在大迎角下模拟绕速度矢旋转,可以在水平风洞中开展飞机大迎角失速偏离、尾旋发展过程以及尾旋改出研究。TsAGI 在 T‑103 风洞发展了背撑 3‑DOF（degree of freedom，自由度）动态模拟试验装置（图 3.5），用于开展大迎角飞行状态下机翼摇滚现象及其控制技术研究。该 3‑DOF 球铰可替换为应变天平，用于获得静态测力和强迫振荡试验数据，以建立气动力模型，为开展控制律设计、非线性仿真和虚拟飞试验提供支持。

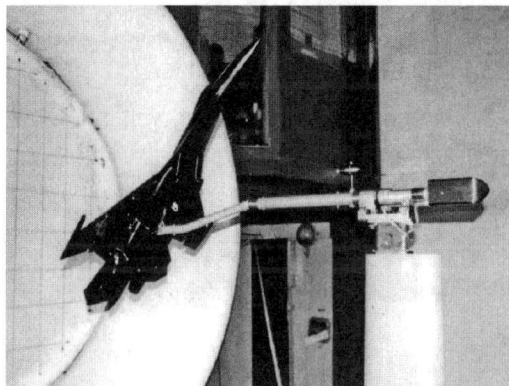

图 3.4　T‑203 风洞 Shtopor‑203 装置[4]

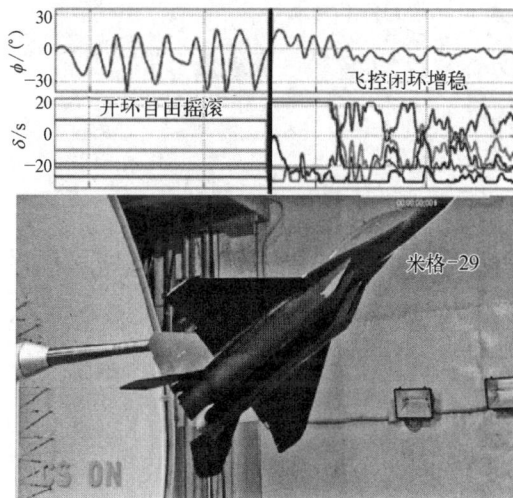

图 3.5　TsAGI T‑103 风洞 3‑DOF 动态装置[5]

2013 年，中国空气动力研究与发展中心建成了 ϕ3.2 m 低速风洞虚拟飞试验装置（图 3.6），完成了飞机模型稳定性的验证、俯仰/滚转/偏航三方向操纵的姿态控制、纵向和横航向混合操纵的姿态控制以及参数辨识等研究，实现了纵向静不稳定飞机的闭环控制和操纵；2011 年，中国空气动力研究与发展中心在 2.4 m×2.4 m 跨声速风洞建成了虚拟飞试验技术，并开展了开环控制和闭环控制下的虚拟飞验证试验（图 3.7）。中国航空工业空气动力研究院于 2017 年在 4.5 m×3.5 m 低速风洞建成了适用于迎角 −10°～110°、俯仰（或偏航）最大角速度 250(°)/s 及滚转最大角速度 400(°)/s 的典型机动历程试验装置，

图 3.6　CARDC ϕ3.2 m 风洞虚拟飞装置[6]

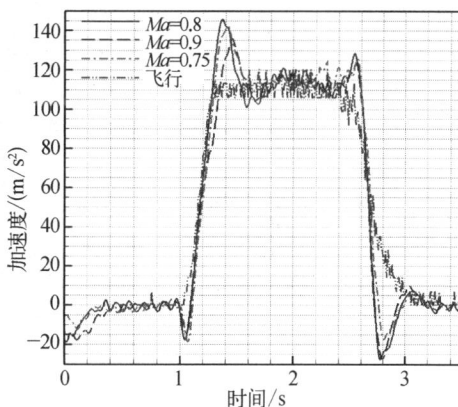

图 3.7　某弹跨声速风洞虚拟飞试验结果[7]

实现了静不稳定动态标模的虚拟飞试验(图 3.8)。中国航天空气动力技术研究院于 2017 年在低速风洞中发展了基于腹部支撑方式的舵面控制响应试验技术,完成了以 F - 16 标模为试验对象的第一阶段验证试验(图 3.9),获得了风速 10~20 m/s 范围内的动态阻尼导数、非定常迟滞效应以及多通道耦合特性等典型结果。

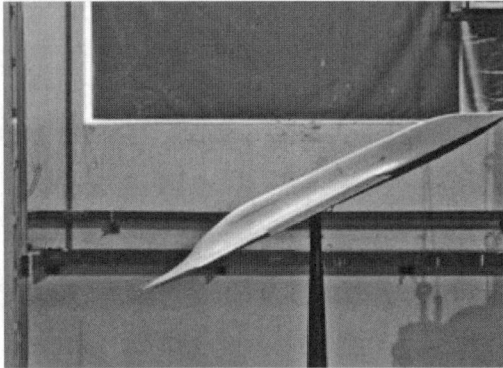

图 3.8 航空气动院飞翼标模虚拟飞试验[8]

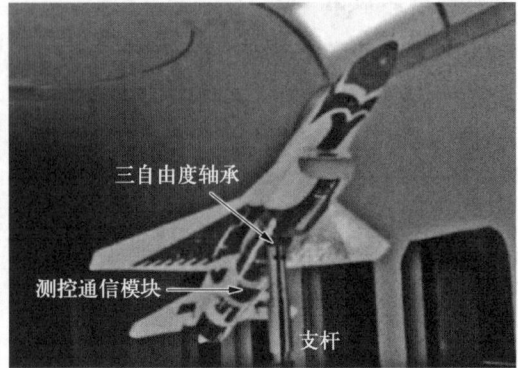

图 3.9 航天气动院某飞行器虚拟飞试验[9]

3.1.2 风洞模型自由飞试验发展概况

水平风洞模型自由飞试验技术发展得已经比较成熟的是美国兰利研究中心。该试验技术的最早雏形是在特定风速下,在可偏转倾斜的小型风洞中进行的模型自由滑翔试验,风洞的倾斜度可以调到与不带动力的缩比模型滑翔斜面相匹配。美国兰利研究中心在 1937 年建立起第一座试验段直径为 5 ft 的可倾斜的自由飞风洞(图 3.10),在随后的两年中,该中心又建立起试验段直径更大(12 ft)的自由飞风洞,在 20 世纪 50 年代早期,随着自由飞模型的增大,兰利全尺寸风洞(试验段尺寸为 30 ft×60 ft)建成。在接下来的 50 多年中,美国发展的几乎所有的战斗机都曾在全尺寸风洞中开展过自由飞试验(图 3.11)。

图 3.10 NACA 5 ft 自由飞风洞模型
自由飞试验[10]

图 3.11 F - 22 飞机模型兰利全尺寸风洞
自由飞试验[11]

在 1998 年,该中心又将水平风洞模型自由飞试验技术扩展到 14 ft×22 ft 的亚声速风洞中,以便在全尺寸风洞退役后继续模型自由飞试验(图3.12)。该试验平台为美国发展多种型号飞机做出了很多重大成果,很多先进的 X 系列验证机都曾在该平台上进行自由飞试验,验证大量关键的控制技术。比较典型的如美国的 X-31 验证机,该飞机设计为纵向静不稳定布局,兰利研究中心通过该试验平台设计和验证了增稳控制器;兰利研究中心设计的翼身融合(Blended-Wing-Body, BWB)模型也在该平台上完成了飞机动态稳定性和飞控系统验证。

图 3.12　F/A-18 飞机模型 14 ft×22 ft 风洞自由飞试验[10]

2015 年,中国空气动力研究与发展中心在 8 m×6 m 大型低速风洞建立了风洞模型自由飞试验技术,随后,开展了典型布局飞机大迎角飞行控制律验证与评估、飞翼布局飞机推力矢量航向增稳控制律验证等研究工作(图3.13),取得了一系列研究成果。2019 年,航空工业空气动力研究院在 8 m 量级回流式大型低速风洞建立了风洞模型自由飞试验技术(图3.14)。

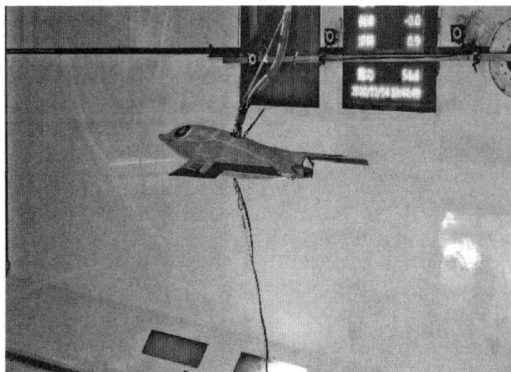

图 3.13　CARDC C1 飞翼模型 8 m×6 m 风洞自由飞试验

图 3.14　航空气动院风洞模型自由飞试验[8]

3.2　相似准则

风洞模型飞行试验除要求试验模型与飞行器实物几何相似外,还必须同时满足流动相似性要求和运动相似性要求。本节分别从流体力学基本方程、刚体飞行器六自由度方程出发,推导同时满足流动相似和运动相似的相似准则要求。

3.2.1　流动相似准则

试验模型与飞行器绕流流场相似,要求每个流动参数在所有对应点上有一个固定的比例关系。以下标"1"表示飞机绕流流场,下标"2"表示试验模型绕流流场,各流动参数的比值用 r 表示,r 的下标表示它是哪一个参数。

$$\begin{cases} x_2 = r_l x_1, \ y_2 = r_l y_1, \ z_2 = r_l z_1 \\ t_2 = r_t t_1 \\ \rho_2 = r_\rho \rho_1 \\ p_2 = r_p p_1 \\ V_2 = r_V V_1 \\ \mu_2 = r_\mu \mu_1 \\ f_2 = r_g f_1 \\ T_2 = r_t T_1 \\ e_2 = r_e e_1 \end{cases} \tag{3.1}$$

由连续性方程可得

$$\frac{\partial \rho_2}{\partial t_2} + \frac{\partial(\rho_2 V_{x2})}{\partial x_2} + \frac{\partial(\rho_2 V_{y2})}{\partial y_2} + \frac{\partial(\rho_2 V_{z2})}{\partial z_2} = 0 \tag{3.2}$$

将式(3.1)代入式(3.2)可得

$$\left(\frac{r_\rho}{r_t}\right)\frac{\partial \rho_1}{\partial t_1} + \left(\frac{r_\rho r_V}{r_t}\right)\left[\frac{\partial(\rho_1 V_{x1})}{\partial x_1} + \frac{\partial(\rho_1 V_{y1})}{\partial y_1} + \frac{\partial(\rho_1 V_{z1})}{\partial z_1}\right] = 0 \tag{3.3}$$

试验模型绕流流场的 x 向 N-S 方程为

$$\frac{\partial(\rho_2 V_{x2})}{\partial t_2} + \frac{\partial(\rho_2 V_{x2}^2)}{\partial x_2} + \frac{\partial(\rho_2 V_{x2} V_{y2})}{\partial y_2} + \frac{\partial(\rho_2 V_{x2} V_{z2})}{\partial z_2}$$
$$= \rho_2 f_{x2} - \frac{\partial(P_2)}{\partial x_2} + \frac{\partial}{\partial x_2}\left[-\frac{2}{3}\mu_2\left(\frac{\partial V_{x2}}{\partial x_2} + \frac{\partial V_{y2}}{\partial y_2} + \frac{\partial V_{z2}}{\partial z_2}\right) + 2\mu_2\frac{\partial V_{x2}}{\partial x_2}\right] \tag{3.4}$$
$$+ \frac{\partial}{\partial y_2}\left[\mu_2\left(\frac{\partial V_{x2}}{\partial y_2} + \frac{\partial V_{y2}}{\partial x_2}\right)\right] + \frac{\partial}{\partial z_2}\left[\mu_2\left(\frac{\partial V_{x2}}{\partial z_2} + \frac{\partial V_{z2}}{\partial x_2}\right)\right]$$

将式(3.1)代入式(3.4)可得

$$\left(\frac{r_\rho r_V}{r_t}\right)\frac{\partial(\rho_1 V_{x1})}{\partial t_1} + \left(\frac{r_\rho r_V^2}{r_t}\right)\left[\frac{\partial(\rho_1 V_{x1}^2)}{\partial x_1} + \frac{\partial(\rho_1 V_{x1} V_{y1})}{\partial y_1} + \frac{\partial(\rho_1 V_{x1} V_{z1})}{\partial z_1}\right]$$
$$= r_\rho r_g \rho_1 f_{x1} - \left(\frac{r_P}{r_l}\right)\frac{\partial(P_1)}{\partial x_1} + \left(\frac{r_\mu r_V}{r_l^2}\right)\left\{\frac{\partial}{\partial x_1}\left[-\frac{2}{3}\mu_1\left(\frac{\partial V_{x1}}{\partial x_1} + \frac{\partial V_{y1}}{\partial y_1} + \frac{\partial V_{z1}}{\partial z_1}\right) + 2\mu_1\frac{\partial V_{x1}}{\partial x_1}\right]\right.$$
$$\left. + \frac{\partial}{\partial y_1}\left[\mu_1\left(\frac{\partial V_{x1}}{\partial y_1} + \frac{\partial V_{y1}}{\partial x_1}\right)\right] + \frac{\partial}{\partial z_1}\left[\mu_1\left(\frac{\partial V_{x1}}{\partial z_1} + \frac{\partial V_{z1}}{\partial x_1}\right)\right]\right\}$$

$$\tag{3.5}$$

对 y、z 向 N－S 方程可以得到类似结果。

由能量方程可得

$$\frac{\partial(\rho_1 e_1)}{\partial t_1} + \left[\frac{\partial(\rho_1 e_1 V_{x1})}{\partial x_1} + \frac{\partial(\rho_1 e_1 V_{y1})}{\partial y_1} + \frac{\partial(\rho_1 e_1 V_{z1})}{\partial z_1}\right]$$

$$= \rho_1 \dot{q}_1 + \frac{\partial}{\partial x_1}\left(k_1 \frac{\partial T_1}{\partial x_1}\right) + \frac{\partial}{\partial y_1}\left(k_1 \frac{\partial T_1}{\partial y_1}\right) + \frac{\partial}{\partial z_1}\left(k_1 \frac{\partial T_1}{\partial z_1}\right)$$

$$- P_1\left(\frac{\partial V_{x1}}{\partial x_1} + \frac{\partial V_{y1}}{\partial y_1} + \frac{\partial V_{z1}}{\partial z_1}\right) - \frac{2}{3}\mu_1\left(\frac{\partial V_{x1}}{\partial x_1} + \frac{\partial V_{y1}}{\partial y_1} + \frac{\partial V_{z1}}{\partial z_1}\right)^2 \qquad (3.6)$$

$$+ \mu_1\left[2\left(\frac{\partial V_{x1}}{\partial x_1}\right)^2 + 2\left(\frac{\partial V_{y1}}{\partial y_1}\right)^2 + 2\left(\frac{\partial V_{z1}}{\partial z_1}\right)^2 + \left(\frac{\partial V_{x1}}{\partial y_1} + \frac{\partial V_{y1}}{\partial x_1}\right)^2\right.$$

$$\left. + \left(\frac{\partial V_{x1}}{\partial z_1} + \frac{\partial V_{z1}}{\partial x_1}\right)^2 + \left(\frac{\partial V_{y1}}{\partial z_1} + \frac{\partial V_{z1}}{\partial y_1}\right)^2\right]$$

将式(3.1)代入式(3.6)可得

$$\left(\frac{r_\rho r_e}{r_t}\right)\frac{\partial(\rho_1 e_1)}{\partial t_1} + \left(\frac{r_\rho r_e r_V}{r_l}\right)\left[\frac{\partial(\rho_1 e_1 V_{x1})}{\partial x_1} + \frac{\partial(\rho_1 e_1 V_{y1})}{\partial y_1} + \frac{\partial(\rho_1 e_1 V_{z1})}{\partial z_1}\right]$$

$$= r_\rho r_{\dot{q}}\rho_1 \dot{q}_1 + \left(\frac{r_k r_T}{r_l^2}\right)\left[\frac{\partial}{\partial x_1}\left(k_1 \frac{\partial T_1}{\partial x_1}\right) + \frac{\partial}{\partial y_1}\left(k_1 \frac{\partial T_1}{\partial y_1}\right) + \frac{\partial}{\partial z_1}\left(k_1 \frac{\partial T_1}{\partial z_1}\right)\right]$$

$$- \left(\frac{r_P r_V}{r_l}\right)\left[P_1\left(\frac{\partial V_{x1}}{\partial x_1} + \frac{\partial V_{y1}}{\partial y_1} + \frac{\partial V_{z1}}{\partial z_1}\right)\right] - \left(\frac{r_\mu r_V^2}{r_l^2}\right)\left\{\frac{2}{3}\mu_1\left(\frac{\partial V_{x1}}{\partial x_1} + \frac{\partial V_{y1}}{\partial y_1} + \frac{\partial V_{z1}}{\partial z_1}\right)^2 \right. \qquad (3.7)$$

$$+ \mu_1\left[2\left(\frac{\partial V_{x1}}{\partial x_1}\right)^2 + 2\left(\frac{\partial V_{y1}}{\partial y_1}\right)^2 + 2\left(\frac{\partial V_{z1}}{\partial z_1}\right)^2 + \left(\frac{\partial V_{x1}}{\partial y_1} + \frac{\partial V_{y1}}{\partial x_1}\right)^2\right.$$

$$\left.\left. + \left(\frac{\partial V_{x1}}{\partial z_1} + \frac{\partial V_{z1}}{\partial x_1}\right)^2 + \left(\frac{\partial V_{y1}}{\partial z_1} + \frac{\partial V_{z1}}{\partial y_1}\right)^2\right]\right\}$$

上述方程各项都有一个由比例常数组成的系数,试验模型与真实飞行绕流场的流动相似要求二者的流动控制方程一致,由上述方程可得

$$\frac{r_\rho}{r_t} = \frac{r_\rho r_V}{r_l} \qquad (3.8)$$

$$\frac{r_\rho r_V}{r_t} = \frac{r_\rho r_V^2}{r_l} = \frac{r_P}{r_l} = r_\rho r_g = \frac{r_\mu r_V}{r_l^2}$$

$$\frac{r_\rho r_V}{r_t} = \frac{r_\rho r_e r_V}{r_l} = r_\rho r_{\dot{q}} = \frac{r_k r_T}{r_l^2} = \frac{r_P r_V}{r_l} = \frac{r_\mu r_V^2}{r_l^2}$$

式(3.8)包含 4 个独立的等式关系:

$$\frac{v_2^2}{v_1^2} = \frac{p_2}{p_1}\frac{\rho_1}{\rho_2}, \text{即} \frac{v_2^2}{\dfrac{p_2}{\rho_2}} = \frac{v_1^2}{\dfrac{p_1}{\rho_1}} \text{或} \frac{v_2^2}{k\left(\dfrac{p_2}{\rho_2}\right)} = \frac{v_1^2}{k\left(\dfrac{p_1}{\rho_1}\right)}, \text{即} \frac{v_2^2}{a_2^2} = \frac{v_1^2}{a_1^2}$$

$$\frac{v_2}{v_1} = \frac{\mu_2\rho_1 l_1}{\mu_1\rho_2 l_2}, \text{即} \frac{\rho_2 v_2 l_2}{\mu_2} = \frac{\rho_1 v_1 l_1}{\mu_1} \tag{3.9}$$

$$r_v = \frac{r_l}{r_t}, \text{即} \frac{v_2}{v_1} = \frac{l_2}{l_1}\frac{t_1}{t_2} \text{或} \frac{v_2 t_2}{l_2} = \frac{v_1 t_1}{l_1}$$

$$\frac{v_2^2}{v_1^2}\frac{l_1}{l_2} = \frac{g_2}{g_1}, \text{即} \frac{v_2^2}{l_2 g_2} = \frac{v_1^2}{l_1 g_1}$$

上述 4 个关系式规定了 4 个相似参数,也就是相似准则,这些相似参数都是无量纲的数。从这些关系式中可得到在风洞试验中需要满足的相似准则,由上述关系式可获得以下相似准则。

1. 马赫数

$$\frac{V_2}{a_2} = \frac{V_1}{a_1} \tag{3.10}$$

速度与声速的比值称为马赫数,用 Ma 表示,其物理意义是弹性力与惯性力之比,反映了气体流动的压缩程度。该准则是说,两个流场的流动速度必须相等,两个流场才能相似,这是高速流动必须遵循的准则。

2. 雷诺数

$$\frac{\rho_2 V_2 l_2}{\mu_2} = \frac{\rho_1 V_1 l_1}{\mu_1} \tag{3.11}$$

雷诺数用 Re 表示,是考虑黏性作用时的相似准则,可以说是风洞试验中需要满足的一个最为重要的相似准则。从雷诺数的定义来看,它的物理意义是惯性力与黏性力之比值,它所表征的是流体黏性对流动的影响,如果两个流场的雷诺数相等,即表示两个流场里对应点上微团所受的惯性力与黏性力之比值是相等的。实际上,在高速风洞试验的流场要都做到与真实飞行的流场的雷诺数完全相似基本上很难做到。在常规风洞试验中,只能做到雷诺数相似。只有在大型低温高雷诺数高速风洞试验中,对战斗机模型、窄体客机模型等尺度不太大的飞机,其试验可做到真实飞行雷诺数值,但对类似波音 747 这类尺度的大型宽体客机模型试验还做不到真实飞行雷诺数的模拟。

3. 弗劳德数

$$\frac{V_2^2}{l_2 g_2} = \frac{V_1^2}{l_1 g_1} \tag{3.12}$$

弗劳德数用 Fr 表示,是表征惯性力与重力之比的相似参数,其物理意义是流体的惯性力与其重力之比,是水面船只运动需要遵循的相似准则。通常情况下,空气的密度很小,带来的影响往往也很小,可以忽略不计。因此,对于流动相似可以不考虑 Fr。当模拟飞行器平动运动时,飞行器的重力会影响飞行速度的变化,进而影响飞行的姿态角、迎角、侧滑角等,此时 Fr 应当相等。

4. 斯特劳哈尔数

$$\frac{V_2 t_2}{l_2} = \frac{V_1 t_1}{l_1} \tag{3.13}$$

斯特劳哈尔数用 Sr 表示。式中,l 是运动物体的特征长度;t 是运动周期;V 是速度,Sr 是非定常运动的相似参数,表征非定常惯性力与定常惯性力之比。对于周期性的非定常流动,常用特征频率 ω 代替时间 t,即 $Sr = l\omega/V$。当飞行器为周期运动时,特征频率 ω 取周期运动的角频率;当飞行器为自由运动时,特征频率 ω 可取运动初始时刻的角频率 ω_0。

3.2.2 运动相似准则

试验模型运动过程与真实飞行器飞行过程的运动相似,要求试验模型和真实飞行器的对应点上对应瞬时所有表征运动状况的物理量都保持各自固定的比例关系,而且所有物理量的方向要相同。

在推导运动相似参数之前,首先在机体坐标系下定义两个函数:刚体飞行器的空间质量密度分布函数 $\rho_b(\boldsymbol{r})$、刚体飞行器的无量纲质量密度分布函数 $f(\boldsymbol{r})$。两者的关系可用下式表示:

$$\rho_b(\boldsymbol{r}) = \rho_b \cdot f(\boldsymbol{r}) \tag{3.14}$$

式中,$\boldsymbol{r}$ 为刚体飞行器所占空间区域 V_b 内某点到集体坐标系原点的矢径;ρ_b 为刚体飞行器特征质量密度常数,可以定义为飞行器的质量 m 与飞行器的参考面积 S 和特征长度 l 乘积的比值,即 $\rho_b = m/Sl$。

以下标"1"表示真实飞行器运动,下标"2"表示试验模型运动。假设特征质量密度常数之比 $r_{\rho b} = \rho_{b2}/\rho_{b1}$,试验模型与真实飞行器的特征长度之比 $r_l = l_2/l_1$。则风洞试验模型与真实飞行器质量比为

$$r_m = \frac{m_2}{m_1} = \frac{\iiint_{V_{b2}} \rho_{b2}(\boldsymbol{r}) \mathrm{d}x\mathrm{d}y\mathrm{d}z}{\iiint_{V_{b1}} \rho_{b1}(\boldsymbol{r}) \mathrm{d}x\mathrm{d}y\mathrm{d}z} = (r_{\rho b} r_l^3) \frac{\iiint_{V_{b2}} f_2(\boldsymbol{r}) \mathrm{d}x\mathrm{d}y\mathrm{d}z}{\iiint_{V_{b1}} f_1(\boldsymbol{r}) \mathrm{d}x\mathrm{d}y\mathrm{d}z} \tag{3.15}$$

转动惯量比:

$$r_I = \frac{\boldsymbol{I}_2}{\boldsymbol{I}_1} = (r_{\rho b} r_l^5) \frac{\iiint_{V_{b2}} \left[(\boldsymbol{r}_2 \cdot \boldsymbol{r}_2) \boldsymbol{I} - \boldsymbol{r}_2 \cdot \boldsymbol{r}_2 \right] f_2(\boldsymbol{r}) \mathrm{d}x\mathrm{d}y\mathrm{d}z}{\iiint_{V_{b1}} \left[(\boldsymbol{r}_1 \cdot \boldsymbol{r}_1) \boldsymbol{I} - \boldsymbol{r}_1 \cdot \boldsymbol{r}_1 \right] f_1(\boldsymbol{r}) \mathrm{d}x\mathrm{d}y\mathrm{d}z} \tag{3.16}$$

进一步假设风洞试验模型与刚体飞行器的无量纲质量密度分布函数相等,即 $f_1(\boldsymbol{r}) = f_2(\boldsymbol{r})$,可得

$$r_m = r_{\rho b} r_l^3, \; r_I = r_{\rho b} r_l^5 \tag{3.17}$$

各运动参数的比值用 r 表示,r 的下标表示它是哪一个参数。

$$\begin{cases}
t_2 = r_t t_1 \\
T_2 = r_T T_1 \\
\rho_2 = r_\rho \rho_1 \\
m_2 = r_m m_1 \\
l_2 = r_l l_1 \\
J_{x2} = r_J J_{x1},\ J_{y2} = r_J J_{y1},\ J_{z2} = r_J J_{z1},\ J_{xy2} = r_J J_{xy1} \\
V_2 = r_V V_1 \\
\alpha_2 = r_\alpha \alpha_1 \\
\beta_2 = r_\beta \beta_1 \\
\omega_{x2} = r_\omega \omega_{x1},\ \omega_{y2} = r_\omega \omega_{y1},\ \omega_{z2} = r_\omega \omega_{z1} \\
\vartheta_2 = r_\vartheta \vartheta_1,\ \gamma_2 = r_\gamma \gamma_1
\end{cases} \tag{3.18}$$

试验模型的六自由度运动方程为

$$\begin{cases}
\dfrac{\mathrm{d}V_2}{\mathrm{d}t_2} = \dfrac{1}{m_2} T_2 \cos(\alpha_2 + \delta_{Tz})\cos(\beta_2 + \delta_{Ty}) - \dfrac{1}{m_2} q_2 S_2 C_{D2} - g(\sin\vartheta_2 \cos\alpha_2 \cos\beta_2 \\
\qquad - \cos\vartheta_2 \cos\gamma_2 \sin\alpha_2 \cos\beta_2 - \cos\vartheta_2 \sin\gamma_2 \sin\beta_2) \\[4pt]
\dfrac{\mathrm{d}\alpha_2}{\mathrm{d}t_2} = \omega_{z2} - \left[\dfrac{1}{m_2 V_2} T_2 \sin(\alpha_2 + \delta_{Tz})/\cos\beta_2 + \dfrac{1}{m_2 V_2} q_2 S_2 C_{L2} - \dfrac{1}{V_2} g(\sin\vartheta_2 \sin\alpha_2 \right. \\
\qquad \left. + \cos\vartheta_2 \cos\gamma_2 \cos\alpha_2) + \omega_{x2}\cos\alpha_2 \sin\beta_2 - \omega_{y2}\sin\alpha_2 \sin\beta_2 \right] \Big/ \cos\beta_2 \\[4pt]
\dfrac{\mathrm{d}\beta_2}{\mathrm{d}t_2} = -\dfrac{1}{m_2 V_2} T_2 \cos(\alpha_2 + \delta_{Tz})\sin(\beta + \delta_{Ty}) - \dfrac{1}{m_2 V_2} q_2 S_2 C_{z2} + \dfrac{1}{V_2} g(\sin\vartheta_2 \cos\alpha_2 \sin\beta_2 \\
\qquad + \cos\vartheta_2 \cos\gamma_2 \sin\alpha_2 \sin\beta_2 - \cos\vartheta_2 \sin\gamma_2 \cos\beta_2) + \omega_{x2}\sin\alpha_2 + \omega_{y2}\cos\alpha_2 \\[4pt]
\dfrac{\mathrm{d}\omega_{x2}}{\mathrm{d}t_2} = \left[\dfrac{q_2 S_2 l_2}{J_{x2}}\left(m_{x2} + \dfrac{J_{xy2}}{J_{y2}} m_{y2}\right) + \left(\dfrac{J_{y2} - J_{z2}}{J_{x2}} + \dfrac{J_{xy2}^2}{J_{x2} J_{y2}}\right)\omega_{y2}\omega_{z2} \right. \\
\qquad \left. + \left(\dfrac{J_{z2} - J_{x2}}{J_{y2}} - 1\right)\dfrac{J_{xy2}}{J_{x2}}\omega_{x2}\omega_{z2}\right] \Big/ \left(1 - \dfrac{J_{xy2}^2}{J_{x2} J_{y2}}\right) \\[4pt]
\dfrac{\mathrm{d}\omega_{y2}}{\mathrm{d}t_2} = \left[\dfrac{q_2 S_2 l_2}{J_{x2}}\left(m_{y2} + \dfrac{J_{xy2}}{J_{x2}} m_{x2}\right) + \left(\dfrac{J_{z2} - J_{x2}}{J_{y2}} - \dfrac{J_{xy2}^2}{J_{x2} J_{y2}}\right)\omega_{x2}\omega_{z2} \right. \\
\qquad \left. + \left(\dfrac{J_{y2} - J_{z2}}{J_{x2}} + 1\right)\dfrac{J_{xy2}}{J_{y2}}\omega_{y2}\omega_{z2}\right] \Big/ \left(1 - \dfrac{J_{xy2}^2}{J_{x2} J_{y2}}\right) \\[4pt]
\dfrac{\mathrm{d}\omega_{z2}}{\mathrm{d}t_2} = \dfrac{q_2 S_2 l_2}{J_{x2}} m_{z2} + \dfrac{J_{x2} - J_{y2}}{J_{z2}}\omega_{x2}\omega_{y2} + \dfrac{J_{xy2}}{J_{z2}}(\omega_{x2}^2 - \omega_{y2}^2)
\end{cases}$$

$$\tag{3.19}$$

将比例关系式(3.18)代入上式,整理得到相似参数如下所示:

$$\frac{r_V}{r_l r_g} = 1 \tag{3.20}$$

$$\frac{r_T}{r_m r_g} = 1 \tag{3.21}$$

$$\frac{r_R}{r_m r_g} = 1 \tag{3.22}$$

$$\frac{r_q r_l^3 r_t r_{mc}}{r_J r_\omega} = 1 \tag{3.23}$$

$$r_\omega r_t = 1 \tag{3.24}$$

$$r_\alpha = 1 \tag{3.25}$$

$$r_\beta = 1 \tag{3.26}$$

由式(3.20)可得，$\dfrac{V_1^2}{g_1 l_1} = \dfrac{V_2^2}{g_2 l_2}$，即弗劳德数 Fr 相等；由式(3.22)可得，$\dfrac{m_2}{m_1} = r_l^3 \dfrac{\rho_2}{\rho_1}$，表示试验模型与真实飞机之间的质量相似准则；由式(3.23)可得，$\dfrac{J_2}{J_1} = r_l^5 \dfrac{\rho_2}{\rho_1}$，表示试验模型与真实飞机之间的转动惯量的相似准则；由式(3.24)可得，$\dfrac{\omega_1 l_1}{V_1} = \dfrac{\omega_2 l_2}{V_2}$，即斯特劳哈尔数 Sr 相等。

由式(3.25)和式(3.26)可得，模型迎角、侧滑角等参数还需与真实飞机相同。

在风洞模型虚拟飞试验中，释放了模型的转动自由度，模型在气动力矩的作用下可以自由转动，因此保证运动相似的主要相似参数有斯特劳哈尔数 Sr 相同、转动惯量 $\dfrac{J_2}{J_1} = r_l^5 \dfrac{\rho_2}{\rho_1}$ 相似。在高速风洞虚拟飞试验中，还需要考虑空气的压缩性，即 Ma 相同。

在风洞模型自由飞试验中，模型的自由度完全释放，模型在气动力的作用下可自由转动和平动，因此保证运动相似的参数除了虚拟飞中的相似参数外，还需要质量和推力相似，即 $\dfrac{m_2}{m_1} = r_l^3 \dfrac{\rho_2}{\rho_1}$ 和 $\dfrac{T_1}{m_1 g_1} = \dfrac{T_2}{m_2 g_2}$。

3.3　风洞模型虚拟飞试验

3.3.1　试验方法

风洞虚拟飞试验系统总体结构如图 3.15 所示，将包括自动驾驶仪、惯性传感器、舵面作动器等装置的飞行器缩比模型用一个专门的支撑系统支撑于风洞试验段中心，并保证飞行器能够自由俯仰、偏航、滚转运动。由风洞外的控制系统控制模型舵面运动,在定常或非定常气动力和控制系统的控制力作用下,模型实时改变姿态,表现出固有的飞行动力学特性。在这个过程中,气动载荷和模型运动姿态都是可以测量的,这些数据反馈给风洞外的控制系统,修正控制命令,并将新的控制命令发送给模型的舵面。通过不断重复这个循环,模型在风洞中实现虚拟"飞行"。因此,完整的飞行器和控制系统的性能就能得到证实和评估,试验原理如图 3.16 所示。

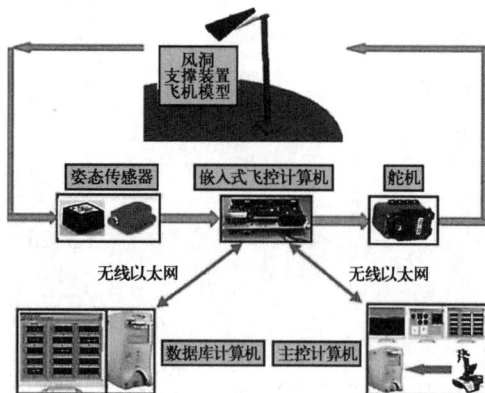

图 3.15 虚拟飞试验系统总体结构图

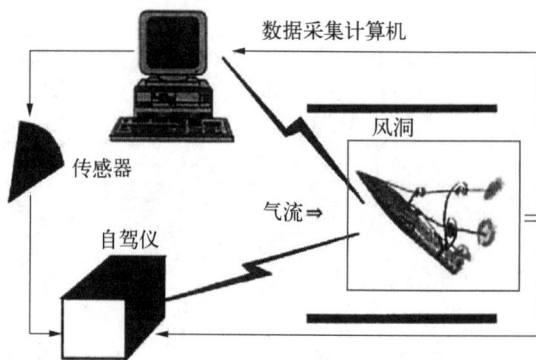

图 3.16 虚拟飞试验系统工作原理图

表 3.1 给出了某虚拟飞试验系统的主要技术指标。

表 3.1 φ3.2 m 风洞虚拟飞试验系统主要技术指标

子系统名称	技 术 指 标
支撑装置	俯仰角范围 -10°～70°
	滚转角范围 ±40°
	偏航角范围 ±180°
	最大承载能力 50 kg
姿态测量	角度测量范围:偏航 ±180°、俯仰 ±90°、滚转 ±90°
	静态测试精度 0.1°
	动态测试精度 ±1°
	角速率范围 ±300(°)/s,精度 ±1(°)/s
舵面控制	舵面角度定位误差 0.5°
	舵面偏转延时误差 5 ms
	舵面最大偏转速率 ±300(°)/s
飞控计算机	控制周期 5 ms
	控制通道数 8

图 3.17 为虚拟飞控制系统设计与集成流程图。

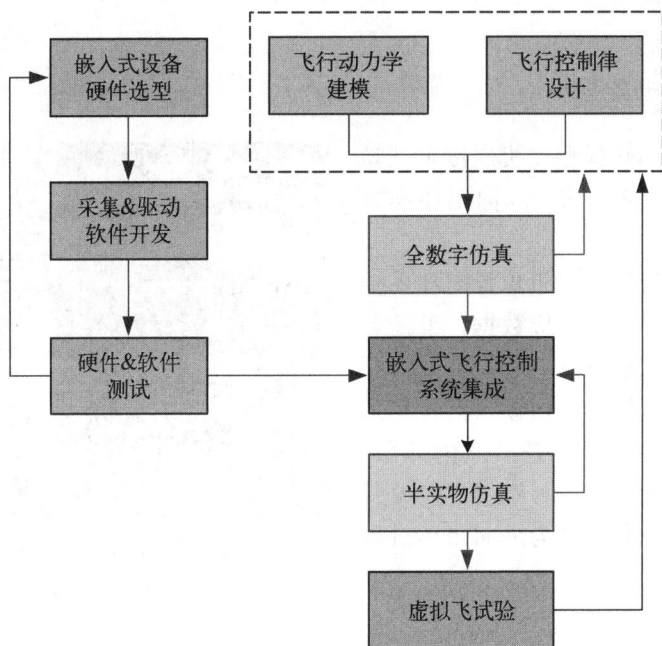

图 3.17　虚拟飞控制系统设计与集成流程

首先,进行嵌入式飞行控制设备选型与集成,开发采集和驱动程序。通过软硬件综合测试,发现并修改可能存在的硬件接口匹配、驱动程序接口匹配和通信连接等问题。循环迭代,直到获得满足系统功能和技术指标要求的嵌入式飞控计算机、传感器和执行器;同时,进行飞行动力学建模和飞行控制律设计,通过全数字式系统仿真,获得仿真条件下的被控对象数学模型和理论设计的飞行控制律;然后,将飞行控制律实现为实时控制代码,并植入嵌入式飞控计算机,以建立起完整的嵌入式实时飞行控制系统;接下来,通过半实物仿真,发现并修改可能存在的参数匹配和通信连接等问题,使嵌入式飞控系统能够正常运行;最后,进行虚拟飞试验,通过在线控制律结构调整和参数调整,获得最终的飞行控制律,完成飞行控制系统设计。

典型虚拟飞试验的内容如下。

1. 三轴闭环稳定性试验

在无操纵指令的情况下,受扰后模型纵向、横向、航向在气动力矩的作用下能够保持姿态稳定。对于静稳定布局的飞机,能够保持自稳定;对于静不稳定飞机,在控制系统的作用下才能保持稳定,从而可以检验增稳控制效果,评估飞控系统鲁棒性。

2. 三轴操纵演示试验

操纵员对模型纵向、横向、航向单独通道或组合通道进行操纵,研究操纵后模型的动力学响应特性,以揭示气动运动耦合规律。典型的操纵信号包括方波、脉冲、阶跃信号等;典型的操纵动作有推/拉杆、压杆、蹬舵以及它们之间的组合等。

3. 参数辨识试验

给定标准激励信号,获取相应的模型响应时间历程;试验后通过辨识算法获得气动力矩导数。

3.3.2 典型案例

图 3.18 为 CRM 模型飞机虚拟飞试验照片,通过试验验证了该机纵向闭环操纵响应特性。

试验进行了迎角 7°附近位置闭环系统的纵向激励测试并记录响应数据。激励类型包括对偶方波激励、3211 激励、连续扫频激励。控制闭环系统的纵向输入信号是俯仰操纵杆位移,控制目标是模型俯仰角。图 3.19 显示了模型纵向闭环连续扫频所产生的状态响应,图 3.20 为纵向闭环对偶方波响应。

图 3.18　CRM 模型飞机虚拟飞试验

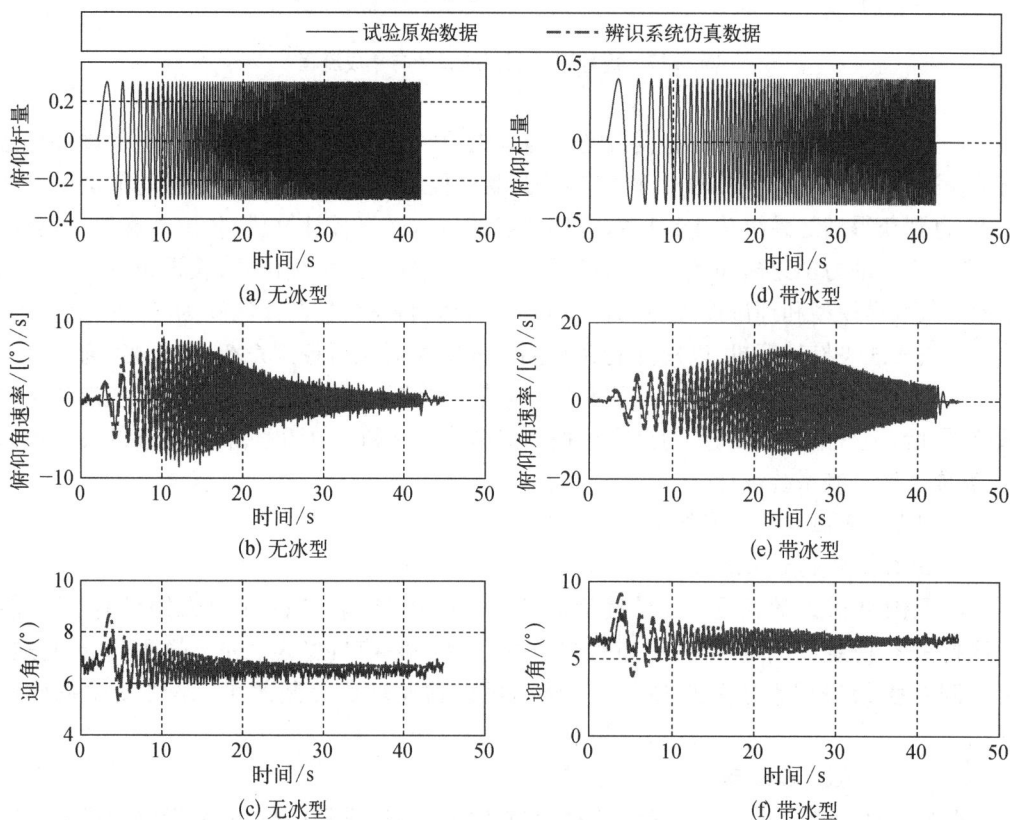

图 3.19　纵向闭环连续扫频状态响应

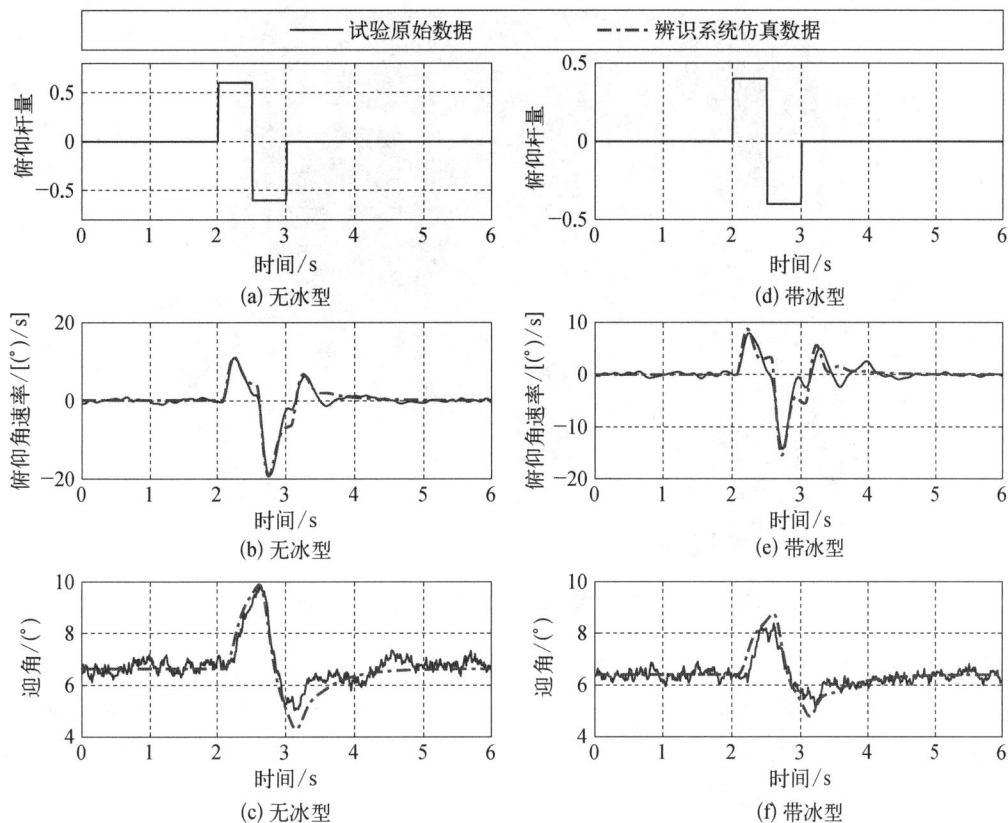

图 3.20 纵向闭环对偶方波响应

3.4 风洞模型自由飞试验

3.4.1 试验方法

水平风洞模型自由飞是通过远程控制实现飞机动力学相似模型在风洞试验段六自由度自由飞行的试验技术,可为缩比模型提供在风洞中模拟全尺寸真机飞行运动的仿真试验环境,评估验证气动、飞行、控制等性能。图 3.21 为水平风洞模型自由飞试验平台示意图。为了实现模型的飞行,模型必须是动力学相似缩比模型,控制面可操纵,模拟发动机推力,模型背部有安全索和工作缆与洞壁相连接。

飞行控制任务被分割为 3 个部分:俯仰控制、推力矢量控制和滚转/偏航控制,分别由 3 个飞行操控员执行。在不同风速下,3 名操控员和 1 名操作手分工协作,通过配平飞机模型的推力和飞行控制,实现模型在不同迎角下的 $1g$ 平飞。俯仰操控员、推力操控员和安全绳操作手位于试验段侧面,可以很好地观察和控制飞机模型的纵向运动;滚转/偏航操控员通过位于试验段正后方的摄像头观察和控制飞机模型的横向运动。

模型动力通过喷射高压空气的方式获得,外部高压空气经管路送至模型内部,输送高压空气的管路为金属套管加强的轻质尼龙软管。推力操控员负责进行高压空气流量和推

图 3.21　水平风洞模型自由飞试验平台示意图[10]

力转向控制。从风洞外部引至模型的工作缆除了高压空气管路外,还有为舵机和传感器提供的电源和控制线缆,以及一根直径为 1/8 in 的安全绳。试验过程中,安全绳保持松弛状态,只有在模型失控或试验结束的情况下才拉紧进行模型安全保护。安全绳由一名操作手通过高速绞盘进行控制。

　　整个试验平台的核心组件是位于试验段侧面的飞控计算机,运行待验证与优化的飞行控制律程序。它接收 3 名操控员的飞行指令信号、机载传感器(如风标、陀螺仪、加速度计等)的反馈信号、风洞速压及相关开关信号等作为输入,通过飞行控制律解算,输出驱动各舵机偏转的舵面偏角指令及推力控制指令,实现了试验平台中各子系统的综合集成和有效运作。

　　风洞模型自由飞的关键技术包括以下几点。

　　(1)动力相似模型设计加工技术。自由飞试验模型内含各种机载传感器、舵机系统、动力管道等影响质量分布,而且模型最大尺寸受风洞试验段尺寸以及动力系统所能提供的最大推力等因素限制,如何在尺寸约束下设计加工出满足质量、惯量相似要求的动力相似模型,仍是影响水平风洞自由飞试验效果的一个关键环节。

　　(2)动力模拟与控制技术。根据水平风洞模型自由飞试验要求,对动力系统的总要求是推力大、响应快、持续时间长、附加质量及转动惯量小,且在模型外部供气管路对模型基本无约束。

　　(3)舵机运动控制技术。动力相似模型的各操纵舵面与真实飞机操纵运动相似(包括舵面偏转角度和偏转角速度),因此,作为飞控系统的执行机构,所选择的舵机不仅要求体积小、质量小,同时应具有足够的扭矩、响应速度和伺服带宽。另外,随着舵面的增多,复杂的电磁环境可能影响到舵面的正常工作,因此,舵机必须具有足够的可靠性。

　　(4)模型姿态实时精确测量技术。由于模型的运动响应比全尺寸真机快,根据相似要求,风标、陀螺仪、加速度计等机载测量传感器要有足够的带宽,同时各传感器间的信号同步与信息融合成为模型姿态测量的重点和难点。

（5）飞行控制系统设计与集成技术。飞行控制系统是水平风洞模型自由飞试验技术平台的核心模块，它整合了舵面控制、动力系统、测量系统等子系统，其特点是系统组成部分多，涉及专业领域广，因而系统集成难度较大。

3.4.2　典型案例

针对某翼身融合飞翼验证机模型（图3.22），在中国空气动力研究与发展中心8 m×6 m 风洞开展了模型自由飞试验，飞行试验科目包括配平能力试验、操稳特性评估试验、推力矢量控制试验、动态逆控制律验证试验，主要试验参数见表3.2。应用先进控制技术解决了航向静不稳定、纵向弱稳定低舵效飞行器增稳控制难题；实现了飞翼布局飞机基于推力矢量的航向增稳控制（图3.23、图3.24）。

图 3.22　飞翼验证机模型

表 3.2　飞翼验证机风洞模型自由飞试验参数

指　标	参　数	指　标	参　数
模型缩比	1∶10	整机长度	1 300 mm
翼展	2 000 mm	质量	16.3 kg
飞行时间	≥60 min	最大推力	7 kgf*

* 1 kgf=9.806 65 J。

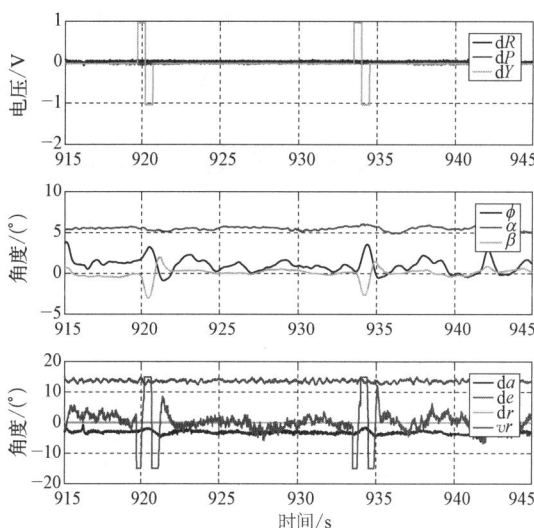

图 3.23　开裂式方向舵控制偏航

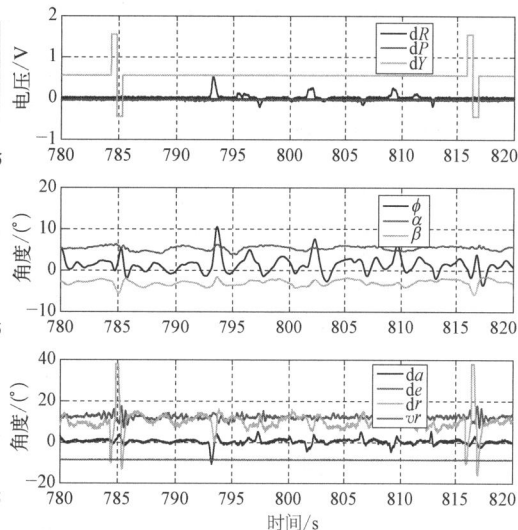

图 3.24　推矢控制偏航

dR. 滚转操纵量；dP. 俯仰操纵量；dY. 偏航操纵量；da. 副翼偏度；de. 升降舵偏度；dr. 方向舵偏度；vr. 推矢偏度

3.5 天 地 换 算

3.5.1 简要介绍

气动特性的天地换算也称为天地相关性。天地换算一直是航空航天飞行器研制中空气动力学研究的重点和难点,也是飞行器研制的关键技术之一。任何一个新研制的飞行器在实际飞行之前,必须对气动力试验和计算数据进行相关性分析和修正,将其换算到设计的飞行状态,进行试飞前的飞行仿真及评估校核,以减小飞行风险;在陆续进行的飞行试验过程中,利用实际飞行试验气动特性辨识结果进一步进行相关性分析和数据融合,不断对地面预测结果进行修正,提高用于后续飞行的气动力数据的置信度。

风洞试验数据和飞行试验数据之间主要存在雷诺数、弹性效应等差异,风洞试验数据和计算数据之间主要存在模型振动、湍流特性等差异,尤其是在大迎角分离流动情况下存在较大差异。当识别出对数据差异有较大影响的因素后,则可以进行关联与修正融合分析。修正的方法主要有两类,一类是差量修正方法。该方法根据 CFD 数值模拟、风洞测试和飞行试验结果的差异,考虑主要影响因素后按照差量值或是一定的比例系数进行修正,从而进行不同条件下气动数据修正融合。这种方法易于操作,但本质上相当于将没有考虑到的因素和方法的不确定性统统打包为一个黑箱,用差量或比例系数进行调节,因而缺乏物理、数学基础,但在工程上比较实用。图 3.25 给出了一个典型的大飞机风洞试验

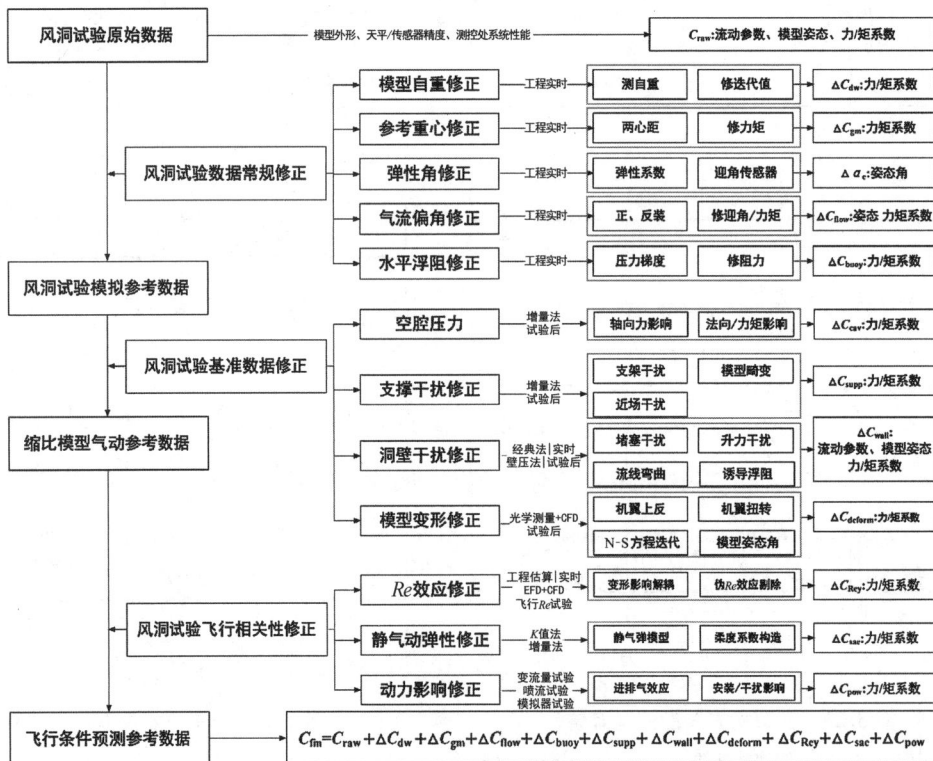

图 3.25 大飞机风洞试验数据修正体系

数据修正体系结构图。

风洞试验数据必须要经过天地换算修正后,才能在工程设计上使用,否则会给飞机设计带来颠覆性问题。美国 C-141 和 C-5A 运输机在设计初期,由于对风洞试验的雷诺数效应预测不准,导致风洞试验焦点位置、压力分布与实际飞行差异较大(图 3.26),试飞时飞机出现不可控的低头力矩,险酿成重大飞行事故,不得不花费大量财力物力和人力进行改进设计,不仅造成巨大浪费,而且大大延误了飞机的研制进度。

天地换算是指综合运用各类数据修正手段,建立风洞试验数据和飞行试验结果之间的关联关系,达到在设计阶段通过风洞试验准确

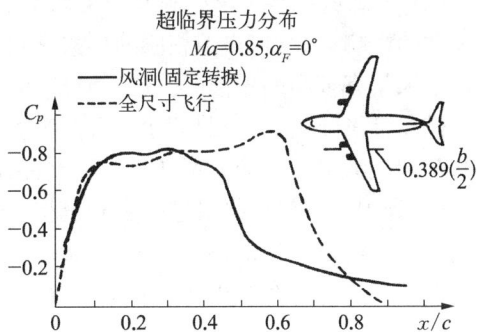

图 3.26   C-141 机翼中部剖面风洞试验和飞行试验压力分布

预测飞机飞行性能与飞行品质的目的,指导飞机设计部门科学开展相关研制工作,是飞机研发需要同步解决的重大关键技术问题,对于新飞机研制具有十分重要的意义:

(1)一是牵引风洞试验技术发展,健全试验数据修正体系,提高气动力预测的准确性,促进飞机气动设计水平进一步提高;

(2)二是保证气动模型精确性,实现飞行性能、飞行品质、飞行载荷准确预测,实现飞行控制律准确设计,减少迭代优化过程,提高飞行试验的安全性、可靠性,有效缩短飞行试验周期,加快试验鉴定进程;

(3)三是提高飞行模拟器模拟效果的逼真度,提高模拟效率与培训水平,加快战斗力生成。

3.5.2 现状与发展趋势

飞行器气动数据天地换算是一项技术难度大、影响因素多、实用性强的系统工程,受到世界各航空航天强国的高度重视。只要有飞行器研制,天地换算研究就不会停止。天地换算研究结果不仅取决于风洞试验/数值计算/飞行试验的技术水平,还依赖于大量丰富的飞行器气动研究经验积累,需要气动力试验、飞行器设计、飞行试验等多个单位组成联合研究团队,才能为换算研究提供必要的设备、技术和人才保证。对于风洞数据应用到飞行状态的天地相关性修正,目前国内外尚没有十分详尽的修正体系,当风洞试验数据与真实飞行试验数据之间存在较大差异时,首先进行数据的差异原因分析,然后再进行修正融合。

国外对天地相关性的系统研究始于 20 世纪 60 年代,当时已经认识到风洞试验和实际飞行之间由于雷诺数效应及弹性变形效应引起的差异。1968 年,法国 ONERA 应用空气动力系主任奎顿(Quinton)在第三十届莱特(Wright)兄弟演讲会上发表了题为“从风洞到飞行-试验室在宇航设计中的作用”的演讲,演讲中全面论述了飞机、战术弹、宇宙飞船等各类飞行器的天地换算研究的重要性,同时对各类飞行器天地换算的特点、各类天地换算在当时的研究进展,以及取得的成果也做了详尽的论述。从 Quinton 的演讲中可知天地换算研究是飞机设计不可或缺的重要内容,是气动研究工作者的重要研究方向。

20 世纪 70 年代以来,随着 F‑15、F‑16、F‑18、B‑1、B‑737、B‑777、航天飞机等军用和民用飞行器的研发,美、欧(包括苏联/俄罗斯)等国家在相关性研究方面取得了很大进展:一是认识到了风洞洞壁和支架干扰、转捩、动力影响、操纵面模拟差异等因素对相关性的影响;二是建立了相应的相关性修正方法,尤其是对于小迎角和附着流动情况,修正结果具有较高的置信度。这一时期相关性研究最典型的应用就是美国航天飞机,航天飞机在首飞前,基于之前其他飞行器实际飞行发现的气动特性偏差现象,在进行相关分析的基础上给出了气动力不确定度误差带,用于首飞前的飞行仿真和安全性评估;在飞行试验后,利用飞行辨识结果进一步开展相关性分析工作,得到轨道器气动力及其不确定度的飞行评定增量(flight assessment deltas, FAD's)以提高用于后续飞行的气动数据准度,并减小其不确定度。在航天飞机飞行试验过程中,基于相关性分析对《气动设计数据手册》(Aerodynamic Design Data Book, ADDB)分别在航天飞机第 2、4、6、9、14、26 和 57 次飞行之后进行了 7 次修正。

美、欧等国家相关性研究的迅速发展可归因于三个方面:一是各国认识到相关性研究重要性,建设了一批大尺寸及高雷诺数风洞,如美国于 20 世纪 80 年代初建成了 NTF 低温增压风洞;NASA 艾姆斯研究中心的全尺寸风洞在 20 世纪 80 年代也扩建至 120 ft×80 ft 并提高了流场品质;欧洲德、法、英、荷四国在 1994 年建成了 2.4 m×2 m 低温增压风洞 ETW。这些大尺寸及高雷诺数风洞的建成,使得风洞试验洞壁干扰减小,模型尺寸放大,外形模拟更准确,模拟雷诺数接近甚至达到真实飞行雷诺数,有力促进了相关性研究的发展。二是美、欧等国家在飞机设计中广泛利用"原型机"进行了大量风洞试验和飞行试验,直接为相关性分析提供了大量基础数据。三是 20 世纪 70 年代以来迅速发展的数值模拟技术成为相关性研究的重要手段,例如,麦道公司利用数值方法来修正风洞试验中的支架干扰,获得的 F‑15 飞机升力曲线与极曲线在跨声速范围有较好的相关性;空客公司采用数值计算获得不同雷诺数下计算数据之差来修正风洞模型试验得出的极曲线,也获得了较好的结果。

基于先进的风洞试验设备,美欧等航空强国开展了一系列天地换算研究工作,分析了飞机雷诺数影响机理及修正技术,完善了风洞与飞行相关性技术体系。1999 年,在 NTF 风洞开展了波音 777 和 767 飞机的机翼压力分布雷诺数影响及修正研究(图 3.27),并与试飞结果进行了比较分析,证明了基于压力分布的雷诺数外插修正技术是非常可靠的,与试飞结果具有较好的一致性。同时,NASA 兰利研究中心和波音公司共同组成的相关性研究小组,对 CFD 技术预测雷诺数影响的方法进行了研究,指出了 CFD 模拟雷诺数效应的技术优势和存在的不足,即在当时的条件下,CFD 能够预测升力和力矩的变化趋势,但在量值上与风洞试验和试飞结果均有差异;在阻力预测方面,CFD 结果存在趋势和规律上的明显差异。

欧盟国家为了与美国争夺世界大型飞机市场的主导权,于 20 世纪 80 年代,由德、英、法、荷四国联合投资,建成了具备飞行雷诺数模拟能力的欧洲跨声速风洞 ETW(Europe Transonic Wind tunnel),并基于该风洞的强大试验模拟能力,先后启动了多个大型飞机雷诺数效应的专题研究计划,如著名的 REMFI(Rear-fuselage and Empennage Flow Investigation)、HiReTT(High Reynolds number Tools and Techniques for civil aircraft design)和 EUROLIFT(European High Lift Program)。HiReTT 项目始于 2004 年,典型结果见图 3.28,历时 36 个

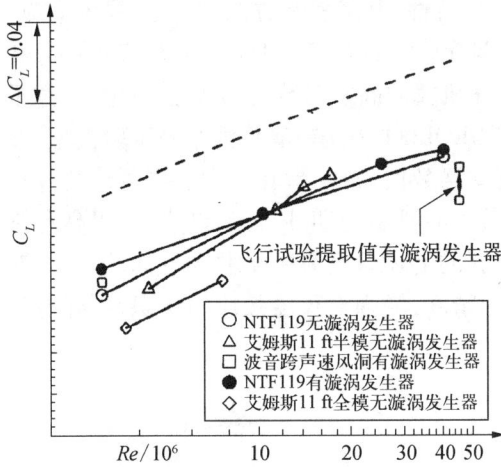

(a) 巡航条件下雷诺数对升力影响

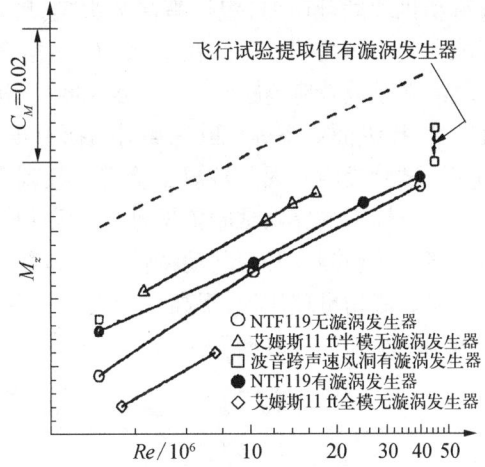

(b) 巡航条件下雷诺数对俯仰力矩影响

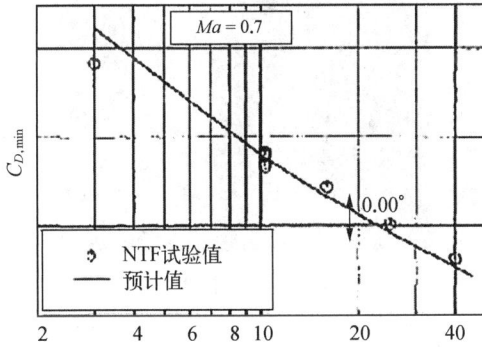

(c) $Ma = 0.7$ 时雷诺数对阻力影响

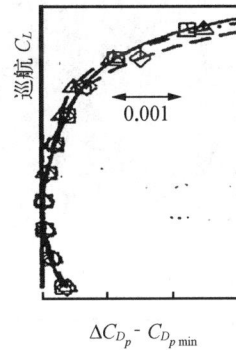

(d) 巡航马赫数下极曲线随雷诺数变化

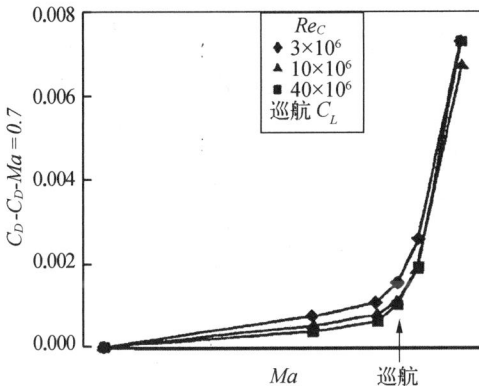

(e) 雷诺数对阻力发散马赫数影响

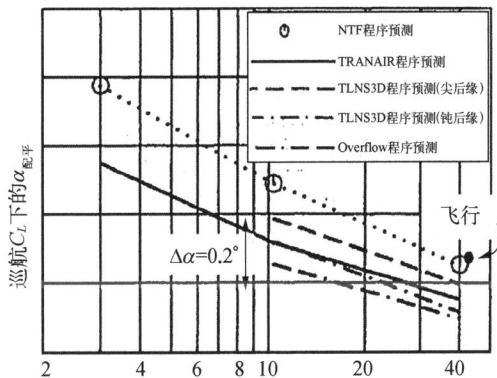

(f) 巡航条件下雷诺数对配平迎角影响

图 3.27　雷诺数对波音 777 飞机气动特性影响

月,由来自欧洲不同国家的 16 个成员组成,旨在降低飞机研制成本,改善飞行品质,降低环境污染,是欧洲第六次项目规划中的一部分。该研究利用不同的 CFD 代码以及 ARA (the Aircraft Research Association) 和 ETW 跨声速风洞,对一种 A380 类飞行器的后体及尾翼流动机理展开研究,包括雷诺数影响、尾翼失速特性、升降舵和方向舵效率、尺度效应、缝隙和气动弹性效应等。在 2000 年,由空客协调管理的 HiReTT 项目,重点研究了机身和主翼的雷诺数效应,获取了一种类 A380 飞机干净机翼的高雷诺数气动特性、洞壁/支撑干扰特性、操纵面效率等。欧洲高升力研究项目 EUROLIFT 采用一套低温半模试验模型,在同一个试验段内实现了常规试验雷诺数到飞行雷诺数的模拟,旨在为发展更可信的计算和实验设计工具提供试验依据,以缩短高升力系统的研制周期、降低研制成本,提高在飞行雷诺数下预测高升力气动特性的可靠性。欧洲的上述研究有一个共同目标,即增加对高雷诺数流动机理认识,提高气动设计过程中的精度,增强对尺度效应的认识,更好地相关风洞试验和飞行数据。

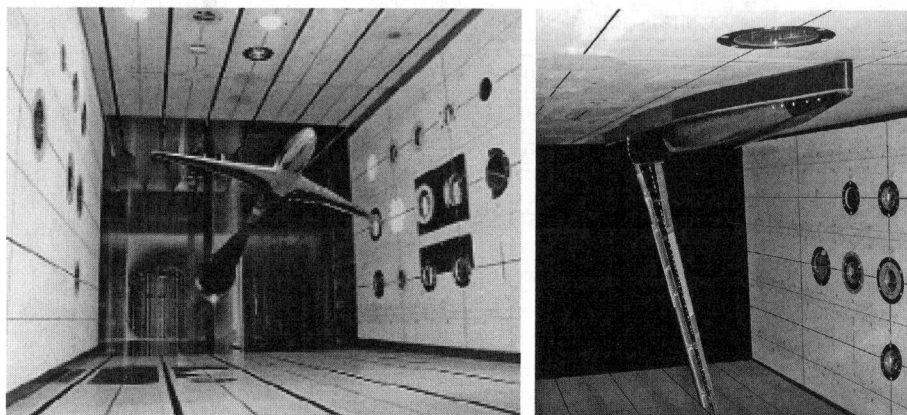

(a) ETW风洞全模型试验

(b) ETW风洞半模试验

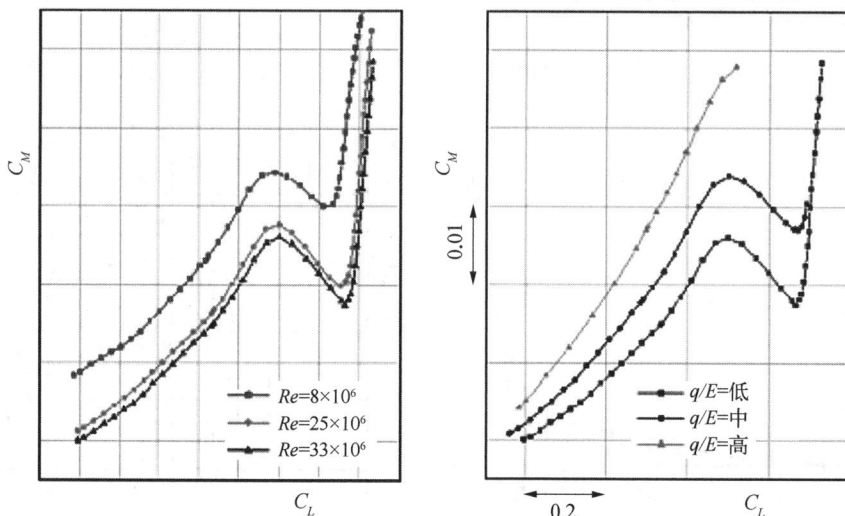

(c) 纯粹的雷诺数影响和纯粹的静气动弹性影响结果

图 3.28　欧洲高雷诺数效应研究试验

近年来,随着新材料、新技术的发展,为了提高飞机的有效载荷,质量轻、强度高的复合材料开始大量应用于飞行研制,美国 C‑17 运输机机体结构中采用了约 8.1% 的复合材料和 10.3% 的钛合金,空客 A380 飞机全机复合材料占比达到 25%,波音 787 飞机全机复合材料占比更是达到50%以上。大量采用复合材料虽然能够起到降低飞机空重,提高结构效率的作用,但飞行时机翼受载会产生较大的弹性变形,波音787飞行与静态外形相比翼尖上仰最大变形达到7.8 m,达到了机翼半展长的10%以上。机翼结构变形改变了机翼及其相邻部件的载荷分布,偏离了设计点,进而对全机升力、阻力、力矩和纵/横向静动稳定性产生较大影响。欧洲空客系列运输机A330-200、A340-600、A318-121在研发中也发现,由于静气动弹性影响预测不准,其飞行试验得出的升力线斜率和风洞试验值有较大差异;C-141飞机在验证试飞期间,就曾出现过由于机翼弹性变形引起机翼的升力降低、阻力增加的现象;波音707飞机在3 km高度亚声速飞行时,静气动弹性效应可使飞机焦点前移0.06MAC(mean aerodynamic chord,平均气动弦长),航向静稳定性导数$C_{n\beta}$下降50%,对飞行的飞行性能、飞行品质产生较大影响。另一方面,机翼结构变形会对舵面效率产生显著影响,轻则降低舵面效率,严重时将会导致舵面失效甚至反效,危及飞行安全。"协和"式飞机因静气动弹性影响,巡航时升降舵产生了2°的变化;英国一架双引擎大展弦比飞机,在飞行中当飞行速度增加时,副翼效率由于静气动弹性变形而降低,最后反效而发生事故;波音XB-47轰炸机在试飞阶段也发生过由于静气动弹性影响导致的副翼反效问题,差点酿成机毁人亡的重大事故。为了解决静气动弹性影响预测问题,欧美航空强国不仅分别建设了5 m量级大型跨声速风洞(图3.29),还集中大量精力采用理论分析、数值计算、风洞试验以及飞行试验等方法系统研究了静气动弹性评估、预测及修正等问题,建立了一套成熟的静气动弹性预测及修正方法,并成功应用于航空飞行器的研制中。

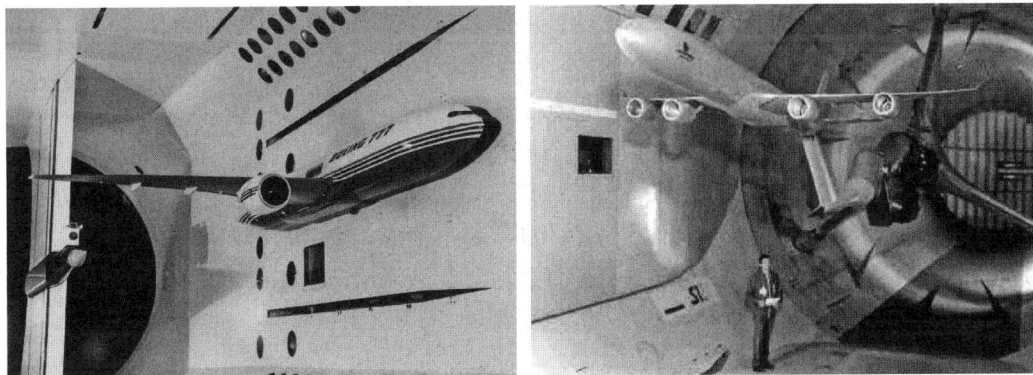

(a) 美国16 ft TDT风洞　　　　　　　　　　　　　(b) 欧洲S1风洞

图3.29　用于静气动弹性影响的5 m量级跨声速风洞

国内对相关性的研究和相应的试验工作也已历经半个多世纪,而且不断向纵深发展。我国在20世纪60年代初期已认识到相关性研究的重要性,并结合型号的研制逐步开展相关研究工作。针对战斗机研制需求,1972年由风洞试验、飞行试验和飞机设计部门共同拟定了第一阶段风洞与飞行相关性研究规划,先从摸透米格-21开始,然后对歼-7飞机、歼-8飞机和PL-5导弹的天地换算开展了系统研究,研究的主力风洞是0.6 m×0.6 m高速风洞,研究中使用歼-7、歼-8飞机进行了大量的试飞测量。"六五"至"八五"期间,完成了歼击机$C_y \leqslant 0.6$(α约小于15°)条件下的纵、横向气动力系数、导数的修正体系、修正方法和修正指南制定。与此同时，研究成果还推广应用于歼轰-7、歼-10和教-8等飞机设计，在新机研制中发挥了重要作用。"九五"和"十五"期间，又完成了歼击机武器投放天地换算和歼-10飞机前翼效率、铰链力矩的天地换算研究。1985年立足于国内风洞及飞行试验条件，集中进行了某飞机极曲线、静导数和抖振三项内容的风洞与飞行相关性研究，完成了风洞试验数据修正报告、飞行试验报告以及风洞与飞行相关性研究综合研究报告，并对风洞修正结果与飞行试验结果做出了定量的比较与分析，给出了该飞机及类似布局飞机的相关性修正指南。这一研究成果较好解决了小展弦比飞机的小迎角线性范围气动特性相关性问题，是国内风洞试验、飞行试验和飞机设计部门联合攻关的成功范例。此后，深入开展了小展弦比飞机非线性气动特性风洞与飞行相关性研究，采用风洞试验与工程计算相结合的方法，对风洞试验支架、洞壁、进气、动力影响、雷诺数及静弹性等影响相关性的诸因素予以修正，并计及配平影响，从而比较准确地预计出全尺寸飞机的非线性气动特性，和试飞值符合较好。

在大型飞机天地换算研究方面，"八五"之初，"飞机相关性全国联合攻关组"也曾试图启动该项工作，但由于没有合适的目标飞机和基准风洞，且缺乏经费支持，最后未能开展实质性研究工作。2007年，随着我国大型飞机专项工程研制工作的启动，气动中心陈德华、林俊等结合国外大型飞机研制经验和国内技术现状，提出了大型飞机高速风洞试验数据修正的关键技术手段及途径。2010~2013年，陈德华研究员牵头实施了"××飞机风洞试验数据修正设备配套改造"，为该飞机试验数据修正奠定了基础，初步获得了该飞机修正后的高速风洞试验基准数据。在此基础上，气动中心进行了针对性改进，完成了多个型号的试验基准数据修正。

目前，相关性研究仍处于快速发展中。一是其研究范围在不断拓展，随着飞机机动性的提高，需要研究大迎角范围内非线性、非定常气动力特性的相关问题，如大迎角气动系数、横向导数的相关等，如美国近年来开展的F-18 HARV(High Angle of attack Research Vehicle)项目、X-31A项目等都将大迎角气动性能的相关性分析作为一项重要研究内容；此外，随着高超声速飞行器的发展，相关性研究对象也扩展到了高超声速领域的反作用控制系统(reaction control system, RCS)喷流效应、非平衡流、真实气体效应等新问题。二是随着大规模并行计算技术的发展，数值计算手段对复杂流动的模拟能力越来越强，可以预见，数值模拟手段在相关性研究中将成为重要手段，发挥更大的作用。

第3章习题　　　第3章参考文献

试验设计篇

第4章
试验规划与设计

风洞试验在飞机气动力设计中的地位十分重要,是认识飞机绕流流动机理,进行气动力预测、验证,获得可供设计使用的气动力原始数据的重要手段,也是解决气动问题的主要途径之一。由于模拟上更为真实、直接,现阶段数值模拟计算手段还无法完全取代风洞试验的作用,飞机设计部门应用的气动力原始数据绝大部分取自风洞试验的结果。因此,国内外飞机气动力研究及设计部门对风洞试验手段都十分重视[1]。

风洞试验始终贯穿于飞机研制的全过程中,具有项目类型多、持续时间长、费用高、工作量大等特点,是影响飞机研制成败、周期、成本的重要因素。因此,在飞机研制初期就需要开展全面的试验规划工作,系统制定总体工作、技术路线图,指导具体工作的实施,也为研制周期、经费、人力投入计划的制定提供依据。

从最终风洞试验规划结果的形式上看,试验规划的内容一般并不太多,主要包括名称、目的、实施时间、主要设备、规模、经费等。但客观上,影响风洞试验规划设计的要素很多,主要包括飞机研制各专业技术要求、试验设备条件与技术水平、经费投入情况、研制周期、其他空气动力研究手段状况以及相关法规限制要求等。这些要素之间的相互关系十分复杂,相互影响、相互制约。例如在研究目标、技术使用要求大体确定了的情况下,投资方一般更多考虑的是投资额度问题,希望通过试验规划有效降低研制费用;用户则通常更关注研制周期,希望尽快得到产品;各研制专业则想得到更全面细致可靠的试验数据,以降低研制风险、提高设计水平;风洞试验和CFD技术的不断发展也为规划工作增加了变数。而试验规划的目的就是理顺这些关系,在满足关键要素制约条件的前提下,实现风洞试验总体效益的最大化,最终满足飞机研制总要求。为此,就需要规划者全面掌握各方需要和可能,经过反复论证、迭代才能形成最终可行的规划文件。

风洞试验规划是飞机研制顶层设计的重要内容之一。在设计规划和实施规划的过程中,还需要针对每一项试验适时开展试验任务制定、试验方案设计、试验大纲编制等工作,以便指导试验按要求实施与完成,达成试验目的。

4.1　试　验　规　划

试验规划的主要目的是在飞机研制的初期依据设计目的、技术要求、总体气动布局方案、适航规范、研制周期、经费投入,风洞能力和模型加工等诸多因素,统筹考虑制定风洞试验实施路线图,以指导规范相关工作有序开展,保障研制任务完成。

4.1.1　飞机研制阶段划分简介

现代飞机研制具有投资巨大、周期长、内容复杂的特点[2]。为降低各种研制风险,通常需要分成几个阶段进行[3]。飞机研制(或设计)阶段划分的方法很多[4-6],一般可分为确定设计要求、概念设计、初步设计、详细设计、原型机试制、试飞、成批生产及改进改型等几个阶段(图4.1)。其中概念设计、初步设计、详细设计又称为飞机设计三阶段,这也是风洞试验需求相对比较集中的阶段。风洞试验规划需要根据飞机研制各阶段的要求,特别是设计三阶段的要求,规划相应的试验项目满足研制需要。此时,试验规范需要考虑的一个重要问题是时间节点问题,就是需要规划好在什么时间开展、完成哪些试验。

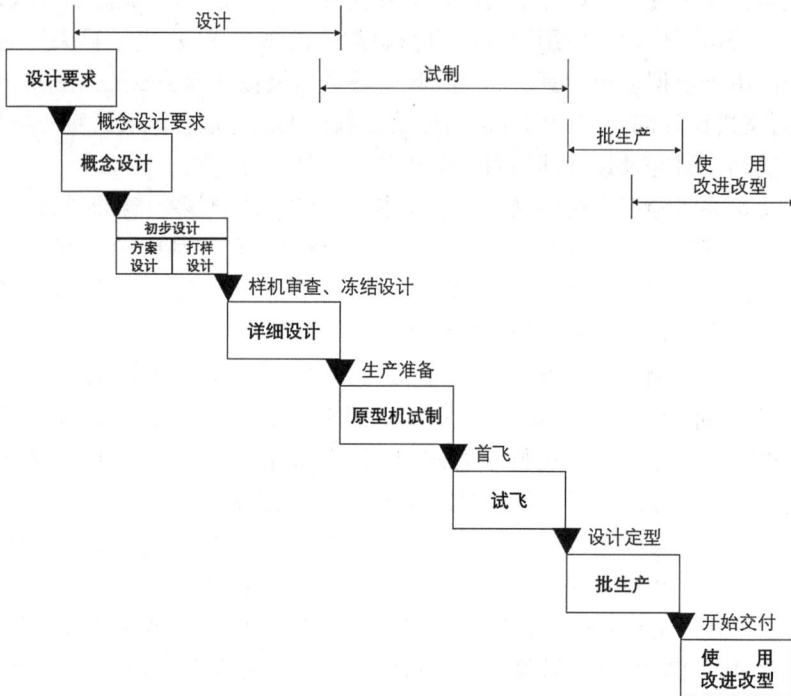

图 4.1　飞机研制阶段[4]

1. 确定设计要求

新飞机设计要求一般由用户主导制定,通常投资方和研制方也会参与其中。

军用飞机由军方或其委托的专门机构根据国家的战略方针、武器装备研制中长期计划和将来面临的作战环境,经过分析提出研制总要求,主要包括:作战使命、任务、环境和对象,战术技术性能指标要求及综合保障要求,初步装备方案,经费估算,研制进度和交付要求等。

民用飞机主要强调安全性、经济性和舒适性,一般是由研制方在经过航空市场调查分析、对市场发展前景和预测需求分析的基础上,结合新技术成果,提出新飞机的初步设想,经过与可能用户的商讨后制定设计要求和需要遵循的适航标准,主要包括飞机投入商业营运的时间、所遵循的适航标准、主要技术指标,特别是经济性指标、飞机选择/使用的灵活性和便利性。

在确定设计要求阶段,一般不会涉及风洞试验项目。

2. 概念设计

概念设计的目的是对飞机的气动布局、发动机、性能、重量水平、航空电子、任务系统、所需新技术、费用和市场前景等方面进行初步和方向性的探讨,因此可能会提出多个概念设计方案。概念设计既可由用户主导进行也可由研制方主导进行。概念设计中还可以对设计要求中各项目的指标进行分析,进行不同指标对飞机性能影响研究,适当降低那些对性能影响不大,但可能降低技术风险和发展费用的设计要求;提出某些效益明显的要求,以进一步完善设计要求。因为,需要通过概念设计来使设计要求制定得更为合理和具体化,概念设计阶段与设计要求阶段工作会有重叠和相互迭代。

概念设计一般在纸面或计算机上进行,主要依靠经验或半经验的工程估算、统计方法进行,因此设计师的经验和判断力起重要作用。但当某些设计要求需要在空气动力设计上取得关键性突破时才能实现的情况下,为掌握设计要求的合理性、降低研制风险,也需要安排少量的验证性风洞试验,如翼型试验、增升装置试验等。

概念设计阶段的风洞试验规模小、针对性强,一般安排在小型或专用风洞(如翼型风洞)进行。

3. 初步设计

初步设计又可以细分为方案设计和打样设计两个方面。

(1)方案设计需针对明确全面的设计要求开展,最终提出一个优选方案作为后续设计工作的基础。首先,根据设计要求在概念设计的基础上,进行多种气动布局形式的对比和研究,选定气动布局总体方案,确定机翼、机身、尾翼的形状、布局、参数等,并同时进行飞机的内部布置。从这个阶段起,飞机设计各专业都开始介入到具体工作中,从各专业技术上检查设计方案能否满足设计要求及协调各专业的分指标。

飞机方案设计中充满着矛盾,要通过各种方案的研究来评价、折中和综合,不断进行改进,直到获得一个满足综合要求的最佳方案。气动布局方案的对比主要依靠 CFD 和风洞试验进行,通过试验数据的直接对比和性能计算,评估、检查各方案的优劣和满足设计要求的情况。在该阶段典型的风洞试验项目主要包括:气动布局选型试验、飞机主要部件选型试验等。对某些有特殊要求的飞机还会开展一些特别的基本评估试验,如对于高机动飞机就可能需要开展大迎角试验和动导数试验等。

方案设计阶段的风洞试验通常包含大量的对比选型内容,模型构型复杂、状态繁多,模型设计加工量较大,一般安排在较小尺寸的生产型风洞进行,国内低速风洞试验通常安排在 3 m 量级风洞、高速通常安排在 1 m 量级风洞进行。

(2)打样设计主要是飞机结构和系统的初步设计的过程。在方案设计中涉及的结构和系统问题主要是为总体方案和布局服务的,还比较粗糙。因此,在详细设计之前需要一个初步设计过程,也就是打样设计。在打样设计中还需要完成气动分析和风洞试验等方面的工作。

在飞机总体方案确定以后,气动布局设计已大部分完成,剩下的是一些细节方面的设计工作,如稳定面和操纵面参数的确定、增升装置优化、外挂物布局、进气道细节设计等。气动分析主要包括性能和飞行剖面计算、操纵性和稳定性分析、大迎角气动特性分析、全机气动载荷计算、动力系统性能和动力影响分析、气动弹性分析以及初步的颤振分析等。

上述工作必须有大量的风洞数据提供原始气动力数据。因此,在打样阶段需要开展全面的高低速风洞试验,一般包括:全机及部件测力、测压试验,操纵面、动力短舱等中小型部件选型试验、动力系统性能试验、动力系统影响试验、大迎角试验、动导数试验以及操纵面铰链力矩试验等。

由于需要获得更为细致可靠的试验结果,为减少雷诺数、尺寸效应影响,从打样设计阶段风洞试验前移到风洞试验前逐步向大型生产型风洞转移,或安排部件(半模)风洞试验。

4. 详细设计

详细设计的主要任务是:进行结构和系统的详细设计和分析,进行工艺设计,制定飞机制造工艺方案,向制造部门发出原型机制造的全套图纸和技术资料;进行结构的静强度、动强度和寿命试验;进行详细的重量估算和强度校核;对系统进行地面台架模拟试验;进行风洞校核和补充试验,确认和补充气动特性、飞行性能;进行飞机维修性、生存力分析和研制费用、经济性评估等。

在详细设计阶段仍要进行大量的风洞试验和气动力分析工作。首先,根据初步设计中气动布局和部件参数调整的结果,重新进行新的一轮全机或是部件风洞试验,通常称为校核试验。其次,根据其他专业设计要求和结果,开展补充和验证试验。如根据机载系统要求,开展大气传感器布局与校正试验;再如在有了准确的全机质量分布数据和结构特性以后,要进行风洞颤振试验和全面的气动弹性分析。再次,进行极限飞行条件或特殊任务条件下飞机气动特性风洞试验。如为澄清大迎角气动特性和为尾旋试飞做准备,要进行大迎角特性试验,包括旋转天平试验、自由飞试验和尾旋试验等[7];再如现代战斗机挂载的武器很多,不仅影响飞机的性能和稳定性还涉及安全准确投放问题,为此对各种挂载方案不但要进行测力试验,还要进行风洞投放试验、投放轨迹捕捉试验等。根据详细设计阶段的各专业相关数据和最新的风洞试验结果,进行全面的气动及性能分析计算,并提供正式报告。

详细设计阶段的风洞试验通常安排在大型生产型风洞进行,国内通常低速为 8 m 量级风洞、高速为 2 m 量级风洞。

5. 原型机试制

原型机制造阶段的任务是非常明确的,即制造试飞和试验用的原型机。

由于上阶段工作量大和部分所需输入数据要在详细设计的后期才能得到,部分气动分析与风洞试验工作需要延续到原型机制造阶段完成。

6. 试飞

试飞是飞机满足设计和使用要求的最终验证。由于现代飞机的复杂性,在试飞中一般会出现许多故障和问题,需要对设计进行修改和调整。体现在风洞试验需求上,就是可能需要针对试飞异常现象进行一些验证性试验和气动改进措施研究试验。

该阶段风洞试验具有突发性质,对进度周期具有较高要求。试验模型通常是针对所需研究解决的问题,在已有的模型中选择改造而来。

7. 成批生产

在试飞合格并获得设计定型批准(军用机)或颁发型号合格证(民用机)后,才能开始成批生产和投入使用。

8. 改进改型

对飞机的改进改型,主要包括两方面的含义:改进主要是指提高飞机的性能,如提高经济性、安全性、寿命、完成任务的能力等;改型主要是指扩大或转变飞机的功能,如运输机改为加油机、教练机改为攻击机等。

由于技术风险低、投资少、见效快,世界各国都很重视对现有飞机的改进改型工作。根本上说,飞机改进改型的研制流程与基本方法与新飞机是一致的。但由于依托现有飞机开展工作,有良好的基础,实际工作内容可以大幅简化、省略。

综上由飞机研制阶段划分特点可以看出,在研制的不同阶段飞机的外形是会变化的,相对上一阶段飞机总体气动布局更为稳定、各部件细节更为优化丰富。这就导致了不同阶段飞机的气动特性会存在差异,一般情况下前阶段的风洞试验结果不能直接表征当前阶段飞机的气动特性。因此,相同的试验项目和内容,可能会进行多次试验。为便于辨识试验模型状态、避免试验结果的意外混用,需要对风洞试验相关工作、成果添加版本标签,如"第 3.2 轮风洞试验模型数模",指的是以飞机第 3.2 轮设计冻结状态为依据制定的风洞试验模型数模。

4.1.2　飞机设计要求概述

设计要求是飞机设计的依据。不同飞机的设计要求的项目、内容、指标均有所不同。民用航线飞机的设计要求主要体现在航线适应能力、客货舱的设计、动力装置、主要性能、经济性指标、材料与结构、可靠性与维修性、地面服务等方面。现代战斗机的设计要求主要包括:性能要求、推进系统要求、重量要求、航空电子系统的功能要求、武器装载方案、出勤率要求、隐身性要求、生存性要求、经济性要求等。其中性能指标与飞机气动设计及风洞试验关系最为密切,一般包括飞行包线、典型任务剖面、稳定性和操纵性、机动性、起降性能、结冰特性等。通过分析、分解这些要求和指标,可以为确定风洞试验项目和内容的提供主要依据。设计要求与风洞试验的关系是十分复杂的,某一设计要求通常需要多项试验提供数据,而不同的要求也可能会导致相同的试验项目。限于篇幅,举例简要介绍如下。

1. 飞行包线

飞行包线给出了飞机在典型过载条件下的飞行速度(马赫数)与高度的关系。图 4.2[5]和图 4.3[3]给出了典型飞行包线的示意。

为满足飞行包线要求,需要研究全速域、全高度飞行时飞机气动及相关特性,在制定风洞试验规划时,至少需要考虑以下几点。

(1) 试验马赫数范围。低速飞机,如运动型飞机、通用航空飞机,不需要考虑空气压缩性影响,仅安排低速风洞试验就可以满足需要;对于最大飞行马赫数低于 0.6 的飞机,如大型螺旋桨动力飞机,主要也在低速风洞进行试验,仅安排少量高速风洞试验项目供压缩性影响修正使用;高亚声速和超声速飞机应安排低速和高速风洞试验。通过相关试验获得飞机及其部件气动特性和气动载荷分布特性。

(2) 强度、颤振边界。强度、颤振边界是飞机结构设计的重要依据,多数飞机需要通过风洞颤振试验对其颤振边界进行校核;而风洞测压试验结果是飞机结构设计和强度检验的重要依据。

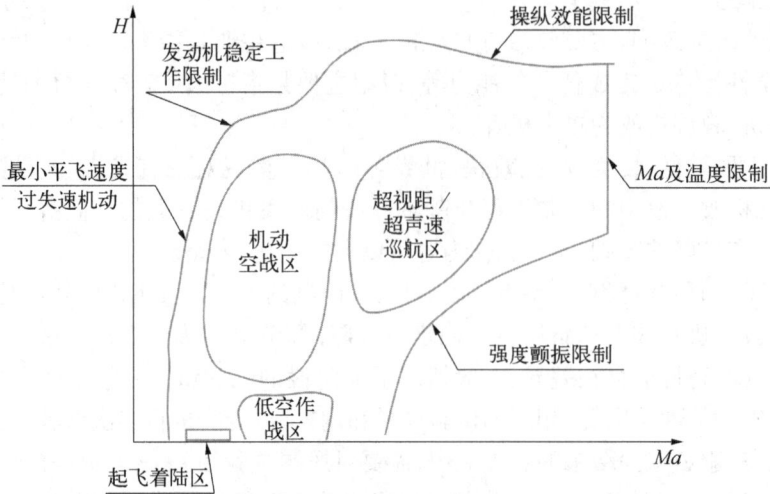

图 4.2　飞行包线示意图[5]

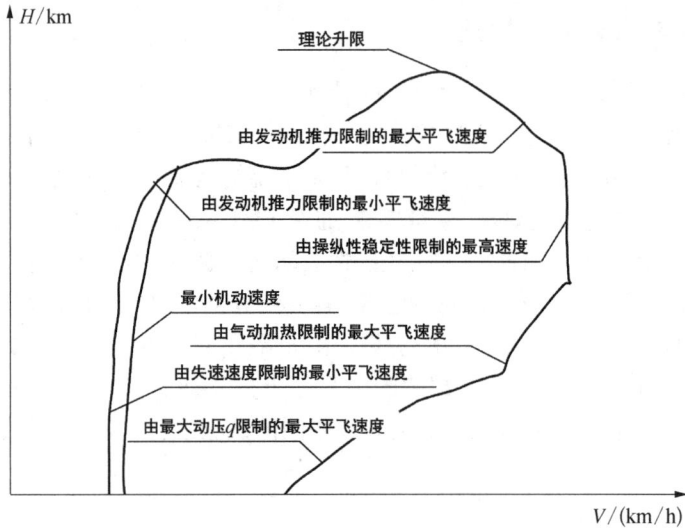

图 4.3　典型飞机的飞行包线[3]

（3）操纵效能。飞机操纵面操纵效能是飞机气动设计的关键指标,需要通过风洞试验进行检验。通常操纵效能比较紧张的飞行状态至少包括:大速度飞行状态,此时受气动弹性效应影响,操纵面效能可能大幅降低;高机动飞行状态,此时飞机需要大幅改变原有的飞行状态,需要较高的操纵面效能;小速度飞行状态,受速压限制此时操纵面所能提供的平衡力矩有限,但必须满足典型非正常飞行条件飞机配平需要,如临界发动机故障、襟翼单边卡滞、大侧风等。

2. 机动性

现代战斗机机动能力突出,需具有优良的大迎角气动特性。高机动飞机大迎角气动特性研究和检验应安排专门的试验通过特殊试验技术进行,包括常规大迎角试验、动导数试验、尾旋试验等。

3. 起降性能

起降性能是飞机设计要求的重要方面,需在风洞试验中安排地面效应试验、增升装置特性试验等内容。

4. 结冰特性

现代飞机大多要求具备结冰气象条件下安全飞行的能力。而结冰对飞机气动特性影响严重,因此需要开展专门的试验研究。结冰特性研究试验一般包括两个阶段:首先在结冰风洞进行结冰试验,获得特定条件下飞机不同部件结冰冰型;然后将冰型附加在常规试验模型上在常规风洞中进行气动力试验,获得结冰对飞机及部件气动特性的影响。

4.1.3　飞机研制中其他专业试验需求

风洞试验通常是为满足飞机设计气动、总体专业需要而开展的。但现代飞机极其复杂,飞机上任何系统、参与飞机设计的各专业都不是孤立存在的、都需要与其他系统、专业发生交联,相互影响、相互制约。因此其中在设计过程中,各系统各专业均可能会提出风洞试验需要,如动力系统、结构与强度、操纵系统、大气传感系统、防除冰系统、噪声等,在制定风洞试验规划时应充分考虑其需要。当然,受各系统的影响飞机气动特性也可能会发生变化,需要安排特定的试验项目进行研究,其典型的例子就是动力系统影响相关试验。

1. 动力系统

进气道性能对飞机动力系统的工作特性有很大影响。总的来说,进气道必须以尽可能小的总压损失完成从高速的自由流至发动机进口所要求的减速增压任务;在所有飞行条件和发动机工作状态下,进气道的增压过程应避免过大的空间和时间上的气流不均匀性;进气道的外阻力和附加阻力应尽可能小[8]。为检验进气道性能,动力系统专业需要安排进气道试验。

飞机动力系统尾流(如喷气发动机喷流、螺旋桨滑流等)直接影响飞机有关部件周围流场,从而影响飞机的稳定性、操作性、升力、阻力及操纵面效率等气动特性。为获得动力系统对飞机其他部件的气动影响,需要专门安排动力影响试验,如喷流试验、滑流影响试验等。

动力系统不仅会影响飞机其他部件气动特性,其他部件也可能影响动力系统特性。如何安装动力系统平衡各方要求,是一个复杂的问题。解决这一问题的重要手段是在风洞中通过尽可能真实模拟动力系统开展试验研究,目前主要的模拟试验技术包括:针对螺旋桨飞机的带动力试验技术,针对涡轮喷气飞机的发动机短舱通气模拟、喷流模拟、引射器模拟器和涡轮风扇推进模拟器等试验技术。

2. 结构与强度

结构与强度专业一般会从三方面提出风洞试验需求:获得飞行条件下飞机气动载荷特性,作为结构设计的基本输入;研究和检验飞机颤振特性与边界;研究和检验飞机抖振特性。相应的需要安排:测压试验、全机或部件颤振试验、脉动压力试验或抖振试验等。

3. 操纵系统

操纵系统设计对风洞试验的主要需求是获得主要操纵面气动铰链力矩特性,主要包括襟翼、副翼、升降舵、方向舵、全动尾翼及可操纵鸭翼等,需要安排相关操纵面铰链力矩特性试验。对于操纵面的调整片等小型操纵面而言,由于其尺寸(特别是弦向尺寸)较小,一般可以不单独进行试验获得其自身铰链力矩特性,但需要通过试验获得其操纵效率(即对相应主操纵面铰链力矩特性的影响)。

4. 大气传感系统

大气传感系统需要在飞机表面布置一些大气特性传感器,通常包括迎角、侧滑角、总温、静温、总压、静压传感器等。在设计与布置这些传感器时需注意:各传感器输出应对对应测量量变化敏感并有单调的校正规律,传感器受其他变量变化影响应尽可能小。为选择和检验各传感器布置位置和效果,需要安排大气传感器位置选型和校准试验。

5. 防除冰系统

为提高在结冰大气条件下的飞行安全性,飞机上通常需要加装防除冰系统。防除冰装置通常布置于驾驶舱观察窗、大气传感器、翼面前缘、发动机进气口等部位。为检验防除冰装置能力和效果,需要在结冰风洞开展防除冰试验,此类试验一般以飞机实物部件模型的形式进行。

6. 噪声

飞机噪声主要包括动力装置噪声、辅助动力装置噪声、机体气动噪声、舱内系统噪声等。现代飞机对噪声控制提出了很高要求,特别是需要投入航线飞行的民用运输机必须获得噪声适航证才能投入营运。在声学风洞开展噪声试验,可以有效掌握飞机噪声特性、指明降噪工作重点、检验各类降噪措施效果。

4.1.4 飞机研制经费和周期限制

风洞试验是提供飞机结构设计等专业设计输入的重要途径,是检验飞机总体气动等专业设计效果的主要手段,是预测飞机性能、操稳特性的基础。因此,在飞机研制过程中开展全面、细致的风洞试验是必不可少的,以有效控制技术风险、满足设计要求。但另一方面风洞试验所需的费用和周期均很大,是影响飞机研制费用和周期的重要因素。一期试验的费用少则几十万元,多则上千万元,大型飞机研制所需的全部风洞试验费用可高达数亿元。一期风洞试验周期从开始准备到提交报告一般需要 6~12 个月,而全部风洞试验可能需要伴随飞机研制从概念设计到试飞的全部过程。因此,任何风洞试验规划都必然受到研制经费和周期的限制。

调和设计要求、控制技术风险与研制经费、周期限制之间的矛盾是风洞试验规划的重要任务和难点,需要有丰富的经验和高超的技巧。在满足设计要求、技术风险可控的原则下,一般可以先从以下几个方面设法控制试验费用和周期。

1. 合理选择试验风洞

为满足空气动力学试验研究发展的需要,国际国内对风洞建设均十分重视。经过多年发展,国内现已建成了门类比较健全、功能基本配套的风洞体系,基本可以满足飞机研制等领域对气动试验的要求。

飞机研制过程中开展的风洞试验项目种类繁多,其中少数试验项目可选择开展试验的风洞比较有限,如尾旋试验、结冰试验等,只能安排在特定风洞中进行;而多数试验项目特别是常见项目则有较大的选择空间,如全机测力、测压试验等。因此,合理选择试验风洞是试验规划的基本任务。

　　基准风洞：为简化风洞选择工作、提高试验数据的协调性，在试验规划中通常需要确定主要试验项目的基准风洞，需要多次重复进行的试验主要安排在基准风洞进行。由于不同风洞在尺寸、性能品质、试验能力、技术水平等多方面均有所不同，同样的试验给出的结果一般会存在一定的差异，也就是在不同风洞中进行试验的结果并不是完全相关的。这会给飞机设计带来一定的困扰，而采用基准风洞的概念可以有效缓解这一问题。基准风洞的选择与多方面因素相关，如飞机特点、试验目的、风洞特性和工程经验等。

　　研制不同类型的飞机所需的基准风洞数量有所不同。战斗机研制通常需要在全速域确定基准风洞，包括低速、跨声速和超声速风洞，此外还可能需要专门确定大迎角试验基准风洞。而一般低速的螺旋桨飞机一般只需要确定低速基准风洞。小型飞机一般只需要确定中等尺寸基准风洞，而大型飞机通常会确定中等和大尺寸基准风洞。

　　在飞机研制的不同阶段，风洞试验的目的不尽相同、对风洞试验的要求也有差异，可以根据试验目的确定不同的基准风洞。一般大型飞机在研制前期大量开展的关键技术验证、方案选型试验可在中等尺寸基准风洞进行，而后期校核试验或气动优化试验需要在大尺寸基准风洞开展。

　　风洞特性也是选择基准风洞的重要依据。一般而言，大尺寸风洞试验模型模拟更为真实、试验雷诺数高、试验结果可靠性更高，但试验费用也较高，同时由于风洞数量较少试验周期安排相对困难；开口试验段风洞流场品质相对较低，但比较适合进行大迎角试验。此外，对具体风洞的试验能力和技术水平也应加以考虑。

　　尽管经过了大量艰苦的努力，但由风洞获得的试验结果仍然不可能与飞行结果完全一致。试验数据需要通过一定的修正才能更接近实际情况。这种修正方法的建立和完善不仅包含了大量理论研究的成果，也包括了以往大量工程实践经验。为更有效地沿用工程经验，飞机研制部门常常会选择比较成熟和熟悉的风洞作为基准风洞。

　　2. 及时验证关键技术方案

　　关键性新技术的运用对提高新飞机的竞争力、满足设计要求是至关重要的。在气动技术方面，机翼后掠技术、面积律原理的运用对超声速飞行做出了重要贡献，翼梢小翼技术对提高运输机气动效率影响深远。但在带来明显的潜在收益的同时，新技术也存在相当的风险。如把握不好，轻则会降低飞机的竞争力，重则不能满足设计要求，甚至可能导致飞机研制失败。因此，对关键气动技术方案需要提前认真甄别并及时验证，以保证运用后能够取得预期效果。关键气动技术方案验证试验可以在简化模型状态进行，甚至以部件试验形式进行，以便提前进行试验的同时可以有效降低试验成本。例如：新型翼型选型试验可以安排在专业翼型风洞进行；增升装置选型试验可以利用半模进行等。

　　3. 科学整合试验项目

　　在飞机研制过程中，不同专业会提出各种风洞试验需求。如果不对这些需求加以分析组合，试验准备及实施过程的人力、经费及时间等资源的支出将非常庞大。风洞试验规划的主要目的之一就是科学整合试验项目和内容，实现试验效益最大化。风洞试验项目和内容的优化整合不仅要考虑飞机研制各专业的需要、资源配置要求，还要考虑风洞试验技术能力。

　　试验模型设计加工所需资源很大，甚至可能超过试验实施所需资源。因此，合并减少试验模型数量，利用同一模型完成多个试验项目，是整合试验项目的重要内容。通常有两种典型的基本方法,一是通过对模型局部改造,满足不同试验对试验模型的要求,将一些次要试验项目并入一个基本试验项目中。如通过更换前机身组件,可以利用测力模型开展大气传感器位置选型、标定试验;再如可以通过适应性改造、优化支撑方式,可以利用常规试验模型完成投放试验等。这种方法简单易行、适合于各种尺度模型,但次要试验项目对试验条件的选择空间十分有限。

二是研制多功能组合模型,使之具备多项试验能力。利用多功能组合模型开展多种类型试验是节约试验资源支出的有效途径。不同的风洞试验项目对试验模型的要求既有共同点又有矛盾,随着模型加工技术和试验技术的发展,可以最大限度地整合共同要求、调和矛盾,实现减少模型数量的要求。如测力、测压试验对模型尺寸、外形的要求基本是一致的,但这两类试验对模型内部空间及表面质量的要求却有矛盾。测力模型内部装有天平、模型与支杆间不能直接接触,而测压模型内部布置大量测压管线及测压传感器(扫描阀)、难以避免模型与支杆间的直接传力关系;测力模型希望外表面光顺,而测压模型却需要在其表面加工测压孔。因此测力、测压试验通常需要分别加工相应的试验模型。新的加工工艺使测压孔对模型表面质量的影响大幅减弱、再结合测压管封堵等措施,使利用测压试验模型完成测力试验成为可能。具体实施时,一般先完成测压试验,然后将模型内部测压设备清除再进行测力试验。利用多功能组合模型进行试验对风洞试验技术能力要求较高,规划试验项目时应与相关试验单位进行充分沟通。

4. 优化内容

风洞试验内容需要满足试验目的。一般而言风洞试验目的可以分为有效性验证、可行性验证和获取气动特性等几类。有效性验证试验主要是研究某种方案或技术手段是否能够实现预期的效果,或具有相应的潜力;可行性验证试验还需检查方案或技术手段有多大的其他影响;获取气动特性试验需要获得所需的全面、详细、可靠的气动特性。对于一个确定的试验项目而言,其试验目的属性可能是多样的,但也是明确的。在进行风洞试验规划和试验设计时,应根据具体试验目的优化试验内容。一般而言,有效性验证试验仅需要在少数特定条件下进行;可行性验证试验的试验条件应有较大扩展,但试验状态可以简化,如为检验某方案对舵效的影响,就可以不必进行所有舵偏角而仅选取典型舵偏进行;获取气动特性试验则需要根据数据使用需要执行相对完整试验内容。

4.1.5　风洞试验技术途径选择

如同选择试验风洞一样,为实现试验目的可选择的试验技术途径也是多样的。对某些试验目的而言,其实现途径是比较明确的,或者说其技术途径的选择过程非常简单、常被忽略。如绝大多数情况下为获得全机气动特性会选择全机测力试验而不会选择测压试验方法。但对另一些试验目的而言,却需要认真选择其实现途径,如为获得操纵面铰链力矩特性,可以采用全机模型进行试验,也可采用半模甚至部件模型进行试验,试验测量方法可以采用天平测力也可采用测压方法,更进一步甚至天平支撑形式、数量等都有一定的选择空间。这些选择的结果,对试验数据质量、使用方法、研制资源支出等都会产生影响。因此,在进行试验规划时,就需要对不同试验项目的试验技术途径进行初步选择。

试验目的和要求基本决定了风洞试验技术途径选择空间大小。当试验目的比较简单而要求较低时技术途径选择空间较大;试验目的比较复杂而要求较高时一般会导致可选择的技术途径变少、技术难度增加,甚至无法实现,此时就可能需要分解试验目的、降低试验要求。如试验目的仅为获得全机纵向升力特性,那么模型形态上可以选择全模或半模,测量形式上可以选择天平测力或模型表面测压,风洞尺寸也有选择空间;但试验目增加为获得全机纵向升阻特性时,测量形式的选择空间一般就只剩下测力方法;如还想获得全机横向气动特性,在模型形态上就只能选择全机模型了;再进一步,如果试验目的对试验雷诺数、尺度效应等有所要求的话,也就增加了试验风洞尺寸限制。

风洞试验能力和技术水平是选择试验技术途径的基础。长期来看,现实风洞试验能力和技术水平对试验技术途径的选择是有限制的,风洞试验能力和技术水平总是有待扩展和提高的,而风洞试验能力和技术水平的突破可有效减小这种限制作用。突破的方法大致有两个方面,一是不断扩展现有风洞的试验能力、提高其技术水平;二是建设具有独特优势的新风洞。其结果是受各风洞固有技术特征、技术发展路线等诸多因素影响,不同风洞的试验能力和技术水平有着明显的差异。如开口试验段风洞,其流程品质相对不易控制,但同时具有方便布置支撑装置的优势,常用于特种试验项目;再如立式风洞,由于其气流方向与重力方向相反,通常用于垂直运动特性研究。因此,在规划试验、选择风洞试验技术途径时,需要确实了解、掌握不同风洞的试验能力和技术水平。

虽然风洞试验是开展空气动力研究和飞机气动特性验证、预测的重要手段,但并不是唯一手段。近些年来,随着数值模拟技术的迅猛发展,在飞行器部件和全机气动设计中已广泛运用了 CFD 手段。CFD 技术的工程应用具有多方面的优点:一是可以完全控制流动参数,如来流和边界条件,以及流体介质的物理化学性质等;二是可以避免诸如利用地面模拟设备开展试验研究时由于模拟参数范围窄、气流品质不易控制以及阻塞、洞壁干扰效应等因素所引起的不确定度;三是可以进行高清晰度的流态分析与显示;四是适宜于开展流动问题的参数研究。从这一方面看,数值模拟更接近于试验流体动力学。当前多学科一体化设计如进气、排气和气动力一体化设计、气动和隐身一体化设计和飞行器综合设计等也逐步成为现实。因此,CFD 已成为研制新一代飞行器,特别是先进战略、战术飞机,高超声速飞行器及其推进系统,大型客机等的重要工具。但 CFD 也不可能替代理论和实验流体(空气)动力学。一方面它们解决流动问题的途径各异,各有自己的优势和局限性;另一方面三者之间又存在互补性。在现代飞行器气动设计中,往往首先采用 CFD 技术开展广泛的选型与优化研究,然后再在风洞中进行试验,以提高飞行器研制效率。

模型自由飞试验(model free-flight test)是利用飞机的比例模型在真实大气中进行的飞行试验,也是一种常用的气动力试验研究方法。模型分为无动力和有动力两种,前者常采用飞机投放、气球投放及在高层建筑物上投放等方式进行;后者常采用火箭动力送空、由地面起飞及飞机投放等方式试飞。模型自由飞试验相对原型机试飞,具有模型制造简单、成本低廉、试验周期短、风险可控能进行高危险项目试验等优点;相对风洞试验,具有试验雷诺数高、无洞壁支架干扰、试验马赫数能连续变化等优势。随着遥控、遥测和计算机技术的发展,模型自由飞试验技术已日趋完善,大量应用于前沿和高风险气动问题研究和验证。

4.1.6　试验规划案例

表 4.1 是一个以虚拟的大型运输机研制项目为背景制定的试验规划粗略案例,供读

者参考。该运输机的基本布局特征为：单机身、后掠上单翼、单垂尾、高平尾、翼吊涡扇发动机，巡航马赫数约 0.78。

表 4.1　试验规划案例

序号	试验项目		目 的 和 要 求	试验方法	模型特征	风 洞
概念和初步设计阶段						
1.1	翼型高速选型试验		验证 CFD 翼型设计结果；获得翼型压力分布、升阻、临界马赫数等气动特性	测力、测压	二维模型	1 m 量级高速风洞
1.2	翼型低速选型试验		验证 CFD 翼型设计结果；获得翼型压力分布、升阻特性；增升装置初步选型	测力、测压	二维模型	低速二维翼型风洞
初步设计阶段						
2.1	机翼高速选型试验		确定机翼翼型配置；选择机翼平面参数；分析翼/身干扰特性；获得机翼气动特性	测力、测压	半模	2 m 量级高速风洞
2.2	机翼低速选型试验		协调机翼高低速特性；增升装置参数优化；获得机翼气动特性	测力、测压	半模	3 m 量级低速风洞
2.3	机翼高速高雷诺数试验		校核机翼高速气动特性；获得雷诺数影响量	测力、测压	半模	低温高雷诺数高速风洞
2.4	机翼低速高雷诺数试验		校核机翼低速气动特性；获得雷诺数影响量	测力、测压	半模	低速增压风洞
2.5	全机气动布局选型试验	高速	确定全机气动布局；确定尾翼基本参数；确定发动机短舱形式；确定机身尾部设计方案；确定增升装置设计方案；获得地面效应影响量；获得初步的全机高、低速纵、横向气动特性	测力	全模	2 m 量级高速风洞
2.6		低速		测力、流动显示	全模	3 m 量级低速风洞
2.7	操纵面选型铰链力矩试验		确定操纵面设计方案；获得初步铰链力矩特性	测力	部件	3 m 量级低速风洞
详细设计阶段						
3.1	机翼/发动机一体化设计试验	高速	优化发动机短舱位置；优化短舱挂架外形、尺寸；获得短舱对增升装置的影响；获得相关气动特性数据	测力	半模	2 m 量级高速风洞
3.2		低速		测力流动显示	半模	3 m 量级低速风洞
3.3	机身尾段选型试验		尾翼与机身一体化设计验证；确定尾段设计参数；获得尾段优化设计效益	测力	全模	2 m 量级高速风洞
3.4	全机高速测力试验		获得全机高速纵、横向气动特性；获得操纵面效率	测力	全模	2 m 量级高速风洞
3.5	全机低速测力试验		获得全机气动特性、操纵面效率；获得增升装置增升效率；获得地效影响量	测力	全模	8 m 量级低速风洞
3.6	低速高雷诺数试验		获得雷诺数对低速气动特性的影响	测力	全模	低速增压风洞

续 表

序号	试验项目		目的和要求	试验方法	模型特征	风 洞
3.7	全机高速测压试验		获得全机表面压力分布特性,为载荷计算提供依据	测压	全模	2 m 量级高速风洞
3.8	全机低速测压试验		获得全机表面压力分布特性,为载荷计算提供依据	测压	全模	8 m 量级低速风洞
3.9	进气道选型试验	高速	选择发动机进气道形状、尺寸;获得进气道流量、总压恢复、流场畸变等工作特性	测压	部件	2 m 量级高速风洞
3.10		低速		测压、流动显示	部件	3 m 量级低速风洞
3.11	高速动力影响试验		获得发动机进排气对飞机气动特性的影响量;发动机停车影响	测力、TPS	全模	2 m 量级高速风洞
3.12	低速动力影响试验		获得发动机进排气对飞机气动特性的影响量;发动机停车影响;获得进排气对增升装置的影响;进排气对地效影响地面反推力影响及使用边界	测力、TPS	全模	8 m 量级低速风洞
3.13	铰链力矩试验	高速	获得操纵面铰链力矩特性,为操纵系统设计和飞行品质计算提供依据	测力	全模	2 m 量级高速风洞
3.14		低速		测力	全模	8 m 量级低速风洞
3.15	低速大迎角试验		验证飞机大迎角及深失速特性;优化飞机气动布局	测力	全模	3 m 量级开口风洞
3.16	全机高速抖振试验		分析抖振载荷;获得抖振边界	测力、测压	全模	2 m 量级高速风洞
3.17	全机低速颤振试验		确定形态与颤振边界	振动测量	刚性模拟全模	8 m 量级低速风洞
3.18	动导数试验		获得飞机设计常用动导数	测力	全模、轻质	8 m 量级低速风洞
3.19	噪声试验		掌握飞机气动噪声水平和产生噪声的主要部件,研究降噪措施	噪声测量	全模	声学风洞
3.20	大气及姿态角传感器布置选型试验		选择传感器布置位置;提供传感器初步校准曲线	测压、测传感器输出	部件	3 m 量级低速风洞
3.21	辅助动力装置进气道试验		选择辅助动力装置进气道形状、尺寸;获得进气道流量、总压恢复、流场畸变等工作特性	测压	部件	3 m 量级低速风洞
定型阶段						
4.1	全机高速校核试验		全面获得全机气动特性;获得典型故障状态飞机气动特性	测力、测压	全模	2 m 量级高速风洞
4.2	全机低速校核试验			测力、测压	全模	8 m 量级低速风洞
4.3	旋转天平试验		测量绕速度轴旋转模型气动载荷,为预测飞机尾旋特性提供输入	测力	全模	3 m 量级低速风洞
4.4	尾旋试验		研究飞机尾旋特性及尾旋改出方法	姿态测量	质量模拟全模	立式风洞

序号	试验项目		目的和要求	试验方法	模型特征	风洞
4.5	模型自由飞试验		验证飞机尾旋特性,研究尾旋改出方法	姿态、轨迹测量	质量模拟全模	
4.6	结冰模拟试验		获得规定飞行条件下飞机关键部件结冰冰型	结冰	部件	结冰风洞
4.7	结冰影响试验		获得典型结冰状态对飞机全机气动特性、操纵面铰链力矩特性影响	测力	全模	8 m量级低速风洞
4.8	冲压空气涡轮影响试验		获得冲压空气涡轮对飞机大气传感器等传感装置的影响	测传感器输出	部件	3 m量级低速风洞
4.9	补充校核测力试验	高速	补充必要的气动数据;为解决试飞中出现的问题提供相关基础数据	测力	全模	2 m量级高速风洞
4.10		低速		测力	全模	8 m量级低速风洞

限于篇幅,该案例仅包括了现实的试验规划的主要核心部分。正如前面所述,一个相对完整的试验规划,通常应包括(但不限于)适航要求、试验需求/效益分析、试验量、试验周期安排、具体实施风洞、经费等诸多要素,并形成完整的报告。该案例主要考虑了一般的研制需要,在实际制定试验规划时,必须针对具体情况进行调整。该案例对资源配置优化没有过多的考虑,实际的试验规划需要对具体试验风洞、试验模型综合利用、试验项目组合进行安排。

4.2　任　务　制　定

4.2.1　试验方案策划

试验规划制定完成后,飞机研制部门需要按规划分别落实具体试验任务、策划试验方案。试验策划过程中应充分与试验各方交流、考虑各方意见,包括任务承担方、飞机使用方、适航当局、模型研制方等,其工作成果集中体现在向试验承担方提供的试验任务书中,此外还可能需要进行试验模型研制等大量试验前期准备工作。试验任务书是执行风洞试验任务的主要技术依据,通常包括试验名称、背景目的、试验方案、项目内容、试验条件、模型特征、技术要求、质量保证要求及进度等多方面要素,是风洞试验任务委托方向承担方提出的纲领性文件。

4.2.2　试验背景和目的

了解试验背景有助于帮助试验承担方掌握试验意义、目的、主要关切和技术特点,是联系试验各方的重要纽带。试验背景介绍需根据实际情况编制,应简明扼要、突出重点。通常试验背景介绍会围绕以下一个或多个主题展开:开展本项试验的原因、试验在全部研制活动中的地位、试验希望解决的核心问题等。

试验任务书应明确本项试验具体试验目的。如本期试验主要是为了获得飞机低速状态下各操纵面铰链力矩特性,为操稳、操纵系统等专业的详细设计和结构发图提供必要的原始依据,并为 CCAR - 25 部中部分条款(具体条款略)的验证提供试验数据。

4.2.3 试验方案

试验任务书应勾画试验的大致实施轮廓,明确初步的试验方案。初步试验方案应包括试验风洞、模型特征及支撑方式、测量形式等要素。为实现同一试验目的,可选择的试验方案通常可以有多个,这就需要对这些方案进行甄别,考虑收益、成本、周期等多方面因素,选择合适的试验方案。在确定试验方案前,任务委托方应与试验承担方及其他有关方(如适航当局、模型研制方等)进行充分沟通协调。

原则上试验风洞已在试验规划中确定,但也可根据具体情况变化进行适当调整。

任务书应对试验模型特征进行说明,如模型总体气动布局形式、主要特征参数、力矩参考点、主要构型变化、主要拆装部件、主要操纵面变化范围等。模型特征说明通常以图文并茂的方式进行,图主要给出大体轮廓、便于理解,文给出具体参数、便于引用。

模型支撑既可在相关风洞中选择适当的现有支撑装置实现,也可根据特殊要求研制新的专用装置。在明确支撑方式前应进行充分的可行性分析。

风洞试验中常见的测量形式包括测力、测压、流动显示、模型轨迹测量等。测量形式的选择不仅与试验目的、技术要求直接相关,也与试验承担单位设备条件、技术能力相关,需要进行充分的交流。确定了基本测量形式后,应初步规划传感器规格、布置等关键事项,或明确相关要求。

4.2.4 试验内容

试验内容通常以试验项目表的形式给出,一般会对具体试验类型、模型构型、部件状态、试验方法、条件及试验条次等进行说明,表 4.2 给出了一个简单的全机测力试验项目表。从性质上看,任务书所确定的试验内容大致包括试验系统状态确认试验、辅助性试验、正式试验和机动试验等几方面。

表 4.2 全机测力试验项目表示例

序号	试验项目	模型状态	试验条件			操纵面偏角/(°)				条次	备注
			风速/(m/s)	迎角/(°)	侧滑角/(°)	襟翼	副翼	升降舵	方向舵		
空中状态											
1.1	重复性试验	全机	70	α_1	0	0	0	0	0	7	—
1.2		全机	70	0	β_1	0	0	0	0	7	—
1.3	纵向基本特性	全机	70	α_1	0	0、15、35	0	0	0	3	—
1.4	横向基本特性	全机	70	0、4、7	β_1		0	0	0	9	—
1.5	变风速	全机	V_1	α_1	0	0	0	0	0	3	—

续 表

序号	试验项目	模型状态	试验条件 风速/(m/s)	迎角/(°)	侧滑角/(°)	操纵面偏角/(°) 襟翼	副翼	升降舵	方向舵	条次	备注
1.6	副翼效率	全机	70	0、7	β_1	0、15、35	δa_1	0	0	36	—
1.7	升降舵效率	全机	70	α_1	0	0、15、35	0	δe_1	0	27	—
1.8	方向舵效率	全机	70	0、7	β_1		0	0	δr_1	36	—
1.9	部件组拆	单独机身	70	α_1	0					1	需提供平尾处下洗特性和垂尾处侧洗特性
1.10			70	0、4、7	β_1		—			3	
1.11		机身+平尾	70	α_1	0			0		1	
1.12			70	0、4、7	β_1	—				3	
1.13		机身+垂尾	70	α_1	0		—		0	1	
1.14			70	0、4、7	β_1					3	
1.15		翼身组合体	70	α_1	0		0	—	—	3	
1.16			70	0、4、7	β_1					9	
1.17		全机去平尾	70	α_1	0	0、15、35	0	—	0	3	
1.18			70	0、4、7	β_1					9	
1.19		全机去垂尾	70	α_1	0		0	0	—	3	
1.20			70	0、4、7	β_1					9	

近地状态

序号	试验项目	模型状态	风速/(m/s)	迎角/(°)	侧滑角/(°)	襟翼	副翼	升降舵	方向舵	条次	备注
2.1	纵向基本特性	全机	70	α_2	0	15、35	0	0	0	2	—
2.2	横向基本特性	全机	70	0、4、7	β_1		0	0	0	6	—
2.3	副翼效率	全机	70	0、7	β_1		δa_1	0	0	24	—
2.4	升降舵效率	全机	70	α_1	0		0	δe_1	0	18	—
2.5	方向舵效率	全机	70	0、7	β_1		0	0	δr_1	24	—

辅助试验

序号	试验项目	模型状态	风速/(m/s)	迎角/(°)	侧滑角/(°)	襟翼	副翼	升降舵	方向舵	条次	备注
3.1	气流偏角试验	全机带镜像支架,正反装	70	α_3	0	0	0	0	0	2	
3.2	支架干扰试验	全机,辅助支架支撑	70	α_1	0	0、15、35	0	0	0	3	
3.3			70	0、4、7	β_1		0	0	0	9	
3.4		全机,辅助支架支撑+假主支撑	70	α_1	0		0	0	0	3	
3.5			70	0、4、7	β_1		0	0	0	9	

序号	试验项目	模型状态	试验条件			操纵面偏角/(°)				条次	备注
			风速/(m/s)	迎角/(°)	侧滑角/(°)	襟翼	副翼	升降舵	方向舵		
机动											
4.1	—	—	—	—	—	—	—	—	—	15	—
备注	$\alpha_1 = -6° \sim 24°$, $\Delta\alpha = 2°$; $\alpha_2 = 0° \sim 16°$, $\Delta\alpha = 2°$; $\alpha_3 = -6° \sim 16°$, $\Delta\alpha = 2°$; $\beta_1 = -16° \sim 16°$, $\Delta\beta = 2°$; $V_1 = 40$ m/s, 50 m/s, 60 m/s; $\delta a_1 = 0° \sim 25°$, $\Delta\delta a = 5°$; $\delta a_1 = -25° \sim 15°$, $\Delta\delta a = 5°$, $\delta r_1 = 0° \sim 25°$, $\Delta\delta r = 5°$										

　　试验系统状态确认试验主要是以试验的方法检查试验系统(包括模型、风洞及其附属设备、参试人员技能等)是否正常,一般以重复性试验的形式进行。为避免意外情况干扰检查结论,一般选择比较"干净"、简洁的模型构型及状态进行确认试验。表4.2中试验系统状态确认试验实际上包括两个方面:一是序号1.1、1.2所包括的重复性试验内容,这是显式的;二是隐式的,如在舵效试验中还包括了部分各襟翼构型基本状态试验内容,这些内容实际上在序号1.3或1.4中已包括了。适当插入隐式系统状态确认试验内容一方面有助于检查试验过程中系统的稳定性,另一方面对于不太稳定的试验系统也有利于试验数据的处理。对于一个比较稳定的试验系统,隐式系统状态确认试验一般2~3天进行一次就可以了。

　　由于风洞试验与实际飞行条件存在差异,直接的试验结果必然包括一些系统误差。在试验内容安排辅助性试验可以获得部分系统误差的量值,以便于对试验结果进行修正。对于经典的全机测力试验,通常需要安排的辅助性试验包括气流偏角试验、支架干扰试验等。

　　正式试验是最主要的试验内容,通过正式试验可以获得试验结果的基础量。在一些特殊情况下,如支架干扰较小、选型试验等,也可直接以正式试验结果为最终试验结果。

　　为应对试验现场出现的意外情况,在安排试验内容时可以预留一定数量的机动试验条次。对于总试验量不大的试验项目,机动试验条次一般不需要超过10条;对于试验量较大的试验项目,机动条次一般可以控制为总试验条次的5%左右。

4.2.5　试验要求

　　试验要求是试验任务委托方向试验承担方提出的具体实施要求,一般包括规范性文件、技术要求、结果要求、交付与进度要求等方面。

　　试验任务书通常会提出参与试验的各方均应遵守、执行的规范性文件,包括国家标准、国家军用标准以及适航当局文件等。

　　试验任务委托方可以根据对具体试验的认识,通过任务书提出具体的技术要求。这些技术要求一般包括:相关规范性文件(不限于任务书提出的)未涉及而委托方认为必须明确的,相关规范性文件虽有要求但委托方认为不够严格的,以及其他有必要专门提出的。如试验前,应在机身、发动机短舱头部、机翼、平尾、垂尾表面前部等位置设置转捩带等。

试验任务书应对试验结果形式、内容、格式、数据轴系、修正项目等进行规定。如试验结果应进行支架干扰修正、洞壁干扰修正;试验结果以文本格式电子文档形式提供;每个试验结果文件包括试验条件、模型状态说明和具体试验结果数据两部分;试验结果数据按气流轴系提供;试验数据按升力系数、阻力系数、气流轴俯仰力矩系数、侧力系数、气流轴偏航力矩系数、气流轴滚转力矩系数、试验迎角、试验侧滑角的次序排列。

4.3 试验方案设计

本章前两节主要是从飞机研制方或试验任务委托方的角度讨论试验的前期规划或策划;本节及 4.4 节将主要从风洞试验任务承担方的角度讨论试验方案设计工作。风洞试验方案设计是一个由试验目的、要求、内容出发,考虑相似性准则、试验风洞、试验模型、支撑装置、测量手段及数据修正等各方面因素,经反复迭代完善的过程。从时序上看,试验方案设计与试验委托方开展的试验规划、策划工作是有大量重叠的。一般从试验委托方提出试验意向开始,承担方就应开始试验方案的设计工作,并在获得正式试验任务书后,以正式报告形式(如试验大纲)完成试验设计工作。

4.3.1 试验目的与要求

设计风洞试验方案首先必须明确试验的目的与要求,这是试验方案设计最基本的依据。针对不同试验目的与要求,所选择的试验方法、风洞、模型、测试设备及数据处理与修正方法可以有很大不同。如在有关流动现象机理研究的试验中,关键是要抓住所研究流动现象的本质、确保产生这些流动现象的必要条件,因此所用模型可以大幅简化、风洞也可选择小尺寸的研究性风洞,但对试验现象的测量和观察手段通常要求较为全面,如测力、测压、流场显示与测量等。再如为飞行器研制提供气动特性试验数据时,要求测试数据必须有很高的精度,因此试验模型应满足几何相似要求、模型和风洞尺寸应尽可能大一些,而测量手段则相对单一,如主要测量模型气动力或其表面压力分布等;为获得更为全面的飞行器气动特性,通常需要利用多个模型开展试验。

4.3.2 相似准则的确定

受风洞尺寸等各方面因素限制,风洞试验不可能满足所有相似准则要求。因此在设计试验方案时,需要根据相似理论及试验条件,确定必须模拟的相似参数,力求以最少的相似参数最大程度反映出飞行器飞行中的流动现象。对那些未模拟的相似参数,应估计其对试验数据的影响,并确定对它进行修正的方法;根据已确定的相似参数,决定风洞试验必须模拟的几何量和物理量。

风洞试验是以绕模型的流动与绕实际研究对象实物的流动相似为基础的。要求这两个流动的对应点在对应时刻所有表征流动状况的相应物理量的比例关系保持不变,如果物理量是矢量还包括方向相同。通常只有保持几何相似、运动相似、动力相似、热力学相似以及质量相似,两个流动才能完全相似。如果只是某些物理量满足相似条件,则称为部分相似。

那么风洞试验中如何判断模型与实物的流动是否相似呢? 相似理论中相似的逆定理告诉我们:两个现象的单值条件相似,而且由单值条件组成的同名相似准则的数值相同,则这两个现象相似。该定理给出了相似现象的充分必要条件，即两个现象满足这些条件就必定相似。单值条件是指满足同一物理方程组的各种（同类物理）现象单一地区分开来所必须具有的基本条件，包括以下几条。

（1）几何条件：流动现象发生的空间几何形状和大小，如流动边界的形状。如在风洞中进行试验，模型的形状和大小就是几何条件。

（2）物理条件：流场中各种介质的状态和性质。如介质的密度，黏性系数等。

（3）边界条件：同周围介质相互作用的条件，即边界的流动情况和边界的性质等。边界条件可分为流体与固体接触面条件、不同流体的分界面条件和流动的入口和出口断面条件。

（4）时间条件：非定常运动起始时刻的流速、压力和温度等。

在进行风洞试验前，应根据相似理论原则设计试验方案，保证绕模型流动与绕实物流动相似。相似理论中相似的正定理告诉我们：相似的现象，其同名相似准则的数值相同。因此，在相似流动之间，那些非单值条件组成的相似准则数值（如空气动力系数）必定相同，可把模型试验结果数据用到实际流动中去。

但在实际风洞试验中完全保证单值条件相似以及单值条件组成的相似准则相同却是十分困难的，一般情况下，风洞试验只能部分满足、做到部分模拟。举例说明如下。在单值条件相似方面，一般认为飞机是在无限流场中飞行的，但利用模型进行风洞试验时，风洞流场却有明确的边界。因此，理论上风洞试验流场与飞行流场不可能完全相似，或者说试验结果必定存在系统误差，需要通过工程方法减小误差或进行修正，这些方法将在后面详细讨论。在单值条件组成的相似准则方面，风洞模型试验就不可能同时模拟雷诺数和弗劳德数。因为当模型比例为 $k(k \neq 1)$ 时，要保持雷诺数相同则气流速度应增至 $1/k$ 倍，而要保持弗劳德数相同则要求气流速度增至 $\sqrt{k}$ 倍。所以，风洞模型试验还不能实现完全模拟而是部分模拟，只能模拟主要的相似准则，忽略次要的相似准则，然后对试验的数据进行修正后，才能应用于实物情况。因此，对于某特定试验项目，要针对试验的目的、要求，认真分析影响试验结果的相似准则，才能确定哪些是对试验结果影响较大的相似准则。

在风洞试验中，对于定常状态的试验，斯特劳哈尔数可不考虑。由于空气介质本身的重力影响很小，如果不是研究与重力作用有关的试验，可以不考虑弗劳德数。这样，一般而言，对于低速风洞定常测力、测压试验，主要模拟雷诺数；对于超声速定常试验主要模拟马赫数；对于跨声速定常试验，则需同时模拟马赫数和雷诺数；对于非定常试验，必须模拟斯特劳哈尔数；对于外挂物投放试验，最重要的是弗劳德数的模拟。在一些特殊情况下，试验需要考虑模拟的相似准则会有所增加，如在进行高效增升装置试验时，由于增升装置缝道流动速度较高、气流压缩性影响较大，就需要考虑模拟马赫数。令人遗憾的是，在实际风洞试验中仅保证主要相似准则的数值与实际相同也并不容易，如雷诺数就是如此。因此，长期以来风洞试验工程师一直致力于不断提高风洞模拟能力、改进试验技术。例如，建设大尺寸风洞、增压风洞和低温风洞，以提高试验雷诺数模拟能力；发展新型模型支撑技术；完善数据修正方法等。

那么连主要相似准则都难以模拟，试验结果还有意义吗？显然，其答案是肯定的。这是一个被称为"自模性"的有趣特性决定的。自模性又称自准性，其简单含义就是自动模拟。现象的自模性就是指在一定范围内某相似参数值变化不再影响所研究的现象，这时，此相似准则就可以不予模拟，或者说此相似准则已进入自模区(自准区)。自模性在风洞试验中有多种表现形式。如某些气动特性，当雷诺数超过某一数值后，不再随雷诺数的变化而明显变化，通常称此雷诺数为临界雷诺数；当风洞模型尺寸足够小时(如阻塞度<1%)，风洞流场边界影响可以忽略；在模型采用尾支撑时，当尾支杆圆柱段长度与模型底部直径之比，超过某一数值时(亚、跨声速为4、超声速为2)，模型的阻力系数和底部阻力趋于稳定。这些都可以认为进入了自模区。各种气动力现象进入自模区的临界准则一般是各不相同的，如机翼附着流与分离流的临界雷诺数就有明显不同，通常需要通过试验来确定。利用现象的自模性可以明显降低对风洞试验条件的要求。如试验时只需保证试验雷诺数大于临界雷诺数即可，不必花十分高昂的代价使试验雷诺数与实际雷诺数相同。

从以上的叙述中可以看出，确定相似准则的过程本质上就是由相似理论出发不断向现实妥协的过程；反过来说，也是一个不断提高现实能力逐步满足相似理论要求的过程。这项工作的主要意义在于：一方面能够帮助人们抓住主要矛盾、有效降低风洞试验难度，使试验结果具有足够的使用价值；另一方面能够帮助人们分析试验系统误差及误差源，以便设法减小或修正误差，提高试验结果的可靠性。

4.3.3 试验数据的精确度

根据试验目的、要求以及试验条件合理确定风洞试验数据的精确度。一般试验数据精确度要求受两个方面制约，一是试验数据使用要求，主要从飞机性能预测误差的角度限制试验数据误差最大值。如某飞机设计着陆速度为200 km/h、着陆设计升力系数为2.4，如要求利用试验数据预测的着陆速度误差小于2 km/h时，则该条件下试验升力系数试验误差不能超过0.05等。二是试验条件所确定的现实能力，决定了试验能够获得的最小误差值，主要受试验设备、试验技术和数据修正方法等因素限制。在实际试验方案设计过程中，特别是为获得飞机气动特性的试验中，主要以相关标准或以往试验的经验值作为确定试验精确度的依据。近年来国内制定了常见风洞测力试验类型的精度指标(表4.3)，是确定试验结果精度的主要依据。而试验结果的准度主要依靠空(飞行)地(风洞试验)相关性研究给出。

表 4.3　常见测力试验精度指标

指　标			δ_{c_L}	δ_{c_D}	δ_{c_m}	δ_{c_Y}	δ_{c_l}	δ_{c_n}	备　注
全机常规测力试验	低速	合格	0.004 0	0.000 50	0.001 2	0.001 2	0.000 5	0.000 5	姿态角绝对值不大于10°
		先进	0.001 0	0.000 20	0.000 3	0.000 3	0.000 1	0.000 1	
	$0.4{\leqslant}Ma{\leqslant}0.9$	合格	0.002 0	0.000 50	0.001 0	0.000 80	0.000 20	0.000 20	迎角、侧滑角绝对值分别不大于4°、3°
		先进	0.000 8	0.000 10	0.000 3	0.000 15	0.000 08	0.000 05	
	$0.9{<}Ma{\leqslant}1.4$	合格	0.003 0	0.000 60	0.001 5	0.001 00	0.000 30	0.000 30	
		先进	0.001 0	0.000 20	0.000 5	0.000 20	0.000 10	0.000 06	
	$1.4{<}Ma{\leqslant}4.5$	合格	0.001 5	0.000 30	0.000 8	0.000 50	0.000 15	0.000 10	
		先进	0.000 5	0.000 08	0.000 2	0.000 10	0.000 05	0.000 03	

指　　标			δ_{c_L}	δ_{c_D}	δ_{c_m}	δ_{c_Y}	δ_{c_l}	δ_{c_n}	备　注
低速大迎角测力试验	迎角 10°~30°	合格	0.005 0	0.001 0	0.001 4	0.001 4	0.000 7	0.000 5	—
		先进	0.002 0	0.000 7	0.000 5	0.000 4	0.000 3	0.000 3	
	迎角 30°~50°	合格	0.006 0	0.003 0	0.001 6	0.002 0	0.001 0	0.000 8	
		先进	0.003 0	0.001 0	0.001 0	0.001 0	0.000 5	0.000 5	
	迎角 50°~110°	合格	0.008 0	0.005 0	0.008 0	0.008 0	0.008 0	0.008 0	
		先进	0.004 0	0.002 0	0.005 0	0.001 6	0.001 0	0.001 0	
螺旋桨飞机带动力试验	单桨飞机		0.004	0.000 7	0.001 4	0.001 4	0.000 7	0.000 6	以飞机典型爬升状态考核
	双桨飞机		0.005	0.000 9	0.001 6	0.001 6	0.000 9	0.000 7	
	四桨飞机		0.006	0.001 1	0.001 8	0.001 8	0.001 1	0.000 8	

指　标		法向力系数精度	轴向力系数精度	铰链力矩系数精度	
低速风洞铰链力矩试验	合格	0.001 0	0.004	0.001 0	在操纵面偏转小于 10° 状态考核
	先进	0.000 2	0.001	0.000 5	

4.3.4　基本试验方案

根据试验目的、要求及可现实的试验条件确定试验所采用的基本方案和技术途径。如试验是采用全模试验技术或是半模试验技术试验进行? 若采用全模试验,是只测量全机模型六个分量的气动力,或同时测量某些部件的气动力和某些部件的压力分布,或同时测量机翼抖振边界等;若采用半模试验,需要确定用垫块法、反射平板法或用抽吸洞壁边界层法等减小边界层干扰。又如外挂物投放轨迹试验,是采用动力相似模型投放或捕获轨迹技术;动导数试验是采用自由振动法或强迫振动法;颤振试验是采用直接测量颤振点或采用亚临响应法等。这些都要在设计试验方案时确定下来。一个合理的试验方案和实现技术途径必然是试验技术储备、试验数据精确度、试验所需的时间(包括准备时间)和费用等各方面因素相互调和、协调平衡的产物。

4.3.5　风洞选择

选择试验风洞实际上就是从试验任务目的、要求、内容出发,选择与之匹配的风洞,这也为整个试验方案设计确定了基本框架。选择风洞是首先应满足试验任务马赫数模拟需要,然后再考虑试验风洞尺寸、试验段形式、流场品质等因素。

影响风洞尺寸选择的因素是多方面的,从技术角度考虑,总是倾向于选择较大尺寸风洞。首先需要满足试验任务雷诺数模拟要求,使试验雷诺数大于临界雷诺数。雷诺数效应是影响试验结果的重要因素,由于不同气动现象的临界雷诺数并不相同而且部分临界雷诺数可能很高,如分离流动现象。因此选择大尺寸风洞进行试验容易保证试验结果的可靠性。其次需要满足模型细节模拟要求,控制模型细节模拟失真带来的试验结果误差。

对于缩比模型而言完全模拟实物细节是不现实的、必须进行一定程度的简化,缩比越大的模型简化越严重,由此会带来试验结果的误差,如大比例缩尺模型增升装置的缝道模拟就十分困难,对起降构型气动特性试验结果影响明显。因此,对于大型飞机而言更需要在大尺寸风洞进行试验。

依照流场边界形式,低速风洞一般包括闭口试验段和开口试验段两种形式;而高速风洞试验段洞壁一般会采用开槽或开孔形式。相对而言,闭口试验段流场品质较好,适合大多数常规试验需要;而开口试验段具有洞壁干扰较小、易于实现复杂支撑方式的优点,更容易满足大迎角试验及特种试验需要。如试验模型相同,在 3 m 量级开口试验段大迎角试验结果就与 8 m 量级闭口试验段试验结果基本一致。

试验段横截面形状也是选择风洞时需要考虑的因素。一般全机模型试验多选择高宽比为 0.75 左右的矩形或椭圆形试验段;试验对象具有轴对称性质时,如螺旋桨,优先选择圆形或正多形截面试验段;需要大型反射板的部件或半模试验多选择无大型切角的矩形试验段等。

流场品质对试验结果具有重要的影响,在选择试验风洞时必须考虑流场品质因素。表 4.4~表 4.6 分别给出了现阶段国内对低速~高速风洞流场品质的指标及要求。一般认为,满足上述指标及要求的风洞即可满足工程试验需要。

表 4.4 低速风洞流场品质指标及要求

校测项目和内容		指 标 及 要 求	
动压或风速	参考点动压修正系数（落差系数）	$\sigma_\xi \leqslant 0.002$	
	动压场	常规风洞/结冰风洞/声学风洞	立式风洞
		合格指标:模型区内 $\mid \mu_i \mid \leqslant 0.5\%$ 的区域达到 75%	合格指标:模型区内 $\mid \mu_i \mid \leqslant 0.8\%$ 的区域达到 75%
		先进指标:模型区内 $\mid \mu_i \mid \leqslant 0.2\%$ 的区域达到 75%	先进指标:模型区内 $\mid \mu_i \mid \leqslant 0.3\%$ 的区域达到 75%
方向场	局部流向角	常 规 风 洞	立 式 风 洞
		合格指标: 模型区内 $\mid \Delta\alpha_i \mid \leqslant 0.5°$, $\mid \Delta\beta_i \mid \leqslant 0.5°$ 的区域达到 75%	合格指标:模型区内 $\mid \Delta\alpha_i \mid \leqslant 0.8°$, $\mid \Delta\beta_i \mid \leqslant 0.8°$ 的区域达到 75%
		先进指标: 模型区内 $\mid \Delta\alpha_i \mid \leqslant 0.1°$, $\mid \Delta\beta_i \mid \leqslant 0.1°$ 的区域达到 75%	先进指标:模型区内 $\mid \Delta\alpha_i \mid \leqslant 0.3°$, $\mid \Delta\beta_i \mid \leqslant 0.3°$ 的区域达到 75%
	平均气流偏角	常 规 风 洞	立 式 风 洞
		$\mid \overline{\Delta\alpha} \mid \leqslant 0.2°$, $\mid \overline{\Delta\beta} \mid \leqslant 0.2°$	
轴向静压梯度		$L \times \left\mid \dfrac{\mathrm{d}C_p}{\mathrm{d}x} \right\mid \leqslant 0.005$	
气流温度		常用动压下,气流温升每小时不超过 15℃,最高不超过 45℃	

续　表

校测项目和内容		指　标　及　要　求			
湍流度	模型区中心处湍流度	常规风洞	结冰风洞	声学风洞	立式风洞
		$\varepsilon \leqslant 0.2\%$	$\varepsilon \leqslant 0.5\%$	$\varepsilon \leqslant 0.1\%$	$\varepsilon \leqslant 0.5\%$
	模型区湍流度分布	给出模型区湍流度分布			
动压稳定性		常规风洞/结冰风洞/声学风洞		立式风洞	
		合格指标: $\eta \leqslant 0.005$		合格指标: $\eta \leqslant 0.008$	
		先进指标: $\eta \leqslant 0.002$		先进指标: $\eta \leqslant 0.003$	
气流噪声	背景噪声	常规风洞/结冰风洞/立式风洞		声学风洞	
		—		$\leqslant 80\ \mathrm{dB}$	
	中心气流噪声	给出模型区中心气流噪声随试验段动压的变化曲线及频谱曲线			

注1：低速风洞试验段气流速度低于最大速度的30%时，流场品质可不按本标准要求。

注2：模型区的选取：闭口试验段取试验段高度、宽度和长度的75%，开口试验段取试验段高度、宽度和长度的70%。

注3：结冰风洞是指未注水时的情况。

表 4.5　亚跨声速风洞流场品质指标及要求

校测项目和内容		指　标　及　要　求			
速度场	模型区核心流马赫数分布均方根偏差	Ma	$0.3 \leqslant Ma \leqslant 0.9$	$0.9 < Ma \leqslant 1.2$	$1.2 < Ma \leqslant 1.4$
		合格	0.005	0.010	0.011
		先进	0.002	0.005	0.006
	模型区马赫数分布	给出马赫数偏差 $\lvert \Delta Ma \rvert$ 大于 $2\sigma_{Ma}$（σ_{Ma} 为合格指标）的测点数及其占总测点数的百分比，并给出马赫数最大偏差 $\lvert \Delta Ma \rvert_{\max}$ 量值			
	模型区轴向马赫数梯度	绘制 $Ma - x$ 曲线，模型区轴向马赫数梯度应达到：$\left\lvert \dfrac{\mathrm{d}Ma}{\mathrm{d}x} \right\rvert \leqslant \begin{cases} 0.01 & Ma < 1.0 \\ 0.02 & 1.0 \leqslant Ma \leqslant 1.4 \end{cases}$ 为合格 $\left\lvert \dfrac{\mathrm{d}Ma}{\mathrm{d}x} \right\rvert \leqslant \begin{cases} 0.006 & Ma < 1.0 \\ 0.01 & 1.0 \leqslant Ma \leqslant 1.4 \end{cases}$ 为先进			
	参考点马赫数	给出模型区平均马赫数与参考点马赫数 Ma_{ref} 的关系，即给出 $\overline{Ma} - Ma_{\mathrm{ref}}$ 曲线或 $(\overline{Ma} - Ma_{\mathrm{ref}}) - Ma_{\mathrm{ref}}$ 曲线			
方向场	局部流向角*	给出试验段模型区局部流向角分布图			
	平均气流偏角	$\lvert \Delta \bar{\alpha} \rvert \leqslant 0.3°$，$\lvert \Delta \bar{\beta} \rvert \leqslant 0.3°$			
通气壁板消波特性		给出20°锥柱体模型表面压力分布 $(p/p_0) - (x/D)$ 曲线，并与无干扰曲线比较，为模型试验提供参考。无干扰数据参见附录 A			
洞壁边界层		给出模型区至少两个典型位置的壁面边界层厚度、位移厚度及速度分布			

校测项目和内容	指 标 及 要 求
气流噪声	给出试验段洞壁及10°锥模型表面的气流噪声声压级 SPL 和气流脉动压力系数 $C_{p,\,\mathrm{rms}}$ 以及噪声频谱图
气流湍流度*	给出试验段气流的湍流度及其频谱
气流不稳定度	要求试验段参考点马赫数最大波动量达到：合格指标：$|\Delta Ma_{\mathrm{ref}}|_{\max} \leqslant 0.004$，先进指标：$|\Delta Ma_{\mathrm{ref}}|_{\max} \leqslant 0.001$；并给出参考点马赫数 Ma_{ref} 随时间变化曲线

注1：模型区长度不小于 $\sqrt{A}$，宽度和高度分别不小于试验段宽度和高度的2/3。
注2：* 为非必测项目。

表 4.6 超声速风洞流场品质指标及要求

校测项目和内容		指 标 及 要 求				
速度场	模型区马赫数分布均方根偏差	Ma	$1.4 < Ma \leqslant 1.5$	1.75	2.0	2.25	2.5
		合格	0.011	0.013	0.014	0.015	0.016
		先进	0.006	0.006	0.007	0.008	0.008
		Ma	3.0	3.5	4.0	4.5	—
		合格	0.018	0.020	0.022	0.024	—
		先进	0.009	0.010	0.011	0.012	—
	模型区马赫数分布	给出马赫数偏差 $|\Delta Ma|$ 大于 $2\sigma_{Ma}$（σ_{Ma} 为合格指标）的测点数及其占总测点数的百分比，并给出马赫数最大偏差 $|\Delta Ma|_{\max}$ 量值				
	模型区轴向马赫数梯度	绘制 $Ma - x$ 曲线，模型区轴向马赫数梯度应达到：$\left|\dfrac{\mathrm{d}Ma}{\mathrm{d}x}\right| \leqslant 0.035$ 为合格　$\left|\dfrac{\mathrm{d}Ma}{\mathrm{d}x}\right| \leqslant 0.018$ 为先进				
方向场	局部流向角*	给出试验段模型区局部流向角分布图				
	平均气流偏角	$|\Delta\bar{\alpha}| \leqslant 0.3°$，$|\Delta\bar{\beta}| \leqslant 0.3°$				
洞壁边界层		给出模型区至少两个典型位置的壁面边界层厚度、位移厚度及速度分布				
气流噪声		给出试验段洞壁及10°锥模型表面的气流噪声声压级 SPL 和气流脉动压力系数 $C_{p,\,\mathrm{rms}}$ 以及噪声频谱图				
气流不稳定度		稳定段总压最大波动量达到：合格指标：$|\Delta p_0|_{\max}/p_0 \leqslant 0.3\%$，先进指标：$|\Delta p_0|_{\max}/p_0 \leqslant 0.1\%$；并给出稳定段总压 p_0 随时间变化的曲线				

注1：模型区长度不小于 $\sqrt{A}$，宽度和高度分别不小于试验段宽度和高度的2/3。
注2：* 为非必测项目。

4.3.6　模型

　　模型是试验对象，其设计与加工质量直接关系到试验数据的质量，模型结构应尽可能简单，并且安装、拆卸方便。在试验方案设计阶段，首先必须确定的是模型尺寸。这里所谓的模型尺寸是指模型特征尺寸与风洞试验段特征尺寸的相对尺寸。根据试验模型不同特点,模型特征尺寸可以选其最大宽度(展长)、长度、迎风面积或参考面积等,试验段特征尺寸相应地选其宽度(或高度)、长度、横截面积等。

为了使模型几何外形能更逼真地模拟飞行器外形,同时为了使试验雷诺数更接近飞行雷诺数,都希望增加模型尺寸。但模型尺寸的增加也是有限度的,首先模型尺寸显然不能超过风洞试验段尺寸限制。其次,模型尺寸上限要求主要来自洞壁干扰特性,模型尺寸越大洞壁干扰(边界影响)越大且越难以准确修正。洞壁干扰修正方法是建立在小尺寸模型假设基础上的,此时模型区域各处流场所受的洞壁诱导迎角(或上洗诱导速度,即洞壁干扰升力效应)是一致的或者说模型仍处于一个匀直流场中,模型所受洞壁干扰量可以用线性方法估算。但随模型尺寸增加,模型不同位置所受洞壁诱导迎角的差异会越来越大(图4.4)。这一方面使以平均诱导迎角为依据进行的洞壁干扰修正误差增加;另一方面还可能使模型产生难以修正的关键气动特性改变。由图4.4可以看出,大尺寸模型试验时翼梢处洞壁诱导迎角明显增加,不仅增加了修正误差,更重要的是可能导致翼梢提前分离,进而影响全机失速特性结果,并且这一影响是难以进行修正的。

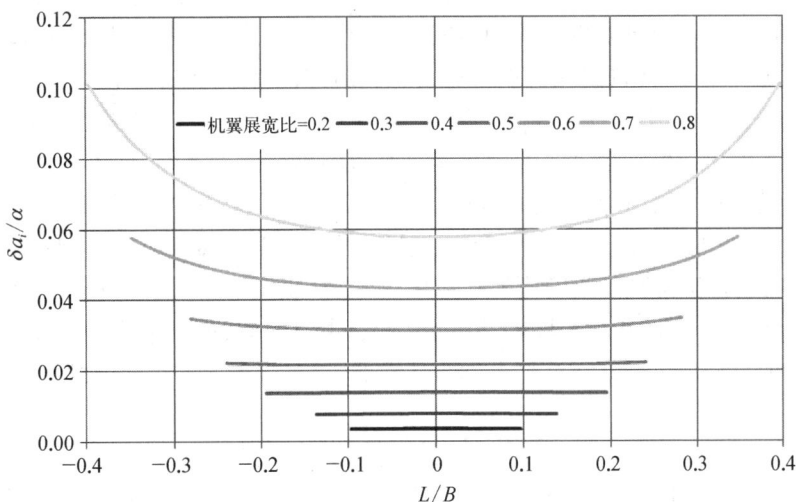

图 4.4　不同展宽比机翼模型沿展向洞壁干扰诱导迎角分布(CARDC 惠允)

从洞壁干扰特性限制出发,限制试验模型尺寸的基本方法是多样的。低速风洞中常由修正量角度出发进行限制,而高速风洞中更多地考虑流场相似性。在低速风洞试验中典型升力效应修正量可以表示为

$$\Delta\alpha = 57.3 \cdot C_{L\alpha} \cdot C_L \cdot S_W/C \qquad (4.1)$$

式中,$\Delta\alpha$ 为试验迎角修正量;$C_{L\alpha}$ 为试验模型升力线斜率;C_L 为模型升力系数;S_W 为模型参考面积;C 为试验段横截面积。

假设迎角最大允许修正量为 $\Delta\alpha_{max}$、此时模型升力系数为 $C_{L,\,max}$,则模型尺寸限制可表示为

$$S_W \leqslant \Delta\alpha_{max} \cdot C/(57.3 \cdot 0.1 \cdot C_{L,\,max}) \qquad (4.2)$$

式中,用 0.1 代替了模型升力线斜率,与大展弦比模型特性相符,而对于小展弦比模型这种简化符合更为严格控制模型尺寸需要。

在超声速风洞中,允许的模型阻塞度(模型迎风面积与风洞试验段横截面面积之比)可用下式表示:

$$\varepsilon = k[1 - q(\lambda)/\sigma] \tag{4.3}$$

式中,λ 为风洞第一喉道横截面积与试验段横截面积之比;$q(\lambda)$ 是气体动力学函数,可由气流函数表中查出;σ 为超声速正激波总压恢复系数;k 为常数,通常取 $k = 0.25 \sim 0.40$。当模型的外形复杂阻力大、试验马赫数高时 k 取小值。用于不同马赫数试验的模型,应以最低试验马赫数限制模型阻塞度。

在实际设计试验方案时通常用更简单实用的工程经验方法限制模型尺寸,主要体现在两个参数上,即模型展宽比(模型展长或最大宽度与风洞试验段宽度之比)和模型阻塞度。对于低速风洞试验而言,模型展宽比限制归纳如下:当模型机翼展弦比不小于 8 时不超过 70%、当机翼展弦比在 3~8 时不超过 60%、当展弦比小于 3 时不超过 50%,对于开口试验段可以适当增加;对直接安装于试验段壁面上的半模或部件模型,其翼面半翼展不超过 65% 的试验段高度或宽度。模型阻塞度限制归纳为模型最大阻塞度不超过 5%,大迎角试验不超过 4%。对于高速风洞试验而言,安装有大翼展弦比机翼的模型展宽比不超过 70%、其他模型展宽比不超过 60%;亚、跨声速试验,模型迎角 0° 时阻塞度不超过 1%、试验马赫数为 1.5 时阻塞度不超过 2.5%、试验马赫数不小于 1.75 时阻塞度不超过 5.3%。

在限制模型尺寸时,还需要考虑模型长度因素,这主要由风洞试验段流场品质特性角度进行,其一般原则是试验模型所处区域流场品质满足试验要求。对于低、亚、跨声速试验,只要求模型位于试验段流场均匀区以内,一般常规飞机模型长度小于试验段长度的 60%,细长体模型小于试验段长度的 70%;对于超声速试验,模型长度受模型头部激波在试验段壁上的反射波不能打在模型上这一条件的限制,可用下式来确定模型长度:

$$L_{\mathrm{m}} \le 0.7 L_1 = 0.7 H \sqrt{Ma^2 - 1} \tag{4.4}$$

式中,L_1 为超声速菱形区长度;H 为试验段高度。

此外,在实际选择模型尺寸时还需考虑支撑装置能力,天平量程等因素。一般而言,当支撑装置刚性有限时,较大的模型容易出现大幅度的振动,特别是当模型绕流存在明显分离时振动更为显著,影响模型分离时气动特性,丧失了大模型获得的微弱雷诺数优势。

4.3.7 支撑装置

试验模型需要通过支撑装置固定于试验段中,一般包括支杆、风挡等部件,广义的支撑装置还包括模型姿态角变化机构。为满足特定试验需要,支撑装置的形式是多样的。从气动干扰特性角度看,可以分为主体部分暴露于试验段流场中的外露式支撑装置和基本不暴露于气流的内置式支撑装置。内置式支撑装置主体部分隐藏于模型内部或置于试验流场之外,其支架干扰可以忽略,主要应用于支撑安装在试验段壁面或大型反射板上的模型,如车辆模型、建筑物模型、舰船模型和飞机半模等。

外露式支撑装置是最常见的支撑装置,用于将模型固定于试验段中心(或附近)。典型的外露式支撑装置按其支杆的数量可分为单点式、两点式、三点式和多点式等几种形式。单点式支撑装置的支杆通常由模型机身尾部或腹(背)部伸入模型、试验时支杆与模型相对运动极小,具有支撑形式较灵活、模型表面开口较小等优点,应用较广,特别是高速风洞试验中广泛采用单点尾撑形式。由于只有一根支杆承担模型全部的气动与自重载荷,单点式支撑装置受载时变形较为明显,同时支杆通常比较粗壮,有时甚至需要对支杆伸入处模型外形进行局部放大处理,如放大喷气发动机的尾喷口直径等。单点式支撑装置通常安装于单独的角度机构之上,由角度机构实现模型姿态角变化。

两点式和三点式支撑装置常以腹(背)撑形式出现,一般安装在试验段转盘之上,多用于低速风洞试验。两点式支撑装置的两支杆由机身伸入模型、三点式多选左右机翼及后机身为支撑点,通常由置于模型载荷中心附近的支杆承担主要载荷,称为主支杆;偏离载荷中心较远的支杆,主要分担力矩载荷并用于变化模型迎角,俗称尾支杆。由于支杆数量增多,支杆受力条件更为简单、单根支杆所受的力矩载荷大幅降低,因此支杆可以相对细一些。试验时,模型侧滑角变化由转盘转动实现、迎角由尾支杆上下运动实现,从这个意义上说,模型或置于模型内部的某些支撑部件也是迎角机构的一部分。由于变化迎角时支杆与模型有相对运动,因此需要在支杆伸入模型处表面开较大的通过孔。

多点式支撑装置最常见的形式是张线支撑。与前面几种支撑形式不同,张线支撑是一种"柔性"支撑,模型载荷由各张线拉力及拉力差承担。因此,张线支撑装置的"支杆"(张线)可以做得十分纤细。在布置张线伸入模型的位置时,需要注意控制各张线(包括延长线)的距离,以保证有足够的力臂克服力矩载荷。张线支撑装置需要与专用角度机构配套使用。

上述在表述支杆与模型交界关系时,用了"伸入"与"支撑点"两个概念。这两个概念在表达支杆与模型交界空间位置关系时,内涵基本是一致的。但在表达传力关系时有所差异,伸入想强调的是在交界处支杆仅是穿越模型表面,不与模型不发生直接的(固体)传力关系,一般出现在内式天平测力试验情况;支撑点则可能在交界处支杆直接与模型连接,多出现在外式天平测力试验、测压试验或局部测力试验(如操纵面铰链力矩试验)情况。

在选择支撑装置时,应考虑以下要求:

(1) 有足够的强度和刚度;

(2) 对模型气动特性影响小且为线性干扰,关于这一点在下一节也有讨论;

(3) 若采用外式天平测量模型气动载荷,则要求支撑装置作用于天平上的载荷尽量小且稳定;

(4) 支架干扰量能够通过确实可行的试验或其他方法扣除;

(5) 能够通过支撑装置布设试验所需的导线、测量管路等;

(6) 容易加工、拆装方便。

低速风洞常见的腹(背)撑式支撑装置对模型的气动力干扰是明显的。由于腹支撑系统一般都有体积较大的风挡和强度很高的支杆,且主支杆和相应的风挡多位于机翼附近、尾支撑杆和尾风挡多位于平尾附近,因此腹撑系统的干扰量都较大。国内低速风洞多在腹支撑系统上应用内式应变天平,支架干扰量中不包含支杆的气动量及模型对支杆的干扰量,可有效减小支架干扰量级。当把风挡置于试验段中时,风挡会在其上方诱导一弯曲流场,在风挡顶部前上方是上洗、后方是下洗,这种流场使位于风挡上方的机翼有效迎角增加,因而升力增加并诱导抬头力矩。风挡诱导的弯曲流场,不仅与其外形、尺寸相关,还与风挡的分离尾迹有关。当绕过风挡的流动发生分离时,其压力在后缘不能完全恢复,因而风挡后部尾迹中的压力低于外流场的压力,加剧了流场弯曲。为了减小支架干扰量,通常采用的措施包括以下几条。

(1)尽量减小支杆的尺寸以及支杆暴露在气流中的长度。

(2)选择的合理支杆截面形状,常见的支杆截面形状有圆形截面和翼型截面两种。圆形截面支杆具有各向性能一致的优点,适合于纵横向试验条件。但使用时,应避免使其在(阻力突变)临界雷诺数范围工作。若因受风洞尺寸、来流速度范围的限制,支杆必须在临界雷诺数范围内工作,就需要在支杆表面采用人工固定边界层转捩的方法(如表面滚花、加工为多棱柱、加粗糙带、开细槽等),使支杆边界层处于稳定的湍流边界层状态。翼型截面支杆具有纵向试验时干扰较小的显著优点,在合理布置支杆位置的前提下,也可满足横向试验需要。在选择翼型支杆时,一般会选用相对厚度较大、具有较好的抗分离特性的翼型,以满足横向刚度要求、避免试验时支架干扰发生突变。在设计低速试验翼型支杆时,通常会将翼型后缘部分截除(如截除弦长的20%),以减小横向试验支杆干扰。

(3)合理设计风挡。当选择圆形截面支杆时,为避免支杆分离所带来的额外支架干扰,通常需要在支杆外安装整流用风挡。风挡的外形与尺寸等对支架干扰有显著的影响,合理设计风挡对减小支架干扰具有重要意义。首先风挡高度要合适。若太低,则增加了外露支杆的尺寸,也即增加了支杆的阻力和干扰量;若太高,则增加了风挡对模型的干扰。第二,风挡的剖面形状应为流线型(翼型)。其剖面的相对厚度不宜太大,需保证气流流过风挡时不会发生严重分离,否则将导致很大的干扰;第三,风挡应顺气流布置,并在试验过程中保证其方向的稳固性;第四,应减缓风挡对风洞气流的上洗影响,通常可将风挡梢部设计成倒梯形结构。

(4)尽量避免采用需支撑于机翼上的三点式支撑装置。机翼上安装支杆易改变机翼及其后面舵面的流动状态,常会导致试验结果的失真。

(5)合理布置支点位置。一般而言支撑点应选择在模型绕流变化相对平缓的位置,如机身等直段,且其尾流应避免直接扫掠模型部件。因此,一般将主支撑点布置于机身腹部、翼根后部附近。对于双点式支撑装置尾支杆不能离尾翼太近,以避免尾支杆的尾流对尾翼的干扰;同时尾支杆也不能离主支杆太近,否则会受主支杆尾流的影响。

(6)为避免模型内部串流对试验结果的影响,可以对支杆安装孔采取密封措施。

在高速风洞中,全机测力试验一般采用单点尾部支撑形式支撑模型,主要包括尾支杆和尾支架两部分。应变天平置于模型内部,一端连接在模型上、另一端与尾支杆相连。尾撑装置本身的气动载荷不作用在模型上,但会对模型尾部流场产生及气动载荷产生干扰。一般地讲,尾支杆的干扰主要集中在模型后部,可以用改变尾支杆截面尺寸和长度的方法减小;而尾支架则影响全流场,通常必须用流场测量和数值计算的方法研究其影响。当模型迎角不大时,支架干扰对模型的升力影响不大,使模型尾部正压力提高、改变了模型区的压力梯度、导致测得的模型阻力偏小。此外,尾支杆及尾支架的导流作用也要特别重视,尾撑的干扰改变了飞机后部特别是尾翼处的气流方向,使其顺支架方向偏转,对模型的力矩特性影响较大,尤其在大侧滑角试验时,必须以合适的办法予以考虑。尾支架对模型气动力的干扰大小主要取决于 d/D_b、l/D、θ_1、θ_2 及 L/D_b(图 4.5)。研究表明当 $L/D_b > 8$ 时支架的干扰可以忽略不计。通常在设计尾撑装置时取 $\theta_1 = 0° \sim 2°$、$\theta_2 \leqslant 10°$,这样支架干扰主要取决于 d/D_b 和 l/D_b。在 CARDC 的 FL-21 跨声速风洞中研究了尾支杆几何参数对不同外形的旋成体模型(后体外形不同)的阻力的影响,主要结论如下[9]。

(1)尾支杆的存在使模型底部压力系数增加,使收缩后体模型的前体阻力(总阻减底阻)系数减少。

(2)当 d/D_b 一定时,随 l/D_b 增加支架干扰量逐渐减小并存在个临界支杆长度(l/D_b)$_{cr}$。当 $l/D_b > (l/D_b)_{cr}$ 时,模型的阻力系数和底部压力系数不再变化。当 $\theta_2 \leqslant 10°$ 时,亚、跨声速试验条件下,$(l/D_b)_{cr} = 3 \sim 4$,对于超声速时,$(l/D_b)_{cr} = 1 \sim 2$。

(3)当 l/D_b 一定时,随 d/D_b 或 θ_1 增加支架干扰量增大。当 $d/D_b < 0.4$ 时,支架干扰量明显减小。

(4)当尾支杆一定时,支架干扰随模型后体几何外形的变化而变化。支杆对模型的阻力干扰量随模型后体船尾角减小而减小,对于圆柱体后体阻力干扰量接近于 0。

(5)支架干扰随来流马赫数的变化而变化。跨声速干扰最大,亚声速次之,超声速最小。

(6)如果转捩出现在模型上,则模型底部压力系数和临界支杆长度随雷诺数变化不大,如果转捩出现在尾迹中,则随雷诺数急剧变化。

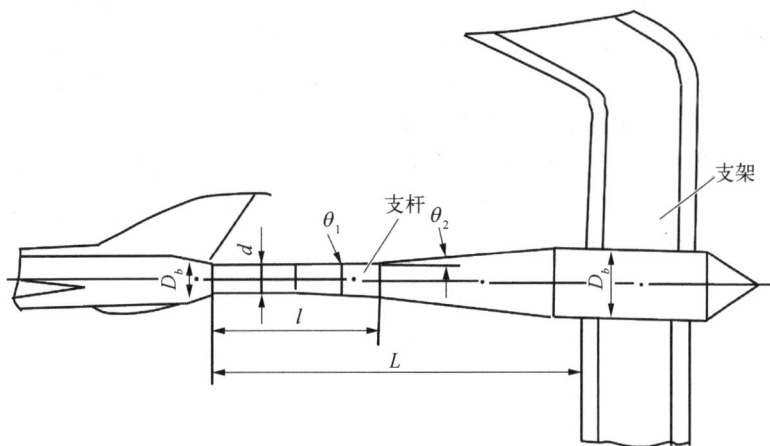

图 4.5 单点式尾部支撑装置[9]

旋转天平试验、动导数试验等动态试验时大都采用尾撑或腹/背支撑形式。支架干扰具有常规试验的主要特性但干扰量要更大,这是因为动态试验所用支架和驱动系统相对都更为庞大。更为严重的是,试验模型、支撑系统及其各自尾迹可能会相互交合,增加了干扰的复杂性;如果模型尺度较大,模型的动态尾迹还会受到洞壁的影响。这些因素都会使这类试验的支架干扰变得十分复杂,大大增加了支架干扰修正难度。

4.3.8 支架干扰试验方案

外露式支撑装置会改变模型绕流流场,试验测得的模型的气动量含有支撑装置的影响,这种影响称之为支架干扰。支架干扰量常常超过试验误差允许的范围,因此在选择或设计支撑装置时必须充分考虑支架干扰因素,首先支架干扰量不宜过大;其次必须采取合适的办法修正支架干扰。

目前,修正支架干扰的方法主要包括试验修正方法、数值计算方法和工程估算方法。工程估算方法是指利用已建立的数据库,进行插值处理,以得到所要求的支架干扰量。由于需要花费大量的试验或计算时间才能建立合适的数据库,而且在使用上还有些不尽如人意的地方,因此工程估算方法应用并不广泛。数值计算方法首先以试验模型、风洞及支撑装置为对象计算模型气动特性,再以模型和风洞为对象计算模型气动特性,最后以有支架和无支架的模型气动量差值为支架干扰量。该方法计算工作量较大,但对某些难以用试验方法获得支架干扰量的试验具有重要意义,目前逐步在飞翼、无人机等非常规布局的模型试验中得到应用。

测压试验中,支架对其附近测压点的干扰目前还没有可靠的方法进行修正。需要采用适当措施减小支架对试验结果的干扰。一般避免在测压点附近布置支杆、并避免测试点位于支杆尾流区域,如难以实现则需要考虑增加辅助支撑形式进行试验。辅助支撑形式所用辅助支撑装置可以是与正常试验支撑装置(此时也可称为主支撑装置)完全不同的支撑装置,也可直接沿用主支撑装置本身或部分部件。但辅助支撑装置在模型上的支撑点位置应与主支撑装置有明显的差异,避免两种支撑形式下,主、辅支撑装置对同一测压点产生同量级干扰。如对于常见的机身腹撑支撑形式测压试验,在机身腹部支杆附近及其后部的测压点结果就可能会受到较大的支架干扰影响。此时一般需要安排一些辅助支撑形式的试验内容,如背撑试验,以显著降低支杆对模型腹部的表面压力的干扰,保证相关结果的可靠性。对辅助支撑装置的一般要求与主支撑装置是一致的,但通常会将综合性能最好的支撑装置作为主支撑装置使用。

测力试验中支架干扰量一般是可以利用试验方法获得并修正的。为获取支架干扰量而开展的试验项目被称为支架干扰试验,两步法是最基本和最常见的支架干扰试验方法。利用两步法进行支架干扰试验时,首先需要利用辅助支撑装置将模型支撑起来,再进行有、无(模拟)主支撑装置的两次试验,则这两次试验的结果差即为主支撑装置的支架干扰量。具体修正方法说明请参见9.2.2节、15.2.4节及有关文献。

4.3.9 测试方案

对于一个成熟的风洞,其测试技术和设备是比较丰富的。在确定试验测试方案时,一般只需要选择现有的技术和设备就可以满足要求,只有在十分必要的情况下才需研究、配套新的测试技术和设备。

对于测力试验需要选择的主要测试设备就是天平。天平的选择主要需要考虑其尺寸、量程、刚性、安装形式等要素。首先应保证天平与模型安装连接的兼容性,降低设计、加工、装配难度,避免或减小对模型外形的改变或破坏。一般将试验最大静载荷控制在天平量程的 50%~80% 为宜,天平量程裕量越大,对其稳定性/精准度要求越高,同时对数据采集设备的精度及稳定性要求也越高。天平量程一般是对称的,如某天平法向力量程为 5 000 N,是指其设计测量范围在 ±5 000 N 之间,因此在估算试验载荷值时只需关注绝对值最大的结果。天平试验最大载荷中法向力、轴向力、俯仰力矩三分量一般由气动载荷与模型(有时还包括支撑装置)自重载荷决定,侧向力、偏航力矩、滚转力矩分量一般由气动载荷决定。模型气动载荷一般由试验任务委托方提供,也可通过工程估算法或对以往类似试验结果进行统计的方法获得。在估算天平载荷的过程中,应注意不同来源数据的坐标轴系差异,并进行必要的转换;在多数情况下,为简化估算工作量,可以引入小姿态角假设。对于内式天平,试验载荷估算公式可归纳为

$$
\begin{aligned}
&\text{法向力：} L = G + L_q \\
&\text{轴向力：} A = G \cdot \sin \alpha_t \\
&\text{俯仰力矩：} M = M_q + L_q \cdot x_c + G \cdot x_g \\
&\text{侧向力：} Y = Y_q \\
&\text{偏航力矩：} l = l_q + Y_q \cdot x_c \\
&\text{滚转力矩：} n = n_q
\end{aligned}
\tag{4.5}
$$

其中,G 为模型自重;α_t 为天平迎角(俯仰角);x_c 为力矩参考点至天平校准中心的纵向距离;x_g 为模型自身重心至天平校准中心的纵向距离;下标 q 表示气动载荷。

对于外式天平,除轴向力以外估算公式是一致的。轴向力估算公式表示为

$$
A = Dq
\tag{4.6}
$$

算例 4.1:某试验模型基本参数为:自重 2 000 N、中心位于天平校准中心后 0.1 m,模型参考面积 0.4 m^2、纵向参考长度 0.25 m、横航向参考长度 2.5 m、力矩参考点位于天平校准中心后 0.05 m,预计模型升力系数变化范围-0.8~2.8、阻力系数(C_D)最大至 0.7、俯仰力矩系数(C_m)变化范围±0.6、最大侧向力系数、偏航力矩系数和滚转力矩系数分别为 0.6、0.1 和 0.05。试验动压 3 000 Pa、试验迎角范围-8°~30°、迎角为零时天平坐标系轴线与模型坐标系轴线方向一致。则试验最大载荷估算见表 4.7。

表 4.7 试验天平最大载荷估算表　　　　　　(单位: N 或 N·m)

			法向力	轴向力	俯仰力矩	侧向力	偏航力矩	滚转力矩
内式天平	模型正装	自重	−2 000	−278~1 000	200	0	0	0
		气动	−960~3 360	约 0	−348~228	1 800	390	150
		试验	−2 960	1 000	428	1 800	390	150
	模型反装	自重	2 000	−1 000~278	−200	0	0	0
		气动	−960~3 360	约 0	−348~228	1 800	390	150
		试验	5 360	−1 000	−548	1 800	390	150
	估算最大值		5 360	1 000	548	1 800	390	150
外式天平	模型正装	自重	−2 000	0	200	0	0	0
		气动	−960~3 360	840	−348~228	1 800	390	150
		试验	−2 960	840	428	1 800	390	150

			法向力	轴向力	俯仰力矩	侧向力	偏航力矩	滚转力矩
外式天平	模型反装	自重	−2 000	0	200	0	0	0
		气动	−3 360~960	840	−228~348	−1 800	−390	150
		试验	−5 360	840	548	−1 800	−390	150
	估算最大值		5 360	840	548	1 800	390	150

测压试验中测压传感器(如电子扫描阀)的一般为压差式传感器,其量程主要由测量点压力(p_i)及测量参考压(p_c)决定。一般选择与测量压力差异不大,压力值具有较高稳定性、受模型状态变化影响很小的压力源为测量参考压,如试验段入口静压或总压,低速风洞也可直接选择大气压。如测量点压力系数极值为 $C_{p,\max}$,则传感器量程一般控制在 $(1.25~2)\times|q\cdot C_{p,\max}-p_c|$。由于模型表面压力系数分布差异较大,试验一般需要选用不同量程的测压传感器,测量翼面前缘压力的传感器量程较大、翼面后部或机身位置的传感器量程较小。

4.3.10　数据采集方案

根据试验的目的与要求,确定合理的试验数据采集方案。数据采集方案包括数据提取方式、采样速率、采样时间等。

在以"步进法"进行试验时,为减少粗大误差影响,风洞试验数据采集需要定点(即固定试验条件,如试验速压、模型姿态角等)多次重复采样的方法获得原始数据,之后用一定的数学方法对这些原始数据进行处理,获得单一的直接测量值。常见的处理方法包括:平均值法、中位数法、剔除极值法等。平均值法就是对全部采样数据进行简单的算数平均处理,以平均值为测量值;中位数法需首先依采样数据大小排序,并以排在中位的采样值为测量值;剔除极值法首先需要剔除采样数据中部分(如 5%)的极大值及相同比例的极小值,再以平均值法或中位数法获得测量值。一般情况下,采用平均值法就可以得到满意的结果。用步进法试验时,低速风洞测量数据采样速率达到 100 Hz、采样时间 5~10 s 一般可以满足试验要求。

为提高试验效率,当前大量风洞推广使用了"连续扫描"试验技术,其特点是在模型姿态角(低速)变化的过程中连续对测量传感器进行采样。因此,理论上每一个采样数据所对应的试验条件均是不同的,也就不能用上述方法提取试验测量值。此时,就需要采用数字滤波技术对试验原始数据进行降噪处理,以减少粗大误差。用连续扫描法进行试验时,低速风洞模型姿态角变化速率一般小于 0.5(°)/s、数据采样速率一般高于步进法。

4.3.11　数据修正方案

数据修正的主要目的是扣除或减少试验直接结果中系统误差。显然,选择不同的数据修正方案,将导致后续试验准备、试验设备配套、试验方法、试验内容、试验质量等方面的差异。如洞壁干扰是可选择经典的映像法修正或壁压信息法修正,后者必需测量洞壁压力,前者则可不测量;但后者却能更好地适应大迎角分离试验条件,而前者多用于中小迎角试验。因此,选择恰当的数据修正方案,对试验的准备、实施及数据使用具有重要意义。风洞试验数据在提供前,一般需要进行支架干扰、流场缺陷、洞壁干扰等方面的修正,本节主要讨论后两项。

1. 流场缺陷修正

与理想匀直流相比,风洞试验段流场总是存在一些缺陷的,主要表现为存在轴向静压梯度和气流偏角。轴向静压梯度一般通过空风洞试验方法获得。通过试验段切角或洞壁扩散角调整,现代风洞试验段内轴向静压梯度一般较小,通过经典水平浮力修正方法甚至不修正,即可满足多数试验要求。

试验段内任意一点的气流点流向均可能是不同的,因此,试验段内不同区域的平均气流偏角也可能是不同的。利用特定模型进行试验时,该模型区域的平均气流偏角通常采用试验方法获得。经典的平均气流偏角试验包括模型正装试验和反装试验两个步骤,一般要求安装镜像支架。由于模型正/反装时,上下支架影响对称,因此可以认为两种试验状态获得的试验结果的差异主要是由于气流偏角造成的。图 4.6 给出了一个用升力法求取平均气流偏角的数据示意。其中,正装模型试验测出升力 L_1 对名义迎角 α_1 的曲线 $L_1 = f(\alpha_1)$,反装模型试验测出升力 L_2 对名义迎角 α_2 的曲线 $L_2 = f(\alpha_2)$。假设气流有一个向上的平均气流偏角 $\Delta\alpha$,模型正装时,模型的实际迎角是 $\alpha = \alpha_1 + \Delta\alpha$;

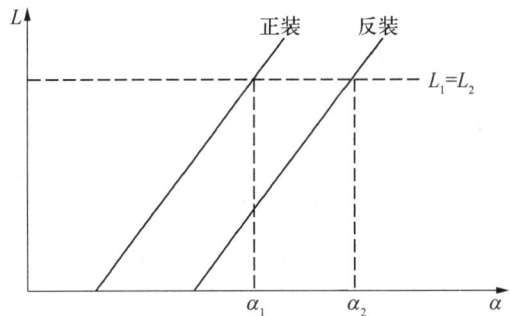

图 4.6 正装和反装模型试验的升力曲线

模型反装时,模型的实际迎角为 $\alpha = \alpha_2 - \Delta\alpha$;显然,当 $L_1 = L_2$ 时,模型正装和模型反装的实际迎角应该相等,即 $\alpha_1 + \Delta\alpha = \alpha_2 - \Delta\alpha$。故平均气流偏角为 $\Delta\alpha = (\alpha_2 - \alpha_1)/2$。用这个方法求取俯仰方向平均气流偏角时,升力一般要取在小迎角线性段。这就是工程上获得模型区域俯仰方向平均气流偏角的常用方法。同样,可用利用俯仰力矩结果获得俯仰方向平均气流偏角。但遗憾的是,通常两种方法给出的气流偏角并不一致,这主要是因为模型区域各局部实际气流偏角存在差异。

上述试验方法隐含地利用了一般模型左右对称的特性,使正反装试验时模型主要气动部件所涵盖的流场空间大致一致。而一般情况下,由于试验模型不存在上下对称特性,不能够通过类似简单的试验方法测定试验段水平方向的气流偏角。

2. 洞壁干扰修正

模型在风洞中试验,由于洞壁的影响使模型的绕流场与实物实际的绕流场不同。一般把洞壁的产生的影响称为洞壁干扰。洞壁干扰对模型试验数据的准度有严重的影响。风洞试验得到的数据,一般都要进行洞壁干扰修正。洞壁干扰修正的方法很多,常见的包括试验法、经验修正法、经典映像法、Maskell 法、计算修正法、壁压信息修正法等,但应用最为广泛的还是经典映像法和 Maskell 法。

纯试验修正法包括单模型对比法、多模型外推法两种。其中单模型对比法是利用同一模型在大、小风洞进行对比试验。通常要求模型在大风洞中的阻塞度不大于 0.1%,因而近似为大风洞中的试验数据是无洞壁干扰的数据。由大小风洞的对比试验数据推算出模型在小风洞中试验的洞壁干扰量并进行修正。多模型外推法是利用一组大小不同、几何相似的模型在同一风洞中进行试验,并依据尺寸,将试验数据进行拟合、外插,得到模型几何尺寸为零的结果,即为无洞壁干扰的结果,同时也就得到了不同模型的洞壁干扰修正量。受试验工作量很大,不同风洞试验流场、设备差异不易消除,不同模型严格几何相似、试验雷诺数难以保证相同等因素影响,纯试验修正法在常规试验中很少使用。

经验法主要通过统计大量试验数据类推推出洞壁干扰量。对于已积累了大量试验数据的老风洞而言,可以从已有试验数据和相应型号试飞数据及大风洞试验数据的对比中统计出某些典型模型在本风洞中做试验时的洞壁干扰规律及量值。在进行类似模型的风洞试验时,可以直接套用相近的典型模型洞壁干扰修量进行修正,不必另外做专门的洞壁干扰试验。这种数据统计工作较复杂,仅限于某些经验丰富的风洞使用。

映像法是一种最古老经典的、适用于常规低亚声速风洞洞壁干扰修正的解析方法。其基本原理是用适当的涡、源、汇、偶极子等理想流动基本解(奇点)来模拟试验模型的扰动,根据风洞实壁或射流壁的边界条件、用奇点相对于风洞壁的映像来模拟风洞壁的影响,从而把一个有边界的流动变成一个无边界的流动。根据各奇点的扰动速度公式计算出映像奇点对模型区流动的影响,即为洞壁干扰效应。如在计算矩形实壁风洞对三维机翼的干扰效应时,可以用一个马蹄涡代表机翼的升力效应,在试验段上下左右都布置无穷映像马蹄涡系来代表洞壁干扰效应(图4.7)。此无穷映像涡系在模型区内的诱导速度就代表了风洞壁干扰效应,可以很容易地使用马蹄涡诱导速度计算公式得到洞壁干扰速度,从而得到洞壁对升力的干扰量。该方法具有物理概念清楚、计算简单的优点,其结果可以整理成一系列公式、图表,使用方便。但也存在数学模型过于简单的缺点。虽对小迎角、大展弦比和后掠角不大的常规机翼布局飞机能得到较满意的修正结果;但对于复杂的现代新型气动布局飞机以及大迎角、非流线型物体等有严重气流分离现象的风洞试验情况,修正结果较大的误差。

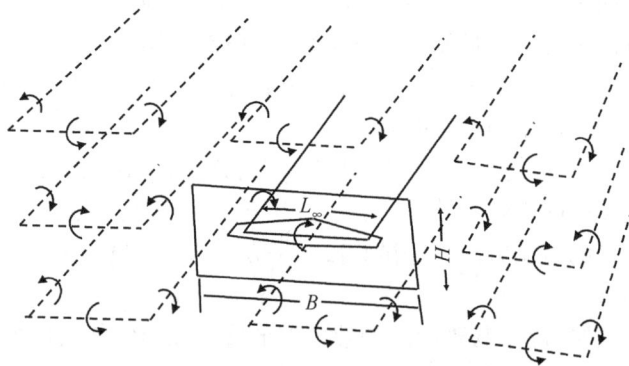

图4.7 模拟矩形闭口风洞升力干扰的映像涡系[7]

Maskell法针对伴有严重气流分离现象的大迎角或非流线体模型试验情况进行了改进,提高了特殊情况下修正的可靠性。由于使用了奇点叠加及映像原理,经典映像法和Maskel法只适用于低亚声速实壁风洞或开口风洞。

洞壁干扰计算修正法首先用理论、数值模拟或半经验试验方法确定风洞壁面(包括空气壁)边界条件表达式及表达式中的壁面通气参数,然后由边界条件、基本流动方程及模型扰动计算出洞壁干扰修正量,有两种典型方法:使用线化方程的有限基本解法和使用非线性方程的 CFD 计算方法。有限基本解法(涡格法)可以克服映像法中模型模拟过于粗糙和不能用于通气壁面风洞的缺点而提出来的(图 4.8)。它和映像法的主要差别有两个方面:一是在模型上布置一系列基本解(涡格),而不是用一个涡或偶极子代表模型扰动,这样可以更准确地模拟模型的扰动;二是不使用映像原理,而是在风洞壁面上布置一系列基本解(涡格)来模拟洞壁效应,由于可以使用不同壁面的边界条件表达式,因此可以解决不同壁面(如实壁、通气壁及空气壁)的洞壁干扰修正问题。本方法的优点是突破了映像法的限制,可以用于各种横截

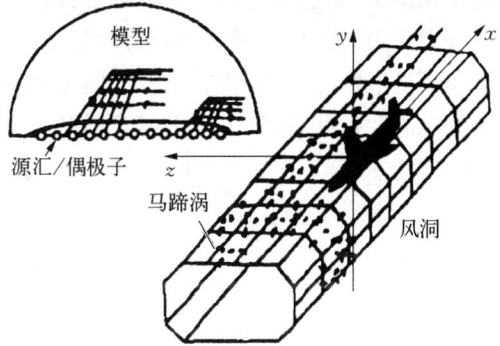

图 4.8　有限基本解法的奇点布置示意图[10]

面形状及各种通气壁的风洞试验段。对模型扰动的模拟较准确,能计算出模型区内各点的洞壁干扰速度。但也有一些缺点:首先因壁面通气参数并非常数且不易准确测定,不太适合于通气壁面风洞修正;其次不适合于在跨声速试验中马赫数较高(出现激波)的情况时;第三由于采用了线化方程,不适合于模型出现明显的气流分离的情况。

非线性 CFD 计算方法使用跨声速非线性速势方程、欧拉方程或 N－S 方程计算洞壁干扰量。对于来流马赫数较高的跨声速风洞试验、流动分离严重的大迎角试验等,前面各种方法中使用的小扰动线化假设不再成立,需要引入非线性 CFD 计算方法。其基本方法是,首先在风洞流场中数值求解上列非线性方程,得到"风洞流场"中的模型气动特性;再用远场自由流边界条件代替风洞壁面边界条件,求解同一模型状态的绕流情况得到该模型"自由流场"时的气动特性。两者之差即为洞壁干扰量。这种方法从理论上讲,可以求解任意风洞试验的洞壁干扰量。但目前在工程上,特别是低速风洞试验中,CFD 计算方法的运用却比较少。其主要原因一是计算量较大,为提高修正准确性一般需要针对特定的试验、模型甚至是试验状态进行计算,工程上使用不方便。二是对于复杂外形模型和迎角较大伴有明显气流分离现象的情况,还有不少 CFD 方面的问题没有完全解决,实际使用效益有限。三是对于通气壁风洞修正的准度还取决于洞壁边界条件中通气参数的测定准度,而目前通气参数的测定结果并不可靠。

壁压信息洞壁干扰修正法是一种试验与计算相结合的洞壁干扰修正方法,需要在模型试验的同时测量风洞壁附近的气流参数(如静压)。这些气流参数分布信息中包含了两方面的扰动,一是模型(自由状态)在洞壁处产生的扰动,称为"模型的远场扰动";二是洞壁干扰产生的扰动,称为"洞壁的近场扰动"。设法从中分离出洞壁的近场扰动就可以进行洞壁干扰修正了。对于实壁风洞,壁压信息法无须对试验模型及其尾流进行理论描述与推测,而只需测量风洞壁面上的静压分布就可以了。然后在试验段内适当位置布置若干简单的等效奇点,如线源、面源、线涡等(图 4.9),并根据等效奇点在洞壁特定位置上诱导的压力与试验时同一位置测得的诱导的压力相同的条件来求解等效奇点强度分布。这样就可以用等效奇点的洞壁干扰来代替试验模型的洞壁干扰。壁压信息法不需要对模

型及壁面特性进行精确描述,避开了常规洞壁干扰修正法中种种近似假设,修正结果的准确度较高,适合于大阻塞、大迎角、大分离流模型试验洞壁干扰修正,如飞行器模型大迎角试验,车辆、降落伞、风力机等模型试验等,这是镜像法所无法比拟的。该法的主要缺点是需要在模型试验时测量风洞壁附近的流动参数,比较麻烦。

图4.10给出了一组几何相似翼-身组合体模型在低速风洞中的测力试验数据以及用壁压信息法修正得到的结果,模型阻塞度分别为6%、9%、12%和15%。可以看出:未经修正的试验数据相差甚大,但经修正后数据一致性很好。

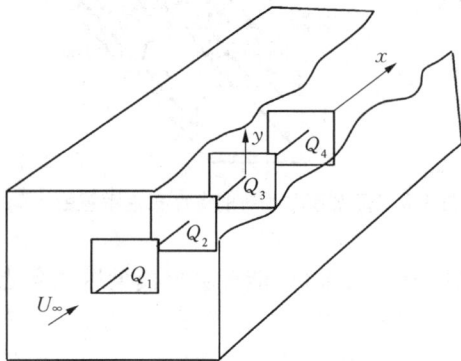

图4.9 采用面源模拟模型阻塞效应的示意图[7]

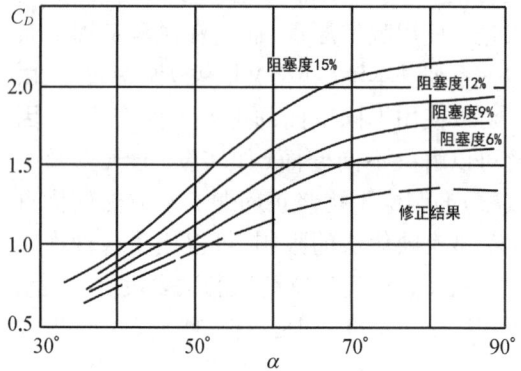

图4.10 不同阻塞度模型壁压信息法修正结果[7]

4.3.12 模型模拟失真处理方案

模型模拟失真一方面是指试验模型与实物间未实现完全的几何相似,另一方面也指模型所产生的流场扰动(特别是模型附近绕流)与实物绕流间存在差异。在风洞试验中,模型模拟失真的现象并不少见,如小尺寸部件(如实物表面鼓包)简化、模型局部修形、操纵面缝道模拟失真、操纵面支撑件模拟简化、实物/模型表面转捩位置差异,模型表面粗糙度模拟失真、动力装置进/排气口模拟失真、模型表面开(支杆)通孔等。模型模拟失真会对试验结果产生影响,应当尽力避免;当无法避免时,应采取适当措施减小模型绕流与实物绕流的差异。

1. 动力装置进/排气口模拟

为获得准确的试验数据,模型应模拟飞机动力装置进/排气口附近的流动。低速飞行时,喷气发动机飞机进气口和尾喷口附近的绕流情况如图4.11(a)所示。部分来流进入进气道,然后从尾喷口喷出,其余从外面绕过,通常不发生分离。模拟进/排气口附近的流动的最优的方法是模拟动力装置进/排气特性,但受模型尺寸、结构及支撑等多方面因素的限制,飞机模型常规测力试验一般不能模拟动力装置工作特性,需要利用其他方法模拟。试验时,若简单地将进气口和尾喷口堵死,将使附近气流出现分离,如图4.11(b)所示,与飞机绕流差别很大。除进/排气流量较小的涡桨、涡轴等发动机外一般很少采用。

一个简单的改进方法是在模型进气口前加一个流线型旋成体;对于腹部支撑的模型,还需要在尾喷口一个整流锥,如图4.11(c)所示。这样就消除了气流分离,改善了两种绕流流谱的相似性。高速风洞试验时,对于头部进气的模型可在进气口前部加上一个切于

(a)飞机发动机绕流　　　　　　(b)进/排气口堵死　　　　　　(c)进/排气口简单整流

图 4.11　低速飞机模型进气口与尾喷口的模拟

进气道唇口的 30°圆锥体[图 4.12(a)];对于两侧或腹部进气的飞机模型,如进气口为半圆形或半椭圆形,可在进气口处加一个半锥角为 15°的半锥体,如果进气口为矩形或方形,则在进气口处加一个半锥角为 15°的半四棱体(棱边修圆)。这些锥体底部外形应与进气道唇口外形一致并与机身光滑连接,如图 4.12(b)和(c)所示。低速风洞试验时,一般用 1∶1.5 的 1/4 椭圆为母线旋转成整流体。

在进/排气口处加整流体的方法虽改善了流动的相似性,但并不完美。特别是对于外挂式喷气发动机短舱问题更大。此时,一般需要采用通气模型进行模拟。通气模型在设计加工时将喷气动力装置的进气口与排气口联通起来,试验气流可以自行流入进气口并由排气口流出。

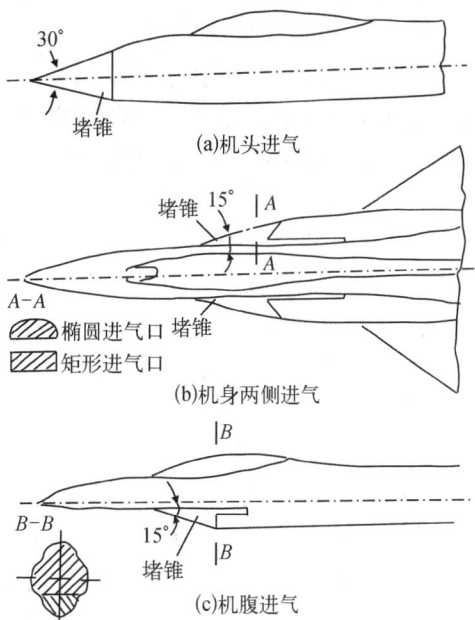

图 4.12　高速飞机模型进气口的模拟[9]

采用尾支杆支撑形式时,天平和尾支杆需从尾部插入。对于带有收缩后体的模型,特别是高速试验模型,有时模型尾部需要局部放大。局部放大一般会对模型的阻力特性产生影响,有时也会对力矩特性产生影响。模型局部放大应遵循以下原则:① 在保证满足模型尾部与天平杆或天平杆整流罩间有足够的径向间隙的情况下,应尽量减小放大值,并保持外形光滑放大后的截面不超过机身的最大截面;② 对具有椭圆形截面的机身尾部,一般将短轴放大到所要求的尺寸;③ 具有尾翼的机身尾部,放大时应保持尾翼翼展不变。

当然,上述模拟方法均不能完全模拟通气进/排气口的流动,其试验数据需要通过动力模拟试验或其他方法进行修正。

2. 表面突出物模拟

飞行器表面常有许多突出物(或称外露物、附加物)如风速管、天线及其整流包、炮口、台阶及铆钉头等。低速风洞模型尺寸一般较大故对较大的突出物应尽量模拟,对于小突出物则可不模拟。高速风洞模型尺寸较小,一般突出物缩比后断面尺寸在 1 mm 以下时可不模拟。对于外形比较复杂的突出物,在制作模型时其外形可以适当简化。

3. 缝道及操纵面支撑件模拟

风洞试验时,模型各操纵面、襟翼缝道多数还是采用几何相似的方法模拟,但通常会对缝道内部结构进行简化、光滑处理。但由于试验雷诺数一般都比飞行的雷诺数小得多，很难真实地模拟飞行器的缝道效应。同样，对操纵面支撑件的基本模拟原则也是几何相似，但通常需要进行适当的简化和光滑处理。对于绝对尺寸较小的模型，甚至需要减少支撑件的数量和相对尺寸。

目前，提高缝道效应及操纵面支撑件效应模拟可靠性的主要方法还是尽量增加模型尺寸、提高试验雷诺数。

4. 表面粗糙度模拟

模型表面粗糙度对试验数据的影响与粗糙度类型、大小以及模型当地边界层状态有关。过大的表面粗糙度主要是影响模型阻力特性：在亚、超声速，主要影响模型的摩擦阻力和压差阻力；在跨声速，模型表面上有激波，激波与边界层之间相互干扰，导致粗糙度对波阻有明显影响。当激波与边界层之间产生很强的干扰而出现气流分离时，粗糙度的大小还会改变模型压力分布，从而对升力和力矩产生影响。大迎角试验时，粗糙度大小会改变模型出现非对称涡的迎角从而影响横侧气动特性。

随加工技术的进步，当前试验模型表面质量可以达到光滑镜面效果，一般可以满足试验要求。但对于某些敏感的翼型而言，机翼表面清洁度对其气动特性，特别是最大升力系数及临界迎角，存在影响。

5. 转捩位置模拟

由于雷诺数差异较大，风洞试验模型的边界层状态是不能完全模拟飞行状态的[10]。飞行时，飞机各部件从其前缘（端点）附近区域开始多为湍流；而如不采取固定转捩措施，风洞模型上总存在相当长的层流区域。这种情况，在小迎角时主要影响阻力特性，但在稍大一点的迎角，层流分离状态与湍流分离差别甚大，也会影响飞行器的其他气动特性，使风洞试验数据的可靠性降低，某些情况下甚至不能使用。为了能在常规风洞试验中，获得具有高雷诺数特点的气动数据，多采用边界层固定转捩的办法，其中最常用的是粘贴粗糙带。

粗糙带是一种人为粘贴在模型表面上的粗糙元，以固定边界层由层流状态到湍流的转捩位置，模拟飞行边界层状态。粗糙带的宽度一般为 2~6 mm、高度与当地边界层厚度相当，有颗粒型粗糙带、二元粗糙带、斑点型粗糙带、拌线型粗糙带等类型。颗粒型粗糙带以金刚砂或玻璃球为粗糙元，用胶水或双面胶纸为粘接剂粘贴于模型表面。二元粗糙带采用各种纸带、透明胶纸带或薄金属带为粗糙元，其厚度变化可通过多层叠加得到，目前一般将二元粗糙带的迎风前缘开成锯齿形，提高了转捩效率，效果与三元粗糙带相当。二元粗糙带安装可重复性和稳定性较好。斑点型粗糙带以间距 2~5 mm 均匀分布的圆形凸台为粗糙元，粗糙元直径一般为 0.5~2 mm，斑点型较易于规范和重复。拌线型粗糙带一般用直径约 1 mm 的金属线制作，目前已不常用。

如果粗糙带太高或粗糙元太密，可能影响到模型阻力特性和最大升力特性。试验时，选定粗糙带参数时，一般需要检验其转捩效果（可用升华法）和阻力增量，既保证转捩带后流动完全转捩，又不能明显增加模型阻力。

原则上，转捩带的粘贴位置应与飞行条件下飞机各部件转捩位置一致。但实际上，不同飞行条件下转捩位置会有所不同，而且目前转捩位置的测量与预测均有一定困难。因此，风洞试验中选择恰当的粗糙带粘贴位置是比较困难的，不仅需要积累丰富的经验，还需与 CFD 和试飞结合确定。

粗糙带应粘贴在模型的主要部件前部。中小迎角试验时（图 4.13），对于四位和五位数字翼型及常规构型升力面，包括机翼、尾翼等，粗糙带可粘贴于两面距前缘 5%~10% 弦长的位置；而超临界翼型机翼粗糙带可能需要靠后一些。对于机身，粗糙带可粘贴于当地直径为机身最大直径一半的位置或更为靠前。对于亚声速飞机吊舱（如外挂式发动机短舱），糙带可粘贴在距唇缘 5%~10% 的轴向位置。

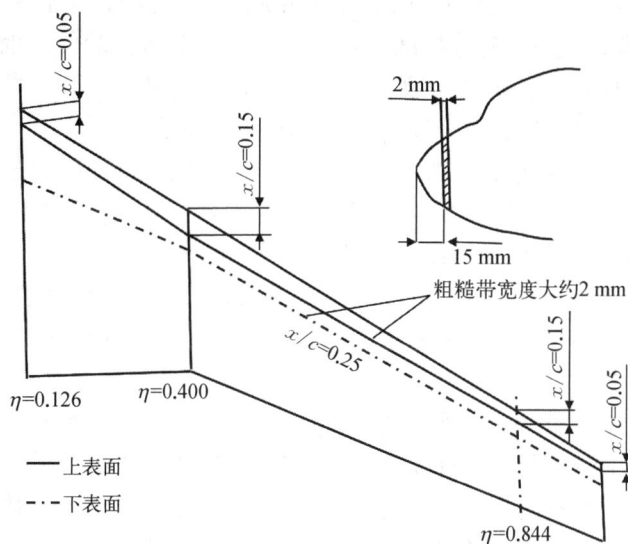

图 4.13　翼身组合体粗糙带粘贴位置示意图[10]

大迎角试验时，高机动飞机模型大迎角气动力特性与前机身上的流动状态，特别是前机身横流的分离状态，密切关系。为能取得稳定的、具有飞行大迎角特点的气动数据，可粘贴采用"只"字形、两侧形和"胡须"形粗糙带，见图 4.14。采用这种形式的粗糙带能使绕前机身的流动边界层在大迎角横流在分离前由层流变为湍流。

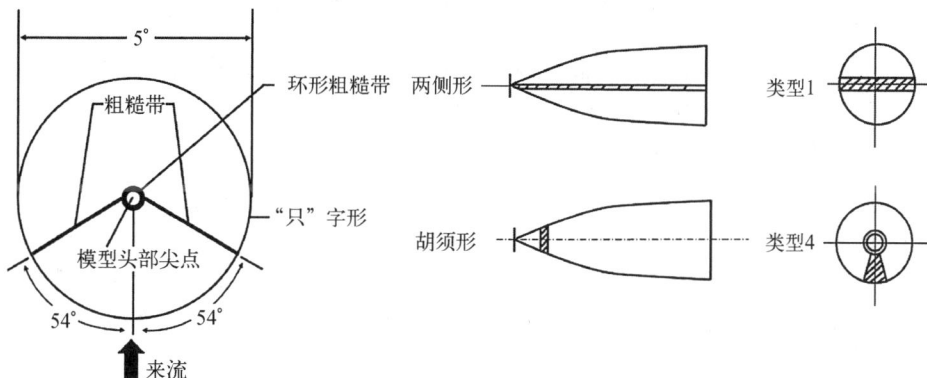

图 4.14　大迎角试验模型前机身粗糙带位置示意图[10]

6. 模型表面开通孔

腹（背）撑试验模型通常需要在模型顺流表面开支架通过孔。这些通孔会带来模型表面局部流动变化及模型内部串流,影响试验结果。为减少开孔干扰,可以在满足试验要求的前提下尽可能减少开孔数量及尺寸;如需开孔的数量不止一个,在选择开孔位置时,尽量使孔间模型表面压差较小;必要时还可以在开孔位置或模型内部增加流动阻断装置,减小模型内外或其内部串流。

4.3.13　试验结果预估

在试验前就大体掌握试验结果的量值和变化趋势,不仅对试验准备、设备选择具有重要意义,而且对试验过程中实时分析试验数据、及时发现处理试验中出现的异常现象极为重要。因此,对于每项试验均应在试验前对模型气动特性进行估算。常用估算方法包括数值计算法、工程估算法、试验数据统计法、飞行性能反推法等。

相对而言,数值计算法获得的气动特性最为丰富、可靠,目前应用越来越广泛。但由于必须掌握试验模型外形三维数模,因此这种方法主要是被试验任务委托方所采用。从某种意义上说,飞机设计气动特性结果也是试验结果预估值。

工程估算法一般仅需要有模型三面图和部分特征尺寸就可以开展,但估算内容与结果可靠性依赖于具体估算方法。通常工程估算法更适合于气动特性线性段导数估算,不太适合于给出气动特性极值。

统计法即通过统计类似几何外形模型和试验条件的以往试验数据估算试验结果的方法。这种方法的可靠性不仅与统计模型的数量相关,还依赖于统计模型与试验模型的相似性。寻找与试验模型高度相似的统计模型试验数据,是统计法最直接简便的途径。如在进行改型飞机试验前就应准备好其原型机的前期试验数据。

飞行性能反推法就是通过已知的飞行性能参数,推算飞机或试验模型的某些特定气动参数,如可以根据飞机失速速度推算最大升力系数、根据发动机功率及最大飞行速度推算零升阻力系数等。反推法不仅严重依赖反推对象间相似性、也依赖于估算者的经验,一般可靠性并不高,但至少能帮助确定某些试验结果的量级。

4.4　试　验　大　纲

试验大纲是执行试验准备、实施的纲领性技术依据文件,由试验任务承担方根据试验任务书、试验方案制定,并须得到试验任务委托方认可。一般包括以下要素:

(1) 试验名称、任务来源、试验目的、技术要求、试验设备、试验条件、试验进度;

(2) 试验项目及内容(包括必要的辅助性试验)、要求测定的数据;

(3) 试验模型主要特征、基本尺寸,模型和辅助装置示意图;

(4) 与试验数据处理有关的公式及参数,包括数据处理修正的公式/方法、数据无量纲化所需的几何参数、数据坐标轴系转换所需的参数、数据修正所需参数、结果数据输出项目、格式和坐标轴系等;

(5) 试验运行、测量相关设备,数据处理软件;

(6) 试验准备内容和要求;

(7) 技术难点与技术措施、试验中可能发生的重要技术问题及其应采取的防范措施;

（8）质量保证与安全技术措施，试验现场重大问题的处理原则与预案；

（9）试验任务委托方的其他要求及特殊情况说明。

| 推荐标准 | 第 4 章习题 | 第 4 章参考文献 |

第 5 章
模型系统设计

5.1 概 述

风洞试验模型系统是根据各类飞行器研制中的需要在风洞获取气动数据开展不同类别测试而依据飞行器原结构专门设计的装置。

模型系统因测试目的的不同可分为：测力模型、测压模型、测温模型、铰链力矩模型、动导数模型、颤振模型、抖振模型、投放模型、喷流模型、脉动压力模型、捕获轨迹试验模型、摇滚模型等。

从模拟飞行器外形模拟状态，模型系统可分为全模型、半模型、简化模型、部件模型、专用模型等。

风洞试验模型系统设计是一项严谨的科研活动，研制的过程包括规划协调、设计规范、模型输入、技术指标、三维建模、结构评审、绘制图纸、编写报告、加工制造与跟产、模型验收与风洞试验等环节。

从项目实施的角度看，风洞试验模型设计工作是飞行器研制的前期阶段中一项重要内容，它的工作特点是：有明确的设计目的、时间紧且有设计迭代、有一定经济规划、理论研究与工程实践相互关联（如飞行器数模设计的 CFD 计算结果与实体模型风洞试验结果有相关性），可以说这是飞行器研制过程中的第一次工程实践。

从设计工作内容看，风洞试验模型设计是机械工程领域的工作（主要涉及材料、连接结构设计、强度、刚度、计算仿真、加工工艺、装配工艺、检测方法等）；从本质上讲，模型是专用气动装置，用于获取飞行器在流场中的气动数据，会用到很多实验空气动力学和流体力学的知识；在模型设计和使用中，与传感器布置、模型姿态控制、数据获取及数据分析等密切关联；更进一步看，不同类别的试验需要模型设计者对试验原理有一定的理解，例如：测力模型需要理解飞行器各气动力的主要来源与传递，以找到获取力和力矩的有效方式；在测压试验中，需理解飞行器表面微观压力点与整体气动力的积分关系，以理解表面压力测量点的合理分布状态。

可见，模型系统的研制工作对设计者在机械专业的技术知识和工程经验有明显要求，还需要对实验空气动力学、传感器原理、数据采集与处理等专业有基本了解。

因现在飞行器外形大多由复杂三维曲面连接而成、一套模型系统需要测试的项目越来越多，还需考虑模型部件的模拟装配、系统主要承力部件的强度刚度有限元计算等因素，因此，现在风洞试验模型系统设计的大部分工作都需要利用三维建模分析软件完成，如 CATIA、SolidWorks、UG、ANSYS 等通用的软件系统。

5.2　模型系统方案设计

5.2.1　模型设计依据

1. 模型系统的范围

风洞试验模型系统包括飞行器缩比模型、支撑装置、内置传感器、辅助装置等组成。飞行器缩比模型是整个系统的核心和关键结构,它必须严格按照真实飞行器外形和运动机构状态,进行精准的缩小或放大,以保证飞行器模型与真实飞行器有相似性和相关性,同时尽量保证在风洞试验中飞行器模型表面的气流流动与真实飞行器一致。此外,为完成某些特种试验而专门研制的内置或外置设备也是缩比模型的一部分,例如:在投放分离试验模型中,一般将投放分离机构集成在模型内部,以保障投放物和模型主体的连接形式、分离形式一致;而在喷流模型中,模型不仅要在内部设计气流管路和喷管来模拟发动机排气效应,还需要在模型外部布置专用的供气管路调控装置,以尽量真实模拟喷出气流的压力和流量等。

模型支撑装置在模型系统中主要起到定位支撑模型、变换模型姿态角度、预留模型内置传感器线路通道、为特种试验提供通道(如在喷流试验模型中提供高压气流的流道)等作用,支撑装置不仅要求定位精准、强度刚度可靠、使用安装方便,还要求支撑装置对飞行器模型外形和模型周围的流场干扰尽量小。

模型内置传感器是根据不同的试验需求在模型内部、表面或外部安装,以测量力、力矩、压力、温度、频率、角度、位移等数据的设备。典型的传感器有:常规测力试验模型中获取力和力矩的盒式应变天平、杆式应变天平和片式应变天平等;测压试验中获取模型表面或流场特定位置的压力扫描阀模块;在测温试验模型中获取温度的热电偶;在颤振试验模型中获取模型整体或单个部件频率的加速度计;在模型内部获取模型俯仰滚转角度变化的倾角传感器等。

试验模型的辅助装置是在模型的加工、装配、检测、使用、保存等方面提供保障的特制工具。例如:为便于模型组装和拆卸而设计的专用拔模器、拔销器、加长扳手、型架工装等;为便于获取模型的姿态角度而设计的外置式角度块等;为检测测压模型或喷流模型的气流管路效果而特制的气管通气性和气密性检测设备等。

2. 模型系统的设计输入

研制试验模型的第一步是确定完整、规范、可量化、成文的设计输入。模型的设计输入一般在试验规划中同步给出,因设计模型就是为了满足风洞试验的需要;所以,模型设计者应在风洞试验之初,就积极参与到试验协调中,以了解试验背景、试验内容、总体试验方案、预期将达到的目的、试验模型的初步规划等信息。

完整合理的设计输入条件是设计工作开始的前提;在现在,风洞模型系统的设计输入条件主要包括两个方面:① 内外曲面连续完整的飞行器三维数模或尺寸全面的飞行器二维图纸;② 试验目的、试验风洞、试验流场状态、模型缩比、可动部件及角度、气动载荷等信息明确的设计指标。

从产品质量管控的角度说,设计者获得明确的风洞试验模型设计输入后,应邀请有模型设计经验的第三人对设计输入的内容进行审核,以客观地把握输入内容是否完整、试验目的与模型状态是否相适应、模型设计中主要的风险点在何处等。

3. 模型设计规范与约束条件

为保证风洞试验最终获取气动数据的有效性、稳定性和精准度,研制高质量的风洞试验模型是确保数据优良的一个关键环节。实验空气动力学经过多年的发展,在大量工程实践中总结出一系列实用的风洞试验标准规范,以指导各种类型的飞行器在全速域范围中开展有针对性的试验工作。对于风洞试验模型研制,主要有如下标准。

1)国家标准

GB/T 16638 - 2008	《空气动力学 概念、量和符号》
GB 150	《钢制压力容器》
GB/T 6654	《压力容器用钢板》
GB 4457~4460 - 1984	《机械制图》
GB/T 1800~1804 - 2000	《公差与配合》
GB/T 1182~1184 - 1996	《形状和位置公差》
GB 1095 - 1996	《键和键槽》

此类标准主要作用是从空气动力学、机械专业学科的范畴对风洞试验模型进行基础概念的规范,以保证研究的对象能够在整个科学研究的框架中,便于基础理论的衔接和工程实践的结合。

2)在不同类别试验中应遵循的专门试验标准

GJB 180A - 2006	《低速风洞模型设计准则》
GJB 569A - 2012	《高速风洞模型设计准则》
GJB 2987 - 2012	《高超声速风洞模型设计准则》
GJB 2985A - 2009	《激波风洞模型设计准则》
GJB 2986 - 1997	《高超声速低密度风洞模型设计准则》
GJB 2988A - 2006	《自由飞弹道靶模型设计准则》
GJB 4012 - 2000	《高速声速推进风洞导弹冷/热喷流模型设计准则》
GJB 8460 - 2015	《飞行器操纵面铰链力矩低速风洞试验方法》
GJB 8458 - 2015	《飞行器半模型低速风洞试验方法》
GJB 8459 - 2015	《飞行器半模型高速风洞试验方法》
GJB 7658 - 2012	《飞行器全模型测力高速风洞试验方法》
GJB 6758 - 2009	《常规高超声速风洞测压试验方法》
GJB 8461 - 2015	《飞行器操作面铰链力矩高速风洞试验方法》
GJB 8217 - 2014	《飞行器进气道高速风洞试验方法》
GJB 8216 - 2014	《飞行器进气道低速风洞试验方法》
GJB 7902 - 2012	《高速风洞测压试验方法》
GJB 4399 - 2002	《高超声速风洞气动力试验方法》
GJB 3480 - 1998	《飞行器模型旋转、振荡运动低速风洞试验方法》
GJB 6753 - 2009	《螺旋桨飞机带动力模型低速风洞试验方法》
GJB 8084 - 2013	《导弹/运载火箭模型级间分离高超声速试验方法》

此外,还有各科研单位为各类特种试验而撰写的专用试验规范,例如:《飞行器外挂

物、部件测力和铰链力矩测量试验规范》《喷流试验规范》《动导数试验规范》《进气道试验规范》《颤振试验规范》和《抖振试验规范》等。

此类规范用于明确模拟不同速度、高度、压力、温度、各类别试验的原理、范围、方法等，以指导风洞试验能够更好地服务于飞行器的研制。

3）在特定风洞中试验模型应满足的风洞条件

具体到某座风洞中，根据风洞运行参数与流场品质、试验段内流场均匀区尺寸、模型姿态运动机构的连接方式、天平规格与测量走线等对模型结构有一定的连接要求和尺寸限制，具体参数可向风洞管理运行单位进行了解。

4. 模型系统研制的基本流程

风洞试验涉及的飞行器原型可能是原有飞行器的改进改型、改装或全新研制的新型号，但无论如何，模型系统的研制工作可以分为以下几个步骤。

1）通过试验协调、明确试验目的

对于飞行器的研制，其外形或内部机构相对于之前的飞行器一定有不同点；采用风洞试验的方式可较快地获得飞行器的气动性能；针对飞行器开展风洞试验需要设计加工新飞行器的实体模型。可见，在开展风洞试验、模型设计工作之前，必须了解新飞行器从理论外形到实际飞上天空需要哪些方面的数据支撑，不可盲目模糊。

风洞试验的开展和试验模型的设计必须与真实飞行器的研制需求紧密关联，可充分了解类似飞行器研制过程中的试验内容，结合飞行器的自身特点，飞行器的研制方与风洞试验方一起精心规划，共同确定测试的原理、合理可行的试验方向和目的。

所以，任务协调工作非常必要也很重要。简单说，它是针对飞行器的研制中可能出现的不确定性气动问题，提出合理的地面测试原理，使后续开展的风洞试验能够解决这些气动问题。

飞行器研制方与风洞试验方认真分析试验需求和关键技术要求，并提出模型设计开发任务书。模型设计开发任务书包括模型全部原始外形尺寸、试验更换条件的要求、其他特殊要求和相关气动、天平资料。

2）针对试验目的拟定试验方案、明确模型设计指标

在试验原理和试验目的确定后，应进一步规划风洞试验方案，确定模型系统设计的技术要求和飞行器模拟的构型状态。风洞试验方案与模型结构方案是不同的两项内容。因真实飞行器尺寸一般相对大（几米至百米），风洞中用于试验的区域相对小（一般在 0.3～5 m），所以试验方案应首先根据试验模拟的工况条件选定合适的风洞设备（由模拟气流速度、气流密度、压力、温度等因素决定），再由风洞大小确定飞行器模型的缩放比例和模型外形的方案（全模、半模、局部）；在此状态下，已能够大致计算飞行器模型在试验中的气动力（可通过 CFD 计算或参考类似外形通过工程经验估算）；之后，在试验方案中明确模型部件的状态、模型支撑方案、测量元件的规格数量和尺寸、测量元件与在模型中的位置、数据处理方法等。在此基础上可给出模型设计指标。

模型设计指标一般是模型设计任务书的文字形式清晰准确表述；设计任务书中应明确风洞试验测试的具体操作流程、模型设计的指标参数、模型评审原则、设计完成交付的具体文件资料、设计周期等内容。

在试验方案中应有一个初步的评估——评估飞行器模型在风洞试验中产生的气动数

据在测量元件的获取范围内且测量精度满足需求。这项评估因新飞行器外形新颖而有一定的不确定性,但这能保障风洞测试设备安全性和获取稳定可靠试验数据。

3) 开展模型总体方案设计与刚强度计算

根据模型设计开发任务书所确定的模型参数和设计要求,进行模型的总体方案设计。模型系统总体结构方案主要包括以下内容:① 模型主要部件之间的连接紧固方式,舵面等零件的角度变换方式;② 模型中测量元件的连接方式和走线方式;③ 模型、支撑、风洞的连接方式,以及模型能够模拟的飞行器姿态范围;④ 模型主要承力部件的刚强度有限元计算结果;⑤ 模型重要部件的加工工艺性、模型系统的装配工艺性;⑥ 模型设计任务要求的其他技术指标。

4) 进行模型系统的设计评审

模型系统方案评审在总体方案设计完成后进行。参加评审的评委应是具有模型设计经验人员、飞行器研制方、风洞试验项目负责人、测量系统、加工工艺的相关人员及风洞设备现场操作人员等组成。

评审内容包括总体设计方案的先进性、合理性、可行性、经济性和安全性,关键技术途径的正确性,材料选择、结构形式、安装定位等重要细节的周密性等内容。对模型结构方案进行评审,对连接、基准、工艺性、经济性、操作便捷性等综合评定;方案评审要形成清晰准确的评审意见和建议。

5) 开展模型部件详细设计

模型设计者应根据评审意见进一步完成结构详细设计工作,模型系统在结构细化设计中一般包括以下几点:① 模型的最大尺寸保持在设计规范要求的范围内,尺寸公差设计合理,模型内外型面粗糙度和形位公差给定合理;② 模型在结构上的分段及其支撑装置的尺寸合理,以保证整个模型位于试验段流场均匀区范围内;③ 模型各部件定位精准,配合连接可预紧;模型翼面和操纵面安装位置和角度要准确,要保证多次安装的重复性;④ 模型所有部件的材料选择、热处理方式、表面处理方式合理;⑤ 模型的结构要力求简单,工艺性好,装拆方便和迅速;⑥ 模型自身重量符合要求,模型在满足强度和刚度规范要求的前提下应尽量减轻重量;⑦ 模型须具备安装操作时调整水平与滚转的基准面或线,便于加工检测和模型定位;⑧ 模型部件有合适的名称及清晰的标记,便于现场操作人员识别模型部件;⑨ 模型中用到的连接件(如销、螺钉、楔子等)规格合适、强度满足、数量充足;⑩ 试验任务中明确的其他特殊要求。

模型设计者按照设计任务书要求完成规定的设计内容,一般情况下需要交付的设计最终结果有:① 风洞试验模型系统的三维结构数模;② 模型系统的装配体、零件 CAD 图纸;③ 模型按照设计规范出具的强度刚度校核有限元计算报告;④ 模型系统加工制造技术要求和检测要求、装配流程与规范、模型存放和运输的注意事项等。

6) 进行模型加工跟产验收

当模型加工方确定后,模型设计单位向加工单位提供完整的审核合格的设计蓝图、并根据需要提供模型数模和其他技术要求。模型加工单位应按图纸的技术要求编制合理的加工工艺,必要时应与设计单位一同进行图纸会审,评审设计工艺,制定加工进度计划;加工过程中保留加工步骤的质量记录和性能测试结果。在模型制造过程中,如有设计更改,设计人员须做好相关记录;只有经过设计人员允许并签字确认,加工方才能实施变更。模型各部件加工完成,应对模型进行组装、修配,及时处理装配中的各类问题。在具有检验资质的单位对模型的外形、各部件的相对位置进行检测,并保存完整的检测报告。针对图纸的其他要求(如测压模型的通气性、气密性),进行相应的检测,出具检测报告。模型加工过程中,设计单位应跟产了解原材料出厂证明及合格证、加工工艺的执行情况、进度等,跟产检查过程应有相应的记录。

模型的验收工作主要依据模型三维数模、模型设计图纸、模型加工技术文件等执行,验收的主要内容包括:① 模型的材质证明、热处理证明、外形三坐标检测报告、探伤检测报告、消磁证明、合格证等质量证明文件;② 模型部件的数量与标识、模型基准、模型长宽高外形尺寸、模型表面粗糙度和表面处理;③ 模型部件之间的定位连接状态、安装重复性、与测量元件、支撑装置的配合状态、连接件的质量和数量;④ 模型上测压点、测热区、喷流管道等有特别要求的部件状态;⑤ 模型包装、标志和装箱等措施。

7) 模型系统各环节设计中可能需要的迭代

现代飞行器性能要求越来越高,致使在工程实践中,飞行器风洞试验模型的研制经常会有反复,设计过程中有明显的迭代。迭代在上述的 2)~6)流程中都可能出现,其原因可能是设计者的疏忽、设计指标过高、指标参数中有相互制约之处、操作性不好、加工工艺难以实现、经济性不好等。例如:在拟定试验方案阶段,就可能发现虽然试验测试原理可行,但难以在工程中使用,有明显的干扰量出现,试验数据很可能无法使用,需采用其他类型的试验或测试来获取数据;在模型总体结构方案设计中,计算发现飞行器模型部件承受的最大应力超过规范要求,模型缩比或试验工况需进行调整;在模型设计评审中,提出模型的加工制造成本过高,需采用更加经济的方案设计模型;在模型详细设计后,发现模型的重量超过规定要求,需要改变模型主要的连接方式进行减重处理或更改主要承力部件的材料;在模型加工阶段,工厂提出加工工艺过于理想化难加工,需要调整设计;等等。

设计迭代是研制过程经常出现的现象,迭代出现越早影响越小,出现越晚损失越大(时间损失、经济损失等)。模型系统的设计者应直面这种现象的出现,严谨细致分析出现的主要矛盾,尽量从设计技巧上解决出现的问题。设计者有更加深厚的理论功底、更加丰富的工程经验、更加灵活的设计方法、积极和谐的团队支持等,能够避免或减少设计中可能出现的迭代现象。

预防出现难以承受的反复迭代,应关注以下几点:① 选择相对成熟的试验测试技术;② 在前阶段的试验协调和总体方案设计中邀请不同专业的人员一起同步评估,在模型设计评审中充分考虑加工工艺人员、检测人员、模型使用人员、风洞现场人员的意见;③ 在总方案设计和细节设计中留有余留,如强度余量、精度余量、空间余量等;④ 设计者不仅要对不同类别的飞行器、不同类别的试验加强学习,而且需要理论图纸与工程实物能够紧密联系,还需要考虑经济、时间、管理等综合因素。

5.2.2　模型的总体方案设计

1. 模型在风洞中的支撑方式

第 1 种:尾支撑方式,如图 5.1 所示。即飞行器模型在尾部开口(或接口)与支撑装置连接方法。尾支撑方式对飞行器模型在试验中周围的流场影响相对较小,它不会影响到飞行器前部和中部的气流流动,但对模型尾部的流场仍有明显干扰。尾支撑的支杆截面一般为圆形,对气流干扰小且便于加工。飞行器模型采用尾支撑方式时,模型姿态能够便捷实现较大的俯仰角、滚转角、侧滑角运动模拟,是风洞试验中最常用的支撑方案。

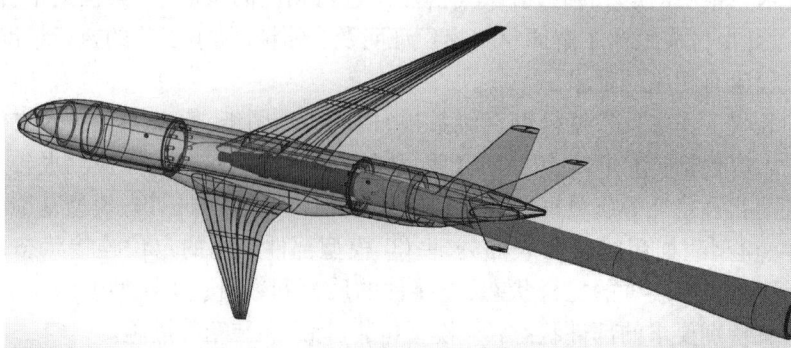

图 5.1　模型尾支撑示意图

第 2 种:腹支撑(背支撑),如图 5.2 所示。即飞行器模型在腹部或背部开口(或接口)与支撑装置连接方法。这种支撑方式一般从模型中部开始对气流流动产生干扰,模型尾部的气流也会受到一定的扰动。腹支撑装置需要进行特别设计,支撑截面的前后需要有锐角整流,且截面的长度值为宽度值的 8~12 倍,也可以直接选用某些翼型截面作为腹支撑的截面。模型采用腹支撑方式时,模型在风洞中的姿态运动范围受到明显的影响,其中对模型俯仰角的影响较小,对滚转角和侧滑角的影响很大(支撑装置和模型部件设计足够充分的状态下,才能实现不同滚转角和侧滑角的模拟)。

图 5.2　模型腹支撑示意图

第 3 种:左右双支撑,如图 5.3 所示。即飞行器模型在左右两侧的特定位置(一般是左右机翼上)与支撑装置连接方法。这种支撑方式对飞行器模型左右的气流流动产生干扰,对模型主体机身的周围气流干扰较小,但飞行器的机翼是产生的升力的关键部段。这种支撑方式常用于飞行器的部件测量试验或研究尾支撑干扰规律;如果需要获取全机的气动力,需要在两侧支撑上同时布置测量装置,再把获取的测量数据综合处理分析。左右双支撑能够模拟飞行器的俯仰角和滚转角变化,很难实现飞行器的侧滑角变化。

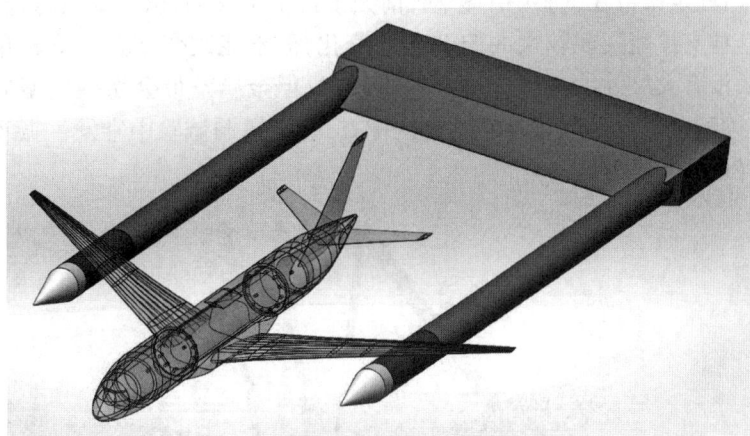

图 5.3　模型左右双支撑示意图

第 4 种：壁面支撑，如图 5.4 和图 5.5。即飞行器模型直接安装在风洞左右或上下壁面开展试验的支撑方式，多用于半模型试验中。因有壁面干扰，这种支撑方式对模型靠近壁面区域的流场影响明显，一般需要设计专用的整流垫板。壁面支撑可开展半模的测力测压等试验，也可用于获取某个部件的气动数据。壁面支撑能够改变模型的俯仰角，但不能调整飞行器模型的侧滑角和滚转角。

第 5 种：条带悬挂支撑，如图 5.6 所示。即采用前可动条带、后固定条带与模型通过转轴连接，并张紧条带使模型悬挂在风洞中

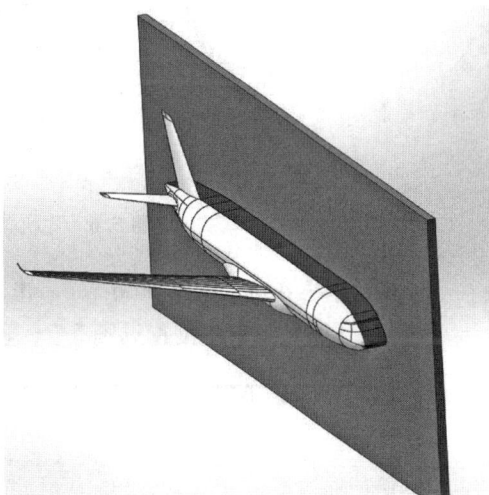

图 5.4　飞机半模型侧壁支撑示意图

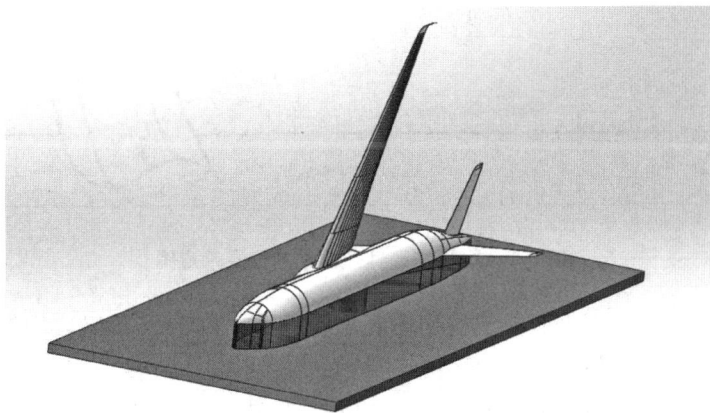

图 5.5　飞机半模型下壁支撑示意图

的支撑方式;后固定条带在试验中不移动,前条带可上下移动,以改变飞行器模型的俯仰角度。条带悬挂支撑能实现较大的俯仰角度变化,但不能改变模型的滚转角和侧滑角。这种支撑方式没有大尺寸的实体部件与模型接触,但金属条带会切割模型周围的气流。尾支撑、腹支撑和左右双支撑都属于悬臂支撑方式,在风洞试验中常发生振动,条带悬挂支撑能够较好地抑制模型振动。

图 5.6　飞机条带悬挂支撑示意图

2. 模型系统在风洞中的布局

模型在高速风洞中的位置见图 5.7,应符合:

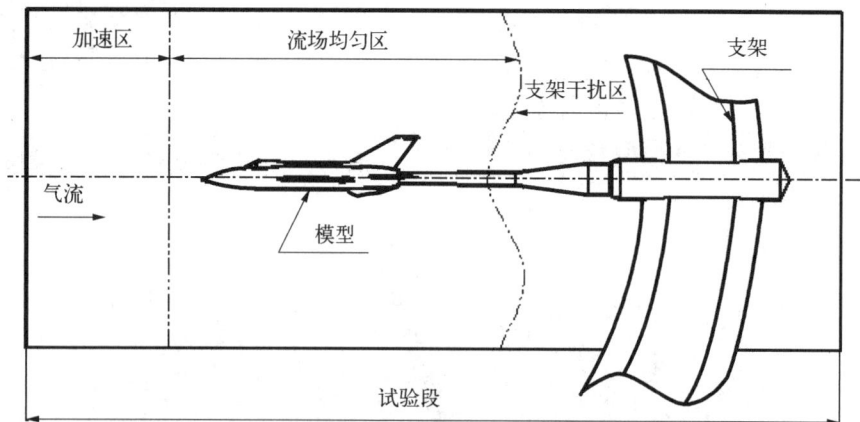

图 5.7　模型在高速风洞中的位置示意图

（1）模型头部应处于试验段流场加速区之后;模型整体位于试验段均匀流场范围内;尾支撑试验模型尾部应避开支架影响区;

（2）模型长度不超过风洞试验段高度,确保模型处于机头波菱形区内;

（3）安装有大展弦比机翼模型宽度不超过风洞试验段宽度的 0.7 倍,其他模型宽度不超过风洞试验段宽度的 0.6 倍;

（4）模型在风洞中的阻塞度 ε（模型阻塞度定义为模型零迎角时最大横截面积与风洞试验段横截面之比）不超过规定值；当马赫数 Ma 不大于 0.3 时，$\varepsilon=0.03$；当马赫数 $Ma=0.3\sim1.4$ 时，$\varepsilon=0.01$；当马赫数 Ma 大于 1.4 时，$\varepsilon=0.025\sim0.11$（阻塞度 ε 具体数值与每座风洞自身属性有关联，需与风洞协调）；

（5）尾支撑试验模型，天平支杆（图 5.8）伸出模型尾端的后部应设计成等直段或锥角 θ_1 不超过 1°锥形体，长度 L 与模型底部当量直径 D 之比值 L/D，在亚、跨声速试验时应不小于 3，在超声速试验时应不小于 2，支杆后段锥角 θ_2 不超过 12°。

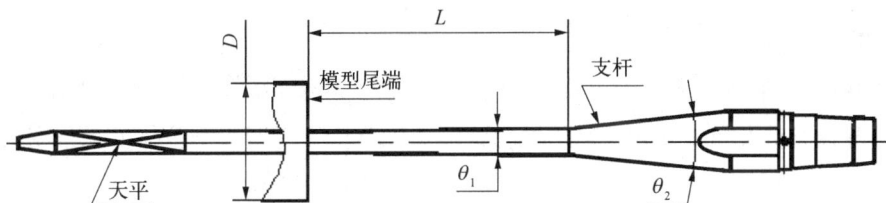

图 5.8 尾支撑试验模型示意图

3. 总体方案中因素平衡

飞行器模型中测试项目的综合考虑：因风洞试验的费用一般不低，在一个模型中运用多种测试方法获取不同的气动数据是一种高效的思路；但风洞尺寸相对真实飞行器较小，试验模型尺寸一般不大，在有限的空间内预置多种测试手段，应充分评估模型的复杂程度、测试传感器相互之间是否影响、不同数据之间的相关性等。建议以飞行器模型在风洞中获取的数据真实性、稳定性为首要因素，再兼顾不同的测试方法。

试验模型与支撑装置、风洞试验段的关系：风洞中只有试验段的特定区域为均匀可控的流场，试验模型须预置在这个区域内（图 5.9）——对每座风洞而言这个区域是固定不变的，试验模型的最大尺寸就已经确定，而且模型越小对风洞流场影响越小，流场越好；而对飞行器研制而言，试验模型越真实效果越好，所以大多期望模型越大越好，数据越真实；模型的支撑装置一定对试验数据产生影响，数据的获取者希望支撑装置越小越好，但支撑装置尺寸过小会影响到模型在试验中的稳定性，会减小传感器的走线通道；在这样的

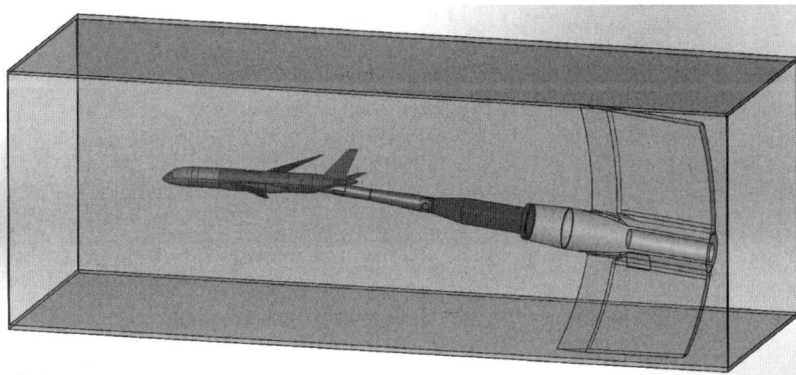

图 5.9 典型尾支撑试验模型在试验段中的示意图

背景下,一般做法是模型尺寸接近风洞许可的最大值,支撑装置在满足强度刚度、走线需求下外形尺寸尽量小。

风洞试验模型在设计中应平衡的因素有:尺寸精度、刚度强度、加工工艺、模型重量与质量分布、模型基准、型面检测方式与误差范围、部件定位与连接、表面处理、支撑干扰、需变换的部件、测量元件、走线通道、模型姿态角度、经济性、拆装效率等。

从权重影响来看,其中的因素影响从高到低的为:安全可靠性、模拟精准数据优良、经济实惠与加工工艺性、操作使用便捷。

5.2.3 机构运动仿真

为获取更多的飞行器试验数据,飞行器模型在风洞中开展试验时都要变换不同的状态,根据试验需求不同可分为三类的模型状态变化:① 飞行器模型整体姿态角度的变化:俯仰角、侧滑角、滚转角(图 5.10);无论是飞机类,还是火箭类的飞行器,这三个姿态都是控制飞行的具体方法,在风洞试验中会依据飞行器的飞行极限开展针对性测试;② 飞行器用于改变飞行状态的操纵部件:副翼、平尾、立尾、V 尾、体襟翼、鸭翼、边条、阻力板、起落架、起落架舱门等,飞行器通过调整操作面角度以改变整体的飞行姿态,舵面效率试验在风洞试验中占有很高的比例;③ 在特种试验中,需要进行动态变化的部件:投放试验中的投放分离部件、先折叠后展开的舵面、降落伞试验中伞衣和伞带、喷流试验的可调喷管及排气气流影响区域等。

1. 模型系统姿态运动仿真

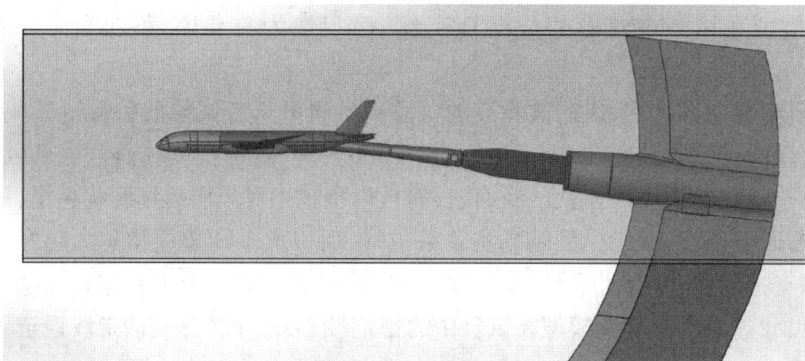

(a) 飞机模型0°俯仰角在风洞试验段中图示

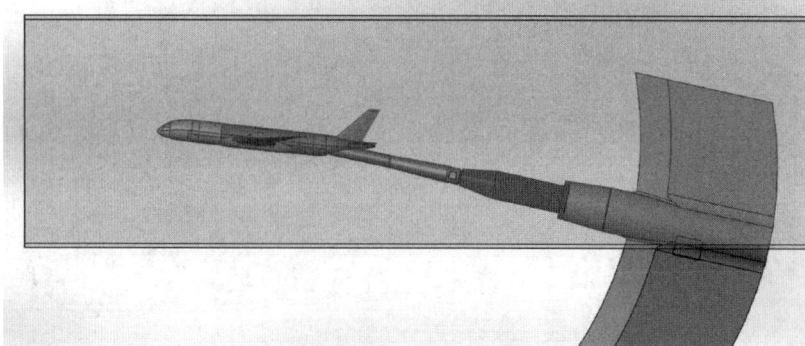

(b) 飞机模型8°俯仰角在风洞试验段中图示

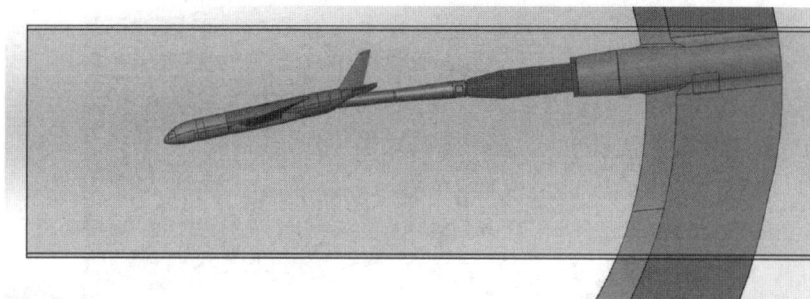

(c) 飞机模型−15°俯仰角在风洞试验段中图示

图 5.10　飞机模型在风洞试验段中位置随不同俯仰角的变化

2. 模型中可动部件的仿真

风洞试验模型中可控运动部件大多使用在特种试验中,如投放物分离模型的释放机构与投放物轨迹规划、虚拟飞试验模型中舵面操作与模型姿态控制、降落伞试验的开伞过程等,下面以某降落伞试验为例进行简要介绍。

某降落伞将在风洞中进行综合试验,其设计方案如图 5.11 和图 5.12 所示,采用左右侧壁支撑方式支撑,通过在试验段玻璃观察窗外安装高速摄像机和纹影设备,直接对降落伞伞衣附近流场进行纹影观测,并采用杆式应变天平测量降落伞的阻力、法向力和俯仰力矩。为更真实地模拟降落伞的工作状态,降落伞在试验中能够沿风洞轴线自由旋转,所以在天平与降落伞连接之间,需设计能够承受较大阻力和法向力的特制轴承机构。

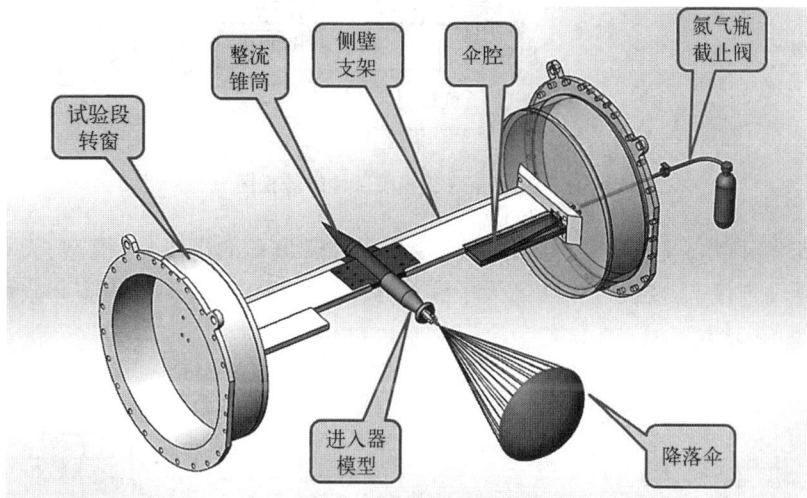

图 5.11　某降落伞开伞测力试验方案示意图

5.2.4　应用实例

以 CHNT‑2 宽体飞机标模测力试验为例,风洞试验模型系统主要由飞机模型、测力应变天平、支撑装置三部分组成。

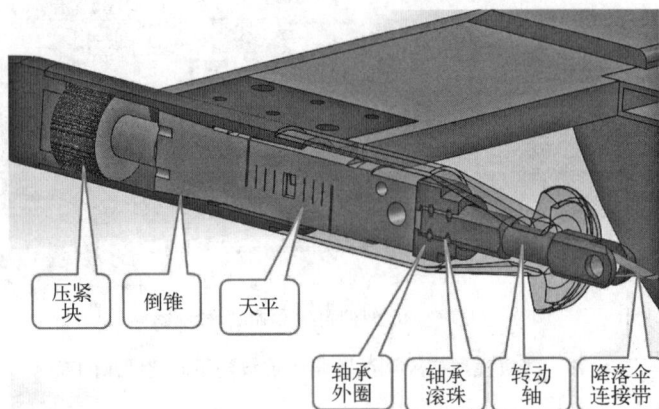

图 5.12　某降落伞开伞测力试验装置内部结构剖视图

如图 5.13 所示,飞机模型的主要部件包括机头、机身、机翼、尾段、锥套、法兰、平台盖板等组成,部件之间采用轴孔、法兰面、U 型平面配合连接,加工制造难度较低,拆装便捷。

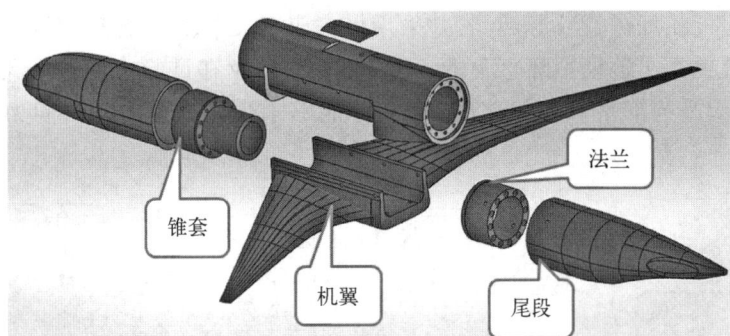

图 5.13　某飞机模型部件爆炸视图

如图 5.14 所示,飞机模型内置杆式应变天平和带偏角的尾支杆,模型、天平、支杆之间都采用锥面连接,需要设计中考虑天平和支杆一体与模型装配时的内空间余量。

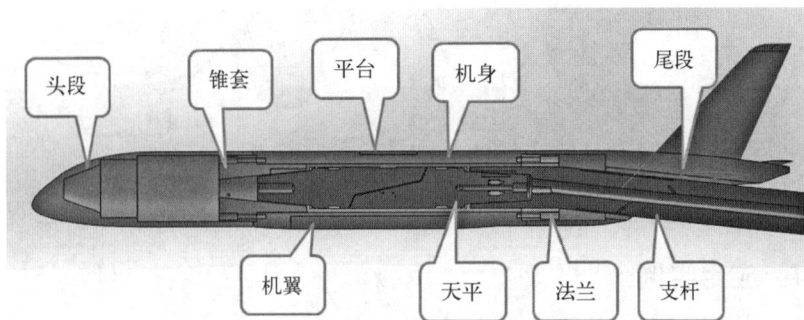

图 5.14　某飞机测力模型尾撑内部结构方案

如图 5.15 所示,飞机模型采用腹支撑下的试验状态,其机身、机翼、尾段和天平与尾支撑下一致,需要另设计头段、锥套、法兰和腹支撑装置等。

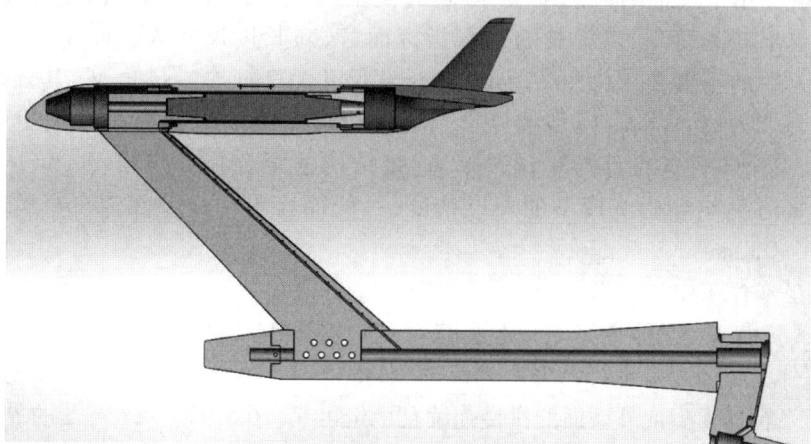

图 5.15 某飞机模型腹撑内部结构方案

如图 5.16 所示,飞机模型在腹支撑下,再通过风洞机构引入假尾支撑,这种试验状态主要用于修正尾支撑的气动干扰。

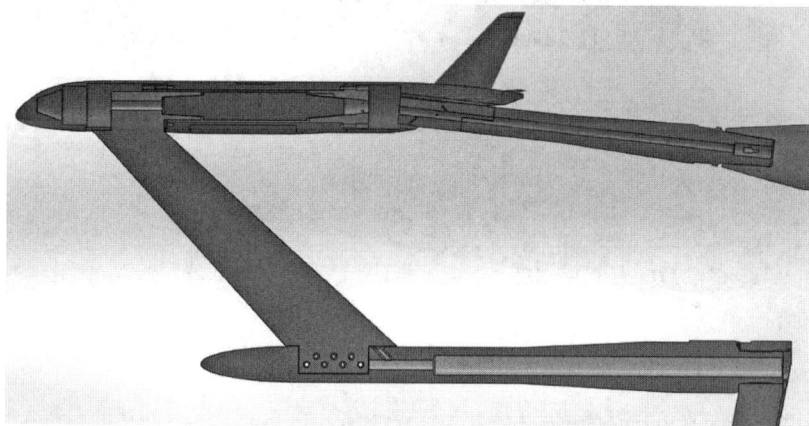

图 5.16 某飞机模型腹撑状态带假尾撑结构方案

5.3 模型及支撑装置结构设计

5.3.1 模型结构设计

在模型总体方案基本确定后,下一步的工作是开展试验模型系统的零部件详细设计。模型部件设计的主要内容包括:① 零部件的内外形状、材料选定、零件之间的连接定位预紧结构、零件的公差设计;② 模型型面的检测基准设计、模型在加工装配检测试验中需要的辅助工具设计;③ 模型中内置测控元件的安装定位结构、传感器走线通道设计;④ 模型总重量控制与质量分布、零件的加工制造技术要求与加工工艺性、装配工艺、检测方式、制造成本等。

模型系统用于严谨的风洞试验,必须对模型设计与制造的尺寸精度进行把控;而这种精度要求较为苛刻,以优良的技术指标而言,对长度尺寸为 1 m 左右的模型,其外形在装配后的精度要求为±0.1 mm;对长度尺寸为 2 m 左右的模型,其外形在装配后的精度要求为±0.2 mm;模型的外形精度可以此类推。试验模型一般由多个部件组装而成,单个零件的设计与制作误差、连接结构的配合公差与累积、部件自重与检测误差等多方面均会影响模型的外形精度,一般而言单个模型部件自身的尺寸精度为 0.02~0.05 mm。

1. 模型部件及连接

风洞试验模型在总体方案中一般会将原飞行器用于试验的缩比外形分解为多个部件,每个部件的外型面是飞行器外形的一部分,部件与部件之间需设计出合理的连接结构,以保证飞行器模型内外型面的拼接连续且稳定可靠(图 5.17)。飞行器的外形各异且测试内容不同,零件及连接的设计以满足试验需求为目的,任何科学可行的结构均可采用,这里仅介绍几种常用的模型部件连接设计。

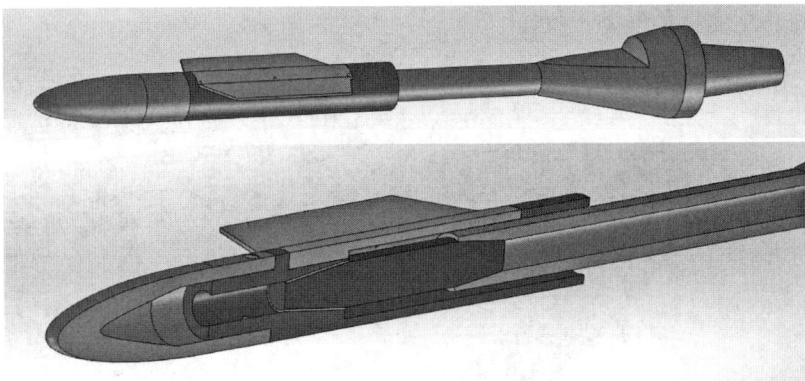

图 5.17　某模型与天平、支撑示意图

1) 模型主体部件的连接

前后部件连接:轴孔配合、销定位、螺钉预紧的方式,如图 5.18 适用于大多模型。

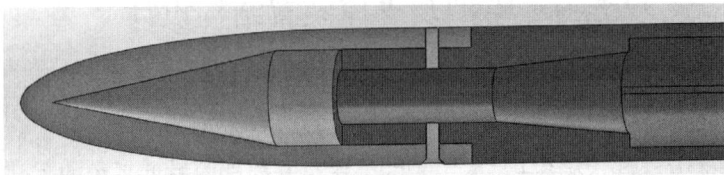

图 5.18　轴孔配合部件示意图

前后部件连接:轴孔定位、细牙螺纹预紧——适用旋转体模型,如图 5.19 所示。

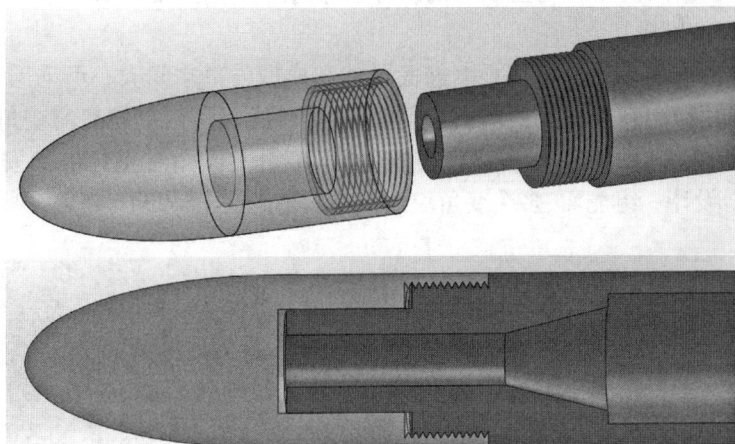

图 5.19　旋转体部件连接示意图

上下部件连接：卡槽配合、销定位、螺钉预紧——适用于大多模型，如图 5.20 所示。

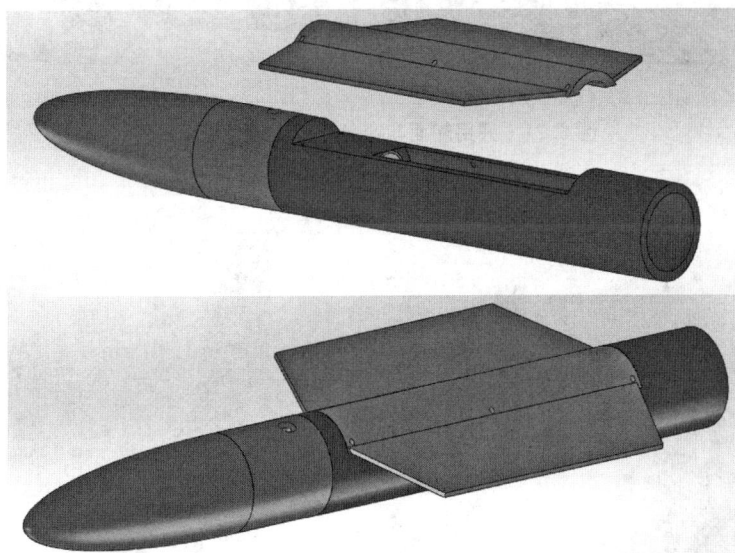

图 5.20　卡槽配合部件示意图

2）机（弹）身的分段和连接

机（弹）身在结构上可以分为前后两段或多段，分段处要选择合适，尽量选择在翼面根弦之前，这样便于装拆。对于旋成体形状的机（弹）身，在前段无翼面或操纵面的情况下，可采用圆柱面配合用内螺纹连接。也可以采用圆柱面配合而用销钉定位螺钉固紧的连接方式。

3）翼面与机（弹）身的连接

翼面与机（弹）身的连接可以采用很多方法，原则上需要考虑装拆方便，定位可靠就行了。两种典型结构：翼面采用法兰盘与机（弹）身配合，然后用销定位，再用螺钉固紧。

将两边翼面分别插入机(弹)身上所开的配合槽孔内,再用销固定。

4) 活动面的连接

需要变换角度的活动面连接根据舵面形状和模型内部空间大小可采用不同的方式,一般分为以下几种:① 设计一组舵面与机体采用圆柱面配合、带楔角的变角销或变角块定位预紧(图5.21);② 在机体上设计方槽,加工多组不同角度整体舵面安装在方槽内(图5.22);③ 设计一组舵面、多个变角块连接在机体上(图5.23)。

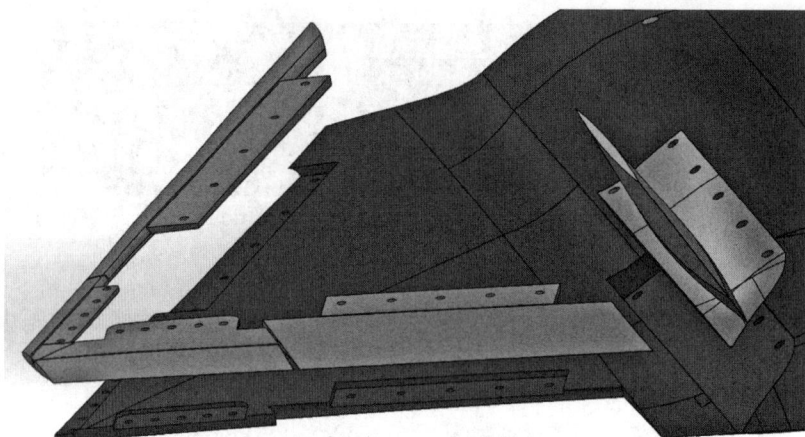

图5.21 采用舵面与变角块整体设计的方式

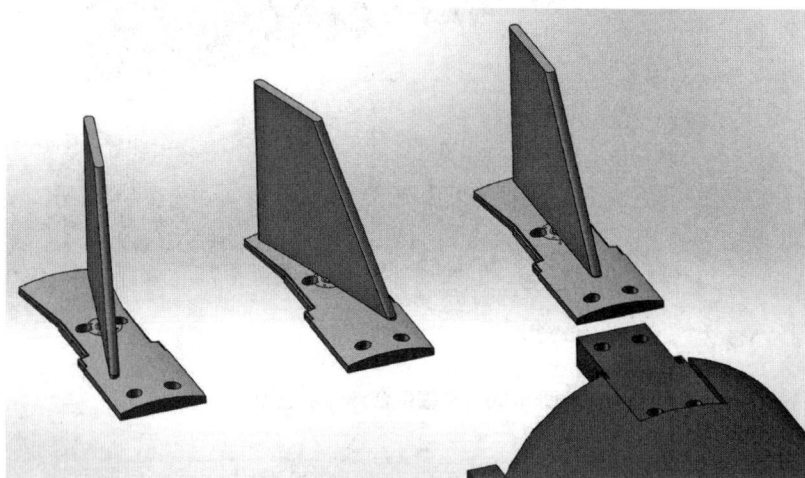

图5.22 不同角度整体舵面与连接方式

2. 测量元件的连接

(1) 模型与常规应变天平的连接,一般采用锥度1∶5的圆锥面相配合,然后用螺钉预紧。若结构尺寸允许,在模型和天平杆的锥面间加铜(玻璃钢)衬套来配合更好(图5.24)。模型与其他尾支杆连接,可采用锥面配合,也可采用圆柱面配合。采用圆柱面配合时,一般采用圆柱销定位、螺钉拉紧。

图 5.23 采用独立变角块的舵片连接结构

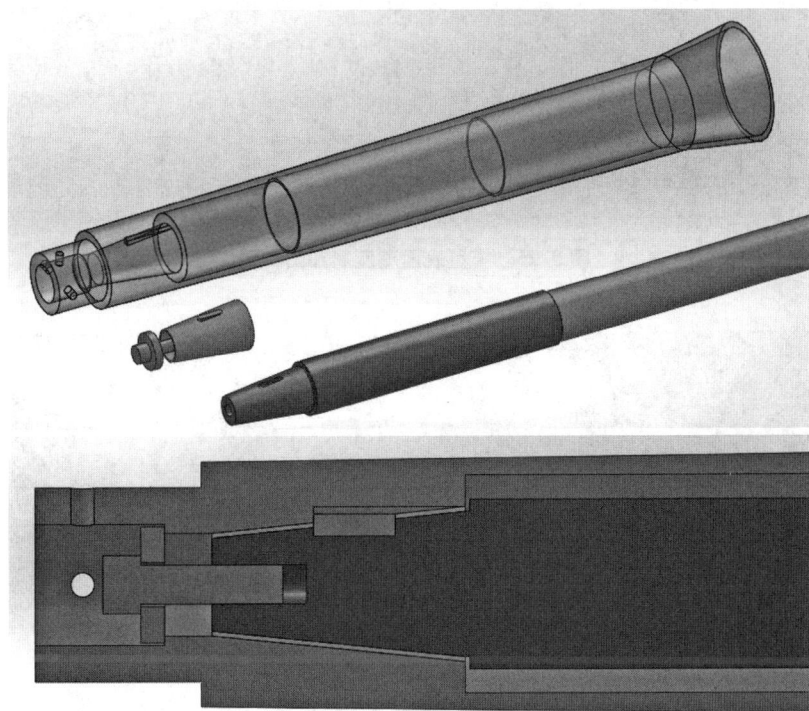

图 5.24 模型与天平锥面连接示意图

（2）测压管线固定。测压模型的测压孔数目以足够描绘压力分布曲线为原则来确定。测压模型的典型结构是在测压孔所在位置直接开槽沟，把测压管埋入焊好并用填料填平，然后垂直表面钻孔使管子钻通而成（图 5.25、图 5.26）。模型表面测压孔的内径一般为 0.5~0.8 mm，最大不超过 1.0 mm。用于连接测压孔和压力扫描模块的测压管内径一般不小于 0.8 mm，可采用 φ1.2 mm×0.2 mm、φ1.6 mm×0.3 mm、φ2.0 mm×0.3 mm/

0.4 mm、φ2.2 mm×0.4 mm 规格的不锈钢管,高超声速风洞测压管从模型尾部引出后一般采用 φ3 mm×0.5 mm 规格的紫铜管引出洞外。

对每个测压点进行通气性检测,要求在去掉 90 000 Pa 的压力差作用后,压力恢复原值不超过 10 s;对每个测点进行气密性试验,要求在 90 000 Pa 的压力差作用下,在 2 min 内压力变化差量不超过 267 Pa;出具通气性气密性检测报告。

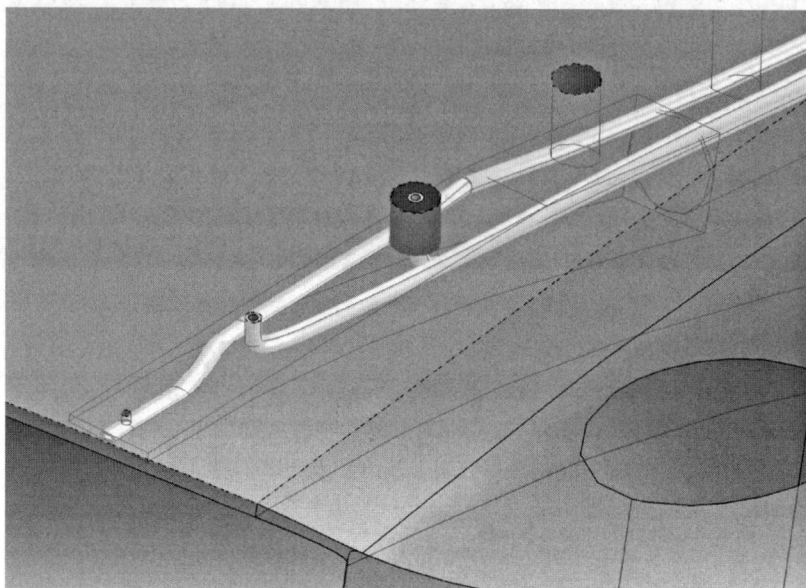

图 5.25　模型表面测压局部结构图

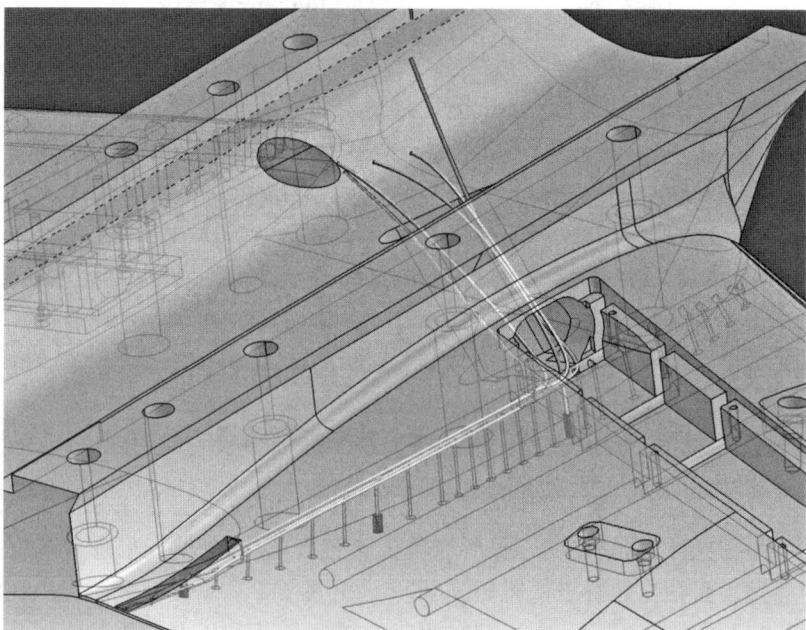

图 5.26　模型测压管线内部走向布置

3. 支撑装置设计

支撑装置是飞行器试验模型与风洞试验段中间的连接结构,风洞试验中支撑装置的主要功能有以下 4 点:① 确定模型在风洞中的位置——因风洞试验段中的流场均匀区是固定的,在飞行器模型外形尺寸确定后,模型通过支撑装置布置在流场均匀区的合理位置处,使飞行器模型在试验中能够获得精准流场;② 调整模型的整体姿态(俯仰角、滚转角、侧滑角)——风洞试验模型一般通过风洞试验段自身的机构调整模型的常规姿态(大多在-30°~30°),当飞行器模型的姿态角度超过这个范围时,可采用设计预偏角度的支撑装置等方式实施较大范围的模型姿态模拟;③ 传感器和试验介质的预留通道——支撑装置大多设计为中空结构,便于测力的应变天平线缆、测压的通气管、热电偶的线缆等通过,将模型中获取数据的传感器线路连接到风洞试验段外的采集计算机上,这种通道要求不高(保证通道截面面积能够通过所有线缆);此外,在喷流试验等特种试验中,支撑装置中还需要提供将高压气流等介质从试验段外引入模型内部的功能,这种通道要求较高(不仅需要设计多个独立的介质通道,通道的截面形状和面积均有特定要求,还需要保证介质通道能够承受较高压力并严格密封);④ 其他辅助功能,例如:一般在支撑装置上设计专用的基准平面,可作为模型姿态和模型外形曲面检测的基准使用;支撑装置的外表面可用于安装模型底压管或多组测压耙,用于获取模型周围流场的气动数据。

支撑装置在满足上述试验功能的基础上,其在设计中需关注以下 3 点:① 支撑装置自身的外形形状——因支撑必定给飞行器模型带入支撑干扰,尾支撑一般为长圆柱外形,对腹支撑和背支撑装置的外形有特别要求,在低速和亚声速区间,支撑装置的外形截面一般为圆形、椭圆形或翼型,使支撑装置有较好的整流效果;在超声速区间,支撑装置的外形截面一般为类似菱形的形状,减少超声速试验中激波作用在支撑装置上出现无序反射;② 强度——支撑装置的强度可按照模型部件的强度规定进行设计,其安全系数一般为3~6;③ 刚度——因支撑装置大多为悬臂结构,当飞行器模型的气动载荷传递到支撑上,悬臂端会出现明显的位移,较大的位移不仅影响模型姿态角度,还会影响试验安全;对尾支撑在纵向的位移量控制,这里给出一点工程经验:长度 1 m 的支撑在最大气动载荷下的位移量一般小于 10 mm;长度 2 m 的支撑在最大气动载荷下的位移量一般小于 20 mm;对于横向的位移量一般要求比纵向更小。

图 5.27 列举的尾撑试验直支杆,前端和后端都采用锥面配合、平键定位、楔子拉紧;直支杆中空为走线通道,支杆的左右表面有长凹槽用于布置测压管,支杆后部设计有上下左右 4 个基准平面。

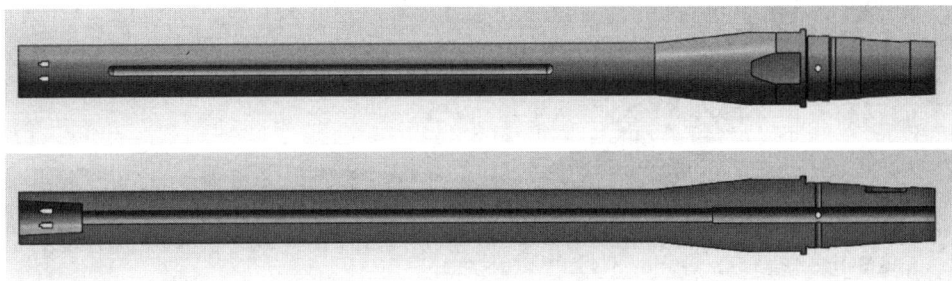

图 5.27　直支杆(一般用于尾撑试验)

图 5.28 列举的尾撑试验弯支杆,其在连接配合和功能上与直支杆基本一致,弯支杆多用于尾部外形较复杂的飞行器模型中,但弯支杆的加工难度和加工成本远高于直支杆。

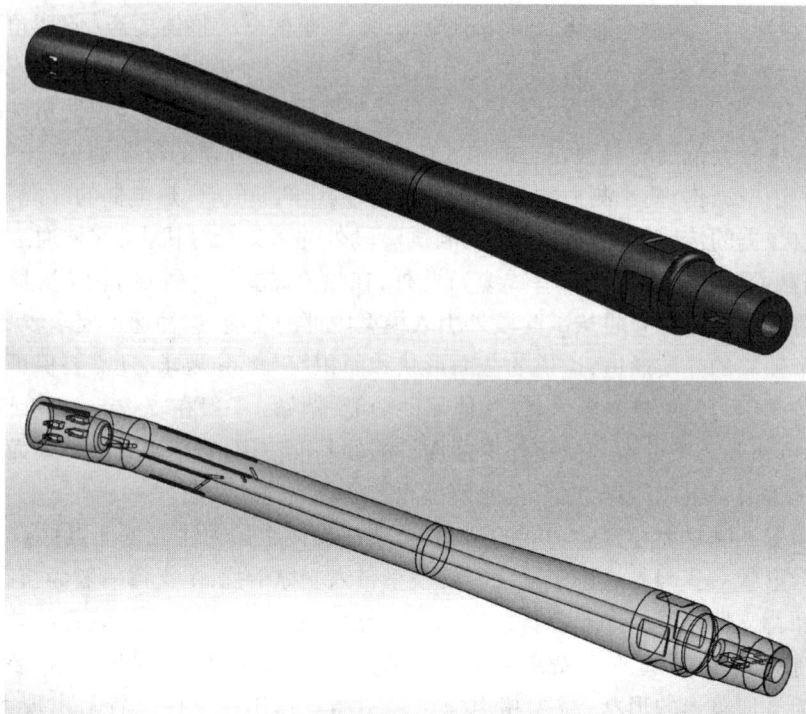

图 5.28　带预偏角度的尾支撑结构

图 5.29 和图 5.30 给出了腹支撑装置,装置主要由腹撑叶片、叶片走线盖板、底支杆等组成,叶片上端采用锥面与天平模型连接,叶片下端采用方槽配合、销定位、螺钉预紧与底支杆连接,下支杆后端通过圆柱面配合、平键定位、螺钉预紧与风洞机构连接;从叶片上端到底支杆后端设计有连续的走线通道,叶片上用盖板保护线缆。

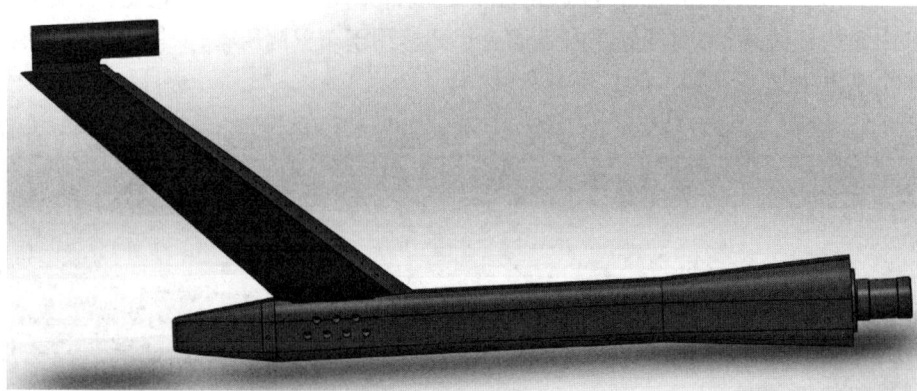

图 5.29　腹支撑结构示意图

图 5.30　腹支撑结构剖视图

4. 连接件

模型的零部件之间所涉及的连接件主要起到定位、预紧、防松等作用。起到定位作用的连接件有圆柱销、锥销、平键等,对其加工精度要求较高,且所用材料应等于或优于模型部件的材料;起到预紧作用的连接件有螺钉、螺母、楔子等,一般要求使用力学性能等级为8.8级、10.9级或12.9级的标准件,或单独加工;起到防松作用的连接件有铜套、弹垫、平垫等,铜套是用在内锥面与外锥面之间的一种特制零件,其厚度一般为 0.5~4 mm,依靠铜套在预紧后微变形而增大锥面之间的摩擦力。

5. 辅助工具

模型中所需要辅助工具一般分为 3 类。

1) 检测工具

基准平台:一种金属的加工精度要求较高的多平面类零件,其通过与模型临时装配后,将外形无基准平面模型的俯仰角和滚转角姿态能够快速检测出。一般要求基准平台与模型同步设计加工,不仅要求平台自身具有较高的平面度、粗糙度和稳定性,还要求平台与模型装配后的累积误差很小。

检测芯轴:一种金属的圆柱形零件,一般用于在模型加工过程和装配检测过程中代替模型内部的测力天平和支撑(芯轴前端的外形与天平一致,后端为规格圆柱面和平面),在模型加工装配中模拟模型后期的实际使用状态,不仅为模型提供内部与外部衔接的基准,还可以提前测模型试装配效果。

2) 装拆工具

拔模器:一种用于将配合锥面分开的专用工具,多用于拆开模型与应变天平之间的配合锥面。在使用中,拔模器固定在模型上,通过内螺纹孔和螺杆之间的螺旋力作用在天平前段,以分开配合的锥面(图 5.31)。

拔销器:一种用于将圆柱销和锥销从零件中取出的专用工具。

反楔:在有些锥面连接中,因尺寸或空间限制的原则,需通过提前设计反楔槽和反楔的结构,拆解锥面。反楔的结构与楔子基本一致,不同之处在于楔子是将锥面预紧贴合,反楔是将锥面分开,施加力的方向相反。

螺钉扳手:因模型空间限制或螺钉结构特殊,专门特制的螺钉扳手。

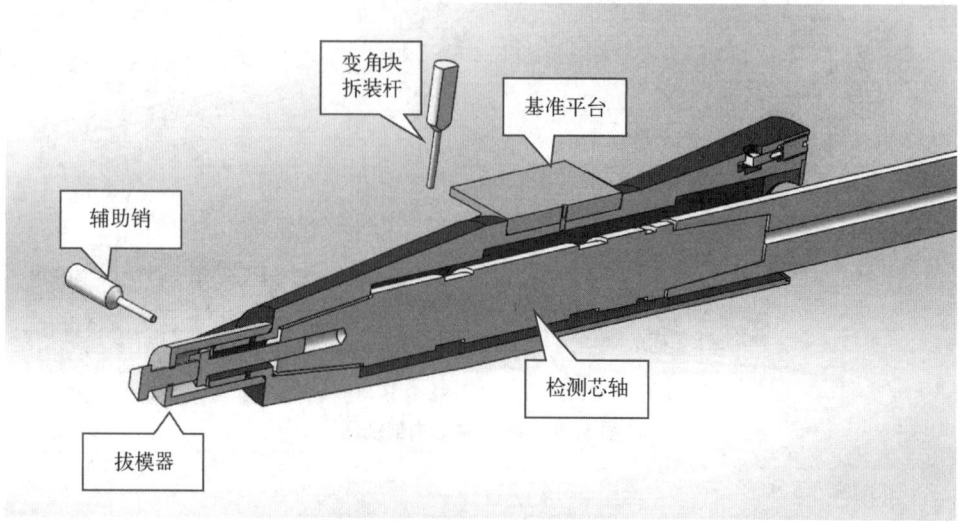

图 5.31　模型中设计的辅助工具

3) 存放工具

型架：为存放或装配中保护模型中的薄弱部件不发生变形，依据模型外形专门特制的金属架，特别在模型尺寸较大、机翼容易自重变形等情况下。

保存箱：风洞试验模型内外形精度要求高、有长期稳定性要求且价格较高，应设计专用的保存箱以长期保护模型。要求箱子不仅利于长时间安置模型，保护模型不受外力和内力影响而变形，还要求箱子能够起到防锈、防尘作用，减小环境对模型表面细节的破坏。

5.3.2　一体化设计技术与设计优化

1. 模型与测量元件一体化

在模型系统研制的过程中，因模型尺寸空间限制、强度刚度准则约束、试验中测量干扰影响等因素，模型部件、传感器、支撑等相互关联融合，在整个设计、加工、装配、校准、试验中都一体进行，特别在铰链力矩试验、喷流试验、颤振试验中。

如图 5.32~图 5.34 所示：在弹类模型的舵面铰链力矩试验中，经常因模型内部空间

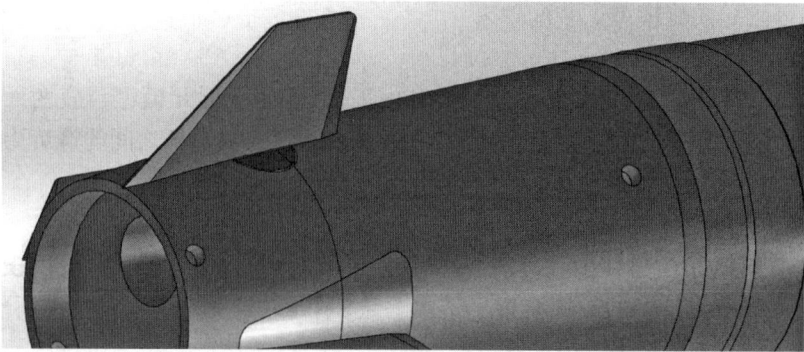

图 5.32　弹类模型舵面外形图示

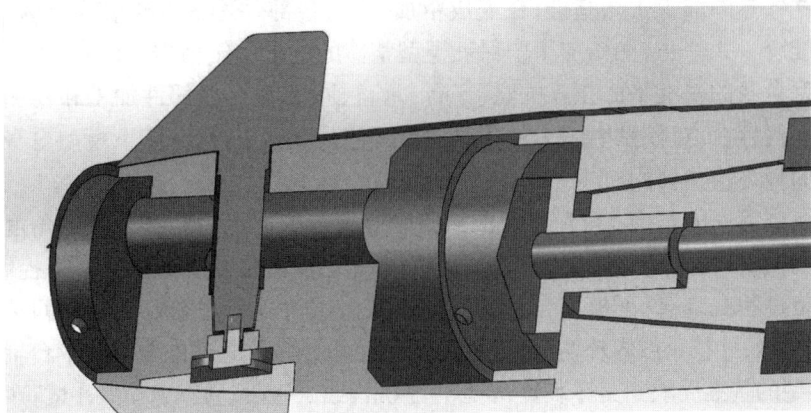

图 5.33　弹类模型舵面铰链力矩测量内部结构

天平狭小、多次连接装配累计误差等原因,将舵面与铰链力矩天平合并设计为一个零件:零件的上端为舵面,零件的中部为天平梁结构,零件的下端是与模型主体连接的接口。如此设计的优点在于简化结构、节约空间、加强刚度等,也有一些缺点:天平外形较复杂使加工、校准烦琐,舵面变化角度后天平的也会随之变角,测量数据采集后需坐标转换处理。

2. 模型设计、加工、装配、检测一体化

在模型设计中,应时刻关注原飞行器的飞行工况与姿态、飞行器模型试验要求、模型的试验模拟状态、加工工艺性、装配工艺性、装配中误差累计、检测方案等因素,综合考虑模型外形特点、测控线路通道、模型内部传感器的连接方式、结构中出现的气动干扰与密封方式、支撑装置对飞机模型气动力的影响等因素,采取比较合理的设计结构。在这里突出说明一点:模型的基准。模型的基

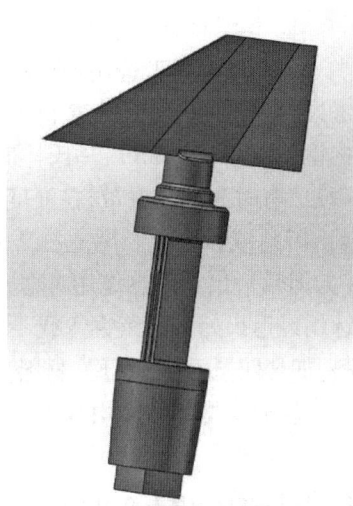

图 5.34　弹类模型舵面与测量天平一体式

准从始到终关联了多个基准的概念:原飞行器的理论基准、飞行器模型的基准平面、模型的加工工艺基准、模型在试验中的基准。

原飞行器的理论基准:大多飞行器外形都是三维曲面,其表面没有能够直接使用的基准平面,使这一基准只存在于飞行器的数模中。这个理论的基准(如飞机的构造水平面)是飞行器姿态运动的基础,也是风洞试验模型设计和模型实物建立基准的出发点。

飞行器模型的基准平面:在模型设计中应依据飞行器的理论基准,有意地在模型结构中设计出 3 个方向的基准平面,将理论基准转化为工程可测量平面,便于模型实物的加工、装配、检测、试验等工作。基准平面一般设计在模型主要承力部件的非关键位置,基准平面可与理论面平行,便于加工和使用,平面的加工精度、粗糙度等应相对较高。对于在模型部件中不能直接设计出平面的情况,可采用设计独立的基准平台作为模型的外置基准平面。

模型的加工工艺基准:模型一般由多个部件组装而成,每个部件在加工时应首先在

原料上建立各自的加工工艺基准;在完成粗加工后,各部件可提前组装为一体,将各部件的加工基准统一并修正,在精加工中保证模型整体的外形最终精准。此外,加工工艺基准应该与模型自身的基准平面相互关联(平行、垂直、同轴等),在部件加工和检测时加工工艺基准大多仍存在,在模型组装为一体时加工工艺基准已去掉,只剩下模型自身的基准平面为模型的最终检测使用。

模型在试验中的基准:模型在风洞试验中必须与气流保持精准可控的角度姿态。风洞试验前,需将模型安装到风洞的试验段内,采用支撑装置连接到模型姿态控制机构上;在模型安装过程中,应保证模型自身的基准平面与试验段和姿态控制机构的基准相互一致。对于一些尺寸较小或内外均难以设计基准平面的模型,通过外置基准平台辅助安装调整,并将模型的基准反映到支撑装置、姿态控制机构或试验段上,作为模型在试验中的基准。

5.3.3 模型的制造要求

1. 模型材料选择

风洞试验模型选用何种材料,主要是从强度、刚度、加工性能、经济成本等几个方面来考虑。因试验时速压和载荷大,模型强度和刚度要求较高,所以模型材料一般选用合金结构钢(如 30CrMnSiA)、马氏体时效钢(如 00Ni18Co8Mo5TiAl)或优质碳素结构钢(如 45#钢)。有时为减轻重量,在强度、刚度足够的前提下,个别零件也可以选用铝合金材料(如铝 7075)或钛合金。尾支杆天平锥部与模型内锥孔相配合的锥套材料常选用普通黄铜(如 H62),出于隔热作用考虑也可采用玻璃钢或 3840 玻璃布棒。测压模型的测压管一般选用经退火处理的紫铜管或不锈钢管。测热模型一般选用热性能各向同性的黑色绝热材料,如聚四氟乙烯、PEEK 材料。

风洞模型部件常用金属材料简介如下。

常用材料一: 30CrMnSiA 材料,其主要性能如下:热膨胀系数 $\alpha = 11.7 \times 10^{-6}/℃$ ($20 \sim 200℃$),密度 $\rho = 7.8 \ \text{g/cm}^3$,泊松比 $= 0.28$,屈服强度 $\sigma_s = 835 \ \text{N/mm}^2$,拉伸强度 $\sigma_b = 1\ 080 \ \text{N/mm}^2$,弹性模量 $E = 196\ 000 \ \text{N/mm}^2$,剪切模量 $G = 81\ 340 \ \text{N/mm}^2$。这种铬锰硅合金钢材料的价格适中、产量大、加工热处理工艺成熟、强度较高,是制作高速风洞试验模型及附属部件最常用的材料。

常用材料二: 0Cr17Ni4Cu4Nb 材料,其主要性能如下:热膨胀系数 $\alpha = 10.8 \times 10^{-6}/℃$ ($20 \sim 200℃$),密度 $\rho = 7.8 \ \text{g/cm}^3$,强度极限 $\sigma_s = 1\ 176 \ \text{N/mm}^2$,拉伸强度 $\sigma_b = 1\ 313 \ \text{N/mm}^2$,弹性模量 $E = 207\ 000 \ \text{N/mm}^2$,泊松比 0.3。这是一种沉淀硬化不锈钢材料,在机械加工后不需要再进行表面防锈处理,具有相对较高的拉伸强度,但其韧性一般。

常用材料三: 00Ni18Co8Mo5TiAl 材料,其主要性能如下:热膨胀系数 $\alpha = 10.8 \times 10^{-6}/℃$ ($20 \sim 200℃$),密度 $\rho = 8.0 \ \text{g/cm}^3$,泊松比 0.28,屈服强度 $\sigma_s = 1\ 754 \ \text{N/mm}^2$,拉伸强度 $\sigma_b = 1\ 862 \ \text{N/mm}^2$,弹性模量 $E = 187\ 250 \ \text{N/mm}^2$,剪切模量 $G = 66\ 640 \ \text{N/mm}^2$。这是一种具有很高强度的马氏体时效钢,其进行固溶时效后韧性也非常好,是作为高速风洞中应变天平和悬臂类支撑部件的理想材料,但其价格比较昂贵,每千克需数百元且产量不高。

常用材料四: 7075 铝合金,其主要性能如下:热膨胀系数 $\alpha = 13 \times 10^{-6}/℃$ ($20 \sim$

$200℃$),密度 $\rho = 2.81\ g/cm^3$,泊松比 $= 0.33$,屈服强度 $\sigma_s = 505\ N/mm^2$,拉伸强度 $\sigma_b = 570\ N/mm^2$,弹性模量 $E = 72\ 000\ N/mm^2$,剪切模量 $G = 26\ 900\ N/mm^2$。这是一种具有较高强度的铝材。

常用材料五:45#碳素结构钢,其主要性能如下:热膨胀系数 $\alpha = 13 \times 10^{-6}/℃$($20\sim$ $200℃$),密度 $\rho = 8.0g/cm^3$,泊松比 $= 0.28$,屈服强度 $\sigma_s = 355\ N/mm^2$,拉伸强度 $\sigma_b = 600\ N/mm^2$,伸长率为 16%,断面收缩率为 40%,冲击功为 $39\ J$。这是一种非常经济且常见的钢材。

2. 模型零件的加工要求

(1) 模型的加工精度和表面粗糙度:模型的加工精度具体要求可参照风洞模型设计准则的规定进行,一些公差和配合要求还可参照国标《公差与配合》(GB/T 1800～1804)和《形状和位置公差》(GB/T 1182～1184)。一般来说机翼的安装角偏差不超过 $2'$,尾翼的安装角偏差不超过 $4'$,模型配合柱面公差取 H7/g6,模型总长公差取 8 级,圆度、圆柱度公差取 8 级,模型水平轴线与底面垂直度公差取 8 级。未注尺寸公差按 GB/T 1804‐2000 M 级加工,未注形位公差按 GB/T 1184‐1996 K 级加工。

模型的表面粗糙度要求 Ra 值为 $0.8\ \mu m$,配合表面按 Ra 值 $0.8\sim1.6\ \mu m$ 考虑,而非重要的表面可取 Ra 值 $6.3\ \mu m$。

(2) 模型外形要求。模型各零件配装好后,不允许有除气动外形外的逆气流台阶,顺气流阶差不超过 $0.03\ mm$,配件对接处缝隙小于 $0.05\ mm$。

(3) 锥面配合要求。模型与天平配合锥面采用标准塞(环)规检验,要求其接触面积不少于全面积的 85%。

(4) 模型需探伤检查。粗加工后进行超声探伤,按 NB/T 47013.3‐2015 评定,Ⅰ级合格;精加工后进行磁力探伤,按 NB/T 47013.4‐2015 评定,Ⅰ级合格。

(5) 热处理。对模型的热处理要求要达到所选材料的硬度及综合机械性能。30CrMnSiA 为调质处理 HRC $= 34\pm3$;00Ni18Co8Mo5TiAl 为固溶时效处理,要求抗拉强度 $1\ 860\pm50$ MPa(其表面硬度约为 HRC $= 52$);45#钢为调质处理 HB $= 220\sim260$;铝合金为固溶热处理并人工时效,即 T6 状态处理。

(6) 防腐处理。模型的表面一般要做防腐处理,如发蓝、镀铬、阳极化、刷油等。

3. 模型外形检测

风洞试验模型在加工完成后需对其外形整体应进行三坐标检测,一般以模型各部件的零度状态为基本状态开展检测(变角舵面等状态也可要求检测)。

应检测飞行器表面的多条母线,以基本覆盖模型的上下内外曲面,每条母线上测点的间距一般控制在 $10\sim20\ mm$。

外形曲面精度要求与理论数模比较,对于外形尺寸为 $1\ m$ 量级的模型其外形误差一般不大于 $0.1\ mm$,对于整体尺寸 $2\ m$ 量级的模型其外形误差一般不大于 $0.2\ mm$。

由检测方出具完整的模型外形三坐标检测报告,报告内容应包括检测人员、检测设备、检测基准、测点位置、测点理论数值、测点实测值、测点偏差值等。

5.3.4　模型应用实例

飞机模型副翼铰链力矩试验方案:飞行器舵面(副翼、襟翼、平尾、垂尾等)是操纵飞行器姿态的主要部件,不仅需要在飞机模型整体测力试验中改变舵面角度测试气动性能,还需要专门的测试获取飞机舵面副翼的气动力数据,下面以对飞机副翼铰链力矩试验为例进行简要介绍。

如图 5.35 所示,副翼是飞机机翼后缘的可偏转舵面,大多数副翼可实现向上或向下偏转,是飞行器俯仰角度控制的主要舵面。

图 5.35　飞机副翼铰链力矩试验模型外形示意图

如图 5.36 所示,在副翼的铰链力矩试验模型设计中,一般将测量天平设计为片式结构,天平安装在模型机翼中,副翼通过平面搭接的方式连接在片式天平上,并设计与机翼曲面相同的表面盖板(保证机翼表面曲面的完整连续、保护内部片式天平的安全稳定)。在这一设计中,副翼的气动数据能够被片式天平直接获取,其有两处关键点:一是模型机翼尺寸有限,在集成了片式天平并安装副翼部件后,其受力应变处应有足够的尺寸间隙,防止天平梁和副翼在受载后与机翼和盖板产生接触;二是副翼需调整不同的角度,可采用加工多套不同角度副翼的方式(连接环节少、精度好、价格高),或采用加工多套变角块、一件副翼的方式(经济性好)。

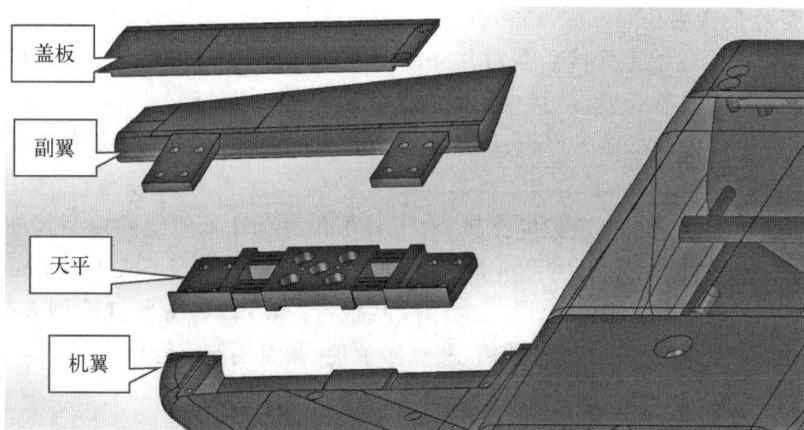

图 5.36　飞机模型副翼铰链力矩结构分解示意图

5.4　模型系统结构动力学特性分析

5.4.1　强度刚度特性及影响分析

1. 强度特性分析

从风洞试验模型系统看,模型及支撑装置安装完成后是一种较为复杂的悬臂结构;所有零部件将在风洞试验中用于测试,所有部件均受到气流流动的作用,部件受到较大的气动力,因此部件会产生低频振动、高噪声,测试后模型表面温度会变化。由模型部件、支撑装置的结构特点得出,模型的机身、机翼、舵面、支撑装置等是整个系统的主要承力部件,它们不仅会承受所有的气动力载荷,而且变形位移、振动幅度最为明显。因此,必须对相关部件的强度、刚度进行计算,在某些特殊的试验模型设计中,还需要专门设计其频率、质心、惯量等。

风洞试验中模型可能遇到较大气动载荷,在风洞试验模型的设计阶段,要求使用三维设计软件的强度计算插件对零部件的强度、刚度、应变、频率等进行有限元计算。在风洞试验模型设计中一般采用对模型关键零件单独分开计算的方式;将所有零部件组装为一个整体进行有限元计算对计算机的性能要求很高、需要赋予不同部件各自不同的材料属性、约束的环节较多,故不需要选用较为复杂的方式进行计算。

对模型部件进行开展有限元强度分析的步骤一般如下。

1) 选择适用的设计规范与判定原则

低速风洞试验模型:依据 GJB 180A-2006《低速风洞模型设计准则》,模型强度计算安全系数不宜小于 3。

高速风洞试验模型:依据 GJB 569-2012《高速风洞模型设计准则》,在此规范中详细说明了模型的外形模拟方式与尺寸公差、安装位置、典型连接方式、材料热处理、表面处理方式以及模型强度刚度要求,其中强度要求是:各部件的最大 von Mises 应力不大于材料屈服应力 σ_s 的 1/3 和抗拉强度 σ_b 的 1/4;模型在试验过程中承受剪切的最大剪切应力应小于 1/2 的材料屈服强度极限;模型使用各向同性的刚性非金属材料,在试验过程中产生的最大应力应小于 1/10 的断裂强度极限;应避免使用各向异性的非金属材料设计承受剪切、拉伸载荷的结构,应用于承受挤压载荷结构时,应具有 2 倍应变极限安全因子。

高超风洞试验模型:依据 GJB 2987-1997《高超速风洞模型设计准则》,按模型的最大法向载荷和最大的轴向载荷分别乘以法向安全系数 f_1 和轴向安全系数 f_2 作为设计载荷进行强度计算。模型和支杆危险断面上的应力不超过其材料的抗拉强度极限 σ_b,f_1、f_2 一般取 4~6,这里考虑了风洞起动、关车时的冲击因子以及材料的安全系数。

2) 明确计算部件的材料属性和许用应力

根据部件选择的材料,应进一步明确材料在风洞试验中的最终状态属性,包括:材料的牌号、元素组成与比例、材料密度、材料表面处理状态、表面硬度、材料热处理状态、材料热处理后的屈服强度 σ_s、极限强度 σ_b、弹性模量、剪切模量、热膨胀系数、泊松比等。

依据材料的屈服强度 σ_s、极限强度 σ_b 等属性,按照模型在风洞中试验的状态,结合上述的模型设计准则选取对应的安全系数,得出材料的许用应力。

3) 按部件承载状态进行施加约束和载荷

针对模型部件,应按设计中其连接方式和受气动力状态,在部件数模中选定约束的面,并施加载荷:一般情况下,部件承受气流直接影响的外型面或气动力传递中首先接触的面为气动载荷的施加面;模型与支撑装置的连接面为约束固定面,或模型承受气动力后的下一个连接面为约束固定面。

模型部件承受的气动载荷一般包括升力、阻力、侧向力、俯仰力矩、滚转力矩、偏航力矩 6 个分量,气动力可采用均布载荷方式加载(图 5.37),气动力和力矩也可以采用远程载荷的方式加载(图 5.38)。

图 5.37　某飞机模型机翼加载均布的法向升力

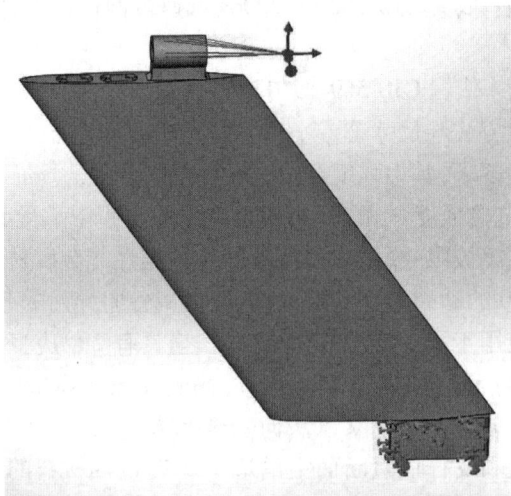

图 5.38　某腹支撑叶片的受远程载荷与约束示意图

4) 对部件进行有限元网格划分和局部优化

在强度、刚度等有限元计算中,要求模型部件的数模为实体类型;对部件进行有限元网格划分时,一般要求采用六面体单元划分,可以采用少量五面体或四面体单元进行过渡。大多数情况下,要求网格的尺寸小于部件的最小内外型面尺寸,特别对于部件的应力集中区域,一般要求单元的尺寸小于应力集中区域曲面尺寸的 1/3,如图 5.39 和图 5.40 所示。

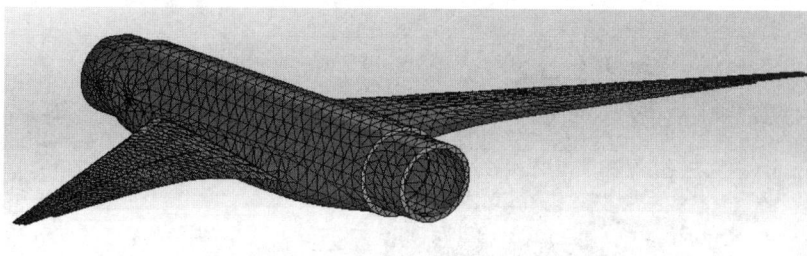

图 5.39 某飞机模型机翼有限元网格示意图

图 5.40 某通气腹支撑叶片的有限元网格示意图

5）求解计算并分析迭代

采用有限元方法对模型部件进行强度分析,应充分考虑风洞试验时部件最恶劣的载荷工况进行仿真计算,对分析的结果应保留其危险截面的结构细节,对应力云图进行观察分析,判断云图中的应力集中和应力分布是否符合部件受载后的应力强度分布规律(图 5.41、图 5.42)。对于关键零部件,建议采用网格加密法对部件的强度进行多次有限元计

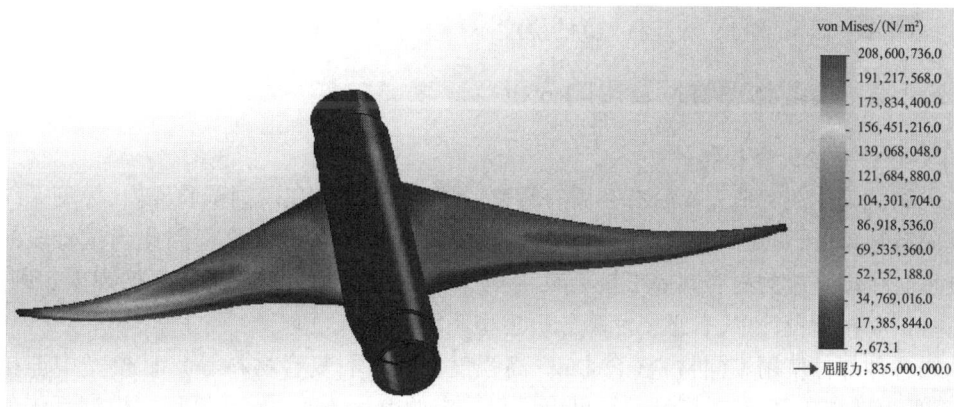

图 5.41 某飞机模型机翼的有限元计算应力云图

图 5.42　某通气腹支撑叶片的应力云图

算(或使用不同的 CAD 软件进行计算),对比多次计算后的最大应力数值,计算结果对比差异较小时可以说明计算结果有显著可行度。

2. 刚度特性分析

一般在强度计算的同时,能够得到部件在受载下部件的位移云图,对位移云图的数据进行提取可得部件的弹性变形量。风洞试验中模型弹性变形对模型气动特性影响较大,对于有翼飞行器,高速风洞模型设计规范中规定:

(1) 机翼翼尖与翼根相对偏扭,对三角机翼和后掠机翼分别不应超过 0.1°和 0.3°;

(2) 机翼上(下)反角的变形,对三角机翼和后掠机翼分别不应超过 0.2°和 0.5°;

(3) 舵面偏角的变形,对三角机翼和后掠机翼分别不应超过 0.1°。

对于无翼飞行器来讲,刚度一般不进行要求。对模型支杆刚度计算时,在正常气动载荷下,自由端(即模型与支杆连接端)的挠度不得大于 0.15 mm。

5.4.2　模型物理特性及影响分析

1. 模型系统的频率特性

风洞试验段在制造完成后有其固有频率,模型系统安装在风洞试验段内,模型系统也有其固有频率,风洞在试验中有气动力作用(可以视为振动力来源),因此当试验段的固有频率与模型系统的固有频率很接近时,容易在风洞试验的过程中出现共振现象。因此,在有些试验模型设计中,有必要计算分析模型系统的固有频率。

因各种部件使用不同材料(合金钢、高强度铝、黄铜、复合材料等),且模型中连接件多、天平内部结构复杂,对模型系统可以进行一定的简化处理。在计算得到模型系统的固有频率后,须与试验段的固有频率进行对比,如果频率很接近,应重新设计模型系统的连接结构、质量分布等,防止在试验中出现极端共振现象。

2. 模型质量、重心、惯量的特性设计

在投放分离模型、自由飞弹道靶模型设计中,为了保证投放试验具有相似性,因缩比后原部件内部的框架结构难以机械加工实现,须新设计试验部件且保证外形曲面、质量、质心和质量分布与缩比后一致。通过优化,保证了投放部件外形和原始一致,质心位置基本一致,转动惯量在 X、Y、Z 方向上的相对差异都需设计在要求的范围内。

在此类部件加工完成后,进行重量检测,保证部件的质量属性满足试验要求;对内外型面进行三坐标检测,成品还必须进行磁力探伤和射线探伤检查,杜绝其内部出现明显的不均匀、杂质和气泡,保证部件的密度基本一致和部件惯量满足要求。

5.4.3　应用实例

如图 5.43 所示,对弹类模型带应变天平和尾支撑状态下进行频率计算分析,在计算中进行了一定的简化:将弹类模型、天平、支杆合并为一个实体,材料统一简化为00Ni18Co8Mo5TiAl。从计算结果可以看出:模型系统整体一阶、二阶、三阶、四阶、五阶频率分别为 21.029 Hz、21.471 Hz、40.142 Hz、49.545 Hz、180.82 Hz。

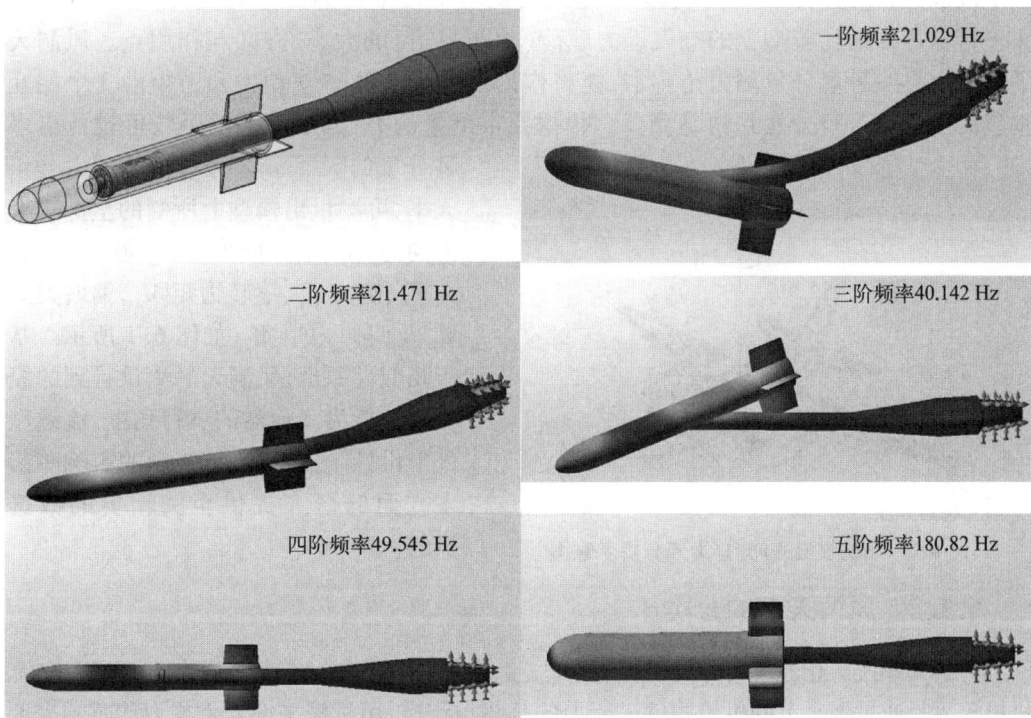

图 5.43　某模型整体在尾撑状态下 5 阶模态

第 5 章习题　　　　　第 5 章参考文献

第6章
风洞天平

6.1 概　述

6.1.1 风洞天平的用途

风洞是进行空气动力学研究与飞行器研制的最基本的试验设备。风洞试验是飞行器研制工作中一个不可缺少的组成部分,被誉为先进飞行器的"摇篮"。测力试验是风洞试验中最基本的试验项目。而风洞天平是测力试验中最重要的测量装置,用于测量作用在飞行器等的缩比模型上的空气动力载荷(力与力矩)的大小、方向与作用点。风洞天平实质上是一种多分量测力传感器,能将作用在模型上的空气动力和力矩沿 3 个相互垂直的坐标轴进行分解并精确测量。根据要求测量的力/力矩载荷的个数可设计出多种分量的天平。全分量天平即六分量天平,可测量出模型上所受的全部 3 个方向力和 3 个方向力矩,即阻力 F_x、升力 F_y、侧力 F_z、滚转力矩 M_x、偏航力矩 M_y 及俯仰力矩 M_z,如图 6.1 所示。基于相似性原理,风洞天平测量得到的模型载荷能为飞行器的飞行角度、流线型外形设计、气流对飞行控制的影响等诸多方面的研究提供至关重要的数据资料。

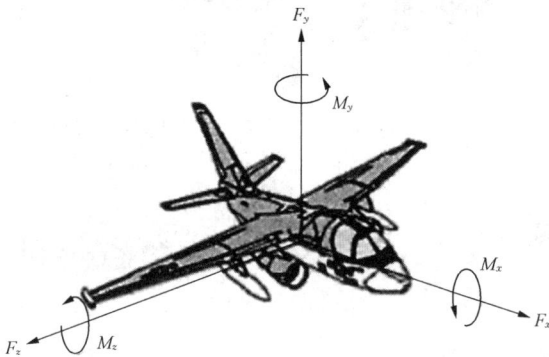

图6.1 飞机模型气动力/力矩分解示意图

6.1.2 风洞天平的分类

风洞天平按工作原理可分为机械天平、应变天平、压电天平、磁悬挂天平和光纤天平等。**机械天平**是通过天平上的机械构件进行力的分解与传递,用机械平衡元件或力传感器来测量作用在模型上的空气动力载荷的测力装置。**应变天平**是通过粘贴于天平弹性元件表面的应变计感应应变,再用应变计组成的惠斯通电桥来测量作用在模型上的空气动力载荷的测力装置。**压电天平**是通过天平上的压电元件的压电效应来测量作用在模型上的空气动力载荷的测力装置。**磁悬挂天平**是利用磁力将模型悬挂在风洞中,通过电流、位置测量来测量作用在模型上的空气动力载荷的测力装置。**光纤天平**类似于应变天平,通过粘贴于天平弹性元件表面的光纤传感器感应应变,测量作用在模型上的空气动力载荷的测力装置。

机械天平主要是在低速风洞中使用,其结构复杂,制造费用大,研制周期长,目前已基本被淘汰。应变天平体积小、质量轻、设计加工简单,不仅可测量作用在全模型上的空气动力与力矩,而且可测量作用在部件或外挂物等模型上空气动力和力矩,因此应变天平是目前高速与低速风洞中使用最广泛的空气动力测量装置。而压电天平、磁悬挂天平和光纤天平等主要应用于特种试验需求的情况。

根据不同的分类方法,风洞天平还可以按以下方式分类:

(1) 风洞天平按飞行器研制的不同要求,测力试验的种类不同可分为全模天平、半模天平、铰链力矩天平、动导天平、马格努斯天平和喷流天平等;

(2) 风洞天平按测量空气动力载荷分量的数目可分为单分量天平与多分量天平,一般在风洞试验中使用六分量天平(全分量天平);

(3) 风洞天平按天平与模型的位置关系可分为内式天平与外式天平。

6.1.3 风洞天平的发展

早在 1871 年,英国弗兰克·H. 韦纳姆建造了世界上第一座 0.457 m×0.457 m 低速风洞时,就研制了世界上第一台机械天平,用这台天平测量了作用在模型上的升力与阻力。1900 年,美国莱特兄弟在自己建造的一座 0.406 m×0.406 m 低速风洞中,用机械天平对 100 余种翼型进行了测力试验,测量了升阻比。这次风洞测力试验为莱特兄弟成功地完成世界上第一次载人动力飞行奠定了基础。飞行刺激了风洞与风洞天平的发展。俄国儒科夫斯基、德国普朗特和法国埃费尔等都先后建造过低速风洞,并配置了机械天平。

随着飞行器飞行速度的提高,气流可压缩的影响已不容忽视,为了研究飞行器高速飞行时的空气动力特性,早在 1920 年,美国就开始建造一座 $\phi0.356$ m 的亚声速风洞。从 20 世纪 40 年代末期到 50 年代初期,为了克服飞行器飞行时的"声障",1947 年,美国建成了世界上第一座 $\phi0.3$ m、马赫数 $Ma=0.97$ 的引导性跨声速风洞。在此基础上,1948 年,美国又建造了一座工业性跨声速风洞。到 20 世纪 50 年代末期,跨声速风洞有了迅速的发展。亚、跨、超声速风洞的发展,以及电阻应变测量技术和应变式力传感器研制技术的发展,促进了应变测量技术在风洞试验气动力测量中的应用,出现了应变式风洞天平。

从 20 世纪 60 年代中期开始,世界上新风洞的建造数量开始减少,工作重点放在对风洞进行技术改造,以提高综合试验能力,其中风洞测控系统(风洞天平是其重要的组成部分)与风洞试验技术是改造的主要内容。与此同时,为了满足飞行器发展的需要,保证风洞试验数据与飞行试验数据良好的相关性,世界各国又相继建造了一批高雷诺数风洞,如美国的 NTF 风洞、德国 DLR 与荷兰 NRL 合建的 DNW 风洞、英国的 RAE$\phi5$ m 增压风洞、法国的 ONERA F4 增压风洞与欧洲的 ETW 风洞等。另外,还建造了一批新型脉冲式地面试验设备。这一时期,风洞天平技术得到了全面发展,主要表现在:应变天平在低速风洞中被广泛应用;压电天平、磁悬挂天平技术得以发展;应变天平形成系列化、标准化与小型化;应变计技术、天平校准技术与天平加工技术迅速发展;有限元方法与优化设计方法在风洞天平设计中的应用等。1996 年 10 月和 1999 年 5 月分别在美国 NASA 兰利研究中心和英国 DERN 召开了首届和第二届国际应变天平会议,该会议一直延续至今,每两年举行一次用于国际上天平专业人员的技术交流,促进天平技术的发展。

我国风洞天平的发展是从 20 世纪 30 年代有了风洞后开始的。1936 年,我国第一座

$\phi 1.5\ \mathrm{m}$ 低速风洞在清华大学建成,该风洞配置了一台三分量挂线式机械天平。直至 1958 年,为适应我国航空工业发展的需要,沈阳空气动力研究所按照苏联中央流体研究院的"AT-1"风洞图纸建造 0.6 m×0.6 m 跨、超声速风洞,1960 年投入使用。与此同时,还按照苏联图纸仿制了我国第一台四分量外式应变天平,用于纵向测力试验。在此期间,北京空气动力研究所、哈尔滨军事工程学院与南京航空学院也开始建造 0.6 m×0.6 m 高速风洞,并仿制了四分量外式应变天平。从 20 世纪 60 年代开始,我国应变天平从仿制生产、仿制设计到自行设计。各风洞单位纷纷成立了专门的天平研究室(组),从事应变天平的设计与研究工作。1960 年,沈阳空气动力研究所在苏联专家季明柯夫的指导下,自行研制了我国第一台五分量内式应变天平(无轴向力分量),进行全机模型的横向测力试验。1965 年,我国开始自行研制六分量内式应变天平。从 20 世纪 70 年代开始,国内很多单位对六分量内式应变天平的轴向力元件的结构形式进行了深入的研究。另外,电火花与线切割等电加工技术及新材料得到了应用,大大提高了风洞天平的精度与准度。1977 年,沈阳空气动力研究所与哈尔滨空气动力研究所分别研制了六分量内式应变天平,并成功地在跨、超声速风洞中用于飞行器型号测力试验,标志着我国风洞天平技术进入了一个新的转折。这一年,在哈尔滨召开了首届全国风洞天平技术交流会。

随着我国航天事业的发展,脉冲型地面试验设备,如激波风洞等得到了应用。通常这些风洞运行时间短、冲击载荷大。压电天平较之应变天平有大的刚度、高的频响与宽的量程,适合于进行短时间的动态测量。1979 年与 1986 年,中国科学院力学研究所分别研制了我国第一台三分量压电式天平与六分量压电式天平,并成功地在激波风洞中用于测力试验。此后,中国空气动力研究与发展中心也在激波风洞中使用了压电天平。20 世纪 80 年代末期,我国开始研制磁悬挂天平。1990 年,台湾中山研究院研制了六分量磁悬挂天平。1995 年,中国国防科学技术大学也研制了磁悬挂天平。

6.1.4 风洞天平的工作特性

风洞天平实际上是一种多维测力传感器,它的输入量是作用在模型上的气动力,可分为定常气动力(静态量)与非定常气动力(动态量)两类。无论对定常气动力,还是对非定常气动力,风洞天平的输出量(电量或数字量)都应该准确地反映气动力的变化,这主要取决于风洞天平的静态特性与动态特性。

1. 风洞天平的静态特性

用风洞天平测量定常气动力载荷时,输出量与输入量之间的关系称为风洞天平的静态特性,风洞天平的主要静态特性如下。

(1)**灵敏度** 指风洞天平在稳定工作状态时,输出量的变化值与相应的输入量的变化值之比。

(2)**分辨率** 指风洞天平能测量到的最小载荷值,用天平设计量程的百分比表示。

(3)**线性度** 指风洞天平校准曲线与拟合直线之间的最大偏差,用天平设计量程的百分比表示。

(4)**滞后** 指风洞天平从零载荷开始,对天平施加单分量递增载荷到设计量程,再从设计量程递减到零载荷,由此得到的相同载荷点输出值之间的最大偏差,用天平设计量程输出值的百分比表示。

（5）**蠕变** 指风洞天平在恒定的环境条件下,对天平施加单分量设计量程时,30 min 内输出值的变化量,用天平设计量程输出值的百分比表示。

（6）**零漂** 指风洞天平及检测仪表预热 1 h 后,在零载与恒温情况下,30 min 内各分量输出值的变化量,用天平设计量程输出值的百分比表示。

（7）**综合加载重复性** 指风洞天平在静校时,各分量在设计量程范围内多次重复加载时,电桥输出值的标准偏差,用天平设计量程电桥输出值的百分比表示。

（8）**综合加载误差** 指风洞天平在静校时,各分量在设计量程范围内多组综合载荷,按天平校准公式求得的各分量测量值与所加的载荷基准值之差的标准偏差,用天平设计量程的百分比表示。

（9）**回零性** 指风洞天平从零载荷开始,对天平施加单分量递增载荷到设计量程,再从设计量程递减到零载荷,由此得到的零载荷点输出值之间的偏差,用天平设计量程输出值的百分比表示。

（10）**温漂** 指风洞天平在零载荷情况下,天平在使用环境温度范围内,每 10 K 温度变化所引起的各分量输出值的变化量,用天平设计量程输出值的百分比表示。

2. 风洞天平的动态特性

用风洞天平测量非定常气动力载荷时,输入量是随时间变化的,风洞天平对于随时间变化的输入量的响应特性称为风洞天平的动态特性。风洞天平动态特性是保证风洞天平系统稳定性,提高风洞天平测量精度的重要因素,风洞天平的主要动态特性如下。

（1）**频率特性** 指风洞天平的输入量随时间是正弦变化时,在稳定状态下的输出量与输入量之比。

（2）**阻尼特性** 指风洞天平输出量的振幅随周期的变化关系。通常用时间相差一个周期的两个相邻振幅之比的自然对数值来估量阻尼的大小。

（3）**动态响应时间** 指风洞天平从一个动态平衡状态变化到另一个动态平衡状态时,其过渡过程所持续的时间。

（4）**动稳定性** 指风洞天平在动态平衡状态下受到扰动后,恢复到原来动态平衡状态的能力。

6.2 机 械 天 平

机械天平是在低速风洞中使用的一种空气动力测量装置。

6.2.1 机械天平的特点

机械天平具有如下的特点:

（1）可较好地将作用在模型上的空气动力分解成各个空气动力分量,由每个平衡测量元件进行独立测量,因此有很高的测量精度;

（2）通过调整可使各个空气动力分量之间的相互干扰减到最小程度,因此有很高的测量准度;

（3）有较大的刚度,一般不需要对模型进行弹性角修正;

（4）有较宽的载荷测量范围,通过调整可有很高的灵敏度;

（5）受环境影响小，有较好的长期稳定性；

（6）除了测量空气动力外，还有在风洞中支撑模型与变更模型姿态角的功能；

（7）天平结构复杂，制造费用大，研制周期长。

从20世纪70年代开始，在低速风洞中逐渐应用应变天平。由于机械天平具有上述特点，它仍然是一种重要的空气动力测量手段。我国机械天平主要发展机械天平电信号输出技术：先后将游码式平衡测量元件改造为电磁式平衡测量元件与应变式平衡测量元件。机械天平电信号输出技术为低速风洞实现数据采集与处理自动化打下了基础。此后，通常将机械天平改造为机械应变式天平。

6.2.2 机械天平的分类

通常，机械天平按结构形式进行分类，主要可分为塔式机械天平与台式机械天平。

1. 塔式机械天平

塔式机械天平是有塔形结构的机械天平（图6.2），塔形结构由吊挂力矩平台的4根（或3根）斜置弹性拉杆（斜吊线）与力矩平台组成。斜吊线中心线的延长线汇交于 O 点（塔心），塔心是力与力矩的分解中心。

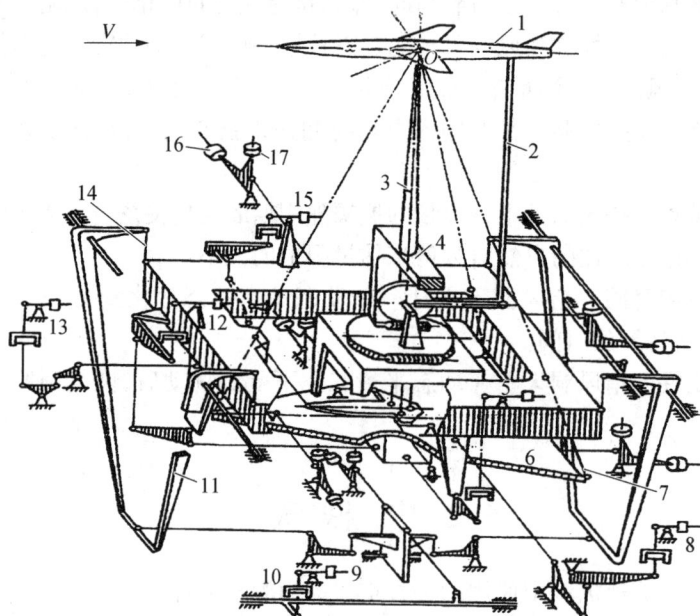

图6.2 塔式机械天平[1]

1. 模型；2. 尾支杆；3. 前支架；4. 支架导轨；5. 滚转力矩元件；6. 力矩平台；7. 力矩平台斜吊线；8. 侧向力元件；9. 升力元件；10. 应变测力环；11. 升力摇臂；12. 俯仰力矩元件；13. 阻力元件；14. 力平台垂直吊线；15. 偏航力矩元件；16. 平衡配重；17. 灵敏度配重

2. 台式机械天平

台式机械天平是将力平台与力矩平台分别用4根垂直弹性拉杆（平移拉杆）悬挂起来，并在力与力矩的传力系统中设置了消扰机构的机械天平（图6.3）。天平竖轴与力矩平台各分量系统的第一级拉杆引出线组成的平面的交点是力与力矩的分解中心。

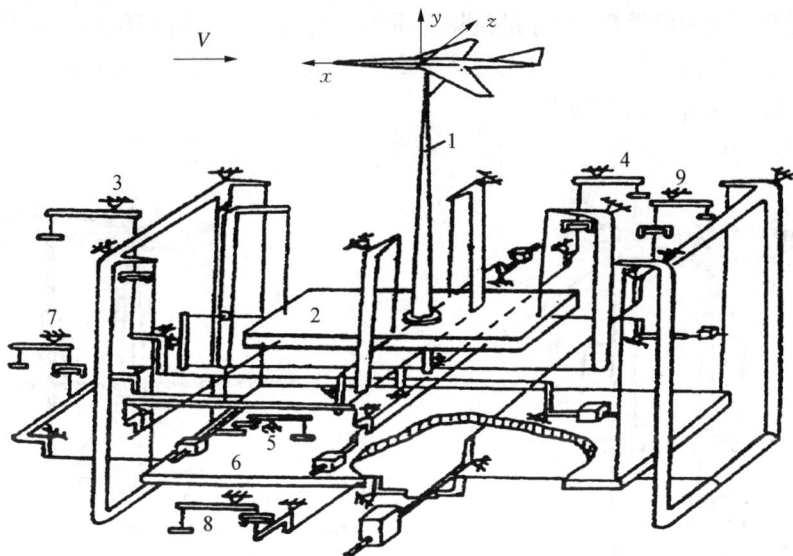

图 6.3　台式机械天平[1]

1. 支杆；2. 力矩平台；3. 俯仰力矩元件；4. 滚转力矩元件；5. 偏航力矩元件；6. 力平台；7. 阻力元件；8. 侧向力元件；9. 升力元件

6.2.3　机械天平的原理

1. 力与力矩的分解原理

根据运动学原理，为了准确测量作用在试验模型上的空气动力载荷，即 3 个力（阻力 F_{xa}、升力 F_{ya}、侧力 F_{za}）与 3 个力矩（滚转力矩 M_{xa}、偏航力矩 M_{ya}、俯仰力矩 M_{za}），要求天平系统具有与各个力与力矩分量相应的自由度，只有这样，才能将天平受到的空气动力载荷按不同方向进行分解。当天平的各个分量只保证提供与欲测量的分量相应的自由度时，天平各分量系统就能独立地传递力与力矩。一般，机械天平用力平台与力矩平台进行力与力矩的分解。力平台有 3 个在坐标系方向上的位移自由度，提供 3 个力的测量。力矩平台相对力平台有 3 个绕坐标轴方向转动的自由度，提供 3 个力矩的测量。为了减少各分量之间的干扰，机械天平在结构上还要采取消扰措施。

2. 力与力矩的测量原理

机械天平是根据静力学平衡原理进行测量，当采用游码式平衡测量元件时，可看成是一种零位测量，当采用应变式平衡测量元件时，则看成是一种变形测量。

6.2.4　机械天平的组成

机械天平主要由模型支撑系统、模型姿态角机构、力与力矩分解机构、传力系统和平衡测量元件等组成。下面以塔式机械天平为例进行分析和讲解。

1. 模型支撑系统

机械天平的模型支撑系统用于在风洞中支撑试验模型，主要采用硬架式腹部支撑（图6.4），需要考虑支杆截面的形状。纵向三分量机械天平的支杆不随模型转动，截面形状可用对称翼型，从而减少支杆的阻力与支架对模型上的空气动力的干扰。由于横向试验时，支杆要随着模型改变侧滑角,六分量机械天平的支杆截面一般选用圆形。但是圆截面支杆容易产生不稳定的气流分离,造成测量误差,因此可用多边形截面形状的支杆或将圆截面形状的支杆表面进行滚花处理。

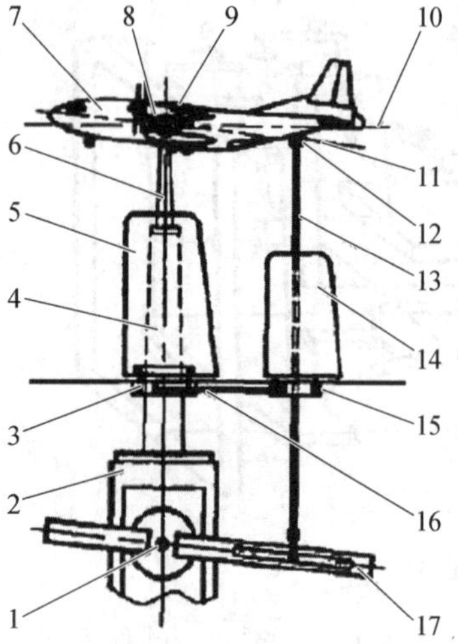

图 6.4　机械天平的模型支撑系统[2]

1. 迎角机构蜗轮中心;2. 支架导轨;
3. 主风挡座;4. 主支杆下段;5. 主风挡;6. 主支杆;7. 模型;8. 主接头;
9. 主接头销轴;10. 风洞水平中心线;
11. 尾接头;12. 尾接头销轴;13. 尾支杆;14. 尾风挡;15. 尾风挡座;16. 风挡连杆;17. 尾连杆

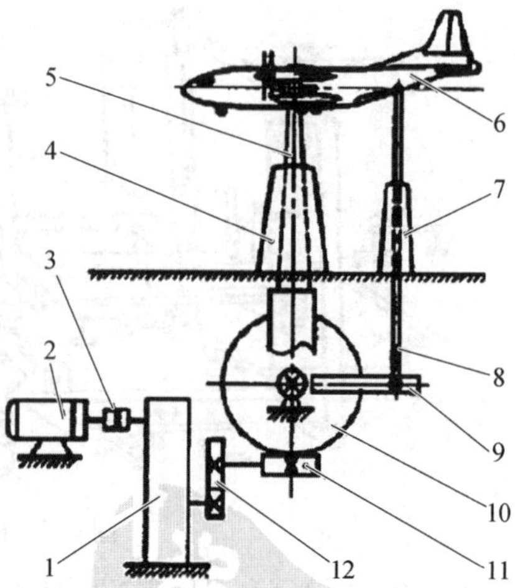

图 6.5　机械天平的迎角机构[2]

1. 减速器;2. 电机;3. 联轴节及制动器;
4. 主风挡;5. 主支杆;6. 模型;7. 尾风挡;
8. 尾支杆;9. 尾连杆;10. 蜗轮;11. 蜗杆;
12. 齿轮

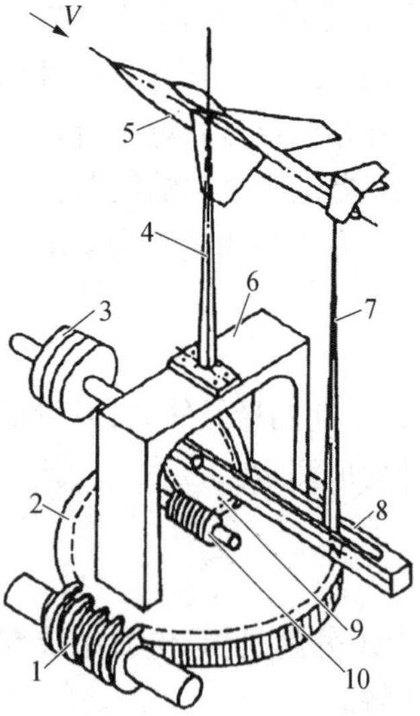

图 6.6　机械天平的侧滑角机构[2]

1. 侧滑角机构蜗杆;2. 侧滑角机构蜗轮;3. 平衡配重;4. 主支杆;5. 模型;
6. 龙门架;7. 尾支杆;8. 尾连杆;
9. 迎角机构蜗轮;10. 迎角机构蜗杆

2. 模型姿态角机构

机械天平的模型姿态角机构包括迎角机构和侧滑角机构,分别用于改变模型的迎角和侧滑角。模型姿态角机构要有足够的刚度,以保证模型的正确姿态。六分量塔式机械天平的迎角机构一般设置在力矩平台上。当侧滑角机构也设置在力矩平台上时,迎角机构则设置在侧滑角机构的转台上。图 6.5 是一种设置在力矩平台上的迎角机构。模型、主支杆、尾支杆与尾连杆构成一个平行四边形机构,用电机通过减速器带动齿轮、蜗杆与蜗轮转动,蜗轮带动尾连杆绕蜗轮中心转动,使尾支杆作上下转动,以改变模型迎角。

图 6.6 是一种设置在力矩平台上的侧滑角机构,用电机通过减速器带动齿轮、蜗杆、蜗轮与转盘绕天平竖轴(y 轴)旋转。侧滑角机构带着迎角机构、模型支撑系统与模型一起转动。在此过程中,机械天平 6 个分量的测量系统不动,因此,天平测得的是模型在气流坐标系中的空气动力 6 个分量。

3. 力与力矩分解机构

塔式机械天平力与力矩的分解是分别由力平台与力矩平台来完成的(图6.7)。

力矩平台通过4根(或3根)斜置的弹性拉杆(斜吊线)悬挂在力平台上,组成塔形机构。塔心是天平的力矩参考中心,一般模型的力矩参考中心与塔心重合。当作用在模型上的空气动力载荷通过模型支撑系统与模型姿态角机构传递到力矩平台上时,俯仰力矩 M_{za} 使力矩平台绕通过塔心的横轴(z 轴)转动,滚转力矩 M_{xa} 使力矩平台绕通过塔心的纵轴(x 轴)转动,偏航力矩 M_{ya} 使力矩平台绕通过塔心的竖轴(y 轴)转动,从而实现对力矩的分解。塔形机构除了实现对力矩的分解外,还有消除力对力矩干扰的

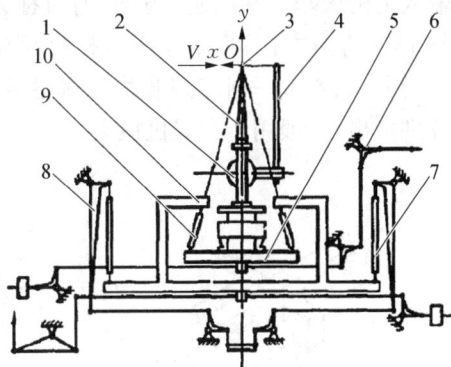

图 6.7　塔式机械天平的力与力矩分解机构[2]

1. 迎角机构;2. 主支杆;3. 塔心;4. 尾支杆;
5. 力矩平台;6. 传力系统;7. 平移吊线;8. 升力大摇臂;9. 斜吊线;10. 力平台

作用。当斜吊线的延长线交于塔心 O 时,模型在阻力 F_{xa}、升力 F_{ya} 和侧力 F_{za} 三个力的作用下,斜吊线的支反力与作用力将通过塔心构成平衡的空间共点力系,因此,力矩平台不会转动,从而保证力对力矩不发生干扰。

力平台通过四根垂直的弹性拉杆(平移吊线)悬挂在升力大摇臂上,组成平移机构。当作用在模型上的空气动力载荷通过模型支撑系统、模型姿态角机构和力矩平台传递到力平台上时,阻力 F_{xa} 使力平台向后移动,侧力 F_{za} 使力平台向左或向右移动,升力 F_{ya} 使力平台上下浮动,从而实现对力的分解。同时,3 个力矩分量的传力系统均设置在力平台上,因此 3 个力矩在力平台上产生的力构成力平台的内力相互平衡,不会产生对力的干扰。

4. 传力系统

在机械天平的力平台或力矩平台与每个分量的平衡测量元件之间,分别都有一套传力系统。传力系统主要由弹性拉杆、杠杆、配重等构件组成。它的作用是将力平台与力矩平台所分解出来的力与力矩经过弹性拉杆、杠杆等构件改变方向与大小,并传递到天平各个分量的平衡测量元件上,进行力与力矩的测量。

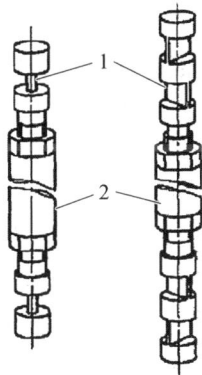

图 6.8　机械天平的弹性拉杆[2]

1. 弹性元件;2. 刚性杆

弹性拉杆是传力系统中的连接构件,通常由设置在弹性拉杆中间的刚性杆与设置在弹性拉杆两端的弹性元件组成(图6.8)。为了减小变形、减轻重量,刚性杆一般采用圆管。弹性拉杆两端的弹性元件可采用细颈弹性圆棒,也可采用串联的正交双向片状弹性元件,使弹性拉杆具有 5 个自由度,只传递轴向的载荷。

杠杆的作用是改变力的大小与方向,将机械天平的力平台与力矩平台所分解出来的力与力矩进行合成、分解或单向传递。在机械天平中采用各种形式的杠杆,如图6.9所示,图(a)所示杠杆可改变输入力的大小,但是不改变力的方向;图(b)所示杠杆可同时改变

输入力的大小与90°的力方向(有时称为摇臂);图(c)所示杠杆可同时改变输入力的大小与180°的力方向;图(d)所示杠杆可将两个同向的输入力之和合成为一个力输出;图(e)所示杠杆是一种带双自由度弹性支承的联动杠杆,可将两个同向的输入力之和与差分别输出,一般用于台式机械天平。

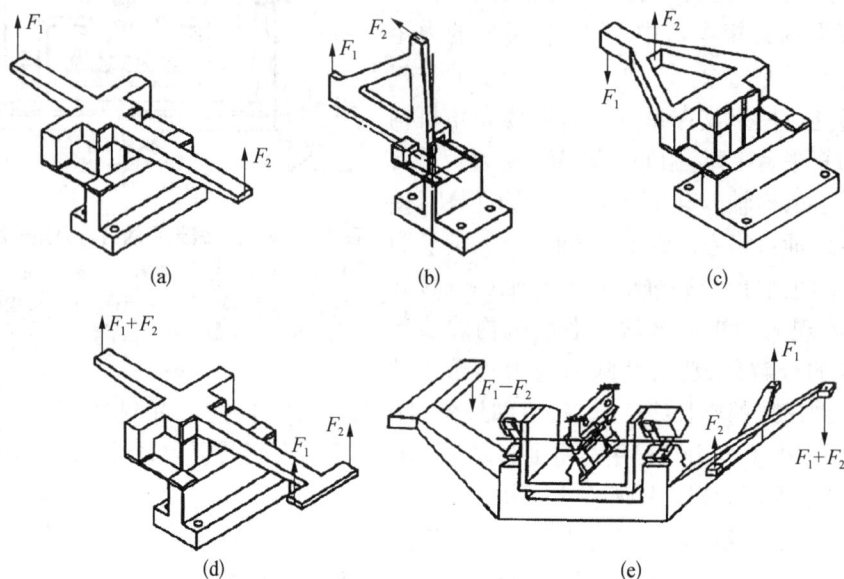

(a) (b) (c)

(d) (e)

图6.9 机械天平的杠杆[2]

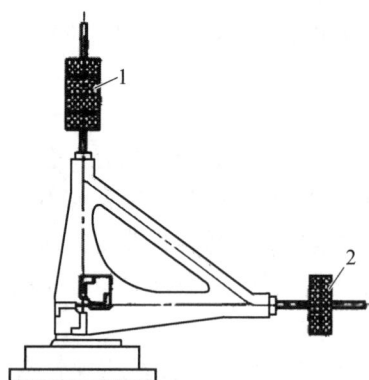

图6.10 机械天平的配重[2]
1. 灵敏度配重;2. 预紧配重

传力系统中有两种配重(图6.10)。一种是预紧配重,水平设置在各个分量传力系统的另一端的末级预紧杠杆上,它的作用是通过调节预紧配重的水平位置,来保证传力系统中的弹性拉杆在载荷作用下都受拉,不受压;另一种是灵敏度配重,垂直设置在末级预紧杠杆上,它的作用是通过调节灵敏度配重的质心高度,来改变系统的稳定性,提高灵敏度。

塔式机械天平力矩分量的传力系统是从力矩平台引出的,固定于力平台上(图6.11);力分量的传力系统是从力平台引出的(图6.12)。

5. 平衡测量元件

机械天平的平衡测量元件在发展过程中包括游码式元件、电磁式元件、电码盘式元件与应变式元件等形式。目前,主要使用应变式元件。应变式元件(力传感器)是利用弹性元件变形(应变)来测量外力的大小。通常,机械天平中采用环式弹性元件[简称应变环,图6.13(a)]或框式弹性元件[简称应变框,图6.13(b)]。当应变环受拉或受压时,在外载荷较大的情况下,应变输出会出现明显的非线性变化,因此要采用拉压式应变环来改善非线性输出。

采用应变式元件后有如下的优点:① 可简化机械天平的传力系统;② 输出电信号,

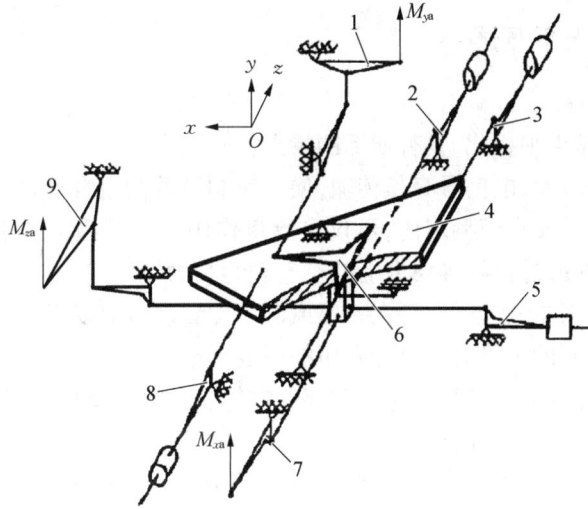

图 6.11　塔式机械天平力矩分量的传力系统[2]

1. 偏航力矩传力系统；2. 滚转力矩配重系统；3、8. 偏航力矩配重系统；
4. 力矩平台；5. 俯仰力矩配重系统；6. T 字架；7. 滚转力矩传力系统；9. 俯
仰力矩传力系统

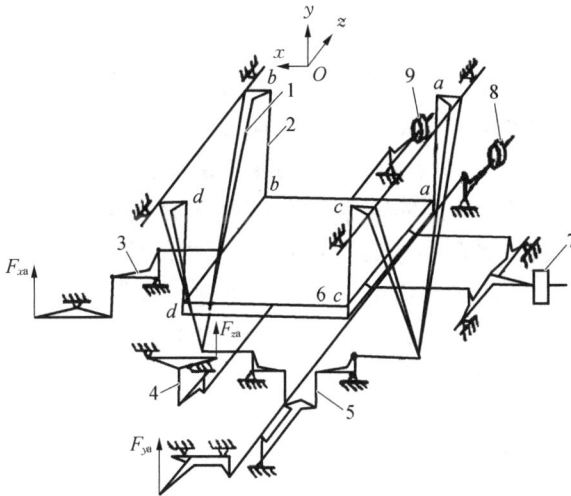

图 6.12　塔式机械天平力分量的传力系统[2]

1. 升力大摇臂；2. 平移吊线；3. 阻力传力系统；4. 侧力传力
系统；5. 升力传力系统；6. 力平台；7. 阻力双拉杆配重系统；
8. 升力配重系统；9. 侧力配重系统

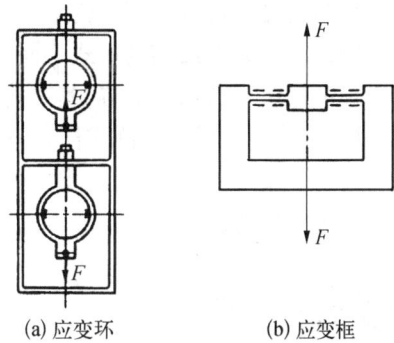

(a) 应变环　　　　(b) 应变框

图 6.13　应变式平衡测量元件[2]

便于自动采集与处理；③ 缩短平衡时间，提高吹风试验效率；④ 每个分量可选用不同量程的应变式元件，从而保证有足够的精度与灵敏度。

6.3　应 变 天 平

应变天平是一种单分量或多分量的应变式力传感器，是目前高速与低速风洞中使用最广泛的空气动力测量装置。

6.3.1 应变天平概述

1. 应变天平的特点

应变天平与机械天平相比,具有如下的特点:

(1) 质量轻,响应快,电信号容易传输,便于风洞试验测量自动化;

(2) 体积小,可放置在模型腔内,不仅可测量作用在全模型上的空气动力与力矩,而且可测量作用在部件或外挂物等模型上的空气动力与力矩;

(3) 设计、加工简单,成本低,可在一座风洞中配置多台应变天平,实现尺寸与载荷的系列化,也可根据不同的试验对象设计专用的应变天平;

(4) 可适用于尾部支撑、腹部支撑、背部支撑等各种模型支撑方式,使用方便,适用性强,能满足不同类型风洞试验的要求;

(5) 一般用于模型的静态测力试验,有些特种应变天平也可用于模型的动态测力试验。

2. 应变天平的分类

通常,应变天平按结构形式进行分类,可主要分为杆式应变天平、盒式应变天平与特殊结构形式应变天平。

1) 杆式应变天平

杆式应变天平是最常用的应变天平结构形式。杆式应变天平的外形一般为圆柱形,也有方柱形。杆式应变天平一端与模型连接,称为模型端;另一端与支杆连接,称为支杆端。在两端之间设置不同结构形式的天平元件,用于测量不同分量的载荷。

杆式应变天平按结构形式不同可进一步分为整体式与套筒式两种。整体式杆式应变天平是由整块材料加工而成,其结构紧凑,机械滞后小,是目前广泛采用的杆式应变天平结构形式(图6.14)。套筒式杆式应变天平由两个同轴的内外套筒通过焊接等方式组成;外套筒与模型连接,内套筒与支杆连接;天平元件可以是连接在两个套筒之间的部分,也可以直接在外套筒上加工而成(图6.15)。

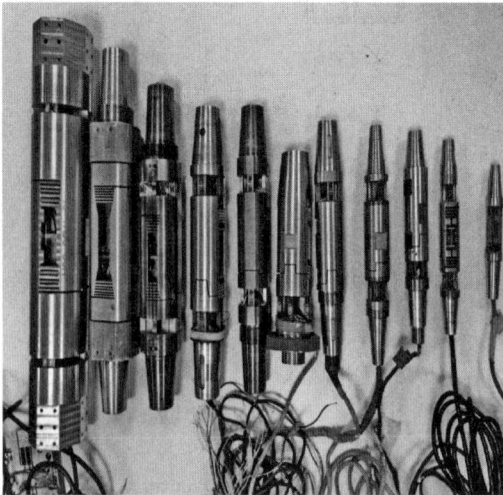

图 6.14 整体式杆式应变天平

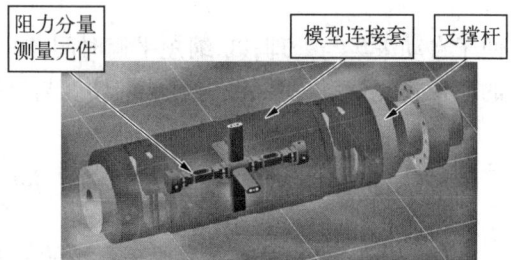

阻力分量测量元件 模型连接套 支撑杆

图 6.15 套筒式杆式应变天平

2）盒式应变天平

盒式应变天平由浮动框、固定框、弹性拉杆及天平元件组成。浮动框与模型连接,固定框与支撑连接,两个框体之间用多个弹性拉杆及天平元件连接,弹性拉杆起到力与力矩的机械分解作用。与杆式应变天平相比,盒式应变天平刚度大,而且力与力矩的机械分解彻底,因而干扰量小。

盒式应变天平按结构形式可进一步分为整体式与装配式两种。整体式盒式应变天平的尺寸小,由整块材料加工而成,其结构紧凑,机械滞后小(图6.16)。装配式盒式应变天平的尺寸大,天平元件可被成品的力传感器替代(图6.17)。

图6.16　整体式盒式应变天平

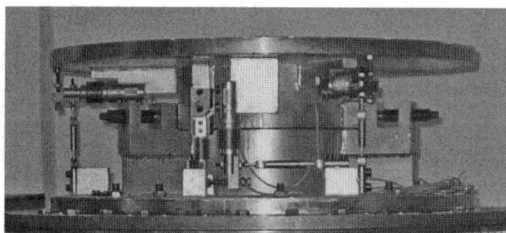

图6.17　装配式盒式应变天平

3）特殊结构形式应变天平

应变天平除了杆式应变天平与盒式应变天平外,还有片式应变天平(图6.18)、抱轴式应变天平(图6.19)与轮辐式应变天平(图6.20)等。它们主要用于特种测力风洞试验。

图6.18　片式应变天平

3. 应变天平的原理

1）应变天平的测量原理

应变天平由天平元件(弹性元件)、应变计与测量电路(测量电桥)组成。风洞测力试验时,应变天平承受作用在模型上的空气动力载荷,并且把它传递到支撑系统上,天平元件在空气动力载荷作用下产生变形,其应变与外力大小成正比。应变计粘贴在天平元件表面上,跟随天平元件变形,同时变形使其电阻值发生变化。电阻值的变化由应变计组成

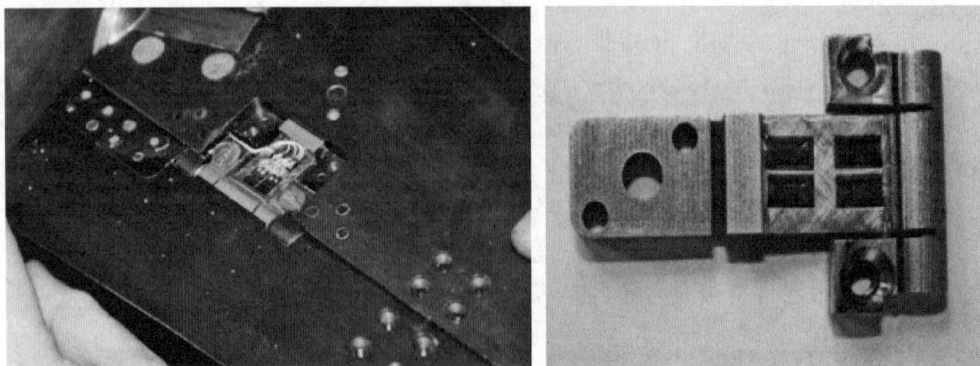

图 6.19 抱轴式应变天平

图 6.20 轮辐式应变天平[3]

的惠斯通全桥测量电路转化成电压变化,该电压变化与应变天平所受的空气动力载荷值成正比。将电压信号进行 A/D 转换后,通过计算机处理,即可得到作用在模型上的空气动力与力矩(图 6.21)。

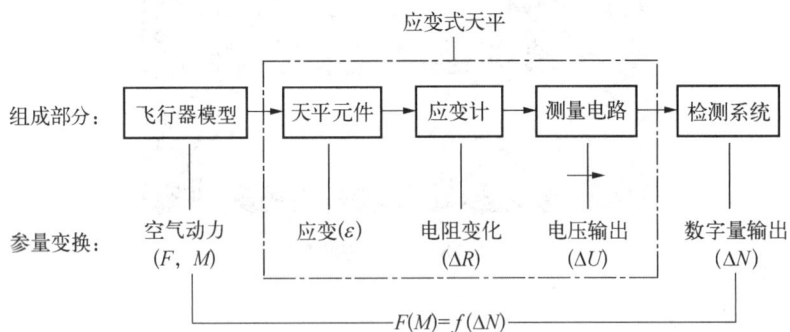

图 6.21 应变天平的测量原理

a. 天平元件应变

以应变天平最基本的悬臂梁元件为例进行说明(图 6.22),在悬臂梁的自由端施加垂直于悬臂梁轴线向上的力 F,梁的上表面产生压应变(并排粘贴 R_1 和 R_3 两个应变计),梁的下表面产生拉应变(并排粘贴 R_2 和 R_4 两个应变计)。当受力产生的应力在材料的弹性极限内时,应变与力的大小成正比,应变 $\varepsilon = FL/(EW)$,其中, L 是悬臂梁元件的长度; E 是材料的弹性模量; W 是悬臂梁的抗弯截面系数。

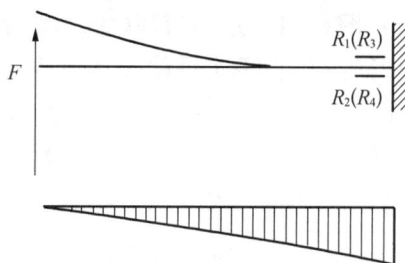

图 6.22　悬臂梁元件的受力和弯矩图

b. 应变计电阻变化

应变计(俗称应变片)是应变天平的重要组成部分。早在 19 世纪 50 年代,美国一位科学家在进行金属丝的拉伸试验时发现,金属丝的应变与其电阻值的变化有一定的函数关系。从而奠定了用电测方法测量材料应变进而测量载荷的理论基础。进入 20 世纪 30 年代,美国人根据上述发现,研制了纸基丝绕式 SR4 型电阻应变计,并很快被应用于对载荷的测量中,出现了应变式负荷传感器和应变天平。20 世纪 50 年代美国学者利用光刻技术首先研制了箔式应变计,在塑料薄膜的基底(15~16 μm)上固定由薄金属箔材制成的敏感栅(3~6 μm),然后再覆盖上一层薄膜做成叠层构造(图 6.23)。

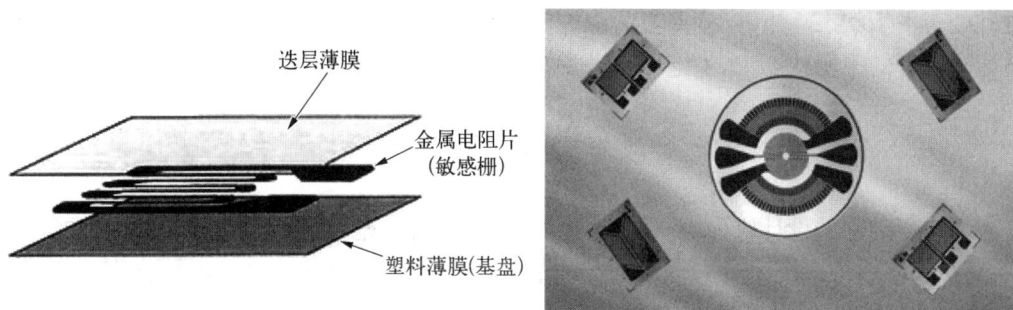

图 6.23　应变计的构造

将应变计应用粘贴胶固定在被测定物上,使其随着被测定物的应变一起伸缩,这样里面的金属箔材就随着应变伸长或缩短。很多金属在机械性地伸长或缩短时其电阻会随之变化。应变计就是应用这个原理,通过测量电阻的变化而对应变进行测定。一般应变计的敏感栅是铜铬合金,其电阻变化率为常数,与应变成正比例关系,即

$$\frac{\Delta R}{R} = K \times \varepsilon$$

式中, R 为应变计原电阻值,单位为 Ω ; ΔR 为伸长或压缩所引起的电阻变化,单位为 Ω ; K 为应变计的灵敏度系数(常数); ε 为应变。不同的金属材料有不同的灵敏度系数 K ,铜铬合金的 K 值约为 2。这样,应变的测量就通过应变计转换为对电阻变化的测量。

c. 惠斯通电桥

应变计跟随应变天平的弹性元件变形而变形,将引起电阻值的变化,这种电阻值的变化要通过测量电桥转换为电信号。应变天平使用的测量电桥是惠斯通电桥。惠斯通电桥将应变计的电阻变化值转换为电压变化值。惠斯通电桥具有灵敏度高、测量范围宽、电路结构简单与测量精度高等优点。根据应变计在桥臂中的数量,应变测量电桥可有单臂电

桥[图 6.24(a)]、双臂电桥[半桥,图 6.24(b)]与四臂电桥[全桥,图 6.24(c)]三种。其中,$R_1 \sim R_4$ 为四个桥臂;U 为电桥电压(或称桥压);ΔU 为电桥输出电压。

$$\Delta U = \frac{R_1 R_3 - R_2 R_4}{(R_1 + R_2)(R_3 + R_4)} U$$

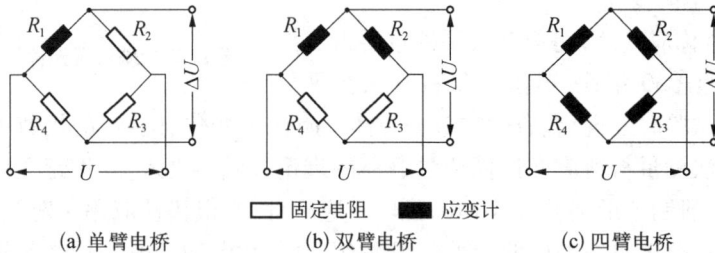

(a) 单臂电桥　　　(b) 双臂电桥　　　(c) 四臂电桥

□ 固定电阻　■ 应变计

图 6.24　惠斯通电桥[2]

当电桥的各臂电阻最初满足 $R_1 = R_3 = R_2 = R_4 = R$ 时,则电桥的输出电压 $\Delta U = 0$,即电桥处于平衡状态。当 R_1 桥臂上的应变计感受弹性元件变形,产生电阻增量 ΔR 时,则破坏了原有的平衡状态,产生电压输出为

$$\Delta U = \frac{\Delta R}{4R}\left(1 + \frac{\Delta R}{2R}\right)^{-1} U$$

又因为应变天平的设计应变 ε 一般仅在 $150 \sim 1\,000\ \mu\varepsilon$ 范围,应变计的灵敏度系数一般 $K = 2$,所以上式中:

$$\frac{\Delta R}{2R} = \frac{1}{2} K\varepsilon = \frac{1}{2} \times 2 \times (150 \sim 1\,000) \times 10^{-6} = 0.000\,15 \sim 0.001$$

与 1 相比可忽略不计。则可以得出单臂电桥工作时的电压信号输出公式:

$$\Delta U = \frac{\Delta R}{4R}\left(1 + \frac{\Delta R}{2R}\right)^{-1} U \doteq \frac{\Delta R}{4R} U$$

同理,可推导出半桥工作时与全桥工作时的电压信号输出公式,分别为

$$\Delta U = \frac{\Delta R}{2R} U;\ \Delta U = \frac{\Delta R}{R} U$$

必须指出,上述半桥和全桥电压输出公式是以相邻桥臂应变计电阻变化大小相等,极性相反,而相对桥臂应变计电阻变化大小相等,极性相同为前提,即

$$\Delta R_1 = \Delta R_3 = -\Delta R_2 = -\Delta R_4 = \Delta R$$

应变天平测量电路一般采用以上的全桥电路,在相同应变计灵敏度系数 K 与供桥电压 U 下,全桥电路可增加信号输出,可减少天平各分量之间的相互干扰,同时还可减少天平各分量的温度效应的影响。

2）应变天平力与力矩的分解原理

应变天平力与力矩的分解是采用两种方式一起实现的。一种方式：通过设计不同结构形式的弹性元件，力求使它们在空气动力载荷的作用下，对各自欲测量分量的载荷敏感，产生相对明显的变形（应变），而对其他分量的载荷不敏感，不产生或产生尽量小的变形（应变），实现结构上对力与力矩的机械分解或部分机械分解。另一种方式：通过各分量的应变计粘贴位置的选择以及惠斯通全桥测量电路的设置，使其他分量的载荷在该分量元件上所产生的变形（应变）不改变电桥的平衡状态，实现力与力矩的电气分解。

a. 杆式应变天平力与力矩的分解

图 6.25 是一台典型的六分量杆式应变天平，测量轴向力 X_b 的竖直梁弹性元件布置在天平中间部位，两端布置其他 5 个分量的三柱梁测量元件（法向力 Y_b、俯仰力矩 M_z、侧向力 Z_b、偏航力矩 M_y 和滚转力矩 M_x）。

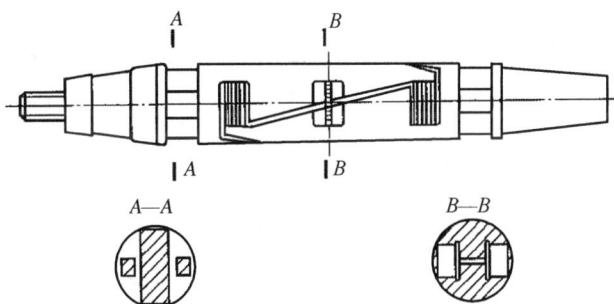

图 6.25　六分量杆式应变天平

以轴向力 X_b 的弹性元件、应变计粘贴位置的选择和惠斯通全桥测量电路设置为例说明杆式应变天平力与力矩的电气分解原理。轴向力 X_b 的弹性元件选用端部只能移动而不能转动的竖直梁式元件。在轴向力 X_b 作用下产生双弯曲变形，它的简化受力形式见图 6.26(a)。

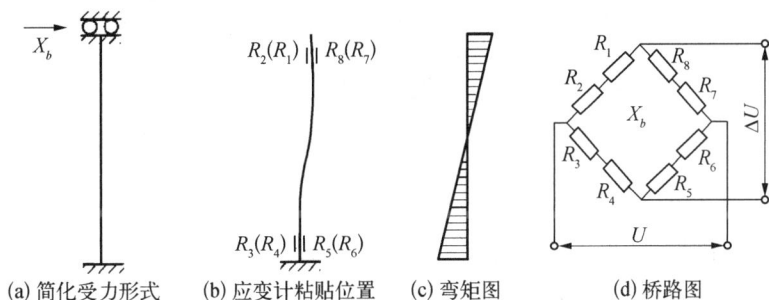

(a) 简化受力形式　　(b) 应变计粘贴位置　　(c) 弯矩图　　(d) 桥路图

图 6.26　轴向力弹性元件应变计粘贴位置和桥路图

应变计粘贴在天平元件承受的最大弯矩处，应变计粘贴位置见图 6.26(b)，弯矩图如图 6.26(c)所示。将粘贴的应变计组成轴向力 X_b 的惠斯通全桥测量电路，桥路图如图 6.26(d)所示。当天平受轴向力 X_b 作用时，各个应变计电阻变化量为

$$-\Delta R_1 = -\Delta R_2 = -\Delta R_5 = -\Delta R_6 = \Delta R_3 = \Delta R_4 = \Delta R_7 = \Delta R_8 = \Delta R$$

则测量桥路输出:

$$\Delta U = \frac{\Delta R}{R} U$$

在其他 5 个分量作用下,轴向力 X_b 元件受力情况见图 6.27。其中受法向力 Y_b 作用时,竖直梁式元件受拉或受压,各个应变计电阻变化量为

$$\Delta R_1 = \Delta R_2 = \Delta R_5 = \Delta R_6 = \Delta R_3 = \Delta R_4 = \Delta R_7 = \Delta R_8 = \Delta R$$

因此桥路无输出;在俯仰力矩 M_z 和侧向力 Z_b 作用下,理论上各个应变计电阻无变化,桥路无输出;在偏航力矩 M_y 作用下,各个应变计电阻变化量为

$$\Delta R_1 = -\Delta R_2 = -\Delta R_5 = \Delta R_6 = \Delta R_3 = -\Delta R_4 = -\Delta R_7 = \Delta R_8 = \Delta R$$

因此桥路无输出;在滚转力矩 M_x 作用下,各个应变计电阻变化量为

$$\Delta R_1 = -\Delta R_2 = -\Delta R_5 = \Delta R_6 = -\Delta R_3 = \Delta R_4 = \Delta R_7 = -\Delta R_8 = \Delta R$$

因此桥路无输出。

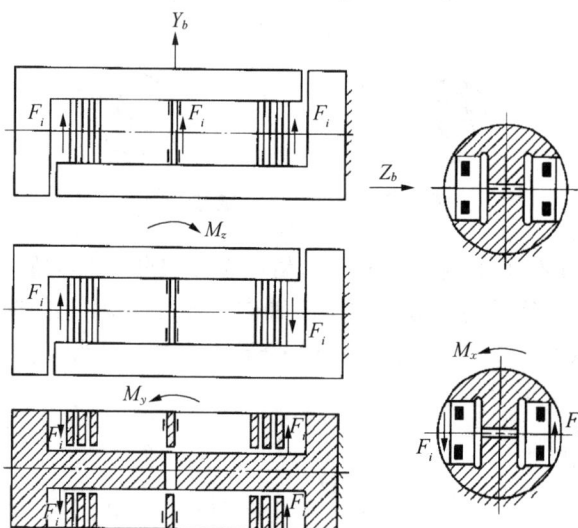

图 6.27　轴向力元件在其他 5 个分量载荷作用下的受力情况

可见该六分量杆式应变天平通过合理的轴向力元件设计、应变计粘贴位置选择和惠斯通全桥测量电路设置,实现了轴向力相对于其他 5 个分量的电气分解。

b. 盒式应变天平力与力矩的分解原理

一台六分量盒式应变天平一般在固定框上设置 8 个悬臂梁式测量元件,测量元件另一端通过弹性连杆与浮动框相连。弹性拉杆在法向力 Y_b 方向上布置 4 根,用来传递法向力 Y_b、俯仰力矩 M_z 和滚转力矩 M_x 作用时产生的力;在侧向力 Z_b 方向上布置两根,用来传递侧向力 Z_b 和偏航力矩 M_y 作用时产生的力;在轴向力 X_b 方向上布置两根,用来传递轴向力 X_b 和偏航力矩 M_y 作用时产生的力。弹性拉杆两端分别布置一个双向消扰弹性铰链,它提供的两个横向自由度排除了其他两个方向力的作用,使弹性拉杆只能传递沿着拉杆轴向

的拉或压力,因此与其相连接的悬臂梁式测量元件只能感受到欲测量分量载荷的作用(测量元件是弯曲变形),达到法向力 Y_b、俯仰力矩 M_z、滚转力矩 M_x 与轴向力 X_b、侧向力 Z_b、偏航力矩 M_y 分量之间以及轴向力 X_b 与侧向力 Z_b 分量之间的机械分解的目的(图 6.28)。

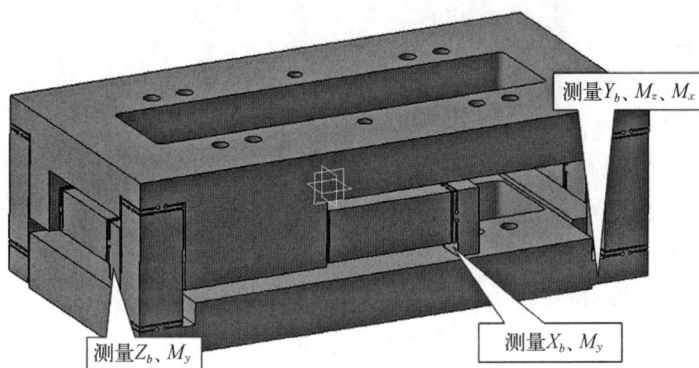

图 6.28 六分量盒式应变天平

在六分量盒式应变天平的 8 个悬臂梁式测量元件上分别粘贴 4 个应变计,并组成各自的测量电桥(图 6.29)。

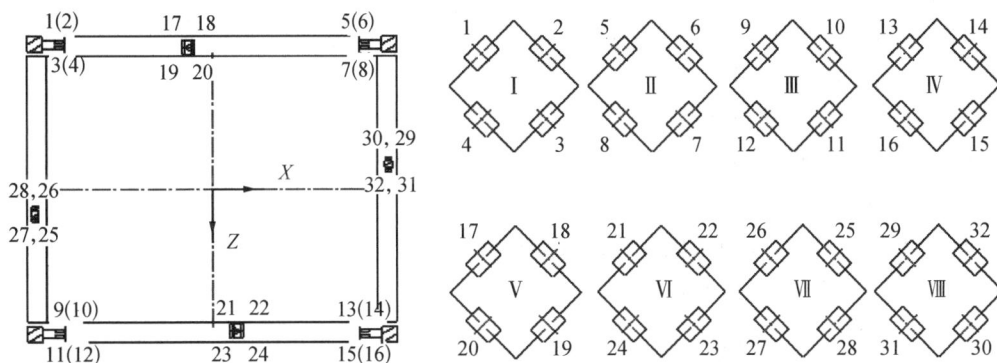

图 6.29 六分量盒式应变天平的桥路图

对竖直四个测量电桥的输出(法向力 Y_b 方向)进行加减组合,实现对法向力 Y_b、俯仰力矩 M_z 和滚转力矩 M_x 各分量之间的电气分解;同时,对横向 4 个测量电桥输出(侧向力 Z_b 方向 2 个及轴向力 X_b 方向 2 个)进行加减组合,实现对轴向力 X_b、侧向力 Z_b、偏航力矩 M_y 各分量之间的电气分解:

$$U_Y = U_{I} + U_{II} + U_{III} + U_{IV}$$

$$U_{M_z} = U_{I} + U_{III} - U_{II} - U_{IV}$$

$$U_{M_x} = U_{I} + U_{II} - U_{III} - U_{IV}$$

$$U_X = U_{V} + U_{VI}$$

$$U_Z = U_{VII} + U_{VIII}$$

$$U_{M_y} = U_{V} - U_{VI} + U_{VII} - U_{VIII}$$

可见,盒式应变天平应用弹性拉杆和桥路组合分别实现了力与力矩的机械分解与电气分解。

6.3.2　应变天平设计

1. 应变天平设计的输入条件

应变天平设计时,首先应根据天平的用途确定如下的输入条件:

(1) 天平测量分量数及设计量程;

(2) 天平允许的最大几何尺寸;

(3) 天平与模型端及支撑端的连接形式及连接尺寸;

(4) 天平校准的综合加载重复性与综合加载误差的要求;

(5) 模型质量、质心位置及力矩参考中心的位置;

(6) 天平工作环境温度、湿度与压力变化范围;

(7) 风洞类型、试验马赫数范围与冲击因子值(强度校验);

(8) 风洞气流脉动频率;

(9) 其他特殊要求。

然后,再按下列的设计程序进行应变天平设计:

(1) 天平总体设计:

(2) 天平结构设计;

(3) 天平连接方式设计;

(4) 天平测量电路设计;

(5) 编写天平设计报告。

2. 应变天平的设计要求

应变天平设计时,要遵循如下的设计要求。

(1) 应变天平要有高的应变输出。

应变天平应具有高的设计应变输出 ε,从而提高天平的灵敏度 $\dfrac{\Delta U}{U} = K \times \varepsilon$,保证风洞测力试验数据的精确度,满足国家军用标准 GJB 1061《低速风洞与高速风洞测力试验精度指标》。然而应变天平各分量的设计应变受天平各分量设计量程的匹配度、应变计粘贴强度与应变天平材料所允许的最大综合应力的限制。一般,高速风洞应变天平的设计应变范围在 $150\sim500~\mu\varepsilon$,低速风洞应变天平的设计应变范围在 $300\sim1\,000~\mu\varepsilon$。

(2) 应变天平要有足够的强度。

应变天平不只是测力元件,同时是传力元件,因此应变天平设计时,要保证天平有足够的强度,以保证风洞试验时的安全。在高速风洞试验时,应变天平不仅要承受作用在模型上的空气动力载荷,还要承受风洞在起动与停车过程中作用在模型上的冲击载荷。一般,高速风洞中作用在模型上的冲击载荷大小与试验马赫数有关系,通常将冲击载荷与模型迎角10°时的空气动力载荷的比值定义为冲击因子。因此,冲击因子与风洞类型、模型、试验马赫数及风洞运行方式有关。

在应变天平设计时,要根据给定的冲击因子值,对其进行强度校核,为安全起见,还要有一定的安全系数,一般安全系数取2。

（3）应变天平各分量之间的相互干扰要小。

在风洞测力试验过程中,应变天平各分量所测量的载荷都存在一定的误差,如果应变天平各分量之间的相互干扰大,一个分量的测量载荷误差势必影响其他分量的测量载荷。应变天平设计时,需通过合理选择天平元件以及分配天平元件的刚度,实现结构上对力与力矩的机械分解或部分机械分解;同时,通过各分量的应变计粘贴位置的选择以及惠斯通全桥测量电路的设置,实现力与力矩的电气分解;从而实现应变天平各分量之间的相互干扰小的目标。一般应变天平各分量之间的干扰量要控制在 10% 以下。

（4）应变天平要有足够的刚度。

刚度是应变天平设计的另一个重要指标。首先,刚度不足将导致天平各分量之间有较大的非线性干扰。其次,刚度不足将导致模型的试验状态,特别是模型姿态角的改变,影响测量精度与准度。另外,刚度不足还将导致模型-天平-支撑整个系统固有频率的降低。在风洞起动与停车过程中,特别是超声速风洞起动与停车过程中,由于模型要受到大于稳态空气动力载荷几倍的瞬态空气动力载荷的作用。整个系统将产生振幅较大的低频振动。轻者将降低应变计与天平的使用寿命,重者将导致天平、模型以至风洞的损坏。一般要求模型-天平-支撑整个系统的固有频率高于 30 Hz。

（5）应变天平要有较小的温度效应。

应变天平的温度效应将导致天平零点随着温度变化漂移(天平零点温度效应)和天平灵敏度的变化(天平灵敏度温度效应),影响风洞试验数据的精确度。应变天平的温度效应与天平结构、天平材料、测量电桥及应变计等有关。

（6）应变天平要有良好的加工性能。

应变天平结构复杂,精度高,因此在应变天平设计时,要特别注意天平的加工工艺性与装配工艺性。

3. 应变天平弹性元件的设计基础

应变天平的弹性元件在空气动力载荷作用下将产生弹性变形,因为各弹性元件的变形是协调一致的,所以作用在各弹性元件上的载荷按刚度分配。根据所分配的载荷和弹性元件的尺寸可计算获得弹性元件的应变,用于空气动力载荷的测量,因此弹性变形计算与应变计算是应变天平弹性元件的设计基础。

1) 弹性变形计算

a. 测量元件变形计算的假设

应变天平测量元件在空气动力载荷的作用下产生弹性变形。在应变天平结构设计和应变天平刚度计算时,要对测量元件的变形进行计算。计算时,作如下的假设:

（1）与测量元件相连接的天平主体视为刚体;

（2）测量元件铰链为理想铰链,其恢复力矩为零,即在铰链弯曲方向上的刚度为零;

（3）测量元件材料各向同性;

（4）各测量元件的变形协调一致,作用在各测量元件上的载荷按刚度分配。

b. 测量元件在力作用下的变形计算

根据应变天平受力分析与变形计算假设,应变天平测量元件在力的作用下,一般可简化为两种情况:一种情况是将测量元件作为一个悬臂梁来处理;另一种情况是将测量元件作为一个超静定梁来处理。

a) 梁的挠曲轴线的微分方程

梁的挠曲轴线即变形后梁的形心轴线,因此,只要知道梁的挠曲轴的形状,则梁的横截面上任一点的变形就可以确定。由材料力学可知,在小变形条件下,等截面梁在平面弯曲时,梁的挠曲轴线的微分方程可简化为线性的常微分方程,即

$$\frac{d^2 y}{dx^2} = \frac{M(x)}{EI}$$

梁的角位移方程为

$$\theta = \frac{dy}{dx} = \int \frac{M(x)}{EI} dx + C$$

梁的线位移方程为

$$y = \int dx \int \frac{M(x)}{EI} dx + Cx + D$$

式中,$M(x)$ 为横坐标 x 处作用在梁上的弯矩。

b) 悬臂梁的变形计算

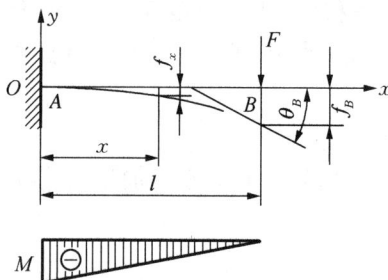

图 6.30　悬臂梁在集中力作用下的变形

悬臂梁在集中力 F 的作用下,其轴线将产生如图 6.30 所示的挠曲。

根据静力平衡原理,在 x 处截面上的弯矩为

$$M(x) = -Fl + Fx$$

由梁的挠曲轴线的微分方程公式,可得悬臂梁在集中力作用下的挠曲轴线微分方程为

$$\frac{d^2 y}{dx^2} = \frac{-Fl + Fx}{EI}$$

积分可得角位移方程为

$$\frac{dy}{dx} = \frac{-Flx + \dfrac{Fx^2}{2} + C}{EI}$$

再积分可得线位移方程:

$$y = \frac{-\dfrac{Flx^2}{2} + \dfrac{Fx^3}{6} + Cx + D}{EI}$$

因为悬臂梁的边界条件是在固定端 A 处($x=0$)的线位移与角位移均为零,即

$$x = 0 \text{ 时}, \frac{dy}{dx} = 0, \ y = 0$$

代入上式,可得 $C = 0$, $D = 0$。则角位移方程为

$$\frac{\mathrm{d}y}{\mathrm{d}x} = -\frac{Fx}{EI}\left(l - \frac{x}{2}\right)$$

线位移方程为

$$y = -\frac{Fx^2}{2EI}\left(l - \frac{x}{3}\right)$$

因此,在自由端 B 处 ($x = l$) 产生最大的线位移及角位移,其值为

$$f_B = -\frac{Fl^3}{3EI}$$

$$\theta_B = -\frac{Fl^2}{2EI}$$

c) 超静定梁的变形计算

超静定梁在集中力 F 的作用下,其轴线将产生如图 6.31 所示的挠曲。

根据静平衡原理,在 x 处截面上的弯矩为

$$M(x) = M_B - F(l - x)$$

由梁的挠曲轴线的微分方程公式,可得超静定梁在集中力作用下的挠曲轴线微分方程为

$$\frac{\mathrm{d}^2 y}{\mathrm{d}x^2} = \frac{M_B - F(l - x)}{EI} = \frac{Fx + (M_B - Fl)}{EI}$$

图 6.31 超静定梁在集中力作用下的变形

积分可得角位移方程为

$$\frac{\mathrm{d}y}{\mathrm{d}x} = \frac{\dfrac{Fx^2}{2} + (M_B - Fl)x + C}{EI}$$

再积分可得线位移方程为

$$y = \frac{\dfrac{Fx^3}{6} + \dfrac{(M_B - Fl)x^2 + Cx + D}{2}}{EI}$$

超静定梁的边界条件是在自由端 B 处 ($x = l$) 的角位移为零,在固定端 A 处 ($x = 0$) 的线位移与角位移均为零,即

$$x = l \text{ 时}, \frac{\mathrm{d}y}{\mathrm{d}x} = 0, \ y \neq 0$$

$$x = 0 \text{ 时}, \frac{\mathrm{d}y}{\mathrm{d}x} = 0, \ y = 0$$

分别代入角位移方程与线位移方程,可得 $C = 0$,$D = 0$, $= M_B \dfrac{Fl}{2}$。则角位移方程为

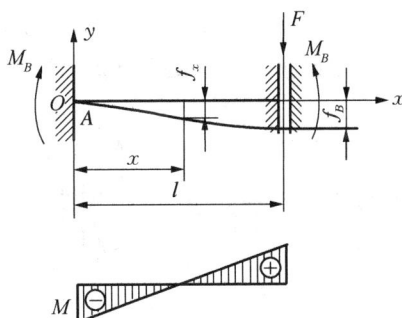

$$\frac{\mathrm{d}y}{\mathrm{d}x} = \frac{Fx(l-x)}{2EI}$$

线位移方程为

$$y = \frac{Fx^2(2x-3l)}{12EI}$$

因此,在自由端 B 处 $(x=l)$ 产生最大的线位移,其值为

$$f_B = -\frac{Fl^3}{12EI}$$

$$\theta_{\frac{l}{2}} = -\frac{Fl^2}{8EI}$$

c. 测量元件在力矩作用下的变形计算

根据应变天平受力分析与变形计算假设,应变天平测量元件在力矩作用下,可简化为一个悬臂梁来处理。悬臂梁在力矩 M 的作用下,其轴线将产生如图 6.32 所示的挠曲。

根据静力平衡原理,在 x 处截面上的弯矩为

$$Mx = -M$$

由梁的挠曲轴线的微分方程公式,可得悬臂梁在力矩作用下的挠曲轴线微分方程为

$$\frac{\mathrm{d}y^2}{\mathrm{d}^2x} = -\frac{M}{EI}$$

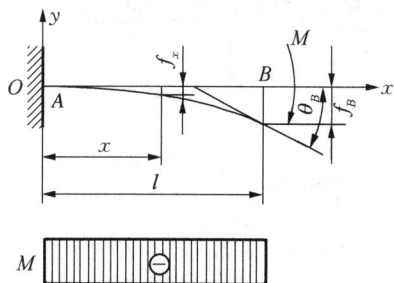

图 6.32 悬臂梁在力矩作用下的变形

积分可得角位移方程为

$$\frac{\mathrm{d}y}{\mathrm{d}x} = -\frac{M}{EI}x + C$$

再积分可得线位移方程为

$$y = -\frac{M}{2EI}x^2 + Cx + D$$

悬臂梁的边界条件是在固定端 A 处 $(x=0)$ 的线位移与角位移均为零,即

$$x = 0 \text{ 时}, \frac{\mathrm{d}y}{\mathrm{d}x} = 0, \ y = 0$$

分别代入角位移方程与线位移方程,可得 $C = 0$, $D = 0$。 则角位移方程为

$$\frac{\mathrm{d}y}{\mathrm{d}x} = -\frac{M}{EI}x$$

线位移方程为

$$y = -\frac{M}{2EI}x^2$$

因此,在自由端 B 处 $(x=l)$ 产生最大的线位移及角位移,其值为

$$f_B = -\frac{Ml^2}{2EI}$$

$$\theta_B = -\frac{Ml}{EI}$$

上述变形技术中, f_B 的负号表示线位移的方向与 y 轴的正方向相反; θ 的负号表示截面顺时针方向转动。

2）应变计算

a. 应力与应变

应变天平元件在外力作用下将产生各种变形,基本的变形形式有拉伸(或压缩)、扭转与弯曲,或者是由它们组合而成的组合变形。变形时,使应变天平元件内力发生改变,产生附加内力,与外力平衡。作用于应变天平元件的内力将使应变天平元件产生应力与应变。

（1）单位截面上作用的内力称为应力。应力 $p = \lim\limits_{\Delta A \to 0} \dfrac{\Delta F}{\Delta A} = \dfrac{\mathrm{d}F}{\mathrm{d}A}$,其中 ΔA 是单元体的截面面积, ΔF 为作用在 ΔA 上的内力。然而,应力有正应力 σ 与剪应力 τ 之分,应力 p 可用正应力与剪应力表示,即 $p = \sqrt{\sigma^2 + \tau^2}$。

正应力 $\sigma = \lim\limits_{\Delta A \to 0} \dfrac{\Delta N}{\Delta A} = \dfrac{\mathrm{d}N}{\mathrm{d}A}$,其中 ΔN 是 ΔF 在 ΔA 法向上的分量。剪应力 $\tau = \lim\limits_{\Delta A \to 0} \dfrac{\Delta Q}{\Delta A} =$

$\dfrac{\mathrm{d}Q}{\mathrm{d}A} = \sqrt{\left(\dfrac{\mathrm{d}Q_y}{\mathrm{d}A}\right)^2 + \left(\dfrac{\mathrm{d}Q_z}{\mathrm{d}A}\right)^2} = \sqrt{\tau_y^2 + \tau_z^2}$,其中 ΔQ 是 ΔF 在 ΔA 切向上的分量。因此,应力 $p = \sqrt{\sigma^2 + \tau^2} = \sqrt{\sigma^2 + \tau_y^2 + \tau_z^2}$（图 6.34）。

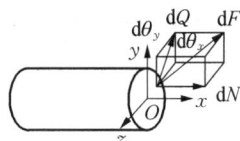

（2）单位长度内的变形称为应变。在微小变形的情况下,一个单元体的变形表现为边长的改变与直角的改变（图 6.33）。与此对应的应变是线应变与剪应变。线应变 ε 可表示为 $\varepsilon = \lim\limits_{\Delta s \to 0} \dfrac{\Delta u}{\Delta s} = \dfrac{\mathrm{d}u}{\mathrm{d}s}$,而剪应变 γ 可表示为 $\gamma \approx \tan\gamma = \lim\limits_{\Delta s \to 0} \dfrac{\Delta\gamma}{\Delta s}$

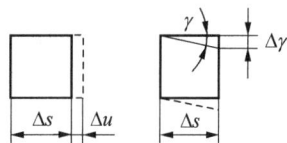

图 6.33　单元体变形时长度与角度的变形

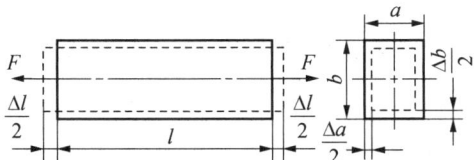

$\dfrac{\mathrm{d}\gamma}{\mathrm{d}s}$。其中 Δs 为单元体的边长; Δu 为单元体在 Δs 方向上的线变形量; $\Delta\gamma$ 为单元体直角的角度变形量。

图 6.34　弹性杆在外力作用下的变形

（3）应力与应变之间存在比例关系。图 6.34 是一个弹性杆在外力 F 的作用下产生变形,则在弹性范围内,其变形量 Δl 与外力 F 及原长 l 成正比,与截面面积 A 成反比,即 $\Delta l = Fl/(EA)$,也可表示为 $\varepsilon = \Delta l/l = F/(EA)$,即 $\varepsilon = \sigma/E$,这是胡克定律,公式中, E 为材料的

拉压弹性模量,简称弹性模量。

弹性杆在纵向变形时,还伴随着横向变形,横向应变 $\varepsilon' = \Delta a/a = \Delta b/b$ 在胡克定律适用的范围内,横向应变与纵向应变的比值是一个常数,称为横向收缩系数,即泊松比 μ。横向应变与纵向应变的关系可写成 $\varepsilon' = -\mu\varepsilon = -\mu\sigma/E$。

在平面应力场中,对各向同性的弹性体来说,广义胡克定律可表示为如下的公式:

$$\begin{cases} \varepsilon_x = \dfrac{\sigma_x - \mu\sigma_y}{E} \\[2mm] \varepsilon_y = \dfrac{\sigma_y - \mu\sigma_x}{E} \\[2mm] \gamma_{xy} = \dfrac{1}{G}\tau_{xy} = \dfrac{2(1+\mu)}{E}\tau_{xy} \end{cases}$$

式中,G 为剪切弹性模量,简称刚度模量。

在与 x 轴成 φ 角的方向上的应变 ε_φ 可表示为

$$\varepsilon_\varphi = \frac{1}{2E}\left[(\sigma_x + \sigma_y)(1 - \mu) + (\sigma_x - \sigma_y)(1 + \mu) \times \cos 2\varphi + 2(1 + \mu)\tau_{xy}\sin 2\varphi\right]$$

b. 基本变形的应变计算

a)拉伸与压缩

当一个弹性杆受到与其轴线相一致的拉力或压力 F 作用时,就会产生拉伸或压缩的变形。这时,弹性杆截面各点的应力为

$$\sigma_x = \frac{F}{A}, \ \sigma_y = 0, \ \tau_{xy} = \frac{F}{A}$$

式中,A 为弹性杆的横截面积。则可得在杆件表面 φ 方向上产生的应变 ε_φ 为

$$\varepsilon_\varphi = \frac{E}{2EA}\left[(1 - \mu) + (1 + \mu)(\cos 2\varphi + 2\sin 2\varphi)\right]$$

弹性杆表面上的应变分布如图 6.35 所示。当 $\varphi = 0°$ 时,其应变为 $\varepsilon_x = F/(EA)$,当 $\varphi = 90°$ 时,其应变为 $\varepsilon_y = -\mu F/(EA)$。

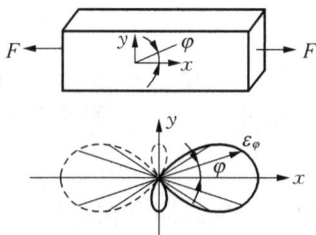

图 6.35　弹性杆在拉(压)载荷作用下的应变图　　图 6.36　圆形截面弹性梁在扭转时的变形图与应变图

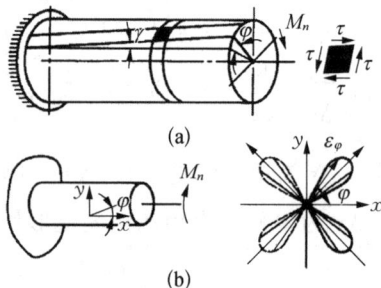

b)扭转

当一个圆形截面的弹性梁受到垂直于轴线的平面内的力偶 M_n 作用时,就会产生扭转变形[图 6.36(a)]。圆形截面弹性梁在扭转变形时,可假设:

（1）各横截面变形后仍保持平面，只是围绕中心轴转动，而且仍垂直于中心轴；

（2）横截面上的所有直径，变形后仍保持为直径，只是围绕中心轴转过相同的角度。

圆形截面弹性梁在力偶 M_n 的作用下，表面各点的应力为

$$\sigma_x = 0, \ \sigma_y = 0, \ \tau_{xy} = \frac{M_n}{W_n}$$

式中，W_n 为抗扭转截面系数，对直径为 D 的圆形截面，$W_n = \pi D^3/16$。则可得在弹性梁表面 φ 方向上产生的应变 ε_φ 为

$$\varepsilon_\varphi = \frac{M_n}{EW_n}(1 + \mu)\sin 2\varphi$$

弹性梁表面上的应变分布如图 6.36（b）所示。当 $\varphi_1 = 45°$ 时，其应变为 $\varepsilon_{\varphi 1} = M_n(1 + \mu)/(EW_n)$，当 $\varphi_2 = -45°$ 时，其应变为 $\varepsilon_{\varphi 2} = -M_n(1 + \mu)/(EW_n)$。

圆形截面弹性梁的扭转角，即自由端相对于固定端的扭转角为 $\varphi = M_n L/(GI_n)$，式中，L 为弹性梁长度；I_n 为极惯性矩，对直径为 D 的圆形截面 $I_n = \pi D^4/32$；GI_n 为抗扭转刚度。

当一个矩形截面的弹性梁受到垂直于轴线的平面内的力偶 M_n 作用时，也会产生扭转变形（图 6.37）。矩形截面弹性梁在扭转变形时，各横截面上的点除了作刚性转动外，还有轴线位移，因此各横截面变形后不再保持平面，形成翘曲。当相邻横截面翘曲的程度不同时，横截面上还会产生正应力。因此，基于平面假设的圆形截面弹性梁的公式不再适用，要用弹性理论的方法来解决矩

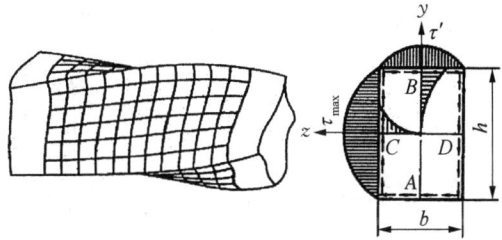

图 6.37　矩形截面弹性梁在扭转时的变形图与应变图

形截面弹性梁的扭转问题。但是，如果不考虑横截面上的正应力时，即在纯扭转状态下，则仍可采用与圆形截面弹性梁相同的公式来进行应力与应变的计算，但是矩形截面弹性梁的抗扭转截面系数 W_n 与极惯性矩 I_n 的计算公式稍有变化，分别为 $W_n = \alpha hb^2$ 与 $I_n = \beta hb^3$，式中，h 为矩形截面长边长度；b 为矩形截面短边长度；α、β 是与矩形截面长短边之比 $m = h/b (m \geqslant 1)$ 有关的系数。

对于矩形截面弹性梁，在四个棱角上剪应力都为零，最大剪应力 τ_{max} 发生在长边的中点，短边中点上的剪应力为 $\tau' = \gamma \tau_{max}$，式中 γ 也是与矩形截面长短边之比 $= h/b (m \geqslant 1)$ 有关的系数。α、β、γ 三个系数可由 m 值表得到，如表 6.1 所示。

表 6.1　矩形截面弹性梁的 α、β、γ 系数

m	1	1.5	1.75	2.0	2.5	3.0
α	0.208	0.231	0.239	0.246	0.258	0.267
β	0.141	0.196	0.214	0.229	0.249	0.263
γ	1.000	0.858	0.820	0.796	0.767	0.753

m	4.0	6.0	8.0	10	∞
α	0.282	0.299	0.307	0.313	0.333
β	0.281	0.299	0.307	0.313	0.333
γ	0.745	0.743	0.743	0.743	0.743

c）弯曲

当在一个悬臂弹性梁的自由端部施加集中载荷 F 或弯矩 M 时，就会产生弯曲变形。这时，可沿弹性梁的长度方向绘制弯矩图。悬臂弹性梁在弯矩作用下，梁的横截面上半部与下半部分别受拉和受压，产生正应力。假设悬臂弹性梁的某横截处弯矩为 M_z，则弹性梁的正应力 $\sigma = -M_z y / I_z$，式中 y 是正应力的点到梁中性轴的距离；I_z 是梁的横截面对梁中性轴的惯性矩，对宽 b 与高 h 的矩形截面 $I_z = bh^3/12$，对直径 D 的圆形截面 $I_z = \pi D^4/64$；M_z 是对梁中性轴的弯矩。弹性梁的最大正应力 $\sigma_{max} = M_{max} y_{max} / I_z = M_{max}/W_z$，式中，$W_z$ 为抗弯曲截面系数，对宽 b 与高 h 的矩形截面 $W_z = bh^2/6$，对直径 D 的圆形截面 $W_z = \pi D^3/32$。

则当矩形截面悬臂弹性梁的自由端在集中载荷 F 的作用时，产生弯曲变形。在悬臂弹性梁的横截面上表面的各点应力为

$$\sigma_x = \frac{Fl}{W_z}, \ \sigma_y = 0, \ \tau_{xy} = \frac{Fl}{W_z}$$

式中，l 是横截面与自由端的距离。则可得在弹性梁表面 φ 方向上产生的应变 ε_φ 为

$$\varepsilon_\varphi = \frac{Fl}{2EW_z}[(1-\mu) + (1+\mu)(\cos 2\varphi + 2\sin 2\varphi)]$$

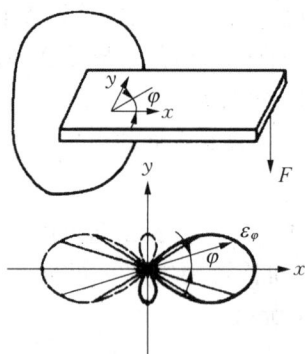

**图 6.38　悬臂弹性梁在集中载荷
作用下的应变图**

弹性梁表面上的应变分布如图 6.38 所示。当 $\varphi = 0°$ 时，其应变为 $\varepsilon_x = Fl/(EW_z)$，当 $\varphi = 90°$ 时，其应变为 $\varepsilon_y = -\mu Fl/(EW_z)$。

4．应变天平材料

1）应变天平材料的性能要求

应变天平不仅是测量空气动力载荷的弹性元件，而且是承受空气动力载荷的受力部分。因此，对应变天平材料的性能提出如下要求。

（1）有良好的弹性。为了保证应变天平在交变载荷作用下的测量重复性，应变天平材料要在弹性范围内工作，但是，实际的弹性元件材料在受载变形时，存在弹性滞后（变形滞后于载荷）与弹性后效应（变形滞后于时间）。通常，弹性滞后与弹性后效是同时发生的，由此产生的误差统称为弹性滞后误差，表现出在加载与卸载时，应变天平输出数据的重复性差与随着时间的零点漂移等现象。为了尽量减小弹性滞后误差，应变天平材料要有良好的弹性性能。

（2）有较高的强度。风洞试验时,应变天平除了承受稳态的空气动力载荷外,在风洞起动与关车过程中,还要承受超过稳态载荷几倍的瞬态载荷,因此,应变天平材料要有较高的强度。

（3）有较高的冲击韧性与疲劳强度。应变天平材料要有较高的冲击韧性与疲劳强度,有利于提高天平抗冲击载荷的能力与延长天平的使用寿命。

（4）有较小的线膨胀系数。风洞试验时,应变天平在环境温度变化的条件下工作,天平材料有较小的线膨胀系数,可减少天平测量元件的结构热变形。

（5）有良好的弹性模量随温度变化的稳定性。应变天平材料的弹性模量对天平测量的灵敏度有直接的影响。应变天平材料的弹性模量值随温度变化要小,保证天平灵敏度的稳定性。

（6）有良好的机械加工性能与热处理工艺性能。与一般的机械零件加工相比,应变天平的结构复杂,形状不规则,体积小,加工精度要求高,因此,天平材料要有良好的机械加工性能与热处理工艺性能,材料的热处理畸变要小,天平可在按尺寸加工完后再进行热处理,不因热处理畸变影响加工精度。

一些应变天平需要焊接的方式形成,因此应变天平材料也要具有较好的焊接性能。

2）常用应变天平材料

应变天平材料一般选用具有高强度的低碳合金钢,主要有优质铬锰硅合金钢、沉淀硬化不锈钢与马氏体时效钢。除了低碳合金钢材料外,一些特种应变天平还可使用铍青铜合金、钛合金与铝合金等某些有色金属材料。有色金属材料的弹性模量比低碳合金钢低得多,可以实现相同载荷及相同天平元件尺寸下的高灵敏度输出。

a. 铬锰硅合金钢

这是 20 世纪 80 年代前用于制作应变天平的材料,主要材料牌号为 30CrMnSiA 和 35CrMnSiA。由于这种材料的热处理淬透性差,畸变大,对应力集中敏感,强度偏低,而且加工工艺与热处理工艺复杂,导致加工周期长。因此,目前已较少使用。

b. 沉淀硬化不锈钢

这是一种具有沉淀硬化特性的不锈钢。最早被美国、瑞典等国家用于制作应变天平和应变传感器的弹性元件,钢的牌号为 17-4PH。根据 17-4PH 的化学成分和综合机械性能,我国抚顺钢厂首先研制并生产了与其相近的牌号为 0Cr17Ni4Cu4Nb 的沉淀硬化型不锈钢。

用 0Cr17Ni4Cu4Nb 材料加工天平时,可在材料的固溶状态下把复杂的天平元件加工到最终所要求的尺寸,再经过时效硬化处理提高材料的硬度和强度。其畸变基本可忽略不计,而且没有氧化现象。同时其具有优良的抗氧化与抗腐蚀性能,因此不需要对其进行表面处理。

c. 马氏体时效钢

马氏体时效钢 00Ni18Co8Mo5TiAl（又称 18Ni 或 F141）与上述沉淀硬化不锈钢一样,可在材料的固溶状态下把复杂的天平元件加工到最终所要求的尺寸,再经过时效硬化处理提高材料的硬度和强度,热处理畸变可忽略不计。但是与上述沉淀硬化不锈钢相比,马氏体时效钢具有更高的硬度和强度,然而其不能防锈,因此还要进行镀铬表面处理。

表 6.2 给出了 30CrMnSiA（铬锰硅合金钢）、0Cr17Ni4Cu4Nb（沉淀硬化不锈钢）与 00Ni18Co8Mo5TiAl（马氏体时效钢）的化学成分与主要性能。

表 6.2　几种低碳低合金钢的化学成分与主要性能

化学成分/% 钢号	C	Si	Mn	P	S	Cr	Ni	Nb	Ti	Mo	Co	Al	Cu
30CrMnSiA	0.28~0.35	0.90~1.20	0.80~1.10	≤0.030	≤0.030	0.80~1.10	≤0.40	—	—	—	—	—	—
0Cr17Ni4Cu4Nb	≤0.07	≤1.00	≤1.00	≤0.035	≤0.030	15.5~17.5	3.0~5.0	0.15~0.45	—	—	—	—	3.0~5.0
00Ni18Co8Mo5TiAl	≤0.03	≤0.12	≤0.20	≤0.01	≤0.01	—	17.5~18.5	—	0.30~0.50	4.75~5.25	7.0~8.0	≤0.15	—

主要性能 钢号	机械性能				物理性能			
	σ_b(N/mm^2)	σ_s(N/mm^2)	E(N/mm^2)	G(N/mm^2)	$\alpha/(10^{-6}/℃)$ 20~100℃	$\alpha/(10^{-6}/℃)$ 20~200℃	$\gamma/$(g/cm^3)	
30CrMnSiA	1 080	835	196 000	81 340	11.0	11.7	7.8	
0Cr17Ni4Cu4Nb	1 313	1 176	207 000	—	10.6	10.8	7.8	
00Ni18Co8Mo5TiAl	1 862	1 754	187 250	66 640	10.7	10.8	8.0	

除了上述天平材料外,一些特种天平还可使用铍青铜合金、铝合金和钛合金等材料。

5. 杆式应变天平设计范例

1)设计技术要求

(1)天平直径 $D = 30$ mm。

(2)天平设计量程:

法向力 $F_{yb} = 2\,000$ N;

俯仰力矩 $M_{zb} = 100$ N·m;

轴向力 $F_{xb} = 300$ N;

滚转力矩 $M_{xb} = 20$ N·m;

横向力 $F_{zb} = 800$ N;

偏航力矩 $M_{xb} = 50$ N·m。

(3)天平在跨声速风洞中用于全模测力试验,风洞起动与关车时的冲击因子 $n_c = 2$,安全系数 $n_a = 2$。

2)天平元件结构形式

天平采用成熟的整体式杆式天平结构,轴向力元件设置在天平设计中心(力矩参考中心)处,在天平设计中心前后处对称设置两个矩形截面梁,用于测量除轴向力之外的 5 个分量(图 6.39)。

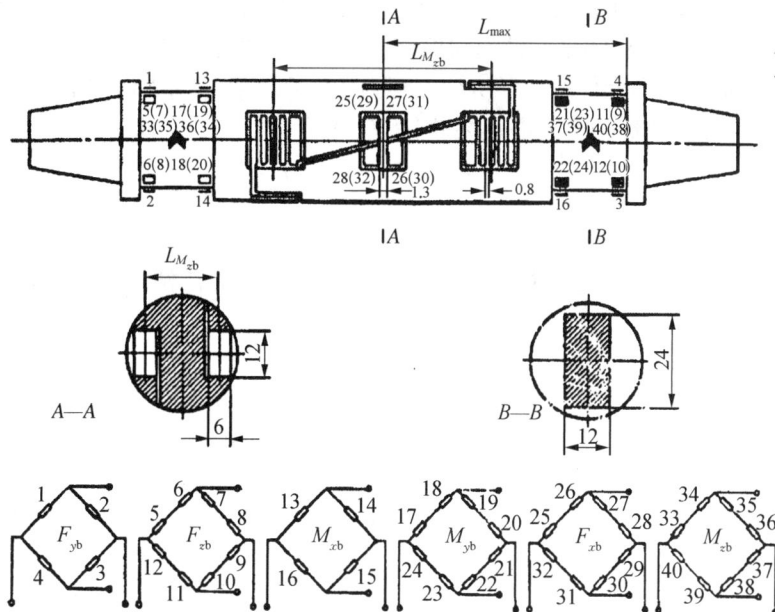

图 6.39 杆式应变天平设计结构和桥路图(单位: mm)

本例设计时,天平材料选用00Ni18Mo5Co9TiAl,其弹性模量 $E = 200 \times 10^9$ Pa,屈服极限 $\sigma_b = 2\,020 \times 10^6$ Pa,根据选定的冲击因子 $n_c = 2$ 和安全系数 $n_a = 2$,可得许用应力 $[\sigma] = 505 \times 10^6$ Pa。

3）天平元件应变计算

a. 轴向力元件应变计算

轴向力元件选用常规的竖直梁式测量元件。为了减小其他分量对轴向力的干扰,将测量元件设置在天平设计中心处。为了提高两端支撑片在天平轴线相垂直的载荷作用下的强度,同时,又不降低对轴向力载荷测量的灵敏度,要尽可能增加支撑片的数量,减小其厚度尺寸。

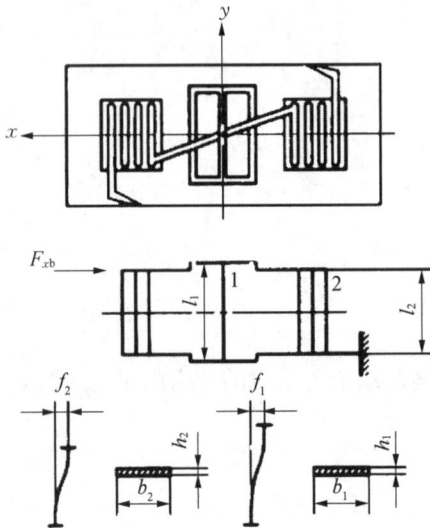

轴向力元件设计时,一般先根据天平的直径与应变计的尺寸,给定测量元件与支撑片的宽度 b、高度 l 与片数 n,然后再通过计算确定测量元件与支撑片的厚度 h(图 6.40)。本例设计时,给定测量元件的宽度 $b_1 = 6$ mm,高度 $l_1 = 12$ mm,测量元件的片数 $n_1 = 2$;支撑片的宽度 $b_2 = 6$ mm,高度 $l_2 = 12$ mm,支撑片的片数 $n_2 = 16$。

则在轴向力 F_{xb} 的作用下,单面轴向力元件的静力平衡方程为

图 6.40　竖直梁式轴向力元件的计算模型

$$\frac{F_{xb}}{2} = n_1 F_{xb1} + n_2 F_{xb2}$$

式中,F_{xb1} 为作用在每片测量元件上的轴向力;F_{xb2} 为作用在每片支撑片上的轴向力。设在轴向力 $F_{xb}/2$ 的作用下,测量元件的线位移为 f_1,支撑片的线位移为 f_2。根据变形协调一致的原则,单面轴向力元件的变形协调方程为 $f_1 = f_2$。 在轴向力作用下,轴向力元件的竖直梁和支撑片可简化成一个超静定梁,因此 f_1 和 f_2 为

$$f_1 = \frac{F_{xb1} l_1^3}{12 E I_{z1}}, \quad f_2 = \frac{F_{xb2} l_2^3}{12 E I_{z2}}$$

式中,I_{z1} 和 I_{z2} 分别为测量元件截面与支撑片截面对 z 轴的惯性矩;$I_{z1} = b_1 h_1^3/12$;$I_{z2} = b_2 h_2^3/12$。 因此:

$$\frac{F_{xb1} l_1^3}{b_1 h_1^3} = \frac{F_{xb2} l_2^3}{b_2 h_2^3}$$

则可推导出:

$$F_{xb1} = \frac{F_{xb}}{n_1 + n_2 \dfrac{h_2^3}{h_1^3}}$$

因此,在轴向力 F_{xb} 作用下,测量元件端部的最大应变为

$$\varepsilon_{F_{xb}\text{max}} = \frac{3 F_{xb1} l_1}{E b_1 h_1^2} = \frac{3 F_{xb} l_1}{E b_1 \left(n_1 h_1^2 + n_2 \dfrac{h_2^3}{h_1} \right)}$$

令 $B = n_1 h_1^2 + n_2 \dfrac{h_2^3}{h_1}$，当 B 为最小值时，即 $\dfrac{\partial B}{\partial h_1} = 2n_1 h_1 - n_2 \dfrac{h_2^3}{h_1^2} = 0$ 时，则 $\varepsilon_{\max}$ 为最大值，可得

$$h_2 = h_1 \Big/ \sqrt[3]{\dfrac{n_2}{2n_1}}$$

设定天平轴向力元件的测量灵敏度 $S_{F_{xb}} = 1\ \mathrm{mV/V}$，应变计的灵敏度系数 $K = 2$ 在应变计敏感栅长度中点处的平均应变值为

$$\varepsilon_{\mathrm{cp}F_{xb}} = \dfrac{S_{F_{xb}}}{K} = 500\ \mu\varepsilon$$

取应变计敏感栅长度 $l_g = 4\ \mathrm{mm}$，测量元件端部至应变计敏感栅端部的距离 $a = 1\ \mathrm{mm}$，则测量元件端部的最大应变为

$$\varepsilon_{F_{xb}\max} = \varepsilon_{\mathrm{cp}F_{xb}} \dfrac{l_1}{l_1 - l_g - 2a} = 2\varepsilon_{\mathrm{cp}F_{xb}} = 1\,000\ \mu\varepsilon$$

则可得

$$h_1 = \left[\dfrac{3F_{xb}l_1}{Eb_1 \varepsilon_{F_{xb}\max}\left(n_1 + \dfrac{n_2}{4}\right)} \right]^{\frac{1}{2}} = 1.\,22\ \mathrm{mm}$$

$$h_2 = \dfrac{h_1}{\sqrt[3]{4}} = 0.\,765\ \mathrm{mm}$$

取 $h_1 = 1.\,3\ \mathrm{mm}$，$h_2 = 0.\,8\ \mathrm{mm}$。核算天平轴向力元件的平均应变与测量灵敏度分别为

$$\varepsilon_{\mathrm{cp}F_{xb}} = \dfrac{\varepsilon F_{xb}}{2} = \dfrac{3F_{xb}l_1}{2Eb_1\left(n_1 h_1^2 + n_2 \dfrac{h_2^3}{h_1}\right)} = 470\ \mu\varepsilon$$

$$S_{F_{xb}} = K\varepsilon_{F_{xb}} = 0.\,940\ \mathrm{mV/V}$$

b. 法向力、横向力、俯仰力矩与偏航力矩元件应变计算

法向力、横向力、俯仰力矩与偏航力矩元件应变计算的目的是确定矩形截面的几何尺寸，为了使力与力矩有相近的测量灵敏度，两个矩形截面梁上应变计中心之间的距离 L' 取为

$$L' = 2\dfrac{M_{zb}}{F_{yb}} = 100\ \mathrm{mm}$$

为了使纵、横向力与力矩有相近的测量灵敏度，每个矩形截面梁的高 h 与宽 b 的值应满足如下关系式：

$$\frac{bh^2}{hb^2} = \frac{M_{zb}}{M_{yb}} = 2$$

即

$$h = 2b$$

设定天平组合元件的测量灵敏度为 $1\ \mathrm{mV/V}$，应变计的灵敏度系数 $K=2$，则在应变计敏感栅长度中点处的平均应变值为

$$\varepsilon_{cp} = \frac{S}{K} = 500\ \mu\varepsilon$$

天平组合元件在设计量程载荷作用下的应变值用

$$\varepsilon = \frac{M}{EW}$$

计算，因此，法向力 F_{yb} 设计量程载荷作用下，天平组合元件的平均应变为

$$\varepsilon_{cpF_{yb}} = \frac{F_{yb} \cdot \dfrac{L'}{2}}{\dfrac{Ebh^2}{6}} = \frac{3F_{yb}L'}{Ebh^2}$$

根据上述设定的天平组合元件平均应变值 $500\ \mu\varepsilon$ 与 $h = 2b$，可计算出为满足天平测量灵敏度的要求所需的矩形截面梁尺寸：

$$h = 22.9\ \mathrm{mm}$$
$$b = 11.5\ \mathrm{mm}$$

取 $b = 12\ \mathrm{mm}$ 与 $h = 24\ \mathrm{mm}$，核算在各分量设计量程载荷作用下，天平组合元件的平均应变与测量灵敏度为

$$\varepsilon_{cpF_{yb}} = \frac{3F_{yb}L}{Ebh^2} = 434\ \mu\varepsilon$$

$$\varepsilon_{cpM_{zb}} = \frac{6M_{zb}}{Ebh^2} = 484\ \mu\varepsilon$$

$$\varepsilon_{cpF_{zb}} = \frac{3F_{zb}L}{Ehb^2} = 347\ \mu\varepsilon$$

$$\varepsilon_{cpM_{yb}} = \frac{6M_{yb}}{Ehb^2} = 434\ \mu\varepsilon$$

$$S_{F_{yb}} = K\varepsilon_{F_{yb}} = 0.868\ \mathrm{mV/V}$$

$$S_{M_{zb}} = K\varepsilon_{M_{zb}} = 0.968\ \mathrm{mV/V}$$

$$S_{F_{zb}} = K\varepsilon_{F_{zb}} = 0.694 \text{ mV/V}$$

$$S_{M_{yb}} = K\varepsilon_{M_{yb}} = 0.868 \text{ mV/V}$$

符合设计要求。

c. 滚转力矩元件应变计算

滚转力矩元件应变计算的目的是根据已确定的矩形截面梁几何尺寸,计算天平组合元件在滚转力矩设计量程载荷作用下的平均应变与测量灵敏度。在矩形截面梁式组合元件中,矩形截面上的最大剪应力 τ_{max} 发生在长边的中点处,与天平轴线成 45° 方向的正应力与最大剪应力相等。因此,在矩形截面长边中点处,沿与天平轴线成 45° 方向上粘贴应变计,即可测量滚转力矩 M_{xb}。

矩形截面上的最大剪应力 τ_{max} 用下列公式计算:

$$\tau_{max} = \frac{M_n}{W_n}$$

因此,在滚转力矩 M_{xb} 设计量程载荷作用下,天平组合元件的平均应变为

$$\varepsilon_{cpM_{xb}} = \frac{\sigma}{E} = \frac{M_{xb}}{EW_n} = \frac{M_{xb}}{E\alpha b^2 h}$$

根据已确定的矩形截面梁尺寸,由表 6.1 可查得 $\alpha = 0.246$,因此,天平组合元件的测量灵敏度为

$$S_{M_{xb}} = K\varepsilon_{M_{xb}} = 0.234 \text{ mV/V}$$

由此可知,矩形截面梁式组合元件对滚转力矩 M_{xb} 的测量灵敏度偏低。

4) 天平元件强度校核计算

本例设计时,天平元件强度校核计算的部位是轴向力元件的根部截面和矩形截面梁组合元件的根部截面。

a. 矩形截面梁组合元件强度校核计算

本例设计的矩形截面梁组合元件参数为

$$b = 12 \text{ mm}$$

$$h = 24 \text{ mm}$$

$$L_{max} = 65 \text{ mm}$$

$$\alpha = 0.246$$

式中,L_{max} 为天平设计中心至矩形截面梁根部处的距离。则各截面系数为

$$W_z = \frac{bh^2}{6} = 1\ 152 \text{ mm}^3$$

$$W_y = \frac{b^2 h}{6} = 576 \text{ mm}^3$$

$$W_n = \alpha h b^2 = 850 \text{ mm}^3$$

因此,在法向力 F_{yb}、俯仰力矩 M_{zb}、横向力 F_{zb} 及偏航力矩 M_{yb} 设计量程的载荷作用下,组合元件根部的竖向应力之和为

$$\sigma_y = \frac{L_{max}F_{yb} + M_{zb}}{W_z} = 256 \times 10^6 \text{ Pa}$$

横向应力之和为

$$\sigma_z = \frac{L_{max}F_{zb} + M_{yb}}{W_y} = 177 \times 10^6 \text{ Pa}$$

在滚转力矩 M_{zb} 设计量程的载荷作用下,组合元件的剪应力为

$$\tau = \frac{M_{xb}}{W_n} = 23.5 \times 10^6 \text{ Pa}$$

由于轴向力 F_{xb} 所产生的轴向应力很小,可忽略不计。

按第三强度理论,计算在法向力 F_{yb}、俯仰力矩 M_{zb}、横向力 F_{zb} 及偏航力矩 M_{yb} 设计量程的载荷作用下,组合元件根部的总应力为

$$\sigma_t = \sqrt{(\sigma_y + \sigma_z)^2 + 3\tau^2} = 435 \times 10^6 \text{ Pa} < [\sigma]$$

满足强度要求。

b. 轴向力元件轻度校核计算

本例设计的天平轴向力元件参数为

$$b_1 = b_2 = 6 \text{ mm}$$

$$l_1 = l_2 = 12 \text{ mm}$$

$$h_1 = 0.8 \text{ mm}$$

$$h_2 = 1.3 \text{ mm}$$

$$n_1 = 16$$

$$n_2 = 2$$

轴向力元件强度校核计算的部位是支撑片与测量元件根部的横截面。

a) 支撑片的强度校核计算

假设每个支撑片和测量元件的法向力 F_{yb} 设计量程载荷的作用下分别承受载荷 F_{yb1} 和 F_{yb2},则

$$n_1 F_{yb1} + n_2 F_{yb2} = F_{yb}$$

即

$$16 F_{yb1} + 2 F_{yb2} = F_{yb}$$

在载荷 F_{yb1} 和 F_{yb2} 的作用下，支撑片和测量元件的变形分别为

$$\Delta l_1 = \frac{F_{yb1} l_1}{E b_1 h_1}$$

$$\Delta l_2 = \frac{F_{yb2} l_2}{E b_2 h_2}$$

根据载荷按刚度分配与变形协调一致假设，$\Delta l_1 = \Delta l_2$，则

$$F_{yb2} = \frac{b_2 h_2 l_1}{b_1 h_1 l_2} F_{yb1}$$

因为 $b_1 = b_2$，$l_1 = l_2$，所以：

$$F_{yb2} = \frac{h_2}{h_1} F_{yb1}$$

可得

$$F_{yb1} = \frac{h_1}{16 h_1 + 2 h_2} F_{yb}$$

同理可得在滚转力矩 M_{xb} 和俯仰力矩 M_{zb} 设计量程载荷的作用下，每个支撑片所承受的法向载荷分别为

$$F_{yb1 M_{xb}} = \frac{h_1}{(8 h_1 + h_2) L_{M_{xb}}} M_{xb}$$

$$F_{yb1 M_{zb}} = \frac{1}{8 L_{M_{zb}}} M_{zb}$$

因此，作用在每个支撑片上的法向载荷为

$$F_y = \frac{h_1}{16 h_1 + 2 h_2} F_{yb} + \frac{h_1}{(8 h_1 + h_2) L_{M_{xb}}} M_{xb} + \frac{1}{8 L_{M_{zb}}} M_{zb} = 468.2 \text{ N}$$

同理可得作用在每个支撑片上的横向载荷为

$$F_z = \frac{h_1}{16 h_1 + 2 h_2} F_{zb} + \frac{1}{8 L_{M_{yb}}} M_{yb} = 171.8 \text{ N}$$

轴向载荷为

$$F_x = \frac{h_1^3}{16 h_1^3 + 2 h_2^3} F_{xb} = 12.2 \text{ N}$$

则每个支撑片上的总应力为

$$\sigma_t = \frac{F_y}{b_1 h_1} + \frac{3 F_z l_1}{b_1^2 h_1} + \frac{3 F_x l_1}{b_1 h_1^2} = 426.7 \times 10^6 \text{ Pa} < [\sigma]$$

满足强度要求。

b）测量元件的强度校核计算

由于测量元件处于天平设计中心处，俯仰力矩 M_{zb} 与偏航力矩 M_{yb} 对测量元件的作用可忽略不计。在法向力 F_{yb}、横向力 F_{zb}、滚转力矩 M_{xb} 与轴向力 F_{xb} 作用下，测量元件的所承受的载荷分别为

$$F_y = \frac{h_2}{16h_1 + 2h_2}F_{yb} + \frac{h_2}{(8h_1 + h_2)L_{M_{xb}}}M_{xb} = 337.6 \text{ N}$$

$$F_z = \frac{h_2}{16h_1 + 2h_2}F_{zb} = 67.5 \text{ N}$$

$$F_x = \frac{h_2^3}{16h_1^3 + 2h_2^3}F_{xb} = 52.4$$

则测量元件上的总应力为

$$\sigma_t = \frac{F_y}{b_2h_2} + \frac{3F_zl_2}{b_2^2h_2} + \frac{3F_xl_2}{b_2^2h_2^2} = 281.2 \times 10^6 \text{ Pa} < [\sigma]$$

满足强度要求。

6.4 压 电 天 平

压电天平是利用压电材料受力后在表面产生电荷的压电效应原理，来测量作用在模型上的空气动力载荷，主要用在脉冲型风洞中进行模型测力试验，也可用于亚、跨、超声速风洞中模型的动态载荷测量试验。

6.4.1 压电材料的压电效应

1880 年皮埃尔·居里和雅克·居里兄弟发现电气石具有压电效应，次年发现逆压电效应。压电效应在声呐换能器、老唱片机、打火机、压电地震仪和穿甲弹弹头等方面都有应用。压电效应：当压电材料受到一定方向的外力作用时，在它的两个表面上会产生极性相反、电量相等的电荷，其电荷量值与外力的大小成正比；当作用力方向改变时，其电荷的极性也随着改变；当外力去掉后，又恢复到不带电状态。

图 6.41 给出一个形状为正六面体的压电陶瓷片，它的极化矢量与 z 轴平行。当受到沿 z 轴方向的正应力 F 作用时，如在压电陶瓷片在垂直于 z 轴的两个镀有电极的表面上分别产生正、负电荷，这种压电效应称为"纵向压电效应"。当它受到垂直于 z 轴并沿 x 或 y 轴方向的正应力 F 作用时，如在压电陶瓷片垂直于 z 轴的两个镀有电极的表面上分别产生正、负电荷，这种压电效应称为"横向压电效应"。

当压电陶瓷片受到沿 z 轴方向并垂直于 x 轴和 y 轴方向的剪应力 τ 作用时，如在压电陶瓷片垂直于 y 轴的两个镀有电极的表面上分别产生正、负电荷，这种压电效应称为"切向压电效应"。

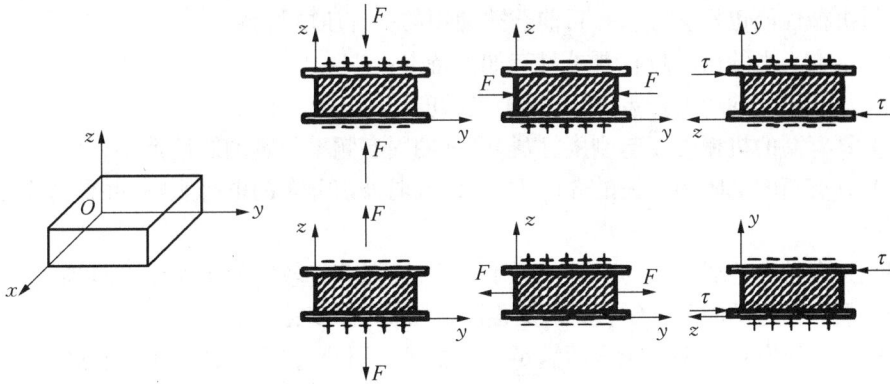

图 6.41 压电陶瓷片的压电原理图

通常将具有纵向和横向压电效应的压电材料称为正压型压电元件,将具有切向压电效应的压电材料称为剪切型压电元件。

6.4.2 压电材料分类及特点

压电材料大体上可分为两类,一类是各向异性的石英晶体;另一类是各向同性的压电陶瓷。

石英晶体是一种具有良好压电特性的压电晶态。石英晶体的介电常数与压电系数的温度稳定性好,在常温范围内这两个参数随着温度变化小。石英晶体有较高的居里点(573℃),在居里点以下,石英晶体的压电特性稳定,机械强度高,绝缘性能好。天然的石英晶体的价格昂贵,切割加工困难,压电系数比压电陶瓷低得多(通常低两个数量级)。现在也有人工培养的石英晶体,石英是一种各向异性的单晶体,按不同方向(相对于晶轴)切割的晶片,其压电特性是不一样的,因此,用石英晶体作压电材料制作压电元件时,必需根据不同的使用要求,正确选择石英晶片的切割方向。

压电陶瓷是人工制造的多晶体压电材料,原来的压电陶瓷材料本身不具有压电特性,它由许多无规则排列的"电畴"组成,这种"电畴"与磁铁类物质的"磁畴"相似[图6.42(a)]。为了使其具有压电特性,就必须在一定的温度下,对烧结后的陶瓷进行极化处理。所谓极化,就是以强电场使压电陶瓷体中的"电畴"有规则地排列[图6.42(b)]。极化处理后,"电畴"的排列方向基本保持不变,使陶瓷体成为永久的压电体[图6.42(c)]。用压电陶瓷制成的压电元件具有一些优点:具有高的压电系数,能承受较大的应力,根据需要可烧结成不同的形状尺寸。早期使用钛酸钡压电陶瓷,它有很好的介电常数与较大的压电系数,但是它的居里点低(120℃),温度稳定性与机械性能不如石英晶体。随着压电陶瓷材料的不断发展,现在已被锆钛酸铅压电陶瓷所替代。它与钛酸钡压电陶瓷相比,具有更高的介电常数与压电系数,居里点高(300℃以上),另外温度

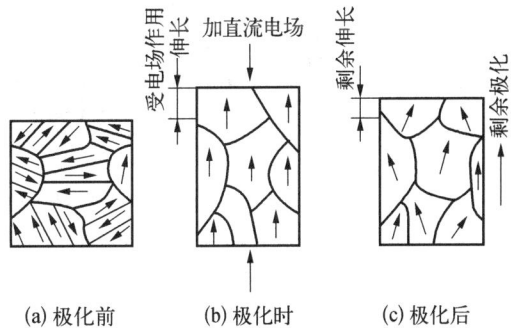

图 6.42 压电陶瓷的极化过程

(a) 极化前　　(b) 极化时　　(c) 极化后

稳定性与机械性能也好,因此,是目前普遍使用的一种压电材料。

用于压电天平的压电材料要求具有如下特点:

(1) 具有较大的压电系数,从而提高灵敏度;

(2) 具有高的机械强度与刚度,以得到高的固有频率与宽的线性范围;

(3) 具有高的电阻率与大的介电常数,以减弱外部分布的电容影响,并保持良好的低频特性;

(4) 具有较高的居里点与良好的温度稳定性,以获得较宽的工作温度范围;

(5) 具有良好的时间稳定性,要求压电特性随时间变化小。

任何一种压电材料都不能全面满足上述要求。因此,在实际使用中,要根据不同的需求选用合适的压电材料制作压电元件。

6.4.3 压电天平测力原理

压电天平按测力元件的不同可分为两类。一类是无弹性元件的压电天平,另一类是有弹性元件的压电天平。

1. 无弹性元件的压电天平

无弹性元件的压电天平是由不同极化方向的压电元件组装而成。图 6.43 是一台无弹性元件的六分量杆式压电天平。由图 6.43 可知,它由六个不同极化方向的压电元件组装而成,法向力元件与横向力元件使用极化方向分别指向法向与横向的剪切型压电元件;轴向力元件使用极化方向与轴向方向相同的正压型压电元件;俯仰力矩元件由两块正压型压电元件组成,它们上下对称设置,极化方向与天平轴线平行,指向相反;偏航力矩元件与俯仰力矩元件使用相同的压电元件,只是将它绕天平轴旋转了 90°;滚转力矩元件由四块剪切型压电元件组成,每一组压电元件的极化方向在垂直于天平轴线的平面内顺时针或逆时针指向。利用各个压电元件对力的方向具有特定的敏感性,来达到不同方向力与力矩的分解与测量,每一个压电元件测量一个分量。压电元件由锆钛酸铅压电陶瓷烧结后经极化处理而成。每片厚度 2.5 mm,表面积 30 mm×30 mm,呈正方形。每片有四个孔,用四根螺栓将各片连接在一起。风洞试验时,作用在模型上的空气动力载荷全部由四根螺栓承受与传递,因此螺栓必须满足强度的要求。同时,连接时的预紧力要保证在载荷的作用下,测量法向力与横向力的压电元件不产生滑移。另外,要保证在天平设计量程范围内,俯仰力矩与偏航力矩的输出信号不出现非线性。

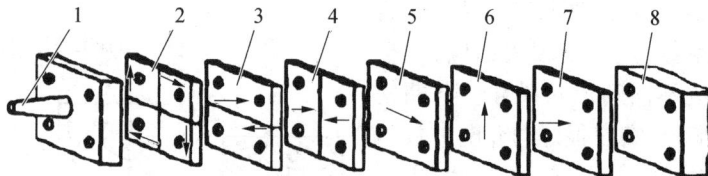

图 6.43　无弹性元件的六分量压电天平

1. 模型端;2. 滚转力矩元件;3. 俯仰力矩元件;4. 偏航力矩元件;5. 横向力元件;
6. 法向力元件;7. 轴向力元件;8. 支杆端

2. 有弹性元件的压电天平

有弹性元件的压电天平是在弹性元件上粘贴压电元件。其与一般应变天平的基本原理相同,结构形式也很相似,不同的是在粘贴应变计的位置处粘贴了非常薄(0.1 ~ 0.3 mm)的压电元件或压电组件。有弹性元件的压电天平应满足如下要求:

(1)在保证一定的灵敏度下,弹性元件的刚度要尽量大,弹性元件的截面形状要尽量简单;

(2)天平尽可能整体加工,减少连接部件;

(3)弹性元件要保证良好的轴对称;

(4)天平材料的要求同应变天平;

(5)天平与模型、天平与支架的连接方式要采用锥连接,以保证连接刚度。

图6.44给出一台有弹性元件的三分量压电天平。由图6.44可知,所有的压电元件的极化方向都垂直于它的2个电极面,测量不同分量的压电元件,其极化方向不同。以轴向力元件为例,在轴向力的作用下,天平上的弹性元件受压产生应变,这时粘贴在弹性元件上的一对上下对称的压电元件也将产生与弹性元件一致的应变。压电元件同时产生正电荷或负电荷,最终输出与所受轴向力成正比的电荷,达到轴向力测量的目的。而在俯仰力矩的作用下,轴向力上表面的压电元件受拉,假如产生正电荷,轴向力下表面的压电元件受压,则产生负电荷,正负电荷相等,因此最终轴向力没有电荷输出,即轴向力元件对俯仰力矩不敏感。法向力和俯仰力矩元件与此类同,这就是有弹性元件的压电天平实现了力与力矩的分解与测量的基本原理。

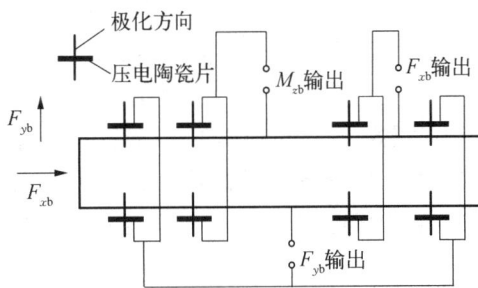

图6.44 有弹性元件的三分量压电天平

为了使压电天平具有良好的性能,压电天平的绝缘阻抗必须保证,通常要求达到 10^{11} Ω 以上。因此,压电天平的弹性元件在粘贴压电元件前要经过严格的清洗与在十分洁净干燥的环境下进行粘贴,压电元件的黏结剂一般为高绝缘阻抗的环氧树脂胶,引线为聚四氟乙烯铜芯线与高阻抗的低噪声屏蔽电缆。

6.4.4 压电天平的校准

由于压电天平的低频特性较差,其校准与应变天平等其他天平有很大的差别。一是压电天平的静态校准是一个动态力加载,采集动态天平输出的过程;二是为了避免在加载过程中施加砝码时的"过冲",压电天平的校准多采用卸载法(负阶跃载荷),即首先对天平施加好载荷,采用熔断丝线或人工快速托起砝码等方法突然卸掉施加在天平上的载荷。图6.45是一种用于压电天平校准的单点卸载多元校准设备的示意图。在天平的加载架上斜置一根钢丝,钢丝的延长线与天平的坐标轴线不相交,钢丝的另一端通过滑轮挂上一定质量的砝码,滑轮可在某一平面内作两个自由度运动,用测量钢丝上任意两点的空间坐标,再通过空间矢量分解原理可计算出施加在天平上的6个分量

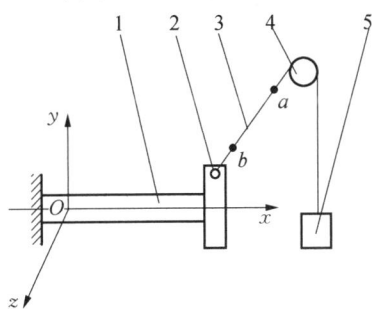

图6.45 压电天平单点卸载校准设备的示意图

1. 压电天平;2. 加载架;3. 钢丝;4. 滑轮;5. 砝码

的载荷。校准时,每变化一次滑轮位置,测量一次钢丝上两点的空间坐标,而后,卸载一次,如此反复进行,即可完成对压电天平的校准。

6.5 磁悬挂天平

磁悬挂天平是利用磁力将模型悬挂在风洞试验段中,并可绕悬挂点做六个自由度的运动,进行没有模型支撑的空气动力测量装置,可提供没有支撑干扰的静态与动态试验数据。因此,磁悬挂天平既可实现模型支撑和模型姿态角调整功能,同时测量模型的空气动力载荷。

1937 年,美国弗吉尼亚大学 Holmes 首次提出了在风洞试验中使用磁悬挂天平的概念。1947 年,苏联中央流体动力研究院首次在风洞试验中使用了磁悬挂天平。20 世纪50 年代,法国 ONERA 成功地研制了五个自由度的磁悬挂天平。此后,美国、英国、苏联、日本等国的许多研究机构与学校相继开始发展磁悬挂天平技术,形成了一个高潮。20 世纪 70 年代,由于技术原因,磁悬挂天平发展进入低谷。20 世纪 80 年代,磁悬挂天平技术又再度受到重视,1987 年,我国国防科学技术大学也开始研制磁悬挂天平。

磁悬挂天平目前尚处于研究发展阶段,但是,随着超导技术、电力电子技术、自动控制技术与传感器技术等的不断发展,以及飞行器发展的需要,磁悬挂天平的应用前景是广阔的。它不仅可用于力的测量,也可用于压力与热的测量,以及研究尾迹流动与边界层流动等。

6.5.1 磁悬挂天平的原理

磁悬挂天平的原理可用一个单自由度的闭环磁悬挂系统来说明(图 6.46),该系统由电磁线圈、磁体(模型)、功率放大器(直流电源)、模型位置传感器与反馈控制器等组成。作用在模型上的磁力是模型与电磁线圈距离的函数。当 $x = x_0$ 时,磁力与模型的重力相等,这时模型处在一个平衡位置,即模型的悬挂位置。这个位置可由闭环系统通过模型位置传感器将模型的位移信号传给控制系统,由控制系统通过增益调节电磁线圈的电流来实现。当模型受到空气动力载荷作用将出现两种情况:一种是远离电磁线圈,则作用在模型上的磁力增加,使模型回到平衡位置;另一种是移近电磁线圈,则作用在模型上的磁力减少,同样使模型回到平衡位置。

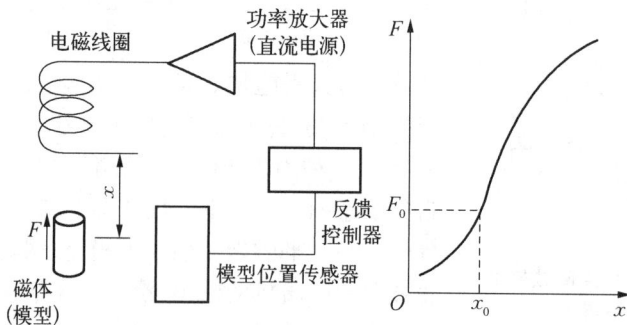

图 6.46 单自由度的闭环磁悬挂系统

这种单自由度的闭环磁悬挂系统奠定了磁悬挂天平的基础。磁悬挂天平的自由度（又称控制度）数目从一个到六个。

6.5.2 磁悬挂天平的组成

磁悬挂天平一般由电磁铁系统、模型系统、控制系统、测量系统和电源系统等组成。通过设置在风洞外部的电磁铁系统,在风洞试验段内提供一个梯度磁场,与模型腔内的磁芯相互作用,产生磁力与磁力矩,平衡作用在模型上的重力与力矩,以及空气动力与力矩,将模型悬挂在风洞试验段中一定的悬挂点上,并可绕悬挂点作 6 个自由度的运动。通过闭环位置控制系统,对模型的位置与姿态进行控制,并通过测量电磁铁系统电流量的变化确定作用在模型上的空气动力载荷。

1. 电磁铁系统

电磁铁系统是磁悬挂天平中最关键的部件。按电磁铁系统中的电磁线圈结构的不同,可分为磁芯线圈型与空心线圈型。磁芯线圈型的电磁线圈内含磁芯,空心线圈型的电磁线圈内不含磁芯,它们都是通过控制模型上几个受力点的位移,来改变模型的位置与姿态。在相同的风洞试验段与模型磁芯情况下,磁芯线圈型电磁铁系统消耗的电功率要小,但磁力随模型位置分布的非线性增大,因此模型的试验迎角较小;然而,空心线圈型电磁铁系统消耗的电功率偏大,但磁力随模型位置分布的非线性要小,因此模型的试验迎角较大。

按电磁铁系统电磁铁的排列位置划分,可分为"L"型、"V"型、正交型与对称型等。"L"型电磁铁结构由两个"U"型电磁铁与一个环形线圈组成(图 6.47);"V"型电磁铁结构与"L"型电磁铁结构相类同,只是两个"U"型电磁铁绕轴线旋转了 45°(图 6.48)。

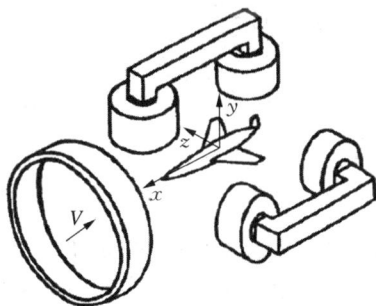

图 6.47 "L"型电磁铁结构

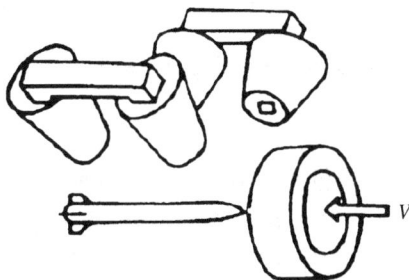

图 6.48 "V"型电磁铁结构

正交型电磁铁结构(图 6.49)采用亥姆霍兹线圈作为主要磁化线圈,提供均匀磁场,采用反接准亥姆霍兹线圈作为梯度磁场线圈,提供梯度磁场;对称型电磁铁结构(图 6.50)由一对空心线圈与若干对磁芯线圈组成,在不同方向上产生梯度磁场。

图 6.51 是一种对称型结构电磁铁系统设置图。它由一对不含磁芯的空心线圈与四对含磁芯的磁芯线圈组成。可产生 5 对相互独立、正交的磁场,对模型施加 5 个磁力,即产生除滚转方向外的 5 个约束力,对模型 5 个自由度实施主动控制(滚转方向则采用被动控制,见后续控制系统)。其中,9 号与 10 号线圈控制模型轴向的自由度;1 号与 3 号、5 号与 7 号线圈控制模型法向与俯仰方向的自由度;2 号与 4 号、6 号与 8 号线圈控制模型横向与偏航方向的自由度。

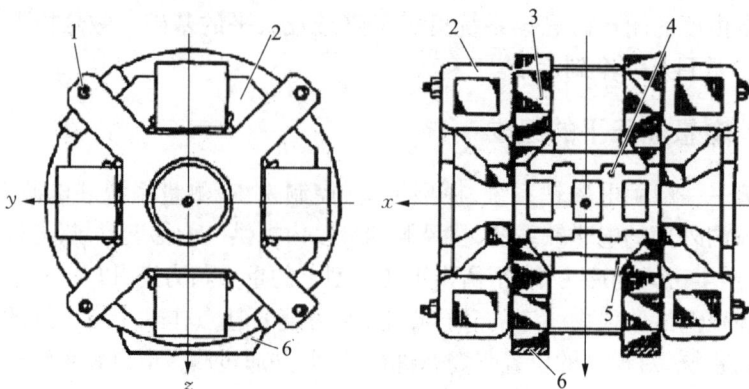

图 6.49　正交型电磁铁结构

1. 安装夹板;2. 侧力与升力控制线圈;3. 亥姆霍兹线圈与阻力梯度线圈;4. 位置传感器
线圈;5. 鞍形线圈;6. 支撑架

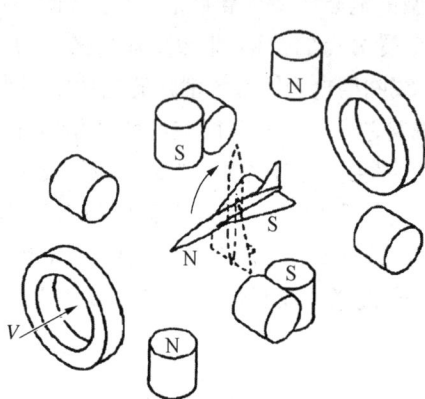

图 6.50　对称型电磁铁结构　　**图 6.51　对称型结构电磁铁系统的设置**

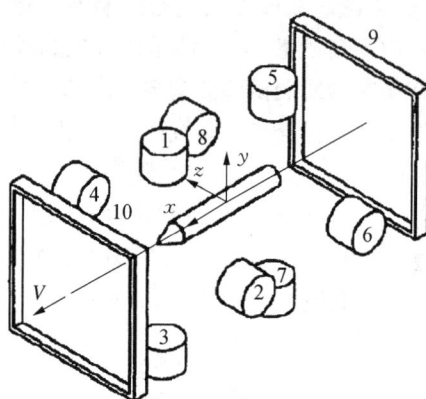

2. 模型系统

模型系统包括模型与模型位置检测装置组成。

用磁悬挂天平测力的模型,外壳用非导磁材料制作,模型沿轴线安放磁芯。磁芯可是工程软铁,通过外部的磁化电磁铁激励后产生恒定磁场;也可是永久磁铁,外加磁化后产生恒定磁场;或是一个用液氦冷却的超导磁芯,可增大作用在模型上的磁力与磁力矩,减少电磁铁系统的电功率。

在磁悬挂天平中,模型位置检测装置是一个重要的装置,用来准确测量模型在风洞试验段中的空间位置,包括模型悬挂点的空间坐标与模型的姿态角。模型位置检测装置的精度要求较高,一般要求模型定位的线位移精度为 0.01 mm,角位移精度为 0.02°。模型位置检测装置可分成 3 类:模拟光电式、电磁感应式与数字光电式。

3. 控制系统

用磁悬挂天平进行测力试验时,模型有 6 个自由度(3 个线位移与 3 个角位移),作用在模型上的力包括磁力、惯性力与空气动力,有 6 个分量(3 个力与 3 个力矩)。模型的运动与作用在模型上的力之间存在着复杂的函数关系,而且作用在模型上的力与力之间也存在着复杂的耦合作用,因此构成了一个静不定的系统。为了将模型悬挂在试验段中某个悬挂点上,并能绕悬挂点作 6 个自由度的运动,必须有一个多变量、高精度的反馈伺服控制系统,这个控制系统实际上就是一个位置伺服系统,用来控制模型的位置。

为了控制模型的位置,必须控制磁力与磁力矩的大小与方向,即根据模型位置测量装置反馈的信号,控制电磁铁系统中各电磁线圈的电流大小与方向。

图 6.52 是磁悬挂天平控制系统的方框图。通过模型位置检测装置测量模型质心的位置与模型的姿态角,与预先给定的模型位置与姿态输入信号进行比较,根据偏差的大小,对磁场进行闭环控制,使电磁铁系统电磁线圈的电流增加或减少,使偏差趋于零。与此同时,记录各电磁线圈内的电流的变化值,根据天平校准时得到的力-电流-位置的函数关系式,可求得作用在模型上的空气动力载荷(间接测量法)。

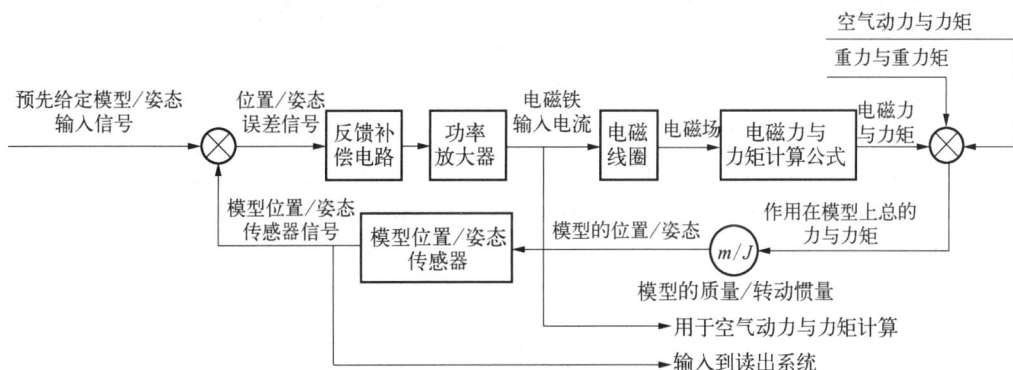

图 6.52　磁悬挂天平控制系统的方框图

目前,对模型滚转方向的控制均采用被动控制方式,即在模型腔内的磁芯两端设置正交的两对永久磁铁(图 6.53),在试验段中的交变磁场力的作用下,产生两个大小相等方向相反的滚转力矩,使模型保持自稳定。

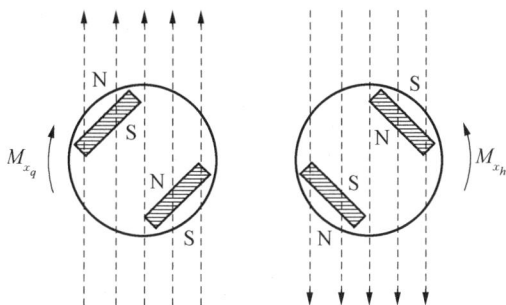

图 6.53　磁悬挂天平模型滚转方向的控制原理

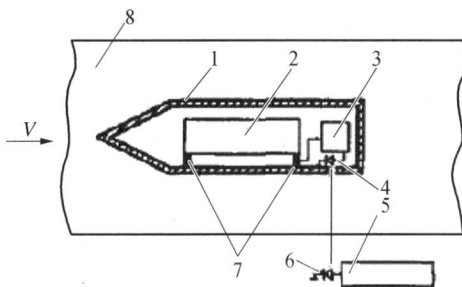

图 6.54　磁悬挂天平的直接测量法

1. 非导磁材料模型外壳;2. 磁芯;3. 电子采集单元装置;4. 光电二极管发射元件;5. 测量装置;6. 光电二极管接收元件;7. 压电测力元件;8. 试验段

4. 测量系统

用磁悬挂天平测量模型所受的空气动力载荷有两种方法,即直接测量法与间接测量法。直接测量法是在模型磁芯与模型外壳之间安装一台力传感器直接测量空气动力载荷。数据通过遥测方法采集与处理(图 6.54)。直接测量法的测量精度较高,磁悬挂天平的校准工作简单。

间接测量法是通过测量电磁铁系统的各电磁线圈的电流与模型位置与姿态的信号来确定空气动力载荷。在已有的磁悬挂天平中,主要采用这种方法,比较容易实现。间接测量法的关键是如何准确地建立力-电流-位置三者之间的函数关系。一般来说,由于磁场分布的非线性,理论计算难以达到高的精度,因此通过天平校准来确定这种函数关系。

5. 电源系统

电源系统是磁悬挂天平的动力装置,它给每个电磁线圈提供控制电流。除了对应每个通道有一个驱动功率放大器外,还要有一个共同的直流电源。最初,驱动电源采用可控硅整流装置,通过控制可控硅导通角来调节电磁线圈的电流参数。由于磁悬挂天平的电源系统不仅要有足够的驱动功率,而且还要有快的响应速度,因此在可控硅整流装置中还要加入谐振回路,来得到较平滑的电流。随着电力电子技术的发展,以及超导技术的应用,驱动电源采用晶体管功率斩波电源(简称 PWM 功率斩波电源)方式。PWM 功率斩波电源的斩波频率高,可从 1~40 kHz,因此响应速度快,电流很平滑,使模型位置控制更加精确,而且 PWM 功率斩波电源的大功率器件在开关状态下工作,电源效率也较高。中国国防科技大学 15 cm×15 cm 磁悬挂天平采用 PWM 功率斩波电源后,其电源总功率仅为 1 kW。

6.6 风洞天平校准

风洞天平完成设计、加工等工序后,其相当于一个"黑匣子",属于未知系统。需应用天平校准设备和天平校准方法完成风洞天平的校准,使风洞天平从未知系统转变为已知系统,即获得风洞天平的校准公式。风洞天平校准就是在天平校准设备上,按已知的坐标轴系模拟天平在风洞试验时的受力状态,对天平精确地施加校准载荷,求得天平各分量的输出信号与校准载荷的变化公式,即天平校准公式,以便在风洞试验中,根据天平各分量的输出信号,求得作用在模型上的空气动力载荷。

通常情况下,天平本身设计和加工等的质量,主要影响天平的精密度(综合加载重复性);而能否对天平进行精确校准,主要影响天平的准确度(综合加载误差)。也就是说,一台具有高灵敏度、高稳定性的天平,如果不能对其精确校准,也不能使其对空气动力载荷的准确测量。

风洞天平完成校准后,还需将风洞天平和试验模型安装于风洞中,在风洞试验条件下检验天平的结构强度,测定天平的温度效应,以及检查天平的精密度和准确度等工作特性。

6.6.1 风洞天平校准设备

风洞天平校准是一个设定自变量(施加的载荷),测量因变量(天平的输出响应)的过程,风洞天平校准设备就是实现该物理过程的硬件设备。

1. 风洞天平校准设备的性能

风洞天平校准设备的性能将直接影响天平校准的准确度与效率,一般应具备如下的基本性能。

(1) 风洞天平校准设备能正确地模拟天平的工作状态。

天平校准时,要正确模拟天平在风洞试验时的受力状态,即能正确按天平坐标轴系对天平施加三个力与三个力矩。天平校准设备的加载能力是由风洞试验以及天平的设计量程来确定的。一般校准设备对天平各分量的加载能力应达到天平各分量设计量程的120%。

对一些特种天平,还要求天平校准设备具备模拟风洞环境温度与模拟阶跃载荷的能力。

(2) 风洞天平校准设备要有很高的精确度。

天平校准设备需具有很高的精确度,从而保证天平校准载荷与信号输出数据的准确度。

(3) 风洞天平校准设备要有足够的刚度。

天平校准设备的刚度是保证天平校准时的正确受力状态,减小因校准设备刚度不足而产生的变形所引起对天平的干扰。

(4) 风洞天平校准设备要有较高的自动化程度。

天平校准过程需要进行几十甚至几百组的加载、卸载和数据采集等操作,因此天平校准设备自动化程度的高低将直接影响天平校准的周期与效率。

2. 风洞天平校准设备的分类

风洞天平校准设备按加载坐标轴系的不同,可分为地轴系天平校准设备与体轴系天平校准设备。

1) 地轴系天平校准设备

始终按地轴坐标轴系(即铅垂和水平方向)对被校天平施加校准载荷的风洞天平校准设备被称为地轴系天平校准设备。在地轴系天平校准设备上校准天平时,对天平受载后产生的变形不作调整。地轴系天平校准设备的结构简单、刚度大、造价低、制造周期短。图6.55是瑞典航空研究院的地轴系天平校准设备,法向力量程50 kN。

2) 体轴系天平校准设备

施加载荷的方向始终与天平体轴系保持一致的天平校准设备或施加的载荷被测量修正到天平体轴系上的天平校准设备被称为体轴系天平校准设备。体轴系天平校准设备大体可分如下四种:回零式补偿型体轴系天平校准设备、跟随式补偿型体轴系天平校准设备、测位式非补偿型体轴系天平校准设备和双天平式非补偿型体轴系天平校准设备。

a. 回零式补偿型体轴系天平校准设备

回零式补偿型体轴系天平校准设备是在原有的地轴系天平校准设备原理的基础上增加复位调整装置。天平校准时,通过

图 6.55 瑞典航空研究院的 50 kN 地轴系天平校准设备

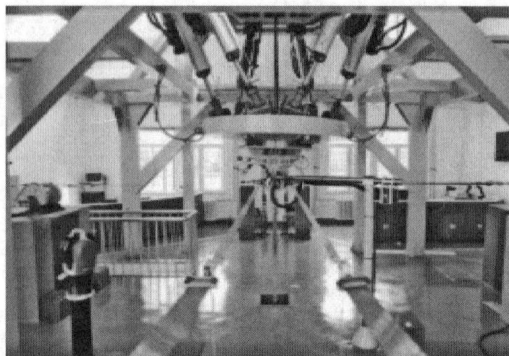

图 6.56　航空工业气动院的回零式补偿型体轴系
天平校准设备

调整装置,对天平受载后的变形作复位补偿,使天平回复到初始状态(又称为零位),保持施加的载荷方向始终与天平体轴系一致。回零式补偿型体轴系天平校准设备的结构复杂,造价高,研制周期长。但是,其可全面、正确地模拟天平在风洞试验时的受力状态,天平校准公式中的附加干扰项明显减少,干扰量也明显降低。现阶段,回零式补偿型体轴系天平校准设备在国内外被广泛使用。图 6.56 是航空工业气动院的回零式补偿型体轴系天平校准设备,法向力量程为 60 kN。

b. 跟随式补偿型体轴系天平校准设备

跟随式补偿型体轴系天平校准设备是在原有的地轴系天平校准设备原理的基础上增加加载补偿装置。天平校准时对天平受载后的变形由加载补偿装置作补偿,即加载装置跟随着天平的变形运动,保持载荷方向始终与天平体轴系方向一致。此设备结构比较复杂,造价高,研制周期长,目前基本没有继续应用发展。图 6.57 是英国 RAE 的跟随式补偿型体轴系天平校准设备示意图,法向力量程 90 kN。

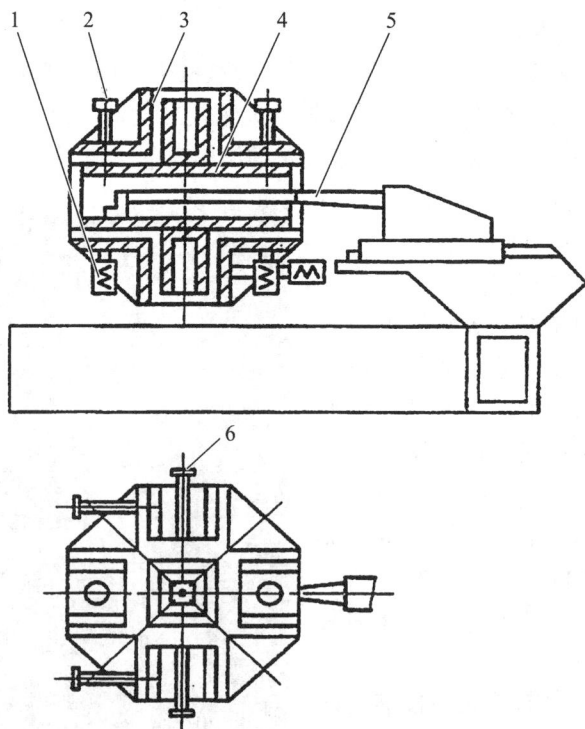

图 6.57　英国 RAE 的跟随式补偿型体轴系天平校准设备示意图

1. 位移调节装置;2. 力发生器;3. 外十字框;4. 内十字框;5. 天平;6. 力发生器

c. 测位式非补偿型体轴系天平校准设备

测位式非补偿型体轴系天平校准设备是在原有的地轴系天平校准设备原理的基础上对天平受载后的变形进行准确的测量,对所施加的载荷,通过公式修正后近似地换算成天平体轴系的载荷。此设备较前两种结构简单、难度小、工程造价低、研制周期短,但此设备体轴载荷是近似换算得到的,再加上很难确定施力点的确切位置,因此准确度比前两种低。图 6.58 是以色列飞机工业有限公司(Israel Aircraft Industries Ltd., IAI)的测位式非补偿型体轴系天平校准设备,法向力量程为 15 kN。

d. 双天平式非补偿型体轴系天平校准设备

双天平式非补偿型体轴系天平校准设备是在原有的地轴系天平校准设备原理的基础上将天平的模型端固定在刚度很大的六分量基准测力天平上,加载架固定在天平的支杆端上,天平的校准中心与基准测力天平的设计中心重合。施加在天平

图 6.58 以色列 IAI 的测位式非补偿型
体轴系天平校准设备

上的各分量载荷值由基准测力天平测得,而不考虑施加载荷的方向随天平受载变形后的变化,从而实现天平体轴系校准。图 6.59 是德国 ETW 的双天平式非补偿型体轴系天平校准设备,法向力量程为 25 kN。

图 6.59 德国 ETW 的双天平式非补偿型
体轴系天平校准设备

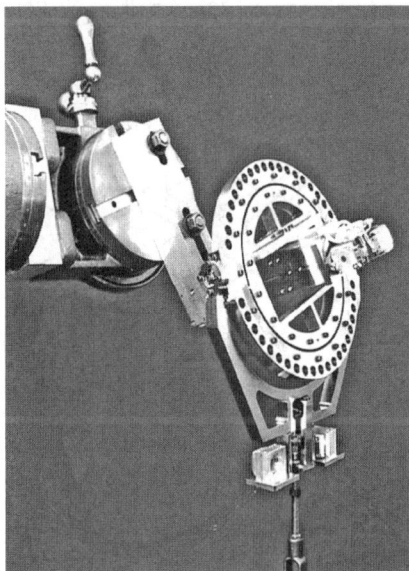

图 6.60 美国 NASA 单矢量天平
校准设备

除了地轴系天平校准设备与体轴系天平校准设备,NASA 于 21 世纪初发展的单矢量天平校准设备(图 6.60)。单矢量天平校准设备是一种新型的测位式非补偿型

体轴系天平校准设备,其创新点在于通过单矢量加载,就能获得天平校准轴系中所需的6个校准载荷分量。该校准装置结构简单、系统误差源少,校准精准度和效率高,成本低。

3. 风洞天平校准设备的组成

回零式补偿型体轴系天平校准设备是目前国内外应用最广泛的天平校准设备。在此,以回零式补偿型体轴系天平校准设备为例,介绍天平校准设备的组成。回零式补偿型体轴系天平校准设备主要由加载系统、复位系统、测量系统、控制系统和数据采集与处理系统等部分组成。

1) 加载系统

加载系统主要包括校准台架、加载架、传力件与力源等。

a. 校准台架

校准台架是用于保证对被校天平与加载系统进行正确的安装、定位与调整。校准台架的基座可采用钢筋混凝土结构或钢结构。

b. 加载架

加载架安装于天平的模型端,其是用于模拟在测力风洞试验中的模型,对天平施加载荷的装置。加载架是天平校准设备中最关键的装置,为保证加载载荷的大小、方向和作用点的正确性,加载架必须满足如下要求:

(1) 与天平的连接要牢固,安装位置可调节;

(2) 具有足够的刚度,加载变形量可忽略;

(3) 各加载点的位置要准确。

加载架一般采用套筒式加载架(图6.61)。加载架的主体部分由内、外套筒组成。内套筒通过相应接头与被校天平的模型端相连接,通过更换接头可与不同被校天平相连接。加载点设置在外套筒上,外套筒与内套筒同轴并可沿轴向精确调整与定位,以便调节天平加载中心的位置,使其尽可能与被校天平的设计中心重合。

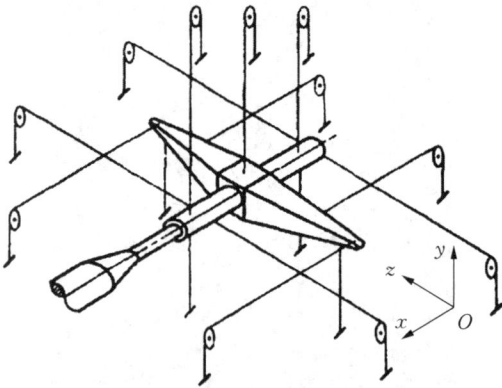

图6.61 加载架

为了使加载架在满足刚度与强度的同时,尽可能减轻其重量,加载架上的各加载梁可设计成等强度的梁。通常天平校准设备要配备几个不同尺寸的加载梁,以适应不同几何尺寸与不同量程范围的天平校准需要。

c. 力源

力源是产生施加载荷的装置。施加载荷的力可用不同的方法产生,常见的有砝码与力发生器,其中力发生器又可分为液压式、气压式与机电式力发生器等,而且力发生器要与高精度单分量力传感器一起工作,获得施加载荷的数值大小。

d. 传力件

传力件是用于将力源产生的载荷按加载坐标轴系的要求,以一定的传力比准确地传

递到加载架上的各个加载点。传力件一般由滑
轮(或弹性支撑杠杆)与连索(钢带、钢丝或拉
杆)组成。

2) 复位系统

复位系统安装于校准台架上,用于支撑天
平与加载架,同时可实现 6 个自由度运动,从而
自由地调整天平与加载架的位置,使对天平施
加载荷的方向始终与天平体轴系一致。复位系
统形式多样,图 6.62 是一种六连杆并联机构的
复位系统。

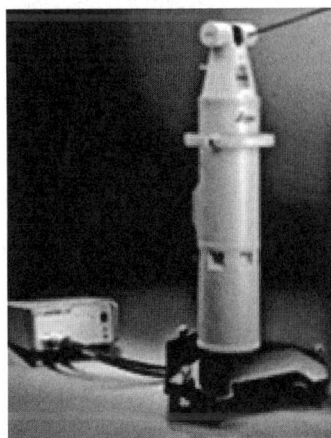

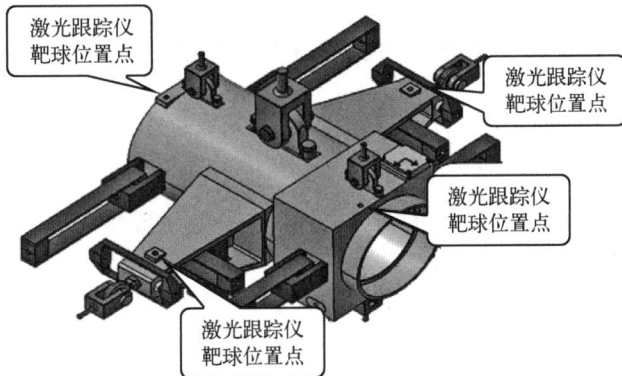

3) 测量系统

测量系统包括加载架初始定位子系统与复
位测量子系统。

图 6.62　六连杆并联机构的复位系统

加载架初始定位子系统与复位系统一起组成加载架初始定位装置,使加载架的坐标
系与加载系统中各个力源位置形成的坐标系重合,即保证对天平施加载荷的方向与天平
体轴系一致。加载架初始定位子系统可分为机械式加载架初始定位、准直望远镜式加载
架初始定位与激光跟踪仪式加载架初始定位等方式。图 6.63 是激光跟踪仪式加载架初
始定位方式,应用激光跟踪仪测量加载架上的靶球位置点坐标复现加载架坐标系,通过控
制系统指导复位系统运动,使加载架的坐标系与加载系统中各个力源位置形成的坐标系
重合。

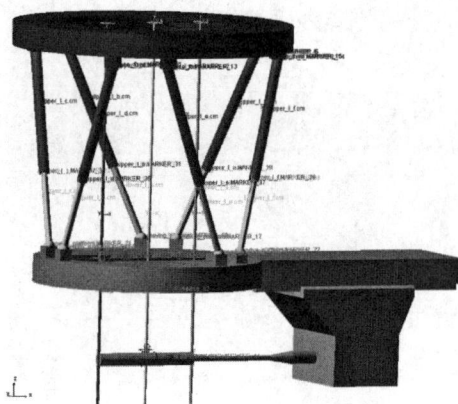

图 6.63　激光跟踪仪式加载架初始定位方式

复位测量子系统与复位系统一起组成调整装置,使在天平校准过程中对天平施加载
荷的方向始终与天平体轴系一致。调整装置的工作原理是:首先,当天平校准过程中,天
平与支撑天平的支杆在校准载荷作用下产生变形,使加载架的位置随之产生偏移,离开了
加载架初始定位的位置;复位测量子系统测量加载架在 6 个自由度方向上的偏移量,然后
通过控制系统闭环控制复位系统作相应运动,使加载架调整到最初定位的位置,以保证对
天平施加载荷的方向始终与天平体轴系一致。图 6.64 是 6 个激光位移计组成的复位测

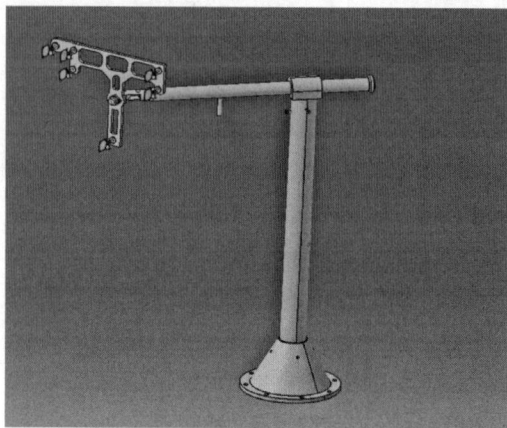

图 6.64　6 个激光位移计组成的复位测量子系统

量子系统,加载架上安装目标板,通过 6 个激光位移计组成的复位测量子系统测量目标板的位置,即可获得加载架的空间位置。

4）控制系统

控制系统包括加载控制子系统和复位控制子系统。

加载控制子系统是用于天平校准时,根据加载载荷量值的需求,控制与驱动加载系统中各个力源自动加载对应的载荷。

复位控制子系统用于天平校准时,根据复位测量子系统测量获得的加载架位置的偏移量,控制与驱动复位系统作相应的运动,从而保证对天平施加载荷的方向始终与天平体轴系一致。

5）数据采集与处理系统

数据采集与处理系统包括数据采集设备和数据处理软件。数据采集设备用于采集天平的输出信号以及控制系统需要的控制信号。数据处理软件主要是根据天平校准时施加的载荷以及天平对应的输出信号,数据处理生成天平的校准公式。

6.6.2　风洞天平校准

风洞天平校准包括天平校准公式、天平校准载荷表设计和天平校准数据处理方法等内容。

1. 天平校准公式

风洞天平的校准公式是用来描述作用在天平上的载荷值与天平输出信号值之间的关系式。

1）天平校准公式的规模

虽然在天平设计阶段的一个目标是最小化天平各分量之间的相互干扰,然而完全消除各分量之间的相互干扰是不可能的。各分量之间相互干扰可以分类为线性的和非线性的。线性干扰是加工公差或多元天平的装配偏差等引起的。非线性归因于天平被加载时复杂变形导致的。在天平设计载荷相对于天平的尺寸非常大的时候,这些非线性影响将十分明显。

对于一台六分量天平,美国 AIAA 地面试验技术委员会提出了在天平校准公式中最多可以使用 96 项系数的数学模型,包括主系数 1 项,一次干扰系数 5 项,二次平方项干扰系数 6 项,二次交叉项干扰系数 15 项,三次立方项干扰系数 6 项,一次非对称干扰系数 6 项,二次非对称干扰系数 51 项,三次非对称干扰系数 6 项。

$$R_i = a_i + \sum_{j=1}^{n} b1_{i,j} F_j + \sum_{j=1}^{n} b2_{i,j} \mid F_j \mid + \sum_{j=1}^{n} c1_{i,j} F_j^2 + \sum_{j=1}^{n} c2_{i,j} F_j \mid F_j \mid +$$
$$\sum_{j=1}^{n} \sum_{k=j+1}^{n} c3_{i,j,k} F_j F_k + \sum_{j=1}^{n} \sum_{k=j+1}^{n} c4_{i,j,k} \mid F_j F_k \mid + \sum_{j=1}^{n} \sum_{k=j+1}^{n} c5_{i,j,k} F_j \mid F_k \mid +$$
$$\sum_{j=1}^{n} \sum_{k=j+1}^{n} c6_{i,j,k} \mid F_j \mid F_k + \sum_{j=1}^{n} d1_{i,j} F_j^3 + \sum_{j=1}^{n} d2_{i,j} \mid F_j^3 \mid$$

需要根据不同的天平的特性,选择不同的天平校准公式规模。目前,国内在天平校准公式中,一般不考虑非对称性干扰系数,使用27项或33项(考虑三次立方项干扰系数)校准系数,如再考虑一次非对称干扰系数时,则使用39项校准系数。

2)天平校准公式的形式

天平校准公式的形式可分为显式与隐式两种。显式是以天平的输出信号值为自变量,以天平上的载荷值为因变量的数学表达式;而隐式是以天平上的载荷值为自变量,以天平的输出信号值为因变量的数学表达式。

由于天平校准的数据处理方法一直采用最小二乘法的方法,而其前提条件为自变量的值被假设为零误差的。而且最初的天平校准设备采用手动加砝码的方式施加载荷,砝码与天平的信号输出相比准确度更高,因此最初选择施加的载荷为自变量的天平校准公式形式(隐式)。

但随着全自动或半自动天平校准设备的出现,尤其是一些设备采用力发生器+力传感器获得加载载荷值的方式,施加的载荷与天平的输出相比在准确度方面的优势不复存在,因此一些国家也采用以天平的输出为自变量的天平校准公式形式(显式)。

2. 天平校准载荷表设计

天平校准载荷表的设计对天平校准公式的质量具有明显和重大的影响,天平校准载荷表设计遵循如下的主要原则:

(1)必须可以提供充分并且线性独立的信息,用于完全定义即将用的天平校准公式中的所有未知系数;

(2)在校准载荷范围内很好地分布,避免在曲线拟合中存在任何不被期望的强调;

(3)确信天平校准载荷的包线和风洞试验载荷包线至少一样大,避免任何超越校准载荷范围的外推法被应用;

(4)至少包括一些多分量联合载荷的加载,这些联合载荷的加载应在风洞试验条件下具有代表性,例如:如果风洞试验中载荷中心在天平测量元件的外侧,在天平校准中通过加载联合载荷的方式来模拟校准。

目前,天平校准载荷表设计所依据的主流方法是一次一个变量(one factor at a time,OFAT)方法,OFAT方法又可分为单元校准方法和多元校准方法。最近随着天平校准技术的不断发展,天平校准载荷表设计方面也出现了新型的设计方法。

1)单元校准方法

单元校准方法是采用单分量加载和两分量组合加载的方式求得天平校准公式的方法,在加载过程中,天平各分量单独加载,其他分量为0或常值。具体加载方式如表6.3和图6.65所示。

表6.3

单元加载	Y	M_z	Z	M_y	M_x	X
组合加载		YM_z	YZ M_zZ	YM_y M_zM_y ZM_y	YM_x M_zM_x ZM_x M_yM_x	YX M_zX ZX M_yX M_zX

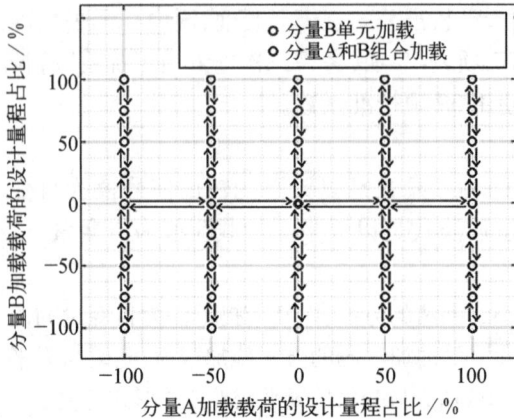

图 6.65 六分量天平单元校准加载方法

（1）单分量加载时,将天平各分量的校准载荷(天平设计量程的 90%~110%)等间距分成 7 个以上加载点(包括零载点),进行等阶梯加载与卸载,各重复 3 次以上。

（2）两分量组合加载时,将天平一个分量分别加载到它的设计量程的 50% 和 100%,再将天平另一个分量的校准载荷(天平设计量程的 90%~110%)等间距分成 7 个以上加载点(包括零载点),进行等阶梯加载与卸载,各重复 3 次以上。

（3）重复加载检查天平的综合加载重复性时,选取天平各分量设计量程的 50%~70% 作为一组载荷进行加载,重复 7~10 次或以上。

（4）综合加载检查天平的综合加载误差时,选取 10 组以上检验载荷进行加载(每一组检验载荷的匹配要尽量模拟天平在测力风洞试验中的工作状态,理论上各分量的最大载荷应不小于其设计量程)。

2）多元校准方法

多元校准方法是用多元组合加载的方式来确定天平的校准公式,与单元校准方法相比,多元校准方法能更真实地模拟天平在测力风洞试验中的工作状态。但是要求天平校准设备能同时对各分量施加载荷,才能实现真正的多元校准。多元校准方法的加载方法很多,常用的有正交多元加载方法与混合多元加载方法。

a. 正交多元加载方法

正交多元加载方法是按正交设计方法设计的,根据不同因素与不同水平的正交表可设计不同的加载方法。表 6.4 是一种用 9×9 正交拉丁方法排出的加载方法。加载时,将天平每个分量的校准载荷(天平设计量程的 90%~110%)等间距分成 9 个加载点(包括零载点),按表 6.4 方案进行加载与卸载,各重复 3 次以上。

表 6.4 正交多元加载表

载荷序号\分量	1	2	3	4	5	6	载荷序号\分量	1	2	3	4	5	6	载荷序号\分量	1	2	3	4	5	6
初读数	0	0	0	0	0	0														
1	1	1	1	1	4	7	10	2	1	2	3	5	8	19	3	1	3	2	6	9
2	1	2	2	2	5	8	11	2	2	3	4	6	9	20	3	2	4	3	7	1
3	1	3	3	3	6	9	12	2	3	4	5	7	1	21	3	3	5	4	8	2
4	1	4	4	4	7	1	13	2	4	5	6	8	2	22	3	4	6	5	9	3
5	1	5	5	5	8	2	14	2	5	6	7	9	3	23	3	5	7	6	1	4
6	1	6	6	6	9	3	15	2	6	7	8	1	4	24	3	6	8	7	2	5
7	1	7	7	7	1	4	16	2	7	8	9	2	5	25	3	7	9	8	3	6
8	1	8	8	8	2	5	17	2	8	9	1	3	6	26	3	8	1	9	4	7
9	1	9	9	9	3	6	18	2	9	1	2	4	7	27	3	9	2	1	5	8

续　表

载荷序号 \ 分量	1	2	3	4	5	6	载荷序号 \ 分量	1	2	3	4	5	6	载荷序号 \ 分量	1	2	3	4	5	6
28	4	1	4	7	1	4	46	6	1	6	8	3	6	64	8	1	8	6	8	2
29	4	2	5	8	2	5	47	6	2	7	9	4	7	65	8	2	9	7	9	3
30	4	3	6	9	3	6	48	6	3	8	1	5	8	66	8	3	1	8	1	4
31	4	4	7	1	4	7	49	6	4	9	2	6	9	67	8	4	2	9	2	5
32	4	5	8	2	5	8	50	6	5	1	3	7	1	68	8	5	3	1	3	6
33	4	6	9	3	6	9	51	6	6	2	4	8	2	69	8	6	4	2	4	7
34	4	7	1	4	7	1	52	6	7	3	5	9	3	70	8	7	5	3	5	8
35	4	8	2	5	8	2	53	6	8	4	6	1	4	71	8	8	6	4	6	9
36	4	9	3	6	9	3	54	6	9	5	7	2	5	72	8	9	7	5	7	1
37	5	1	5	9	2	5	55	7	1	7	5	7	1	73	9	1	9	4	9	3
38	5	2	6	1	3	6	56	7	2	8	6	8	2	74	9	2	1	5	1	4
39	5	3	7	2	4	7	57	7	3	9	7	9	3	75	9	3	2	6	2	5
40	5	4	8	3	5	8	58	7	4	1	8	1	4	76	9	4	3	7	3	8
41	5	5	9	4	6	9	59	7	5	2	9	2	5	77	9	5	4	8	4	7
42	5	6	1	5	7	1	60	7	6	3	1	3	6	78	9	6	5	9	5	8
43	5	7	2	6	8	2	61	7	7	4	2	4	7	79	9	7	6	1	6	9
44	5	8	3	7	9	3	62	7	8	5	3	5	8	80	9	8	7	2	7	1
45	5	9	4	8	1	4	63	7	9	6	4	6	9	81	9	9	8	3	8	2
														末读数	0	0	0	0	0	0

b. 混合多元加载方法

混合多元加载方法是单元加载与多元组合加载相结合的方法。单元加载采用单元校准方法中的单元加载部分;多元组合加载采用正交多元加载方法。

多元校准方法中检查天平的综合加载重复性与综合加载误差的加载方式与单元校准方法相同。

3. 数据处理方法

天平校准数据的处理方法主要包括两个方面的内容:一是根据天平校准数据生成天平校准公式的数据处理方法;二是根据重复性加载和综合加载的数据,计算天平综合加载重复性和综合加载误差的数值的数据处理方法。

1) 天平校准公式的生成

天平校准公式的生成即是通过对天平校准数据进行处理,计算获得天平校准公式中的各项系数值。天平校准公式的生成主要包括两种方法:分段曲线拟合方法和全局回归方法。

a. 分段曲线拟合方法

分段曲线拟合方法要求天平校准载荷表设计必须遵循一个原则,该原则是:首先,天平各分量都必须执行合适数量的递增的单分量加载;然后,某一分量固定载荷,其他各分量执行相同序列的加载(两分量组合加载)。从而可见,分段曲线拟合方法适用于单元校准方法。

单分量加载数据可以计算获得该分量的主系数、二次平方项系数以及该分量对其他分量的一次干扰系数和二次平方干扰系数;两分量组合加载数据可以计算获得二次交叉项干扰系数。

b. 全局回归方法

全局回归方法采用最小二乘法,全局退化计算施加的力和力矩与天平桥路输出的多项式的系数。在全局退化过程或方法中,通过最小二乘法,即天平校准公式中所有因变量的被计算值与实际输出的偏差的平方和最小的方法,计算在天平校准公式中的 n 分量天平中每一分量的未知系数。全局回归方法对天平校准载荷表设计没有特殊要求,因此其可适用于各种天平校准方法。如在天平校准数据中有 P 组的力和力矩对应 P 组天平的输出,那么一套天平校准公式的系数通过对以下统计公式最小化处理来计算:

$$
\begin{aligned}
e_i = \sum_{p=1}^{P} \Big(& a_i + \sum_{j=1}^{n} b1_{i,j} F_{j,p} + \sum_{j=1}^{n} b2_{i,j} \mid F_{j,p} \mid + \sum_{j=1}^{n} c1_{i,j} F_{j,p}^2 + \sum_{j=1}^{n} c2_{i,j} F_{j,p} \mid F_{j,p} \mid + \\
& \sum_{j=1}^{n} \sum_{k=j+1}^{n} c3_{i,j,k} F_{j,p} F_{k,p} + \sum_{j=1}^{n} \sum_{k=j+1}^{n} c4_{i,j,k} \mid F_{j,p} F_{k,p} \mid + \\
& \sum_{j=1}^{n} \sum_{k=j+1}^{n} c5_{i,j,k} F_{j,p} \mid F_{k,p} \mid + \sum_{j=1}^{n} \sum_{k=j+1}^{n} c6_{j,j,k} \mid F_{j,p} \mid F_{k,p} + \\
& \sum_{j=1}^{n} d1_{i,j} F_{j,p}^3 + \sum_{j=1}^{n} d2_{i,j} \mid F_{j,p}^3 \mid - R_{i,p} \Big)^2
\end{aligned}
$$

在常规全局回归方法的基础上,NASA 发展了全局逐步回归方法。它应用一种候选数学模型搜索运算法则,可以找到天平校准数据的最优校准公式。两个约束被应用,用于拒绝包含统计不明显的或接近线性相关系数的天平校准公式;同时可执行变量分析方法,目的是从统计学的观点更好地评估天平校准公式的预估质量。

2) 天平综合加载重复性和综合加载误差的计算

在获得天平校准公式的基础上,可以通过重复性加载和综合加载,计算获得天平综合加载重复性和综合加载误差的数值,分别评价天平和天平校准公式的质量。

天平综合加载重复性是天平校准时,在相同条件下,所有测量分量在设计载荷范围内多次重复加载时天平输出值的标准差。用天平各分量设计载荷时,输出值的百分比表示。

天平综合加载误差是天平校准时,各分量多组同时加载,按天平校准公式求得的各载荷分量测量值与所加载荷基准值之差的标准偏差。用天平各分量设计载荷的百分比表示。

在 GJB 2244A-2011《风洞应变天平规范》中明确规定了应变天平的综合加载重复性和综合加载误差的指标要求,如表 6.5 所示。

表 6.5　综合加载重复性和综合加载误差的指标要求

天平校准性能指标		天平分量					
		法向力	俯仰力矩	滚转力矩	轴向力	侧向力	偏航力矩
综合加载重复性/%FS	合格指标	0.2	0.2	0.3	0.3	0.2	0.2
	先进指标	0.06	0.06	0.1	0.1	0.06	0.06

天平校准性能指标		天　平　分　量					
		法向力	俯仰力矩	滚转力矩	轴向力	侧向力	偏航力矩
综合加载误差/%FS	合格指标	0.4	0.4	0.5	0.5	0.4	0.4
	先进指标	0.1	0.1	0.2	0.2	0.1	0.1

第 6 章习题　　　　第 6 章参考文献

第7章
数据采集与处理

7.1 概　　述

风洞所用的数据采集与处理系统主要用于完成风洞运行参数、试验模型气动力的采集与处理,获得准确可靠满足精准度要求的试验数据。数据采集处理系统是指能够测量来自传感器、变送器及其他信号源输入的信号,并能以某种方式对测量的量值进行数据存储、处理、显示、打印的系统。

1. 基本要求

1) 测量和控制精度要求高

风洞试验的目的是要精确地测得模型的气动力以及模型的局部改变所引起的气动力改变,在大多数情况下这种气动力改变很小,只有把风洞试验的精度提高到一定程度,才能准确地测出这一变化。

2) 测量和控制参数多

风洞是一个复杂的系统,试验时需要在控制诸多试验设备的同时还要测量大量参数。如飞行器的全模压力测量,除了要控制风洞的风速、压力、温度、模型姿态角等参数外,往往还要同时测量几百个甚至上千个点的压力及各种风洞运行参数。

3) 测量和控制的实时性

在现代的风洞试验中,往往要求实时地采集和处理数据,并以曲线等形式给出试验结果,以便实时地确定试验的正确性。特别是在暂冲式高速风洞中,气源所提供的试验时间有限,只有保证系统具有高速控制、采集和处理的能力,才能保证系统的实时性。在各种动态试验中,试验模型处于运动状态,试验往往要求在同一时刻同时测量多个试验参数,以保证模型的空间位置与测量参数之间以及各参数之间同步,在这种情况下,通常采用具有外触发功能的高速并行数据采集系统进行数据采集。

4) 有较高的试验效率和试验数据高可靠性

测控系统是影响试验效率和试验数据可靠性的主要因素。近年来国内外许多老风洞为了提高试验效率而进行了改造,除了尽量减少测量和控制时间外,还将试验前的调试准备工作放到专门的试验准备间进行,以减少试验前占用风洞的准备时间。为保证试验数据的可靠性,系统要有方便快捷的自动检查和校准的能力,试验前对压力传感器、天平供电电压、放大器和滤波器、数据采集系统等进行测试和校准,这是保证系统具有长期稳定精度的有力措施。在试验过程中,重要的试验参数要实时地显示在屏幕上,以便试验人员随时发现问题。

5）要有很好的抗干扰措施

在风洞试验设备中，包含有很多电机等电器部件，特别是在一些变频驱动机构和数字交流伺服系统中往往采用脉冲电流驱动，很容易对其他设备产生电气干扰。而风洞试验中传感器所感测的信号，通常都是毫伏级的信号，如果没有很好的防干扰措施，很难进行正确的测试。要解决这一问题，在设计时首先要对干扰源采取措施，这包括选择合理的设计方案、选择电磁兼容满足要求的测控设备、采用正确的屏蔽接地方法以及合理的布线工艺等措施，以减少干扰的产生。另外，还要尽量破坏干扰的耦合通道。与此同时，要加强测试系统的抗干扰能力，要选择抗干扰能力强的硬件设备及合理的工艺措施，如可以采用专门的动力变压器或采用抗干扰隔离变压器对测控系统供电，信号线采用双绞线或屏蔽电缆，尽量减少信号源内阻和导线电阻等。

另外，风洞气流压力和速度的脉动以及各种原因造成的模型振动都将导致试验模型气动力的脉动，为了减少脉动对气动力测量精度的影响，还可以采用数字滤波以及选择合理的采集速率等措施。由于气流脉动和模型振动频率一般都很低，适当地降低滤波器截止频率，可以提高测量精度。

2. 主要技术指标

数据采集系统的主要技术指标一般包括输入阻抗、共模电压、共模抑制比、输入通频带、A/D 转换位数（分辨率）、量程或放大倍数、采集速率、信道数、系统精度（误差限）、数据容量等，下面介绍几个主要指标的含义。

1）采集速率

采集速率是指在满足系统精度（误差限）指标和考虑通道串扰影响的条件下，单位时间内系统对输入信号采集的次数，以"次/s"为单位。根据系统的配置，采集速率又分为系统循环采集速率和信道采集速率。系统循环采集速率是在系统进行多信道循环采集方式下，整个系统所有信道在单位时间内采集的可读有效数据个数。信道采集速率是指系统在采集数据过程中，某一采集通道在单位时间内采集的可读有效数据个数。

2）系统精度（误差限）

系统精度是指测试系统测量某一量值的结果与其真值（约定真值）偏离的程度，有时也称为系统误差、系统准确度、系统不确定度、系统误差限、系统精确度等，在计量标准中称为误差限。

根据国家计量技术规范 JJG 1048－1995《数据采集系统校准规范》的规定，数据采集系统某通道测量量值 E 时的系统精度（误差限）A 按式（7.1）计算。

$$A = \pm \frac{|\bar{x} - E| + 2\sigma}{E_r} \times 100\% \tag{7.1}$$

式中，$\bar{x} = \dfrac{1}{n}\sum_{i=1}^{n} x_i$，为折合到输入端的采集数据平均值；$\sigma = \sqrt{\dfrac{1}{n-1}\sum_{i=1}^{n}(x_i - \bar{x})^2}$，为均方根误差（也称标准偏差）；$E$ 为约定真值；x_i 为折合到通道输入端的采集数据值；n 为通道采集数据个数；E_r 为通道量程。

根据计量标准要求，检定某通道精度时要在该通道量程内均匀地选 11 个测试点，计算出每个点的精度值 A，以其中的最大值为通道的系统精度值。

由系统精度的计算公式可以看出,系统误差包括两部分,即 $\dfrac{|\bar{x}-E|}{E_r}\times 100\%$ 和 $\dfrac{2\sigma}{E_r}\times$ 100%。前一部分为系统的固定误差,后部分为系统的随机误差。固定误差是系统固有的误差,随机误差是由干扰等各种偶然因素造成的、是表征同一被测量多次测量结果分散性的参数。由于这一测试是在标准环境条件下进行的,所以按这个公式给出的系统误差是包括了除环境条件影响外的所有因素产生的误差。在测试环境条件中对数据采集系统精度影响最大的是温度,产品技术指标中通常给出增益和零点的温度漂移($\%/℃$)指标。如果测试的环境温度变化较大,在计算系统的实际精度时要考虑这一因素。也可以在使用中采取实时校准或温度补偿等措施来提高系统精度。

3)动态有效位数

系统采集稳态信号时,其量化误差与 A/D 转换位数相对应,但采集交变信号时,由于动态误差的影响,A/D 转换的实际有效位数有所降低。系统采集一个理想的交流信号,根据采集的数据拟合成正弦曲线,将采集数据与该拟合曲线之间的有效值误差归结为动态采集下的量化误差,与此动态量化误差相对应的数/模转换的有效位数称为系统的动态有效位数。

7.2 信号采集与处理基本原理

风洞数据采集包含了对原始信号的调理、测量和转换,是数据处理的前提。数据采集使用计算机测量电压、电流、温度、压力或声音等电子、物理现象。数据采集系统由传感器、数据采集测量硬件和带有可编程软件的计算机组成,如图 7.1 所示。与传统的台式测量系统相比,基于 PC 的数据采集系统利用行业标准计算机的处理、生产、显示和通信能力,提供更强大、灵活且具有成本效益的测量解决方案。

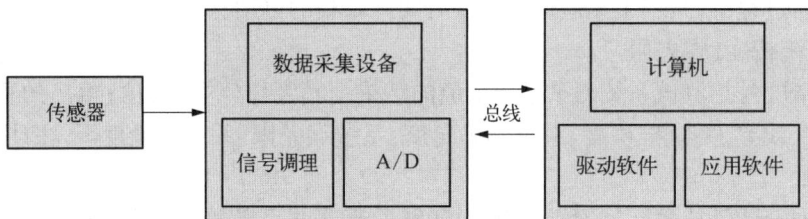

图 7.1　数据采集系统的基本构成

传感器输出的信号不能直接送到输出设备进行显示或记录,需要进一步处理。信号的处理由两部分完成,即模拟信号处理和数字信号处理,后者由计算机承担。A/D 转换器以前的全部信号处理都是模拟信号处理,在此以后的全部信号都是数字信号。除此以外,有些数字信号可以直接送入计算机接口。

因为从传感器传输过来的信号除少数为数字量外,多数都是模拟信号,要送入计算机必须经过模/数转换。所以数据采集系统中的关键部件是模/数转换器,常简写为 A/D。它的作用是将模拟量转换为数字量以适应计算机工作。为了把变化的模拟信号转换成数字信号,要对模拟信号采样,得到一系列在数值上是离散的采样值。A/D 转换器把模拟量转换成数字量需要一定转换时间,在这个转换时间内,被转换的模拟量必须维持基本不变,否则不能保证转换精度,所以大多数情况下需要加采样保持电路。通过此电路把采样得到的模拟量保持到转换为数字量。所转化的数字信号不仅在时间上是离散的,在数值上的变化也是不连续的。任何一个数字量的大小,都是以某个最小数量单位的整数倍来表示的,所规定的最小数量单位称为量化单位。把模拟量转换成这个最小数量单位的整数倍的过程,称为量化过程。把量化的数值用代码表示,就称为编码。因此,采样、量化和对数字信号进行编码,是数据转换的基本步骤。现在很多模/数转换芯片都可自动按顺序完成这几步。

大多的数据采集系统都是通过传感器对被测对象进行采集。例如室内温度、光源强度、或施于物体的压力等物理现象都通过传感器进行测量,表 7.1 列出了一些常用的传感器及其测试的物理现象。传感器,也被称为转换器,能够将一种物理现象转换为可测量的电子信号。根据传感器类型的不同,其输出的可以是电压、电流、电阻,或是随着时间变化的其他电子属性。一些传感器可能需要额外的组件和电路才能正确转换成可以由数据采集设备准确和安全读取的信号。

表 7.1　传感器测试物理现象

传　感　器	现　　象
热电偶,电阻温度传感器,热敏电阻	温度
照片传感器	光源和纹理
麦克风	声音
应变计,压电传感器	力和压力
电位器,线性差动位移传感器,光学编码器	位移和位置
加速度计	加速度

数据采集设备是计算机和外部信号之间的接口。它的主要功能是将输入的模拟信号数字化,使计算机可以进行解析。数据采集设备用于测量信号的三个主要组成部分为信号调理电路、模/数转换器(A/D)与计算机总线。很多数据采集设备还拥有实现测量系统和过程自动化的其他功能。例如,数/模转换器(D/A)输出模拟信号,数字 I/O 线输入和输出数字信号,计数器/定时器计量并生成数字脉冲。

直接测量传感器信号或外部信号可能过于嘈杂或危险。信号调理电路将信号处理成可以输入至 A/D 的一种形式。电路包括放大、衰减、滤波和隔离。一些数据采集设备含有内置信号调理,用于测量特定的传感器类型。

在经计算机等数字设备处理之前,传感器的模拟信号必须转换为数字信号。A/D 是一种快速将模拟信号转化为数字信号的集成电路芯片。实际操作中,模拟信号会随着时间不断发生改变,A/D 以设定的速率收集信号周期性的"采样"。这些采样通过计算机总线传输到计算机上,在总线上通过软件采样重构原始信号。

7.2.1　采样定理

天平和传感器输出的信号为低电平模拟信号。必须对信号进行放大、滤波、采样、量化和编码等处理,转换为数字信号,送计算机采集处理。

采样定理,又称香农采样定理、奈奎斯特(Nyquist)采样定理,是信息论,特别是通信与信号处理学科中的一个重要基本结论。采样定理是 1928 年由美国电信工程师 H. 奈奎斯特首先提出来的,因此称为奈奎斯特采样定理。采样定理有许多表述形式,但最基本的表述方式是时域采样定理和频域采样定理。采样定理说明采样频率与信号频谱之间的关系,是连续信号离散化的基本依据。

采样频率,也称为采样速度或者采样率,定义了每秒从连续信号中提取并组成离散信号的采样个数,它用赫兹(Hz)来表示。采样频率的倒数是采样周期或者称作采样时间,它是采样之间的时间间隔。通俗地讲,采样频率是指数据采集系统每秒钟采集多少个信号样本。采样频率只能用于周期性采样的采样器,对于非周期性采样的采样器没有规则限制。

采样定理:带宽有限的被测信号的最高频率为 f_{max},那么采样不失真的条件是采样频率 $f_s \geqslant 2f_{max}$。$f_s/2$ 称为奈奎斯特频率。

在风洞试验中,因气流脉动和电磁干扰,测量信号的频率十分丰富,采样前必须加入低通滤波器消除干扰,否则将引起测量信号的失真,通常采样频率要高于 4 倍滤波截止频率。

7.2.2　信号类型

虽然风洞的形式和所进行的试验项目各不相同,但很多测量参数是大同小异的,一般测量参数有以下所述的几种。

1. 压力测量

压力是风洞试验的主要测量参数。一些重要的试验参数如风速、马赫数、动压、稳定段总压、参考点静压、模型表面压力、模型底部压力等都是通过压力测量来确定的;可以通过压力分布的测量确定风洞的流场品质;在变压力风洞中,通过压力的测量确定试验的模拟条件;可以利用试验模型表面压力测量数据作为飞行器部件强度和气动设计的依据。

脉动压力测量是一个非常重要的试验项目,要根据试验要求选择合适的压力传感器和测试系统,风洞背景噪声是影响测量精度的重要因素。

尽管可以用多种方式测量压力,但目前主要是用压力传感器来测量,对飞机模型表面压力的测量主要是通过采用高速电子扫描阀来实现。国内也有一些风洞在研究和采用压力敏感漆(pressure sensitive paint, PSP)的光学压力测量方法,用以测量模型表面压力。

2. 气动力测量

试验模型在与气流相对运动时将受到空气动力的作用,通常将空气动力分解为升力、阻力、侧力及俯仰力矩、滚转力矩、偏航力矩。这些参数通常采用气动力天平测量。测得的力和力矩通过转换得到无量纲的空气动力系数。气动力测量的精度除了受天平、测控系统影响外,还和其他设备以及试验条件有关,如风洞流场品质和模型加工精度。

3. 模型姿态角的测量

模型姿态角的测量精度直接影响气动试验的模拟精度,例如某种飞行器模型试验,当其迎角测量误差为 $\Delta\alpha = \pm 0.01°$ 时,就可能造成阻力系数测量误差 $\Delta C_D = \pm 0.001$,这正是阻力系数希望达到的测试精度。通常采用的角度测量方法有:利用倾角仪测量迎角;

利用激光干涉图像方法测量角度;用 CCD 光学位移测量装置等测量模型姿态角,使测量精度达到±(0.005°~0.02°)。

4. 位移测量

风洞中很多机构要进行直线位移调整,如通气壁、柔壁喷管、栅指调节、阀门位置、移测架等,需要位移测量。现在对模型的形变位移测量要求也越来越多。测量设备有光栅尺、非接触光学扫描装置等。

5. 温度测量

温度是风洞试验的状态参数,它除了对天平等测试设备的精度有影响外,还直接影响风洞试验的雷诺数,特别是在低温风洞或变压力风洞等高雷诺数风洞中,要想精确计算风速和雷诺数,必须精确测量风洞温度。温度可以通过各种温度传感器测量。有时也用红外热像仪测量模型表面温度和边界层转捩。

6. 其他物理量的测量

根据不同风洞和不同试验要求,还有一些物理量需要测量,如噪声、流量、振动、空间位置、面积、光学特征等。

7.2.3　稳态信号采集与处理

稳态信号的测量,是指测量的对象或信号不随时间变化,或者随时间变化非常缓慢以至忽略(温度、压力、应变等),此类测量也称为静态测量。静态测量时,测试系统表现出的响应特性称为静态响应特性。

1. 稳态信号采集

1) 信号调理器

在包括大量测力和测压试验在内的一些稳态试验中,输入信号可以认为是稳态信号,因此加到输入端的所有的交变信号都可以认为是干扰。为了滤除这些干扰,需要加抗噪声干扰的低通滤波器。风洞中的噪声干扰主要是由动力设备的工频干扰和风洞气流脉动干扰等因素造成的,其中工频干扰尤为严重。由于这些干扰频率较低,特别是气流脉动频率更低,所以风洞在稳态试验中,滤波器截止频率一般选择小于 10 Hz,有的风洞选择在 1 Hz 左右甚至更低。尽管测试的信号是稳态信号,但随着试验状态不同,输入信号会跟着变化,而滤波器对输入信号变化的响应会产生延迟,滤波器截止频率越低延迟时间越长。因此要根据滤波器截止频率的高低及对信号延迟的影响,适当延长采集数据的稳定时间。当一些特殊试验要求快速采样时,如连续变迎角采样时,就要充分考虑滤波器截止频率对数据延迟的影响。

2) 采集速率

在稳态试验时,测试信号基本可以认为是稳态信号,采集速率要根据试验效率和抗干扰的要求选择。可以根据主要干扰源的频率情况选择适当的采集速率,并对每个测试点进行多次采样,再进行适当的数字滤波,以减少各种干扰的影响。例如,在低速风洞中气流脉动对测试有一定干扰,如果适当选择采集速率和采集时间,可以减少这一干扰的影响。

3) 采样方式

稳态试验一般对采集速率要求不高,各通道间也没有严格的时间关系,可以选用循环采集装置,特别是要求通道数较多时,采用循环采集装置可以节省设备,降低造价。但在每个通道上最好有独立的信号调理器,这对于减少通道间干扰、提高系统精度是有好处的。

通常情况下,A/D 转换器是数据采集系统中最昂贵的部分。多路复用可以按顺序将多个信号路由到 A/D 转换器,从而实现一种经济高效的方式来扩展系统的信号采集通道。当需要在同一时间内测量两个或两个以上信号(如结构内表征)非常重要时,应该采取同时采样。

4)触发方式

数据采集系统的触发方式有程序触发、信号源触发、被测信号触发(由被测信号达到预定触发电平时触发)、外触发等。触发方式对于风洞试验也很重要,例如在稳态试验的连续采样或动态试验中,往往要求数据采集与模型的空间位置严格同步,若能把检测模型空间位置而形成的位置信号作为触发信号,去触发数据采集系统采集数据,就能很好地保证这一同步,这可以由外触发来实现。而一般稳态试验只要采用程序触发就可以满足要求。

5)A/D 分辨率

A/D 分辨率是把模拟信号变成数字信号的位数表示的能力。在目前风洞使用的设备中,多数稳态试验采用 16 bit 甚至更高分辨率的设备。系统分辨率选择要与系统要求的精度相适应。

2. 稳态信号处理

1)算术平均值法

稳态信号处理常用算术平均值法。多次重复测量时,取全部测量数据的算术平均值为测量结果:

$$\bar{x} = \frac{x_1 + x_2 + \cdots + x_n}{n} = \frac{1}{n}\sum_{i=1}^{n} x_i$$

式中,x_i 为单点测量值。

2)异常数据剔除

当测量结果超出正常范围时剔除。通常剔除依据是测量数据与算术平均值的偏差大于标准差的 3 倍:

$$|\Delta| = |x_i - \bar{x}| > 3\sigma$$

7.2.4 连续扫描采集处理技术

风洞试验中,常规测力试验通常分为两种:步进式和连续式。步进式是在模型姿态角系统(迎角或侧滑角)逐点运行、停顿这一循环过程中进行测量的方法;连续式是模型姿态角系统(迎角或侧滑角)连续运行,在运行过程中同步测量的方法,通常称为连续扫描试验技术。步进式测量过程中模型与来流之间的角度是不变的,具有充足的时间建立流场,是风洞测力试验中获取数据的基本方法;而在连续式测量过程中模型与来流之间的角度不断变化,角速率运动过快时,类似大振幅振荡试验,模型运动会引起气动迟滞现象。但是,当模型角运动速率较低时,且模型区域不存在喷流等高速、复杂流场时,对应迎角下能够建立相对稳定的流场,即不会出现气动迟滞现象,气动数据能够达到步进试验的同等效果,这也是连续扫描试验技术可以实现的基础。

与步进式相比,连续扫描试验技术可有效提高试验效率,获取密集的气动力数据,在国外先进的生产型风洞,如德国-荷兰风洞,已经广泛采用连续扫描试验技术进行试验。国内主力风洞,如 FL-12、FL-13、FL-14、FL-19 等低速风洞,以及 FL-26 跨声速风洞、FD-20A 高超声速风洞,均已建立了相应的连续扫描试验技术。

使用连续扫描采集处理技术完成模型气动力试验,重点是做到模型姿态角和速压的实时准确测量,以及采用合理的原始数据降噪处理方法。

1. 模型姿态角测量

在实时迎角测量方面,可以采用在每个角运动平面分别安装一个加速度计和一个角速度计的方法,加速度计的信号经过积分器,得到实时速度;由角速度计测得实时角速度,进而对俯仰和偏航平面内的角位移运动产生的向心加速度进行扣除,以消除模型振动对倾角传感器测量精准度的影响。图 7.2 给出了某角度测量修正框图。

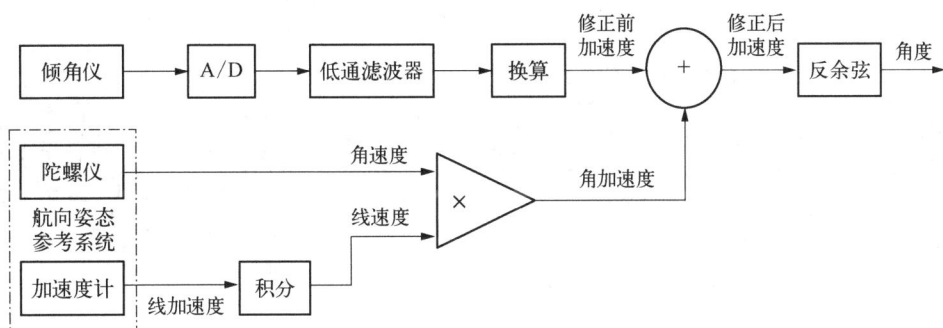

图 7.2　角度测量修正框图

FL-12 风洞以三维光学运动测量系统为平台,实现了模型攻角、侧滑角高精度实时测量技术,在此基础上开展了大迎角、大侧滑角纵横向连续扫描试验技术研究,并利用标模完成风洞试验验证。验证试验结果表明,连续扫描试验数据的重复性精度达到国军标合格指标要求,且大部分指标达到先进指标要求。

2. 实时速压测量

在实时速压测量方面,采用独立的试验落差系统、高精度的压力传感器以及合理风速管测量位置,同时改进完善速压控制算法,可以提高速压随模型姿态变化的跟随性,从而获得满意的连续扫描所需的实时速压。

3. 数据降噪处理

在数据降噪处理方面,采用不同小波函数和处理因子对连续扫描过程中存在的多个频段信号噪声数据进行处理。通过多项型号试验,可以看到小波消噪可以有效滤除天平 Y 分量和 X 分量的干扰,而对天平 M_z 分量,不但有效地滤除了干扰,同时准确地体现出其中气动特性的非线性变化,提供了更丰富的试验数据(图 7.3)。

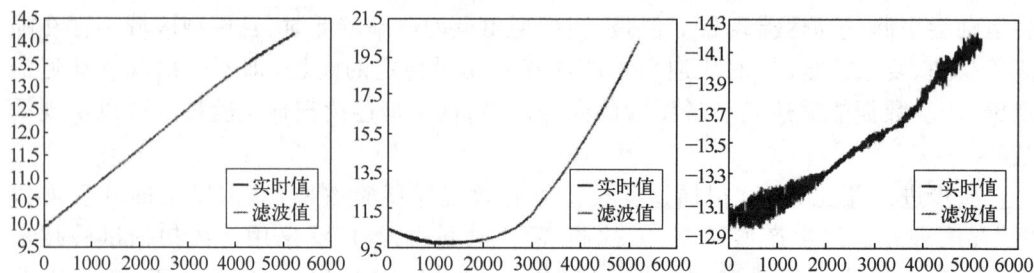

图 7.3　天平纵向分量实时值与滤波值的比较

4. 模型运动速度对测试结果的影响

通过优化机构运行控制算法、运行角速率,解决支撑系统非匀速运动对连续扫描结果的影响问题。同时,连续扫描试验中,若模型运动速率过快,则可能对模型绕流的形成及其演化产生影响,过慢的扫描速率将降低试验效率。图 7.4 给出了某低速风洞扫描速率 $0.5(°)/s$、$0.3(°)/s$ 的连续扫描试验结果和常规步进试验结果的比较。在中小迎角范围内,两种扫描速率获得的试验结果相差非常小,而在失速迎角区,$0.3(°)/s$ 扫描速率下获得的试验结果与基准数据一致性较好,而 $0.5(°)/s$ 扫描速率下获得的试验结果与基准数据具有较明显的差异。试验前期,需要综合考虑试验数据质量和试验效率,对比选择合理的扫描速率。

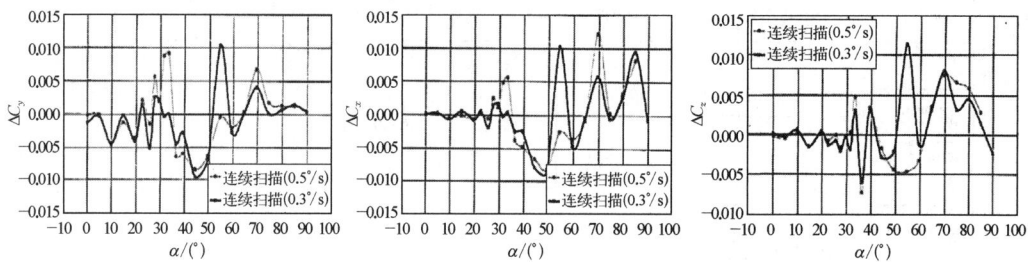

图 7.4　不同扫描速率试验结果比较

7.2.5　动态信号采集与处理

动态测试是指对被测对象在试验过程中进行各种参数的动态测量,测其变化的大小和规律。

动态测试是测随时间变化的量,重点是研究测试系统的动态响应特征。动态测试要求输出信号波形不失真地复现输入波形。若仅用当前采集的一个数据点不能对结果进行评估,而需要与其紧密相连的连续的一组数据对结果进行评估,则归类为动态数据采集系统。如需要对数据进行谱分析时,也都属于动态数据采集系统。

1. 动态信号采集

1) 信号调理器

在动态试验中,要慎重选择滤波器的类型和通频带,既要考虑通道的频率特性,也要考虑其相位特性,除了要保证各通道之间的相位一致性满足要求外,在对时域波形有要求的情况下,还要选择相位线性好的滤波器,以减少被测信号的失真。

在动态测试中所获取的信号具有多种频率成分,需要将信号中有用的频率成分提取出来,将不需要的成分衰减掉,实现这一功能的环节就是滤波器。当信号通过滤波器后,部分频率成分的信号可以通过,其他频率成分的信号被阻拦或衰减。根据通过的频率范围,滤波器通常分为 4 种类型:低通、高通、带通、带阻。

2) 采集速率和采样方式选择

采集速率要根据被测试信号选择。对于动态试验,采集速率首先要满足采样定理的要求。由于系统采用的抗混叠滤波器的形式不同,其滤波效果也各不相同,为了保证试验质量,通常选取的采集速率为测试信号频率的 3~5 倍,有的甚至取 10 倍或更高。目前采集设备的采集速率可以做得很高,满足试验要求是不成问题的,但设备的采集速率并不是越高越好,因为采集速率的提高会造成价格的提高和其他指标的降低,例如,同样档次的数据采集装置,采集速率越高精度就越低。目前在风洞试验中,除个别项目如风洞噪声测试要求采集信号频率比较高外,常规动态试验的信号频率都比较低,最高也不过几千赫兹,因此要根据使用要求选择设备。

在动态试验中,往往要求各通道同时采集数据,用并行采集方式可以很容易地满足这一要求,如果采用循环采集方式,要在每个通道上加一个采样保持器。动态试验最好选用并行采集装置,避免循环采集造成的通道相位差。

3) 触发方式

动态试验中,往往要求数据采集与模型的空间位置严格同步,若能把检测模型空间位置而形成的位置信号作为触发信号,去触发数据采集系统采集数据,就能很好地保证这一同步,这可以由外触发来实现。

4) A/D 分辨率

在目前风洞使用的设备中,多数动态试验采用 12~16 bit 分辨率的设备。系统分辨率选择要与系统要求的精度相适应。

2. 动态信号处理

风洞中动态信号处理主要是滤波和信号时频分析。

滤波常采用数字滤波技术,数字滤波可以用软件的方法实现,滤波器的设计方法多种多样,可以根据不同的要求采用不同的方法,常用的有无限冲激响应滤波器(infinite impulse response filter, IIR)、有限冲激响应滤波器(finite impulse response filter, FIR)和 FFT 滤波器。

IIR 滤波器可以很好地保留幅值频率特性,IIR 滤波器函数类包括了 3 种滤波器:巴特沃斯滤波器、切比雪夫滤波器和椭圆滤波器。巴特沃斯滤波器的频率响应的特点是所有频率的平滑响应从指定截止频率单调下降,在通带中是平坦的,在阻带中是零,通带和阻带之间的衰减慢。切比雪夫滤波器在通带内具有相等的波纹,在阻带中单调递减的幅度响应。如果通带和阻带都允许波纹,则使用椭圆滤波器。

FIR 滤波器函数类主要是以窗口法构造滤波器,FIR 滤波器可以实现相位不失真。

频域滤波用软件方法实现,更加灵活。如不考虑信号因果性(非实时分析),则滤波特性十分陡直,实现方法也很简单,只要将需滤波的频段对应的幅度设为 0,再做快速傅里叶逆变换(inverse fast Fourier transform, IFFT)即可获得滤波后的时域波形,这对干净地滤去 50 Hz 工频干扰是十分有效的。

动态信号分析经历了时域分析、频域分析和时频分析三个阶段。

时域分析是以时间轴为坐标表示动态信号的关系。时域分析统计指标分为两个部分,一个是常用的特征值,包括最大值、最小值、峰-峰值、均值、均方值和方差;另一个部分称为特征分析,包括方根幅值、平均幅值、均方幅值、峭度等。

频域分析是以频率轴为坐标表示动态信号的关系。频域分析借助于傅里叶级数,将非正弦周期性信号分解为一系列不同频率的正弦量之和。频域分析根据信号的频域描述(频谱)对信号的组成及特征量进行分析。信号的频域描述包括功率谱、互功率谱、相关等。

时频域分析又称时频联合分析,是分析时变非平稳信号的有力工具。小波分析是一种风洞试验中常用的时频域分析方法,该方法兼顾了信号在时域和频域的信息。

7.2.6 信号放大及滤波

风洞试验中,被采集信号通常是弱小信号,距采集设备较远,加上受风洞气流脉动和电磁干扰影响,通常需要进行信号调理,才能确保试验精准度。这里的信号调理主要是信号放大及滤波。

1. 信号调理基础

许多应用领域需要通过传感器来对环境或结构进行测量,例如温度传感器和振动传感器。对于这些传感器信号,在数据采集装置能够有效和精确地测量之前,需要对信号进行调理。信号调理是数据采集系统的最重要的组成部分之一,因为如果在 A/D 转换的使用中缺少对信号环境条件的优化处理,测量的准确性可能就得不到保证。

信号调理类型随着传感器的功能不同差异变化很大,没有仪器可以为所有传感器提供所有类型的调理。例如,热电偶产生非常低的电压信号,需要线性化、放大和滤波,而应变计和加速度计需要激励。其他信号可能不需要这些调理,但可能对电压隔离有很大要求。无论通道如何组合,成功组建信号调理系统的关键是要准确把握信号调理过程的各个环节,以确保准确地测量。表(7.2)总结了针对不同类型的传感器和测量应用所需的常见信号调理措施。

表 7.2 常见信号的调理措施

	放大	衰减	隔离	滤波	激励	线性化	冷端补偿	桥路补偿
热电偶	✓			✓		✓	✓	
热敏电阻	✓			✓	✓	✓		
电阻温度传感器	✓			✓	✓	✓		
应变片	✓			✓	✓	✓		✓
力、压力、扭矩(mV/V, 4~20 mA)	✓			✓	✓	✓		
	✓			✓	✓	✓		
加速度计	✓			✓	✓			
麦克风	✓			✓	✓	✓		
涡流探头	✓			✓	✓	✓		

	放大	衰减	隔离	滤波	激励	线性化	冷端补偿	桥路补偿
线性差动位移传感器/旋转差动角度传感器	✓			✓	✓	✓		
高电压		✓	✓					

大多数信号在进行 A/D 转换之前需要某种形式的技术准备。热电偶信号是非常小的电压电平,它们必须在被 A/D 转换之前被放大。其他传感器,如电阻温度检测器(resistance temperature detector, RTD)、热敏电阻、应变计和加速度计,需要外部激励。所有这些技术准备工作都是信号调理的一种形式。

下面列举了常见的信号调理类型、它们的功能作用及示例。

1) 放大

在风洞试验中,所用传感器的输出信号一般都很弱小,特别是天平信号通常在毫伏量级。而常用的 A/D 转换器要求 5 V 以上的输入信号,为了提高系统的分辨率和测量精度,系统要选取适当的放大倍数,使放大后的信号与 A/D 转换器需要的信号电平相匹配,同时还要保证有足够的动态范围。另外,在可能的情况下,放大器的安装位置距离传感器越近越好,特别是在试验环境比较恶劣、电气干扰比较严重的情况下,这样可以减少小信号的传输干扰,提高系统的信噪比。需要放大的典型传感器是热电偶和应变片。

在循环采集系统中,系统增益一般由两部分组成,一部分是系统公用的程控放大器,一部分是各通道独立的信号调理器的放大器,即通道放大器或前置放大器。合理地分配两部分的放大倍数是很重要的。通道放大器在滤波器和采集开关之前,经放大的信号通过滤波器和采集开关,可以提高抗干扰能力。而程控放大器是放在采集开关和 A/D 转换器之间,当切换通道时,放大器的输入信号也跟着瞬间突变,放大器的输出需要一定时间才能跟上这个变化。如果把放大器输入端加一个从量程下限到量程上限的突变信号,放大器达到规定精度的输出所需时间称为放大器的建立时间,放大器的放大倍数越高,建立时间就越长,这将影响测试系统的数据通过能力。为此,在需要高分辨率和高增益的情况下,要尽量采用通道放大器的增益。如果一定要选用程控放大器、其放大倍数也不要太高,特别是在动态试验或采集速率要求较高的情况下更是如此。

2) 衰减

当要数字化的电压超过 A/D 范围时可以对信号进行衰减,它与放大相反,也是十分必要的。这种形式的信号调理降低了输入信号幅度,使得调理信号在 A/D 范围内。当测量超过 10 V 的电压时,对信号进行衰减通常是必不可少的。

3) 滤波

滤波器可以在一定的频率范围内阻隔不需要的噪声。通常,低通滤波器用于阻隔电子测量中的噪声,例如 50/60 Hz 工频干扰。滤波的另一个常用用途是防止高频信号的混叠。这可以通过使用抗混叠滤波器来衰减奈奎斯特频率以上的信号来完成。抗混叠滤波器是低通滤波器的一种形式,其特征在于平坦通带和快速滚降。因为加速度计和麦克风测量通常在频域进行分析,所以抗混叠滤波器对于声音和振动应用是有益的。

滤波是信号调理器的一个重要部分,其作用首先是抗混叠干扰。根据采样定理,当采集频率高于信号频率一倍时,才能保证不发生频率混叠,而输入的信号中往往夹杂一些高于有用信号频率的干扰信号,这将产生混叠干扰。为了抑制这一干扰,需要在采样器前面加截止频率很陡的抗混叠滤波器,以保证滤除高于 0.5 倍采集速率的所有频率成分,减少混叠干扰产生的测量误差。

4）隔离

电压信号较大地超出数字化仪的范围,会损坏测量系统,威胁操作者。出于这个原因,通常需要隔离与衰减相结合,以保护系统和用户免受危险电压或电压尖峰。

5）激励

许多类型的传感器需要激励。例如,应变计、加速度计、热敏电阻和 RTD 需要外部电压或电流激励。RTD 和热敏电阻的测量是由一个电流源产生的,该电流源将电阻变化转化为可测量的电压。加速度计通常有一个集成放大器,它需要由测量装置提供的电流激励。应变计是电阻非常低的器件,通常使用电压激励源。

6）线性化

当传感器产生与物理测量不相关的电压信号时,必须进行线性化。线性化,即解释来自传感器的信号的过程,可以通过信号调节或通过软件来实现。热电偶是一个需要线性化的传感器的典型例子。

7）冷端补偿

准确的热电偶测量需要冷端补偿(cold junction compensation, CJC)。热电偶测量温度是依靠两种不同成分金属导体组成闭合回路,当两端存在温度梯度时,回路中就会有电流通过,此时两端之间就存在热电势,热电势大小和温度梯度大小有关。热电偶的温度-热电势关系函数是在冷端保持为 0℃ 的情况下得到的。现实中,测量仪器难以保持在 0℃ 环境,测量结果存在误差。必须通过冷端补偿技术来提高测量精度。冷端补偿需要准确测得测量仪器所处的环境温度。

8）组桥

四分之一桥和半桥传感器需要组桥才能形成四电阻惠斯通电桥。应变计信号调节器通常提供由高精度电阻器组成的半桥网络。桥路电阻器提供了用于检测有源传感器上的小电压变化的固定参考。

2. 传感器专用信号调理

为了达到最佳测量,了解常规测量类型的信号调理需求是必要的。

1）温度传感器

用于测量温度的最常用的传感器是热电偶、RTD 和热敏电阻。这些传感器通常输出在毫伏范围内的低电压。这些传感器的输出对于输入范围大的测量设备来说太小而不能精确测量。例如,热电偶的典型信号范围是 ±80 mV。如果有一个 16 位 A/D,其范围是 ±10 V,那么只能使用 A/D 范围的 0.8%。为了解决这个问题,使用放大来增加输出信号的大小以匹配 A/D 的范围。

如前所述,热敏电阻、RTD 和热电偶经常输出非常接近 0 V 的信号。因此,来自测量设备的偏移误差可能是总体精度的一个大因素。偏移误差是测量温度相对于基准温度的偏差。许多设备支持内置的自动调零功能,该功能在获取温度数据之前自动测量内部偏移,并补偿测量设备中的偏移误差。如果测量设备不支持自动调零,则确保定期校准该设备,减少偏移误差以避免影响总体精度。

由于温度测量通常以慢速采样,这些测量易受高频噪声的影响。低通滤波器通常用于消除高频噪声和 50 Hz 和 60 Hz 电力线噪声,这在大多数实验室或工业环境中是普遍存在的。

热电偶具有特定的信号调节要求。大多数热电偶测量装置包括内置的 CJC 和软件中的自动修正。如果数据采集设备没有内置的 CJC,则必须在外部测量温度以考虑软件中的这种差异。

热敏电阻和热电阻是温度传感器,是需要激励的。注意较大激励电流会导致传感器自我加热,影响自身测量精度。为了避免额外的加热,可以通过降低激励电流实现。

2）应变计

应变计测量用于检测电阻的极小变化。为了进行可靠的测量,需要正确选择和使用电桥和信号调理。应变仪的三种主要类型是四分之一桥、半桥和全桥。这个名字指的是惠斯通电桥有多少条腿是由主动传感应变计组成的。与温度传感器类似,大多数应变片需要放大,因为它们具有相对低的输出电平(小于 100 mV),这使得它们容易受到噪声的影响。使用低通滤波器可以帮助去除不需要的高频分量的噪声。

应变计需要激励电压,应变输出电压的变化是与激励电压成正比的。虽然高电压激发会产生比例更高的输出电压和提高信噪比,但因为应变计自加热,较高的电压也会导致误差。自加热变化的应变计会引起导线与应变片之间的温度效应,并影响胶黏剂的效力,这有很大的不良影响。为了减少自加热可以选择具有较大散热面积的应变片或降低激励。

如果应变计电路远离信号调理电路和激励源、较长导线和较细导线可降低激励电压传递到电桥端的实际电压。可用电源反馈电路来弥补激励损失,通过电源反馈电路来修正应变计的输出值。

当应变计安装并连接到惠斯通电桥时,即使没有施加应变,也不可能读取到零电压。受应变片的缺陷、引线电阻以及安装条件限制都会产生一些非零的初始电压偏移。在这种情况下,在硬件或软件中执行偏移零点或零点校准以补偿固有的电桥不平衡。在软件中,在施加应变之前进行初始测量,并在应变计算中使用该初始电压来计算应变偏移。这种方法简单快速,无须人工调整。另一种方法是使用硬件来平衡电桥。测量初始应变,然后微调作为惠斯通电桥支路的电位器,以将电桥的输出物理地调整到零。通过改变电位器的电阻,可以控制电桥输出的电平,并将初始输出调节为 0 V。

测量负载、压力和扭矩最常见的工具是基于全桥应变计的传感器。在全桥设置中,惠斯通电桥的所有四个桥腿实际上都是应变计。因此,不需要额外的电阻器或电桥电路。负载、压力和扭矩传感器可以根据传感器的激励要求输出低电压或高电压。

7.3　常规风洞测量系统

7.3.1　风洞运行参数测量系统

一些重要的风洞试验运行参数包括风速、马赫数、动压、稳定段总压、参考点静压等。

1. 总压、静压和动压的测量

1) 总压测量

总压是流管内流体速度滞止到零时的压强。需要测量流场中某一点的总压时，可在该点放置一根总压管，其输出用压力计或传感器测量。

最简单的总压管是正对着来流方向开口的圆管，管的另一端接压力计（图 7.5）。气流进入管口后不能流动而阻滞，因此压力计所指示的压力就等于管口处的滞止压力，也就等于管口处相对应的流管内的总压 p_0。

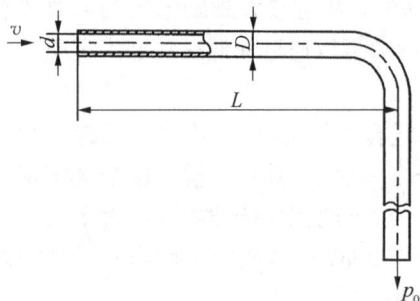

图 7.5　总压管

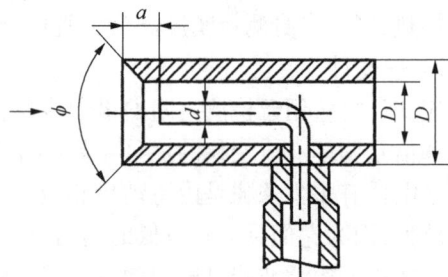

图 7.6　具有外套管的总压管[1]

一般情况下，测量之前气流的方向不能确定。因此，测量总压就得采用对流向不太敏感的总压管。具有外套管的总压管（图 7.6）结构简单，气流偏角超过 20° 后才呈现误差。

如果要同时测量流场中一系列点的总压，可把多根总压管同时安装在一个支架上，组成总压排管，以提高测量的效率。

2) 静压测量

静压 p 是流体流动过程中作用在流管壁法线方向上的压强。通常在试验段的壁面或模型表面，沿法线方向开一小孔来感受当地静压，如图 7.7 所示。静压测量的精准度和测压孔的几何参数有关。根据经验，一般选测压孔的直径 d 在 0.5~2 mm，孔深不小于孔径的 3 倍，孔口附近壁面光滑，没有毛刺或倒角，孔的轴线方向与孔的加工情况对测量精度有明显影响。

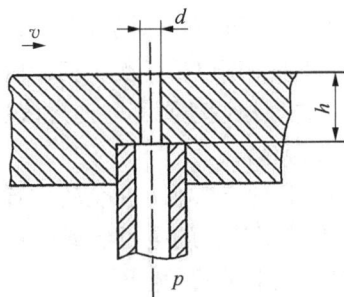

图 7.7　壁面静压孔

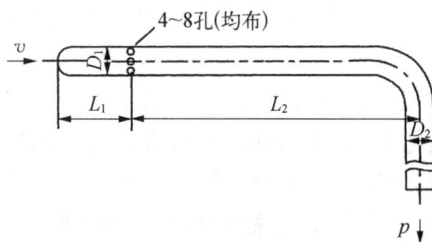

图 7.8　低速静压管[1]

一般用静压管测量流场中的静压。标准低速静压管是头部呈半球形的管子，在距离顶端 3~8 倍直径处的管壁上开静压孔或感压槽。静压管的轴线应与来流方向一致。一种常用的静压管的管径为 10 mm，静压孔的直径为 0.8 mm。为了使气流偏角的影响减到最小程度，静压管上一般要开 4~8 个感压孔，这些孔均匀分布在同一个管截面上（图 7.8）。半球形头的静压管,适用于马赫数小于 0.7 的速度范围。

3) 动压测量

对于不可压流,伯努利方程可以写成:

$$p_0 - p = \frac{1}{2}\rho v^2$$

式中,p_0 为气流总压,单位为 Pa;p 为气流静压,单位为 Pa;ρ 为气流密度,单位为 kg/m^3;v 为气流速度,单位为 m/s。

由上式可知,只要测得气流的总压和静压,就可得到气流动压;如果气流的密度已知,还可以根据气流动压求出气流速度。为了测量总压静压差,可以把总压静压管组合在一起,组成风速管,总压管和静压管互不相通,分别用导压管引出。图 7.9 是国际标准化组织推荐的标准风速管,$d_1 = 0.3d$,$n = 5 \sim 8$。新加工的风速管必须进行计量标定,确定该风速管的修正系数。风速管在使用过程中其外形和孔口也会发生变化,因此,已有的风速管也必须定期地标定。

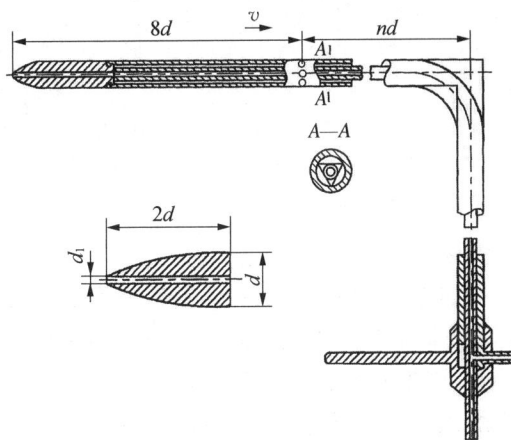

图 7.9　标准风速管[1]

2. 试验段气流动压的测量

把风速管放在流场中待测点进行测量,就可得到该点的气流动压。但是在风洞试验时,试验段安装了模型,不能再装风速管。如果风速管在模型附近,模型和风速管相互产生干扰,气流动压也难于准确测量。

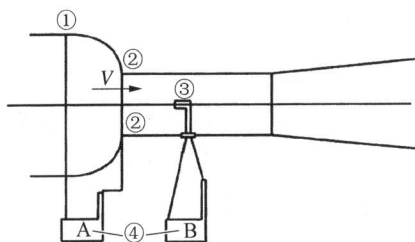

图 7.10　参考点动压系数测量装置示意图

1. 稳定段壁面静压孔;2. 试验段入口处壁面静压孔;3. 试验段中心处标准风速管;4. 微压计

风洞试验段的动压一般通过测量收缩段入口的静压和收缩段出口的静压来确定,这种方法也称为压强落差法。试验段入口处的参考点要精心选择,最好用四周多点连通(物理平均)作为参考点。另外也可在试验段入口处装风速管,取风速管的总、静压为参考点压力。风速管安装位置要适当,避免试验时模型对风速管的干扰和风速管尾迹对模型的干扰。参考点动压系数测量装置如图 7.10 所示。

用微压计 B 与模型区中心的标准风速管相连,用微压计 A 与试验段入口处参考点 2 和稳定段参考点 1 相连。风洞起动后,同时测出两台微压计的压力值。再将 A、B 两台微压计对换,重复上述测量。按下式计算参考点动压修正系数 ζ:

$$\zeta = \xi \sqrt{\frac{\Delta p_{1A}}{\Delta p_{2B}} \cdot \frac{\Delta p_{1B}}{\Delta p_{2A}}}$$

式中,ξ 为标准风速管校正系数;Δp_{1A} 和 Δp_{1B} 分别为用微压计 A、B 测得的模型区中心标准空速管的动压值,单位为 Pa;Δp_{2A} 和 Δp_{2B} 分别为用微压计 A、B 测得的参考点动压值,单位为 Pa。

重复 7 次测量,计算参考点动压修正系数 ζ 的均方根偏差 σ_ζ:

$$\bar{\zeta} = \frac{1}{n} \sum_{i=1}^{n} \zeta_i$$

$$\Delta \zeta_i = \zeta_i - \bar{\zeta}$$

$$\sigma_\zeta = \sqrt{\frac{1}{n-1} \sum_{i=1}^{n} (\Delta \zeta_i)^2}$$

要在可用动压范围内,选 9~13 个动压值进行上述测量,给出参考点动压修正系数随模型区中心动压的变化。

如果动压修正系数在各动压下不是常数,其差值量超出修正系数的均方根偏差,在计算动压时取对应的动压修正系数。如果在试验段中安装模拟飞机起飞、着陆地面影响的装置,或在试验段入口处加纱网改变试验段湍流度等,都会影响参考点压力值,一定要在新的条件下重新测量参考点动压修正系数。

3. 温度测量

温度测量可分为接触式测量和非接触式测量。接触式测量的测温敏感元件必须与被测物体接触,当达到热平衡后,两者的温度相同。常用的热敏元件有水银温度计、酒精温度计、热电偶、热电阻等。非接触式测温方式是依据热辐射原理,测温元件不必与被测物体接触,如红外测温。在低速风洞试验中大都采用接触式测温方法[1]。

测量气流的静温,必须使温度敏感元件与气流一起运动,使它们的相对速度为零,经过热交换达到平衡后,敏感元件才能感受到气流的静温。然而,在风洞中是不可能这样做的[1]。

实际上,通常将敏感元件固定在风洞试验段,温度敏感元件感受到的温度 T_{0m} 并不是气流的静温。由于温度敏感元件上边界层的阻滞作用,T_{0m} 大于静温 T,如果使温度敏感元件处于驻点,则 T_{0m} 接近于气流总温 T_0。由于辐射传热和支座导热等各种因素造成的热损失,总是使 T_{0m} 小于 T_0,因此,用这种方法测得的 T_{0m} 总是介于总温 T_0 和静温 T 之间。总温、静温和马赫数存在如下关系[1]:

$$\frac{T_0}{T} = \left(1 + \frac{\gamma - 1}{2} Ma^2\right)$$

对于空气,比热比 $\gamma = 1.4$,则

$$\frac{T_0}{T} = (1 + 0.2 Ma^2)$$

对于低速风洞,$Ma = 0 \sim 0.3$,则

$$T = (0.982 \sim 1)T_0$$

显然,把温度敏感元件直接放入低速风洞试验段测量获得的温度作为气流的静温是比较准确的。

回流式风洞运行时电机输入的能量最终会转化成热能使气流温度升高。随着流速的增加,电机消耗的功率增加,因此温度升高也更快些。但是,对于直流式风洞,进入风洞的始终是洞外的空气,因此洞内气流的温度不会随风洞运行时间的长短而有明显改变,它接近外界大气温度。

4. 气流噪声测量

气流噪声是以声速向四周传播的一种压力脉动。低速风洞中的噪声主要有风扇叶片作用在气流中的振荡力产生的噪声以及气流分离、涡流、湍流脉动产生的噪声等。风洞噪声分为内场噪声和外场噪声。内场噪声是指风洞管道内,如风扇段、试验段内的噪声。模型区内噪声对有些试验结果(如模型表面脉动压力、机翼抖振边界、进气道动态畸变特性等)是有影响的。测量内场噪声的目的是为风洞气动设计和研究风洞试验数据相关性提供资料。外场噪声是指风洞管道以外的噪声,如风扇段、试验段周围、试验大厅、工作间、风洞附近生活区的噪声。外场噪声影响工作人员的健康、工作、休息等。

噪声测量常用的仪器有普通声级计、传感器、频率分析仪等。要在常用动压和最大、最小动压下,测内、外场噪声总声压级,对试验段内场噪声绘制倍频程声压级(分贝值)与中心频率关系的倍频程噪声频谱曲线。

7.3.2　风洞流场显示系统

流场诊断及流动显示是研究流动机理、开展布局优化的重要手段。流动显示试验主要用于分析模型表面的复杂流谱,如气流分离、气流再附以及漩涡运动等各类流动。

流场诊断与流动显示技术的目的是使流场的流动过程可视。它与其他方法的不同之处在于,它可以使流场的某些特征可视化及获得整个流场的物理现象的信息。流动显示技术可以获得有关流动状态的直观形象及流动的发展过程,有些显示方法还能给出流动参数的定量结果,这对于了解流动现象、建立新的概念与物理模型和验证数值计算结果等都具有十分重要的意义。同时,流动显示技术本身也是解决实际工程问题的重要手段。

流动显示技术从分析方法上可以分为两大类。一类是定性方法,主要包括:染色线与氢气泡、烟流、丝线、油流、油膜干涉、红外成像、激光片光、高速摄影技术等;另一类是定量方法,主要包括:粒子图像测速(particle image velocimetry, PIV)技术和 PSP 技术(此两种方法在先进测试篇中会详细阐述)等。

以下内容主要摘自参考文献[1]~[3]中相关内容。

1. 定性流动显示

染色线、风洞烟流、丝线、油流、油膜干涉、红外成像、高速摄影等流动显示试验技术已发展成熟,能够利用相关技术开展对应的试验研究,为课题与型号的研究提供数据支持。

1) 丝线法

将质轻而柔软的丝线一端固定,另一端能顺着气流方向摆动,利用丝线这一特点,可以观察物体表面附面层流态以及物体后尾流内的流动状态,这就是丝线法。但是由于模型表面布满丝线,对绕模型流动会产生一定的影响,近年来国外发展了一种荧光微丝法。荧光微丝是一种直径仅数微米、经过荧光处理的化学纤维,使用方法基本与普通丝线相同,虽然很细,但在紫外线照射下,它能发出明亮的荧光。国内FL-12、FL-14风洞开展了大量相关试验,目前已掌握荧光丝线方法,见图7.11、图7.12。

图 7.11　FL-12 风洞荧光丝线试验

图 7.12　FL-14 风洞荧光丝线试验

2) 油流法

油膜法(也称油流法)就是把黏性较大又不易挥发的油和带有一定颜色的指示剂均匀混合后,喷涂在模型表面上,由于附面层不同流态对油膜的剪切作用不同,在模型表面会形成不同油谱图像。图 7.13 展示了汽车模型油膜试验。油流是为了能清晰地形成油膜图像,油膜涂层要有一定厚度,这使油膜图像容易受风洞停车时气流扰动的影响。近年来,在油膜法的基础上发展了一种荧光油流技术,其原理为:某种有机油在紫外线的激发下会产生荧光,在有机油中再加入荧光剂,荧光强度会大大增加。试验时,由于气流的剪切作用,油层挥发或被吹掉,只留下反映表面流态的油膜薄层牢固地粘在模型表面,而不受停车时气流扰动的影响。吹风结束后,打开紫光灯,根据油膜明暗程度,可以清楚地看出油膜的厚薄及气流作用的方向,从而判断模型表面的流态。图 7.14 和图 7.15 展示了国内外的相关试验照片。

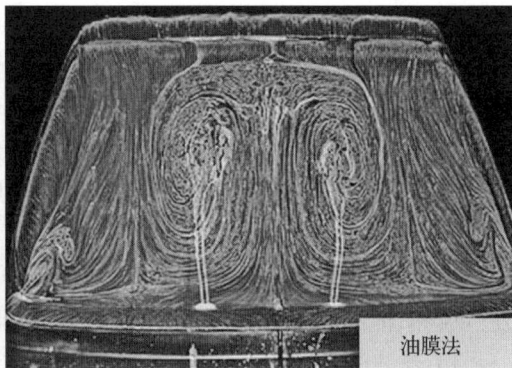

油膜法

图 7.13　汽车模型油膜技术

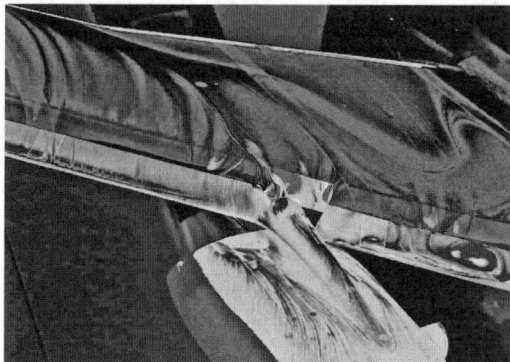

图 7.14　AIRBUS LSWT‑B 风洞荧光油流试验

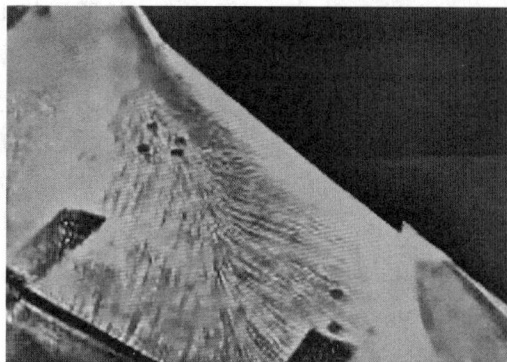

图 7.15　FL‑12 风洞荧光油流试验

3）烟流法

烟流法是使用烟流发生器,并由梳状管排出烟丝,常用于观察汽车周围流场和细节流动状态的试验,见图 7.16。烟流试验风速通常选择在 10～20 m/s。

图 7.16　汽车烟流试验

4）染色线

将不同颜色的染料注入水流中,染料的轨迹可以显示流线,能给出十分漂亮的反映流动方向的图像,如图 7.17 所示。注入染料的方式可以在流场中所需的位置上用细管注入,也可从模型壁上开的小孔中注入。为了减小注射管对流动的干扰,要将注射管放在远离模型的上游。这种技术只适用于层流或低速流。

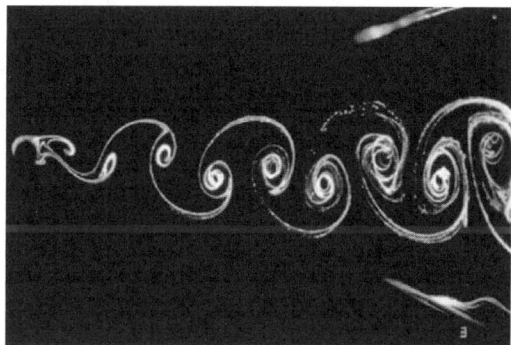

图 7.17　圆柱卡门涡街

2. 定量流动显示

这里主要介绍纹影法,PIV 技术会在其他章节中介绍。

纹影法首先由托普勒(Toepler)在 1864 年应用于光学玻璃折射率的检测中。现在,纹影法已是空气动力学和热力学试验研究中用得最多的一种流动显示方法,并逐渐发展成彩色纹影法、干涉纹影法,从流动显示过渡到定量测量。

纹影法的基本原理是在双透镜阴影仪中设置刀口,把光线受流场的扰动变为记录平面上的光强分布。典型的纹影仪是采用双透镜或双反射镜系统。分析纹影成像常采用双透镜系统,使用纹影仪常采用双反射镜系统。

纹影法的试验装置在光学仪器系统中属于共轴球面系统。纹影仪的核心部件是具有空间滤波功能的刀口。它把光源在焦面上的频谱滤去,则可在观察屏幕上显示被测量流场的纹影图。图 7.18 是典型的激波风洞流场纹影图。

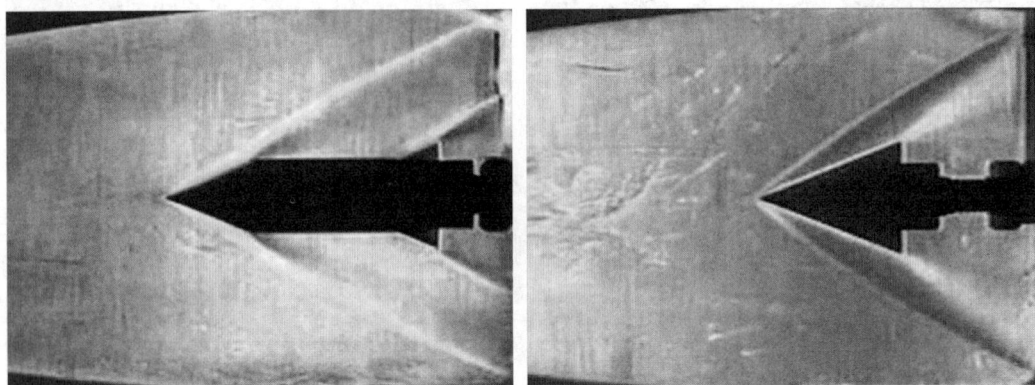

图 7.18　激波风洞流场纹影图

7.3.3　模型气动力测量系统

全模型测力试验的目的是为飞机、导弹等各种飞行器型号的设计和改型提供必需的气动力数据[1]。一种新型飞行器的外形首先要对各种备选外形方案进行全模型风洞测力试验后才能确定,外形确定后,还要进行最终设计的校核试验,因此全模型测力试验是飞行器型号设计中最基本的试验项目,通常也称为常规测力试验,其试验内容是在飞行速度和姿态角范围内测量全机的气动力(如升力、阻力、侧力、俯仰力矩、偏航力矩和滚转力矩等)特性,测量各操纵面(如升降舵或全动平尾、副翼、方向舵和襟翼等)的效率,测量飞行器各部件(如机翼、机身、尾翼、外挂物、起落架、襟翼、减速板、腹鳍等)的气动力贡献及相互干扰特性。为了提高试验数据的准确性,试验前还要测量该模型所在位置风洞试验段流场的平均气流偏角和支架干扰等;为了给出试验精度,有时还要在同一模型状态和试验条件下做多次(一般为 7 次)重复性试验;为了使试验雷诺数尽量接近实际飞行雷诺数或修正到实际飞行雷诺数,有时还要做变雷诺数试验。

常规测力试验的主要设备是风洞和气动力天平及其他二次仪表。风洞和天平的种类、结构、形式多种多样,根据试验的目的、要求和内容选择合适的风洞和天平进行试验。

空气动力天平是用于测量作用在模型上空气动力载荷的一种测量装置,简称天平。天平可以将作用在模型上的空气动力按空间直角坐标轴系分解成三个互相垂直的力和绕三个坐标轴的力矩分别加以测量,从而确定作用在模型上空气动力的大小、方向和作用点。通常,天平坐标轴系的原点 O 位于天平中心,x 轴沿风洞中心轴;y 轴在天平的纵向对称面内,垂直于 x 轴;z 轴垂直于天平的纵向对称面,符合右手定则。天平测量的结果通常要转换至用户所需要的坐标轴系。

天平有多种分类方法。根据测量原理可分为 3 类:机械天平、应变天平和磁悬浮天平;按所测分量的多少不同,天平又有单分量天平和多分量天平之别。

模型测力试验是风洞中最常见的试验。测力试验的方法是在给定的动压条件下,采用天平测量模型在一系列姿态角下的气动力。进行测力试验,要将风洞的各分系统调度运转起来,保持试验动压稳定,按试验要求自动改变模型姿态,对模型的气动力实现精确、高效的测量。

测力试验测试处理过程如下。

(1)原始数据的采集。数据采集系统进行测量信号的调制采样、滤波、放大与编码(A/D)以及编码数字的传送和保存,把采集并存储在计算机存储器中的试验数据称为原始数据。数据采集系统的性能直接影响试验的效率和质量,衡量它的性能参数主要有采集通道数、采集速度和表示数据精度的字长。在静态数据的测量中,多通道的数据采集可以是异步的,而对于动态数据的测量,则要求数据采集系统要具有同步采集的功能。

(2)天平初读数的采集与扣除。风洞尚未吹风时,虽然模型上没有空气动力作用,但是采集到的天平数据一般不会为零,这就是天平初读数。不管采用内式天平或外式天平,都存在天平初读数。这是因为一方面模型的重量作用到天平的受力元件上;另一方面是模型的重心一般和天平的中心不重合。因而当模型改变姿态角时,模型重量会产生随姿态角变化的力矩。在试验时,由于模型的部件和姿态有许多变化,很难用计算的方法求得这些附加的力矩。因此,天平的初读数只有通过实测的方法记录。将吹风数扣除对应初读数是消除初读数影响的基本方法。

(3)天平测力公式求解。天平测力公式通过天平校准得到,它一般有显式和隐式两种表示形式。显式表示,就是公式的左边是天平载荷,右边是天平校准系数和天平的读数组成的代数式。对这类公式,只要将天平读数代入就可计算出天平的载荷;隐式表示,就是公式的右边除了天平校准系数和天平的读数外,还含有天平载荷本身。对这类公式,一般用迭代法求解天平的载荷。

(4)气动力载荷转换成气动力系数。测力试验时,按天平测力公式计算得到的天平载荷就是模型的气动力载荷,将气动力载荷除以对应试验动压和参考面积等特征量即可转换成气动力系数。

(5)支架干扰的扣除。模型支撑会产生支架干扰气动力,因此模型测力的天平载荷应扣除支架干扰气动力,才能得到模型的实际气动载荷。

(6)洞壁效应修正。洞壁效应修正的项目包括试验段静压梯度修正、模型的固体阻塞和尾流阻塞效应修正、绕机翼和平尾的流线弯曲效应修正。测力试验的洞壁干扰效应修正在风轴系中进行。

(7)模型力矩参考点与天平中心不重合时需要进行力矩转换。测力试验要求给出相对于力矩参考点的力矩,根据力矩参考点相对于天平中心的位置,可以将相对于天平中心的力矩转换为相对于模型力矩参考点的力矩。

(8)测力结果的坐标轴系转换。外式天平的测力结果是风轴系的数据,而内式天平的测力结果是天平轴或模型体轴系的数据,要根据试验的要求,将测量结果转换到所需要的坐标轴系。

7.3.4 模型压力测量系统

压力是风洞试验的主要测量参数。一些重要的试验参数如风速、马赫数、动压、稳定段总压、参考点静压、模型表面压力、模型底部压力等都是通过压力测量来确定的;可以通过压力分布的测量确定风洞的流场品质;在变压力风洞中,通过压力的测量确定试验的模拟条件;可以利用试验模型表面压力测量数据作为飞行器部件强度和气动设计的依据。

气动载荷分布是飞行器结构设计和强度校核的主要依据。气动载荷分布测量包括静态和动态压力测量。传统的风洞测压试验方法是在模型表面所测位置开孔,由压力孔通过软管连接到压力传感器上进行。静态表面压力分布主要采用电子扫描阀测量,动态压力分布主要采用脉动压力传感器测量。随着技术发展,非接触压力测试技术 PSP 也即将进入工程化应用。这里主要简单介绍一下常规的静态压力测量方法,另外两种可分别参见其他相关章节的论述。

尽管可以用多种方式测量压力,但目前主要是用压力传感器来测量,对飞机模型表面压力的测量主要是通过采用高速电子扫描阀来实现。国内也有一些风洞在研究和采用压敏涂料(PSP)的光学压力测量方法,用以测量模型表面压力。

目前,压力传感器和压力测量系统的精度基本上可以满足各种试验要求,但是要想得到高质量的试验数据,还必须有正确的试验方法,如管路延迟所造成的压力测量误差与管路长度的平方成正比,与管路的截面积成反比。

通常情况下模型的体积都比较小,管路的截面积不允许做得太大,现在常用 1 mm 不锈钢管,因此管路的长度是影响测量精度的关键因素,特别是在动态压力测量时,管路将影响压力测量的频率响应,为了减少压力滞后带来的测量误差,要尽量缩短从测压孔到传感器之间的管路长度;测量模型底部压力和表面压力分布时,最好选用差压传感器,并选择试验段静压作为参考压力,这样可以提高测量精度;根据被测压力范围选择合适的传感器量程;模型上的测压孔和测压管布置要合理,加工要精细。

静态表面压力分布测量实际上测的是压强分布,即测量绕模型流动的气流在模型表面上的压强分布,可以分析最小压力点的位置及其强度、蒙皮承受的载荷及其分布、最大速度点的位置及其数值、最大压力点的位置及其强度、附面层的类型和范围、压力中心的位置、临界马赫数等。

风洞压力测量的对象主要是飞行器模型表面压力和风洞的洞壁压力,测量点数从几十点到几千点。随着测量点数的增加和数据精度要求的提高,测压设备也发生了巨大的变化。在 20 世纪五六十年代用多管压力计通过人工判读或照相方式进行,数据处理工作量很大,精度一般为 0.5%。20 世纪 60 年代后期到 20 世纪 70 年代多点测量采用大量的压力传感器配多通道数采系统方式进行,其速度快,但费用高,维护校准工作量很大,精度一般在 0.2%~0.3%。20 世纪 70 年代采用机械压力扫描器,它用一只高精度压力传感器对应几十个测压通道,靠机械转动将多通道压力逐一对应在公用传感器上,精度可达0.1%,最大配置可达几百个点,但是它存在压力平衡时间长、滞后大、扫描速率低、传感器的校准工作烦琐、机械磨缩短使用寿命等缺点。在 20 世纪 80 年代出现电子扫描阀压力测量系统,它采用每个待测压力各自对应一只压力传感器,大大提高了采集速度,最大配置可达几千个点,精度可达 0.05%FS。电子扫描阀具有小巧、快速、测量点多、精准度高的特点,它的应用可以提高风洞试验的经济性,保证试验数据的准确性,扩大风洞的试验能力。

7.4　其他测量系统

7.4.1　模型姿态测量系统

风洞中模型一般采用特定支撑方式固联于支撑机构上。风洞试验时,风洞内产生稳定的流场,通过支撑机构的运动改变模型轴系相对于风洞轴系的迎角和侧滑角,模拟实物相对于真实大气气流的姿态变化。

风洞试验的核心目的是获取模型在一定迎角和侧滑角姿态下的相关气动数据(力系数、力矩系数、压力系数等)。风洞试验数据不确定度很大一部分是由负载情况下天平和支杆弹性变形引起的模型姿态角测量误差造成的。风洞试验时模型承受的气动载荷高达数吨,即使是高强度钢制的机翼也会发生明显弹性变形,而大量研究表明:转捩、分离以及激波/边界层干扰等复杂的流动现象对形状变化非常敏感,模型形状细微的变化可能导致气动特性产生较大变化。风洞模型姿态的高精准度测量技术是获取准确气动数据的基础,也是考核风洞试验水平与测试风洞试验数据精准度的关键技术。

目前的风洞试验模型位姿测量方式可分为以下两大类。

1. 基于传感器的模型姿态测量

过去最常用的风洞模型姿态角测量手段是直接使用支撑机构名义角。支撑机构刚性足够时,利用码盘等方法给出的支撑机构的名义角即可作为模型相对于气流的姿态角(模型与支撑机构固联,两者之间没有相对运动)。但由于模型自重及气动载荷的影响,系统机构存在间隙,系统控制精度不足,加之支撑机构无法做到完全刚性杜绝弹性变形,因此在实际吹风过程中,将名义角作为模型的实际姿态角会带来较大的偏差。近年来,风洞广泛采用传感器进行模型实际姿态测量。

1)迎角传感器

风洞内多用迎角传感器测得角度替代机构名义角,作为模型在风洞试验时相对气流的迎角。迎角传感器本质上为一加速度传感器,其原理为利用模型不同迎角下重力加速度分量不同计算出模型的迎角。目前,迎角传感器实时测量试验模型的迎角在风洞试验中得到了广泛的应用,取得了很好的效果。

迎角传感器无法感知模型在水平方向的姿态变化。此外,在风洞试验模型失速抖动及支撑机构突然运动时,会引入额外加速度,导致迎角传感器动态测量精度较差。

2)陀螺仪

目前在尺寸较小的陀螺仪中,精度最高的为激光陀螺仪。由高精度激光陀螺组成的惯性测量单元能精确测量模型的北向角、俯仰角、滚转角,经简单的数学计算即可得到风洞模型的侧滑角和迎角。由激光陀螺为核心组成的惯性测量单元,其精度高、环境适应性强,对环境无辐射,非常适合对风洞模型进行姿态测量。

1913 年,G. Sagnac 发现了萨尼亚克(Sagnac)效应,即沿着同一圆周路径反向传播的两束光在光源和路径发生旋转时将经过不同的行进路程而产生相位差。激光陀螺就是利用这一原理测量载体的旋转角速度。激光陀螺的工作原理建立在量子力学的基础上,它利用光路替代了传统机械陀螺的转子,陀螺无旋转和运动部件,具有传统机械陀螺不可比拟的优势。激光陀螺根据萨尼亚克效应感测惯性空间的角速率,可对地球自转角速度进行实时测量,因此安装在模型上后可对模型进行空间定向,并能长时间保持姿态测量精度;其动态范围广,可简单实现动态测量。激光陀螺缺点是其测量误差随时间积累,连续使用时间不宜超过 4 h,超过时间需要模型回零,系统重新初始化。

a. 系统组成

基于激光陀螺的风洞模型姿态角测量系统,由惯性测量单元(inertial measurement unit, IMU)硬件模块、姿态解算计算机模块、系统接口模块、实时处理软件、后处理软件以及监控软件等组成。

系统硬件可分为内置和外置两部分,内置单元刚性安装于风洞模型内部指定位置,外置单元通过屏蔽电缆与内置单元连接,为内置单元提供电源、控制信号、处理内置单元输出信号以及提供实时解算载体姿态等功能。内置部分由两个子模块组成: 3 只激光陀螺、3 只石英挠性加速度计、前端处理电路、机械安装架构、接插件、屏蔽罩等构成基本传感模块;激光陀螺高压电源、激光陀螺后端处理电路、加速度计处理电路(I/F 电路)、温度测量电路、电源等构成信号处理电路模块。外置部分主要由导航计算机及其附属部件构成导航模块。

实时处理软件、监控软件和后处理软件共同构成系统软件部分。实时处理软件实时提供载体精密的侧滑角、迎角、滚转角,并实时显示侧滑角、迎角、滚转角;实时监控软件监控系统状态;后处理软件对所测量数据进行事后处理得到比原始测量数据更为精密的侧滑角、迎角与滚转角。

b. 工作原理及过程

基于激光陀螺的风洞模型姿态角测量系统采用由激光陀螺和加速度计组成的 IMU,试验过程中固连在风洞模型上,实时测量风洞模型的姿态角,减去初始时刻模型的零位迎角、侧滑角和滚转角,得到风洞模型的三个实时姿态角;通过后处理分析,得到精度更高的姿态测量角度。系统工作原理简图见图 7.19。

通过 IMU,测量载体坐标系下的角速度、加速度,这两种测量信息均可经过相应变换转换为角度(利用角速度进行积分;利用加速度与当地重力加速度函数关系解方程)。通过初始对准得到初始航向角、俯仰角、滚转角及位置、速度等导航参数,通过捷联惯导解算,实时更新航向角、俯仰角、横滚角及位置、速度。事后可利用准静态风洞模型(步进)或匀速运动机构模型(连续扫描),将捷联惯导解算的结果进行零速卡尔曼滤波,估计出导航参数的误差,得到更高精度的导航坐标系下的姿态角测量结果。将解算的航向角、俯仰角、滚转角减去风洞模型零位处的航向角、俯仰角、滚转角,即可得到风洞模型运动过程的侧滑角、迎角及滚转角。

2. 模型姿态非接触测量

模型姿态的非接触测量技术中大量采用了视觉和成像传感器扫描技术。一般测量过程,均是把被测对象通过光学成像摄影后,将图像空间离散化为像素,光强值离散化为灰度,变成数值图像,形成图像矩阵,进行数值图像处理。

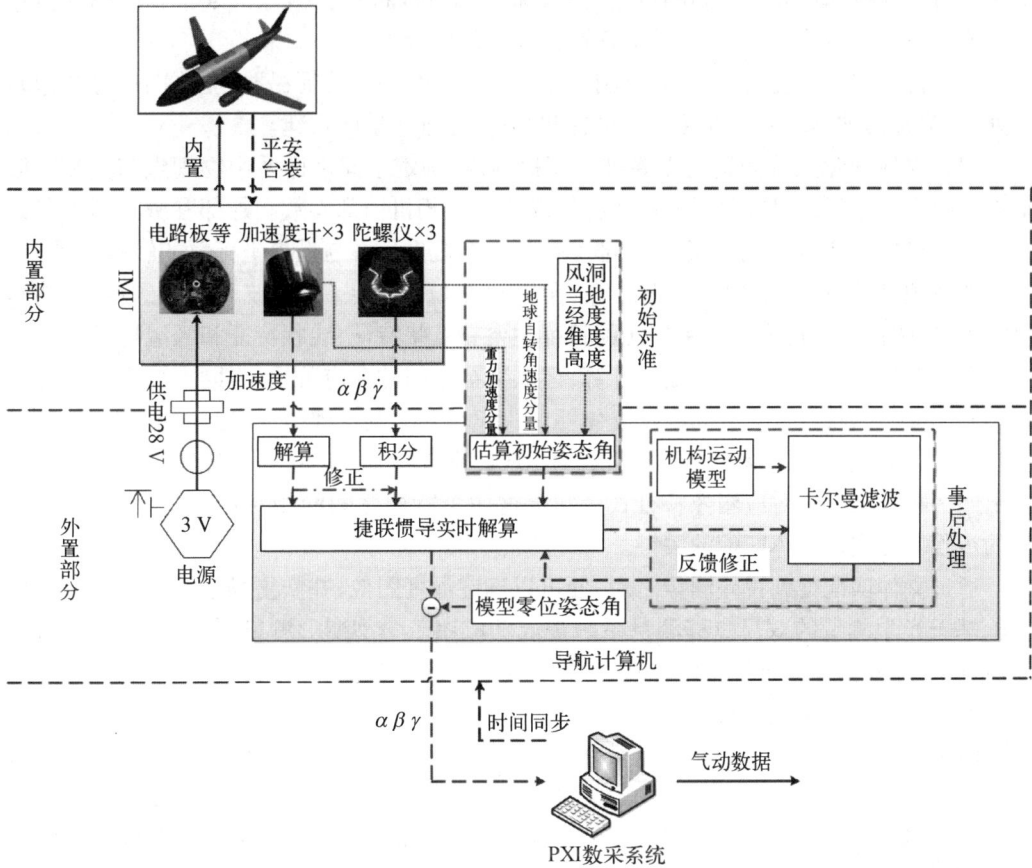

图 7.19 激光陀螺姿态测量系统原理图

目前的风洞试验模型位姿非接触测量方式主要有：双目测量技术、Optotrak 光学测量技术和运动捕获技术等。

1) 双目测量技术[4]

双目立体视觉测量技术是计算机视觉中的一个重要分支,一直是计算机视觉研究的重点和热点之一。由于其近似于人眼视觉系统,具有较高的测量精度和速度,并具有结构简单、便于使用等优点,所以被广泛应用于工业检测、物体识别、工件定位、机器人自导引等诸多领域。

双目立体视觉系统就是利用视差原理通过成像设备获取被测物不同位置的两幅图像,利用计算机对这两幅图像进行图像处理,计算图像对应点的位置偏差,恢复和重建被测物三维几何信息。它融合两只"眼睛"获得的图像并观察它们之间的差别,可以获得明显的深度感,即可计算出物件的三维几何信息。左相机像面上的任意一点只要能在右相机像面上找到对应的匹配点,就可以确定出该点的三维坐标。这种方法是完全的点对点运算,像面上所有点只要存在相应的匹配点,就可以参与上述运算,从而获取其对应的三维坐标。

双目立体视觉系统由双目摄像机、图像采集卡和计算机组成。

双目摄像机包括两个摄像头,可以从不同的位置采集被测物的两幅图像。图像采集卡是双目摄像机和计算机之间的桥梁,图像采集卡可以将双目摄像机采集到的图像信号转换成数字信号传输给计算机,并保存在计算机的硬盘里。

计算机是图像处理的中心,通过图像预处理、图像分割、特征提取、立体匹配等图像算法处理,解算出被测图的三维几何信息,同时进行三维场景的重建。

双目立体视觉系统测量前需要进行相机标定,确定空间坐标系中物理点与其在图像平面上映像点之间的对应关系。相机标定时确定了相机内部参数和外部参数。内部参数包括了相机内部几何、光学参数。外部参数包括相机坐标系与世界坐标系的转换关系。

图像预处理主要包括图像对比度的增强、随机噪声的去除、滤波和图像的增强、伪彩色处理等;图像特征提取中常用的匹配特征主要有点状特征、线状特征和区域特征等。

立体匹配是根据对所选特征的计算,建立特征之间的对应关系,将同一个空间物理点在不同图像中的映像点对应起来。立体匹配由三个基本的步骤组成:① 从立体图像对中的一幅图像如左图上选择与实际物理结构相应的图像特征;② 在另一幅图像如右图中确定出同一物理结构的对应图像特征;③ 确定这两个特征之间的相对位置,得到视差。其中的步骤②是实现立体匹配的关键。

通过立体匹配得到视差图像之后,便可以确定深度图像,并恢复场景3D信息。

基于光学测量的双目位移测量系统被成功应用于模型变形测量,如大型桥梁风激振动风洞试验、降落伞稳定性试验、飞机颤振和尾旋等风洞试验。

2) Optotrak 光学测量技术

Optotrak 技术采用三线阵 CCD 数字图像技术,其基本原理是由两两正交的三个线阵 CCD 构建三维空间坐标系,见图 7.20,通过 CCD 捕捉主动发光标记点发出的特定频率的近红外光,对标记点进行空间定位,具有测量精准度高、实时测量、可同步测量等特点。

图 7.20 Optotrak 工作原理图

Optotrak 系统是加拿大 NDI 公司生产的一种基于光学非接触技术的测量设备,其最高测量精度可以达到 0.1 mm,采集频率最高可以达到 1 000 Hz,其系统构成如图 7.21 所示,主要包括控制计算机、位置传感器、Optotrak 控制单元、标志点及测量软件。Optotrak 系统通过高分辨率的红外光学传感器监测模型上设置的发光二极管标志,实时获取模型上这些标志的三维空间坐标,再通过坐标转化,精确获得模型的真实姿态和空间坐标。

Optotrak 系统不仅可以测量物体的变形,也可以测量物体的姿态,具有测量精度高、实时测量、同步性好、出厂后无须标定、使用方便的特点,因此被国内外许多风洞所采用。NASA 的兰利研究中心 14 ft×22 ft 超声速风洞采用该技术作为半模试验的攻角测量,并用于跨声速风洞的静弹和颤振试验;艾姆斯研究中心也采用了该技术测量位移量。在 40° 的范围内,Optotrak 试验室的测量精度可以达到 0.001°,准度可以达到 0.01°。德国-荷兰风洞也在高速风洞(HST)和低速风洞(LST)中分别采用了该技术。在 HST,采用 Optotrak 进行机翼变形的测量。另外,在 LST 采用 Optotrak 技术进行投放试验也取得了非常好的效果。

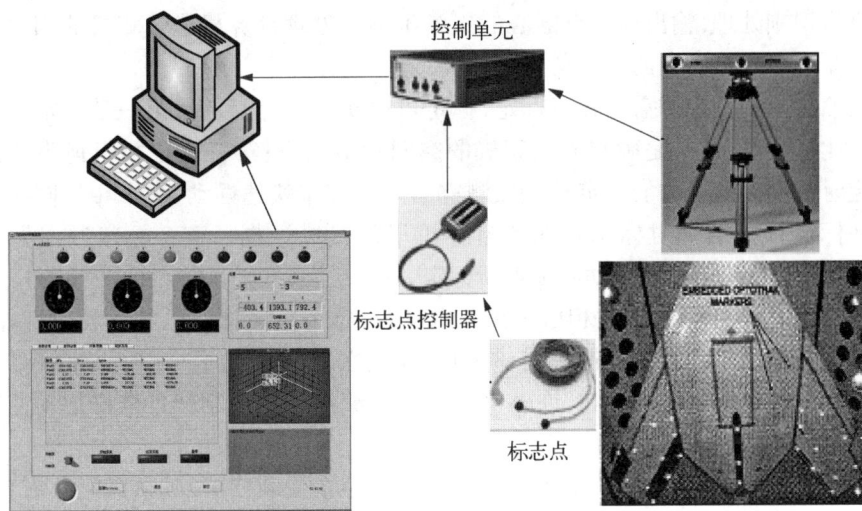

图 7.21　Optotrak 系统结构示意图

3）运动捕获系统

运动捕获系统最早出现在影视动画、游戏制作、虚拟播放等行业，随着系统相机分辨率越来越高，实时解算速度越来越快，其应用逐渐向科学研究领域拓展。目前，最高的空间定位精度可以达到 0.1 mm，采样速率 2 000 Hz，捕获距离 30 m。

运动捕获系统主要采用多个红外光学相机，环绕被捕获物体从不同角度捕获固定在物体表面的反光标志点的位置信息，实时解算出目标物的空间姿态和位置变化。

运动捕获系统组成见图 7.22，多个相机通过上传交换机连接到处理计算机。每个相机自带现场可编程门阵列（field-programmable gate array, FPGA）硬件，各个相机对看到的

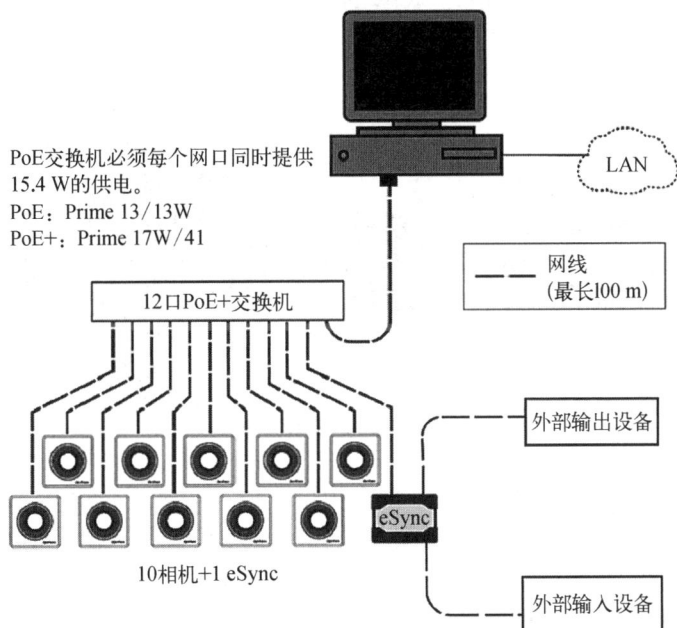

图 7.22　光学式运动捕获系统组成

标志点进行识别处理,输出标志点圆心的二维坐标。处理计算机通过相机的相对关系实时解算还原出每个标志点的三维信息。

运动捕获系统使用前需要扫场标定,标定可以实现多个目的。第一是确定像素和空间长度的比例关系;第二是确定多个相机的空间相对关系;第三确定相机镜头的内外参数。标定时使用标准尺寸的标定杆在探测空间内各方位快速摆动,多个相机同时采集记录固定在标定杆上的一对标志点在各自相机里的二维数据。整个标定过程大概只需5 min,如果标定后相机出现松动必须重新标定。

由于标记点坐标解算是在相机 FPGA 中进行,整个运动捕获系统的实时性非常高。从每帧图像开始采集到结果数据输出,时间可控制在 10 ms 以内。实时采集解算的数据可以通过网络接口实时向外发布,许多室内无人机编组飞行控制就是依靠运动捕获系统的这种实时特性来实现。

在风洞试验中,除了大展弦比飞机模型的机翼存在受载变形,其机身刚度大变形小,可以通过在机身上布置红外反光标志点,在运动捕获系统中根据这些标志点建立刚体,处理计算机实时解算出刚体(模型)的姿态及空间位置信息。由于多点构成的刚体存在约束关系,即使模型运动过程中个别标志点或相机被遮挡,也不会影响计算结果。目前,基于运动捕获系统的模型角度测量精准度可优于 0.01°。

7.4.2　图像测试系统

1. 高速摄像测试系统

高速摄像可以在很短的时间内完成对高速目标的快速、多次采样,当以常规速度放映时,所记录目标的变化过程就清晰、缓慢地呈现在我们眼前。高速光电成像技术具有实时目标捕获、图像快速记录、即时回放、图像直观清晰等突出优点。

一套完整的高速成像系统由光学成像、光电成像、信号传输、控制、图像存储与处理等几部分组成,图 7.23 是常见的高速摄像机。

图 7.23　高速摄像机

(1) 光学成像系统包含成像物镜。成像物镜将运动目标进行成像,并保证使目标像落在光电成像器件的成像面上,同时还要保证有足够大的口径,以满足在很短的曝光时间内成像面仍有足够的光照度,能满足光电成像器件的响应需要。此外,成像物镜的分辨率、像差、焦距等参数也必须与光电成像器件相匹配。

(2) 光电成像系统包含光电成像器件及信号处理系统,其中光电成像器件是高速光电成像系统中的关键,它很大程度上决定了整个成像系统性能的优劣。光电成像器件主要完成对落在其成像面上的高速运动目标像的多次快速采样。它最为主要的指标是像元素数和响应时间,因为这决定了图像的分辨率和拍摄频率;光电成像器件现多采用高速成像电荷耦合器件(charge-coupled device,CCD)或互补金属氧化物半导体(complementary metal-oxide-semiconductor,CMOS)传感器及其与其他光电成像器件的组合来构成适用于特定场合应用的光电成像系统,如在 CCD 或 CMOS 图像传感器面前加上像增强器而使其能更好地适应暗光环境。

(3)信号传输系统担负着长距离、高质量将图像信号传送到图像记录和显示系统的任务。按照传输方式分为无线传输和有线传输。

(4)控制系统完成对镜头光圈、焦距、增益、快门等进行控制。对于高速成像系统主要是一些参数设定,如拍摄频率、拍摄时间、触发方式、存储格式的预置等,对需要辅助照明的系统还需要对照明灯的亮度进行控制。

(5)图像存储系统负责完成图像的快速存储,现多采用数字化的存储方式,由计算机直接控制记录和重放。

(6)图像处理系统应用软件完成对图像质量的改善和判读。软件为高速摄像仪器的一部分,也可以使用其他的图像处理软件。

(7)其他辅助系统具体由使用场合决定,如辅助照明系统、抗震防水系统、抗干扰系统等。

高速摄像系统在风洞试验中得到广泛的应用,如投放试验、降落伞开伞动态特性试验以及弹翼展开等试验。

1)降落伞开伞动态特性试验

在很短的时间内(1~3 s),伞系统的外形,质量分布及各部分的相对位置发生剧烈的变化,降落伞的气动参数、运动参数等也随之变化。降落伞系统在开伞过程中的气动参数随时间的瞬态变化,是降落伞性能计算的重要依据。开伞过程中用天平采集记录降落伞的受力情况,用高速摄像机拍摄试验伞在开伞过程中的动态图像。

2)投放试验

现代作战飞机,通常带有大量的外挂物,如副油箱、炸弹、火箭发射器、导弹等。不良的投放分离特性不仅影响作战效能的发挥,更严重的是会危及母机的安全。通常利用模型在风洞进行外挂物分离特性预测试验,以了解投放物在投放初始阶段的分离运动姿态和轨迹,分析飞机在各种迎角、侧滑角、飞行速度、飞行高度和投放物的外形、助投力及投放物在飞机上的悬挂位置等参数对投放物分离运动轨迹和姿态的影响,确定安全投放的参数范围,为飞机外挂物的布局设计和投放参数控制提供依据。由于风洞里的模型投放是个瞬态的动态过程,就低速风洞试验而言,从投放物脱钩离机到落到防护网的过程通常仅为 0.2~0.5 s,投放试验结果的记录越来越依赖高速摄像技术。

2. 机器视觉测试系统

机器视觉就是用机器代替人眼来做测量和判断。而机器视觉系统是指通过机器视觉产品(即图像摄取装置,分 CMOS 和 CCD 两种)将被摄取目标转换成图像信号,传送给专用的图像处理系统,根据像素分布和亮度、颜色等信息,转变成数字化信号;图像系统对这些信号进行各种运算来抽取目标的特征,进而根据判别的结果来控制现场的设备动作。

典型的基于 PC 的机器视觉系统包含以下要素：照明光源、检测物、相机、位置传感器、控制逻辑以及图像采集卡、图像处理软件等部分。

1）相机

工业相机，相比民用相机它有较高的图像稳定性、图像质量、传输能力和抗干扰能力。随着固体成像器件的发展，市面上大多是基于 CCD 芯片的相机。典型的 CCD 相机由光学镜头、时序及同步信号发生器、垂直驱动器、模拟/数字信号处理电路组成。用于数字图像处理的 CCD 相机一般由两部分组成：图像获取单元和图像输出单元。

2）镜头

人类的视觉是依靠眼睛中的晶状体将物体的像投影在视网膜上，而相机中的传感器相当于人眼中的视网膜，镜头就相当于晶状体，其最主要特性为镜头的焦距值。镜头的焦距不同，能拍摄的物体广阔程度就不同，照片效果也迥然相异。镜头一般都由光学系统和机械装置两部分组成，光学系统由若干透镜组成，它是镜头的核心；而机械装置包括固定光学元件的零件、镜头调节机构、连接机构等。搭建视觉系统最关心的，主要包括视场、分辨率、工作距离和景深。

3）应用软件

机器视觉系统需要强大的程序库。通常的视觉开发软件，包含相机标定、模式识别、测量、形态学、Blob 分析、字符识别等算法在内的通用开发包，也有定制或裁减后的专有功能的开发包，如用于条码/二维码识别、测量、表面缺陷检测等。商业视觉软件包也有许多，选择一款适合项目需要的机器视觉二次开发包时，应从视觉软件能达到的精度、速度、硬件的要求、编程的难易程度和价格和与相机板卡是否匹配等方面来综合考虑。

机器视觉应用软件具有找圆、找线条、找弧线、找点等功能，可以对找到的特征点、线条、轮廓进行复杂的几何计算，计算工具有角度计算、位移计算、面积计算等。可以与其他 Windows 应用程序交换应用程序的数据和结果。

国内 FL‑13 风洞应用机器视觉系统对模型部件特征进行识别计算。最后计算的结果如模型起落架离地板的高度、伞试验时伞的摆角和面积等都可以通过其他计算机进行访问，形成闭环控制和处理系统。

7.4.3　传热流场测量系统

1. 传热试验简介

高超声速风洞如要在风洞中获得更高马赫数的气流（例如 $Ma \geqslant 5$），一般来说单靠上游高压空气的吹冲作用还不能产生足够的压力差，这时在风洞下游出口处接上一只容积很大的真空容器，靠上冲下吸便可形成很大的压差，从而产生 $Ma \geqslant 5$ 的高超声速气流。不过气流在经过喷管加速到高超声速的过程中会急剧膨胀，温度会随之急剧下降，从而引起气体的自身液化。为避免液化或模拟需要的温度，必须在高超声速风洞中相当于稳定段处装设加热装置。高超声速风洞依加热原理和用途的不同有多种型式。暂冲式常规高超声速风洞较为典型，它很像常规的超声速风洞。其他型式的风洞有激波风洞、炮风洞、热冲风洞、长冲风洞、气体活塞式风洞、电弧风洞等（见超高速试验设备）。

1）传热试验主要内容

在气流和模型作相对高速运动的条件下，测定气流沿模型绕流所引起的对模型表面气动加热的一种试验。

当飞行器飞行马赫数大于 3 时，必须考虑气动加热对飞行器外形、表面粗糙度和结构的影响。风洞传热试验的目的是为飞行器防热设计提供可靠的热环境数据，试验项目包括：光滑和粗糙表面的热流试验；边界层过渡、质量注入对热流影响的试验；台阶、缝隙、激波和边界层等分离流热流试验等。

在风洞传热试验中一般略去热辐射，只考虑对流加热，要模拟的是马赫数、雷诺数、壁温比、相对粗糙度（粗糙度与边界层位移厚度之比）、质量注入率、自由湍流度等参数。

2) 风洞传热试验的方法

一类是确定热流密度分布的热测绘技术，如在模型表面涂以相变材料，通过记录等温线随时间的扩展过程进行热测绘；又如在模型表面涂以漆和粉末磷光材料的混合物，通过记录磷光体的亮度分布转求热流密度分布（后一方法响应快、灵敏度高）。热测绘技术可以提供丰富的气动加热资料，但精度较低。

另一类是热测量技术，利用量热计进行分散点的热测量，一般是在一维热传导的假定下通过测量温度随时间的变化率测量热流密度。

2. 可调谐二极管激光器吸收光谱法

在超声速燃烧风洞试验中，对燃烧过程中燃烧效率和温度分布的监测日趋重要。而在以氢气或碳氢化合物作为燃料的燃烧中，H_2O、CO、OH 和 CO_2 等气体分子都是重要的燃烧产物，因此通过测量这些气体在燃烧室中不同位置的燃烧产物气体组分浓度和温度则可以很好地实现燃烧效率和温度分布的监测[4]。

吸收光谱技术已经发展了 40 余年，由于其灵敏度高、响应快、结构相对简单以及成本低廉，因此被广泛关注。近年来随着半导体激光器、高速光电二极管和数字采集技术的发展，可调谐激光二极管吸收光谱（tunable diode-laser absorption spectroscopy，TDLAS）技术逐渐成为研究热点[4]，已经成功用于气体探测、环境监测以及瓦斯探测等领域。同时，国外一些著名的研究团体已将该技术应用于航空航天领域和风洞试验，并试图将该设备安装在飞行器上对外部气体浓度场和温度场进行实时监测。TDLAS 技术在风洞试验，尤其是超燃发动机试验中，有较大的应用需求和前景[4]。

1) TDLAS 技术基本原理

a. 气体分子吸收光谱技术原理

一定频率和波长的光波与气体分子相互作用时，气体分子吸收光波能量，从低能级跃迁到较高的能级，被吸收的电磁波频率或波长取决于高、低能级的能极差[4]。

通过测量被吸收光波的频率和强度，可以得到被测气体的特征光谱；特征光谱反映了气体的结构特征，被用来做定性分析，光谱的强度则与气体的组分和浓度有关，可以用于定量分析。气体分子的吸收光谱被广泛用于获得有关物质的成分、含量、结构、表面状态、运动情况、化学或生化反应过程等方面的有用信息[4]。

b. TDLAS 测量原理

TDLAS 技术是利用激光能量被气体分子"选频"吸收形成吸收光谱的原理来测量气体浓度的一种技术。具体来说，半导体激光器发射出的特定波长的激光束穿过被测气体时，被测气体对激光束进行吸收导致激光强度产生衰减，激光强度的衰减与被测气体含量成正比。因此,通过测量激光强度衰减信息就可以分析获得被测气体的浓度[4]。

激光穿过待测气体时,当激光频率(波长)与气体某个吸收谱线中心频率相同时,气体分子(原子)会吸收光子而发生能级跃迁,使得激光束的能量衰减。这种衰减可以用经典的比尔-朗伯(Beer-Lambert)定律来描述:

$$I_v = I_{v,0} \exp \left[-S(T)g(v-v_0')p\rho L \right]$$

式中,$I_{v,0}$ 为频率 v 的激光通过吸收气体前的初始光强;I_v 为频率为 v 的激光束通过气体后的光强;$S(T)$ 为气体分子在温度为 T 时吸收谱线强度;p 为工作气体压力;ρ 为气体浓度;L 为工作光程;$g(v-v_0')$ 为气体吸收谱线的线性函数,反映气体分子谱线的展宽情况,与温度、压强和组分有关[4]。

2) TDLAS 技术的应用

a. 组分浓度测量

除了密度场、速度场等常规的流场参数以外,燃烧风洞试验中还关心燃烧效率和温度场分布等信息,需要对燃烧过程中燃烧产物(中间产物)的组分浓度和温度的快速变化进行实时监控[4]。

航空发动机、超燃冲压脉冲发动机以及其他推进技术风洞试验中,多使用氢气或碳氢化合物作为燃料。而在此类燃烧场中, CO、CO_2、H_2O、OH、CH_4 以及 C_2H_2 等中间或最终产物以及 O_2 都是重点关注的对象。这些气体分子大多在近红外区域有着丰富的谱线,而该波段的分布反馈激光器(distributed feedback laser, DFB)二极管技术也最为成熟。

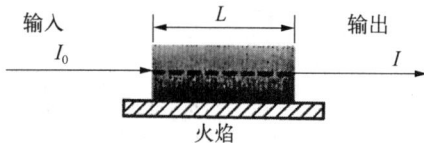

图 7.24　TDLAS 技术燃烧诊断示意图

选取合适的波长(吸收线强较大)进行探测即可对燃烧场中特定气体分子的组分浓度进行探测和监测。如图 7.24 所示,当一束频率为 v 的激光通过火焰时,根据 Beer-Lambert 关系式[4]:

$$\left(\frac{I}{I_0}\right) = \exp\left(-K_v \times L\right)$$

式中,I_0 为入射光强;K_v 为吸收率;L 为吸收长度。

而吸收率由下式确定:

$$K_v = p \times X \times S(T) \times \varphi(v)$$

式中,p 为静压;X 为待测气体的组分浓度;$S(T)$ 为线强;$\varphi(v)$ 为归一化的线型函数。

事先得到静压 p、参考温度下的谱线强度 $S(T_0)$ 和线型 $\varphi(v)$ 以及温度 T, 即可计算出组分浓度 X[4]。

b. 温度测量

在近红外波段很多气体都适合进行温度测量。大部分气体分子在高温时吸收谱线线强会减弱,尤其是 CO_2 和 C_2H_2 最为明显;随着温度升高,谱线位置会发生变化,普遍向长波方向移动,其中 H_2O 较为明显;温度越高,CO 和 OH 线强越大。H_2O 谱线较为丰富,在燃烧场中大量存在,是温度测量的理想气体[4]。

由于 TDLAS 技术所选用激光二极管通常带有尾纤输出,多个不同波长的半导体激光器(laser diode, LD)之间可以通过光纤合束器(fiber combiner)进行光束合并和整合,最终通过一根单模光纤经过准直后穿越流场。采用 TDLAS 技术,避免了繁杂的空间光学合束系统设计,结构紧凑简单,具有明显优势。可以实现多种气体的同时和多点探测[4]。

　　2005 年美国斯坦福(Stanford)大学高温气动试验室和空军试验室联合在超燃冲压发动机地面试验中应用 TDLAS 技术对燃烧场进行了诊断,图 7.25 为试验系统示意图。四个可调谐激光二极管分别在控制器的调制下以不同的中心波长输出,对待测区域进行光谱扫描。在波长上,分别加载了一个锯齿波和一个高频谐波进行调制。四路 LD 尾纤输出激光经过光纤合束器合光后用光纤准直器射入风洞试验段穿越待测气体区域,出射的激光由一段多模光纤收集,最终由体式光栅分光,四个不同的光电探测器对其进行光功率探测,测量信号经 A/D 转换进入计算机分析处理[4]。

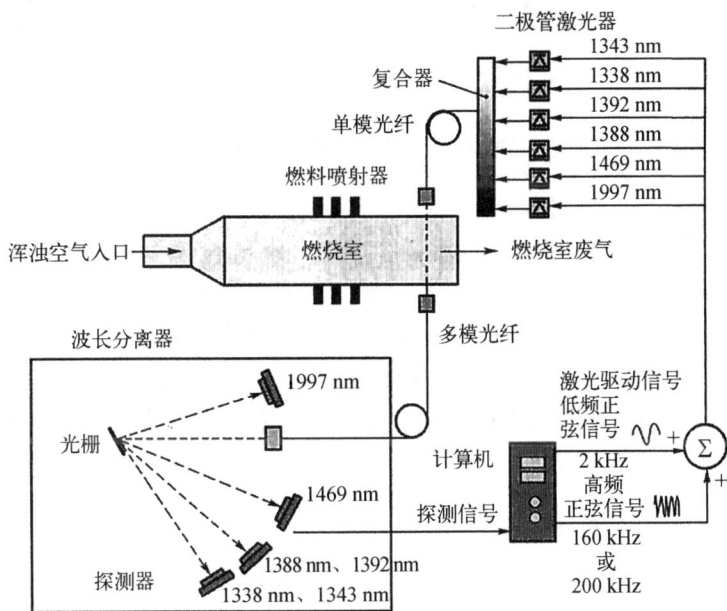

图 7.25　美国 Stanford 和 AFRL 超燃试验和 TDLAS 系统示意图

　　c. 速度(质量流量)测量

　　由于激光多普勒效应,当激光穿越高速流场时,气体相应的吸收谱线也会发生频移。基于此基本原理,近年来美国斯坦福大学以及国内中国科学院力学研究所等单位开展了基于 TDLAS 技术的流场速度和质量流量测量。如图 7.26 所示,在 TDLAS 测速系统中,两路激光呈交叉状穿越流场,夹角为 2θ,两个不同波长的激光束分时复用穿越流场可以实现同时对温度的监测。最终两路 TDLAS 系统分别探测的吸收峰会存在差异,可求得其多普勒频移 ΔV。于是,如图所示方向的流场速度 U 与频移有如下关系[4]:

$$\Delta v / v_0 = 2\sin\theta \cdot U/c$$

　　由此,即可实现流场速度,准确地说是沿风洞质量流量(mass flux)的测量。美国斯坦福大学和 NASA 联合开发该项技术,已成功运用在脉冲爆震发动机(pulse detonation engine, PDE)推进、涡轮发动机以及高超声速燃烧场的研究中[4]。

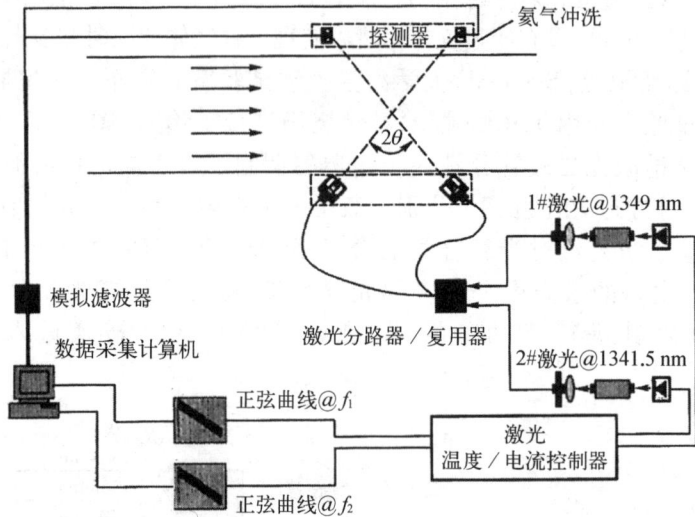

图 7.26　TDLAS 测速原理

　　TDLAS 技术用于燃烧风洞试验中对燃烧场的诊断有着较大的应用潜力和巨大的优势。由于光纤器件具有便于熔接和便携的特点,很容易地实现多路甚至是阵列式的探测,可以轻松实现多种气体和多测量点的实时测量。虽然 TDLAS 并不能实现空间点的探测,测量结果反映的是激光路上的积分值,但是与层析技术的结合,可以得到二维截面的温度和浓度场等信息。目前国内外空气动力试验研究机构都将该技术视为研究热点,并逐步应用于试验,特别是在航空涡轮发动机和超燃冲压发动机试验中得到重视和推广[4]。

7.4.4　温度场测量系统

　　温度场测量方法主要分为接触式测温方法和非接触式测温法。

　　1. 接触式测温方法

　　接触式测温方法的感温元件直接置于被测温度场或介质中,不受到黑度、热物理性参数等性质的影响,具有测温精度高、使用方便等优点。但是对于瞬态脉动特性的对象,接触式测温方法难以作为真正的温度场测量手段。主要是由于接触法得到的是某个局部位置的信号,如果要得到整个温度场的信号,必须在温度空间内进行合理的布点,才可以根据相应的方法(如插值法等)获得对温度场的近似。

　　常用的接触式测温方法是热电偶测温法。热电偶测温法有几个优点:精度比较高,因为热电偶直接与被测对象接触,不受中间介质的影响;测量范围大,通常可在 $-50 \sim 1\,600℃$ 范围内连续测量;结构简单,使用方便。但是,热电偶测温法也有一定的缺点:每次测量的点数有限,难以反映整个温度场的情况。

　　2. 非接触式测温法

　　非接触测温法分为两大类:一类是通过测量介质的热力学性质参数,求解温度场(如声学法);另一类是通过高温介质的辐射特性,通过光学法来测量温度场。非接触式测温方法由于测温元件不与被测介质接触,不会破坏被测介质的温度场和流场;同时,感温元件传热惯性很小,因此可用于测量不稳定热力过程的温度。

非接触式测温法中最常用的是红外热像技术。红外成像是 20 世纪 60 年代发展起来的热图技术,具有大面积测量、速度快、数据量多、不损坏物体表面等优点。目前,红外成像技术已成为风洞中一种常规的试验手段。

红外热成像测温技术响应快,不破坏被测物体的温度场,可以检测某些不能接触或禁止接触的目标,红外热像技术显示出其在测试物体温度场方面的优势。在实际的测量过程中,一般先采用热电偶标定被测物体的发射率,然后再用红外热像仪测定物体的温度场。

1)红外成像原理

红外线的波长在 $0.76 \sim 100 \ \mu m$,按波长的范围可分为近红外、中红外、远红外、极远红外四类,它在电磁波连续频谱中的位置是处于无线电波与可见光之间的区域。

红外线辐射是自然界存在的一种最为广泛的电磁波辐射,它是基于任何物体在常规环境下都会产生自身的分子和原子无规则的运动,并不停地辐射出热红外能量,分子和原子的运动愈剧烈,辐射的能量愈大;反之,辐射的能量愈小。

温度在绝对零度以上的物体,都会因自身的分子运动而辐射出红外线。通过红外探测器将物体辐射的功率信号转换成电信号,成像装置的输出就可以完全一一对应地模拟扫描物体表面温度的空间分布,经电子系统处理后传至显示屏上,得到与物体表面热分布相应的热像图。运用这一方法,便能实现对目标进行远距离热状态图像成像和测温并进行分析判断。

根据热辐射理论,任何物体均不断向外界辐射电磁波辐射强度与波长、物体温度以及物体的发射率有关。红外热像仪就是通过把辐射进入探测器上的能量转换成电信号,并经 A/D 转换为数字信号,然后经计算机处理,形成红外热图。其中,不同的颜色表示物体表面不同的温度,经过标定就可以用热图测得物体的温度。

2)红外成像系统

风洞测量中的红外成像系统由红外热像仪、黑体以及红外玻璃三部分组成[4]。

红外热像仪按照成像波段分,可分为长波红外热像仪和短波红外热像仪。一般商用红外热像仪长波工作波段在 $8 \sim 12 \ \mu m$,中波红外热像仪长波工作波段在 $2 \sim 5 \ \mu m$,短波红外热像仪长波工作波段在 $0.8 \sim 2.5 \ \mu m$;按成像方式分,可分为光机扫描式红外热像仪和焦平面红外热像仪。光机扫描式红外热像仪体积大、成像效率低。目前,市面上普遍采用焦平面红外热像仪。图 7.27 是红外热像仪的光路图[4]。

能够提供标准温度源的设备称为黑体,主要用于对红外热像仪进行标

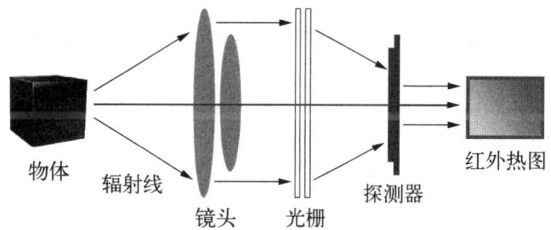

图 7.27　红外热像仪的光路图

定。黑体一般由控制器和黑体源两部分组成,其主要性能指标有发射率、精度、温度范围[4]。

红外玻璃在实际的测量中,比较常见的情况是在红外热像仪与试验模型之间安装有透红外的玻璃,常用的红外玻璃有单晶锗、硫化锌、氟化钡、氟化钙等。不同

的红外玻璃在不同的波段其透过率还不相同。为提高测量精度，应尽可能增大红外玻璃的透过率，一般处理的方法是在玻璃表面镀一层增透膜，使透过率达到90%以上[4]。

3）红外测温影响因素分析

采用红外热像仪测量模型温度时，模型红外辐射传输路径示意图如图 7.28 所示。它经过洞体内气体、窗玻璃、洞体外空气进入成像系统，它将受洞壁热辐射影响[4]。

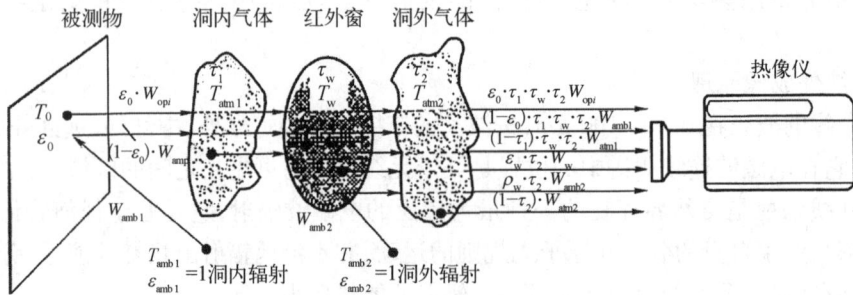

图 7.28 热像仪在风洞中的测温模式

洞内气体的影响，情况比较复杂，不同风洞条件还不一样，一般通过试验扣除。红外窗玻璃的透过率受两种因素影响：一是波段，二是其自身的温度。模型的发射系数的影响，发射强度正比于模型材料的发射系数，为了提高测量精度，选用发射系数值大的材料，同时在被测温度范围，发射系数值应保持常数。洞壁温度不高时对模型温度的影响较小，洞壁温度高时，应考虑洞壁对测量的影响，一方面是由于洞壁本身的热辐射直接进入热像仪，另一方面是由于洞壁对模型的辐射加热，洞壁影响问题比较复杂，可用试验方法尽量扣除。另外，模型尺寸大小、热像仪与模型的夹角等对测量结果也有很大影响，需要在试验中特别注意[4]。

7.4.5 密度场测量系统（纹影）

"纹影"一词源自德文，指透明介质中引起不规则光偏折的局部不均匀性。纹影方法最初是傅科（Foucault）用其来检验光学玻璃的均匀性和光学元件（透镜和反射镜）的质量，主要装置是一块球面反射镜和一个刀口，至今这种仪器仍在光学加工行业广泛使用，称为刀口仪。刀口法出现不久，泰普勒（Toepler）即认识到刀口法的广泛应用，把该方法引入到可压缩流场的显示领域，并对此方法作了详尽的描述[4]。

今天，纹影装置仍然是空气动力学和热力学试验室中使用最频繁的流动显示工具，这是因为它的构造简单并且对光学偏折十分敏感[4]。

纹影测量的基本原理是利用光在被测流动中的折射率梯度正比于流场的气流密度的原理，将流动中的密度梯度转变为所记录图片上光强的相对变化，获得流动中密度变化的可观察、可分辨的图像。

光的折射率和介质密度相关，光线透过不均匀的折射率场时，一般会发生以下两种类型的变化：光线传播偏离原来的方向；扰动光线相对未扰动光线发生位相差。图 7.29 展示了光线通过折射率场时发生弯曲。

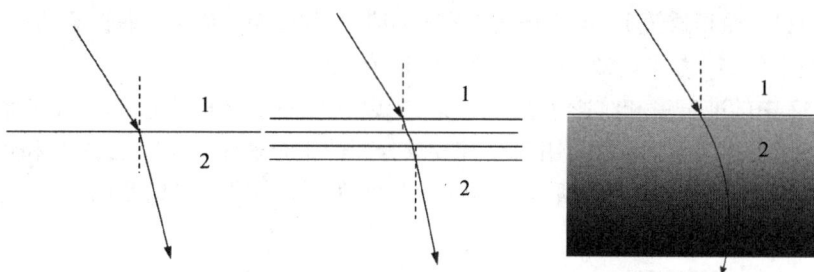

图 7.29 光线通过折射率场时发生弯曲

光线在变密度场中传播时将发生弯曲,如图 7.30 所示,光线向密度增加的方向偏转。光线弯曲的曲率正比于沿光线传播路径法线方向的密度变化。

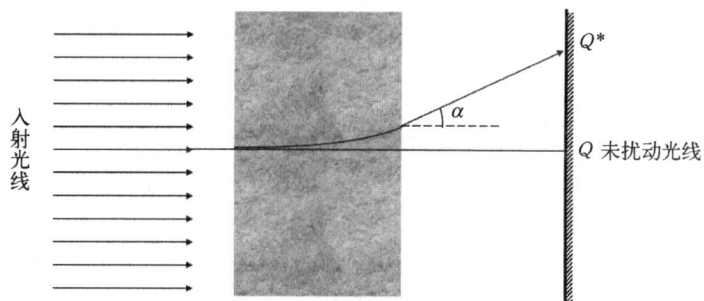

图 7.30 光线折射示意图

图 7.31 是平行光纹影系统示意图,图中聚光透镜 L_1 将光源 S 成像于狭缝光阑处形成狭缝光源,光束经透镜 M_1 后会聚成平行光,该光束通过非均匀流场后又经透镜 M_2 会

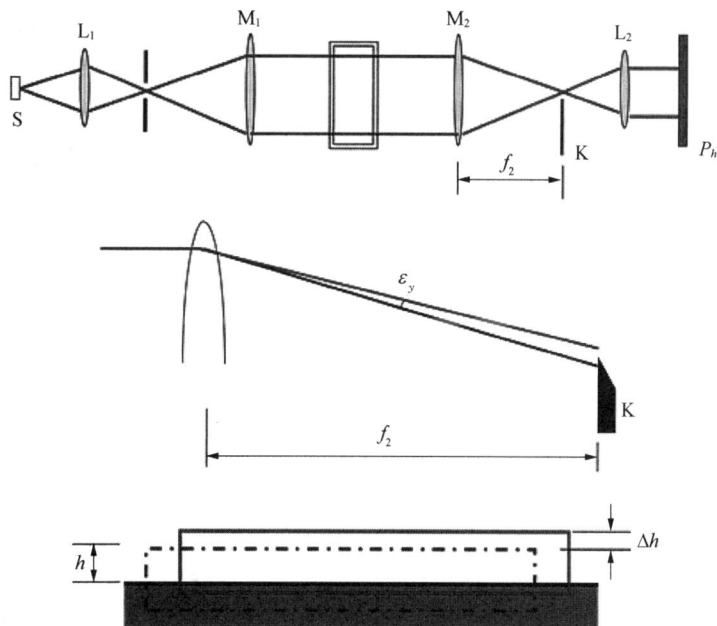

图 7.31 平行光纹影系统示意图

聚于其焦点处,照相透镜 L_2 将流场成像在照相板上。在 M_2 焦点处垂直于图面放置一个刀口 K。通常称 M_1 为准直镜,称 M_2 为纹影镜或观察镜。

图 7.32 中的准直镜和纹影镜都是透镜,所以这种系统又称为透镜式纹影系统,它存在的主要像差是球差和色差,使用双胶合或双分离的组合透镜可以校正球差和色差,但口径不能做得很大,费用也较高,所以透镜纹影系统适宜于小尺寸流场使用。

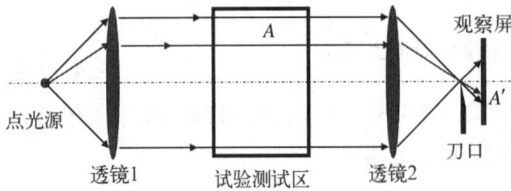

图 7.32　透镜式平行光纹影系统　　　　图 7.33　反射式平行光纹影系统

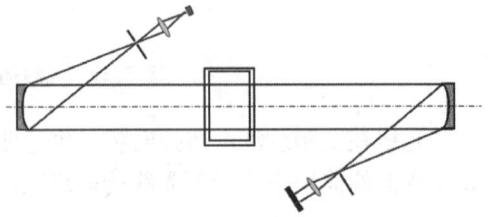

如果准直镜和纹影镜用球面反射镜代替,则构成反射式纹影系统,如图 7.33 所示。目前几乎所有的大中型亚、跨、超声速、高超声速风洞中所使用的纹影系统都是反射式的,这是因为球面反射镜对材料的要求较低,而且只需加工一个高精度球面,所以更容易加工出大口径的纹影镜,成本也相对低一些。它的主要缺点是系统中存在有较大的彗差和像散。这是由于光源和刀口面上的光源像都是离轴的,即位于球面的对称轴之外,离轴角越大,像差也越严重。像差使光源像不均匀,影响正确性,因此在设计和使用中应尽量减小离轴角,并使光源和光源像分别位于纹影系统的两侧,即采用"Z"字形布局,可以减小彗差,如果使两边的离轴角相等,则彗差完全抵消。但像散差不能抵消,它使得点光源的像不再是一个光点,而是由在光轴上分开一小段距离的两个互相垂直的短线组成。

中国空气动力研究与发展中心在亚、跨、超声速风洞流动显示试验研究中进行了大量纹影测量与研究,主要应用于以下场景。

（1）流场结构显示。纹影图的明暗分布反映的是流场中的密度梯度,流场中的激波、湍流扰动等则对应着密度不均匀分布。通过纹影法,可将流场中的激波、模型引起的激波、各类波系干扰等信息直观显示。

（2）流场动态测试。高速相机记录一段时间内的流场纹影图,获取瞬间流场结构的一个序列,可观测流场结构的变化规律。通过高速纹影技术可以获得激波风洞流场纹影图。

（3）特殊试验条件纹影测试。针对一些试验条件特殊的场合,需采用一些特定技术手段,以获得纹影试验测试结果。例如:低密度流场、自发光流场、大视场范围的流场等。

某些低密度风洞中气压在 10 kPa 以下,还有一些特殊设备内流场气压仅为几 kPa,因气体密度低,在光线积分路径上,流场扰动引起的光线偏折接近甚至低于常规纹影仪的测试灵敏度,难以获得好的试验效果。因此需要对纹影仪系统进行改造,提高灵敏度。可采用倍程纹影光路,使灵敏度加倍;可使用大口径的纹影镜,提高系统灵敏度。自发光流场的纹影试验,需在光路中增加滤光片,将流场自发光过滤,排除干扰。大视场范围的流场测试,需要大口径的准直镜、纹影镜,大口径透镜的制作成本较高,通常是采用凹面反射镜来实现;另外,聚焦纹影技术在大视场的流动显示较易实现,主要器件之一的菲涅耳透镜比凹面反射镜加工成本低,因此具有相当的优势。典型纹影照片见图 7.34。

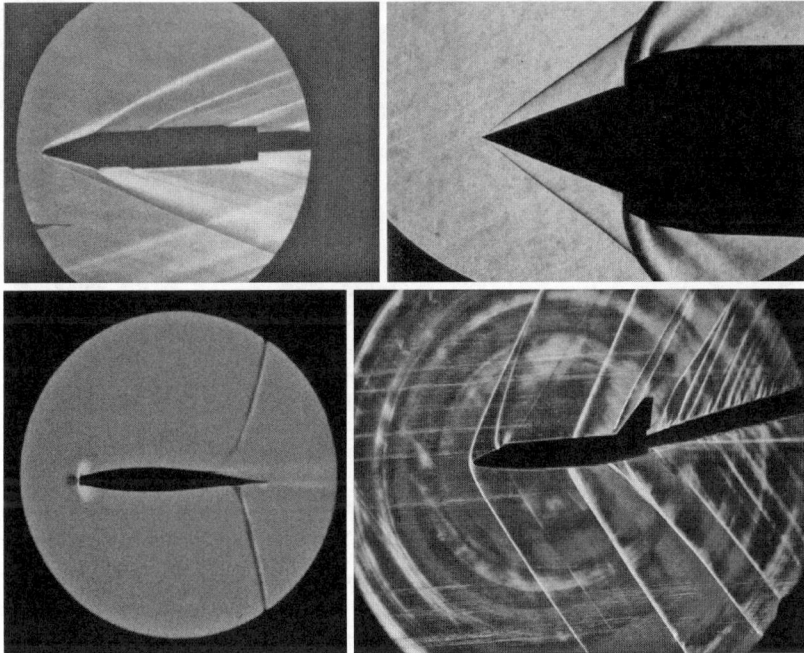

图 7.34　典型流场纹影照片

第 7 章习题　　　　　　第 7 章参考文献

数据分析篇

第8章
误差理论

任何科学实验的实验结果都存在误差,获取高质量的实验数据是所有科学实验不懈追求的目标。风洞实验是一项复杂的空气动力实验,从实验设计、实验准备、实验测量到实验数据处理要经过许多环节,由于风洞实验模型未能完全模拟飞行器(如几何外形、进排气系统、结构弹性、质量分布等),风洞实验环境未能完全模拟飞行器真实飞行环境(如风洞流场不均匀、洞壁干扰、支架干扰等),实验所用仪器设备的不精确(如天平、压力传感器、迎角和温度测量的不精确等),实验数据采集和处理方法的不完善(如数据采集的周期不够长、采集的数据点不够多、实验曲线的拟合不完善等)以及实验人员的主观因素等,都会给最后的实验数据带来误差。实验数据的误差分析应贯穿风洞实验全过程:在确定实验的目的与要求时应明确提出对实验数据误差的要求;在实验的过程中,应检查已获得的实验数据是否满足数据误差要求;实验完成后,在实验报告中应有实验数据的误差计算与分析。

目前,国内外关于误差的名词、术语尚不统一,本章采用当前风洞实验通用的名词、术语,主要参考恽起麟[1-3]编写的教材所使用的术语、定理的阐述方式,同时也参考了相关教科书[4,5]的阐述来说明与误差理论相关的基本概念和理论。

8.1 误差的基本概念

8.1.1 误差的定义

误差或绝对误差是指某物理量的测量值与真实值(真值)之间的差异:

$$误差 = 测量值 - 真值$$

真值是指一个物理量在一定条件下所呈现的客观大小或真实数值,又称为理论值或定义值。它虽然在一定条件下是客观存在的,但要确切给出真值的大小十分困难。真值一般分为理论真值、约定真值和相对真值三种。

理论真值仅存在于纯理论中,如三角形内角之和恒为 180°。约定真值一般指由国家设立尽可能维持不变的实物标准或基准,以法令的形式制定其所体现的数值,如根据1983 年国际计量大会决议,计量学约定真值为"米是光在真空中于 1/299 792 458 秒的时间间隔内所经过的距离"。在实际测量中,通常把高精确度测量值或在无系统误差条件下多次重复测量的算术平均值作为真值,称为相对真值。

8.1.2 误差的分类

按误差的表示形式,可分为绝对误差、相对误差和引用误差。

1. 绝对误差

绝对误差的表达式为

$$绝对误差 = 测量值 - 真值$$

绝对误差是一个具有确定的大小、符号及单位的量值。绝对误差可正可负,表示测得值偏离真值的程度。

2. 相对误差

相对误差是绝对误差与被测量的真值之比,相对误差是一个无单位的数,其表达式为

$$相对误差 = \frac{绝对误差}{真值}$$

由于真值在绝大多数情况下不能确定,实际上常用约定真值或相对真值代替。

3. 引用误差

引用误差是仪器的示值误差与最大刻度值(满刻度值)之比,即

$$引用误差 = \frac{示值误差}{测量范围上限}$$

引用误差是一种简化和实用方便的仪器仪表的示值的相对误差,它是以仪器仪表某一刻度点的示值误差为分子,以测量范围上限值或全量程为分母。引用误差可以用来描述测量仪器的准确度高低。

按性质分,可分为系统误差、随机误差及粗差三类。

1. 系统误差

系统误差又称固有误差或偏差。它是在同一条件下多次测量同一量时,误差的绝对值和符号均保持恒定;或在条件改变时,按某一确定的规律变化的误差。如气流偏角、洞壁干扰及支架干扰等给实验数据带来的误差均是系统误差。

2. 随机误差

随机误差又称偶然误差。它是在实际相同条件下多次测量同一量时,误差时大时小、时正时负,不可预定,但却呈现统计规律并具有抵偿性的误差。如读数不一致,仪器、环境条件的变化等都能产生随机误差。

随机误差与系统误差的合成称为综合误差或称总误差。随机误差与系统误差在一定的条件下可以相互转换。例如,不同风洞、不同天平所测模型的气动力系统的差异主要是系统误差,但飞行器设计者通常把它当作随机误差来处理;砝码重量的误差对于制造砝码者来说是随机误差,但它作为标准重量去衡量一物体时,就会造成系统误差。

3. 粗差

粗差又称过失误差,它是明显歪曲测量结果的误差。如测错、读错、记错、实验条件搞错等都会带来粗差。含有粗差的测量值称为坏值或异常值。在正确的测量结果中是不允许粗差存在,即所有的坏值都应剔除。

8.1.3　误差的来源

风洞实验数据的误差主要来自以下几个方面。

1. 模型误差

实验模型未能完全模拟飞行器所引起的误差。例如,模型几何外形、进排气系统、结构弹性及质量分布等不模拟引起的误差。

2. 环境误差

模型在风洞中实验未能完全模拟飞行器在大气中飞行的环境所导致的误差。例如,风洞实验段流场不均匀、洞壁干扰、支架干扰及雷诺数效应等引起的误差。

3. 实验装置和仪器仪表误差

如风洞模型姿态角机构误差、天平误差、压力测量系统误差等。

4. 实验方法、实验数据采集和处理误差

如数据采集的周期不够长、采集的数据点不够多、实验数据的曲线拟合、经验公式函数类型的选择、公式中各系数的确定及风洞实验数据修正公式不准等所导致的误差。

5. 人员主观因素引起的误差

如读数、记数、测量等错误导致的误差。这部分误差是应完全避免的,若已产生应从实验数据中剔除。

8.2　测量结果的评价

开展误差分析的前提是对测量结果的正确评价,对于测量结果的评价通常用测量精度表征。测量精度评价中有以下几个常用术语。

1. 精密度

测量的精密度是指在相同条件下进行多次重复测量,测量值之间的一致或符合程度。从测量误差的角度,精密度所反映的是测量值的随机误差。精密度高,正确度不一定高。也就是说尽管测量值的随机误差小,但其系统误差不一定小。

2. 正确度

测量的正确度是指被测量的测量值与其真值的接近程度。从测量误差的角度,正确度所反映的是测量值的系统误差。正确度高,精密度不一定高。也就是说尽管测量值的系统误差小,但其随机误差不一定小。

3. 精确度

测量的精确度也称为准确度,是指被测量的测量值之间的一致程度以及与其真值的接近程度,即精密度与正确度的综合。从测量误差的角度,精确度是测量值的随机误差和系统误差的综合反映。通常所说的测量精度或计量器具的精度,一般指的是精确度而非精密度,实际上"精度"已成为"精确度"习惯上的简称。

以打靶时的弹着点为例可以更加直观说明上述三个概念的含义。用靶心表示真值的位置,黑点为每次打靶后测量值的位置,图 8.1(a)表示设计的精密度高但正确度较差,即系统误差较大;图 8.1(b)表示射击的正确度高,但精密度较差,即随机误差较大;

图 8.1(c)表示射击的精密度和正确度都比较高,称为精确度高,这时随机误差和系统误差都比较小。

(a)精密度高,正确度差　(b)正确度高,精密度差　(c)精确度高

图 8.1　精密度、正确度及精确度示意图

8.3　误差的基本性质和处理

8.3.1　随机误差

1. 随机误差特征

随机误差在单次测量中的正负、大小具有随机性,不可预测。随机误差的产生完全取决于测量过程中一系列随机因素的影响,这些随机因素就是由许多暂时未能掌握或不便掌握的微小因素所引起的。如温度、湿度、空气振动、电网中电压波动、测量设备中零部件的配合不稳定、人员瞄准和读数技术的差异等因素,时时刻刻都在影响着测量系统。随机误差的大小决定了测量系统的精密度。随着测量次数的增加,随机误差可以明显地表现出以下规律性。

(1)单峰值:绝对值小的误差出现的概率比绝对值大的误差出现的概率大。

(2)对称性:绝对值相等的正误差与负误差出现的概率相等。

(3)有界性:在一定测量条件下,误差的绝对值实际上不超过一定界限。

(4)抵偿性:在同一条件下多次测量同一值时,其误差的算术平均值随测量次数的无限增加而趋于零,称为误差的抵偿性。利用随机误差抵偿性这个特征,可以采用增加测量次数的方法来减少随机误差的影响。

在大多数情况下,测量过程中所产生的随机误差遵循正态分布规律,可以用高斯推导得到的误差分布函数表示:

$$y = f(\delta) = \frac{1}{\sqrt{2\pi}\,\sigma} e^{-\frac{\delta^2}{2\sigma^2}} \tag{8.1}$$

式中,y 为概率密度;δ 为随机误差;σ 为标准差,又称均方根误差。

公式(8.1)所给出函数图形见图 8.2。由图可以看到 σ 表征了随机误差概率分布规律的分散性。$y = f(\delta)$ 曲线以下与坐标轴 δ 所围面积表征全

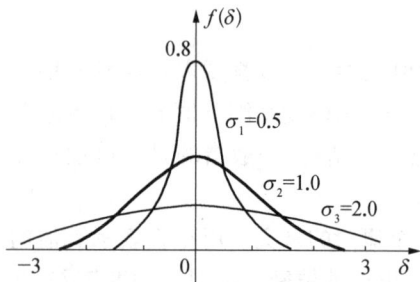

图 8.2　随机误差的正态分布图

部事件的概率,恒等于 1。因此,标准差 σ 大,表示曲线分布区间大,δ_i 值出现的概率分散,也即测量值分散性大;反之标准差 σ 小,曲线的分布区间小,δ_i 值出现的概率集中,测量值分散性小,因此标准差表征了随机误差概率分布规律的分散性。

通常采用数学期望的算术平均值和标准差作为描述服从正态分布随机变量特征的数值。若对同一量进行 n 次等精度测量,则有 n 个不同的测量值 x_1, x_2, $\cdots$, x_n,若设 $\bar{x}$ 为此 n 个不同测量值的算术平均值,则

$$\bar{x} = \frac{\sum x_i}{n} \tag{8.2}$$

在有限次数测量时,算术平均值最接近于真值。测量次数越多,算术平均值相对于真值的误差越小,测量就愈准确。在实际测量中常把算术平均值作为被测量的实际值来使用。

通常用标准差来描述测量误差的大小,由随机误差的正态分布曲线知:

$$\int_{-\infty}^{\infty} y \mathrm{d}\delta = 1 \tag{8.3}$$

将式(8.2)中的 y 代入上式,则得

$$\frac{1}{\sqrt{2\pi}\sigma} \int_{-\infty}^{\infty} \mathrm{e}^{-\frac{\delta^2}{2\sigma^2}} \mathrm{d}\delta = 1 \tag{8.4}$$

用新变量 $z = \delta/\sigma$ 代入式(8.4),得

$$\frac{1}{\sqrt{2\pi}} \int_{-\infty}^{\infty} \mathrm{e}^{-\frac{z^2}{2}} \mathrm{d}z = 1$$

落在 0 到 δ_i 范围内的概率为

$$\Phi(z) = \frac{1}{\sqrt{2\pi}} \int_0^z \mathrm{e}^{-\frac{z^2}{2}} \mathrm{d}z \tag{8.5}$$

式中,$\Phi(z)$ 称为“拉普拉斯函数”。不同 z 的 $\Phi(z)$ 值,可直接由概率积分函数表查得。表 8.1 给出了该函数表中 5 个 z 值所对应的 $\Phi(z)$。

表 8.1　不同 z 值下的 $\Phi(z)$

z	δ	不超过 δ 的概率 $2\Phi(z)$	超过 δ 的概率 $1-2\Phi(z)$	测量次数 n	超过 δ 的次数
0.67	0.67σ	0.497 2	0.502 8	2	1
1	1σ	0.682 6	0.317 4	3	1
2	2σ	0.954 4	0.045 6	22	1
3	3σ	0.997 3	0.002 7	370	1
4	4σ	0.999 9	0.000 1	15 626	1

由表 8.1 可以看出:随着 z 的增大, $1 - 2\Phi(z)$ 的值减少很快,当 $\delta = 2\sigma$ 时,不超过 δ 的概率为 95%,在 22 次测量中,只有 1 次的误差绝对值超出 2σ 范围;当 $\delta = 3\sigma$ 时,不超过 δ 的概率为 99.7%,在 370 次测量中,只有 1 次的误差绝对值超出 3σ 范围。由于在一般测量中,测量次数很少超过几十次,因此可认为出现大于 3σ 误差的概率等于零。所以,通常将 $\delta = 3\sigma$ 作为随机误差的极限误差 Δ,即

$$\Delta = \pm 3\sigma \tag{8.6}$$

2. 标准差计算

在 n 次等精度测量中,标准差可用式(8.7)计算:

$$\sigma = \sqrt{\frac{\delta_1^2 + \delta_2^2 + \cdots + \delta_n^2}{n}} \tag{8.7}$$

在实际测量中,真值通常是未知的,则可用剩余误差 v(又称残差)计算标准差,即

$$\sigma = \sqrt{\frac{v_1^2 + v_2^2 + \cdots + v_n^2}{n - 1}} \tag{8.8}$$

式中, $v_i = x_i - \bar{x}$,其中 $\bar{x}$ 为 n 次等精度测量的算数平均值。

当有 k 个测点,每个测点的精度大致相同时,则 k 个测点的总体精度用式(8.9)计算:

$$\sigma = \left[\frac{\sum\limits_{i=1}^{k} \sum\limits_{j=1}^{n_i} (x_{ij} - \bar{x}_i)^2}{\left(\sum\limits_{i=1}^{k} n_i \right) - k} \right]^{1/2} \tag{8.9}$$

式中, x_{ij} 为第 i 测点第 j 次测量; n_i 为第 i 个测点的测量次数。

若各测点的测量次数相同,即 $n_1 = n_2 = \cdots = n_k = n$,则式(8.9)可以简为

$$\sigma = \left[\frac{\sum\limits_{i=1}^{k} \sum\limits_{j=1}^{n_i} (x_{ij} - \bar{x}_i)^2}{k(n - 1)} \right]^{1/2} \tag{8.10}$$

算术平均值 $\bar{x}$ 的标准差由式(8.11)计算:

$$\sigma_{\bar{x}} = \frac{\sigma}{\sqrt{n}} = \sqrt{\frac{v_1^2 + v_2^2 + \cdots + v_n^2}{n(n - 1)}} \tag{8.11}$$

由式(8.11)可知,测量次数增加,算术平均值的标准差 $\sigma_{\bar{x}}$ 将减少。但当 n 增加到一定次数(如 10 次)以后, $\sigma_{\bar{x}}$ 减小趋势变得很缓慢。故要得到高精度的测量数据,不能单纯无限地增加测量次数。在一般的精密测量中,等精度的重复测量次数一般小于 10 次。

8.3.2 系统误差

1. 系统误差的特性及分类

系统误差是具有某一确定规律的误差,不可能用增加测量次数来减小或消除。而为

了消除或修正系统误差,必须找出产生系统误差的原因。在风洞实验中产生系统误差的原因很多,可能是仪器不准,如天平校准系数不准;安装不准,如模型安装有一个初始迎角;方法不准,如采用近似计算方法和经验公式造成的误差以及其他客观因素引入的误差如温度、压力、湿度的影响等。

系统误差按其变化规律可分恒定(定值)系统误差和可变(变值)系统误差两大类。恒定系统误差是指在测量过程中,误差的大小和方向始终不变;而可变系统误差的大小和方向随测量中某一个或几个因素按确定的函数规律变化。其中,可变系统误差又可分为线性变化的系统误差,如放大器放大倍数的误差;周期性变化的系统误差,如风洞试验段流场具有四角流时,模型的滚转力矩系数随模型的滚转角呈周期性变化;复杂规律变化的系统误差,如风洞的洞壁干扰、支架干扰等。

系统误差一般都比随机误差要大得多,而它又是有规律的,因此,一切精确的测量都力求消除或修正系统误差。

2. 系统误差的判别方法

(1) 对比实验法:它是通过改变产生系统误差的条件,进行不同条件的测量,从而确定是否有恒定的系统误差。

(2) 剩余误差代数和法:将一组多次重复测量得到的 n 个测量值按测量的先后顺序排列成 x_1, x_2, $\cdots$, x_n,并将相应的剩余误差 v 均分为前半组 k 个和后半组 $n-k$ 个,若 v 的正负号按测量的顺序无一定规律性,且满足:

$$\sum_{i=1}^{k} v_i \approx 0, \ \sum_{i=k}^{n} v_i \approx 0 \tag{8.12}$$

式(8.12)表明无明显的可变系统误差。若 v_i 的正负号及其量值大小,按测量顺序来看有明显的规律性,就可判定存在可变系统误差。用剩余误差代数和法来发现可变系统误差,重复次数一般应多于 20 次。

(3) 数据比较法。对同一被测量量,若测得 n 组结果,各组的算术平均值和算术平均值的标准差为 $\bar{x}_1$, σ_1; $\bar{x}_2$, σ_2; $\cdots$; $\bar{x}_n$, σ_n;两组不存在系统误差的判据是

$$|\bar{x}_i - \bar{x}_j| < 2\sqrt{\sigma_i^2 + \sigma_j^2} \tag{8.13}$$

(4) 正态分布判别法。用正态概率纸来判别。把测量数据列成频率分布表,然后作图,以数据值为横坐标,以累积的频率为纵坐标,描点连线。如果各点在一条直线上(尤其是中间点),则表明所测得的数据只含有随机误差,而无系统误差;反之,若各点明显不在一条直线上,则表示测量数据中含有系统误差。

用公式来判别。若测量数据只含有随机误差时,则其算术平均值偏差 δ 与标准差 σ 之间有下列关系:

$$\delta = 0.797\,9\sigma \tag{8.14}$$

如果计算出的 δ 和 σ 与式(8.14)所表达的关系式相差很大,则表明数据中含有系统误差。

3. 系统误差的消除

系统误差是有规律的误差。因此,消除系统误差的方法在于找出误差产生的原因及其规律,在测量前采取措施,限制它的产生,或者在测量后求出误差曲线并在测量值中加

上修正值。用修正值消除系统误差,一般不容易修掉全部系统误差。

对于恒定系统误差,最简单的消除方法是在测量装置上对未知参量测量后,立即用一个标准量代替未知量,再次测量,从而求出未知参量与标准量的差值,即

$$未知量 = 标准量 + 差值$$

对于呈线性变化的系统误差,可采用对称法来消除。图 8.3 表示了某一测量在整个过程中存在随测量时间（或测量值）变化而递增的系统误差。

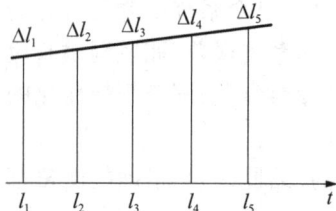

图 8.3 对称消除法原理图

这时,若选定某时刻 t_3 为中点,则对称此点的系统误差的平均值皆相等,即

$$\frac{(\Delta l_1 + \Delta l_5)}{2} = \frac{(\Delta l_2 + \Delta l_4)}{2} = \Delta l_3 \quad (8.15)$$

利用这一特点,对于某些测量作对称安排,取各对称点读数的平均值,即可求得相应的系统误差,再根据对测量的要求作相减处理,这样便可消除按线性变化的可变系统误差。

对于周期性的系统误差可以每隔半周期进行偶次测量,即可有效消除。

采用某些技术可以在相当程度上减小甚至消除系统误差的影响,通常可通过以下一些途径:

（1）以修正值的形式加到测量数据中去,用来消除系统误差;

（2）在实验过程中消除产生系统误差的因素;

（3）选择合适的测量方法,使系统误差得以抵消,而不带到测量数据中去。

上述途径的选择应根据实验内容来定。在流体力学实验中,从实验准备到数据测量和数据处理,在各个环节上都应不断地采取措施来消除系统误差:电测和非电测的仪器仪表都必须在规定的量程范围内应用;如果不是进行比测实验,切忌用两种不同类型的测量仪器先后测试同一个实验的结果;测量工作开始和结束,都需进行仪器标定,检查仪器零位的漂移情况,过大的零位漂移,会使实验结果失真,需重新进行实验;测试前,模型和测试装置必须安装正确,否则就会引起系统误差;在实验过程中,有些系统误差是很难避免的,例如,水池的阻塞效应对船模的速度进行修正,用不同的函数或经验公式处理实验数据也会带来不同的实验误差。甚至人们已几经考验的比较成熟的实验方法进行一些简化或操作上不甚合理等,也会引起方法误差。因此,对待模型试验应精心设计,应尽可能减小或消除系统误差,提高实验精度。

8.3.3 粗差

粗差又称"过失误差"。如测量中的失误,外界干扰,测量条件意外改变等所造成的明显偏大的误差都是粗差。粗差明显歪曲了测量结果,应从测量值中剔除。但是,应注意到在正常的测量条件下,由于测量的分散性也可能出现个别正常的、误差较大的测量值,若把这些值当成粗差予以剔除,显然是不符合实际的、因此,应正确建立判别粗差的准则,凡超过此判别准则的误差,即定为粗差。粗差的判别准则有多种,如莱茵达（Paûta）准则、

格拉布斯（Grubbs）准则、汤姆逊（Thompson）准则，肖维勒（Chauvenet）准则、狄克松（Dixon）准则以及 t 分布检验准则等，下面介绍最常用的莱茵达准则和格拉布斯准则。

莱茵达准则又称"3σ 准则"，由随机误差的正态分布曲线知，剩余误差 v_i 落在 $\pm 3\sigma$ 以外的概率仅有 0.27%，在实际测量中可认为是不会发生的，因此，莱茵达准则认为，当

$$|v_i| > 3\sigma \tag{8.16}$$

时即为过失误差。

格拉布斯准则：对一组 n 次重复测量数据 x_1，x_2，$\cdots$，x_n 先计算出平均值 $\bar{x}$、残差 v_i 以及标准差 σ，然后给定所要求的概率 P，格拉布斯认为，凡满足以下关系的误差即为粗差：

$$|v_i| > g(n, P)\sigma \tag{8.17}$$

式中，g 为格拉布斯系数，它是测量次数 n 和概率 P 的函数，其值列在表 8.2 中。

表 8.2 格拉布斯系数

	n	3	4	5	6	7	8	9	10	20	30	50	100
P	0.95	1.15	1.46	1.67	1.82	1.94	2.03	2.11	2.18	2.56	2.74	2.96	3.17
	0.99	1.16	1.49	1.75	1.94	2.10	2.22	2.32	2.41	2.85	3.10	3.34	3.59

莱茵达准则简单，无须查表，用起来方便，但要在重复测量次数很大（如 $n>50$ 次）时使用才较准确。风洞实验重复次数一般都在 10 次以下，若用莱茵达准则太保守，故一般选用格拉布斯准则。采用格拉布斯准则时，置信概率最小应取 $P=0.95$，当可靠性要求较高时，应取 $P=0.99$ 以上。

8.3.4 等精度直接测量数据处理

对某量进行多次等精度直接测量时，各测得值中可能同时包含有系统误差、随机误差和粗差。为了得到合理的测量结果，对测量列中的误差应按前述误差理论进行处理，数据处理步骤如下：

（1）修正或消除系统误差；

（2）求测量列算术平均值；

（3）求各测得值的残余误差；

（4）求测量列单次测量的标准偏差；

（5）判断是否存在粗差；

（6）求算术平均值的标准偏差；

（7）求测量结果的不确定度；

（8）写出测量结果。

8.4 间接测量中的误差

在直接测量中，测量误差就是被测量的误差。但在许多情况下，直接测量有困难或

测量精度不高,需采用间接测量。间接测量是通过测量与被测量有一定函数关系的其他量,并根据函数关系算出被测量,故间接测量的误差是各个测量值误差的函数,即函数误差。

8.4.1　间接测量中的系统误差计算

设被测量 y 与直接测量的量 x_1, x_2, $\cdots$, x_n 有以下函数关系:

$$y = f(x_1, x_2, \cdots, x_n) \tag{8.18}$$

则

$$\mathrm{d}y = \frac{\partial f}{\partial x_1}\mathrm{d}x_1 + \frac{\partial f}{\partial x_2}\mathrm{d}x_2 + \cdots + \frac{\partial f}{\partial x_n}\mathrm{d}x_n \tag{8.19}$$

式中, $\mathrm{d}y$ 为函数误差; $\mathrm{d}x_1$, $\mathrm{d}x_2$, $\cdots$, $\mathrm{d}x_n$ 为直接测量值的误差; $\partial f/\partial x_i$ 为各个误差的传递函数。在间接测量中,将定值系统误差 Δx_1, Δx_2, $\cdots$, Δx_n 代入式(8.19)中的 $\mathrm{d}x_1$, $\mathrm{d}x_2$, $\cdots$, $\mathrm{d}x_n$ 就可近似得到恒定系统误差 Δy:

$$\Delta y = \frac{\partial f}{\partial x_1}\Delta x_1 + \frac{\partial f}{\partial x_2}\Delta x_2 + \cdots + \frac{\partial f}{\partial x_n}\Delta x_n \tag{8.20}$$

令 E_r 为相对误差,则

$$E_r = \frac{\Delta y}{y} = \left(\frac{\partial f}{\partial x_1}\right)E_1 + \left(\frac{\partial f}{\partial x_2}\right)E_2 + \cdots + \left(\frac{\partial f}{\partial x_n}\right)E_n \tag{8.21}$$

8.4.2　间接测量中的随机误差计算

直接测量中的随机误差一般用标准差来表示。因此,要找出函数 y 的标准差与各测量值 x_1, x_2, $\cdots$, x_n 的标准差之间的关系。

若函数的一般形式为

$$y = f(x_1, x_2, \cdots, x_n) \tag{8.22}$$

并对各个测量值都进行了 m 次测量,其相应的随机误差为 δ_{1i}, δ_{2i}, $\cdots$, $\delta_{ni}(i=1, 2, \cdots, m)$。根据式(8.19),函数 y 的随机误差为

$$\delta_{y1} = \left(\frac{\partial f}{\partial x_1}\right)\delta_{1i} + \left(\frac{\partial f}{\partial x_2}\right)\delta_{2i} + \cdots + \left(\frac{\partial f}{\partial x_n}\right)\delta_{ni} \tag{8.23}$$

将式(8.23)平方、累加、两端再除以 n,得

$$\sigma_y^2 = \left(\frac{\partial f}{\partial x_1}\right)^2\sigma_{x1}^2 + \left(\frac{\partial f}{\partial x_2}\right)^2\sigma_{x2}^2 + \cdots + \left(\frac{\partial f}{\partial x_n}\right)^2\sigma_{xn}^2 + 2\sum\left(\frac{\partial f}{\partial x_i}\right)\left(\frac{\partial f}{\partial x_j}\right)\rho_{ij}\sigma_{xi}\sigma_{xj} \tag{8.24}$$

式中,

$$\rho_{ij} = \frac{K_{ij}}{\sigma_{xi} \cdot \sigma_{xj}}$$

$$K_{ij} = \frac{\sum_{k=1}^{m} \delta x_{ik} \cdot \delta x_{jk}}{m}$$

$$(8.25)$$

式中,K_{ij} 称为 i、j 两误差的相关距;ρ_{ij} 称为 i、j 两误差的相关系数,它表示 i、j 之间线性关联的松紧程度。式(8.24)为一般函数标准差的计算公式。ρ_{ij} 值位于 -1 和 1 之间。

当 $\rho_{ij} > 0$ 时,称 i、j 两误差正相关;i 误差增大时,j 误差的取值平均也增大;当 $\rho_{ij} < 0$,称两误差为负相关;i 误差增大时,j 误差的取值平均减小;当 $\rho_{ij} = 0$ 时,称两误差无关:一误差增大时,另一误差取值平均可增大亦可减小,彼此不相关。

若各测量值的误差是相互独立的,则当测量次数 m 适当大时,$K_{ij} = 0$,故 ρ_{ij} 亦为零,则式(8.24)可以简化为

$$\sigma_y^2 = \left(\frac{\partial f}{\partial x_1}\right)^2 \sigma_{x1}^2 + \left(\frac{\partial f}{\partial x_2}\right)^2 \sigma_{x2}^2 + \cdots + \left(\frac{\partial f}{\partial x_n}\right)^2 \sigma_{xn}^2 \tag{8.26}$$

8.4.3　间接测量的误差分配

上节讲了已知各直接测量值的误差求函数误差。现讨论逆问题:已知函数的总误差,要求确定各个测量值的误差,即函数误差分配问题。例如,要求风洞模型阻力系数的误差不大于 0.000 1,问天平、总、静压传感器、迎角测量各允许的误差是多少?

由于函数的系统误差 Δy,通常可以用修正的方法来消除,因此,这里不考虑各个测量的系统误差的影响,而只研究函数随机误差的分配问题。设各误差相互独立,由式(8.26)得

$$\sigma_y = \left[\left(\frac{\partial f}{\partial x_1}\sigma_{x_1}\right)^2 + \left(\frac{\partial f}{\partial x_2}\sigma_{x_2}\right)^2 + \cdots + \left(\frac{\partial f}{\partial x_n}\sigma_{x_n}\right)^2\right]^{1/2}$$

$$= (D_1^2 + D_2^2 + \cdots + D_n^2)^{1/2}$$

$$(8.27)$$

式中,$D_i = (\partial f / \partial x_i)\sigma_{x_i}$ 为函数的局部误差。

首先按等作用原则分配误差,假设各个局部误差对函数的影响相等,即

$$D_1 = D_2 = \cdots = D_n = \frac{\sigma_y}{\sqrt{n}}$$

$$\sigma_{x_i} \leqslant \frac{\sigma_y}{\sqrt{n}} \cdot \frac{1}{\dfrac{\partial f}{\partial x_i}} \tag{8.28}$$

按等作用原则分配误差可能出现不合理的情况,于是再作调整,将那些技术水平要求高、花费多、难以测量的量的误差放大一些;相反的,把那些技术难度小、花费少、容易测量的量的误差缩小一些。总之,以最终不超过函数总误差为原则。在进行误差分配时,尚须

注意：各个局部误差一定时，直接测量量的误差与其传递函数 $\partial f/\partial x_i$ 成反比，当直接测量量的误差相等时，各局部误差并不相等，有时可能相差很大。

8.5　误差的合成

在实际测量中，往往同时存在多种随机误差和多种系统误差，故计算最终测量结果时，必须将这些误差进行合成，做到不遗漏、不重复，给出综合误差。对于恒定系统误差，因其误差的大小方向是已知的，可以修正，故在误差合成时不再考虑它，而只将随机误差与可变系统误差两者进行合成。

设某实验结果有 k 个随机误差，其极限误差为 Δ_1，Δ_2，$\cdots$，Δ_k，m 个可变系统误差，其误差限为 E_1，E_2，$\cdots$，E_m，则该结果的综合极限误差 u 可按下面两种方式合成：

$$u = \sum E_i + \sqrt{\sum \Delta_i^2 + 2\sum \rho_{ij}\Delta_i\Delta_j} \tag{8.29}$$

$$u = \sqrt{E_1^2 + E_2^2 + \cdots + E_m^2} + \sqrt{\sum \Delta_i^2 + 2\sum \rho_{ij}\Delta_i\Delta_j} \tag{8.30}$$

一般说来，当 m 较小（譬如 $m<10$）则用式(8.29)；而当 m 较大则用式(8.30)。

8.6　实验数据处理

通常，实验数据的处理包括误差的处理和实验结果的表示等工作。本节主要介绍在实验数据处理过程中经常会遇到的如何用有效数字的概念进行数字修约和近似值计算，以及常用的几种实验结果表示方法。

8.6.1　有效数字的概念

对于给出的数据，从左边第一个不为零的数字算起至右边最末一位数字都称为有效数字。对于作为测量结果给出的数据表示最后一位有效数字是可疑数字。最后一位的可疑数字表示有±1 个单位（或±0.5 个单位）的误差。因此对于作为测量结果的数据必须按有效数字的概念正确给出。

直接测量时，根据测量器具的示值读出的被测量值，一般只保留一位可疑数字。例如，使用标尺最小刻度为 mm 的直尺测量得到的结果为 16.8 mm，前面两位是从标尺的分度值上读出的可靠数字，最后一位"8"是相邻刻度间的内插估计值，是一个可疑数字（欠准数字）。如果写成 13.80 则表示前面三个数字是可靠数字，最末位为估计值，直尺的最小刻度为 0.1 mm，这样的结果就不符合实际了。

在表示测量结果的极限误差时，一般只取 1 或 2 位有效数字。测量结果的有效数字的末位数应与极限误差的末位数取相同的数位，例如（16.8±0.5）mm。

常数 π、e 以及 $\sqrt{3}$ 等有效数字位数，需要几位就可写到几位，通常比测得值多取 1 位或 2 位。

8.6.2　数字修约

整理实验数据时,需要的有效数字位数确定后,应对数字进行修约,即将有效数字以后的数字按一定的规则舍去。舍去的规则一般为,被舍去的第一位小于 5,则被保留的末位不变;被舍去的第一位大于 5,则在被保留的末位上增加 1。例如 e = 2.718 28 取四位为 e = 2.718。被舍去的第一位等于 5 时,按"偶数原则"处理:被保留的位数是奇数时应增加 1;被保留的位数是偶数时保持不变。

8.6.3　近似值的计算

测量所得的数据一般都是有误差的,这种数值称为近似值。近似值的运算应根据有效数字的概念来进行。原则上,近似值加减运算结果的有效位等于其中末位最大的有效位。

近似值乘除运算结果的有效数字个数等于其中有效数字个数最少的。但实际工作中并不要求这么严格,只要求在运算过程中不致产生会降低测量精度的计算误差就可以了。尤其是运用计算机整理实验数据时,不妨在进行运算的过程中比预定测量结果的有效数字位数多 1 位或 2 位,然后在给出最后的测量结果时,根据测量误差所确定的有效数字位数做数字修约。

8.6.4　实验结果的表示

通常,实验结果的表示方法有列表法、作图法和公式法等。

1. 列表法

列表法是将实验条件、实验自变量和测试数据以表格的形式表示出来的方法。如果编排适当,列表法有使用方便、数据准确的优点。

2. 作图法

作图法是将实验条件、实验自变量和测试数据以图形的形式表示出来的方法。作图法的特点是形象直观、便于观察趋势、便于结果的宏观比较等。作图法表示的结果可以是离散的,也可以是经过适当处理后的连续曲线。

3. 公式法

公式法是将实验结果以公式的形式表示出来的方法。它使实验结果便于分析和应用。公式的得出可以采用观察图形法、图解实验法、表差法和回归分析法等。下面着重介绍回归分析法的基本思想。

(1) 最小二乘法原理。设 A 是一组等精度测量值中的最佳值(即最可信赖的值,并不是真值),则 A 与各测量值 $a_i (i = 1, 2, \cdots, n)$ 之间差值的二次方和为最小。最小二乘法原理是一个数学原理,这在实验技术中有着广泛的应用。

(2) 一元线性回归(最佳直线方程问题)。有些实验结果所描述的曲线为一条直线,如飞机计力系数在小迎角时随迎角变化的曲线。由最小二乘法原理可知最佳直线为与各数据点距离的二次方和最小的直线。

设最佳直线方程为

$$Y = Kx + b \tag{8.31}$$

计算值 Y_i 与测得值 y_i 之差为

$$\delta_{y_i} = y_i - Y_i = y_i - (Kx_i + b) \tag{8.32}$$

其二次方和为

$$Q = \sum_{i=1}^{n} \delta_{y_i}^2 = \sum_{i=1}^{n} \left[y_i - (Kx_i + b) \right]^2 \tag{8.33}$$

可见，Q 是待定系数 K 和 b 的函数。根据最小二乘法原理，最佳曲线应满足 Q 值为最小的条件，即

$$\left. \begin{aligned} \frac{\partial Q}{\partial K} = 0, \ \frac{\partial Q}{\partial b} = 0 \\ \frac{\partial^2 Q}{\partial K^2} > 0, \ \frac{\partial^2 Q}{\partial b^2} > 0 \end{aligned} \right\} \tag{8.34}$$

对式(8.33)求偏导数，代入方程式(8.34)，可得

$$\frac{\partial Q}{\partial K} = -2 \sum_{i=1}^{n} \left[y_i - (Kx_i + b) \right] x_i = 0$$

$$\frac{\partial Q}{\partial b} = -2 \sum_{i=1}^{n} \left[y_i - (Kx_i + b) \right] = 0$$

$$\frac{\partial^2 Q}{\partial K^2} = 2 \sum_{i=1}^{n} x_i^2 > 0$$

$$\frac{\partial^2 Q}{\partial b^2} = 2n > 0$$

由此可得

$$\left. \begin{aligned} \sum_{i=1}^{n} x_i y_i - b \sum_{i=1}^{n} x_i - K \sum_{i=1}^{n} x_i^2 = 0 \\ \sum_{i=1}^{n} y_i - nb - K \sum_{i=1}^{n} x_i = 0 \end{aligned} \right\} \tag{8.35}$$

解方程组式(8.35)，得

$$\left. \begin{aligned} K = \frac{\displaystyle\sum_{i=1}^{n} x_i \sum_{i=1}^{n} y_i - n \sum_{i=1}^{n} x_i y_i}{\left(\displaystyle\sum_{i=1}^{n} x_i \right)^2 - n \sum_{i=1}^{n} x_i^2} \\ b = \frac{\displaystyle\sum_{i=1}^{n} x_i y_i \sum_{i=1}^{n} x_i - \sum_{i=1}^{n} y_i \sum_{i=1}^{n} x_i^2}{\left(\displaystyle\sum_{i=1}^{n} x_i \right)^2 - n \sum_{i=1}^{n} x_i^2} \end{aligned} \right\} \tag{8.36}$$

显然,式(8.36)的分母应不为零。由此可以确定该问题的最佳直线方程。

(3) 一元二次回归(最佳二次曲线方程问题),有时实验结果所描述的曲线呈二次曲线,如飞机的阻力系数曲线。

回归时可设方程为

$$Y = a + bx + cx^2 \tag{8.37}$$

同样可按最小二乘法原理列出三个偏微分方程式来求解 a、b、c 三个待定系数。最后须求解方程组:

$$\left. \begin{aligned} a\sum_{i=1}^n x_i^2 + b\sum_{i=1}^n x_i^3 + c\sum_{i=1}^n x_i^4 &= \sum_{i=1}^n x_i^2 y_i \\ a\sum_{i=1}^n x_i + b\sum_{i=1}^n x_i^2 + c\sum_{i=1}^n x_i^3 &= \sum_{i=1}^n x_i y_i \\ an + b\sum_{i=1}^n x_i + c\sum_{i=1}^n x_i^2 &= \sum_{i=1}^n y_i \end{aligned} \right\} \tag{8.38}$$

确定了 a、b、c 三个待定系数后,即可得到最佳二次曲线的方程。

第8章习题　　　　第8章参考文献

第 9 章
常规测力风洞试验数据修正

9.1 风洞试验基准数据

风洞试验基准数据一般指在获得风洞试验原始数据的基础上,通过专门的方法和手段(一般是风洞试验和数值计算相结合)进行了气流偏角修正、浮阻修正、洞壁干扰修正、支撑干扰修正和模型变形影响修正等一系列修正之后得到的一套试验数据,也是能正确揭示飞行器试验模型在试验来流条件和流动状态下真实气动力特性的一套数据。因此,可以将风洞的基准试验数据作为开展风洞与飞行相关性修正的基础数据。风洞试验基准数据与风洞原始数据、风洞/飞行相关性修正后数据之间的关系如图 9.1 所示。

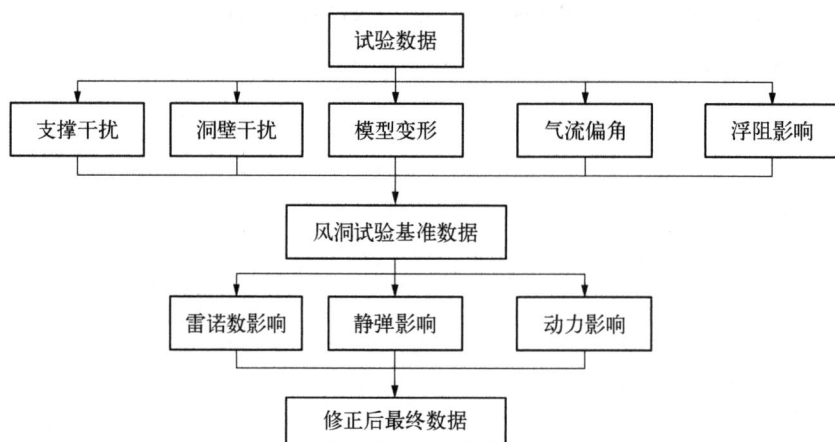

图 9.1 风洞试验基准数据与风洞/飞行相关性修正之间关系图

本小节主要介绍风洞试验原始数据处理、气流偏角和浮阻影响修正,支撑/洞壁干扰和模型变形影响修正在后续章节详细介绍。

9.1.1 风洞原始数据处理

1. 天平与支杆弹性角的影响修正

由于天平和支杆并不是完全刚性的,在模型气动载荷的作用下天平与支杆会产生弹性角,模型名义迎角 α_M、名义侧滑角 β_M 与实际迎角 α、实际侧滑角 β 并不相等。天平与支杆的弹性角可以在试验前通过砝码加载进行校准,并拟合出角度与所受载荷之间变化关系的弹性角公式。通过实际吹风载荷就可以计算得到每个试验状态下天平与支杆的弹性角,其俯仰、偏航和滚转方向的分量分别为 $\Delta\alpha_e$、$\Delta\beta_e$、$\Delta\gamma_e$,如图 9.2 所示。

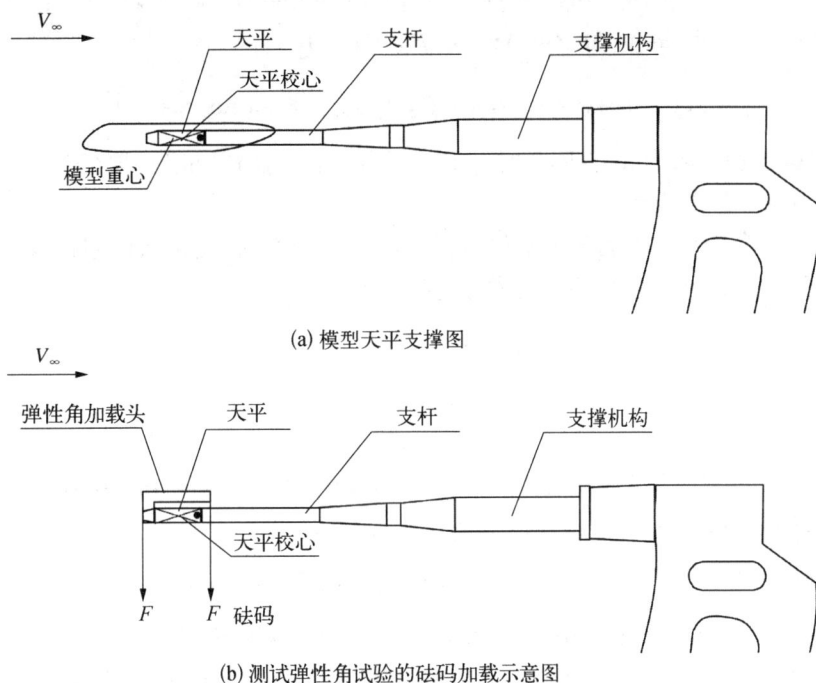

(a) 模型天平支撑图

(b) 测试弹性角试验的砝码加载示意图

图 9.2　模型/天平/支撑例图和测试弹性角试验的砝码加载示意图
(包括天平校心与模型重心的偏距示意)

迎角方向的弹性角修正公式为

$$\alpha_1 = \alpha_M + \Delta\alpha_{cp} + \Delta\alpha_0$$

$$\alpha_2 = \sin^{-1}\left[\sin\alpha_3\cos\Delta\alpha_e\cos(\beta_M + \Delta\beta_e) + \cos\alpha_3\sin\Delta\alpha_e\right]$$

$$\alpha_3 = \alpha_M + \Delta\alpha_0$$

$$\alpha = \tan^{-1}\left\{\frac{[\tan\alpha_1 + \tan\Delta\alpha_e\cos(\beta_M + \Delta\beta_e)]\cos\Delta\gamma_e - \sin(\beta_M + \Delta\beta_e)\sec\Delta\alpha_e\sin\Delta\gamma_e}{\cos(\beta_M + \Delta\beta_e) - \tan\alpha_1\tan\Delta\alpha_e}\right\}$$

$$(9.1)$$

式中,$\Delta\alpha_{cp}$ 为纵向气流偏角;$\Delta\alpha_0$ 为模型自重引起的弹性角;α_1、α_2、α_3 为迎角修正的中间值;α 为实际迎角;α_M 为名义迎角;β_M 为名义侧滑角。

侧滑角方向的弹性角修正公式为

$$\beta = \sin^{-1}\left[\sin(\beta_M + \Delta\beta_e)\cos\alpha_1\cos\Delta\gamma_e - \sin\alpha_1\cos\Delta\alpha_e\sin\Delta\gamma_e\right] \qquad (9.2)$$

式中,β 为实际侧滑角;β_M 为名义侧滑角。

滚转角方向的弹性角修正公式为

$$\gamma = \pm \cos^{-1}\left(\frac{F_1}{F_2}\right)$$

$$F_1 = \cos \alpha_3 \cos \Delta\alpha_e \cos \Delta\gamma_e + \sin \alpha_3 \sin \Delta\gamma_e \sin(\beta_M + \Delta\beta_e) - \sin \alpha_3 \sin \Delta\alpha_e \cos \Delta\gamma_e \cos(\beta_M + \Delta\beta_e) \tag{9.3}$$

$$F_2 = \left\{1 - \left[\cos \Delta\alpha_e \sin\alpha_3 \cos(\beta_M + \Delta\beta_e) + \sin \Delta\alpha_e \cos \alpha_3\right]^2\right\}^{\frac{1}{2}}$$

式中，γ 为实际滚转角，当 α、β 同号时，γ 取"−"号；当 α、β 异号时，γ 取"+"号。

2. 模型自重的影响修正

试验过程中，天平测得的载荷不仅包括模型的气动载荷，还包括模型自身的重量，这部分载荷需要从天平测值中扣除，具体修正公式为

$$X'_1 = X' + Y_G \cdot (\sin a_2 - \sin \Delta a_0)$$

$$Y'_1 = Y' + Y_G \cdot (\cos \Delta\alpha_0 - \cos \alpha_2 \cos \gamma)$$

$$Z'_1 = Z' + Y_G \cos \alpha_2 \sin \gamma$$

$$Mx'_1 = Mx' + \left[M_{XG}(\cos \Delta\alpha_0 - \cos \alpha_2 \cos \gamma) - M_{XG90} \cos \alpha_2 \sin \gamma\right]\cos \gamma_M \tag{9.4}$$

$$My'_1 = My' - M_{ZG} \cos \alpha_2 \sin \gamma + M_{XG} \sin \alpha_2 \cos \gamma_M$$

$$Mz'_1 = Mz' + M_{ZG}(\cos \Delta\alpha_0 - \cos \alpha_2 \cos \gamma) - M_{XG90} \sin \alpha_2 \cos \gamma_M$$

式中，X'、Y'、Z'、Mx'、My'、Mz' 为未经自重修正的天平测值；X'_1、Y'_1、Z'_1、Mx'_1、My'_1、Mz'_1 为经过自重修正的天平测值；Y_G 为模型自重；M_{ZG} 为模型自重在天平俯仰方向引起的力矩；M_{XG} 为模型自重在天平滚转方向引起的力矩；M_{XG90} 为模型转 90° 后自重在天平滚转方向引起的力矩。模型自重参数可以在试验前通过加载法或走迎角方法测量获得。

3. 模型力矩参考中心与天平校准中心不重合的影响修正

模型力矩参考点与天平校准中心不重合，在测值转换过程中会引起附加力矩，这部分载荷需要扣除，具体修正公式为

$$Mx'_1 = Mx' + Z'_1 \cdot \Delta y' - Y'_1 \cdot \Delta z'$$

$$My'_1 = My' - Z'_1 \cdot \Delta l - X'_1 \cdot \Delta z'$$

$$Mz'_1 = Mz' + Y'_1 \cdot \Delta l + X'_1 \cdot \Delta y' \tag{9.5}$$

$$\Delta y' = \Delta y \cdot \cos \gamma_M - \Delta z \cdot \sin \gamma_M$$

$$\Delta z' = \Delta y \cdot \sin \gamma_M + \Delta z \cdot \cos \gamma_M$$

式中，Δl、Δy、Δz 分别为天平校准中心在模型体轴系中的坐标，具体取值分别以校准中心在力矩参考点之前、之上、之右为正；Mx'、My'、Mz' 为未经两心距修正的天平测值；Mx'_1、My'_1、Mz'_1 为经过两心距修正的天平测值。

4. 底部压力的影响修正[1]

模型底部存在支杆，且没有模拟喷流状态，部分模型还存在尾部破坏情况，因此风洞试验模型底部压力分布与真实飞行情况差异明显，需要对底部压力进行修正。底压主要依靠模型尾部的若干根底压管测量获得，其底部压力计算公式为

$$p_b = \frac{1}{n} \sum_{i=1}^{n} p_i \tag{9.6}$$

式中，p_i 为第 i 个测点的底压值；n 为底压管个数；p_b 为模型底部压力。

鉴于底部压力主要通过形成底部阻力影响模型体轴系中的轴向力，底部压力的修正公式为

$$X_b = (p_\infty - p_b) \cdot S_b \tag{9.7}$$

$$X_1' = X' - X_b \tag{9.8}$$

式中，p_∞ 为无穷远处大气压强；S_b 为模型底部面积；X' 为未经底压修正的天平测值；X_1' 为经过底压修正的天平测值。

9.1.2　气流偏角影响修正

由于洞壁加工或安装不对称等因素，风洞中的人造气流相对理想均匀流动可能会存在纵向气流方向偏差和横向气流方向偏差，导致模型名义角度与实际角度存在差异，统称为气流偏角影响。具体进行纵向气流偏角修正时，需要进行模型正反装试验，根据正反装试验结果得到的 $C_L = f(\alpha)$ 曲线，分别求得正反装状态下的零升迎角 $\alpha_{0正}$ 和 $\alpha_{0反}$，然后由下式计算气流偏角 $\Delta\alpha_{cp}$：

$$\Delta\alpha_{cp} = -(\alpha_{0正} + \alpha_{0反})/2 \tag{9.9}$$

然后根据下式进行气流偏角修正：

$$\alpha_1 = \alpha_M + \Delta\alpha_{cp} \tag{9.10}$$

式中，α_M 为模型名义迎角；α_1 为经过气流偏角修正的模型实际迎角。

横向气流偏角修正过程、公式与纵向修正类似，不过需要测量 $C_Y = f(\beta)$ 曲线，以实现侧滑角 β 修正。

9.1.3　轴向静压梯度

在风洞试验段中沿风洞轴线方向通常存在一定的静压梯度，当模型具有一定长度时，风洞轴向静压梯度将使模型承受一附加阻力，称为"浮阻"，在使用风洞试验数据时应扣去此浮力，即浮阻修正。

以 CARDC FL-26 风洞全模试验段模型区为例，认为静压轴向分布为一直线，可采用如下公式计算：

$$\Delta C_D = -\frac{V}{S}\frac{\mathrm{d}C_p}{\mathrm{d}x} = \frac{V}{SL}\frac{2}{Ma(1 + 0.2Ma^2)} \times \Delta Ma \tag{9.11}$$

式中，V 为模型体积；S 为参考面积；L 为模型长度；ΔMa 是模型长度 L 范围内马赫数的变化量。某民机模型在固定试验雷诺数 500 万时，各马赫数下浮阻修正量见表 9.1。

表 9.1 某民机模型不同马赫数浮阻修正量

Ma	0.40	0.70	0.80	0.85	0.89	0.92
C_f	0.000 95	0.000 90	0.000 81	0.000 74	0.000 69	0.000 61

9.2 支撑干扰修正

9.2.1 支撑形式与干扰特点

关于风洞试验支撑形式的研究自风洞诞生起就是一项必须解决的技术问题,国内外都进行了大量的研究。对于大部分风洞试验而言,传统的风洞试验模型支撑形式为尾支撑方式,它是常规测力(压)试验最常用的支撑形式。这主要是由于其支撑结构形式简单,适用范围广,试验准备周期短,对试验数据的修正积累了丰富的经验,对于具有尾喷口的战斗机或弹箭类模型,尾支杆还可以部分模拟喷流的体积效应。然而,尾支撑方式势必会破坏模型尾部,特别是会造成大型飞机船尾形后体、翼身组合体扁平后体大面积失真。因此,有必要对其他支撑方式进行探索,以适应不同的试验模型和试验目的。

1. 尾支撑

正如本书前面章节所述,尾支撑具有对模型中前部支撑干扰小,结构形式简单,在风洞试验中应用最广泛等优点,但是,尾支撑对部分外形飞行器尾部破坏较大,且尾支撑在受力形式上均属于悬臂梁结构,模型/天平/支撑系统的一阶自振频率只有 10~15 Hz,易与低频振荡相耦合,在高速试验或者较大迎角时往往会出现较大幅度的振动,影响试验数据的精准度。若要减小振动则必须增加支撑刚度,这势必增大支杆尺寸,进而增加了支撑干扰量。

如图 9.3 所示,在风洞测力试验中,若不考虑模型畸变影响,传统直尾支撑会降低模型尾部绕流速度,模型尾部压力略高于无支撑状态,因此会造成试验阻力结果偏高,该支撑干扰规律一定程度上对常见大飞机、战斗机及弹箭类布局试验模型均适用。

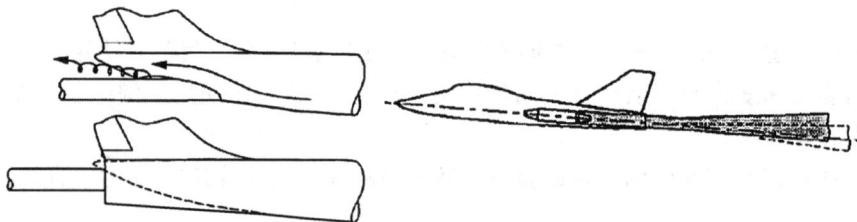

图 9.3 尾部支撑的弊端

针对尾部支撑存在的不足,传统的直尾支撑形式也有了改变,如一些大飞机模型和飞翼布局模型为减少模型后体破坏程度采用有一定预偏角度的斜尾支撑或弯支杆、"V"型支杆等形式,这些尾支撑方式由于插入模型的角度与模型中心线产生偏离,前述直尾支撑阻力增大的干扰规律可能不再适用。

如图 9.4 所示,一般情况下,尾部支撑系统的干扰可由三部分组成[2]:① 模型畸变产生的干扰;② 近场流动干扰或局部"流动"干扰;③ 支架远场干扰或"整体"流场干扰。

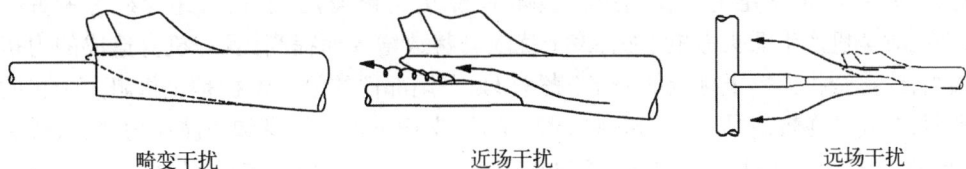

畸变干扰 近场干扰 远场干扰

图 9.4 尾支撑干扰的构成

弯刀支架造成的干扰量较小,如图 9.5 所示,以某大型飞机为例,在 $\alpha \leqslant 4°$ 时,单独弯刀支架造成的 ΔC_D 干扰不大于 0.000 35,平均情况下约为 0.000 2。

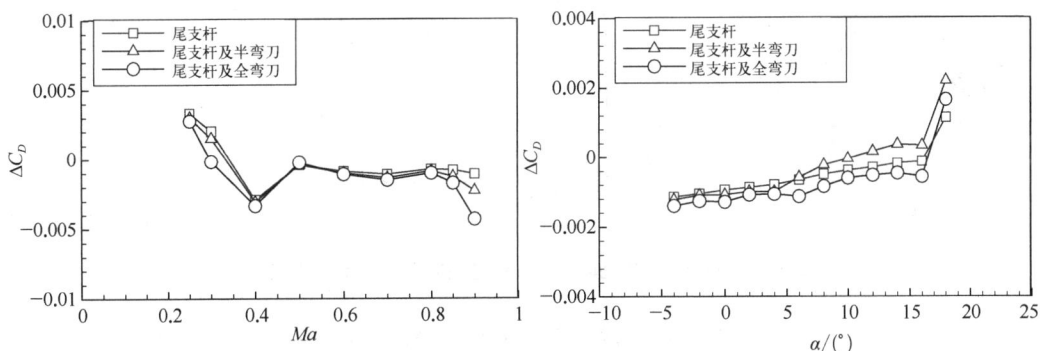

图 9.5 几种构型尾支撑形式的支撑干扰量随马赫数变化($\alpha = 2°$)

以大飞机构型为例,取 $Ma = 0.85$、0.7、0.92 三个马赫数截取周边的压力分布云图分析尾支撑干扰产生的机理。图 9.6 给出了尾支撑对模型表面压力干扰量分布云图,图中 ΔC_p 定义如下:

$$\Delta C_p = \Delta C_{p,\,\text{with Support}} - \Delta C_{p,\,\text{without Support}} \tag{9.12}$$

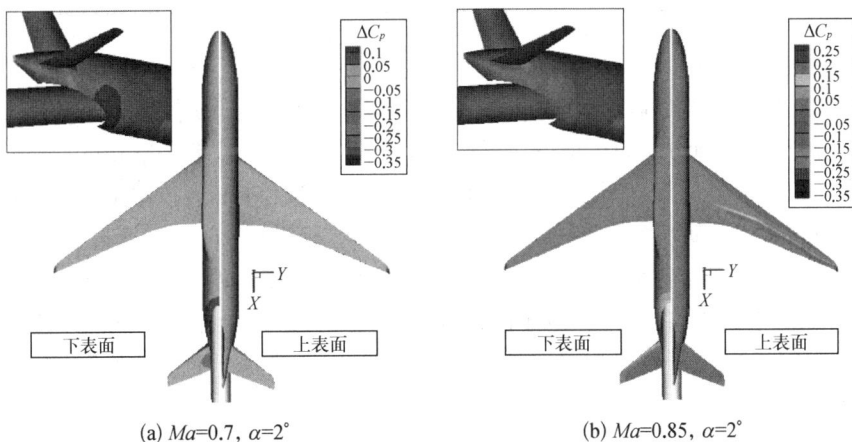

(a) $Ma = 0.7$, $\alpha = 2°$ (b) $Ma = 0.85$, $\alpha = 2°$

图 9.6 尾支撑对模型表面压力干扰量分布云图

不难看出,尾支撑干扰主要作用在模型尾部空腔外围及平尾翼面上。受支杆及底部空腔的"阻滞"影响,船尾形后机身的侧下方流速降低,表面压力增大,产生低头力矩干扰;由图9.7可知,平尾上下翼面压力整体降低,升力略有增大,由于距全机参考重心较远,因此对全机产生低头力矩干扰,该干扰随马赫数增大而提高,且与机身造成的力矩干扰相当,约占全机力矩干扰量的一半(表9.2);平尾部件的阻力干扰是全机阻力干扰的主要来源,尤其是在较高马赫数($Ma \geq 0.92$)下,尾支杆对机翼前缘和激波压力峰值、激波位置的干扰使得阻力干扰大幅增加,当 $Ma \geq 0.85$ 时,机翼表面激波位置也会略有前移,但机翼部件阻力降低的影响不足以抵消平尾阻力增大的干扰。

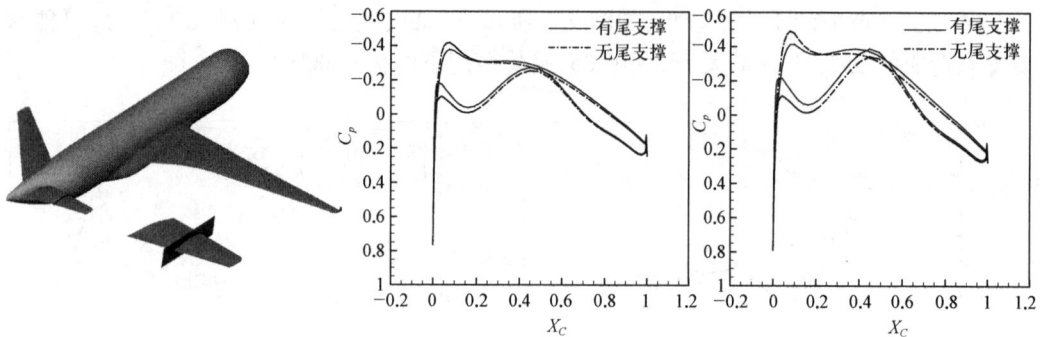

图 9.7 典型平尾剖面压力分布图(有无尾支撑干扰对比)

表 9.2 尾支撑对各部件干扰量($\alpha=2°$)

Ma	0.7			0.85			0.92		
干扰项	ΔC_L	ΔC_D	ΔC_m	ΔC_L	ΔC_D	ΔC_m	ΔC_L	ΔC_D	ΔC_m
机身	0.002 77	0.000 345	−0.003 658	0.003 776	0.000 045	−0.007 206	0.004 996	−0.000 222	−0.007 65
机翼	0.000 255	−0.000 206	0.000 176	−0.001 958	−0.000 357	0.001 787	0.008 864	−0.000 707	−0.004 578
垂尾	−0.000 076	0.000 097	0.000 278	−0.000 11	0.000 203	0.000 428	−0.000 214	0.000 421	0.000 881
平尾	0.001 145	0.000 445	−0.003 746	0.003 191	0.000 634	−0.010 881	0.002 507	0.000 948	−0.008 409
全机	0.004 095	0.000 68	−0.006 949	0.004 899	0.000 524	−0.015 872	0.016 152	0.000 441	−0.019 756

2. 叶片(腹)支撑

为减少对模型尾部的破坏,一种叶片状的支撑形式被广泛采用,叶片支撑形式按模型支撑前后可分为前位叶片、后位叶片,还可分为腹部支撑或背部支撑等形式。叶片支撑形式虽不破坏模型尾部外形,但使用范围有限,受机构形式限制,模型试验迎角范围较小,且很难进行横向试验。腹支撑如图9.8所示,和尾支撑相类似,它亦属于悬臂梁式支撑结构,横向刚度很弱,模型容易产生较强振动,尤其容易产生横向摆动,对具有细长机头或弹头的模型,不适于使用前位腹撑,位于前机身下面的翼片会抑制非对称涡的发生。腹撑最常作为辅助支撑,应用于高亚声速巡航的大飞机试验,或支撑干扰、喷流干扰等对尾支撑数据进行修正的试验中。

对于大型飞机常用的前位腹部支撑,其腹撑叶片的后掠角越小,对模型试验的阻力和力矩的干扰就可能越大。由图9.9可以看出,腹支撑的干扰范围主要集中在中前机身腹

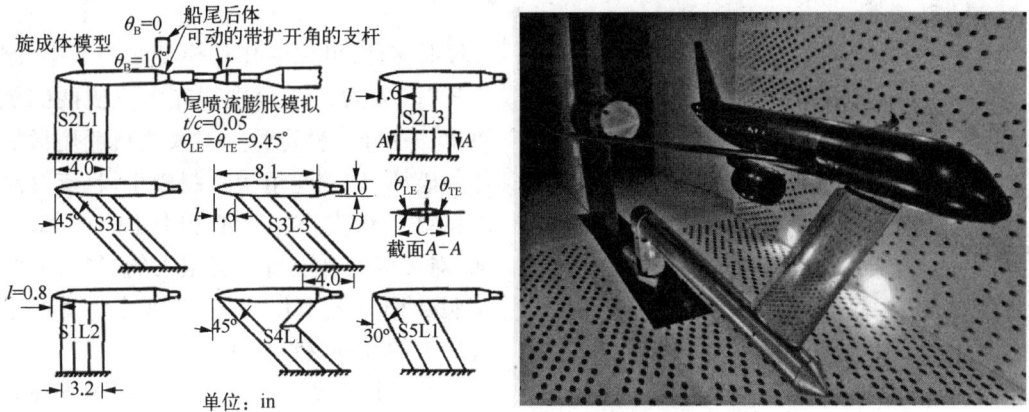

图 9.8 腹支撑示意图及试验照片

撑叶片周围。相比于无支撑状态,腹撑叶片两侧的气流加速会导致下机身、机翼表面产生较大面积的低压干扰区,导致机翼升力降低、阻力减小(表 9.3),这是全机升阻干扰产生的主要原因;叶片产生的加速气流还会进一步影响到平尾上翼面,使得平尾升力增大,给全机带来低头力矩干扰,此外机身主要干扰区处于机翼前方,也会加剧全机的力矩干扰;而当 $Ma \geq 0.92$ 时,力矩干扰原因由机翼及平尾翼面激波位置改变主导,开始产生抬头力矩干扰,翼面波阻的增大客观上抵消了部分机身阻力的干扰。

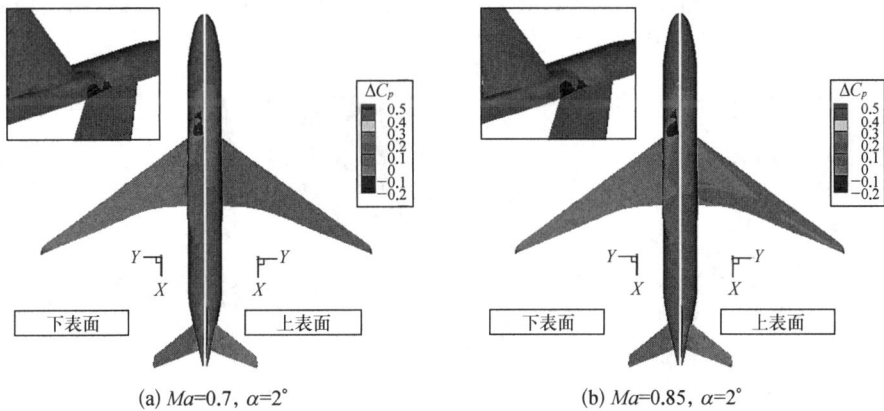

(a) Ma=0.7, α=2°   (b) Ma=0.85, α=2°

图 9.9 腹支撑对模型表面压力干扰量分布云图

表 9.3 腹部支撑对各部件干扰量($\alpha = 2°$)

Ma	0.7			0.85			0.92		
干扰项	ΔC_L	ΔC_D	ΔC_m	ΔC_L	ΔC_D	ΔC_m	ΔC_L	ΔC_D	ΔC_m
机身	−0.001 89	−0.000 22	−0.003 01	−0.002 62	−0.000 42	−0.003 48	−0.007 11	−0.000 86	−0.002 54
机翼	−0.007 18	−0.000 18	−0.000 43	−0.009 82	−0.000 47	0.000 35	−0.050 68	0.000 39	0.026 11
垂尾	0.000 00	0.000 01	0.000 01	−0.000 01	0.000 02	0.000 05	−0.000 04	0.000 01	0.000 12
平尾	0.001 53	0.000 10	−0.005 46	0.002 24	0.000 14	−0.007 99	0.001 89	0.000 11	−0.006 79
全机	−0.007 54	−0.000 28	−0.008 89	−0.010 21	−0.000 73	−0.011 07	−0.055 93	−0.000 35	0.016 90

3. 双支撑

如图 9.10 所示,双支撑方式使用两台天平,两根支杆,可以看作将模型测力天平、尾支杆"一分为二",分别架在大飞机两侧机翼上。这样它就避免了对大飞机船尾形后体的破坏,试验迎角受限制较小,且支撑刚度良好。双支撑由于直接作用于模型翼面,对飞机的升阻特性有很大的影响,因此试验数据一般不作为基准,常作为支撑干扰试验的辅助支撑使用。

图 9.10　大飞机双支撑试验

双支撑干扰量值要比上述两种支撑方式大一个量级,尤其是大迎角时,双支撑对翼面流动分离产生较大的干扰,由于不作为基准数据,一般不对其干扰进行修正。

由于双支撑直接作用于机翼翼面,相对远离全机对称面,因此其对全机的干扰主要作用在机翼上(图 9.11),从表 9.4 中也不难看出,机翼干扰占据了全机干扰量的绝大部分。具体来看,$Ma \leqslant 0.7$ 时,双支撑的干扰范围相对较广,对机身、平尾会产生较小干扰;当 $Ma \geqslant 0.85$ 后,对模型周围流场干扰主要分布在叶片两侧的翼面上。在小迎角($-2° \sim 4°$),全机 $C_{L\alpha}$ 降低,阻力增大,产生一个抬头力矩干扰,这主要是因为机翼是反映全机气动特性的最主要部件,翼面的破坏会改变全机整体的气动特性,影响显著。因此双支撑是上述支撑方式中对模型试验干扰最大的支撑方式。

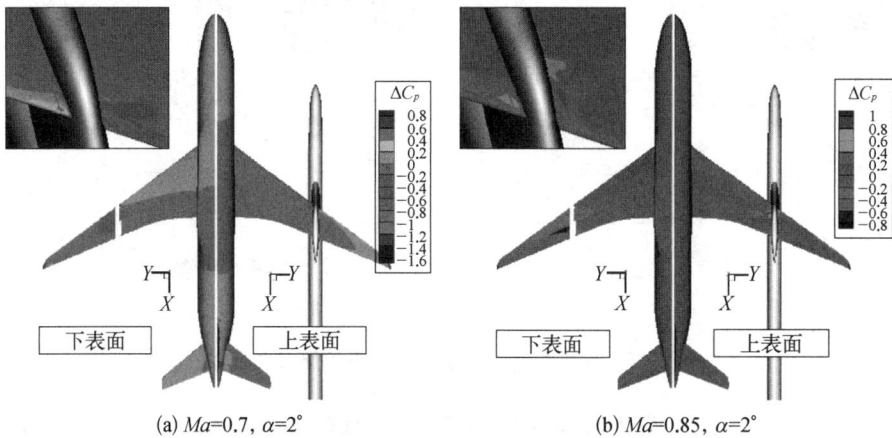

(a) $Ma=0.7$, $\alpha=2°$　　　　　　　　(b) $Ma=0.85$, $\alpha=2°$

图 9.11　双支撑对模型表面压力干扰量分布云图

表 9.4　双支撑对各部件干扰量及所占比重($\alpha=2°$)

Ma	0.7			0.85			0.92		
干扰项	ΔC_L	ΔC_D	ΔC_m	ΔC_L	ΔC_D	ΔC_m	ΔC_L	ΔC_D	ΔC_m
机身	0.003 38	0.000 60	0.002 11	0.001 24	0.000 84	0.002 30	0.002 50	0.001 23	0.001 96
机翼	−0.012 01	0.001 09	0.024 88	−0.064 71	0.005 54	0.058 15	−0.075 46	0.012 72	0.089 57

Ma		0.7			0.85			0.92	
干扰项	ΔC_L	ΔC_D	ΔC_m	ΔC_L	ΔC_D	ΔC_m	ΔC_L	ΔC_D	ΔC_m
垂尾	−0.000 01	0.000 01	0.000 03	−0.000 02	0.000 00	0.000 08	−0.000 03	−0.000 04	0.000 09
平尾	0.000 47	0.000 04	−0.001 69	−0.002 09	−0.000 14	0.007 53	−0.003 64	−0.000 23	0.013 05
全机	−0.008 18	0.001 73	0.025 33	−0.065 59	0.006 24	0.068 05	−0.076 64	0.013 69	0.104 68

4. 侧壁支撑

如图 9.12 所示,侧壁支撑即半模支撑一般针对飞行器的半模试验,由于模型尺寸增大,可有效提高飞行器试验雷诺数。但是,模型尺寸增大也带来一定问题,如模型无法完全安置于试验段最佳流场区域,洞壁干扰增大且难以厘清,试验迎角受限,无法进行横航向试验等问题。

5. 条带/张线支撑

目前世界各国低速风洞中张线支撑系

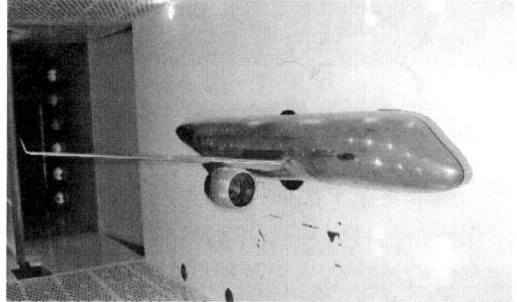

图 9.12　侧壁支撑试验

统主要有两种常用的形式,内式张线支撑和外式张线支撑(图 9.13)。外式支撑相对于内式支撑无需考虑模型内部天平布置,模型设计更加简单,且对于张线与模型连接位置的选择更加自由。但是外式张线本身承受的气动力不可忽略,对模型试验结果尤其阻力特性会产生一定的干扰。

图 9.13　低速风洞试验中的张线悬挂支撑方式的应用

对于悬挂式支撑系统的支撑干扰研究在低速风洞中进行的比较多,在高速风洞中,对于条带的布置限制因素很多,实现起来也更为复杂。1943 年,TsAGI 的 T−106 风洞开始投入使用。该风洞主要采用外式天平、条带悬挂支撑方式进行试验,为条带支撑系统首次在高速风洞中的应用。2010 年,CARDC 高速空气动力研究所在 2.4 m 跨声速风洞中研制成功了条带悬挂内式天平支撑系统,首次在大型暂冲式跨声速风洞中建立了条带悬挂内式支撑系统[3](图 9.14)。

图 9.14　T-106 风洞和 2.4 m 跨声速风洞中的条带支撑试验

条带支撑干扰很小,尤其是对于大飞机低速至低跨声速范围内,其试验数据几乎可以不作修正,但是条带支撑的模型及天平设计十分复杂,试验准备周期长,且高速试验时不能进行横向试验。

在 CARDC 高速风洞中对条带支撑干扰特性进行的研究结果表明:在小迎角范围内,条带支撑的干扰量很小,模型升力系数略微降低,试验阻力系数有所增大,并产生一个很小的抬头力矩;在 $Ma \leq 0.90$ 情况下,条带支撑各主要干扰量随马赫数变化不明显,当 $Ma > 0.90$ 时,支撑干扰量增大,且有一定随机性。

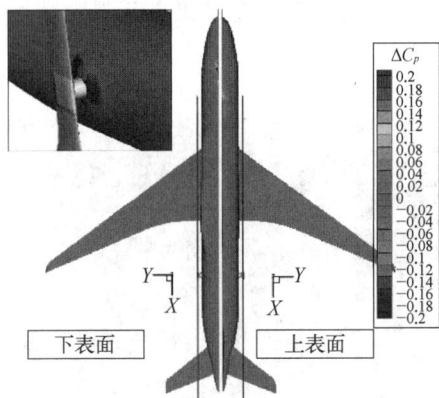

图 9.15　条带支撑对模型表面压力
干扰量分布云图

由图 9.15 中也可以看出,条带支撑对模型部件干扰主要集中在与模型机身连接处,但条带支撑的尺寸小(条带为对称翼型,最大弦长一般不足 100 mm),因此对流场干扰小。表 9.5 为常见马赫数条件下条带支撑对各部件干扰量。CFD 结果表明,机身干扰是条带干扰产生的主要因素。与腹支撑类似,动带(机头位置处条带)周围产生的气流加速干扰使得机身的升力增大,阻力降低。$Ma \leq 0.85$ 时对平尾的干扰降低了它的升力,因此全机力矩干扰呈抬头趋势,而 $Ma \geq 0.92$ 时,平尾受条带干扰较小,全机力矩干扰呈低头趋势。

表 9.5　条带支撑对各部件干扰量($\alpha = 2°$)

Ma	0.7			0.85			0.92		
干扰项	ΔC_L	ΔC_D	ΔC_m	ΔC_L	ΔC_D	ΔC_m	ΔC_L	ΔC_D	ΔC_m
机身	0.002 19	−0.000 26	−0.001 16	0.002 81	−0.000 31	−0.001 44	0.003 71	−0.000 27	−0.002 73
机翼	0.001 44	−0.000 10	−0.000 08	0.002 66	−0.000 06	−0.000 56	0.003 85	−0.000 38	−0.000 68
垂尾	−0.000 03	0.000 03	0.000 11	−0.000 05	0.000 04	0.000 17	−0.000 04	0.000 05	0.000 15

Ma	0.7			0.85			0.92		
干扰项	ΔC_L	ΔC_D	ΔC_m	ΔC_L	ΔC_D	ΔC_m	ΔC_L	ΔC_D	ΔC_m
平尾	−0.000 42	0.000 00	0.001 48	−0.001 08	−0.000 02	0.003 81	0.000 22	0.000 12	−0.000 68
全机	0.003 18	−0.000 33	0.000 35	0.004 35	−0.000 36	0.001 99	0.007 74	−0.000 48	−0.003 94

6. 几种支撑方式综合对比

以某大型飞机为例,采用上述几种支撑形式的支撑干扰量对比如图 9.16 所示,整体来看,条带支撑的干扰量最小,双支撑干扰量最大;腹支撑与尾支撑干扰量相当,但对 C_L 及 C_D 的干扰规律相反;编者将几种支撑方式的干扰特点总结于表 9.6。

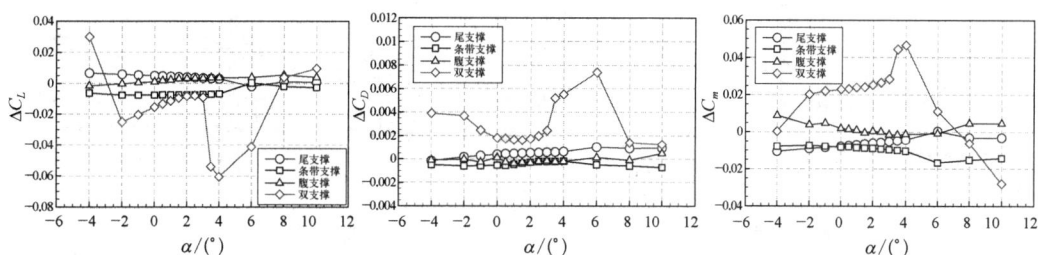

图 9.16　某大型飞机尾支撑、条带支撑、腹支撑、双支撑干扰量对比($Ma=0.7$,数值模拟结果)

表 9.6　四种支撑形式的支撑干扰特点对比

支撑形式	ΔC_L	ΔC_D	ΔC_m
尾支撑	$Ma \leq 0.85$: +0.006 左右; $Ma \geq 0.92$: 干扰量增大,$\Delta C_L >$ 0.01	$Ma \leq 0.85$: $\Delta C_D > 0$,0.000 7 左右; $Ma = 0.92$ 干扰量较小; $Ma = 0.96$: $\Delta C_D < 0$,−0.003 左右	$Ma \leq 0.85$: −0.01 左右; $Ma \geq 0.92$: 干扰量增大, −0.02 ~ −0.05
腹支撑	$Ma \leq 0.85$: −0.005 ~ −0.01 随 Ma 略有增大; $Ma \geq 0.92$: $\alpha = 0° ~ 4°$ 干扰量增大	$Ma \leq 0.85$: $\Delta C_D < 0$, −0.000 5 ~ −0.000 7 左右; $Ma \geq 0.92$: $\Delta C_D > 0$,干扰量较大	$Ma \leq 0.85$: −0.005 ~ −0.01 随 Ma 略有增大; $Ma \geq 0.92$: $\alpha = 0° ~ 4°$ 干扰量增大
条带支撑	干扰量相对较小: $Ma \leq 0.85$: $\Delta C_L < 0.005$; $Ma \geq 0.92$: $\Delta C_L < 0.01$	量值很小,$\|C_D\| < 0.000 3$; $Ma \geq 0.92$ 时,$\|C_D\|$ 增大	干扰量相对较小: $Ma \leq 0.85$: +0.005 左右; $Ma \geq 0.92$: +0.01 左右
双支撑	干扰量大,$Ma = 0.85$、0.92 对 C_L 有较大干扰	ΔC_D 大,且随 Ma 变化较大	干扰量大,对 C_m 有一定干扰, 且随 Ma 变化较大

9.2.2　支撑干扰试验方法

目前,国内外对于支撑干扰的修正方法大致有 3 种:试验修正方法、数值计算修正方法和工程估算修正方法。

支撑干扰试验方法一般借助辅助支撑进行,通过模拟有无该"主支撑"求得其干扰产生的差量。这种修正方法是建立在以下假设条件下的,即主、辅两种支撑对模型的干扰是可以叠加的。这就要求气流的流动近似为理想无旋流,且两种支架的干扰均为小扰动。因此,要求支撑机构具有良好的流线型形状,产生的支撑干扰量相对模型气动力是小量;两种支架之间尽可能有最大间距,以保证它们相互间的干扰很小,否则,试验中两种支撑方式之间的二次干扰不可忽略,试验获得的干扰量不可信。支撑干扰试验普遍采用两步法和三步法。

1. 两步法和三步法

如图 9.17 所示为低速风洞试验中常用的支撑干扰试验修正方法,"映像两步法"需要做两次辅助试验以求得支撑干扰量。图 9.17 中②状态代表模型反装,支撑也两边对称安装,但对称后的支撑未固连,此时吹风结果包含模型和两面支撑受力;图中③状态代表模型反装测力;②状态结果−③状态结果就是模型支撑干扰量。

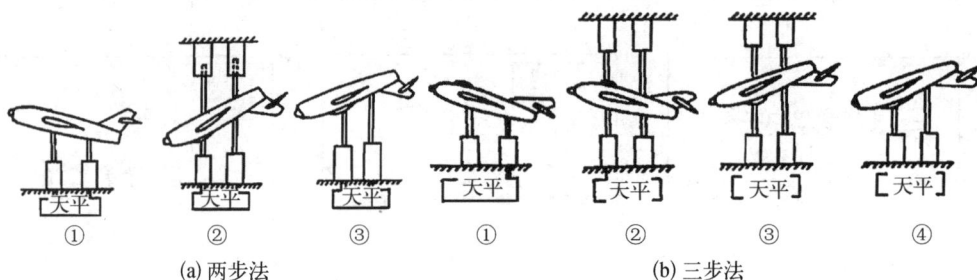

图 9.17 映像"两步法"与"三步法"

"三步法"中②状态代表模型正装,支撑对称安装,但模型吊装,天平测力结果仅包含底部支撑和模型对其干扰量;③状态为模型反装,但反装的支撑机构不与模型直接接触,仅起干扰作用,测力结果包含模型和反装的支撑受力;④代表模型反装测力。③−④状态代表支架对模型的干扰,②状态代表支架本身受力,②+③−④即为全部的支撑干扰量。

通过"两步法"或"三步法"求得支撑干扰量之后在原有的①状态试验数据基础上减掉干扰量,就得到了修正后的结果。

需要说明的是,"三步法"要比"两步法"多一次辅助试验,它的优点是可以获得支撑干扰的具体组成部分(支撑受力、支撑对模型受力的干扰、模型对支撑受力的干扰)。而且,用两步法支杆须从模型中间穿过,气流可能会从支杆孔处串气,从而影响干扰量的准确性,三步法则无此问题。

高速风洞中,受模型载荷的约束,支撑方式较低速试验相对较少,且一般采用内式天平支撑方式。支撑干扰试验一般采用"两步法"。对于尾支撑形式,常见的支撑干扰试验主要借助于以下辅助支撑形式:叶片支撑、双支撑、条带支撑(图 9.18)。

2. 几个影响支撑干扰试验结果的因素

在尾支撑支撑干扰试验中,存在如下几个可能影响试验结果的因素。

1) 尾支杆长短问题

"两步法"试验时,需采用假尾支杆伸入模型尾部空腔,与真支杆不同,假尾支杆不能与模型直接接触,因此要比真实支杆短。以某大飞机支撑干扰试验为例,图 9.19 给出了采用不同长度假支杆得到的干扰量结果对比曲线。其中变量 L 代表假尾支杆伸入模型底

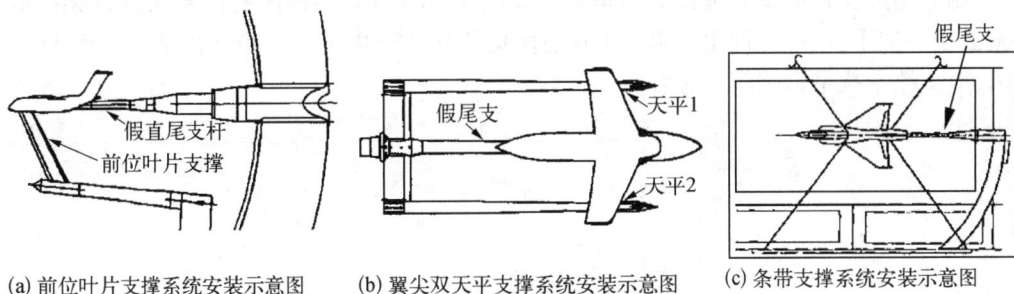

(a) 前位叶片支撑系统安装示意图　　(b) 翼尖双天平支撑系统安装示意图　　(c) 条带支撑系统安装示意图

图 9.18 几种尾支撑干扰辅助支撑形式

部(相对于模型底部空腔前沿)的长度。不难看出,在假支杆伸入模型底部内腔足够长的前提下,支杆伸入长度对支撑干扰量的影响很小。

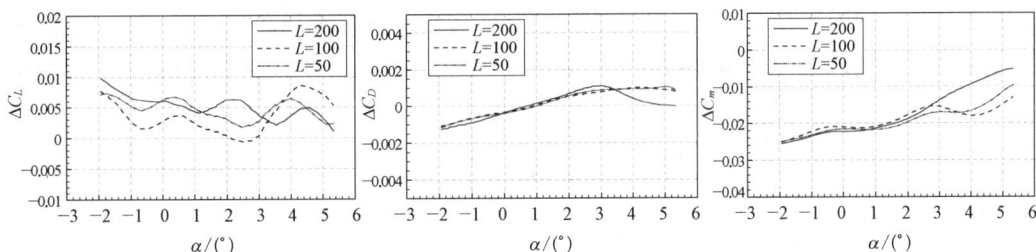

图 9.19 不同长度假支杆的支撑干扰量对比(试验结果,$Ma=0.85$)

2) 尾支杆粗细问题

由于假支杆与模型空腔之间的间隙尺寸较小,支撑干扰试验吹风时,模型振动及弹性变形易导致与假支杆相碰撞,影响试验结果。为避免碰撞,一些试验采取折中手段,将假支杆直径缩短。图 9.20 给出了某型号不同假支杆直径试验下的支撑干扰量,其中 $\phi76\ \text{mm}$ 为真实支杆的尺寸。整体来看,在小迎角范围内($-2°\leqslant\alpha\leqslant2°$),$\Delta C_D$ 受支杆粗细影响较小;假支杆对 C_m 的影响量则呈随支杆直径的增大而减小的趋势。当去掉假支杆(未封堵模型底部支杆空腔,即 $\phi=0$)时,ΔC_L 及 ΔC_m 与支杆直径变细的规律相反;而产生一个较大的阻力干扰,ΔC_D 约为 0.001 6。

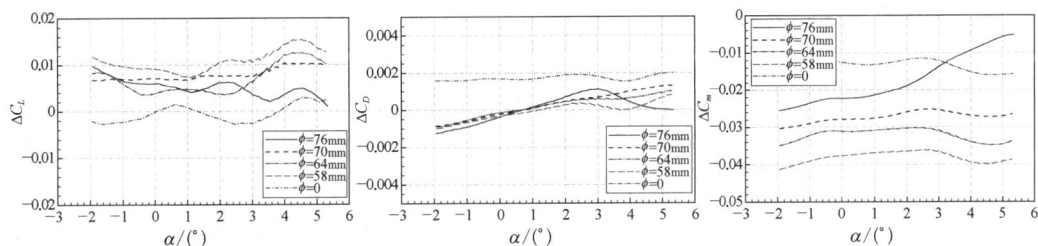

图 9.20 不同粗细假支杆的支撑干扰量对比($Ma=0.85$)

3) 尾支杆偏心影响

支撑干扰试验中,受气动弹性载荷的影响,假尾支杆无法完全确保位于空腔的中心位置,这与真实尾支杆的试验条件有所差异。如图 9.21 所示,当假尾支杆安装位置偏离底部空腔中心向下少许,正迎角下阻力干扰量降低 0.000 5~0.001,力矩干扰量增大 0.001~0.01,对支撑干扰量影响较为显著。

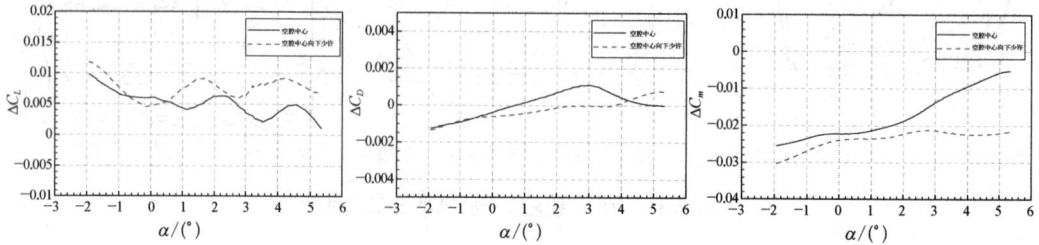

图 9.21　假支杆安装上下位置略微平移影响($Ma=0.85$)

　　一些对试验数据精准度要求较高的大型飞机试验,在设计假尾支撑装置时就下足了功夫,如 ETW 风洞采用了在一定范围内可以调节假尾支杆偏度的控制系统(图 9.22),通过尾支杆末端的两个光学距离传感器监测尾支杆位置的变化,一旦假支杆略有偏移,系统即对其施加控制使其归位。

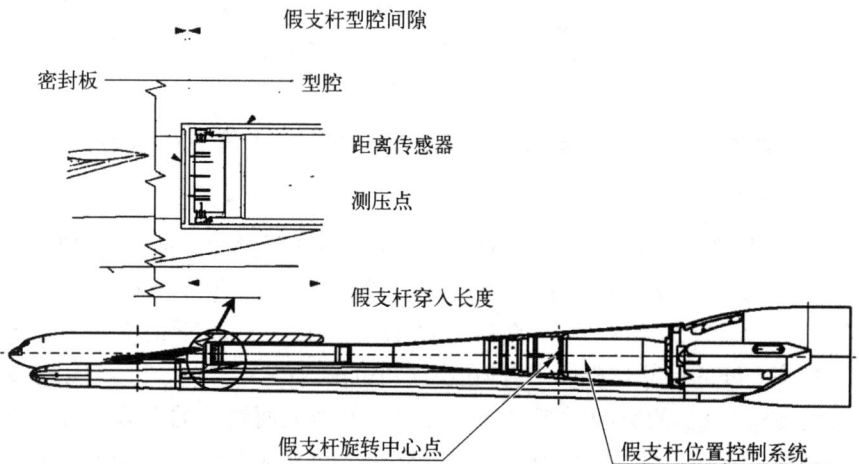

图 9.22　ETW 风洞支撑干扰试验采用的假支杆位置控制系统

3. 支撑干扰试验数据可靠性分析

1)重复性精度对支撑干扰量影响

　　尾支撑干扰量是两次试验结果的差量,在分析其可靠性时必须考虑重复性误差的影响。在亚跨声速小迎角试验条件下,FL-26 风洞中大飞机风洞试验同期重复性试验最大差量(数据精度带宽)约为 $|\Delta C_L| \leqslant 0.002$,$|\Delta C_D| \leqslant 0.000\,2$,$|\Delta C_m| \leqslant 0.001$,根据不确定度计算理论,支撑干扰量的精度极限为 $(P_1^2 + P_2^2)^{1/2}$,即支撑干扰量 ΔC_L 带宽约为 0.002 8,ΔC_D 带宽为 $2.802\,8 \times 10^{-4}$,ΔC_m 带宽约为 $1.402\,8 \times 10^{-3}$。将支撑干扰量作以下分析。

　　当支撑干扰量与重复性误差量值相当甚至更小时,此时得到的干扰量值可靠性较差,不可信。如表 9.7 所示,$Ma=0.7$ 时,各迎角下 $\Delta C_L < 0.002$,较重复性误差低,实际应用中可忽略对 C_L 的干扰量。

表 9.7　支撑干扰量中重复性误差最大占比($Ma = 0.85$)

$\alpha/(°)$	ΔC_L	ΔC_D	ΔC_m	重复性误差最大占比		
				C_L	C_D	C_m
−2	0.009 83	−0.001 24	−0.025 48	20.34%	16.08%	7.85%
−1	0.006 57	−0.000 91	−0.023 45	30.43%	22.03%	8.53%
0	0.006 01	−0.000 37	−0.022 27	33.30%	54.39%	8.98%
1	0.004 33	0.000 15	−0.021 36	46.21%	131.52%	9.36%
2	0.006 21	0.000 69	−0.018 85	32.20%	29.05%	10.61%
3	0.003 72	0.001 10	−0.013 79	53.83%	18.16%	141%
4	0.003 66	0.000 41	−0.009 34	54.70%	48.79%	21.41%

当干扰量较重复性误差大,但量级相当时,此时得到的干扰规律可靠,干扰量可靠性较差,干扰量值可供参考。当干扰量较重复性误差大一个量级以上时,干扰量可靠性较高,如本书中研究模型的力矩干扰较大,得到的干扰量值可靠性较高。

2）二次干扰分析

定义二次干扰量 $\Delta C_{x, \text{2nd}}$:

$$\Delta C_{x, \text{2nd}} = \Delta C_{x, \text{assist support}} - \Delta C_{x, \text{no support}} \tag{9.13}$$

即采用辅助支撑获得的干扰量与"纯净"的干扰量之差,由图 9.23 数值结果可以看出,$Ma \leqslant 0.85$ 时,条带支撑产生略低的二次干扰量 $\Delta C_{D, \text{2nd}} = -0.000\,3 \sim -0.000\,1$,$\Delta C_{m, \text{2nd}} = -0.01 \sim -0.005$,腹支撑与双支撑二次干扰量都很小。而当 $Ma \geqslant 0.92$ 时,在小迎角($-2° \sim 4°$)下,三种支撑的二次干扰量均开始增大,且随迎角、马赫数波动较大。$|\Delta C_{L, \text{2nd}}|$ 最大可达 0.02,$|\Delta C_{D, \text{2nd}}|$ 可达 0.002,$|\Delta C_{m, \text{2nd}}|$ 可达 0.02。整体来看,相对于干扰量,三种辅助支撑方式的二次干扰量值较小。

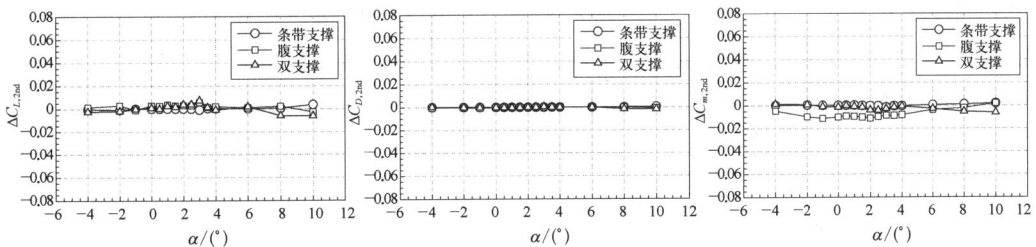

图 9.23　条带支撑、腹支撑、双支撑二次干扰量对比($Ma = 0.85$)

3）系统性误差对支撑干扰量影响

由 9.2.1 节分析可知支撑干扰试验时假尾支撑的粗细、安装偏差对支撑干扰影响较为显著。因此干扰量的精度及可靠性需建立在真/假尾支撑粗细及安装位置的准确模拟基础上。

4）其他可能对支撑干扰产生影响的因素

试验中对于某一迎角下,假尾支撑保持静止,模型受载产生弹性变形甚至抖动,这与真实尾支撑试验时模型与尾支杆基本保持同步运动不同,由 9.2.2 节可知假尾支杆安装偏差对干扰量有一定影响,因此假尾支杆与模型的"不同步"运动现象可能会对干扰量产生一定影响。

采用辅助支撑试验时模型抖动特点与尾支撑方式有较大差距,如腹部叶片支撑刚度较弱,模型较易抖动,条带支撑纵向刚度强,模型几乎不抖动,抖动特征对试验数据精准度有一定影响,从而可能影响获取的支撑干扰量精准度。

9.2.3 数值模拟方法

目前认为,支撑干扰修正应通过试验和数值计算相结合的方式进行。只依靠试验的办法可以得到工程上可用的修正结果,但费时、费力、不经济。数值方法修正,便于揭示干扰产生的机理,但需经试验验证和不断优化,以提高工程实用性[4]。此外,使用数值模拟方法无需对试验方法中采用的辅助支撑形式进行模拟,这就避免了两种支撑方式可能产生的二次干扰。一些需要进行大量风洞试验的航空航天飞行器,甚至在一开始确定支撑方式及其外形参数时就开展了大量的数值模拟研究,以尽可能设计出干扰小的支撑装置,在整个型号研制周期内长期使用。

随着计算机技术和 CFD 方法的迅猛发展,尤其是 20 世纪 70 年代后期以来,CFD无论在计算方法、网格生成方法、湍流模型、大涡模拟等数值模拟方法上,还是在飞机、导弹等领域的应用研究,都取得了突飞猛进的进步。支撑干扰的数值模拟针对较复杂外形,为了更贴近实际工程应用,一般采用较为成熟稳定的模拟方法,常见的数值模拟方法如下。

1. 面元法

面元法的基本概念如图 9.24 所示,飞行器的外形由很多基元四边形面元来模拟,这些面元可以放在实际的飞机表面上,也可以放在某个平均表面上,也可以是上述二者的组合。对于每一个基元面元而言,在它上面附着一种或几种奇点分布,例如源、涡、偶极子。规定沿面元的某些函数变化(即常数、线性、二次等)即可确定这些奇点,其实际数值是由相应的强度参数来设定,而这些强度参数则通过求解相应的边界条件方程式来确定。一旦确定了这些奇点强度,速度场和压强场即可计算出来。面元法易应用于复杂外形并可将复杂组合体三维绕流问题归结为一个二维积分方程,从而使数值模拟对计算机的容量和算力要求大大降低。面元法作为计算流体力学方法近年来一直发展不衰。各种面元法的区别主要是以边界条件、奇点强度近似阶次和面元形状代数划分。德国的 DLR 用三维高阶面元法计算支撑的干扰量[5]。

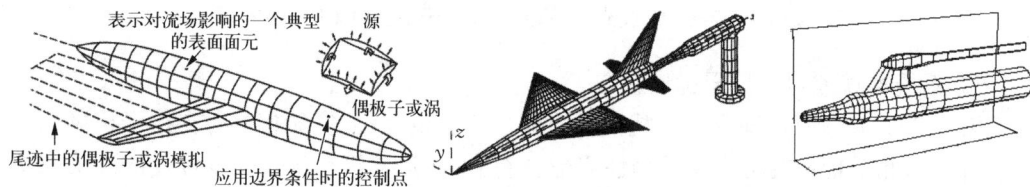

表示对流场影响的一个典型的表面面元　　源　　偶极子或涡　　尾迹中的偶极子或涡模拟　　应用边界条件时的控制点

图 9.24　面元法及其在支撑干扰研究中的应用[2, 6, 7]

面元法的优势是处理复杂几何能力强、计算量小、计算速度快。缺点是只能模拟低速不可压流动和附着流动,对大迎角翼面分离、模型尾部等复杂气动现象模拟不足。

2. 求解基于雷诺平均的 N - S 方程(RANS)

随着计算机技术的发展,求解三维空间的 N - S 方程已成为 CFD 研究和工程应用的主流。而在可以预见的将来,基于雷诺平均的 N - S 方程(Reynolds averaged Navier Stokes, RANS)框架下的湍流模型由于其易实现性、高性价比以及强鲁棒性一直是应用 CFD 解决工程湍流问题的最实际、最有效的选择。支撑干扰计算中,一般采用较为成熟的湍流模型,例如最受工程人员欢迎的一方程的 SA(Spalart-Allmaras)和两方程的剪切应力输运(shear stress transport, SST)模型,这两种湍流模型除了有较好的鲁棒性外,大多数情况下,其数值模拟结果与风洞试验有较好的相关性。

在网格划分中,支撑干扰研究的文献中常采用非结构网格、结构网格及重叠(嵌套)网格方法。

结构网格的 CFD 计算方法先进、精度高、效率高、稳定性好、对计算机内存等硬件资源要求低,网格点较非结构网格少。但是结构网格的结构性、有序性限制了其对复杂几何构型的适应能力,其网格生成较困难,网格生成的人工工作量比非结构网格要大(图 9.25)。

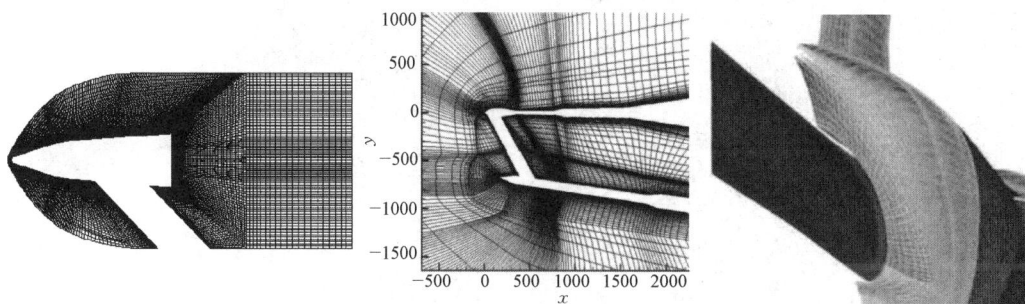

图 9.25　结构网格在支撑干扰研究中的应用[8-10]

非结构网格的最大优点是几何适应能力强,对复杂外形网格生成简单,网格生成过程人工干预少。如图 9.26 所示为非结构网格,节点和单元的分布可控性好,能较好地处理边界,容易控制网格的大小和节点的密度,它采用随机的数据结构有利于进行网格自适应以提高对间断(如激波等)的分辨率,整体分区,不存在像结构网格分区嵌套需要插值而

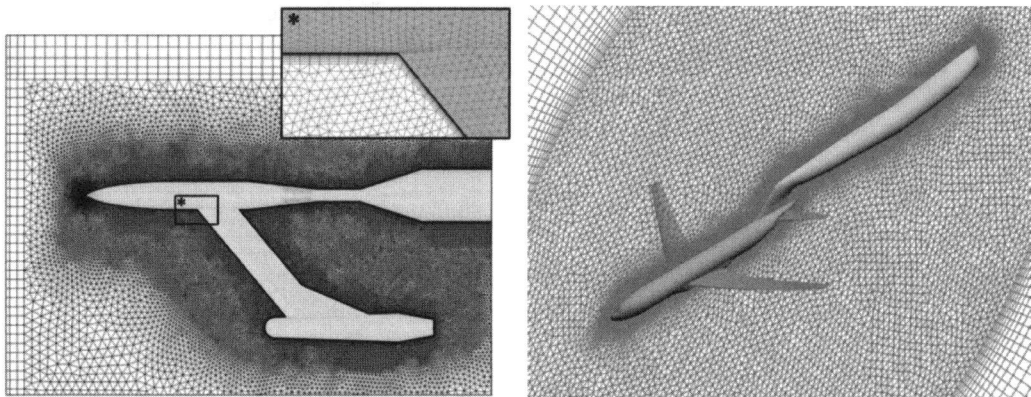

图 9.26　非结构网格在支撑干扰研究中的应用[11]

出现精度损失,网格分区并行计算比结构网格要更加直接。非结构网格的缺点是较结构网格计算工作量大、网格收敛性差;非结构网格需要的网格点数比结构网格要多,黏性网格划分量大;计算精度及计算稳定性差。

重叠网格(chimera grids)的概念,将复杂的流动区域分成多个几何边界比较简单的子区域,各子区域中的计算网格独立生成,彼此存在着重叠、嵌套或覆盖关系,流场信息通过插值在重叠区边界进行匹配和耦合。复杂外形重叠网格的生成分为以下四个步骤:几何外形生成、表面网格生成、体网格生成、定义网格间的插值关系。重叠网格划分时各子区域单独生成,灵活性较高,对模型带支撑方式的复杂外形适应性强,局部外形参数化修改方便。它的缺点是网格挖洞过程较烦琐,需要一定的人工干预,重叠(嵌套)的网格间需要插值,会损失部分计算精度(图9.27)。

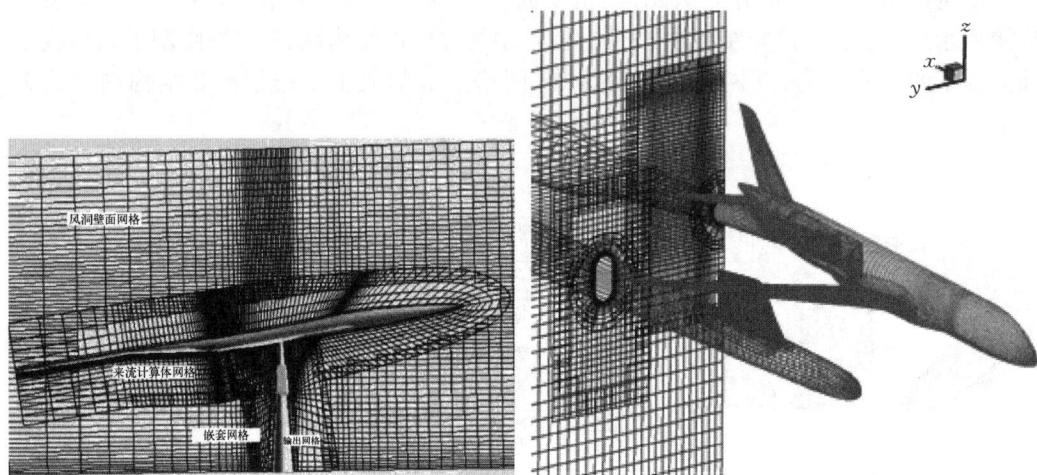

图 9.27 嵌套网格在支撑干扰研究中的应用[6, 11]

图9.28、图9.29给出了几种典型构型的飞机支撑干扰量计算与试验结果对比,不难看出,CFD方法一般能较准确地预测出模型支撑干扰规律,亦能大致预测出支撑干扰的量值。

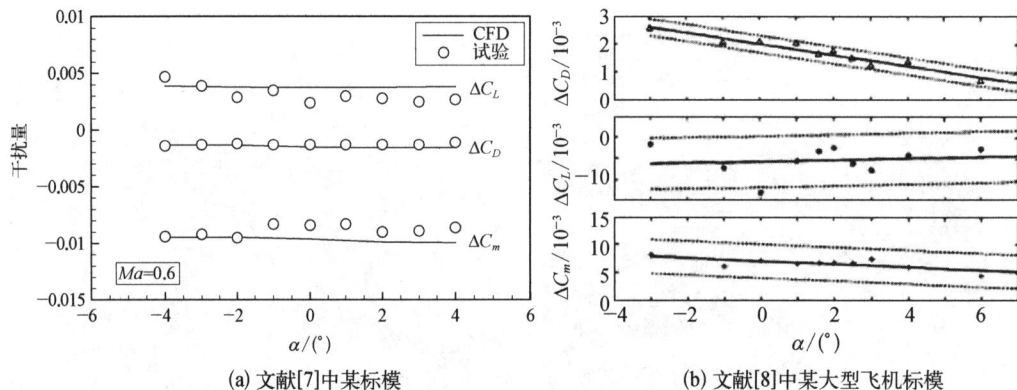

(a) 文献[7]中某标模　　　　　　(b) 文献[8]中某大型飞机标模

图 9.28 尾支撑干扰量数值计算与试验结果的比较

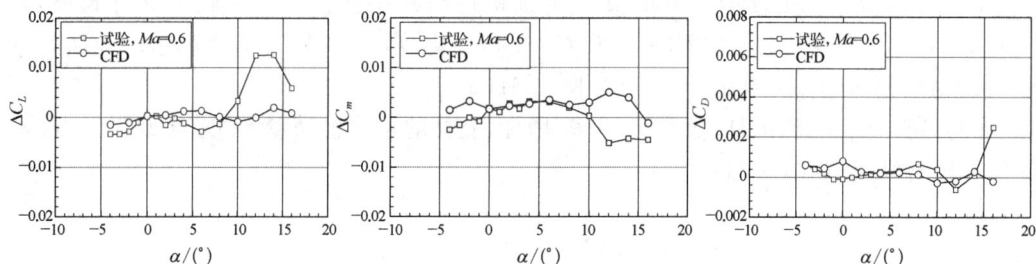

图 9.29　文献 [3] 中条带支撑干扰数值与试验结果的对比

9.2.4　工程估算方法

工程估算修正方法是建立在系统的支撑干扰试验数据的基础上的。用这种方法,模型的支撑干扰量不再由专门的支撑干扰辅助试验求得,而是用已有的支撑干扰曲线,经过简单的计算得到。工程修正方法的特点是,抓住影响支撑干扰的主要因素,摒弃次要因素,使问题简化。例如,尾支撑对常规测力模型的升力影响相对较小,可忽略;当尾翼相对于后机身和尾支杆处于对称位置,或尾翼距支杆较远时,对力矩的影响也可忽略;尾撑支撑对阻力的干扰主要是支杆的干扰,支撑的影响可以不计。支杆对模型阻力的影响主要是对模型后体阻力的影响,它取决于模型后体的几何外形(后体船尾角 β 和尾部收缩比例 D_{d}/D_{m})、支杆的几何外形(支杆直径比例 d/D_{b},等直段比例 l/D_{b})、来流马赫数和雷诺数等参数 [12]。

CARDC 在 FL-21 跨声速风洞中研究了尾支杆几何参数对旋成体模型阻力的影响。模型有 A、B、C 三种不同的后体外形,由前掠叶片支撑在试验段侧壁上,不同几何参数的尾支杆置于模型后,支杆与模型不接触,杆式六分量天平装在模型内,测量模型和尾支杆对气动力的干扰。如图 9.30 所示,模型气动力,有、无尾支杆的模型气动力之差即为支杆干扰量。支杆干扰量取决于支杆的几何外形(d/D_{b}、l/D_{b}、支杆等直段锥度角 θ_{1}、扩张段锥度角 θ_{2})、模型后体形状以及来流马赫数,其主要结论如下:

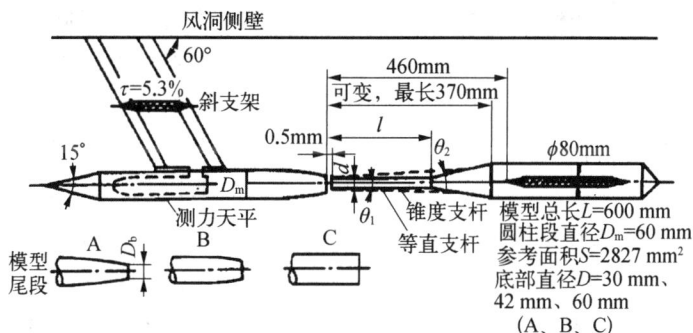

图 9.30　CARDC 研究尾支杆干扰所用模型和支杆示意图

(1) 尾支杆的存在使模型底部压力系数 C_{pb} 增加,模型前体阻力(总阻减底阻)系数减少;

（2）当 d/D_b 一定，l/D_b 增加，支杆干扰量逐渐减小并存在一个临界支杆长度（l/D_b）$_{cr}$；当 $l/D_b >$（l/D_b）$_{cr}$ 时，模型的 C_x 和 C_{pb} 不再变化；当 $\theta_2 \le 10°$，亚跨声速，（l/D_b）$_{cr}$ = 3 ~ 4；对于超声速，（l/D_b）$_{cr}$ = 1 ~ 2[图 9.31(a)]；

（3）当 l/D_b 一定，d/D_b 增加或/和 θ_1 增加，支杆的干扰也随着增加，当 $d/D_b <$ 0.4，支杆干扰明显减小[图 9.31(b)]；

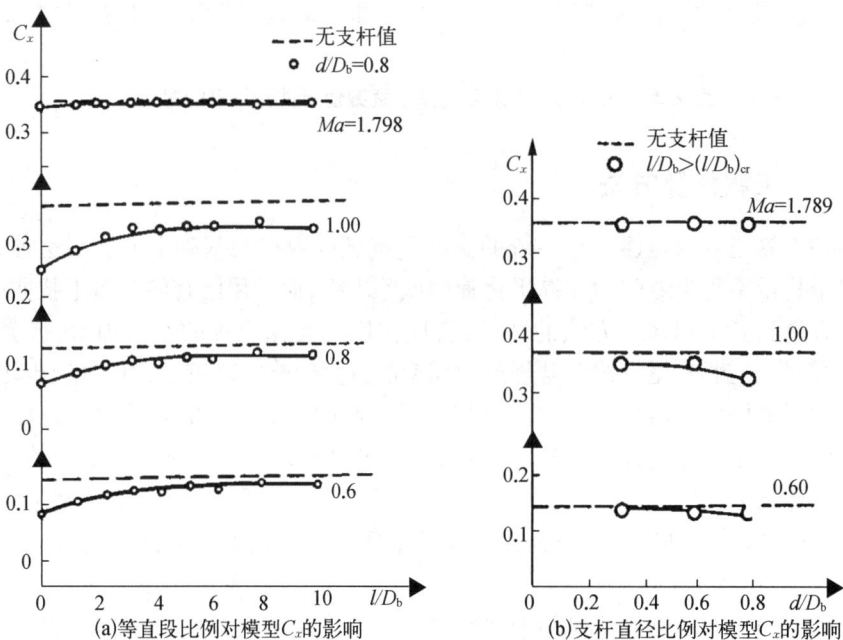

图 9.31　尾支杆几何参数对模型 C_x 的影响

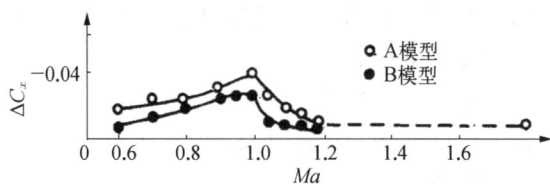

图 9.32　尾支杆干扰量随马赫数变化
曲线[$l/D_b >$（l/D_b）$_{cr}$]

（4）当支杆一定，支杆的干扰随模型后体几何外形的变化而变化。当模型后体船尾角 β 增大，D_b/D_m 减小，支杆对模型的阻力干扰量 ΔC_x 随之增加（图 9.32），对于圆柱体后体（C 模型），$\Delta C_x \approx 0$；

（5）支杆干扰随来流马赫数变化，跨声速干扰最大，亚声速次之，超声速最小（图 9.32）。

图 9.33 给出了模型底部压力和临界支杆长度随雷诺数变化的试验曲线。如果转捩出现在模型上，则模型底压和临界支杆长度随雷诺数变化不大；如果转捩出现在尾迹中，则随雷诺数急剧变化。

当已得知某试验模型尾部外形时，即可根据上述研究结果粗略估算出主力干扰量。工程修正方法十分简便，不需要花费高昂的代价加工辅助支撑和假主支撑进行支撑干扰试验，也不像数值计算方法需要耗费大量精力对复杂外形进行网格划分，当试验模型和支撑形式与已知支撑干扰的模型和支撑形式接近时，其修正数据是比较准确的，可供工程计算使用。但该方法有较大的局限性，工程修正方法难以获得升力和力矩的修正量，而对于

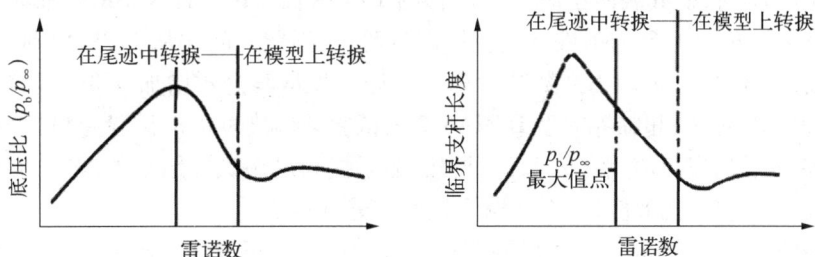

图 9.33　模型底部压力和临界支杆长度随雷诺数的变化曲线

很多大型飞机外形力矩干扰量十分显著。当试验模型和支撑形式与已知支撑干扰的模型和支撑形式相差甚远,工程修正方法是无能为力的,仍必须采用试验或数值方法修正支撑干扰。

9.3　洞壁干扰修正

9.3.1　概述

风洞是提供飞行器气动特性数据的最重要的地面模拟设备之一,准确可靠的试验数据是飞行器气动性能分析、改进的基础。但目前风洞试验还不能完全模拟大气中的飞行条件,试验数据要用于飞行器设计,必须经过相关性修正,其中洞壁干扰是重要的影响因素之一。

风洞试验时,模型周围存在洞壁边界,而实际飞行时飞行器周围是没有边界的,由于洞壁的存在使绕模型的流场与飞行器的自由飞行之间发生变化,从而改变模型所受的气动力,由此造成的试验数据的误差称为洞壁干扰。洞壁干扰对试验数据的准度存在较大的影响,性质随来流马赫数变化。低亚声速范围内,洞壁干扰效应的影响遍及全流场,主要表现为绕模型流动的横向约束(称"实体干扰"),相当于改变动压,从而使在给定迎角下的所有作用力(矩)均发生变化;超声速范围内,主要是模型头部的反射波落到模型上所带来的影响,头激波与反射波之间形成较大的菱形区,考虑到超声速流动中扰动局限于马赫锥内,只要模型位于该菱形区内,就可以认为模型不受洞壁干扰的影响,因此进行超声速试验时,通常采用限制模型尺寸的方法来避免洞壁干扰的影响。而在亚、跨声速试验中,洞壁干扰影响随着试验马赫数的提高而增强,尤其是超过临界状态的跨声速范围内,模型附近出现激波和膨胀波,发展到洞壁处会引起洞壁边界层的分离,并形成反射波达到模型上,改变模型绕流状态和气动特性,称波反射干扰。在声速附近(马赫数 1.0 附近),初始波和反射波均接近正激波,反射波打到模型后又射向洞壁并反复多次,这种类型的洞壁干扰十分复杂,目前还没有合适的修正方法,只能用在大风洞中进行小模型试验来尽量减小。

低于临界状态的高亚声速范围内,由于扰动影响全流场或大部分流场,洞壁干扰效应一般都不可避免。大量风洞试验数据表明,洞壁干扰是影响风洞试验结果数据准度的一个重要因素。例如,在美国 AEDC 的 4T 风洞中进行的 C – 141 飞机试验,当洞壁开闭比从

2.6%变到7.0%时,机翼表面激波位置后移约10%弦长。10%的NASA超临界翼型在马赫数为0.80、迎角为1.5°的条件下进行风洞试验,当洞壁开闭比从1.3%变到10.0%时,其法向力系数减少0.25,阻力系数减少0.023,阻力发散马赫数增加0.08,机翼表面激波位置移动达32%弦长;超临界翼型DSMA532的试验马赫数为0.6、试验迎角为5°时,进行洞壁干扰修正后的迎角值只有2.15°。显然,为了提高风洞试验结果的准度,应该尽量减小风洞试验的洞壁干扰效应,并对洞壁干扰效应进行修正。

实壁边界和开口边界的低速风洞洞壁干扰特性及修正方法在国内、外教材和文献中均进行了详细的介绍,本节在简要叙述低速风洞洞壁干扰修正工作的基础上,重点介绍跨声速风洞开孔、开槽形式透气壁的发展、作用及干扰特性。

9.3.2 风洞壁形式及其对试验数据的影响

风洞试验段洞壁的形式和几何结构参数是影响洞壁干扰特性的最主要因素。本节介绍高速风洞洞壁形式对洞壁干扰的影响特点,以及减小洞壁干扰的主要手段。由于超临界状态以下的跨声速风洞透气壁干扰特性及修正方法主要借鉴了低速实壁边界或开口边界的方法,在介绍透气壁之前,简要回顾低速风洞设备的洞壁干扰特性。

1. 低速实壁和开口边界

低速风洞试验段多采用实壁或开口边界,只有个别的研究型小尺寸设备使用了纵向开槽壁,图9.34给出了流线型模型在两种洞壁边界形式中的示意图。当气流流过模型时,模型本身和模型的尾流都有向外排挤流线的作用,对于实壁边界,洞壁限制流线自由地向外偏移,相邻流线间流管面积小于自由飞行状态,导致模型区平均流速高于试验段入口来流速度,这种干扰称为"阻塞效应",相当于增大了来流速度和速压,模型气动力(矩)也相应增大。阻塞效应分为"实体阻塞"和"尾流阻塞",分别对应模型本身和其拖出的黏性尾迹区,影响量与实体和尾流的阻塞度相关;对于开口边界,为了在射流边界上满足压力平衡条件,流线会过分向外扩展。因此,开口风洞的阻塞效应和闭口实壁风洞的阻塞效应影响规律相反。

对于有升力的模型,流过模型的气流会向下偏斜,即存在下洗现象。对于实壁边界,下洗流受到壁面的限制,相当于产生一种上洗,使模型的实际迎角大于名义迎角,这种干扰称为"升力干扰",修正量为洞壁导致的模型确定姿态下的升力增量,在修正中可看作是指定升力下的迎角增量。在附着流线性范围内,该影响与模型升力呈正比。升力干扰不仅使模型的平均迎角或平均侧滑角发生变化,而且会使迎角或侧滑角沿风洞轴线的分布发生变化,这种干扰称为流线弯曲干扰效应,在近壁处,流线必须与洞壁平行,而在自由飞行状态下,模型绕流向外扩张,该差异降低了模型绕流流线的曲率,使载荷分布发生变化,可看作是降低了机翼剖面的弯度,使俯仰力矩产生一定增量。另外,洞壁还会引起沿风洞轴线方向的气流静压变化,造成一定的沿流向静压梯度。这种静压梯度导致模型受到一个附加的阻力,对此附加阻力的修正称为浮力修正。在亚声速试验中的上述各种洞壁干扰效应一般都可以用适当的方法进行修正。

2. 跨声速风洞透气壁的作用和发展

理论和试验研究都表明,实壁边界和开口边界的洞壁干扰具有相反的性质,采用合适的开闭比能够完全消除高亚声速范围内的阻塞干扰影响[2]。世界最早的透气壁跨声速风

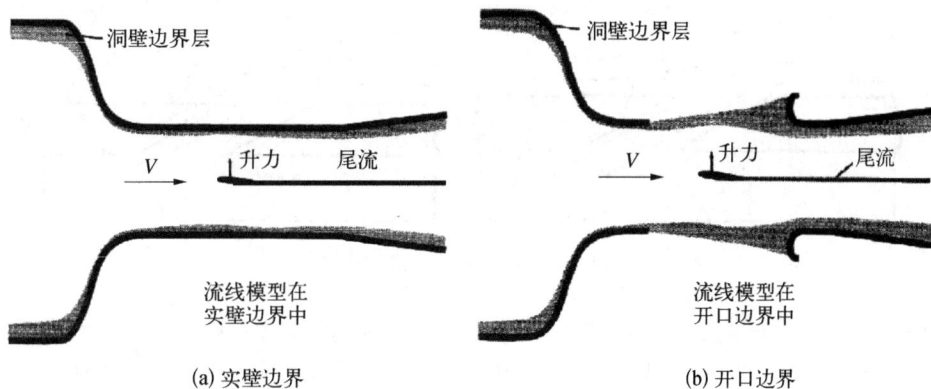

(a) 实壁边界　　　　　　　　　　　　　　　(b) 开口边界

图 9.34　亚声速风洞中模型与洞壁边界流动示意图[4]

洞由美国 NACA 于 1947 年研制成功[13]，该风洞试验段采用开缝壁，开闭比为 12.50%，在阻塞度接近 9.0% 的情况下，能在 $Ma = 0.97$ 状态正常运转。根据该试验结果以美国为首的发达国家先后建造了数座大尺寸开缝风洞[14]。在这些风洞中，早期试验工作者经过细致的研究，发现这类风洞在消除激波反射的能力方面存在严重缺陷。因此，开缝风洞在跨声速范围内成功应用还限制在比较低的马赫数（$Ma \leqslant 1.05$）。为解决此类激波反射问题，20 世纪 50 年代美国康奈尔航空试验室研究人员提出了多孔壁的概念，认为多孔壁穿流特性与激波导致的"流线偏斜-压力升"特性较接近，并完成了早期的验证试验。研究结果表明，当激波强度和孔壁的开闭比完全匹配时，壁板反射激波强度很小，可忽略其影响；而通过选择合理的壁板开孔参数，在相当宽的马赫数和激波强度范围内，多孔壁可以满足"无反射"的要求。图 9.35 给出了跨声速下良好的孔壁激波反射情况[15]。

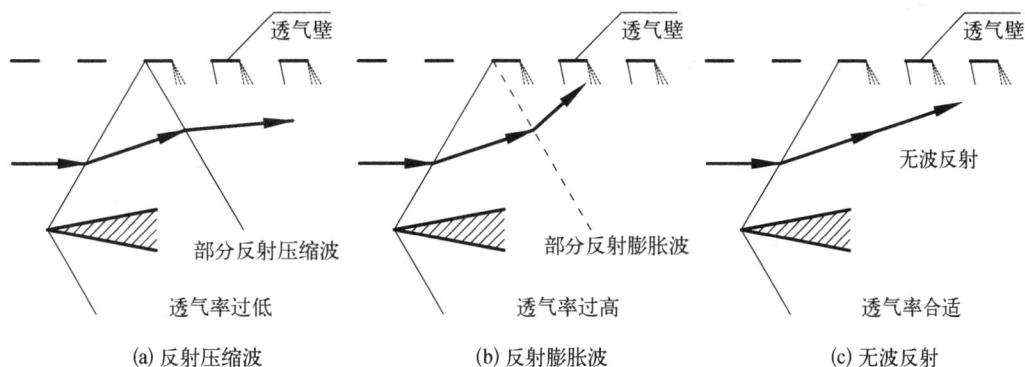

(a) 反射压缩波　　　　　　　　(b) 反射膨胀波　　　　　　　　(c) 无波反射

图 9.35　多孔壁边界的波反射流动示意图[17]

20 世纪 50 年代后期，研究者们提出了斜孔壁的概念，认为斜孔壁试验段与驻室间的出入流阻力差异[16]（图 9.36）可以改善压缩波/膨胀波的反射情况。比较成功的斜孔壁应用为美国阿诺德工程发展中心（AEDC）16 ft 跨声速风洞以及 NASA 路易斯试验室 8ft×6ft 超声速风洞，后期通过试验对比研究了大量结构参数变化对孔壁流动特性影响，例如用于降低噪声的消声隔片和开孔区域的细网，开闭比以及开孔角度等，最终确定轴线与法向呈 60° 角斜孔壁板具有良好穿流特性。

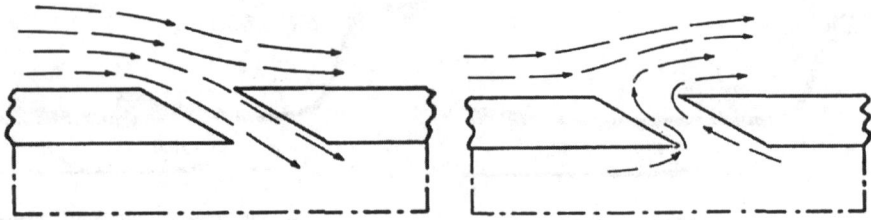

图 9.36　斜孔壁板流线示意图

后期研究重点则集中于壁板透气形式选择方面,相继出现了开槽、开孔、斜孔以及二者的组合形式[17]。例如 TsAGI 的 T－109、日本国家航空宇宙技术研究所(National Aerospace Laboratory, NAL)2 m 跨声速风洞均采用圆形直孔形式,TsAGI 的 T－128 采用直孔和搓板的组合形式,而 AEDC 多数设备采用了 60°斜孔形式[18, 19]。大部分风洞包括新建的先进高雷诺数设备依然采用开槽形式,如图 9.37 所示。

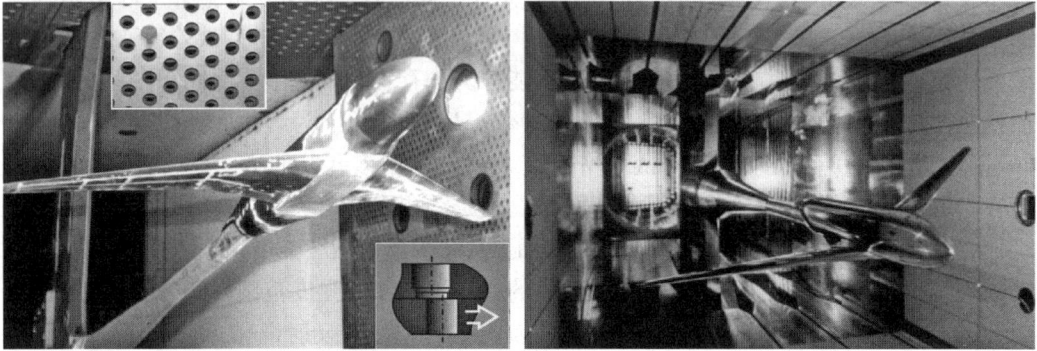

(a) TsAGI T-128风洞直孔和搓板形式　　　　　(b) ETW风洞槽壁形式

图 9.37　跨声速试验段壁板典型透气形式

图 9.38 给出了跨声速风洞孔壁与槽壁试验段的流动示意图。常规情况下,忽略大容积驻室内的流动,认为其压力均匀,驻室内的气体通过引射缝或主动控制的驻室抽气系统排出(流量约为试验段流量的 2.0%~5.0%)。驻室抽气能够提高空风洞流场均匀性,促进加速区气流膨胀至低超声速,并可降低试验段后部的尾流阻塞效应[17]。

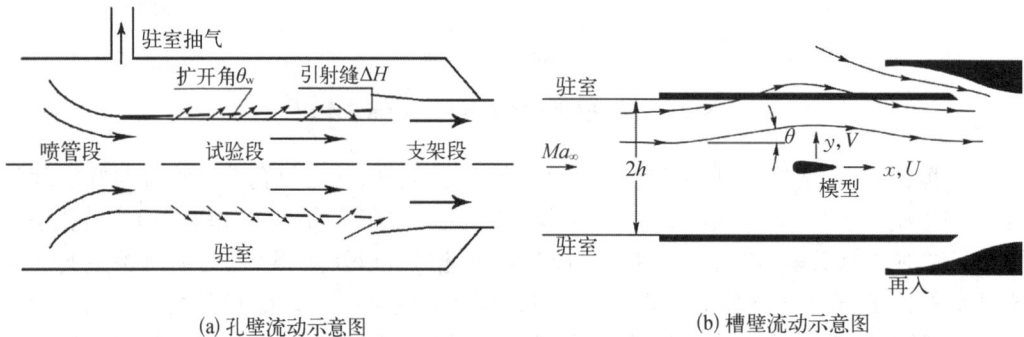

(a) 孔壁流动示意图　　　　　　　　　　　(b) 槽壁流动示意图

图 9.38　跨声速孔壁与槽壁试验段流动示意图

由此可见,开孔或开槽形式的透气壁板主要解决以下三方面的问题。

1) 降低风洞在高亚声速运行状态下的阻塞干扰

高亚声速范围内,透气壁还起到降低模型阻塞影响的作用,这与早期实壁风洞在高亚声速试验时发生壅塞现象有关。普朗特-格劳特(Prandtl-Glauert)法则表明阻塞干扰导致的风洞速度修正量随普朗特因子 $1/\beta(\beta = \sqrt{1 - Ma^2})$ 的三次方增加[20],经典研究结果表明,开口和实壁边界对模型的影响是相反的,采用合适的开闭比能够完全消除高亚声速范围内的阻塞干扰影响[2]。

图 9.39 给出了洞壁干扰因子随开槽参数 P 的变化趋势,可以看出,在 $P = 0.70 \sim 0.82$ 时,槽壁阻塞干扰因子基本为零,但此时存在较大的上洗干扰影响。因此,如何合理设计并选择透气参数是跨声速风洞设计的关键,直接影响到试验数据的准确程度。

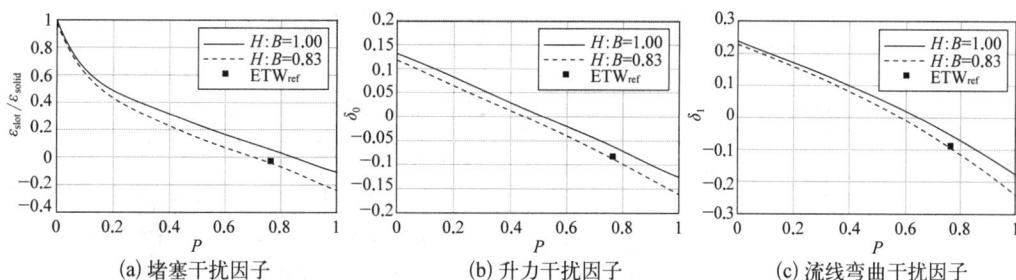

(a) 堵塞干扰因子　　　(b) 升力干扰因子　　　(c) 流线弯曲干扰因子

图 9.39　槽壁系数对洞壁干扰因子的影响

2) 形成低超声速流场

早在 20 世纪 40 年代,研究者就发现采用开孔形式壁板,风洞不仅能够在亚声速和声速下运行,也能在低超声速下运行[5]。而且不像常规的超声速风洞那样,需要一个可变化的或者可调节的喷管,在开孔壁风洞中能够在整个跨声速范围(从高亚声速到低超声速马赫数)进行有效的试验。图 9.40 给出了 2.4 m 跨声速风洞在 $Ma = 1.20$ 状态下进行的加速区开孔形式对比[23],可以看出,加速区开孔率越大,加速区越短,但对应的气流膨胀越强。

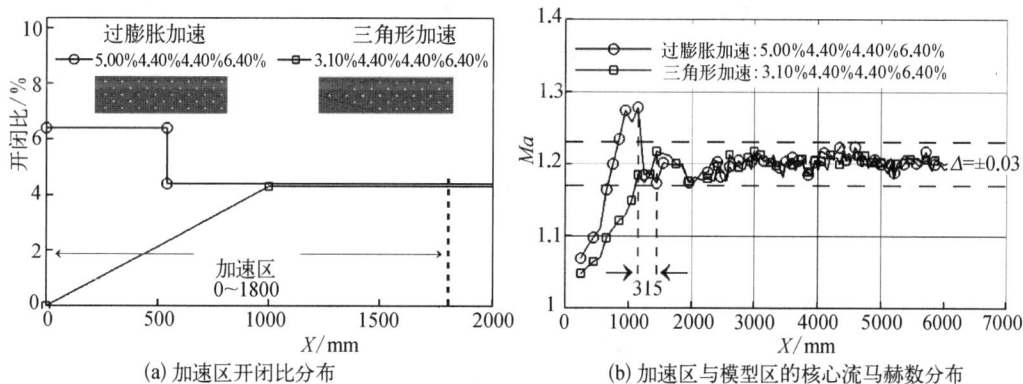

(a) 加速区开闭比分布　　　(b) 加速区与模型区的核心流马赫数分布

图 9.40　跨声速孔壁与槽壁试验段流动示意图[21]

3) 降低波反射干扰

跨声速状态下,模型表面产生的激波具有较大的激波角,经壁面反射后不可避免地会打在模型上,影响流场均匀性和试验结果。目前通常利用锥柱体模型测量透气壁板的消波特性,并与无干扰参考数据对比衡量透气参数选择的优劣。

透气壁在解决上述问题的同时,由于壁板的存在对试验模型产生较大影响,T-128 风洞的运行经验[22]表明,洞壁干扰特性研究的发展应建立在透气壁流动特性研究之上,主要是近壁处流动测试技术的发展,壁板诱导速度场建模分析等手段。试验段壁板透气形式以及几何特性决定了近壁处流动特性,如何更好地选择壁板开孔形式等参数还需要对透气壁的边界流动特性进行分析与研究。

3. 透气壁参数对试验数据的影响

与实壁和开口壁风洞相比,开孔和开槽形式的透气壁在降低高亚声速模型阻塞影响的同时,使壁面附近流动更加复杂,开孔和开槽参数的变化对流场均匀性和模型试验数据具有明显的影响,降低透气壁对流场的干扰,提高试验精度是跨声速风洞试验工作者面临的重要挑战。本节简要介绍主要透气参数对试验数据的影响规律。

图 9.41 为 NASA CRM 标模在 NTF(美国国家跨声速设备)、TWT(NASA 艾姆斯研究中心 11 ft 统一规划风洞)、JTWT(日本空间探索局 2 m 跨声速风洞)中阻力系数的洞壁干扰量[23],可以看出,试验段壁板透气形式对洞壁干扰特性影响很大,高升力状态下,阻力系数洞壁干扰量差异可达 10 个阻力单位。

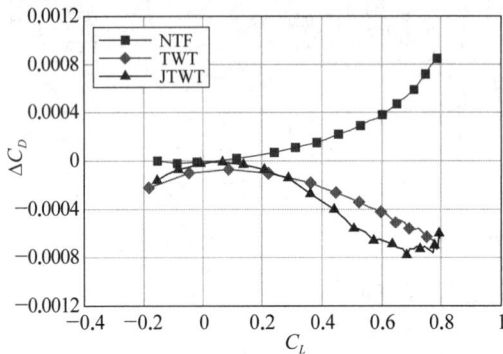

图 9.41　CRM 标模阻力系数洞壁干扰量

9.3.3　常规试验的洞壁干扰修正方法

经过半个多世纪的发展,目前可用于透气壁修正的方法包括经典线性法、有限奇点法(包括壁压信息法)以及非线性修正方法[24]。其中,CFD 方法能够提供更详细的流动细节,对于深入了解近壁区域流动机理提供了便利。但前期建模难度大,计算周期长,无法满足工程中实时修正的要求。本节主要介绍国内外主要试验机构采用的工程洞壁干扰修正方法,对非线性修正方法的近年来应用情况仅进行简要论述。

1. 洞壁干扰的主要概念

1) 控制方程与边界条件

目前工程上采用的实时洞壁干扰修正方法均基于亚声速线性理论,以理想均匀边界条件代替真实的壁板复杂外形,对近壁区域透气流动进行简化,以下 3 个前提假设是线性理论成立的必要条件:

(1) 近壁区域为线性位势流动;

(2) 试验段边界处满足小扰动要求;

(3) 模型位于试验段轴向中心处,上、下游无限长,洞壁边界与未扰来流方向平行。

在以上假设条件下,仅在模型附近存在非线性流动区域,超临界状态时模型表面激波,以及流动分离导致的黏性涡流区域对近壁区域流动影响可以忽略,使用的坐标系及模型位置如图 9.42 所示。在以上前提假设下,试验段内线性位流区域速度场可以定义为

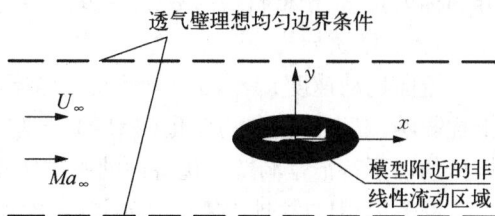

图 9.42　试验段内坐标系与流动示意图

$$U(x, y, z) = \nabla\Phi(x, y, z) \quad (9.14)$$

应用线性流动的小扰动叠加原理,认为洞壁边界对模型绕流的影响是在未扰来流的基础上叠加扰动速度场:

$$\Phi(x, y, z) = U_\infty x + \varphi_m(x, y, z) + \varphi_i(x, y, z) \quad (9.15)$$

式中,φ_m 为模型对未扰来流的扰动速度势;φ_i 为洞壁的扰动速度势;满足线性小扰动方程:

$$(1 - Ma^2)\varphi_{xx} + \varphi_{yy} + \varphi_{zz} = 0 \quad (9.16)$$

由以上定义,洞壁扰动速度场为扰动速度势 φ_i 的梯度:

$$u_i(x, y, z) = \frac{\partial\varphi_i}{\partial x}\boldsymbol{i} + \frac{\partial\varphi_i}{\partial y}\boldsymbol{j} + \frac{\partial\varphi_i}{\partial z}\boldsymbol{k} = u_i\boldsymbol{i} + v_i\boldsymbol{j} + w_i\boldsymbol{k} \quad (9.17)$$

获得洞壁扰动速度场后,按一阶精度修正的来流速度为

$$\boldsymbol{U}_{\infty c} = (U_{\infty u} + u_i)\boldsymbol{i} + v_i\boldsymbol{j} + w_i\boldsymbol{k} = U_{\infty u}[(1 + \varepsilon)\boldsymbol{i} + \Delta\alpha\boldsymbol{j} + \Delta\beta\boldsymbol{k}] \quad (9.18)$$

洞壁扰动速度在模型区域的变化为小量,一阶精度修正中认为其对模型气动特性的影响为定值,按式(4.5)修正来流速度和方向的一阶修正中包括了洞壁干扰的主要部分。而二阶精度修正考虑扰动速度沿流向的变化(梯度),并引入浮阻修正和流线弯曲修正。

透气壁理想均匀边界条件可以写为

$$\frac{\partial\varphi}{\partial x} + aK\frac{\partial^2\varphi}{\partial x\partial y} + \frac{1}{R}\frac{\partial\varphi}{\partial y} = 0 \quad (9.19)$$

以下为式(9.19)的几种特殊形式:

(1) 实壁边界:$K \to \infty$,且 $1/R \to \infty$;

(2) 开口边界:$K = 0$,且 $1/R = 0$;

(3) 理想均匀槽壁边界:$1/R = 0$,K 为有限值;

(4) 理想均匀孔壁边界:$K = 0$,R 为有限值。

为便于分析,分别对孔壁和槽壁透气系数进行归一化处理,引入 Q、P 系数,定义如下:

$$Q = \frac{1}{1 + \beta/R} \quad (9.20)$$

$$P = \frac{1}{1 + 2aK/H} \quad (9.21)$$

分别称为孔壁、槽壁特性参数，$Q = 0$，$P = 0$ 时对应实壁边界。

2）洞壁诱导扰动速度

流向扰动速度 u_i 给出了模型及其尾流的阻塞干扰影响，法向扰动速度 v_i 给出了升力干扰影响，二者沿流向的变化（梯度）分别给出了浮阻影响和流线弯曲影响。因此，试验模型的以下特征是洞壁干扰特性的关键因素。

（1）模型尺度，即阻塞度，将影响未扰来流速度，主要影响未扰来流参数，包括马赫数、速压、静压、速度和温度等；其梯度导致沿试验段轴线的压力梯度，对模型产生浮阻影响。

（2）模型升力，影响未扰来流的方向，通常在模型远前方存在下洗影响，其梯度在模型区域导致流线弯曲，主要影响模型迎角，使模型产生额外的升力和俯仰力矩。

（3）模型型阻，即总阻除去诱导阻力以外的部分，该阻力用于衡量模型下游尾流的体积，洞壁边界使绕模型尾流的流线发生变化，类似于模型尺度引起的实体阻塞，洞壁边界对尾流扰流的影响也包括来流速度和梯度影响两部分。

洞壁对模型绕流的影响可分为阻塞干扰、升力（下洗）干扰以及流线弯曲干扰三部分。

（1）阻塞干扰，包括模型实体阻塞和尾流阻塞，通常导致模型绕流较自由边界时加速，干扰量是模型体积和其尾流大小的函数。此外，尾流阻塞还会导致模型受到一个附加阻力，影响规律与空风洞的浮阻类似。

（2）升力干扰，指洞壁导致的模型确定姿态下的升力增量，在修正中可看作是指定升力下的迎角增量。在附着流线性范围内，该影响与模型升力呈正比。

（3）流线弯曲干扰，在近壁处，流线必须与洞壁平行，而在自由流状态下，模型扰流向外扩张，该差异降低了模型绕流流线的曲率，使载荷分布发生变化，可看作是降低了机翼剖面的弯度，使俯仰力矩产生一定增量。

因此，如何求出指定模型姿态下洞壁诱导速度是进行洞壁干扰修正的关键。目前主要的三种修正方法除非线性修正方法外，均必须求出以上洞壁诱导扰动速度的量值及分布规律，进而获得洞壁对模型气动特性的影响量。本节其余部分介绍各修正手段的主要流程。

2. 经典映像法

映像法是一种经典的、适用于亚声速范围的解析方法。它的原理是用适当的奇点分布模拟试验模型的扰动，根据风洞透气壁的边界条件式（9.19），用模型奇点相对于风洞壁的映像来模拟风洞壁的影响，从而用解析法计算出洞壁干扰效应。例如，在计算矩形风洞壁对三维机翼的升力约束干扰效应时，用一个 Ⅱ 形涡代表机翼的升力效应。在试验段上下左右都布置映像马蹄涡系来代表洞壁干扰效应，如图 4.7 所示。只要算出此映像涡系在模型区内的诱导速度，就可以得到洞壁的升力约束干扰量了。

映像法的优点是物理概念清楚，计算简单，可以整理成一系列公式、图表，使用方便。缺点是它的数学模型过于简单，对于小迎角、大展弦比和机翼后掠角不大的常规飞机布局情况能得到较满意的修正结果，但对于复杂的现代新型气动布局飞机以及大迎角、非流线型物体等有严重分离现象的情况，修正结果就有较大的误差。目前大展弦比布局的军/民用运输机试验范围在马赫数 $0.60 \sim 0.90$ 的高亚声速段，该范围内经典线性法仍然具有足够的准确度和可靠性，而且计算效率高、成本低，具有试验前评估和试验中实时修正的能力，是生产型风洞中应用最广泛的修正方法，并在实践中不断改进提高。

利用已知解的偶极子、点源分别模拟模型的实体阻塞和尾流阻塞效应，利用马蹄涡模拟机翼的升力效应,各奇点的强度由估算或实测的升、阻力系数确定,在洞壁边界处的扰动通过已知强度的奇点叠加进行评估。也就是说仅考虑模型绕流的积分结果,而不关注其绕流细节。考虑到映像法仅用于评估洞壁干扰量而不计算模型气动特性,φ_m 仅应用于洞壁边界,因此,模型区域的 φ_m 误差不会显著影响 φ_i 的计算结果,模型绕流场的细节对修正影响较小。用于试验模型扰动速度势及其强度计算见表9.8。

表9.8　试验模型扰动速度势及其强度

干扰项	奇点类型	扰动速度势 φ_m	强　度
实体堵塞	偶极子	$\dfrac{\mu_m}{4\pi}\dfrac{x}{(x^2+\beta^2 r^2)^{3/2}}$	μ_m 与模型体积 V 相关:$\mu_m = U_\infty V$
尾流干扰	点源	$-\dfrac{m}{4\pi}\dfrac{1}{(x^2+\beta^2 r^2)^{3/2}}$	m 与模型阻力 C_D 相关:$m = 0.5U_\infty C_D S$
升力干扰	马蹄涡	$\dfrac{\Gamma s}{2\pi}\left[1+\dfrac{x}{(x^2+\beta^2 r^2)^{1/2}}\right]\dfrac{\sin\theta}{r}$	Γs 与模型升力 L 相关:$L = \rho U_\infty \Gamma s = 0.5\rho U_\infty^2 C_L S,\ \Gamma s = 0.5U_\infty C_L S$

按照 AEDC Pindzola 和 Lo 的方法[25]求得的各类型壁板诱导法向扰动速度沿试验段轴线的分布见图9.43。

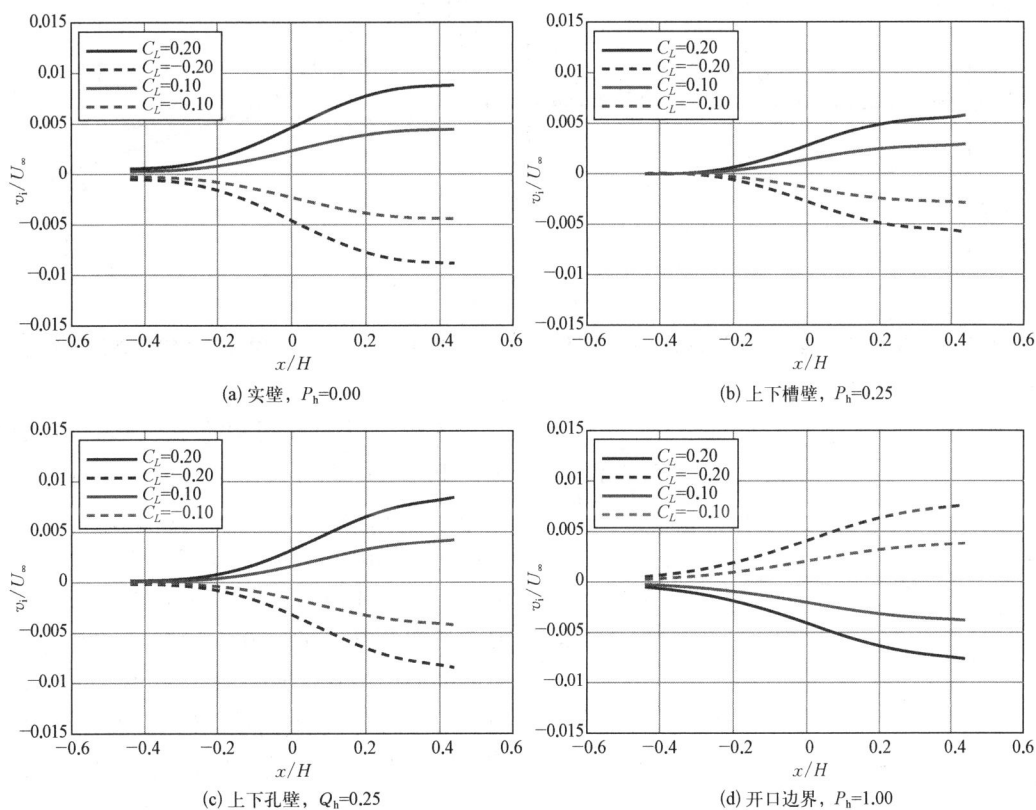

(a) 实壁,P_h=0.00

(b) 上下槽壁,P_h=0.25

(c) 上下孔壁,Q_h=0.25

(d) 开口边界,P_h=1.00

图9.43　升力诱导法向扰动速度沿试验段轴向的分布($Ma=0.90$)[27]

为便于查阅,引入与低速实壁风洞映像法类似的透气壁干扰因子[26]。实壁风洞中流向扰动速度分布与模型的阻塞度有关,在模型中心($x/H = 0.0$)处,流向诱导速度为

$$(\varepsilon_s)_{x/H=0} = \frac{u_i}{U_\infty} = K_C \frac{V}{C^{3/2}} \tag{9.22}$$

式中,K_C 为常数,与模型外形有关;V 为模型体积;C 为试验段横截面积。

为获得孔壁、槽壁的实体阻塞因子,定义实体阻塞干扰因子比 Ω_s 为透气壁中流向扰动速度分布与尺寸相同的实壁试验段中 $(\varepsilon_s)_{x/H=0}$ 的比值:

$$\Omega_s = \frac{\varepsilon_s}{(\varepsilon_s)_{x/H=0}} \tag{9.23}$$

图 9.44 给出了 $P_h = Q_h = 0.25$ 时孔壁和槽壁对应的实体阻塞因子比 Ω_s 沿流向的分布,图 9.45 给出了模型中心处 Ω_s 量值随透气壁参数 P、Q 的变化。可以看出,相同透气因子量值条件下,槽壁边界诱导的模型处的实体阻塞影响比孔壁略小,同时其梯度为零,即槽壁不会诱导出沿轴向的压力梯度,对于实体阻塞干扰,槽壁不需要修正浮阻。

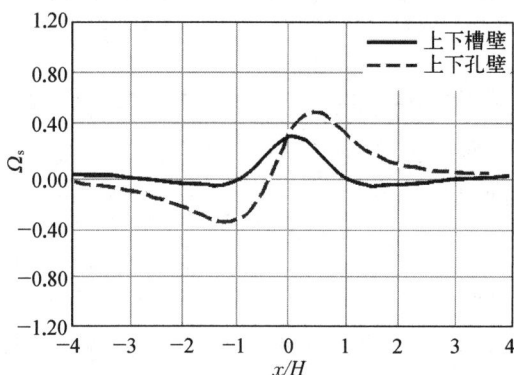

图 9.44 Ω_s 沿试验段轴向的分布($Ma = 0.90$)

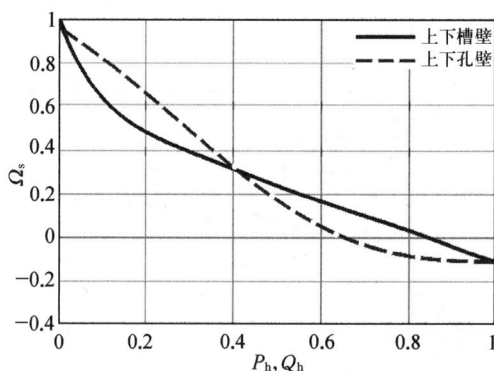

图 9.45 $(\Omega_s)_{\frac{x}{H}=0}$ 随透气特性参数的变化

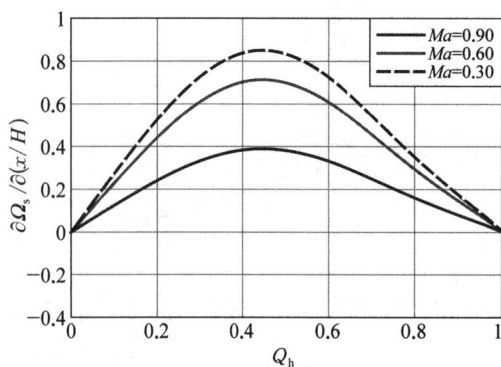

图 9.46 grad$(\Omega_s)_{\frac{x}{H}=0}$ 随孔壁参数的变化

图 9.45 为计算得到的不同来流马赫数条件下模型中心处实壁阻塞因子比的梯度随 Q 系数的变化。亚声速范围内,阻塞干扰的梯度影响随着来流马赫数的增大而降低。由图 9.46 可知,完全消除阻塞干扰的开孔透气参数为 $Q_h = 0.63$,$Ma = 0.90$ 时其对应的梯度为 0.676 6,因此,孔壁是无法同时消除阻塞干扰和流向梯度干扰的;而槽壁不会诱导扰动速度的流向梯度,因此,仅需保证阻塞干扰为零即可完全消除实体阻塞干扰,该值为 $P_h = 0.85$。

定义无量纲法向扰动速度 δ：

$$\delta_0(x, P_{\mathrm{h}}, Q_{\mathrm{h}}) = \frac{C}{SC_L} \frac{v_i}{U_\infty} \tag{9.24}$$

为简化数据修正难度，模型迎角修正时，仅考虑模型中心处的法向诱导速度量值，而忽略法向诱导速度及其梯度在模型区域的变化。将模型中心处的法向扰动速度定义为升力干扰因子 δ_0，该处的法向扰动速度梯度定义为流线弯曲干扰因子 δ_1。图 9.47 给出了两个因子随上、下壁板开孔或开槽透气特性参数 P_{h}、Q_{h} 的变化。

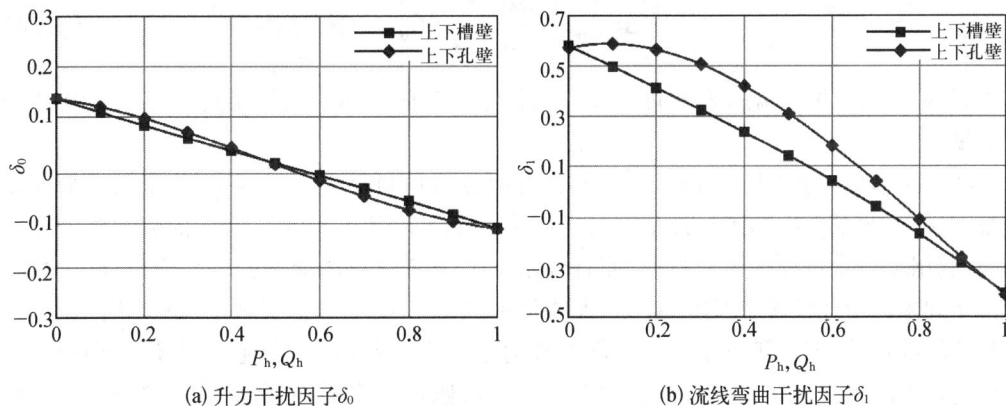

(a) 升力干扰因子 δ_0 (b) 流线弯曲干扰因子 δ_1

图 9.47 干扰因子随透气壁特性参数的变化（$Ma = 0.90$）

在模型中心处，透气壁/槽壁诱导的法向扰动速度随着透气特性参数的增大而逐渐降低，略呈线性变化；而孔壁诱导的法向扰动速度的轴向梯度呈非线性，使用时可以通过插值得到给定孔壁 Q 系数的梯度值。得到洞壁诱导扰动速度在模型中心处的量值及分布梯度后，即可进行洞壁干扰的修正工作，最终结果包括马赫数修正（阻塞干扰），迎角修正（升力干扰、流线弯曲干扰），升、阻力修正（阻塞干扰、升力干扰、尾流浮阻），以及俯仰力矩修正（阻塞干扰、流线弯曲干扰），即

$$Ma_{\mathrm{c}} = Ma_{\mathrm{u}} + Ma_{\mathrm{u}}(1 + 0.2Ma_{\mathrm{u}}^2)\varepsilon$$
$$\alpha_{\mathrm{c}} = \alpha_{\mathrm{u}} + \Delta\alpha = \alpha_{\mathrm{u}} + \Delta\alpha_1 + \Delta\alpha_{\mathrm{sc}}$$
$$C_{L\mathrm{c}} = C_{L\mathrm{u}}C_Q + \Delta C_{L\mathrm{c}, \alpha} \tag{9.25}$$
$$C_{D\mathrm{c}} = C_{D\mathrm{u}} \cdot C_Q + \Delta C_{D\mathrm{c}, \alpha} + \Delta C_{D, \mathrm{wk}}$$
$$C_{M_{\mathrm{c}}} = C_{M_{\mathrm{u}}} \cdot C_Q + \Delta C_{M, \mathrm{sc}}$$

式中，下标 u、c 分别表示修正前后的数据；C_Q 为马赫数修正变化引起的速压修正系数，即

$$C_Q = \frac{1}{1 + (2 - Ma_{\mathrm{u}}^2) \cdot \varepsilon} \tag{9.26}$$

$\Delta\alpha_1$ 和 $\Delta\alpha_{\mathrm{sc}}$ 分别为升力干扰、流线弯曲干扰诱导的迎角增量，即

$$\Delta\alpha_1 = \delta_0 \frac{S}{BH} C_{L\mathrm{u}} \tag{9.27}$$

$$\Delta \alpha_{sc} = \delta_1 \bar{c} \frac{S}{BH} \frac{C_{Lu}}{2(1 - M_u^2)^{1/2} H} \tag{9.28}$$

迎角变化引起的升、阻力系数修正量通过修正前后的风轴系矢量转换得到,即

$$\Delta C_{Lc, \alpha} = \{ C_{Lu} [\cos(\Delta \alpha) - 1] - C_{Du} \sin(\Delta \alpha) \} C_Q \tag{9.29}$$
$$\Delta C_{Dc, \alpha} = \{ C_{Du} [\cos(\Delta \alpha) - 1] + C_{Du} \cos(\Delta \alpha) \} C_Q$$

流线弯曲诱导的俯仰力矩增量 $\Delta C_{M, sc}$ 为

$$\Delta C_{M, sc} = \frac{\Delta \alpha_{sc}}{8} \frac{\partial C_{Lu}}{\partial \alpha} C_Q \tag{9.30}$$

式中,B 和 H 为试验段宽度和高度;S 和 $\bar{c}$ 为模型参考面积和平均气动弦长,在试验中均为已知量。

映像法简单,物理概念清晰,不需划分模型表面和洞壁边界的网格,便于制成简易图表查询,作为洞壁干扰的工程评估和修正技术得到了广泛的应用。但它的数学模型过于简单,利用单个奇点描述模型外形,而且仅给出了洞壁诱导速度场的平均值,忽略了模型所占空间内的变化情况,对于小迎角、大展弦比、中小后掠角的机翼来说,映像法修正结果还是比较满意的,但对于复杂的现代新型气动布局飞行器,以及大迎角、非流线型等有严重分离现象的情况修正结果有较大的误差;而且,修正中需要用到洞壁透气特性参数,强烈依赖于具体的风洞设备。

3. 涡格法

随着计算空气动力学的发展,用数值计算方法来求解洞壁诱导速度可以克服映像法的局限,从理论上来讲,计算模拟技术可以解决任意模型外形、任意洞壁形状的洞壁干扰问题,涡格法就是当前运用较广的一种洞壁干扰修正方法。

涡格法又称有限基本解法、面元法,是对映像法的改进。该方法求解的控制方程、边界条件与经典映像法相同,主要差异如下:

(1) 在模型上布置一系列奇点,而不是像映像法那样用一个奇点模拟模型扰动;

(2) 不使用实壁映像原理,而是在风洞壁上布置一系列奇点(涡格)来模拟洞壁效应;

(3) 通过求解可压缩位流方程得到奇点的强度和洞壁奇点对模型的诱导速度,从而得到洞壁干扰的影响量。

求解的关键仍在与对特定的模型在指定的姿态下确定洞壁扰动速度势函数的问题,主要步骤如下:

(1) 把模型和洞壁划分成面元(图4.8),在每一个面元上布置一个奇点(可用涡环,控制点放在网格中央;也可用 Π 型涡,控制点取在3/4弦长的纵向对称线上);

(2) 根据模型物面边界条件 $(\partial \varphi / \partial n)_S = 0$,计算模型在自由大气情况下的气动力,得到模型上奇点的强度分布;

(3) 计算模型在洞壁各网格控制点上所诱导的流向和法向速度,并根据这些流向和法向速度,按照洞壁边界条件方程(9.29),解出洞壁奇点的强度分布;

(4) 计算洞壁奇点在模型区诱导的扰动速度 u_i、v_i、w_i;

(5) 将模型置于此干扰速度场中,计算出模型气动力的一级洞壁干扰量;

(6) 以受到一级洞壁干扰的模型奇点为基础,重复上述步骤,得到二级洞壁干扰,如此循环下去,直至前后两级洞壁干扰的差值小于预定的误差为止;经验表明,通常只需要求得洞壁干扰的一次近似值就足够了。

用有限奇点法求洞壁干扰时,可以同时近似计及模型支架的影响。即同时在模型、洞壁和支架上布置奇点和边界条件控制点,然后按给定的边界条件解出各奇点的强度,最后可求得有支架存在时风洞洞壁对模型气动力的干扰量。涡格法比映像法准确,并可用于模型气动特性的初步评估、支架干扰的修正等工作中,但它仍然基于线性,同样不适用于大迎角、分离流或激波发展至洞壁等情况;此外,与映像法类似,涡格法仍然需要用到壁特性参数,也强烈依赖于具体的风洞。

4. 壁压信息法

壁压信息法是由 Hackett 等提出的一类计算与试验相结合的低速风洞洞壁干扰修正方法。CARDC 对此方法作了重要改进与发展,将其推广应用于高速风洞洞壁干扰修正。此类方法是洞壁干扰修正研究半个多世纪来的重要突破。

壁压信息法的基本原理是:在进行模型试验的同时测出试验段内控制面上的流动参数,得到"模型的远场扰动"与"洞壁的近场扰动"的合成,而"模型的远场扰动"可由数值计算方法或试验方法求出,这样就可得到"洞壁近场扰动",从而最终计算出洞壁对模型的气动干扰。

对于高速风洞,可以在试验段开孔壁(或缝壁)内侧安装测压管,测量离洞壁某一小距离处控制面上的静压分布,或用轴向探测管测静压分布或测气流的扰动速度 u_i 和 v_i。对于实壁风洞,只需用实测的洞壁压力分布,求解固定在适当位置上若干简单线源与线涡的强度分布,使其在风洞试验段边界一定位置上诱导的压力与试验模型在同一位置上诱导的压力相同,然后就用这些线源与线涡的洞壁干扰来逼近试验模型的洞壁干扰。

壁压信息法从原理来讲就是使用壁面压力分布的涡格法,最大优点是只需要确定壁面附近两个气流参数的分布,就可以计算洞壁干扰量,不需要获得风洞的透气特性,避开了确定风洞比透气参数的困难。

壁压信息法按照壁面边界分为双参数法和单参数法。双参数法需要获得控制边界上 u_i 和 v_i,根据线化压力系数公式:

$$C_{PW} = -2\varphi_x = -2\frac{u}{U_\infty} \qquad (9.31)$$

只要测量控制边界上的压力分布,就可以得到边界处的流向扰动速度,但是法向扰动速度 v 分布测量较困难,对于实壁边界,可以根据壁面的曲率得到气流方向,进而获得法向扰动速度,而对于透气壁边界,必须测量壁面附近的法向速度或气流方向。因此,双参数壁压信息法主要应用于低速实壁风洞中,而在透气壁风洞中由于准确测量法向扰动速度难度较大,因此限制了双参数法在高速风洞中的应用。

单参数法仅需测量壁面附近的压力分布,然后利用已知解的模型远场扰动 φ_m 求解得到 u_i 和 v_i。与双参数法相比,主要优点是避开了透气壁 v_i 准确测量的困难,增强了实用性。主要缺点是要求给出准确的模型远场扰动表达式。

由线化小扰动控制方程(9.16),根据调和函数的性质,洞壁诱导流向扰动速度满足以下方程:

$$(1 - Ma^2) u_{i_{xx}} + u_{i_{yy}} + u_{i_{zz}} = 0 \tag{9.32}$$

根据压力系数的线化表达式可得控制面的无量纲速度为

$$u_i = -\frac{1}{2} C_{PW} - \varphi_{m_x} \tag{9.33}$$

得到模型远场扰动速度势函数 φ_m 后,方程(9.32)和边界条件式(9.33)就构成了一个数学上的狄利克雷(Dirichlet)问题,可以利用数值方法进行求解,一般采用快速傅里叶变化法或有限差分法求解,得到模型区内各处的洞壁诱导流向扰动速度 u_i,然后对 u_i 积分则可得到洞壁诱导速度的法向和横向分量。当来流 Ma 接近1或模型阻塞度和迎角较大时,线化势流方程不再适用,需采用 Euler 方程或 N-S 方程作为控制方程求洞壁附近的流场,这将在下节中叙述。

单参数法需要获得较准确的模型远场扰动速度势函数 φ_m,由于洞壁距离模型较远,洞壁边界附近的 φ_m 可以用放在模型上的一组奇点的远场扰动速度势描述。在二维试验中,将翼型沿弦线分为数块(经验表明,分两块就可以了),每一块上放一个涡、一个源和一个偶极子。在三维全机试验中,可以将机翼和尾翼沿展向分为数块,机身沿轴线分为数段,纵向试验时在机身和垂尾上布置偶极子和点源,机翼和平尾上布置涡、偶极子和点源。大迎角时还应在气流分离区中布置点源/涡:

$$\varphi_m = \frac{1}{4\pi} \sum_k G_k \frac{y - y_k}{\sqrt{(y - y_k)^2 + (z - z_k)^2}} \left(1 + \frac{x - x_k}{R_k}\right) + \frac{1}{4\pi} \sum_k V_k \frac{x - x_k}{R_k^3} - \frac{1}{4\pi} \sum_k \frac{Q_k}{R_k}$$

$$R_k = \sqrt{(x - x_k)^2 + \beta^2 (y - y_k)^2 + \beta^2 (z - z_k)^2} \tag{9.34}$$

式中, G_k 是一组马蹄涡的强度,代表升力效应 $\sum_k G_k = 0.5 S C_L$,可用模型试验所测升力系数 C_L 来确定; Q_k 是一组点源的强度,代表尾流阻塞效应, $\sum_k Q_k = 0.5 S C_D$,可用所测零升阻力系数来确定; V_k 是一组偶极子的强度,代表模型和尾支架的实体阻塞效应, $\sum_k V_k = V$,可由模型的体积 V 来确定。大迎角时,由于模型和尾支杆上都会产生严重的气流分离,因而需要在分离区中布置源、汇以模拟气流分离的影响。

需要着重强调透气壁边界附近压力的测量和数据处理方法。对于透气壁,由于透气流动会对附近的压力产生严重干扰,故要求将壁压测量装置安装在离洞壁一定距离处。常用的测量装置是细长的静压测量管,图 9.48 给出了 CARDC FL-24(1.2 m×1.2 m)跨超声速风洞中所用的壁压测量装置。

所测得壁压数据需作如下处理。

(1) 消除测量系统误差。为了消除测压孔的不规则性、流场的不均匀性及模型支架的影响,除了进行试验段有模型时的壁压测量外,还应进行空风洞(无模型)有模型支架时的壁压测量,用于修正壁压系数的测量值。

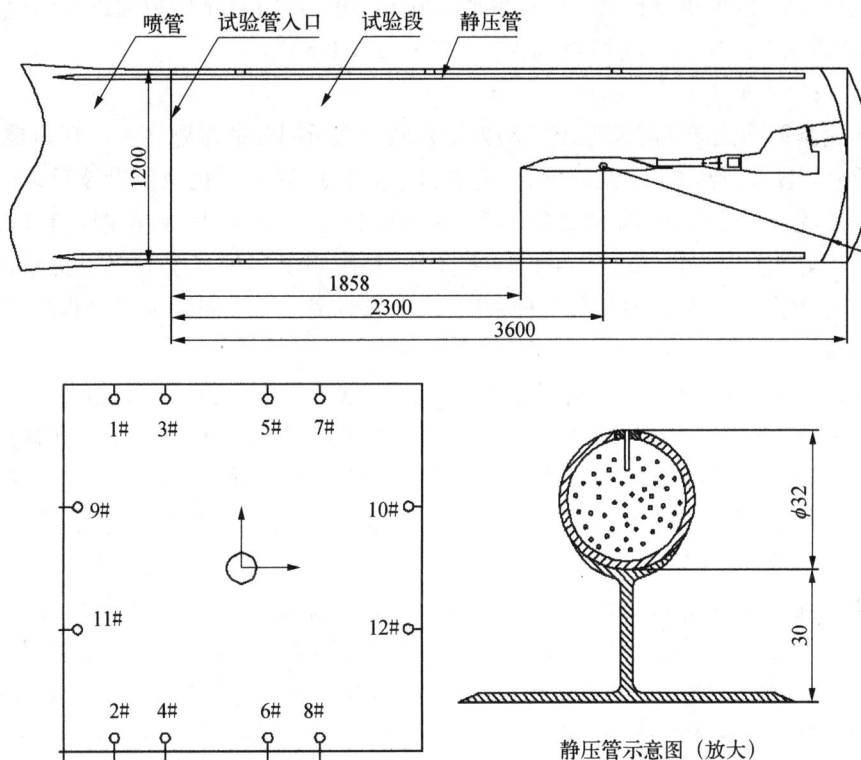

图 9.48 测壁压装置及其在风洞中的安装示意(单位: mm)

（2）壁压系数在控制面上的光顺处理。由于壁压系数本身量值较小,必须对所测壁压曲线进行光滑处理,以消除个别点测值不准对洞壁干扰计算结果的影响。通常采用三次样条光滑处理。

（3）壁压系数在控制面上的插值。首先沿静压管方向对壁压系数进行三次样条插值,然后对上下壁和侧壁沿横向进行多项式插值,最后,还需用指数规律将壁压曲线外插到离模型上下游足够远处,使其基本上达到渐近值。

图 9.49 给出了在 CARDC FL‐24 跨超声速风洞中所做飞翼布局标模试验的壁压分

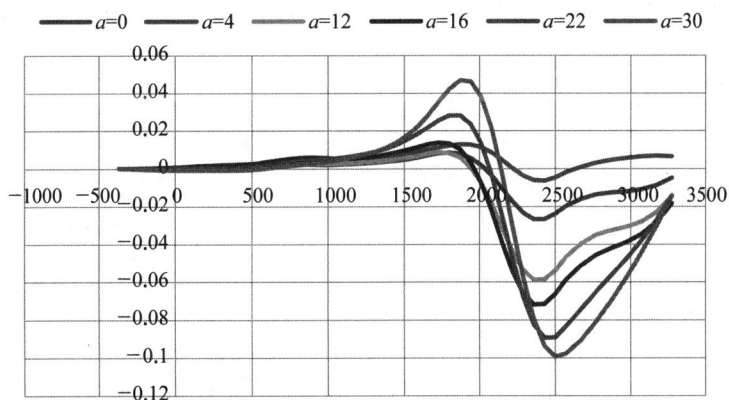

图 9.49 FL‐24 风洞飞翼布局标准模型试验壁压分布

布情况[26]。得到洞壁诱导扰动速度在模型区的分布后,即可对试验数据进行洞壁干扰修正,流程和方法与经典映像法相同,见式(9.25)~式(9.30)。

5. 非线性修正方法

跨声速洞壁干扰问题是实验空气动力学领域中众所周知的难题之一。其困难主要在于:流场十分复杂,亚、跨、超流动混合,有激波、激波/边界层干扰及洞壁波反射干扰,流场呈现强烈的非线性特性;试验段透气壁的横流特性十分复杂,呈现非线性特性,因此很难精确描述等。自从20世纪80年代以来,国内外研制了多种三维洞壁干扰修正方法。CARDC结合风洞试验与数值计算两种手段,成功地研制了三维洞壁干扰的非线性修正方法。本节对其进行简要介绍。

当来流 Ma 接近1时,风洞流场中的超声速区域将扩大至洞壁处,此时前述的亚声速线化速势方程(9.32)和边界条件(9.33)在洞壁边界附近也不成立,必须用跨声速非线性方程代替。由于线性叠加原理不适用于非线性方程,不能使用式(9.15)将扰动速度势函数分解为模型和风洞诱导扰动速度势两部分,因此发展出了结合壁压信息的非线性方法。

洞壁干扰计算分为风洞流场的数值模拟和自由流场数值模拟两个步骤。即采用Euler或N-S方程模拟模型绕流场,在同一马赫数和迎角下,首先给定洞壁边界条件,计算出模型在风洞中的绕流场并积分得到气动力(力矩);再以远场边界条件计算出模型在自由流中的绕流场并积分得到气动力(力矩)系数。二者之差即是洞壁干扰量,从风洞试验结果中扣除掉相应的洞壁干扰量,即可得到经过洞壁干扰修正过后的气动力系数。采用实测的洞壁边界压力分布设置洞壁边界条件,根据等熵关系式求得边界上的 ρ、ρu、ρv、ρw、e,因此前提条件是洞壁上不能存在强激波。

此方法应用的关键在于:采用一个实用可靠的流场解算器,绕流场模拟准确,即数值计算方法可靠;由数值计算引起的误差在两个绕流场计算中相同,从而得到由于洞壁边界条件和自由流边界条件的差异引起的洞壁干扰量。

这种方法从理论上讲可以计算任意情况下的洞壁干扰,修正结果中已经包含了与洞壁干扰不均匀性有关的高阶修正。但实际上,由于其计算量极大,对于复杂外形模型或迎角较大的情况计算难度较大,仅用于个别典型模型试验。对于三维试验,非线性法还需要知道模型的准确外形参数,如果模型的外形较复杂,例如全机模型,则非线性法的计算难度较大。

6. 主要试验机构采用的洞壁干扰修正方法

目前国外主要的风洞试验机构均发展了各自的洞壁干扰修正体系。欧洲ETW和DNW-HST风洞常规纵、横向试验修正洞壁干扰时采用经典线性方法,基于Davis和Moore零厚度壁板边界条件[28]和Maskell尾流阻塞模型进行 $Ma<1.0$ 范围内的洞壁干扰修正,同时具备壁压信息法、CFD非线性修正等手段。ETW采用两种修正方法,一是采用线性位流理论的单参数壁压信息法,二是双参数壁压信息法。无论采用哪种方法,都需要测量数百个点的壁面压力分布,Rueger等采用战斗机构型的研究结果表明两种方法的修正结果非常近似[29]。ETW的洞壁干扰修正流程框图,以及壁面测压孔的布置情况见图9.50和图9.51。

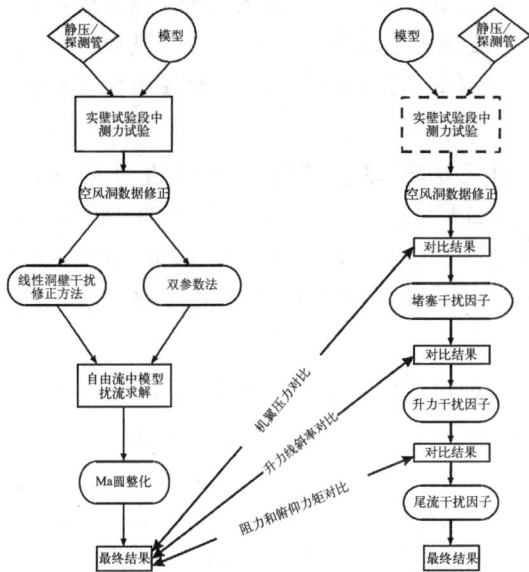

图 9.50 ETW 洞壁干扰修正流程图

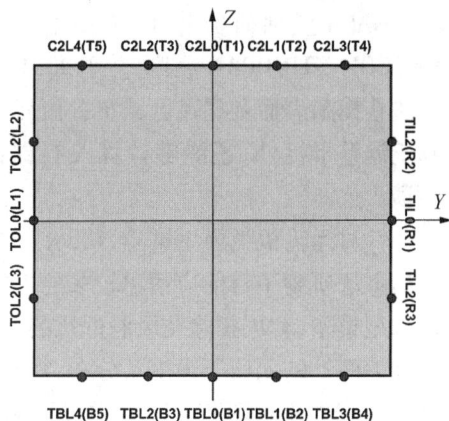

图 9.51 ETW 壁压测量位置示意图

NASA(美国国家航空和宇宙航行局)对洞壁干扰修正开展了大量研究工作。艾姆斯研究中心设备采用两种方法进行洞壁干扰修正,一是 20 世纪 90 年代发展的 WICS 实时洞壁干扰修正系统,该方法采用的是壁压信息法,用一系列奇点模拟模型的阻塞和升力作用,即单参数壁压信息法。总计 240 个测压点(分为 8 行)来测量壁压,测压孔直接设置在壁面上。二是 Ulbrich 于 2000 年左右开发的基于涡格法的 ANTARES 程序[30, 31]。主要用于矩形截面试验段亚声速槽壁干扰的试验前评估和试验中的初步修正。ANTARES 程序利用基于经验的理想槽壁边界条件,不需要测量壁面压力分布,模型的阻塞和升力效应分别通过偶极子和点涡模拟,流程图及面元划分示意图见图 9.52 和图 9.53。但该程序计算

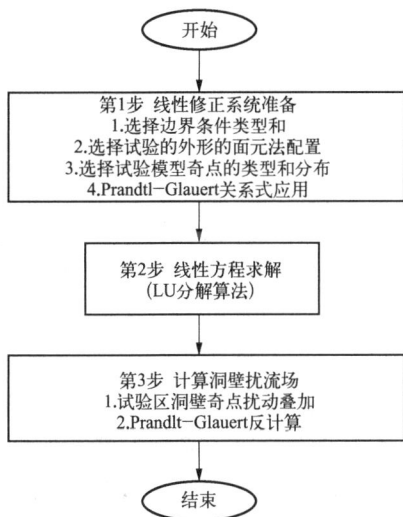

图 9.52 ANTARES 程序流程图

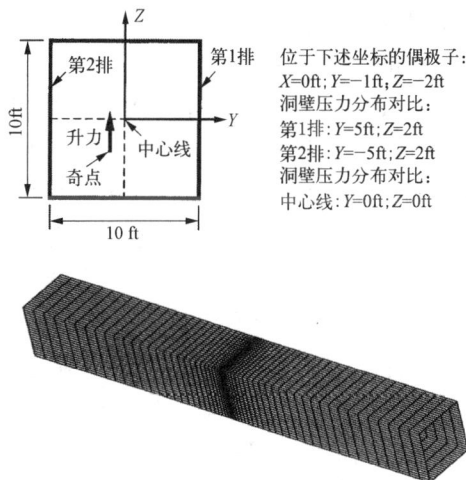

图 9.53 ANTARES 程序洞壁面元划分

洞壁扰动速度场时,需要划分洞壁网格,当试验模型位置发生变化时,网格需要进行相应的调整。目前 WICS 和 ANTARES 两种方法已成功用于该中心 TWT(NASA 艾姆斯研究中心 11 ft TWT 风洞)和 PWT(NASA 艾姆斯研究中心 12 ft PWT 风洞)常规数据干扰修正中。

NASA 兰利研究中心开发了基于高阶面元法和理想槽壁性线性边界条件的 PANCOR、STRIPPAN 程序,并于 2004 年改进为 CMWALL 程序,成功应用于 NTF 风洞。该方法在模型表面和尾流区域布置面元,能够提高模型绕流模拟的准确性,因此,该程序除修正洞壁干扰外,还能够计算飞行器的气动特性,但前期外形建模和网格划分工作较烦琐。

针对运输机类模型试验,Ulbrich[3] 和 Iyer[32] 针对 NTF 实体和尾流阻塞干扰,基于壁压信息法研制了目前应用比较多的 TWICS 系统。该系统主要针对客机,运输机等大展弦比构型模型,利用扣除空风洞壁压的方法获得槽壁边界条件,通过天平实测的升力确定模型升力面上的偶极子强度及分布,得到仅包含实体和尾流阻塞影响的壁面压力分布数据。TWICS 程序流程图和 NTF 风洞壁面测压孔分布情况见图 2.39 和图 2.40。

美国 BTWT(波音跨声速风洞)在槽壁干扰修正中采用面元法程序 PANAIR,以及基于跨声速全速势方程的非线性求解器 TRANAIR,并利用翼身组合体标模开展了模型翼展对洞壁干扰的影响研究工作,该程序利用线性边界条件求解全速势方程,并添加了边界层的黏性影响修正,能够用于马赫数接近 1.0 的跨声速范围内的模型气动特性评估和洞壁干扰修正工作。与高阶面元法类似,其评估计算的前期准备工作比较烦琐。

综上所述,国外各风洞试验机构均建立了适用于各自风洞设备的洞壁干扰的评估和修正体系,主要以试验实时修正为主,既可以在试验过程中实时获得洞壁干扰量,又具备试验方案设计阶段的评估能力,洞壁干扰修正方法已成功应用于生产型风洞的工程实践。可以说,洞壁干扰评估修正工具已是风洞提供产品数据的一项必备环节。

7. 典型的洞壁干扰修正结果

本节介绍跨声速风洞透气壁干扰修正的典型结果。

1) CARDC FL-26 风洞 CHNT-1 标模测力试验

CHNT-1 标模先后在 CARDC FL-26 风洞(2.4 m 跨声速风洞)、欧洲跨声速风洞 ETW 进行了基本纵向测力试验。其中 CHNT-1 标模在 ETW 的风洞试验中进行了槽壁干扰修正工作,可以作为无干扰参考依据。FL-26 风洞数据采用经典映像法进行洞壁干扰修正。

ETW 与 FL-26 风洞均采用上下开槽,左右实壁的形式,开槽数均为 6 条,不同的是 FL-26 风洞包括 2 条半槽,而 ETW 风洞为 6 条全槽。由于理想均匀边界条件的前提条件之一是等宽度槽沿无限长展均匀分布,因此,侧边半槽不会对槽壁的 K 系数产生影响,其量值仅与槽宽 d 和槽间距 a 有关。而在计算槽壁 P 系数时,以试验段高度 H 进行归一化,因此,虽然两座风洞的 K 系数差异较大,但 P 系数仍然较接近。两座设备的开槽参数以及各类干扰因子对比见表 9.9、表 9.10。

表 9.9　槽壁几何参数对比

风洞	宽度/m	高度/m	槽间距/m	槽宽度/m	开槽率/%	开槽数	K/m	P
ETW	2.4	2.0	0.408	0.024	5.88	6	0.758 5	0.763 7
FL-26	2.4	2.4	0.480	0.060	12.50	6	0.520 2	0.827 8

表 9.10　干扰影响因子对比

干扰因子	K/m	P	Ω_s	δ_0	δ_1
ETW	0.758 5	0.763 7	−0.026 6	−0.082 3	−0.087 3
FL-26	0.520 2	0.827 8	0.013 0	−0.079 0	−0.084 8

可以看出,两座风洞的升力干扰因子和流线弯曲干扰因子量值基本一致,而阻塞干扰因子符号相反,ETW 风洞中主要表现为实壁阻塞,而 2.4 m 跨声速风洞表现为开口边界;主要原因是 2.4 m 跨声速风洞槽壁开槽率较大,量值为 ETW 风洞的 2 倍,同时槽宽是 ETW 槽宽的 2.5 倍,因此,透气特性更接近于开口边界。

利用本书方法对原始数据进行槽壁干扰修正,修正前后的对比见图 9.54,图中还给出了 ETW 风洞的参考结果。可以看出,槽壁对 CHNT‑1 标模的影响干扰主要体现为升力干扰,即迎角修正。修正后升力线斜率略增大,与 ETW 参考结果一致性较好。

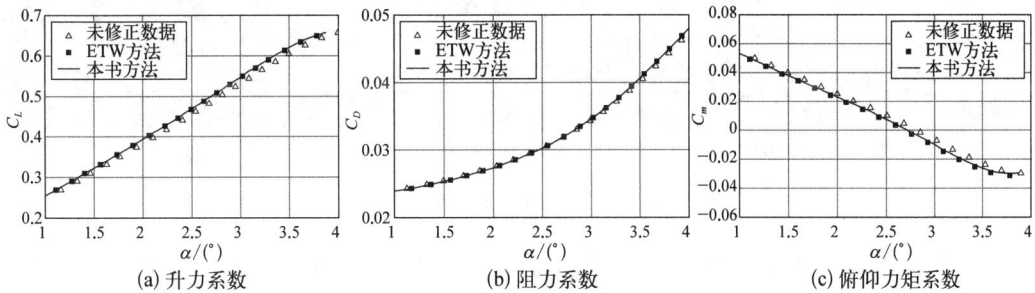

图 9.54　CHNT‑1 标模洞壁干扰修正前后对比($Ma=0.78$)

2)CARDC FL‑24 风洞飞翼标模测力试验

采用基于小扰动势流的单参数壁压信息法和非线性方法对飞翼标模纵向测力试验数据进行洞壁干扰修正。

试验在 CARDC FL‑24 风洞中开展。FL‑24 风洞试验段尺寸 1.2 m×1.2 m,上下壁面为 60°斜孔壁,开闭比为 4.3%;左右为直孔壁,开闭比为 21.4%;孔径和壁厚为 12 mm。飞翼标模零迎角时在 FL‑24 风洞的阻塞度约为 0.97%。试验共安装有 12 根壁压条,上下洞壁各 4 根、左右洞壁各 2 根,长度覆盖了从试验段入口到支架段区域。图 9.55 给出了试验照片,对比的无干扰参考数据采用 FL‑26 风洞试验数据。

图 9.56 给出了 $Ma=0.80$ 时的修正结果对比,可以看出,该模型在线性段洞壁干扰修正量较小,在 5°~10°的非线性涡升力段,使用壁压信息法计算的洞壁干扰量略大,而在大迎角涡破裂段,修正后的数据与无干扰参考数据之间的吻合程度大幅提高。

图 9.55　FL-24 风洞试验照片

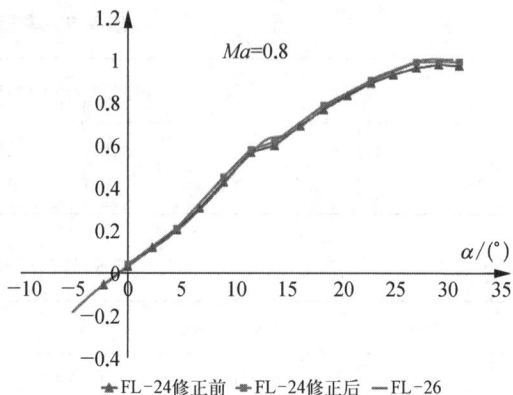

图 9.56　典型修正结果对比

非线性方法求解 RANS 方程,边界条件采用实测的壁压分布,分别计算模型自由流和有洞壁存在时的气动特性,计算差量得到洞壁干扰量。边界条件中需要将壁压条测得的离散点的壁压值插值到洞壁边界计算网格点上,并将前后远场边界外插至 0.0(即无扰动状态),图 9.57 给出了 $Ma=0.80$ 时的壁压插值结果,并在图中给出了试验模型的位置。

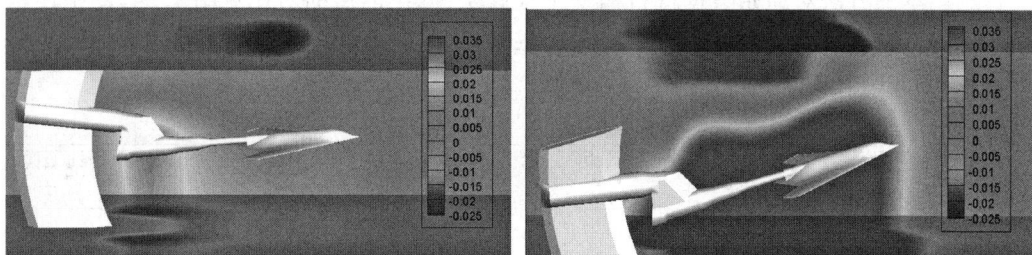

(a) $Ma=0.80$, $\alpha=4°$　　　　　　　　　　(b) $Ma=0.80$, $\alpha=16°$

图 9.57　壁压信息插值结果

可以看出,随着模型迎角的增大,壁压的扰动量增大;上壁面由于升力面负压导致较明显的低压区,下壁面相反,主要为正压,插值结果符合气动规律。

图 9.58 给出了 RANS 非线性方法与壁压信息法求解得到的洞壁干扰修正量与设备

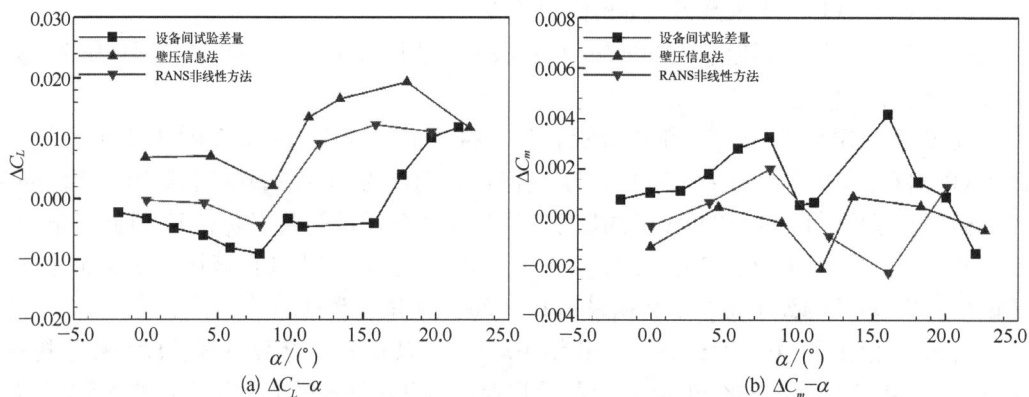

(a) $\Delta C_L - \alpha$　　　　　　　　　　(b) $\Delta C_m - \alpha$

图 9.58　RANS 非线性方法与壁压信息法对比($Ma=0.80$)

间试验差量的对比。可以看出,两种修正方法与试验值规律一致,飞翼涡升力及涡破裂的转折区域位置较接近,但量值方面存在一定差异。

9.4　模型变形影响修正

在高速风洞试验中,飞行器模型受气动载荷的影响,会发生弹性变形,变形后模型的绕流结构和气动特性与理想的刚性模型产生明显差异,从而影响了试验结果的准确性。特别是 2 m 量级风洞中的大型客机、大型运输机和无人机等现代跨声速飞机模型,为了提高升阻比往往采用大展弦比机翼,风洞试验过程中的变形量甚至可以达到机翼展长的25%[33],模型弹性变形已经成为影响大展弦比飞行器高速风洞试验数据质量的重要因素。为了准确获得飞行器"刚性外形"的气动试验数据,需要在风洞试验过程中测量出模型的弹性变形,并以此为根据结合 CFD 技术对风洞试验数据进行模型弹性变形影响修正。

模型视频变形(videogrammetric model deformation,VMD)测量技术通过精确测量布置在模型上的标识点,根据其空间坐标变化即可计算得到模型的弹性变形量大小。由于其方法实现简单,经济性好,具有实时测量的优点,近年来成为模型变形测量的主要手段[34],为风洞试验中模型弹性变形影响修正奠定了基础。

CARDC 高速空气动力研究所[35]通过 VMD 系统测量获得了试验过程中模型机翼的扭转和上反变形沿翼展方向的分布,以此为依据驱动 CFD 模型表面网格运动,得到变形后模型的表面网格。该方法不用重构模型变形后的数模,直接通过网格运动获得变形后的模型表面网格,避免了重新生成物面网格,节省了 CFD 前处理时间,为快速进行模型弹性变形影响修正提供了技术支撑。模型表面网格改变后,需要对其空间计算网格进行更新,将模型变形传递到计算边界上。由于流场计算结果对物面附近的网格质量非常敏感,未经处理的快速生成网格有可能导致物面附近的网格质量降低[36],最终影响流场计算的精度。因此,必须选取合适的网格变形方法,使模型变形能够均匀平缓地传递到边界上去,这是准确进行模型弹性变形影响修正的关键。

因此,模型变形影响修正可以大致分为 VMD 光学测量、模型网格处理、结合 CFD 技术开展修正 3 个步骤。本章前 3 节介绍相关修正过程,第 4 节给出了典型某客机 VMD 测量结果,并与基于 CFD/CSD 方法的模型变形影响修正结果进行了对比校核。

9.4.1　VMD 光学测量

本节简要介绍 VMD 光学测量原理,着重对 VMD 光学测量结果进行校核与分析。

1. VMD 测量原理简述

图 9.59 为典型 VMD 系统的测量原理图。它以双目立体视觉测量原理为基础,分别从不同角度、不同位置对被测物体成像,根据摄像机针孔成像的原理得到该物点的空间位置坐标[37]。图 9.59 中 P_1、P_2 为试验模型表面的特征标记点,C_1、C_2 分别为两个摄像机的光心。根据摄像机针孔成像的原理,对单个相机来说,这种投影成像的过程满足共

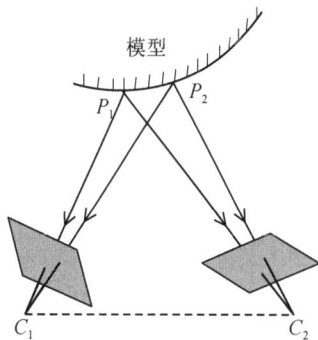

图 9.59　VMD 测量系统原理

线方程,即像点、光心、物点三点共线,可以用数学方程表达为

$$
\begin{cases}
\dfrac{x - C_x}{F_x} = \dfrac{r_{11}(X - X_0) + r_{12}(Y - Y_0) + r_{13}(Z - Z_0)}{r_{31}(X - X_0) + r_{32}(Y - Y_0) + r_{33}(Z - Z_0)} \\[4mm]
\dfrac{y - C_y}{F_y} = \dfrac{r_{21}(X - X_0) + r_{22}(Y - Y_0) + r_{23}(Z - Z_0)}{r_{31}(X - X_0) + r_{32}(Y - Y_0) + r_{33}(Z - Z_0)}
\end{cases}
\tag{9.35}
$$

当相机经过标定,上述两个方程共含有 3 个未知参数,表征了物点的空间位置。当两个以上的相机对同一个物点成像时,可构成一个超定方程组,对这个方程组进行最小二乘求解,即可得到该物点的空间位置坐标。风洞试验模型机翼上特定位置标记点空间坐标变化后,可根据变化量计算得到模型机翼变形量大小。

具体测量试验时,扭转和弯曲变形量计算过程如下:第一步,将机翼截面的所有标记点投影变换至试验模型坐标系下;第二步,将该截面的所有标记点向模型坐标系的 x-y 平面投影;第三步,按照下列公式计算出该截面扭转和弯曲变形:

$$
\begin{bmatrix} \cos\theta & -\sin\theta \\ \sin\theta & \cos\theta \end{bmatrix} \times \begin{bmatrix} X_i^0 \\ Y_i^0 \end{bmatrix} + \begin{bmatrix} T_x \\ T_y \end{bmatrix} = \begin{bmatrix} X_i \\ Y_i \end{bmatrix}; \quad i = 1,\ 2,\ 3,\ \cdots
\tag{9.36}
$$

式中,θ 表示扭转变形角度;$\begin{bmatrix} X_i^0 \\ Y_i^0 \end{bmatrix}$ 表示零状态时第 i 个标记点的投影坐标;$\begin{bmatrix} X_i \\ Y_i \end{bmatrix}$ 表示变形后第 i 个标记点的投影坐标;T_y 表示截面弯曲变形。该公式对截面上任一标记点都成立,标记点多于两个时,可用最小二乘法进行求解。

目前,CARDC 在 2.4 m 跨声速风洞全模试验段和半模试验段中均成功建立了 VMD 测量系统。

2. VMD 测量结果校核

在 CARDC 2.4 m 跨声速风洞中使用 VMD 系统完成了某大展弦比飞机模型变形测量对比试验,试验模型采用与 ETW 试验相同的低温测压模型。该模型为干净的翼身组合体布局,机翼采用典型超临界翼型设计,无短舱与起落架鼓包,模型翼展约 1.56 m,机翼平均气动弦长约 0.2 m。

图 9.60 给出了 $Ma = 0.76$ 时试验模型在两座风洞分别通过 VMD 和 ETW 风洞的 SPT(模型变形测量)系统获取的模型变形量对比曲线。如图所示,两座风洞变形测量结果相关性良好,曲线变化趋势一致,测量结果精度差异较小。试验条件下,机翼上弯变形量差异在 0.5 mm 以内,扭转变形量差异在 0.02° 以内,且最大差异均出现在最大试验迎角附近。结合本次试验模型机翼的展长与安装角,可以认为,图示测量结果的差异对其气动特性的影响很小。

由此可见,在 2.4 m 跨声速风洞中建立的 VMD 模型变形视频测量系统是可靠的,测量结果可用于试验模型的变形影响修正。

3. 机翼上反变形量

图 9.61 给出了 $Ma = 0.76$ 时该模型机翼在不同速压下的上反变形量(ETW 试验结果),从图中可以看出,机翼模型的上反变形量具有以下特点:

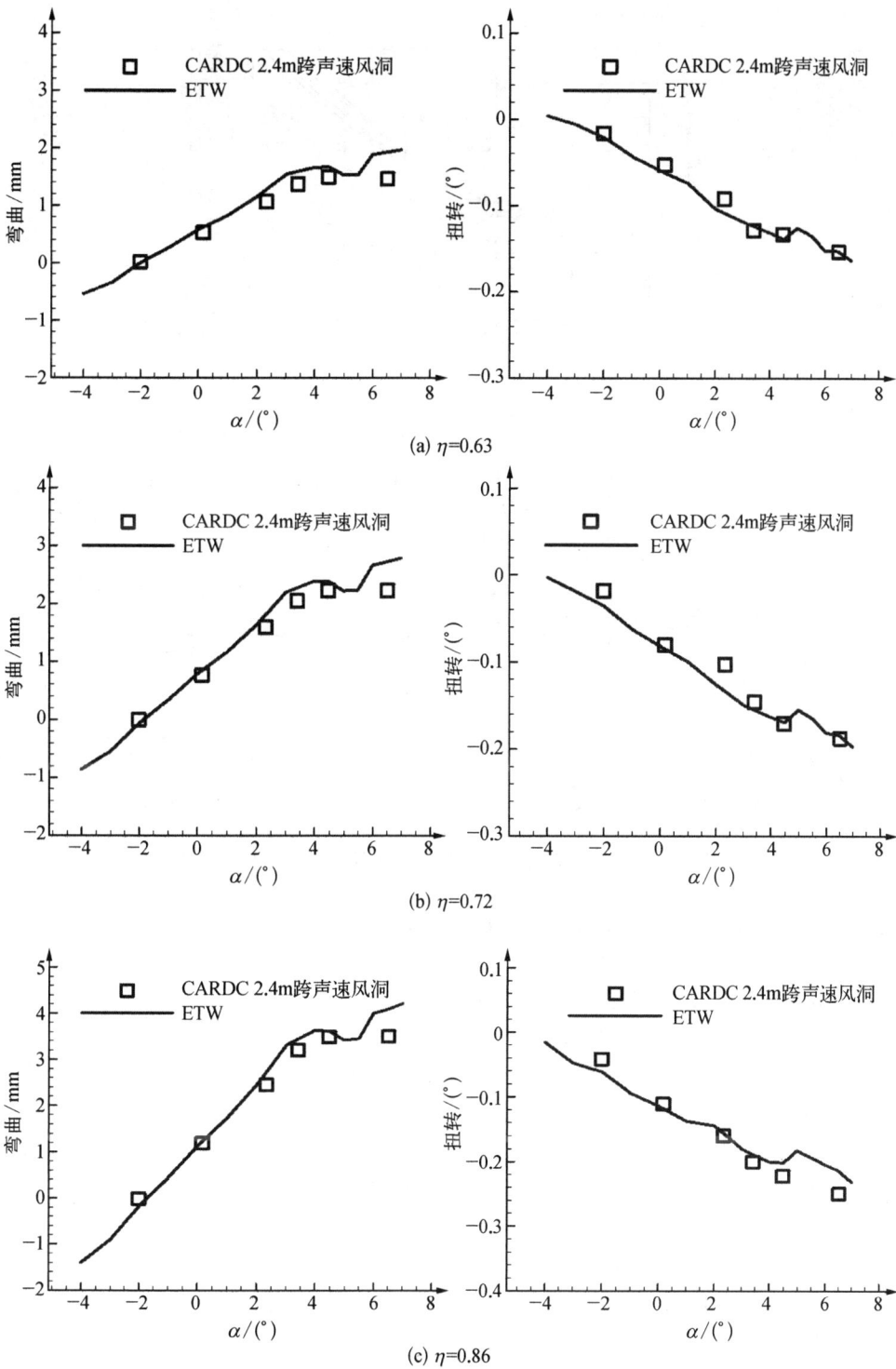

(a) η=0.63

(b) η=0.72

(c) η=0.86

图 9.60 超临界机翼模型变形量对比(Ma=0.76，Re=3.3×10^6)

(a) p_0=124 kPa, Q=34 kPa

(b) p_0=240 kPa, Q=66 kPa

(c) p_0=333 kPa, Q=92 kPa

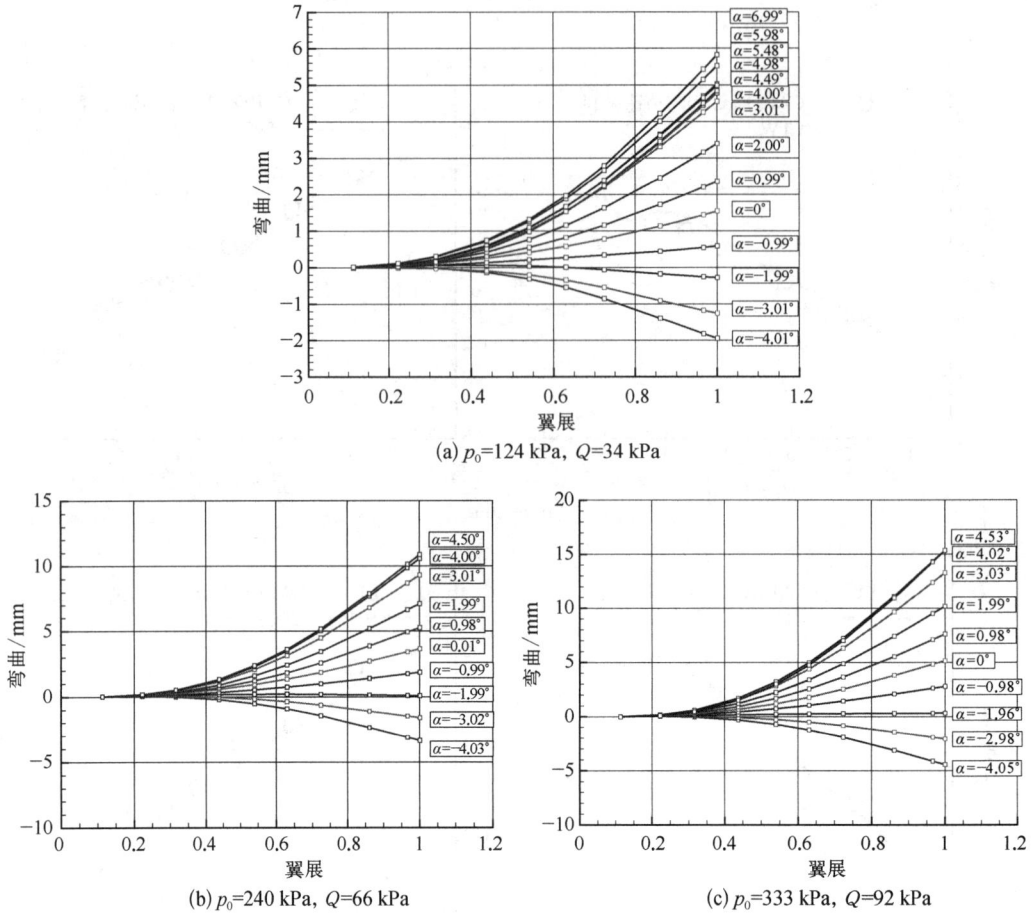

图 9.61   超临界机翼在不同速压下的上反变形量(Ma = 0.76)

（1）机翼上反变形量随试验迎角增加呈增大的变化趋势；

（2）上反变形量沿展向逐渐扩大；

（3）试验速压越高，模型上反变形量越大；

（4）正法向力产生正的上反变形量。

在试验范围内，Ma = 0.76 时该模型常压下（Q = 34 kPa）的最大上反变形量在翼梢附近，约为 5.8 mm。当增压到 333 kPa 时，模型上反变形量可达 15.5 mm 左右。

总体而言，机翼的上反变形量主要取决于载荷及当地弯矩的大小，试验迎角越大、速压越高，模型承受的气动载荷越大，上反变形量就越大；翼剖面越靠近翼梢，当地弯矩越大，模型上反变形量越大。

4. 机翼扭转变形量

图 9.62 给出了 Ma = 0.76 时该模型机翼在不同速压下的扭转角变形量（ETW 试验结果），从图中可以看出，机翼模型的扭转角变形量具有以下特点：

（1）机翼模型在正迎角下产生负扭转角变形，随试验迎角增加，模型扭转角变形量呈增大的变化趋势；

（2）翼剖面的扭转角变形量沿展向增大，但在翼梢附近的扭转角增速趋于平缓；

(a) p_0=124 kPa, Q=34 kPa

(b) p_0=240 kPa, Q=66 kPa

(c) p_0=333 kPa, Q=92 kPa

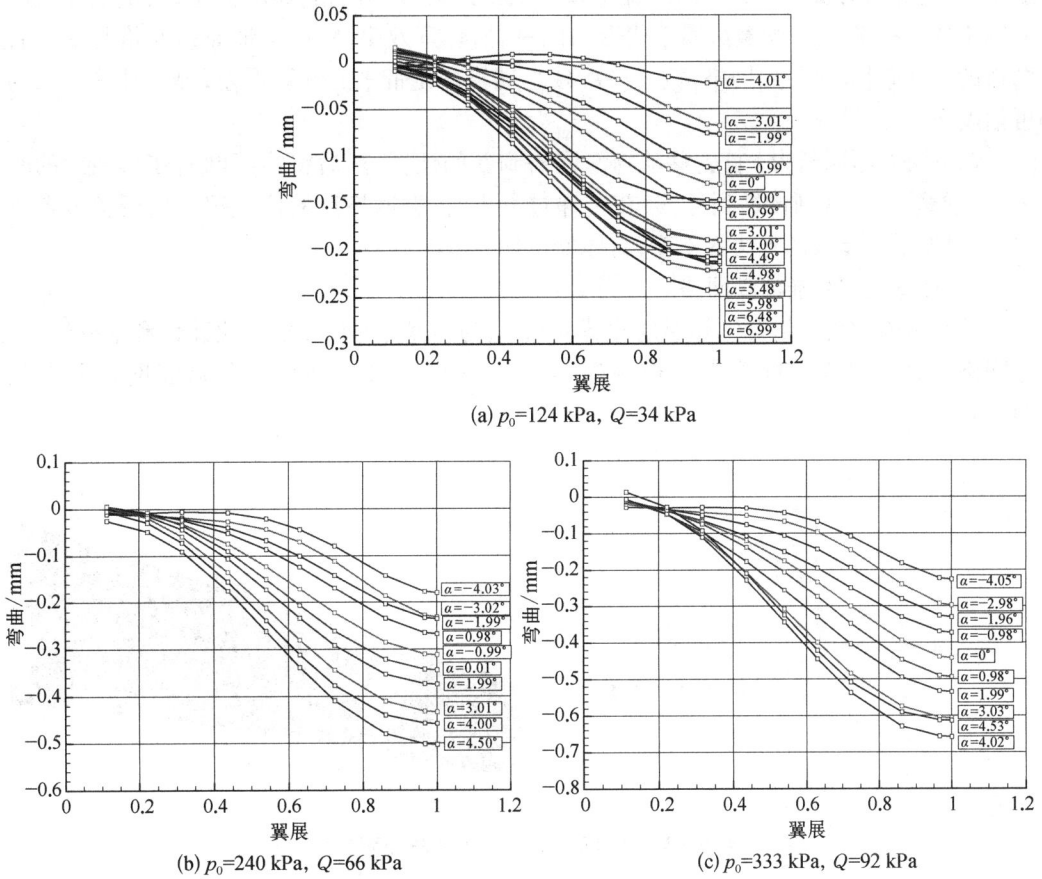

图 9.62 超临界机翼在不同速压下的扭转角变形量(Ma=0.76)

（3）试验速压越高，模型扭转角变形量越大。

在试验范围内，Ma=0.76 时超临界机翼常压下（Q=34 kPa）的最大扭转角变形量在翼梢附近，约为-0.25°。当运行总压到 333 kPa 时，模型扭转角变形量可达-0.65°左右。总体而言，翼剖面的扭转角变形量与局部载荷的大小及弦向分布有关。

9.4.2 模型网格处理

1. 网格变形方法

网格变形技术主要用于解决气动弹性、自由表面、振动、模型变形等有限程度的刚性或者柔性运动问题，它通过初始网格的伸缩变形覆盖不同时刻的计算区域。在网格变形过程中，物面网格随物体一起运动，流场外边界网格保持不动，按照一定的数学模型计算流场内部网格点的运动。目前，常用的网格变形方法主要有代数法、迭代法和解析法[38]。其中，代数法和解析法计算量相对较小，但一般仅限于较小的变形量，变形量较大时可能导致严重的网格交叉或者扭转，使计算中断或计算结果可靠性下降；迭代法能够处理大变形量的物面运动，但需要花费较长的计算时间。

在风洞试验中，模型变形量一般不会太大，但在不同的试验迎角和马赫数下，模型变形量均不相同,为快速生成不同工况下模型变形后的计算网格,CARDC 采用基于弹簧法的网格变形技术[39]。弹簧法属于代数法的一种,计算效率高,可保证原始网格与变形后网格的拓扑结构、边界层网格密度一致,减小网格变化带来的计算误差,提高计算结果的可信度。

该方法变形原理为:首先移动物面网格到新的位置,然后将物面网格变形前后的距离向"弹簧"一样逐渐传递到外围,在传递过程中,依据网格点的位置按比例调整节点位移量,以保证计算域的外边界不变,具体操作如下。

1) 首先生成基准计算网格

针对试验的翼身组合体外形划分基准网格,为了保证网格变形的快速性和准确性,通过网格收敛性研究最终确定网格规模为 1 000 万,网格拓扑结构及物面网格分布见图 9.63。

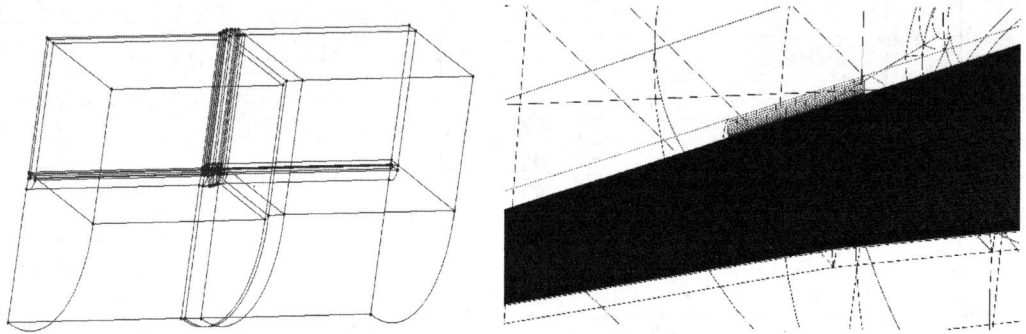

图 9.63　基准网格的拓扑结构与物面分布

2) 确定模型变形控制面

一般而言,翼身组合体模型的变形量主要体现在超临界机翼各翼剖面的形变上,因此主要在机翼上选取变形控制面。同时,保证网格变形控制面与试验中测量模型变形的翼剖面相同,以提高计算网格重构的精度,如图 9.64 所示。

图 9.64　设定控制剖面

3) 移动各控制面到新的位置

如图 9.65 所示,根据试验中测得的各控制面的变形量,与基准网格控制面的初始位置叠加,并将控制面移动到新位置。

4) 生成新的物面网格

针对机翼模型这一类比较光滑的外形,通过线性连接各变形后的控制面即得到新的物面网格,如图 9.66 所示。

图 9.65　更新控制剖面

图 9.66　生成新的物面网格

5）生成新的空间网格

根据新的物面网格形变量,按照距离物面网格的远近对空间网格进行更新。需要说明的是,在实际操作中可依据变形量的大小合理设置"外边界"。此处的"外边界"不是计算意义中的远场边界,若物面变形量较小,可以视边界层最外层网格为"外边界",如此网格更新集中在边界层网格内;若物面变形量较大,可以把与边界层邻近的中间层网格最外层视为外边界,此时网格更新主要集中在边界层与中间层网格内。

具体算法为(以 x 方向为例,y、z 方向做法相同)

$$x_j^{\text{new}} = x_j^{\text{old}} + \left[1 - \text{arc}(j) \right] \left(x_{\text{surface}}^{\text{new}} - x_{\text{surface}}^{\text{old}} \right) \tag{9.37}$$

式中,

$$\text{arc}(j) = \sum_{l=2}^{j} L_l \bigg/ \sum_{l=2}^{j_n} L_l \tag{9.38}$$

$$L_l = \sqrt{\left(x_l - x_{l-1} \right)^2 + \left(y_l - y_{l-1} \right)^2 + \left(z_l - z_{l-1} \right)^2} \tag{9.39}$$

$x_{\text{surface}}^{\text{new}}$ 为变形后的物面网格;$x_{\text{surface}}^{\text{old}}$ 为初始物面网格;x_j^{new} 为变形后的空间网格;x_j^{old} 为初始的空间网格。

采用以上步骤,可以无需生成新的模型数模,快速重构其物面网格,在绝大多数远场网格保持一致的情况下,获得变形后模型的计算网格,以减少网格变化对计算结果的影响。

2. 网格变形结果

图 9.67 给出了试验模型的计算网格变形结果。可以看出,本书变形过程使用了试验剖面的测量结果作为变形控制面,通过选取合适的变形方法,保证了计算网格变形前后物面分布和拓扑结构的一致性,减少了网格引入的误差,有助于提高修正的准确性。

(a) 上反变形   (b) 扭转角变形   (c) 复合变形

图 9.67 试验模型网格变形结果

9.4.3 弹性变形影响修正

1. 变形影响量校核

根据试验测得的模型 9 个典型展向站位($\eta = 11.32\%$、22.23%、31.53%、43.72%、54%、63%、72.36%、86.1% 和 96.61%)翼剖面的扭转角和上反变形量,采用前节所述的网格变形方法,以刚体模型计算网格为基准,生成模型变形后的计算网格,并利用 CFD 方法分别获取了模型变形前、后的压力分布。为了对变形方法和修正过程进行校验,将计算结果与 ETW 测压试验结果进行了对比。

图 9.68 给出了 $Ma = 0.76$,$\alpha = 2°$ 时模型 CFD 与 EFD 的压力分布特性对比,图 9.69 则给出了 $\alpha = 0°$ 时的对比结果。图中,"CFD - deform"指的是模拟试验模型变形后的数值模拟结果;"CFD - rigid"指的是刚体模型的数值模拟结果;"Test"表示的是模型在 ETW 风洞的测压试验结果。

从中不难看出,模拟模型变形后的 CFD 结果与试验压力分布相关性更好,尤其是翼梢附近的机翼剖面。如图 9.68 中,当迎角 $\alpha = 2°$,$\eta = 72.36\%$ 时,模拟变形后,CFD 方法对激波位置的捕捉明显优于变形前,激波前的压力峰值也与试验结果更接近。对于图 9.73 中迎角 $\alpha = 0°$ 的状态,机翼模型受载不大,模型变形量较小,模拟变形前后的 CFD 结果差异不明显,但变形后数值模拟结果与试验结果的相关性也略优于变形前。

综上所述,应用 CARDC 发展的模型变形影响修正方法,对模型变形前、后的外形进行了数值模拟。与 ETW 风洞测压试验结果对比发现,模拟变形后,CFD 结果的压力分布与试验结果相关性更好,这表明 CARDC 的模型变形影响修正方法有效可靠。

2. 变形影响修正量

将模拟变形前后的数值计算结果相减,得到模型变形影响的修正量,即可对相应工况下的试验数据进行变形影响修正。修正公式如下:

$$Cx - \text{after}(\text{EFD}) = Cx - \text{before}(\text{EFD}) + \Delta Cx(\text{CFD}) \tag{9.40}$$

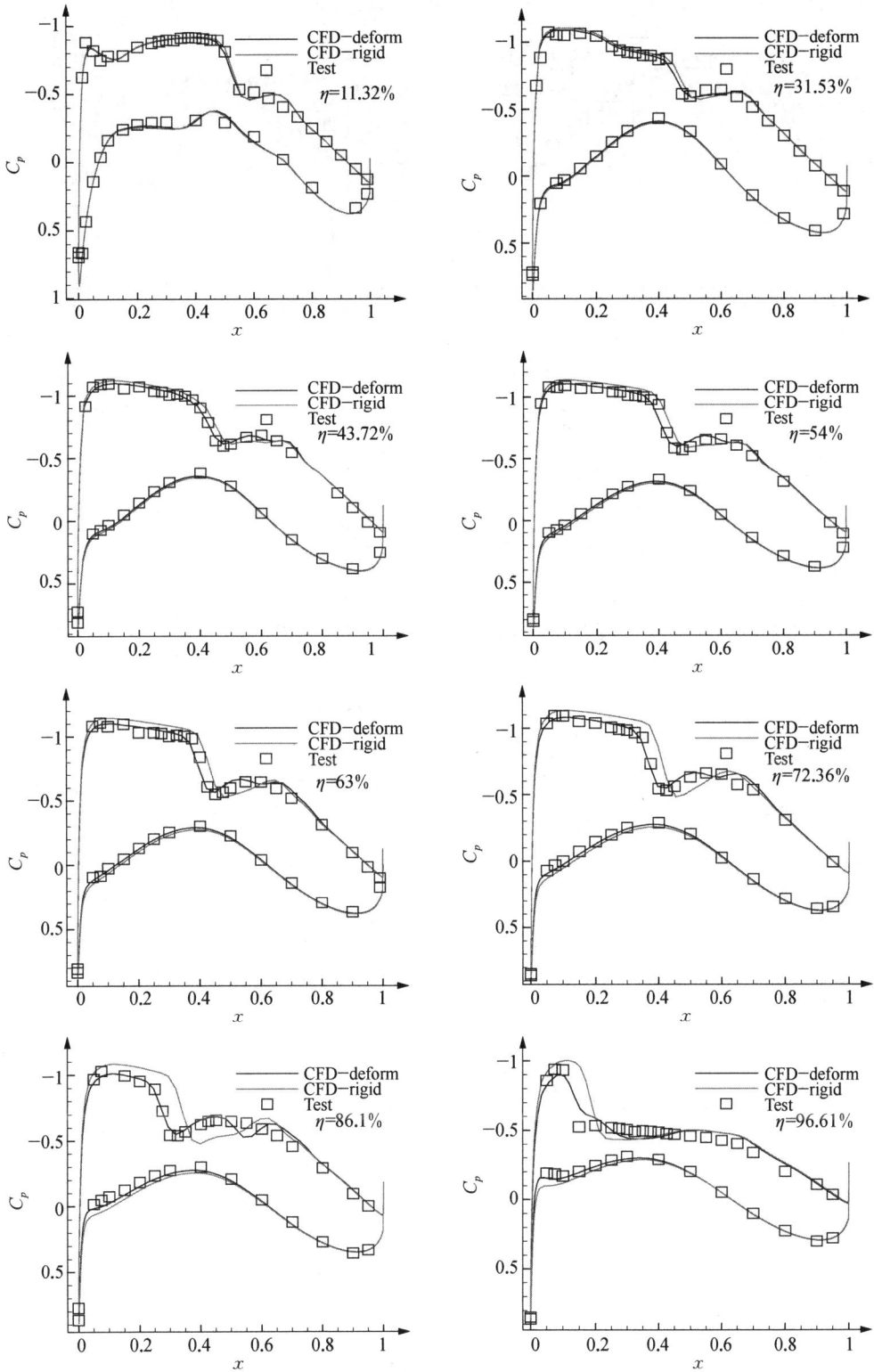

图 9.68　模拟变形前后的 CFD 与 EFD 结果对比 ($Ma=0.76, \alpha=2°$)

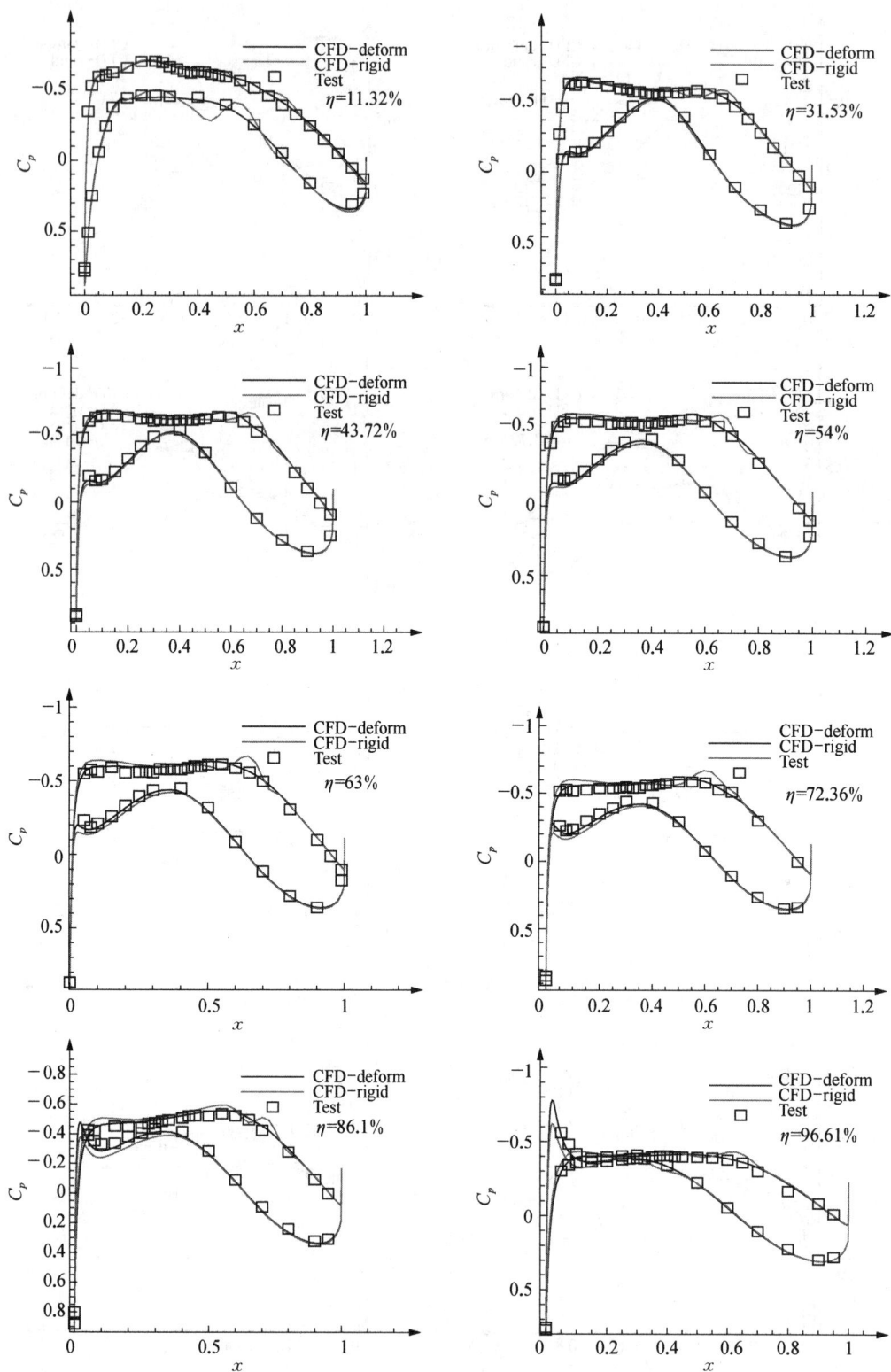

图 9.69　模拟变形前后的 CFD 与 EFD 结果对比 ($Ma=0.76, \alpha=0°$)

式中，$Cx-\text{after(EFD)}$ 代表通过风洞试验方法获得的经过模型弹性变形影响修正的试验结果分量，$Cx-\text{before(EFD)}$ 代表通过风洞试验方法获得的未经模型弹性变形影响修正的试验结果分量，$\Delta Cx\text{(CFD)}$ 代表通过 CFD 方法获得的模型弹性变形影响修正量各分量。以某客机标模为例，给出典型修正量及修正结果。

大型客机具有载客量大、航程远及油耗小等优点，是洲际飞行理想的机型。商业运行客机的航程和油耗严格依赖飞机的升阻特性，加之对经济性、安全性、舒适性和环保型的高标准要求，需要在其初始设计阶段即能准确预测飞机气动特性[40]。但大型客机展弦比大，机翼根梢间翼型剖面变化复杂，加之其巡航马赫数较高，使得其超临界机翼在高速气动载荷作用下变形量十分可观[41]。

图 9.70 给出了某客机标模在风洞试验过程中的扭转角和上反变形量，弹性变形变化规律与 9.4.1 节所述基本一致。但是常压试验条件下，图示扭转角最大达到 1.1° 左右，上反变形量最大约 12 mm，分别为前述模型变形量的 5 倍、2.4 倍（相同迎角条件下）。由此可见，某客机模型弹性变形对试验结果的影响更为严重，模型弹性变形影响修正是能否准确预测其气动特性的关键因素。

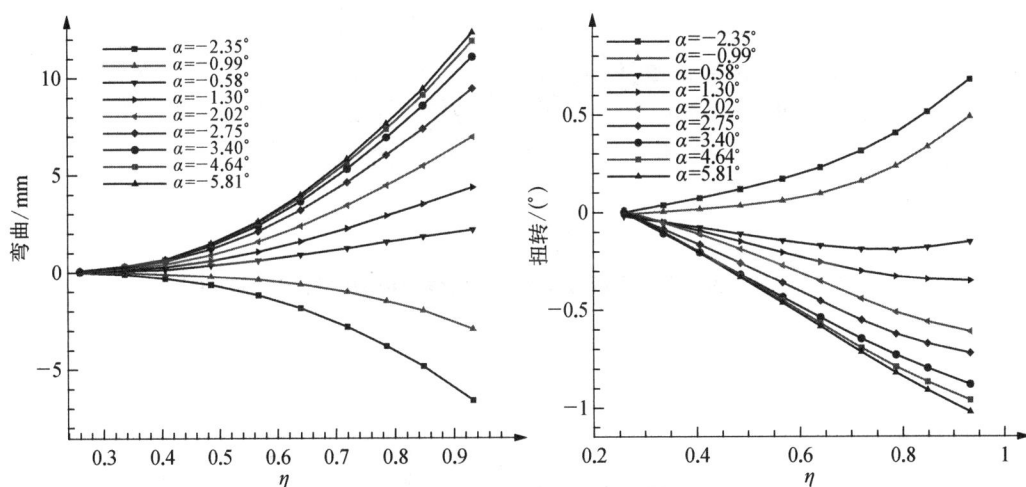

图 9.70　某客机模型在不同迎角下的变形量（$Ma=0.85$，$Re=5\times10^6$，$Q=54$ kPa）

通过 VMD 手段获得的模型变形影响量，不仅可以通过 CFD 手段来进行模型弹性变形影响修正，还可以校验采用静气动弹性数值计算方法预测刚体模型受载变形的可靠性。所谓静气动弹性效应是指飞行器在受到气动载荷后发生结构变形，而结构变形又反过来影响气动载荷的一种气动弹性现象。该效应是由飞行器载荷分布与飞行器结构的静气动弹性变形的相互耦合作用产生的，因此数值模拟需要将 CFD 与 CSD 耦合迭代计算才能完成[10]。

为了方便与 VMD 测量结果进行对比，计算了 $Ma=0.85$，$Re=5\times10^6$ 条件下的静气动弹性影响。其具体方法[42]是：CFD 以 RANS 方程为主控方程，湍流模型采用 Spalart-Allmaras 湍流模型，物面边界条件为无滑移条件，采用多块对接结构化网格进行分区并行计算，并利用多重网格技术加速收敛，以提高计算精度与计算效率；CSD 采用

MSC. NASTRAN 商用软件对模型进行结构有限元建模计算以获得模型的柔度影响系数矩阵;流场与结构的数据交换采用三维薄板样条插值技术,并利用虚功原理,将数据插值与结构变形计算耦合在一步中完成;为了提高网格变形的效率与鲁棒性,采用基于径向基函数(radial basis function,RBF)结合超限插值(transfinite interpolation,TFI)方法的动网格生成技术来完成网格变形计算。

图 9.71 和图 9.72 给出了机翼的弯曲变形与扭转变形沿展向的变化曲线。在计算状态,当 $\alpha \geq 0°$ 时,静气动弹性效应使得机翼产生向上的弯曲挠度变形,并在机翼的顺气流剖面产生负的弹性扭转角;当 $\alpha < 0°$ 时,结果正好相反。这种变化规律与试验测得的模型变形规律相符,与其承受的气动载荷以及机翼刚度沿展向逐步减小的分布特性是相对应的。

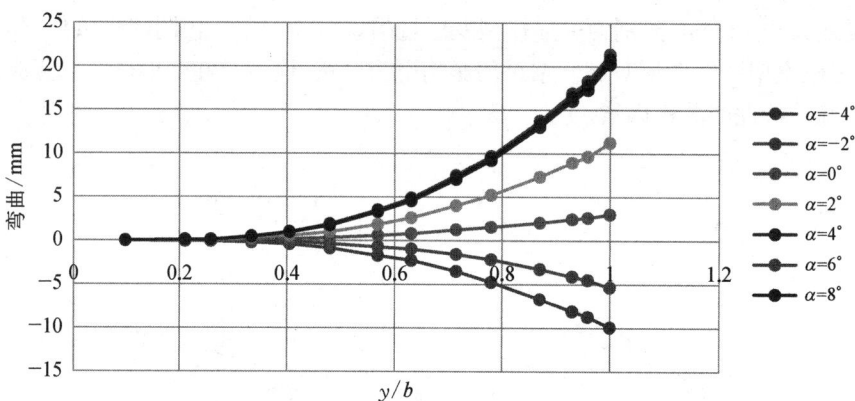

图 9.71 机翼的弯曲变形沿展向的变化曲线($Ma = 0.85$, $Re = 5 \times 10^6$)

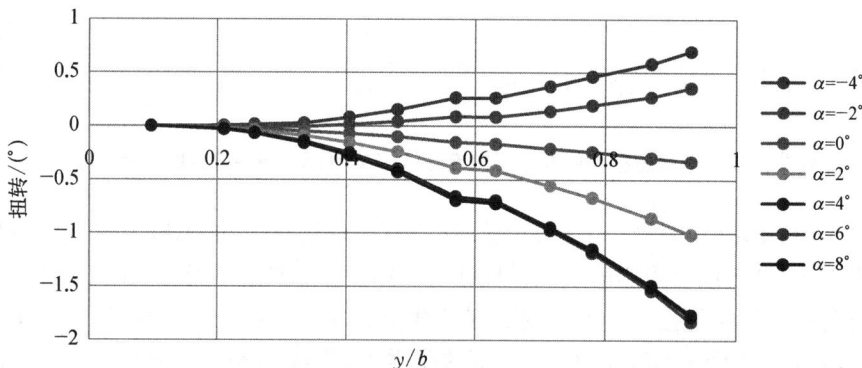

图 9.72 机翼的扭转变形沿展向的变化曲线($Ma = 0.85$, $Re = 5 \times 10^6$)

表 9.11 给出了计算工况下的全机刚性/变形模型的气动力系数,图 9.73、图 9.74 给出了全机刚性/变形模型对比的 $C_L - \alpha$、$C_m - C_L$ 曲线。可以看出,在试验状态范围内,由于模型受载变形,刚性全机和变形全机的气动特性有所差异。总体上来看,模型变形导致全机升力线斜率有所降低,并诱导出抬头力矩。

表 9.11　某客机试验模型变形计算结果

Ma	Re	α/(°)	刚 性 全 机			变 形 全 机		
			C_L	C_D	C_m	C_L	C_D	C_m
0.85	$5×10^6$	−4	−0.386 2	0.062 1	0.147 2	−0.380 8	0.060 11	0.145 4
		−2	−0.137 2	0.036 47	0.084 13	−0.132 1	0.036 26	0.078 88
		0	0.147 3	0.030 73	0.007 484	0.136 2	0.030 87	0.013 88
		2	0.431 9	0.036 39	−0.056 28	0.401 9	0.035 93	−0.037 68
		4	0.720 5	0.065 54	−0.121 2	0.689 8	0.059 78	−0.102 4
		6	0.857 5	0.104 2	−0.088 97	0.843 9	0.097 98	−0.084 61
		8	0.896 4	0.138 9	−0.130 7	0.882	0.131 7	−0.132 9

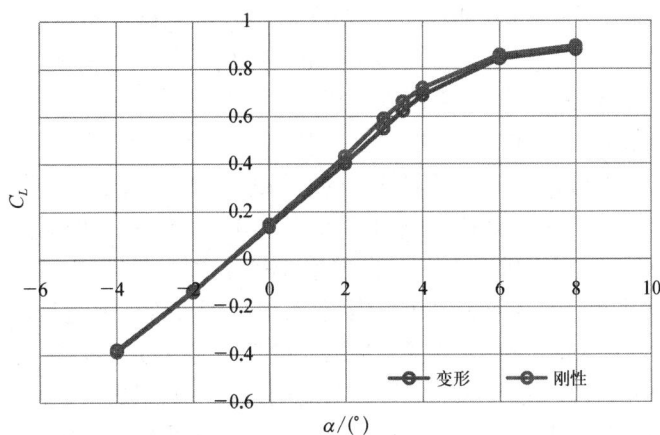

图 9.73　试验模型变形对某客机升力的影响

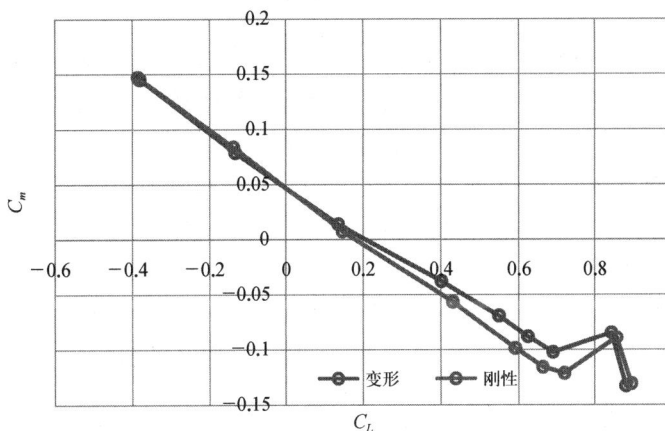

图 9.74　试验模型变形对某客机俯仰力矩的影响

第 9 章习题　　　　　第 9 章参考文献

第10章
气动力数据分析

风洞试验结果产生以后需要对其进行分析,试验数据分析一般分为三个层次。首先是试验结果确认,其主要任务是判断所获得的试验数据是否足够真实地反映了模型气动特性。风洞试验系统环节众多,如模型、支撑装置、流场、测试设备、数据处理修正程序与参数等,任何一个环节存在问题都可能影响试验结果的可靠性。在确认试验结果时,首先就必须排除各环节的纰漏,使试验系统处于正常工作状态。

其次是气动特性机理分析,就是探讨试验模型产生(试验所获得的)特定气动特性的原因、评估试验结果的合理范围。机理分析的结果通常会作为试验结果确认的重要依据,如经评估某大展弦比飞机模型升力线斜率大约在 $0.1/(°)$ 左右但试验结果却为 $0.08/(°)$,那么一般会认为试验系统存在不正常现象,需要排除;再如某大展弦比平直翼飞机模型,在失速迎角附近出现了显著的滚转力矩突变,经机理分析认为这是由于模型机翼不对称分离造成的结果,可判断试验数据基本反映了模型真实气动特性,因此可以确认试验结果。气动机理分析的方法和工具很多,针对常见的线性段问题通常运用定量、半定量方法进行,如 CFD 方法、工程估算方法、类比方法等;而对于非线性问题多采用定性、半定量或试验方法进行分析,如安排流动显示试验观察流程变化、深入分析试验数据间的匹配性等。

再次是影响分析,一般是用半定量或定性的方法估算气动特性(或其变化)对飞行性能的影响。虽然这不是风洞试验工程师数据分析的最重要的工作,但掌握其基本方法对于确定试验结果、分析气动机理、把控试验方向均有积极意义。

在实际风洞试验中,数据分析的上述三个层次是相对独立而又密不可分的。首先,机理分析为结果确认提供了方向,而经确认的数据又是机理分析的基础。表面上看这两者存在互为因果的矛盾,但如果利用由简证繁的方法,就可以相当程度地解决这个问题。如可以利用少量相对可靠的气动预测结果,如其他试验结果、CFD 结果甚至是工程估算结果等,帮助试验系统隐患的排查和初始试验结果的确认;而气动机理分析,特别是对一些异常气动数据的机理分析,应基于可确认的试验结果开展。当机理分析不能解释试验现象时,还需要考虑重新确认试验结果;但当机理分析依然不能解释重新确认的试验结果时,一般还是保留试验结果。其次,气动影响分析应基于已确认的试验结果进行,而机理分析有助于理解气动特性及其影响,并有助于气动选型或提出改进方案。

本章以低速风洞试验数据分析为例,讨论气动力数据分析问题。在讨论过程中,如无特别说明,默认试验是一个经典的常规布局飞机全机模型试验。其假设条件至少包括:试验段流场均匀、稳定,飞机模型置于试验段中心附近、其参考面(左右对称面)与试验段左右对称面重合、平行于铅垂线,内式天平方向与模型体轴系一致、外式天平方向与风洞轴系方向平行等。

10.1 试验系统故障与结果的关系

10.1.1 动力系统

1. 系统简介

风洞动力系统主要功能是按特定要求驱动风洞运行,低速风洞中以电机/风扇动力系统最为普遍。从气动数据分析者的角度看,风洞动力系统一般可以分为执行模块(如风洞电机、风扇)、控制模块(如电机调速装置)、反馈/输出模块(如试验段落差测量系统)。其中执行模块故障一般会导致试验进程的中断,不能产生试验数据。控制模块故障一般会导致试验速压、风速等的超范围波动,可以通过试验现场监控手段发现,一般也不需要通过数据分析手段发现。随着相关技术的进步,按相关规范调试后,风洞动力系统中执行及控制部分的稳定性、可靠性基本能得到保证。

相对而言,会进入数据分析视野的动力系统故障多数来自其反馈/输出模块。低速风洞中试验段动压测量的经典方法为落差法。下面重点讨论试验段落差系统故障与试验结果的关系。

2. 试验段动压落差测量方法

把风速管放在流场中待测点进行测量,就可得到该点的气流动压(速压)。在风洞试验中,关心的是试验段中心(模型安装区域)的速压。但是在风洞试验时,试验段(中心)安装了模型,不能再装风速管;即使将风速管安装在模型附近,由于存在模型对风速管的干扰,气流速压也难以准确测量。因此,试验段气流动压一般通过测量收缩段进口的静压 p_L 和出口的静压 p_s 来确定,如图 10.1 所示。这种方法称为落差法,图 10.1 中 L、S 及 J 截面分别收缩段的进、出口截面和试验段中心截面。则在 L、S 两截面之间由伯努利方程可得

$$p_L + q_L = p_S + q_S + k_1 \cdot q_S \tag{10.1}$$

其中,$k_1 \cdot q_S$ 是气流从 L 截面到 S 截面的总压损失。

由不可压流的连续方程,有

$$A_L \cdot v_L = A_S \cdot v_S \tag{10.2}$$

考虑到:

$$q_L = \frac{1}{2}\rho \cdot v_L^2$$

$$q_S = \frac{1}{2}\rho \cdot v_S^2$$

则

$$q_L = \left(\frac{A_S}{A_L}\right)^2 \cdot q_S = k_2 \cdot q_S \tag{10.3}$$

需要注意的是,由于边界层等因素影响,实际上 k_2 并不严格等于 $\left(\frac{A_S}{A_L}\right)^2$,但这并不影响最后的结论。将式(10.3)代入式(10.1),有

$$p_L - p_S = (1 + k_1 - k_2) \cdot q_S \tag{10.4}$$

同样,在 S 和 J 截面之间有

$$q_S = \left(\frac{A_J}{A_S}\right)^2 \cdot q_J = k_3 \cdot q_J \tag{10.5}$$

代入式(10.4),得

$$p_L - p_S = (1 + k_1 - k_2) \cdot k_3 \cdot q_J = \frac{1}{\zeta} q_J \tag{10.6}$$

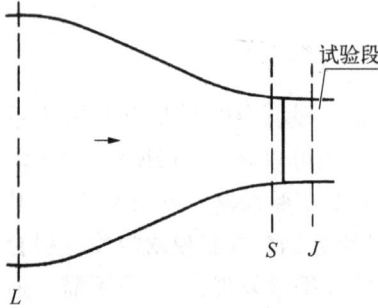

图 10.1　落差法原理示意图

或

$$q_J = \zeta \cdot (p_L - p_S) \tag{10.7}$$

其中,ζ 称为试验段参考点动压修正系数(落差系数)。

通过空风洞校测落差系数后,就可以通过测量收缩段进口(高压端)和出口静压(低压端)的方法、利用式(10.7)计算试验段中心速压。

近年来,还有一些非经典的试验段动压测量方法在低速风洞中得到应用,如风速管法、总静压落差法。其中风速管法即在收缩段出口或试验段进口处利用风速管测量当地速压,再利用当地速压与试验段中心的落差关系换算中心速压;总静压落差法则取收缩段进口总压代替其静压。这些方法的公式推导与经典方法是类似的,均可得到一个类似式(10.7)的远离试验段中心的测压点压差与试验段中心处速压的线性修正关系式,这里就不一一推导了。

无论用哪种间接方法测量试验段中心速压,风洞内流动压力感受装置(如风速管,总、静压孔)均应设置在风洞稳定段下游至试验段上游之间。这主要是由于在这一区域流动受模型及其尾流的影响相对较小,易于保证测量结果的稳定性;此外,在该区域容易获得较大的压差,有利于提高测量的灵敏度。

3. 落差系统故障表现及影响

在风洞试验中,落差系统出现的问题主要集中在压力传递管路破损、压力传感器性能变化、压力感受装置受损、落差系数引用错误等方面。此外,还可能受到风洞本体变化及试验模型变化的影响。

1) 压力传递管路破损

压力传递管路破损是落差系统最常见故障。管路破损后,大气压将影响落差系统输出结果。对于回流风洞而言,由于落差系统测压点均位于试验段上游前,而试验内静压(开口试验段)或调压缝静压(闭口试验段)与大气压一致,因此测压点压力均大于大气

压。当高压端(收缩段进口静压或总压)管路出现破损时,高压输出降低、利用落差系统输出计算的试验段速压小于实际速压,试验结果系数绝对值增大;当低压端(收缩段出口静压)管路出现破损时,低压输出降低、计算的试验段速压增大,试验结果系数绝对值减小。由于收缩段出口静压与大气压差异较小,低压端破损对试验结果的影响相对较小,也不易察觉,需要特别注意。

对于直流风洞而言,收缩段及试验段压力均小于大气压。当高压端管路出现破损时,高压输出提高,计算试验段速压增大,试验结果系数绝对值减小;当低压端管路出现破损时,低压输出提高,计算试验段速压减小,试验结果系数绝对值增大。由于洞内压力与大气压差异较大,试验结果对落差系统测压管路破损特别敏感,直流风洞相关故障表现也相对明显。

动力系统自身虽然复杂,但其对试验结果数据的影响主要通过速压体现。因此,包括落差系统在内的整个动力系统的故障,对试验结果数据的影响具有整体性、全面性的特点,即试验结果数据会整体增大或减小。这也是判断动力系统故障的重要表征。

2) 压力传感器性能变化

在推导式(10.7)时,落差系数主要由风洞气动结构及洞壁表面粗糙程度决定。但在实际校测和运用落差系数时,压力传感器性能变化也会影响试验段中心速压输出结果。因此,保证压力传感器性能的长期(校测时与试验时)稳定性就变得十分重要。压力传感器一般工作在线性段,即其输出信号变化与其感受的压力变化成正比关系,其比例关系设为 k_c。压力传感器性能的长期稳定性主要表现在其 k_c 的长期稳定性上,一般 k_c 的变化应小于 0.1%。

3) 压力感受装置受损

测压孔是最常见的压力感受装置。静压孔受损主要表现为其自身破损和周边物面变形两个方面,如图 10.2[1]。在风洞试验实践中,压力感受装置受损的概率并不高,也就是说绝大多数受损形态是单一的,如周边有一个多余物、测压孔有一个缺角等。一般而言,静压孔前方多余物会使其输出压低于正常值、后方存在多余物输出值则会偏高;静压孔前端缺角通常导致输出偏高、后端缺口反之。

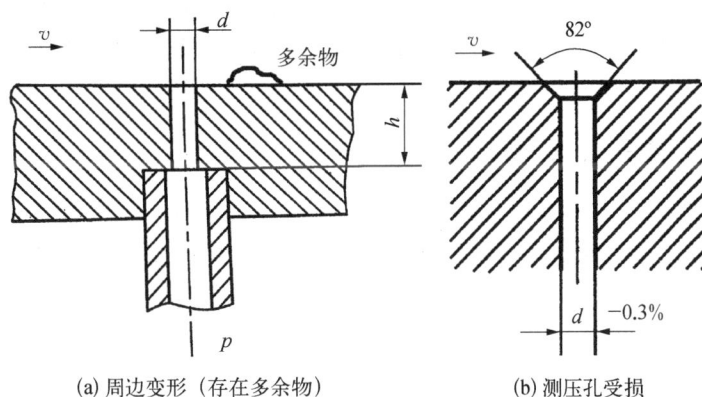

(a) 周边变形 (存在多余物)   (b) 测压孔受损

图 10.2 静压孔受损示意图[1]

总压孔受损是不常见现象。通常只有在总压测量偏低时,其受损情况才会引起重视,其主要表现形式是总压管轴线偏离设计方向。图 10.3[1] 给出了不同总压管的气流偏角特性,其中 p_0 为来流总压、β 为管轴相对气流方向的偏角。可见,总压测量对流向不太敏感。为进一步降低总压管对流向的敏感性、减少总压管受损,可以采用基尔(Kiel)管(图 10.4[2])或其他具有外套管的总压管。

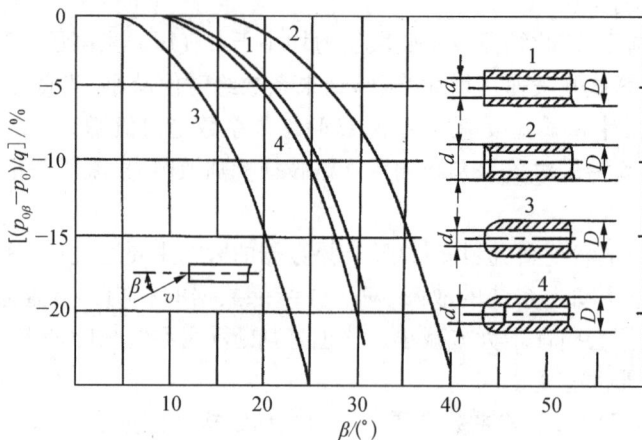

图 10.3　总压管的气流偏角特性[1]

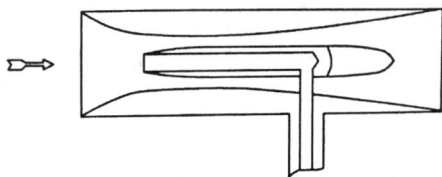

图 10.4　基尔管[2]

4)其他问题

由式(10.6)可以看出,落差系数会随 L、S、J 截面间总压损失变化而变化。对于特定的风洞而言,两截面间总压损失变化的主要原因是洞壁洁净度、平整度的改变,这是落差法的固有缺陷。因此,需要注意保持风洞洞壁状态的长期一致,这一点对于直流风洞尤为重要。

采用落差法时,低压端信号一般取自于洞壁壁面静压。相对于更前端的高压端信号,该信号容易受试验模型的阻塞干扰,但在规定的模型阻塞范围内,这种干扰是有限的,可以忽略。而对于空速管法,低压端信号不仅会受模型的阻塞干扰(平行于主流方向的速度变化影响)还可能会受模型洗流干扰(垂直于主流方向的速度变化影响),在进行大尺度、高升力模型试验时应引起注意。

10.1.2　模型姿态控制系统

1. 系统简介

模型姿态控制系统主要用于调整模型姿态角。经典的模型姿态控制系统一般由相互独立的俯仰角机构(俗称迎角机构)和偏航角机构(俗称侧滑角机构)两个子系统组成,目前常见的多功能支撑装置尽管在形态上高度集中、融合,但在其内部各子系统间的指令输入、运行控制、执行、反馈/输出模块均是相对独立的。

早期的模型姿态控制系统的指令输入、运行控制任务均有操作手人工完成,现在运行控制多由计算机实现。姿态控制系统自身配有角度反馈/输出模块,其输出结果常被用于确定模型姿态角;但目前越来越多地采用独立、专用的角度传感器测量、确定模型的姿态角,如利用倾角传感器测量模型俯仰角(迎角)、滚转角等。

需要注意的是,模型姿态控制系统调整的模型姿态角本质上是相对地轴系的角度,即与风洞试验段牵连的地轴系下的俯仰角、偏航角、滚转角。由于理想条件下(如试验段气流偏角为零),最常见的典型风洞(水平风洞)、典型试验项目(如飞机全模常规测力试验)的气流轴系各轴方向与牵连地轴系各轴方向一致。因此,习惯上一般把典型模型姿态控制系统调整的俯仰角、偏航角称为迎角和侧滑角,把对应的机构称为迎角机构和侧滑角机构。如无特别说明,本章在论述时也会遵循这一习惯。但这并不意味着否认模型姿态控制系统调整模型姿态角的本质,如在半模试验中,常将模型安装于试验段下地板转盘上,这个转盘就是最典型的侧滑角机构,但在试验中却用转盘实现模型迎角的变化。如果没有在理论上认清姿态控制系统调整模型姿态角的本质,进行地轴系偏航角向气流轴系迎角的转换,那么这种试验方法在数学逻辑上是不严密的。

2. 常见问题

进入数据分析视野的模型姿态控制系统问题多包含有人为因素,常见的包括角度指令输入错误、角度序列不协调、角度传感器精准度超标等。角度指令输入错误是指姿态控制系统或其上级系统所生成、输入的角度指令与预期指令值不符的情况。常见的错误形式包括单点错误、角度错位、角度序列调用错误等。如果试验系统中没有统一的角度指令分发及校准单元,则各试验子系统间使用的角度序列及角度值则可能不统一,出现角度序列不协调问题。

导致角度传感器精准度超标的因素较多,常见的包括:超范围测量、使用环境恶化、传感器性能变化、校准公式引用错误等。目前风洞试验中常用的实时角度传感器为重力(加速度)型倾角传感器,此类传感器在一定角度范围内(如±45°)比较敏感,超范围使用精准度下降显著。倾角传感器对其振动环境非常敏感,当传感器振动轨迹与其振动中心重合时,一般可以通过长时间(如 3 个振动周期以上)、高频(如每周期 8 次以上)采集传感器输出并利用数学方法消除振动影响;当传感器位置与振动中心不重合时,上述方法不能完全消除振动影响,其残差与离心加速度有关。实际试验中,传感器布置位置处的振动往往是复合振动,不易确定传感器与振动中心的位置关系,难以运用简单的理论方法修正该项残差,通常采用控制模型振幅的方法对其进行抑制。

3. 姿态角错误的典型表征

从分析试验结果数据的角度看,姿态角错误大致包括两种类型:协调错误和孤立错误。所谓的协调错误是指某个姿态角错误在产生后,其(错误)信息会被准确地传递给试验系统所有其他部分或被传感器准确地感知并有适应性调整,即试验各子系统间模型姿态角关系是相互协调的。如某计划试验名义迎角为 4°、但该角度被错误地生成为 3°并执行,此时模型姿态控制系统以 3°名义角完成模型姿态调整、迎角传感器准确测量了模型角度、数据处理程序以 3°名义迎角或以实测迎角为基础进行数据处理,最终可给出名义迎角为 3°的正确试验结果。此时除要求的 4°结果变化为 3°结果给出外,在试验结果曲线上并没有什么变化。因此,姿态角协调错误的特点是试验数据姿态角发生变化,但试验结果曲线规律不变,对试验结果特征值的影响一般也可忽略。

姿态角孤立错误发生时,有部分关键试验子系统未知该错误的存在,即试验各子系统间模型姿态角关系是存在矛盾的。如由于传感器错误将正确的模型 4°迎角测量为 3°并将错误结果导入数据处理程序,但由于姿态角传感器的独立性,其他试验子没有感知该错误的存在并作出相应调整,因此试验各子系统间模型姿态角是矛盾的。孤立错误一般会显著改变试验结果数据,导致数据曲线出现显著的跳点或阶跃。

姿态角错误引起的试验数据变化通常是成组出现的,如迎角错误通常导致试验结果纵向三分量的变化、侧滑角错误一般产生横航向三分量波动。试验数据变化量与姿态角失真量有关;当模型重力影响随姿态角变化可以忽略时,如内式天平试验时发生侧滑角错误,试验数据变化量还与其当地导数大致成之比关系,大致可表述为

$$\frac{\Delta C_Y}{C_{Y\beta}} \approx \frac{\Delta C_n}{C_{n\beta}} \approx \frac{\Delta C_l}{C_{l\beta}} \approx \Delta\beta$$

$$\Delta C_L \to 0, \ \Delta C_D \to 0, \ \Delta C_{ma} \to 0 \qquad (10.8)$$

其中,ΔC_Y、ΔC_n、ΔC_l 分别表示横航向试验结果的波动量;ΔC_L、ΔC_D、ΔC_{ma} 分别表示纵向试验结果的波动量;$C_{Y\beta}$、$C_{n\beta}$、$C_{l\beta}$ 分别为横航向三分量对侧滑角的导数;$\Delta\beta$ 为根据试验结果估算的侧滑角失真量。

当模型重力影响较大时,就必须结合重力影响估算姿态角错误影响。以内式天平试验小迎角时迎角错误为例,各分量变化量大致可表述为

$$\Delta C_L \approx C_{L\alpha} \cdot \Delta\alpha - \frac{G}{q \cdot s}(1 - \cos\Delta\alpha)$$

$$\Delta C_D \approx C_{D\alpha} \cdot \Delta\alpha + \frac{G}{q \cdot s}\sin\Delta\alpha$$

$$\Delta C_{ma} \approx C_{ma\alpha} \cdot \Delta\alpha + \frac{G}{q \cdot s \cdot b_a}(L \cdot \sin\Delta\alpha + H \cdot \cos\Delta\alpha) \qquad (10.9)$$

$$\Delta C_Y \to 0, \ \Delta C_n \to 0, \ \Delta C_l \to 0$$

其中,$C_{L\alpha}$、$C_{D\alpha}$、$C_{ma\alpha}$ 分别为纵向三分量对迎角的导数;$\Delta\alpha$ 为迎角失真量;G 为模型自重;L、H 为模型重心至飞机力矩参考点在纵轴及竖轴方向的距离;s、b_a 为模型参考面积及纵向参考长度。

式(10.8)、式(10.9)主要针对的是单一姿态角错误问题。当角度错误成系列出现时,如角度传感器校准错误或模型姿态控制系统传动机构传动比设置错误,在试验结果数据上的主要体现是气动特性对姿态角的导数偏差,如升力线斜率发生改变等。

10.1.3 测量系统

1. 系统简介

在风洞试验中,测量系统的主要功能是采集传感器输出的模拟信号并将其转换为数字信号,典型的测量系统包括电源、信号调理、模/数转换、传感器、信号传输线路等功能模块,其传感器一般以电压形式输出信号。随着现代电子技术的飞速发展,在形态上测量系统各功能模块间可能会有多种形式的融合,如将电源、信号调理与模/数转换模块集成为一体化的信号采集单元,但在其总体功能上变化却不大。

电源的主要作用是将市电转换为可供传感器使用的直流电。传统的测量系统对电源

的要求很高,常见的高精度稳压直流电源其电压稳定精度一般优于十万分之一。现在某些集成化采集单元能够同时测量电源输出电压与传感器输出电压并据此实时校准传感器输出信号,因此对电源输出电压的要求也可以放宽一些。

信号调理模块的主要作用是将传感器输出的有效电压信号转换为适合模/数转换模块转换的电压信号。一般具有信号滤波、放大、隔离等功能。常见的(准)静态试验中,传感器输出信号中一般包含大量高频随机干扰信号,需要通过信号调理模块进行低通滤波(如截止频率为 2 Hz)处理;天平等传感器输出的电压信号一般在毫伏级,而模/数转换模块的工作量程(电压可转换范围)一般在伏级,因此需要对传感器输出电压信号进行放大处理等。

模/数转换模块的主要作用是将信号调理模块输出的(模拟)电压信号转换为可供后续处理、使用的数字信号。当前风洞试验中使用的模/数转换模块一般为 16 位或更高,16 位模/数转换模块的理论精度大约为其量程的 $1/2^{16}$。

风洞试验中运用的信号传感器是多种多样的,如力(矩)传感器天平、压力传感器扫描阀、倾角传感器、加速度传感器等。传感器多数以电压为输出信号,某些具有远距传输要求的传感器也会以电流为输出信号。传感器的工作原理十分的繁杂,这里仅以典型天平为例简单介绍一下。

在机械结构上,天平一般包括以下功能元件:受力元件(浮动端)、载荷分解元件(连杆)、敏感元件(应变梁)及支撑元件(固定端)。浮动端用于连接被测物体(如模型),承受被测物传递的复合载荷并传递给连杆。系列连杆将复合载荷(包括力与力矩)分解为特定(正交)方向的多个力(有时也有力矩)载荷并传递给对应的应变梁。应变梁在受载后会产生弹性变形,同时将载荷传递给固定端。固定端汇集各应变梁载荷后,将复合载荷传递给天平支撑装置,最终传递至大地。

在应变梁有明显应变的两个表面上贴有多个应变片。随应变梁表面拉伸或压缩变形,各应变片也会变形,导致其电阻发生变化。利用各应变片组成合理的惠斯通电桥,就可将应变梁应变量转换为电压信号,也就是将被分解的力载荷转化为了电压信号。通过合理的设计,一般在惠斯通电桥输出信号与应变梁所受力载荷之间存在良好的线性比例关系。

测量系统中传输的电压信号一般较小(如毫伏级),易受外界电磁环境干扰。因此,信号传输线路应有良好的电磁防护能力,需屏蔽并具有良好的接地性能。良好的接地性能是测量系统稳定工作的基础。

测量系统数据采集方式对其输出结果具有重要影响。风洞试验中数据采集方式至少由以下一些关键参数确定:采样开始时机、采样频率及采样时长等。

2. 常见问题

对于试验数据分析人员而言,由于测试系统性能波动或故障引起数据异常是比较多见的。测量系统常见问题包括传感器供电电压失准、信号调理方式不合理、模/数转换失真、传感器故障、信号传输线路破损、电磁防护能力不足、数据采集方式不合理等。

1) 供电电压失准

传感器工作时一般要求供电电压与其校准时电压高度一致,否则应对其输出结果进行电压修正,即 $U_{输出} = U_{测量} \cdot U_{0,校准} / U_{0,使用}$,其中 $U_{输出}$ 为修正后传感器输出;$U_{测量}$ 为传感器输出直接测量结果；$U_{0,校准}$、$U_{0,使用}$分别为传感器校准和试验使用时的供电电压。

造成传感器供电电压失准的主要原因包括电压测取位置错误、电压测量仪器差异、供电电源/供电线路配置不合理。供电电压应在传感器确定的电源输入端（如天平电源/信号传输插头）测取，而不能在供电电源输出端测取，否则供电线路压降将会导致传感器供电失准。传感器校准及使用时，用于测量供电电压的测量仪器应有相同的溯源性，即经过同一标定体系标定。

在配置传感器供电电源和供电线路时应充分留有裕量，有条件时电源和线路设计能力（如电流）应为传感器需要的十倍以上，同时线路电阻应远小于传感器有效电阻（如1%）。较弱的供电电源输出电压易受负载变化的影响，而电阻较大的供电线路易出现由于发热导致其阻值不稳定的现象。这种情况在多传感器同时工作时更应注意。

供电电压失准时，相关试验数据将成比例变化，最明显的特征是试验结果对模型姿态角的导数发生改变。

为减小供电电压失准带来的影响，一个有效的技术措施是实时"回采"（监控）电源供电电压，并用于修正传感器输出。

2）信号调理方式不合理

不同风洞、不同试验方法、不同传感器的传感器输出信号调理方式是有差异的。摸索合适的信号调理方式是一个基础性、长期性工作。对于已有多年运行历史的成熟风洞而言，一般均有比较合理的调理方式可供选择。在选择调理方式时，首先需考察信号滤波方式是否恰当，一般（准）静态试验选用低通滤波形式，动态试验一般不滤波。其次应检查信号放大倍率是否与模/数转换模块量程匹配。经验表明，风洞试验中经放大后的天平最大静态输出信号绝对值一般为转换模块量程的20%~70%为宜。

由不合理调理方式获得的试验数据，经常会表现出试验数据稳定性、平顺性不好或极大值偏低的现象。未经滤波处理的试验数据可能包含大量随机干扰信号，其天然可靠性不高。过大的随机信号可能导致超模/数转换模块量程的数据的丢失或失真，使试验结果中极大值偏低。信号放大倍率较低时，可能会导致模/数转换失真加剧影响试验结果。

3）模/数转换失真

模/数转换失真问题不仅与转换模块性能有关，还与传感器量程、被测物理量大小、测量时物理量波动特性等多方面因素有关。正确理解这些要素的作用，对把握模/数转换失真问题，甚至是正确理解测量系统配置均有帮助。下面以全机测力试验最小阻力测量问题为例展开讨论。

在这个例子中，不失一般性地假设：飞机模型自重 $G = 12\,000$ N、参考面积 $S = 2$ m^2；最大试验迎角 $\alpha_{max} = 24°$；试验速压分别为 2 500 Pa 和 500 Pa；经调理放大后，天平满量程输出对应模/数转换模块满量程的 50%；使用 14 位模/数转换模块进行模/数转换。

首先，需要确定天平轴向力（阻力）量程 F_D。由于天平与模型固联，在有迎角的条件下，天平量程必须大于模型自重在天平轴向方向的分量，即 $F_D \geq G \cdot \sin(\alpha_{max})$，考虑到适当裕量取 $F_D = \pm 8\,000$ N。其次，由于模/数转换失真产生的阻力测量最大理论误差约为 $\delta_D = F_D/(2^{14} \cdot 50\%) = 1$ N，两个试验速压下换算为系数形式大约为 0.000 2 和 0.001。

由于飞机模型低速风洞试验阻力系数精度一般不能低于 0.000 5，所以这个例子中测量系统的配置是不够满意的。实际上，基于通用性考虑，成熟风洞配套的通用模/数转换模块位数均较高,失真量能够满足大多数试验需求。另一方面,为减小测量误差、提高数据稳定性,风洞试验中广泛采用了多次测量技术[参见本节 7)项],能够有效提高试验精度。

长期使用的信号调理或模/数转换模块,可能会出现老化等现象,导致其性能或工作稳定性下降,造成试验数据的无规律波动。大多数情况下,这种情况仅影响单个信号处理通道,通常通过换用备用通道就可以解决。

4)传感器故障

传感器自身出现故障时,试验数据一般会出现相应的显著变化。对于高度集成的成品传感器(如倾角传感器、加速度传感器等),试验现场能够处理的问题主要是传感器安装不可靠;其他问题通常只能采用更换传感器的方法解决。

天平是风洞试验中最常见的传感器,其故障形式主要包括应变片脱胶,电路绝缘下降、短路、断路,结构破损等。其中由于疲劳产生的结构破损问题比较隐蔽。在出现疲劳问题的初期,天平性能变化通常比较缓慢,一般需要通过(同状态)重复试验的方法才能发现或确认。

5)信号传输线路破损

信号传输线路破损会导致测量系统电路短路、断路、接地、电磁防护丧失等问题。信号传输线路通常具有渐变性、间发性的特点,给故障点的排查带来很大困难,习惯称为"软故障"。软故障具有很强的隐蔽性,主要表征是"检查正常、工作失常",用常规的检查方法不易发现,但试验时又影响信号(或电源)传输。例如,有一根多股绞合供电线,其内部某处已有部分丝线断裂。此时用常规的导通性检查难以发现供电线已受损,但实际工作时其供电能力却会有大幅下降、电压损耗增加且更不稳定。

6)电磁防护能力不足

低速风洞中常用的电机风扇驱动系统是典型的强电系统,而天平等传感器又是典型的弱电仪器。因此,在风洞试验时测量系统必须具有良好的抗电磁干扰能力,其基本前提是测量系统必须具有良好的接地性能。测量系统电磁防护能力下降后,其输出中干扰信号增加,会导致数据稳定性下降,重复性试验精度下降。

7)数据采集方式不合理

作为一个理想,风洞试验工程师总是希望传感器输出信号是稳定的(如定常试验)或是严格按某种规律变化的(如动态试验)。但实际上无论付出了多大代价,传感器输出信号总是波动的,产生传感器信号波动的原因很多,如气流脉动、模型振动、电磁干扰、气流速压波动等。多数情况下传感器信号波动量很大、远远超出试验精度要求。合理的数据采集方式可以有效避免信号波动影响,提高试验结果的稳定性和可靠性。数据采集方式一般可以用 3 个特征参数描述,即采集开始时机、采集频率与采集时间。一般而言提高采集频率、延长采集时间是有利的。但考虑到设备能力与试验效率等限制因素,又不可能将其无限增加。

定常试验中,模型姿态角到位后一般需要延时一段时间再采集数据,以衰减模型振动、稳定模型绕流流场。延时时间主要与模型振幅衰减特定有关,可以通过分析加速度传感器、倾角传感器、天平等传感器的动态信号确定,低速风洞中一般延时 $4 \sim 8\,\mathrm{s}$ 就可以满足要求。

对于定常试验而言,采集频率一般要比信号波动最高频率高几十倍,如信号调理模块低通滤波部分的截止频率为 2 Hz 时,数据采集频率一般有 100 Hz 就可以满足要求。对于动态试验而言,采集频率一般为试验关心动态信号频率的 2 倍以上。

定常试验中,理论上数据采集时间一般需要大于信号波动最长周期时间。对于大多数风洞而言,气流速压波动的周期较长,这对于低速、大型风洞而言更为严重,有时甚至长达数十秒。因此在工程上,数据采集时间简单地满足波动最长周期要求是不经济的,一般通过控制气流速压波动幅度的方法,降低对数据采集时间的要求。通常情况下,低速风洞试验中数据采集时间控制为 4~8 s 就可以满足要求。

定常试验中每一个试验点均会采集大量的数据,这些数据难以也无必要直接进入数据处理与修正流程,一般仅需要用一个典型数据来代表这些采集数据。典型数据计算、提取方法是多样的,客观上这些方法的差异并不大,工程上运用得最为广泛的是算术平均法。

10.1.4 模型状态

1. 模型状态考察内容

宏观上看,考察模型状态至少包括以下 4 方面:外形几何相似程度、表面质量、内部结构强度刚度特性以及与其他试验设备的相容关系。如果试验模型与实物在这些方面的存在差异,对试验结果会产生一定的影响,在设计、准备、实施试验的全过程中必须进行评估。

2. 模型外形几何相似程度

模型外形与实物的几何相似是风洞试验相似理论的基本要求,但在工程实践中追求绝对的几何相似是非常困难的。风洞试验中试验模型虽是以几何相似原则设计加工的,但绝大多数情况下并不能实现绝对的几何相似。试验模型与实物间的差异经常体现在以下几个方面:小尺寸突出物省略、动力系统进/排气口简化、模型支撑装置支杆连接处异化、缝道模拟失真、外形尺寸差异等。

现阶段风洞试验模型通常是缩比模型。实物表面上的小尺寸突出物经缩比后尺寸更为微小,不仅设计加工困难,而且由于以突出物特征尺寸计算的当地雷诺数很小,存在其气动影响与实物差异较大的问题。因此,在风洞试验模型设计中,可以将位于模型表面曲率较小位置的、特征尺寸小于 1 mm 的、孤立存在的突出物省略。除阻力特性外,这些被省略的突出物通常不会对试验结果产生较大的影响。在运用风洞试验数据前,通常需要进行被省略突出物的阻力影响修正。

飞机动力系统进/排气口模拟简化是风洞试验模型几何相似失准的常见表现,对于进/排气流量较大的喷气式飞机表现尤为明显。在早期的风洞试验模型上,通常运用置于进/排气口外的整流体(俗称整流锥)改善附近流动特性,使之与实物流动特性接近一些。加装整流锥后,试验获得的模型阻力特性误差可以明显减小;但当整流锥距飞机力矩参考中心较远时,可能会影响力矩特性结果。现代模型通常采用通气模型改善进/排气口附近流动特性,一般而言效果更好一些,但由于存在内阻,通常试验获得的阻力特性会偏大一些。

模型支撑装置需要在模型表面与模型连接,或是贯穿模型表面与模型内部结构连接。因此,在支杆与模型的交接区域,模型外形并不能满足相似准则要求,或是需要设置连接基础或是需要开口。一般认为支杆连接处的异化会对试验结果产生一定影响,外置的连接基础一般会影响阻力特性,而模型表面的开孔影响则非常复杂没有明确的规律。原则上抑制支杆连接处异化影响的主要手段一般包括:使支杆/模型连接位置远离模型主要气动部件;连接位置设置于模型表面曲率较小处,如机身等值段;减小连接处异化部件的尺寸;减小模型内部无序气流流动,当需要多处开口时,开口应选择在孔间模型表面压力差较小位置、或在模型内部设置流动抑制装置。

现代飞机的活动部件(如襟翼、副翼、升降舵、方向舵等)与其他部件间常常存在缝道结构,缝道及其周边流动特性对其相关部件气动特性有重要影响。受当地雷诺数较小影响,几何相似缩尺模型缝道流动特征参数与实物间存在差异,在小尺寸模型上这种差异表现得更为明显,不仅会影响部件气动特性,如操纵面铰链力矩特性,有时甚至会明显改变全机气动特性结果,如襟翼增升效果。主流观点认为缩尺模型上的缝道应进行适当的放大处理,但相关研究结论的局限性较大。在工程上一般还是以几何相似原则设计模型缝道,而通过增加模型尺寸的方法减小缝道流动失真带来的影响。低速风洞试验中,通常是不需要考虑马赫数相似准则的。但高效增升装置中缝道流动速度很大,通过缝道的空气特性已明显偏离了不可压假设状态。此时,考虑马赫数相似要求,对降低试验误差是有利的。

模型外形尺寸差异包括线尺寸差异与角度差异两个方面,主要影响因素是模型加工技术、工艺。目前风洞试验模型普遍采用数控加工中心加工,其外形尺寸差异一般容易得到保证。相对而言,比较常见的尺寸差异是操纵面偏转角误差。操纵面偏转角误差直接影响操纵面效率试验结果,不仅操纵面角度偏转装置(如角度块)加工质量有关(主要体现为系统误差),而且与操纵面角度变换操作有关(主要体现为粗大误差)。在模型地面准备中校测各操纵面偏角是消除其偏转装置系统误差的主要手段。提高操纵面角度偏转装置安装一致性,如增大角度块连接面尺寸、提高连接面平整度、统一操纵面角度变换操作流程,可有效降低粗大误差。

3. 模型表面质量

模型表面质量一般可以用表面粗糙度、阶差及使用中受污染程度表征。随着数控加工技术的推广应用,风洞试验模型表面粗糙度、阶差很低,可以达到镜面效果、一般可以满足试验要求。目前影响模型表面质量的主要因素是模型试验使用过程中会受到污染,主要包括两方面:一是风洞内空气杂质污染,二是模型补缺工艺落后。

客观上,风洞中流经试验段的空气不是纯净的气体,或多或少地包含固体或液体杂质、直流风洞中甚至可能包含大量的昆虫,这些杂质可能吸附于模型表面(主要是迎风驻点位置附近)、影响模型表面质量。空气杂质污染是一个渐变过程,在试验结果上一般首先会出现模型(最小)阻力增大的现象,随后飞机模型还可能出现失速迎角提前、最大升力系数降低的现象,需视情及时处理。

为满足部件连接、构型变化等诸多试验要求,在风洞模型表面通常会留有工艺孔(最为典型的就是螺钉孔)等表面缺陷,这一点在低速风洞试验模型上表现得更为突出。在试验前,模型表面的这些缺陷均应进行处理弥补,以使模型表面更为光顺平整。在低速风洞中,模型表面的这些缺陷一般用橡皮泥及胶带处理。当需处理的缺陷数量较少、缺陷位置模型表面曲率较小、反复处理次数不大时,一般经细致处理后试验结果(与符合理论外形的模型结果相比)不会出现可察觉的差异。但若处理不当,特别是经反复处理后,模型表面质量可能会逐渐变差,使试验结果出现差异。

4. 模型内部结构强度刚度特性

模型关键结构部件出现强度问题时,通常会引起模型解体、设备毁伤等灾难性后果,一般不需要分析试验数据就可以发现。模型上小部件(如模型表面口盖、翼尖、起落架、各类小型附加物等)出现强度问题时部件脱离模型,不仅会改变模型外形还可能存在脱落物撞击模型的情况。此时,试验数据通常会有明显的变化,如试验数据的稳定性突然变差、数据量值出现意外阶跃等,而且这些变化一般在气动特性六个分量上均有所反应并且存在相关性。

风洞试验所用飞机模型外形一般是按 $1g$ 外形设计的,所谓 $1g$ 外形可以简单理解为飞机典型构型下以匀速水平直线飞行时的外形。由于受重量、内部设备布置等诸多限制较少,相对于飞机等实物,风洞试验模型的刚度较大、变形较小,甚至常把试验模型视为刚体。近年来,随着对试验结果可靠性要求的不断提高、小型无人机等实物模型试验的增多,对试验模型刚性特性及其影响的关注度也越来越高。通常(超)大展弦比机翼模型在试验中会出现可观测的上反变形,可能导致模型升阻特性下降、滚转稳定性增加等后果。在经典的飞机布局中,尾翼是安装于机身上的;而在无人机布局设计中常将尾翼直接与机翼连接,对于这种布局的无人机,模型试验获得的气动特性与实物(或实物模型试验结果)间可能存在较明显的差异。其主要原因是试验模型机翼刚度与实物间存在显著的差异。受尾翼俯仰平衡力矩影响,无人机实物机翼几何扭转变化较大,导致其升力线斜率明显小于模型试验结果,同时受尾翼撑杆刚度较差的共同影响,无人机俯仰静稳定裕量也可能比试验结果更低。

5. 模型与其他试验设备的相容关系

模型与风洞其他试验设备的相容关系一般包括空间位置相容特性、气动耦合干扰特性等方面,有时甚至包括电磁兼容关系等。其中气动耦合干扰特性主要是指暴露于试验段流场中的试验设备(主要是模型支撑装置)对模型绕流及气动特性的干扰,一般通过支架干扰试验进行研究和扣除,此处不再赘述。

对于采用内式天平测力的试验项目,空间位置相容特性主要是指模型(包括天平浮动端)与支杆(包括天平固定端)间的空间相容性,应保证在试验的全过程中两者间不存在固体传力关系(不接触传力)。对于外式天平试验,主要关注点在于支杆与风挡间的空间相容性。相对模型与支杆,(内式)天平的刚性是较差的,天平受载(包括重力与气动载荷)发生变化后会出现一定的形变,导致模型与支杆的相对空间位置的改变,因此在设计、安装模型时,应保证模型与支杆间留有充分的间隙。天平变形量基本与其受载大小成正比例关系,据此可以估算需要的间隙大小,下面以天平滚转变形为例进行简单讨论。在静态条件下,天平所受的滚转力矩一般不大、假设为零,同时假设吹风试验时天平所受最大气动滚转载荷为 Q,则天平最大滚转变形量可表述为 $\gamma = k_\gamma \cdot Q$,那么在距天平纵轴($X$ 轴)距离为 L 处的模型局部旋转位移量大致为 $\Delta A = L \cdot \sin \gamma$。即该处模型与支杆间的间隙应大于 ΔA,考虑到振动等因素,在设计模型/支杆时间隙一般应大于 $1.5\Delta A$。当然,考虑到模型表面破坏的影响,这个间隙也不是越大越好,在低速风洞试验中,设计间隙一般控制在模型外形特征尺寸(如机翼展长或模型全长等)的 0.1% 以下为宜。如在设计阶段即发现所需间隙较大的现象,通常提示所选天平刚性较弱,需要重新评估天平的适用性。

预留间隙不足或间隙间存在多余物是试验时模型与支杆间发生意外接触传力的主要原因,一般称此现象为碰天平或碰模型。由于碰天平时模型的部分载荷未通过天平直接传递到支杆(直至大地),天平输出载荷会变小一些,通常导致试验结果绝对值变小。存在碰天平现象时,试验多分量结果通常会发生明显变化,而且这变化通常是相关的。通过分析相关力矩与力载荷(或气动特性)变化量的比值关系,对快速寻找碰点具有直接指导意义。

10.1.5 风洞状态

尽管比较缓慢,但随着时间的推移,风洞气动状态也会有所变化。其主要原因是由空气污染物在风洞内部部件上的沉积造成的,此外还来自试验过程中风洞部件的自然损伤、老化等。相对回流风洞而言,直流风洞更易受到大气污染的影响。污染物可能会沉积于风洞内表面,影响壁面粗糙度,改变试验段气流均匀性。更重要的是,还会污染蜂窝器、阻尼网等整流部件,影响其性能,进而影响试验段流场特性,如常见的不均匀的阻尼网污染就可能影响试验段气流偏角。因此,在风洞的定期维修项目中常常会包括内部清洗项目。

10.2 试验结果确认方法

10.2.1 基本方法与要求

确认风洞试验结果的目的在于判断试验结果是否正常,狭义上讲就是判断试验结果是否是试验模型气动特性的某种程度的正确反映(试验真值),广义上讲还需要研究试验结果与实物特性的相关性。理论上,风洞试验结果的确认应当由试验原理出发,围绕所选的相似准则是否恰当、设计的试验方案是否合理、采用的试验设备和模型是否正常、建立的试验条件是否符合预期、执行的试验流程是否规范、进行的试验数据处理与修正方法是否准确等产生试验数据的全方面要素展开。当试验系统各方面评估均为肯定结果时,即可确认试验结果。

但在实际风洞试验实践中,受试验系统复杂、试验周期长、试验量大等众多因素影响,直接运用上述理论方法确认试验结果存在工作量巨大、确认结论差错率较高的问题。因此,在实际风洞试验中一般认为理论确认方法及据此开展的相关工作,仅是试验结果确认工作的基本方法和基础工作,是首批试验数据确认的重要手段,同时也是批量试验数据确认过程中检验其他确认方法(否定)结论的重要手段。简单来说,就是在进行首批试验数据确认过程中,必须首先对试验系统各个环节进行检查评估;只有在所有评估结论均为肯定结果时,才有必要利用其他方法确认试验结果。而在批量试验数据确认过程中,一般默认试验系统状态没有发生变化,直接用其他方法确认试验数据;当对试验结果是否正常存在怀疑或认为试验不正常时,需要对试验系统相关甚至所有环节进行重新检查评估。在此过程中,应对所有被甄别出的否定评价结果项目进行纠正完善,然后才能继续试验。

除理论确认方法外,风洞试验中还需要用到多种试验结果工程确认方法,以有效提高数据确认效率、降低确认结论的差错率。与理论确认方法不同,工程方法一般是通过分析评估试验结果数据本身来完成确认的,其中最常用的方法包括"比较法""自洽法"和"回溯法"等。

所谓的比较法就是在量级/量值、变化规律等方面对比试验数据与"试验结果预期值"的异同,进而给出试验结果确认结论。试验结果预期值应当相对可靠,可以是真值、使用值、理论值、数值计算值、工程估算值、以往类似试验结果、统计规律等。由于来源不同,试验结果预期值的可靠性差异很大,而且多数情况下相对可靠值一般并不全面,如只有升力线斜率一个参数可供比较。因此,要求比较法的运用者必须拥有扎实的相关理论基础和丰富的工程经验,当预期值可靠性较低时更是如此。

自洽法主要通过分析试验结果自身或与相关试验结果间的自洽性,给出数据确认意见。例如在升降舵效率试验中,一般认为中小偏度时升降舵效率是变化不大的、大偏度时升降舵效率可能明显降低。那么当发现中小偏度升降舵效率存在明显变化时,一般提示试验系统某个环节出现了问题,如升降舵偏转角设置错误等。此时就需要对相关试验环节进行检查评估,检验确认结论。在进行气动特性试验结果自洽性分析时,必须对试验数据量级及其变化规律有清醒的认知,这种认知不仅来自空气动力学基本理论,也来自丰富的工程经验。

在试验过程中,可以选择少数已完成的试验状态进行重复性(回溯)试验,通过比较正式与回溯试验结果给出数据确认意见。当两次试验结果具有满意的吻合性时(如差异绝对值小于试验精度值),可以认为在两次试验间试验系统保持了良好的稳定性。而当试验结果吻合性较差时,一般提示某个试验环节状态发生了改变,需要对相关试验环节进行重新检查评估,再根据评估结论重新或继续试验。回溯试验条件的差异对数据确认意见的形成具有重要影响,一般而言,模型构型复杂、试验条件极端时试验结果的吻合性会相对较低。

在风洞试验实践中,试验结果理论方法确认试验结果存在效率低下、差错率较高的问题,如许多试验系统缺陷不能被常规检测手段辨识;而各种工程确认方法在理论和逻辑上也并不完美、存在漏洞,如当试验系统中正好存在两个影响相反的错误时,简单的工程确认方法就可能会失效,导致试验系统带故障运行。因此,无论是试验结果理论确认方法还是各种工程确认方法都不可能是万能的,只有将各种方法有机结合、灵活运用,以理论方法为基础、以各种工程方法为补充,才能更高效、更可靠地确认试验数据。

试验结果确认过程中需要有扎实的理论功底、丰富的实践经验和灵活的运用技巧。在运用理论方法确认试验结果时,(运用者)必须能够深刻地理解试验原理与具体方法,能够全面和细致掌握试验系统(包括模型、设备、参试人员)各环节状态,能够严格控制试验操作和数据处理修正流程。而在运用工程确认方法时,除上述要求外,(运用者)还必须掌握相关空气动力学基础理论和知识,了解试验对象气动设计要求、方法及特点,具备丰富的实践经验。

10.2.2 试验前准备

1. 估算试验结果预期值

随试验目的、方法、条件的不同,风洞试验结果中包含的系统误差也是不同的,其中最常见的包括洞壁干扰量和支架干扰量等。因此,不同方法估算的试验结果预期值所包含的要素也是不同的。本节讨论的试验结果预期值，一般仅包括模型气动特性及其特征值。而洞壁干扰量一般可以通过洞壁干扰修正方法估算，支架干扰量可以通过试验方法获得或通过统计方法估算，这里就不再赘述了。

获取试验结果预期值的方法很多，不同方法给出的预期值在数量、种类、可靠性等方面差异极大，使用者必须仔细甄别、慎重使用。下面就一些常用方法进行简单介绍。

1）理论评估法

所谓的理论评估方法就是利用线化空气动力学理论解析公式，评估经理想化处理后的模型气动特性或其特征参数。受线化理论限制，理论评估法能给出的预期值很少，一般是与升力（或侧力）相关的量相对姿态角的导数；而且通常仅能够给出试验结果的极值。根据升力面线化理论要求，试验模型理想化处理一般包括模型平板化处理和升力面椭圆化处理两方面，即假设试验模型为平板模型、模型各升力面为椭圆翼面。举例说明如下

假设某试验模型，机翼面积为 1、展弦比（λ）为 8；平尾面积为 0.25、展弦比为 4；机身投影面积为 0.8、名义展弦比为 0.1。根据线化理论椭圆机翼升力线斜率计算公式为

$$C_{L\alpha} = \frac{2\pi}{1 + 2\pi/(\pi\lambda)}/57.3\,[\,1/(°)\,] \tag{10.10}$$

则机翼、平尾和机身各自的升力线斜率分别为 0.087 7、0.073 1 和 0.005 2，以机翼面积归一化处理后，则分别为 0.087 7、0.018 3 和 0.004 2。因此，全机升力线斜率评估结果为 0.110。在这个案例中，甚至用线化公式（10.10）评估了机身的升力线斜率，其相对误差显然较大。但由于机身对全机升力的贡献很小，并不会对评估结论产生重要影响。此外，由于对模型进行了理想化处理并且没有考虑平尾处下洗率、气流阻滞等影响，评估结果应当偏大，因此将评估结果定义为试验结果的上限。

在获得了更多模型气动布局参数（如尾臂长度等）后，甚至可以用类似方法评估某些静稳定特性。例如可以评估平尾对全机俯仰静稳定裕量的贡献，假设平尾尾臂长度为 5 倍的机翼平均气动弦长，在小迎角条件下：

$$-C_{mCLp} = -\frac{\mathrm{d}C_{mp}}{\mathrm{d}C_L} \approx -\frac{(-5)\cdot\mathrm{d}C_{Lp}}{\mathrm{d}C_L} = \frac{5\cdot C_{L\alpha p}\cdot\mathrm{d}\alpha}{C_{L\alpha}\cdot\mathrm{d}\alpha} = 0.83 \tag{10.11}$$

由于没有考虑机翼干扰，该评估值只能用于确认模型无机翼构型平尾贡献试验结果。

2）工程估算法

试验结果预期值的工程估算方法是在理论评估法的基础上，通过引入局部修正而形成的，这些修正大多来自试验或计算总结。由于出处不同，工程估算公式形式或修正量值也会有所不同。相对而言，工程估算结果的可靠性要高于理论评估结果，但能够提供的预期值还是有限。例如有一种机翼升力线斜率估算公式可表示为

$$C_{L\alpha} = \frac{0.1\cdot\lambda\cdot(\cos\Lambda_{0.5})^{0.5}}{2 + \lambda + 1/\lambda}\,[\,1/(°)\,] \tag{10.12}$$

式中，$\Lambda_{0.5}$ 为机翼 1/2 弦线后掠角。

再如，根据统计，平尾处机翼下洗率（ε_α）一般在 0.3～0.4；而平尾处气流阻滞系数（k_t，平尾处实际速压与自由流速压之比）可取 0.9（低平尾）或 0.95（高平尾）。

利用公式(10.12)并给定 $\varepsilon_\alpha = 0.3$、$k_t = 0.9$、机翼及平尾 $\Lambda_{0.5} = 0°$，对上面案例进行重新估算。则归一化处理后，机翼、平尾、机身及全机的升力线斜率分别为 0.079 0、0.010 1、0.000 7 和 0.898；平尾对全机俯仰静稳定裕量的贡献为 0.56，该值可用于确认全机模型平尾贡献试验结果。

3) 统计法

统计法是针对试验对象特点，通过统计类似研究的试验/计算结果或其他有效数据，估算试验结果预期值的方法，一般在试验准备阶段进行。一般而言，统计法提供的预期值数量较多、也更具针对性，但随统计方法的不同，预期值的可靠性也相差较大。为获得较高可靠性的统计结果，需确实掌握统计对象内在的变化规律。以机翼升力线斜率统计为例进行说明。

假设已知一组三个机翼的升力线斜率，这组机翼基本布局与试验机翼相似，但展弦比和后掠角有所不同。在估算试验模型机翼升力线斜率时，可以选择多种统计方法。如可以先找出三个机翼升力线斜率与展弦比的变化规律，再以插值的方式给出试验机翼升力线斜率估算预期值；也可以先找出升力线斜率与后掠角的关系，再插值出试验机翼预期值。当然，如果能够利用某些研究成果事先辨识出不同变量对估算值的影响基本规律，再用已知结果进行校准后，就能够获得更为可靠的预估值。如在本例中，可以认为式(10.12)体现了展弦比和后掠角对升力线斜率影响的基本规律，将式(10.12)改为

$$C_{L\alpha} = k \frac{0.1 \cdot \lambda \cdot (\cos \Lambda_{0.5})^{0.5}}{2 + \lambda + 1/\lambda} [1/(°)] \tag{10.13}$$

其中，k 为校准系数。

将用于统计的三个机翼参数代入式(10.13)，得到一组 k 值；再将 k 的平均值与试验机翼参数代入式(10.13)，就可以得到预估值。

4) 飞行结果辨识法

实际上需要运用飞行结果辨识法提供试验结果预估值的情况并不多见。这一方面是由于通常风洞试验先于飞行试验进行，另一方面也是由于飞行数据精度相对较低。利用飞行数据辨识飞机空气动力特性需要具备专门、系统的知识和技术体系，本书无法展开讨论。作为一个简化方法，也可以利用飞机飞行性能参数估算个别气动特性参数。如可以根据飞机失速速度及相关飞行条件(高度、重量等)推算试验最大升力系数上限，可以根据飞机最大飞行速度、相关飞行条件及动力系统参数(功率、效率等)推算飞机最小阻力系数量级等。

5) 数值计算法

随着 CFD 技术的飞速发展，以数值计算结果作为试验结果预估值的情况越来越普遍。相对前面几种提供预估值的方法，数值计算能提供的预估值数量庞大，甚至可以覆盖所有试验条件；所提供预估值的种类多样，不仅包括气动特性及其特征参数，还可包括大量的流场信息等；预估结果可信性较高，一般认为在线性范围内预估值比较靠近真值。但存在分离流的情况下，如大姿态角、操纵面大角度偏转，试验结果与计算结果的一致性通常不能令人满意。

6) 引用使用值法

对于成熟机型(原准机)的改型改进飞机试验,一般可以采用引用原准机使用值的方法获取试验结果预估值。此时能够提供的预估值数量较大、一般也较为可靠。但在具体运用时,应当注意原准机与改进改型机的差异,并评估这些差异所带来的影响;同时应当注意,使用值与试验值之间的固有差异,如由于雷诺数不同会导致两者失速特性的不同。

7) 引用类似试验结果法

这种方法本质上与引用使用值法是一样的,只是引用的数据为其他试验的数据。实践中,比较普遍地运用了这种试验结果预估方法。在运用类似试验结果时,应注意不同试验间存在的差异,如试验风洞、具体测量设备、模型状态、数据处理与修正的不同,并评估这些差异所带来的影响。

2. 试验设备检查

试验设备检查一般需要分阶段进行,主要包括单一设备检查、子系统检查和全系统联调检查等,此外在试验过程中也可能需要进行设备检查。当然,在实际检查过程中,这几个阶段不可能是完全割裂的,而是相互衔接甚至是相互渗透的。

单一设备检查一般由设备提供方与使用方共同完成,主要检查各参试设备的主要功能和基本工作特性是否满足设计与试验要求,主要目的是防止不合格的设备进入试验系统。

子系统检查一般由设备使用方完成,主要检查设备对试验环境的适应性和各设备间的兼容性。如对模型安装子系统中需要检查支杆、天平及模型间的连接适配性;对天平需要检查安装后天平工作特性是否存在变化;对测量子系统需要检查各电气、电子设备间的电磁兼容性等。通过子系统检查,有利于及早发现试验系统不足与缺陷,对降低各种试验风险帮助极大。

在试验其他准备工作已完成、正式试验开始前,应进行全系统联调检查,通常以试吹风的形式完成。试吹风是试验系统检查的关键环节。这一方面是由于参与全系统联调检查的要素最齐全、环境最真实,有助于暴露各子系统间的不协调关系;另一方面试吹风可以弥补部分前期检查的不足。如假设某信号线已受损、其内部某处部分导线已断裂,在前期检查时用常规的电阻测量方法是难以发现这一问题的。但在试吹风时受振动等各种环境因素影响,信号线传递的信号就可能发生明显变化,将该隐患暴露出来。再如假设模型支撑装置客观存在刚性不足问题,但受地面安装条件和载荷模拟条件限制,前期检查难以发现这一问题;而在试吹风过程中,受风载、模型表面气流分离等因素影响,模型就可能会出现难以接受的振动。

3. 试验模型检查

模型检查包括数量检查、状态检查和装配检查等,一般通过检查文件及实物的方法进行。

数量检查主要是检查模型部件及配套连接件数量是否完整、是否能够满足试验要求。一般通过对照实物与相关文件的方法进行。

状态检查主要检查模型外观质量是否满足试验要求、主要结构件承载能力评估等,对于测压模型还需检查测压孔数量、质量。为评估主要结构件承载能力,一般首先需要检查模型设计报告,再检查实物与设计报告的符合性,必要时需对关键结构件的内部完整性进行检查(如探伤)。

装配检查需按试验要求将模型各部件装配成完整的试验状态,检查各部件间的适配性、完整模型状态及可变化部件(如升降舵)状态与试验要求的符合性,如模型整体及部件尺寸、角度等。在装配检查中应注意检查模型可更换部件或可变化部件的重复安装稳定性。

4. 参试人员培训

参试人员培训包括资格培训与专门培训两部分。试验各岗位正式参试人员均应具备相应岗位的基本技能获得了相应资格。

专门培训要求参试人员了解相关试验的主要目的、方法、内容和特点,以降低参试人员发生人为差错的概率,提高参试人员发现、处理意外情况的能力。

10.2.3 首批试验数据确认

1. 首批试验数据

某期风洞试验的首批试验数据一般包括若干条"干净"构型下的纵向、横向及其重复性试验数据。这里所谓的干净构型是一个相对模糊的工程概念,简单地可以理解为在试验研究对象(即试验模型的原型)实际正常使用条件下(外形)能够出现的最简洁构型,或者是能够出现最小阻力系数极小值的构型。对于飞机模型而言一般为所有操纵面偏转角为零的巡航构型。

2. 准度确认

理论方法是确认首批试验数据的基本方法。在确认首批数据前,首先应保证试验数据产生条件(如试验风速、模型状态及姿态角等)符合要求、测量设备(如天平、测量设备等)工作正常、数据处理修正方法及参数准确。因此,全面、细致地对试验全系统进行检查是必不可少的,是利用理论方法确认首批试验数据的基础。但由于受检查手段不充分等条件限制,单纯利用理论方法确定首批试验数据是存在较大风险的,在实践中还必须结合工程确认方法进行确认。

比较法是首批数据确认中最常用的工程方法。在确认首批数据前应掌握模型气动特性的底线值,需利用空气动力学知识和经验判断试验数据分布的大致范围。如针对多数典型飞机模型干净构型而言,其升力线斜率一般在式(10.1)估算值的 0.8~1.1 倍、最大升力系数一般不会超过 1.8,最小阻力系数一般在 0.05~0.01,零升俯仰力矩系数大于零、以飞机重心后限给出的俯仰静稳定裕量一般在 -0.05~0.2 等。再如对于低速测压试验而言,最大压力系数一般不会超过 1.00。

在确认首批数据前还应了解模型气动特性变化的主要特点,需根据模型气动布局特点结合相关气动理论大致推测试验数据变化的基本规律。如对于小后掠大展弦比机翼飞机模型,其(升力)失速迎角大致不会超过 20°;而对大后掠小展弦比机翼飞机模型失速迎角可能会在 35°~50°,且在 10°迎角附近可能会出现升力线斜率小幅增加的情况等。

掌握和提高参试人员的操作技能水平、严格执行规范的试验流程,有助于提高数据确认结果的可靠性。风洞试验技术发展的一个重要动力就是减小人为因素对试验结果的影响。但在现阶段,完全消除人为因素干扰是不现实的。如模型装配精准度就与装配人员技能有关,尽管可以通过提高装配件加工精度、优化装配工艺等方法减小人为影响,但却无法消除。需要注意的是,在经典的误差理论中,往往将人为误差归为粗大误差,如在人工读取一系列天平读数时,存在某个数据读取错误的情况。但在现代风洞试验中,由于大量采用自动化测量设备,需要人工处理的工作往往具有相当的基础性,如果出现了人为误差,其影响范围一般较大,在试验数据上通常具有系统误差的特点,如由于工作失误错误地变化了升降舵偏度,则试验结果俯仰力矩系数数据就会普遍地出现平移,表现出明显的系统误差特征。

在上述考察评估过程中,如任何环节出现了负面的结论,均应推迟对首批数据的确定,并有针对性地开展专门研究。首先应判断问题的性质。当问题来源于认知错误时需修正认知。所谓认知错误就是数据确认者对试验情况的掌握与客观情况有所出入,此时试验数据本身可能并没有问题,只是对其的认知发生了偏差。常见的认知错误包括:对试验数据计算参数理解错误,此时就不能简单地用模型气动特性底线值评估试验结果,如基于某种习惯没有以机翼面积为参考面积计算气动系数时;对模型气动设计特点理解错误,此时就不能以常规统计结果(或一般经验)评估试验结果,如为满足某种特殊需要而将设计俯仰静稳定裕量大幅增加时;对试验条件理解错误,此时评价试验结果就必须认真考察具体试验条件,如在螺旋桨带动力试验中测压点处于滑流内时,其(总压)压力系数测量结果就可能会大幅超过 1。如问题来自人为失误或设备因素,则需判断问题的影响范围和大小,进而提出、落实解决办法。对某些影响相对较小、现阶段难以解决的问题,可慎重地归为误差因素。

如果以上评估工作均能给出正面肯定的结论,则可以判断首批数据是干净构型试验模型气动特性的某种程度的正确反映,即从狭义上确认首批试验数据。如果需要在广义上确认首批数据,即研究试验结果与实物特性的相关性程度。则需要从试验原理出发,研究试验选择模拟的相似准则是否恰当,模型与实物间相似准则值相符程度;考察试验方案是否合理,是否能够有效减少试验系统误差。一般而言,试验时的相似准则值与实物值之间是不可能完全一致的,如边界条件的差异、雷诺数值的差异、外形的差异均是难以避免的。这些差异必然导致试验结果与实物气动特性的差异。如闭口试验段(未修正)升力线斜率结果偏高,试验雷诺数较低的情况下模型失速迎角提前,试验结果包含支架干扰量等。而通过采用合理的试验方案和数据修正方法可以有效减少试验系统误差,有利于在广义上确认试验结果。当然,部分试验误差是不可能通过纯试验方法减小或消除的,如雷诺数差异所带来的误差一般就不易消除。在广义上确认试验结果时应注意这一特点。

3. 试验精度确认

首批试验数据通常会包括干净构型模型的重复性试验结果。利用重复性试验的方法是确认同期试验结果精度的最常用和最直接的方法。同期试验精度,也称短期试验精度,是同一模型在同一期试验、同一试验条件下,经非连续重复多次试验后,其测量值的均方根误差[3]。一般用下式计算:

$$\sigma_x = \sqrt{\frac{\sum_{i=1}^{K}\sum_{j=1}^{n_i}(X_{ij}-\bar{X}_i)^2}{\left(\sum_{i=1}^{k}n_i\right)-K}} \tag{10.14}$$

其中，σ_x 为在某个迎角（或侧滑角）范围内，某气动力系数测量的均方根误差；K 为测量点的数目，低速风洞试验时指同一速压下试验迎角（或侧滑角）的数目；n_i 为第 i 个测量点的重复次数（一般为 7 次）；X_{ij} 为第 i 个测量点第 j 次测量的某气动力系数值；$\bar{X}_i$ 为某气动力系数第 i 个测量点 n_i 次重复测量的算术平均值。

应用式(10.14)计算并给出试验精度时，对测量值中的可疑值可按格拉布斯准则予以剔除。若测量值 X_{ij} 对应的残差 V_i 满足：

$$| V_i | = | X_{ij} - \bar{X}_i | > g_0 \sigma_x \tag{10.15}$$

则认为该测量值 X_{ij} 含有粗大误差应舍去。g_0 取值见表 10.1。

表 10.1　g_0 取值（置信概率 $P = 0.99$）

n_i	3	4	5	6	7	8	9	10	11	12
g_0	1.16	1.49	1.75	1.94	2.10	2.22	2.32	2.41	2.46	2.55

在利用上述方法获得试验精度时，对"同一试验条件"可能会有不同的理解，主要表现在模型状态认定上。重复性试验过程中，如模型进行了较大范围的构型变化（最终回到同一状态），则认为试验精度包括了模型组装误差因素；如无上述情况，则认为不包括组装误差因素。在计算 σ_x 的迎角或侧滑角范围内，各测量点的测量结果均方根误差应差异不大，一般在选取的姿态角范围内模型绕流不应出现明显分离。为细致掌握不同姿态角下的试验精度，可以分段甚至逐点给出精度值。

获得同期试验精度后，应对精度是否满足试验或相关标准要求进行评估。当精度不满足要求时，应对试验系统开展随机误差源分析，寻找出主要误差源并设法降低其误差，使最终精度满足要求。

一组正常的重复性试验结果，除应满足精度要求外，还应表现出随机波动特征，各次试验数据曲线（就像辫子一样）存在大量交叉现象；而不应出现明显的规律性变化特征，如某一气动系数曲线随测量次序存在逐步增加的趋势（就像梳子一样）。当重复性试验数据出现规律性变化特征时，往往提示试验系统存在某种未知的需要处理的误差因素。

10.2.4　批量数据确认

1. 自洽确认方法

批量试验数据确认一般用工程方法进行，其中最常使用的是自洽法。试验数据是特定物理现象的某种表征，那么接近真值的不同试验数据内部，及与试验条件、模型状态之间必然存在某种关联（规律）。当试验数据、试验条件及模型状态之间的关系符合这种关联性时，认为数据是自洽的。如一般情况下，诱导阻力增量是与升力增量的平方成正比的，这就是阻力系数与升力系数试验结果间的关联性；当试验升、阻数据符合这一规律时，认为升阻数据是自洽的。试验数据自洽分析的切入点很多，可以在某个测试点内不同的数据分量间进行，也可以在不同测试点间进行，还可以在不同试验条次间进行，甚至可以在不同试验项目间进行。当出现试验数据不自洽现象时，往往提示不能确认试验数据。

在运用自洽法确认试验数据时，应掌握模型各气动部件的功能和气动影响基本规律。

作为一个基础,下面简单介绍一下典型飞机模型常见气动部件的功能和气动影响趋势,供初学者参考。

襟翼。襟翼偏转后,模型零迎角升力系数和最大升力系数一般会有明显的增加(升力系数对迎角的曲线上移或左移),但失速迎角可能会减小。当襟翼偏转后机翼面积有所增加时,模型升力线斜率也可能会增加。襟翼偏转后,由于机翼诱导阻力及型阻增加,同迎角模型阻力会明显增加,导致最小阻力系数增大、最大升阻比下降;但在较大升力系数范围内,模型升阻比可能增加。襟翼偏转后,受机翼自身焦点位置变化和平尾处机翼下洗特性变化影响,模型俯仰力矩特性也会发生明显变化。

升降舵或全动平尾。升降舵偏转后,模型俯仰力矩系数-迎角数曲线将发生明显平移,升降舵正向偏转(后缘向下)时俯仰力矩系数减小,反之增加。此时,模型俯仰力矩特性发生明显改变的主要原因是平尾法向力(可近似为升力)特性的变化,因此升降舵偏转也会导致模型零迎角升力系数变化,升降舵正向偏转时升力系数略有增加,反之减小。升降舵偏转还会导致平尾诱导阻变化,使不同升降舵偏转时的模型阻力特性曲线发生“旋转”。升降舵正向偏转,小迎角时模型阻力减小、大迎角时阻力增加;升降舵负向偏转时,模型阻力随迎角变化变化规律正好相反。

副翼。一般情况下,在进行横向操纵时左右副翼会向(上下)相反方向偏转。副翼偏转后,模型零侧滑角滚转力矩系数曲线会出现明显平移,产生向上偏一侧副翼的滚转力矩;同时模型阻力会有所增加。由于下偏侧副翼产生的(诱导)阻力增量一般大于上偏侧副翼,模型一般会出现小幅的零侧滑角偏航力矩系数变化。

方向舵。方向舵偏转后,模型零侧滑角横航向气动特性曲线均会出现明显平移,产生与方向舵后缘偏转方向相反的侧向力,偏航力矩系数及滚转力矩系数的变化方向及大小与方向舵相对力矩参考点的位置有关;同时模型阻力会有所增加。

扰流板(阻力板)。扰流板可以布置于模型机翼或机身上。打开绕流板后,模型阻力系数会明显增加。布置于机身上下表面的扰流板还可能会影响零升俯仰力矩系数,一般上机身扰流板会使之增加。布置于机翼上表面的扰流板还会使模型零迎角升力系数减小,其不对称工作时,还会产生类似副翼的影响。

起落架一般会增加模型阻力系数。

在线性假设下,模型气动特性的变化量一般与操纵面偏转量成正比例关系。因此,在一组操纵面效率试验结果中,如出现了明显偏离了正常规律的数据,对其的确认就应特别慎重。因此,在利用自洽法确认试验数据时,往往需要根据试验数据量的增加反复进行。

在气动布局选型试验中,往往需要通过改变模型部分部件外形设计参数以调整或优化其气动特性。通过气动理论分析和风洞试验实践,可以简要地归纳部分模型外形变化与气动特性改变趋势的规律(表 10.2),供初学者参考。需要提醒的是,一般在进行选型试验时,即使模型主要参考量(如机翼面积等)发生了改变,一般也不会对数据处理时所用特征参考量进行调整,以保持数据的可对比性。此外,飞机部件的可调整的外形参数有很多,表 10.2 简单列举了部分变化后模型气动特性变化比较有规律的参数,如表中未提及的气动特性或气动特性特征量,一般认为其变化不大或变化规律不明确。

表 10.2　飞机模型部件参数变化对模型气动特性的主要影响趋势

部件名称	外形参数变化	气 动 影 响 趋 势
机翼	面积增加	升力线斜率、最大升力系数、最小阻力系数增加,俯仰静稳定裕量降低
	展弦比增加	升力线斜率增加、阻力减小
	后掠角增加	升力线斜率降低,诱导阻力、俯仰静稳定裕量增加
	上返角增加	滚转稳定性增加
	扭转角增加	零迎角升力增加
	安装角增加	零迎角升力系数、俯仰力矩系数增加
	翼型弯度增加	零迎角升力系数、俯仰力矩系数增加
平尾	面积增加	俯仰静稳定裕量增加,升力线斜率、最大升力系数略增加
	位置后移	俯仰静稳定裕量增加,升力线斜率、最大升力系数略增加
	展弦比增加	俯仰静稳定裕量增加,升力线斜率、最大升力系数增加
	后掠角增加	平尾有效迎角范围增加
垂尾	面积增加	横航向静稳定性增加、侧向力-侧滑角曲线斜率(绝对值)增加
	位置后移	横航向静稳定性增加
	展弦比增加	横航向静稳定性增加、侧向力-侧滑角曲线斜率(绝对值)增加
	后掠角增加	垂尾有效侧滑角范围增加
	翼型弯度变化	横航向气动特性-侧滑角曲线平移
副翼、升降舵、方向舵等	面积增加	操纵效能增加
	位置离开重心	操纵效能增加
	展弦比增加	操纵效能增加
机身	直径增加	侧向力-侧滑角曲线斜率增加
	前机身长度增加	侧向力-侧滑角曲线斜率增加,航向静稳定性、俯仰静稳定裕量降低
	后机身长度增加	侧向力-侧滑角曲线斜率、航向静稳定性、俯仰静稳定裕量增加

2. 回溯确认方法

回溯法是检查试验系统稳定性的常用方法。首批试验数据确认过程及其正面结论,实质上也是对整个试验系统的正面评价,可以证明试验系统是正常和可用的。但随时间和试验进程的推移,试验系统的特性必然会有所变化。那么,回溯法就常被用于检查试验系统特性变化及其影响。在运用回溯法时,通常会每间隔一段时间(如几个试验班次)或每间隔一定试验条次(如 100 个左右的试验条次),选择之前已完成的某个试验状态重新试验。

目前,主要还是要靠经验选择回溯试验的试验状态。可以根据对试验情况的认知,有侧重地综合考虑典型性、极端性、便捷性、统一性要求后选择回溯试验状态。在侧重典型性要求时,选择的回溯试验状态一般可以代表试验各阶段试验状态的典型特征,如试验风速是某试验阶段的常用风速、模型襟翼状态试验某阶段的主要状态等。此时回溯试验评估结论具有相对广泛的适用性。

在侧重极端性要求时,往往会挑选出一些临界试验条件进行回溯试验,如试验风速为最低试验风速、试验模型姿态角可达极大值等。此时回溯试验评估条件比较严酷,评估结论也可能相对可靠些。

在侧重便捷性要求时,一般会选出那些便于达成的试验条件进行回溯试验,如与当前模型构型状态最为接近、变化最为简单的模型构型等。侧重便捷性要求有助于提高试验效率。

在侧重统一性要求时,通常要求所有回溯试验状态为统一的状态,如进行重复性试验的模型干净构型。如果在整个试验过程中,回溯试验状态的定义始终保持一致,则还可获得包括了模型组装误差因素影响的试验精度。

试验系统稳定性评估结论主要是通过比较正式试验与回溯试验数据给出的,评估依据主要是两次试验结果数据的吻合性。正确地理解和判断数据的吻合性,需要有扎实的理论知识和丰富的实践经验。作为一个起点,这里可以简单提供几个判据供无经验的判断者参考。经验表明,吻合性良好的两次试验数据一般具有以下一项或多项特点。

(1) 两条试验结果数据对姿态角变化的曲线出现大量交叉,且各测量点数据差异绝对值小于(相应姿态角时的)试验精度值的 2 倍。

(2) 两条曲线虽存在平移现象,但平移量小于试验精度值或者小于某种可接受的不可控因素的影响量。如某模型升降舵效率为 $0.04/(°)$、升降舵重复安装精度为 $0.05°$,当正式与回溯试验俯仰力矩系数-迎角曲线平均平移量小于 $0.0028(0.04 \times 0.05 \times \sqrt{2})$ 时,可以认为试验数据吻合性可接受。

(3) 两条结果曲线虽存在(对姿态角的)斜率差异,但斜率差的绝对值小于试验精度与求取精度(及斜率)的模型姿态角范围之比的 $\sqrt{2}$ 倍或者小于某种可接受的不可控因素的影响量。如某模型升力系数试验精度为 0.002、该精度(及斜率)在迎角 $-4°$ 至 $6°$ 之间获得,则当正式与回溯试验结果升力线斜率差小于 $0.00028/(°)(0.002\sqrt{2}/[6° - (-4°)])$ 时,可以认为试验数据吻合程度可接受。再如,假设已判明正式与回溯试验结果(用名义速压计算的)升力线斜率的差异主要来自两次试验实际速压的不同,而试验实际速压控制符合规定要求时,可以认为试验数据吻合程度可接受。

当回溯评估能够给出正面肯定结论时,可以继续开展试验。否则应排查出现问题的原因并提出和落实解决措施。解决问题后,应评估问题的影响范围和大小,剔除不可靠的试验结果,给出需要重新试验的内容,并重新或继续试验。

10.3　异常数据原因排查方法

10.3.1　空气动力特性及其表述方法

试验模型的气动特性是在各种条件下(如不同姿态角、不同马赫数、不同雷诺数等)的各分量气动系数的总和。显然,气动特性集所包含的气动系数值是无穷多的。为相对便捷且足够精确地表述气动特性可以采用离散方法枚举特定条件下的气动系数值,如表述低速气动特性时,可以枚举相同雷诺数、零侧滑角的一个迎角序列的六分量气动特性值。将这些气动特性值依据自变量(如迎角)变化可以连成一条曲线,称为气动系数曲线或气动特性曲线,如升力系数-迎角曲线、滚转力矩系数-侧滑角曲线等。

理论分析与实践均证明,一般来说,在线性范围内气动特性曲线是有一定规律的。对于多数飞机(模型)而言,一些最基本的规律可近似总结为

$$C_L = C_{L\alpha} \cdot \alpha + C_{L0} \quad 或 \quad C_L = C_{L\alpha} \cdot (\alpha - \alpha_0)$$
$$C_D = C_{D,\,min} + A \cdot (C_L - C_{L,\,C_D = C_{D,\,min}})^2$$
$$C_m = C_{mC_L} \cdot C_L + C_{m0} \quad 或 \quad C_m = C_{m\alpha} \cdot \alpha + C_{m,\,\alpha = 0} \qquad (10.16)$$
$$C_Y = C_{Y\beta} \cdot \beta + C_{Y0}(C_{Y0} \to 0)$$
$$C_n = C_{n\beta} \cdot \beta + C_{n0}(C_{n0} \to 0)$$
$$C_l = C_{l\beta} \cdot \beta + C_{l0}(C_{l0} \to 0)$$

式中,C_L 为升力系数;$C_{L\alpha}$ 为升力线斜率;α 为迎角;C_{L0} 为零迎角升力系数;α_0 为零升力系数迎角;C_D 为阻力系数;$C_{D,\,min}$ 为最小阻力系数;$C_{L,\,C_D = C_{D,\,min}}$ 为最小阻力系数时的升力系数;C_m 为俯仰力矩系数;C_{mC_L} 为俯仰力矩系数对升力系数的导数;C_{m0} 为零升力系数时的俯仰力矩系数;$C_{m\alpha}$ 为俯仰力矩系数对迎角的导数;$C_{m,\,\alpha = 0}$ 为零迎角俯仰力矩导数;C_Y 为横向力系数;β 为侧滑角;$C_{Y\beta}$ 为横向力系数对侧滑角的导数;C_{Y0} 为零侧滑角横向力系数;C_n 为偏航力矩系数;$C_{n\beta}$ 为偏航力矩系数对侧滑角的导数;C_{n0} 为零侧滑角偏航力矩系数;C_l 为滚转力矩系数;$C_{l\beta}$ 为滚转力矩系数对侧滑角的导数;C_{l0} 为零侧滑角滚转力矩系数。

式(10.7)中各多项式的系数值,被称为气动特性特征值。因此,利用气动特性特征值、结合式(10.7)就可近似表述线性范围内飞机的气动特性。气动特性特征值是近似表述飞机气动特性的最简单和最常用的方法。需要强调的是,尽管经常被省略,但每一个气动特性特征值的物理意义都是依附于类似于式(10.7)的基本规律的。脱离气动特性变化的基本规律讨论气动特性特征值将失去意义。

当然,为表达更多的气动特性,气动特性特征值还会更多,如为表达飞机失速的主要特征还可以包括失速迎角及最大升力系数等,再如为表达操纵面特性可以引入操纵面操纵导数(如俯仰力矩系数对升降舵偏角的导数)等,这里就不一一列举了。

10.3.2 异常数据

在风洞试验中,经常将难以确认的试验数据称为异常数据。异常数据的大小或其变化规律与一般气动认知存在明显出入,或与试验模型气动设计要求存在明显差异。异常数据既可能表征了模型某种暂未被认知的特殊气动现象,也可能是错误的试验结果。显然正确判断异常数据的基本属性是极其重要的,需要有十分深厚的理论基础和丰富的实践经验。如在一般的认知中,模型部件的阻力应是正值,这一认知具有相当的普遍性,但

并不是绝对的。如在机翼偏转大襟翼的条件下,平尾处下洗明显增加,受(平尾)负向诱导阻力影响,在部件组拆试验中就可能获得无平尾模型阻力大于全机模型阻力的试验结果。此时如果以常规的认知,就可能会错误地判断异常数据基本属性,给排查工作带来困难。

从表现形式上来说,异常数据(曲线)可以表现为单点异常和整体异常两类。单点异常就是数据曲线中的某个点或少数点出现了原因不明的异常变化,如失速迎角提前、最大升力系数减小。而整体异常的异常数据则表现为几乎所有试验数据均不正常,如数据曲线出现大幅无规律波动、曲线斜率变化、曲线截距偏移等。

从影响范围来分,异常数据可分为单分量异常和多分量异常等。单分量异常就是异常数据主要出现在某个气动分量内,而对其他分量气动特性没有影响或影响难以察觉、确认。而多分量异常则是在多个气动分量中都可以发现数据异常现象,且这种异常现象往往在各分量间存在某种相关性。

10.3.3　产生异常数据的常见原因

异常数据的表现形式及产生原因是多种多样、不可枚举的,而应采取的应对措施也是千变万化的。但根据理论知识和实践经验可以大致总结少量比较常见和典型的情况,希望能够帮助初学者建立初步的概念,见表 10.3。

表 10.3　部分典型异常数据表现形式及常见原因

表 现 形 式	常 见 原 因	一 般 对 策
单分量对姿态角导数(如 $C_{L\alpha}$)异常	(1) 相关分量(如 C_L)测量错误; (2) 洞壁干扰修正错误; (3) 模型与大地间存在意外接触; (4) 模型状态错误	(1) 检查天平、测量系统相关通道; (2) 检查修正公式与参数; (3) 检查模型传力途径; (4) 检查模型构型状态
纵向或横向分量对姿态角导数异常	(1) 同上; (2) 相关自变量(如迎角)测量错误	(1) 同上; (2) 检查相关机构或测量系统
全分量斜率异常	(1) 同上; (2) 速压错误; (3) 无量纲化参数错误	(1) 同上; (2) 检查速压系统及参数一致性; (3) 检查相关参数
阻力系数曲线旋转	(1) 天平安装错误; (2) 模型姿态角错误; (3) 气流偏角变化	(1) 检查天平安装角; (2) 检查模型安装初始角; (3) 检查气流偏角
曲线平移	(1) 模型状态错误; (2) 姿态角错误; (3) 气流偏角变化; (4) 支架干扰修正错误; (5) 模型与大地间存在意外接触	(1) 检查模型构型状态; (2) 检查角度机构或测量系统; (3) 检查气流偏角; (4) 检查支架干扰试验结果; (5) 检查模型传力途径
最小阻力变化	(1) 同上; (2) 模型表面质量变化	(1) 同上; (2) 处理模型表面
失速迎角及最大升力系数减小	(1) 模型特别是机翼前缘表面质量变化; (2) 模型状态特别是襟翼构型错误; (3) 模型振动剧烈	(1) 处理模型特别是机翼表面; (2) 检查模型构型状态; (3) 加固支撑装置、检查模型传力途径

表 现 形 式	常 见 原 因	一 般 对 策
单点异常	(1) 测量系统存在隐患； (2) 模型与大地间存在意外接触； (3) 模型绕流存在突变或分离； (4) 模型构型破坏或部件松动	(1) 检查测量系统； (2) 检查模型传力途径； (3) 流动显示验证； (4) 检查模型构型状态
曲线整体波动	(1) 同上； (2) 电磁干扰	(1) 同上； (2) 评估电磁环境及抗干扰措施

需要特别强调的是，实际风洞试验的情况是十分复杂的，表 10.3 中罗列的事项极其简化和理想化，仅可作为考虑具体问题的一个出发点，而绝不能简单教条地引用。同时，由于特殊气动现象更为复杂，表 10.3 主要是从试验结果误差的角度罗列产生异常数据原因及应对措施。而通过系统地排除所有产生异常数据的错误原因后，就可以相对可靠地给出异常数据表征了某种特殊气动现象的判断。

10.3.4　原因排查的基本原则

查找产生异常试验数据原因的过程是一个综合运用多种手段、反复论证，逐步达到或接近真相的过程，需要有扎实的理论基础和丰富的实践经验，需要全面掌握试验系统各个环节的情况。经验表明，在排查原因的过程中，如能够遵循以下一些原则，将有助于提高排查效率和结论的可靠性。

（1）对试验系统有全面、深刻的认知。

掌握试验原理、具体方法和条件，熟悉试验数据测量、处理、修正方法，了解试验设备的功能、特性和实际状态，掌握参试人员基本技能水平，了解模型主要气动特点等，是排查异常数据原因的基本要求，也是排查人员的基本素养。如在了解天平工作状态时，就需要了解天平具体供电形式。对于各通道供电电压不一致的天平，往往会采用不同通道分别供电的方式；而对于具有相同供电电压要求的通道，一般会采用同一电源对其供电；但当具有同一供电电压的通道数较大时，又可能会随机将这些通道分为几组分别供电。像这样的具体设备工作状态都是需要了解掌握的。

（2）分析异常数据及其相关数据，正确理解其内在关系，构建合理自洽的问题模型。

在确认试验数据的过程中，往往是某一分量的异常数据首先引起数据确认者的注意。正如上节所讨论的，这组异常数据可能会是多种原因产生的后果。这些原因中的每一个都应与试验异常数据间存在某种因果关系，即这些原因在什么条件下会发生作用、产生影响，这些影响又是通过什么途径干扰到最终试验结果，这就是所谓的异常数据问题模型或问题假设。

构建问题模型是排查异常试验数据的起点，初步构建的问题模型数量必须足够充分、应涉及试验系统的各个可能的方面。构建的问题模型必须是自洽的，也就是通过这个模型可以解释异常试验数据现象。如针对升力线斜率异常的现象，可以构建的一个问题模型是计算用参考面积错误，无论实际原因是否如此，这个问题模型是可以解释异常试验数据现象的、是自洽的；但如果构建的问题模型是计算用参考长度存在错误，则难以解释异常现象、也就是不自洽的。问题模型还必须是合理的,也就是问题模型所指向的客观事件是有一定存在概率的。如干净模型试验结果,在小姿态角下出现了单点异常,一般不会假设问题出现在模型绕流分离上。

通过单一异常数据构建的问题模型的数量比较庞大、涉及的范围也比较宽泛,需要对其进行初步的甄别。通过系统分析同条次试验其他分量的数据及其他相关试验条次的结果,可以有效减小需要怀疑的原因范围。简单来说,问题模型甄别过程就是用各个问题模型解释所有已获得的试验现象,并排除那些明显不能够解释试验现象的问题模型。如针对升力线斜率异常的现象时,可以构建的问题模型包括计算用参考面积错误、迎角错误、计算用试验速压错误、天平测量错误等,但当同条次试验俯仰力矩系数-迎角曲线斜率正常时,通常会暂时排除迎角错误、试验速压错误等问题模型。及时对开展问题模型开展甄别工作,对抓住主要矛盾、提高排查效率具有十分积极的意义。但这并不是说,就可以完全放弃被剔除的问题模型。实际上,由于初步甄别工作的依据(证据)往往不够充分,出现错误的可能性相对较高。

(3) 获取更广泛的证据。

客观证据是确认或排除问题模型的最主要依据,如果没有充分的直接或间接证据就确认和排除某个问题模型是存在巨大的技术风险的。而判断问题模型是否成立的证据必须是独立、可靠和交叉的。可靠的证据能够正确反映客观某种物理现象或某个物理量的大小,独立证据能够不依附于其他已用证据而存在,交叉证据能够从不同角度证明同一现象。如为证明模型迎角的准确性,可以用模型迎角传感器测量结果证明,但传感器也存在出错的可能,也就是不能直接证明其测量结果自身的可靠性。这就需要其他独立证据,如迎角机构指示值(的修正结果)。这样就有传感器及角度机构提供的两个独立交叉的证据证明模型迎角是否准确,出现误判的概率大为降低。但如果在标定迎角机构指示值时,利用了同一迎角传感器作为标定基准,则迎角机构指示值的可靠性是依附于传感器的、不能作为独立证据存在。

证据是可以通过科学的方法人为制造,需要根据问题模型内在逻辑关系的关键点,提出关键证据要素并设计获取方法。获取新证据的方法是多种多样的,一般包括以下几类:一是根据问题模型直接检验产生异常数据的原因是否存在。如针对俯仰力矩系数-迎角曲线平移的异常现象及其他判断,构建的问题模型是升降舵偏角错误,那么就可以提出通过测量升降舵偏角或检查变升降舵角度装置(如角度块)标识的方法获得这一假设是否正确的证据。二是根据问题模型改变异常数据产生的条件进行试验,通过对比问题模型内部逻辑关系推导的试验数据必然变化与新的试验结果间的差异,检验问题模型的合理性。如针对升力线斜率异常的现象,为减少问题模型数量,可以选择进行横向试验,利用更多试验数据排除部分假设。三是利用独立的其他手段观测同一异常现象。如当假设异常数据是由于模型绕流出现分离的后果时,就可以选择流动显示方法观察是否存在预期的分离现象。

在讨论证据问题时,必须认识到异常数据本身就是一个证据。为什么可以依据异常数据构建问题模型? 本质上就是因为异常数据可以证明这些假设有可能成立的。当然,由于异常数据可以支持的问题模型往往不止一个,这就需要寻找其他独立证据交叉证明其中某些假设是不成立的或某些假设依然可以成立。

（4）单一原因假设。

理论上讲，出现异常试验数据可能是某一个原因产生的后果，也可能是多个原因共同产生的后果。但在实践中，对于相对成熟的风洞试验系统，异常试验数据往往是由单一原因造成的或是由某一个主要原因造成的。因此，在排查问题原因的初始阶段，可以抓住问题的主要矛盾，假设异常数据是由单一原因造成的。此外，当产生异常数据的原因不止一个或单一原因与其他变化的试验条件存在强耦合关系时，由试验数据构建的问题模型可能是相互矛盾的。这也要求排除干扰、集中精力首先抓住主要矛盾、寻求突破。如假设客观上某纵向试验是在较低试验速压下进行的（即计算用速压高于实际试验速压），同时在给出俯仰力矩特性时力矩参考点又被错误地显著前移了，那么试验数据将显示升力线斜率偏低，但俯仰静稳定裕量却偏高的现象。因此，用速压错误假设就不能同时解释升力特性和俯仰力矩特性异常的现象。此时，就需要抓住主要矛盾，先解决一个问题，之后再解决其他问题。

经验表明，单一原因假设对简化问题、降低排查难度、提高排查效率是有重要意义的。同时，随着排查工作的展开，多数次要的原因（如果存在）或试验系统隐藏的缺陷会逐步暴露出来。当主要问题解决后，如试验数据异常现象没有完全消失或不能得到完美的解释，则提示还可能存在一些其他原因没有被发现，需要继续排查工作或被迫接受现实结果（即将其归为某种未被认知的气动现象或将其归为试验误差）。

（5）制定合理有效的验证途径。

完成问题模型构建后，必须对其的正确性进行甄别验证。风洞试验中这些验证工作一般会比较复杂，往往需要消耗大量的人力、物力和时间等资源。当异常数据出现后，如花费了大量各类资源仍不能确定原因、解决问题，对试验现场士气影响很大，甚至可能会导致试验失败。因此，制定合理有效的验证途径、次序就显得十分重要，需要有丰富的实践经验。

问题模型验证方法与途径必须系统考虑、设计。在制定验证途径时需综合考虑以下几个因素：概率因素、便利因素和并行因素。所谓概率因素就是要根据理论推导、以往经验以及对试验系统的认知等，对不同的问题模型可能成立的概率进行排序，一般先验证概率较高的假设。考虑概率因素本质上就是体现了抓主要矛盾要求。

所谓便利因素就是在实际开展验证之前根据对验证方法、所需资源的初步判断，对不同的问题模型验证的便利性进行评估，一般先验证便于验证的假设。考虑便利因素对提高排查异常数据产生原因的效率、降低排查难度具有重要意义。首先验证便于验证的问题模型显然有助于较少排查工作占用的各种资源；即使这些假设均不成立，也可以有效减少问题模型数量或帮助完善剩余的问题模型，这对排查工作无疑是十分有利的。

所谓并行因素就是需要根据不同假设涉及的领域等，同时安排不同岗位的参试人员分别验证相应的问题模型。在排查异常数据原因的初期，一般具有考虑并行排查的基本条件，应重视。并行排查对维护排查工作负责人的威信和试验现场士气是有利的。如针对某异常数据，主持人正确地构建了 10 个问题模型，如果采用依次验证的排查方法，可能在第 7 次排查中发现了确实原因，毫无疑问这个排查工作是成功的，但效率会较低，而且容易引起参试人员的情绪波动，影响工作质量。但当采用并行排查方法时，可能在第二轮排查中就可以发现原因，可以有效提高排查效率、有利于保持参试人员士气。

（6）注意小概率原因。

产生异常数据的原因是存在偶然性的,将原因排查工作的主要资源相对集中在发生概率较大的问题模型验证上,并不排除需要利用部分资源适当地验证较低概率的假设,特别是当低概率问题模型可并行、方便地验证时更是如此。

另一方面,随着排查工作的开展、新的证据的出现及部分问题模型的排除,原来判断的问题模型发生的概率也会出现变化。如在某个排查阶段某个问题模型(A)假设尽管尚未验证,但已有证据表明另一个假设(B)已不能成立,那么 A 假设成立的概率会提高,甚至可能会变为主要问题模型,此时就需要将其作为主要矛盾来处理。再如在验证问题模型(C)时,获得的证据并不充分、不能完全证明 C 是否成立,那么根据相关证据的性质,只能改变 C 成立或不成立的概率。

因此,异常数据产生原因的排查工作必须是分阶段、反复进行的,存留的问题模型应当可以解释所有的证据现象。

（7）原因排查与问题处理应相结合。

寻找异常数据原因可以为处理试验问题提供依据,也可以为避免类似错误或提高认知提供帮助。同时在获得相关证据时,又往往需要采取某种处理措施。如某飞机模型出现了失速迎角提前、最大升力系数下降的现象,针对该现象构建的一个问题模型是机翼表面存在大量灰尘等杂物。为验证这一假设,最常用的办法就是对模型表面进行细致的清洗,然后再重新试验,并根据新、老试验结果判断问题模型是否成立。

在结合问题处理具体方法排查异常数据产生原因时,往往会遇到原因定位不确定的情况。此时,可以根据试验要求和现实条件,通过更为细致的工作确认确切的原因,或仅给出一个相对宽泛的原因。还是以飞机模型失速迎角提前、最大升力系数下降的案例说明,但此时构建的问题模型有两个,一是机翼表面存在大量灰尘等杂物,二是机翼表面存在一些螺钉孔未进行光顺处理。为验证假设,同时清洗了模型、光顺了螺钉孔,结果异常数据现象消失。现在,数据异常问题已解决,但并不能确定造成了数据异常的确切原因,其根源既可能主要是灰尘、也可能主要是未光顺螺钉孔、还可能是两者兼而有之。此时,从解决试验问题的角度看,确切的异常数据产生的原因已显得并不重要,可笼统地归为机翼表面质量变差;但如果为了其他目的也可进行开展更为细致的排查工作,找到确切原因。

10.3.5　常用验证方法

当可以(大概率地)确定异常数据产生的原因后,对于特殊气动现象应有合理的解释、对试验系统错误应落实改正措施,并开展验证试验工作。

对特殊气动现象问题模型的验证一般需要通过多种途径完成。常用方法主要有两种:一是保持各试验条件不变进行重复性试验,此时特殊气动现象的主要固有特征应稳定地重复出现。如针对某飞机偏大襟翼、负迎角条件下,俯仰力矩系数-迎角曲线存在严重非线性的现象,认定的原因是在该条件下平尾当地(负向)迎角较大、导致平尾下翼面出现了分离。此时就应可以通过重复性试验反复再现异常数据现象。尽管由于平尾分离存在一定的不稳定性,验证数据可能会存在一定的散布,但其主要固有特征不应发生变化。二是根据问题模型的内在逻辑关系,适当改变试验条件进行试验,此时特殊气动现象应发生预期的变化或出现其他的预期表征。还是以上面的例子说明,既然平尾当地(负向)迎角较大、翼面分离是产生异常数据的原因,就可以通过改变平尾当地迎角的方法,避免俯仰力矩系数-迎角曲线出现非线性特性或使出现非线性的迎角发生变化。如通过减小襟翼偏度的方法减小平尾处机翼下洗角、进而增加平尾当地迎角,或者通过增加平尾安装角的方法增大平尾当地迎角,这样就可以避免非线性现象的发生或使发生非线性的迎角区域向左移动。当然,也可以通过改变平尾自身失速(分离)特性的方法进行验证,如可以通过改变升降舵偏度的方法改变平尾失速特性,升降舵偏度改变后实质上改变了平尾的弯度,其失速特性也将有所变化,这也将导致俯仰力矩系数-迎角曲线出现非线性的迎角区域发生改变。

对试验系统错误问题模型的验证一般在落实改正措施后进行。如验证试验结果恢复正常,一般可以判断问题模型成立、试验系统改正措施有效。如试验结果发生了明显变化但数据并未完全恢复正常,通常提示问题模型不成立或还有其他产生异常数据的原因未被发现,需重构新的问题模型、继续开展排查工作。如试验结果未发生明显变化,则可判断问题模型构建错误,需重构问题模型、继续开展排查工作。

需要说明的是,在实际试验中,为获取证据开展的试验项目与验证试验往往可以相互结合进行、存在大量的交叉现象。这就要求试验的组织者能够提前系统、全面地考虑问题,减少不必要的风洞运行次数。

10.4 典 型 案 例

本节列举了几个典型飞机的低速风洞试验结果和异常数据分析案例。希望能够为初学者提供一些感性认识。

10.4.1 某通用飞机低速气动特性

某轻型通用飞机具有常规低速通用飞机的典型气动布局特点,拥有一个纺锤形机身、机翼为具有较大展弦比的矩形下单翼、矩形低平尾、后掠单垂尾。其低速风洞气动特性试验结果具有一定的典型性,简要介绍分析如下。

1. 纵向特性

图 10.5 给出了该型飞机巡航及着陆基本构型纵向气动特性试验结果。

由图 10.5(a)可以看出,在小迎角范围内,飞机升力系数基本随迎角线性增加,但在较大迎角直至失速迎角前,升力线斜率会有所下降。一般认为,升力系数曲线的这种拐折现象与机翼上表面出现了一定范围的分离有关。由于试验雷诺数较低,风洞试验结果的拐折现象通常比飞行条件严重一些。受诱导阻力影响,飞机阻力系数与迎角间一般存在二次方关系,如果模型绕流出现了分离,阻力系数将明显增加。在机翼出现分离前,飞机俯仰力矩系数基本与迎角呈线性变化关系。机翼出现分离情况后,飞机俯仰力矩特性也会出现非线性特征。这一方面是由于分离导致机翼焦点的变化,另一方面是由于分离会使平尾处流场发生非线性改变。

放襟翼后,飞机零迎角升力系数和最大升力系数会有明显增加,但失速迎角一般会有所减小。放襟翼后型阻增加,导致飞机最小阻力增加;襟翼还会使机翼沿展向的环量分布

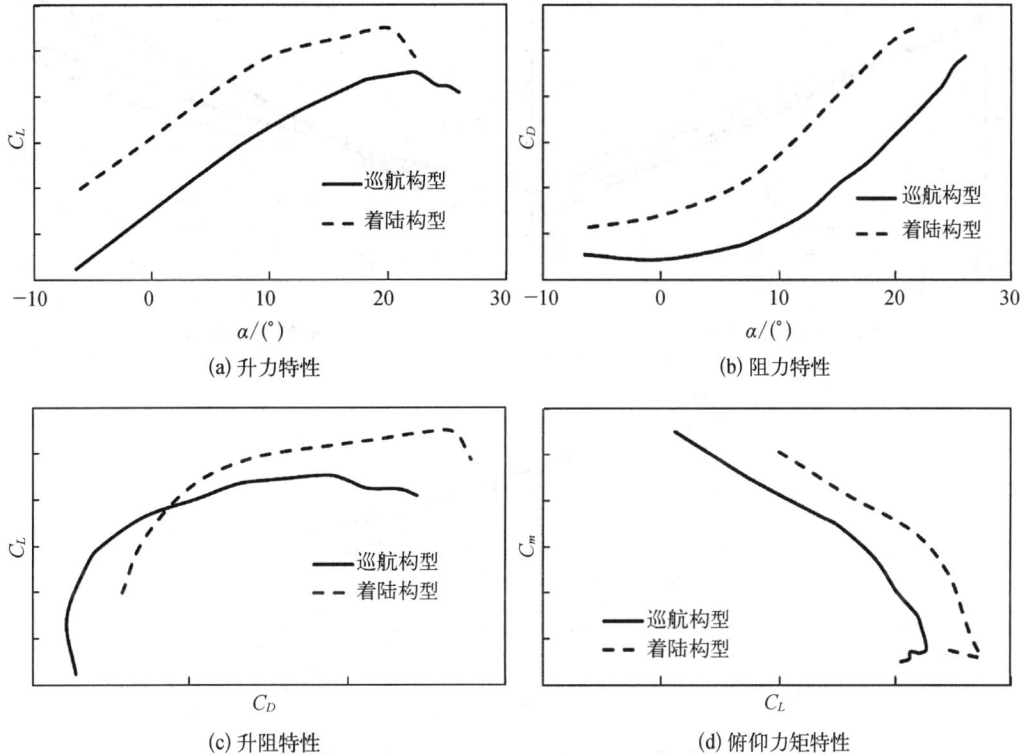

(a) 升力特性　　(b) 阻力特性

(c) 升阻特性　　(d) 俯仰力矩特性

图 10.5　典型低速纵向气动特性试验结果(CARDC 惠允)

的恶化,导致飞机诱导阻力增加。放襟翼后,在较大升力系数条件下,飞机升阻比通常较高。放襟翼后,飞机零升力俯仰力矩系数一般会增加,俯仰静稳定裕量也会有所变化。此时,俯仰静稳定裕量变化主要与平尾处机翼尾流干扰及下洗率有关,一般会略有减小。

2. 横航向特性

图 10.6 给出了该型飞机巡航基本构型横航向气动特性试验结果。

多数情况下,飞机横航向气动特性随侧滑角呈线性变化规律。但针对该型飞机横向力系数特别是偏航力矩系数曲线,在较大迎角时即使是在小侧滑范围内线性度并不高。这主要是由于在较大迎角时垂尾受到机身屏蔽影响,效率较低导致的。受飞机具体气动布局影响,不同迎角下,飞机横航向特性(主要指斜率)可能会有所变化,其影响因素十分复杂,这里就不一一讨论了。

3. 平尾操纵效率

该型飞机采用全动平尾实现俯仰操纵。图 10.7 给出了着陆构型典型的平尾变化的试验结果。

如图 10.7 中平尾偏角-3°与3°曲线所示,平尾偏角改变后,飞机俯仰力矩系数曲线将发生明显的平移,由于平尾升力变化将导致飞机升力特性曲线的平移,同时由于平尾诱导阻力特性的变化将导致飞机阻力特性曲线的旋转。当平尾负向偏角(后缘上偏)过大时(图中平尾偏角-9°与-16°曲线),受机翼下洗影响,在较小迎角条件下,平尾下翼面可能出现分离甚至出现平尾失速现象。此时,平尾效率将大幅下降,甚至失效。由于平尾出现

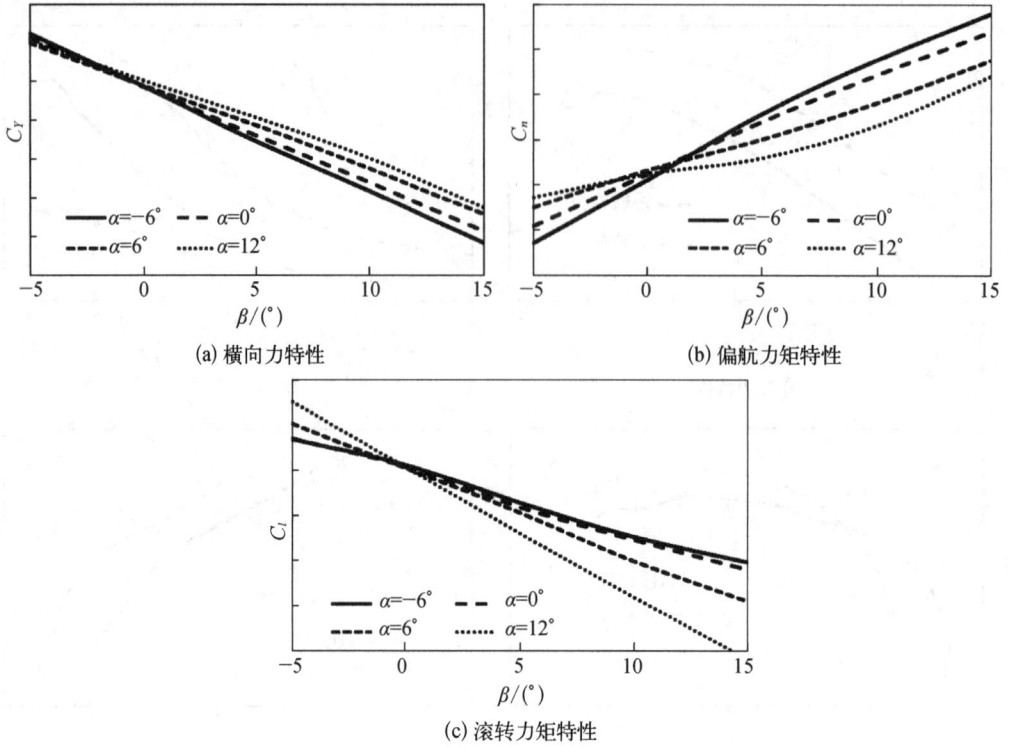

(a) 横向力特性

(b) 偏航力矩特性

(c) 滚转力矩特性

图 10.6　典型低速横航向气动特性试验结果（CARDC 惠允）

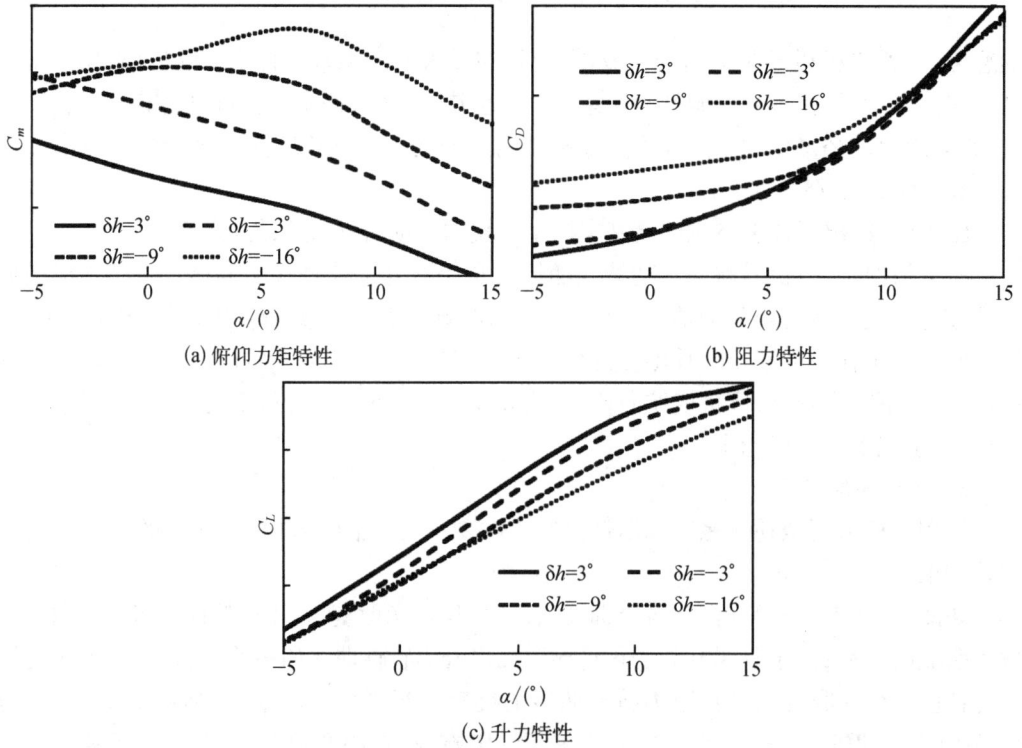

(a) 俯仰力矩特性

(b) 阻力特性

(c) 升力特性

图 10.7　平尾效率试验结果（CARDC 惠允）

了大面积分离,导致飞机小迎角范围阻力明显增加,负向升力减小。

4. 方向舵效率

图 10.8 给出了该型飞机典型方向舵效率试验结果。

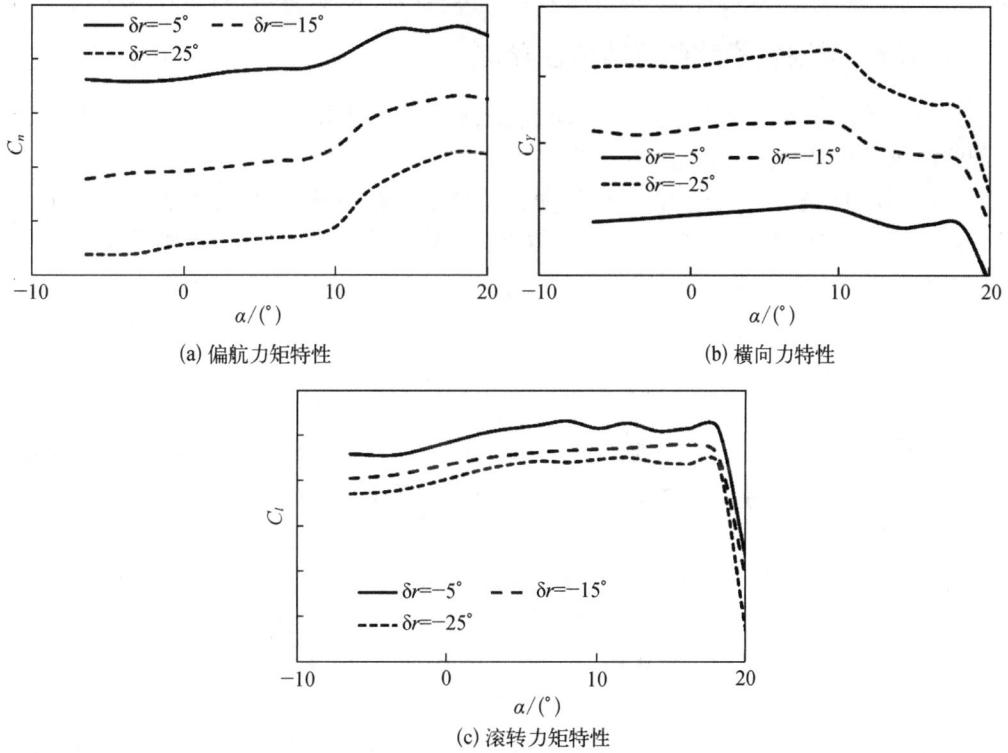

(a) 偏航力矩特性

(b) 横向力特性

(c) 滚转力矩特性

图 10.8　方向舵效率试验结果(CARDC 惠允)

方向舵偏角改变后,飞机偏航力矩与横向力特性曲线将发生明显平移。当迎角较大时,受机身屏蔽与机翼分离影响,方向舵效率可能有所下降。同时,方向舵偏角变化也会导致滚转力矩特性曲线的平移。方向舵偏转后飞机阻力会略有增加。

5. 副翼效率

图 10.9 给出了该型飞机典型副翼效率试验结果。

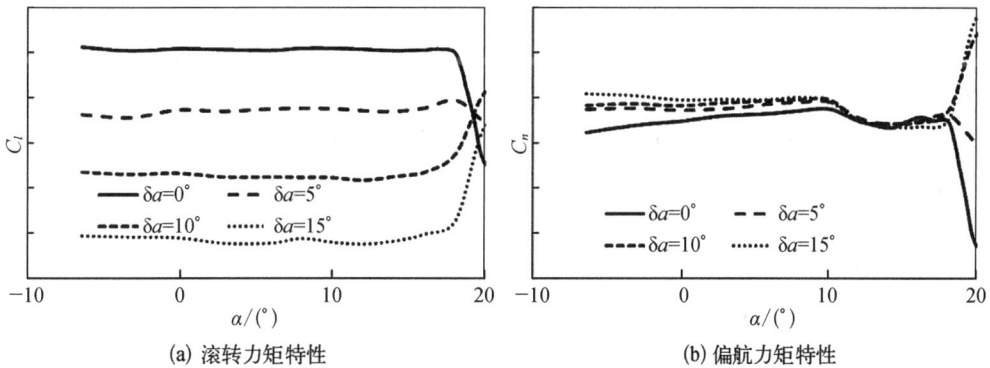

(a) 滚转力矩特性

(b) 偏航力矩特性

图 10.9　副翼效率试验结果(CARDC 惠允)

副翼偏转后,飞机滚转力矩曲线将发生明显平移。在较大迎角条件下,当机翼分离区域扩展到副翼附近时,副翼效率将明显下降。在某些布局条件下,副翼效率还可能与迎角相关。由于机翼上左右副翼需要差动偏转,导致左右机翼诱导阻力增量存在差异,因此,副翼偏转一般也会产生小量的偏航力矩变化。副翼偏转后飞机阻力会略有增加。

10.4.2　某飞机横航向气动特性异常

某飞机采用了单船形机身、平直上单翼、单垂尾及高平尾的基本气动布局,为满足水上起降要求其机身侧面外形相对高大平整。

在不同风洞、多期试验中,该机横航向试验结果均存在异常现象,主要表现为在较大升力系数(如放着陆襟翼、迎角 7°)、较大侧滑(如侧滑角 12°)条件下,飞机横航向气动特性曲线有显著的拐折现象,同时纵向各分量伴随有明显阶跃现象(图 10.10)。由于该现象出现在飞行包线内,对飞机操纵极为不利、影响飞行安全。因此,必须慎重确认试验数据,确实找到数据异常原因,并尽可能找到解决方案。

1. 异常数据基本属性判断

由于该现象在不同风洞、多期试验中反复出现。由试验错误引起数据异常的可能性极低。因此,判断该现象极大概率是一个飞机固有气动现象,至少是模型固有气动现象。

2. 异常数据基本特点

异常数据在较大升力系数、较大侧滑条件下出现,且六分量气动特性具有强烈的相关性。在着陆构型、$\alpha = 7°$、$\beta = 12°$ 的典型条件下,各气动特性分量的阶跃量大致为 $\Delta C_Y \approx 0.068$、$\Delta C_n \approx -0.023$、$\Delta C_l \approx 0.017$、$\Delta C_N \approx -0.22$、$\Delta C_m \approx -0.110$、$\Delta C_A \approx 0.060$。

3. 问题模型构建

由于尾翼是为飞机提供气动稳定性的主要部件。因此作为研究起点,可以首先假设横航向结果的拐折现象主要是由模型尾翼的气动载荷变化所致。当该假设成立时,必定会导致飞机其他气动特性分量的关联变化,也就是说试验结果六分量数据可以自洽。通过对试验数据的自洽性分析,可以更为细致地刻画假设现象、提高假设的可信性,或者否定假设。

由于机翼与平尾是飞机产生法向力的最主要部件。现假设全机法向力特性变化的主要原因在于平尾法向力特性的变化。该飞机的机翼与平尾面积之比大约为 3.8,按照此比例关系,若全机法向力系数突然降低 0.22,那么平尾法向力系数相对于自身而言应减小 0.83 左右。显然,对于一个常规设计的中等展弦比平尾来说,即使考虑绕流分离等极端因素,也难以产生如此大的气动特性突变。此外,当平尾法向力减小时,全机俯仰力矩系数应当有明显增加,这也与试验俯仰力矩结果数据不符。因此,通过异常数据自洽性分析可以判断,导致试验结果曲线拐折现象的首要原因来自平尾(并可推广至尾翼)的假设是不成立的。对法向力阶跃原因的研究重点应转移到机翼上,即假设造成全机法向力系数的阶跃降低的主要原因是机翼升力突然降低,而导致机翼升力突变的原因是机翼表面气流的突然分离。

当左右流场不对称时(如有侧滑时),机翼分离的形式主要有翼梢不对称分离和受其他部件(如机身、发房等)干扰分离等。其中,翼梢不对称分离区域相对集中,其分离中心位置一般可以通过相关异常数据捕捉到。由试验获得的 C_N 和 C_l 的变化量可以获得机翼

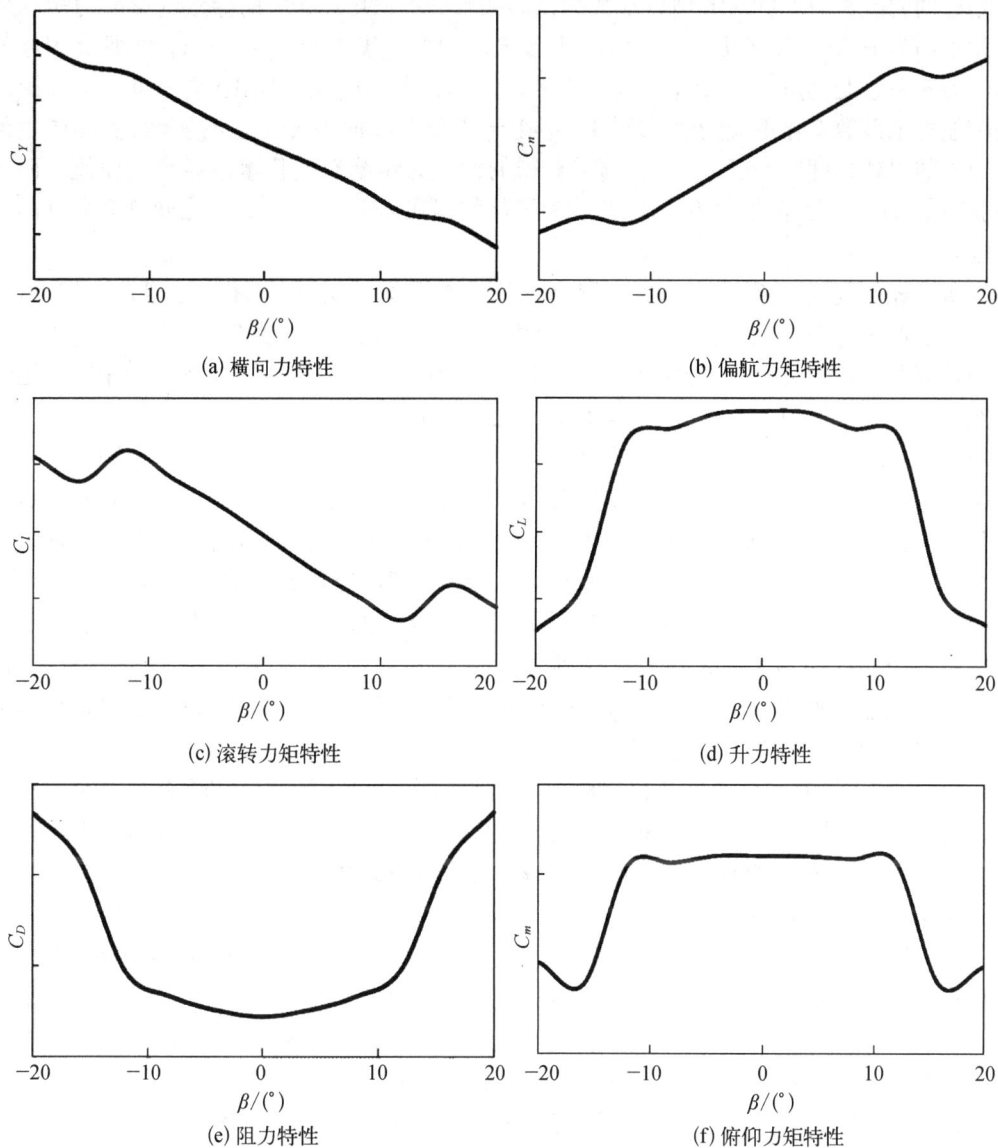

(a) 横向力特性　　(b) 偏航力矩特性

(c) 滚转力矩特性　　(d) 升力特性

(e) 阻力特性　　(f) 俯仰力矩特性

图 10.10　某飞机横航向气动特性异常典型结果 (CARDC 惠允)

上分离中心的展向位置 $\Delta Z = L \cdot \Delta C_l / \Delta C_N \approx -0.15(L/2)$, 即正侧滑时分离中心位置位于右侧机翼约 0.15 倍半展长处, 在迎风侧机翼的内发房与机身之间。由此可排除翼梢不对称分离的可能性。翼面受干扰分离有两种基本形式: 一是受其他部件干扰后, 气流能量降低、流经翼面时克服逆压梯度的能力下降而出现分离, 这种分离一般出现在干扰部件的下游位置; 二是受干扰后气流局部上洗增大、使翼面局部迎角增加并超过当地翼型失速迎角而导致局部分离, 这种分离常出现在干扰体迎风一侧附近。考虑到该飞机为四发布局形式以及推导出的分离位置, 初步判断分离主要是受机身上洗干扰造成的。

机翼气流分离导致全机阻力增加。同时, 由于机翼分离的不对称性会导致偏航力矩的改变。分离侧机翼尾流能量较低、压力下降, 导致垂尾、机身产生的向分离侧的横向力及相应的偏航力矩。针对典型异常数据试验条件,由于阻力增加而导致的偏航力矩系数变化量约为 $-\Delta C_A \cdot \Delta Z/L \approx 0.0046$;假设横向力变化集中产生在垂尾位置,那么引起的偏航力矩系数变化量约为 $\Delta C_Y \cdot L_{垂尾}/L \approx -0.03$,其中 $L_{垂尾}$ 为垂尾尾臂长度。由此推测的偏航力矩系数变化量应为 -0.0254。但由于机身对横向力变化也有贡献,实际产生偏航力矩的力臂长度应小于 $L_{垂尾}$,即试验获得的偏航力矩绝对变化量应略小于该值。而试验获得的 ΔC_n 变化量为 -0.023,因此认为试验数据在 ΔC_n、ΔC_A、ΔC_Y 之间具有良好的自洽性。

机翼表面气流分离、升力系数下降会导致机翼后下洗减弱、平尾当地迎角增加,从而产生附加低头力矩。根据已有的全机升力线斜率、平尾处下洗率数据,大致可以推算出平尾当地迎角增量约为 $0.8°$ ($\Delta\alpha_p = -\Delta\varepsilon \approx \varepsilon_\alpha \cdot \Delta\alpha \approx \varepsilon_\alpha \cdot \Delta C_L/C_L^\alpha$)。由此而带来的平尾升力系数增量约为 0.015 ($\Delta C_{L平尾} \approx C_{L平尾}^\alpha \cdot \Delta\varepsilon$),伴随产生的低头力矩系数增量约为 0.07($\Delta C_{L平尾} \cdot L_{尾臂}/c_A$)。另一方面,机翼表面气流分离会改变机翼翼型压力分布,从而改变机翼压心位置,这也可能会改变试验俯仰力矩结果。因此,安排了全机去尾翼验证试验项目,以获得异常数据发生时机翼对俯仰力矩特性的影响量,同时也可验证产生异常数据的根本原因是否与尾翼无关。验证结果表明,无尾翼时,异常数据的主要表现依旧存在,排除了产生异常数据的根本原因来自尾翼的假设;且分离时机翼自身产生的附加低头力矩系数约为 0.03。因而,可以推算出异常数据发生时,全机俯仰力矩系数变化总量应为 -0.1 左右。这与全机试验俯仰力矩系数变化量相当。即机翼分离假设也可以解释异常数据发生时俯仰力矩特性阶跃的现象。

综上,利用已有和补充试验数据构建的问题模型可以表述为:在较大升力系数和较大侧滑条件下,受机身干扰(上洗)影响,迎风侧机翼出现了分离现象,该分离不仅影响了机翼气动特性也改变了尾翼绕流条件,导致了异常数据现象。

4. 验证

为验证上述问题模型,需要获得有利的第三方证据。考察该问题假设的逻辑链,其关键是机翼必须存在分离现象。而该现象可以通过表面流动显示试验进行独立观察。丝线流谱试验结果表明,在出现异常数据的条件下,迎风侧内侧发房与机身之间的机翼上表面确实出现了明显的分离现象(图 10.11)。这为确认问题模型和试验数据提供了关键证据。

而导致迎风侧中央翼分离的原因在于该机船形机身侧面高大平整,特定条件下易诱导出较强上洗流动,使迎风侧中央翼当地迎角超过翼型失速迎角、发生局部分离(图 10.12)。

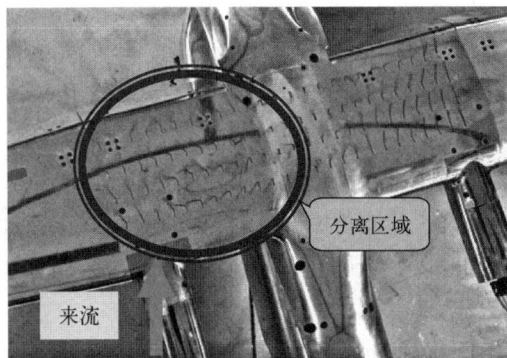

图 10.11 中央翼流谱试验照片(CARDC 惠允)　　图 10.12 机身侧面流谱试验照片(CARDC 惠允)

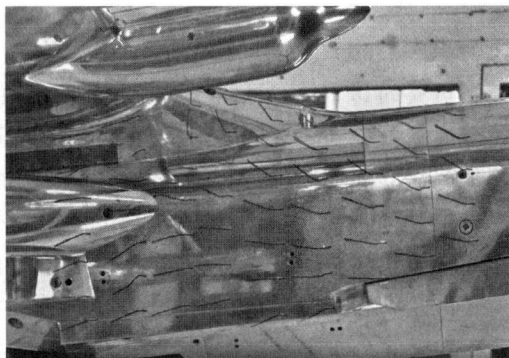

5. 气动改进措施研究

现已确认试验异常数据是特殊气动现象的反映。由于会危及飞行安全,应有应对措施。当然,首先就需要考虑利用气动措施解决这个气动问题。一般而言,用于解决局部气动问题的措施应当具有以下特点:首先是措施效果确实、可靠,其次是代价可接受。

消除或延缓翼面气流局部分离现象的途径有多种,如改善翼面自身的失速特性、推迟翼面失速角,或者调整翼面安装角、减小翼面当地有效迎角,或者向低能绕流注入能量、提高气流抗分离能力。常用措施有:机翼上表面加涡流发生器或边条(向边界层注入能量),加装机翼导流板(减小当地迎角)等,此外还有优化机翼布局的方案,如减小机翼弯度、增大前缘半径(减小逆压梯度等)等。为探索可能的气动改进措施,在试验模型上利用简易方式进行了多种措施的试验验证,如起落架舱前伸修形,翼根修型,机翼前缘加边条翼,翼身修型,机翼前下方机身侧面加扰流板等。

研究表明,加装扰流板的气动改进措施是有效的。扰流板不仅可以阻挡机身侧面的部分上洗气流、减小中央翼当地迎角,更重要的是能够产生较强烈的脱体涡系,为局部流动注入更多能量,这些均有利于抑制局部分离的发生。经尺寸、位置及安装角优化的扰流板(图 10.13),不仅可以有效消除迎风侧中央翼分离及异常数据现象(图 10.14),而且对飞机其他气动特性影响有限,全机巡航阻力仅增加 0.7% 左右。

图 10.13　优化后的扰流板(CARDC 惠允)

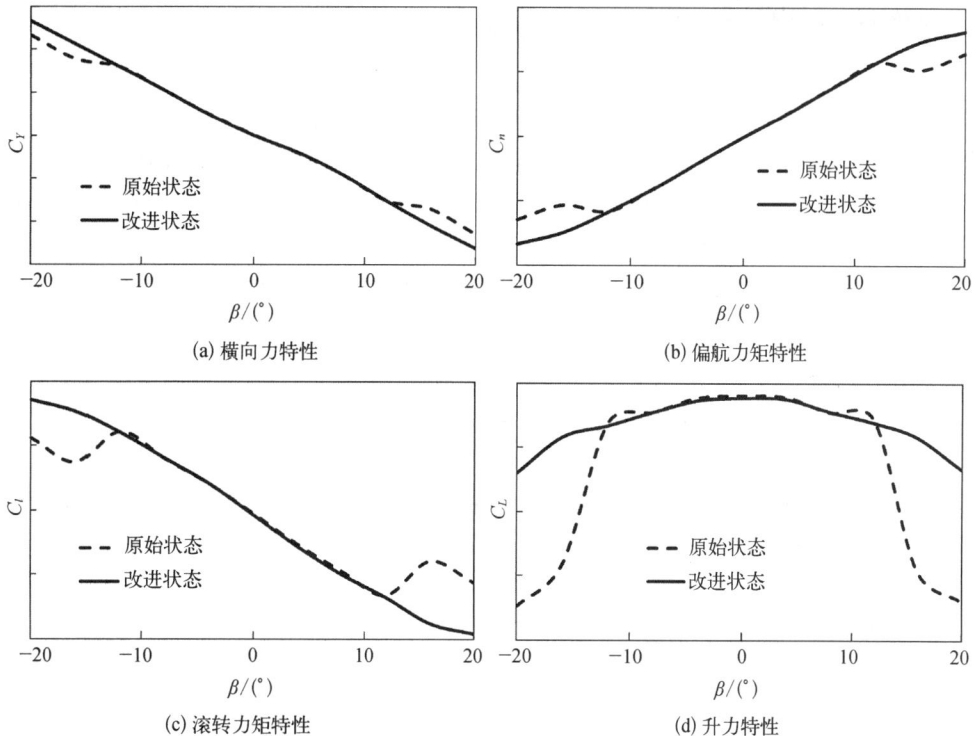

(a) 横向力特性

(b) 偏航力矩特性

(c) 滚转力矩特性

(d) 升力特性

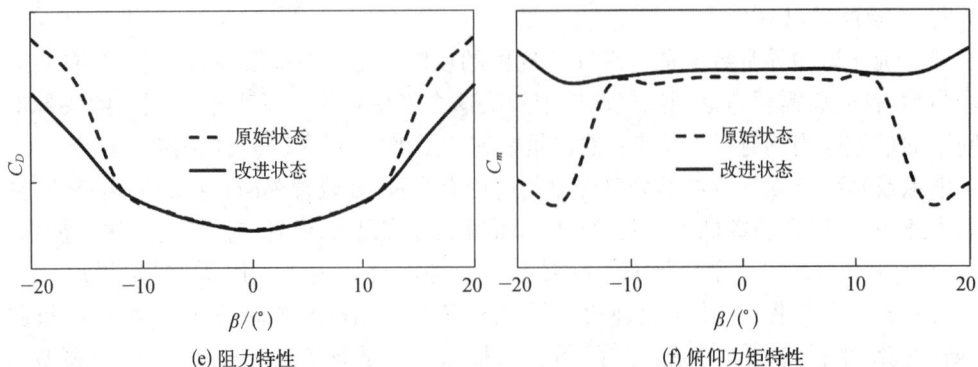

(e) 阻力特性　　　　　　　　　　　　　　(f) 俯仰力矩特性

图 10.14　扰流板效果（CARDC 惠允）

10.4.3　某方向舵铰链力矩试验轴向力试验数据异常

图 10.15 为操纵面铰链力矩试验轴系示意图。对于某方向舵而言 z 轴指向下，而铰链轴位置靠近方向舵前缘。方向舵铰链力矩天平置于垂尾安定面内，并通过两根支杆（角度块）与方向舵连接。

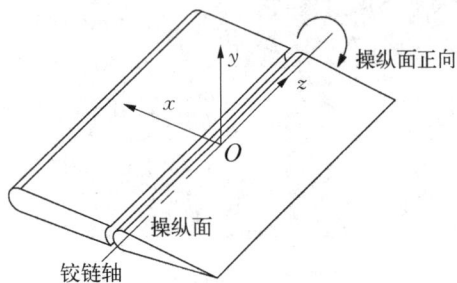

图 10.15　操纵面轴系示意图[4]

在某型飞机模拟螺旋桨动力条件下进行的方向舵铰链力矩试验中，当（迎角 0°）方向舵偏转至 −10° 时，轴向力特性发生明显改变、法向力（对侧滑角的）斜率绝对值也有所减小，而铰链力矩等其他特性是否有异常变化难以判断，如图 10.16 所示。

1. 异常数据基本特点

试验中首先发现的数据异常现象是方向舵轴向力系数显著增加，方向舵偏角为 −10° 时最大值接近 0.5 且在试验侧滑角范围内均为正值。受安定面与操纵面间缝隙负压影响，在偏转角不大时，操纵面轴向力特性经常为一个较小的负值。此时，方向舵轴向力系数为一个很大的正值，反而难以理解。

在发现轴向力特性试验数据明显异常后，再来观察其他气动特性结果。可以发现方向舵法向力系数对侧滑角的导数绝对值也有所减小。当操纵面偏转角不大时，其法向力系数对姿态角的导数一般不会有明显的变化。试验获得的 −10° 法向力系数导数（绝对值）相对其他方向舵偏角导数有所减小，但变化并不显著，只能怀疑存在数据异常的可能。

以方向舵零偏转、零侧滑角铰链力矩系数值为对称点，可以发现方向舵偏角 −10° 与 10° 的铰链力矩系数曲线大致是对称的，表现基本正常。难以从试验结果本身直接判断铰链力矩试验数据存在异常现象。观察试验结果中其他两个力矩分量，也可得到类似的结论。

2. 异常数据基本属性判断

由于方向舵偏转 10° 等相关试验各分量结果均未见异常显现，初步判断异常数据为试验系统错误的结果。

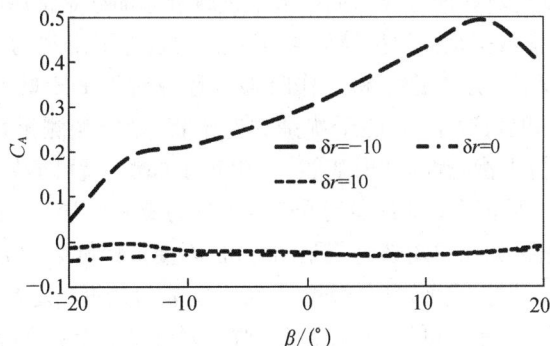

(a) 轴向力特性

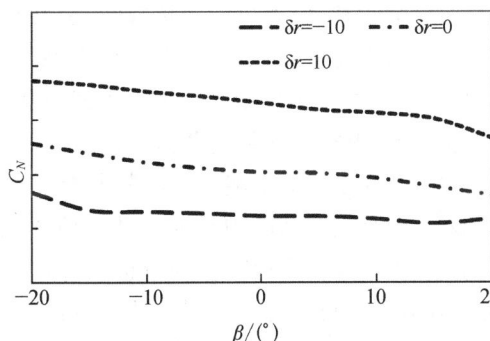

(b) 法向力特性

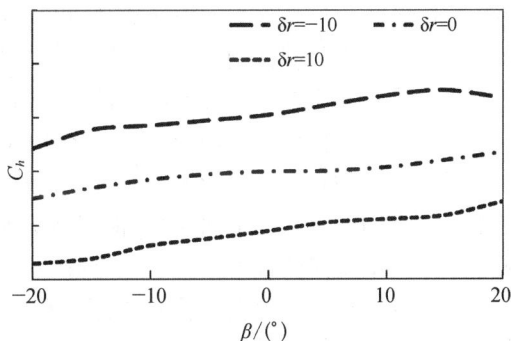

(c) 铰链力矩特性

图 10.16　某方向舵铰链力矩试验异常数据(CARDC 惠允)

3. 问题模型构建与验证方法

针对本案例现象,可以将问题模型分为两类:一是试验系统突然出现了不可自行修复的故障,如天平轴向力分量受损等;二是试验系统会在特定条件下发生问题,如在特定载荷下,方向舵与垂尾安定面间存在意外接触(碰天平)。辨识问题模型类型的方法很多,如可以用交叉进行正常数据状态与异常试验状态试验的方法进行辨识。当正常数据状态重复性试验结果也出现类似异常时,可判断试验系统出现了不可自行修复故障;当试验异常数据的出现与明显依赖于试验条件变化时,应主要考虑第二类问题模型。还可以用检查具体问题模型关键假设的方法进行辨识。如可以用对天平进行加载检查的方法,检查天平及其他测量设备是否存在损伤或其异常变化。

从异常数据的基本特点出发,可以大概率(正确地)排除一些具有共性影响的原因,如可以暂不考虑以下错误原因:试验速压、天平电压(统一供电)、天平校准、姿态角、方向舵偏转、数据处理与修正程序等。而应将注意力集中在那些可能产生单一分量影响的原因上来。其中,天平及相关测量设备受损、电磁干扰和碰天平是概率较大的原因。

(1) 天平及相关测量设备受损。天平及相关测量设备基本是按测量分量并行工作的。根据这一特点构建的问题模型很容易解释试验异常数据。假设测量系统轴向力分量的某个环节出现了问题(如应变梁损伤、应变片脱胶、信号线受损、信号采集通道故障等),这将导致试验结果轴向特性的显著异常表现,但其他分量一般只会受该问题的间接干扰、无显著异常表现。检验该假设是否成立的基础方法就是检查各测量设备工作参数是否正常甚至直接更换不易检查的设备(如信号线),而对天平进行静态加载是常用的综合检查方法。

(2) 电磁干扰。异常数据是在模拟螺旋桨动力影响条件下出现的,而螺旋桨模型是由大功率电机驱动的。因此,必须考虑电机工作时强电环境对天平测量系统(典型的弱电系统)的电磁干扰问题。一般情况下,电磁干扰是共性干扰,会影响测量系统各分量的结果。但如果测量系统某通道抗干扰特性(如屏蔽能力)出现了漏洞,就可能发生干扰影响主要体现在某单一分量的情况。验证测量系统是否受电磁干扰的最常用方法就是对比有无干扰源的条件下,系统工作的稳定性,如在关闭螺旋桨驱动电机、不模拟螺旋桨动力影响条件下进行试验。此外还可以对测量系统抗干扰装置是否受损、抗干扰能力是否满足要求进行检查,如检查屏蔽层是否有破损、屏蔽接地是否可靠、静态条件下强电磁环境是否对测量系统有干扰等。

(3) 碰天平。碰天平的实质就是被测部件上的部分载荷会通过碰点而不是天平以固体传力的方式传递到大地。由于碰点可分担天平承受的载荷,存在碰天平情况时,异常数据的最典型表现是载荷绝值减小(即趋向于0)。这与本案例的异常数据表现是不同的,因此这种假设成立的概率并不高。此外,异常数据在轴向力单一分量上的突出表现,也降低了碰天平问题模型成立的概率。碰天平通常会同时改变多个分量的载荷,很难想象一个随机出现的碰点刚巧只影响一个分量的载荷,而对其他分量的影响小到不易判断甚至是不易察觉的地步。综上两点,只能将碰天平假设作为低概率问题模型来处理。检查是否存在碰天平现象的最常用方法就是寻找可疑的碰点位置,或者说需要检查被测部件与其他设备的间隙。由于在试验时,模型、天平、支架等装置间可能存在相对运动(本案例不存在这种情况);同时受试验载荷影响,这些装置还会发生变形。因此,在检查间隙时需要充分考虑这些因素影响,保证检查结论的可靠性。

4. 验证及问题模型重构

针对上述问题模型,检查了相关试验设备、更换了部分设备(如天平信号线),结果表明这些设备均处于正常工作状态,没有发现问题。随后,对天平进行了加载检查。受加载条件限制,加载载荷方向与方向舵偏转10°时气动载荷方向基本一致。结果表明,天平等测量系统工作正常。为综合检验前期工作效果,进一步确认问题模型,开展了不同方向舵偏转角、螺旋桨驱动电机是否工作等试验条件变化的交叉验证试验。验证试验结果表明,异常数据仅与方向舵偏角相关,而与其他试验条件的改变无关。

至此,异常数据原因排查工作陷入了困境,似乎无法找到确切原因。于是,重新梳理了所有已知证据,发现不能排除碰天平的可能性。首先,否定存在碰天平可能性的重要证据是天平加载正常。但天平静态加载时的载荷方向与出现异常数据时的气动载荷方向大致相反,只能证明方向舵正向偏转(如10°)时,天平能正常工作;不能证明方向舵负向偏转(如-10°)时,不会发生碰天平的情况。

其次,否定存在碰天平可能性的理论依据在于一般认为碰天平后天平输出绝对值应减小,且会影响多个分量。那么在本案例中,是否可以用碰天平假设解释试验现象呢?由图10.15可以看出,如果存在碰天平情况,碰点一定是存在于垂尾安定面与方向舵前缘间的间隙处,而且碰点的出现一定与垂尾安定面/方向舵受载后相对变形有关,更具体来说主要与天平变形有关。在本案例中,由于方向舵远离天平刚性轴(天平置于安定面内),可以近似认为天平变形仅与方向舵气动法向力有关。由此对于法向力分量而言,碰点是有卸载作用的,其数据表现就是方向舵法向力系数对侧滑角的导数绝对值有所减小。显然,碰点提供的额外载荷在轴向力方向上是向后的(正的轴向力),由此,碰点的出现会导致试验结果轴向力增加的情况。碰点出现后,通过碰点传递的载荷方向大致与当地模型表面法线方向大致一致。根据这一特点,还可以大致推测碰点的位置。此外,由于碰点与方向舵铰链轴的距离很小,由碰点产生的额外力产生的铰链力矩变化可能不大,可解释异常数据铰链力矩系数表现基本正常的现象。

据此,重新检查了方向舵前缘与垂尾安定面后缘间的缝隙大小。发现当方向舵向负方向偏转时,在天平后方的缝隙确实存在间隙变小的情况,受气动载荷后碰天平的情况可能会大概率出现。模拟气动载荷加载也表明此时天平输出异常。由此判断产生异常数据的原因是在特定载荷条件下存在碰天平情况。为此重新处理了模型状态,增加了间隙。之后进行了验证试验,结果数据异常现象消失(图 10.17)。

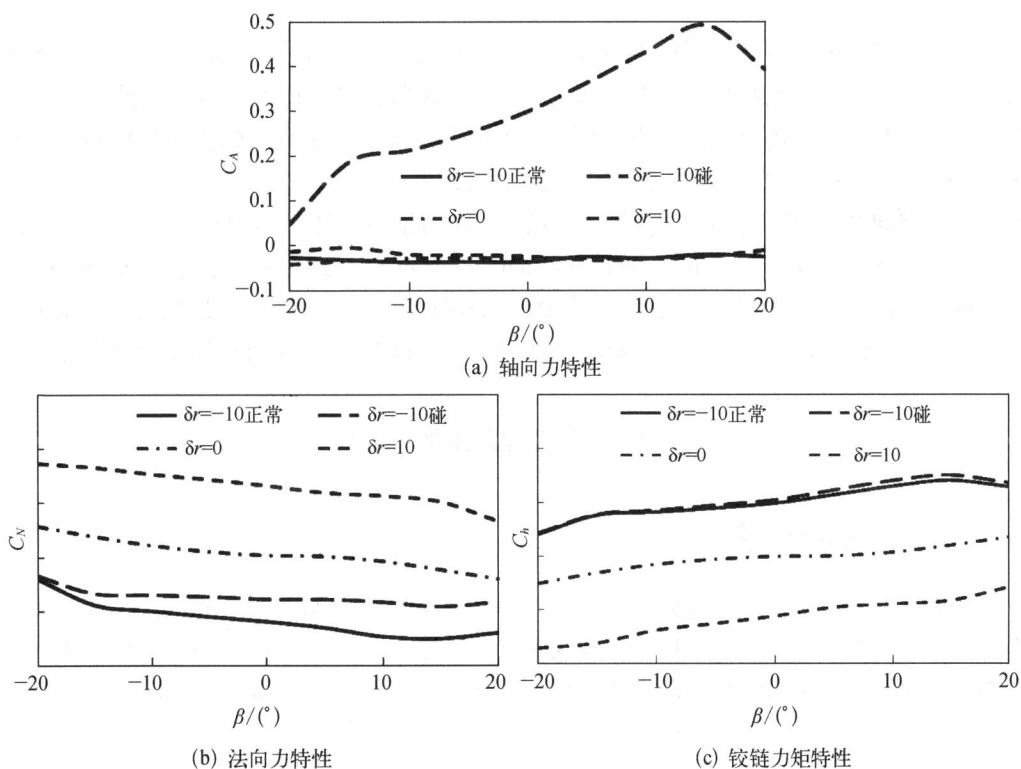

(a) 轴向力特性

(b) 法向力特性

(c) 铰链力矩特性

图 10.17　消除碰天平现象后试验效果(CARDC 惠允)

本案例在处理碰天平问题的过程中,调整了方向舵/垂尾安定面间的缝隙。理论上,这是不符合相似准则要求的,会导致一定的试验误差。但相对碰天平对试验数据的影响和由此带来的不确定性,调整缝隙带来的误差是可以接受的。类似于这样的无奈折中,在风洞试验中并不少见,需要认真对待、慎重处理。

第 10 章习题　　　　第 10 章参考文献

第 11 章
流场分析方法概述

11.1 引　言

　　传统的流场分析方法是利用涡量场确定流场中漩涡结构,优势是简单易操作,且各个 CFD 求解器中都可以直接输出涡量结果,对于实验数据也可根据速度分布快速计算出涡量分布。而新兴的流场模态分析方法可以帮助研究者深入理解复杂的流动结构和演化机理,是近年来的热门研究方法。通过模态分解,研究者可以将高维的复杂流场投影到一组低维的子空间之上,获取流场中一些重要的流场特征。典型的模态分解方法包括两种:本征正交分解(proper orthogonal decomposition,POD)和动力学模态分解(dynamic mode decomposition,DMD)。POD 方法可以将流场分解成若干的正交模态,按照模态的能量大小排序,可以提取流场的主导模态。DMD 则可以观察不同频率的流场结构对流场的贡献。

11.2　涡量场分析方法

11.2.1　涡量定义

　　考虑在 x-y 平面的二维流动。分析其中一个无限小的流体微元。假设在时刻 t 流体微元的形状是矩形,如图 11.1 所示。在时刻 $t + \Delta t$ 微元的形状和位置如图所示。注意在这个时间间隔,边 AB 和 AC 分别旋转了角度 $-\Delta\theta_1$ 和 $\Delta\theta_2$(逆时针旋转定义为正)。

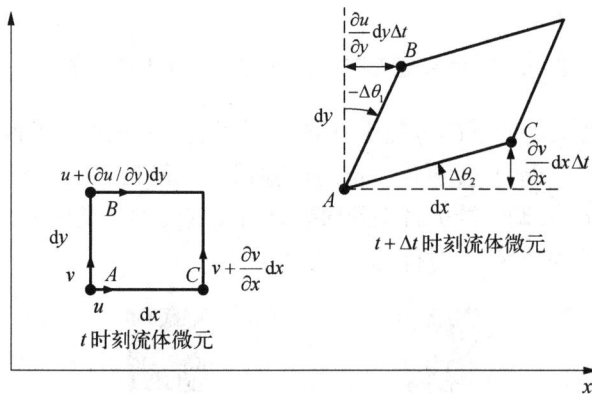

图 11.1　流体微元的旋转和变形

现在考虑边 AC, 因为点 C 和点 A 移动的方式不同, 所以它在时间间隔 Δt 内产生了旋转。考虑 y 方向的速度, t 时刻, A 点速度为 v, 点 C 和 A 的水平距离为 dx, 所以在 t 时刻, 点 C 的竖直方向速度为 $v + (\partial v / \partial x) dx$。因此: 在时间间隔内 A 点在 y 方向运动距离 = $v\Delta t$; 在时间间隔内 C 点在 y 方向运动距离 = $\left(v + \dfrac{\partial v}{\partial x} dx \right) \Delta t$; C 点相对于 A 的相对位移 = $\left(v + \dfrac{\partial v}{\partial x} dx \right) \Delta t - v\Delta t = \dfrac{\partial v}{\partial x} dx \Delta t$; 根据几何关系:

$$\Delta \theta_2 \approx \tan \Delta \theta_2 = \frac{(\partial v / \partial x) \, dx \Delta t}{dx} = \frac{\partial v}{\partial x} \Delta t \tag{11.1}$$

接着考虑 AB 边。考虑 x 方向的速度, t 时刻, A 点速度为 u, 点 B 和 A 的距离为 dy, 所以在 t 时刻, 点 B 的水平方向速度为 $u + (\partial u / \partial y) dy$。因此 B 点相对于 A 的相对位移 = $(\partial u / \partial y) dy \Delta t$, 因此:

$$-\Delta \theta_1 \approx \tan(-\Delta \theta_1) = \frac{(\partial u / \partial y) \, dy \Delta t}{dy} = \frac{\partial u}{\partial y} \Delta t \tag{11.2}$$

考虑 AB 和 AC 边的角速度, 分别定义为 $d\theta_1/dt$ 和 $d\theta_2/dt$。所以:

$$\frac{d\theta_1}{dt} = \lim_{\Delta t \to 0} \frac{\Delta \theta_1}{\Delta t} = -\frac{\partial u}{\partial y} \tag{11.3}$$

$$\frac{d\theta_2}{dt} = \lim_{\Delta t \to 0} \frac{\Delta \theta_2}{\Delta t} = \frac{\partial v}{\partial x} \tag{11.4}$$

根据定义, 流体微元的角速度是 AB 和 AC 两条边的角速度的平均值。用 ω_z 表示角速度。因此:

$$\omega_z = \frac{1}{2} \left(\frac{d\theta_1}{dt} + \frac{d\theta_2}{dt} \right) = \frac{1}{2} \left(\frac{\partial v}{\partial x} - \frac{\partial u}{\partial y} \right) \tag{11.5}$$

上面的讨论只是考虑了 x-y 平面的运动。而在三维空间中运动的流体微元的角速度是具有三个分量的矢量。根据类比, 可以得到:

$$\boldsymbol{\omega} = \omega_x \boldsymbol{i} + \omega_y \boldsymbol{j} + \omega_z \boldsymbol{k} = \frac{1}{2} \left[\left(\frac{\partial w}{\partial y} - \frac{\partial v}{\partial z} \right) \boldsymbol{i} + \left(\frac{\partial u}{\partial z} - \frac{\partial w}{\partial x} \right) \boldsymbol{j} + \left(\frac{\partial v}{\partial x} - \frac{\partial u}{\partial y} \right) \boldsymbol{k} \right] \tag{11.6}$$

这里定义角速度的两倍为涡量:

$$\boldsymbol{\xi} = 2\boldsymbol{\omega} = \nabla \times \boldsymbol{V} \tag{11.7}$$

实际上, 在数学上它是速度的旋度。

空气动力学中定义: 如果在流场中每个点 $\nabla \times \boldsymbol{V} \neq 0$, 流动被称为是有旋的。如果在流场中每个点 $\nabla \times \boldsymbol{V} = 0$, 流动被称为无旋的。

理论上, 流动中涡量较大区域和漩涡存在一定的联系。然而根据涡量的定义, 涡量在

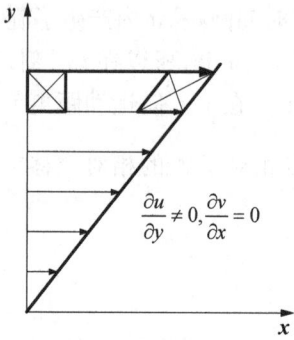

图 11.2 剪切流动中的涡量

剪切较强的地方也会出现较大的值。如图 11.2 中的一个上部平板移动引起的剪切流动中,流体微元发生了旋转,涡量的计算结果也不等于 0,但是宏观上并未出现漩涡。因此实际应用中,还会引入 Q 准则等方法来去除剪切的影响。不过,在一般情况的使用中,涡量往往足够帮助识别较为明显的涡系结构。

11.2.2 涡量场分析实例

涡量场分析可以应用于确定振荡翼型的尾迹形态[1],如图 11.3 所示,通过画出流场的涡量分布,可以清楚地确定振荡翼型尾迹中的顺时针涡(蓝色)和逆时针涡(红色)。通过比较两种漩涡的位置关系,可以确定尾迹形态为卡门涡街还是反卡门涡街,从而可以帮助确定尾迹对翼型产生的是推力还是阻力。

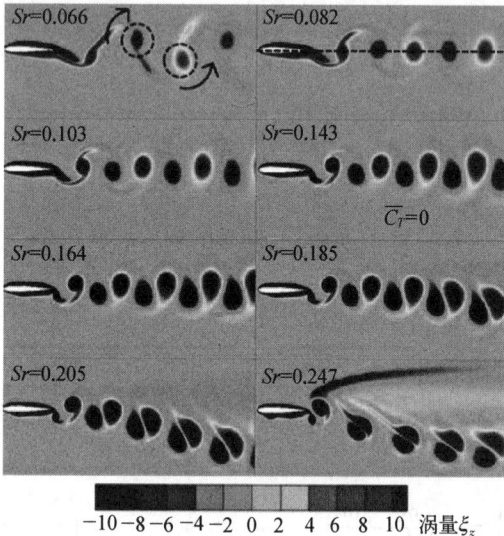

图 11.3 通过涡量场分析尾迹形态随斯特劳哈尔数的变化

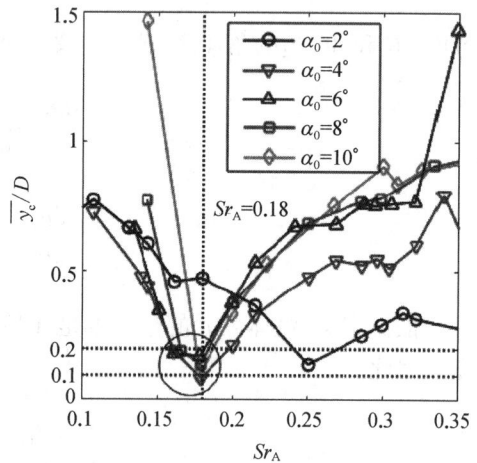

图 11.4 通过涡量极值点确定涡核在不同参数下的位置

定量地确定涡系位置的方法是通过涡量极值点来确定涡核的位置的,从而寻找卡门涡街和反卡门涡街之间转换的临界尾迹,如图 11.4 所示。

11.3 Q 准 则 方 法

上一节提到,使用涡量场分析方法来分析流场中的涡系结构存在一个缺点,即在强剪切流动区域,即使不存在涡,也会出现大涡量值的存在。本节中介绍另一种涡的识别方法——Q 准则,能够一定程度避免涡量场分析方法的缺点。Q 准则最早由 Hunt 等[2]提出。

11.3.1　Q 准则定义

首先需要定义流场中速度梯度张量的对称部分和反对称部分,如下:

$$S = \frac{1}{2}\left[\nabla V + (\nabla V)^{\mathrm{T}}\right]$$
$$\Omega = \frac{1}{2}\left[\nabla V - (\nabla V)^{\mathrm{T}}\right]$$

(11.8)

速度梯度张量的对称部分记作 S,通常被称为应变速率张量;反对称部分记作 Ω,通常被称为旋转速率或涡量张量。

Q 值定义为速度梯度张量的第二不变量,如下:

$$Q = \frac{1}{2}\left(\parallel \Omega \parallel^2 - \parallel S \parallel^2\right)$$

(11.9)

式中,S 和 Ω 分别为流场中一点的变形和旋转。Q 准则反映了流体微团的旋转和变形之间的一种平衡。可以看出,Q 的正值表示流场中涡量占主导的区域,负值表示应变速率或黏性应力占主导的区域。也就是说,$Q>0$ 反映了旋转在流场中占主导地位。

对于三维流场,Q 值的具体计算公式如下:

$$Q = -\frac{1}{2}\left[\left(\frac{\partial u}{\partial x}\right)^2 + \left(\frac{\partial v}{\partial y}\right)^2 + \left(\frac{\partial w}{\partial z}\right)^2\right] - \frac{\partial u}{\partial y}\frac{\partial v}{\partial x} - \frac{\partial u}{\partial z}\frac{\partial w}{\partial x} - \frac{\partial v}{\partial z}\frac{\partial w}{\partial y}$$

(11.10)

对于二维流场,Q 值的具体计算公式如下:

$$Q = -\frac{1}{2}\left[\left(\frac{\partial u}{\partial x}\right)^2 + \left(\frac{\partial v}{\partial y}\right)^2\right] - \frac{\partial u}{\partial y}\frac{\partial v}{\partial x}$$

(11.11)

11.3.2　Q 准则分析实例

利用 Q 准则可以令流场中的涡可视化,在航空工程实践中,这些涡包括翼(桨)尖涡、前缘涡以及尾缘涡等。图 11.5 给出了某瞬时直升机悬停流场桨尖双螺旋涡结构[3]。采用 Q 准则定义的尾迹涡结构,可以反映出某瞬时双螺旋涡尾迹的空间分布形态,如图 11.5 所示,其中颜色表示当地速度的大小。图中显示,在脱离桨尖后大约两个周期(720°)内,桨尖涡管结构呈现规则的收缩状双螺旋结构,涡管空间分布光滑稳定。随后,双螺旋中的一支螺距增加并沿径向收缩,与另一支涡管出现配对和穿越现象,同时涡管沿周向出现长波波动,涡系拓扑逐渐失去稳定,直至出现涡管的缠绕以及由此而导致的破碎和湍流化。

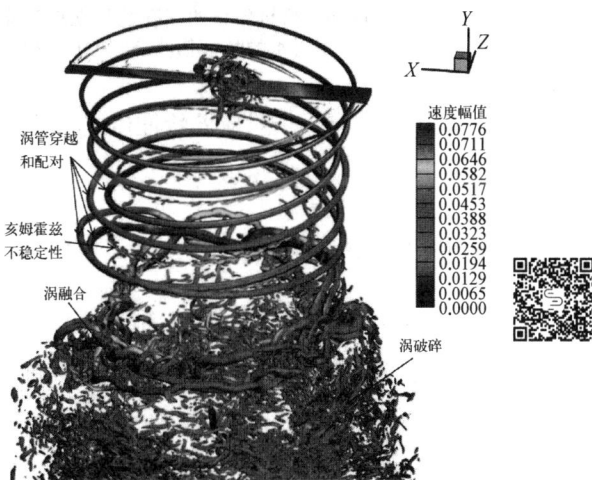

图 11.5　某瞬时流场桨尖双螺旋涡结构($Q=0.05$)

11.4　模态分解预备知识

本书中的分解方法是基于矩阵的特征值分解和奇异值分解。在本节中,简要介绍特征值和奇异值分解技术的一些重要基本性质,特征值分解是在正方形矩阵上执行的,而奇异值分解可以应用于矩形矩阵。

11.4.1　特征值分解

矩阵(线性算子)的特征值和特征向量捕捉向量可以增长或收缩的方向。对于给定的矩阵 $A \in \mathbb{C}^{n \times n}$,如果 A 的特征向量和特征值满足:

$$Av = \lambda v \tag{11.12}$$

则一个向量 $v \in \mathbb{C}^n$ 和一个标量 $\lambda \in \mathbb{C}$ 分别称为 A 的特征向量和特征值。尽管式(11.12)中的上述表达式看起来很简单,但特征向量的概念在描述向量左乘矩阵 A 的效果具有很重要的意义。上述表达式表示,如果将运算符 A 应用于其特征向量(特征方向),则可仅通过标量 λ 的乘法来捕获运算,标量 λ 是与该方向相关联的特征值。特征值的大小告诉我们算子 A 是否会在该特定方向上增加或减少原始向量的大小。如果以迭代方式执行与 A 的乘法,则此复合运算得到的向量可以基本由具有最大幅度的特征值的特征向量来描述[4],如图 11.6 所示。

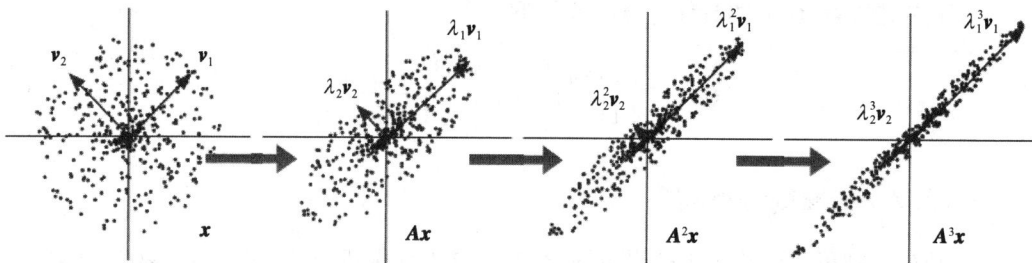

图 11.6　随机分布的点在迭代左乘矩阵 A 后结果为拉伸分布在主导特征向量的方向（A 的特征值为 $\lambda_1 = 1.2$ 和 $\lambda_2 = 0.5$）

如果 A 有 n 个对应着特征值 λ_i 的线性无关的特征向量 v_j,可以得到:

$$AV = V\Lambda \tag{11.13}$$

式中,$V = [v_1, v_2, \cdots, v_n]$,$\Lambda = \mathrm{diag}(\lambda_1, \lambda_2, \cdots, \lambda_n)$。对上个式子右乘 V^{-1} 得

$$A = V^{-1}\Lambda V \tag{11.14}$$

这就是特征值分解。为了使特征值分解成立,A 需要有一个完整的 n 个线性独立的特征向量。

对于线性动力系统,我们经常遇到一些状态变量 $x(t) \in \mathbb{C}^n$ 的系统,描述为

$$\dot{x}(t) = Ax(t) \tag{11.15}$$

它的解为

$$x(t) = \exp(At)x(0) = V\exp(\Lambda t)V^{-1}x(0) \qquad (11.16)$$

式中，$x(0)$ 表示初始条件。这里，特征值表征了 $x(t)$ 线性动力系统的长期行为。λ_j 的实部和虚部代表状态变量沿特征向量 v_j 的方向演化的增长（衰减）率和频率[4]，如图 11.7 所示。对于一个稳定的线性系统，所有的特征值都需要在复数平面的左边，即对所有 j 都有 $\mathrm{Re}(\lambda_j) \leqslant 0$。

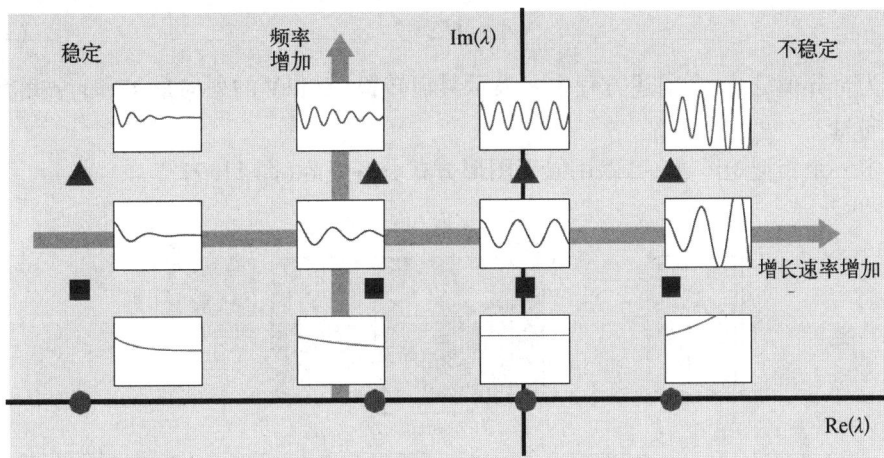

图 11.7　特征值主导的线性系统的动态响应[稳定：$\mathrm{Re}(\lambda) < 0$；不稳定：$\mathrm{Re}(\lambda) > 0$]

11.4.2　奇异值分解

奇异值分解（SVD）是最重要的矩阵分解法之一，它将特征分解推广到矩形矩阵。SVD 有许多用途和解释，特别是在降维方面，可以利用 SVD 获得最佳的低秩矩阵近似。奇异值分解也揭示了一个矩形矩阵或算子如何拉伸和旋转一个向量。

作为一个说明性的例子，考虑一组单位长度的向量 $v_j \in \mathbb{R}^n$，描述一个球体。可以将这些单位向量 v_j 与一个矩阵 $A \in \mathbb{R}^{m \times n}$ 相乘，如图 11.8 所示。所得的椭圆的半轴由单位向量 u_j 和该方向幅值 σ_j 来确定。因此，可以通过查看奇异值来捕获矩阵 A 在椭圆的轴线方向上施加的拉伸量[4]。

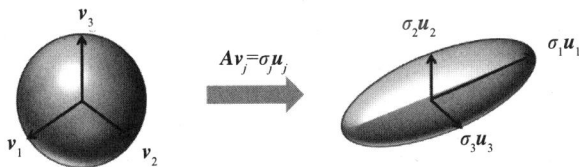

图 11.8　奇异值分解的图形表示

将由右奇异向量 v_j 描述的单位半径球体转化为一个椭球，其半轴由左奇异向量 u_j 描述，大小由奇异值 u_j 确定。在这个图例中，取 $A \in \mathbb{R}^{3 \times 3}$。

将这一概念扩展到复数 $A \in \mathbb{C}^{m \times n}$，$v_j \in \mathbb{C}^n$ 和 $u_j \in \mathbb{C}^m$，可以得到：

$$Av_j = \sigma_j u_j \tag{11.17}$$

以矩阵形式表示,公式如下:

$$AV = U\Sigma \tag{11.18}$$

式中,$U = [u_1, u_2, \cdots, u_m] \in \mathbb{C}^{m \times m}$, $V = [v_1, v_2, \cdots, v_n] \in \mathbb{C}^{n \times n}$。$\Sigma \in \mathbb{R}^{m \times n}$ 是对角矩阵,它的对角线上为 $\sigma_1 \geqslant \sigma_2 \geqslant \cdots \geqslant \sigma_p \geqslant 0$,其中 $p = \min(m, n)$。现在对上一个式子右乘 $V^{-1} = V^*$,可以得到:

$$A = U\Sigma V^* \tag{11.19}$$

这被称为奇异值分解;在前述方程中 $*$ 表示共轭转置;U 和 V 的列向量 u_j 和 v_j 被称为左和右奇异向量。

给定一个矩形矩阵 A,可以用以下图形方式分解矩阵(图 11.9)[4]。

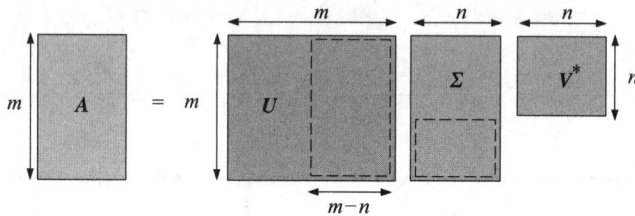

图 11.9　奇异值分解图形化

在这个例子中,取 $m > n$。有时分解中省略了 U 中被虚线包围的成分。因为它们被 Σ 中的零所乘。不考虑虚线框内的子矩阵的分解被称为缩减的 SVD(reduced SVD)或者经济化 SVD(economy-sized SVD),而不是完整的 SVD。

11.5　本征正交分解

本征正交分解是一种有效的数据分析方法,通过使用这种方法,高维过程可以通过低维近似值来描述。由于高阶模型过于复杂,无法用于分析、模拟或设计,因此需要进行模型降阶。在模型降阶过程中,重要的是应保留原始模型的属性。POD 通常能提供一个同样稳定的降阶模型。通过使用 POD 可以将流动速度场分解为空间模态和随时间变化的振幅;这种方法也被称为卡胡南-拉维(Karhunen-Loeve)分解法。为了确定实验和数值数据的特征,POD 已被证明是一种有效的方法。通过使用 POD,可以在大量的数据中找到一些物理过程的特征。

当 POD 应用在流场时,是对流动的能量进行研究。它意味着对流动变量的扰动值的均方值进行探究。这样的计算结果可以得到一组 POD 模态。这些模态代表了各种流动结构的平均空间描述,且往往是具有绝大多数能量、占据主导的大尺度结构。

11.5.1　构建 POD 框架

应用本征正交分解,首先需要从数值或者试验模拟中选取一系列流场的快照

（snapshots）。在收集了数据后，POD 技术可以产生一组能够最优表示快照的空间分布的基函数。各个 POD 基函数捕捉流场的一定百分比的能量。可以选取一个确定个数（M）的 POD 模态来捕捉足够高的流动能量，并将流场表示为以下的有限维近似：

$$U(\pmb{x}, t) \approx \sum_{i=1}^{M} a_i(t)\pmb{\phi}_i(\pmb{x}) \tag{11.20}$$

式中，a_i 被称为时间函数，而 $\pmb{\phi}_i$ 是 POD 模态；为了获取 POD 模态，首先需要获得一组瞬时速度快照 U_i，其中 $U_i(\pmb{x}) = U(\pmb{x}, t_i)$；$t_i$ 是测量选取的第 i 个时刻；快照的平均定义如下：

$$\bar{U}(\pmb{x}) = \frac{1}{N}\sum_{i=1}^{N} U_i(\pmb{x}) \tag{11.21}$$

式中，N 是快照的数目。接下来通过从原来的测量值中减去平均值可以得到一组新的快照（V_i）：

$$V_i(\pmb{x}) = U_i(\pmb{x}) - \bar{U}(\pmb{x}) \tag{11.22}$$

接下来，一个 $N \times N$ 的空间相关矩阵 $\pmb{C}$ 构建如下：

$$C_{ij} = \frac{1}{N}\int_{\Omega} V_i(\pmb{x})V_j(\pmb{x})\mathrm{d}\pmb{x}, \ i = 1, \cdots, N; j = 1, \cdots, N \tag{11.23}$$

式中，积分在整个空间区域 Ω 进行。POD 模态可以通过求解下面这个特征值方程得到：

$$\pmb{C}\pmb{\phi}_i = \lambda_i\pmb{\phi}_i \tag{11.24}$$

也就是，POD 模态 $\pmb{\phi}_i$ 是相关矩阵 $\pmb{C}$ 的特征向量。特征值 λ_i 代表了被第 i 个 POD 模态所捕捉的流场能量的大小。基于能量的信息，可以选取合适的 POD 模态数量来获取准确的 POD 近似表示。可以证明，通过这种方法获得 POD 模态之间是正交的，它们满足：

$$\frac{1}{N}\int_{\Omega}\pmb{\phi}_i(\pmb{x})\pmb{\phi}_j(\pmb{x})\mathrm{d}x = \begin{cases} 1, & i = j \\ 0, & i \neq j \end{cases} \tag{11.25}$$

一旦得到了 POD 模态，时间函数 a_i 也可以通过将快照数据投影到 POD 模态上获得：

$$a_i(t_j) = \frac{1}{N}\int_{\Omega} V(\pmb{x}, t_j)\pmb{\phi}_i(\pmb{x})\mathrm{d}x, \ i = 1, \cdots, N; j = 1, \cdots, M \tag{11.26}$$

11.5.2　POD 算法

1. 直接 POD 法

首先构建快照数据，假设在空间上有 m 个离散采样点 $\pmb{x}_1, \pmb{x}_2, \cdots, \pmb{x}_m$，单次采样可以获取 m 个离散点的值 $U(\pmb{x}_1), U(\pmb{x}_2), \cdots, U(\pmb{x}_m)$，共计采集记录 N 次，以矩阵的形式表达如下：

$$U = \begin{bmatrix} U_1(\pmb{x}_1) & U_1(\pmb{x}_2) & \cdots & U_1(\pmb{x}_m) \\ U_2(\pmb{x}_1) & U_2(\pmb{x}_2) & \cdots & U_2(\pmb{x}_m) \\ \vdots & \vdots & \ddots & \vdots \\ U_N(\pmb{x}_1) & U_N(\pmb{x}_2) & \cdots & U_N(\pmb{x}_m) \end{bmatrix} \tag{11.27}$$

然后计算空间相关矩阵：

$$R = \frac{1}{N} U^{\mathrm{T}} U \qquad (11.28)$$

进而求解相关矩阵的特征值问题：

$$R\varphi = \lambda\varphi \qquad (11.29)$$

为此，得到基函数 $\{\varphi_n(x)\}_{n=1}^m$，即 POD 模态。每个模态对应的模态系数可以由下式计算得到：

$$a_n = U\varphi_n \qquad (11.30)$$

则原来任一空间场由以上的 POD 模态及对应的模态系数来重构：

$$U^k(x) = \sum_{n=1}^m a_n^k \varphi_n(x) \qquad (11.31)$$

空间相关矩阵 R 为一个 $m \times m$ 阶的矩阵，其维数与空间采样点的数量密切相关，当空间采样点数增加时，POD 分解的计算时间成本和计算存储成本将会大幅增加，求解这个矩阵就变得相当困难。若在 PIV 实验或者数值模拟的数据中，空间网格数量有几千甚至上万个，求解这样一个庞大矩阵需要巨大的计算成本。为此需引进 Sirovich[5] 的快照 POD 法。

2. 快照 POD 法

快照 POD 法（snapshot POD）由 Sirovich[5] 在 1987 年提出，是对直接 POD 法改进而来的一种新的 POD 数学处理方法，很好地解决了空间点数较多导致空间相关矩阵无法求解这一问题，特别适用于 PIV 实验或数值模拟中空间点数 m 远大于采样点数 n 的情况。

采样数据以矩阵形式表达如下：

$$U = \begin{bmatrix} U_1(x_1) & U_2(x_1) & \cdots & U_N(x_1) \\ U_1(x_2) & U_2(x_2) & \cdots & U_N(x_2) \\ \vdots & \vdots & \ddots & \vdots \\ U_1(x_m) & U_2(x_m) & \cdots & U_N(x_m) \end{bmatrix} \qquad (11.32)$$

与直接 POD 法比较发现，矩阵 U 的每一列为单次采样得到的所有空间点的值，也就是整个空间点上某一时刻整场的瞬态数据，即快照（snapshot）。将 U 代入相关矩阵 C 时发现，快照 POD 法巧妙地运用了矩阵的转置算法，将高维的空间相关矩阵 R（$m \times m$ 阶）转化为一个低维的相关矩阵 C（$N \times N$ 阶）来处理，使得求解相关矩阵变为可能，同时也大幅降低了计算时间成本和计算存储成本。

具体相关矩阵为

$$C = \frac{1}{m} U^{\mathrm{T}} U \qquad (11.33)$$

矩阵描述的是两个时刻整个空间场 $[U_i(x_1), U_i(x_2), \cdots, U_i(x_m)]$，$[U_j(x_1),$

$U_j(\boldsymbol{x}_2)$，…，$U_j(\boldsymbol{x}_m)$〕的时间相关性。

求解时间相关矩阵的特征值和特征向量：

$$CA = \lambda A \tag{11.34}$$

式中，特征值 λ_n 为非负实数，A 为对应特征向量，然后可以构造特征函数：

$$\boldsymbol{\varPhi} = UA \tag{11.35}$$

至此，矩阵中的每个向量都是非标准正交的，需要每个向量除以对应的 $\sqrt{\lambda_i}$（$i = 1$，…，N），得到标准正交基函数 $\{\varphi_1, \varphi_2, \cdots, \varphi_N\}$，即 POD 模态。同样根据前面方法可以将瞬态速度场投影到 POD 基函数上求出各个模态的系数。通过计算获得所有 POD 模态以及对应的模态系数，可以线性重构任意时刻的速度场：

$$U^k(\boldsymbol{x}) = \sum_{n=1}^{m} a_n^k \varphi_n(\boldsymbol{x}) \tag{11.36}$$

11.5.3　POD 应用实例

下面是几个 POD 应用的实例。

算例 1　翼型上的湍流分离流

算例 1 给出的是一个将 POD 分析应用于 NACA 0012 翼型上湍流分离流三维大涡模拟（LES）获得的速度场的示例[6]。流动是不可压缩的，具有展向周期性的 $Re = 23\,000$ 且 $\alpha = 9°$。图 11.10（左）中显示是展向切片上的瞬时和时均流向速度。可以观察到，在冯·卡曼脱落的尾迹中存在大规模的旋涡结构，产生了在平均流动基础上的空间和时间波动。流动中还存在更精细的湍流结构。通过对流场数据进行 POD，可以找到主导模态。图 11.10（中间和右侧）显示了前四种主导 POD 模态及其所占动能百分比。所示的四种模态共同捕获了检查区域内约 19% 的非定常波动。模态 1 和 2（第一对）代表了流场中最主要的波动，具有同等水平的动能，相当于振荡（周期性）模态。模态 3 和 4（第二对）表示本例中模态 1 和 2 的次谐波空间结构。

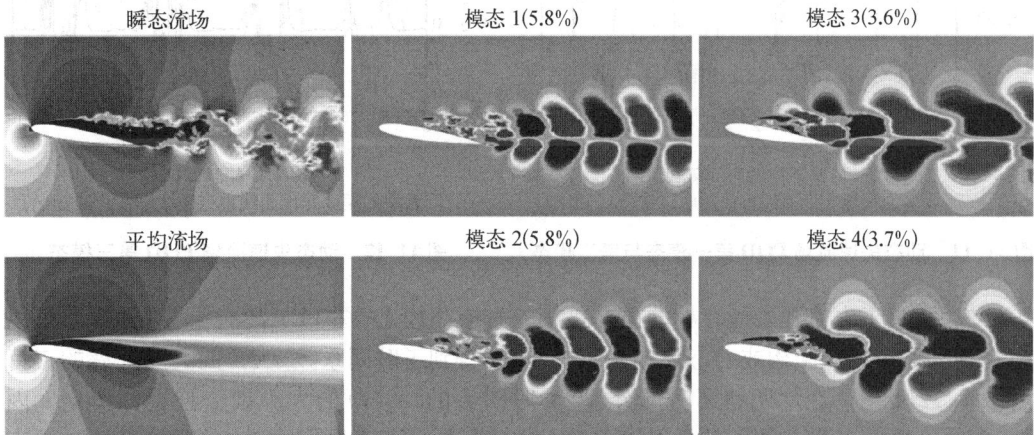

瞬态流场　　　模态 1(5.8%)　　　模态 3(3.6%)

平均流场　　　模态 2(5.8%)　　　模态 4(3.7%)

图 11.10　NACA 0012 翼型湍流流动的 POD 分析

算例2 用POD时间函数确定动态失速发生时刻[7]

失速发展阶段的显著特征是形成和增长一个大型动态失速旋涡,该旋涡是通过涡诱导分离过程从机翼表面夹止产生的。本例中将动态失速起始定义为主失速涡的脱落,该脱落是根据对实验数据中的得到的两分量速度场的POD分析来确定的。第一和第二模态分别表示完全附着和完全分离的流动状态[图11.11(a)、(b)]。在动态失速的一个周期内,流动通常在上冲程期间从附着到严重分离,并伴随着大的迟滞回线,在下冲程结束时重新附着。因此,在一个周期的大部分时间内,即除瞬态阶段外,可将流动视为附着状态或分离状态。因此,毫不奇怪,POD的主导模态(从统计意义上讲)正好代表这些极限状态。图11.11(c)描述了第一和第二模态系数的时间演变,图11.11(c)清楚地显示了交替优势和能量从一个极限状态转移到另一个极限状态的相关转移。

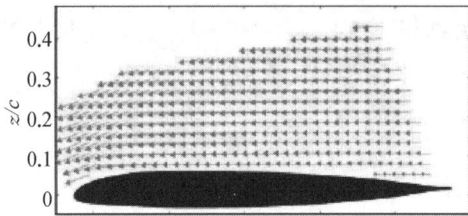

(a) POD第一模态

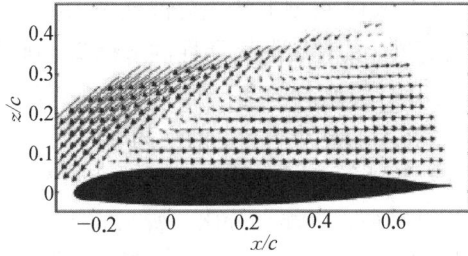

(b) POD第一模态

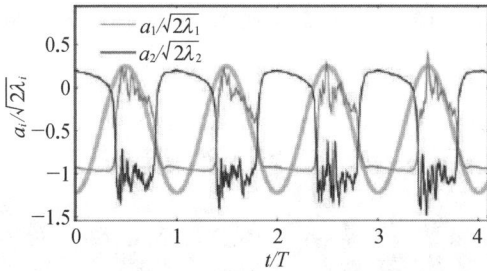

(a) POD第三模态

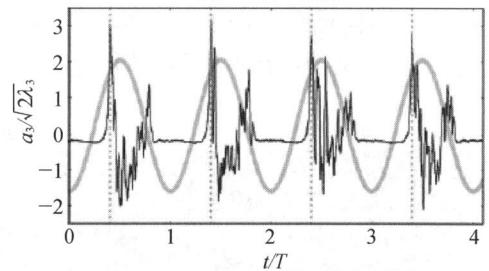

(c) 对应的时间函数
(翼型的振荡角度曲线也在图中以灰色线画出)

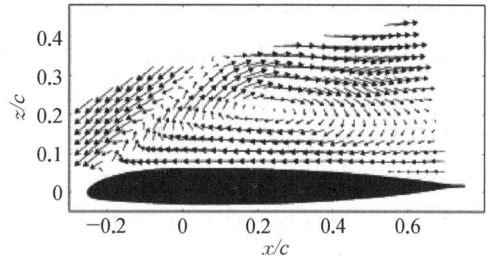

(b) 对应的时间函数
(翼型的振荡角度曲线也在图中以灰色线画出)

图11.11 动态失速流场POD第一模态与第二模态 **图11.12 动态失速流场POD第三模态**

然而,关于失速开始最有趣的模态是第三种空间模态[图11.12(a)]。这种模态可以解释为大尺度相干结构或动态失速涡,这一想法得到了时间系数$a_3(t)$的时间发展的支持[图11.12(b)]。在周期的第一部分,流动时附着的,$a_3(t)$的大小很小且近似恒定。因此,在分解中第三模态的贡献是可以忽略的,它仅在主失速涡形成时,在上冲程运动结束时才变得重要。这个主要的大尺度结构主导着流场,直到它从提供其环量的分离边界层上被夹止掉。因此,在主失速涡分离前不久,即失速开始前,第三模态的比重达到局部最大值。该局部最大攻角称为动态失速起始攻角,用 α_{ds} 表示。

11.6 动力学模态分解

复杂系统的数据驱动建模和控制是一个快速发展的领域,在工程、生物和物理科学领域具有巨大的潜力。从数值模拟和实验数据中可以获得前所未有的高保真测量数据,尽管数据丰富,但模型往往仍然难以捉摸。现代感兴趣的系统,如湍流、流行病系统、神经网络、金融市场或气候,可以被描述为高维非线性动力系统,在空间和时间上都表现出丰富的多尺度现象。无论多么复杂,这些系统中的许多都是在低维吸引子上演化的,而低维吸引子的特征可能是时空相干结构。本章将介绍动力学模态分解(DMD),这是一种从高维数据中发现动力系统的强大新技术。

11.6.1 构建 DMD 框架

在 DMD 框架中,一般考虑从以下形式的动力学系统中收集到的数据:

$$\frac{\mathrm{d}\boldsymbol{x}}{\mathrm{d}t} = \boldsymbol{f}(\boldsymbol{x},\ t;\ \mu) \tag{11.37}$$

式中,$\boldsymbol{x}(t) \in \mathbb{R}^n$ 是一个向量,表示动力系统在某一时刻的状态;μ 包含了系统的各项参数。通常,动力系统被表示为常微分方程的耦合系统,常为非线性。状态 $\boldsymbol{x}$ 通常具有维度 $n \gg 1$,这个状态变量通常表现为偏微分方程在一些空间位置上的离散值。最后,连续时间的动力学也可引入一个相应的离散时间形式,其中,可以在每时刻 Δt 对系统进行采样,将时间表示为下标,这样 $\boldsymbol{x}_k = \boldsymbol{x}(k\Delta t)$。将离散时间映射表示为 $\boldsymbol{F}$:

$$\boldsymbol{x}_{k+1} = \boldsymbol{F}(\boldsymbol{x}_k) \tag{11.38}$$

系统的观测量为

$$\boldsymbol{y}_k = \boldsymbol{g}(\boldsymbol{x}_k) \tag{11.39}$$

在许多应用中,观测量就简单地是状态量本身,即 $\boldsymbol{y}_k = \boldsymbol{x}_k$。

一般几乎不可能构建动力学方程的确切解,所以数值求解常被用作来演化得到未来的状态。DMD 采取了无方程视角,即 $\boldsymbol{f}(\boldsymbol{x},\ t;\ \mu)$ 可能是未知的。这样仅仅需要对系统进行数据测量就可以估计系统的动力学并预测未来状态。DMD 构建了代理、近似的局部线性动力系统:

$$\frac{\mathrm{d}\boldsymbol{x}}{\mathrm{d}t} = \boldsymbol{A}\boldsymbol{x} \tag{11.40}$$

初始条件为 $\boldsymbol{x}(0)$,它的解为

$$\boldsymbol{x}(t) = \sum_{k=1}^{n} \boldsymbol{\phi}_k \exp(\omega_k t) b_k = \boldsymbol{\Phi} \exp(\boldsymbol{\Omega} t) \boldsymbol{b} \tag{11.41}$$

式中,$\boldsymbol{\phi}_k$ 和 ω_k 是矩阵 $\boldsymbol{A}$ 的特征向量和特征值,系数 b_k 是 $\boldsymbol{x}(0)$ 以特征向量为基的坐标。

有了上面的连续系统,总是可以描述一个类似的离散时间系统,每隔 Δt 时间采样一次:

$$x_{k+1} = Ax_k \tag{11.42}$$

式中,

$$A = \exp(A\Delta t) \tag{11.43}$$

式中,A 代表连续动力学中的矩阵。这个系统的解可以简单地用离散时间映射 A 的特征值 λ_k 和特征向量 ϕ_k 来表达:

$$x_k = \sum_{j=1}^{n} \phi_j \lambda_j^k b_j = \Phi \Lambda^k b \tag{11.44}$$

像之前一样,b 是初始条件 x_1 在特征向量基下的系数,使得 $x_1 = \Phi b$。DMD 算法产生低秩的 A 的特征分解使得其可以最优地满足测量到的轨迹,它以最小二乘形式使得在所有的 k 值上 $\| x_{k+1} - Ax_k \|_2$ 是最小化的。估计的最优性只在构建 A 的采样窗口上成立,估计的解不仅可以用来进行未来状态的预测,还可以将动力学分解为各种时间尺度,因为 λ_k 是给定的。

为了在所有的快照上最小化估计误差,可以将 m 个快照安排进两个大的数据矩阵如下:

$$X = \begin{bmatrix} x_1 & x_2 & \cdots & x_{m-1} \end{bmatrix}$$
$$X' = \begin{bmatrix} x_2 & x_3 & \cdots & x_m \end{bmatrix} \tag{11.45}$$

非线性动力学的局部的线性化估计可以写作以下形式:

$$X' \approx AX \tag{11.46}$$

最优拟合的 A 矩阵给出如下:

$$A = X'X^{\dagger} \tag{11.47}$$

式中,† 是摩尔-彭罗斯(Moore-Penrose)伪逆;这个解使得 $\| X' - AX \|_F$ 的误差最小;其中 $\| \cdot \|_F$ 是弗罗贝尼乌(Frobenius)范数,具体为

$$\| X \|_F = \sqrt{\sum_{j=1}^{n} \sum_{k=1}^{m} X_{jk}^2} \tag{11.48}$$

很值得注意的是上面的估计可以被认为是对于 A 给定的动力学行为产生的数据的线性回归。但是,DMD 和一般的以线性回归为基础的系统辨识方法或模型降阶技巧有一个很重大的差别。因为假设在数据矩阵 X 中的快照 x_k 是高维度的,使得矩阵是"又高又瘦"的,即快照的尺寸 n 是远远高于快照的数量 $m-1$。矩阵 A 是高维的;如果 $n = 10^6$,A 则有 10^{12} 个元素,所以很难对其进行分解。但是 A 的秩最多只有 $m-1$,因为它被构建为 X' 的 $m-1$ 列的线性组合。相较于直接求解,可以首先将数据投影到由最多 $m-1$ 个 POD 模态定义的低秩的子空间,然后求解一个低维度的在这些 POD 模态系数上向前映射的动力学 $\tilde{A}$。DMD 算法然后使用这个低维度算子 $\tilde{A}$ 来重构完整维度算子 A 的主导非零特征值和

特征向量,并不需要显示计算 A。这个方法将在下一节中讨论。

11.6.2 DMD 算法

实际上,当状态变量维度 n 很大,很难直接去分析矩阵 A。DMD 绕开了对 A 的特征分解,而是考虑了一个降秩的 POD 投影矩阵 $\tilde{A}$。DMD 算法按照以下流程进行[11, 12]:

(1)首先,对 X 进行奇异值分解(SVD):

$$X \approx U\Sigma V^* \tag{11.49}$$

式中,* 表示共轭转置;$U \in \mathbb{C}^{n\times r}$;$\Sigma \in \mathbb{C}^{r\times r}$;$V \in \mathbb{C}^{m\times r}$。这里 r 是对 X 的缩减 SVD 估计的秩。左奇异向量 U 是 POD 模态,U 的列是标准正交的,使得 $U^*U = I$。类似的,$V^*V = I$。

(2)矩阵 A 可以通过使用 SVD 后得到的 X 伪逆:

$$A = X'V\Sigma^{-1}U^* \tag{11.50}$$

在实际中,计算 $\tilde{A}$ 是更有效率的,它是 A 矩阵投影到 POD 模态上的 $r \times r$ 投影:

$$\tilde{A} = U^*AU = U^*X'V\Sigma^{-1} \tag{11.51}$$

矩阵 $\tilde{A}$ 定义了动力学系统在 POD 坐标上的低维度线性模型:

$$\tilde{x}_{k+1} = \tilde{A}\tilde{x}_k \tag{11.52}$$

可以通过 $x_k = U\tilde{x}_k$ 重构出高维状态量。

(3)计算 $\tilde{A}$ 的特征分解:

$$\tilde{A}W = W\Lambda \tag{11.53}$$

式中,W 的列是特征向量;Λ 是一个包含对应特征值 λ_k 的对角矩阵。

(4)最后可以从 W 和 Λ 中重构 A 的特征分解。具体地,A 的特征值由 Λ 给定,而 A 的特征向量(DMD 模态)则由 Φ 的列给定:

$$\Phi = X'V\Sigma^{-1}W \tag{11.54}$$

注意该式不同于文献[8]中的 $\Phi = UW$,经过它们都会在和具有相同列空间时趋于一致。由式(11.43)定义的模态被称为准确 DMD 模态,因为 Tu[8] 证明这些是 A 的准确特征向量。模态 $\Phi = UW$ 被称为投影 DMD 模态[9]。

在获得特征值和特征向量的低秩估计之后,就可以构建未来所有时间的投影的预测解。令 $\omega_k = \ln(\lambda_k)/\Delta t$,未来时刻的估计解为

$$x(t) = \sum_{k=1}^{r} \phi_k \exp(\omega_k t) b_k = \Phi\exp(\Omega t)b \tag{11.55}$$

式中,b_k 是各个模态的初始幅值;Φ 是一个各列为 DMD 特征向量 ϕ_k 的矩阵;$\Omega =$ diag(ω) 是一个值为特征值 ω_k 的对角矩阵。

现在只需要计算出初始系数值 b_k。如果考虑一个 $t_1 = 0$ 时的初始快照 x_1,则可以得到 $x_1 = \Phi b$。特征向量 Φ 的矩阵一般不是方形矩阵,所以初始条件:

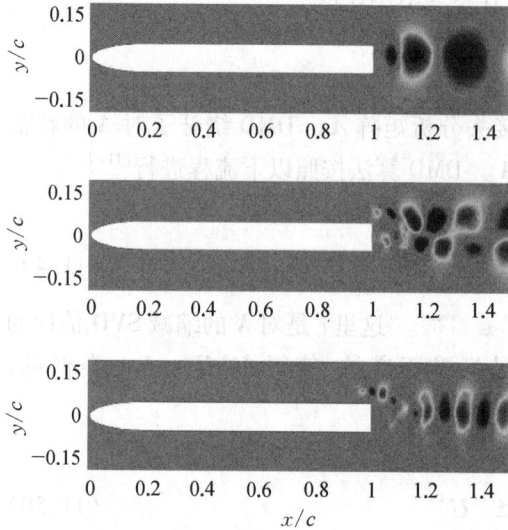

图 11.13 谐波成分对应的 DMD 模态

$$b = \boldsymbol{\Phi}^{\dagger} x_1 \qquad (11.56)$$

可以通过求伪逆得到。

11.6.3 DMD 应用实例

Tu 等[10]研究了椭圆前缘平板的分离流动,他们对比了 POD 和 Koopman 模态,发现当分离点在尾缘附近时,发现了 DMD 频谱中除了出现了一个基频及其的几个倍频成分外,还出现了相对于这组谐波的非谐波频率。观察基频和其各级谐波的 DMD 模态,如图 11.13 所示,发现主要为尾迹中交替出现的涡系主导的模态。

而非谐波成分对应的 DMD 模态,则明显出现了剪切层小涡的模态,如图 11.14 所示。在剪切层中放置探针,测量脉动频率发现和 DMD 频谱中的非谐波频率一致。这表明这一频率成分是由剪切层小涡主导。

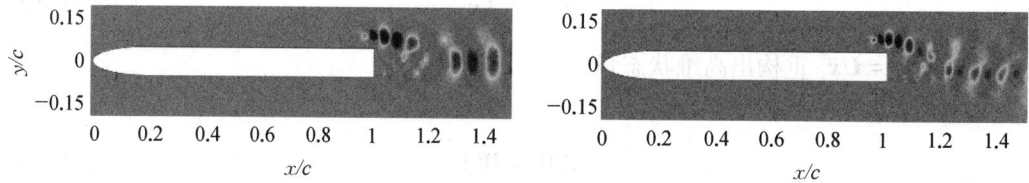

图 11.14 非谐波成分对应的 DMD 模态

11.7 有限时间李雅普诺夫指数方法

如何正确地捕获涡边界是涡结构研究中的难点之一。目前的研究方法基本可以分为两类,欧拉法和拉格朗日法。欧拉方法基于标量的瞬时分布来区分流体结构,例如涡量、动能、熵或应力等,虽能够得到定性相似的结果,但各自的结构通常不会完全一致。欧拉法在拉格朗日框架下不能够捕获长时间的拟序性,拟序结构意味着在非定常流动中随时间保持不变的流型,对其判定表明了在空间和时间上对具有不同动力学特征的流动区域的可分辨性。涡结构就是最典型的一种拟序结构,在该结构内的流体具有不随时间、位置而变化的统一相关性。拉格朗日方法通过被动标量的运动来确定流体流型,可以十分有效的展现涡结构的边界。

传统的欧拉方法[2]如通过涡量、λ 准则和 Q 准则等判定的涡结构边界不仅不够准确,还不能直接表现涡结构的混合和输运。因此,在非定常流场的输运特性、混合特性、流动模式和拓扑结构等研究中,拉格朗日方法越来越受到青睐。而拉格朗日拟序结构(Lagrangian coherent structures,LCS)更是发挥着十分重要的作用。通过对 LCS 及其演化过程的分析和理解,可以帮助研究者更有效地识别流场演变,探寻流动机理,进而预测流动行为。LCS 的理论基础来源于动力学系统[13-16],主要作用就是分析非定常流场。目前 LCS 常用于研究生物学领域的流动输运和湍流中的流动结构(图 11.15),Shadden 等[17] 使用有限时间李雅普诺夫指数(finite-time Lyapunov exponent,FTLE)场研究了主动瓣膜输运血液的过程,揭示了瓣膜下游血液的输运机制,为临床决策提供证据。Peng 等[18] 通过 FTLE 的脊线研究了水母捕食过程中周围流体的输运过程。Huhn 等[19] 使用椭圆 LCS 研究了游泳启动过程和稳态游泳过程中动量传递过程。LCS 在湍流中的应用同样受到青睐。例如 Green 等[20] 使用三维 FTLE 研究了单个发卡涡和一个完全发展的湍流。Mathur 等[21] 通过 LCS

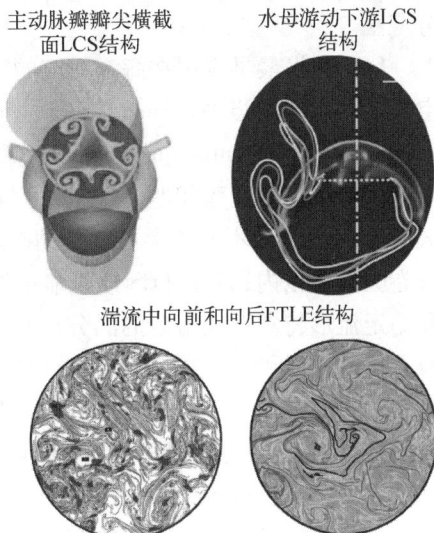

图 11.15　LCS 的应用

揭示了湍流中的拉格朗日骨架结构,并通过这些物质线的强度观察到了流动掺混的程度。另外在可压缩湍流领域也开始使用 LCS 来分析流体输运和混合[22, 23]。

11.7.1　LCS 的发展和应用

LCS 方法是一种采用了动力系统几何视角的拟序结构探测方法。从概念上讲,拉格朗日框架中的相干结构是一组相似的轨迹,即在任何惯性参考系中共同运动一段较长时间的轨迹。显式地或通过定义集合边界来明确定义满足这一准则的初始条件集合的方法,很大程度上依赖于研究由渐近时间特性定义的不变流形的几何形状,早期研究者还采用类比的方法假设真实流动中可能存在某种动力系统理论预测的理想结构(如鞍点、焦点和环面等)并加以分析。拉格朗日拟序结构理论识别了在复杂流动中组织物质运输的特殊结构,它可以帮助量化物质运输,预测甚至影响大尺度流动特征或流体混合。最初,LCS 与 FTLE 的计算紧密相关;最近,LCS 已经采用变分原理被重新公式化,将它们定义为流体流动引起的局部变形场的相应测地线。这种新的定义允许根据变形类型(例如双曲型、椭圆型),依据流动中流体粒子的不同行为,在二维和三维情况下对 LCS 进行更精细的分类。Haller[16] 最近的综述详细介绍了 LCS 理论中的最新技术,LCS 的分类如图 11.16 所示。

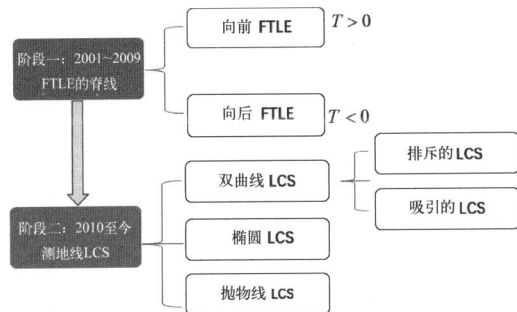

图 11.16　LCS 的分类

在研究中发现,诊断式方法和严格数学定义这两种方法在使用上各有千秋,如果不考虑拉格朗日分离中的应变类型,应用启发式的 FTLE 方法或许比测地线理论更加具有优势,另外 FTLE 的计算代价更小,能够以最快的速度识别出流场的相干结构,因此目前在流体分析中该方法仍然被应用的十分广泛。

  LCS 技术最早应用在海洋洋流的研究当中,但渐渐地也被研究者应用于失速翼型的空气动力学问题当中。Shadden 等[24]研究了翼型上振荡流动的 LCS 结构,表明吸引的拉格朗日拟序结构(attracting LCS, a‑LCS)可以十分准确地描述翼型的分离情况,然而他的研究没有关注涡脱落问题。Cardwell 等[25]在此基础上,研究了失速翼型上的涡脱落问题,表明 LCS 确定的不变流形可以帮助确定涡核的位置、涡的边界以及在何时何处流体粒子被卷吸到涡核内;另外,LCS 还可显示涡系之间的连接。Cardwell 等[26]又利用不稳定流形和稳定流形将翼型脱落后的涡分成具有不同粒子混合行为的区域,并通过追溯不同区域粒子运动,分析了失速翼型涡脱落时粒子的来源。其中稳定流形为排斥的拉格朗日拟序结构(repelling LCS, r‑LCS),可以由 FTLE 场的脊来估计;而不稳定流形即 a‑LCS,可以从向后反推的流场速度序列求解 FTLE 场得到。而 Eldredge 等[27]研究了低雷诺数下振荡椭圆翼型的流场拟序结构,表示 a‑LCS 看起来类似脉线的结构,符合对涡系的直觉想象,但是 r‑LCS 则比较反直觉;他们的研究表明,r‑LCS 包含了许多分布在翼型上游的叶状结构,它们都与相应的尾迹涡系结构对应,并会将流体卷吸到相应的涡系当中。Huang 等[28]则使用欧拉视角的各种方法和 LCS 方法分析了上仰平板的流场结构,并表明 LCS 确定的鞍点(a‑LCS 和 r‑LCS 的交点)有帮助确定涡系生长、脱落和破裂的关键时间节点和位置的潜力。而在对动态失速问题的研究中,Mulleners 等[7]利用实验采集到的数据计算 LCS 结构,也表明 LCS 确定的鞍点可能标志了涡从边界层中的脱离,同时他们结合本征正交分解分析了发生动态失速现象的时间节点。

11.7.2 FTLE 与稳定和不稳定流形间关系

  考虑一个动力学系统:

$$\dot{x}(t;t_0,x_0)=v[x(t;t_0,x_0),t]$$
$$x(t_0;t_0,x_0)=x_0 \tag{11.57}$$

一段时间后点的映射为

$$\phi_{t_0}^t:D\to D:x_0\mapsto\phi_{t_0}^t(x_0)=x(t;t_0,x_0) \tag{11.58}$$

映射特性为

$$\begin{cases}\phi_{t_0}^t(x)=x\\ \phi_{t_0}^{t+s}(x)=\phi_s^{t+s}[\phi_{t_0}^s(x)]=\phi_t^{t+s}[\phi_{t_0}^t(x)]\end{cases} \tag{11.59}$$

  假设不动点为 x_c,则 $v(x_c)=0$,随时间增加轨迹渐进于不动点的为稳定流形,随时间减小到渐进于不动点为不稳定流形。

  基于以上知识,来分析一个非线性动力学中的经典的钟摆系统,可知道钟摆系统的动力学系统为

$$ml^2\ddot{\theta}(t)=-mgl\sin\theta(t) \tag{11.60}$$

写成状态空间形式则为

$$\begin{cases} \dot{y} = -\dfrac{g}{l}\sin\theta(t) \\[2mm] \dot{x} = y \end{cases} \tag{11.61}$$

根据状态空间,可以分析,单摆系统的像空间如图 11.17 所示。

分析这个系统,具有 $(0, 0)$、$(\pi, 0)$ 和 $(-\pi, 0)$ 等不动点。

$(\pi, 0)$ 和 $(-\pi, 0)$ 都是双曲不动点,它们的稳定和不稳定流形形成了一个分隔线,为图 11.18 中的蓝色曲线。在这个蓝色曲线以内出发的轨迹,最终单摆会来回摆动,轨迹形成周期振荡。

在蓝色轨迹以外出发的,不再来回振荡,而是不断旋转,相位不断增大。

$(\pi, 0)$ 是一个双曲不动点,它的稳定流形和不稳定流形起到了分界线的作用,将相平面图以 $(\pi, 0)$ 为中心扩展一下,如图 11.18 所示。

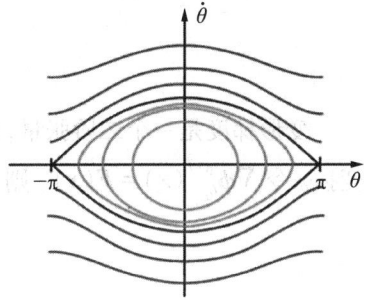

图 11.17　钟摆系统相空间

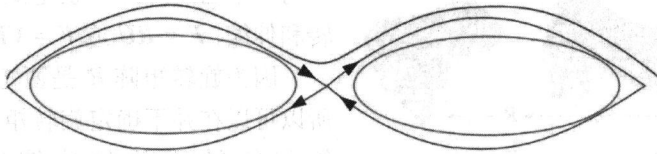

图 11.18　以双曲不动点为中心的相平面示意图

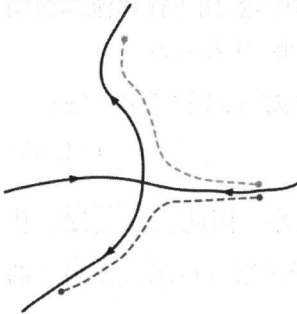

图 11.19　以双曲不动点的稳定流形两侧的粒子轨迹示意图

可以发现,在稳定流形两侧布置点,随时间它们会不断远离同理,在不稳定流形附近布置点,如果反向时间积分的话,它们也会不断远离,如图 11.19 所示。

可以发现,若相邻的两个粒子在一段时间后分离度较大的话,则可认为其在稳定流形两侧,因此,在流体问题中,可以通过定量确定分离度来确定稳定流形和不稳定流形。

11.7.3　FTLE 计算原理

Haller 在 2000 年首先提出并定义 LCS 为有限时间李雅普诺夫指数(FTLE)的脊线(ridge),它表示在时间间隔 $[t, t+T]$ 之间,在脊线两边的粒子是分离或被拉伸的。尽管在某些情况下,FTLE 的脊线在作为双曲型拉格朗日相关结构的边界存在一定错误,但在一般不太复杂的流动中,FTLE 的脊线仍可作为双曲 LCS 结构的初判。

李雅普诺夫指数(FTLE)是指在一段有限时间内,某一流体质点间的平均最大扩张率,可表征流体质点和周围质点之间的平均分离或者汇聚程度。FTLE 由下式计算:

$$\sigma_{t_0}^{T}(\boldsymbol{x}) = \frac{1}{|T|}\ln\sqrt{\lambda_{\max}(\boldsymbol{\Delta})} = \frac{1}{|T|}\ln\left\|\frac{\delta\boldsymbol{x}(T)}{\delta\boldsymbol{x}(0)}\right\| = \frac{1}{|T|}\|\nabla\phi_{t_0}^{t_0+T}(\boldsymbol{x})\|_2 \tag{11.62}$$

$\phi_{t_0}^{t_0+T}$ 表示位于时间 t 时 $x(t)$ 处的物质点到时间点 $(t+T)$ 时所处的位置的流动轨迹：

$$\phi_{t_0}^{t_0+T}: x(t_0) \rightarrow x(t_0+T) \tag{11.63}$$

$\nabla\phi_{t_0}^{t_0+T}(x)$ 表示为变形梯度：

$$\nabla\phi_{t_0}^{t_0+T}(x) = \frac{\mathrm{d}\phi_{t_0}^{t_0+T}(x)}{\mathrm{d}x} \tag{11.64}$$

变形梯度是一个二阶张量,也是一个雅克比矩阵,代表了从位置 $x(t_0)$ 到 $x(t_0+T)$ 的变换。令 $\nabla\phi_{t_0}^{t_0+T}(x) = F(x)$, 则

$$F = \begin{bmatrix} \dfrac{\partial F(x)}{\partial x} & \dfrac{\partial F(x)}{\partial y} \\ \dfrac{\partial F(y)}{\partial x} & \dfrac{\partial F(y)}{\partial y} \end{bmatrix} \tag{11.65}$$

F=RU,先伸缩再旋转：

F=VR,先旋转再伸缩：

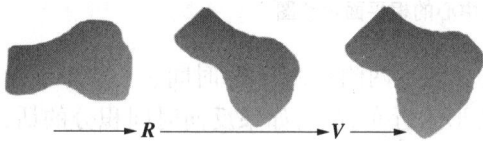

图 11.20　变形梯度极分解的物理意义

根据矩阵的极分解定理,此张量可以分解为一个酉矩阵和半正定矩阵,分别代表旋转和伸缩: $F = RU$ 或 $F = VR$ (图 11.20)。

因为旋转矩阵 R 是酉矩阵, $R^*R = E$, 所以可以在并不确定旋转矩阵的情况下,计算与旋转无关的伸缩矩阵: $F^*F = (RU)^*(RU) = \Delta(x, t, T)$。张量 $\Delta(x, t, T)$ 称为右柯西格林张量,用于描述流体微团在旋转"之前"的变形,其表示为

$$\Delta(x, t, T) = [\nabla\phi_t^{t+T}(x)]^* \nabla\phi_t^{t+T}(x) \tag{11.66}$$

式中,柯西格林张量的各特征值,分别对应各正交方向的主伸长率。因此, $\sqrt{\lambda_{max}(\Delta)}$ 代表最大扩张率。最后,FTLE 的表达式 10,其物理意义是最大真实应变 $[\ln\sqrt{\lambda_{max}(\Delta)}]$ 的时间平均 $\dfrac{1}{|T|}$。使用 $|T|$ 是因为可以从 $T > 0$ 和 $T < 0$ 计算 FTLE。最大流体颗粒分离区域 ($T > 0$) 或最大流体颗粒吸引区域 ($T < 0$) 产生的局部曲线,在 FTLE 被称为"脊"。向前时间 FTLE($T>0$) 中的脊表示 r‑LCS,向后时间 FTLE($T<0$) 中的脊表示 a‑LCS,如图 11.21 所示。

下面以通过 PIV 测量或者数值计算得到的速度场计算 t_0 时刻流场的 FTLE 为例,说明 FTLE 的计算步骤。

步骤一：在 t_0 时刻在计算区域内均匀布置若干粒子(在 0.5 m×0.5 m 的计算域内布置 1 001×1 001 个粒子),并计算出每个粒子的坐标,再根据双线性差值计算出每粒子点的速度值(包括 x 和 y 两个方向的速度)。

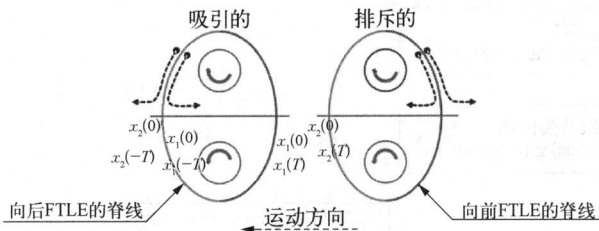

图 11.21　涡环流场中 FTLE 脊线（r‑LCS 和 a‑LCS）

步骤二：采用四阶龙格‑库塔（Runge‑Kutta）时间格式，获得下一时刻（$t_0 + \Delta t$）这些粒子的位置。通过实验或者计算获得（$t_0 + \Delta t$）这一时刻的流场信息，再利用双线性插值计算该时刻粒子点的速度。按照该方法，每次前进 ΔT，直到完成时间 T。那么 t_0 时刻布撒的粒子，在（$t_0 + \Delta t$）时刻的位置可以精确的获得。

步骤三：对于 t_0 时刻，点（$x^{t_0}(i,j)$，$y^{t_0}(i,j)$）在（$t_0 + \Delta t$）时刻的位置是（$x^{t_0+T}(i,j)$，$y^{t_0+T}(i,j)$），那么该点的变形梯度 $\nabla \boldsymbol{\phi}_{t_0}^{t_0+T}(\boldsymbol{x})$ 的计算为

$$
\nabla \boldsymbol{\phi}_{t_0}^{t_0+T}(\boldsymbol{x})\,|_{x_{i,j}} =
\begin{bmatrix}
\dfrac{\partial x(t_0+T)}{\partial x(t_0)} & \dfrac{\partial x(t_0+T)}{\partial y(t_0)} \\[2mm]
\dfrac{\partial y(t_0+T)}{\partial x(t_0)} & \dfrac{\partial y(t_0+T)}{\partial y(t_0)}
\end{bmatrix}
$$

$$
=
\begin{bmatrix}
\dfrac{x_{i+1,j}(t_0+T) - x_{i-1,j}(t_0+T)}{x_{i+1,j}(t_0) - x_{i-1,j}(t_0)} & \dfrac{x_{i,j+1}(t_0+T) - x_{i,j-1}(t_0+T)}{y_{i,j+1}(t_0) - y_{i,j-1}(t_0)} \\[3mm]
\dfrac{y_{i+1,j}(t_0+T) - y_{i-1,j}(t_0+T)}{x_{i+1,j}(t_0) - x_{i-1,j}(t_0)} & \dfrac{y_{i,j+1}(t_0+T) - y_{i,j-1}(t_0+T)}{y_{i,j+1}(t_0) - y_{i,j-1}(t_0)}
\end{bmatrix}
$$

$$(11.67)$$

步骤四：计算柯西格林张量 $\Delta(x,t,T) = \left[\nabla \boldsymbol{\phi}_t^{t+T}(\boldsymbol{x}) \right]^{*} \nabla \boldsymbol{\phi}_t^{t+T}(\boldsymbol{x})$。对于本实验的二维流场而言，该张量是一个 2×2 的形式，存在两个特征值。最后基于最大特征值可以计算出 FTLE。

11.7.4　FTLE 在 Fortran 中的计算程序

以上 FTLE 的计算可在 Fortran 中实现。在完成 PIV 实验后，Fortran 程序将对经 Fulent 处理后速度场进行计算，获得 FTLE。计算流程经五步骤依次进行，如图 11.22 所示。

（1）读取参数；

（2）读取背景网格（图 11.23）；

（3）计算向前 FTLE；

（4）计算向后 FTLE；

（5）合并向前和向后的 FTLE（图 11.24）。

FTLE 脊线的清晰度取决于向前 FTLE 和向后 FTLE 的计算帧数，即时间 T。时间 T

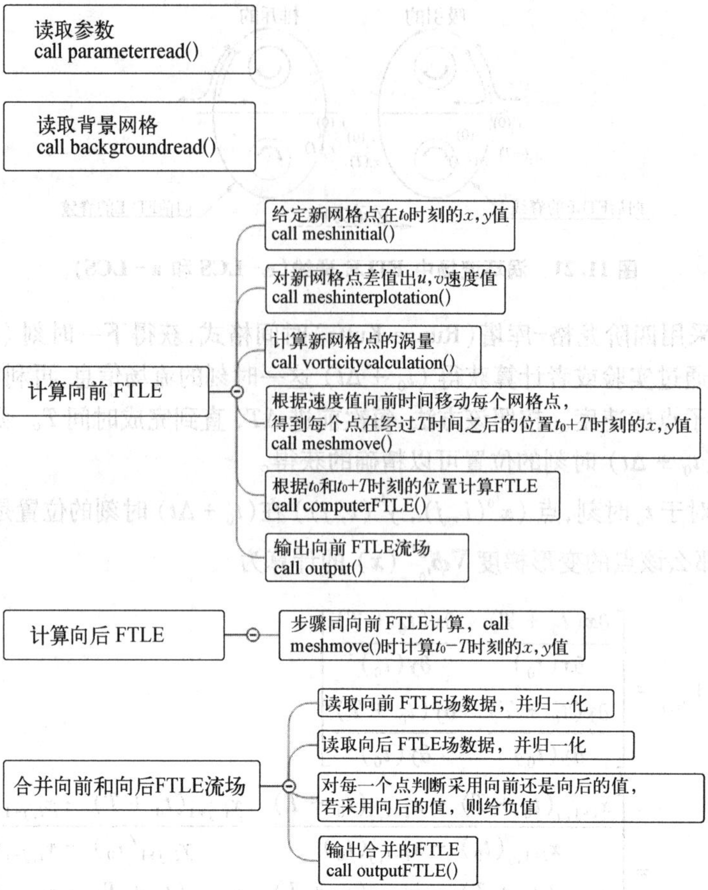

读取参数
call parameterread()

读取背景网格
call backgroundread()

计算向前 FTLE
- 给定新网格点在 t_0 时刻的 x,y 值 call meshinitial()
- 对新网格点差值出 u,v 速度值 call meshinterplotation()
- 计算新网格点的涡量 call vorticitycalculation()
- 根据速度值向前时间移动每个网格点，得到每个点在经过 T 时间之后的位置 t_0+T 时刻的 x,y 值 call meshmove()
- 根据 t_0 和 t_0+T 时刻的位置计算 FTLE call computerFTLE()
- 输出向前 FTLE 流场 call output()

计算向后 FTLE
- 步骤同向前 FTLE 计算，call meshmove() 时计算 t_0-T 时刻的 x,y 值

合并向前和向后 FTLE 流场
- 读取向前 FTLE 场数据，并归一化
- 读取向后 FTLE 场数据，并归一化
- 对每一个点判断采用向前还是向后的值，若采用向后的值，则给负值
- 输出合并的 FTLE call outputFTLE()

图 11.22　FTLE 计算程序流程图

```
tic;
for i=1:N_SNAP
    i0=i0+dt;
fileid=fopen([directory_name,num2str(i0),'.dat'],'r');
%Skip the text before the data in the files
for j=1:19
    tline=fgetl(fileid);
end
A=fscanf(fileid,'%f %f %f %f',[4,inf]);
fclose(fileid);
% read mesh coordinate
xx=A(1,:);
yy=A(2,:);
% read velocity variation at all timesteps
ss{i}.u=reshape(A(3,:),[Gx,Gy]);
ss{i}.v=reshape(A(4,:),[Gx,Gy]);
end
timeread=toc;
disp(['read file time',num2str(timeread),'s, N_SNAP=',num2str(N_SNAP)]);
```

图 11.23　网格数据的读取

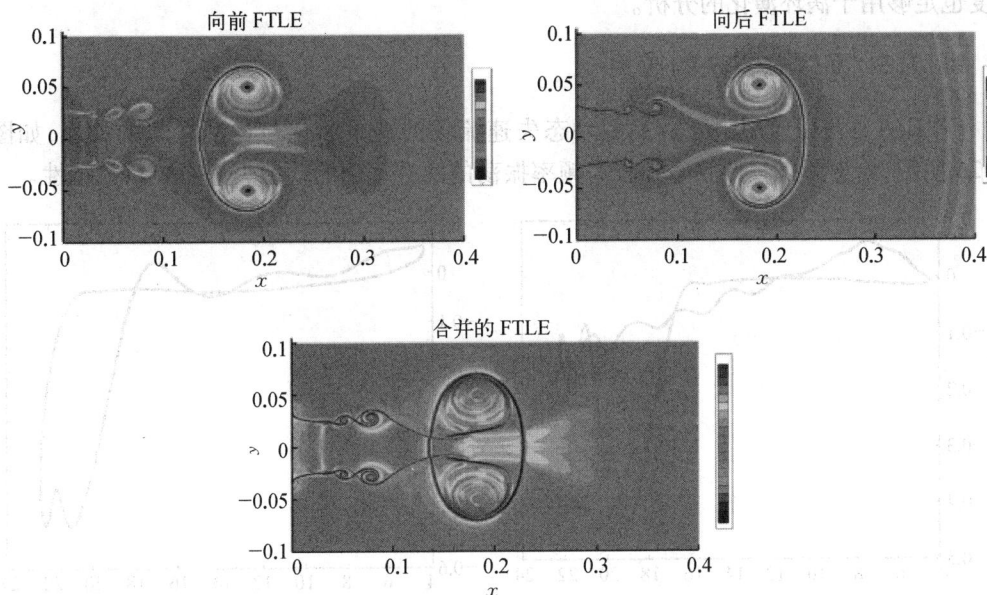

图 11.24　合并向前和向后的 FTLE 组成涡环的边界

越大,计算时间越长,FTLE 脊线就越清晰。这是因为时间 T 越长,匹配图像数量越多,能得到更明显的涡环边界。然而,由于 FTLE 是根据经 Fluent 处理后得到的速度场计算的,因此受限于速度场的原始网格数,FTLE 脊线的清晰度存在上限。

在最大速度 $u_m = 0.05$ m/s,相机拍摄频率 $f = 50$ Hz 的低速射流涡环实验中,速度场的原始网格数为 290×158。在此工况下,计算帧数被选择为 100($T=2$ s)。当小于 100 时,涡环的边界不够清晰;当大于 100 时,清晰度并没有比 100 时有明显提高,如图 11.25 所示。

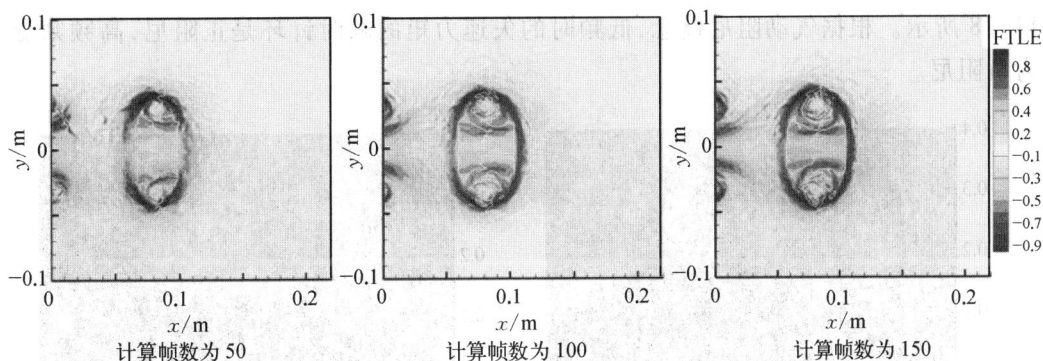

图 11.25　三种不同计算帧下的涡环边界显示结果

当计算帧为 50 时,即使涡环已经完全生成,前涡环边界依然未闭合,这说明计算有误,所选取的计算帧太少;当计算帧为 100 时,已形成明显的涡环边界;当计算帧达到 150 时,涡环边界比 100 时略厚,但清晰度未得到明显增强。同时,150 帧的计算耗费了更多时间。因此,100 张计算帧($T=2$ s)已经接近当前网格数(290×158)流场的上限,其清晰度也足够用于涡环演化的分析。

11.7.5　FTLE 方法的应用

FTLE 方法可以应用于分析翼型动态失速流场的涡系演化与运动之间的关系,如图 11.26 所示,给出了以较低频率和较高频率振荡的两个算例的动态失速力矩系数特性。

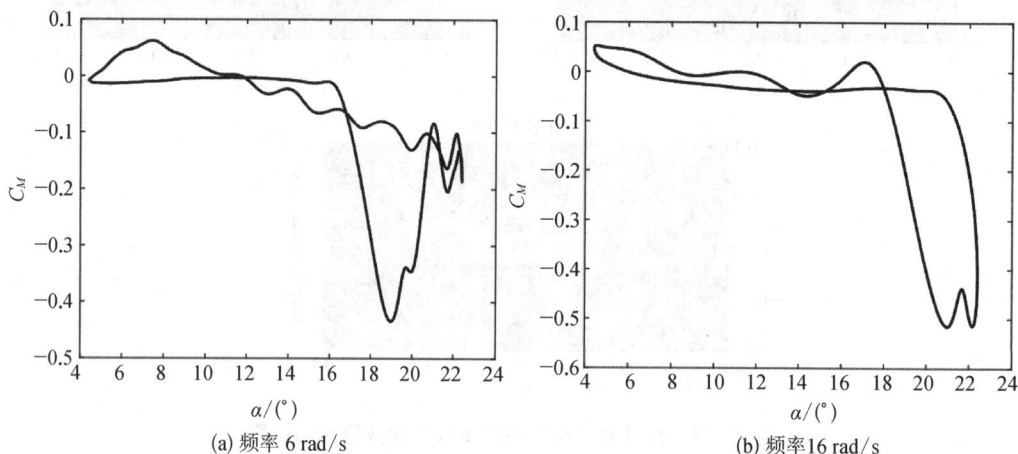

(a) 频率 6 rad/s　　　　　　　　(b) 频率16 rad/s

图 11.26　以平均攻角 13°,振幅 9°进行振荡的翼型的力矩系数

首先看一下频率较低时的动态失速,发现由于振荡较慢,力矩失速和恢复发生在最大攻角之前,而在振荡较快时,则会使得力矩失速发生在最大攻角时,力矩的恢复在下行过程中。

低频时动态失速涡的生长过程中,流动从前缘注入涡内,然而涡生长到其极限攻角仍在上行,继续注入流动时的动态失速涡脱落,如图 11.27 所示;高频时则不同,动态失速涡还未生长到极限,就由于翼型向下运动关闭流动通道,导致涡脱落,如图 11.28 所示。根据气动阻尼概念,低频时的失速力矩的顺时针环是正阻尼,高频则变为负阻尼。

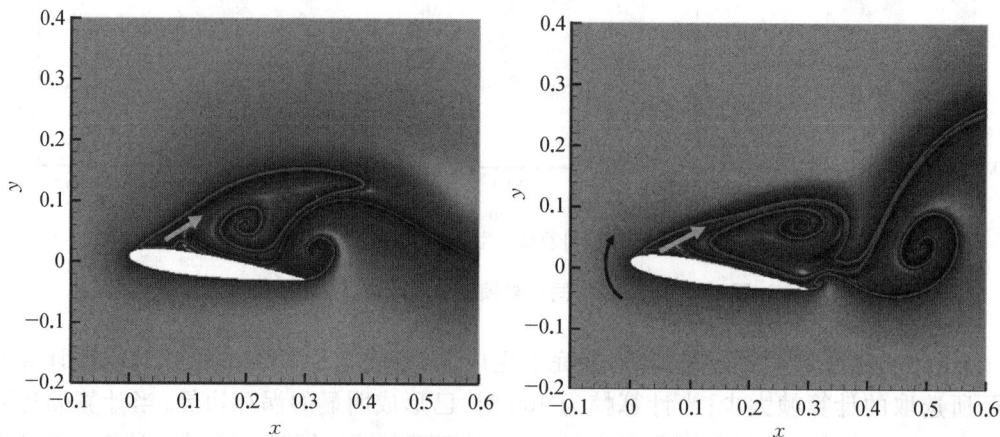

图 11.27　低频振荡时流场的两个相继时刻的 FTLE 场分布

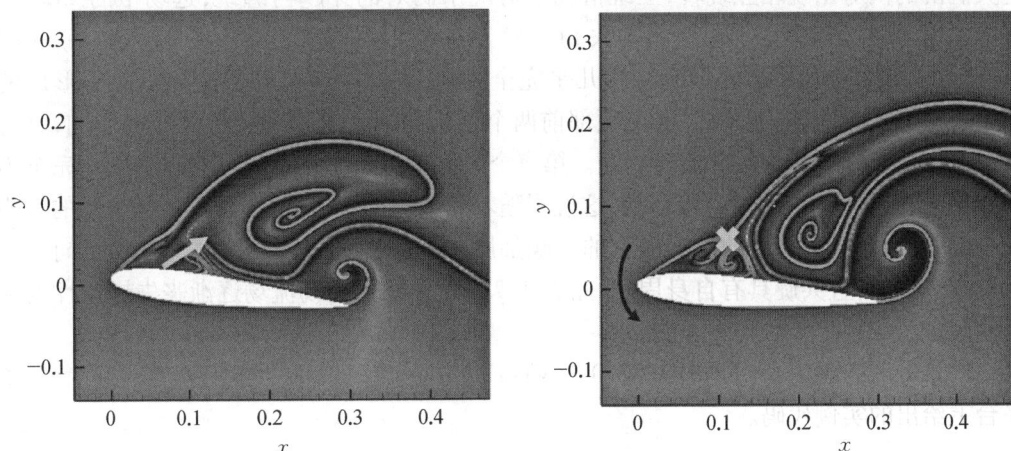

图 11.28 高频振荡时流场的两个相继时刻的 FTLE 场分布

另外,FTLE 还可以用于为研究桨尖涡系的时间演化特性[3],利用有限时间李雅普诺夫指数场,计算得到了与参考系无关的拉格朗日拟序结构,使用该结构对桨尖涡时变系统的演化特性进行分析。图 11.29 给出的是惯性坐标系下某轴截面上不同时刻对应的 FTLE 场,FTLE 积分时长为一个转动周期,不同的积分时长会影响 FTLE 数值大小,但不会改变 FTLE 的分布。图中顶部为桨盘平面所在位置,底部延伸至 2.2R 处(R 为桨盘半径),左侧位置为 44%R,右侧为 105%R。

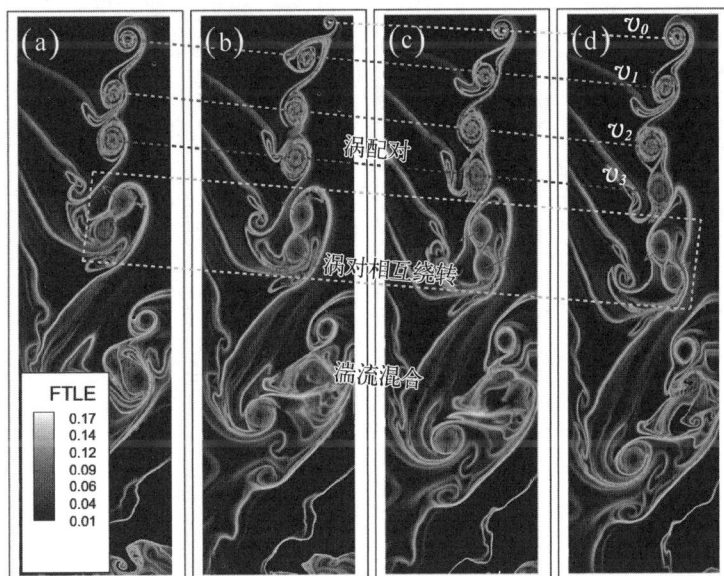

图 11.29 半个旋转周期内惯性坐标系某轴截面上有限时间 Lyapunov 指数场的演化

图中可以清晰地分辨出由 FTLE 脊线组成的 LCS,根据这些 LCS 的演化特征可以相应地阐述涡系的演化过程。随着时间的推移,图 11.15(a)中的涡结构 V_1、V_2、V_3 等向下方输运,新的桨尖涡 V_0 生成并逐渐发展长大;V_2 和 V_3 相互靠近并出现涡配对现象;下方更大涡龄的涡对出现相互绕转,三维情况下对应于涡对的穿越与缠绕;远场中的 LCS 变得更加复杂和不规则,对应于涡的失稳破碎及湍流混合过程. 比较图 11. 15(a)和图 11. 15(d),顶部前两个漩涡形态结构几乎完全相同,可知两片桨叶通过该截面后形成的涡旋表现形式相同,即在该截面上,顶部前两个漩涡的演化主要受桨叶旋转的影响,具有 $1/2T$ 周期性,其中 T 为桨叶旋转周期。第三个漩涡虽然形态相似,但其周围 LCS 完全不同,剩余漩涡更不具有 $1/2T$ 周期性,这说明随着涡龄的增长,涡的演化受桨叶旋转的影响变小,而受远场更大涡龄的漩涡演化的影响加剧。涡配对之后出现的共旋削弱了向下输运的部分动能,且共旋具有自身周期(略大于 T),这是导致远场流场逐渐丧失周期性的主要原因。

本章最后的说明,有关 POD、DMD 及 FTLE 方法在 Matlab 中的实现样例,可参考电子平台上给出的实例代码。

第 11 章 Matlab 代码示例	第 11 章习题	第 11 章参考文献

航空宇航科学与技术教材出版工程

空气动力学试验设计及流动测试

（下）

Experiment Design and Flow Testing for Aerodynamics

王福新　姜裕标　吴军强　赵长辉 等　编著

科学出版社

北京

内 容 简 介

　　本书主要内容是介绍空气动力学试验，侧重风洞试验的基本理论和方法，尤其是试验方案的规划和设计，同时全书分为理论基础篇、试验设计篇、数据分析篇、先进测试篇和实践应用篇 5 个部分，系统地讲述了风洞试验相关的基础理论、试验技术、试验数据分析后处理方法、先进测试技术及典型现代风洞试验技术等。

　　本书可作为航空航天院校的硕士/博士研究生教材，也可作为初入风洞试验行业的工程技术人员的培训手册，也可为航空航天飞行器研制相关工程技术人员提供参考。

图书在版编目（CIP）数据

空气动力学试验设计及流动测试／王福新等编著.
北京：科学出版社，2025. 2. -- ISBN 978-7-03
-079614-1
　　Ⅰ. V211
中国国家版本馆 CIP 数据核字第 20241KG791 号

责任编辑：徐杨峰／责任校对：谭宏宇
责任印制：黄晓鸣／封面设计：殷　靓

科 学 出 版 社 出版
北京东黄城根北街 16 号
邮政编码：100717
http：//www.sciencep.com

南京展望文化发展有限公司排版
苏州市越洋印刷有限公司印刷
科学出版社发行　各地新华书店经销

*

2025 年 2 月第　一　版　　开本：787×1092　1/16
2025 年 2 月第一次印刷　　总印张：48 3/4
总字数：1 150 000
总定价：200.00 元（全二册）
（如有印装质量问题，我社负责调换）

航空宇航科学与技术教材出版工程
专家委员会

航空宇航科学与技术教材出版工程
编写委员会

空气动力学试验设计及流动测试
编写委员会

主　　编	王福新

副　主　编　姜裕标　吴军强　赵长辉

编　　委（按姓名笔画排序）

王福新　卢翔宇　田　伟　吕彬彬　刘大伟

刘光远　刘志涛　刘忠华　李小刚　杨　可

吴军强　邱　展　何彬华　余　立　张　晖

陈　方　陈正武　赵长辉　姜裕标　胥继斌

徐扬帆　郭　龙　郭洪涛　黄　奔

丛书序

我在清华园中出生,旧航空馆对面北坡静置的一架旧飞机是我童年时流连忘返之处。1973 年,我作为一名陕北延安老区的北京知青,怀揣着一张印有西北工业大学航空类专业的入学通知书来到古城西安,开始了延绵 46 年矢志航宇的研修生涯。1984 年底,我在美国布朗大学工学部固体与结构力学学门通过 Ph. D 的论文答辩,旋即带着在 24 门力学、材料科学和应用数学方面的修课笔记回到清华大学,开始了一名力学学者的登攀之路。1994 年我担任该校工程力学系的系主任。随之不久,清华大学委托我组织一个航天研究中心,并在 2004 年成为该校航天航空学院的首任执行院长。2006 年,我受命到杭州担任浙江大学校长,第二年便在该校组建了航空航天学院。力学学科与航宇学科就像一个交互传递信息的双螺旋,记录下我的学业成长。

以我对这两个学科所用教科书的观察:力学教科书有一个推陈出新的问题,航宇教科书有一个宽窄适度的问题。20 世纪 80~90 年代是我国力学类教科书发展的鼎盛时期,之后便只有局部的推进,未出现整体的推陈出新。力学教科书的现状也确实令人扼腕叹息:近现代的力学新应用还未能有效地融入力学学科的基本教材;在物理、生物、化学中所形成的新认识还没能以学科交叉的形式折射到力学学科;以数据科学、人工智能、深度学习为代表的数据驱动研究方法还没有在力学的知识体系中引起足够的共鸣。

如果说力学学科面临着知识固结的危险,航宇学科却孕育着重新洗牌的机遇。在军民融合发展的教育背景下,随着知识体系的涌动向前,航宇学科出现了重塑架构的可能性。一是知识配置方式的融合。在传统的航宇强校(如哈尔滨工业大学、北京航空航天大学、西北工业大学、国防科技大学等),实行的是航宇学科的密集配置。每门课程专业性强,但知识覆盖面窄,于是必然缺少融会贯通的教科书之作。而 2000 年后在综合型大学(如清华大学、浙江大学、同济大学等)新成立的航空航天学院,其课程体系与教科书知识面较宽,但不够健全,即宽失于泛、窄不概全,缺乏军民融合、深入浅出的上乘之作。若能够将这两类大学的教育名家聚集于一堂,互相切磋,是有可能纲举目张,塑造出一套横跨航空和宇航领域,体系完备、粒度适中的经典教科书。于是在郑耀教授的热心倡导和推动下,我们聚得 22 所高校和 5 个工业部门(航天科技、航天科工、中航、商飞、中航发)的数十位航宇专家为一堂,开启"航空宇航科学与技术教材出版工程"。在科学出版社的大力促进下,为航空与宇航一级学科编纂这套教科书。

考虑到多所高校的航宇学科,或以力学作为理论基础,或由其原有的工程力学系改造而成，所以有必要在教学体系上实行航宇与力学这两个一级学科的共融。美国航宇学科之父冯·卡门先生曾经有一句名言："科学家发现现存的世界，工程师创造未来的世界……而力学则处在最激动人心的地位，即我们可以两者并举！"因此，我们既希望能够表达航宇学科的无垠、神奇与壮美，也得以表达力学学科的严谨和博大。感谢包为民先生、杜善义先生两位学贯中西的航宇大家的加盟，我们这个由18位专家（多为两院院士）组成的教材建设专家委员会开始使出十八般武艺，推动这一出版工程。

因此，为满足航宇课程建设和不同类型高校之需，在科学出版社盛情邀请下，我们决心编好这套丛书。本套丛书力争实现三个目标：一是全景式地反映航宇学科在当代的知识全貌；二是为不同类型教研机构的航宇学科提供可剪裁组配的教科书体系；三是为若干传统的基础性课程提供其新貌。我们旨在为移动互联网时代，有志于航空和宇航的初学者提供一个全视野和启发性的学科知识平台。

这里要感谢科学出版社上海分社的潘志坚编审和徐杨峰编辑，他们的大胆提议、不断鼓励、精心编辑和精品意识使得本套丛书的出版成为可能。

是为总序。

2019 年于杭州西湖区求是村、北京海淀区紫竹公寓

前　言

　　本书的编写初衷,一是满足上海交通大学航空宇航科学与技术和航空/航天工程专业硕士/博士研究生的专业前沿课程建设的需要;二是为风洞试验单位的工程技术人员,尤其刚刚上岗不久的人员提供一本培训教材或参考书;三是希望能够成为相关行业人员需要进行风洞试验研究或评估验证时一本可供参考的专业书籍。

　　空气动力学是飞行器设计必备的专业基础知识之一,而实验空气动力学是探索和应用空气动力学的重要的方法之一,尤其是对于复杂构型飞行器的三维非定常流动的相对准确的研究,有时甚至是唯一的评估、研究手段。因此,从这个意义上讲,空气动力学也可以说是一门实验力学,当然这就离不开飞行器绕流空气动力学研究的地面研究平台——风洞及其试验技术。而一个飞行器型号的研制所需的风洞试验到底量有多大、种类有多少、哪些是必须的、从何时开始谋划、试验到底如何安排、方案如何优化等问题,从某种意义上讲,这是个比较复杂的系统工程问题,可能从型号开始立项不久就应当启动试验规划工作了,也就是型号的试验设计问题。这些问题的解答,在有关手册中或许提到过,但缺乏系统性、可操作性,同时这些问题又很重要,往往在型号研制中占有重要的地位。对于即将成为或要成为飞行器设计工程师的学生来说,了解并掌握相关的知识和经验,对未来工作的顺利开展必然大有裨益。而有关试验测量和流场显示技术也是必须要掌握的试验技术,所以本书命名与所开课程一致,即《空气动力学试验设计及流动测试》。

　　中国空气动力研究与发展中心(以下简称气动中心)是老一代科学家钱学森、郭永怀等人规划倡议并亲自选址的,拥有我国乃至亚洲最大的风洞群所在,也是我国空气动力学学会挂牌单位,在那里聚集了我国多座功勋风洞,为我国航空航天事业的发展作出了卓越贡献,也培养和锻炼了一支技术精湛、经验丰富、求实创新的空气动力学试验与研究队伍。本书主编有幸在气动中心低速所工作了 20 年,可以说绵阳市安县(现安州区)是我的第二故乡。正式离开四川是“5·12”汶川特大地震后的事情,之后便加入上海交通大学航空航天学院,后来又开始主讲本科“空气动力学”和研究生“空气动力学试验设计和流动测试”等课程。在教授研究生的这一实验课过程中,我与教学团队老师都深感相关教材和参考资料已使用多年且不太适合研究生教学。为此,也根据自己的科研活动,查找相应文献如期刊论文等,编写了各自的教案,以满足教学大纲要求。但每学期授完课后,总是感觉还不够充分,有必要把我的老同事们的知识、经验和技术传承过来,传授给学生们,那将是一笔宝贵的知识财富,学生们肯定会受益匪浅。因此,下决心联系他们开启经验和前沿知识的总结会战,同姜裕标和吴军强两位总师(当时分别担任气动中心低速所和高速所总工程师)一拍即合,达成共识。因此,本书的多个章节都是这些长期奋斗在空气动力学研究一线的老专家的经验和对前辈的传承,如张晖、胥继斌等老师,在低速和高速空气动力学试验领域耕耘 30 年以上,沉淀了许多宝贵的试验经验。同时,我们也盛情邀请中国航空工业空气动力研究院的赵长辉和李小刚两位老师加入编写团队。中国航空工业空气动力研究院是我国另一个风洞群单位,也是我国成立最早的空气动力学研究机构,与共和国航空工业诞生、发展和壮大几近同步,为我国各类航空飞行器的研制发挥了重要作用。

另外,我国航空航天事业自 20 世纪末进入快速发展时期,建设了多个业界急盼和论证多年的大型设备,如结冰风洞、声学风洞、大型回流式低速风洞乃至跨声速、高超声速风洞,更先进的低温高雷诺数跨声速风洞也已进入调试阶段。这些世界一流的设备及配套的试验技术,需要及时反映在高校教学课堂中才有助于高等工程技术人员和科研人才的培养,使学生们在掌握经典理论专业知识的基础上能及时地站在科学研究的时代前沿,领略科技进步带来的科研手段的跃升以及对创新成果和国之重器研制的贡献,更重要的是了解和掌握其基本的运行和使用原理,以便后续具体运用。

基于以上原因,本书的内容主要分为五大篇章,即**理论基础篇**、**试验设计篇**、**数据分析篇**、**先进测试篇**和**实践应用篇**。从试验的基本原理出发,着重介绍试验方案设计方法、试验测试测量技术、试验数据处理技术和分析方法,最后是试验案例,覆盖常规试验到特种试验及其试验技术。内容不仅具有对传统内容的继承,还有像先进测试技术和数据分析方法乃至最新试验设备和试验技术如声学和结冰风洞试验等最新试验技术的介绍。通过学习本书,读者不仅能尽快掌握风洞试验的基本原理,还能通过结合案例介绍的试验方案的设计思路和方法、测试技术和数据后处理技术及分析方法,系统地掌握风洞试验所涉及的理论、原理、技术和方法,也可进入专题性的篇章进行学习,因而更具有可操作性。在理解了相应的基本原理或方法后,按照书中介绍的方法或试验步骤,读者基本就可以完成一个试验从方案设计到试验完成的全过程,而在其中可能遇到的问题甚至也可以直接在本书中找到答案或解决的思路,所以从这个意义上讲本书也是一本实用性很强的风洞试验手册。

本书大部分章节是编者们汇聚了几代气动人几十年来的辛勤实践成果,各章编著者如下:

第 1 章　王福新　编

第 2 章　刘志涛　刘光远　陈方　编

第 3 章　刘志涛　刘光远　编

第 4 章　张晖　编著

第 5 章　徐扬帆　胥继斌　编

第 6 章　李小刚　赵长辉　编

第 7 章　刘忠华　编

第 8 章　田伟　编

第 9 章　刘大伟　吴军强　编

第 10 章　张晖　著

第 11 章　邱展　王福新　编著

第 12 章　陈方　田伟　编著

第 13 章　田伟　编

第 14 章　杨可　编

第 15 章　张晖　编著

第 16 章　何彬华　编著

第 17 章　郭洪涛　著

第 18 章　吕彬彬　余立　编

第 19 章　刘志涛　姜裕标　编著

第 20 章　陈正武　卢翔宇　黄奔　编著

第 21 章　郭龙　编著

王福新负责全书统稿,姜裕标、吴军强、赵长辉分别对相关章节进行了仔细的审阅。

最后希望本书的编写能够达到我们所有编者共同的初衷,使知识的传承得以赓续!但由于编者水平有限,书中一定会有很多不妥乃至错误之处,诚恳地欢迎读者批评指正。

另外,由于一些引用的图片来自互联网却地址不详,若有侵权请及时联系主编,不胜感谢。

主　编

2024 年 6 月

目 录

先进测试篇

实践应用篇

先 进 测 试 篇

第 12 章
粒子图像测速技术

粒子图像测速(particle image velocimetry, PIV)技术是一种可以无干扰测量流体中瞬时速度场的测量技术,与单点测量仪器相比,PIV 可以同时测得二维平面或三维立体空间内多个测点的二维或三维流速矢量,是目前实验流体力学领域应用最为广泛的流场速度测量技术[1~4]。本章内容的编写主要参考了文献[1]和[2]对于 PIV 技术基本原理的阐述。

12.1　PIV 技术原理

图 12.1 给出了 PIV 技术测量流体速度的基本原理:在待测流场中布撒示踪粒子,利用强度均匀的光源(通常为激光光源)照射待测区域内的示踪粒子;使用图像采集器在时间间隔 Δt 前后时刻对示踪粒子散射光图像进行记录,得到两张粒子图像;在两张粒子图像中通过互相关运算得到待测流场中示踪粒子的位移 Δx,进而根据已知的时间间隔 Δt 求得示踪粒子速度 $u = \Delta x / \Delta t$。

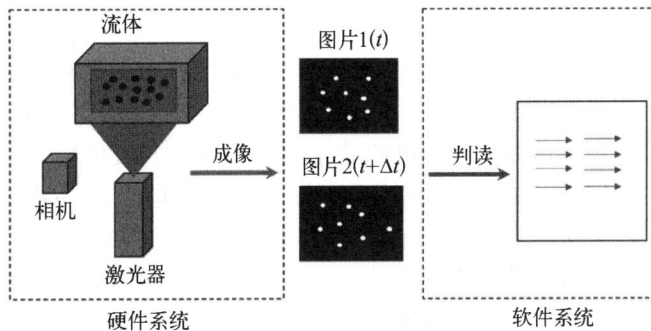

图 12.1　PIV 技术基本原理

为根据上述原理实现对流场速度的测量,典型的 PIV 系统部件可以分成 5 个部分:粒子布撒系统、光源、同步器、图像采集装置和图像后处理系统,其中激光发生器是 PIV 技术普遍采用的光源。其工作过程可以做如下描述:利用粒子布撒器将示踪粒子均匀地分布在主流中,当激光光源照射流场中粒子时将会发生散射,这样图像采集装置(如相机)就能捕捉到粒子在流场中的位置。通常激光发生器会发射一定时间间隔的 2 个激光脉冲,由于同步器的作用,图像采集装置能够精确地捕捉到 2 幅清晰的粒子分布图,这 2 幅原始图像经过数字化、诊断区划分、互相关运算等一系列的后处理过程之后,就能得到流场的速度分布。

根据上述 PIV 的基本原理,大致可以将 PIV 测量过程分为两个步骤:第一步是示踪粒子图像的获取,第二步则是根据示踪粒子图像计算流场速度。与之相对应,一套完整的 PIV 系统通常由硬件设备和图像后处理两部分组成。以下将针对平面二维 PIV 系统分别对硬件设备和图像后处理两部分展开介绍。

12.2 PIV 硬件设备

如图 12.2 所示,一套标准二维 PIV 系统的硬件主要由示踪粒子、双脉冲激光器、柱面透镜和球面透镜组成的片光光路系统、具有双曝光功能的相机、时间同步器及控制计算机组成。

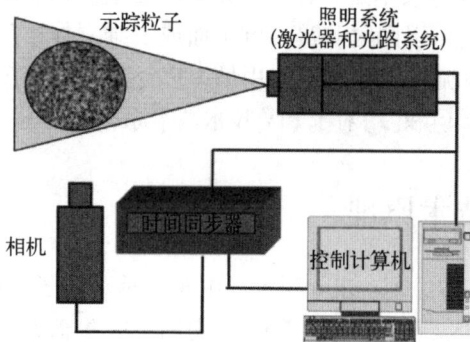

图 12.2 典型二维 PIV 系统硬件设备示意图

12.2.1 示踪粒子

示踪粒子是开展 PIV 试验所需的基本耗材。PIV 系统通过相机拍摄被激光照亮的示踪粒子的图像,进而通过示踪粒子的位移获得流场速度。可见,在 PIV 测量中存在粒子速度等同真实流场速度的假设,因此,示踪粒子对流场的跟随性是决定 PIV 测量准确与否的关键影响因素。此外,PIV 技术需要通过对示踪粒子散射光信号的处理获得粒子位置信息,因此需要示踪粒子具有良好的散射特性,以便拍摄的图像具有较高的信噪比。

1. 跟随性

跟随性是指示踪粒子跟随待测流体运动的能力,表现为粒子运动速度 v_p 与当地流体运动速度 u 的接近程度。由于自然界中的流动大多处于湍流状态,以下主要分析示踪粒子在湍流中的运动。由流体力学知识可知,湍流中存在不同尺度的相干结构,从平均意义上讲,流体动能总是从最大尺度的涡旋传递至最小尺度的涡旋,最终被黏性耗散为热量,其中最小涡旋尺度为科尔莫戈罗夫(Kolmogorov)尺度。在自然界的大多数湍流中,Kolmogorov 尺度对应的物理尺寸为 30~50 μm。因此,PIV 示踪粒子的粒径应尽量小于 30 μm,否则将无法跟随湍流中小尺度旋涡结构的运动。

除了粒子本身的属性外,粒子对流体的跟随性还与流体本身的物理属性和运动状态有关。为了研究粒子跟随性,应首先掌握粒子在流体中运动的控制方程。从宏观上讲,示踪粒子的运动必然满足牛顿第二定律,但关于流场中三维运动粒子的具体受力类型及表达形式,学术界却还未完全达成一致,现有研究主要基于描述低雷诺数流动中非旋转粒子运动的 Maxey-Riley 方程进行改进。在非恒定、非均匀流动中,改进的 Maxey-Riley 方程可表示为

$$m_p \frac{dU_P}{dt} = F_G + F_D + F_L + F_B + F_A + F_F \tag{12.1}$$

F_G 为粒子在流体中所受的重力,计算公式为

$$F_G = \frac{1}{6}\pi d_p^3 (\rho_f - \rho_g) g \tag{12.2}$$

F_D 为流体作用在粒子上的阻力,考虑流体的非恒定性及不同粒子雷诺数条件,根据斯托克斯(Stokes)圆球绕流阻力公式统一表示为

$$F_D = 3\pi\mu_f d_p \phi (U_p - U_f) \tag{12.3}$$

式中,ϕ 为修正系数。F_L 为垂直于粒子运动方向的升力,可表示为

$$F_L = C_L \frac{1}{6}\pi d_p^3 \rho [(U_p - U_f) \times \omega_f] \tag{12.4}$$

F_B 为巴塞特(Basset)力,是粒子与流体的相对速度随时间变化时,由于相对运动随时间变化而导致粒子表面附着层发展滞后所产生的非恒定力,可表示为

$$F_B = 3\pi\mu_f \int_{-\infty}^{t} K(t - \tau) \frac{d(U_f - U_p)}{dt} d\tau \tag{12.5}$$

F_A 为由于粒子与流体的相对速度随时间变化而产生的附加质量力,可表示为

$$F_A = \frac{m_p \rho_f}{2\rho_p} \left(\frac{DU_t}{Dt} - \frac{dU_p}{dt} \right) \tag{12.6}$$

F_F 为由于粒子周围流体应力变化而产生的净作用力,可表示为

$$F_F = \frac{1}{6}\pi d_p^3 \rho_t (-\nabla p + \mu_f \nabla^2 U_f) \tag{12.7}$$

式中,d 表示粒径;ρ 表示密度;m 表示质量;μ 表示动力黏度;下标 f 和 p 分别表示流体和粒子。

将式(12.2)及式(12.3)代入式(12.1),并合并其他几项作用力,可将粒子运动控制方程简化为

$$\frac{dv_p}{dt} = \frac{U(x_p, t) - U_p(t)}{\tau_p} + b \tag{12.8}$$

式中,b 为升力、巴塞特力、附加质量力和净作用力之和;x_p 为粒子所在的位置;τ_p 为粒子时间常数,表示为

$$\tau_p = \frac{(\rho_p - \rho_f) d_p^2}{18\rho_f v_f \phi} \tag{12.9}$$

对于 PIV 示踪粒子而言,由于其粒径极小,一般情况下均满足斯托克斯条件,可以利用小雷诺数理论进行求解,因此上式中 $\phi = 1$。由式(12.8)可知,在静止流体或均匀层流中,粒子与流体之间的相对速度等于粒子沉降速度,大小可由斯托克斯公式表示:

$$\Delta v = \frac{1}{18} \frac{\rho_s - \rho_f}{\rho_f} \frac{g d_p^2}{v_f} \tag{12.10}$$

　　显然,为了避免粒子与流体之间产生较大的速度差异,示踪粒子不仅应足够小,其密度还应与流的密度接近。以流体 PIV 试验中常用的空心玻璃微珠为例,其密度 $\rho_p = 1\,100\ \text{kg/m}^3$,平均粒径 $d_p = 10\ \mu\text{m}$,对应的沉降速度为 $6.1 \times 10^{-5}\ \text{m/s}$;在常规水槽试验中,流体速度约为 $5 \times 10^{-1}\ \text{m/s}$ 量级,因此,由粒子沉降引起的测量误差可忽略不计。另一方面,在非恒定、不均匀湍流中,流体脉动和外部作用引起的流动加速度则可能使粒子与流体之间的运动产生较大差异。例如,当流体运动引起的粒子加速度为 $100g$ 时,粒子与流体之间的速度差可达 $5.9 \times 10^{-3}\ \text{m/s}$,在流速为 $5.9 \times 10^{-1}\ \text{m/s}$ 的流体中就会引起 1% 的测量误差。因此,在加速度较大的流动中应特别注意示踪粒子的选择。

　　在不可压缩低速流动中,当选择合适粒径及密度的示踪粒子后,示踪粒子速度等同于流体速度这一假设基本成立。然而,在超声速流动中,激波的出现使流动速度产生间断,这时示踪粒子的运动不能跟随流场的突变;在强膨胀波系和涡核中,当地的流动速度梯度非常高,示踪粒子也会出现较大的响应延迟。这些跟随性差异将会导致速度测量误差,通常很难估计这些误差的幅度。PIV 技术的分析精度本质上决定于示踪粒子的密度、大小和运动响应等物理特性,特别是示踪粒子跟随性在超声速流动中的 PIV 应用至关重要。

　　2. 散光性

　　散光性是指示踪粒子散射照明光源的能力,PIV 粒子图像强度及对比度直接与粒子散射光强度成正比。粒子的散射光强与光源强度和粒子散光性均密切相关,因此,PIV 系统可通过提高光源功率和增大示踪粒子散光性两种途径提高 PIV 图像质量。相比较而言,选择更为合适的散射粒子比通过增加激光功率更为经济有效。

　　通常,微小粒子散射光是粒子与周围介质折射率比值、粒子尺寸、形状和方向的函数。此外,对于直径大于入射光波长的球形粒子,可以用米氏(Mie)散射理论进行分析。图 12.3 给出了根据米氏散射理论入射光波长 $\lambda = 532\ \text{nm}$ 时空气中不同直径油粒子的散射光强度的极坐标分布。图中强度为对数尺度绘制,从而相邻圆环强度相差 100 倍。米氏散射可用标准直径 q 表征,即

$$q = \frac{\pi d_p}{\lambda} \tag{12.11}$$

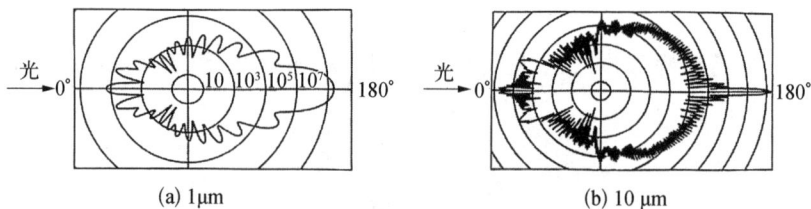

(a) 1μm　　　　　　　　　　　(b) 10 μm

图 12.3　不同粒径油滴光散射强度

　　如果 $q>1$,q 的局部极大值出现在周向角 0°～180° 范围内。如果 q 增大,向前和向后的散射强度之比会迅速增大。因此,记录向前的光散射最有效,但由于景深的限制,常在90° 方向进行图像采集。一般来说,从线性偏振入射波的近轴光散射(即在 0° 或 180°)在相同方向上也是线性偏振的,但其散射效率不依赖于偏振。与之相反,对于大多数其他观

察角度来说,散射效率则强烈依赖于入射光的偏振。此外,对于 0°~180° 的观察角度,偏振方向可部分转变。对于一些必须使用基于散射光偏振的图像分离或图像偏移场合,这一点是特别重要的。因此,这类技术只适用于某些特定粒子,如空气中 1 μm 粒径的油滴。

随着粒子直径的增大,散射光的强度明显增强。然而需要注意,光散射的局部最大值和最小值的数目与无量纲标准直径 q 成正比,那么仅考虑特定观察角度的情况下散射光强与粒径的函数变化将出现快速振荡。这意味着高光强的粒子图像并不总表示粒子穿过了测量体积的中心。因此,通过图像上已知的强度分布来分析片光源平面中粒子的位置,来确定平面外粒子的位移通常是不可行的。由于观察角度由观察距离及采集镜头光圈大小决定,因此对一定观察角范围的结果做平均运算时,获得的强度曲线非常平滑。平均光强大致随着 q^2 的增大而增强,并且如上所述,散射效率强烈地依赖于粒子与周围流体折射率的比值。由于水的折射率比空气大很多,相同尺寸的粒子在空气中的散射至少比在水中大一个数量级。因此,为了使粒子和流体的密度匹配更好,在水流测量试验中通常使用较大粒子。图 12.4 给出了根据米氏散射理论在 $\lambda = 532$ nm 下不同粒径玻璃微珠在水中的归一化散射强度。

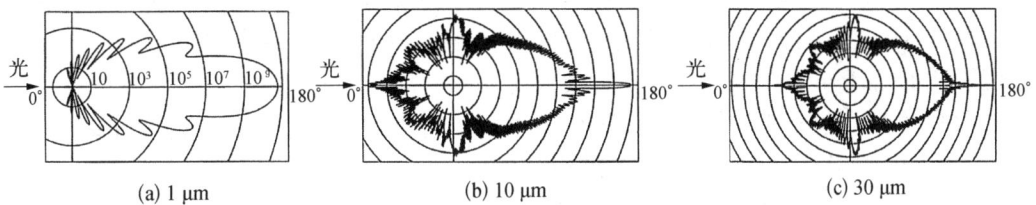

图 12.4   不同粒径玻璃微珠在水中的光散射强度

从所有米氏散射图中可以看出,小粒子并不会阻挡激光,反而会将激光散射到所有方向。因此,片光源内的大量粒子将会产生大量的多次光散射现象。这样,由镜头所捕捉的光不仅有直接照明的光,还有由多个粒子所散射的光。在流动中投放高浓度的粒子会明显增强每个粒子的光散射强度,因为在 90° 方向直接采集的光强相比向前散射范围内的散射强度要小多个数量级。

3. 示踪粒子的选择与使用

前面的分析表明,PIV 示踪粒子的跟随性和散光性主要取决于粒子与流体的相密度、粒子粒径和折射率三个因素。首先,粒子沉降不仅会引起测量误差,堆积在流槽或风洞底板上的示踪粒子还会在拍摄粒子图片时引起高光溢出现象,妨碍 PIV 试验的正常开展,因此,示踪粒子的密度应与示踪流体接近。其次,粒子频率响应不足或过大会导致速度滑移误差的产生,为此,应使得示踪粒子的密度应与示踪流体接近,或者粒子的粒径无限小。最后,为了保证粒子图片的成像质量,应选择折射率较大的示踪材料,以保证粒子在有限光强的照射下仍具有良好的散光性。由于粒子跟随性随粒径的增大而变差,而散光性随粒径的增大而变好,因此,在确定示踪粒子的粒径时,应综合考虑跟随性和散光性两方面的要求。与折射率 $n_a = 1.0$ 的空气相比,水的折射率较大 ($n_w = 1.33$),因此,在使用相同材料的示踪粒子的情况下,应用在水中的示踪粒子粒径大于气体示踪粒子。

图 12.5　放大后的空心玻璃微珠

图 12.5 示意了 PIV 用空心玻璃微珠放大图,从图中可以看到示踪粒子的粒径并非完全均匀。因此,在实际选择 PIV 示踪粒子时,除平均粒图像的粒径主要径外,还应重视粒径的分布范围,若粒径的均方差偏大,则实际拍摄的粒子来源于粗颗粒,由颗粒滑移引起的实际测量误差将显著大于根据平均粒径求得的理论误差。

在使用示踪粒子时应采取必要的安全防护措施。一方面,试验时应佩戴口罩和手套,防止粒子通过呼吸进入肺部,影响呼吸系统健康;另一方面,在试验完成后,应采用恰当的措施回收流体中释放的示踪粒子,避免残留示踪粒子引起二次污染。

12.2.2　光源

PIV 需使用强度均匀的薄片光照亮测量区域,因此,光源应具有较好的准直性,以保证片光厚度在较大区域内基本均匀;同时,PIV 根据粒子图像计算流速矢量,为了保证粒子图片具有较高的对比度,除选用散光性好的示踪粒子外,也要求光源具有较高的能量密度。基于此,激光是 PIV 系统最为理想的光源。

激光因其具有发射高能量密度单色光的能力,可以很容易形成用于照明和采集示踪粒子图像的无色差薄片状光源,因此被广泛应用于 PIV 中。图 12.6 给出了激光器的典型构成。一般而言,每个激光器由三个主要部分组成,分别为:① 激光材料,由原子或分子气体、半导体或固体材料成;② 泵浦:通过引入电磁或化学能来激发激光材料;③ 布置的反光镜:也就是谐振腔,允许光在激光材料内振荡。

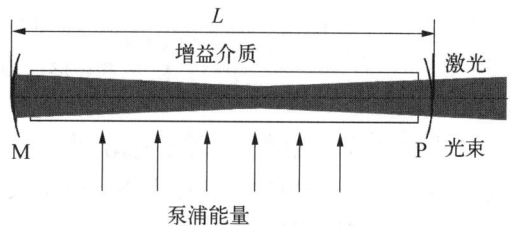

图 12.6　激光器示意图

下面将介绍气体激光器的工作原理,并概述 PIV 应用的激光器。

从量子力学可知,每个原子都可以通过与电磁辐射的三种基本相互作用进入不同的能量状态,假设一个具有两个可能能量状态的原子,其能级分别为低能级 E_1 和高能级 E_2:

(1)原子通常处于低能级,当具有 $E_2 - E_1 = h\nu$(h 和 ν 分别为是普朗克常数和频率)能量的光子撞击处于低能级的原子时,该光子能量会被原子吸收,从而原子从低能级 E_1 阶跃到高能级 E_2;

(2)在高能级 E_2 的激发态原子通常在极短的一段时间后回到低能级 E_1,并以随机定向光子的形式辐射出能量 $E_2 - E_1 = h\nu$,这个过程称为自发辐射;

(3)然而,如果原子处于高能级 E_2,此时用具有 $E_2 - E_1 = h\nu$ 能量的光子撞击原子,会导致处于高能级 E_2 的原子辐射出一个能量为 $h\nu$ 的光子后过渡到低能级 E_1,此时加上入射的光子共包含了两个光子,这种过程被称为受激辐射。

受激辐射的所有光学特性(频率、相位等)跟自发辐射一样,这些受激辐射的光子碰到其他因外加能量而跃上高能级的电子时,又会再产生更多同样的光子,最后光的强度越来越大,且所有的光子都有相同的频率、相位。这些光子在两面互相平行的反射镜(M 全反射,P 半反射)组成的光学谐振腔内来回反射,使被激发的光多次经过激光材料以得到足够的放大,当放大到可以穿透半反射镜时,具有高能量的光便从半反射镜发射出去形成光束。这种通过受激辐射而产生和放大的光就是激光。

由于原子通常处于基态,也就是处于低能级的原子数 N_1 远高于处于高能级的原子数 N_2。因此,当有光子碰撞原子时通常以原子吸收占主导地位,并不会产生激光。如果要生成激光,则必须要有外部能量传递给激光材料,使处于高能级的原子数 N_2 远高于处于低能级的原子数 N_1,这一过程被称为粒子数反转。通常,这可根据不同的激光材料选择合适的泵浦装置来达到目的。固体激光材料一般由电磁辐射进行泵浦,半导体激光器由电流进行泵浦,而气体激光器通过原子或具有电子和离子的分子碰撞进行泵浦。

光学谐振腔不仅对激光的形成起重要作用,其几何特性也决定了激光束的特性,通过调节腔的几何参数可直接控制激光的横向分布特征、光斑直径、谐振频率和远场发散角等。电磁场理论表明,在具有一定边界条件的腔内,电磁场只能存在于一系列分立的本征状态之中;相应地,在特定的谐振腔内,光子可能表现为不同的驻波场分布,每种分布称为激光的一种模式。由于普通激光器中谐振腔的尺寸远大于激光波长,因而激光器通常工作于多模状态。激光的模式可分为纵模和横模,纵模是指沿谐振腔轴线方向形成的稳定场分布,不同模式之间表现为频率(波长)的不同,横模是指垂直于腔轴的横截面内的稳定场分布,不同模式之间表现为光斑图案的不同,主要决定光束发散角的大小。纵模和横模从不同的侧面反映谐振腔内光场的稳定分布,只有同时运用纵模和横模的概念,才能全面描述激光的模式。激光的模式通常用符号 TEM_{mnq} 表示,其中, mn 为横模序数; q 为纵模序数,由于纵模序数较大,通常不写出来。图 12.7 示意了方形谐振腔形成的几种横模光斑图案,其中,基横模光束 TEM_{00} 为对称高斯光斑,具有最小的发散角和最大的能量密度,是稳定谐振腔形成的光束;非稳定谐振腔形成的高阶模式的光斑分块现象明显,使得近场光束容易发射,在 PIV 应用中容易造成片光不均匀等现象。

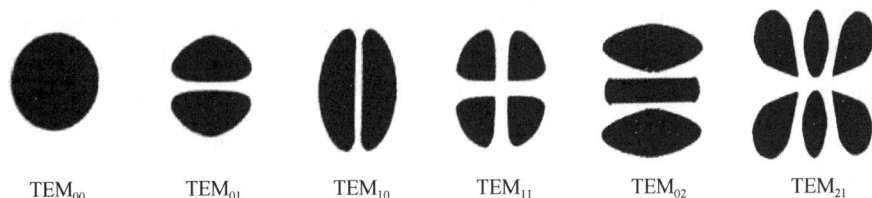

TEM_{00}　　　TEM_{01}　　　TEM_{10}　　　TEM_{11}　　　TEM_{02}　　　TEM_{21}

图 12.7　方形谐振腔的几种横模光斑图案

根据激光工作物质的不同,通常将激光器划分为气体激光器、固体激光器、液体激光器、半导体激光器、光纤激光器等,其中,PIV 系统所使用的激光器主要为固体激光器。掺钕钇铝石榴石晶体(Nd∶YAG)激光器是最为重要的固体激光器,其输出波长为 1 064 nm 和 532 nm。Nd∶YAG 晶体的突出优点是阈值低和具有良好的热学性能,这就使得它适合于连续和高重复频率工作,是室温条件下连续工作的唯一实用的固体物质,在中小功率连续激光器和脉冲激光器中被大量应用。近年来,随着高频 PIV 系统的大量研发和应用,掺钕氟钇锂晶体(Nd∶YLF)激光器的使用频率逐步提升,该类激光器的输出波长为

1 053 nm 和 527 nm,与 Nd：YAG 激光器相比,Nd：YLF 具有平均功率强、光束质量高和稳定性好等优点。

按照工作方式划分,激光器可分为连续激光器和脉冲激光器。连续激光器的工作特点是工作物质的激励和相应的激光输出,可以在一段较长的时间范围内以连续方式持续进行,由于连续运转过程中往往不可避免地产生器件的过热效应,因此多数须采取适当的冷却措施。在 PIV 应用中,连续激光器主要用于高频 PIV 系统的开发。脉冲激光器是指每间隔一定时间才工作一次的激光器,普通脉冲激光器通过脉冲泵浦的形式得以实现,但这种脉冲激光器输出的光脉冲存在弛豫振荡现象,很难获得峰值功率高而脉冲时间短的激光脉冲,因而不适合用作 PIV 系统的光源。与脉冲激光器相比,连续激光器的光束质量更高,因而在激光诱导荧光(laser-induced fluorescence, LIF)等技术中更适合使用连续激光器。

PIV 技术根据诊断窗口内的示踪粒子在时间间隔 Δt 内的位移 Δz 计算当地流体流速,为保证计算精度,拍摄连续两帧粒子图像的时间间隔 Δt 应足够短。一方面,粒子实际运动路程与位移之间的差异随 Δt 的增加而变大;另一方面,粒子在 Δt 时间内的运动距离过大会显著降低诊断窗口之间的相似程度,从而影响位移计算结果的准确性。目前,商用高重复率脉冲激光器的最大脉冲间隔为 100 μs,这显然难以满足高速流动测量的需求,因此,在 PIV 应用的需求下产生了双脉冲激光系统。

双脉冲系统是指由两个相同的脉冲激光器通过光束合并和时间同步技术组成的激光系统,使其在极短时间间隔(纳秒)前后分别输出一个高能窄脉冲,从而获得时间间隔极短的脉冲激光对,满足高速流动 PIV 测量的需求。需要指出的是,系统里单个激光的脉冲频率不受时间同步的影响,Nd：YAG 激光器的脉冲频率一般为 10~30 Hz。Nd：YLF 激光器的重复频率一般为 1~10 kHz。

图 12.8 示意了 Nd：YAG 双脉冲激光系统的基本原理和结构。图左侧的框内为两个独立的脉冲激光器,其中 1 为装有激光棒的泵浦腔,泵浦腔内一般还有用于激发激光棒的闪光灯或大功率半导体激光器;2 为全反射镜,3 为半反射镜,2 和 3 构成激光振荡腔;4 为泡克尔斯盒,是放在可调电场中的一个没有对称中心而有一定取向的单晶体,它可以调制光束的相位、频率,振幅、偏振态和传播方向,5 为 $\lambda/4$ 相位延迟片,6 为方解石偏振器,4、5、6 构成 Q 调制开关。在系统运行时,左侧框内的两个激光器分别输出波长为 1 064 nm 的窄脉冲,其中,上激光束在穿过一个 $\lambda/2$ 相位延迟片 7 后被平面镜 8 反射至介电偏振器 9,从而与下激光器发出的光束重合。此后,两束光在穿过 $\lambda/4$ 相位延迟片 5 后进入倍频晶体 10,由不可见光变为波长为 532 nm 的可见光。最后,经两个分色镜 11 的反射后输出

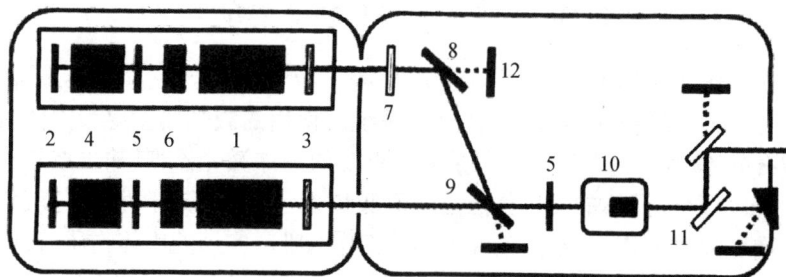

图 12.8 双脉冲激光系统结构图

激光系统的腔体。图中在每个反光镜的背后均装有束流收集器 12,主要作用是吸收透过反光镜的残余光束。Nd：YLF 双脉冲激光系统的基本原理和结构与图 12.8 相似。

双脉冲激光系统很好地解决了高速流动 PIV 系统的光源问题,但也存在一些固有的缺陷。首先,为了将两台激光器的光束进行光路合并,需要在系统内设置复杂的光路系统,当图 12.8 中 8、9、11 任意一个镜片因搬动或碰撞而发生轻微偏转时,两个光束之间就会发生分离,导致在对粒子图像进行曝光时前后被照亮的区域不一致,无法通过相关运动求得流场。其次,由于激光光斑受谐振腔影响极大,任意两台激光器发出的光斑均不可能完全一致,当两束光的光斑差异较为明显时,导致在对粒子图像进行曝光时前后两帧图像的亮度不一致,降低相关运算的精度。

12.2.3　片光光路

在现有的大多数 PIV 系统中,激光光束主要通过柱面镜扩展为片光。图 12.9 为一种简单但被许多 PIV 系统所使用的片光光路示例,该光路由一个柱面透镜和球面透镜组成,其中柱面透镜的主要作用是将激光光束扩展为扇形片光,球面透镜的主要作用是对激光片光进行聚焦,使其在厚度方向形成一个宽度小于 1 mm 的束腰,以满足 PIV 测量对垂直于测量平面方向的空间分辨率的要求。

尽管使用极为广泛,但图 12.9 中的 PIV 光路具有两个缺陷:首先,片光沿传播方向呈扇形状扩散,使得单位宽度内的光强沿程逐渐减小,导致测量区域在光束传播方向照明不均匀而引起测量误差;此外,光强沿宽度方向仍然呈高斯分布,同样会导致测量区域沿片光宽度方向不均匀的缺陷。

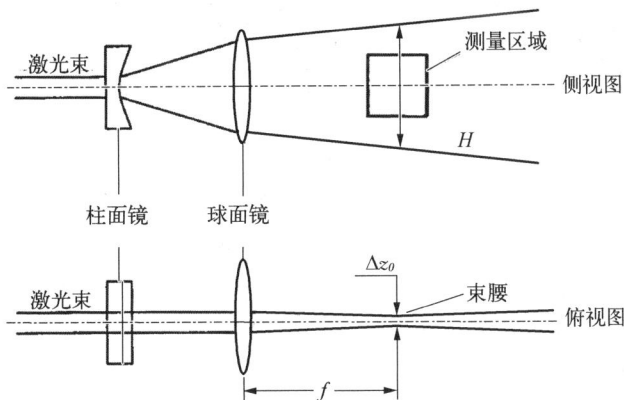

图 12.9　柱面镜及球面镜构成的片光光路

图 12.10 示意了一种基于鲍威尔棱镜的 PIV 片光光路,该光路主要由 3 片柱面镜和一片鲍威尔棱镜组成。其中,最左侧的平凸透镜的主要作用是对激光光束进行聚焦,使其在鲍威尔棱镜处的直径满足进入鲍威尔棱镜的要求;第二个平凹透镜的主要作用是对聚焦后的光束进行适当放大,使光束束腰的位置距出光口更远一些;鲍威尔棱镜的主要作用是将光束扩展为亮度均匀的扇形片光;最后一个平凸透镜的作用是将扇形片光进行聚焦,使其在宽度方向形成扩散角极小的矩形片光,保证片光传播方向的光强基本均匀。该光路不仅解决了图 12.9 所示光路存在的照明不均问题,还

实现了片光宽度和厚度调整光路的解耦,以便根据不同的试验要求分别对片光厚度和宽度进行调节。

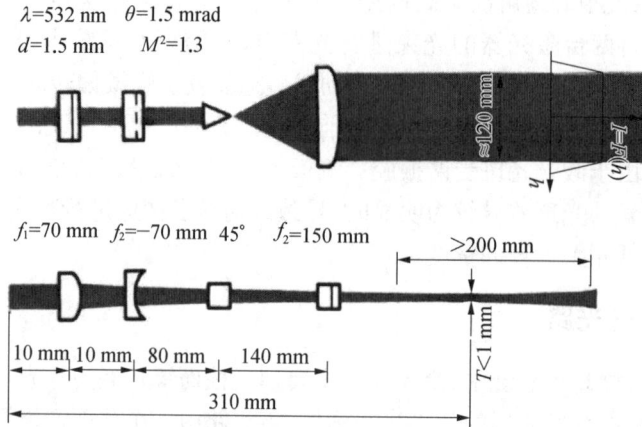

图 12.10　基于鲍威尔棱镜的片光光路[1]

需要指出的是,尽管基于鲍威尔棱镜的片光光路在形成的片光的均匀性方面显著优于基于柱面透镜的光路,但这种光路也有一定的使用局限性。为了获得良好的分光效果,大多数鲍威尔棱镜均要求激光光束的直径小于 1 mm,这就要求在分光前利用透镜对光束进行聚焦,意味着能量的高度集中。对于强度较小的连续激光光束,这不会对光学元件或周围环境产生危害;但对于商用 PIV 系统中常用的高能脉冲激光器,脉冲光束被聚焦后可能造成光学元件的损害,同时,激光能量的高度集中可能诱导空气发生电离、击穿等现象,不仅阻碍激光脉冲本身的传输,也会形成潜在的安全隐患。

12.2.4　相机

从 20 世纪 90 年代开始,以电荷耦合器件(CCD)和互补金属氧化物半导体(CMOS)为图像传感器的数码相机开始被逐渐应用于 PIV 系统。与传统的胶片相机相比,数码相机无须经过洗片等复杂的处理程序即可获得图像,在计算机的配合下,还可以实现图像的数字化存储和处理,极大地提高了 PIV 系统的测量效率。近年来,相机工业的快速发展使得数码相机的成像分辨率与胶片相机相比不再处于劣势,因此,绝大多数 PIV 系统均使用数码相机作为粒子图像的记录设备。本节将重点介绍 CCD 和 CMOS 两种相机的成像原理、特点及其在 PIV 中的应用。

1. CCD 相机

CCD 相机是指以 CCD 面阵为图像传感器的相机。CCD 是一种可以将入射光信号转换为电荷输出的电子器件阵列,由于它具有光电转换,信息存储,延时和将电信号按顺序传送等功能,被广泛用于图像采集及数字化处理等领域。CCD 上密布排列着金属-氧化物-半导体(MOS)电容器(光敏二极管),每个电容器称为一个像素,其几何尺寸一般为 $10~\mu m \times 10~\mu m$ 量级。按照像素排列方式的不同,可分为线阵与面阵两大类,其中线阵 CCD 应用于影像扫描器及传真机上,而面阵 CCD 主要应用于数码相机、摄影机等影像输入产品。

CCD 的基本结构如图 12.11 所示,它以一块 P 型 Si 为衬底,衬底表面用氧化的方法生成一层厚度极薄的 SiO_2,再在 SiO_2 表面蒸镀一金属层(多晶硅),经光刻腐蚀成为栅格状金属电极。金属电极及其下方的绝缘层和衬底构成一个 MOS 电容器,即为 CCD 上的一个像素。在金属电极上施加正电压,衬底接地,则位于电极下的衬底表面电势升高,且电势最大值位于电极正下方,整个 MOS 电容器即成为可存储电荷的势阱。当光线照射到 MOS 电容器上时,光子穿过透明电极及绝缘层进入 P 型 Si 衬底,在这里经光电效应形成电子-空穴对。其中,电子存储在金属电极下方的势阱中,成为信号电荷,电荷的数量与入射光的强度及曝光时间成正比。然而,势阱可存储的最大电荷量是有限的,当光电效应产生的电荷数超过势阱存储容量时,多余的电荷将向相邻的势阱转移,产生高光溢出现象。光电转换过程表明,在相同的光照条件下,CCD 上累积电荷的效率与每个 MOS 电容器上感光单元的面积成正比。若定义感光单元的面积与 CCD 面积之比为填充率,大多数 CCD 阵列的填充率均小于 100%。

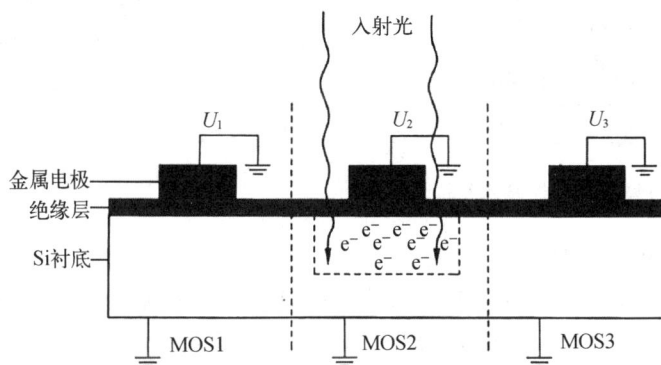

图 12.11　CCD 基本结构及原理

当 CCD 传感器完成光电转换和电荷收集后,需要将电荷进行转移,用于后续读出。电荷转移的本质就是移动存储电荷的势阱,主要通过改变 MOS 电容器上金属电极的电压完成。以图 12.11 中相邻的三个电极为例,假定开始时有一些电荷存储在偏压为 10 V 的 MOS1 中,其他电极的电压均为略大于阈值的 2 V;此时若将 MOS2 的偏压增大为 10 V,则 MOS1 和 MOS2 的势阱将合并在一起,原来在 MOS1 中的电荷将为两个势阱所共有;此后将 MOS1 的偏压降低为 2 V,则电荷将全部转移至 MOS2 中,从而实现了电荷的转移。通常将 CCD 上的电极分为几组,每组为一相,并施加相同的时钟脉冲。光生电荷在 CCD 中转移的终点是输出放大器,输出放大器将电荷信号转换为电压或电流信号,再经数/模转换即可存储为计算机可识别的数字图像信号。

2. CMOS 相机

CMOS 图像传感器于 1967 年诞生于美国航空航天局的喷气推进实验室,早于 CCD 图像传感器,早期的 CMOS 由于尺寸较大且性能较差而未被广泛应用。20 世纪 90 年代以后,随着大规模集成电路技术的不断进步、有源 CMOS 像素等技术的出现使得 CMOS 图像传感器的性能得到明显提升,CMOS 相机也在诸多领域得到大量应用。

有源 CMOS 图像传感器上单个像素主要由光电二极管、复位管、放大器和行选择管组成。其中,光电二极管与 CCD 中的 MOS 电容器具有相似的结构,用于实现光电信号的转换,复位管控制电荷累积时间,放大器将电荷信号转换为电压信号,行选择管将像素与列总线连接,实现电压信号的输出。与 CCD 上的像素相比,CMOS 上的每个像素独立完成光电转换,放大和转移,避免了高光溢出等现象的发生。

图 12.12 给出了 CMOS 图像传感器的基本结构,主要由像素阵列、行驱动器、列驱动器、模/数转换器等组成。其中,行、列驱动器可控制需要输出信号的行和列,从而达到控制试验所需存储区域大小,进而改变相机帧频的目的。由于 CMOS 图像传感器上的各个像素相互独立,易于实现将整个图片的信号通过多个通道进行同步输出;同时,单个 CMOS 像素也比 CCD 像素的读出速度快 2 ~ 4 倍;因此,相同分辨率的 CMOS 相机往往具有比 CCD 相机高数百倍的帧频。当采用 ROI 拍摄模式时,CMOS 相机的帧频可进一步提高。因此,CMOS 相机极适合于高频 PIV 系统。由于帧频极高,使得 CMOS 相机的数据输出量极大,常规计算机或图像采集卡均无法提供相匹配的 I/O 速率,因此,CMOS 相机往往配备独立的存储卡。

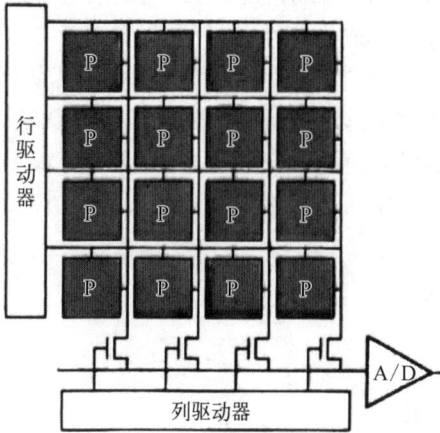

图 12.12 CMOS 图像传感器基本结构

3. CCD 与 CMOS 相机对比

如前所述,CMOS 相机在帧频方面相对于 CCD 相机具有极大的优势,因而是高频 PIV 系统的理想选择。本节将从感光度、噪声、动态范围及能耗等方面对二者进行对比。

1)感光度

感光度是指入射光投射到像素感光区域后,在像素上进行光电转换能力的大小,一般用量子效率和填充因子的乘积来表示。量子效率是指光入射到像素感光区域后,被势阱所收集的光生电荷数与入射光子数之比;填充因子则是指光电二极管(MOS 电容器)的光敏面积在像素中所占的面积比例。CMOS 相机的感光单元由多个晶体管和一个感光二极管构成,光敏区域的比例较小,因而填充因子较小。在相同的像素尺寸下,CCD 相机的感光度高于 CMOS 相机。

2)噪声

CCD 相机的特色在于充分保持信号在传输时不失真,每个像素的电荷信号统计集合至单一的放大器进行处理,可以保持图像的完整性。CMOS 相机的每个像素配备独立的放大器,信号被直接放大并转换成数字信号。由于不同放大器的性能不可能完全一致,因此,CMOS 相机上各像素的信号很难达到被同步放大的效果,对比单个放大器的 CCD 相机,CMOS 相机的图像噪声较大。此外,由于 CMOS 相机像素内集成了放大器、寻址电路等光电元件,使得相邻像素的光、电,磁干扰较为严重,这也会使得 CMOS 相机的图像信号易受噪声的干扰。

3)动态范围

相机的动态范围是指最大非饱和信号与最小可测信号之比。受感光区尺寸,积分时间和噪声的限制,CMOS 图像传感器的动态范围低于 CCD 的动态范围。在可比的环境下,CCD 相机的动态范围比 CMOS 高约 2 倍。

4）能耗

CMOS 图像传感器在能耗方面比 CCD 更具优势。CCD 图像传感器要求足够高的电压形成势阱,以防止电荷溢出,此外,CCD 图像传感器需要不同的电压和高频时钟信号来保证合适的操作和良好的电荷转换率,这些都导致其能耗很高。相反,CMOS 传感器的图像采集是感光二极管产生的电荷直接由晶体管放大输出,采用单一的低电压驱动即可。整体而言,CMOS 相机的耗电量仅为 CCD 的 $1/10 \sim 1/8$。

12.3　粒子图像后处理

12.3.1　图像前处理

1. 背景剔除

在实测的 PIV 粒子图片中,除示踪粒子的图像外,还可能出现由其他物体反射的光斑,这些图像信息统称为粒子图像的背景。例如,流体中的气泡、杂质等尺寸远大于示踪粒子的颗粒;流体中安装的圆柱、悬臂等绕流结构;曲线形固体边壁形成的强反光;片光强度不均匀导致的图像背景明暗程度不一致等。这些背景光斑通常亮度大、范围广,而且速度与周围示踪粒子的速度不一致。如果不进行处理,将出现在 PIV 的诊断窗口中,使流场计算结果产生严重的误差。

对于背景图像,一种最简易的处理方法是将所有粒子图片均减去相同的背景图片。背景图片可以是在未添加示踪粒子时拍摄的相同曝光条件下的图片,也可以是将所有粒子图片进行平均得到的图片。但是,在某些特殊条件下,减去背景图片的办法并不奏效。例如壁面本身反射的光线,还有沉积在边壁上的粒子散射的光线,这部分光线无法通过减去背景的方法消除。此外,在使用脉冲激光器时,不同脉冲之间的强度差异可能较大,也无法通过减去背景图片的方法消除。在绝大多数情况下,背景光斑的尺寸比示踪粒子的粒径大许多。此时,可以构造各种形式的滤波器,通过滤波将背景图像剔除。常用的滤波器包括均值滤波器和中值滤波器。

均值滤波器利用各像素周围 $M \times N$ 范围内所有像素的平均灰度代替该像素的灰度,相当于对图像进行局部光滑。均值滤波器是一种低通滤波器,它会将图片中尺度小于 $M \times N$ 像素的图像信息过滤掉。因此,对粒子图片进行均值滤波处理,得到的是只包含大尺度背景图像的图片,利用过滤前的图片减去过滤后的图片,即可得到只含有粒子图像的图片。需要指出的是,对图片进行均值滤波是一种线性变换,这种操作在图片背景含有突变边界时会失效。

中值滤波是一种典型的非线性滤波器,它利用各像素周围 $M \times N$ 范围内所有像素灰度的中值代替该像素的灰度。中值是指在一个升序或降序排序的数组序列中,位于序列中间的那个数,因此,中值滤波器对应的 M 及 N 通常都是奇数,中值滤波也是一种低通滤波器,它可以将图片中分散的灰度高于周围像素的信号剔除,在 PIV 图片中,粒子图像是一种分散的灰度高于周围像素的信号。因此,经过中值滤波后得到的即为背景图像,将过滤前的图片减去过滤后的图片,即可得到只含有粒子图像的图片。比中值滤波器更一般化的是百分比滤波器,它利用各像素周围 $M \times N$ 个像素的灰度组成的序列中排第 k 位的值代替该像素的灰度。

另一种可行的背景剔除方法,是计算所有粒子图片的时间平均灰度,然后将每一张瞬时图片均减去时均图片。这种方法在图片背景随时间变化不大的情况下可以得到极好的效果,而且操作也较为简易。但是,如果图像背景随时间有明显的改变,则需要使用这种方法的一种改进措施。其具体做法是将瞬时图片中各像素的灰度值用时均图片中对应位置的灰度进行归一化,为了避免出现除零问题,可以将时均图片中所有灰度为零的像素赋值为1。

2. 图像增强

图像增强的目的是提高粒子图像的信噪比。在 PIV 粒子图片中,图像的信噪比与对比度紧密相关,因此,提高信噪比的一种具体途径就是增加图片的对比度。在数字图像处理领域,提高图像对比度的常用方法包括直方图均衡法、极值滤波法,灰度变换函数法等,这些方法均可以应用于 PIV 图像的增强。

直方图均衡法,是指将粒子图片的灰度直方图进行均匀化处理的方法。图片的直方图代表图片中灰度值的概率分布,一般情况下,图像的灰度分布都不均匀。图 12.13 给出了一张 PIV 图片及其对应的灰度直方图,图中主要的灰度值集中在 50 左右。直方图均衡化的目的,是将原本分布不均匀的直方图均匀化,从而达到提高图像对比度的目的。图 12.14 展示了对图 12.13 中的粒子图片进行直方图均衡化操作后的结果,经处理后的图片的对比度明显增强,对应的灰度直方图分布变得更均匀。

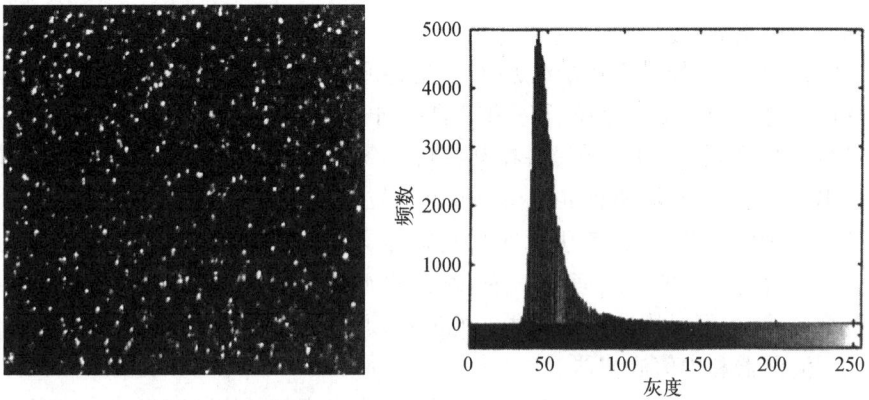

图 12.13　PIV 原始图片及其直方图[1]

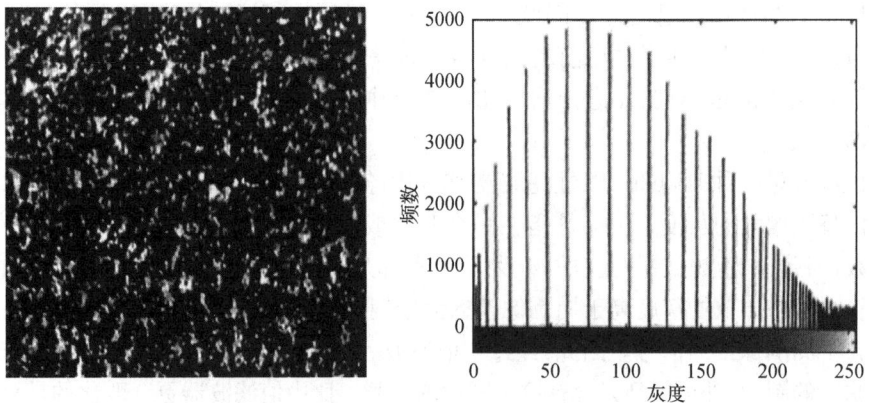

图 12.14　直方图均衡化后的 PIV 图片及其直方图[1]

极值滤波法的原理如图 12.15 所示。对于给定的一张图片,首先确定图中各像素的最大和最小灰度包络面[图 12.15(a)],具体操作方法是计算各像素周围 $m \times n$ 范围内的最大值和最小值。其中,m 和 n 的取值应大于粒子图像的直径,且小于图中背景斑块的尺寸。然后,使用相同的模板大小,对得到的最大和最小包络面进行均匀滤波,得到的最小包络代表图片中的背景,最大包络和最小包络之差则代表图片的局部对比度[图 12.15(b)]。因此,将原始图片减去最小包络面,然后利用局部对比度进行点对点归一化,就可以得到对比度增强且不包括背景图像的图片[图 12.15(c)]。

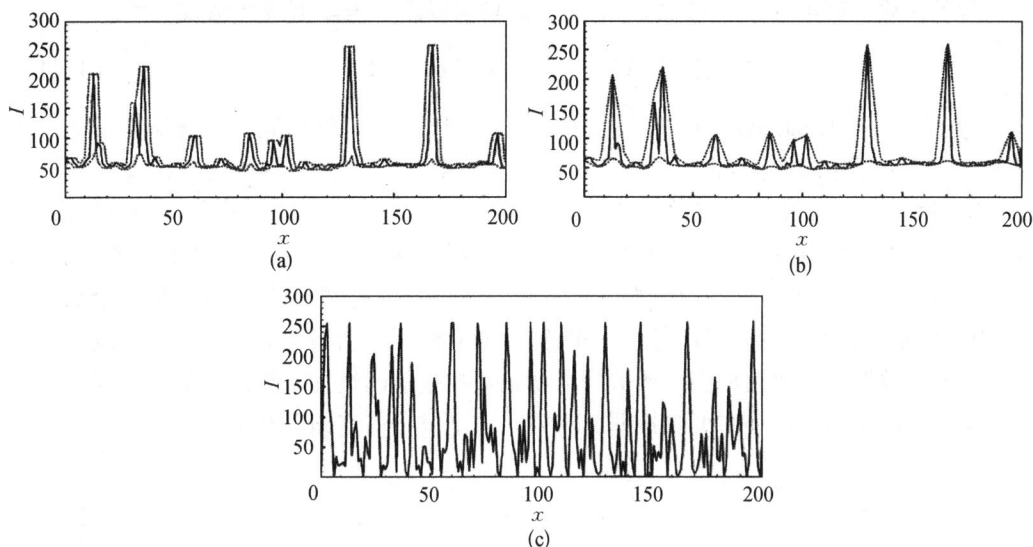

图 12.15　极值滤波法的原理[1]

前面所讲的直方图均衡法和极值滤波法在进行图像增强时,图中各像素的处理结果均依赖于该点邻域内多个点的灰度信息,而本段阐述的灰度变换函数法的输出值则只取决于某点的灰度值。设图片中某点的原始灰度为 I,经变换后的输出灰度为 O,则灰度变换函数法可表示为如下简单的形式:

$$O = T(I) \tag{12.12}$$

式中,T 为灰度变换函数,可以有多种不同的形式,最简单的莫过于线性函数,即

$$O = aI + b \tag{12.13}$$

显然,上述线性操作等价于将灰度线性增大或减小,不能改变原始图像的对比度。因此,只有定义非线性的变换函数,才可以达到增强图像信噪比的目的。

在数字图像处理邻域,增强图像对比度最常使用的变换函数是对比度拉升函数,其数学表达式为

$$O = \frac{1}{1 + (M/I)^E} \tag{12.14}$$

式中,M 和 E 均为系数。

3. 图像去噪

经图像传感器数字化的粒子图像通常受背景噪声、散粒噪声和机器噪声等多种噪声的干扰。噪声通常随机分布在粒子图片中的所有区域，与粒子图像本身难以区分，但却会对粒子图像的分析结果产生影响。一方面，当粒子图片的信噪比过低时，噪声产生的随机相关峰将超过位移对应的相关峰，形成错误的流速矢量；另一方面，噪声会改变粒子图像对应的灰度分布形状，进而使得与位移对应的相关峰偏离高斯分布，导致亚像素插值结果具有较大的随机误差。

对于任意一幅含有噪声的 $g(X,Y)$ 图像，均可以表示为以下线性函数关系：

$$g(X,Y) = f(X,Y) + \eta(X,Y) \tag{12.15}$$

式中，$f(X,Y)$ 为原始图像；$\eta(X,Y)$ 为噪声。图像去噪的目的，就是要使滤波后的图像尽可能地接近原始图像，因此，对噪声 $\eta(X,Y)$ 了解的信息越多，越能进行有效的去噪。

空间滤波是常用的降低图像噪声的方法，当已知图像中主要的噪声类型后，可针对性地构造合适的滤波器进行滤波。常见的空间滤波器包括均值滤波器、中值滤波器、调和均值滤波器、高斯滤波器等。在 PIV 粒子图片中，由于粒子图像的灰度分布近似符合高斯分布，为了在滤波后不改变粒子图像的分布特征，通常使用高斯滤波器进行空间滤波。

高斯滤波器是一类根据高斯函数的形状来选择权值的线性平滑滤波器。高斯平滑滤波器对于抑制符合正态分布的噪声非常有效。二维零均值高斯函数为

$$g(x,y) = e^{\frac{-(x^2+y^2)}{2\sigma^2}} \tag{12.16}$$

式中，参数 σ 决定了高斯滤波器的宽度，根据高斯函数的性质，可取 6σ 为滤波器的总宽度。在实际处理 PIV 粒子图片时，需要使用式（12.16）的离散形式作为平滑滤波器，并设定滤波器的宽度与粒子图像的平均直径基本一致，以保证在有效滤波的同时，不改变粒子图像的真实分布。

12.3.2　速度矢量计算方法

PIV 流场计算方法是指，用于分析粒子图片中的图像信息以获得图片拍摄范围内的流场分布的方法。在 PIV 技术的发展历程中，流场计算方法曾一度受制于硬件设备（主要是相机）的性能。在 PIV 技术的早期发展阶段，由于相机的帧频极低，通常采用单帧双曝光模式记录粒子图像，即将连续两次曝光图像记录在一帧图片上，然后按照传统的杨氏条纹法或自相关算法计算流场。随着跨帧成像技术以及高速相机的普及，目前的 PIV 系统通常使用双帧单曝光模式记录图像，然后通过图像互相关算法计算流场。由于杨氏条纹法本质上属于自相关算法的光学实现，且主要用于胶片图像的处理，因此，本书仅对基于数字图像的自相关和互相关算法进行介绍。

PIV 所使用的粒子图片中的粒子密度较大，整个图片呈现为粒子图斑的形状。由于 t_1 时刻的图斑经 δt 时刻后将变为 t_2 时刻的图斑，则两个时刻的粒子图斑可分别表示为 $\tau_1(X)$ 和 $\tau_2(X + \Delta X)$。显然，当 δt 足够小时，粒子图斑的形状经过短暂的迁徙并不会发生显著的改变，因此，两个时刻的图斑之间具有极好的相似性，且相似程度可定量表述为

$$R(\Delta X) = \int \tau_1(X) \tau_2(X + \Delta X) dX \qquad (12.17)$$

显然,根据 $R(\Delta X)$ 的峰值位置 ΔX_D,即可得到示踪粒子的运动速度为

$$U = \frac{\Delta X_D}{\delta t} \qquad (12.18)$$

在根据具体的粒子图片计算式(12.17)时,需要分别指定一定的积分区域。一方面,由于实际粒子图像总是受成像噪声的干扰,为了保证两个时刻图像的良好相关性,需要使积分区域包含足够多的匹配图斑;另一方面,如果区域设置过大,由于速度梯度的存在,不同位置的图斑运动不同步,则会反而降低相关运算的信噪比。PIV 运算中,将积分区域称为诊断窗口。由于引入了诊断窗口,根据式(12.17)和式(12.18)计算出的速度实际上代表诊断窗口内所有粒子的平均速度。

1. 自相关算法

图 12.16(a)为一张人工合成的单帧双曝光图片,其大小为 64×64 像素,示踪粒子在前后两次曝光之间的位移为 5 像素,方向沿 x 方向。为了利用该图形计算流场,选定诊断窗口尺寸为 64×64 像素,然后按照下式进行自相关运算:

$$R(m, n) = \frac{\sum\limits_{k} \sum\limits_{l} g(k, l) g(k + m, l + n)}{\sum\limits_{k=1}^{M} \sum\limits_{l=1}^{N} g^2(k, l)} \qquad (12.19)$$

式中,$g(k, l)$ 表示坐标为 (k, l) 的像素的灰度值;M、N 为诊断窗口的尺寸。

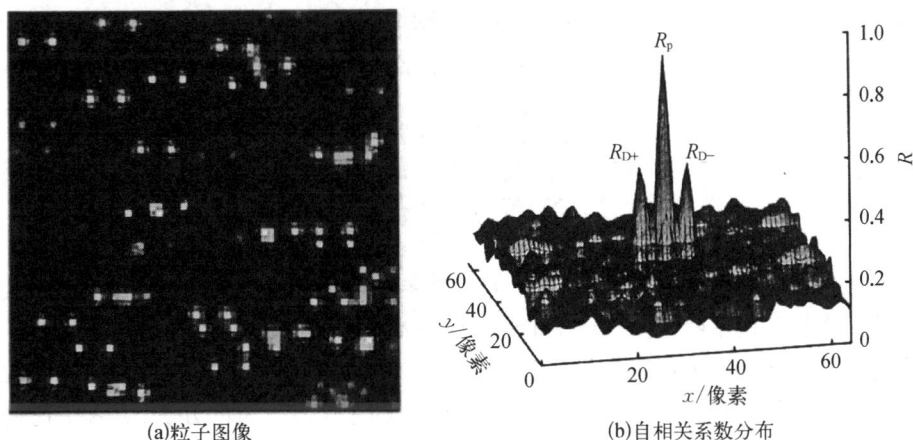

(a)粒子图像　　　　　　(b)自相关系数分布

图 12.16　PIV 自相关算法原理

图 12.16(b)为图 12.16(a)所对应的粒子图片的自相关函数,其主要特征是存在三个峰值,位于图像中央的相关系数等于 1 的 R_p 及对称分布在 R_p 两侧的 R_{D+} 和 R_{D-}。相关峰 R_p 为图像与其自身完全相关的结果,R_{D+} 和 R_{D-} 则是由于粒子运动而产生的位移。其中,R_{D+} 是第一次曝光的图像与第二次曝光的图像相关的结果,而 R_{D-} 则是第二次曝光的图像与第一次曝光的图像相关的结果,因此,二者形状一致、方向相反。

图 12.16(b)所展示的相关函数在所有的自相关运算中均会产生。由于大多数时候

均无法得知流体的实际运动方向,因此,利用自相关运算分析粒子图像时仅能得到速度的大小,却不能确定粒子运动的方向,这就产生了著名的方向二义性问题。此外,由于位于中央的 R_p 总是最高,当所分析的流动的速度极低时,图 12.16(b)中三个相关峰将相互靠近,使得 R_{D+} 及 R_{D-} 的位置无法识别,因此,自相关分析方法不适合用于低速测量。

2. 互相关算法

图 12.17 为利用高频 PIV 系统连续采集的两张粒子图片,为了根据粒子图片计算位移,可以将整个图片划分为均匀的矩形诊断窗口,再将两张图片中对应位置的诊断窗口进行互相关运算,得到的互相关函数的最大值的位置(简称相关峰)相对窗口中心的距离和方向即为诊断窗口所代表的流体微团的位移的大小和方向。

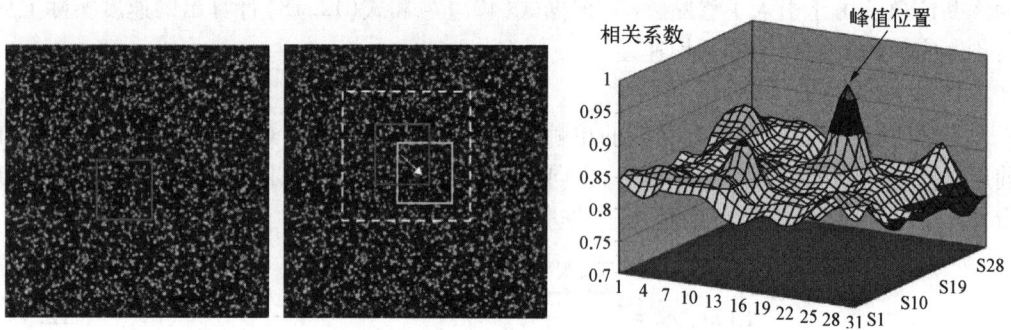

图 12.17　PIV 互相关算法基本原理

设诊断窗口 1 和诊断窗口 2 的大小均为 $M \times N$,窗口内图像灰度函数分别为 $f(m, n)$ 和 $g(m, n)$, $-M \leqslant m \leqslant M$, $-N \leqslant n \leqslant N$,则诊断窗口之间的互相关函数 $R(m, n)$ 的数学定义为

$$R(m, n) = \frac{\sum_l \sum_l f(k, l) g(k + m, l + n)}{\sqrt{\sum_{k=1}^{M} \sum_{l=1}^{N} f^2(k, l) \sum_{k=1}^{M} \sum_{l=1}^{N} g^2(k, l)}} \tag{12.20}$$

然而,直接利用式(12.20)计算互相关函数需要耗费大量的计算时间,因此,实际应用中通常使用快速傅里叶变换(fast Fourier translation, FFT)方法。

快速傅里叶变换相关算法是目前 PIV 中使用最为广泛的一种方法,该方法把数字化图像看作是随时间变化的离散的二维信号场序列,利用信号分析的方法,引入快速傅里叶变换算法,通过计算相邻两幅图像中相应位置处的诊断窗口的互相关函数,得到窗口中各粒子的平均位移。

设图像 1 和图像 2 分别是在 t 和 $t + \Delta t$ 时刻获得的两幅序列图像,为获得流场中某一点的流速,可围绕该点在这两幅图像的同一位置处开两个同样尺寸的诊断窗口 $f(m, n)$ 和 $g(m, n)$,如图 12.18(a)所示。从信号系统的观点出发, $g(m, n)$ 可以看作是 $f(m, n)$ 经线性转换后叠加以噪声而成,如图 12.18(b)所示。图中大写字母函数表示的是对应小写字母函数的傅里叶变换。窗口 $f(m, n)$ 可以看作是对系统的输入,而窗口 $g(m, n)$ 则是 Δt 时刻后系统的输出, $s(m, n)$ 是系统的传递函数(位移函数),代表粒子图像空间位移的作用,$d(m, n)$ 代表噪声,包括两幅图像本身的噪声以及粒子二维运动引起的出入图像区域、三维运动引起的离开片光源平面等因素导致的噪声。按照信号分析的方法,图 12.18(b)所示的图像传递模型可由如下数学表达式描述:

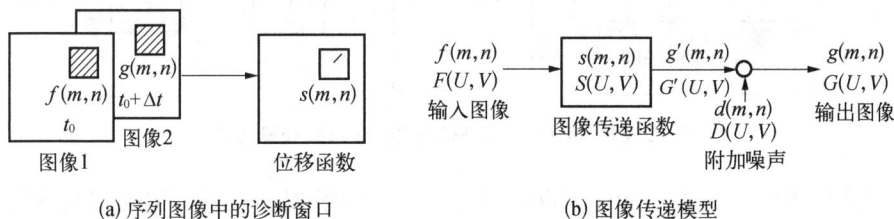

(a) 序列图像中的诊断窗口　　　　　　　　　(b) 图像传递模型

图 12.18　PIV 中采样窗口数字信号处理示意图

$$g(m, n) = f(m, n) * s(m, n) + d(m, n) \tag{12.21}$$

式中,"$*$"表示两个函数的卷积,因此只要找到上式中的位移函数 $s(m, n)$,就可以求得对应窗口内粒子的平均位移。但由于噪声函数 $d(m, n)$ 的存在,要求解 $s(m, n)$ 并非易事,因此可暂不考虑噪声的影响,则式(12.21)可简化为

$$g(m, n) = f(m, n) * s(m, n) \tag{12.22}$$

利用卷积定理,得

$$G(U, V) = F(U, V) * S(U, V) \tag{12.23}$$

式中,$G(U, V)$、$F(U, V)$、$S(U, V)$ 分别为 $g(m, n)$、$f(m, n)$、$s(m, n)$ 进行傅里叶变换的结果。由式(12.23)得

$$S(U, V) = \frac{F^*(U, V)G(U, V)}{|F(U, V)|} \tag{12.24}$$

式中,$F^*(U, V)$ 表示 $F(U, V)$ 的复共轭。再对 $S(U, V)$ 做一次傅里叶反变换,即可求得位移函数 $s(m, n)$。位移函数 $s(m, n)$ 实际上就是狄拉克函数 $\delta(m - i, n - j)$,它相当于位于诊断窗口中心的 $\delta(m, n)$ 分别在 x 方向和 y 方向移动了 i 和 j 个单位,i、j 正是诊断窗口内粒子在 Δt 时段内的平均位移。所以只要检测到 (m, n) 的峰值位置,就可以获得粒子的位移。由于分析的对象是一个离散的二维信号场,对式(12.24)而言,$|F(U, V)|$ 只会影响 $s(m, n)$ 的大小(包括峰值的大小),而不会改变峰值的位置,因此可进一步简化为

$$\Phi(U, V) = F^*(U, V)G(U, V) \tag{12.25}$$

对 $\Phi(U, V)$ 做傅里叶反变换得 $\varphi(m, n)$,检测 $\varphi(m, n)$ 的峰值位置,则该位置离开诊断窗口中心的距离则为窗口内粒子的平均位移。

如图 12.19 所示,基于快速傅里叶变换的 PIV 基本计算步骤可以概括为:分别计算诊断窗口 1 和诊断窗口 2 的傅里叶变换,将计算结果按式(12.25)相乘后得到互相关函数的傅里叶变换 $\Phi(u, v)$,再对 $\Phi(u, v)$ 进行傅里叶逆变换得到互相关函数 $R(m, n)$,最后根据相关峰的位置确定粒子位移和流体微团的运动速度 (u, v)。

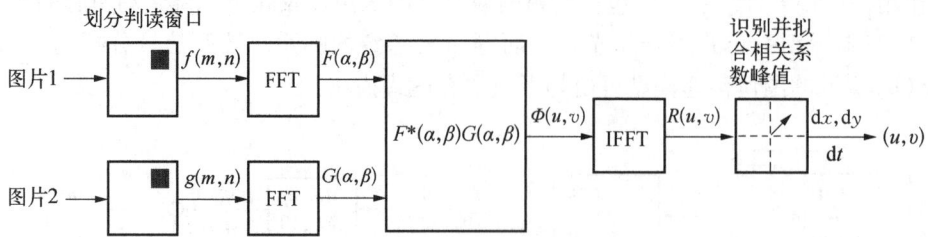

图 12.19 基于快速傅里叶变换的 PIV 计算步骤

对于实际的粒子图片对,当采用互相关运算进行计算时,式(12.20)可以具体写为

$$R(\Delta X) = \int I_1(X) I_2(X + \Delta X) W_1(X) W_2(X + \Delta X) \mathrm{d}X \tag{12.26}$$

式中,I_1 和 I_2 表示图片 1 和图片 2 中的实际图像信息;W_1 和 W_2 表示因使用诊断窗口而引入的窗函数。进一步地,式(12.26)的计算结果可表达为

$$R(\Delta X) = R_\mathrm{D}(\Delta X) + R_\mathrm{C}(\Delta X) + R_\mathrm{F}(\Delta X) \tag{12.27}$$

式中,R_D 为与位移对应的相关函数,一般表现为局部峰值;R_C 是图像背景之间的相关函数,一般为常数;R_F 表示平均灰度与脉动灰度之间的相关函数。在实际利用式(12.20)进行相关计算前,通常会减去平均灰度值,只利用脉动灰度进行计算,R_C 和 R_D 均可忽略。

根据理论推导,式(12.27)中剩余的位移相关函数的具体表达式为

$$R_\mathrm{D}(\Delta X) = N_\mathrm{I} F_\mathrm{I} F_\mathrm{O} \cdot I_2^2 t_0^2 * \delta(\Delta X - \Delta X_\mathrm{D}) \tag{12.28}$$

式中,N_I 为粒子图像密度,表示诊断窗口中的平均粒子数量。

$$F_\mathrm{I}(\Delta X) = \frac{\int W_1(X) W_2(X + \Delta X) \mathrm{d}X}{D_\mathrm{I}^2} \tag{12.29}$$

式(12.29)表示由于示踪粒子在测量平面内的运动引起的相关损失,$\Delta X_\mathrm{D} = (\Delta X_\mathrm{D}, \Delta Y_\mathrm{D})$ 为平面内位移。

$$F_\mathrm{O}(\Delta Z) = \frac{\int I_0(Z) I_0(Z + \Delta Z) \mathrm{d}Z}{\int I_0^2(Z) \mathrm{d}Z} \tag{12.30}$$

式(12.30)表示由于示踪粒子在垂直于测量平面方向的运动引起的相关损失,ΔZ 为垂直于平面的位移。

12.4 高速 PIV 技术关键问题

应用 PIV 技术测量流动速度时,要获得准确的速度场,至少应该满足以下几个条件: ① 布撒在流动中的示踪粒子具有很好的流动跟随性;② 这些示踪粒子散射光强足以成像记录;③ 每个相机在视场良好聚焦;④ 适量的示踪粒子浓度和激光脉冲时间间隔。

条件①对示踪粒子的要求至关重要,因为 PIV 实际上测量的是示踪粒子的速度,必须保证粒子跟随性才能准确测量速度场。这往往需要单独分析示踪粒子随流体的运动响应特性,很大程度上都与示踪粒子尺寸、密度以及流动条件有关。条件②和③与成像相关,特别是采用微小粒子示踪时,相机在视场内的聚焦性能必须要好。条件④是为了保证待测区域内有适量的示踪粒子,以提高图像的互相关计算准确性。

条件②~④都和 PIV 系统配置直接相关,包括对相机位置、镜头选择、激光片光尺寸及其照射粒子的方向,这些还往往受到设备尺寸和光路布置等因素的限制。美国伊利诺伊大学香槟分校 Keane 和 Adrian[5] 基于解析模型和蒙特卡罗模拟分析了试验参数对双脉冲 PIV 系统性能的影响,提出了以下的一些准则: 在判读小区内至少有 15 对示踪粒子;粒子在片光中的位移不能超过片光厚度的 25%;粒子在判读小区中的平均位移不能超过判读小区的 25%;由速度梯度引起的粒子位移变化必须小于判读小区尺寸的 5%;检测阈值 D_0,即互相关峰值与相邻最大噪声峰值之比必须在 $1.2 \sim 1.5$,这样的信噪比可以接受。

以上要求和准则可以大大提高 PIV 的准确性。此外,针对高速流动问题还需要考虑在粒子材料、粒子跟随性分析、粒子布撒、窗口污染、光学成像及后处理等方面的要求。

12.4.1　粒子材料

PIV 技术的基本原理是通过测量示踪粒子的位移确定速度场,因此示踪粒子的选择尤为重要。一般对示踪粒子的要求有两方面[6]: ① 良好的散射特性,以便拍摄的图像具有高的信噪比,这就需要粒子的粒径不能过小;② 优秀的跟随性,这样得到的速度场才能够更加真实地反映实际流场,所以粒子的粒径要足够小。

从目前公开发表的 PIV 技术来看,示踪粒子主要为单分散性的金属氧化物或硅酸盐粉末,如氧化硅 SiO_2、氧化铝 Al_2O_3、氧化钛 TiO_2 和氧化锆 ZrO_2 等,主要特性如表 12.1 所示[7, 8]。SiO_2 散射特性较好,但熔点低;Al_2O_3 熔点高,但散射特性一般。TiO_2 同时具备散射特性好、熔点高的优点,其气动特性、成本和操作性上都有更大的优势,应用更加广泛[9, 10]。

表 12.1　PIV 测试中常使用的示踪粒子

材　料	维氏硬度 $s/(kg/mm^2)$	密度 $\rho_p/(kg/m^3)$	熔点 T_M/K	汽化点 T_v/K	折射率 n_ε	介电常数 $\kappa_e/(MV/m)$
Al_2O_3	2 600	3 960	2 327	3 253	1.8	9.34
TiO_2	713	4 230	2 128	3 170	2.6	86
SiO_2	1 260	2 334	1 986	>4 000	1.5	4.4
ZrO_2	1 019	5 680	2 983	4 544	2.2	12.5

美国海军研究实验室 Tuttle 等[8] 指出,锐钛矿 TiO_2 具有更低的维氏硬度和更大的折射率 n_ε 和介电常数 κ_e。较低的硬度最大限度地减小了粒子对观察窗口的磨损。高介电常数可以确保粒子在卷吸和输运过程中累积的静电电荷不会消散,使粒子更好地弥散;而当粒子接触接地表面,如金属管和壁面时,会轻易消散任何电荷,减少壁面沉积。德国达

姆施塔特工业大学 Früchtel 等[11]还发现 TiO_2 会在火焰锋面消失,认为 ZrO_2 是更好的选择。

12.4.2　粒子跟随性分析

PIV 技术利用示踪粒子测速的基本假设是认为示踪粒子速度等同于流体速度,这在不可压缩低速流动中基本成立。然而,在超声速流动中,激波的出现使流动速度产生间断,这时示踪粒子的运动不能跟随流场的突变;在强膨胀波系和涡核中,当地的流动速度梯度非常高,示踪粒子也会出现较大的响应延迟。这些跟随性差异将会导致速度测量误差,通常很难估计这些误差的幅度。PIV 技术的分析精度本质上决定于示踪粒子的密度、大小和运动响应等物理特性,特别是示踪粒子跟随性在超声速流动中的 PIV 应用至关重要。

美国斯坦福大学 Urban 和 Mungal[12]在试验中发现 TiO_2 粒子的松弛时间为 3~4 μs,而 Al_2O_3 粒子松弛时间超过 20 μs。Watanabe 和 Mungal 等[13]对超声速剪切层的研究发现,粒径和密度需要尽可能小,以保证粒子顺利进入剪切层。荷兰代尔夫特理工大学 Scarano 和 van Oudheusden[14]通过分析斜激波后的粒子速度型认为所用的 TiO_2 粒子松弛时间小于 2 μs,Ragni 等[15]还采用了松弛时间范围 0.4~3.7 μs 的固态粒子进行了系统研究。这些 PIV 测试都表明,亚微米-纳米尺度的示踪粒子表现出很好的跟随性,有能力捕捉到超声速流动细节。美国空军技术学院的 Huffman 等[16]分别比较了 PIV 和微粒追踪测速(micro-particle tracking velocimetry, MTV)技术在超声速轴对称射流中的应用,结果发现 100 nm 示踪粒子能够较好地捕捉平均流动特征。

但是,大部分超声速流动试验中,定量分析粒子松弛过程的数学模型仅适用于激波法向马赫数小于 1.4 的情况,这为更大激波法向马赫数下的流动分析带来了很多的不确定性。虽然,日本东北大学的 Koike 等[17]以及荷兰代尔夫特理工大学的 Schrijer 等[18]分别提出了一些方法对此进行了修正,但是试验条件对粒子的气动特性和体密度都有着直接影响。本节将进一步开展 PIV 示踪粒子运动特性的理论和试验研究。

根据德国纽伦堡大学的 Melling[19]对固态粒子在气流中的运动特性分析,在 BBO (Basset-Boussinesq-Oseen)方程中仅需考虑黏性项和惯性项。这时,粒子速度 U_p 对绕流速度 U 的响应为指数衰减关系:

$$U_p(t) = U\left[1 - \exp\left(-\frac{t}{\tau}\right)\right] \qquad (12.31)$$

式中,t/τ 是一个描述粒子运动松弛过程的关键参数;τ 为粒子运动响应的示踪时间,可以表示为

$$\tau = \frac{4}{3}\frac{\rho_p d_p^2}{\mu_f}C_D^{-1}Re_p^{-1} \qquad (12.32)$$

式中,C_D 为阻力系数;粒子雷诺数 Re_p 则由粒子速度和流动速度之间的相对速度给出:

$$Re_p = \frac{\rho_p \mid U_p - U \mid d_p}{\mu_f} \tag{12.33}$$

式中，μ_f 是气流的动力黏度；ρ_p 和 d_p 分别为粒子密度和当量直径。

如图 12.20 所示，示踪粒子跨越激波之后将会以指数衰减规律逐渐减速，并恢复到波后气流速度。这里假定所有示踪粒子在激波附近区域混合均匀，由此引入无量纲滑移速度 U^*：

$$U^* = [U_{pn}(t) - U_{n2}]/(U_{n1} - U_{n2}) = e^{-\frac{t}{\tau}} \tag{12.34}$$

式中，$U_{pn}(t)$ 为粒子法向速度，U_{n1} 和 U_{n2} 分别为激波前后的气流速度。

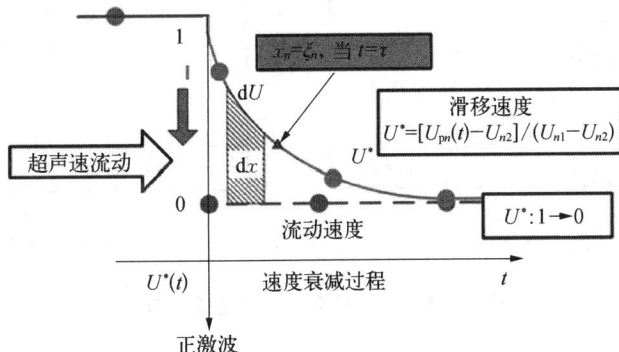

图 12.20　超声速流动中示踪粒子跨激波运动特性

Dring[20] 和 Tedeschi[21] 对于粒子跨激波的流动现象进行了深入的分析，如 Haertig 等[22]、Urban 和 Mungal[12]、Amatucci 等[23] 将其用于分析粒子惯性运动。在大部分超声速流动试验（Schrijer 等[18]、Ragni 等[15]、Ghaemi 等[24]）中，小角度尖楔绕流诱发的斜激波法向马赫数都小于 1.4。Melling[19] 提出了一个近似模型，认为当激波法向马赫数小于 1.4 时，粒子松弛过程表现为线性关系，即

$$\frac{x_n}{\xi_n} \approx \frac{t}{\tau} = -\ln U^* \tag{12.35}$$

其中，x_n 为粒子经过运动时间 t PIV 相机的跨帧时间 Δt 的法向位移；ξ_n 为粒子跨越激波的法向松弛距离。

但是，高速流动试验研究中的法向马赫数明显高于这个假设条件，Melling 公式在更强激波条件下不大适用。

上海交通大学陈方等基于 BBO 方程分析了固态粒子在气流中的运动特性，引入无量纲松弛距 $x^* = x_n/\xi_n$ 提出了新的运动响应模型：

$$x^* = e[U^* - \ln U^* - 1] \tag{12.36}$$

式中，粒子松弛距离：

$$\xi_n = \tau[U_{n1} - (U_{n1} - U_{n2})/e] \tag{12.37}$$

图 12.21 对 2 个分析模型进行了比较,结果发现:Melling 模型滑移速度 U^* 变化较剧烈,法向马赫数较大($Ma>1.4$)的情况时与实际相差较大,低估了高速流动中示踪粒子的松弛距离,不能准确反映强间断下粒子的松弛过程。相对而言,新模型没有引入假设条件,适用于更高马赫数下的松弛过程。粒子在 A 点之前的运动衰减更快,之后则由于惯性相对较慢。当粒子速度恢复到波后气流速度的 95% 时(即 $e^{-3} \approx 5\%$,B 点),粒子松弛距离大约为 Melling 模型计算值的 2 倍。

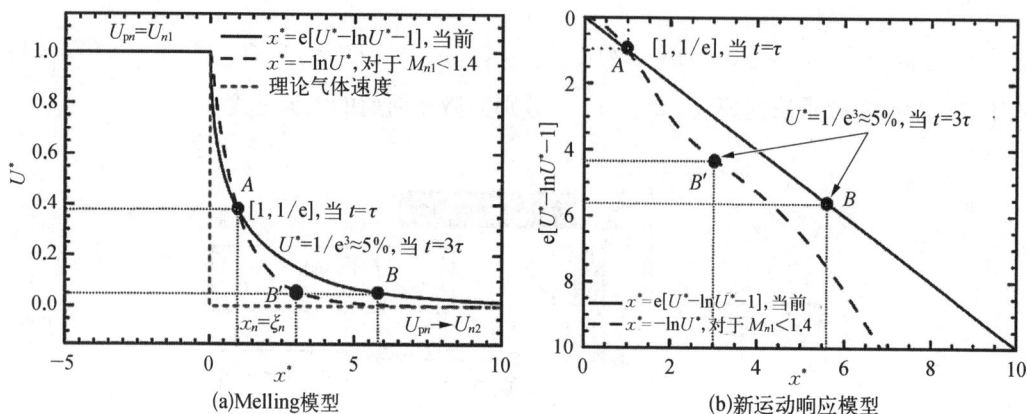

图 12.21 粒子跨激波的速度变化曲线

考虑正激波关系式,可以得到如下公式:

$$\frac{\xi_n}{U_{n1\tau}} = \frac{e(\gamma + 1)M_{n1}^2 - 2M_{n1}^2 + 1}{e(\gamma + 1)M_{n1}^2} \tag{12.38}$$

由此,可以给出激波强度 M_{n1}、激波前流动速度 U_{n1} 以及松弛时间 τ 的相互关系。从图 12.22 可以看出,激波强度 M_{n1} 的影响并不大,而波前流动速度 U_{n1} 和粒子松弛时间 τ 基本成反比。显然,粒子松弛时间 τ 越小,高速流动中 PIV 测量的可信度越高。

为了确定示踪粒子大小选择的配置准则,这里引入半弹性函数(伍德里奇[25]),即

$$Sf(x) = \frac{f'(x)}{f(x)} = \frac{\mathrm{d}\ln f(x)}{\mathrm{d}x} = \frac{\mathrm{d}\lg f(x)}{\mathrm{d}x} \tag{12.39}$$

用于分析无量纲滑移速度的变化率对弛豫距离百分比变化的作用规律。因此,无量纲滑移速度 U^* 引起无量纲滑移距离 x^* 变化的半弹性函数可以表示为

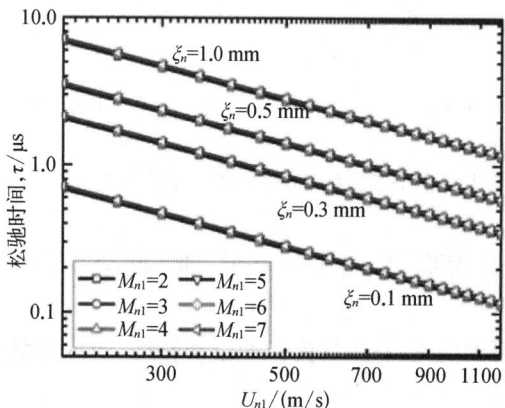

图 12.22 粒子运动参数关系

$$S(x^*) = (1 - U^*)/[U^* \cdot (U^* - \ln U^* - 1)] \tag{12.40}$$

如图 12.23 所示,当 t/τ 在 0.25~3 范围内(从 C 点到 B 点)变化时,粒子滑移距离 x^*

随粒子滑移速度 U^* 的变化不超过 10%。这也表明,这样的粒子滑移时间使 PIV 测量对粒子跟随性的敏感度小于 10%,可以保证足够的粒子跟随性。因此,这个关系式将作为高速流动 PIV 示踪粒子的选择准则。

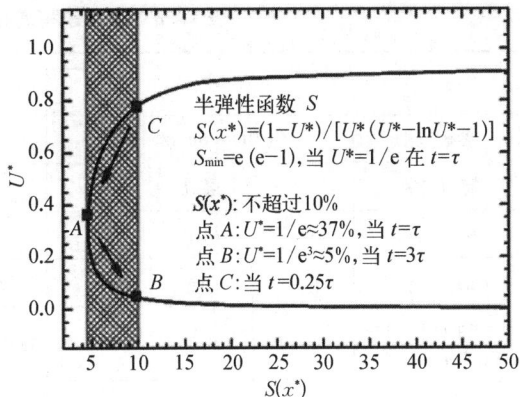

图 12.23　粒子滑移过程的半弹性函数

如果粒子雷诺数 Re_p 较小($Re_p \ll 1$),粒子阻力系数可以根据斯托克斯定律[26]给出,即

$$C_D = 24/Re_p \qquad (12.41)$$

这种线性关系只能适用于不可压缩和连续流动,但是可以反映粒子的基本运动关系,由此可以直接给出粒子松弛时间与粒子直径之间的关系:

$$\tau = \frac{\rho_p d_p^2}{18\mu_f} \qquad (12.42)$$

图 12.24 表明不同尺寸粒子的松弛过程。上海交通大学多马赫数风洞 $Ma=4$ 高速气流(800 m/s),测试条件为静压 3.1 kPa 和静温 96.4 K,气体动力黏度 $\mu_f = 6.4 \times 10^{-6}\,\text{Pa·s}$。

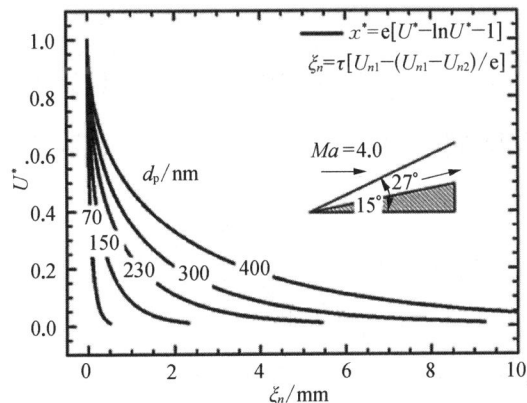

图 12.24　$Ma=4$ 流动中粒子跨激波松弛过程

根据待测区域的流动速度,PIV 时间间隔为 500 ns。在此条件下的 15°尖劈模型试验中,尖劈头部诱发一道约 27°的斜激波。很显然,粒子越小,粒子松弛距离越短。针对 TiO_2 粒子(密度 $4.23 \times 10^{-3}\,\text{kg/m}^3$),要满足 t/τ 在 0.25~3,示踪粒子应该为 70~230 nm。当示踪粒子为 70 nm 时,粒子速度将在 0.5 mm 左右恢复到波后流动速度。

但是,在超声速或高超声速流动中,斯托克斯定律往往失效,还需要考虑到可压缩效应,引入相对马赫数 Ma_p,即

$$Ma_p = \frac{\lceil U_p - U \rceil}{\sqrt{\gamma RT}} \qquad (12.43)$$

式中,γ 为比热比;R 为气体常数。也就是说,相对马赫数越小,粒子跟随性越好。而高超声速流动试验模拟条件下,气流密度较低,还需要考虑稀薄效应,引入粒子克努森数 Kn_p:

$$Kn_p = \frac{l}{d_p} = \sqrt{\frac{\pi\gamma}{2}}\left(\frac{Ma_p}{Re_p}\right) \qquad (12.44)$$

如表 12.2 所示,这些情况下大多发生在 $Re_p < 45$。

表 12.2　超声速和高超声速流动中 PIV 测量

	Re_p			Kn_p	$Ma_p = Kn_p \cdot Re_p \cdot \sqrt{2/(\pi\gamma)}$	
参数范围	$0.01 \ll Re_p \ll 10$			$0.01 \ll Kn_p \ll 10$	$0.4 \ll Ma_p$	
流动特性	层流			过渡流动	可压缩流动	
参考文献	Re_p	Kn_p	Ma_p	PIV 测试		
Tedeschi 等[21]	0.5	1	0.2	斜激波,来流条件: $Ma=2.3$, $U=550$ m/s, 乳胶: 500 nm		
Scarano 和 van Oudheusden[14]	1.8	0.3	0.4	可压缩尾迹,来流条件: $Ma=2$, $U=504$ m/s, TiO$_2$: 500 nm		
Koike 等[17]	4	0.15	0.4	横向射流,来流条件: $Ma=1.8$, $U=460$ m/s, 癸二酸二辛酯: 1 μm		
Humble 等[27]						
Ghaemi 等[24]	0.7	0.5	0.2	斜激波,来流条件: $Ma=2$, $U=504$ m/s, TiO$_2$/Al$_2$O$_3$: 500 nm		
Ragni 等[15]						
Mathijssen 等[28]	0.4	0.3	0.1	三角翼,来流条件: $Ma\approx2$, $U=500$ m/s, 气溶胶: 700 nm		
Chen 等[29]	0.4/0.3	1.5/2	0.4/0.5	斜激波,来流条件: $Ma=4/7$, $U=800/1\,200$ m/s, TiO$_2$: 300 nm		

美国伊利诺伊大学香槟分校 Loth[30] 给出了考虑可压缩效应和稀薄效应的粒子阻力公式:

$$C_D = [24/Re_p \cdot f_{Re_p} \cdot f_{Kn_p} + Ma_p^4 \cdot f_{Ma_p}]/(1 + Ma_p^4) \tag{12.45}$$

$$f_{Re_p} = 1 + 0.15Re_p^{0.687} \tag{12.46}$$

$$f_{Kn_p} = 1/\{1 + Kn_p[2.514 + 0.8\exp(-0.55/Kn_p)]\} \tag{12.47}$$

$$f_{Ma_p} = \frac{K_1 + K_2 + 2\sqrt{\pi}/3s}{1 + \{[K_1/s^3 + K_2]/1.63 - 1\}\sqrt{Re_p/45}} \tag{12.48}$$

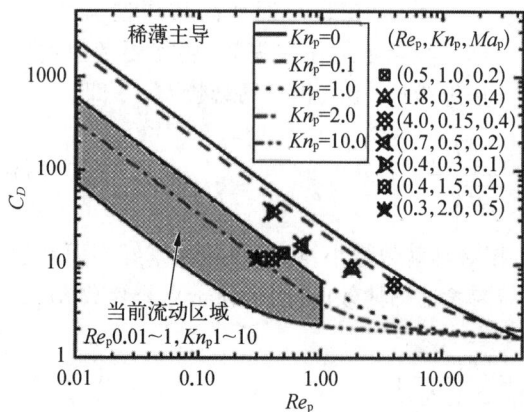

图 12.25　$Re_p < 45$ 阻力修正模型(Loth)

其中, $s \equiv Ma_p\sqrt{\gamma/2} = Kn_p \cdot Re_p/\sqrt{\pi}$; $K_1 = (1 + 2s^2)\exp(-s^2)/\sqrt{\pi}$; $K_2 = (4s^4 + 4s^2 - 1)\mathrm{erf}(s)/2s^4$。

因此,在高速流动($1 < Re_p < 45$)中,粒子松弛时间与粒子直径平方为非线性关系,这就意味着,高速流动 PIV 试验对粒子跟随性提出了更高的要求。在上述 $Ma=4$ 尖劈流动 PIV 试验中,采用经过修正的阻力计算模型,要满足粒子选择准则 $t/\tau = 0.25 \sim 0.3$,粒径应该在 $20\sim50$ nm,才能够更好地捕捉高速流动。

12.4.3　粒子布撒

为了分析流场的精细结构,在选择适合粒径的示踪粒子基础上,还需要将粒子均匀布撒在流场之中,并得到尽量接近平均值的粒径分布,这样才能消除聚团粒子带来像素饱和、小粒子产生类似于背景噪声的不利干扰,从而得到更接近事实的粒子轨迹和速度分析。

但是,这些亚微米或纳米示踪粒子非常容易因为潮湿或储存等原因而结块,使其有效粒径增大一个数量级。例如,15 nm 的 TiO_2 粒子经过斜激波之后,聚团粒子的直径达到 400 nm[12]。Al_2O_3 粒子更容易聚团,300 nm 粒子聚团之后将凝结成块,达到 2~40 μm[13]。这些固态颗粒的高速撞击有时还会破坏风洞设施和试验模型。

粒子布撒效果的优劣决定了 PIV 测试精度的高低,在测试环境中实现高效可控布撒成为关键技术之一。德国埃尔朗根-纽伦堡大学的 Melling[19] 总结了常用的示踪粒子布撒技术及其试验装置,这些布撒系统需要对结块粒子进行破碎或清除,尽可能在不扰动气流的条件下提供相对均匀的粒子分布。

通过适当的粒子布撒装置,可以控制待测范围内的示踪粒子大小分布和数密度,而且必须确保爆炸性气体在任何情况下都不会点燃。在超声速和高超声速流动中,会引起非常大的密度变化,特别在激波后粒子数密度非常高[18]。为了让粒子分布均匀,粒子往往提前布撒[31, 32],而且高速气流的质量流量很大,往往还会因为示踪粒子不足,导致信噪比较差[33]。

目前为止,在气流中布撒固体示踪粒子主要有以下几种方式[34, 35]。

(1)雾化:将固体示踪粒子弥散在液体溶剂中形成悬浮液,通过稀释雾化产生气溶胶,以避免每个液滴含有多个粒子。溶剂随即蒸发,在布撒环境中仅留下固态颗粒。这种方法带来一定的流量偏差,而且溶剂的蒸发冷却可能会改变化学反应过程,已经不大使用。

(2)金属氧化物粉末:粉末很容易聚团,减少粒子数密度,使粒径变大。然而,这些亚微米范围内的粉末有强烈的形成聚团倾向,粒子布撒装置必须将这些团聚物破碎或将其进行分离,然后输运到试验设备中。

图 12.26 所示为常见的布撒设备:一种使用旋风分离器[12, 18, 20],如图 12.26(a)所示;另外一种最常用的方法是采用流化床设计,通过驱动气体产生流化作用,使金属氧化物粉末充满空间,让更小粒径的粒子进入到试验段,形成气溶胶。图 12.26(b)给出了一个高压应用的简单流化床布撒装置[36-38],产生很强的剪切流动将团聚物破碎。出口孔径保证足够流量使粉末充满空间,旁路保证进入试验段流量稳定。

对于这种布撒方式,最好采用干燥疏水性的粉末,将粉末在装入布撒装置之前进行加热干燥,去除水蒸气。采用干燥空气或氮气进行驱动,而且减小布撒装置和布撒位置之间的距离,以避免二次聚团。虽然研究者们已经在粒子发生器的形式和结构上进行了一系列的改进,但由于超声速 PIV 试验粒子布撒的难度,目前粒子浓度的控制还停留在经验判断阶段,浓度是否合适主要依靠试验结果做进一步的调整[36]。

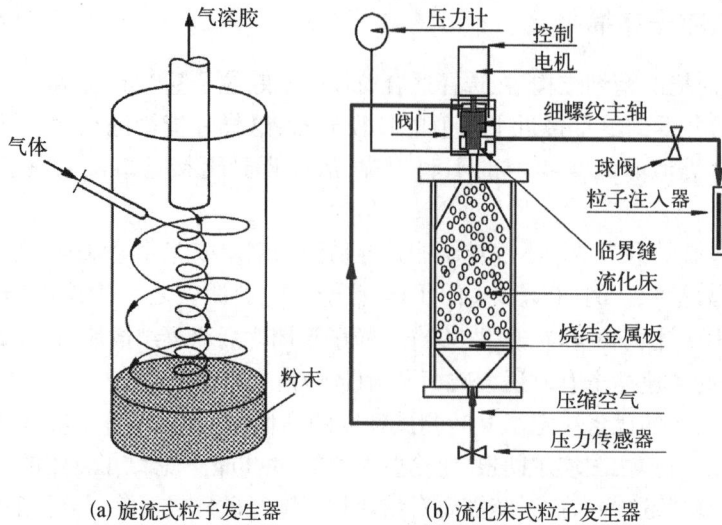

(a) 旋流式粒子发生器　　　　(b) 流化床式粒子发生器

图 12.26　常用固态粒子发生器

12.4.4　窗口污染

为了减小对流场本身的扰动和更好地辨识流场,往往通过光学窗口来观察流场的变化。这些窗口必须能够耐受燃烧所产生的高温以及所在的高压环境,这使得窗口设计比较复杂。经常采用主动气膜冷却来防止燃烧反应区附近温度的急剧变化,但是这些气膜对化学反应过程有不可预测的影响,因此需要根据具体问题进行考虑。

PIV 技术还面临着一个严峻的挑战就是粒子黏附到窗口引起的污染[18, 39]。示踪粒子与壁面和其他粒子碰撞而产生静电电荷,当粒子由此覆盖到窗口。相机经过半透明窗口成像,图像信噪比下降,导致 PIV 图像测量精度降低[40]。此外,当空气被加热时,由于温升产生热泳效应,会导致粒子黏附到窗口上[15, 41],窗口污染问题会更严重。

为了解决窗口污染问题,大部分燃烧试验采用了非均匀布撒方法,只在燃料中、而不在自由来流空气中布撒粒子[42, 43],通过燃料喷嘴横向喷入待测区域且远离光学窗口。这样粒子很少到达窗口,使光路保持干净。Smith 和 Goyne[44]在燃料中布撒粒子,然后从燃料喷注斜坡底部喷出,燃料扩散角保证了示踪粒子不会到达窗口,但只能得到比较小的测试区域,从而引起较大的速度误差。Tuttle 和 Carter[45]、Kirik 等[43]在超声速燃烧室中高速凹腔稳定器的上游壁面斜喷示踪粒子,这些粒子被流动卷吸到凹腔中,可以测量到凹腔内的流动。而由于主流没有布撒粒子,可能存在速度偏差,特别是在凹腔回流和主流之间的剪切层。

理论上燃料和自由来流都应该布撒示踪粒子,以测定整个区域流场避免速度偏移误差。如图 12.27 所示[46],在美国弗吉尼亚大学双模态超燃冲压发动机(Dual Mode ScramJet, DMSJ)燃烧中,存在着高速自由来流、高速燃料射流以及低速燃料/空气混合/燃烧区域等多种流动形式。如果只在一股流动中布撒示踪粒子,没有示踪粒子的区域不会有速度矢量,将导致速度偏移。特别是两股流动存在速度差,这种速度偏移将对三维速度分量都有影响[47]。而且由于剪切层的湍流性质,如果只在燃料中布撒粒子,可能表现不出主流的瞬态流动结构。当对瞬态速度场进行平均时,平均速度倾向于有粒子的混合/燃烧区域的速度。

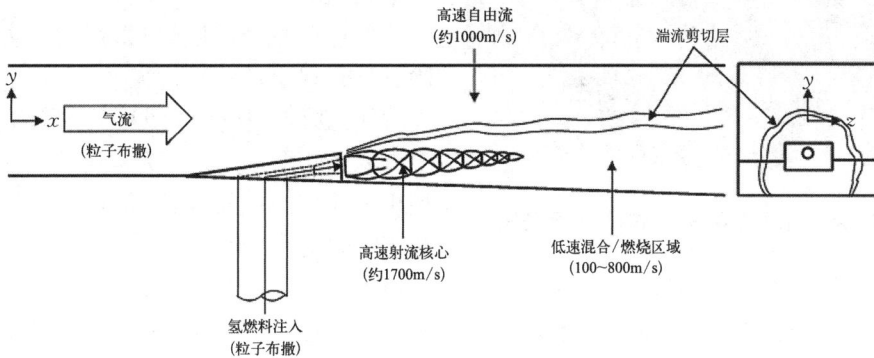

图 12.27　双模态超燃冲压发动机燃烧室流动结构及布撒示意图

这种非均匀布撒会引起的速度偏差[48, 49],这与布撒粒子的浓度梯度成正比[50, 51]。通过简单地在两股流动中都布撒粒子通常可以减小这种速度误差。但是,即使在两股流动中都布撒粒子,如果有股流动中粒子数密度或粒子尺寸更大,还是会引起速度偏差[52]。这种现象引发了一些研究者提出了修正方法[53-56]。美国弗吉尼亚大学超声速燃烧实验室[40]以在燃料和主流同时布撒粒子为参照,对比研究了不同布撒形式引起的示踪粒子速度偏差。

这是首次在双模态超燃冲压发动机流道中定量化分析粒子布撒引起的速度偏差,对流场结构很是依赖。如表 12.3 所示,研究发现:仅有燃料布撒粒子和仅有主流布撒粒子测量得到的平均速度绝对误差分别为 3.7% 和 2.5%;均方根速度偏差则分别为 6.6% 和 4.1%。总体而言,在 90% 测试区域内平均速度误差均小于 10%,相对较小。也就是说,仅在燃料中布撒粒子得到的结果依然可信,并有助于数值模型的验证。

表 12.3　不同布撒形式引起的速度偏差

误差类型	仅有燃料布撒粒子		仅有主流布撒粒子	
	平均误差/%	最大误差/%	平均误差/%	最大误差/%
ε_u	3.7	16.6	2.5	8.6
$\varepsilon_{u,\,rms}$	6.6	16.9	4.1	15.4

12.4.5　光学成像

图 12.28 给出了燃烧室试验段中煤油火焰 PIV 图像[34],从中可以看出:由于雾化液滴粒径相当大(通常>50 μm),其光学散射面积远远大于微米量级的 PIV 示踪粒子,使得雾化锥区域出现过曝光,这些强光信号溢出之后延伸到附近像素产生了所谓的光晕现象。由此形成的垂直条纹无法真实反映细节信息,还将导致图像清晰度明显下降,严重影响成像的质量。液滴在火焰中将会蒸发,这种光晕效应仅局限于图像的下半部分。

为了在这种两相流中区分液滴速度和气体速度,通常采用高通滤光和图像匹配粒子

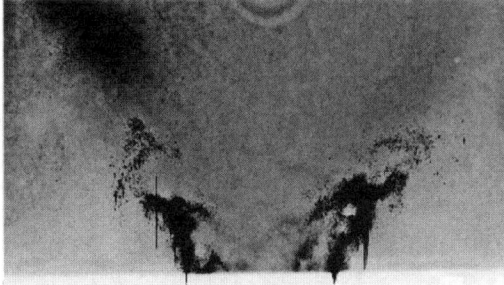

图 12.28　双旋流喷雾煤油火焰的 PIV 反色图像

光强等方法,以气体速度修正液滴速度[36]。在火焰区域雾化液滴蒸发,高亮区域来自火焰发光,特别是升压环境中富油火焰产生碳烟,往往难以采用滤光方法消除过曝光现象。而且,由于第 2 幅成像曝光时间比第 1 幅成像大 50~100 倍,这时候窄波滤光效果不大。更为常用的方法是采用机械快门或电子快门,保证 2 幅图像的曝光时间基本一致[57]。

而且,还需要注意背景散射光的存在,这些背景光主要来自试验段和窗口表面的散射。这不仅会降低对比度,而且可能会导致传感器饱和而造成信号丢失。这种背景光主要来自窗口表面散射的激光,如图 12.28 所示的圆形窗口。随着试验过程中粒子逐渐在窗口表面沉积,这些背景噪声降低了对比度,甚至于引起光学采集信号的缺失。采用光阱和凹窗可以减缓问题[58],但是并不会一直有效。除了考虑传感器的饱和度,窗口壁面所沉积的粒子还会引起静止光斑,使得窗口附近的测量非常困难。

图像质量最终还是取决于示踪粒子散射和成像传感器之间的光学路径积分。但是,燃烧设备内外的温度梯度将在成像路径上引入光学折射,这导致传感器上粒子图像的偏移,类似于背景纹影(background-oriented schlieren, BOS),甚至引起图像模糊。这种模糊可大致被看作是温度、压力和光学穿透深度等多种因素所导致的。

可以通过 2 种简单技术在某种程度上控制模糊现象:① 通过变焦镜头,增加录制镜头与光学干扰介质之间的距离以减少光束转向;② 增大镜头光圈,使所有光线都通过类似的折射介质,从而产生更清晰的图像。这对于存在局部强密度调制的强湍流来说非常有用。但缺点是增加景深而带入更多信息,如窗口或壁面的沉积粒子,对 PIV 互相关计算有影响。需要根据试验装置和光学系统的条件,合理设置 PIV 运行参数。非常有必要了解这些参数及其对整个试验结果的影响,并尽可能消除它们所产生的偏差。

12.4.6　后处理

PIV 数据容易受到背景高斯噪声、异常值和数据缺失的影响,这不仅改变了速度场分布和流线的可视化,而且很大程度上影响了流场定量分析,如基于应变、涡量和涡结构识别等。因此,对 PIV 技术所提供的信息进行任何分析之前,必须进行后处理。PIV 数据的后处理通常由三个连续步骤完成:① 数据的验证,即检测异常值;② 替换不正确或缺失的数据;③ 数据光顺。其中,异常值识别是最关键的程序,也是很多论文的研究重点[59-63]。

标准商业软件中最常用的技术是全局直方图滤波器、动态平均值算子和归一化测试[64]。但是这些技术都需要使用阈值,具有很大的经验性。不适当的阈值可能导致伪矢量或抹掉正确值。归一化测试通过使用单一阈值,可以绕过这个缺点,在很多 PIV 计算中得以应用[63]。一旦异常值被确定下来,就可以通过中间值、双线性或样条插值来替代。由于试验噪声也会改变 PIV 数据,在任何微分运算之前,整个速度场最终可以用 2×2 或 3×3 平均内核来光顺[64]。最近克里格插值被成功地应用于 PIV 数据,表明其能有效地光顺和填补空白[65],但是要求使用变差函数参数来调节光顺量。

PIV 技术不仅要提供速度场,还要保证数据的可信度,这时后处理环节去除不可靠的数据、提高数据分析的精度非常重要,大都和互相关算法有关[39]。除了窗口移位技术[66]和其他湍流流动的特定算法[67]之外,将 PIV 技术应用于超声速流动最直接的进展是荷兰代尔夫特大学的 Scarano 和 Riethmuller[68]提出的窗口位移和变形迭代多重网格处理(window displacement and deformation iterative multigrid processing, WiDIM)技术,由此改变判读小区尺寸以提高处理大梯度流动的精度[69],这对于流动中示踪粒子布撒不均匀时非常有用[70]。Humble 等[71]证明了其在跨声速和超声速流动中激波附近区域的计算精度有改善,这也在高超声速流动中得到了验证[31]。Theunissen 等[72]还提出了一种基于互相关的自适应 PIV 算法,并应用于超声速激波与边界层相互作用,对当地流动条件、空间变化以及粒子间歇性都表现出非常好的自适应能力。

12.5　高速复杂流动 PIV 技术

12.5.1　高速流场 PIV 测量技术的特点

高速复杂流场对 PIV 技术应用有着很高的要求。超声速流动的流场信息相对于低速流场更难捕捉,经过激波时,气流会急剧减速;超声速/高超声速飞行器实际运行环境中气流的高可压缩性和低雷诺数造成附面层过厚,导致激波和附面层之间的相互作用更加严重。在时间尺度和长度尺度上,高速可压缩流比亚声速流要大一个数量级[73],激波带来的局部稀薄效应使得流动的最小长度尺度与分子平均自由程相接近。

在高速流场的 PIV 试验中,示踪粒子穿过激波,去往低速区,受惯性影响,在这特殊的区域内无法做到完全的流动跟随。甚至会导致测量结果与真实流场之间存在一定程度乃至相当大的偏差[74]。激波不仅形成很大的速度梯度,使得粒子的流动跟随性不可避免被惯性所缚,高可压缩性还造成激波前后粒子浓度差距甚大:示踪粒子浓度变化太大,在低速区集中,在高速区稀疏,造成测量不便、数据处理分析困难。同时,流体介质呈现各向异性,会对粒子散射光的传播路径造成影响,从而影响获得流场数据的准确性[75]。

基于粒子自身惯性带来的不可避免的滑移,粒子流动跟随性迟滞,对高频脉动量响应迟滞。这构成了高速可压缩流场中 PIV 应用的主要误差[73, 76]。这时,粒子的记录显影与数据处理的难度进一步加大,测量的精度也大打折扣。除了布撒方面要进行改善,还要采取有效的后处理手段。否则测量误差会很大,乃至测量结果中激波出现弥散。

所以,相比于普通流场的 PIV 测量,应用于超声速气流的 PIV 系统要求更高,具体体现在光学部件、示踪粒子选择、布撒装置等方面。高速流场 PIV 硬件和软件系统主要包括高速风洞、双通道激光器、高速的 CCD 芯片相机、PIV 图像处理系统,以及起到联系作用的同步处理器等设备。目前为止,经过研究者们的不懈努力,已经建立起了适用于超声速流动 PIV 技术的相关理论,并运用该技术在高速复杂流场试验测量领域取得了相应的成果,但该技术在硬件系统及理论方面还有待完善。

超声速流场由于高滞止参数和存在强速度梯度区域,对粒子布撒器和示踪粒子的特性提出了更高的要求。通过跟随性模型分析现有粒子,可以发现受制于粒子的密度和粒径,激波波面附近粒子不能迅速地跟随气态介质改变速度,因此在速度梯度或者湍流强度大的区域,PIV 的测量结果往往不能令人满意。即便模型能够准确判断密度和粒径已知的示踪粒子的跟随性,但是对于纳米粒子来说,要做到密度和粒径"已知"也是相当困难,这是因为:对于粒径,因为团聚等因素,固态粒子的真实粒径难以确定,而液态粒子从产生到测量的过程会发生冷凝或者蒸发,因此粒径也不能直接得到。至于密度,固态多孔材料的密度也只能粗略估计。另一方面,激波引起的气流密度的突变,会导致流场折射率的不一致,图 12.29 就展示了激波波面附近模糊的视场[77],通过对比可以发现,区域 B 内由于激波的干扰使得画面失真,对速度场的计算极为不利。再者,PIV 技术已成功应用到了 $Ma = 7$ 的流场测试中[14],而对于更高速度的流场测试,现有的 PIV 理论和技术能否适用还有待验证。

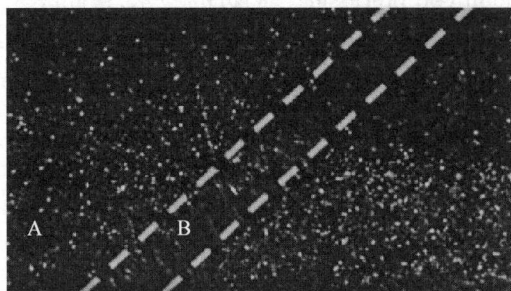

图 12.29　粒子穿越激波照片

12.5.2　光学部件的特殊要求

CCD 相机性能参数主要是像素和跨帧时间,像素直接决定了图片的空间分辨率,跨帧时间则决定了 PIV 技术能够测量的流场速度范围,这 2 项参数对超声速流场的测量尤为重要。现阶段的跨帧时间已经低至 100 ns 量级,分辨率达到了千万像素(4 096×4 096 像素)。固体激光器在 PIV 系统中最为常用,自 Kompenhans 和 Reiohmuth[78] 首次将 Nd：YAG 固态激光器应用于 PIV 系统中之后,这种特征波长为 532 nm 的激光器得到了大规模的应用。20 世纪 90 年代是 Nd：YAG 激光器飞速发展的时期,脉冲能量从 10 mJ 提高到了 400 mJ,跨帧时间低至 400 ns,脉冲时间也降至 6 ns。目前国内的激光器厂商已经能制造脉冲能量高达 800 mJ 的 Nd：YAG 双脉冲激光器。然而 Nd：YAG 固态激光器脉冲能量虽高,但重复频率较低,现阶段最高的发射频率也仅仅停留在 15 Hz 左右,这一特点决定了 Nd：YAG 激光器不适用于时间分辨 PIV 技术中。而 Nd：YLF 固体激光器重复频率可以达到 10 kHz 量级,但其脉冲能量较低。

光学部件是 PIV 系统中的关键部分,从时间分辨率公式 $V = (FOV \cdot IA) / (4 \cdot \Delta t \cdot resolution)$ 可以看出,它的性能也直接决定了 PIV 技术所能测量的流场速度范围,其中 V 代表流场的速度,FOV(filed of view)代表视场范围,IA(interrogation area)表示判读区大小,Δt 表示跨帧时间,resolution 代表分辨率,目前普遍认为,PIV 技术所适用的速度测量范围为 0.01 ~ 1 200 m/s。根据此公式,将前人研究工作中流场速度和光学部件参数选择的关系总结成了图 12.30 的形式[14, 17, 18, 26, 38, 79-86]。

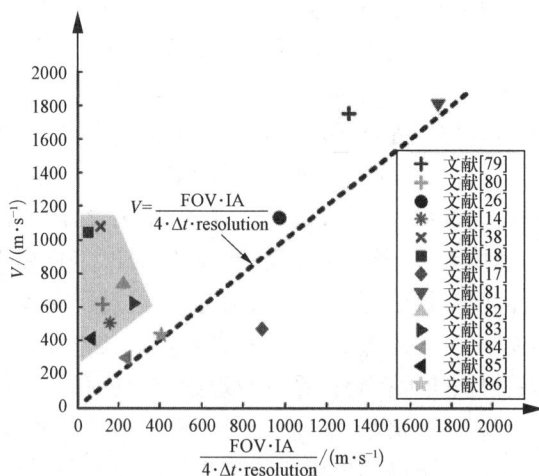

图 12.30　流场速度与光学部件参数选择

以 $V=[(\text{FOV/resolution})\cdot\text{IA}]/(4\cdot\Delta t)$ 作为参考线,可以发现大部分的"点"分布在对角线的左半部分,特别是阴影覆盖的区域,这说明在光学部件参数的选择上,$[(\text{FOV/resolution})\cdot\text{IA}]/(4\cdot\Delta t)<V$。单从时间分辨率公式分析,对于判读区大小,往往希望尽可能地减小,以便能够在相同的测量范围内获取更多的速度向量,因此当流场速度提高时,必须减小跨帧时间(Δt)或者增加空间分辨率(FOV/resolution),而这 2 个参数恰恰决定了光学部件的综合性能,包括激光器的脉冲时间和最小跨帧时间、相机的像素大小和所能记录 2 幅图片的最小时间间隔、同步器的控制精度等。由图 12.30 可知,出于各种原因,光学部件的综合性能还不能完全满足所对应的超声速流场的速度测量要求。因此除了提高激光器能量以增加信噪比以外,对于 PIV 技术应用高速复杂流动,光学部件综合性能的提升还有巨大的空间。

而提高速度测量的精度和空间分辨率是 PIV 技术一直追求的 2 个关键之处,从原理上来讲,上述两者是相互制约的。时间间隔为 Δt 的 2 帧图像的速度测量误差和空间分辨率取决于视场的线性尺度 l_x 和判读区内粒子可允许的最大位移 $\Delta x_{p,\max}$,那么分别定义动态空间范围(dynamic spatial range,DSR)和动态速度范围(dynamic velocity range,DVR)[87]:

$$\text{DSR}=\frac{l_x}{\Delta x_{p,\max}}=\frac{L_X/M_0}{\Delta x_{p,\max}} \tag{12.49}$$

$$\text{DVR}=\frac{u_{\max}}{\sigma_u}=\frac{M_0\Delta x_{p,\max}}{c_\tau d_\tau} \tag{12.50}$$

式中,M_0 是图像放大率;$L_X(=l_xM_0)$ 是图像传感器的线性尺度;$u_{\max}(=\Delta x_{p,\max}/\Delta t)$ 是判读区内粒子的最大速度;$c_\tau d_\tau(=\sigma_u\Delta t)$ 是针对特定粒子图像直径(particle image diameter)d_τ 的最小可分辨粒子图像位移;c_τ 是一个关于判读算法的无量纲量,典型值在 $0.05\sim0.2$。根据公式(12.49)和公式(12.50),可以得到:

$$\text{DSR}\times\text{DVR}=\frac{L_X}{c_\tau d_\tau} \tag{12.51}$$

该不确定度原则表明,针对特定的 PIV 系统,动态空间范围和动态速度范围的乘积为常数。因此,如果提高空间分辨率,势必会降低相对测量精度。而目前所有的双脉冲 PIV 系统的 DVR 和 DSR 分别被限制在了 200 和 100 以下[87]。

12.5.3　示踪粒子及其布撒技术

PIV 技术要求示踪粒子具有良好的散射特性和优秀的跟随性,这 2 方面的要求是相互矛盾的,实际选择往往要折中考虑,该矛盾在超声速流场中的示踪粒子选择上尤为突出。此外,从安全性角度出发,示踪粒子还应该具备对人体无毒无害、对设备无腐蚀性和化学反应惰性等特点。同时,试验结束后在设备中的残留污染少。在超声速 PIV 试验中的用到的示踪粒子可分为固态粒子和液态粒子。常见的固态粒子有 SiO_2、Al_2O_3、TiO_2 等,其中 SiO_2 的散射特性较好,但熔点低,Al_2O_3 的熔点高,但散射特性一般,而 TiO_2 同时具备散射特性好、熔点高的优点,因此应用更加广泛,目前成为高速流动 PIV 测试中示踪粒子的最佳选择。

而燃烧流场测试对示踪粒子的要求更加苛刻：首先，具有化学惰性，不会在燃烧环境中发生化学反应；其次，具有较高的熔点，确保很好的耐高温性能，在火焰中不会熔化。与此同时，为了保证光学成像的信噪比，要求具有良好的粒子弥散和光学散射特性。从安全性角度出发，粒子材料还应该对人体无毒无害、对设备无腐蚀性以及试验结束后残留污染少等。

在航空发动机燃烧室流场测试中，由于常用示踪粒子的密度远大于气流的密度，强旋涡流动和燃烧的存在使得示踪粒子受到旋涡气流离心力的影响，往往被"甩"出了旋涡的核心区域，很难得到测试区域的速度场。虽然粒径减小可以提高粒子响应特性，但是粒径相对于激光波长太小时，粒子散射光强较弱接近于壁面散射和火焰辐射产生的背景噪声，使得信噪比(S/N)太低而无法精确计算速度。为了提高微小粒子散射光的图像质量，往往还需要高功率激光器和非常灵敏的 CCD 相机。由于以上这些原因，改善示踪粒子跟随性时，还需要综合考虑到风洞设施条件、测量系统性能以及流动条件等多方面的限制。

PIV 技术要求的粒子布撒浓度比较高，在激波、大尺度的涡区以及强剪切层等高速流场结构中应用 PIV 技术，是比较难以获得优质结果的。为了对流场中精细的结构加以分析，对粒子有光散射性高和流动跟随性好的要求。除此之外，还需要被布撒的粒子具备合适并尽量接近平均值的粒径，均匀地散布在流场之中。这样才能消除过大粒子带来的过强影响以及小粒子类似于背景噪声的干扰，得到一个更接近事实的结果分析。因此，粒子布撒器决定了布撒效果的优劣。

高速流动条件下，PIV 测量要求超细和不易发生聚团的示踪粒子。而这些亚微米或纳米示踪粒子非常容易因为潮湿或储存等原因而结块，因此必须采用高效粒子布撒装置对结块粒子进行破碎或清除。Melling[19] 总结了很多常用的粒子布撒技术及其试验装置，这些布撒系统需要尽可能在不扰动气流的条件下提供相对均匀的粒子分布。为了在 PIV 测试区域保证粒子和气流能够充分混合以保持均匀性，粒子往往需要在风洞稳定段进行添加。而稳定段的运行压力和温度都非常高，如 $Ma=4$ 流动大约在 400 K 和 2 MPa。这也要求示踪粒子的注入压力至少要高于主流压力 1~2 MPa，才能保证示踪粒子进入稳定段。如此高压的技术要求，对目前常用的粒子布撒技术提出了极大的挑战。

上海交通大学陈方提出了如图 12.31 所示的粒子布撒系统，结合了流化床和旋

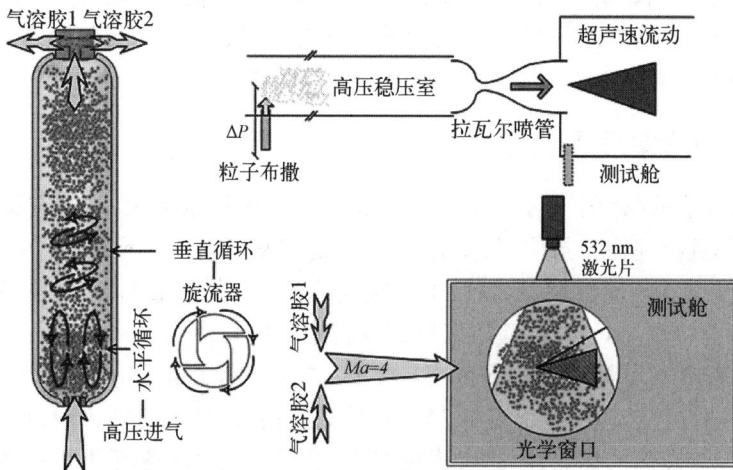

图 12.31　上海交通大学 PIV 示踪粒子布撒系统

流器等技术,在布撒装置中形成了类似"龙卷风"的高压、高动量的粒子流。利用高压干燥气体为驱动气体,最大工作压力可以达到 12 MPa。结合操作流程和控制时序便于加注和清理粒子,能够实现气溶胶的流量可控、快速均匀混合和防潮结,布撒粒子平均直径可以达到纳米量级,解决了高速高压示踪粒子技术的粒子跟随性和布撒问题。

12.5.4　高速复杂流场 PIV 技术进展

1. 国外超声速复杂流场 PIV 研究进展

利用 PIV 技术研究激波流场方面,Haertig 等[22]将 PIV 技术应用于高马赫数激波风洞($Ma=3.5$ 和 4.5),激波前后测得的速度值与理论值做了比较,首次证明了 PIV 技术在高速、短历时流场中的适用性,但是受空间分辨率的限制,速度场的云图粗糙,捕捉激波波面能力较弱。Scarano 和 van Oudheusden[14]将 PIV 技术应用到了高超声速流场($Ma=7$,1 043 m/s)的测试中,作者将双尖劈模型的 PIV 测量结果、纹影结果(图 12.32)和理论值做了比较,指出除了激波面附近(厚度为 2 倍的松弛距离)和近壁面处,PIV 技术能够对高超声速流场做定量化研究。从图 12.32 可以看出,PIV 技术在捕捉激波面的能力与纹影技术相比还存在差距,且弯曲激波(curved shock)波后速度场的准确性还有待商榷。以激波边界层相互干扰为代表的高速复杂流场一直是人们的研究热点,PIV 技术的进一步发展为观察超声速边界层内的流场结构提供了条件。

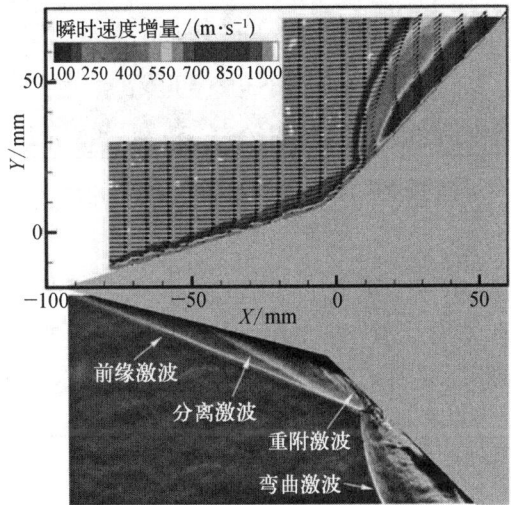

图 12.32　$Ma=7$ 流场中双尖劈模型的 PIV 与纹影结果[9]

Ganapathisubramani 等[88, 89]研究了 $Ma=2$ 流场中湍流边界层内的流动结构,发现了与不可压缩边界层内类似的大尺度拟序结构,展示了不同壁面法向距离平面内拟序结构的形态,指出可压缩湍流边界层内的对数区域范围比不可压缩边界层内的大。文献[85]详细描述了跨声速流动中激波诱导分离对激波-边界层相互干扰的影响。利用时间分辨 PIV 技术,机翼近壁面处的激波与分离流的动态相互干扰得到了展示[84]。进一步地,Theunissen 等[90]在近壁面处采用了自适应判读区选择技术,增大了近壁面法向的空间分辨率,能够更精确地展示激波边界层相互干扰的流场结构。另外,平面 PIV 技术也被用于涡流发生器的高度和位置对边界层分离概率和反射激波不稳定性影响的定量化研究中[91],指出分离区的大小与近壁区的动量通量密切相关,虽然涡流发生器不能完全消除分离区,但能显著增加反射激波的稳定性。而利用最新的层析 PIV 技术(tomographic PIV)[92],激波/湍流边界层相互干扰的三维涡结构得到了很好的展示,发现了跟不可压缩边界层内类似的大尺度拟序结构[93],得到了反射激波形态的测量结果,对激波形态进行定量分析,其结果能够与 DNS 计算结果对应[94],其中边界层内的多尺度结构如

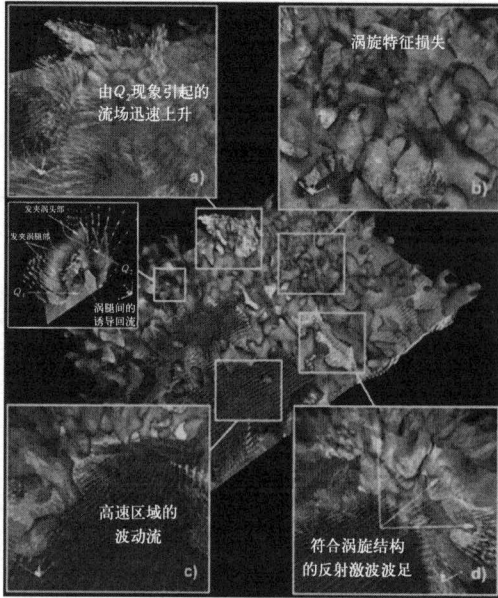

图 12.33 激波/湍流边界层相互作用的三维涡结构[89]

图 12.33 所示[93]。层析 PIV 技术也被应用于研究涡流发生器的尾迹结构,试验结果能够清晰地观察到尾迹和主流间的剪切层内开尔文-亥姆霍兹(Kelvin-Helmholtz,K-H)涡的形态,作者指出流向涡和 K-H 涡的相互作用使得尾迹结构更加复杂[95]。

在超声速漩涡流场的 PIV 研究中,Havermann[81] 和 Arakeri 等[96]克服粒子布撒和时序控制等困难,分别研究了激波管出口涡环的演化过程,典型速度场如图 12.34(b)所示[96]。图 12.34(a)中,t 和 D 分别代表时间和激波管直径,U_b 和 U_e 别代表激波管出口处流体的初始速度和流体速度随时间的变化值,即 $U_b = U_e(t=0)$,由该图可以发现,在 U_e 衰减至 0 之前会先加速到 2 倍的初始速度,这体现了可压缩性对激波管出口流体速度衰减过程的影响。文献[97]和文献[86]分别研究了超声速流场中存在横向射流的流场结构和超声速射流剪切层内的流场特征,其中文献[86]利用 PIV 技术研究了利用微射流(microjet)对控制自由射流和冲击射流不稳定性和噪声的有效性,证明了 PIV 技术在定量研究多速度尺度流场结构的适用性。

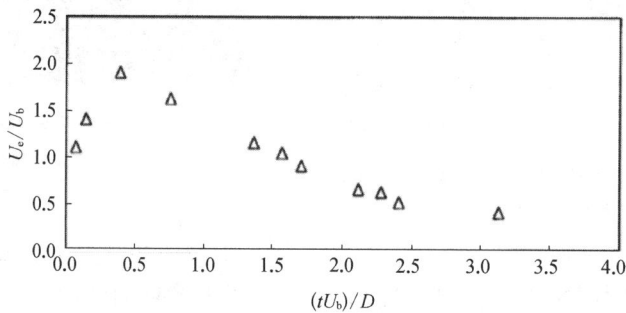

(a) 气流出口速度演化过程

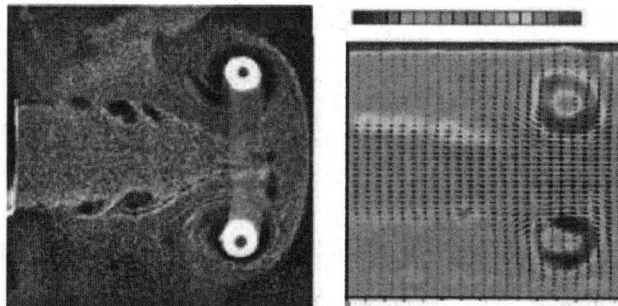

(b) 激波管出口涡环原始图和速度场

图 12.34 气流出口速度演化过程以及激波管出口涡环原始图和速度场[96]

在燃烧场的测试领域,Narayanaswamy 等[98]和 Buxton[99]用 PIV 技术测量了低速射流火焰区(约 3 m/s)的速度场分布,如图 12.35 所示,并结合 LII 方法分析了火焰区内的碳烟的形成机制。而早在 2001 年,就已经有学者将 PIV 技术引至超燃冲压发动机燃烧室流场的测试中[80],分别测量了混合区、点火区、燃烧区的速度场,目的是研究燃料射流和主流间混合层的结构。文献[38]以公称粒径为 12 nm 的 SiO_2 作为示踪粒子,用平面 PIV 技术比较了 2 种不同几何结构的氢气喷嘴对超燃冲压发动机燃烧室冷态流场、燃烧流场的影响,为燃料喷嘴的结构选择提供了依据,典型速度场分布如图 12.36 所示,其中图 12.36(a)为冷态流场,图 12.36(b)为燃烧流场。

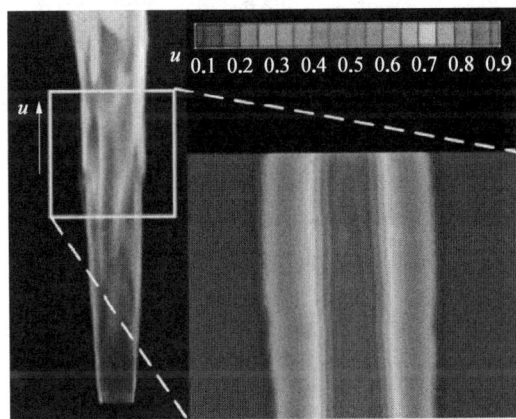

图 12.35　低速射流火焰平均速度分布[99]

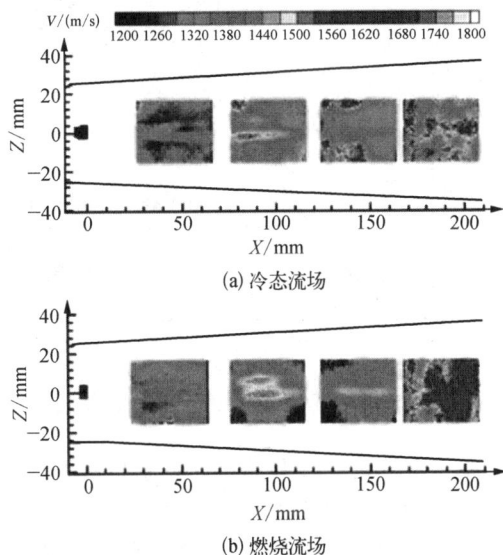

(a) 冷态流场

(b) 燃烧流场

图 12.36　超燃冲压发动机燃烧室流场 PIV 速度场测试结果[38]

从图 12.35 可以发现,利用 PIV 技术测量低速射流火焰可以得到较为满意的平均速度场,而在超燃冲压发动机燃烧室流场中(图 12.36),由于受限空间、激波、射流和燃烧等因素导致大范围的多尺度区域,流场过于复杂,该文献中得到的冷态和燃烧流场的测试结果均难以反映出精确的速度场。

超燃冲压发动机的研究热潮势必吸引着研究者们去定量化认知发动机燃烧室流场中的精细结构,而超燃流场是超声速复杂流场的典型,其包含了激波、激波/边界层相互干扰、边界层分离、高速漩涡流、速度多尺度、高温燃烧等超声速复杂流场中 PIV 技术应用的所有难点。如本节所述,即便研究者们针对高速复杂流场的某一特定问题开展了 PIV 的定量化研究并取得了一定的成果,但是目前为止利用 PIV 技术精确测量超声速燃烧流场的技术鲜有公开,其原因可归结为现阶段常用的示踪粒子和布撒技术无法满足测量需求。因此迫切需要寻找在燃烧流场中具有高信噪比的示踪粒子和发展适用于大速度梯度复杂流场的粒子布撒技术,才能让超燃冲压发动机燃烧室流场的 PIV 精确测量成为可能。

2. 国内超声速复杂流场的 PIV 研究成果

国内的研究者中,国防科学技术大学易仕和教授的团队利用 PIV 技术研究了 $Ma =$

3 流场中平板湍流边界层内的拟序结构和统计学特性[83],得到了与文献[89]相同的结论,边界层平均速度型的试验结果与数值结果符合较好(图 12.37)。而文献[100]利用 PIV 技术获得了激波与层流/湍流边界层相互作用的速度场和涡量场,同时应用 NPLS 技术得到了激波边界层相互干扰的精细流场结构。

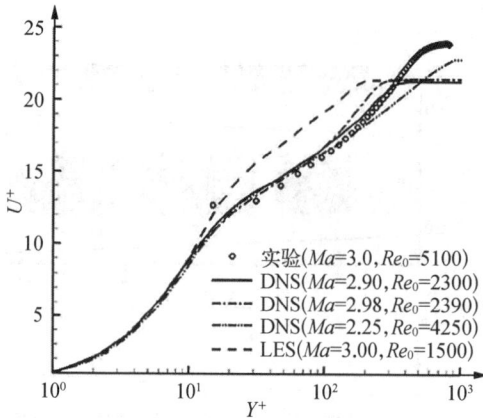

图 12.37　平均速度型的数值与试验结果对比[83]

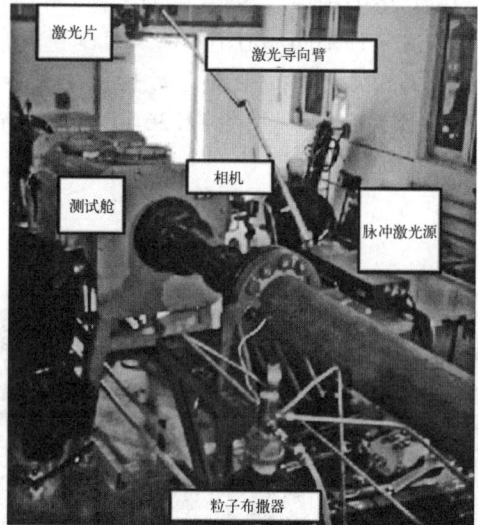

图 12.38　多马赫数风洞-PIV 系统示意图

上海交通大学高超声速创新技术实验室在超/高超声速流场测试中 PIV 技术的应用研究方面做了许多富有特色的工作。试验研究方面,配备有多马赫数超/高超风洞(图 12.38)、大能量(500 mJ)可变发射波长的激光器和高分辨率 CCD(400×2 672 像素)相机,具备开展超/高超声速 PIV 试验理想的流场、光源及图像采集条件。具体试验参数,即多马赫数风洞及 PIV 系统的详细介绍见文献[29]、[101]~[103]。

在激波流场 PIV 试验中,分别采用了半角为 15° 和 30° 的尖劈模型,示踪粒子采用标称直径为 30 nm 的 TiO_2 粒子。从图 12.39 中可以看出,尖劈前缘诱导了一道附着斜激波,测量结果与纹影图和理论值吻合非常好。在激波法向位置进行取样以后,可以得到 PIV 测量的激波法向速度。如图 12.40 所示,根据前面给出的粒子跨激波的速度衰减模型[式

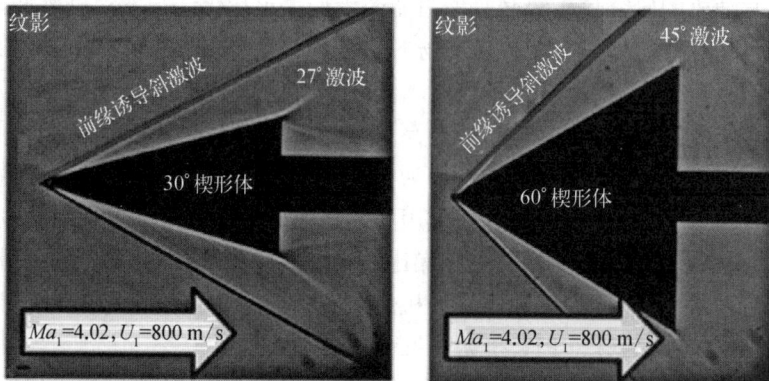

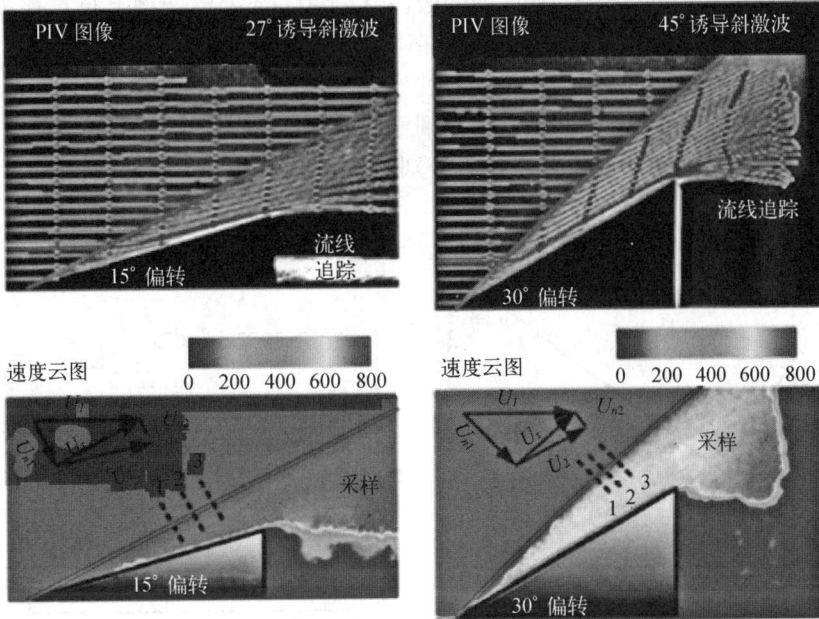

图 12.39　尖劈试验测量结果

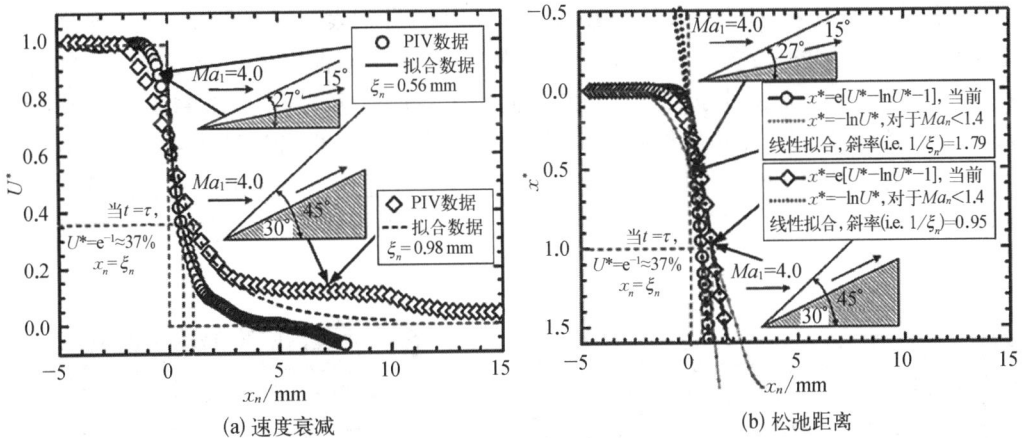

(a) 速度衰减　　　　　　　　　　(b) 松弛距离

图 12.40　PIV 测得的激波法向速度分布

(12.37)], 给出粒子的松弛距离分别为 0.56 mm(15°尖劈)和 1.05 mm(30°尖劈), 继而根据式(12.42)可以确定示踪粒子松弛时间 τ。结合阻力修正公式(12.45)~式(12.48), 很容易给出尖劈试验待测区域粒子的实际尺寸。如图 12.41 所示, 示踪粒子大约为 40~50 nm, 完全可以满足高速流动中对粒子跟随性的要求。而且, 粒子直径接近于标称值, 这一结果也从另一个角度证明了粒子布撒装置的能力, 可以有效解决粒子潮结问题。

在此基础上, 又开展了超声速平板湍流边界层相关的试验研究工作, 平板模型见图 12.42。模型尺寸为 $L \times W \times H = 300 \text{ nm} \times 80 \text{ mm} \times 12 \text{ mm}$, 在距前缘 200 mm 处有一个直径 5 mm、高度 2.5 mm 的圆柱形凸起, 重点观察凸起物下游的湍流边界层形态。同时, 为了使边界层提前转捩, 在圆柱凸起上游加了 2 种形式的转捩带: 分别在距离前缘 30 mm 和

140 mm 处开了宽度 1 mm、深 0.5 mm 的凹槽,并在 140 mm 处的凹槽上布置有 $\phi 1.25$ mm 的铜线。根据拍摄视场和 CCD 相机的分辨率可知,空间分辨率为 0.045 mm/像素,在后处理过程中,选取的判读区大小为 16×16 像素。从试验拍摄的原始图像看,湍流边界层厚度在 4 mm 左右,因此能够较为准确地捕捉到湍流边界层的结构。在 $Ma=4$ 流场(总温 400 K,总压 2.5 MPa,$Re=1.4\times10^7/\mathrm{m}$)中分别对 $x-y$ 平面和 $y-z$ 平面(图 12.42)做了测量。

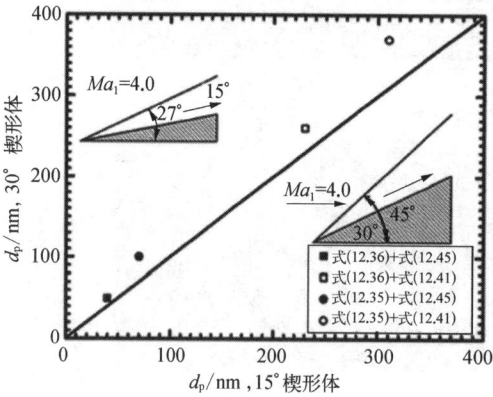

图 12.41　示踪粒子的气动直径

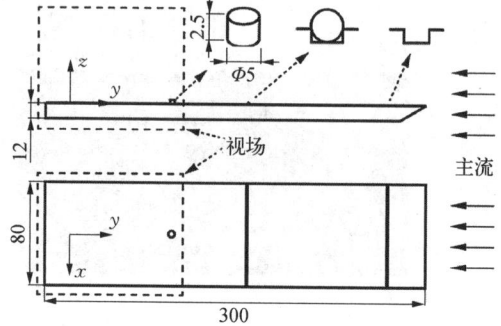

图 12.42　平板模型示意图(单位:mm)

　　试验结果如图 12.43 所示,其中图 12.43(a)、(b)分别表示 $y-z$ 平面、$x-y$ 平面的测试结果。可见原始图片清晰,速度场符合客观规律,成功捕捉到了湍流边界层的精细结构,其中的绿色虚线为通过原始图片判断的湍流边界层轮廓。而图 12.44 则更加清晰地反映了不同位置处的湍流边界层内的速度矢量:沿着流动方向分别取了 4 个位置放大显示,其中的位置编号与速度矢量图的编号一一对应。课题组下一步的工作将继续集中在优化粒子布撒效果及超声速环境中微小尺度湍流结构的观察上,并最终实现超声速燃烧流场的 PIV 测试。

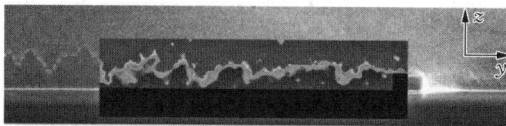

(a) $y-z$ 平面

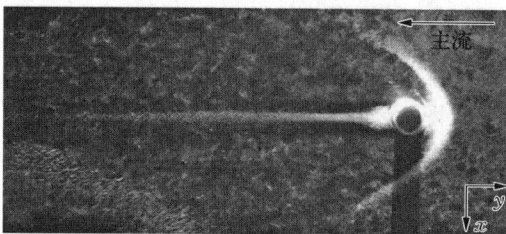

(b) $x-y$ 平面

图 12.43　$Ma=4$ 平板 PIV 原始图片及速度云图

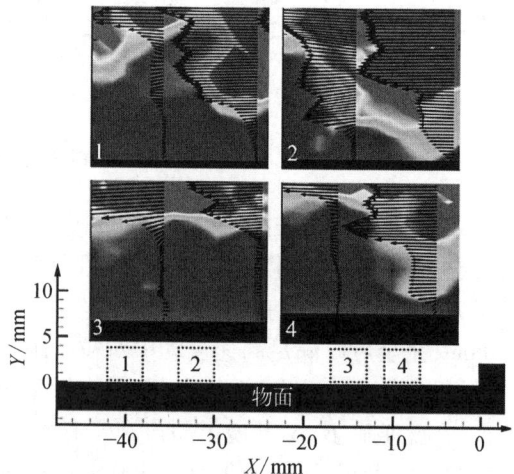

图 12.44　$Ma=4$ 平板 PIV 速度向量图

12.5.5　高速复杂流场 PIV 技术的发展趋势

高精度、高分辨率始终是 PIV 技术的发展方向,通过以上的分析可知,精度和分辨率是相互制约的,因此在提升 PIV 系统中单体部件性能的同时,如何做好优化使得 PIV 系统整体性能得到最大的发挥至关重要。

通用的精确的 PIV 方法并不存在,必须从具体研究的流动机理角度改造相应的 PIV 测试手段,随着研究者们对复杂流场认知能力的不断提高,利用 PIV 技术更加深入地去揭示未知流动环境的愿望也更加迫切,因此深入以问题细致的需求驱动发展更加专用的体视 PIV、全息 PIV、显微 PIV 等专项 PIV 技术将成为今后的重点。超燃冲压发动机的研究热潮必然会将 PIV 测试技术提升到更高的层次。

超声速复杂流动中 PIV 测量的难点还是集中在粒子种类选择及布撒技术[104],同时与粒子特性相对应的光学特性也是研究薄弱的环节。自 PIV 技术诞生至今,示踪粒子的发展可以说始终处于停滞状态,目前的纳米级金属氧化物粒子包括液态粒子在高速复杂流场的测试中始终存在跟随性、信噪比等问题,因此急需寻找新型示踪粒子,使之能够适用于旋涡流、燃烧流场等极端流动环境。同时,粒子布撒技术也要突破现有结构的束缚。

第 12 章习题　　　　　第 12 章参考文献

第 13 章
压力敏感漆技术

表面压力测量是风洞试验技术的一项重要内容,随着计算机、光学技术的发展,采用压力敏感漆(pressure sensitive paint, PSP)技术进行表面压力测量的光学方法随之发展起来。与传统的测压技术不同,该技术利用涂在被测模型表面上涂料发光强度与当地压力的关系测量出被测区域的表面压力分布[1, 2]。

PSP 技术不使用传统的测压管路和各种压力传感器,也不必为测压试验专门设计加工一个埋有多条管路的测压模型,从而大大节省了成本和时间,并且可以获得整个测量区域内压力的连续分布,克服了传统测压孔单点、间断测量的不足。此外,PSP 技术不仅可以测量常规模型的表面压力,尤其是可以测得无法装设测压管路的模型区域,如薄机翼边缘襟翼、水平尾翼、垂直尾翼以及复杂的机翼与发动机短舱结合部等处的压力,还可以测量运动部件(如螺旋桨和旋转机械的叶片)及模型振荡部位上的压力分布。

13.1 PSP 技术原理

发光涂料是 PSP 技术的核心组成部分,其主要是由发光分子和聚合物黏合剂组成。一般而言,PSP 所用的发光分子及聚合物黏合剂都可以溶于溶剂,所制得的涂料可用喷枪涂覆在模型表面,当溶剂挥发后,在模型表面形成一层含有发光分子的固体涂层。当合适波长的光照射涂层,发光分子受激发,并发出较激发波长更长的光。

图 13.1 为 PSP 技术的试验原理图,该技术主要应用在分子自发辐射过程中存在氧猝灭效应。当喷涂在模型表面的 PSP 涂料吸收了由激发光源发射的一定频率的光子后,就可从基态被激发到分子激发态,受激发的分子通过有辐射和无辐射过程回到基态,其中有辐射过程称之为发光(通常为荧光和磷光的总称),在该过程中涂料通过发射波长较长的光子而恢复到基态;在无辐射过程中,激发态分子与周围氧分子发生作用而失活,从而使被激发分子回到基态是无辐射的,这一现象被称为氧猝灭。按照亨利定律,在 PSP 涂料内的氧浓度正比于其承受的氧分压。对于空气,其压力正比于氧分压,所以空气压力越高,PSP 涂料

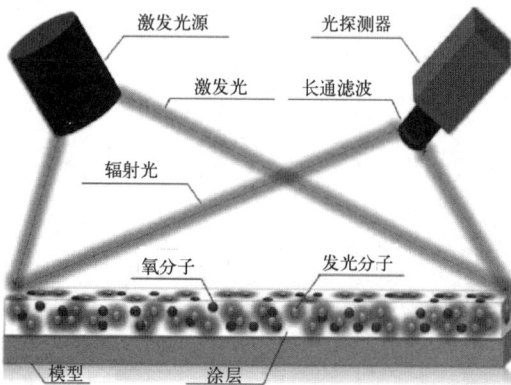

图 13.1　PSP 测量试验原理图

层中氧分子越多,发光分子被猝灭也越多。因此,发光强度是随空气压力增加递减的函数。

发光强度和氧浓度之间的关系可用斯顿-伏尔莫(Stern-Volmer)关系式来描述。对于空气动力学试验而言,发光强度 I 和空气压力 p 之间可以用如下的简化 Stern-Volmer 关系式来描述:

$$\frac{I_{ref}}{I} = A + B\frac{p}{p_{ref}} \tag{13.1}$$

式中, I_{ref} 和 p_{ref} 分别是参考条件下的发光强度和压力;A 和 B 为 Stern-Volmer 系数,通常是通过标定试验测得的。理论上说, I_{ref}/I 可以消除非均匀照射、涂层不均匀和发光分子在涂层中浓度不均匀分布等因素的影响,在典型的风洞试验中, I_{ref} 和 p_{ref} 通常取风洞未起动时的发光强度及环境压力。

从以上原理介绍可以看到,PSP 涂料的聚合物黏合剂必须具有氧渗透性,这样才能保证发光分子与氧分子的充分接触,从而使发光强度充分反映当地的氧分压。在模型表面氧气压力分布与发光强度相关后,测量的目的就是通过 PSP 涂料建立一套基于光强的压力测量系统。因此,如图 13.2 所示,PSP 系统主要由 PSP 涂料、激发光源和记录模型表面发光强度的相机三部分组成。很多光源都可应用于 PSP 技术,包括激光光源、紫外灯、氙灯和发光二极管(light emitting diode,LED)。此外,目前 PSP 技术普遍采用的相机为具有科学级电荷耦合器件(charge coupled device,CCD)的高灵敏度相机,这种相机具有良好的线性响应、高动态范围和低噪声,同时在相机镜头前安装光学滤片用以分离发光分子的辐射光和激发光源的激发光。

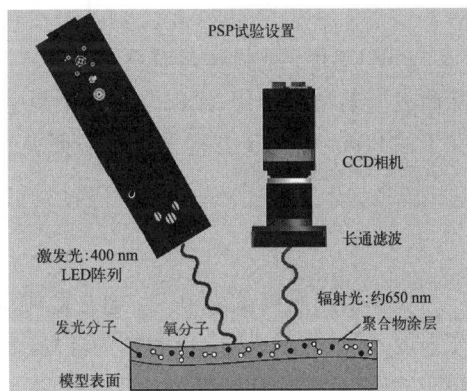

图 13.2　PSP 系统试验设置图

式(13.1)中的系数 A 和 B 主要与发光分子和黏合剂材料特性以及温度相关,需要在正式试验前通过标定获得,图 13.3 给出了典型 PSP 试验标定的设置图:标定时将一块喷

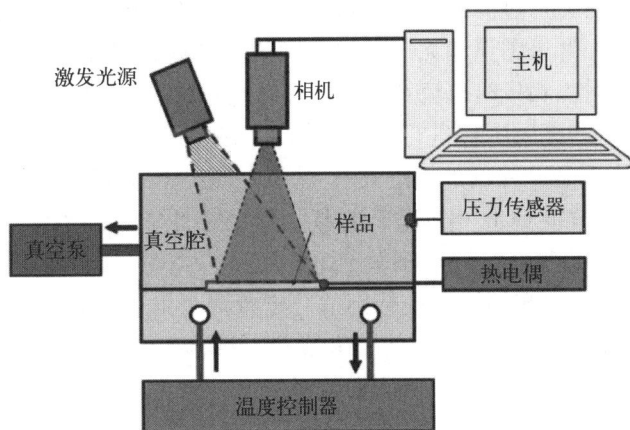

图 13.3　PSP 标定试验设置图

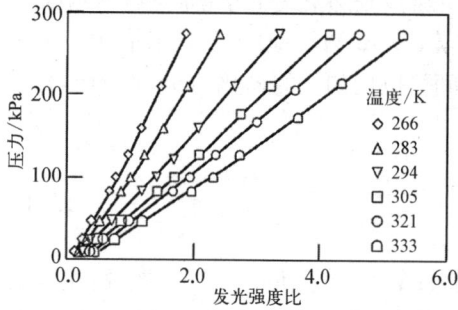

图 13.4　PSP 标定结果

涂了压敏漆的样品放在校准室内,校准室内的压力和温度可以进行精确控制和测量。将样品在不同的温度和压力下的发光亮度记录下来,每一个发光强度相对参考条件做归一化处理,从而可以得到 PSP 涂料的校准曲线,如图 13.4 所示。从图中可以看到,压敏漆对于温度同样比较敏感,因此在正式试验过程中需要对温度进行严格控制;或者使用更高级的 PSP 涂料,消除温度的影响。当 PSP 经标定后,可以确定常数 A 和 B。因此,在正式试验过程中,只要获得发光强度,用式(13.1)的 Stern-Volmer 关系就可直接计算模型表面压力。

13.2　基于光强的测量方法

PSP 应用于风洞静态模型测压试验时,普遍采用基于光强的测量方法,该方法可以消除激发照射空间变化、涂料厚度和染料分子浓度的影响。在不考虑模型变形的情况下,用如下的 Stern-Volmer 方程来计算模型表面压力:

$$\frac{I_{\text{windoff}}}{I_{\text{windon}}} = A + B\frac{p_{\text{windon}}}{p_{\text{windoff}}} \tag{13.2}$$

在典型的风洞试验中,I_{ref} 通常取风洞未起动时的发光强度,因此 I_{ref} 常被称为无风发光强度,其对应的压力 p_{ref} 通常为环境大气压;与之相对应,I 则被称为开风发光强度,其对应的压力 p 则为待测压力。

13.2.1　CCD 相机

在风洞中利用基于光强法进行 PSP 测量时,普遍采用相机作为试验图像记录设备。PSP 涂料喷涂于模型表面后,在激发光源的照射下,模型表面 PSP 涂料发射出光。光在被相机接收之前,可用滤光片过滤掉激发光源产生的入射光。此外,在试验前单独采集暗电流图像和环境光图像,开风图像和无风图像分别减去暗电流图像及环境光图像可以校正相机感光单元不均匀性、相机暗电流及环境不可控光源的影响。而后,将减去暗电流图像及环境光图像的开风和无风图像进行比值运算,得到光强比图像,即公式(13.2)的方程左侧部分。然后,使用 PSP 涂料的标定关系,基于光强比图像计算表面压力分布。

具有制冷功能科学级 CCD 相机是 PSP 技术理想的图像采集设备,它不仅可以提供高光强分辨率(12~16 bit)和高空间分辨率,还可以提供很好的线性响应和高达 60 dB 的信噪比(signal-to-noise ratio, SNR),因此特别适合定量测量 PSP 涂料的发光强度。CCD 的性能参数主要包括响应特性,势阱电容量和噪声,其决定了 CCD 相机最小信号、最大信号、信噪比和动态区间等性能指标,这些参数对于 PSP 涂料辐射光强度的定量测量至关重要。响应特性表示入射光子产生电子的效率。势阱电容量决定像素满负荷所含有光电子的数量,因此相机最大信号与势阱电容量成正比。通常情况下,势阱电容量近似正比于像素大小。动态区间的定义为最大信号(或势阱电容量)除以读出噪声(或基底噪声)的均方根,它分别近似地描述了相机对低光强和高光强的测量能力。此外,相机噪声包括光子发射噪声、暗电流、复位噪声、放大器噪声、数字转换噪声和固定模式噪声,它限制了CCD 相机所能测量的最小信号。

13.2.2 激发光源

合适激发光源的选择取决于发光涂料的吸收光谱和特定设备的光路。在吸收波长范围内,照射光源必须能够提供足够多的光子,并使光子不达到饱和,不致产生严重的光降解现象。适合的激发光源需要在整个表面产生相当均匀的照明区域,以减少与模型变形相关的测量不确定性。如采用连续光源,则光源应该是稳定的;如采用脉冲光源,光源的不同脉冲之间应该具有高可重复性。经过多年的发展,目前商业上已经提供了多种可供PSP 试验选择的光源。其中,激光器由于具有很好的发光单色性和发光强度,因此具有明显的优势,目前脉冲和具有光纤传输装置的连续激光器已经被广泛应用于风洞试验。此外,非常稳定的高频(蓝光频段及以上)LED 也被开发用来照射 PSP 涂料。与激光相比,LED 作为光源具有价格低、重量轻及几乎不产生热量等优点。此外,可以通过对 LED 阵列的合理布置形成较大面积的均匀照射区域,从而可以实现对大尺度模型的测量,如对汽车整车的测量。目前被采用的 LED 光源包括带蓝色滤镜的氙灯,带蓝色滤镜的白炽灯/卤素灯和紫外灯等。

13.2.3 滤光片

在 PSP 试验中,需要在相机镜头前安装滤光片将激发光源的发射光从 PSP 涂料的辐射光中分离出去,只让 PSP 涂料的辐射光进入 CCD 芯片。目前主要有两种类型的滤光片:干涉滤光片和颜色吸收型滤光片。常见干涉滤光片分截止滤光片和带通滤光片两类。截止滤光片能把光谱范围分成两个区,一个区中的光不能通过(截止区),而另一区中的光能充分通过(通带区)。典型的截止滤光片有短通滤光片(只允许短波光通过)和长通滤光片(只允许长波光通过)。而带通干涉滤光片则只透过一个谱带的光,峰值波长和光谱宽度可严格控制。颜色吸收型滤光片是塑料或玻璃片中加入特种染料做成的,如红色滤光片只能让红光通过,以此类推,在不需要精确控制波长和光透过强度时可以应用颜色吸收型滤光片。对于所有滤光片而言,透过-阻断比是一个衡量滤光片性能的关键参数。此外,所有滤光片对入射光的入射角度均较为敏感:对干涉滤光片,透过滤光片的波长峰值随入射角偏离法线而减小,而带宽和透过特性一般保持不变;而对于颜色吸收型滤光片,入射角增大会增加透过路径并降低透过效率。

13.2.4 数据的基本处理

基于光强的方法最基本的处理程序是用开风图像和无风参考图像的比值来修正非均匀照射、不均匀涂层厚度和发光体浓度不均匀的影响。然而,由于空气动力载荷引起模型变形,从而导致开风图像和无风图像对应位置不重合,这会对测量结果带来较大误差,因此需要附加校正程序来消除或减少与模型变形、PSP 温度影响、二次发光和相机噪声(暗电流和固定模式噪声)相关的误差源。

图 13.5 给出了使用 CCD 相机的基于光强 PSP 测量技术数据处理流程图。首先,通过 CCD 相机采集开风和无风图像,通常情况下可通过图像序列的平均处理来减少随机噪声;然后,从开风和无风图像中减去暗电流图像和环境光图像,从而消除 CCD 相机的暗电流噪声和环境光成分。其中,暗电流图像通常在关闭相机快门时采集;此外,在风洞环境中,始终存在着微弱的环境光线会对开风和无风图像造成干扰,环境光图像就是为了消除这一影响而拍摄的,通常是在相机快门打开但所有可控光源(包括环境灯光和激发光源)关闭时采集。暗电流图像和环境光图像的曝光时间应该与数据图像相同。此外,科学级 CCD 相机对于入射光的光电子输出具有良好的线性响应。然而,传统的 CCD 相机对入射光强度往往会表现出非线性响应,在这种情况下需要对相机进行非线性响应校正。

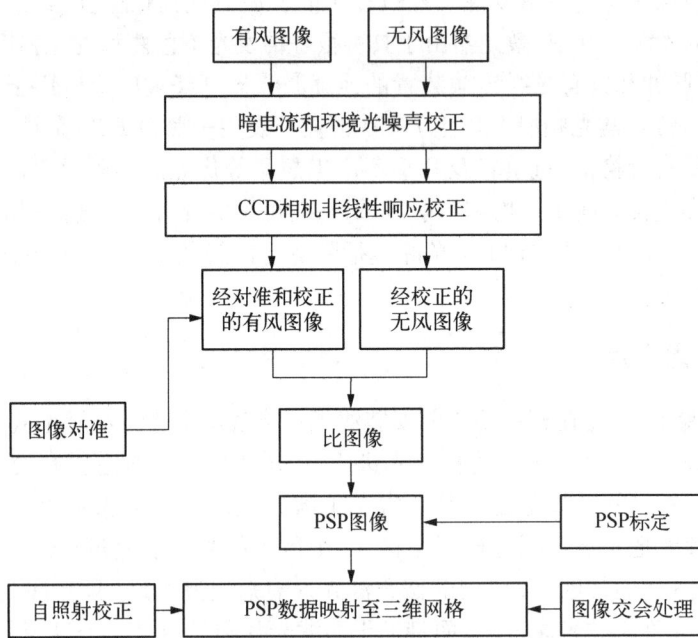

图 13.5　基于光强的 PSP 测量的常规数据处理流程图[1]

然而,即使获得了经噪声及非线性响应修正的开风和无风图像,还是不能通过直接计算无风图像和开风图像的光强比值得到压力分布。这是因为空气动力载荷产生的模型变形可能会导致开风图像无法与无风图像重合,未经位置标定的比值在计算压力时可能会导致相当大的误差,尤其是在对激波、转捩和气流分离等流动特征进行测量的时候。为了修正这种由图像不重合导致的测量误差,可以利用图像校准技术来匹配开风图像和无风图像。图像校准技术首先在模型表面设置标记点阵,然后通过标记点阵开风图像坐标 (x', y') 和无风图像坐标 (x, y) 的变换来进行图像匹配,可用如下多项式进行准确描述:

$$(x, y) = \left(\sum_{i=0, j=0}^{m} a_{ij} x'^{i} y'^{j}, \quad \sum_{i=0, j=0}^{m} b_{ij} x'^{i} y'^{j} \right) \tag{13.3}$$

几何上,式(13.3)中的常数项、线性项及非线性项分别代表平移、旋转、缩放以及模型在图像平面中的高阶变形。PSP 测量时,首先将标记点阵设置在可估算模型变形的地方。在图像平面中,这些标记点的位移代表真实模型三维变形的透视投影。基于开风和无风图像中多个标记点的坐标,利用最小二乘法就可以确定式(13.3)的多项式系数 a_{ij} 和 b_{ij},更多的标记点将增加统计冗余度并提高最小二乘法估计的精度。对于大多数风洞试验,二阶多项式变换就足够了。然而,作为一种纯粹的几何修正方法,图像校准技术没有考虑到在非均匀光照区域由模型变形引起的表面光强度的变化,为了评估这个误差,还需要了解光照区内模型相对于光源的运动。

在确定无风图像和定位后的开风图像的比值后,就可使用标定关系获得压力图像(Stern-Volmer 方程)。然而,从图 13.4 的标定曲线中可以看到,PSP 的强度比图像不仅是压力的函数,同时也受到温度的显著影响。如果不对温度影响进行修正的话,往往会对PSP 总的测量不确定度有重要影响。在标定阶段测定 Stern-Volmer 系数 $A(T)$、$B(T)$ 时,PSP 标定的表面温度是已知的,因此,为了准确的利用标定曲线获得压力,也同时需要对模型表面温度进行测量。对温度校正的需求促进了多组分 PSP 的发展以及 PSP 和温度敏感漆(temperature sensitive paint, TSP)技术的联合使用,表面温度分布可以用 TSP 或红外相机来测量。此外,温度场也可以通过理论或数值计算的方法基于流体运动方程和能量方程给出。

然而,大量试验表明,由于风洞中的一些不可控因素,经温度校正的 PSP 标定系数仍然会导致对压力测量的系统误差。为了进一步修正由此引起的系统误差,必须用在模型的一些位置上设置测压孔,利用测压孔数据来对 PSP 图像强度比进行修正,这种标定方式称为原位标定。在最坏的情况下,即使 $A(T)$ 和 $B(T)$ 未知,且表面温度场未给出,原位标定仍能给出压力场测量结果,但此时测压孔间压力数据的精确度得不到保证,尤其当测压孔间压力和温度场变化剧烈时,利用原位标定获得的结果会出现较大误差。此外,测压孔位置的选择对原位标定的精度至关重要,原则上原位标定所设置测压孔应能合理地覆盖和分布于整个测量表面。

在获得二维图像上的压力分布数据后,还需要将这些数据映射到三维模型表面。映射的关键在于确定相平面和模型表面对应关系的线性方程组并进行求解。一旦关联三维物体空间和图像平面的线性方程组参数已知,图像平面上的 PSP 数据就可以直接映射到给定的三维物体表面网格上。此外,迄今为止进行的大多数 PSP 测量中,图像数据都标记到模型的刚性 CFD 或 CAD 表面网格上。然而,当风洞试验的模型有显著的弹性变形时,刚性网格映射会导致真实压力场的失真。因此,必须生成模型表面变形网格满足 PSP数据映射需求。

光强数据映射到三维物体空间的表面网格后须进行自照射校正。所谓的自照射是指从模型表面的某一部分发出的光照射到另一部分表面的现象,这会导致接收光表面上可观察的光强增加,从而在计算压力时产生附加误差。这种失真效应往往发生在相邻的表面,如流动/实体接合面和凹面。自照射取决于表面几何形状、发光区域以及涂层的反射特性。

综上所述,为了排除误差和提高 PSP 的测量精度,实际上 PSP 数据处理是比较复杂的。对于基于光强的测量方法,开风时采集的图像往往和无风时的参照图像不能调准重合,这是在风洞试验时由模型的气动弹性形变造成的。因此,在对这些发光强度图像进行比值前,必须用图像校准技术将开风时采集的图像重新匹配到无风时采集的图像。另外,

Stern-Volmer 系数 A 和 B 有温度依赖性,温度效应是 PSP 测量中最主要的误差源,因此在试验中需要进行温度校正。此外,为了得到更加精确的数据,利用原位校正方法结合表面温度测量可以进一步补偿由温度效应造成的测量误差。为进一步降低 PSP 测量的不确定性,也需要应用一些其他数据处理方法,包括图像序列平均、暗电流校正、照度补偿和自照度校正等。最后,在获得相平面的压力分布后,为使压力数据对飞行器设计工程师更加有用,需要将相平面的数据映射到模型表面上,因此需要采用几何相机标定和图像交叉方法建立图像平面与三维物体表面的对应关系。

13.3　基于发光寿命的测量技术

PSP 是一种非接触技术,它特别适用于运动部件及旋转部件的压力测量,同时运动部件及旋转部件模型很难布置测压孔和测压管路,因此常规的测压方法不再适用。例如,目前 PSP 技术已经在发动机涡轮叶片和直升机旋转机翼上进行了应用。此外,飞行试验的表面压力测量也是一个极具挑战性的领域,在这个领域 PSP 已显示出其作为一种非接触测量技术的优点。

然而,本章 13.2 节介绍的基于光强的测量方法主要用于静态模型的测量。对于运动部件及旋转部件,采用这种基于光强的方法会导致测量难度加大,例如基于光强的方法需要较长的相机曝光时间,因此不能用于处于高速运动或高速旋转的模型上。此外,开风和无风图像的匹配难度也同时加大。因此,除了基于光强的测量方法外,人们也发展了基于发光寿命的测量方法,基于发光寿命测量方法的最大优势在于发光寿命与压力之间的关系并不由激发光照射强度决定。因此,基于发光强度的测量方法中由于激发光照射不均匀引起的测量难题在基于发光寿命测量方法中的基本不存在。理论上,发光体浓度、涂层厚度、光强退化及涂层污染等问题对基于发光寿命测量结果的影响均较小。此外,由于寿命法不需要参照图像,因此对于变形及运动模型而言是理想的方法,避免了基于光强方法中对变形模型进行的烦琐处理过程。

13.3.1　脉冲法

基于发光寿命的测量方法的基本原理是通过式(13.4)中的 Stern-Volmer 方程建立 PSP 涂料中发光分子的发光寿命与压力的关系来对模型表面压力进行测量:

$$\frac{\tau_{ref}}{\tau} = A(T) + B(T)\frac{p}{p_{ref}} \tag{13.4}$$

式中,τ_{ref} 为参考压力 p_{ref} 下的发光寿命,其与方程中的系数 $A(T)$ 和 $B(T)$ 均可以通过试验前的标定获得,而 τ 是试验过程中测量得到的发光寿命,p 为模型表面的测量压力。

目前,有不少方法可以从发光强度随时间的变化规律来提取发光分子的发光寿命。其中,脉冲法是光化学领域广泛应用的一种最为直接的方法。当 PSP 受到脉冲激发光源激发后,涂料发光强度衰减通过由计算机或示波器控制的快速响应光电探测器获得,发光寿命 τ 通过单指数或多指数函数对时间分辨数据的拟合而得。

13.3.2　相位法

相位法是一种频域测量技术,检测 PSP 涂料发光信号相对于经调制的激发光的相位位移。图 13.6 显示了应用同步放大器的相位法工作原理。对于具有正弦波形的激发光信号 $E(t) = A_m[1 + H\sin(\omega t)]$,相应的由光电探测器采集的调制后的激发光信号与同相正交的参考信号[即 $\sin(\omega t)$ 和 $\cos(\omega t)$]进行混频,然后用低通滤片提取与激发光和 PSP 涂料发光相位角差 φ 有关的直流分量 $V_c = -A_m\tau HM_{eff}\sin\varphi$ 和 $V_s = A_m\tau HM_{eff}\cos\varphi$,这两个信号之比 $\tan\varphi = \omega\tau = -V_c/V_s$ 在固定调制频率下与 PSP 涂料发光寿命唯一相关。由此,压力可由下式给出:

$$p = K_{sv}^{-1}\left(\frac{\omega\tau_0}{\tan\varphi} - 1\right) \tag{13.5}$$

相位角 φ 关于压力的敏感度定义为

$$S_p = \frac{d\varphi}{dp} = \frac{\omega}{1 + (\omega\tau)^2}\frac{\partial\tau}{\partial p} \tag{13.6}$$

与敏感度 S_p 最大值相对应的最佳调制频率为

$$\omega\tau = 1 \tag{13.7}$$

必须注意到,如果不计噪声,PSP 涂料的最大压力敏感度不能贯穿测量的全过程。因此,除了良好的压力敏感度,还应考虑信噪比,以便获得最佳的调制频率。

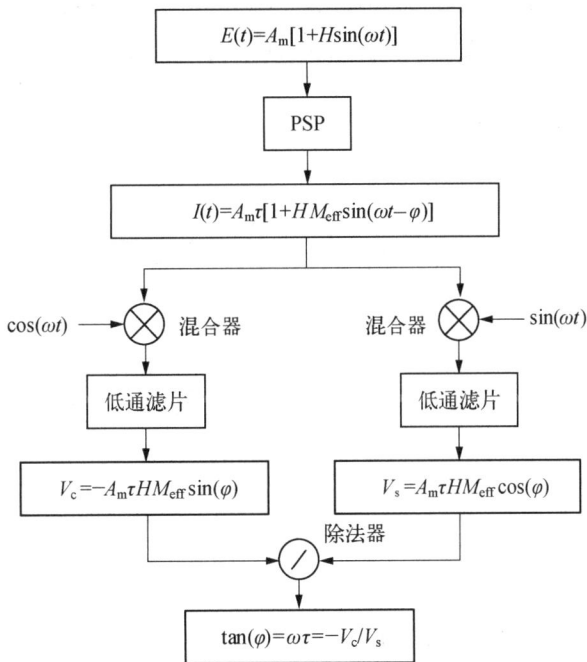

图 13.6　相位法流程图[1]

13.3.3 选通光强比法

如图 13.7 所示,选通光强比法是在两个不同的时间间隔内使用两个增益函数以选通方式采集经调制激发的涂料发光信号,即

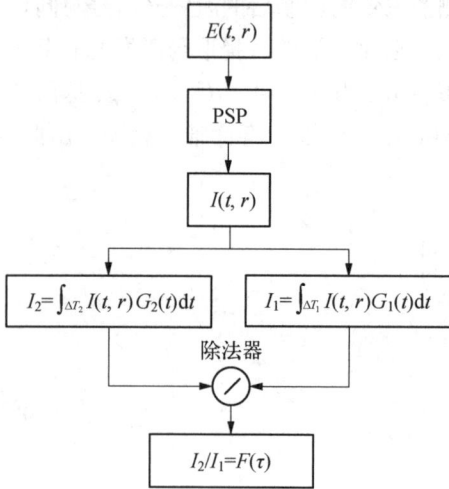

图 13.7 选通光强比法流程图[1]

$$
\begin{cases}
I_1 = \displaystyle\int_{\Delta T_1} I(t) G_1(t) \, dt \\
I_2 = \displaystyle\int_{\Delta T_2} I(t) G_2(t) \, dt
\end{cases}
\tag{13.8}
$$

式中,增益函数 $G_1(t)$ 和 $G_2(t)$ 为特定的时间变化函数。两个选通光强积分量之间的比值 I_2/I_1 对于给定的调制参数而言是涂料发光寿命的函数。在最简单的情况下,增益函数为一个高帽函数(top-hat function)或平方函数,因而在 ΔT_1 和 ΔT_2 时间间隔内有 $G_1(t) = G_2(t) = 1$,否则有 $G_1(t) = G_2(t) = 0$。此时,$G_1(t)$ 和 $G_2(t)$ 的矩形波起着"开-关"的选通作用。由此,可选择激发光与增益函数的作用方式以满足特殊试验的要求。常见的激发光与增益函数组合为矩形增益函数加脉冲激发、矩形增益函数加正弦波激发、矩形增益函数加矩形波激发和正弦增益函数加正弦波激发。经调制激发的发光强度分别通过对与经调制激发光有关的 $0 \sim 1/2f$(相位角从 0 至 π)和 $1/2f \sim 1/f$(相位角从 π 至 2π)的这两个选通时间间隔积分而获得。对于经调制激发光的傅里叶级数形式,两个时间间隔的积分之比为

$$
I_2/I_1 = \int_{1/2f}^{1/f} I \, dt \Big/ \int_0^{1/2f} I \, dt = \frac{\pi - D(\omega\tau)}{\pi + D(\omega\tau)}
\tag{13.9}
$$

其中,

$$
(\omega\tau) = \frac{2}{a_0} \sum_{n=1}^{\infty} \frac{[1 + (-1)^{n+1}](a_n n\omega\tau + b_n)}{n(1 + n^2\omega^2\tau^2)}
\tag{13.10}
$$

显然,比值 I_2/I_1 只是无量纲发光寿命 $\omega\tau$ 的函数,因此当调制频率固定时,该比值仅与压力有关。特别是正弦调制激发光 $E(t) = A_m[1 + H\sin(\omega t)]$ 激发的涂料发光选通强度比 I_2/I_1 具有以下简单的表达形式:

$$
I_2/I_1 = \left(\int_{1/2f}^{1/f} I \, dt\right) \Big/ \left(\int_0^{1/2f} I \, dt\right) = \frac{\pi(1 + \omega^2\tau^2) - 2H}{\pi(1 + \omega^2\tau^2) + 2H}
\tag{13.11}
$$

13.3.4 像增强型 CCD 相机

当采用发光寿命的测量方法时,测量中所记录的光信号要远小于基于光强法的光信号。采用传统 CCD 相机将导致信噪比无法满足测量需求。因此,通常采用像增强型 CCD (intensified CCD，ICCD)相机对涂料的发光信号进行记录。ICCD 相机系统的结构如图 13.8 所示。当光子照射到光阴极后被转换为光电子,在电场的作用下,光电子不断与微通道感光板(microchannel plate，MCP)管壁碰撞生成二次电子,可以实现高达 1 000 倍的增益,这些被增强的光电子经由荧光屏后再度被转换为光子,进而这些光子经由光导纤维锥体或高光通量中继透镜传递至 CCD 进行成像。像增强相机采用物理方式对光信号进行放大,几乎不会引入额外的暗电流,从而避免了相机自带增益在增益的同时引入高噪声的问题。ICCD 电子快门的动作可通过对微通道感光板施加脉冲电压来控制,且图像信号增益可通过改变增强装置电压的方式便捷地加以调节,从而可以根据涂料发光强度对 ICCD 相机进行调节。

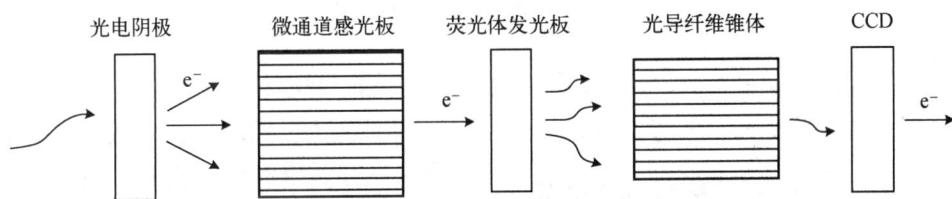

图 13.8　ICCD 相机结构及其多次光电转换过程

第 13 章习题　　　　第 13 章参考文献

第14章
脉动压力测量技术

14.1 基 本 原 理

飞行器绕流的湍流边界层、分离流、激波振荡、局部物形变化的流动、烧蚀、振荡燃烧等复杂流动现象都会诱导出随机的动态压力,称为脉动压力。脉动压力的强度和频率会显著影响飞行器结构动态载荷特性。局部脉动压力载荷的频率如果与结构固有频率相耦合,会引起结构件振动,导致结构疲劳甚至破坏,对飞行器蒙皮的疲劳载荷确定特别重要。脉动压力测量技术主要用于研究分离流、旋涡和抖振特性等。图14.1为典型的激波边界层干扰产生脉动压力的示意图[1]。

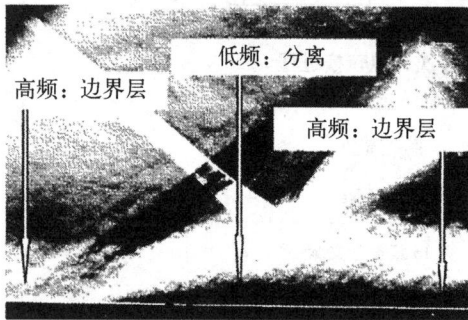

图 14.1　激波边界层干扰[1]

脉动压力是飞行器气动噪声的主要来源,噪声对飞行仪器有不利影响,也会对乘员造成不良的生理影响,当飞行器内部声压级达到120 dB 时,乘员会感到难受;当声压级达到140 dB 时飞行仪器就不能正常工作。因此,脉动压力也是飞行器气动噪声环境研究的重要依据。此外,航天飞行器的热防护层也会受脉动压力的显著影响。

非定常脉动压力大多是复杂的随机过程,它不像周期性变化的压力过程,只用频率、幅值和相位等参数即可准确描述。随机过程不存在瞬时的规律性,但具有统计规律性,即在足够长一段时间内观察,它的波形的某些特征参数服从某一种统计规律。脉动压力特性研究就是通过确定飞行器表面非定常压力载荷的统计特性来实现的。

由于人们对湍流、分离流、激波边界层干扰等复杂非定常流动现象的理论认识还很不完善,尤其是湍流问题的研究,仍然是世界性难题,非定常脉动压力的理论分析和计算目前仍然不够成熟。目前来看,即便是最先进的数值理论、高阶精度算法和硬件设备,仍然难以得到准确的非定常压力数据,因此,脉动压力特性研究仍很大程度上依赖于(风洞)试验技术。当然,将数值计算和试验相结合可以很大程度上提高研究效率,缩短研究耗时,节省经费开销。例如,在制定某飞行器脉动压力特性试验方案时,对于比较经典比较规则的外形,可以通过经验比较准确地选择脉动压力测点的布置方案,但对于新颖复杂的外形,参试人员往往缺乏相关的研究经验,对可能出现脉动压力测值峰值的区域了解不足,如果按照惯有经验进行布点方案设置,则有可能错过关键气动现象发生的区域,从而导致测值偏小,导致结构设计安全冗余不足;如果采取面面俱到的布点方式,无疑会大大增加测点数量,使试验地面准备难度大幅增加,也带来更高的试验成本。

脉动压力试验技术是在研究飞行器抖振特性,特别是研究大型运载火箭结构抖振响应中发展起来的一种试验技术,它主要研究和测量飞行器分离条件下或分离流中的压力脉动规律。一般采用刚性模型,研究无弹性变形或微小变形情况下作用在飞行器上的动态压力载荷。测量结果作为结构响应和强度分析的加载条件。其试验目的是通过风洞试验测量飞行器沿轴向或者典型截面圆周方向各测点的脉动压力幅值、功率谱密度等量值,确定脉动压力峰值的最大值、轴向位置及频率等参数,为飞行器抖振响应提供依据,为飞行器总体和结构设计提供数据支撑。脉动压力数据还用于研究飞行器气动噪声环境,为飞行器搭载的仪器和乘员环境设计提供依据,随着飞行器类型的多样化和设计的精细化,脉动压力试验校核已经越来越为飞行器设计单位所重视。

14.2 系 统 构 成

脉动压力试验系统主要由风洞、试验模型、数据采集系统和数据后处理系统等几个方面组成。本节分别对上述系统进行介绍。

14.2.1 风洞

风洞的功能是模拟飞行器飞行中的来流条件,风洞流场品质越好,试验结果的可信度就越高。目前来看,绝大多数脉动压力试验是在风洞中利用刚性缩尺模型进行的。通常,需要对进行脉动压力试验的风洞开展动态流场品质标定,确认风洞试验段背景噪声水平和频谱特性。其方法是将传声器安装在 $10°$ 锥模型上,将该模型安装在风洞试验段核心流区域内,然后在各个运行状态下分别进行采样,并后处理得到各个工况下的总声压级、脉动压力系数和频谱特性等,计算公式见 14.4 节。

也有部分脉动压力测试并不在风洞中进行,而是在其他测试环境,例如火箭车试验平台上进行,甚至在飞行器试飞过程中进行现场测量。2007 年,技术人员对上海磁浮示范线 PV02 磁浮列车端头的车厢底部气动噪声进行了测量,从浦东机场站至龙阳路站全程约 30 km,测试在列车不同运行速度级下进行,在列车端头车厢底部安装了 13 个动态压力传感器;测试状态为列车运行最高速度 300 km/h 和 430 km/h。这种测量不受风洞背景噪声、模型缩尺和表面光洁度差异等影响,可以获得更加真实可信的测试数据,但在实物上安装传感器往往比较困难,测点布置受很多实际情况所制约,通常只能选择一个折中的测试方案,无法获得像风洞试验一样全面细致的测试数据,测试成本也更高。

14.2.2 试验模型及设计

脉动压力试验主要采用缩尺刚性模型在风洞中进行,模型的设计和加工质量会直接影响风洞试验结果的准确性。本节根据常规脉动压力试验的流程顺序,分别从模型设计、测点布置、模型加工与验收及模型地面准备等几个方面进行介绍。

1. 模型设计

1）模型缩尺的确定

脉动压力试验模型一般为刚性缩尺模型,在满足雷诺数要求的前提下需满足几何相似的相似准则,总的来说,脉动压力模型设计比较类似于常规测压试验模型。模型尺寸可参照文献[2]中所提及的跨声速动态试验模型尺寸标准,即:

（1）模型展长/风洞试验段宽度≤0.4;

（2）模型平面面积/风洞试验段截面积≤0.15;

（3）模型阻塞度=模型最大横截面积/风洞试验段截面积≤0.01。

当翼面接近零升力条件,只有操纵面运动时,上述条件放宽为:

（1）模型展长/风洞试验段宽度≤0.5;

（2）模型平面面积/风洞试验段截面积≤0.25。

可见,模型阻塞度指标相比常规测力测压试验可根据实际情况适当放宽,超声速试验时也可遵循类似的规律。

2）模型支撑系统设计

确定模型缩比之后,需要确认的是模型支撑系统的结构形式和尺寸。采用何种支撑方式主要根据模型具体情况进行选择,多数情况下,脉动压力试验仍习惯采用尾支撑固定方式。无论采用何种支撑方式,都需要在强度允许的前提下尽可能保证有足够的走线空间,对于测点数量较多的试验更是如此,测量线缆从支杆内部引出时,要确保支杆内部不得有台阶,加大引线难度;当受限于实际情况,测量线缆过多无法从支杆内部引出时,可以在模型设计之初即考虑从支杆外部引线,但要注意设计相应的保护装置,避免线缆接头、敏感部件等比较脆弱的物件在吹风过程中受损。支杆与模型的连接通常采用法兰连接的方式,这种连接方式不仅可靠性高,而且安装和拆卸都比较方便。当采用法兰连接方式时,要尽可能保证一段柱段配合区域,这样不仅有利于提高连接紧密度,在试验准备过程中也更加方便,同时要设计定位销以保证滚转精度。

脉动压力试验时,往往需要进行纹影录像以便后期分析,因此在支杆设计阶段,要与任务提出方沟通,了解对方的意图,结合风洞结构图仔细设计支杆长度,保证将最感兴趣的部位置于纹影光学观察窗口范围内。

3）模型设计要点

通常,脉动压力试验的前期地面准备工作量较大,因此模型设计需要充分考虑到地面准备工作的可操作性和安全性。总体来说,脉动压力试验模型需要具备结构简单、拆装方便、易于调整等特点,并同时保证加工精度和安装精度。脉动压力试验模型的地面准备工作主要包括安装和固定脉动压力传感器,敷设传感器供电和信号传输线缆,连接传感器线缆并进行信号检查等项目,因此,模型设计的首要任务是方便传感器的安装与线缆的敷设。为了便于安装传感器,需要在模型必要的区域加开口盖,口盖的位置和大小以能够顺利完成传感器的安装和定位为准,对于个别开口盖仍无法解决的测点,可以考虑将相应的测点区域设计成可拆装的活动块,试验准备时可先将该活动块取下,将传感器线缆穿过线孔在地面安装完毕再整体装回模型主体上。

所有测孔所在区域的模型厚度都要根据传感器长度进行统一调整,对于柱式传感器,厚度一般取传感器长度的一半即可,厚度不宜过大,过大则传感器安装后裸露长度太短,不利于传感器固定;更不宜太薄,太薄则传感器与模型配合面积太小,如果传感器受外力拉扯,所有应力都聚集在传感器脆弱的头部,很容易导致传感器损坏。脉动压力测孔的轴线应垂直于模型表面,相关标准可参照常规测压试验中测压孔的定位精度,测孔表面需保证光滑平整无倒角和毛刺。个别模型存在测压孔难以布置,传感器难以安装等困难,可以采用延长管路的方式,用一小段气路连接测孔和传感器头部,这种操作有点类似常规测压试验的操作方式,这种方式会牺牲一点高频响应精度,但只要控制气路的长度,避免气路过细,同时注意在测孔表面覆盖细孔金属网用于破碎大尺度涡结构,避免管路中出现大尺度涡,也能获得具有实用价值的测值。两种典型的传感器安装方式见图 14.2。

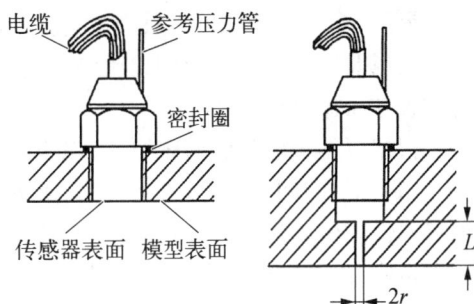

图 14.2　螺纹式动态压力传感器的两种安装方法

脉动压力试验模型特别强调保证模型内部可操作空间的大小,由于脉动压力试验采样率远远超出常规测压试验,到目前为止,仍广泛采用一个传感器一组采集线缆的供电与信号传输方式,无法使用类似压力扫描阀模块的信号集成装置,因此对模型内部的操作空间要求很高,尽可能大的内部操作空间不仅便于试验准备,也可以避免因为模型内腔线缆过多挤压传感器根部,导致传感器突出模型表面影响试验数据准确度。脉动压力模型设计还需要注意以下几个要点。

(1) 当需要在试验过程中更换布有传感器的部件时,要合理设计模型结构,争取在更换试验件时工作量尽可能小,尽可能不影响其他部件。

(2) 当模型结构比较复杂,特别当需要将模型拆分成若干部件时,要仔细考虑模型准备过程中传感器和线缆的布置位置和顺序,避免出现互相干涉甚至导致传感器折损和挤压线缆的风险,必要时,模型设计人员需要与试验准备人员反复斟酌确认。

(3) 数模上的测点布置完毕后,可将简化的传感器数模"装配"到所有测孔内,然后检查是否发生传感器互相干涉,或者模型内腔与传感器根部相干涉的情况。

(4) 由于涉及很多手工操作,要对模型内腔,特别是取掉盖板后的模型边缘进行优化设计,尽量避免出现锋利、尖锐的切口,减少操作人员受伤的可能性,也减小传感器线缆被割破甚至切断的风险。

(5) 测孔位置附近的模型壁厚需要根据传感器类型和尺寸进行相应的调整,例如柱式传感器通常需要 5 mm 的当地壁厚,片式传感器通常需要 0.5 mm 的当地壁厚。此工序一般通过铣或者钻完成,模型设计时要根据模型原有壁厚尺寸,对铣槽或者钻孔的尺寸进行调整,当模型本来较厚时,需要将铣槽或者钻孔尺寸相应加大,保证安装传感器时有足够的操作空间,当模型本来较薄时,铣槽或钻孔的尺寸可相应较小。

4) 脉动压力测点布置

脉动压力测点数量和位置分布取决于飞行器类型、试验研究目的,也一定程度上受模型结构形式的制约。

与常规测压试验不同的是,脉动压力传感器直接安装于模型壁面,本身尺寸相对较大也脆弱易损,因此测点数量和密度都受到限制,这就需要对测点布置方案进行仔细的优化,找准脉动压力测值较大的区域,争取用相对较少的测点数,获取尽可能详实的数据,尽可能多地反映极限状态下的测试结果。通常,严峻的压力脉动状态出现在飞行器绕流湍流边界层、绕流分离和再附及激波边界层干扰区域,因此,在模型设计时应根据飞行器结构形式以及以往类似外形的试验结果进行预测,找出重点关注的区域,尽可能多地将传感器布置在敏感区域。

根据以往试验的经验来看,有以下一些布点规律。

(1)对导弹和火箭等外形而言,其外形多为锥-柱、锥-柱-群、锥-柱-群+助推等具有轴对称性质的外形,其测点通常沿弹体轴向或者周向布置,轴向布点的目的是确定绕流分离和再附,以及跨声速激波边界层干扰时的激波位置和强度,在这些流动区域内测点布置可以尽可能密一些。一般来说,对于只进行纵向试验的弹、箭模型,模型背风面的脉动压力测值往往大于迎风面,因此轴向布点首先考虑背风面母线,跨声速范围内,锥-柱体的肩部区域和倒锥区域都是激波振荡影响的关键区域,要重点加以考察,布置轴向测点时,可以在靠近肩部的区域进行测点加密,例如间隔 5 mm 布置一个测点,在远离肩部的区域测点密度可以适当稀疏,例如间隔 10 mm 甚至 20 mm 布置一个测点即可。当来流马赫数高于 1.0 以后,锥柱体肩部的流动已变为超声速流动,脉动压力峰值随之消失。对于周向测点布置,一般会在锥-柱体肩部、倒锥等关键截面布置一圈等夹角的轴向测点,测点之间的夹角一般为 30°或者 45°。这种截面的轴向测点数据可以用来进行截面积分,计算投影到各个角度上的脉动压力大小和频谱特性。对于对称模型的多数区域,只需要在某一侧布置周向测点即可,另一侧只需要布置少量几个测点进行观察即可。

(2)对于飞行器翼面或者舵面,要预估激波和分离发生的位置,一般来讲背风面测点要优先考虑。此外,靠近机身的机翼部位要考虑较大迎角时由机身头部或者边条卷起的涡系影响;当测试项目包括襟翼或者副翼角度偏转等内容时,要注意超声速时带角度的舵面会产生脱体激波作用在机翼后段,并产生较大的压力脉动;对于平尾等舵面,要考虑模型带迎角时前方各部件卷起的涡系作用于舵面上的情况。

(3)对于进气道喘振模型,一般在总压排架上迎内流来流方向沿周向均布 6 个以上测点,通过移动排架来测量内流脉动压力变化,当脉动压力频率和幅值出现较大幅度变化时,即为喘振开始点。

(4)对于前后分段的模型,要注意模型前体卷起涡系对后方部件的影响。

2. 模型加工与验收

对于结构比较复杂的脉动压力模型,在模型加工的关键时间节点,最好由模型设计人员会同试验负责人对模型进行现场考察和确认,尤其要现场核对脉动压力测点位置是否存在干涉情况,以及走线槽设置是否合理,如果现场发现问题,要立刻制定整改方案进行补救。

模型验收阶段,除了常规的检验项目之外,还要对测孔加工情况进行确认,确认测孔孔径是否合适,测孔处的模型厚度是否满足设计要求,对存在问题的测点进行现场处理。

3. 模型地面准备

脉动压力试验的地面准备是整个试验的关键所在,周密有序的地面准备工作可以提高传感器的安装质量,保证试验数据的准确性;合理的线缆敷设方式可以尽可能地节省模型内部空间,使现场操作更加高效方便,减小试验准备和进行过程中线缆甚至传感器损坏的风险,也便于在传感器损坏时进行更换。

对于一个新模型,地面准备工作展开之前要首先对模型整体构造进行分析,对模型各个部件间的搭接关系做到心中有数,理清总体思路,明确传感器安装以及线缆敷设的顺序,脉动压力传感器自身的信号线和接头部位通常非常脆弱,要尽可能避免在引线、穿线过程中发生拉拽,对已安装的传感器,布置信号线缆时要注意留有余量,以保证小幅度的拉拽不会伤害传感器。

总体思路确定后即可开展具体的准备工作,刚出厂的模型通常会抹油防锈,同时伴随有铁屑等杂物,必须用酒精或者丙酮等进行清洗,清洗时要重点对测孔周边和内部进行处理,测孔内部往往会隐藏大量的油污,不彻底清洁很容易堵塞传感器测量孔,可以将医用脱脂棉撕成小片,蘸酒精或者丙酮后用牙签顶入模型测孔内部,从另一侧取出,以棉条上不再有污渍为准。测孔附近也要重点清洗,保证模型内腔没有污渍。安装传感器时,对于普通的光杆式柱式传感器,可用镊子夹住传感器中部进行操作,将传感器头部轻轻地插入测孔,由于传感器头部和根部相对比较脆弱,操作时应尽量避免这两处受力,柱式传感器安装到位后,需要进行定位处理,根据笔者经验,常规情况下 704 硅橡胶是比较合适的选择,硅橡胶在使用前呈黏稠的奶油状,具有微弱的流动性,可保证接触面较好的贴合在一起;胶的固化时间与环境温度有关,当环境温度比较温暖时,一般在 20 min 以内即可达到使用强度,当冬季环境温度较低时,固化时间相应延长,但一般不会超过 1 h,这样的固化时间比较合适,既可以在上胶以后仍留有足够的时间来对传感器位置进行精确微调,也不会等待太久,试验结束后清除也很方便。使用硅橡胶时,要严防尚未凝固的硅橡胶接触到传感器头部,这样会堵塞传感器头部的测压孔,导致传感器失效,此外,利用硅橡胶定位的一个缺点是连接强度有所欠缺,当把传感器安装在耙上正对来流进行测量时要格外小心,当超声速试验来流压力过高,特别是存在瞬态冲击时,传感器很可能在吹风过程中被吹掉,这种情况下需要考虑其他的固定方案,自带螺纹的传感器是个不错的选择。当使用片式传感器时,传感器头部长度很小,很难像柱式传感器那样先定位再固定,此时硅橡胶不再适用,而且很容易蘸到传感器头部,可以采用镊子先将传感器放置到位,并用镊子头部轻轻顶住传感器的薄片,使其比较紧密的贴合到位,然后用捏成小块的硬腻子压住传感器薄片使其定位,此时可以松开定位的镊子,并进一步调整压紧腻子。根据经验,用腻子进行传感器固定效率非常高,无须像硅橡胶一样存在固化时间,而且粘接强度很好不易脱落,但这种操作方式对技术人员熟练度要求较高,也需要较大的操作空间,所以在模型设计时一定要提前加以考虑。

14.3 数 据 采 集

14.3.1 脉动压力数据采集系统构成

脉动压力试验系统主要由脉动压力传感器、信号调理器、数据采集器(板卡)、试验数据处理软件和配套的测试线缆等几个方面组成,典型的脉动压力测试系统组成参见图14.3。非定常压力载荷作用于脉动压力传感器上,产生的电信号由测试线缆传递,经信号调理器放大、滤波后,由数据采集板卡进行采集并记录在硬盘中,利用试验数据处理软件进行后处理,得到脉动压力时域和频域结果。下面分别对几个子系统进行介绍。

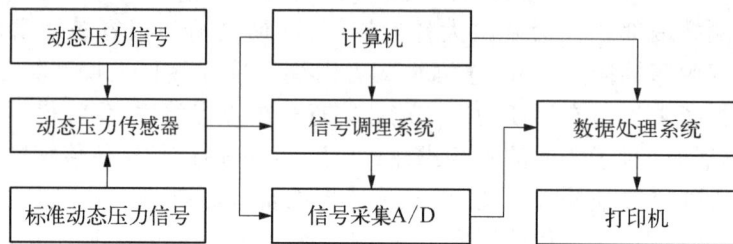

图 14.3 典型的脉动压力测试系统组成

1. 脉动压力传感器

脉动压力传感器是脉动压力试验系统的核心敏感元件,其功能是将待测压力转变为电信号,供记录和分析使用。

脉动压力试验中,选取适当类型和性能参数的传感器对整个试验的成败至关重要。脉动压力传感器的类型多种多样,从原理上来看,可分为应变式、电感式、电容式、压电式和压阻式等:

(1) 应变式传感器价格较低,缺点是灵敏度较低,零漂较大,对温度变化比较敏感;

(2) 压阻式传感器的灵敏度高,体积小,固有频率高,抗干扰能力强,是目前最广泛使用的传感器类型;

(3) 压电式传感器的灵敏度高,固有频率高,坚固耐用,缺点是不能测量低频压力脉动,对振动和温度变化敏感,其灵敏度受测试线缆长度影响较大;

(4) 电容式传感器的灵敏度也很高,适用于低压和微压测量,其线性度、重复性和稳定性高,缺点是不能测量几赫兹的极低频压力脉动,且对温度变化敏感。

综上,压阻式传感器最适合用于风洞试验,国内生产性风洞目前大量使用的动态压力传感器就是这种类型。

从外观来看,主要可分为柱式传感器和片式传感器两大类,其中柱式传感器又有光杆型和带外螺纹型两种,前者可以将传感器直径控制到 1.5 mm 左右,空间分辨率很高,后者更加便于安装和定位,也相对更加牢固耐用,但结构尺寸相对较大。柱式传感器适合应用于模型内部空间相对宽裕的位置,相比片式传感器,柱式传感器的安装精度更容易得到保证;片式传感器主要应用于模型机翼、舵面及其他内部空间局促,不足以布置柱式传感器的位置,片式传感器对模型安装空间要求极低,其自身厚度往往只有 1~2 mm,但安装位置无法像柱式传感器那样沿测孔轴向进行微调,安装精度稍差,由于传感器头部长度只有0.5 mm 左右,因此需要保证模型当地厚度也大约为 0.5 mm,对模型加工精度要求较高。典型的微型柱式和片式动态压力传感器外观见图 14.4。

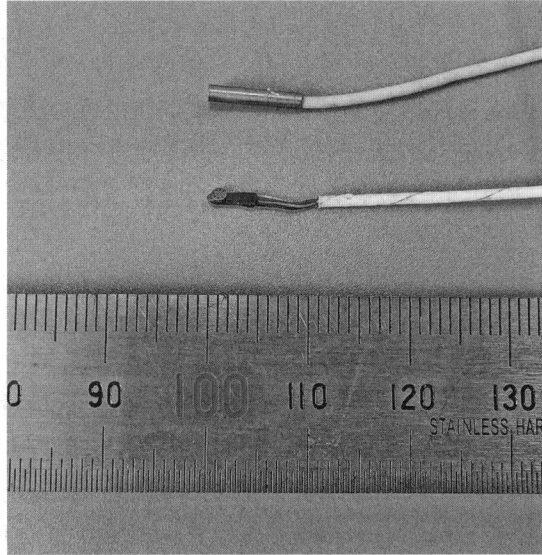

图 14.4　微型柱式传感器和片式传感器
(上: 柱式传感器;下: 片式传感器)

　　脉动压力传感器还可分为相对压力传感器和绝对压力传感器两种。相对压力传感器一般在传感器后方有一个参考压力端,传感器输出的是传感器膜片感受到的压力与参考压力端测值的差量,因此需要根据实际情况对参考压力端进行处理。当传感器安装在相对密闭的模型上,例如火箭模型,此时传感器的参考压力端位于封闭的模型腔内,吹风试验时模型内腔的压力变化非常平缓,如果只需要测量脉动量而不关心静压特性,则不需要对传感器参考压力管进行处理。如果模型内腔相对比较开放,试验中内腔压力会发生比较明显的波动时,就需要对参考端进行一些处理,因为参考端虽然一般都选用内径较细的金属管以增强管路效应,消除参考端压力波动对测值的影响,但由于长度较短,从准确测量的角度出发仍不能忽视。一个比较有效的方式是将所有传感器的参考压力端都连接在多通上,并将多通气路自我封闭。当需要获得静压数据时,可以将多通接一路到一个压力值已知的参考端,此时利用下面的公式即可计算出真实压力值:

$$p_{i'} = p_i - (p_0 - p_{ck}) \tag{14.1}$$

式中,$p_{i'}$是真实的瞬态压力值;p_i是传感器直接输出的瞬态压力值;p_0是试验前的传感器初读数,一般来讲,传感器在无风情况下的测值波动可以忽略不计,因此 p_0 可以视为初读数的时均值;p_{ck}是参考端压力值。为了方便起见,通常将参考端气路连接静止大气,则参

考端压力就是大气压值 p_a，上述公式变为

$$p_{i'} = p_i - (p_0 - p_a) \qquad (14.2)$$

绝对压力传感器顾名思义，测量的是模型表面的绝对压力，绝对压力传感器没有参考压力端，可以理解为参考端抽真空封闭的相对压力传感器。使用绝对压力传感器不需要考虑参考端的问题，但需要明确的是，这个"绝对压力"往往带有一个截距项，如果默认脉动压力传感器在其响应区间内的输出是线性的，即输出电压 $V = k \times p + b$，其中 k 是传感器的灵敏度，p 是待测压力值，b 是截距项。每一支传感器的 k 和 b 值都或多或少存在差异，即使使用相同型号的绝压式脉动压力传感器对大气压值进行测量，获得的结果也不尽相同。因此，如果需要关注静压数据，同样需要对截距项进行扣除修正，方法是在无风条件下采集初读数和大气压值，初读数和大气压值的差量 $p_0 - p_a$ 就反映了截距项的大小，并使用公式(14.2)进行修正。

试验中，需要根据实际情况确定使用相对压力传感器还是绝对压力传感器。相对压力传感器最大的优势在于很好地平衡了测量精度和量程之间的关系，一般来讲，如果使用大量程的传感器测量比较小的信号，则测值的信噪比较低，且精度相对较差，在脉动压力试验中经常会遇到类似的麻烦：有的测点静压值较大但脉动量相对较小，例如测量风洞稳定段脉动压力特性时，为了防止传感器超量程甚至破坏，通常会使用量程较大的传感器相匹配，从而影响了真正关注的脉动量的测值精度。相对压力传感器能比较好地规避这种矛盾，对于当地静压值较高的情况，只需要在脉动压力测点附近布置一个常规静压测点，用一根细长的气管将该点的静压作为脉动压力传感器的参考压力，就能平衡掉当地静压，在选择脉动压力传感器量程时，只需要考虑当地压力脉动量的大小，选取量程相匹配的传感器，从而获得更高的信噪比，相对压力传感器由于参考压力端的存在，其传感器尺寸要比绝对压力传感器更大，对模型内部空间要求略高，使用时要小心保护参考压力端，防止弯折和堵塞。绝对压力传感器不需要考虑参考压力端的处理，体积也相对较小，使用起来相对方便一些，由于传感器初读数与大气压力值比较接近，试验进行过程中很容易判断传感器是否存在损坏。但如前所述，绝对压力传感器的量程一旦确定，其耐压上限就不能改变，对于静压值较高的测点必须相应选用量程大的传感器，从而降低了脉动量测量的精度。

需要特别说明的是：虽然脉动压力测量结果可以得到类似常规压力测量的表面静压和静压系数结果，利用脉动压力系统获得的静压结果也可以作为试验规律分析的重要参考，但两种试验方法的结果很难定量的进行比较，更不能将一个系统的结果作为考核另一个系统数据可信度的判据，其主要原因在于以下几点。

(1) 两种测试系统的设计侧重点不同：常规压力扫描阀的优势在于极高的数据精度和静态指标，脉动压力传感器的优势在于高灵敏度和高频率响应特性，但自身精度不如压力扫描阀系统。

(2) 采样率不同：脉动压力测试系统的采样率要远远高于常规压力测量系统，对于稳态压力，采样率的影响较小，但当测量脉动量较大的对象时，脉动压力系统的结果是对所有信号进行采样平均，获得的平均值能够反映真实值，而扫描阀系统是对快速变化的待测信号进行"抓点式"测量，加之测压管路带来的低通滤波效应，遗失了很多高频信号，势

必导致测量结果的差异。

（3）温度变化等：现在的脉动压力传感器一般具备温度补偿功能，但风洞运行过程中静温迅速下降，经实测传感器仍然存在一定程度的温漂。而常规测压有一段测压管路，扫描阀不会直接感受模型表面静温的变化，温漂影响几乎可以忽略。

所有的脉动压力传感器都需要满足以下要求。

（1）高灵敏度：高灵敏度传感器可获得高的信噪比，从而获得更准确的压力测量结果。

（2）高自振频率：动态压力传感器的自振频率关系到传感器动态特性的优劣。自振频率越高，传感器的固有惯性越小，其动态特性也越好，测量带宽也越大。通常情况下，我们要求传感器自振频率高于待测压力信号频率 3~10 倍。

（3）动态测量范围宽、频响曲线平坦、迟滞小：脉动压力风洞试验的压力频谱范围很宽，不同的流动类型，其频率范围有所不同，分离流研究通常达到 10 kHz，湍流研究需要 100 kHz 以上，需要在相应的频率带宽内拥有平坦的幅频响应，这一定程度取决于传感器的自振频率。

（4）对加速度不敏感、受温度影响小。

（5）可靠耐用。

目前，常用的 Endevco 和 Kulite 等进口脉动压力传感器的精度普遍可达到 0.03%~0.1%，国产动态压力传感器性能指标也在持续改善，目前精度可达到 0.2%的水平，完全可以满足脉动压力试验的要求，表 14.1 给出了国产某型动态压力传感器的主要技术指标。但需要注意的是，脉动压力试验数据的精度取决于多个方面，传感器固有的精度只是其中一个方面。

表 14.1　国产某型动态压力传感器的主要技术指标

满量程压力 /psi*	固有频率 /kHz	非线性与迟滞综合 误差/%满量程	传感器直径 /mm	工作温度范围 /℃	温度零点漂移 /%满量程
30	200	0.22	1.65	−55~200	2.2/100℉

* 1 psi = 1 lbf/in^2 = 6.894 76×10^3 Pa。

2. 信号调理器

信号调理器是指输出信号的放大、滤波设备。脉动压力传感器的输出电压一般都很小，通常为毫伏量级，为了提高测量系统的分辨率和测量精度，要选取适当的放大倍数，使放大后的信号与 A/D 转换器相匹配，同时保证有足够的动态频响范围。

对输入信号进行放大、隔离、滤波、线性补偿和阻抗匹配等功能性调节后再输出的四端网络统称为信号调理器，有时也称为通道放大器、前置放大等。一般成套的数据采集系统都配有功能齐全的信号调理器，不需要另行配置。而如果选择自行集成数据采集系统，则需要选配合适的信号调理器。脉动压力传感器输出的是毫伏级弱电信号，而风洞试验中由于可能存在动力设备工频干扰，信号调理器输入端的信号容易受到干扰，为了消除这种干扰，信号调理器需要具备隔离功能。隔离是采用浮动输入设计，完全消除信号输入端与输出端以及电源端的耦合，其作用是防止瞬间大信号破坏计算机，保证系统安全，减少共模电压以及由于系统中各部分接地不当所引入的干扰。

滤波是信号调理器的一个重要功能,其作用是抗混叠干扰。根据采样定理,当采样频率高于待测频率一倍时,才能保证不发生频率混叠。然而输入信号中往往夹杂有高于有用信号频率的干扰信号,为了抑制这些信号产生混叠干扰,往往需要前置截止频率很陡的抗混叠滤波器,保证滤除高于 0.5 倍采集速率的所有频率成分。试验中,要慎重选择滤波器的类型和通频带,既要满足通道的频率特性,也要考虑其相位特性。除了保证各通道之间的相位一致性满足要求以外,在对时域波形有要求的情况下,还要选择相位线性好的滤波器,以减小信号失真。

3. 数据采集器

数据采集器的功能是记录经信号调理器处理的实时压力测量数据,供数据处理和分析使用。脉动压力测量系统分为模拟型和数字型两种。模拟型是比较旧式的记录方式,其原理是将压力信号记录在磁带上,通常用交直流两用多通道高质量磁带记录仪,使用的磁带记录仪必须是在需要的频率范围内,具有较好的频率响应、较宽的动态范围和较高的信噪比。频率范围与使用的磁带速度有关,磁带速度越小,高频上限越低,频带范围越窄;反之,磁带速度越快,高频上限越高,频带范围越宽。模拟型采集的优点是:所有信号都得以记录下来,硬件设备抗干扰能力强,精度高,模拟信号不存在离散化采样失真。缺点是仪器系统体积较大,试验操作比较烦琐,数据分析需要对每个测点通道进行频带分析,耗时长效率低,数据储存在磁带上,存储效率低后期保管和检索都比较麻烦。随着数字采集技术的发展,模拟采集设备基本已经被淘汰了。

采用数字型采集器时,被测信号经 A/D 转换器离散为数字信号,记录在计算机硬盘中供数据处理和分析。A/D 转换器需要有足够高的数字化信号分辨率、足够快的采集频率。数字型采集方式相比模拟式的最大优势在于:系统集成度高,试验时操作便捷,试验数据存储方便,结合计算机编程技术可以方便地对原始数据进行处理和分析。

脉动压力测量要求各个通道信号同步采集,这要求数据采集器具有并行采集能力。每个通道需要有独立的采集器和 A/D 转换器。触发方式对脉动压力测量也很重要,数据采集系统应具备包括外触发、内触发等多种触发方式以适应不同试验的需求。

A/D 分辨率是将模拟信号变成数字信号的位数表示的能力。一个高分辨率采集系统可以在一定测量范围内分成更多的等份,以达成更高的测量精度。例如,5 V 的输入信号,如果使用 12 bit 的测量设备,则最小可分辨电压是 1.22 mV;而用 16 bit 分辨率的设备进行测量,则最小可分辨电压可以达到 0.076 3 mV。脉动压力试验通常采用至少 24 bit 分辨率的采集设备。

4. DEWETRON 动态数据采集系统简介

本节以 DEWETRON 2601 采集系统为例,简要介绍该动态数据采集系统的构成、特点及性能参数,为选择或者组建类似的系统提供参考。

DEWETRON 2601 系统是基于 PCI 总线的数据采集系统,该采集系统主要由 DEWE - ORION - 1624 采集模块组成,该采集模块的主要指标如下:

(1) 16 通道模拟信号输入;

(2) 24 bit 分辨率;

（3）每通道最高采样率 200 kHz，并行采集；

（4）110 dB 动态范围；通道间串扰 <-120 dB；

（5）抗混叠滤波：45 kHz；

（6）系统可以按照 $n \times 16$ 的通道数扩展。

DEWE - PCI - 1624 数据采集模块安装在 DEWE - BOOK - PCI - 80 机箱中，机箱由 DEWESoft - Plus 软件对采集模块进行程控。采集后的数据通过 PCI - Bridge 接口实时传到计算机中的硬盘存储。

系统集成了 DEWETRON 公司的 DAQP - Bridge - B 内置式高精度信号调理模块，这种信号调理器集成度很高，但一个模块中只有一个通道，这样可很好地减小通道间的信号干扰，提高信噪比。与其他产品相比其性价比极高。它主要用于航空航天领域，该信号调理模块不但能放大信号，而且具有滤波功能，集多种功能于一体。

DAQP - Bridge - B 放大滤波模块的主要技术指标如下：

（1）激励电压：0.25 V DC，0.5 V DC，1 V DC，2.5 V DC，5 V DC 或 10 V DC，可程控选择；

（2）程控输入范围：±0.1 mV/V，0.2 mV/V，0.5 mV/V，1 mV/V，2 mV/V，5 mV/V，10 mV/V，20 mV/V，50 mV/V，100 mV/V（@ 5 V 激励）；具有电压放大功能，最大输入电压：500 mV；

（3）带宽：DC - 200 kHz，AC/DC 耦合；

（4）程控低通滤波：10 Hz，30 Hz，100 Hz，300 Hz，1 kHz，3 kHz，10 kHz，30 kHz，100 kHz；

（5）自动桥路偏移调节（调节范围为输入量程的 ±200%）；

（6）精度：±0.05% FS；

（7）接头形式：DB9。

该调理模块也一并安装在 DEWE - BOOK - PCI - 80 信号调理和采集模块机箱中。DEWE - BOOK - PCI - 80 机箱通过 RS - 232 接口与计算机连接，计算机对传感器桥压、放大倍数、滤波频率等进行程控设置，同时也可用面板上的手动按钮进行手动设置。

通道设置方面，单台采集仪器根据数据采集板卡的数量，其采集通道最多一般有 64 个，默认处于独立工作状态，当单台设备不能满足通道数需求时，可使用同步线缆和网线对几台独立的采集设备进行联机操作，将一台设备作为主机，其他设备作为从机。同步采集时，所有采集设备的数据采集工作同步触发，保证了所有通道的时序同步性，数据可统一存入主机硬盘形成一个原始文件，编程处理方式与单台测试设备保持一致。

数据采集触发方面，DEWETRON 系统提供了多种触发模式：可以采用手动点击触发按钮的模式，持续采集整个吹风过程中的所有数据。这种模式可以记录每个通道在全过程中的数据变化历程，对数据分析最为有利；可通过外接模拟信号进行触发；也可将某一个实时采集信号设置为触发判据，在设置界面中手动设置触发阈值和触发条件，例如将某个通道的测值或者测值的均方根值高于某个阈值的事件定义为采集触发信号，同样，也可以将类似的事件定义为采集终止信号。这种根据预设条件分段采集的模式有利于节省存储空间,适合长时间采样的情况,但需要测试人员对数据规律有比较清晰的预判。总之,采用何种触发模式需要根据现实需求而定。

14.3.2　试验前的准备工作

试验前的准备工作除了前文所述的模型准备之外,还需要对传感器、线缆、采集仪器和数据处理程序进行准备。

首先需要根据试验计划确定传感器的数量、类型、量程。每次试验之前,需要对每一支传感器进行性能检查,并核对传感器系数是否出现漂移。

脉动压力传感器的校准可分为静态校准和动态校准两种。静态校准的方法和普通的静态压力传感器相似,动态校准的目的是确定传感器的输出与作用在传感器敏感元件上的动态压力之间的各种关系。通过动态校准可以确定传感器的动态性能指标,如灵敏度系数、频响特性、相频特性(滞后特性)、线性度、压力范围和精度等。

动态校准方法有阶跃压力输入法和正弦信号输入法两种。阶跃压力输入法通常采用激波管进行校准。其原理是对待校准的传感器输入一个阶跃信号,测出其响应信号 $y(t)$,用解析的方法计算其动态特性。激波管是一根用膜片分隔开的直管道,一端充高压气体,另一端为低压气体。待校准的传感器安装在低压端的末端,缓慢提高高压段的压力,当高压段压力超过某一阈值时膜片会发生破裂并形成一道正激波向低压段传播,激波前后形成一个阶跃压力。此压力 $x(t)$ 作用在待校准的传感器上产生压力响应信号 $y(t)$,将该响应信号记录下来。根据自动控制理论,通过处理输入和响应信号就可以得到传递函数,也就是传感器的幅频特性。

使用激波管进行动态校准的工作量很大,对于日常的试验前准备来说,对每一根参试传感器逐一进行激波管校准并不现实。实际上,通常用简易式的小型活塞式信号发生器来检验传感器的工作状态,同时对传感器系数进行标定。校准时,将传感器安装在校准器的压力输出端,并使用数据采集系统进行采样,利用系统自带的数据实时显示和分析系统,可方便地观察传感器实时反馈的压力值、压力均方根值、峰-峰值、频谱信息,利用系统的模拟示波器功能还可以实时观察压力波形等情况,要留意观察采集到波形的形状,如果正弦波出现锯齿或者其他畸变,都可能意味着传感器性能存在缺陷。由于校准器稳定输出幅值和频率一定的正弦信号,因此可以很方便地反算传感器的灵敏度,通过频率响应也可以检查传感器的频率响应是否准确。

测试线缆准备是脉动压力试验准备中的一个重要环节。传感器自身的线缆长度通常在 1 m 左右,为了将传感器和测量仪器进行连接,需要性能可靠稳定的测试线缆。试验前要提前预计好线缆的数量,明确线缆的性能状态,对可能存在性能故障的线缆做好标记,以免影响数据质量,影响试验效率。

由于硬件设备的迅速发展,集成型动态数据采集系统的试验前准备步骤已经相当简单高效。以 DEWETRON 2601 系统为例,试验前只需要做好通道的配置工作,保存通道配置文件以待试验时调用即可。一般来讲,需要根据模型的具体情况,在地面准备过程中对脉动压力测点进行编号,编号规则以方便后期试验数据分析为准,待传感器安装到位后,即可获得传感器编号(传感器灵敏度)与测点的对应关系。进行通道配置时,一般可将测点编号与通道号设置为一致,这样通过观察通道号即可直观地分辨模型上的位置,每一个通道要分别填入对应传感器的灵敏度系数,并核对通道的桥路类型(全桥还是半桥)、量程、滤波器设置等,要选择合适的采集触发和存储模式,设置好数据存储路径,设置完成后,要进行一次模拟采数,无误后即可保存通道配置文件以待试验前调用。

试验中的数据处理程序一般与试验后处理使用同一个程序,这一部分在14.4节中再详细阐述。试验中的数据处理主要为了便于试验现场的实时分析,一般重点关注脉动压力系数和功率谱密度等信息。对于客户提出数据处理的特殊要求,要尽量提前按照任务书要求修改程序。程序编制完成后,可以模拟试验吹风状态采集几组数据对程序进行调试。必要时,可通过手算检查程序中的算法是否正确。

14.3.3 脉动压力试验方法

脉动压力试验通常在一定马赫数和迎角范围内进行。其吹风开车方式与常规测压试验比较接近,但常规测压试验的阶梯采样时间一般为1 s,而脉动压力试验要长一些,一般为3~6 s。对于脉动压力峰值对马赫数特别敏感的模型,如火箭模型在跨声速阶段的脉动压力峰值捕获时,一般将模型置于迎角零度,进行马赫数间隔为0.01的扫马赫数试验,然后再根据扫马赫数试验获得的敏感马赫数开展下一步的变迎角试验。

14.4 数据后处理

本节将大致按照数据处理的顺序,分别介绍各种数据处理的定义,并根据笔者的实践经验给出数据处理程序设计的思路以供参考。程序设计语言为MATLAB。

1. 信号预处理

周期大于记录长度的频率成分称为趋势项。在对信号的原始数据进行正规处理前,首先要去除信号中的趋势项。趋势项往往是由仪器或试验环境引起,不能代表真实的信号,如果不去除的话,有时会在相关和功率谱处理中造成明显的畸变,数据中的趋势项甚至可以使低频时的谱估计完全失去真实性。在去除趋势项后,就可进行各种分析处理。对于频域处理,还要先进行窗处理。窗处理可以减少非整周期采样引起的频率混迭。计算机只能处理有限长度的信号,原信号$p(t)$要以T(采样时间或采样长度)截断,即有限化。有限化也称为加"矩形窗"或"不加窗"。矩形窗将信号突然截断,这样会在频域造成很宽的附加频率成分,这些附加频率成分在原信号$p(t)$中其实是不存在的。一般将这一问题称为有限化带来的泄漏问题。泄漏使得原来集中在f_0上的能量分散到全部频率轴上。但使用何种窗或不使用窗,应视实际信号的特点而定。窗处理不会影响信号中周期成分的频率,但加窗会引起能量泄漏,不过程序中已考虑了能量泄漏的补偿。对稳态随机或周期信号应采用线性平均,多次平均可以明显提高信噪比以及谱估计的置信度。

数据处理软件首先读取某一通道某一阶梯的数据文件,按照数据块大小的要求,文件中的原始数据被分成若干块。每一块数据都单独处理。最后把每一块数据的处理结果作线性平均。

假设数据块大小为N,如果对信号$p(t)$采集N个采样点,那么$p(t)$就可以用下面这个序列表示：

$$P_0 = \{p[0], p[1], p[2], p[3], \cdots, p[N-1]\}$$

这个序列被称为信号 $x(t)$ 的数字化显示或者采样显示。把序列中的所有元素进行线性拟合，得到函数关系 $P_1 = a + b \times p(i)$，$(P_0 - P_1)$ 就是去除趋势项后的数据。

但在有些问题中趋势项本身就是一个需要知道的结果，使用时要特别谨慎，避免删除掉有用的信息。

2. 基本统计量计算

脉动压力信号的基本统计量计算主要包括脉动压力系数 $C_p\%$、总声压级 SPL、偏态系数 Co(skewness) 和峰态系数 Ck(kurtosis) 等。它们分别定义为

$$p_{rms} = \sqrt{\frac{1}{N} \sum_{i=0}^{N-1} (p_i - \bar{p})^2} \tag{14.3}$$

$$C_p\% = \frac{p_{rms}}{q} \times 100\% \tag{14.4}$$

$$SPL = 20 \lg \frac{p_{rms}}{p_{ref}} \tag{14.5}$$

$$Co = \frac{1}{N} \sum_{i=0}^{N-1} (p_i/\sigma)^3 \tag{14.6}$$

$$Ck = \frac{1}{N} \sum_{i=0}^{N-1} (p_i/\sigma)^4 \tag{14.7}$$

式中，N 为样本总数；q 为动压；p_i 为以一定时间间隔采集的数据序列；$\bar{p}$ 为序列均值；$p_{ref} = 2 \times 10^{-5}$ Pa；σ 为序列标准差。

脉动压力系数和总声压级是最常用的体现脉动压力时域特性的两个参数，其中，脉动压力系数采用来流速压进行了无量纲化处理，没有单位，其量值一般较小，为了便于分析和观察，通常将该数值放大 100 倍观察，并标注为"%"。总声压级 SPL 是根据人耳对声音的感知特点，计算出的时域信号的总能量，该结果的单位是分贝(dB)。p_{rms} 是参考压力，是空气中人耳对 1 000 Hz 纯音的听阈。

前文中曾提到对火箭等模型的圆周截面进行周向布点，此时，往往需要计算截面的脉动压力周向积分，又称为截面合成脉动压力。截面合成脉动压力的计算公式为

$$p_S(t) = \sum_{i=1}^{n} p_i(t) \cos \theta_i \tag{14.8}$$

式中，θ_i 为自模型上表面中心线算起的周相角；$p_i(t)$ 为周向各测点的脉动压力；n 表示截面周向等分段数。进行截面脉动压力计算时，首先对原始压力信号进行处理，在每一个瞬态时间点上按不同的方向进行投影和积分，将每个方向上的投影和积分结果视为独立的测点，然后再对整个时间段内的数据进行统计处理，就可以得到截面合成的脉动压力系数。

　　风洞试验中,如果风洞的流场动态特性不够理想时,可能会遇到来流条件不稳定的状态,特别当进行定迎角扫马赫数试验时,风洞以 $\Delta Ma = 0.01$ 的间隔连续变马赫数,这对风洞的流场品质特性和稳定度都提出了严峻挑战;又例如有的风洞受供气管道设计缺陷的影响,虽然成功建立了流场,但来流会在长时间内存在低频振荡,这种振荡对常规测压结果影响相对较小,但对脉动压力结果的影响不可忽视。我们知道,脉动压力系数和声压级的计算是基于求取一个时间段内数据的均方根统计量得到的,二者的量值大小主要取决于采样数据的"振荡"程度,对于一个相对稳定的流动状态,压力的平均值基本保持不变,数据的均方根值大小反映了压力的振荡幅值,即反映了压力脉动的大小。而当来流存在"振荡"时,即使采样时间足够长,可以平均掉压力均值的波动,但均方根值仍然是"真实"脉动和来流振荡共同作用的结果,势必比真实值偏大。当进行扫马赫数试验时,这种由流场不稳定引起的偏差更加明显,严重时测值可能会超过真实值数倍之多。

　　在流场品质无法改善的前提下,为了尽可能消除这种影响,可采取分段计算的处理方式,其原理是:将每个工况下的原始结果等分成若干个数据块,对每个数据块单独进行处理,并对处理结果求平均。这样做的作用在于:由于流场处于低频振荡(或者马赫数跳变)状态,因此当数据块切分得比较小时,压力时域曲线近似于一条带有"锯齿"的斜线,经数据去趋势项处理后,数据块的时域曲线被"放平",原始结果被离散成若干条平均值不同但没有斜率只有很小曲率的曲线段,在对每个数据块进行均方根计算时,每个数据的平均压力值虽然不一致,但并不会计入均方根结果,个别出现流场马赫数突变的数据块会得到比较大的结果,但经平均处理后影响也较小。这种处理方法和下文介绍的频域计算分块平均法有相似之处,为了保证频域结果和时域结果的能量一致,可以将数据块的大小选取为与频域计算相一致。

　　3. 功率谱

　　功率谱反映了信号在频域中的能量分布。在脉动压力应用中,一般用功率谱密度和无量纲功率谱密度表示。功率谱密度函数反映脉动压力信号所包含的频率成分及各频率处的能量密度。

　　为了降低功率谱密度估计的方差,风洞试验分析中通常会采用分段平均的方法进行处理,该方法是将样本数据分成若干段,并允许每段数据有部分重叠,分别求出每段样本的功率谱再加以平均。这种方法又称为韦尔奇(Welch)方法。韦尔奇方法求算功率谱密度的定义如下:

$$G(f) = 10\lg G_{ii}(f) \tag{14.9}$$

式中,$G_{ii}(f)$ 为自谱密度:

$$G_{ii}(f) = \frac{1}{MN_{\text{FFT}}} \sum_{k=1}^{M} P_i^k(f) P_i^{k*}(f) \tag{14.10}$$

式中,$P_i^k(f)$ 是随机信号第 k 个数据段的傅里叶变换;$P_i^{k*}(f)$ 是 $P_i^k(f)$ 的共轭复数;M 是分段数。

　　利用 MATLAB 工具箱提供的 Pwelch 函数可以很方便地求取原始压力样本的功率谱密度函数,其格式如下:

$$\left[\mathrm{pxx}, f\right] = \mathrm{pwelch}(x, \mathrm{window}, \mathrm{noverlap}, N_{\mathrm{FFT}}, f_{\mathrm{s}})$$

式中,pxx 为功率谱密度结果;f 为频率轴;x 为原始数据;window 为加窗的名称;noverlap 为数据重叠的比例;N_{FFT} 为每个数据块的样本数量;f_{s} 为样本的采样率。海明窗或者汉宁窗是比较通用的窗函数,数据重叠率一般可选为 50%。对于数据块大小的选取,可根据频域分析分辨率要求而定,频域分辨率:

$$\Delta f = f_{\mathrm{s}}/N_{\mathrm{FFT}} \tag{14.11}$$

根据功率谱密度结果可以计算归一化功率谱密度 $G_s(f)$ 和无量纲化功率谱密度 $G_N(f)$ 等,其计算公式如下:

$$G_s(f) = 10\lg\frac{G_i(f)}{p_{\mathrm{rms}}^2} \tag{14.12}$$

$$G_N(f) = 10\lg\frac{G_i(f)}{p_{\mathrm{rms}}^2} \times \frac{V}{D} \tag{14.13}$$

式中,V 是来流速度;D 是模型参考长度。

个别频谱分析时习惯用 1/3 倍频程的功率谱密度。1/3 倍频程功率谱密度的中心频率、频率上下限由 $1/b^{\mathrm{th}}$ 表达式来确定,其中 $b=3$,第 N 个频带中心频率为

$$f_{\mathrm{cn}} = h^n \tag{14.14}$$

其下限频率为

$$f_{\mathrm{ln}} = \frac{f_{\mathrm{cn}}}{2^m} \tag{14.15}$$

其上限频率为

$$f_{\mathrm{un}} = f_{\mathrm{cn}}2^m \tag{14.16}$$

式中,$h = 2^{\frac{1}{b}}$,$m = \frac{1}{2b}$,它是从声学观点将功率谱能量分频带折算到若干频率带宽上。按照国际规定,中心频率常使用 $f_{\mathrm{c}} = 1.0\ \mathrm{Hz}$、$1.25\ \mathrm{Hz}$、$1.6\ \mathrm{Hz}$、$2.0\ \mathrm{Hz}$、$2.5\ \mathrm{Hz}$、$3.15\ \mathrm{Hz}$、$4.0\ \mathrm{Hz}$、$5.0\ \mathrm{Hz}$、$6.3\ \mathrm{Hz}$、$8.0\ \mathrm{Hz}$、$10.0\ \mathrm{Hz}$……可见,每隔 3 个中心频率增长 1 倍,每个频率带宽的功率是频带内功率的平均值。

MATLAB 工具箱没有提供现成的 1/3 倍频程功率谱密度计算函数,可以先利用常规的 Welch 算法计算功率谱密度,将 N_{FFT} 值取足够大,这样可以获得较高的频率分辨率,然后再根据 1/3 倍频程的频带划分规则将能量积分到相应的频带上即可。

4. 倒频谱

倒频谱是谱函数的一种,从它可以帮助得到频谱中的一些特征信息。倒频谱实质上是频域函数取对数后的傅里叶变换,倒谱的自变量的量纲为时间。对数加权的目的在于扩大动态范围和提高解耦能力。

$$C_p(q) = \mid F\{\lg G_x(f)\}\mid^2 \tag{14.17}$$

倒频谱是信号分析中的一种手段,对于不同的应用,它的数学定义有所不同。

5. 相关函数

相关函数的数学定义为

$$R_x(\tau) = \int_{-\infty}^{+\infty} x(t) x(t + \tau)\,\mathrm{d}t \tag{14.18}$$

对于离散化的序列,用下列方法计算:

$$R(k) = \sum_{i=0}^{N-1} x(i) x(i + k) \quad (k = 0,\ 1,\ 2,\ \cdots,\ N) \tag{14.19}$$

式中,τ 为延迟时间;k 为时间迟后点数;N 为总的时间迟后数。

互相关函数的数学定义为

$$R_{xy}(\tau) = \int_{-\infty}^{+\infty} x(t) y(t + \tau)\,\mathrm{d}t \tag{14.20}$$

$$R_{xy}(k) = \sum_{i=0}^{N-1} x(i) y(i + k) \tag{14.21}$$

在程序中已对自相关函数和互相关函数做了归一化处理。

自相关函数可用于检测随机信号中的周期信号,互相关函数可用于检测两个同频率的相位差,并根据这个原理可测定流场中的流动速度。

相关分析是一种时域分析,仅仅满足采样定理的采样频率是不够的,应该将采样频率取得更高一些,以便在信号的一个周期内有足够的样本以描述该信号从而提高时间分辨率。

6. 概率密度函数与概率分布函数

概率函数是描述随机信号在幅值域里的统计特性,常用的有概率密度函数和概率分布函数,分别用 PDF 和 PSF 表示。

概率密度函数是变量 X 的函数,它表示信号瞬时值落在该 X 值附近的小范围 Δx 内的概率。随机信号 $X(t)$ 的幅值落在 X 和 $(X + \Delta x)$ 范围内的频率可以用 T_x/T 值表示。T 是观察时间,T_x 是在 T 时间内 $X(t)$ 值落在上述幅值范围内的总时间。概率密度函数定义为

$$\mathrm{PDF}(X) = \lim_{\Delta x \to 0} \frac{1}{\Delta x}\left(\lim_{T \to \infty} \frac{T_x}{T}\right) \tag{14.22}$$

概率分布函数表示信号瞬时值小于或等于某指定值的概率,它是概率密度函数从 $-\infty$ 至 X 的积分:

$$\mathrm{PSF}(X) = \int_{-\infty}^{X} \mathrm{PDF}(\xi)\,\mathrm{d}\xi \tag{14.23}$$

对于离散时间序列 $\{X_i\}$,无因次概率密度为

$$\mathrm{PDF}(i) = \lim_{N \to \infty} \frac{N_1}{N} \tag{14.24}$$

式中，N_1 为 X_i 落在 $i\Delta x$ 与 $(i+1)\Delta x$ 之间的样本数，N 为观察的样本总数。而概率分布函数为

$$\mathrm{PSF}(i) = \sum_{j=-\infty}^{i} \mathrm{PDF}(j) \tag{14.25}$$

概率分析是一种幅值域分析，仅仅满足采样定理的采样频率是不够的，应该将采样频率取得更高一些，以便在信号的一个周期内有足够的样本以描述该信号的幅值信息。但也不必取得太高，过高会使得平均效果差。

7. 相干函数

相干函数从物理上讲指由输入产生的输出功率与输出总功率之比，它是频率的函数。假设 $f(t)$ 和 $g(t)$ 分别为系统的输入和输出信号，$F(f)$ 和 $G(f)$ 为它们的傅里叶变换，相干函数 $\gamma^2(f)$ 的数学定义为

$$\begin{aligned} \gamma^2(f) &= \frac{|S_{FG}(f)|^2}{S_{FF}(f) \cdot S_{GG}(f)} \\ &= \frac{|F^*(f) \cdot G(f)|^2}{[F^*(f) \cdot F(f)] \cdot [G^*(f) \cdot G(f)]} \\ &= \frac{|[\mathrm{Re}(F(f)) - J\mathrm{Im}(F(f))] \cdot [\mathrm{Re}(G(f)) + J\mathrm{Im}(G(f))]|^2}{[\mathrm{Re}^2(F(f)) + \mathrm{Im}^2(F(f))] \cdot [\mathrm{Re}^2(G(f)) + \mathrm{Im}^2(G(f))]} \\ &= \frac{\begin{array}{c}|[\mathrm{Re}(F(f)) \cdot \mathrm{Re}(G(f)) + \mathrm{Im}(F(f)) \cdot \mathrm{Im}(G(f))] + J[\mathrm{Re}(F(f)) \cdot \\ \mathrm{Im}(G(f)) - \mathrm{Im}(F(f)) \cdot \mathrm{Re}(G(f))]|^2\end{array}}{[\mathrm{Re}^2(F(f)) + \mathrm{Im}^2(F(f))] \cdot [\mathrm{Re}^2(G(f)) + \mathrm{Im}^2(G(f))]} \end{aligned} \tag{14.26}$$

式中，$S_{FG}(f)$ 为输入和输出信号的互功率谱；$S_{FF}(f)$、$S_{GG}(f)$ 分别为输入和输出信号的自功率谱。在实际应用中，使用其实部来计算相干函数：

$$\mathrm{Re}(\gamma^2) = \frac{\mathrm{Re}^2(S_{FG}(f))}{S_{FF}(f) \cdot S_{GG}(f)} = \frac{|[\mathrm{Re}(F(f)) \cdot \mathrm{Re}(G(f)) + \mathrm{Im}(F(f)) \cdot \mathrm{Im}(G(f))]|^2}{[\mathrm{Re}^2(F(f)) + \mathrm{Im}^2(F(f))] \cdot [\mathrm{Re}^2(G(f)) + \mathrm{Im}^2(G(f))]} \tag{14.27}$$

它是恒小于等于 1 的实数，即

$$\mathrm{Re}(\gamma^2) \leqslant 1 \tag{14.28}$$

如系统是线性的，且不存在噪声，相干函数总等于 1；如系统的输出中包含有其他信号时，相干函数小于 1。

在脉动压力应用中，输入和输出分别为两测点的信号，系统为流场空间。两测点的相干性好说明两测点信号中的频率成分依赖性好。

图 14.5 给出了脉动压力数据后处理流程图供参考。

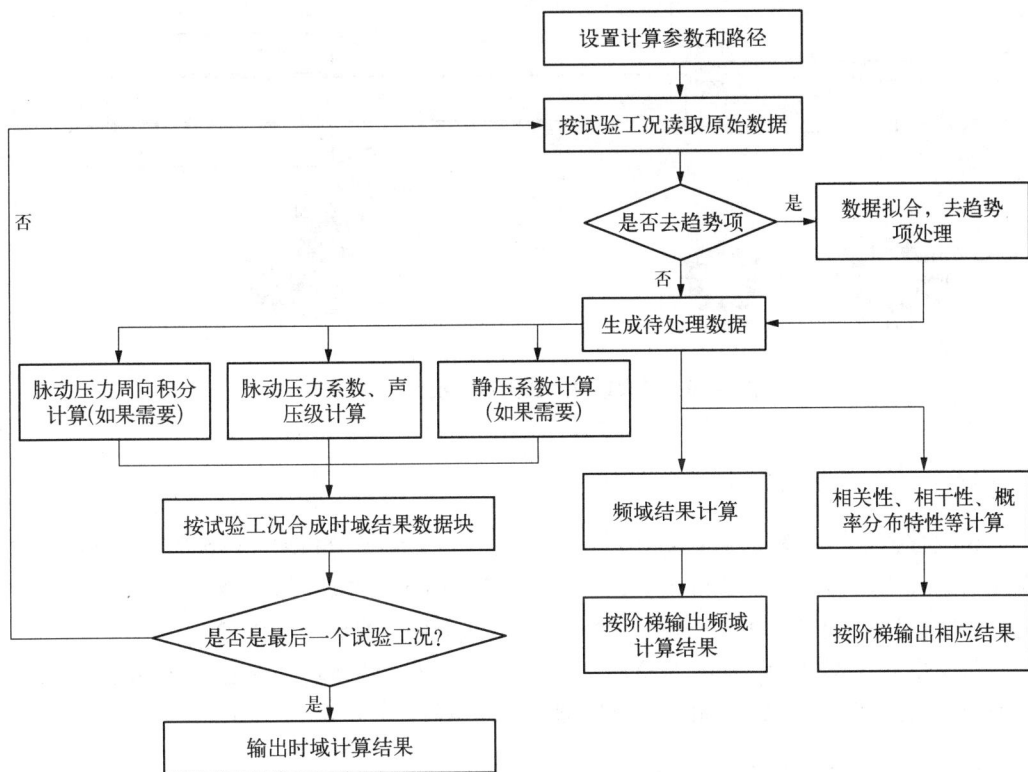

图 14.5　脉动压力数据后处理流程参考图

14.5　典型试验结果

本节以某型运载火箭脉动压力试验为例,简要介绍了脉动压力风洞试验的情况。

14.5.1　试验风洞简介

试验在 1.2 m 跨超声速风洞中进行,风洞试验段截面尺寸为 1.2 m(宽)×1.2 m(高),风洞总压运行范围 $p_0 = 98.7 \times 10^3 \sim 454 \times 10^3 \, \text{Pa}$,试验雷诺数范围 $Re_c = (8.5 \sim 35.2) \times 10^6 (c = 1 \, \text{m})$。

14.5.2　试验模型简介

试验模型为全金属缩尺模型,模型长度 1.19 mm,共有布置了 52 个脉动压力测点。图 14.6 给出了测点分布情况。由图可见,测点分布主要位于火箭整流罩锥柱体肩部区域、倒锥区域以及助推级的肩部区域,相应区域分别还沿周向布置了 4 组测点用于计算周向脉动压力积分。

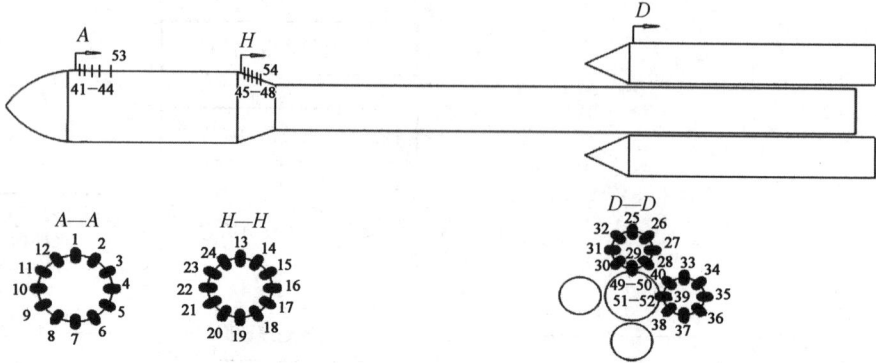

图 14.6 某火箭脉动压力试验模型的测点分布

14.5.3 试验方法简介

试验数据采样率为 20 kHz,阶梯采样时间约为 4 s,频域分析取 4 096 个数据点作为数据块进行分段平均以减小随机误差,分辨率为 4.88 Hz。数据采集模块具有抗混滤波功能,因此信号不至于在进行功率谱密度分析时造成低频与高频分量混淆。

试验中在模型迎角 $\alpha = 0°$ 时进行了定迎角扫马赫数试验,马赫数范围 $Ma = 0.75 \sim 1.05$,马赫数间隔为 $\Delta Ma = 0.01$,考察模型敏感马赫数。

14.5.4 试验结果及讨论

1. 时域结果

图 14.7 给出了模型 $\alpha = 0°$,扫马赫数试验中,整流罩肩部区域、倒锥区域和助推-芯级区域分别出现脉动压力极大值的分布曲线。马赫数进一步增大,脉动压力测值整体迅速减小,呈现出典型的超声速脉动压力特性。

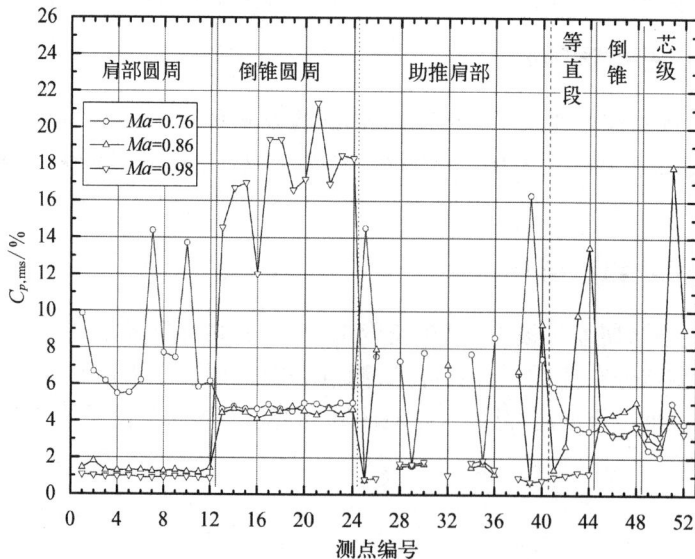

图 14.7 扫马赫数试验脉动压力系数分布

图 14.8 给出了模型 $\alpha = 0°$,扫马赫数试验中,整流罩肩部区域和倒锥区域分别出现周向积分极大值的分布曲线。当 $Ma = 0.76$ 时,模型主体的肩部周向积分达到最大值,当 $Ma = 0.98$ 时,倒锥周向积分达到最大值。周向积分的测值变化规律与单点变化规律基本一致,倒锥截面的周向积分对称性比肩部截面要好。

可见,当 $Ma = 0.76$ 时,模型主体的肩部周向积分达到最大值,在#3 点和#9 点方向测值达到 19.59%;当 $Ma = 0.98$ 时,倒锥周向积分达到最大值,该截面的周向积分分布对称性比较好,各个测点方向的测值积分都在 30% 左右。倒锥截面的周向积分对称性都很好,而肩部截面的要明显差一些。

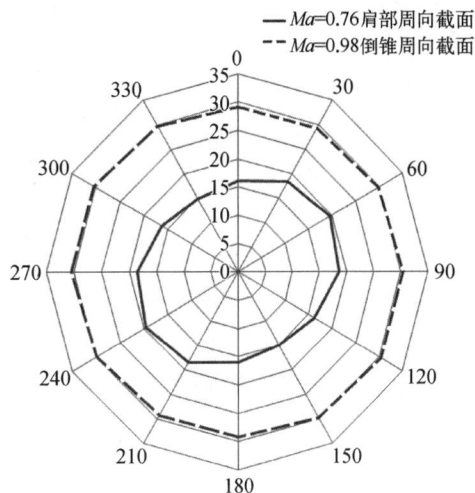

图 14.8 整流罩肩部和倒锥周向积分结果

2. 频域结果

图 14.9 给出测值测点的功率谱密度曲线。可见 $f \leqslant 100\,\text{Hz}$ 范围内的能量比较高,曲线在 50 Hz 和 100 Hz 附近有两个比较明显的能量峰,系激波振荡所致。

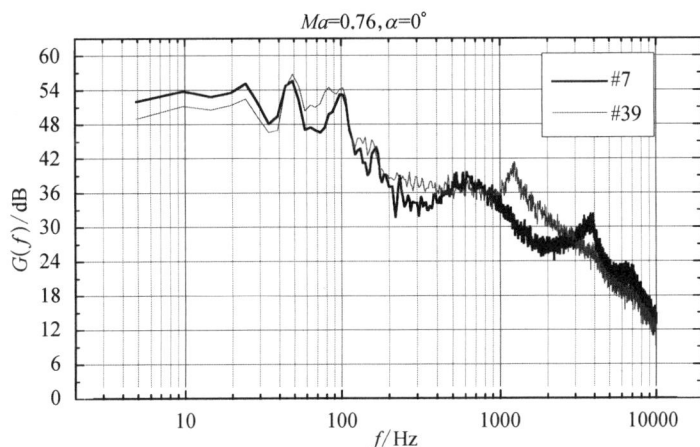

图 14.9 发生激波振荡位置的频谱曲线

第 14 章习题　　　第 14 章参考文献

实践应用篇

第15章
低速常规测力试验

15.1 概　述

任何一项具体的风洞试验方法均是由一系列的具体技术、方法、规章等组合而成的,其要素包括模型及其基本模拟状态、模型支撑方法、测量手段、试验条件变化方式、数据处理与修正方法等[1-3]。这些具体事项间既有一定的独立性(模块化),又可以根据试验需要有机结合(积木组合)。

在所有的风洞试验方法中最为基础和成熟的被称为(测力或测压)常规试验方法[4,5],习惯上将某风洞中某种最常见、最典型的试验类型称为常规试验。常规试验一般具有以下一些特性:一是技术上具有典型性,就是研究的问题比较简单、试验理论比较完善、试验技术比较成熟,如主要研究全机模型无大面积分离状态定常气动力特性、试验结果修正体系方法比较完善、试验设备比较齐配等;二是应用上的广泛性,就是多数试验研究对象均需开展此类试验,试验量较大,一般可以占风洞总试验量的一半以上;三是功能上的基础性,或者说具有较强的拓展性,多数其他试验技术会或多或少地引用常规试验所构建的技术模块。不同风洞对具体常规试验的定义可能不同,但多数低速风洞会将利用常用支撑装置、基础测量控制设备、通用数据处理与修正方法开展的全(飞)机模型、空中状态定常(测力或测压)试验定义为常规试验。本章在讨论常规测力试验时自动隐含以下假设。

(1) 风洞类型为低速水平闭口试验段回流风洞,试验段横截面为矩形、高宽比0.75、长宽比足够大。风洞介质空气为不可压理想气体,其密度、压力、温度等符合低海拔标准大气条件,在讨论空气黏性及可压缩性特性时,则符合标准大气特性。试验段流场理想均匀。

(2) 试验模型为缩比飞机模型。其气动布局特点为:流线型圆截面单机身,大展弦比、小后掠中单翼,单垂尾安装于机身后部上零纵线上,平尾安装于机身后部左右两侧。相对于试验段尺寸,模型尺寸较小。模型坐标系原点位于机身纵轴线上、机翼平均气动弦1/4弦线处。模型自身重心与模型坐标系原点重合。模型刚度很大。

(3) 模型支撑及姿态角变化装置通过支杆与模型机身连接,将模型支撑于风洞试验段中心附近,具有足够的刚性,可实现模型迎角及侧滑角变化,模型姿态角变化时旋转中心位于模型坐标轴系原点。由支撑及姿态角变化装置引起的支架干扰为小扰动线性干扰。试验中,试验条件变化参数为迎角或侧滑角。

(4) 测力天平为内式六分量应变天平。天平通过地轴系校准方法校准、校准中心位于天平几何中心,天平输出具有良好的线性特性、其他特性也趋于理想。天平安装角为零。天平在模型上安装后,校准中心与模型坐标系原点重合、天平安装角为零。

(5)试验其他设备性能满足试验要求,具有良好的线性特性,工作正常。

需要注意的是,上述假设是讨论试验问题的通用的基础假设。当在讨论某个具体问题时,无论是否明确声明,其中的某些相关假设可能就会自行解除。如在讨论气流偏角问题时,"试验段流场理想均匀"假设就不能全部成立,而变为流场中各点流速相同但流向一般不同。

而除常规试验之外的所有试验均可称为特种试验。特种试验技术一般会以常规测力试验方法为基础构建。在引用常规试验方法中可用模块的基础上,构建部分满足特殊要求的模块,通过各模块的有机结合形成新的试验方法。如当需要以常规测力试验技术为基础完成操纵面铰链力矩试验时,就需要引入常规测试试验模型设计加工要求、模型支撑与姿态角变化技术等,同时至少需要在设备上增加相应的铰链力矩天平等测量设备、在数据处理与修正程序上引入相应模块、并对模型进行相关适应性改造[6]。这些新的试验方法通常会以其最有特色的特殊模块特点或研究的主要目的等命名,如半模试验[7]、带动力试验[8]等。但这并不能否定特种试验技术中还含有大量常规试验方法模块的事实。因此,了解掌握常规测力试验基本试验方法,是掌握风洞试验技术的基本要求。本章以风洞试验气动工程师的视角介绍常规试验基本方法,并简单介绍典型特种试验一般方法。

15.2 全机模型测力试验

15.2.1 相似准则

为获得实物可靠的气动特性,在风洞试验中要求模型绕流流场应与实物流场相似。这两者的相似性可以用几何相似、运动相似、动力相似、质量相似、热相似及牛顿数等方面来定义。下面讨论在全机模型测力试验中的这些相似准则的运用和要求。

1. 几何相似

几何相似是流场相似的基础。对于实物绕流流场而言,一般假设其外边界是无限延展的。因此,其几何特点主要由内边界决定,或者说是由实物外形决定。因此,为保证试验流场与实物流场的相似,首先应保证试验模型外形与实物间是几何相似的。但在实际工程应用中,模型几何相似要求不能被机械地执行。

第一,必须认识到保证几何相似的目的在于保证模型绕流流场与实物流场的运动相似,而在一些特殊情况下,绝对的几何相似却会破坏流场的运动相似性。如在喷气发动机的进/排气口处就是如此,此时如在模型进/排气口加装整流锥或改为通气形式则可更好地模拟附近绕流。

第二,在落实几何相似原则时,必须与其他试验要求协调妥协。如为支撑模型需要在模型上开口,这是一种协调妥协的结果。当预计某种妥协结果会明显影响试验结果时,应当采用其他方法减少影响或对试验结果进行修正。如为支撑模型需要在试验段流场中布置支撑装置,这实际上破坏了模型附近流场的几何相似性,会明显干扰试验结果,因此需要进行支架干扰修正。

第三,不同条件下,模型几何不相似所带来的影响是有明显差异的。当其影响较小时,可以局部放弃几何相似要求。如机身上一些小型突出物(天线等),在模型上尺寸可能极小(如小于 1 mm),一般就可以不予模拟而直接省略。

2. 运动相似

动力相似是指实物与模型绕流流场中,对应点的流体微团速度大小成正比、方向一致。在风洞试验中影响运动相似的因素很多,在典型的全机模型测力试验中,模型相对未扰动流场的姿态角及试验段流场边界的影响最为显著。因此,在测量模型气动载荷的同时必须获得模型的姿态角;而由于试验段流场边界的存在,模型绕流流场相对实物流场必然存在畸变,需要对试验结果进行洞壁干扰修正。

3. 动力相似

动力相似表征了两个流场中由各特征作用力,包括彻体力、弹性力、黏性力和惯性力等,组成的力多边形相似性的。惯性力大小体现了改变物体运动状态的难度,其他力大小体现了外界改变物体运动状态的强度。通过分析纳维-斯托克斯方程,对单位体积气体,定常运动时特征惯性力为 $\rho v^2/l$,非定常运动的特征惯性力为 $\rho v/t$,重力场中特征彻体力为 ρg,使气体体积发生变化的特征弹性力为 p/l,特征黏性力为 $\mu v/l^2$。流动现象的变化和发展,是惯性力与其他力共同作用的结果。惯性力与其他各力之间的比例关系,表征了现象的特征。在两个相似现象之间,这种比例关系应保持不变。动力相似的几个相似准则值的物理意义,就是这种比例关系。

雷诺数 Re 的物理意义是特征惯性力与特征黏性力之比,体现了流体的黏性对流动影响。两个相似流场的雷诺数应该相等。然而对于大多数全机模型试验来说,由于受到风洞尺寸限制,这一点却不易满足。相对飞机飞行情况,风洞模型试验雷诺数一般要低约 1 个数量级。为提高试验雷诺数,通常会采用提高空气密度(增压风洞)、增加风洞尺寸(大型甚至是全尺寸风洞)及降低空气黏性(低温风洞)等手段。另一方面,当试验雷诺数大于某数值(临界雷诺数)后模型某些气动特性已对雷诺数的变化不敏感,因此可以用较低雷诺数下获得的气动特性近似替代飞机气动特性。因此,在多数情况下,风洞雷诺数只需要大于临界雷诺数即可,而不必用极高的代价模拟飞行雷诺数。需要明确的是,不同气动特性的临界雷诺数是各不相同的,应区别对待、分别研究。如对于多数飞机模型试验而言,升力线斜率所对应的临界雷诺数一般较低,而最大升力系数所对应的临界雷诺数则较高。因此,一般对升力线斜率的试验结果可以直接应用于飞机,而最大升力系数则需进行雷诺数修正后才更为可靠。

马赫数 Ma 的物理意义是特征惯性力与特征弹性力之比,用空气速度与空气中声音传播速度(声速)之比表示。马赫数是气体的压缩性对流动影响的一种度量。当风速较低时空气压缩性可忽略不计,多数情况下在进行低速全机测力试验时可不考虑马赫数相似要求。但当模型局部存在明显高速流动时,如高效增升装置的缝隙处,就必须考虑马赫数相似要求。

斯特劳哈尔数 Sr 的物理意义是非定常运动特征惯性力与特征惯性力之比,是表征流动非定常性的相似准则。全机测力试验为定常试验,一般不需要考虑该相似准则要求。

弗劳德数 Fr 的物理意义是特征惯性力与特征重力之比,是体现重力对流动影响的相似准则。对于全机测力试验可不考虑模拟弗劳德数。

4. 质量相似

质量相似要求两相似流场对应点上的密度保持固定比例关系。这一点在低速全机测力试验中容易自动满足,不需要特别考虑。

5. 热相似

热相似要求两相似流场对应点上与热现象有关的物理量保持固定比例关系。在低速条件下,空气的热现象及其影响极为微弱,试验时一般不需特别考虑。

6. 牛顿数

牛顿数的物理意义是流体所受冲量与其动量变化之比。在空气动力研究中,空气动力系数与牛顿数密切相关。牛顿数是针对流体自身提出的,而空气动力系数则用于描述处于流体中的研究对象(如试验模型)的受力情况。这里,流体所受外力是由研究对象提供的,与研究对象所受流体动力是一对作用力与反作用力。因此,本质上空气动力系数就是牛顿数。因此,在两相似流场中物体的空气动力系数值是一致的。需要说明的是,空气动力系数是针对研究对象定义的,在不同条件下(如姿态角不同),处于流体中的研究对象所扰动的流体质量及其速度变化均不相同,因此在不同条件下空气动力系数是不同的;而牛顿数是针对单位体积流体计算的,无论是在微观上还是宏观上其值等于1。

15.2.2　试验流程

1. 基本流程

由于各风洞历史经验、规章制度、技术特点、设备条件等诸多因素的不同,不同风洞的试验基本流程不尽相同。图15.1给出了一个典型的风洞试验流程示意,可帮助建立相关概念、了解风洞试验基本流程及工作特点。总体上,试验流程大致可分为方案设计、试验准备、试验实施和总结收尾四大阶段。

2. 方案设计

试验方案设计主要包括试验项目协调与确认、试验方案设计、试验大纲等试验依据文件编写等内容。其特点是不断接收和形成各种试验依据文件,主要由试验任务负责人负责。

任务负责人是某具体风洞试验全部工作的技术负责人。在试验项目协调与确认阶段应重点了解试验的试验目的、项目和具体内容,了解试验对象基本外形与主要气动特点,了解试验委托方重点关切和各方面的总体愿望。同时,应向试验委托方介绍相关试验技术和试验一般流程等。最终,与任务委托方达成初步试验方案框架、签订试验技术协调书或类似的备忘录。

在试验方案设计阶段应确定试验总体方案,确定试验风洞、模型尺寸、支撑形式、基本测量方法等主要试验要素,提出关键技术设备要求,对试验所需资源及各类风险等进行预测评估。试验方案设计可能会需要进行多轮迭代才能获得比较满意的结果,及早开展和及时收敛迭代方案设计对试验工作的顺利进行是有利的。少数情况下,方案设计结果还可能会影响试验任务书的部分内容。

试验大纲等系列文件是试验方案的落实和具体化,是准备和实施风洞试验的直接规范性依据技术文件。因此,在该阶段一般不会对试验方案进行大幅调整。试验大纲等系列文件应明确试验目的、内容、方法及工作计划,确定试验所需主要设备的规格、型号、技

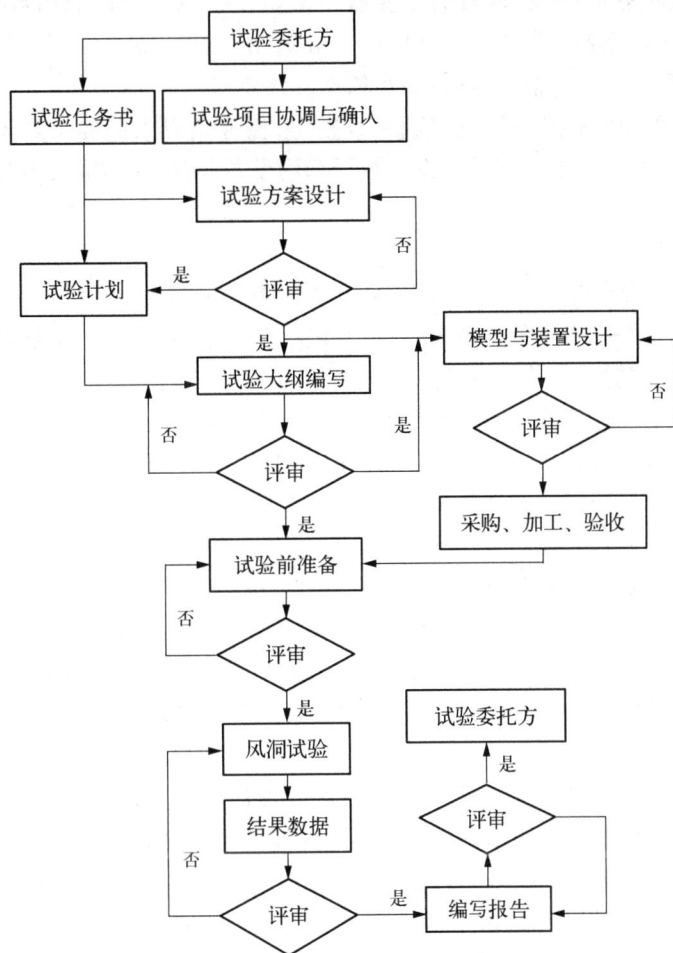

图 15.1 风洞试验工作流程示意图

术指标等,确定试验需遵循的主要技术标准、规范,提出防范各类风险的措施等。

试验方案设计工作要求任务负责人具有较高的综合素质。首先,应具有积极主动的工作态度和较强的交流沟通能力,能够确实掌握试验目的、内容及委托方关切,了解计划参试人员的基本素质和能力。其次,应掌握基本的试验技能,熟悉相关试验技术、掌握主要相关设备特性和技术状态,掌握试验各项工作的特点(如流程、项目、周期和经费等),了解试验对象的一般气动特点,能够收集试验所需的各类资料、信息。再次,应具备相关技术文件的编制能力,熟悉相关标准、规范,掌握相关文件要素及一般编写格式。

3. 试验准备

1)试验模型与设备配套

根据试验方案及试验大纲等依据文件的要求,主要由任务负责人及试验负责人主持开展试验准备工作,一般分为试验模型与设备配套、试验前准备等。试验负责人是某具体风洞试验项目准备、实施的具体组织、指挥责任人。

模型与设备配套工作需根据现有条件,补充完善必要的设备,构建满足试验需要的试验系统。其中,试验模型一般需要专门设计、加工;部分模型支撑装置(如支杆)和传感器

（如专用天平）需单独研制或采购；而主要通用试验设备,如风洞、通用数据采集系统、通用传感器（如倾角传感器、通用天平等）等,一般选用现有设备。相关责任人应确实掌握所有参试设备、模型的实际情况,确保满足依据文件要求。

对于需要单独研制、采购的专门模型、设备等,任务负责人应提出具体的关键技术要求,并与试验负责人共同落实相关工作。对于选用设备,应确实掌握设备技术状况和使用条件。

2）试验前准备

试验前准备主要包括试验设备检查及模型检查检验等内容,主要由试验负责人主持。试验设备检查一般需要分阶段进行,主要包括单一设备检查、子系统检查和全系统联调检查等,此外在试验过程中也可能需要进行设备检查。当然,在实际检查过程中,这几个阶段不可能是完全割裂的,而是相互衔接甚至是相互渗透的。

单一设备检查一般由设备提供方与使用方共同完成,主要检查各参试设备的主要功能和基本工作特性是否满足设计与试验要求、是否具备参与试验的条件,主要目的是防止不合格的设备进入试验系统。

子系统检查一般由设备使用方完成,主要检查设备对试验环境的适应性和各设备间的兼容性。如对模型安装子系统中需要检查支杆、天平及模型间的连接适配性;对天平需要检查安装后天平工作特性是否存在变化;对测量子系统需要检查各电气、电子设备间的电磁兼容性等。通过子系统检查,有利于及早发现试验系统不足与缺陷,对降低各种试验风险帮助极大。

全系统联调检查一般以试吹风的形式完成,将在后面讨论。

模型检查包括数量点验、状态检查、地面装配检验和模型安装等。数量点验主要是点验模型部件及配套连接件数量等是否完整、是否能够满足试验要求。一般通过对照实物与相关文件的（如设计报告、图纸,模型装箱清单等）方法进行。

模型状态检查主要检查模型外观质量是否满足试验要求、主要结构件承载能力评估等,对于测压模型还需检查测压孔数量、质量。为评估主要结构件承载能力,一般首先需要检查模型设计报告,再检查实物与设计报告的符合性,必要时需对关键结构件的内部完整性进行检查（如探伤）。

地面装配检验需按试验要求将模型各部件装配成完整的试验状态,检查各部件间的适配性、完整模型状态及可变化部件（如升降舵）状态与试验要求的符合性,如模型整体及部件尺寸、角度等。在装配检查中应注意检查模型可更换部件或可变化部件的重复安装稳定性。

模型安装即按要求在风洞试验段内安装模型,并配套所有需要的其他试验设备与软件,使试验系统处于可以试验状态。在尺寸较小的低速风洞中,一般按支撑装置安装、天平安装、模型安装及组装的次序完成安装工作。而在尺寸较大的低速风洞中,安装一般按模型及天平地面组装、支撑装置安装、模型安装的次序进行。在模型安装过程中应测量天平安装参数、模型安装初始姿态角、各种状态下天平读数等,一般模型初始安装角与设计要求的偏差应小于 $0.05°$。

3）试吹风

在试验其他准备工作已完成、正式试验开始前,应进行全系统联调检查,低速风洞中通常以试吹风的形式完成,即模拟全部的试验要素检验试验系统的完整性、适用性。试吹风是试验系统检查的关键环节。这一方面是由于参与全系统联调检查的要素最齐全、环境最真实,有助于暴露各子系统间的不协调关系;另一方面试吹风可以弥补部分前期检查的不足。如假设某信号线已受损、其内部某处部分导线已断裂,在前期检查时用常规的电阻测量方法是难以发现这一问题的。但在试吹风时受振动等各种环境因素影响,信号线传递的信号就可能发生明显变化,将该隐患暴露出来。再如假设模型支撑装置客观存在刚性不足问题,但受地面安装条件和载荷模拟条件限制,前期检查难以发现这一问题;而在试吹风过程中,受风载、模型表面气流分离等因素影响,模型就可能会出现难以接受的振动。

4. 试验实施

1)关键岗位

不同风洞在试验时设置的岗位、岗位职责划分甚至岗位名称是有很大不同的。但一般而言,随着自动化技术的进步和参试人员素质的提高,风洞试验岗位存在相互合并、各岗位人员数量逐渐减少的趋势。现阶段,风洞试验直接岗位一般包括值班长、值班分析、模型状态变化、风洞运行及测量等岗位,正常情况下由 3~5 名直接参试人员组成的试验班组就可维持试验运行。为提高风洞设备利用率,风洞试验可能需要多个试验班组交替进行,其中试验负责人和任务负责人一般会兼任负主要责任的值班长和值班分析。

值班长全面负责当班试验运行工作,是实施试验的主要责任人、是风洞试验的具体组织者和主要实施人。试验前,负主要责任的值班长以试验负责人的角色负责组织、落实试验各项准备工作,组织完成模型验收、试验运行计划编制、模型安装、试验设备接收与准备等工作。试验完成后,负责组织试验设备、模型等的交接工作。

值班分析对试验结果质量负主要责任,是分析评估和确认试验数据、发现数据质量问题、指导各岗位解决试验技术问题的主要力量。负主要责任的值班分析一般为任务负责人,负责试验技术和技术协调工作,是某项具体试验工作的技术总负责人和试验结果数据质量的第一责任人。试验实施前,需要根据试验任务书制定试验方案、编写试验大纲等依据文件,参与试验其他准备工作的检查,完成试验所需技术资料的收集、整理工作;试验结束后,负责梳理和交付试验结果数据、编写试验报告、完成技术文件归档工作。

模型状态变化岗位负责试验模型构型状态变化和维护工作。试验前,负责模型验收、安装等工作。试验后,负责模型交接工作。

风洞运行及测量控制岗位负责风洞各设备运行、传感器信号测量等工作,既要保证试验条件符合规定又要按要求提供所需的试验结果数据。试验前,需根据试验要求负责接收、准备相关设备和程序。试验完成后,负责各设备的交接工作。

所有岗位责任人均应完成了相关岗位基础培训并获得了相应资质。所有岗位参试人员在试验前还应根据试验特点接受专门培训,了解相关试验的主要目的、方法、内容和特点,以降低发生人为差错的概率,提高发现、处理意外情况的能力。

2)一般方法

风洞试验的直接目的是获得特定试验模型的气动特性,而模型气动特性会随试验条件及模型状态的变化发生改变。因此,试验结果应在确定的试验条件及模型状态下给出。低速风洞试验中常见的重要试验条件包括模型迎角(侧滑角)、试验速压、模拟的飞行状态(如有无地面效应)等,模型状态变化因素包括部件构成形式(如有无起落架等)、操纵面偏角(如不同襟翼状态、升降舵偏角)等。这些不同的参数构成了试验条件与模型状态变化的维度。

显然,各种试验条件及模型状态的试验需要分批进行。按试验要求确定的某个多维试验条件和模型状态组合构成一个试验测试点。在每个测试点上需要进行多次重复测量、获取若干传感器输出信号。风洞试验中,一般会选择某一特定模型状态、通过变化单一试验条件完成一组试验,称为一个车次试验或吹一条风。每个车次试验可获得一组模型气动特性与变化的试验条件对应的试验结果数据(曲线)。绝大多数情况下,低速风洞试验会选择模型迎角或侧滑角作为变化的试验条件。在某个车次试验中,以模型迎角为试验变化条件时,一般称为纵向试验(侧滑角为零)或准纵向试验(侧滑角不为零),以侧滑角为变化条件时则称为横(航)向试验。如在飞机模型巡航基本构型(所有操纵面归零)下、以零侧滑角及固定速压,通过变化一系列模型迎角完成一次纵试验,获得一组纵向试验结果。通过若干车次试验就可以获得模型比较完整的气动特性。

某车次试验一般需要分两步进行。首先是采集天平及其他传感器的初读数,即在试验段无风的条件下,按要求改变试验条件,采集一组传感器输出信号,这一过程俗称采初读数。然后再运行风洞,在规定的试验速压下,采集不同试验条件下的传感器信号(吹风数),这一过程俗称采吹风数或吹风。采初读数的本质是对无气动载荷时传感器(如天平和测压传感器)的零点进行校准,以便于扣除各种干扰因素对试验结果的影响,如环境干扰影响、模型自重影响等。

初读数采集的数量与变化的试验条件对初读数值的影响有关。如变化的试验条件为模型迎角时,不同迎角下内式天平的输出值变化非常显著,此时采集的初读数迎角序列一般与吹风时的一致;而对于变化模型侧滑角的横向试验,由于模型侧滑角变化对内式天平输出值影响极小,一般采集(在吹风迎角附近的)最多三点初读数就可以满足要求。

模型(或天平)姿态角变化对天平初读数的影响是有严格可解析规律的。对于稳定性和线性良好的天平而言,通过少数姿态角条件下的初读数推算其他姿态角的初读数是可能的。这样可以大幅减少采初读数的时间,提高试验效率。

3)数据前置处理与采集方法

作为一个理想,定常试验中,风洞试验工程师总是希望传感器输出信号是稳定的。但实际上无论付出了多大代价,传感器输出信号总是波动的,包含了大量干扰信号。产生这一现象的原因很多,如模型振动、电磁干扰、气流脉动等。多数情况下传感器信号波动量很大、远远超出试验精度要求,因此需要对其进行预先处理,以便可用一个值表征传感器某个输出稳定值。这个过程称为信号前置处理。同时传感器输出信号一般是以电压形式出现的模拟信号,难以记录、保存和使用,因此需要将其转换为数字信号。这个过程称为数据采集。

传感器信号前置处理包括电信号调理和特征数字信号提取两部分。在流程上,这两部分是分离的,中间夹有数据采集过程。电信号调理至少包括信号放大和滤波两项内容。传感器输出信号电压通常在毫伏量级,而用于将模拟电压信号转换为数字电压的数据采集器的电压检测量程一般在伏特级。因此,需要通过信号放大装置将传感器信号线性放大到合理的范围。传感器输出信号中包含的随机干扰信号一般具有最大频率高、极限振幅大的特点。如果直接对这样的信号进行采集,对采集器的采集频率、量程及精度的要求极高,在工程上难以实现。因此,需要对信号预先进行物理低通滤波处理,以降低信号波动频率和极值。研究表明,低速风洞定常试验干扰信号频率一般大于几赫兹,如由于模型振动产生的干扰信号、支杆尾流产生的气流脉动信号等,因此低通滤波截止频率选为 $1 \sim 3$ Hz 是比较合适的。

经滤波的电信号通过数据采集器完成模/数转换,得到相应的数字信号。显然,这些信号依然是存在波动,需要采用合理的数据采集方式减少信号无规律波动的影响,提高试验结果的稳定性和可靠性。对于自动数据采集系统,数据采集方式一般可以用三个特征参数描述,即采集开始时机、采集频率与采集时长。一般而言,推迟采集开始时机、提高采集频率、延长采集时间是有利的。但考虑到设备能力与试验效率等限制因素,又不可能将其无限增加。对于低速全机测力试验而言,模型姿态角到位后一般需要延时一段时间再采集数据,以衰减模型振动、稳定模型绕流流场。延时时间主要与模型振幅衰减特性有关,可以通过分析加速度传感器、倾角传感器、天平等传感器的动态信号确定。根据经验,低速风洞中一般延时 $4 \sim 8$ s 就可以满足要求。对于定常试验而言,采集频率一般要比信号波动最高频率高几十倍,这样可以有效减少由于采样周期不完整带来的误差,如信号调理模块低通滤波部分的截止频率为 2 Hz 时,数据采集频率一般有 100 Hz 就可以满足要求。定常试验中,理论上数据采集时间一般需要大于信号波动最长周期时间。对于大多数风洞而言,气流速压波动的周期较长,这对于低速、大型风洞而言更为严重,有时甚至长达数十秒。因此在工程上,数据采集时间简单地满足波动最长周期要求是不经济的,一般通过控制气流速压波动幅度等方法降低对数据采集时间的要求。通常情况下,要求低速风洞气流速压波动幅度(单向)小于 0.3%,此时数据采集时间控制为 $4 \sim 8$ s 就可以满足要求。

一般情况下,在每个测试点均会大量重复采集各传感器输出信号,得到成百上千组测量数据。这些数据一方面本身依然是包含随机误差的,不能直接使用;另一方面这些测试数据数量巨大,难以也无必要直接进入后期数据处理与修正流程。因此,需要通过适当的数学处理,以有效减小随机误差影响,得到一组可以足够近似表示该测试点固有特性的特征测量数据。理论上提取特征数字信号的数学处理方法很多,如算术平均法、去极值算术平均法、中位数法等。理论研究和工程实践表明,一般情况下,不同的数学处理方法获得的特征数据差异并不大。而算术平均法具有计算效率高的明显优势,获得了广泛应用。

经过长期的实践,成熟的低速风洞试验所采用的前置处理方法已基本固化,一般不需要进行大的调整就可以满足绝大多数试验的需要。

4）连续扫描试验方法

在上述讨论中隐含了一个静态测量的假设,即在某个测试点采集数据时,所有试验条件、模型状态等均假设为不变化的。这种测量方法被称为步进法或顿点法。其优点是获得的试验数据相对稳定可靠,但试验效率较低。如果在采集数据时,有至少一个试验条件或模型状态等是可控连续变化的(如模型迎角),则称为连续扫描试验方法。

连续扫描试验方法与步进法的主要区别在于数据采集方式和特征数字信号提取方法上,以模型迎角变化的连续扫描试验为例说明。为减小模型惯性力和动态气动特性干扰,模型迎角应以小等速率[如小于 $0.5(°)/s$]变化。因此,试验时模型实际迎角变化范围应大于要求的测量迎角范围,前后留有模型迎角变化起动与停止区间。在测量迎角范围内,数据采集系统以一定的频率采集数据。获得试验数据后需要利用数字滤波技术抑制干扰信号,获得天平有效输出。

利用该方法可以在试验数据可靠性损失不大的前提下,有效提高试验效率并可获得更多有效信息。

5. 试验停止与结束

试验停止是暂时停止风洞运行和试验数据采集工作的统称。一般包括三个层次的含义:首先是在采集初读数或吹风数过程中的试验停止(试验紧急中断);其次是在采集初读数或吹风数间隔期的试验停止(试验中断);再次是在完成所有计划的数据采集工作后的试验停止(试验结束)。

试验紧急中断一般与安全因素或人为因素相关,中断条件至少包括:试验模型出现结构破损或出现结构破损的征兆,不能保证试验模型或试验设备等安全运行;试验设备出现故障或出现故障征兆,不能保证安全运行或试验结果可靠;试验环境异常,不能保证试验模型或试验设备等安全或正常运行。

试验中断一般与试验数据质量因素相关,中断条件至少包括:试验结果与预期值存在明显差异;试验模型外形或表面特性等出现明显变化,不能保证试验结果可靠;试验设备不能正常工作;试验精度明显下降,造成试验结果应用困难;试验委托方或承担方认为有必要中断试验。

试验中断后,应根据不同情况尽快查明原因、及时处理,恢复试验状态后可继续试验或重新试验,也可结束试验。

试验结束是指停止本期试验主要设备运行及所有数据采集工作。一般至少可以在满足以下条件之一时结束试验:完成全部计划试验内容;未完成全部试验,但试验委托方认为已达到试验目的;试验(紧急)中断,且恢复试验状态需较长时间。

试验结束后,试验负责人应及时组织试验现场的清理工作,交还模型与试验设备使用权。保证试验数据能安全保存和方便调用,试验设备能妥善保存或方便使用,试验模型能长期妥善保存或运输,后续试验或其他工作能方便地进行。

6. 总结收尾

总结收尾阶段的主要工作是整理试验结果、编写试验报告、试验文档交付与归档等,由任务负责人负责。试验报告一般有相对固定的格式,是整个试验工作的总结。试验报告应对试验来源、目的、设备、模型、方法及试验结果等进行说明并给出主要结论,必要时还可对试验结果产生的原因及其影响进行讨论。

向试验委托方交付相关正式文档、数据,并完成其他试验文档在试验承担方的归档工作,是全部试验工作完成的标志。交付与归档的试验文档应客观、全面地记录试验的真实情况。

15.2.3 试验数据处理与修正方法

1. 目的与功能

试验数据处理与修正的主要目的是提取、融合、转换、修正和输出试验中获得的试验条件、模型状态及试验结果等信息,简单来说就是提供接近试验真值的、易于使用的试验结果数据。广义上,试验数据处理与修正包括前置处理、数据处理和结果修正三个部分。

其中,前置处理的主要作用就是减小各种随机干扰对试验测试结果的影响、便于用极少的数据尽可能真实地反映试验结果。相关内容已在前面进行了介绍,本节不再赘述,而默认已获得了各种有效特征数字信号。

现代风洞试验中,数据处理与修正工作一般利用计算机通过预设程序自动完成。通过风洞试验获取的信息种类繁多、数量巨大,一般包括试验标示类信息,如试验名称、试验设备、具体试验条次标示等;试验条件信息,如大气条件、试验速压(风速、马赫数)、模型状态、试验模型姿态角等;试验结果信息,如天平等传感器输出信号等;计算机程序自身运行控制信息,如程序流程控制参数、数据处理修正参数等。其中,采集的传感器输出数据数量最为庞大,也是本节介绍的重点。

试验数据处理的主要作用是将需要的试验数据忠实地转化为便于理解和使用的形式,一般包括物理量化、无量纲化和轴系转换三项内容。全机测力试验中,数据采集系统采集的天平信号包含了试验关心的模型气动载荷信息,也包含了模型自重等不必要信息。因此,数据处理程序首先应将需要的气动载荷信息提取出来,这部分工作简称为“吹减初”。其次,包含模型气动载荷信息的天平信号是以电压形式记录的,不便于阅读、理解和使用。因此需要将其转换为物理量化的载荷形式,这部分工作简称为“(天平)载荷计算”。再次,以有量纲的载荷形式记录试验数据,对试验结果的使用仍可能不便,需要对其进行无量纲化处理,简称“化系数”。最后,上述以系数形式记录的试验结果数据,显然是以天平坐标轴系给出的,与气动研究等试验结果应用对象习惯坐标轴系不符,因此需要将其转换为便于修正、使用的坐标轴系如气流坐标轴系或机体坐标体轴系等,简称“轴系转换”。

数据修正的主要目的是减小试验结果系统误差,使试验结果更接近模型真值,主要包括支架干扰修正、试验段流场缺陷(气流偏角、轴向静压梯度等)修正、洞壁干扰修正等。

2. 基本流程

在不同风洞中,试验数据与处理修正程序的具体流程可能是不同的。但从效果看,这些流程基本是等价的,一般包括原始数据导入、数据处理、数据修正及结果导出四大模块。图 15.2 给出了一个典型的低速风洞全机测力试验数据处理和修正流程示例,并以此为基础介绍相关方法。

3. 坐标轴系

1) 坐标轴系体系

在讨论试验数据处理与修正之前,必须建立明确的数据坐标轴系和相关矢量方向概念。风洞试验中最常用的坐标轴系是右手笛卡儿直角坐标系[9, 10]。

所谓坐标轴系体系是一种确定坐标轴系的规则体系。同一体系中不同坐标轴系的定义规则具有内在的联系,各坐标轴系间物理量的转换也有严格确定的算法。国内风洞试验中,长期并存有两种坐标轴系体系,即传统体系和法定体系。一般传统体系坐标轴系用于表述试验内部过程相关物理量,而法定体系坐标轴系用于表述试验相关最终结果。

传统体系下,坐标轴系定义一般以行业规范标准(手册)的形式确定;而法定体系下,坐标轴系定义是以国家标准或国家军用标准的形式确定。在典型条件下,传统坐标轴系的 x 轴指向“前”、y 轴指向“上”、z 轴指向“右”,而法定坐标轴系的 x 轴指向“前”、y 轴指向“右”、z 轴指向“下”。

读取原始信息数据

吹减初

天平载荷计算

转模型轴系

转气流轴系

化系数

支架干扰修正

洞壁干扰修正

转换至规定轴系

输出结果

修正参数 | 支架干扰量 | 模型参数、试验速压 | 模型姿态角 | 天平安装参数

支架试验

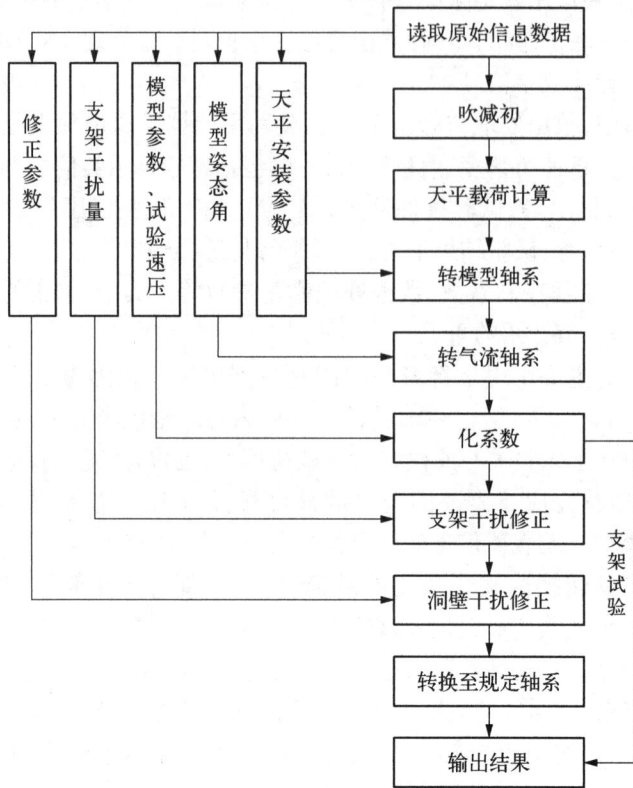

图 15.2　测力试验数据处理修正流程示意框图

2) 传统体系坐标轴系

风洞坐标轴系。风洞坐标轴系是一种牵连铅垂地面坐标轴系。对于最常见的水平风洞而言,其原点 O 一般位于风洞试验段几何中心,x_g 轴沿试验段中心轴线指向来流,y_g 轴铅垂地面指向上,z_g 轴指向符合右手定则。风洞坐标轴系是风洞试验中,确定各种试验设备及模型位置与姿态的基础坐标轴系。

天平坐标轴系。天平坐标轴系是一种定义天平公式输出载荷参考点与方向的坐标轴系。其各轴指向与天平校准时力加载方向平行。在天平校准基于地轴系加载的条件下,天平轴系是一个与天平固定端固联的体轴系,原点 O 一般取为天平校准中心,x_T 轴指向与天平设计轴向力(此时也常被称为阻力)方向相反,y_T 轴与天平设计法向力(俗称升力)方向一致;z_T 轴指向符合右手定则。

模型坐标轴系。模型坐标轴系是一个与试验模型固联的坐标轴系。对常见的飞机全机模型而言,其原点一般选为模型气动特性力矩参考中心,x_m 轴(纵轴)在模型参考面(左右对称面)内平行特定参考线(如机身轴线、机翼弦线等)指向前,y_m 轴(竖轴)在模型参考面内指向上与 x_m 轴垂直,z_m 轴(横轴)指向符合右手定则。在测力试验数据处理中,模型坐标轴系是一个过渡轴系,通过它可以方便完成其他不同轴系间数据的转换。

模型气流坐标轴系。模型气流坐标轴系的原点与模型坐标轴系原点一致,x_q 轴指向模型当地未受扰动来流方向,y_q 轴在模型参考面内指向上与 x_q 轴垂直,z_q 轴指向符合右

手定则。客观上,试验段内模型区域当地未受扰动来流方向与试验段中心轴线方向是基本一致的。当将 x_q 轴指向固定为平行于中心轴线方向时,新的坐标轴系可称为理想气流坐标轴系($Ox_Qy_Qz_Q$)。低速风洞试验洞壁干扰修正理论基于理想气流坐标轴系建立起来的,因此习惯上会在该坐标轴系下完成各种试验结果修正工作。同时,利用理想气流坐标轴系的概念也便于处理一些不均匀的气流偏角修正问题。

3) 法定体系坐标轴系

全机模型测力试验中一般利用法定体系坐标轴系表述最终试验结果。最常见的包括(飞机)气流坐标轴系和机体坐标轴系。

(飞机)气流坐标轴系与模型气流坐标轴系类似。其原点与模型坐标轴系原点一致,x_a 轴与飞行速度方向一致,z_a 轴在模型参考面内指向下与 x_a 轴垂直,y_a 轴指向符合右手定则。

机体坐标轴系与模型坐标轴系类似。其原点与模型坐标轴系原点一致,x_b 轴(纵轴)指向与模型坐标轴系一致,z_b 轴(竖轴)在飞机参考面内指向下与 x_b 轴垂直,y_b 轴(横轴)指向符合右手定则。

4) 气动载荷方向及姿态角定义

在空气动力学中,气动载荷(包括力与力矩)及其系数的正方向有特殊的规定。各力矩的正方向为以右手定则确定绕各轴的方向;升力正方向为 y_q 轴的正方向及 z_a 轴的负方向,法向力正方向为 y_m 轴的正方向及 z_b 轴的负方向;阻力及轴向力正方向为 x_q 轴、x_a 轴及 x_m 轴、x_b 轴的负方向;侧力及横向力正方向为 z_q 轴、y_a 轴及 z_m 轴、y_b 轴的正方向。

各气流坐标轴系与机体(或模型)坐标轴系之间的角度关系可以用迎角(α)和侧滑角(β)表述。迎角是飞行速度(与来流方向相反)在飞机参考面上的投影与纵轴(x_b 轴或 x_m 轴)的夹角,当飞行速度沿竖轴 z_b 轴或来流速度竖轴 y_m 轴的分量为正时迎角为正。侧滑角是飞行速度与飞机参考面的夹角,当飞行速度沿横轴 y_b 轴(或 z_m 轴)的分量为正时侧滑角为正。

模型坐标轴系与风洞坐标轴系之间的角度关系可以用偏航角(ψ)、俯仰角(θ)、滚转角(φ)表述。偏航角为模型纵轴在水平面上的投影与 x_g 轴夹角,当纵轴正半轴的投影线位于 x_g 轴的右侧时,偏航角为正。俯仰角为模型纵轴与水平面的夹角,当纵轴正半轴位于过其原点的水平面之上时,俯仰角为正。滚转角为模型竖轴与过模型纵轴的铅垂面的夹角,当竖轴的正半轴位于该铅垂面的左侧时,滚转角为正。

模型支撑及姿态角变化装置角度确定方法与上述俯仰角、偏航角、滚转角方法一致。

天平安装角是模型坐标轴系与天平坐标轴系之间的角度关系,其确定方法本质上是与上述俯仰角、偏航角、滚转角一致的。在确定天平安装角时,可将天平坐标轴系类比为风洞坐标轴系。三个方向的安装角可称为天平俯仰安装角、偏航安装角、滚转安装角。

4. 吹减初

在吹风过程中天平系列输出值(吹风数,用矢量 N_T 表示)会受多方面因素的影响。以内式天平为例,这些因素至少包括:天平未受载时的输出值(空载读数,N_{00})、模型自身重力产生的天平输出变化量(N_G)、模型气动载荷产生的天平输出变化量(N_Q)。当天平具有良好的线性输出特性时,简单表述为

$$N_T = N_{00} + N_G + N_Q \tag{15.1}$$

因此,不能直接利用 N_T 获得模型气动载荷。而需要在试验段无风的条件下,再采集一组天平信号(初读数,当该次采集在吹风后进行时也称末读数,N_0)。当天平自身有足够的稳定性时,有

$$N_0 = N_{00} + N_G \tag{15.2}$$

和

$$N_Q = N_T - N_0 = \Delta N \tag{15.3}$$

通过吹风数减初读数的方法获得模型气动载荷产生的天平输出信号变化量,就是吹减初的本质。

对于内式天平而言,N_G 对天平俯仰角十分敏感,还可能会受模型俯仰角变化影响。因此,对于现实的非刚性试验模型支撑装置,在进行吹减初计算时应至少保持天平俯仰角的一致性,一般以吹风时姿态角为目标对初读数进行姿态角差值处理。对于外式天平而言,N_G 对一般模型姿态角(包括俯仰角与偏航角)敏感。因此,在进行吹减初计算时应保持模型姿态角的一致性。

5. 天平载荷计算

当天平输出值与其受载间存在良好的线性关系时,可用经校准的天平公式 $[f(N)]$ 和 ΔN 计算天平所受载荷变化量(F_t),即模型气动载荷(F_Q)。表示为

$$F_Q = F_t = f(\Delta N) \tag{15.4}$$

上述式(15.1)~式(15.4)的计算过程,可用图15.3表示,其中 $F_T - F_0 = F_Q$。

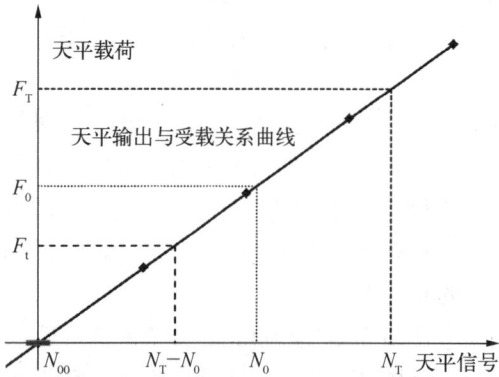

图15.3 线性输出天平载荷计算原理　　图15.4 非线性输出天平载荷计算原理

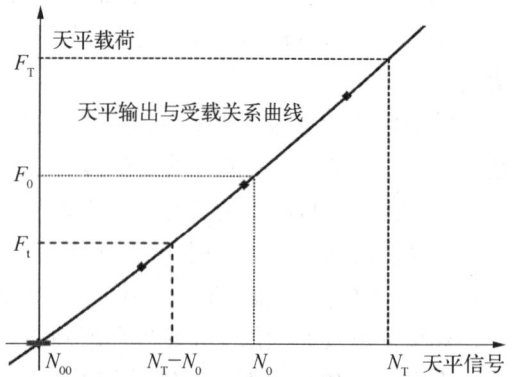

现代天平通常具有良好的线性度,其非线性特性一般表现为弱二阶形式,如图15.4所示。当天平线性度不够满意时,利用式(15.4)计算模型气动载荷是不够准确的,即 $F_t \neq F_Q$。此时采用如式(15.5)的方法计算模型气动载荷则更为合理:

$$F_Q = F_T - F_0 = f(N_T - N_{00}) - f(N_0 - N_{00}) \tag{15.5}$$

式中,N_{00} 为天平空载读数,泛指天平受载不大时的信号输出值,具体受载状态在天平校

准时定义。

显然，受使用环境变化的影响，N_{00} 的值也是存在变化的，但其变化绝对值相对 $| N_{00} - N_0 |$ 而言一般不大。利用式(15.5)可有效减小天平载荷计算误差。由于式(15.4)是式(15.5)的线性简化形式，因此普遍利用式(15.5)对减小试验误差是有利的。

6. 数据坐标轴系转换

全机模型测力试验中，数据表述坐标轴系转换一般包括三方面的工作，即将天平输出载荷的表述轴系由天平坐标轴系转换为模型坐标轴系，将模型坐标轴系数据转换为模型气流坐标轴系，将经修正后的气流坐标轴系数据转换为规定坐标轴系。将试验结果数据转换到规定坐标轴系主要是为了便于数据的使用；由于试验数据修正理论是在气流轴系下建立的，因此在修正前需要将其转换到气流轴系；模型坐标轴系是天平坐标轴系与气流坐标轴系间进行转换的桥梁，可大幅降低转换公式的复杂性。

1) 天平坐标轴系载荷转模型坐标轴系

天平坐标轴系载荷向模型坐标轴系的转换依次按方向旋转和原点平移分两步进行。旋转后天平载荷表述如下：

$$
\begin{aligned}
X_{mT} &= X_T \cdot \cos\theta_T \cdot \cos\varphi_T + Z_T \cdot \cos\theta_T \cdot \sin\varphi_T - Y_T \cdot \sin\theta_T \\
Z_{mT} &= Z_T(\cos\phi_T \cdot \cos\varphi_T - \sin\phi_T \cdot \sin\theta_T \cdot \sin\varphi_T) - Y_T \cdot \sin\phi_T \cdot \cos\theta_T \\
&\quad - X_T(\sin\phi_T \cdot \sin\theta_T \cdot \cos\varphi_T + \cos\phi_T \cdot \sin\varphi_T) \\
Y_{mT} &= Y_T \cdot \cos\phi_T \cdot \cos\theta_T + Z_T(\cos\phi_T \cdot \sin\theta_T \cdot \sin\varphi_T + \sin\phi_T \cdot \cos\varphi_T) \\
&\quad + X_T(\cos\phi_T \cdot \sin\theta_T \cdot \cos\varphi_T - \sin\phi_T \cdot \sin\varphi_T) \\
Mx_{mT} &= Mx_T \cdot \cos\theta_T \cdot \cos\varphi_T - Mz_T \cdot \cos\theta_T \cdot \sin\varphi_T + My_T \cdot \sin\theta_T \\
Mz_{mT} &= Mz_T(\cos\phi_T \cdot \cos\varphi_T - \sin\phi_T \cdot \sin\theta_T \cdot \sin\varphi_T) - My_T \cdot \sin\phi_T \cdot \cos\theta_T \\
&\quad + Mx_T(\sin\phi_T \cdot \sin\theta_T \cdot \cos\varphi_T + \cos\phi_T \cdot \sin\varphi_T) \\
My_{mT} &= My_T \cdot \cos\phi_T \cdot \cos\theta_T + Mz_T(\cos\phi_T \cdot \sin\theta_T \cdot \sin\varphi_T + \sin\phi_T \cdot \cos\varphi_T) \\
&\quad - Mx_T(\cos\phi_T \cdot \sin\theta_T \cdot \cos\varphi_T - \sin\phi_T \cdot \sin\varphi_T)
\end{aligned}
$$

$$(15.6)$$

式中，θ_T、φ_T、ϕ_T 分别为模型坐标轴系相对天平坐标轴系在俯仰、偏航、滚转三个方向的角度差，为在三个方向的天平安装角与(相对测量天平安装角时的)天平弹性角之和；X、Y、Z、Mx、My、Mz 为天平输出载荷；下标 mT 表示经旋转后的过渡坐标轴系。

原点移动后天平载荷表述如下：

$$
\begin{aligned}
X_m &= X_{mT} \\
Z_m &= Z_{mT} \\
Y_m &= Y_{mT} \\
Mx_m &= Mx_{mT} + Y_{mT} \cdot z_{mT} - Z_{mT} \cdot y_{mT} \\
Mz_m &= Mz_{mT} - Y_{mT} \cdot x_{mT} - X_{mT} \cdot y_{mT} \\
My_m &= My_{mT} + Z_{mT} \cdot x_{mT} + X_{mT} \cdot z_{mT}
\end{aligned}
$$

$$(15.7)$$

式中，x_{mT}、y_{mT}、z_{mT} 分别为模型坐标轴系原点在过渡坐标轴系中的坐标值，也就是天平坐标轴系原点在模型坐标轴系中的坐标值的负值,可在测量天平安装角时同步测量获得。

2) 模型坐标轴系载荷转模型气流坐标轴系

由于原点重合,天平载荷模型坐标轴系数据转换为模型气流坐标轴系时仅需进行旋转换算,旋转后天平载荷表述如下:

$$
\begin{aligned}
X_q &= (Y_m \cdot \sin \alpha_q + X_m \cdot \cos \alpha_q) \cdot \cos \beta_q - Z_m \cdot \sin \beta_q \\
Z_q &= Z_m \cdot \cos \beta_q + (X_m \cdot \cos \alpha_q + Y_m \cdot \sin \alpha_q) \cdot \sin \beta_q \\
Y_q &= Y_m \cdot \cos \alpha_q - X_m \cdot \sin \alpha_q \\
Mx_q &= (Mx_m \cdot \cos \alpha_q - My_m \cdot \sin \alpha_q) \cdot \cos \beta_q + Mz_m \cdot \sin \beta_q \\
Mz_q &= Mz_m \cdot \cos \beta_q - Mx_m \cdot \sin \beta_q \cdot \cos \alpha_q + My_m \cdot \sin \alpha_q \cdot \sin \beta_q \\
My_q &= My_m \cdot \cos \alpha_q + Mx_m \cdot \sin \alpha_q
\end{aligned}
\tag{15.8}
$$

式中,α_q、β_q 分别为模型在模型气流坐标轴系的迎角和侧滑角。

需要注意的是,式(15.8)中 α_q、β_q 是包含了平均气流偏角的,或者说利用式(15.8)实际上同时完成了平均气流偏角修正。但当模型区域局部气流偏角差异较大时,可能并不希望用这种方法进行气流偏角修正。此时就应以相对模型理想气流轴系的 α_Q、β_Q 代替 α_q、β_q,得到以理想气流坐标轴系表述的天平载荷。至于 α_q、β_q 与 α_Q、β_Q 的关系将在气流偏角修正中讨论。

正如前面已讨论的,在风洞试验中,姿态角机构、姿态角传感器等实际上是以风洞坐标轴系为基准给出姿态角值的。以风洞坐标轴系给出的模型姿态角(θ_m、φ_m、ϕ_m)与模型理想气流坐标轴系中的模型姿态角 α_Q、β_Q 间存在以下关系:

$$
\begin{aligned}
\cos \theta_m \cdot \cos \varphi_m &= \cos \alpha_Q \cdot \cos \beta_Q \\
\sin \phi_m \cdot \sin \theta_m \cdot \cos \varphi_m + \cos \phi_m \cdot \sin \varphi_m &= \sin \beta_Q \\
\cos \phi_m \cdot \sin \theta_m \cdot \cos \varphi_m - \sin \phi_m \cdot \sin \varphi_m &= \sin \alpha_Q \cdot \cos \beta_Q
\end{aligned}
\tag{15.9}
$$

在正常试验情况下,全机模型理想气流坐标轴系与风洞坐标轴系的方向是一致的。因此,在数值上 $\alpha_Q = \theta_m$,$\beta_Q = \varphi_m$,但不能将这些概念混淆。

3) 模型气流坐标轴系气动特性数据转规定坐标轴系

这一步数据转换工作一般在完成了所有数据修正后进行。低速风洞测力试验结果输出坐标轴系一般为(飞机)气流坐标轴系或机体坐标轴系。式(15.10)可将经修正后的模型气流坐标轴系气动特性(系数)数据转换至飞机气流坐标轴系:

$$
\begin{aligned}
C_L &= c_y \\
C_D &= c_x \\
C_{ma} &= m_z \\
C_C &= c_z \\
C_{na} &= - m_y \\
C_{la} &= m_x
\end{aligned}
\tag{15.10}
$$

式中,C_L、c_y 分别为飞机气流坐标轴系与模型气流坐标轴系下的升力系数;C_D、c_x 分别为两坐标轴系下的阻力系数；C_{ma}、m_z 为俯仰力矩系数；C_C、c_z 为侧力系数；C_{na}、m_y 为偏航力矩系数；C_{la}、m_x 为滚转力矩系数。

而在机体坐标轴系下的试验结果可以表述为

$$C_N = C_L \cdot \cos\alpha_a + C_D \cdot \cos\beta_a \cdot \sin\alpha_a + C_C \cdot \sin\beta_a \cdot \sin\alpha_a$$

$$C_A = C_D \cdot \cos\beta_a \cdot \cos\alpha_a - C_L \cdot \sin\alpha_a + C_C \cdot \cos\alpha_a \cdot \sin\beta_a$$

$$C_m = C_{ma} \cdot \cos\beta_a + C_{la} \cdot \sin\beta_a \cdot \text{lca}$$

$$C_Y = C_C \cdot \cos\beta_a - C_D \cdot \sin\beta_a \tag{15.11}$$

$$C_{nb} = C_{na} \cdot \cos\alpha_a + C_{la} \cdot \sin\alpha_a \cdot \cos\beta_a - C_{ma} \cdot \sin\alpha_a \cdot \sin\beta_a/\text{lca}$$

$$C_l = - C_{na} \cdot \sin\alpha_a + C_{la} \cdot \cos\beta_a \cdot \cos\alpha_a - C_{ma} \cdot \cos\alpha_a \cdot \sin\beta_a/\text{lca}$$

式中，lca 为横航向与纵向特征参考长度之比；α_a、β_a 分别为飞机的迎角和侧滑角，或者说是在完成各种角度修正后的模型的迎角和侧滑角；C_N、C_A、C_m、C_Y、C_{nb}、C_{na}、C_l 分别为法向力系数、轴向力系数、俯仰力矩系数、横（侧）向力系数、偏航力矩系数及滚转力矩系数。

7. 化系数

风洞试验中一般以无量纲化的气动系数形式修正和提供试验结果。式（15.12）为无量纲化（化系数）的通用公式：

$$C = \frac{F}{q \cdot k_c} \tag{15.12}$$

式中，C 为无量纲化气动系数，如升力系数、俯仰力矩系数等；F 为有量纲气动载荷，如模型升力、俯仰力矩等；k_c 为模型特征参考量，在处理力载荷问题时 k_c 为模型特征参考面积，在处理力矩载荷问题时 k_c 为模型特征参考面积与特征参考长度之积。

在低速风洞全机模型测力试验中，模型特征参考面积一般选机翼特征参考面积；针对纵向力矩（俯仰力矩）问题一般会选取机翼平均气动弦长为纵向特征参考长度，针对横航向力矩（偏航力矩及滚转力矩）问题一般会选取机翼展长为横航向特征参考长度。

8. 支架干扰修正

支架干扰修正理论是基于小扰动线性假设建立的。从实践看，支架干扰可分为近场支架干扰和远场支架干扰两部分。对于比较靠近模型的支撑装置部分，其尺寸一般较小，易于通过支架干扰试验的方法获得支架干扰量，称为近场支架干扰量。受种种原因限制，远离模型的支撑装置部分，其支架干扰量可能不能通过试验方法直接获得，称为远场支架干扰量。

假设已通过试验或其他方法获得了近场支架干扰量 $\Delta c_{y,\,jn}$、$\Delta c_{x,\,jn}$、$\Delta m_{z,\,jn}$、$\Delta c_{z,\,jn}$、$\Delta m_{y,\,jn}$、$\Delta m_{x,\,jn}$ 和远场支架干扰量 $\Delta c_{y,\,jf}$、$\Delta c_{x,\,jf}$、$\Delta m_{z,\,jf}$、$\Delta c_{z,\,jf}$、$\Delta m_{y,\,jf}$、$\Delta m_{x,\,jf}$。则完成支架干扰修正后的模型气动特性表述为

$$c_y = c_{y,\,u} - \Delta c_{y,\,jn} - \Delta c_{y,\,jf}$$

$$c_x = c_{x,\,u} - \Delta c_{x,\,jn} - \Delta c_{x,\,jf}$$

$$m_z = m_{z,\,u} - \Delta m_{z,\,jn} - \Delta m_{z,\,jf}$$

$$c_z = c_{z,\,u} - \Delta c_{z,\,jn} - \Delta c_{z,\,jf} \tag{15.13}$$

$$m_y = m_{y,\,u} - \Delta m_{y,\,jn} - \Delta m_{y,\,jf}$$

$$m_x = m_{x,\,u} - \Delta m_{x,\,jn} - \Delta m_{x,\,jf}$$

式中,下标 u 表示相关未修正量。

9. 气流偏角修正

工程上,气流偏角修正有两种基本形式。当模型区域内各部件局部气流偏角差异不大时,利用模型区域平均气流偏角修正的方法就可以获得满意的效果。其基本思想是,在实际流场坐标轴系下给出试验结果。此时,在将天平载荷由模型坐标轴系转换为模型气流坐标轴系时,将平均气流偏角修正量 $\Delta\alpha_P$、$\Delta\beta_P$ 引入旋转参数就可完成气流偏角修正,即式(15.8)中:

$$
\begin{aligned}
\alpha_q &= \alpha_Q + \Delta\alpha_P \\
\beta_q &= \beta_Q + \Delta\beta_P
\end{aligned}
\tag{15.14}
$$

当模型区域内各部件局部气流偏角差异较大时,平均气流偏角修正方法无法可靠地修正全部试验结果。如平尾处局部气流偏角与机翼处的差异较大时,就无法同时可靠地修正升力系数与俯仰力矩系数结果。为避免平均气流偏角修正法的不足,可以采用气动系数修正法修正气流偏角。其基本思想是将(在模型理想气流轴系中表述的)由实际流场获得的气动系数修正到理想流场条件的系数,即消除实际流场模型气动系数与理想流场气动系数的差异。此时,在将天平载荷由模型坐标轴系转换为气流坐标轴系的运算中,不能引入气流偏角参数,即应将天平载荷转换为模型理想气流坐标轴系。然后,在支架干扰修正完成后进行气流偏角相关气动系数修正。假设已有气动系数修正量分别为 Δc_{yP}、Δc_{xP}、Δm_{zP}、Δc_{zP}、Δm_{yP}、Δm_{xP},则气流偏角修正后模型气动特性表述为

$$
\begin{aligned}
c_y &= c_{y,u} + \Delta c_{yP} \\
c_x &= c_{x,u} + \Delta c_{xP} \\
m_z &= m_{z,u} + \Delta m_{zP} \\
c_z &= c_{z,u} + \Delta c_{zP} \\
m_y &= m_{y,u} + \Delta m_{yP} \\
m_x &= m_{x,u} + \Delta m_{xP}
\end{aligned}
\tag{15.15}
$$

在工程实践上,用气动系数修正法修正气流偏角存在工作量大,系统误差不易控制等问题,如在获取 Δm_{zP} 时就可能会引入较大的系统误差。为此,可以将平均气流偏角修正法与气动系数修正法结合使用。即以翼身组合体局部平均气流偏角(如 $\Delta\alpha_{Pwb}$)代替式(15.14)中的全模平均气流偏角($\Delta\alpha_P$)利用式(15.8)完成基本修正,再利用尾翼(平尾)处相对局部平均气流偏角($\Delta\alpha_{Pt} - \Delta\alpha_{Pwb}$)及其气动特性计算相关修正量,最后利用式(15.15)完成必要的气动系数修正。

10. 轴向静压梯度修正

试验段轴向静压梯度修正(俗称水平浮力修正)主要针对模型阻力特性进行,其基本假设是风洞试验段(模型区域)轴向静压梯度近似为常值。此时,水平浮力造成的系统误差可表述为

$$
\Delta c_{xp} = -\frac{V_m}{s}\frac{\mathrm{d}C_p}{\mathrm{d}x_g}
\tag{15.16}
$$

式中，V_m 为模型体积；s 为模型特征参考面积；dC_p/dx_g 为试验段轴向静压梯度。

经轴向静压梯度修正后的模型阻力特性可表述为

$$c_x = c_{x,u} - k_w \cdot \Delta c_{xp} \qquad (15.17)$$

式中，k_w 流线挤压修正因子，与模型外形相关，一般模型长细比越大该值越小。

对于三维试验，绝大多数情况下 $k_w = 1.0 \sim 1.2$；而对于典型全机模型试验，k_w 取 1.05 是比较合适的。

11. 洞壁干扰修正

目前，低速风洞全机模型测力试验洞壁干扰修正项目主要包括阻塞效应修正以及升力效应修正等。而其他洞壁干扰修正项目由于修正量较小或修正方法还不成熟，在实际试验中运用较少。在此，需要提醒一个风洞试验结果修正的通行原则，即实际运用的修正方法及修正量应具有较高的可靠性，否则一般不进行该项修正，而将该项影响归为试验系统误差。

1）阻塞效应修正

阻塞效应包括模型固体阻塞效应、模型尾流阻塞效应两部分，当试验结果不进行支架干扰修正时，还应考虑模型区域暴露于气流中的支持装置的阻塞效应。阻塞效应的大小可用阻塞系数 ε 表示，是各阻塞效应阻塞系数之和。阻塞效应修正采用对试验速压进行修正的方法进行，单独进行相关修正时，修正公式可表述为

$$\begin{aligned}
q &= q_u \cdot (1 + \varepsilon)^2 \\
c_y &= c_{y,u}/(1 + \varepsilon)^2 \\
c_x &= c_{x,u}/(1 + \varepsilon)^2 \\
m_z &= m_{z,u}/(1 + \varepsilon)^2 \\
c_z &= c_{z,u}/(1 + \varepsilon)^2 \\
m_y &= m_{y,u}/(1 + \varepsilon)^2 \\
m_x &= m_{x,u}/(1 + \varepsilon)^2
\end{aligned} \qquad (15.18)$$

2）升力效应修正

升力效应修正一般针对气动特性纵向三分量及迎角进行。单独进行升力效应修正时，修正后的模型气动特性可表述为

$$\begin{aligned}
\alpha &= \alpha_u + \Delta\alpha_y \\
c_y &= c_{y,u} + \Delta c_y \\
c_x &= c_{x,u} + \Delta c_x \\
m_z &= m_{z,u} + \Delta m_z
\end{aligned} \qquad (15.19)$$

3）小结

在试验中洞壁干扰影响实际上是同时产生的。因此，洞壁干扰修正通常是统一进行的，（包括轴向静压梯度修正的）统一修正公式可表述为

$$q = q_u \cdot (1 + \varepsilon)^2$$

$$\alpha = \alpha_u + \Delta\alpha_y$$

$$c_y = c_{y,u}/(1 + \varepsilon)^2 + \Delta c_y$$

$$c_x = c_{x,u}/(1 + \varepsilon)^2 + \Delta c_x - k_w \cdot \Delta c_{xp}$$

$$m_z = m_{z,u}/(1 + \varepsilon)^2 + \Delta m_z \qquad (15.20)$$

$$c_z = c_{z,u}/(1 + \varepsilon)^2$$

$$m_y = m_{y,u}/(1 + \varepsilon)^2$$

$$m_x = m_{x,u}/(1 + \varepsilon)^2$$

15.2.4　主要试验参数获取方法

为给出可靠的试验结果,在风洞试验准备与实施阶段需要获得大量的试验数据。其中部分数据是试验结果的某种表现形式,如试验结果过程数据或试验结果最终数据;而另一部分数据则用于处理、修正或说明试验结果数据,如天平安装参数、试验速压、模型构型状态说明等。

在风洞试验结果数据处理与修正程序中需要用到大量的试验结果数据处理与修正参数。这些参数部分来自试验委托方,如模型特征尺寸参数;部分需要由试验承担方提供。由试验承担方提供的参数的基本获取方法是多样的,一般包括理论方法(如按设计图纸查找)、现场实测方法(如测量天平安装参数)、试验方法(如进行支架干扰试验)及根据试验结果计算(如计算洞壁干扰量)等,通常用理论方法获得的参数还需通过实际测量检验。本节将简单介绍一些主要参数的基本获取方法。

1. 天平安装参数

天平安装参数包括天平安装位置和安装角。一般可以通过查询设计图纸、三维数模等方法获得,也可以通过实际测量的方法获得。在实践中,这两种方法应结合进行,相互验证、相互补充。在获取、使用天平安装参数时应注意以下几点。

(1) 本质上,天平安装参数是模型在天平坐标轴系上的安装参数。字面上理解,天平安装参数是天平相对模型坐标轴系给出的。但根据通用数学转换公式和数据处理程序要求,这些参数实际上是以天平坐标轴系为基准给出的模型安装参数。

(2) 在确定天平安装角时,应按偏航、俯仰、滚转的顺序依次确定各安装角。试验数据的坐标轴系转换公式是以矩阵形式给出的,而矩阵计算是不满足乘法交换律的。由于式(15.6)是按偏航、俯仰、滚转的顺序确定的安装角推导的,在获取天平安装角时,也必须按此顺序进行。

(3) 天平位置参数是天平坐标轴系原点在模型坐标轴系中的坐标值的负值。这是由于在实际查询测量中,习惯上是以模型坐标轴系为基准进行的,因此需要注意数据的转换。天平位置参数的这一定义方式,比较符合正常的习惯、不易出错,但也要求在进行天平坐标轴系数据向模型坐标轴系转换时,需按先旋转后平移的次序进行。

天平安装参数的测量既可通过直接测量方法进行也可通过间接测量方法完成。直接测量方法即通过适当的方法直接测量天平与模型的安装关系。而所谓间接测量法就是分别测量天平、模型相对某个共同基准的安装参数,再将两个参数合并为天平安装参数。在实际测量中,间接测量法可能运用得更为广泛。如在测量天平滚转安装角时可以首先测量模型相对牵连铅垂地面坐标轴系的滚转角,再测量天平的滚转角,最后将两个滚转角合并为天平滚转安装角。在测量时,模型姿态角一般可以通过倾斜仪测量或采用高差法测量。天平姿态角除上述两种方法外还可以采用电气方法测量,这种方法比较适合于小尺寸天平。如针对天平滚转角,就可以通过对天平直接加砝码并测量天平输出载荷的方式将天平调整至电气零滚转。其基本原理是,砝码提供的自重载荷是平行于铅垂方向的,如天平存在电气滚转则必然存在横向力输出。通过调整天平滚转角,使天平横向力输出为零时,则可认为天平电气滚转为零。

客观上天平是存在弹性的,在不同受载情况下天平安装参数实际上是不同的。其中,天平位置参数的变化可以忽略,但天平安装角变化对试验结果的影响较大。为消除这一影响,可在测量天平安装角的同时记录天平受载情况(天平输出信号,可称为基础读数),供数据处理使用。

2. 模型姿态角

模型姿态角是风洞试验的基本条件参数,应与试验其他需测量参数同步获得。模型姿态角可以通过实时测量或标定方法获得。实时测量法是指利用传感器直接或间接测量模型姿态角的方法;标定法是指通过事先标定的角度机构指示值换算模型姿态角的方法。无论哪种方法获得的模型姿态角本质上是基于风洞坐标轴系的,而在表述模型气动特性时所用的模型姿态角一般是基于模型气流坐标轴系给出的。因此在使用前应完成姿态角的轴系转换。此外,受实际试验段流场品质缺陷(如气流偏角)、洞壁干扰等因素影响,即使在方向上相同,在风洞坐标轴系中的模型姿态角(如俯仰角)与气流坐标轴系中的姿态角(如迎角)在数值上也是不同的,这就是需要进行气流偏角、洞壁干扰升力效应等修正的重要原因。本节以式天平试验如何确定模型俯仰角问题为例开展讨论,并默认模型迎角与俯仰角在方向和数值上是相同的,同时假设天平安装角及天平弹性角远小于 1 弧度。

为确定模型姿态角,相关设备必须标零。当模型在风洞内安装完毕后,应在模型不受气动载荷的条件下,通过高差测量法、倾斜仪测量法等方法测量模型初始姿态角并调整至零(误差应小于 $0.05°$)。然后将姿态角传感器测量值、机构指示值等归零。

与模型姿态角(θ_m)相关的角度数据主要包括姿态角传感器测量值(θ_c)、支撑装置到位角(角度机构指示值,θ_j)、天平姿态角(θ_T)、天平安装角(θ_{0Tm})、天平(相对空载状态的)弹性角($\Delta\theta_{0T}$)、支撑装置(相对标零状态的)弹性角($\Delta\theta_z$)等。这些数据之间存在密切的相互联系,如:

$$\theta_m = \theta_T + \theta_{0Tm} + \Delta\theta_{0T}$$
$$\theta_T = \theta_j + \Delta\theta_z$$

$$(15.21)$$

显然,在标定法中,通过上式就可以利用角度机构指示值获得模型及天平俯仰角。客观上,模型支撑装置的复杂性决定了其弹性角变化量难以获得。因此,标定法多用于确定支撑装置刚性较好的模型姿态角,并假设 $\Delta\theta_z \to 0$。但现代低速风洞模型支撑装置考虑到其他方面的要求,往往刚性相对较弱。所以,目前标定法的运用越来越少,而改用实时测量法。

在实时测量时,如果姿态角传感器安装于天平浮动端一侧(如机身前部),则

$$\theta_m = \theta_c \tag{15.22}$$

当传感器安装于紧邻天平固定端处时,则

$$\theta_T = \theta_c \tag{15.23}$$

实时测量法提供的模型姿态角数据来自试验过程中的相关传感器的实时测量数据。一般模型俯仰角、滚转角测量可由基于重力方向的倾角传感器完成,而侧滑角测量则需要利用更为复杂的系统完成,如惯性测量装置、光学测量设备等。根据传感器实际测量的物理意义不同,可以利用不同的方法获得模型实时姿态角。需要注意的是,安装于模型上的传感器测量结果实际上包含了模型受载变形的影响,为减小这种干扰,一般要求将传感器安装于模型刚性较好而受力(传力)较小位置。

3. 天平姿态角

天平姿态角是试验数据处理与修正所需的重要参数,一般基于风洞坐标轴系定义,需与试验其他测量参数同步获得。天平姿态角的测量准确性对试验结果,特别是阻力特性及侧力特性具有重要影响。如在小俯仰角范围内有

$$\Delta c_{x2} = \frac{G_m}{qS} \sin \Delta \theta_{T2} \tag{15.24}$$

式中,$\Delta \theta_{T2}$ 是天平俯仰角测量误差;Δc_{x2} 是由于天平俯仰角误差带来的阻力系数误差。

受支撑装置弹性及气动载荷影响,在机构指示角度一致的情况下,采初读数时和采吹风数时天平俯仰角实际是有不同的。这一差异对试验结果阻力特性的影响就可以利用式(15.24)进行修正;更为彻底地,可通过以采吹风数时的天平姿态角为目标、对初读数进行插值处理的方法来消除其影响。

针对以基于地轴系校准方法校准的内式天平的俯仰角确定问题,实际上已在上节讨论,不再赘述。

4. 试验速压

风洞试验段模型区域来流速压(动压)是风洞试验必须获得的基本参数之一,是试验结果数据无量纲化的基础。来流速压,也称远前方来流速压,是指模型区域内未受模型、支杆等扰动的气流速压。显然,空风洞(即风洞试验段内无试验模型、支杆等)条件下,模型安装区域的速压即是其来流速压。需要注意的是,受洞壁干扰的影响,来流速压与试验时模型感受的实际速压并不是一致的,这就是需要进行洞壁干扰阻塞修正的原因。

由于试验段流场一般具有较好均匀性,可以用模型区域内某个特征点(如试验段几何中心位置)的速压代表整个模型区域的来流速压。在低速领域,空间点速压测量的经典方法是风速管测量法,即把风速管放在流场中待测点测量气流总静压,经简单计算就可得到该点的气流速压。但是在风洞试验时,模型区域已安装了模型,不能再装风速管;即使将风速管安装在模型附近,由于存在模型对流动的干扰,也难以准确测量来流速压。因此,风洞试验中一般需要通过测量其他不易受模型干扰位置的气流参数的方法获得来流速压。低速风洞中收缩段前后位置可足够满意地满足上述要求,来流速压可以通过测量收

缩段进口的静压 p_L 和出口的静压 p_S 来确定(图 10.1),称为落差法。具体可参见第 10 章有关内容。

近年来,一些非经典的来流速压测量方法在低速风洞中也有应用,如风速管法、总静压落差法等。其中风速管法即在收缩段出口或试验段进口处利用风速管测量当地速压,再利用当地速压与试验段中心的落差关系换算中心速压;总静压落差法则取收缩段进口总压代替其静压。这些方法的公式推导与经典方法是类似的,均可得到一个类似式 (15.32) 的远离模型区域的测压点压差与模型区域特征点处速压的线性修正关系式,这里就不一一推导了。

无论用哪种间接方法测量模型区域来流速压,风洞内流动压力感受装置(如风速管,总、静压孔)均应设置在风洞稳定段下游至试验段上游之间。这主要是由于在这一区域流动受模型及其尾流的影响相对较小,易于保证校测结果的稳定性;此外,在该区域容易获得较大的压差,有利于提高测量的灵敏度。

5. 支架干扰量

暴露于风洞流场场中的支撑装置会改变模型绕流流场,因此试验测得的模型的气动量会含有支撑装置的影响甚至(用外式天平试验时)直接包含部分支撑装置的气动载荷。这种由支撑装置对试验结果产生的影响称为支架干扰。支架干扰量常常超过试验误差允许的范围,因此在选择或设计支撑装置时必须充分考虑支架干扰因素。首先(预计)支架干扰量不宜过大,即支架干扰应具有小扰动线性干扰的特性;其次应可采取合适的办法修正支架干扰。

目前,修正支架干扰方法主要包括试验修正方法、数值计算方法和工程估算方法等。工程估算方法是指利用已建立的数据库,进行插值处理,以得到所要求的支架干扰量。由于需要花费大量的试验或计算时间才能建立合适的数据库,而且在使用上还有些不尽如人意的地方,因此工程估算方法应用并不广泛。数值计算方法首先以试验模型、风洞试验段及支撑装置等为对象计算模型气动特性,再以模型和试验段为对象计算模型气动特性,最后以有支架和无支架的模型气动量差值为支架干扰量。该方法计算工作量较大,但对某些难以用试验方法获得支架干扰量的试验具有重要意义,目前逐步在试验中得到应用。

全机模型测力试验中支架干扰量一般是可以利用试验方法获得并修正的,或者说通常在设计试验方案时就应同时考虑支架干扰试验方案。为获取支架干扰量而开展的试验项目被称为支架干扰试验,两步法是最基本和最常见的支架干扰试验方法。利用两步法进行支架干扰试验时,首先需要利用辅助支撑装置将模型支撑起来,再进行有、无(模拟)主支撑装置的两次试验,则这两次试验的结果差即为主支撑装置的支架干扰量。图 9.17(a) 给出了一个经典的两步法支架干扰试验原理简图,模型气动载荷(包括各支杆但不包括各风挡)由外式天平测量获得。在这个例子中,正常试验时(A 状态——对应图 9.17 中的①;而 B、C 状态对应②和③)模型是以腹撑形式正装于试验段内的,此时腹部支撑装置即为主支撑装置;而支架干扰试验时模型是以背撑形式反装的,此时尽管支撑装置本身没有发生变化,但其性质已转变为辅助支撑装置。模型反装时,带有用于模拟主支撑装置的上支架的试验状态被称为 B 状态、无上支架的状态被称为 C 状态。本案例中,以反装背撑形式进行支架干扰试验,一方面利用了风洞流场沿风洞轴线对称的特性,另一方面也可有效降低风洞设备的复杂性、可以利用同一套试验支撑装置和天平进行全部 A、B、C 三个状态的试验。但这并不表示支架干扰试验必须在模型反装状态下进行。

不失一般性地,在这个例子中,A 状态试验模型气流轴系测量结果,忽略高阶影响量,可以展开表示为

$$F_A = F_m + F_z + F_{m \leftarrow z} + F_{z \leftarrow m} \tag{15.25}$$

式中, F 表示各分量气动载荷或其系数;下标 m 表示模型相关量;下标 z 表示主支撑装置相关量;下标 m ← z 表示由主支撑装置引起的模型气动载荷变化量、其他类推。

显然,式(15.25)中 $\Delta F = F_z + F_{m \leftarrow z} + F_{z \leftarrow m}$ 即为主支撑装置支架干扰量。

C 状态试验结果可以展开表示为

$$F_C = F_m + F_f + F_{m \leftarrow f} + F_{f \leftarrow m} \tag{15.26}$$

式中,下标 f 表示辅助支撑装置相关量。

B 状态试验结果可以展开表示为

$$F_B = F_m + F_f + F_{m \leftarrow f} + F_{f \leftarrow m} + F_s + F_{m \leftarrow s} + F_{s \leftarrow m} + F_{f \leftarrow s} + F_{s \leftarrow f} \tag{15.27}$$

式中,下标 s 表示与上支架(模拟主支撑装置)相关量。

由于上支架与主支撑装置相似,因此其(模型气流轴系)结果及干扰量与主支撑装置是一致的。式(15.27)可改为

$$F_B = F_m + F_f + F_{m \leftarrow f} + F_{f \leftarrow m} + F_z + F_{m \leftarrow z} + F_{z \leftarrow m} + F_{f \leftarrow z} + F_{z \leftarrow f} \tag{15.28}$$

B 状态试验结果与 C 状态试验结果相减为

$$\Delta F' = F_B - F_C = \Delta F + F_{f \leftarrow z} + F_{z \leftarrow f} \tag{15.29}$$

当 $F_{f \leftarrow z} + F_{z \leftarrow f} \to 0$ 时, $\Delta F' \to \Delta F$。而未受干扰模型气动载荷则为

$$F_m = F_A - \Delta F = F_A - \Delta F' = F_A - (F_B - F_C) \tag{15.30}$$

式(15.30)表示了支架干扰量试验修正两步法的核心原理。虽然该式是以外式天平、腹撑装置为例推导的,但其结论具有比较普遍的意义。如当使用内式天平试验时,在推导过程中,只需把内式天平不可测量(如 F_z 等)删去即可,而最终结论相同。

在工程上利用试验方法获取支架干扰修正量时,应注意到以下几点。

(1) 对小扰动线性叠加假设的符合性。

在式(15.30)推导过程中,使用了小扰动线性叠加假设、忽略了高阶干扰量,即认为模型及各支撑装置之间的气动干扰量不大、并可线性叠加。对辅助支撑装置的一般要求与主支撑装置是一致的,但通常会将综合性能最好的支撑形式做为主支撑装置使用。经过合理优化设计的支撑装置,可以大幅减少其对模型绕流的干扰,在多数情况下可以满足这一假设。但在某些敏感条件下该假设也可能不能成立,使试验获得的支架干扰修正量存在明显失真。如典型的腹撑支撑装置(图 9.17,A 状态)通常会对模型平尾处流动产生下洗干扰,在某些极限试验条件下(如大襟翼、负迎角试验),可能会导致平尾(负向)分离迎角提前,模型俯仰静稳定裕量大幅下降甚至丧失,即客观上此时俯仰力矩特性的支架干扰量包含了明显的非线性量;但在模型反装的 B、C 状态,支撑装置在平尾处产生的下洗

明显减弱甚至变为上洗,平尾分离迎角变化不大甚至推迟,因此由式(15.30)获得的试验支架干扰量可能仅包括线性干扰部分,最终使支架干扰结果及修正后试验结果失真。此外,在大迎角试验状态,由于广泛存在分离现象、试验随机误差明显增加,支架干扰试验结果的可靠性也会受到质疑。

(2)辅助支撑装置与模拟主支撑装置间干扰应不大。

在推导过程中,利用了 $F_{f\leftarrow z} + F_{z\leftarrow f} \to 0$ 假设。这一方面说明采用内式天平试验时,支架干扰试验结果与真实量更为接近。另一方面也说明在选择支撑装置、设计支架干扰试验方案时,应注意减小模拟主支撑装置与辅助支撑装置之间的干扰。主要措施包括:减小各支撑装置的尺寸,优化外形、减少其表面流动分离;尽量增加主、辅支撑装置的间距,一般要求两者间距为装置特征尺寸(如支杆直径或风挡厚度)的 3 倍以上;在 B 状态,避免某一支撑装置处于另一支撑装置的尾流区域内等。

(3)模拟主支撑装置气动特性与主支撑装置的一致性。

在推导过程中,假设模拟主支撑装置气动特性及其干扰与主支撑装置一致。这就要求两者间在外形、尺寸、表面质量、在模型上的安装位置与角度等应一致。不仅如此,在采用外式天平试验时,由于主支撑装置的风挡内部存在串流、会影响天平测量结果,模拟主支撑装置内部空间也应进行适当的几何相似性处理。

(4)支架干扰试验基本方法的适用范围。

式(15.30)是针对全机模型测力试验推导的,并不适合处理靠近支撑装置或处于支撑装置尾流区的局部或部件的支架干扰问题。如腹撑装置对腹鳍或起落架的干扰就很难用上述试验方法予以消除。此时,一般利用辅助支撑装置试验的方法予以改善。如采取背撑装置支撑模型、以有/无相关部件的模型状态进行两次试验,用求两次试验差量的办法获得相关部件贡献。

(5)支架试验模型构型选择。

直观地理解式(15.30),应对每个正式试验(A 状态)模型构型进行支架干扰试验。显然这是效率低下和不够经济的。理论分析和试验实践表明,在某些模型构型变化情况下,其支架干扰量变化并不大,可以忽略。由此可以大幅减少支架干扰试验的数量。

典型情况下,模型副翼、升降舵、方向舵等操纵部件偏角变化对支架干扰量的影响是有限的。因此,一般只需要在模型各襟翼基本构型(其他操纵面均归零)下进行支架干扰试验就可以满足需要。但对于采用了全动平尾的模型,则可能需要增加少量不同平尾偏转状态进行试验。在模型部件组拆试验中,由于模型构型变化显著,支架干扰量变化明显,一般需要对应不同组拆构型进行支架干扰试验。

此外,支架干扰试验模型构型选择还与支架干扰特性本身有关。在以图 9.17 为例的典型腹撑模型试验中,通常以去垂尾状态为支架干扰试验模型基本构型。这一方面是由于垂尾位于机身上方、主支撑装置位于机身下方,两者不仅相距较远而且各自尾流互不扫略,在工程上可认为腹撑支架对垂尾的影响有限、可以忽略。另一方面模型反装进行支架试验时,辅助支撑装置尾流会扫略垂尾所处空间,干扰试验结果。如支架试验时反装模型安装有垂尾,受辅助支撑装置(特别是支杆)紊乱的尾流影响,试验结果的稳定性会明显下降、无规律的波动性增加。由于支架干扰量相对较小,且需要比较两次试验结果才能获得,这种无规律的波动必然导致支架结果的显著波动(粗大误差增加),大幅增加了支架

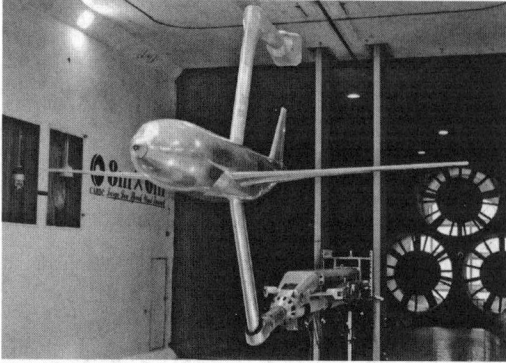

图 15.5 CHN‑T1 标模通用尾撑装置支架干扰试验状态（CARDC 惠允）

结果的处理难度、降低了其可信性。但当暴露于气流中的支撑装置的主体位于模型后方时（图 15.5），通常以模型全状态为基本构型进行支架干扰试验。其根本原因是，相对机翼，模型尾翼与支撑装置主体的距离更近，其受到的支架干扰也更为显著，特别是对于各力矩特性更是如此，不能忽略。

（6）支架试验结果量不应直接使用。

从式（15.30）可以看出，本质上最终试验结果是由 A、B、C 三个状态的试验结果共同决定的。因此，直接使用该式扣除支架干扰时，最终试验结果也就包含了三个状态试验的随机误差，其大小一般评估为单次试验的 $\sqrt{3}$ 倍或更大。其直接表现就是 $F_B - F_C$ 结果随模型姿态角变化曲线的波动性更加明显。显然，将 B、C 状态的随机误差引入最终试验结果是不合适的。因此在运用式（15.30）前，还应对 $F_B - F_C$ 的结果进行处理。处理分线性区域处理和非线性区域处理两部分。线性区域处理主要针对模型无大面积分离的试验姿态角区域进行，一般包括剔除粗大误差和曲线拟合两部分。剔除粗大误差就是将试验获得的 $F_B - F_C$ 直接结果中的明显偏离一般规律的异常点剔除出去或将其修正为基本符合一般规律的值。这里的一般规律不仅需要由 $F_B - F_C$ 曲线自身总结，也需要参考类似模型构型状态的曲线特性，甚至要参考同类支撑装置、类似模型其他支架干扰试验结果的规律。曲线拟合的主要目的是进一步减小支架干扰试验结果的随机误差，就是用线性或二阶、最多三阶多项式曲线方程对 $F_B - F_C$ 曲线进行拟合，获得最终使用的线性区域支架干扰量。

非线性区域处理针对模型（主要是指机翼）存在大面积分离的姿态角范围进行，一般指模型失速后区域。非线性区域支架干扰量处理不仅要考虑随机误差因素，更重要的是需要考虑系统误差因素。目前，针对非线性区域支架干扰量的处理方法尚无可靠的理论依据。在工程上，主要有 4 种典型方法。一是置零法，即将非线性区域的支架干扰量置零。其思想核心是不在试验结果中引入不可靠的修正。二是常值法，即将非线性区域的支架干扰量设为常值，其大小一般等于非线性区域与线性区域交界处线性区域支架干扰值。其思想核心在于用最接近的支架干扰量替代非线性区域支架干扰量。三是延伸法，即以线性区域支架干扰变化规律（一般为线性规律）外插出非线性区域支架干扰量。其思想核心是支架干扰与模型（主要指机翼）分离之间的耦合关系不大，机翼分离不应影响支架干扰的变化规律。四是直接使用法，即按处理线性区域支架干扰量一样的方法处理非线性区域支架结果。其思想核心是尊重试验结果。非线性区域支架干扰处理难度较大，对处理者的判断能力和实际经验有很高的要求，通常会综合运用上述方法处理。

6. 气流偏角

1）平均气流偏角

一般而言，试验段内任意一点的气流点流向是不同的。因此，试验段内不同区域的平均气流偏角也是不同的，更进一步不同模型所在区域甚至同一模型不同部件所在区域的平均气流偏角也是不同的。利用特定模型进行试验时,该模型所处区域的平均气流偏角通常采用试验方法获得。

经典的平均气流偏角试验包括模型正装试验和反装试验两个步骤。当模型反装时,试验状态与支架干扰试验的 B 状态[图9.17(a)②]是一致的;而正装试验时,保留上下支架、仅将模型正装即可[图9.17(b)②]。由于模型正/反装时,上下支架影响对称,因此可以认为两种试验状态获得的试验结果的差异主要是由于气流偏角造成的。图4.6给出了一个用升力法求取俯仰方向平均气流偏角的结果曲线示意。其中,模型正装试验测出升力(或升力系数)L_1 对名义迎角 α_1(即相对理想气流坐标轴系的迎角)的曲线为 $L_1 = f(\alpha_1)$,反装模型试验测出的 L_2 对名义迎角 α_2 的曲线为 $L_2 = f(\alpha_2)$。假设模型区域气流有一个向上的平均气流偏角 $\Delta\alpha_P$。模型正装时,模型的实际迎角是 $\alpha = \alpha_1 + \Delta\alpha_P$;模型反装时,模型的实际迎角为 $\alpha = \alpha_2 - \Delta\alpha_P$;显然当 $L_1 = L_2$ 时,模型正装和模型反装的实际迎角应该相等,即 $\alpha_1 + \Delta\alpha_P = \alpha_2 - \Delta\alpha_P$。故平均气流偏角为 $\Delta\alpha_P = (\alpha_2 - \alpha_1)/2$。这就是工程上获得模型区域俯仰方向平均气流偏角的常用方法。用这个方法求取俯仰方向平均气流偏角时,升力一般要取在小迎角线性段的值。

需要注意的是,用试验方法获得的平均气流偏角是一个加权平均值,或者说是效果平均值。如用升力特性求取平均气流偏角时,模型上(俯视投影)单位面积产生的升力较大的部件或区域的局部气流偏角的权重就较大,反之则较小。由于机翼对飞机模型升力特性贡献最大,因此用升力特性求取的平均气流偏角更接近于机翼区域的局部平均气流偏角。

同样,也可用利用俯仰力矩结果获得俯仰方向平均气流偏角。由于平尾对飞机模型俯仰力矩特性的贡献较大,因此用这种方法获得的平均气流偏角也更多地增加了平尾区域局部气流偏角的权重。所以用升力特性和俯仰力矩特性获得的平均气流偏角常常并不一致,这主要是因为模型区域内各局部区域实际(平均)气流偏角存在差异所致。

上述试验方法隐含地利用了全机模型为左右对称的特性和主要升力面与试验段中心水平面高差不大的假设。因此,正、反装试验时模型主要气动部件所涵盖的流场空间大致一致。而一般情况下,由于飞机模型不存在上下对称特性,不能够通过类似简单的试验方法测定试验段偏航方向的气流偏角。低速风洞试验中,一般将平均气流偏角默认为迎角方向平均气流偏角。

2) 局部气流偏角及其影响量

当模型不同部件所处位置的局部气流偏角差异较大时,利用平均气流偏角进行的相关修正就可能存在可察觉的系统误差。此时就可以采用气动系数修正法修正气流偏角,而这种方法需要得到模型不同部件处的局部平均气流偏角及相应部件的气动特性。模型不同部件处的局部平均气流偏角的一般测量方法与全机模型平均气流偏角(升力)求取方法的基本相同,如翼身组合体处区域的局部平均气流偏角 $\Delta\alpha_{Pwb}$ 就可以利用翼身组合体带上下对称支架的正、反装试验获得。

但试验模型各部件一般是以串联的方式与天平/支撑装置连接的,如平尾首先与机身连接,再通过机身与天平/支撑装置连接。此时为获得平尾局部区域平均气流偏角就会略显复杂一些,需要通过更多的组合试验获得相对可靠的量。首先通过单独机身模型正装试验测出机身升力 L_{1b} 对名义迎角 α_1 的曲线 $L_{1b} = f_b(\alpha_1)$,反装试验测出升力 L_{2b} 对名义

迎角 α_2 的曲线 $L_{2b} = f_b(\alpha_2)$；再通过机身平尾组合体试验获得 $L_{1bt} = f_{bt}(\alpha_1)$ 及 $L_{2bt} = f_{bt}(\alpha_2)$ 曲线。这样就可在小扰动假设下得到平尾升力曲线 $L_{1t} = f_t(\alpha_1) = f_{bt}(\alpha_1) - f_b(\alpha_1)$ 及 $L_{2t} = f_t(\alpha_2) = f_{bt}(\alpha_2) - f_b(\alpha_2)$，最终得到平尾处局部平均气流偏角 $\Delta\alpha_{Pt}$。当然，作为一种更粗略的近似，当 $f_{bt}(\alpha)$ 曲线导数绝对值远大于 $f_b(\alpha)$ 曲线导数绝对值时，直接采用机身平尾组合体试验结果也是可以接受的。

实际上，针对典型风洞及全机模型，需要精确辨识局部气流偏角的情况并不多见。通常在研究俯仰方向气流偏角问题时，仅需将模型分为翼身（或无平尾）组合体及单独平尾两部分就可以满足要求。

在获得不同部件局部平均气流偏角后，就可以计算其对试验结果的影响。以平尾为例，$\Delta\alpha_{Pt}$ 造成的测量误差可以表述为

$$\Delta c_{yPt} = \frac{\Delta\alpha_{Pt}}{qs} \cdot \frac{\partial f_t(\alpha)}{\partial \alpha} \cdot k_{tq}$$

$$\Delta c_{xPt} = A_t \cdot (c_{yt} + \Delta c_{yPt})^2 - A_t \cdot c_{yt}^2 \approx 2 \cdot A_t \cdot c_{yt} \cdot \Delta c_{yPt} \qquad (15.31)$$

$$\Delta m_{zPt} = \Delta c_{yPt} \cdot L_t / c_a$$

式中，A_t 为平尾诱导阻力因子；L_t 为平尾升力焦点到全机力矩参考点的距离；k_{tq} 为平尾处气流阻滞系数，对于低平尾 $k_{tq} = 0.9$、对于高平尾 $k_{tq} = 0.95$、对于前置的鸭翼等 $k_{tq} = 1$。

最后，将各部件局部平均气流偏角影响线性叠加起来，代入式（15.15）完成气流偏角修正。

3）气流偏角综合修正方法参数

上述讨论显示，无论单纯以平均气流偏角的概念或局部气流偏角的概念指导气流偏角修正，在工程上均有一定的局限性。平均气流偏角修正方法对试验段流场假设比较严苛，使用局限性较大，修正结果可能存在较大误差。而局部气流偏角修正方法存在工作量较大的不足。因此，可以将两者结合起来运用。

首先，通过试验方法获得翼身组合体（或全机去平尾）局部平均气流偏角（$\Delta\alpha_{Pwb}$）和平尾处局部平均气流偏角（$\Delta\alpha_{Pt}$）。

将 $\Delta\alpha_{Pwb}$ 作为 $\Delta\alpha_P$ 代入式（15.14）并进一步代入式（15.8）完成气流偏角基本修正。再将平尾处相对局部平均气流偏角（$\Delta\alpha_{Pt} - \Delta\alpha_{Pwb}$）代替 $\Delta\alpha_{Pt}$ 代入式（15.31），获得平尾对全机气动特性影响的量，最后利用式（15.15）完成修正。此时，由于平尾处相对局部平均气流偏角较小、平尾对全机升阻特性贡献相对不大。因此 Δc_{yPt}、Δc_{xPt} 可忽略，在修正气动系数时仅进行俯仰力矩特性修正也可满足要求。

7. 轴向静压梯度

无论是闭口试验段还是开口试验段，沿风洞坐标轴系 x_g 轴变化的气流静压都可能不同。对闭口试验段而言，受实洞壁影响，从入口开始洞壁附近边界层厚度不断增加、试验段不同截面有效面积不断减小、边界层外气流流速随之不断增加、静压下降。对于开口试验段而言，受射流膨胀或收缩影响以及空气壁剪切层影响，射流内部气流速度并不恒定，其中心轴线静压也会随之变化。

多数情况下，随风洞试验段中心轴线位置变化气流静压变化是近似线性的，其变化率称为轴向静压梯度（$\mathrm{d}C_p / \mathrm{d}x_g$）。轴向静压梯度对模型产生的主要影响是与流体静力学中

的浮力类似的,因此又将轴向静压梯度影响称为水平浮力影响。对于闭口试验段而言,在设计风洞时可以通过改变试验段切角或调整洞壁扩散角的方法有效减小轴向静压梯度。对于全机模型测力试验而言,通过经典水平浮力修正方法修正甚至不修正即可满足要求。

实际上暴露于试验段气流中的其他装置(如支撑装置)甚至模型也可能影响试验段轴向静压梯度。但这种影响一般归为支架干扰或阻塞效应等,在其他数据修正项目中考虑。

轴向静压梯度一般在空风洞中测量,是风洞试验段流场品质测量的一项内容[11]。其具体测量方法很多,现在比较流行的是游测法。所谓游测法就是利用一根静压探针(如风速管),将其安装于试验段轴线上的不同位置分别测量不同点的静压以获得静压梯度的方法。具体实施时,为提高试验效率、降低安装误差影响,一般会将探针支架安装于平行于轴线的导轨上,通过滑动的方法改变探针位置。

15.2.5　洞壁干扰及其修正方法

1. 概述

在自由流中运动的物体,将明显改变其附近绕流的形态,这种改变可以一直扩展至远方。但在风洞试验中由于洞壁的存在,这种改变受到了洞壁(包括闭口试验段的实壁和开口试验段的空气剪切层等)的干扰,如在实壁洞壁上流线只能与洞壁平行。由于洞壁的影响使模型的绕流场与实物实际的绕流场不同(图 15.6 和图 15.7),从而导致试验结果存在系统误差,这种误差就是洞壁干扰。试验流场的畸变,可以分解为平行及垂直试验段轴线(或来流)方向的速度变化。前者改变了试验流场速度

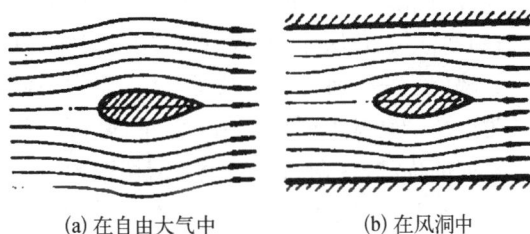

(a) 在自由大气中　　　　　(b) 在风洞中

图 15.6　洞壁的阻塞效应[2]

称为洞壁干扰阻塞效应,主要与试验模型尺寸及阻力特性相关。后者改变了试验流场洗流特性,与无洞壁情况相比,使流线发生了弯曲,称为洞壁干扰弯曲效应,弯曲效应主要与模型升力特性及侧力特性相关,分别称为升力效应和侧力效应。对于典型的飞机模型测力试验而言,模型升力较大使模型区域流场上(下)洗特性改变显著,是洞壁干扰的主要部分。模型升力的主要贡献来自机翼,以机翼为对象研究升力效应并减小相关洞壁干扰是可以满足使用要求的。而飞机模型侧力相对较小,对流场侧洗影响也较小;另一方面,由于模型产生侧力的部件较多(如垂尾、机身等)且难以在试验中分解不同部件对侧力的贡献,因此,目前侧力效应修正尚不够成熟。

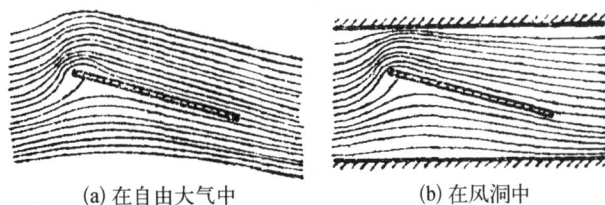

(a) 在自由大气中　　　　　(b) 在风洞中

图 15.7　洞壁的升力效应[2]

洞壁干扰对模型试验数据的准度有明显影响。风洞试验得到的结果,一般要进行洞壁干扰修正,主要包括阻塞效应修正和升力效应修正两部分。洞壁干扰修正的方法很多,常见的包括试验法、经验修正法、经典映像法、Maskell 法、计算修正法、壁压信息修正法等,但应用最为广泛的还是经典映像法和 Maskell 法。

纯试验修正法包括单模型对比法、多模型外推法两种。其中单模型对比法是利用同一模型在大、小风洞进行对比试验。通常要求模型最大迎风面积不大于大风洞试验段横截面积的 1%,因而可近似认为大风洞的试验数据是无洞壁干扰的数据。由大、小风洞的对比试验数据推算出模型在小风洞中试验的洞壁干扰量并进行修正。多模型外推法是利用一组大小不同、几何相似的模型在同一风洞中进行试验,并依据尺寸、将试验数据进行拟合、外插,得到模型几何尺寸为零的结果,即为无洞壁干扰的结果,同时也就得到了不同模型的洞壁干扰修正量。受试验工作量大,不同风洞试验流场、设备差异不易消除,不同模型严格几何相似、试验雷诺数难以保证相同、支架干扰完全修正困难等因素影响,纯试验修正法在风洞试验中已很少使用。

经验法主要通过统计大量试验数据类推洞壁干扰量。对于已积累了大量试验数据的老风洞而言,可以从已有试验数据和相应型号试飞数据及大风洞试验数据的对比中统计出些典型模型在本风洞中做试验时的洞壁干扰规律及量值。在进行类似模型的风洞试验时,可以直接套用相近的典型模型洞壁干扰修正量进行修正。但这种数据统计工作较复杂、周期很长,仅限于某些经验丰富的风洞使用。

映像法是一种古老经典的、适用于常规低速风洞洞壁干扰修正的解析方法,目前应用最为广泛。其基本原理是用适当的涡、源、汇、偶极子等理想流动基本解(奇点)来模拟试验模型的扰动,根据风洞实壁或剪切壁的边界条件,用奇点相对于风洞壁的映像来模拟风洞壁的影响,从而把一个有边界的流动变成一个无边界的流动。根据各奇点的扰动速度公式计算出映像奇点对模型区流动的影响,即为洞壁干扰效应。如在计算矩形实壁风洞对三维机翼的干扰效应时,可以用一个马蹄涡代表机翼的升力效应,在试验段上下左右都布置无穷映像马蹄涡系来代表洞壁干扰效应(图 4.7)。此无穷映像涡系在模型区内的诱导速度就代表了风洞壁干扰效应,可以用马蹄涡诱导速度计算公式得到洞壁干扰速度,从而得到洞壁对升力的干扰量。该方法具有物理概念清楚、计算简单的优点,其结果可以整理成一系列公式、图表,便于使用。但也存在数学模型过于简单的缺点。虽然对小迎角、大展弦比和后掠角不大的常规布局飞机能得到较满意的修正结果;但对于复杂的现代新型气动布局飞机以及大迎角、非流线型物体等有严重气流分离现象的风洞试验情况,修正量误差相对较大。

在经典映像法基础上,Maskell 法针对伴有严重气流分离现象的大迎角或非流线体模型试验情况进行了改进,提高了某些特殊情况下修正的可靠性。由于使用了奇点叠加及映像原理,经典映像法和 Maskell 法更适用于低亚声速实壁风洞或开口风洞。

洞壁干扰计算修正法首先用理论、数值模拟或半经验试验方法确定风洞壁面(包括空气壁)边界条件表达式及表达式中的壁面通气参数,然后由边界条件、基本流动方程及模型扰动计算出洞壁干扰修正量,有两种典型方法:使用线化方程的有限基本解法和使用非线性方程的 CFD 计算方法。有限基本解法(涡格法)可以克服映像法中模型模拟过于粗糙和不能用于通气壁面风洞的缺点而提出来的(图 4.8)。它和映像法的主要差别有两个方面：一是在模型上布置一系列基本解（如涡格），而不是用一个涡或偶极子代表模型扰动，这样可以更准确地模拟模型的扰动；二是不使用映像原理，而是在风洞壁面上布置一系列基本解来模拟洞壁效应，由于可以使用不同壁面的边界条件表达式，因此可以解决不同壁面（如实壁、通气壁及空气壁）的洞壁干扰修正问题。其基本方法是，首先在风洞流场中数值求解方程，得到"风洞流场"中的模型气动特性；再用远场自由流边界条件代替风洞壁面边界条件，求解同一模型状态的绕流情况得到该模型"自由流场"时的气动特性，两者之差即为洞壁干扰量。本方法的优点是突破了映像法的限制，可以用于各种横截面形状的风洞试验段。对模型扰动的模拟较准确，能计算出模型区内各点的洞壁干扰速度。但也有一些缺点：首先因壁面通气参数并非常数且不易准确测定，不太适合于通气壁面风洞修正；其次不适合于在跨声速试验中马赫数较高（出现激波）的情况时；再次由于采用了线化方程，不适合于模型出现明显的气流分离的情况。CFD 计算方法使用跨声速非线性方程（如 N-S 方程）计算洞壁干扰量。该方法可解决来流马赫数较高的跨声速风洞试验、流动分离严重的大迎角试验等问题，理论上可以求解任意风洞试验的洞壁干扰量。但目前在工程上，特别是低速风洞试验中，CFD 计算方法的运用却比较少。其主要原因一是计算量较大，为提高修正准确性一般需要针对特定的试验、模型甚至是试验状态进行计算，工程上使用不方便；二是对于复杂外形模型和迎角较大伴有明显气流分离现象的情况，还有不少 CFD 方面的问题没有完全解决，实际使用效益有限；三是对于通气壁风洞修正的准度还取决于洞壁边界条件中通气参数的测定准度，而目前通气参数的测定结果并不可靠。

壁压信息洞壁干扰修正法是一种试验与计算相结合的洞壁干扰修正方法，需要在模型试验的同时测量风洞壁附近的气流参数（如静压）。这些气流参数分布信息中包含了两方面的扰动，一是模型（自由状态）在洞壁处产生的扰动，称为"模型的远场扰动"；二是洞壁干扰产生的扰动，称为"洞壁的近场扰动"。设法从中分离出洞壁的近场扰动就可以进行洞壁干扰修正了。对于实壁风洞，壁压信息法无需对试验模型及其尾流进行理论描述与推测，而只需测量风洞壁面上的静压分布就可以了。然后在试验段内适当位置布置若干简单的等效奇点，如线源、面源、线涡等（图 4.9），并根据等效奇点在洞壁特定位置上诱导的压力与试验时同一位置测得的诱导的压力相同的条件来求解等效奇点强度分布。这样就可以用等效奇点的洞壁干扰来代替试验模型的洞壁干扰。壁压信息法不需要对模型及壁面特性进行精确描述，避开了常规洞壁干扰修正法中种种近似假设，修正结果的准确度较高，更适合于大阻塞、大迎角、大分离流模型试验洞壁干扰修正，如飞行器模型大迎角试验，车辆、降落伞、风力机等模型试验，这是映像法所无法比拟的。该法的主要缺点是需要在试验时测量风洞壁附近的流动参数，比较麻烦。

后面将以常用的映像法为基础，讨论洞壁干扰修正参数求取方法。

2. 阻塞效应及其修正参数

1) 基本概念

当闭口试验段内有模型时，受模型体积影响，气流流动的有效面积减小、流经模型的气流速度（u）增加，这就是一种典型的固体阻塞效应。当模型尺寸与试验段尺寸相比不大时，可近似认为在模型区域内各点处的气流速度增量（Δu_s）是相同的。但利用落差法等风速（速压）测量手段，并不能察觉阻塞效应的存在，而是依旧依据空风洞标定的落差系数给出模型区域风速(远前方未受扰动来流速度,u_∞)。因此,相对风洞风速测量装置的测量值,可以认为模型是在一个较高的均匀气流中进行试验,表示为

$$u = u_\infty + \Delta u_e = u_\infty \cdot (1 + \varepsilon_e) \tag{15.32}$$

式中,$\varepsilon_e = \Delta u_e/u_\infty$ 称为固体阻塞系数。

由于实际空气均有黏性,模型尾流中气流流速降低很多。这也将造成闭口试验段内尾流外气流速度的提高,形成所谓的尾流阻塞效应,其影响系数 ε_w 称为尾流阻塞系数。显然,尾流阻塞效应的强弱是与模型阻力特性相关的。尾流阻塞效应产生的速度增量是沿试验段轴线变化的,使模型区域产生一个静压梯度,会额外产生一个附加阻力。但这个附加阻力量值一般较小可以忽略。

通常可认为固体阻塞效应与尾流阻塞效应彼此独立,且与模型升力(侧力)无关。模型总的阻塞效应是固体阻塞和尾流阻塞效应之和,表示为

$$\varepsilon = \varepsilon_e + \varepsilon_w \tag{15.33}$$

对于正常大小模型而言,模型绕流无明显分离时阻塞效应影响较小,修正量一般小于测量值的 1%;但当绕流存在明显分离时阻塞效应会明显增加,修正量甚至会达到 10% 的量级。

有关阻塞效应的讨论一般是针对闭口试验段进行的。实际上,对于开口试验段阻塞效应也是存在的,但其影响与闭口试验段相反、影响量明显更小。一般认为开口试验段的固体阻塞系数绝对值大约为闭口试验段的 1/4,而尾流阻塞效应可以忽略。

2)固体阻塞系数

模型总的固体阻塞系数可以简单地认为是其各部件固体阻塞系数之和。而部件固体阻塞系数与试验段横截面及模型尺寸、形状有关,可近似表示为

$$\varepsilon_e = K_e \cdot V_e / C^{3/2} \tag{15.34}$$

式中,K_e 为固体阻塞系数修正因子,对于三维翼面 $K_e \approx 0.9$,对于旋转流线体 $K_e \approx 0.96$;V_e 为部件体积,在不能获得其精确值时,可用下式估算:

$$V_e = \begin{cases} 0.45 \cdot l_e \cdot D_e \ \text{或} \\ 0.35 \cdot (t_R + t_T) \cdot S_{外} \end{cases} \tag{15.35}$$

式中,l_e、D_e 分别为旋转流线体长度和最大当量直径;t_R、t_T 分别为翼面根部和梢部剖面最大厚度。

3)尾流阻塞系数

尾流阻塞效应与模型尾流大小及尾流内流速大小有关,而尾流特性则可以用模型阻力特性表征。因此,尾流阻塞系数是与模型阻力系数相关的。

无升力体尾流阻塞系数可表述为

$$\varepsilon_w = \begin{cases} \dfrac{S}{4 \cdot C} c_{xu} \ (无分离流线体) \\ \dfrac{5 \cdot S}{4 \cdot C} c_{xu} \ (严重分离体) \end{cases} \tag{15.36}$$

式中，c_{xu} 为测量获得的未修正模型阻力系数。

而因尾流阻塞效应引起的静压梯度产生的阻力增量可近似表示为

$$\Delta C_{xw} = K_{e} \cdot V_{e} \cdot c_{xu} / C^{3/2} \tag{15.37}$$

这个修正量通常很小，可以忽略。

Maskell 法可以用于计算有升力、有分离试验模型的尾流阻塞系数，适合于全机模型测力试验修正。在这一方法中，将阻力分为零升阻力、诱导阻力和分离阻力三部分。其中，诱导阻力与阻塞效应无关，伴随零升阻力的阻塞效应可用式（15.36）无分离流线体项表示，伴随分离阻力的阻塞效应可用式（15.36）分离体项表示。此时：

$$\varepsilon_{w} = \begin{cases} \dfrac{S}{4 \cdot C} c_{x0} + \dfrac{5 \cdot S}{4 \cdot C} (c_{xu} - c_{xiu} - c_{x0}) \\ \dfrac{S}{4 \cdot C} c_{x0}, \text{当}(c_{xu} - c_{xiu} - c_{x0}) < 0 \text{ 时} \end{cases} \tag{15.38}$$

式中，c_{x0} 为模型零升阻力系数；c_{xi} 为诱导阻力系数。

在实际使用式（15.38）时，获得绝对意义的模型零升阻力系数是十分困难的，一般可用模型基本构型状态（如飞机模型各操纵面归零，起落架、扰流板等大型绕流分离部件收起）试验（已扣支架）的最小阻力结果代替；诱导阻力系数包括升力诱导的阻力和侧力诱导的阻力两部分。以升力诱导的阻力为例：

$$c_{xiu} = A \cdot (c_{yu} - c_{yu, cx, min})^{2} \tag{15.39}$$

式中，$c_{yu, cx, min}$ 为当前模型状态阻力最小时的升力系数；A 为当前状态模型诱导阻力因子。

A 以当前车次试验结果升力系数-迎角曲线线性段升阻特性为基础，采用回归法求取。回归公式为

$$c_{xu} = A \cdot (c_{yu} - c_{yu, cx, min})^{2} + c_{xu, min} \tag{15.40}$$

式中，$c_{xu, min}$ 为当前状态最小阻力系数。

由于需要利用回归法求取 A 值，相对严谨的阻塞效应修正不能在当前试验迎角下实时进行，会有一定的延时性。

4）支撑装置阻塞系数

由支架干扰试验获得的支架干扰量已包含了支撑装置阻塞效应影响。因此，对于已进行支架干扰修正的试验结果而言，是不需进行支撑装置阻塞效应修正的。当试验结果不进行支架干扰修正时，就应将模型区域暴露于气流中的支撑装置支杆、风挡等的阻塞系数计入总阻塞系数。

风挡的固体阻塞系数计算方法与翼面的类似，如式（15.34）。在计算风挡尾流阻塞系数时，风挡（零升）阻力系数可取为 0.008，即

$$\varepsilon_{w, 风挡} = \frac{S_{风挡}}{4 \cdot C} \cdot 0.008 \tag{15.41}$$

式中，$S_{风挡}$ 为风挡侧投影面积。

由于体积较小，支杆固体阻塞系数一般可忽略。对于采用外式天平测量的试验，支杆尾流阻塞效应影响已在式(15.38)中考虑，不必单独计算；对于内式天平试验，尾流阻塞系数按分离体处理，一般情况圆柱形支杆迎风阻力系数大约可取 0.8，翼型支杆阻力系数可用 $0.8 \cdot t_{后} / t_{max}$ 估算，其中 $t_{后}$ 为翼型支杆后缘厚度、t_{max} 为其最大厚度。因此：

$$\varepsilon_{w,支杆} = \begin{cases} \dfrac{5 \cdot S_{支杆}}{4 \cdot C} \cdot 0.8, 圆支杆 \\ \dfrac{5 \cdot S_{支杆}}{4 \cdot C} \cdot 0.8 \cdot \dfrac{t_{后}}{t_{max}}, 翼型支杆 \end{cases} \tag{15.42}$$

式中，$S_{支杆}$ 为支杆迎风面积。

3. 升力效应及其修正参数

1）基本概念

正常飞行时，飞机需要通过空气提供的升力平衡其重力；反过来，流经飞机附近的气流必然会获得向下的洗流速度增量，并一直传递至远后方。同样，对于有升力模型，必然使模型后气流获得与升力方向相反的洗流速度增量。但受(闭口)风洞洞壁影响，模型后方下洗流速度减小、并在洞壁附近减为零。因此，与飞行相比，受洞壁干扰影响，有升力模型绕流速度在垂直远来流方向的分量发生了改变、流线发生了弯曲。洞壁的这种干扰可以用洞壁诱导上洗来表示，工程上归于升力效应及其修正问题。对于常见的闭口风洞和典型全机模型而言，升力效应使试验获得的模型升力线斜率增加(一般不会超过5%)，失速迎角减小(一般在1°左右)，焦点后移(一般不超过0.02的平均气动弦长)。对于开口风洞而言，升力效应影响规律与闭口风洞相反。

对于典型飞机模型而言，机翼是其产生升力的最主要部件。因此，升力效应及其修正可以机翼为主要对象进行研究。洞壁干扰升力效应在工程上可以基于机翼升力线理论进行修正(这实际隐含了大展弦比机翼及不分离假设)。可用平均诱导上洗因子 $\bar{\delta}$ 和流线弯曲因子 τ 表述洞壁干扰升力效应大小并计算修正量。两因子分别定义为

$$\frac{\Delta \bar{V}_0}{U_\infty} = \bar{\delta} \cdot \frac{S}{C} \cdot c_{yu} \tag{15.43}$$

$$\tau = \tau(x) = \frac{\Delta \bar{V}(x) - \Delta \bar{V}_0}{\Delta \bar{V}_0} \tag{15.44}$$

式中，x 为沿风洞试验段轴线的位置参数，指向下游为正，通常以机翼平均气动弦的 1/4 弦点为 x 的原点。$\Delta \bar{V}_0 = \Delta \bar{V}(0)$ 是在原点位置沿机翼展向以某种加权方法计算的洞壁平均诱导上洗速度，一般可取算术平均值。$\Delta \bar{V}(x)$ 是在 x 位置处沿(机翼或平尾)展向的洞壁平均诱导上洗速度。τ 是关于 x 的奇函数，即 $\tau(-x) = -\tau(x)$，用于表述洞壁诱导上洗沿轴向的变化特性。在正常的模型尺寸范围内，$\tau(x)$ 基本表现为线性特性。

与此对应，通常将升力效应修正分解为平均上洗修正(仅与上洗因子 δ 有关)和流线弯曲修正(与流线弯曲因子 τ 有关)两个部分，一般采用同时修正迎角、升阻和俯仰力矩特

性的方法进行。为便于理解,可以用图解法对洞壁诱导上洗速度 $\Delta \bar{V}(x)$ 对机翼气动特性的影响进行分析,如图 15.8 所示。实际上 $\Delta \bar{V}(x)$ 相对 U_∞ 很小、对来流速度大小的影响可以忽略,即 $U = U_\infty$。由图可以看出,$\Delta \bar{V}(x)$ 的影响可等效为机翼试验迎角变化和机翼圆弧弯度变化,而弯度变化将直接导致机翼零迎角升力变化。因此,洞壁干扰升力效应修正可以围绕迎角和零迎角升力变化进行。

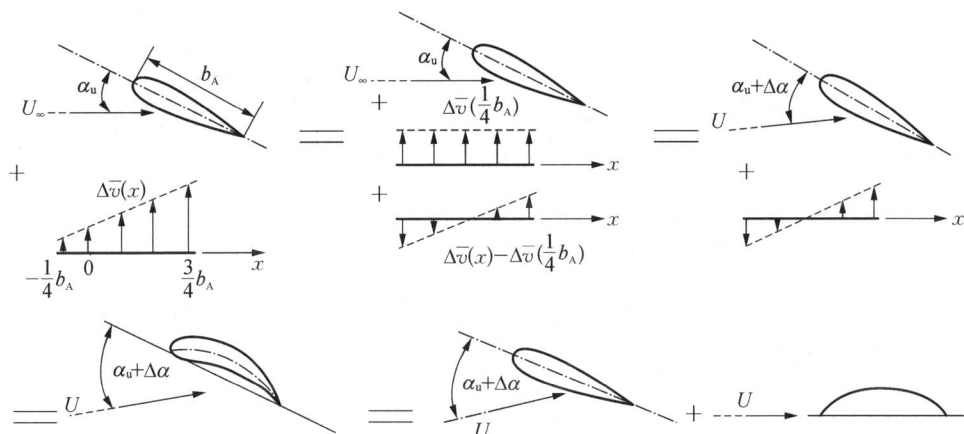

图 15.8　洞壁诱导上洗速度影响及修正原理

2) 迎角修正

显然,机翼区域的洞壁诱导平均上洗速度可以用机翼中心处(平均气动弦 1/2 弦点位置、即原点后 1/4 弦长处)上洗速度表示。则平均上洗迎角或者说机翼平均迎角修正量可表述为

$$
\begin{aligned}
\Delta \alpha_y &= \arcsin\left(\frac{\Delta \bar{V}(c_a/4)}{U_\infty}\right) \\
&\approx \frac{\Delta \bar{V}(c_a/4) - \Delta \bar{V}(0)}{\Delta \bar{V}(0)} \cdot \frac{\Delta \bar{V}(0)}{U_\infty} + \frac{\Delta \bar{V}(0)}{U_\infty} \qquad (15.45) \\
&= \left(1 + \frac{\Delta \bar{V}(c_a/4) - \Delta \bar{V}(0)}{\Delta \bar{V}(0)}\right) \cdot \frac{\Delta \bar{V}(0)}{U_\infty}
\end{aligned}
$$

将 $\bar{\delta}$、τ 的定义式代入上式,并将角度单位转换为度,有

$$
\Delta \alpha_y = \left[1 + \tau\left(\frac{1}{4}c_a\right)\right] \cdot \bar{\delta} \cdot \frac{S}{C} \cdot c_{yu} \cdot 57.3 \qquad (15.46)
$$

将式(15.46)代入式(15.19)就可以获得修正后的模型迎角。也就是说,当风洞试验模型迎角为 α_u 时获得的结果,实际上大体相当于模型在自由流中迎角为 $\alpha_u + \Delta \alpha_y$ 时的结果。至于如何获得 $\bar{\delta}$ 与 τ 将在后面介绍。

3) 机翼升力及俯仰力矩特性修正

图 15.8 表明,受流线弯曲(τ)影响,经式(15.46)修正后,并不能完全消除洞壁上洗对模型升力及俯仰力矩特性的干扰。对于升力特性而言,这个误差残留相当于零迎角圆

弧薄翼所产生的升力。根据薄翼理论(图15.9),零迎角圆弧翼载荷沿弦向为椭圆分布、其中心位于1/2弦点上、其大小为(作为修正量应变符号):

$$\Delta c_{yj} = -\frac{\partial c_{yu}}{\partial \alpha} \cdot 2 \cdot \bar{f} = -\frac{\partial c_{yu}}{\partial \alpha} \cdot \Delta \alpha_{\tau} \tag{15.47}$$

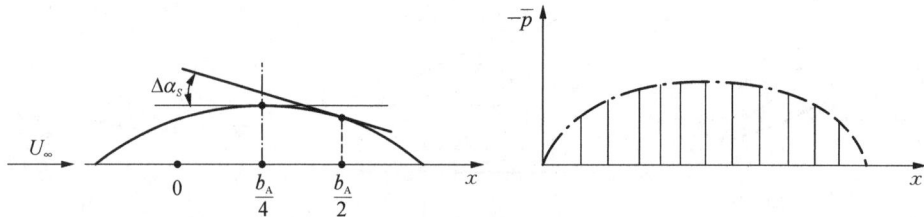

图15.9　圆弧薄翼在零迎角下的载荷分布示意图

式中,$\bar{f}$为圆弧翼相对厚度(即弯度);$\Delta \alpha_{\tau}$为圆弧翼零升迎角的负值,可以用机翼上某点洞壁上洗诱导迎角与机翼中心处的差表示,即

$$\Delta \alpha_{\tau} = \frac{\Delta \bar{V}(x) - \Delta \bar{V}(c_a/4)}{U_{\infty}} \tag{15.48}$$

根据物面不可穿透原则,上式右边各项等于零迎角圆弧机翼当地导数的负值,即

$$\Delta \alpha_{\tau} = 2 \cdot \bar{f} = -\frac{dy}{dx}(x) + \frac{dy}{dx}(c_a/4) = -\frac{dy}{dx}(x) \tag{15.49}$$

对于弦长为1的圆弧翼,假设其圆弧半径为R、坐标原点在圆心。则翼面坐标满足$x^2 + y^2 = R^2$,圆弧半径可表示为$R = (\bar{f}^2 + 1/4)/(2 \cdot \bar{f})$,翼面斜率可表示为$\frac{dy}{dx} = -x/\sqrt{R^2 - x^2}$。当$\bar{f} \ll 1$时:

$$\frac{dy}{dx} \approx -x/R = -8 \cdot \bar{f} \cdot x \tag{15.50}$$

将式(15.50)代入式(15.49),有$x = 1/4$,即位于圆心后$c_a/4$处,或机翼$c_a/4$弦点后$c_a/2$处。因此,式(15.48)可改为

$$\Delta \alpha_{\tau} = \frac{\Delta \bar{V}(c_a/2) - \Delta \bar{V}(c_a/4)}{U_{\infty}} \tag{15.51}$$

由于在机翼范围内$\Delta \bar{V}(x)$近似为线性变化,并考虑到$\bar{\delta}$和$\tau(x)$的定义,最终式(15.47)可变为

$$\Delta c_{yj} = -\tau\left(\frac{c_a}{4}\right) \cdot \bar{\delta} \cdot \frac{S}{C} \cdot c_{yu} \cdot \frac{\partial c_{yu}}{\partial \alpha} \cdot 57.3 \tag{15.52}$$

式中,$\partial c_{yu}/\partial \alpha$为机翼当前迎角升力线斜率未修正试验值。

从数学角度考虑,为相对可靠地计算$\partial c_{yu}/\partial \alpha$,至少应有当地迎角前后各一个点的模

型升力特性值;考虑到,实际工作中还需适当减小测量点数量少带来的偶然误差,就需要更多的试验结果参与计算。因此,相对严谨的升力效应修正需要延时进行。当然,如果直接用线性段升力线斜率代替 $\partial c_{yu}/\partial \alpha$,在工程上也是一个可以接受的近似。

式(15.52)给出了模型实际迎角为 $\alpha_u + \Delta \alpha_y$ 时,受洞壁上洗流线弯曲特性影响机翼升力特性变化量,其作用点位于机翼 1/2 弦点处。因此,由此产生的俯仰力矩特性修正量应为

$$\Delta m_{zj} = - \frac{l_j}{c_a} \cdot \Delta c_y \tag{15.53}$$

式中,l_j 为力矩参考点到 1/2 弦点的距离。

当力矩参考点取在机翼平均气动弦 1/4 弦点时,上式可演化为

$$\Delta m_{zj} = \frac{1}{4} \cdot \tau \left(\frac{1}{4} c_a \right) \cdot \bar{\delta} \cdot \frac{S}{C} \cdot c_{yu} \cdot \frac{\partial c_{yu}}{\partial \alpha} \cdot 57.3 \tag{15.54}$$

4）平尾升力及俯仰力矩特性修正

在平尾处洞壁诱导上洗导致的流线弯曲值远比机翼处大,因此必须考虑由此带来的试验误差。

相对机翼 1/4 弦点处的洞壁诱导上洗角,平尾处的诱导上洗角为

$$\begin{aligned} \Delta \alpha_t &= \frac{\Delta \bar{v}(l_t) - \Delta \bar{v}(0)}{U_\infty} \cdot 57.3 \\ &= \tau(l_t) \cdot \bar{\delta} \cdot \frac{S}{C} \cdot c_{yu} \cdot 57.3 \end{aligned} \tag{15.55}$$

式中,l_t 为平尾尾臂长度,一般是机翼平均气动弦 1/4 弦点与平尾平均气动弦 1/4 弦点位置在 x_m 轴方向的距离。

而由 $\Delta \alpha_t$ 导致的全机升力增量为

$$\Delta c_{yt} = c_{yt\alpha} \cdot \Delta \alpha_t \cdot \frac{S_t}{S} \cdot k_{tq} \tag{15.56}$$

式中,$c_{yt\alpha}$ 为自由流中单独平尾升力线斜率(正常情况下平尾必须在其线性范围工作); S_t 为平尾参考面积。

$c_{yt\alpha}$ 可以用试验方法确定,但相对而言试验方法比较繁琐且误差也不易控制。工程上也可用估算方法确定 $c_{yt\alpha}$,如:

$$c_{yt\alpha} = \frac{0.1 \cdot \lambda_t}{2 + \lambda_t + 1/\lambda_t} \cdot \sqrt{\cos \Lambda_{t,0.5}} \tag{15.57}$$

式中,λ_t 为平尾展弦比;$\Lambda_{t,0.5}$ 为平尾 1/2 弦线后掠角。

综合机翼与平尾来看,Δc_{yt} 的量级一般并不大,工程上通常会被忽略,即

$$\Delta c_y = \Delta c_{yj} + \Delta c_{yt} \approx \Delta c_{yj} \tag{15.58}$$

在获得了平尾升力修正量后,可以方便地获得平尾俯仰力矩修正量:

$$\Delta m_{zt} = \Delta c_{yt} \cdot l_t/c_a = c_{yt\alpha} \cdot \Delta \alpha_t \cdot \frac{S_t \cdot l_t}{S \cdot c_a} \cdot k_{tq} \tag{15.59}$$

最终,全机俯仰力矩修正量可表示为

$$\Delta m_z = \Delta m_{zj} + \Delta m_{zt} \tag{15.60}$$

5) 诱导阻力修正

如前所述,试验测得的升力(c_{yu})和阻力(c_{xu})是按模型气流轴系定义的。受洞壁诱导上洗影响,模型处实际来流方向已发生改变。因此,需要将升力、阻力的方向及大小进行转换(图 15.10):

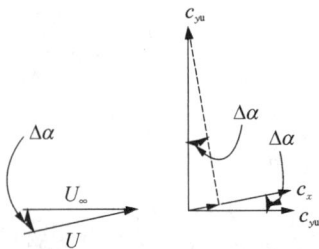

图 15.10 洞壁干扰诱导阻力示意图

$$c_y = c_{yu} \cdot \cos \Delta \alpha_y - c_{xu} \cdot \sin \Delta \alpha_y$$
$$c_x = c_{xu} \cdot \cos \Delta \alpha_y + c_{yu} \cdot \sin \Delta \alpha_y \tag{15.61}$$

实际试验中 $\Delta \alpha_y$ 一般不大,一般不会超过 2°。且相对 c_{yu} 而言,c_{xu} 通常是一个小量。因此,工程上一般将上式简化为

$$c_x = c_{xu} + c_{yu} \cdot \Delta \alpha_y/57.3 \tag{15.62}$$

通常将由洞壁升力效应产生的阻力增量称为诱导阻力增量,其值为

$$\Delta c_x = c_{yu} \cdot \Delta \alpha_y/57.3 = \left[1 + \tau \left(\frac{1}{4} c_a \right) \right] \cdot \bar{\delta} \cdot \frac{S}{C} \cdot c_{yu}^2 \tag{15.63}$$

6) 平均诱导上洗因子获取方法

正常情况下,平均诱导上洗因子值可以通过相关手册查询。平均诱导上洗因子值受模型(机翼)高度方向位置、展宽比(机翼有效翼展与试验段宽度之比)及侧滑角等参数影响较大。图 15.11 给出了高宽比为 0.75 的矩形横截面试验段的平均诱导上洗因子随零侧滑模型高度方向位置与展宽比变化的曲线示例。图 15.11 中,δ_k 为全模空中状态试验平均诱导上洗因子;δ_d 为全模近地状态试验平均诱导上洗因子(用下洞壁模拟地效);h_m 为模型(机翼)相对试验段轴线的高度;H 为试验段高度;L_e 为机翼有效展长;B 为试验段宽度。

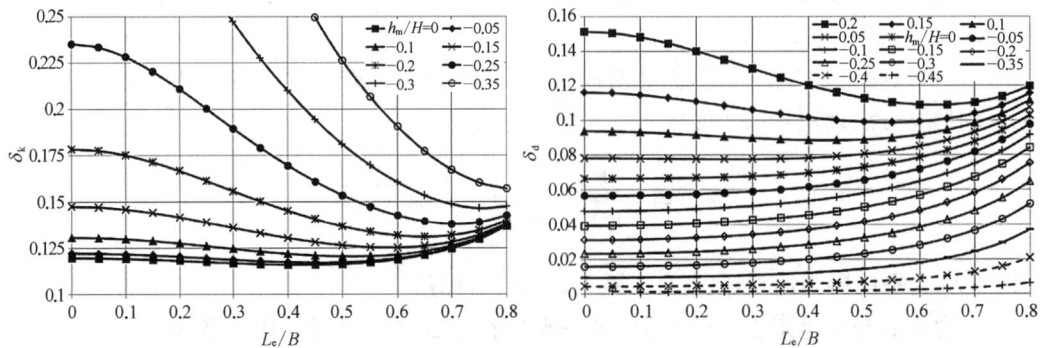

图 15.11 高宽比为 0.75 的矩形试验段全机试验平均上洗干扰因子曲线(CARDC 惠允)

模型侧滑角不为零时其 δ 值将发生变化,对后掠角不大的机翼,一般可用下式近似估算:

$$\delta_\beta = \delta_{\beta=0} \cdot \cos\beta \qquad (15.64)$$

研究表明,机翼模型左右移动时会使 δ 值增大(图 15.12,y_0/B 为模型左右移动相对量),δ 值增量大致与偏移量的平方成正比,与展宽比大致呈 2 次函数关系;同时,模型左右移动还会造成模型滚转力矩结果的系统误差。因此,在设计风洞试验方案时应特别注意:尽可能使试验模型左右对称面与风洞左右对称面重合。在常见范围内,试验马赫数变化(小于 0.6)、机翼模型展弦比变化(4~16)、模型前后位置变化(小于 1/4 试验段宽度)等,对 δ 值影响可忽略。

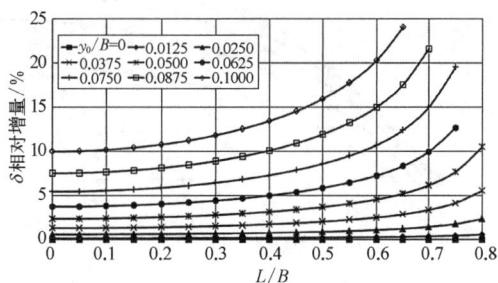

图 15.12 机翼 z 左右位置移动 δ 值相对变化量(CARDC 惠允)

7)流线弯曲因子获取方法

流线弯曲因子值一般可以通过相关手册查询。影响流线弯曲因子值的主要参数包括查询特征点相对原点的位置、机翼模型在试验段内的高低位置、特征点代表的展向宽度等。当需要计算机翼 3/4 弦点处的流线弯曲因子值时,该值实际上是机翼展宽(100%)范围内的平均值(τ_{k100});当需要计算平尾处的流线弯曲因子值时,该值应取平尾展宽范围内的平均值。对于具有小展现比机翼的飞机而言,取平尾展宽为机翼的 70% 是可以接受的近似(τ_{k70});而对于大展弦比飞机而言,平尾展宽可近似取为机翼的 40%(τ_{k40})。图 15.13 给出了查询特征点流线弯曲因子值随其前后位置及模型高低位置变化的曲线示

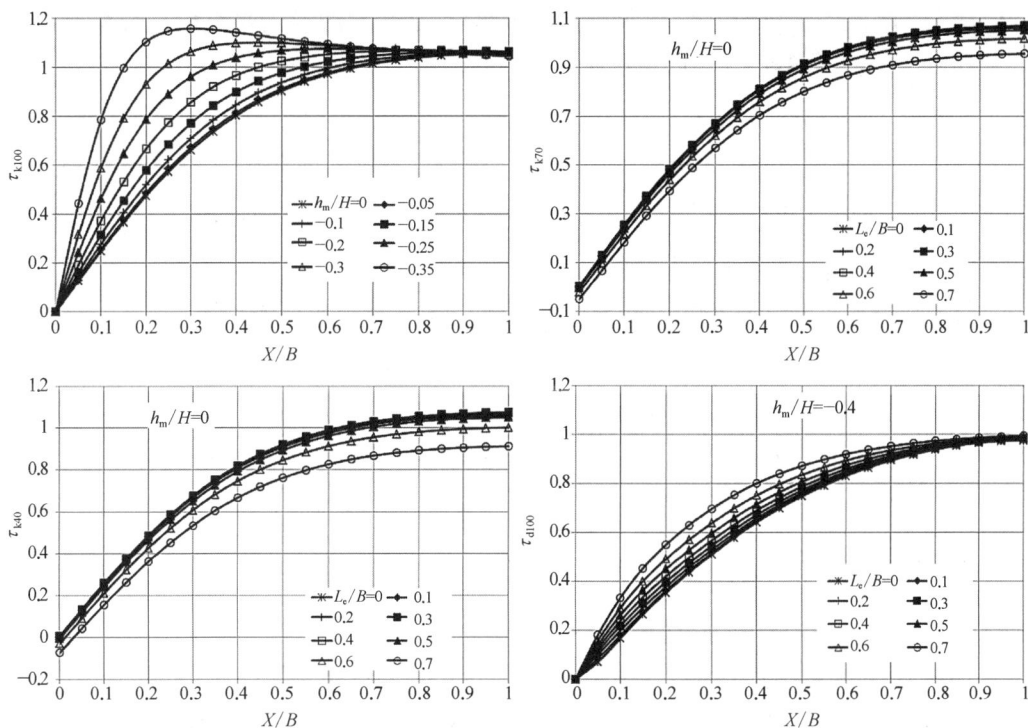

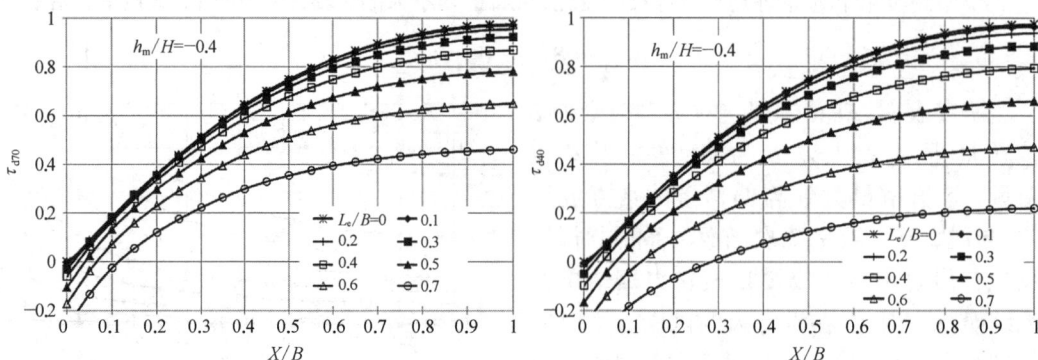

图 15.13　全机试验流线弯曲因子（CARDC 惠允）

例。图中符号下标"100"等为展宽标识。由图可见，当 x/B 较小时（如小于 0.3），流线弯曲因子曲线基本呈线性变化。

4. 模型自重与重心位置

在全机模型测力试验中，可能需要了解模型自重与重心位置参数。获得这些参数的方法很多，如由三维图测算、地面称重等。本节介绍一种可以在模型安装后利用内式天平读数的测量方法，不仅方便简单，测量精准度也可满足使用要求。

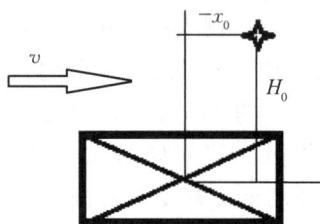

图 15.14　模型重心与天平中心的关系图

由于绝大多数模型具有左右对称性，可以假设模型重心的左右偏移量为零。在此假设下模型自重及其重心与天平校准中心的关系可以用图 15.14 表示。

与空载天平相比，安装完成后天平纵向三分量输出可以表示为

$$A = G_m \cdot \sin \theta_t$$
$$N = - G_m \cdot \cos \theta_t \qquad\qquad (15.65)$$
$$M_z = N \cdot x_0 + A \cdot H_0 = - G_m \cdot \cos \theta_t \cdot x_0 + G_m \cdot \sin \theta_t \cdot H_0$$

式中，A、N、M_z 为天平纵向三分量输出载荷。

与天平零俯仰角相比，变俯仰角后，天平纵向三分量输出可以表示为

$$\Delta A = G_m \cdot \sin \theta_t - G_m \cdot \sin 0 = G_m \cdot \sin \theta_t$$
$$\Delta N = - G_m \cdot \cos \theta_t + G_m \cdot \cos 0 = G_m \cdot (1 - \cos \theta_t)$$
$$\Delta M_z = (N_{\theta_t} \cdot x_0 + A_{\theta_t} \cdot H_0) - (N_0 \cdot x_0 + A_0 \cdot H_0) \qquad (15.66)$$
$$= G_m \cdot (1 - \cos \theta_t) \cdot x_0 + G_m \cdot \sin \theta_t \cdot H_0$$

当俯仰角变化不大时，式(15.66)可以简化为

$$\Delta A \approx G_{mt} \cdot \theta_t / 57.3$$
$$\Delta M_z \approx G_{mt} \cdot x_0 \cdot \theta_t^2 / 57.3^2 + G_m \cdot H_0 \cdot \theta_t / 57.3 \qquad (15.67)$$

即天平轴向力输出与迎角成正比，俯仰力矩输出的二次项与 x_0 成正比、一次项与 H_0 成正比。

对于目前绝大多数天平,其天平公式的主项系数决定了天平输出载荷的 98% 以上。式(15.67)可以进一步进行简化为

$$\Delta n_A \approx G_m \cdot \theta_t / (57.3 k_A)$$
$$\Delta n_{M_z} \approx G_m \cdot (x_0 \cdot \theta_t^2 / 57.3^2 + H_0 \cdot \theta_t / 57.3) / k_{M_z}$$

$$(15.68)$$

式中, k_A、k_{M_z} 分别为天平轴向力分量与俯仰力矩分量主系数。

模型洞内安装后,在不吹风的条件下,测量一组随天平俯仰角变化的读数,并将该读数减去零俯仰角读数,得到 $\Delta n_A - \theta_t$、$\Delta n_{M_z} - \theta_t$ 两条曲线。

对 $\Delta n_A - \theta_t$ 进行线性拟合得其斜率 k_{nA},可获得模型自重,即

$$G_m = 57.3 \cdot k_{n_A} \cdot k_A \qquad (15.69)$$

对 $\Delta n_{M_z} - \theta_t$ 进行二次拟合得其二次项 $k_{n_{M_z}2}$ 和一次项 $k_{n_{M_z}1}$,可获得模型重心位置,即

$$x_0 = 57.3^2 \cdot k_{n_{M_z}2} \cdot k_{M_z} / G_m$$
$$H_0 = 57.3 \cdot k_{n_{M_z}1} \cdot k_{M_z} / G_m$$

$$(15.70)$$

当然,在实际运用中如有方便的数学工具,也可以直接利用式(15.66)进行拟合求解。

15.2.6 报告撰写

试验报告是全部试验工作的技术总结,应科学、真实、可靠。根据相关标准、规范及习惯的不同,报告撰写基本格式有诸多不同。但一般需要包括以下要素:试验背景简介、试验设备、模型和方法说明、试验内容及结果数据状态说明、主要试验结果、结论等。同时,为便于保存、调取和阅读,还可能包括封面/封底、辑要页、目次、符号和缩略词说明、参考文献、插图和附表清单等。

报告应简单介绍试验背景,一般包括试验委托方及承担方、试验技术背景、试验目的和项目、试验时间、对象及主要设备、试验主要依据文件等要素。其中,依据文件指试验过程中遵从的主要标准、规范性文件,包括各类国际通用标准、国家标准、国家军用标准、风洞试验领域行业标准、相关企业标准,为该试验编制的规范性专门文件(如试验任务书、试验大纲)等。

报告应阐明产生试验结果的主要技术条件和方法。应说明关键参试设备(如风洞、模型支撑及角度变化装置、天平及其他主要测量装置)的规格型号、主要特点、基本性能、技术状态等;应介绍试验模型的主要结构特点、比例、特征尺寸和技术状态等;试验方法应包括模型的安装方式、支撑形式及姿态角变化方法,试验风速或动压,试验数据采集方法等。

报告应明确试验内容和结果数据状态,以便于试验结果的调取和使用。试验内容说明应提供的试验有效数据的标示、试验条件、模型状态清单;结果数据状态说明应明确试验结果数据的定义、表述坐标轴系、完成的修正项目、保存格式等。

报告应介绍主要试验结果的主要特征及变化规律,必要时还可对典型或特殊试验结果产生的原因、物理意义及其可能影响进行讨论。有条件时,还应对结果数据的不确定度(或试验精度)进行必要的分析和评价。经验表明,以全机模型基本状态(如各操纵面归零,起落架、舱门等突出部件收起)为出发点介绍和讨论试验结果是有利的;在此基础上可

以介绍不同模型状态、试验条件变化后试验结果的变化情况。经验表明,文字叙述、表格与曲线展示等是说明和讨论试验结果的重要手段,在介绍试验结果的过程中应注意将这些手段有机结合起来充分利用。

报告结论部分应对试验的质量控制和试验结果的可靠性加以说明;应总结试验全报告,以条目的形式归纳出与试验目的相关的结论或倾向性的评估意见。此外,如试验中出现了一些特殊的现象和问题,也可在结论中围绕这些现象和问题等简要提出建议和分析。

试验报告质量是试验质量的重要体现。经验表明,当报告撰写人具备以下素质时,更易撰写出高质量报告:熟悉风洞试验工作基本流程、熟练掌握试验技术、严格控制试验数据质量、理解试验现象间内在逻辑关系,广泛了解相关领域的基础知识和一般成就、熟练掌握空气动力学试验常用术语及定义,熟悉报告编写规则和典型报告范例、熟悉行文语法。

15.3 半模测力试验简介

15.3.1 概述

通常飞行器的外形是左右对称的。在无侧滑条件下,飞行器绕流相对于其纵向对称面(即左右对称面)也是对称的。在风洞试验时,可用一个沿纵向对称面剖分的半模型及与纵向对称面重合的反射面来模拟飞行器绕流。理论上,这个绕流是与全模型所模拟的流场一致的。因此,可以用半模代替全模型进行纵向试验。但考虑到后述的一些原因,半模测力试验方法多用于以增量研究为主要目的的试验。

半模试验采用半模型为试验对象,在确定的风洞中能够增大模型比例,是提高试验雷诺数的一种有效方法。相对全模试验,半模试验的试验雷诺数大约可以提高 40% 左右。半模试验所用模型具有绝对尺寸较大的优势,既可能更精确地模拟细小部件及缝隙也便于在模型内安装某些特种试验所需设备。因此,特别适合于型号研制的初始阶段增升装置的选型试验,同时也被应用于测压、操纵面铰链力矩、动力影响、外挂特性、颤振等试验项目。

半模试验所用模型一般贴近风洞洞壁或大型反射面安装,其支撑装置基本不会暴露在风洞流场中。因此,在半模试验中通常不需要考虑支架干扰问题。

半模试验的不足主要体现在 3 个方面。一是不能模拟侧滑影响,这极大地限制了半模试验的研究范围;二是由半模/反射面模拟的绕流必然会受到反射面边界层的干扰,这一点在用风洞洞壁作为反射面时,显得尤为突出;三是当需要测量整个半模的气动特性时,模型与反射面之间必须留有缝隙,而缝隙的存在会影响测量结果。

需要指出的是,在相当程度上部件试验方法与半模试验是类似的。在实践中,常常将这两种试验方法归为一类。

15.3.2 基本方法

半模测力试验的基本原理、需遵循的相似准则、基本数据处理与修正方法等与全机模型测力试验基本一致。本节主要针对半模试验的特殊性,介绍一些需要注意的事项。

首先,尽管试验风洞在结构上没有发生变化,但在气动观点上应将半模试验假设为一个在更大尺寸风洞试验段内进行的全模试验。这个试验段以半模反射面为左右对称面对称,并需据此重新确定镜像后试验段横截面尺寸及风洞坐标轴系方向。

其次,应采取适当措施减少反射面边界层干扰。半模试验中需利用大型反射面模拟全模绕流对称特性,而试验段壁是一个方便的选择。但客观上壁面边界层厚度较大,对试验流场及测量结果的影响不容忽视。因此,需要采取适当措施减少其影响,目前比较常见的方法包括垫块法、涡流发生器法、抽吸法、反射平板法等。当然在实际工程中,这些方法也可以组合使用。

垫块法就是在半模与洞壁之间插入一块与模型纵向对称面形状相同的等厚垫块(图15.15),使近洞壁处模型局部脱离能量损失较大的边界层底层,以减小边界层影响。试验时,垫块随模型变迎角变化同步转动,其厚度通常取当地洞壁边界层厚度的 1/4~3/4。当需要测量垫块附近模型气动载荷时,为避免垫块上的力传到模型上,垫块与模型之间要留有缝隙。缝隙宽度以不接触传力为前提,一般取 5~8 mm 或 0.005 倍翼面(半)展长的小者。垫块法使用较方便,但模型外形及反射面位置略有变化,垫块与模型间的缝隙也对局部流场有影响。

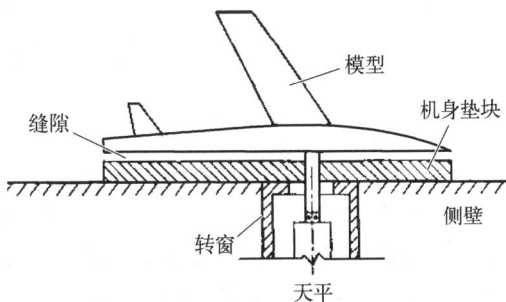

图 15.15　垫块法半模型试验示意图

涡流发生器法就是在模型前方洞壁上安装系列涡流发生器。利用涡流发生器使洞壁边界层内外气流发生混合及能量交换,增加边界层内流体动量以达到减小附面层影响的目的。这一方法使用方便,但对涡流发生器本身的形状、尺寸和安装位置等有较高的要求。

抽吸法就是利用真空装置将洞壁边界层内低能流吸出(或用引入高压空气吹除边界层),以减小边界层影响的方法。通常抽吸方式要比吹除的效果好些,但对试验设备要求较高。

反射平板法不以洞壁为反射面,而在半模型与洞壁间增加一块专用反射平板模拟反射面效应。该反射平板法与垫块法的不同主要体现为:第一,垫块法以洞壁为反射面,而反射平面法的反射效应主要由反射平板提供,因此,反射平板的尺寸明显大于垫块尺寸,且一般是固定安装的。第二,垫块紧邻洞壁安装,而反射平板离开洞壁有一定距离且两者间为气流通道,该通道可以将洞壁边界层隔离在模型绕流场之外。由于反射平板的存在,反射面上边界层生成长度有限、厚度明显减小。常见于开口试验段或非矩形横截面试验段的半模试验,在单独翼面部件(如平尾、立尾、机翼等)的半模试验中也有应用。该方法存在的主要不足是需减少反射平板前缘卷起的涡干扰,对反射平板的长度及宽度等都要求较严。

第三,半模测力试验对天平的要求比较特殊。这主要是因为半展长翼面升力中心远离模型纵向对称面和天平,由此产生的滚转力矩很大。此外,模型主要结构载荷(即模型自重)与主要气动载荷(升力)的方向通常是正交的,由天平的两个方向分量分别承担与测量。由此,半模测力试验天平载荷范围及不同分量间的比例关系(即天平载荷匹配关系)与全模测力天平有很大不同。

第四,对模型尺寸要求相对严格。一般认为,高宽比接近 0.75 的试验段产生的洞壁干扰效应比较均匀,是比较理想的。但半模试验中,镜像后试验段高宽比一般不够理想。为减少这一影响,要求半模试验模型全展长应小于镜像后试验段对应方向尺寸的 0.65 倍。

第五,数据处理与修正方法略有不同。由于半模模型所处区域与全模区域不同,风洞落差系数可能需要专门标定。由于需将试验段镜像处理,应根据镜像后试验段、模型、天平等的具体情况专门定义各种轴系及相互关系,根据全模参数及镜像后试验段尺寸确定洞壁干扰效应修正因子。由于模型支撑装置一般不暴露于试验段流场中,不需支架干扰修正。由于没有合适的方法获得气流偏角,一般也不做该项修正。

15.4 操纵面铰链力矩试验简介

15.4.1 概述

操纵面是用于控制、调整飞行器的飞行状态(速度、姿态、方向及高度等)及操纵力的可动翼面的总称。操纵面可采用铰链铰接于固定翼面前后,也可通过转轴单独安装于飞行器其他部件上。对于典型的飞机而言,常见的操纵面包括襟翼、副翼、升降舵、方向舵、可动鸭翼、扰流板、全动尾翼、阻力板等。操纵面铰链力矩特性是飞机、导弹及鱼雷等航行器设计者极为关心的问题,直接关系到操纵特性甚至安全。在设计操纵系统时,必须获得操纵面的铰链力矩特性,作为系统设计及操纵特性评估的输入条件。工程估算与数值计算、风洞试验和飞行试验是获得操纵面铰链力矩特性的基本手段。影响操纵面铰链力矩特性的因素很多,如操纵面几何外形、操纵面与固定翼面间缝隙的大小与形状、操纵面附近其他部件干扰等。这些因素使得操纵面绕流十分复杂,而其铰链力矩特性也难以准确计算。因此,风洞试验是目前获得操纵面铰链力矩特性等气动特性的最主要的方法,可以为操纵系统设计提供气动载荷依据,验证操纵面及其铰链轴设计的合理性、评估操纵面使用范围。

尽管从基本的试验原理、试验需遵循的相似准则等方面看,操纵面铰链力矩试验与全模试验基本是一致的。但从一些具体的角度上看,铰链力矩试验又有许多独特性。

1. 总体方案

操纵面铰链力矩试验所需设备及需考虑的相似准则与全模试验等是一致的,一般以全模型、半模型或部件模型等形式进行。因此,铰链力矩试验技术也是铰链力矩试验特殊要求与这些相关试验技术有机结合的产物。如当采用全模进行升降舵铰链力矩试验时,关于全模的设计、支撑、姿态角变化等就必须满足全模试验的相关要求;同时考虑到铰链力矩试验的特殊性,应避免支撑装置尾流直接扫掠操纵面或对操纵面附近流场产生明显干扰。

以不同形式进行的铰链力矩试验会继承其基本方法所固有的优缺点。采用部件试验时,模型尺寸较大甚至可用实物进行。具有近场流动模拟较逼真、利于天平的布置等优点。但不能模拟其他部件的干扰,同时试验结果易受反射面边界层、模型与洞壁缝隙等因素的影响。半模试验方法可部分解决部件试验的不足,如可加入主要部件间的干扰、通常可忽略反射面边界层的影响等。但试验姿态角变化依然受到限制。采用全模进行试验时,具有可比较全面地模拟操纵面附近流场的干扰要素、对试验姿态角限制较少、可同时研究的操纵面数量较多、操纵面相对变形量较易控制等优点;但也存在模型绝对尺寸较小、试验雷诺数较低、操纵面附近缝隙模拟困难等不足。因此,在选择、设计操纵面铰链力矩试验总体方案时,需要充分考虑这些特点。

目前,从空气动力学角度考虑,铰链力矩试验比较突出的问题主要集中在两个方面。一是试验雷诺数比较低。在采用缩比模型的条件下,由于试验雷诺数与实际雷诺数的差别所造成的流态及随之而引起的气动力差别是目前技术水平还无法完全解决的。二是操纵面与固定翼面间缝隙模拟困难,缝隙模拟差异导致的铰链力矩特性变化是不可忽视的。但由于缝隙内边界层厚度并不按模型比例变化线性增减,几何相似模型缝隙内流动与实物并不相同,要精确模拟缝隙效应是比较困难的;此外由于模型相对变形的影响,缝隙的几何相似要求也不易满足,这些均会导致试验结果的失真。上述两方面的问题均要求提高试验雷诺数,经验表明,以操纵面模型特征面积与特征弦长之积的立方根为参考长度的试验雷诺数最好能大于 0.5×10^6。因此,在大风洞、利用大尺寸模型进行高雷诺数铰链力矩试验是一种趋势,但这也往往会带来操纵面相对变形增加的不利后果。由此可见,操纵面铰链力矩试验具有一定难度。

2. 操纵面体轴系

操纵面基准平面固联于操纵面或零偏转操纵面,通过操纵面铰链轴,并与特征弦线平行。当基准平面固联于操纵面时,特征弦线一般选操纵面平均气动弦线或操纵面根弦线。当基准平面固联于零偏转操纵面时,特征弦线除前述选择外,也可选择固定翼面(含操纵面)平均气动弦线或操纵面根弦线所在固定翼面剖面弦线。

操纵面体轴系固联于操纵面基准平面。原点宜选在操纵面铰链轴线与特征弦线所在剖面的交点。x 轴在操纵面基准平面内垂直铰链轴线指向来流;y 轴与操纵面铰链轴线相重合,其方向以绕 y 轴的正向旋转与操纵面正向偏转的方向相同为准;z 轴与 x 轴及 y 轴垂直,指向符合右手坐标系定则,如图 15.16 所示。

3. 操纵面几何特征参数

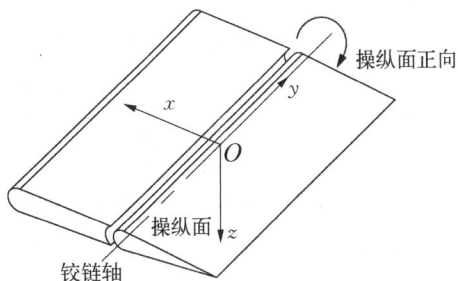

图 15.16　典型操纵面基本轴系示意图

操纵面特征面积 S_c 是表征操纵面面积大小的量,通常取操纵面或操纵面转轴后部分在操纵面基准平面上的投影面积。

操纵面特征展长 b_c 是表征操纵面沿铰链轴方向长度大小的量,通常取操纵面铰链轴线与操纵面根剖面及梢剖面的交点之间的长度。

操纵面特征弦长 c_c 是表征操纵面在其基准平面内垂直铰链轴方向长度大小的量,通常取操纵面平均气动弦长或操纵面铰链轴后平均气动弦长。

4. 操纵面气动载荷及其系数

铰链力矩 M_h 是作用在操纵面上的气动力绕其铰链轴的力矩,又称气动铰链力矩。其无量纲的空气动力系数形式定义为

$$C_h = M_h/(q \cdot S_c \cdot c_c) \tag{15.71}$$

法向力 N_c 是作用在操纵面上的气动力在操纵面体轴系 z 轴负方向的分量,其系数为

$$C_{N_c} = N_c/(q \cdot S_c) \tag{15.72}$$

轴向力 A_c 是作用在操纵面上的气动力在操纵面体轴系 x 轴负方向的分量,系数为

$$C_{A_c} = A_c/(q \cdot S_c) \tag{15.73}$$

横向力 Y_c 是作用在操纵面上的气动力在操纵面体轴系 y 轴方向的分量,其系数为

$$C_{Y_c} = Y_c/(q \cdot S_c) \tag{15.74}$$

滚转力矩 L_c 是作用在操纵面上的气动力合力矩在操纵面体轴系 x 轴的分量,其系数为

$$C_{L_c} = L_c/(q \cdot S_c \cdot c_c) \tag{15.75}$$

偏航力矩 N_{bc} 是作用在操纵面上的气动力合力矩在操纵面体轴系 z 轴的分量,其系数为

$$C_{N_b} = N_{bc}/(q \cdot S_c \cdot c_c) \tag{15.76}$$

5. 试验模型

风洞试验中,试验模型通常具有两项基本功能:一是模拟实物绕流流场,二是感受在该流场下气流对模型产生的空气动力。在全模试验等通常的风洞试验中,试验模型的这两项功能是统一的,即模拟流场的模型与感受气动载荷的模型是一致的。但在典型的铰链力矩试验中,这两项功能却并不统一。如在进行平尾升降舵铰链力矩试验中,平尾安定面就仅起到了模拟流场的作用,而测试的气动载荷仅来自升降舵。因此,在操纵面铰链力矩试验中,完整的试验模型通常包括操纵面模型和本体模型两部分,且两部分模型几何缩比应一致。其中,操纵面模型指按几何相似原则制作的铰链力矩风洞试验直接测试对象;本体模型指不直接参与铰链力矩风洞试验气动载荷测试的试验模型其他部分,本体模型的作用在于模拟操纵面模型的流动和支撑操纵面模型。

本体模型外形应满足操纵面模型当地来流特性模拟要求,既可与实物保持几何相似,也可采用包括省略部分部件的简化外形。简化本体模型外形时,被简化的部件对操纵面模型当地来流特性的影响应可忽略或已采用其他方式模拟或可采用工程方法进行修正;被保留的部件模型应与实物保持几何相似,但前后横截断端面应进行修形,避免由于气流分离等现象造成模拟流场的明显失真。

本体模型尺寸、结构等应满足相关试验的要求。当本体模型需要为操纵面模型或其天平提供安装基础时,应在本体模型内部留有空间,满足天平(及其附件)或操纵面支撑件安装的需求。

操纵面模型与实物操纵面间应保持几何相似。操纵面一般绕其铰链轴偏转,通常操纵面正向偏转产生负的控制力矩。操纵面模型通常安装于本体模型上;对于采用转轴单独安装于其他部件上的操纵面,也可采用单独的操纵面模型进行风洞试验。操纵面模型与飞行器模型间的缝隙一般与实物保持几何相似,但最小缝隙不宜低于 0.8 mm。

操纵面模型应有足够强度和刚度。铰接于固定翼面前后的操纵面模型沿 z 轴方向最大变形量(绝对值)应小于当地翼型最大厚度的 $1/4$,并保证在风洞试验过程中操纵面模型与本体模型之间不接触;采用转轴单独安装的操纵面模型沿 z 轴方向最大变形量应小于当地翼型的最大厚度。同时,应尽量减小操纵面模型的质量,以减小对天平载荷的附加要求。

15.4.2　基本方法

1. 操纵面支撑方法

操纵面所受重力与气动载荷需要通过支撑装置传递给天平再传递到本体模型直至大地,当然也可以先传递给天平再传递至支撑装置。但由于操纵面模型内部空间较小,其内部难以安装天平,通常将支撑装置安排在天平与操纵面模型之间。需要注意的是,由于条件限制苛刻,有时部分操纵面载荷并不通过天平传递,而是直接通过辅助支撑装置传递至本体模型或大地等。此时,辅助支撑装置的载荷传递特性应与实物相应装置相似、试验结果可以可靠地运用,或辅助支撑装置承担的铰链力矩载荷很小、在工程上可以忽略,或辅助支撑装置承担的铰链力矩载荷可用工程方法进行估算并修正。

操纵面支撑装置应与试验模型、天平协调设计,在保证具有足够强度和刚度的同时减小其对操纵面模型附近流动的干扰。轴向支撑与弦向支撑是操纵面常见的两种支撑形式。轴向支撑装置一般位于操纵面根部,与操纵面模型转轴重合。这种支撑形式一般为单点支撑,比较适合于展弦比较小的操纵面模型[12]。当模型展弦比或绝对尺寸较大时,由单点轴向支撑的模型梢部变形位移较大,难以满足试验要求。此时,在有条件的情况下,可以在模型梢部转轴上增加一个可自由转动的辅助支点(如顶针),以减小模型变形。由于辅助支点的存在,试验结果中只有铰链力矩特性是相对可靠的。

当操纵面布置于固定翼面前后时,可选用弦向支撑形式。弦向支撑装置沿操纵面模型展向分布、与转轴垂直,一般有两个支撑点。通常支撑点关于操纵面模型平均气动弦线所在剖面对称布置,间距一般在 $1/3b_e \sim 2/3b_e$。双支点弦向支撑形式有利于减小操纵面最大变形量,适合于展弦比或绝对尺寸较大的操纵面。为减少支架干扰,一般要求支撑装置沿操纵面展向总宽度小于 $0.05b_e$。

操纵面模型支撑装置通常还具有调整操纵面模型偏转角度的能力,如根据试验偏转要求加工不同的支撑装置组件。

2. 天平

随操纵面模型支撑形式和模型内部空间限制条件不同,铰链力矩天平具有不同的形式。通常对应于单点支撑轴向支撑形式的天平可以是浮框式(盒式)或杆式六分量天平;对应于双支点弦向支撑形式的天平为扁平的双支点五分量天平(图 15.17),当模型绝对尺寸很小时(如高速风洞试验)也可采用片式三分量天平;当操纵面模型需要辅助支撑装置支撑时可适当减少天平测量分量,但在保留的分

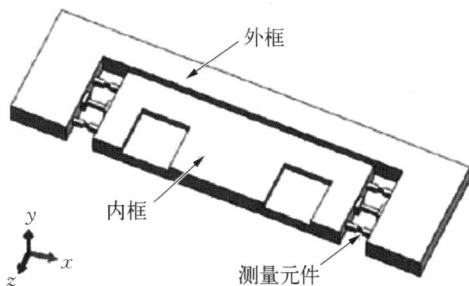

图 15.17　典型铰链力矩天平示意图
（CARDC 惠允）

量中应包括操纵面铰链力矩分量、最好包括法向力分量。

一般而言,采用具有多分量载荷测量能力的铰链力矩天平对提高测量精准度是有利的。但由于模型空间尺寸限制,给六分量天平的设计和使用带来了很大的困难,此时可以适当放宽试验不太关心的操纵面模型横向力、滚转力矩、偏航力矩等分量的要求,甚至放弃一些分量。如图 15.18 所示的扁平式双支点天平,由于天平敏感元件在其 x 轴(模型横向力方向)刚性很大,实际上已不可能测量该方向的载荷。当采用的天平不为六分量天平时,应在天平静校时模拟未测载荷的影响。

由于诸多条件限制,铰链力矩天平一般是针对某个具体试验的专用天平,需要专门设计、加工、校准。除通用要求外,在研制天平时应注意天平与试验模型及操纵面支撑装置设计应相互协调,统筹考虑天平(及支撑装置)的安装位置、外形尺寸、设计载荷、定位方式、支撑及连接形式、操纵面偏转方式、天平引线布置等,保证天平与试验模型之间定位准确,连接可靠。

铰链力矩天平一般安装于(本体或操纵面)模型内,应避免干扰模型绕流流场和对试验模型外形的破坏,同时天平安装空间内应避免明显串流。天平设计中心应尽量靠近操纵面模型偏转轴线。对于铰接于固定翼面前后的操纵面模型,天平中心展向位置建议靠

**图 15.18 某副翼及其铰链力矩天平安装状态
(CARDC 惠允)**

近操纵面平均气动弦线,天平展向长度一般控制为 $1/3b_c \sim 2/3b_c$。天平安装基础应具有足够刚度,以减小安装基础变形造成的测量误差。当天平安装基础刚性难以保证时,需要采取一些减缓其影响的措施。假设图 15.17 所示天平是安装在固定翼面上的,天平外框与固定翼面连接、操纵面通过安装于内框的支撑装置与操纵面连接。此时,如固定翼面变形难以保证,就可能会对测量造成较大误差。但当将天平设计为内框连接固定翼面、外框连接操纵面时(图 15.18),就可以有效减小固定翼面变形影

响。此外,如在天平校准时,将校准装置天平安装基础刚度设计为与试验时天平安装基础刚度类似,甚至直接将天平安装在模型上校准,也可减小翼面刚度不足的影响。

尽管有多种途径,但铰链力矩天平载荷预估还是比较困难的。天平设计载荷一般由操纵面静态载荷决定,而天平极限承载能力(安全系数)一般由操纵面动态载荷决定。其中,静态载荷主要包括操纵面静态气动载荷和模型自重两个部分;动态载荷主要来自非定常气动载荷与模型振动惯性载荷。操纵面模型自重、重心及惯量等参数在模型初步设计阶段就可以比较准确地获得。本节主要介绍操纵面模型气动载荷的一种基于最大法向力的工程估算方法。

经验表明,操纵面最大法向力系数 $C_{N_c, \max}$ 是相对稳定的。以操纵面面积为特征参考面积时,对于后缘操纵面(如升降舵)$C_{N_c, \max}$ 一般在 $1.0 \sim 1.2$;对于单独安装的操纵面(如全动平尾)或后缘襟翼等 $C_{N_c, \max}$ 可取为 $1.7 \sim 2.0$。以此为基础,就可以估算操纵面最大静

态气动载荷,当坐标轴系固联于零偏转操纵面并以操纵面铰链轴线与平均气动弦线所在剖面的交点为原点时,为

$$N_{c, \, max} = C_{N_c, \, max} \cdot q \cdot S_c$$

$$M_{h, \, max} = N_{c, \, max} \cdot c_{cc}$$

$$A_{c, \, max} = \left(\frac{1}{3} \sim \frac{1}{2} \right) \cdot N_{c, \, max}$$

$$Y_{c, \, max} = \left(\frac{1}{6} \sim \frac{1}{3} \right) \cdot N_{c, \, max} \tag{15.77}$$

$$L_{c, \, max} = \left(\frac{1}{8} \sim \frac{1}{6} \right) \cdot N_{c, \, max} \cdot b_c$$

$$N_{bc, \, max} = \left(\frac{1}{8} \sim \frac{1}{6} \right) \cdot A_{c, \, max} \cdot b_c$$

式中,c_{cc} 为操纵面铰链轴线到平均气动弦线 60% 弦点的距离。

　　当然,在运用上述数据确定天平设计载荷时,需要考虑操纵面载荷轴系与天平轴系之间的转换关系,并可适当放大至整数。此外还应考虑模型自重带来的附加影响。当需要放弃天平某分量测量能力时,在该分量方向上,天平的承载能力应至少大于所有静态载荷的 5 倍以上。

　　可靠地预估操纵面动态载荷是十分困难的。一般当操纵面处于分离流中时,其动态载荷较大,特别应避免天平/支撑装置/操纵面模型的固有频率与气流脉动频率重合。减小操纵面模型质量、惯量对减小天平承受的动态载荷是有利的。经验表明,当天平极限承载能力为其天平设计载荷的 3 倍(即安全系数为 3)以上时,可以满足多数试验要求。

　　3. 试验准备和试验方法

　　操纵面铰链力矩试验准备主要包括模型装配、铰链力矩天平配装、天平地面加载检查、模型洞内安装、试验系统调试等,与全模测力试验有大量相通之处。试验时,基本设备、步骤与方法也与全模测力试验类似。根据铰链力矩试验的特点应特别注意以下几点。

　　检查所有操纵面偏角状态。尤其应注意缝隙状态,避免操纵面受载后与模型其他部件发生接碰。如不能满足试验要求,应对模型进行必要的调整,甚至修整或重新加工模型。

　　在操纵面模型安装后,模拟试验状态对天平进行加载检查,以考核天平的适用性。如果试验时,可能存在较复杂的电磁干扰环境,还需检查电磁干扰影响。

　　避免天平线受外力拉扯或挤压。严格按设计要求选用装配紧固件。认真清理多余物。

　　必要时,可以对铰链力矩试验结果数据应进行气流偏角、洞壁干扰、天平及操纵面模型支撑装置弹性角等修正。气流偏角修正值应以操纵面模型或与操纵面铰接的固定翼模型所处位置的当地平均气流偏角为准。在进行洞壁干扰修正时,应以试验模型(包括操纵面和本体模型)确定相关修正因子,同时应考虑飞行器模型支撑装置产生的洞壁干扰修正量。具体方法参见全模或半模(部件)测力试验相关内容。在计算相关修正量时,需要使

用的相关模型气动特性可以通过实际测量或预先估算获得。需要注意的是,当试验模型包括有除操纵面模型以外的主要(同向)翼面时,洞壁干扰修正仅针对速压(阻塞效应)和姿态角(升力效应)进行,而不能修正操纵面气动特性。

15.5　螺旋桨飞机动力影响试验简介

15.5.1　螺旋桨动力影响及其特点

由于具有起飞状态拉力大、巡航状态效率高等优点,螺旋桨动力系统广泛运用于小型低速飞机和中小型运输机。在装有活塞式发动机或涡轮螺旋桨发动机的飞机上,由发动机提供的动力驱动螺旋桨旋转从而产生拉力。由于螺旋桨动力系统对飞机气动特性、操稳特性、部件效率等影响很大,在预测飞机气动、飞行性能时应充分考虑。螺旋桨对飞机气动特性的影响可分为直接影响和间接影响两部分。直接影响即螺旋桨自身气动载荷对飞机气动特性的影响,包括螺旋桨拉力及其由于不通过飞机重心而产生的力矩,螺旋桨径向力(包括法向力及横向力)及其伴生的力矩,螺旋桨旋转产生的反作用力矩(扭矩)等。间接影响(也称滑流影响)是指螺旋桨滑流对飞机及部件气动特性的影响。考虑到螺旋桨工作的复杂性和滑流结构的复杂性,目前风洞试验是获得螺旋桨动力影响最直接可靠的方法。螺旋桨飞机动力影响风洞试验就是为了研究、获得螺旋桨动力对飞机(及其部件)气动特性影响而进行专项试验。由于高速条件下螺旋桨动力影响较小,相关试验研究工作主要集中在低速领域进行。其结果通常以动力影响增量的形式进入飞机气动数据库,也可作为飞机总体气动布局设计、优化及验证的依据。

螺旋桨动力系统一般以"拉进"方式平衡飞行阻力,少数也以"推进"方式工作。一般而言,拉进式螺旋桨一般布置于飞机重心之前,滑流会扫略飞机其他部件、滑流影响较大,更易引起飞机设计部门的关注。其中,翼吊式动力系统的滑流更是会直接扫略机翼等关键气动部件,是螺旋桨飞机动力影响试验最常见的布局形式。在典型条件下,螺旋桨动力影响一般表现为以下几个方面。

(1)改善飞机升力特性,主要表现为飞机升力线斜率增加、失速迎角增加。由于扫略机翼的滑流速压增加,可以有效提高机翼升力、推迟机翼失速迎角。同时,动力系统拉力在升力方向的投影也有助于增加全机升力。

(2)降低飞机俯仰静稳定裕量。首先,由于螺旋桨置于飞机重心之前,螺旋桨法向力(直接影响)会使全机焦点前移、成为一个静不定因素。其次,当螺旋桨滑流不直接扫略平尾时,滑流导致的飞机升力增量几乎全部来自机翼,这实际上也将全机焦点前移,导致飞机俯仰静稳定裕量降低。

(3)改变飞机横航向气动特性。受诸多因素影响,无论是内部结构还是总体轨迹,滑流均不具备对应于飞机左右对称面的对称性。因此,螺旋桨滑流对飞机横航向气动特性的影响与飞机总体气动布局形式有很大关系、十分复杂,但一般会增加横航向气动特性的非线性度。此外,螺旋桨直接影响一般会导致飞机航向静稳定性降低。

(4)改变飞机操纵面配平偏角。由于动力影响飞机所受气动力矩将发生改变,一般需要重新调整操纵面(如升降舵)配平;而对于采用推进式动力系统的飞机,副翼偏度的改变量也可能较大。

（5）提高尾翼及操纵面效率。当滑流直接扫略尾翼或操纵面时，由于局部速压增加，一般可提高相关部件的气动效率。但在不同飞机姿态角，如果这些部件存在进/出滑流扫略区域的情况时，其效率将发生显著变化，将导致全机气动特性或部件操纵特性出现明显非线性变化特征。

长期以来，国内将螺旋桨动力影响研究的重点集中于滑流影响。直到最近几年，才开始重视桨直接影响对飞机操稳特性的贡献。本节在讨论相关试验问题时，默认以滑流影响问题为主要研究对象。

15.5.2 相似准则

1. 备选相似准则

螺旋桨飞机动力影响试验技术以常规测力试验技术为基础建立的。常规测力试验中需要考虑的相似准则在动力影响试验中均匀遵循，如几何相似、姿态角等。此外，螺旋桨动力影响试验还必须考虑一些与螺旋桨工作状态及滑流特性相关的特殊相似准则要求。螺旋桨工作状态一般可用桨叶角（ϕ）、前进比（λ）、桨尖马赫数（Ma_R）和桨雷诺数（Re_P）等四个相似参数定义。桨叶角为桨叶特征弦线与桨旋转平面的夹角。前进比的本质是斯特劳哈尔数，体现了桨前进速度与旋转速度的比例关系，定义为

$$\lambda = \frac{2 \cdot \pi \cdot V_\infty}{\omega \cdot D} \tag{15.78}$$

式中，V_∞ 为远方来流速度；ω 为桨旋转角速度；D 为桨直径。

桨尖马赫数为桨前进速度与桨尖旋转速度的合速度与声速之比：

$$Ma_R = \frac{V_\infty \cdot \sqrt{1 + (\pi/\lambda)^2}}{c} \tag{15.79}$$

式中，c 为声速。

桨雷诺数定义为

$$Re_P = \frac{C_r \cdot V_\infty \cdot \sqrt{1 + (\bar{r} \cdot \pi/\lambda)^2}}{\nu} \tag{15.80}$$

式中，C_r 为单个桨叶特征剖面弦长；$\bar{r}$ 为特征弦线所处的桨相对半径位置；ν 为运动黏性系数。

直接获得滑流特性是十分困难的，一般通过一些间接方法获得滑流的主要特征。在风洞试验中，利用螺旋桨模型是产生和模拟滑流最直接简单的方法，可以通过模拟螺旋桨工作特性的方法模拟滑流。除上述的四个相似准则外，桨的空气动力特性也是表述桨工作特性的重要相似参数。既然滑流是由桨产生的，那么桨的气动特性必然可以表征滑流的部分特征。如根据螺旋桨动量理论，滑流速度增量就直接与桨拉力特性相关。研究表明，桨的拉力系数（T_c）与扭矩系数（Q_c）对滑流特性影响最大，定义如下：

$$T_c = \frac{T}{q \cdot S}$$

$$Q_c = \frac{Q}{2 \cdot q \cdot D^3}$$

$$(15.81)$$

式中，T 为螺旋桨拉力；Q 为螺旋桨扭矩；S 为特征参考面积，一般选机翼参考面积、研究桨自身特性时也可选桨盘面积。

桨的其他空气动力特性参数相对不重要，可不一一模拟。如桨的法向力特性是滑流空间运动轨迹的重要表征。但在试验条件下，不严格模拟桨法向力特性所带来的滑流空间位置变化，不足以明显改变滑流与飞机其他部件的相对位置关系，对试验最终结果影响较小。

因此，在螺旋桨飞机动力影响试验中与螺旋桨工作状态及滑流特性相关的特殊相似准则至少有桨叶角、前进比、桨尖马赫数、桨雷诺数、拉力系数及扭矩系数等 6 个。其中，桨叶角的模拟主要与桨模型自身相关，以当前的技术条件相对容易满足。而其他 5 个相似准则的模拟则与桨模型驱动装置及风洞特性相关。

考虑到还需利用全机模型进行试验和现实风洞尺寸限制，动力影响试验桨模型尺寸一般比实物小 1 个数量级，试验桨雷诺数通常明显低于飞行值。在研究间接影响问题时，如试验桨雷诺数大于 0.5×10^6 一般可以获得可接受结果。

随试验马赫数要求的提高，可用风洞试验段尺寸一般会更小、试验雷诺数更低。但针对某特定飞机而言，由于其动力系统功率上限确定，在较高马赫数（速压）下，动力影响相对量明显降低。因此，螺旋桨飞机动力影响试验多利用试验段尺寸相对较大的低速风洞进行，在模拟巡航飞行状态时，一般不考虑桨尖马赫数模拟要求。

2. 直接影响试验

在研究螺旋桨直接影响或桨自身特性时，以获得螺旋桨气动特性为主要目的，应依据飞行状态螺旋桨特点选取特殊相似准则及数值，即桨叶角、前进比、桨尖马赫数和桨雷诺数等。

为获得更为可靠的桨气动特性，应尽量模拟桨尖马赫数和桨雷诺数。同时，直接影响还会受到飞机其他部件的干扰。因此，比较严谨的直接影响获得方法是：首先利用较大尺寸桨模型进行桨特性试验，获得单独桨基本特性；再利用较小尺寸模型（缩尺比例与飞机模型相同）进行飞机模型动力影响试验，获得飞机其他部件对桨特性的干扰修正量；最终获得直接影响量。

直接影响试验要求模拟真实螺旋桨工作时的前进比和桨叶角，使气流流过桨模型各剖面的当地迎角与飞行中桨对应剖面的当地迎角相同，达到试验螺旋桨的流动状态与真实飞行的情况相似的目的。这一方法被称为直接模拟法（也称前进比-桨叶角法），是一种基于运动相似的模拟方法。

3. 间接影响试验

螺旋桨飞机滑流影响试验的主要目的在于获得在有滑流条件下，飞机气动特性的变化量。显然尽可能真实地模拟滑流特性是保证试验结果可靠性的基础。如前所述，滑流特性至少可以用上述六个相似准则值描述。但客观上，受风洞能力限制，桨尖马赫数模拟一般不做严格要求。同时，由于与飞行桨雷诺数存在较大差异，试验中同时满足其他四个相似准则是不可能的。需要选取少数相似准则作为试验模拟参数。因此,根据所选模拟参数的不同,也就产生了不同的滑流模拟方法。

直接模拟法。该方法获得的滑流结构与实际滑流更为相似,但由于与飞行相比,试验雷诺数较低,桨模型拉力偏低、产生的滑流速度增量也较低,因此获得的间接影响一般也偏低。因此,直接模拟法多用于大尺度螺旋桨特性研究试验,一般不适合于滑流影响试验。

间接模拟法(又称拉力系数-扭矩系数法)。该方法是基于效果相似的模拟方法,多用于变距桨滑流影响试验。试验时模拟实物桨工作时的拉力系数和扭矩系数,使试验滑流获得的动量增量与角动量增量与飞行状态相似。滑流对飞机其他部件的影响与其自身特性(增速特性、旋转特性等)密不可分。而滑流自身特性可以用某些间接相似参数表征,如滑流增速特性可以用桨拉力系数表征、旋转特性可以用桨扭矩系数表征等。因此,可以用模拟真实桨工作时的拉力和扭矩系数方法,间接模拟螺旋桨滑流特性,保证试验滑流轴向和旋转方向的总体(角)速度等与真实情况相似(效果相似)。研究表明,该方法还可适当兼顾其他相似准则要求,如前进比、桨叶角及桨法向力系数等,滑流模拟效果较好。采用该方法的前提条件是,必须能够可靠地测量桨模型气动特性。

混合模拟法(也称拉力系数-前进比法)。该方法选取模拟间接模拟方法中的主要模拟参数拉力系数和直接模拟法中的主要模拟参数前进比为模拟参数。既考虑了决定影响滑流影响量的主要因素(拉力系数)又可以较好模拟滑流结构,同时对试验设备的要求较低,因此应用较多。一般情况下,利用混合模拟法时,桨模型的桨叶角、扭矩系数偏大。

简化模拟法(或称拉力系数-桨叶角法)。该方法主要应用于定距桨滑流影响试验中,主要模拟参数是桨拉力系数。由于桨叶角不可调整,试验时只能通过调整前进比达到拉力系数相似,可较好模拟滑流总体增速特性。该方法在试验动力驱动装置能力不足(低转速扭矩偏低)或试验雷诺数较低的情况下也有采用。

图 15.19 给出了某型螺旋桨用直接模拟法、间接模拟法及混合模拟法模拟滑流时获得的桨特性试验结果。可以看出,采用直接模拟方法时获得的拉力系数偏小,不适合于滑流影响试验;采用混合模拟方法时,桨叶角较大、在相同扭矩下获得的拉力系数较低,大拉力模拟能力偏低;间接模拟方法既可模拟拉力系数与扭矩系数的关系,也可兼顾前进比和桨叶角,具有较好的综合性能。

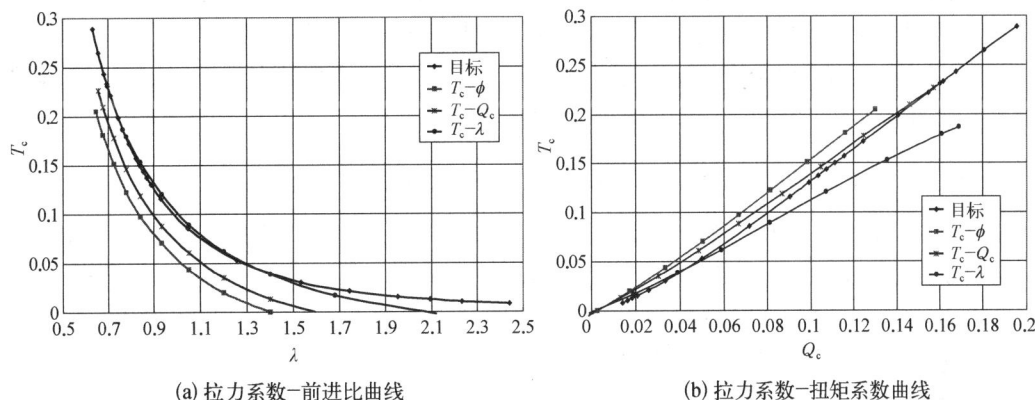

(a) 拉力系数-前进比曲线　　　　(b) 拉力系数-扭矩系数曲线

图 15.19　不同模拟方法单桨试验标定结果(CARDC 惠允)

15.5.3　动力影响的分解与组合

影响飞机气动特性的因素很多,希望通过单一的试验获得其全部气动特性在工程上是不现实的。需要通过各种合理的分解分别研究不同因素的影响量,再将这些影响量组合起来获得总的气动特性。仅就螺旋桨飞机动力影响问题而言,飞机气动特性($C_飞$)可以分解为无动力气动特性($C_无$)、动力直接影响量($C_直$)和间接影响量($C_滑$)等部分,用数学公式可简单表述为:

$$C_飞 = C_无 + C_直 + C_滑 \tag{15.82}$$

因此,可以通过不同的试验分别获得上式各气动特性项的结果,最终获得飞机气动特性。

飞机无动力气动特性主要来自全机模型测力试验结果($C_普$)。在运用到上式前,还需进行空地(即飞行与风洞试验)相关性修正,如雷诺数修正等。

桨动力直接影响量可由大尺度、高雷诺数桨独桨模型试验或其他途径获得,在运用前还需进行飞机其他部件干扰修正,如机翼上洗修正等。

间接影响量可由滑流影响试验获得。滑流影响试验至少包括桨模型工作状态标定试验、全机无滑流试验、全机带动力试验3部分。桨标定试验依据选定的相似准则参数,确定全机试验时桨模型的工作状态及其他相关试验条件,包括桨叶角、桨转速及试验风速等。当全机带动力试验中,不能测量桨气动特性时,标定试验还需提供近似的桨气动特性(直接影响)。

滑流影响量是飞机在有/无滑流条件下气动特性的变化量。这两部分特性需要由全机带动力试验和全机无滑流试验分别提供。在带动力试验中,由桨模型按标定状态模拟滑流,并测量有滑流条件下的飞机模型气动特性($C_测$),包括了桨模型直接影响($C'_直$)、无滑流特性($C'_无$)及滑流影响($C'_滑$)等,其中后两项称为带动力试验结果($C_动$),表示为

$$C_测 = C'_直 + C'_无 + C'_滑$$
$$C_动 = C_测 - C'_直 \tag{15.83}$$

式中,直接影响可由桨模型天平测量获得,也可为由标定试验或其他途径提供的近似值。

全机无滑流试验用于获得无滑流条件下的飞机气动特性($C'_无$)。

利用带动力试验结果和无滑流试验结果就可以获得滑流影响量。目前,滑流影响的空地相关性研究尚不成熟,一般直接采信试验结果,即

$$C_滑 \approx C'_滑 = C_动 - C'_无 = (C_测 - C'_直) - C'_无 \tag{15.84}$$

由式(15.84)可知,全机无滑流试验时,模型状态、试验条件应尽可能与带动力试验状态一致。此外,由式(15.84)还可知,$C'_直$的误差将影响$C'_滑$的结果。但考虑到式(15.82),这种变化并不会对最终结果造成多大影响,或者说这一误差主要仅影响了直接影响与间接影响的划分而已。只要在分解和组合动力影响时遵循一致的划分准则,甚至可以利用这一特性降低试验难度。如可以将直接影响仅定义为桨拉力,而将桨其他特性定义为滑流影响的一部分,这样最终结果的误差虽有所增加,但可以大幅降低对试验设备的要求。

15.5.4　试验模型与关键设备

1. 模型

螺旋桨飞机动力影响试验模型,一般包括同比例的飞机本体模型和螺旋桨模型两部分。飞机本体模型的应满足测力试验模型的基本要求,如尺寸要求、支撑要求、表面质量要求等。此外,还需满足动力影响试验的一些特殊要求。其中最为突出的是需满足桨天平、动力模拟装置及其附属管线的安装、布置要求,需要为这些设备预留大量的内部空间。在预留空间时,需要注意将强、弱电管线分开布置,以减小电磁干扰影响。

桨模型多用铝合金或复合材料加工,应满足几何相似要求(图15.20)。若实物桨为变距桨则桨模型也应具有变桨距能力,即螺旋桨模型应具有变化桨叶角的能力。桨叶角的变化可由人工调整完成。

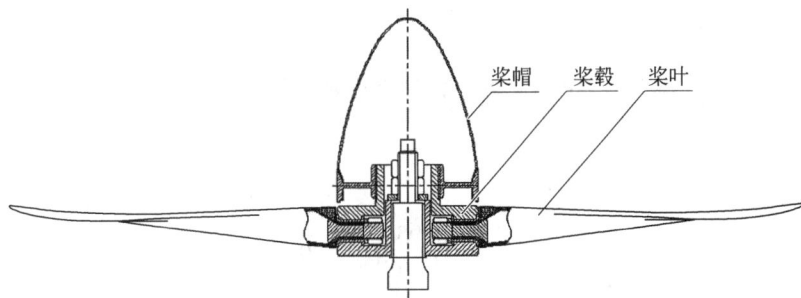

桨帽　桨毂　桨叶

图 15.20　典型螺旋桨模型示意图(CARDC 惠允)

2. 天平

螺旋桨飞机动力影响试验所需天平一般包括用于全机模型测力的主天平和桨模型测力的桨天平。其中,对主天平的要求与全机测力试验基本相同。桨天平应满足桨模型工作状态标定试验和全机带动力试验要求。桨天平的工作环境,包括振动、温度及电磁环境等,比较复杂恶劣。在研制天平和检验天平性能时,应充分考虑和模拟环境变化对桨天平的影响。

3. 桨模型驱动装置

螺旋桨飞机动力影响试验一般采用桨模型模拟动力影响,需要有动力模拟装置驱动桨模型工作。驱动装置一般基于同步电机构建(图15.21),可以满足多数试验需要。但随涡桨发动机性能的提高、功率密度的增加,电机驱动装置已难以满足未来试验的需要,需要构建具有更高功率密度的驱动装置,如空气马达。对桨模型驱动装置的能力要求至少包括旋转方向、转速、功率、扭矩及轴向承载等方面。

桨模型驱动装置旋转方向应与桨实物方向一致。

桨模型驱动装置转速要求一般包括转速误差与转速范围两方面。其中,转速误差一般应小于要求转速的0.1%。当需要模拟桨实物前进比时,驱动装置最大转速应:

$$n_{\max} \geqslant 1.05 \frac{60 \cdot V_s}{\lambda_{\min} \cdot D} \tag{15.85}$$

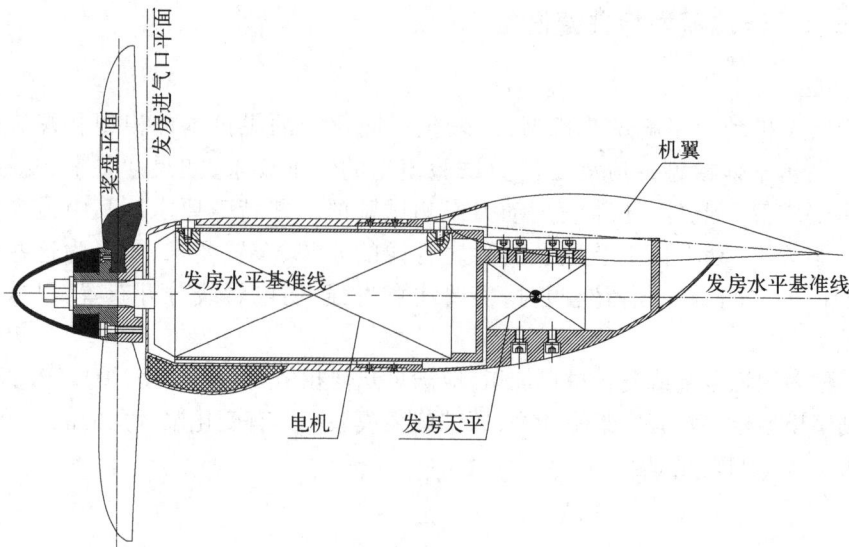

图 15.21　翼吊螺旋桨动力模拟系统示意图(CARDC 惠允)

最小转速应:

$$n_{\min} \leqslant 0.95 \frac{60 \cdot V_{\mathrm{s}}}{\lambda_{\max} \cdot D} \tag{15.86}$$

式中, $n_{\max}$ 和 $n_{\min}$ 为驱动系统输出最大和最小转速,单位为 r/min; V_{s} 为试验远前方气流速度; $\lambda_{\min}$ 和 $\lambda_{\max}$ 为试验模拟的最小和最大前进比。

　　桨模型驱动装置功率要求一般用输出功率范围表示。驱动装置最大输出功率应:

$$P_{\max} \geqslant 1.2 \cdot P_{\mathrm{c}} \cdot k_{\mathrm{m}}^{2} \frac{\rho_{\mathrm{s}} \cdot V_{\mathrm{s}}^{3}}{\rho_{\mathrm{c}} \cdot V_{\mathrm{c}}^{3}} \tag{15.87}$$

最小输出功率应:

$$P_{\min} \leqslant -0.05 \cdot P_{\max} \tag{15.88}$$

式中, $P_{\max}$ 和 $P_{\min}$ 为驱动装置最大和最小输出功率; $P_{\min}$ 取负值表示驱动装置需吸收来自桨模型的功率; P_{c} 为试验模拟最大拉力系数所对应的飞机发动机输出功率; k_{m} 为模型与实物几何尺寸比率; ρ_{s} 为试验远前方气流密度; ρ_{c} 为对应于 P_{c} 的大气密度; V_{c} 为试验模拟最大拉力系数所对应的飞行速度。

　　桨模型驱动装置扭矩要求一般用最大输出扭矩定义:

$$M_{\max} \geqslant 600 \cdot P_{\mathrm{c}} \cdot k_{\mathrm{m}}^{2} \frac{\rho_{\mathrm{s}} \cdot V_{\mathrm{s}}^{2} \cdot \lambda_{\min} \cdot D_{\mathrm{p}}}{\pi \cdot \rho_{\mathrm{c}} \cdot V_{\mathrm{c}}^{3}} \tag{15.89}$$

式中, $M_{\max}$ 为驱动装置在最大使用输出转速附近的最大输出扭矩。

　　桨模型驱动装置轴向承载要求一般用其输出轴轴向承载范围表示。输出轴最大轴向承载应：

$$T_{\max} \geqslant 1.2 \cdot T_{c,\max} \cdot \rho_s \cdot V_s^2 \cdot S/2 \tag{15.90}$$

最小轴向承载应：

$$T_{\min} \leqslant -0.1 \cdot \rho_s \cdot V_s^2 \cdot S/2 \tag{15.91}$$

式中，$T_{\max}$ 和 $T_{\min}$ 为最大和最小轴向承载能力；$T_{\min}$ 取负值表示驱动装置需承受顺来流的载荷；$T_{c,\max}$ 为试验模拟的最大拉力系数。

15.5.5　基本方法

1. 桨模型工作状态标定试验

桨模型工作状态标定试验主要用于确定给定的具体模拟参数值时桨模型的桨叶角、转速及相应的试验风速等；在全机带动力试验不具备桨载荷测量能力时，还需提供模拟状态下螺旋桨名义拉力特性等，以便在全机试验时近似扣除直接影响。模拟参数一般以曲线形式给出（图 15.19），称为桨模型工作状态目标曲线。该曲线依据预计飞行剖面中的典型飞行状态、飞机动力系统特性等给出，根据试验所选相似准则不同，可以是拉力系数-前进比曲线、拉力系数-扭矩系数曲线或桨叶角-前进比曲线等。

标定试验应在螺旋桨模型正迎风的条件下单独进行（图 15.22）。试验时应减小支架、桨模型驱动装置等对桨模型工作特性的影响。通常支架应布置于桨模型旋转平面后方，进入滑流扫掠空间的支架横截面宜为圆形、距桨旋转平面大于 1 倍的桨直径。桨模型驱动装置、天平等附件在外形上应进行顺气流整流，整流体截面应为圆形、直径应与桨毂直径相当或小于桨模型直径的 1/3。

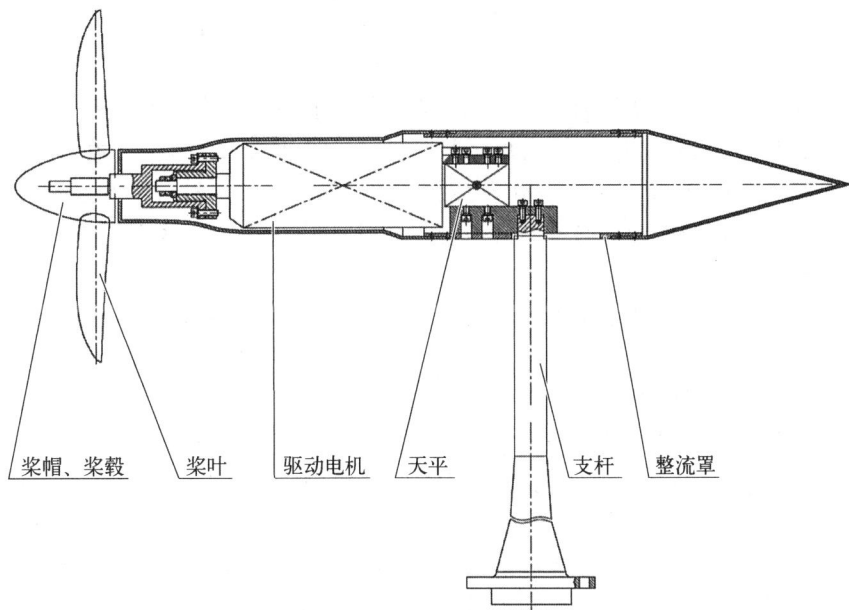

图 15.22　典型桨模型工作状态标定试验示意图（CARDC 惠允）

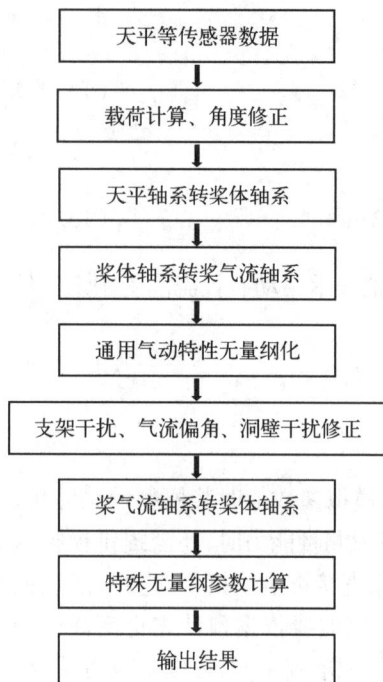

**图 15.23　桨模型工作状态标定试验
数据处理流程示例**

标定试验数据处理相对简单。图 15.23 给出了一个典型流程示例。

标定试验可按下列步骤进行。

第一,初步选择试验风速。在该风速下,桨模型驱动装置应满足 15.5.4 节"桨模型驱动装置"的要求,并满足试验风洞其他系统的要求。根据飞行桨工作状态,大致确定桨模型转速和桨叶角范围。

第二,在选定的试验风速下,进行若干组不同桨叶角、变桨转速试验。

第三,根据选择的相似准则,将试验获得的桨模型工作状态参数及气动特性参数与目标曲线相应参数值对比,选择出满足全部或部分试验要求的桨叶角和转速。

第四,根据试验项目要求和模拟参数对比情况,适当调整试验风速重复上述各步工作,直到获得全部满足试验要求的试验风速、桨叶角和转速为止。在试验条件允许范围内,最终确定的试验风速(马赫数)应尽量接近目标曲线各特征点所对应的飞行速度(马赫数)。

2. 全机带动力试验

螺旋桨飞机全机带动力试验的主要目的是获得在滑流影响下的全机气动特性,特殊情况下也用于获得装机状态下螺旋桨特性。带动力条件下,滑流不仅使全机气动特性发生明显改变,对于滑流扫略的部件,其特性也可能会有显著变化。因此,除常见的全机测力试验项目外,全机带动力试验可能还包括测压试验、操纵面铰链力矩试验等项目。

全机带动力试验方法是在全机测力试验方法基础上结合螺旋桨动力模拟特点而形成的,必要时还结合了测压试验、铰链力矩试验等特殊试验技术。在全机测力试验中所经常使用的模型支撑方法、模型姿态角变化及测量方法、模型状态构型变化方法、试验段速压控制方法、多天平测量方法等,均可直接或经少量适应化改进后引入全机带动力试验中。在试验准备和实施过程中应注意以下几点。

模型外管线处理。全机带动力试验所需各类管线较多,应遵循减小和固化管线对流场干扰的原则处理模型外管线。目前,工程上普遍采用了中空支杆支撑带动力模型,正常情况下靠近模型的管线可以布置在支杆内部。

模型内部跨天平管线布置。跨天平管线对天平测量是存在干扰的。为减小干扰,应保证跨接管线两端固定点相对位置的稳定,并适当增加两点间管线的曲率、尽量避免管线拉压变形情况的出现。

电磁干扰。桨模型电机驱动装置是典型的强电系统,而天平则是典型的弱电设备,避免和弱化电磁干扰是带动力试验成功与否的关键。因此,试验各电气/电子设备、线缆均应进行完善的屏蔽处理,弱电应与强电线缆应分开布置并各自具有良好的接地条件。

控制桨天平热环境。桨天平是连接驱动电机与飞机本体模型的桥梁。电机发热对天平工作特性有重要影响。目前控制桨天平热环境的方法主要包括被动的隔热措施与主动的电机/桨天平连接面温度调节措施等,基本可以满足试验需要。

带动力试验中,为保持桨模型工作时前进比的稳定,一般需要根据大气条件变化情况调整风洞运行速压、保证试验风速一致。

带动力试验数据处理方法相对比较复杂。图 15.24 给出了一个典型的处理流程框图。

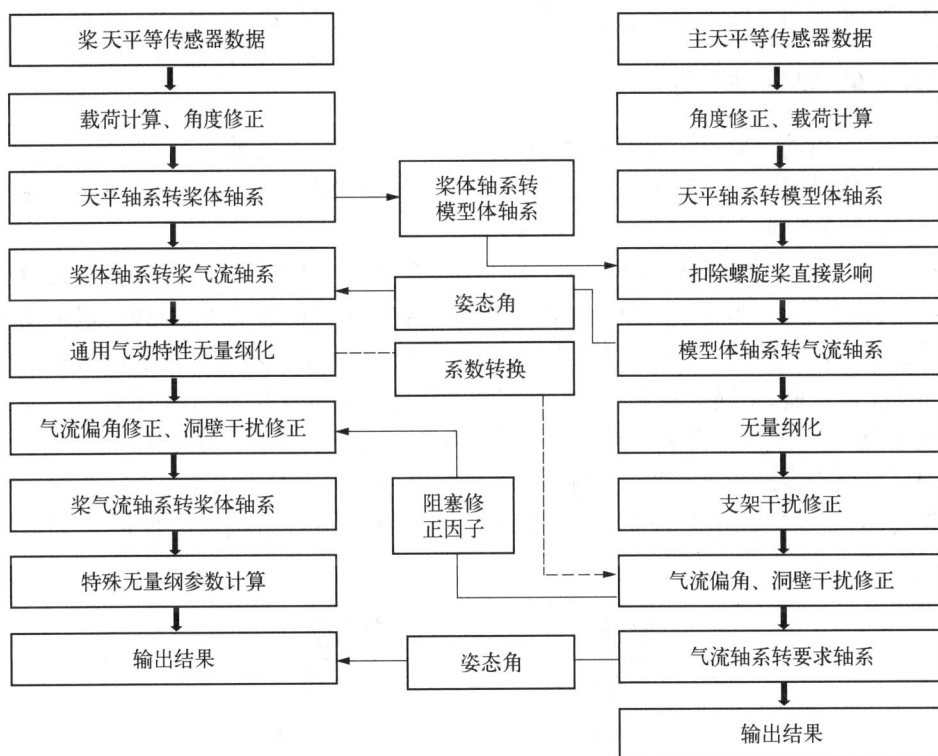

图 15.24　全机带动力试验数据处理流程示意

3. 全机无滑流试验

通过全机带动力试验可以获得在滑流影响下的全机及其部件的气动特性。但通常情况下,由于没有可靠的空地相关性修正方法,这一试验结果(特别是基本构型试验结果)一般不是直接作为飞机气动特性使用,而是以滑流影响增量的形式出现。在确定滑流影响增量时,就必须获得滑流影响下全机气动特性与无滑流特性间的差量。这就需要开展全机无滑流试验。

全机无滑流试验时,主要试验条件应与带动力试验状态一致,如模型支撑方式、试验风速(雷诺数、马赫数)、姿态角等。试验方法与全机测力试验基本一致。试验多在飞机各襟翼基本构型下进行,一般不需要进行其他操纵面效率试验。这主要是由于操纵面一般要求在其线性范围内工作,而此时试验雷诺数等的差异不足以造成操纵面效率的明显变化,即

$$\frac{\partial C'_{\text{无}}}{\partial \delta} \rightarrow \frac{\partial C_{\text{常}}}{\partial \delta} \qquad (15.92)$$

全机无滑流试验模型状态及支架状态应尽量与带动力试验状态一致。随着试验技术的发展,全机模型测力试验、无滑流试验及带动力试验支架状态及多数模型状态已趋于一致,差异主要体现在试验条件、修正方法和结果应用上。在实践中,三项试验内容往往可同期交叉进行。模型状态的差异主要是由无滑流状态的模拟方法造成的。无滑流试验时,一般以带动力试验模型去桨(叶)状态为试验模型状态,某些情况下也可能取桨拉力系数为零的带动力试验模型状态。

15.5.6 辅助性试验

螺旋桨飞机动力影响试验结果应进行支架干扰、气流偏角等修正。

气流偏角试验可在全机测力试验条件下进行,试验准备、实施一般按全机常规测力试验方法、要求进行即可。

由式(15.92)可知,当不修正支架干扰量时,$C'_{\text{滑}}$结果将包括带动力试验与无滑流试验支架干扰的残差。当桨模型模拟参数变化对支架干扰量的影响可忽略时,这一残差趋近于零,或者说也可以不进行支架干扰量修正。对于主天平为内式天平或滑流不直接扫略模型支架的试验,不同试验条件下的支架干扰量变化是可忽略的,不需要进行带动力支架干扰试验,可以不修正支架干扰或以全机测力试验支架干扰量近似修正。

当螺旋桨滑流对支架干扰量影响较大时,如以外式天平为主天平且滑流直接扫略模型支架时,需增加带动力条件下的支架干扰试验,并对应各自试验条件进行支架干扰修正。

第15章习题　　　　第15章参考文献

第16章
压力分布测量

16.1 概　　述

在飞行器的整个设计流程中,载荷是进行结构设计和强度分析的基础,其直接影响到飞行器的重量、飞行性能和作战性能等重要指标。一架飞行器,从地面滑跑、起飞、爬升、巡航、机动,直至下滑、进场着陆等,无时无刻不在承受着载荷。飞行器的外载荷包括地面载荷、飞行载荷和其他载荷,在各种载荷中,飞行载荷是其中的重要部分。对主要在大气层内飞行的飞行器来说,决定飞行载荷大小及载荷分布的主要因素包括:飞行大气环境和飞行器的自身特性。飞行大气环境指的是飞行器所处空域的空气密度、压力、温度、连续湍流和离散突风等;而飞行器的自身特性主要包括飞行器的气动布局、构型、质量、重心、转动惯量、质量分布、飞行速度、加速度、飞行姿态等。飞行载荷设计工作就是要从这些十分繁杂的组合情况中,找出飞行器上各个部件的最大受载发生在哪种情况,其严重载荷的大小以及载荷分布情况如何,以此作为飞机结构设计和强度分析的依据。

因载荷强度问题导致"机毁人亡"的历史惨痛案例不胜枚举,如1981年哥伦比亚号航天飞机在得克萨斯州北部上空解体坠毁、1992年中国南方航空公司波音737-2523号飞机在广西桂林粉碎性解体、2002年中国台湾中华航空澎湖空难等。世界上各国都有自己的飞行载荷设计规范,目前国内外的飞行载荷规范和计算方法大致可以分为两类,一类是以苏联1953年出版的《飞机强度规范》为代表,根据给定的成套公式和大量的经验图表、数据,按照事先规定好的设计情况,对飞行器的各部件分别进行载荷计算。另一类是以美国MIL系列规范为代表,通过模拟飞行器各种真实飞行情况,利用前期获得的可靠和大量的非线性气动力数据、表面压力分布数据以及飞行包线等,求解飞行器运动方程,对飞行器整体各部件的受载情况进行同步计算,求出飞行器各部件所受的严重载荷。我国于1975年颁布的《飞机强度规范(试用本)》属于第一类,而1985年颁布的GJB 67.2-85《军用飞机强度和刚度规范　飞行载荷》系列国家军用标准规范则属于第二类。图16.1给出了飞行载荷分析流程。无论何种设计规范,关于飞行器载荷强度计算与校核的方法定义、规定是必不可少的内容。

风洞试验数据是载荷强度设计原始输入条件的重要来源,除测力、动导数、气动弹性以及颤振等试验外,测量飞行器模型表面压力分布试验(通常称为测压试验)也必不可少,通过测量飞行器各部件,如机翼、机身、操纵面、外挂物、阻力板等表面的压力分布,为飞行器及其各部件结构强度计算提供气动载荷分布的原始数据。另外,模型表面压力分布风洞试验也是研究飞行器气动特性、验证数值计算方法是否准确的一个重要手段[1]。

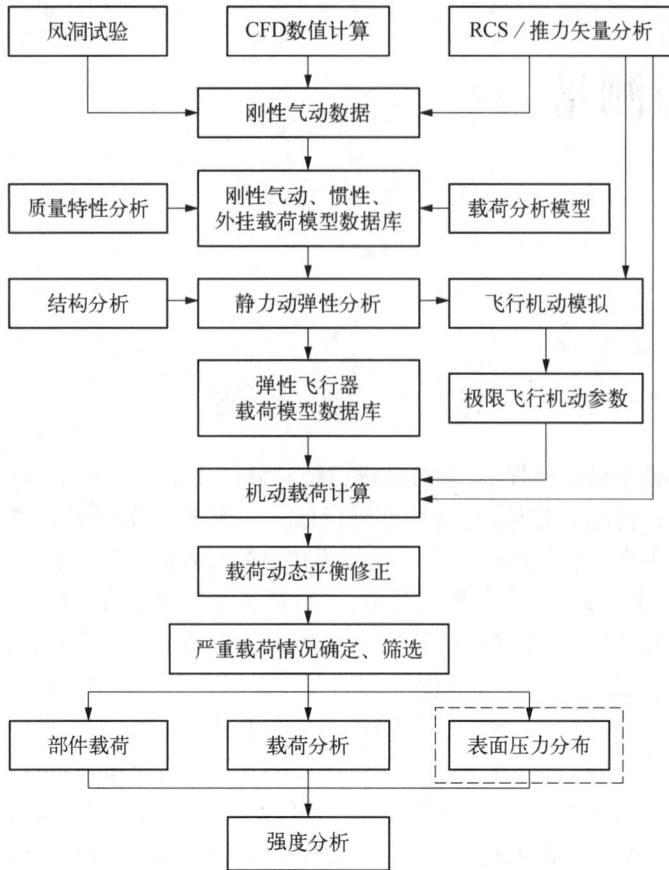

图 16.1 飞行载荷分析实施流程

实际上,模型(部件)表面流动特性可以通过表面压力的测量、特征分析和数据处理显示或"计算"出来,表面压力结果可为研究飞行器及其各部件的性能和绕模型的物面流动特性研究提供依据,如机翼上最小压力点位置、激波位置、气流是否分离以及作用在模型(部件)上的升力、压差阻力和压力中心的位置等。

  与模型表面压力分布试验相关联的技术内容可简单概括为:试验模型+压力测量设备+数据处理方法。其中压力测量设备是该类试验的关键因素,测量设备的特点决定了压力测量试验的方式和方法。随着航空、航天技术的不断发展,对压力测量设备系统的要求越来越高,希望系统具有高速度、高精度、多点化,测试结果能够与风洞的试验状态尽量保持同步,数据更加准确可靠。众所周知,20世纪50年代以前,几乎所有的风洞试验和流体动力学试验中都采用液体排管进行多点压力测量,由于所测量的压力值可多达数百个点,数据处理工作量是非常大的。20世纪60年代出现的各种类型的压力传感器,将压力信号转变为电信号,使压力测量技术有了很大的进步。为了完成多点压力测量,采用大量的压力传感器组成系统,这样虽然可以获得一定的采集速度,但费用高,校准及维护工作繁重。尽管采用了周期校准的办法,其精度也难以保证和提高,一般为 0.2%~0.3%。机械压力扫描阀的出现是多点压力测量技术发展中的重要进展。它以机械扫描的方法,用一只高精度的压力传感器轮流测定各个待测压力。但其扫描速率一般为 5~10 点/秒,还难以满足高速风洞试验对多点压力测量的要求。

20 世纪 80 年代初,人们设计并生产出以微处理器为基础的高度集成化的电子扫描压力测量系统,它结合了单个传感器测压系统和机械扫描测压系统的优点,系统设计包括了许多先进仪器概念,并逐步实现了设备的微型化、低功耗、长寿命、高可靠性且具有一定的灵活性和通用性。

随着信息技术和材料技术的发展,国内外逐步发展了许多较为先进的压力测量技术,如通过模型表面喷涂压敏材料的 PSP 技术、通过模型表面粘贴微型传感器的微机电系统(micro-electro-mechanical systems,MEMS)压力测量技术,上述新型压力测量试验技术在国内 FL-26 风洞已投入研究性试验和引导性试验,在实用性和工程化运用上迈出了坚实步伐。本章节仅介绍常规表面压力分布测量试验。

16.2　相　似　参　数

通常在表面压力分布测量试验中,所测得的模型表面压力为稳态值,其实际表征的是模型表面场分子不规则运动剧烈程度的无量纲量,可用其计算一些热力学参数、表面压力分布引起的载荷力。该类试验不需要对所有的相似参数进行模拟,一般不考虑重力影响(重力引起的弹性角除外),也不考虑非定常效应,除要求试验模型与真实外形"长相一致"外,支配现象的物理法则主要是惯性、黏性和可压缩性。因此,在常规的表面压力分布测量试验中必须模拟的相似参数主要有:几何外形相似、马赫数、雷诺数等。

16.2.1　几何外形相似

一个物体经过均匀变形后和另一个物体完全重合称为两个物体几何相似。变形后相重合的点称为对应点,对应点的连线称为对应线。几何外形相似是指试验模型几何尺寸 S_m 与真实飞行器几何外形尺寸 S_p 按一定比例尺 R(通常称为缩比)进行缩小或放大,其满足关系式(16.1)。试验模型与真实飞行器几何相似,是风洞试验最基本的要求。为保证试验模型几何外形相似要求,在生产加工时通常通过样板和数值模型来保证,并借助三坐标测量仪器进行核验。然而,在实际过程中也往往遇到试验模型严格执行几何外形相似而无法设计和加工的情况,如缩比后的飞机模型后体空腔尺寸不足以通过天平支杆、模型局部或附件(不规则空腔、凸起物)缩比后无法加工、翼片或部件过薄无法满足强度要求等,在设计过程中需要对试验模型几何外形进行一定程度的简化或修正处理(如机身后体放大、凹腔简化、翼片加厚等)时,需要评估相关简化和修正对试验结果的影响,必要时应对试验结果进行修正。

$$R = \frac{S_p}{S_m} \tag{16.1}$$

16.2.2　马赫数

马赫数的物理意义是惯性力与其弹性力之比,它是表征流体可压缩程度的一个重要

无量纲参数,定义为流场中某点的速度 V 同当地声速 a 之比,见式(16.2):

$$Ma = \frac{V}{a} \tag{16.2}$$

风洞试验中,在亚、跨声速,试验段中心线静压用轴向探测管测量,侧壁、驻室测点的静压用传压管接到压力传感器或扫描阀测量。根据稳定段总压 p_0 及各测点来流静压 p_{ct},按下述等熵关系式计算测点马赫数,见式(16.3):

$$Ma = \sqrt{5.0\left(\frac{p_{ct}}{p_0}\right)^{3.5} - 1} \tag{16.3}$$

在进行飞行器模型的亚、跨声速试验时,无法直接测量模型区的来流马赫数,而要通过参考点马赫数 Ma_R(一般采用侧壁、驻室测点的静压 p_{ct} 计算)的测定间接地获得试验段模型区平均马赫数 Ma。Ma 与 Ma_R 的对应关系由流场校测确定,见式(16.4):

$$Ma = f(Ma_R) \tag{16.4}$$

在相同的测压仪表精度条件下,由于超声速时静压测量的相对误差比总压测量的相对误差大,因而在超声速,用总压排管测得各测点波后总压 p_0',按下述正激波公式计算测点马赫数。不同的喷管对应不同的马赫数 Ma,Ma 与喷管号的对应关系由流场校测确定,见式(16.5):

$$\frac{p_0'}{p_0} = \left(\frac{7Ma^2 - 1}{6}\right)^{-2.5} \cdot \left(\frac{6Ma^2}{Ma^2 + 5}\right)^{3.5} \tag{16.5}$$

在流体密度不变的不可压缩流中,当地声速 $a = \infty$,$Ma = 0$;对于可压缩流动,气体流速 V 相对变化与密度 ρ 相对变化之间的关系遵循关系式(16.6),即在流动过程中马赫数越大,气体表现出的可压缩性就越大;另外当马赫数大于或小于 1 时,扰动在气流中的传播情况也大不相同。因此,在进行低速试验时可不考虑气体压缩性的影响,对马赫数可不模拟。但当 Ma 达到 0.3 后,必须考虑气体压缩性的影响,模型在风洞试验流场中的马赫数必须与飞行器真实飞行的马赫数相同[2]。

$$\frac{d\rho}{\rho} = -Ma^2 \frac{dV}{V} \tag{16.6}$$

16.2.3　雷诺数

雷诺数的物理意义是惯性力与黏性力之比,其与流体的流速 V、密度 ρ、黏性系数 μ 与特征长度 d 满足关系式(16.7),通过关系式(16.7)~式(16.10)推导关联到风洞试验来流参数马赫数、总静温、总静压、理想气体常数可得到关系式(16.8)。雷诺数越大,流体流动中惯性力的作用所占的比重越大,黏性效应占的比重越小,流体流动较不稳定,流速的微小变化越容易发展、增强,形成紊乱、不规则的紊流流场。由此可见,不同雷诺数对试验模型表面的流动特征影响较大,尤其在超临界翼型试验中雷诺数不同甚至对机翼表面的激波位置、气流分离区的位置和大小发生较大改变,而上述表面流态的影响将直接关联到表面压力测量结果。通常,试验模型在风洞中的雷诺数比真实飞行器飞行雷诺数低很多,导致风洞试验测量结果与真实飞行时的实际情况有明显差别。为了解决此问题,通常是在风洞中做变雷诺数试验,获得几个不同雷诺数的试验数据,并外插到飞行的雷诺数。同时,为了使试验模型与飞行器真实飞行时的表面流态尽可能一致,试验时通常采用人工固定边界层转捩方法来实现。

$$Re = \frac{\rho V d}{\mu} \tag{16.7}$$

$$Re = \frac{pMad}{\mu} \sqrt{\frac{\gamma}{RT}} \tag{16.8}$$

$$= \frac{pMad}{1.458 \times 10^{-6}} \frac{T + 110.4}{T^2} \sqrt{\frac{\gamma}{R}} \tag{16.9}$$

$$= 0.047\,898\,9 \times 10^6 \times \frac{T + 110.4}{T^2} pMad \tag{16.10}$$

$$= 0.047\,898\,9 \times 10^6 \times \frac{\left[(1 + 0.2Ma^2)^{-1} + \frac{110.4}{T_0} \right]}{(1 + 0.2Ma^2)^{1.5} T_0} p_0 Mad \tag{16.11}$$

式中,ρ 为流体密度;p 为流体静压;d 为雷诺数参考长度;T 为流体静温;T_0 为流体总温;γ 为流体比热比;μ 为流体黏度。

16.3　试 验 流 程

在一项完整的表面压力分布测量风洞试验中,从试验技术协调、试验方案策划到试验结果交付,其任务实施工作流程如图 16.2 所示。

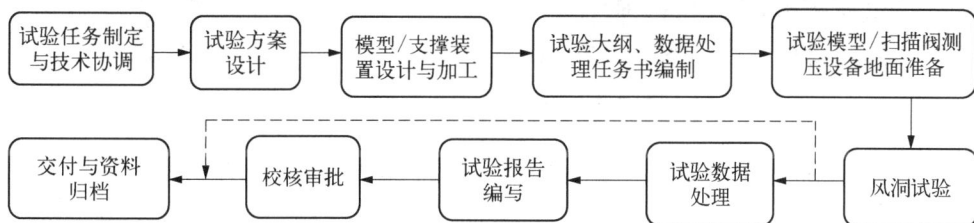

图 16.2　表面压力分布测量风洞试验任务实施工作流程

上述流程,较其他试验典型区别是:测压试验模型需要考虑测点布置、测量装置选取与安装、试验模型支撑装置设计等。另外,由于测压试验过程中的气动载荷难以事先或同步准确预测,气动载荷对支撑系统引起的弹性角需要用 VMD 光学测量手段、迎角传感器或测力试验对比引用等方式获得,在试验协调、方案设计与正式试验过程中对模型姿态角编排需要重点注意。

16.3.1 试验模型与支撑装置条件保证

1. 试验模型

目前,测量模型表面压力分布主要还是采用在模型表面布设测压孔的方法,即通过测压孔和测压管路把当地模型表面压力传送到压力传感器来测量。每个测压孔所测的压力就是当地这一处的压力。国家军用标准 GJB 180、GJB 569 以及 GJB 2987 分别对低、高速测力试验模型设计与加工进行了规范,测压试验模型根据试验需要可采用全模型或半模型,其设计与加工可借鉴测力试验模型相关要求。同时,基于"微观"表面压力分布测量的特点,测压试验模型较测力模型在设计与加工上还是存在一定差异,主要体现在模型几何相似尺度模拟、测压孔和测压管路设计与加工、测压模块安置的模型内腔接口与布局设计、模型与支撑装置连接的接口设计等方面。

1) 模型几何相似尺度模拟

为获取更加准确的载荷计算结果,在"微观"表面压力分布测量试验中,考虑模型表面众多的压力测点间干扰因素和模型结构上实现的可能性,其几何缩比较"宏观"测力模型模可依据布局特点酌情放宽10%左右,如在测力试验中依据国军标要求模型在亚跨声速时0°迎角下的阻塞度(模型最大截面积与风洞截面积比值)小于1%,而测压试验模型在试验方案设计时通常放宽到1.2%。另外,对于一些尾部直径较小的飞行器,其与支撑支杆连接并非易事,为了将模型安装在风洞中有时需要破坏模型尾部结构,牺牲尾部影响[3]。图 16.3 给出了 CARDC 飞翼标模测压试验图片。

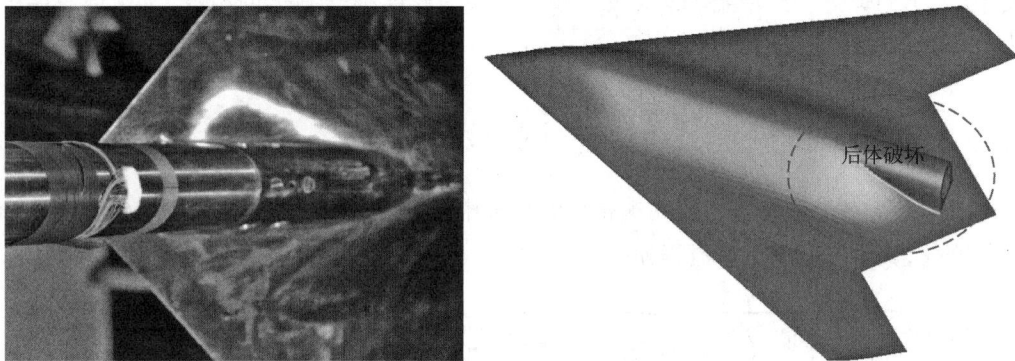

后体破坏

图 16.3 尾部结构被破坏的飞翼布局飞行器风洞试验[3]

在大规模表面压力测量试验中,压力测量装置普遍采用电子扫描阀,电子扫描阀的原理是基于环境压力参考端引起的电信号变化,将变化的电信号再换算成各测压点的绝对压力信号的电子智能设备,其主要组成为测压模块、信号线、集线器,测压模块有多个测量端子,测量端子通过测压管与测压孔连接,为减少管路压力响应时间,几十个扫描阀测压模块以及迎角传感器通常置于模型内部,在模型设计时应充分考虑其测压模块和迎角传感器的内置要求:① 保证测压模块的安装接口;② 保证测压模块在模型中的安装空间,其体积应不小于测压模块总体积的两倍[4]。常用的单个 ESP‑64HD DTC 测压模块尺寸如图 16.4;③ 保证测压管路或测压系统电缆、气路的走线空间;④ 保证测压管路和测压系统电缆连接和检查的操作空间;⑤ 保证迎角传感器的安装空间与安装接口。

2) 测压孔及连接管路

测压孔是表面压力分布测量试验模型的重要部分,测压孔位置布置的合理性、设计与加工的质量、连接测压孔管路内径与长度等是影响试验质量的重要因素。

a. 测压孔技术要求

在测压孔设计与加工过程中,测压孔形状与内径、测压孔深度、测压孔轴线以及测压孔与模型周边过渡等都是必须考虑的重要内容。通常,风洞试验中的测压孔直径一般取 0.4 ~ 0.8 mm,最大不得超过 1.0 mm。测压孔的轴线应垂直于模型当地型面,其偏斜角不超过±3′,测压孔深度与内径比值通常取大于 2。测压孔周边光滑,无毛刺、无划伤、无倒角和凹凸不平,孔口与表面保持平齐。

b. 测压孔的布置

在模型表面布置测压孔一般是沿翼面展向取 4~5 个剖面(若沿展向翼型变化较大时,可适当增加剖面位置),在每个剖面沿弦向上、下表面布孔。机身表面则沿机身轴向取若干横截面沿截面周线上布孔。孔的数量要使测量的压力足以描绘该截面的压力分布曲线。在压力变化较剧烈处(如翼面前缘处)可适当布置密些,对于翼面一般沿弦向布孔位置是在 0%、1.2%、2.5%、5%、8%、10%、15%、20%、30%、40%、50%、60%、70%、80%、90%、95%、100%

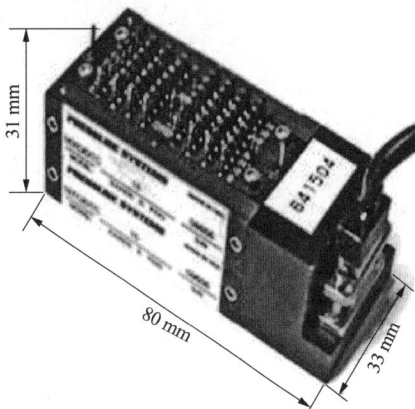

ESP‑64HD DTC 外观尺寸：80 mm×33 mm×31 mm；
ESP‑64HD DTC 量程：±15 psi；±45 psi；±75 psi等；
ESP‑64HD DTC 连接口径：1.02 mm（或0.04 in）；
ESP‑64HD 单个模块测压点数：64

图 16.4　测压模块 ESP‑64HD DTC 上形及尺寸[4]

psid 表示基与参考端的压差

弦向位置处[5]。由于受模型结构尺寸和外形的限制,如翼面后缘处,往往给布孔造成很大困难。图 16.5 给出了三角翼测压孔布置示意图。

如果测压模型尺寸较小,在翼面上下表面同时布孔敷设测压管路有一定难度。为了解决此问题,对于左右对称的飞行器,通常在左右对称部件上下或左右表面交叉布孔(如一边翼面上表面布孔,而在另一边翼面下表面布孔);对于左右非对称的飞行器,则根据需要加工不同的测压部

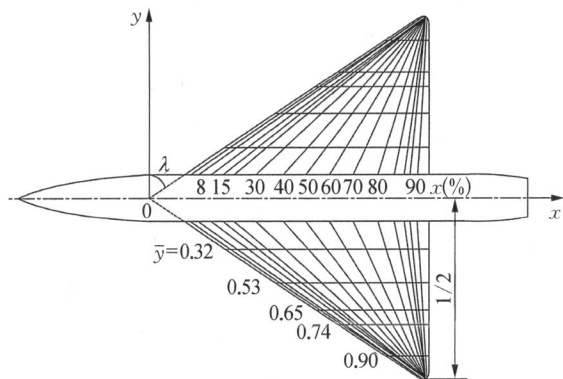

图 16.5　三角形机翼表面测压孔布置示意图[5]

件分别在上表面或下表面布孔,采取更换部件的方式进行测压试验。由于测压孔数量较多,多者可达成百上千个孔,对每个测压孔都必须编号,以便于查找。图 16.6 给出了轨道器机翼表面测压孔布置及编号示意图[6]。到 2019 年我国 2.4 m（FL‑26）高速风洞全机模型上布置的测压孔已达到近 2 000 个,同步测量测压孔的压力点数多达 1 500 个。

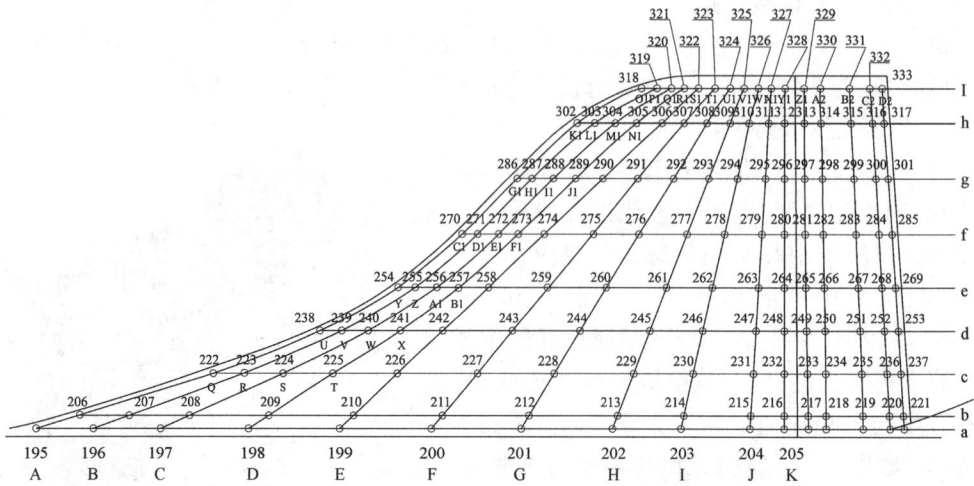

图 16.6　轨道器机翼表面测压孔布置及编号示意图[6]

c. 测压管路的技术要求及敷设

通常选内径与测压孔直径对应的金属管(现多用外径为 1 mm 的不锈钢管)与测压孔牢固连接,再由塑料管与金属管连接,一般选用内径为 0.8 mm、外径为 1.6 mm 的塑料管,从模型处引出。由于测压孔多,模型体积有限,对传压导管在布管时,要避免挤压、突然拐折和严重扭曲,管接头要可靠,防止导管的阻塞和漏气,要走向清楚,排列有序,在导管末端要有与测压孔对应的编号标记。要使每个测压管路的通气性和气密性合格。

测压孔与压力测量传感器连接的管路长度也是风洞试验必须考虑的重要内容,如果测量压力的传感器放在风洞外,测压管路较长,要特别注意管路的敷设,使测压孔与传感器之间的压力在较短的时间内达到平衡,以缩短风洞的运转时间。随着高速电子扫描阀广泛投入风洞试验,因其测压模块体积小,可放在风洞内或模型机身内,只需将模块气路和电缆线传输到风洞外,这样大大缩短了通气管路的长度,减少了压力传递时间,有效提高了风洞试验的质量、效率和经济性。

2. 支撑装置设计与加工

模型的支撑装置类型取决于支撑方式,如尾支撑、斜支撑、腹部支撑、背部支撑等,支撑装置的有效长度取决于模型在风洞流场中的位置。支撑装置在设计过程中通常与模型设计配套完成,在设计过程中需要考虑的内容主要包括以下内容:① 确定支撑装置的支撑方式和技术要求;② 确定支撑装置与试验模型的连接方法:相互间轴套连接、螺接或者一体化设计(在模型结构设计上无法实现与支撑装置单独连接);③ 试验条件下支撑装置所承受的最大气动载荷预估;④ 确定支撑装置的主体尺寸、结构及其设计、加工方案,应考虑支撑装置的外径(叶片支撑时的厚度)、等直段长度、扩张段锥角(条件允许时尽量参照测力试验规范)以及便于敷设电缆线和管路的内部空间,CARDC 对测压试验的测压软管点数与穿管孔直径之间的对应关系进行了研究[7],见表 16.1;⑤ 确定支撑装置与试验模型、风洞机构的接口,并对其机构强度进行校核(超声速时应考虑冲击因子);⑥ 确定为保证试验结果可靠性所采取的技术措施;⑦ 支撑装置在安装、使用过程中的其他辅助工具和部件的设计与加工。

表 16.1　测压软管点数与穿管孔直径对应关系[7]

软管外径 /mm	管数量	穿管孔直径 /≥mm	软管外径 /mm	管数量	穿管孔直径 /≥mm
1.5	100	23	2	100	29
1.5	200	30	2	200	38
1.5	250	33	2	250	42
1.5	300	35	2	300	45
1.5	350	38	2	350	48
1.5	400	40	2	400	51
1.5	450	42	2	450	54
1.5	500	44	2	500	56
1.5	550	46	2	550	59
1.5	600	47	2	600	61
1.5	650	49	2	650	64
1.5	700	51	2	700	66
1.5	750	52	2	750	68
1.5	800	54	2	800	70
1.5	850	55	2	850	72
1.5	900	57	2	900	74
1.5	950	58	2	950	76
1.5	1 000	60	2	1 000	77
1.5	1 100	62	2	1 100	81
1.5	1 150	63	2	1 150	83
1.5	1 200	65	2	1 200	84
1.5	1 250	66	2	1 250	86
1.5	1 300	67	2	1 300	87
1.5	1 350	68	2	1 350	89
1.5	1 400	69	2	1 400	90
1.5	1 450	70	2	1 450	92
1.5	1 500	72	2	1 500	93
1.5	1 600	74	2	1 600	96
1.5	1 700	76	2	1 700	99
1.5	1 800	78	2	1 800	102
1.5	1 900	80	2	1 900	104
1.5	2 000	82	2	2 000	107

16.3.2　编写试验大纲和数据处理任务书

试验大纲与数据处理任务书是风洞试验各岗位作业人员在实施过程中的纲领性、技术指导性文件,因此在开展相关试验前应编写试验大纲和数据处理任务书。

1. 试验大纲

试验大纲应根据试验任务书、试验技术协调表和试验方案制定,其内容主要包括:① 试验内容、目的、任务来源和试验方法,尤其是试验内容须提供试验详细内容总表;② 试验设备和试验条件:风洞名称、试验马赫数、洞体参数、模型姿态角范围等;③ 试验模型:模型构型及测压部件情况、材质、缩比、阻塞度等,并提供模型及主要部件示意图;④ 模型支撑系统:模型的支撑方式、支撑装置、风洞支撑机构等;⑤ 压力测量系统:电子扫描阀系统(或压力传感器)等测试仪器、设备准备要求;⑥ 模型姿态角监视测量方法及试验准备的其他内容和要求;⑦ 试验质量和技术保障措施、试验安全措施。

2. 数据处理任务书

数据处理任务书是获取模型表面压力测量结果的技术性文件,应根据试验大纲和试验任务书相关要求来制定,其包括的主要内容有:① 测点点数以及压力测量设备的型号规格;② 测压孔分布图、测压孔特征参数及其管路连接要求;③ 数据处理中的计算参数:参考长度、参考面积等;④ 计算公式、数据修正以及特殊计算要求;⑤ 包括中间过程和无量纲结果的数据输出格式、内容;⑥ 提供测压点分布表及相关曲线绘制要求。

16.3.3 试验准备

风洞试验准备以模型进场前后划分为两个阶段。进场前,需要准备的工作内容包括:模型验收与零部件配装、测点检查、模型与支撑装置装配等,进场后,需要准备的工作内容有:测压系统准备、模型及支撑系统安装、试验测量与数据处理系统准备以及试验运行调试等。

1. 模型进场前准备

(1) 模型验收。试验开始准备前,应完成试验模型验收与交接工作。在模型交接过程中应完成的工作内容有:① 逐项清点模型部件、零件和附件,所有模型部件的编号或标识应保持严格一致,共用部件可以使用多个编号或标识,依据标识完成登记统计;② 检查模型零部件的配装情况;③ 内置测压模块、传感器的安装接口与安装空间检查;④ 模型图纸及质检报告交接,包括模型图纸、模型强度校核报告、模型出厂检验报告(包括测压点质量检验报告)及出厂合格证。

(2) 测点工况检查。① 试验模型进场前应检查测点的数量、测压管路的通气性与气密性;② 检查测压孔直径、孔深、垂直度以及孔边缘与模型衔接等加工情况;③ 检查与测压孔连接的测压钢管应进行退火处理;④ 测点合格率保证:所有测点合格率应不小于95%,且不合格测点分布不能连续和集中存在。

(3) 支撑装置配装。为避免风洞试验中断,试验准备前应完成支撑装置的配装检查:① 支撑装置与模型连接情况检查;② 支撑装置与风洞支架连接情况检查;③ 线缆、压力导管(含接头)的通过空间检查。

2. 地面准备

试验模型在完成进场前的所有准备工作,条件成熟后将移至风洞试验现场或地面准备间进行地面准备工作,需完成的工作主要如下。

(1) 模型与支撑装置连接。对于尾部支撑的压力测量试验而言,测压管路、扫描阀模块线缆通常从支杆内通孔穿过,而且便于模型安装于地面准备架上,地面准备时应首先完成试验模型与尾部支撑装置的连接工作。

(2) 测压管路准备。测压管路通常为内外径不同规格的塑料软管。测压管路准备过程中,首先选择与模型测压钢管外径大小相匹配的测压软管,然后根据模型安装位置、模块安放位置的要求,对试验所需的测压软管的长度进行测量、估算和裁剪整理。

(3) 测压管路连接与测试。将测压软管逐个连接在模型钢管上,对连接上的管路进行整理和保护,避免管路因挤压折叠而堵塞或因擦刮而破损,完成管路的通气性和气密性测试。对每个连接、测试好的管路进行编号标识,与模型测压钢管的编号一起建立测压点号、测压软管号的对应关系,将该对应关系以及各管路的通气性、气密性情况形成各测点"身份"记录(《测压模型测压管路连接情况记录表》)。

(4)试验测量与数据处理软件准备。表面压力分布测量试验所提供的试验结果主要包括流场参数、各测点的无量纲压力系数、部件压力积分结果等,通常在地面准备期间根据试验数据处理任务书要求,先行完成试验测量与数据处理程序的准备工作。

(5)针对表面压力分布测量试验的特殊要求,需要对风洞洞体结构、测量、控制及辅助系统开展的其他准备工作,如风洞拐头更换、总静压传感器校核、压力测量设备的性能确认等。

16.3.4 试验实施

风洞试验实施指参试风洞各设备系统具备试验条件,各项地面准备工作完成后,以试验模型进入风洞试验段为开始时间节点所需要开展的工作,主要如下。

(1)模型安装。待模型支撑系统安装完成后,将准备好的测压模型安装在风洞支架上,完成洞体条件、数据采集系统及其他需要的风洞现场准备工作。安装模型时应注意保护好测压管路,并将其固定牢固。安装完成后,应对测压点进行通气、气密性抽查,确保各管路连接可靠。

(2)测压系统准备。对所选用的压力测压设备(电子扫描阀)依据操作要求进行模块线缆连接、标准信号源连接、信号校准等准备工作,图 16.7 给出了 PSI8400 扫描阀系统连接示意图。完成测压模块的安装及其与测压管路的连接,并将连接情况填入《测压模型测压管路连接情况记录表》,形成"测点—管路—模块—模块点"的关系表,程序员将根据该表完善数据处理程序的编制以便于对测量数据的处理。在大规模压力测量试验中,因其测点多,建立各测点的"身份信息"过程工作量大、烦琐复杂,很容易造成压力测点的"身份"和试验数据张冠李戴,应引起格外注意。

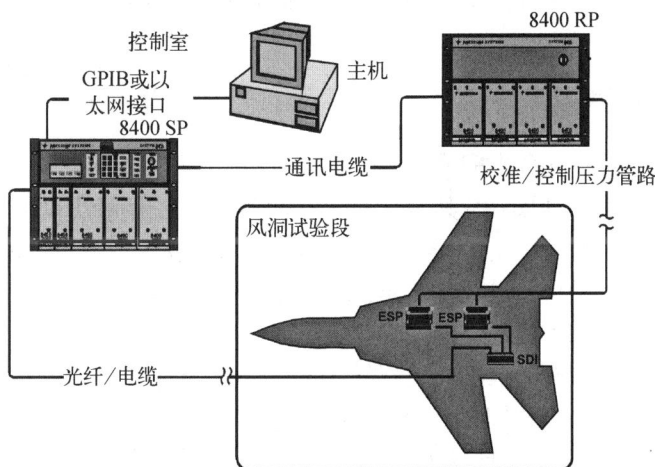

图 16.7 PSI8400 扫描阀系统测压系统连接示意图[4]

(3)模型姿态角监视测量系统准备。通常,在测压试验中因无法直接获取六分量气

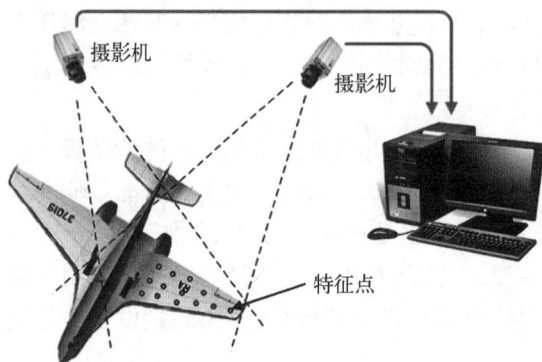

图 16.8　模型姿态角视频测量方法原理示意图[4]

动力数据,试验模型及其支撑系统在受载情况下的弹性角无法像测力试验一样通过弹性角公式计算得到,试验中模型的姿态角一般采取在模型上安装姿态角传感器直接测量、视频测量系统(VMD)对模型上的标志点进行角位移解算(图 16.8)、结合同型号测力或 CFD 结果利用弹性角公式估算等方法获取。

(4) 系统静态联调。在吹风前,应对风洞运行系统、模型及支撑系统、压力测量系统、姿态角测量系统进行静态联合调试,确保整个试验系统的指挥、控制、运行及测量输出畅通。调试的内容主要包括:风洞运行及模型姿态角的监视测量情况、压力测量系统与风洞测控系统的关联情况、压力测量系统对模型各测点数据测量情况以及试验结果的数据处理情况等。

(5) 风洞运行。试验系统通过静态调试后,风洞依据试验大纲内容开展吹风试验,依据数据处理任务书进行试验数据处理。试验人员应对首次吹风试验数据进行验算、复核、分析和评审,确保风洞系统正常、试验方法正确、数据处理方法合理,对每次吹风风洞运行参数、风洞设备、测试装置以及模型、支撑系统等进行检查,对试验数据进行现场曲线绘制和综合分析工作,记录试验过程。在条件允许情况下,为验证试验系统的动态性能可进行 7 次重复性均方根误差测试,压力系数的均方根误差 $\sigma_{cp} > 0.01$ 的测压点不得超过总点数的 10%, $\sigma_{cp} > 0.02$ 的测压点不得超过总点数的 3%。

(6) 试验故障处理与试验中止。试验过程中,当模型、风洞设备系统、压力测量系统出现故障时,应及时检修或更换。如出现试验结果不正确或存在重大争议、试验环境异常、风洞设备故障或存在故障征兆、试验模型结构破损或存在破损征兆以及存在影响试验数据质量隐患时,依据实际情况暂停、协商中止或中止风洞试验。中止试验后,应查明原因并及时处理。

16.3.5　试验结束

依据试验大纲、试验任务书完成规定的试验内容后,试验将进入结束阶段。试验结束不能片面地理解为风洞吹风结束,其包含的内容更为广泛,主要经历以下 4 个环节。

(1) 试验模型保护与移交。风洞运行计划完成后,试验人员应及时拆卸模型,对模型及其部件上油保护、对测压孔进行塑料薄膜封存保护,清点模型及零部件的数、质、量情况并装箱和移交。

(2) 试验资料保存与交付。对试验资料(试验数据、声像资料及过程中产生的技术文件等)进行整理、转移保存并及时交付给试验委托方。在确保试验数据转移保存成功后,为防止失泄密应及时删除试验现场所保留的试验结果。

(3) 试验报告编写与交付。试验负责人应在规定时间内完成试验报告的编写,在试验报告中体现的内容包括:试验任务的来源、试验目的、试验内容以及实施的日期、单位和风洞设备名称,试验模型的结构特点、模型缩比及模型阻塞度,模型图、测压点分布位置和模型在风洞中的位置图,模型支撑方式和支杆主要特征参数,风洞基本特点和性能,试验所用的测量仪器及其误差,数据处理方法,试验数据修正内容、方法及误差分析,试验结果、讨论和主要结论,对任务完成情况和试验结果的可靠性做出评价等。

(4) 试验验收与资料归档。风洞试验结束以试验通过验收与资料完成归档为任务节点,试验提出方依据任务书、协调纪要要求对承担方完成试验情况进行全面验收和评价,承担方应就试验输入到输出全过程所产生的技术资料进行整理和归档,主要内容包括:试验任务书、协调纪要、试验方案、试验大纲、数据处理任务书、质量保证大纲、数据评审记录、试验总结表、试验状态确认记录、试验过程记录等。

16.4　测　量　方　法

表面压力分布测量试验的测量方法主要分为两类,一类是通过气流导管将试验模型与液压排管、传感器或扫描阀等压力测量设备连接,然后通过数据处理而获得模型表面测点或区域压力值的常规压力测量方法,该方法对模型条件和测量仪器的性能要求较高;另外一种是通过在模型表面喷涂压敏涂料,利用光学方法测量表面压力,该方法对压敏涂料性能、喷涂以及关联的信息处理方法提出较高要求,因其不需要通过气流导管与试验模型连接,也被称为表面压力非接触测量方法。本章节着重介绍在用的常规压力测量方法。

16.4.1　多点压力测量技术的发展

对于表面压力分布测量试验而言,除通常的风洞测量设备(如检测仪器、放大器、风洞控制用各类传感器等)外,其测量设备相比测力试验是将测力天平取而代之的测压仪器,当然,也有很多试验测力试验与测压试验同时进行,如测压+测力试验、测压+表面流态显示试验、测压+气动弹性试验等。对于表面压力分布测量试验的设备技术发展如图 16.9 所示,总体上经历了以下几个阶段。

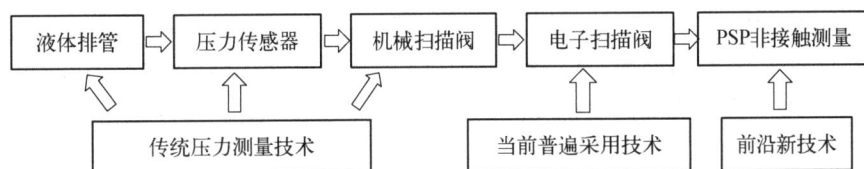

图 16.9　压力测量设备技术发展趋势图

在风洞试验初期液体排管(皮托管)投入使用,所测量的压力精度低、误差源多且效率低下,因其技术落后不被广大风洞采用,如图 16.10 所示。随后发展的以压力敏感元件和信号处理单元组成的压力传感器或传感器组(如压电压力传感器、应变片压力传感器等),较大程度减少了人工参与程度和误差源,压力测量精度得到大幅度提高,但数据采集效率较低,不过随着微机电技术的发展,压力传感器研制愈加小型化、精准化,在少量测点的压力测量试验中有所采用。为了满足多点测压试验需求,在压力传感器的基础上开展集成化设计研制而成机械扫描阀,将它分为几组,每组可测量 16 或 32 个点,通过逐点扫描方式,传感器可测得各点不同压力对应的电压输出信号,再通过 A/D 转换、数据采集,

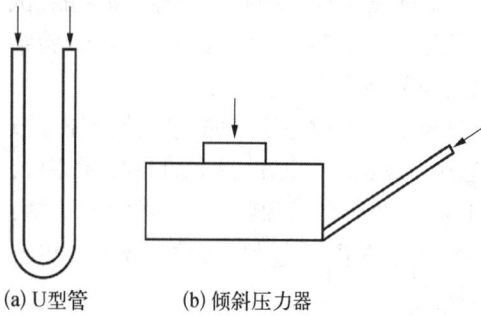

(a) U型管　　　　(b) 倾斜压力器

图 16.10　液柱式测压计[8]

计算得出模型表面各点的压力系数值,但机械扫描阀扫描采样仅为 5~10 点/秒,且其系统精度取决于由传感器等许多独立元件所组成的整个系统,必须考虑零点、温度漂移,存在许多的隐藏误差源,在使用和构建上耗时费力。20 世纪 70 年代,美国 NASA 兰利研究中心为解决上述难题成功研制了电子扫描阀多点压力测量技术。电子扫描压力测量系统研究、分析了传统压力测量方法的优点与不足之后,它将传感元件、微型计算机和数字信号处理融为一体,采取智能化、模块化设计,直接通过电路控制将压力信号转换为电信号进行测量,所有工作都在模块中完成。该系统具有速度快、测点多、精度高的特点,可测得几百甚至上千个测点的压力值,该系统正广泛应用于国内外风洞中。

　　为了解决模型加工难度大、造价高、周期长,测压孔布置的数量受制,尤其是在模型的翼尖、翼面后缘、外挂物挂架、腹鳍等处,由于受结构的限制,测压孔安置十分困难,试验模型压力分布的空间分辨率不高等诸多难题,国内外科研机构正致力于发展更为便利、“无限端口”的表面压力测量技术(如传感器贴膜、PSP 光学测量技术)。对于传感器贴膜,把测量压力的传感器加工成体积很小,厚度很薄(有的厚度仅有 0.8 mm),直接粘贴在模型表面来测量表面压力,该技术加工周期短但受制于传感器尺寸、模型尺寸和外形。对于光学测量表面压力技术,在 20 世纪 80 年代后期,国外开发了一种新型的光学压力测量系统(PSP 压力测量系统),模型表面的压力分布通过光学方法测量,其原理是在模型表面涂一层压敏涂料,当它受到外界光的激励时就会发光,而氧分子对此发光过程能起猝灭作用,其结果是涂料的发光强度随氧分子局部压力的变化而变化,从而可把涂料的发光强度与涂层表面处气流静压关联起来,即气流静压越高,涂料发光强度越小。用一套光测量系统测得模型表面光强分布,经转换即可得到模型表面的压力分布。这种方法可以获得模型表面连续的压力分布场,测压与测力试验可以同时进行,大大节省了模型设计、制造和试验费用,并缩短了试验周期。这项技术在国外许多工业发达国家已正式用于风洞试验中。国内,CARDC 在某大型运输机、C919 客机以及超临界机翼激波控制研究等风洞试验中成功运用了传感器贴膜和 PSP 系统表面压力测量技术。

16.4.2　压力测量系统在风洞中的开发与应用

1. 压力传感器测量系统

　　通过测压孔获取物面当地压力需要由一次仪表、二次仪表组成的压力测量系统实现,如图 16.11 所示。一次仪表是指感受压力,并把压力信号转换为其他信号的装置。例如,各种压力探头,压力传感器都属于一次仪表。二次仪表是指把一次仪表获得的信号显示为数据的装置,一般包括放大器、显示器、压力计等。目前由于数字技术的发展,二次仪表已经可以做到比较高的自动化和数字化程度。一次仪表和二次仪表之间通常由管道或导线连接。表面压力分布测量试验中,整个测量系统的精度主要是由一次仪表确定的,所以在搭建测量系统时,需要首先关注一次仪表的精度。

图 16.11 测压孔与压力测量系统连接示意图

1）压力探头

表面压力分布试验中,除驻点压力外其测量得到的压力往往是当地表面的流体微团三个正压力的平均值(静压)。从测量的角度来说,是无法用传感器或探头之类的仪器来正确直接测量到静压的。最常用的测量方法是在壁面开一个小孔,再用管道把压力传到感受压力的传感器或探头上,如图 16.12 所示。如果在风洞洞壁开孔,测量的是壁面压;在模型壁面开孔测量的是表面压。壁面开测压孔测量静压的原理是根据边界层理论。壁面都存在边界层,垂直于边界层方向压力是相同的,所以壁面测量的压力就是外流的压力。在壁面开孔必须保证垂直于壁面,并且不能有倒角和圆弧,否则将会产生测量误差。

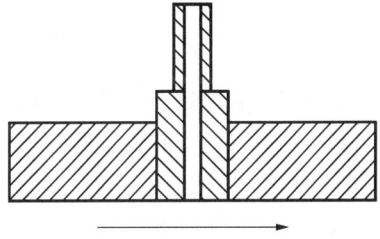

图 16.12 表面压探头安装示意图

2）压力传感器

用来将压力信号转换为电信号的装置称为传感器,用于测量压力的传感器称为压力传感器,压力传感器的种类很多,从结构类型上可分为压电式压力传感器、电阻式压力传感器、硅压力传感器、电容式压力传感器、谐振式压力传感器以及光纤式压力传感器等。由于传感器精度不断提高,自动化程度日趋完善,在常规平均压力测量中除使用常规各种探头外,已经开始大量使用传感器技术。在风洞试验中应用于表面压力分布测量的传感器通常多采用压阻式传感器,根据半导体材料的压阻效应在半导体材料的基片上经扩散电阻而制成的器件。该类传感器基片材料主要为硅片和锗片构成,属于硅压力传感器的一种,扩散电阻在基片内接成电桥形式可直接作为测量传感器元件,当基片受到外力作用而产生形变时,各电阻值将发生变化,电桥就会产生相应的不平衡输出。

如图 16.13 和图 16.14 所示,这类压力传感器把硅片直接用作弹性元件,用硅工艺在硅片上直接加工电路,制作成的传感器体积特别小、集成度高,可把若干传感器集成在一

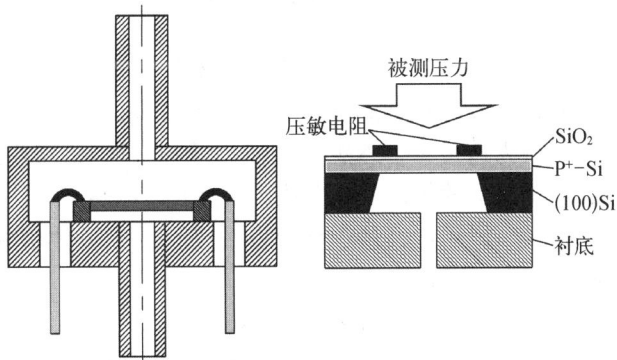

图 16.13 压阻式压力传感器结构原理图[8]

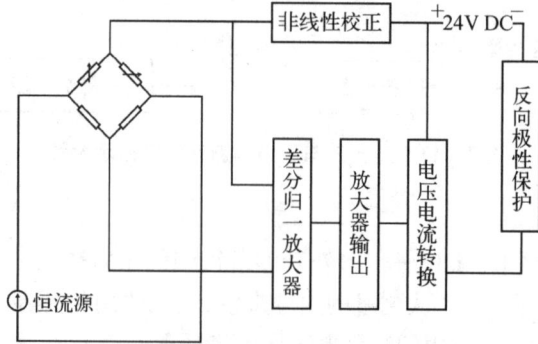

图 16.14　压阻式压力传感器电路原理图

个片基上,通过电子扫描可实现多点同时测量,是目前风洞试验研究中广泛使用的一种传感器。除体积小、可微型化的优点外还具有频响高,可测量静压和动压;精度高,无摩擦部件,工作可靠等优点。但它的缺点是:解决温度效应技术要求高,制作工艺较为复杂价格昂贵。

3) 压力传感器的标定

所有压力传感器出厂和使用前都需要进行标定,标定分为静标和动标两种。静标的目的是得到传感器的灵敏度系数,这是传感器进行定量测量必须知道的参数;动标的目的是得到传感器的幅频特性和相频特性,用以评估传感器可以测量的信号频率范围。

静标:其目的是获得传感器灵敏度系数,一般用活塞式压力计[图 16.15(a)],通过砝码或标准压力信号源进行逐步加载、标定,从而得到标定曲线[图 16.15(c)]。用最小二乘法得到传感器灵敏度系数(p_c/p_a)。

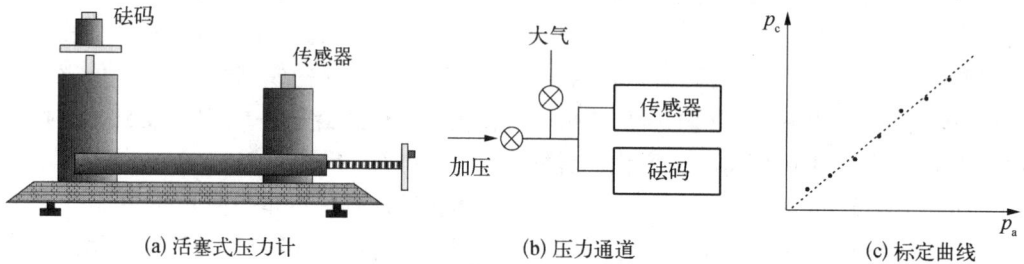

(a) 活塞式压力计　　　　　(b) 压力通道　　　　　(c) 标定曲线

图 16.15　传感器的静态标定[8]

动标:动标一般在标定激波管中进行,标定时传感器安装在激波管低压段端部,见图 16.16。标定的激波马赫数一般不需要很高,通常控制在 1.5 以内。激波管运行时传感器受到一个阶跃压力信号,认为这是一个理想阶跃信号,因此对传感器输出信号处理,就可以得到它的传递函数,关于动标的数据处理方法主要有直接时域求解法、阶梯线频域试验求解法以及频域内直接数字计算方法(快速傅里叶变换)等[8],具体求解过程可参考传感器标定方法相关文献,本书不作具体介绍。

4) 精密智能压力传感器(precision pressure transducer, PPT)

对于一些少数测点的表面压力测量试验中传感器被广泛使用,为了提高测量精度和速度小型化、智能化高精度的传感器逐步成为未来发展的趋势。由于目前数字计算机、数

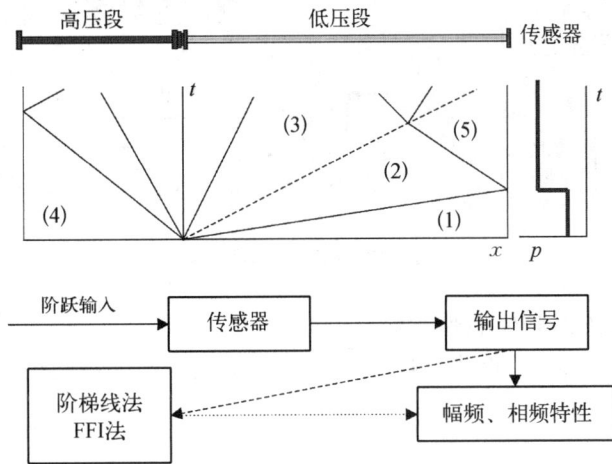

图 16.16　标定激光管[8]

字测量系统、数字控制系统、数字显示的发展和应用,要求传感器数字量越来越普遍,其主要原因是传感器输出的模拟量用 A/D 转换后的精度不高,因此开发数字化的传感器势在必行。霍尼韦尔的精密智能传感器系列就是其中的一例。

霍尼韦尔的精密智能传感器 PPT,综合了模拟传感器的技术,它既是一个非常精确、非常标准的模拟电压输出装置,又是一个完善的、具有地址的数字传感器。PPT 压力传感器参数配置丰富,功能完善,可以实现对压力、温度的单点及连续测量,也可以通过对参数的控制实现采样率读数的更改,可进一步实现输出电压范围、工作死区、零点偏置的设置。在模拟模式下,PPT 压力传感器通过专门的数据采集设备,采集、转换模拟电压输出信号以实现压力测量功能;在数字模式下,可在 RS-232 总线上和许多传感器一起联网使用,以实现其所有功能。PPT 传感器外形小巧,测量精度高(典型 0.05%FS),有数字和模拟两种测量模式,并带有温度补偿,允许客户自己决定是否使用和怎样使用智能功能,可以帮助用户向数字测量系统过渡,却不用增加新的昂贵硬件设备,因而广泛应用于压力测量要求较高的地方。

PPT 内部结构原理框图[9]如图 16.17 所示。内部有数字电路,PPT 可直接输出数字信号。数字信号通过 RS-232 发送,可被计算机和处理器接收。当 PPT 与 PC 或 DSP 连接以后,用户可以修改其读数速率、累计时间、压力单位、死区阈值等工作参数。另外,PPT 还输出经过温度补偿的模拟信号。当 PPT 的数字通信口与 PC 或其他连接器连接时,用户可对模拟输出的参数进行修改。模拟输出被一个 12 位的 DA 传感器驱动。因为 PPT 内部有 EEPROM 存储工作参数的设定,它可以取代传统的模拟变送器,不需要将它接到串行总线上。用户可以将它用作一个三线装置——电源、模拟输出和地。PPT 可在不同的应用场合,通过串行口,用户指令把设置信息送入 PPT 或从 PPT 读出。任何一项设置参数都可以通过指令进行修改,所有的设置变化都会保存在微处理器的 RAM 中并立即生效。主要的设置参数包括波特率、校验位、量程范围、显示单位、ID 号、积分时间、上电模式、输出数据格式、读数速率、采用速度、偏置压力窗口、数字和模拟控制、死区和灵敏度控制、用户补偿控制等。

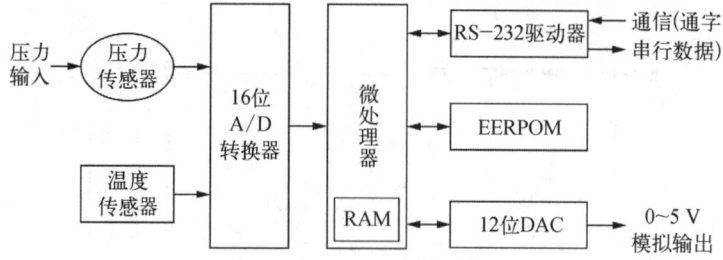

图 16.17　PPT 结构框图[9]

a. 精密智能传感器 PPT 特性指标

PPT 传感器采用 RS-232 串口通信的数字输出,表 16.2 列举了压力传感器常用指标参数[10]。

表 16.2　PPT 压力传感器常用指标参数[10]

		典型值	最大值	
精　度	数字模式	±0.05	±0.10	
	模拟模式	±0.05	±0.12	
过压力		3 倍满量程		
介质兼容性		非压缩、非腐蚀性、不易燃气体		
供电电源	电压	5.5~30 V DC		
	工作电流	17~30 mA		
	待机电流	11 mA		
温度范围/℃	存储温度	−55~+90		
	工作温度	−40~+85		
分辨率	数字模式	0.001 1%~0.01%		
	模拟模式	0~5 V 内 0.024%FS,1.22 mV 步进		
温度读数		±1.0℃以内		
模拟输出	电压范围	0~5 V DC(用户可调)		
	短路电流	最大 10 mA		
	工作输出电流	最大 0.5 mA		
	负载电阻	最小 10 kΩ		
压力单位		15 种用户可选单位		
响应延时	数字输出	压力积分时间+10 ms 计算时间		
	模拟输出	压力积分时间+10 ms 计算时间		
采样速率		8.33 ms51.2 min,1~120 点/s		

b. PPT 压力传感器物理连接

PPT 压力传感器的连接器有 6 个针脚,各针脚的定义如图 16.18 所示,它提供了所有的电气连接,包括电源、模拟输出、数字输出、数字输入、外壳地和公共地,其数字输入和数字输出采用标准的 RS‐232 串口协议。这样,PPT 与计算机或处理器之间可以按图 16.19 的连接方式实现通信。在与 RS‐232 串口连接时,需要注意区分屏蔽和地的接法,具体如图 16.19 所示。

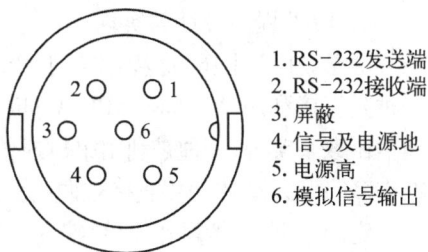

1. RS‐232发送端
2. RS‐232接收端
3. 屏蔽
4. 信号及电源地
5. 电源高
6. 模拟信号输出

图 16.18　PPT 压力传感器连接器定义[10]

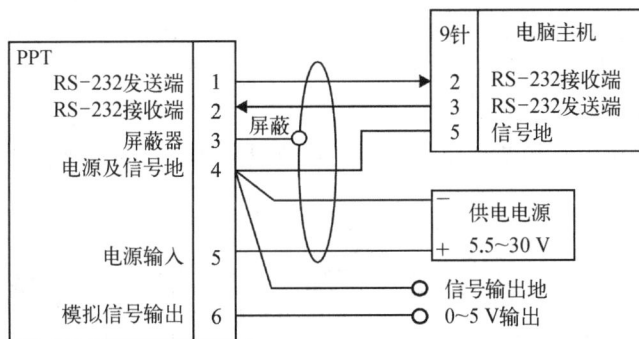

图 16.19　PPT 压力传感器与串口的接线方法[10]

c. PPT 指令格式[10]

计算机向 PPT 发出的信号称为指令,对应的是 PPT 返回给计算机的信号称为响应。指令以"＊"字符为起始符,以回车键<cr>结束,典型的 PPT 指令格式为

$$＊ddcc = nnn<cr>$$

式中,＊为指令起始字符;dd 为设备的十进制地址(00~99,默认 00,可由用户更改);cc 为指令代码,可由一个字母、两个字母或是一个字母和一个数字组成,字母不分大小写,PPT 会自动将指令中的字母格式化为大写格式;＝为等于符号(某些指令中使用);nnn 为附加字符(某些指令中使用);<cr>为回车键。

例如,当计算机向 PPT 发送获取单点压力的指令时,指令及响应如下:

$$指令:＊00P1<cr>响应:?01CP = 13.　462$$

如果需要对 PPT 参数进行更改,在控制命令前还必须加上"＊ddWE<cr>"语句,表示需要向 PPT 内部的 RAM 或是 EEPROM 写入内容,例如,将 PPT 采样率设置为 50 个读数/秒,指令如下:

$$指令:＊00WE<cr>$$

$$＊00Ⅰ = R50<cr>$$

$$查询:＊00Ⅰ = <cr>响应:?00Ⅰ = R50$$

d. PPT 程序设计与实现

通常,在 PPT 压力传感器基于 RS-232 串口通信的 C++ Builder 编程主要有两种方法,一种是直接利用 Windows API(Application Pyogramming Interface,应用程序编程接口)串口通信函数来实现,一种是利用串口通信组件来实现,前者是由操作系统提供函数,并被声明在许多编程语言中,可以直接被调用,但是编程操作比较复杂,需要对 Windows API 内部函数有一定的掌握,后者操作简单,编程效率高。本节主要介绍采用串口通信组件编程的方法。

测控程序主要实现串口设置、PPT 参数设置、压力测值实时曲线显示 3 个功能。串口设置由串口通信组件 TYb CommDevice 实现,以对话框的形式,对串口常用参数进行设置,包括波特率、端口号、数据位、停止位、奇偶校验等,在程序调试过程中,该功能可以很方便地实现 RS-232 串口计算机端的各项参数的设置。PPT 参数设置可以查询 PPT 的一些出厂参数,如序列号、版本号、出厂日期等,也可以实时测量 PPT 的工作温度,同时可以完成 PPT 采样率的更改,以及 PPT 压力传感器 ID 号的设置,还可以对其输出电压范围进行调节。压力测值实时曲线显示功能中,将设置 PPT 压力传感器以连续输出方式工作,同时将实时测量结果以曲线的方式显示,可以很直观地观察 PPT 测量结果,如图 16.20 所示。

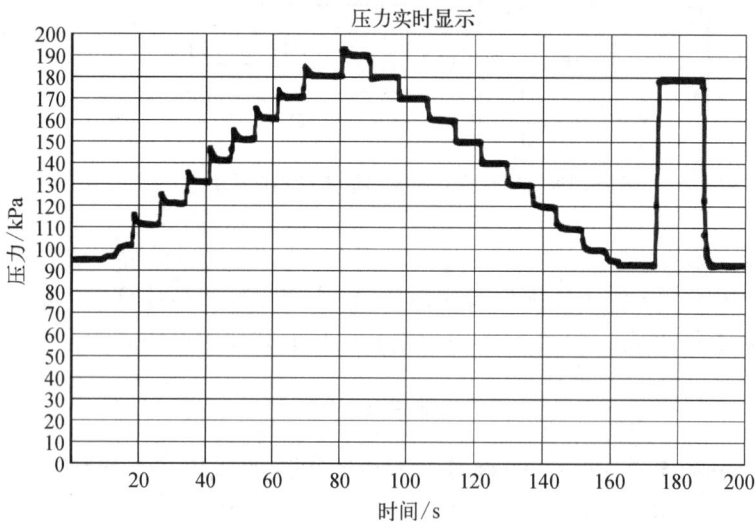

图 16.20　实时压力曲线显示界面[10]

测控程序的实现关键在于对串口读写的操作,即写入命令,读出响应。以主界面中按钮"测量当前压力"为例,对串口的写入操作如下:

```
void_fastcall TForm1∷Button 1 Click(TObject * Sender)
{
Form2->Timer1->Enabled=false;//关闭 PPT 参数设置自动响应功能
Form3->Timer1->Enabled=false;//关闭曲线显示界面的自动响应功能
AnsiString s1;
char * s;
s1=" * 00P1\r";
s=s1.c_str();
```

```
int n=s1. Length( );
YbComm Device1->Write(s, n);
Timer1->Enabled=true;
}
```

执行完上面的写入命令后,TTimer 组件实现串口的"读"操作:

```
void_fastcall TForm1：: Timer1Timer(TObject * Sender)
{
AnsiString s2,s3,s4,data;
Char Buf[1024];
Int n=YbCommDevice1->Read(Buf,1024);
if(n>0)
{
Buf[n]=0;
s2=Buf;
s4=s2. SubString(1,12);//截取 PPT 的有效响应内容
int a=s4. POS("?");
s3=s4. SubString(a+6,a+11);
if(s3! =" ")data=s3;//获取信号数值
Edit1->Text=data+ComboBox1->Text;
}
}
```

通过对串口的读写操作,可以很容易地实现 PPT 参数设置及实时测值曲线显示功能,这里不再赘述。

2. 电子扫描阀系统

电子扫描阀系统是集精密机械、精密电子、精密气动元件为一体的高技术系统,具有系统复杂、技术集成度高的特点。自 20 世纪 80 年代,该系统逐步应用于大规模测压风洞试验。电子扫描阀系统采用易于大量生产的硅压阻传感器,每一只压力传感器对应一个待测压力,对压力点采用电子扫描,联机实时校准修正传感器的误差,在降低系统研制成本、提高样本扫描速率和测量精度上较传统压力测量技术具有无可比拟的优越性。目前应用于风洞试验领域主要有美国扫描阀公司的 ZOC 测压系统、Hysan2000 压力测量系统,美国压力测量公司(PSI)公司的 780B 压力测量系统,PSI8400 测量系统,PSI9016 压力测量系统,PSI9116 压力测量系统等。

1) 电子扫描压力测量系统的构成

电子扫描阀系统构成主要包括主控计算机、压力采集转换子系统、系统气路切换控制子系统几大部分,其中智能化扫描模块由压敏电阻传感元件、微型计算机和数字信号处理组成。以 PSI8400、PSI9016 电子扫描阀为例,介绍电子扫描阀测压系统的构成。

a. PSI8400 电子扫描阀系统

a) 系统构成及原理

PSI8400 电子扫描阀是一套集压力测量、数据采集、传感器校准和数据处理于一体的

测量系统,在风洞试验中可以实现多点、高速、高精度的压力测量,并有实时校准功能,保证测量数据达到 0.03%FS 的精度,是目前世界上先进的多点压力测量系统。在风洞测量系统中 PSI8400 系统配置主要包括主机(host computer, HC)、系统处理器(system prosessor, SP)、远程处理器(remote prosessor, RP)、2 个扫描数字单元(scanner digitizer unit, SDU)、2 个压力校正单元(pressure calibrate unit, PCU)、16 个测压模块(electronic-scanned pressure sensor, EPC)、模拟信号传输与模块专用电缆(analog cable, 80BC cable)及电缆接口(interface, IFC)。图 16.21 是 PSI8400 电子扫描阀的结构简图。

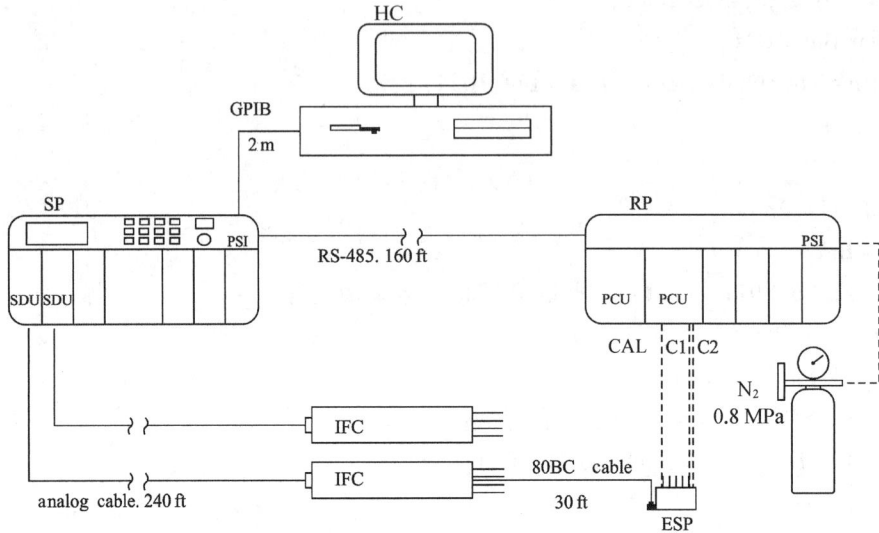

图 16.21　PSI8400 电子扫描阀结构图[11]

PSI8400 系统的设计思想是要求每一个重要的任务都有它自己的微处理器和存储器去完成。PSI8400 的主机 M68020 是 32 位的微处理器,一个 M68881 协处理器完成高速数学运算,运算中需将扫描数据格式化为工程单位,以便供用户计算机使用。PSI8400 最多可容纳 8 个输入单元,每一个输入单元由一个 8 位微处理器和具有独立采集数据能力的采集硬件组成。在 68020 为用户计算机把数据转换成工程单位的同时,输入单元采集原始数据,正是通过这样的并行工作才得到高的数据通过速率。

b) PSI8400 电子扫描阀各部分功能

PSI8400 电子扫描阀系统的主要构成包括:主机、系统处理器、远程处理器、电缆接口以及测压模块等,其各部分功能如下。

主机:通过 GPIB/IEEE488 或以太网接口与系统处理器连接,实现对系统的软件控制。

系统处理器:主要储存、执行各种命令,完成系统初始化、扫描、采集、A/D 转换、数据传送等功能,存储用户程序(初始化参数)、校准数据和采集数据。内部配置有实现高速转换的扫描数字化单元,一个扫描数字单元可容纳 1 024 个测量点,最大扫描速率为50 000 点/秒。

远程处理器:该处理器主要用于实现远程处理方式。配置的压力校正单元(PCU)提供校准的标准压力,控制模块的校准端、测量端气路切换,并实现实时校准等功能。校准时不同量程的测压模块需要不同量程的压力校正单元。

电缆接口：连接扫描数字单元与测压模块，为模块提供电源，并实现对模块的逻辑控制。内部带有缓冲电路系统，减小扫描数字化单元和测压模块之间的信号干扰，保证测量的精度。

测压模块：它是测压系统的核心部件，其体积小，结构复杂，内部由 64 个压力传感器、64 个温度传感器、C1、C2、CAL、C/ERF、R/REF 等 5 根控制气路、滑块式微型阀、多路转换和放大器、电子电路等组成。

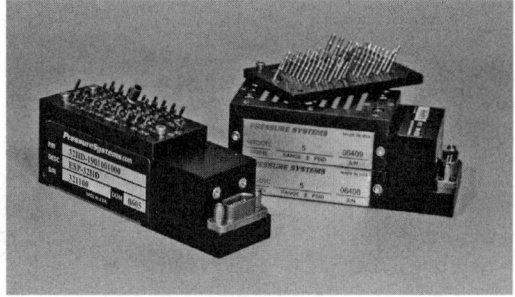

图 16.22　测压模块[4]

其中，5 根控制气路各司其职，是模块正常工作的关键：C1、C2 气路提供驱动模块阀体运动的压力，控制阀体运动到校准端或测量端，实现模块两种工作状态的切换；CAL 气路提供测压模块实时校准的标准压力；C/ERF、R/REF 气路分别提供模块校准和模块测量的参考边压力。ESP 模块外形如图 16.22 所示，模块内的压力传感器感受测点压力，并转换成电压信号经多路转换及放大、送至扫描数字单元进行处理，工作原理简图如图 16.23 所示。

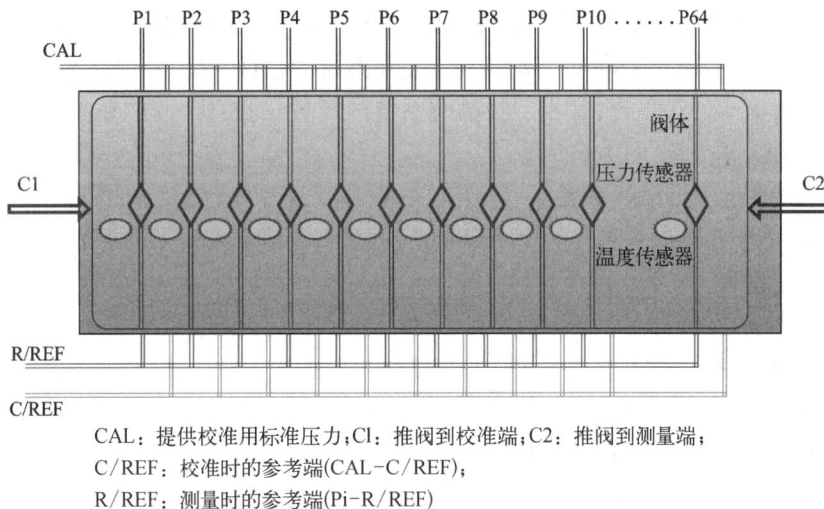

CAL：提供校准用标准压力；C1：推阀到校准端；C2：推阀到测量端；
C/REF：校准时的参考端（CAL-C/REF）；
R/REF：测量时的参考端（Pi-R/REF）

图 16.23　模块控制气路工作原理图[4]

c）PSI8400 电子扫描阀数据采集与处理

在多点压力测量试验中，由于有风洞测量系统和电子扫描阀系统同时参与测量，流场的调节、判稳又是由控制系统完成的，保证两套测量系统信号采集同步是整个测压试验的关键。在此过程中，需要强调两点：一是每个子系统在收到上位机传来的"go"数据采集命令串后，首先向其下位机发送"go"数据采集命令，然后本系统才开始数据采集；二是每个子系统在收到下位机传来的"on"应答串后，要保证本系统数据采集完成，才能向其上位机发送数据采集完成命令，见图 16.24。一次吹风结束后，各子系统都获得了测量数据，要将各子系统的测量数据收集到一起，进行数据合并、处理和分析。

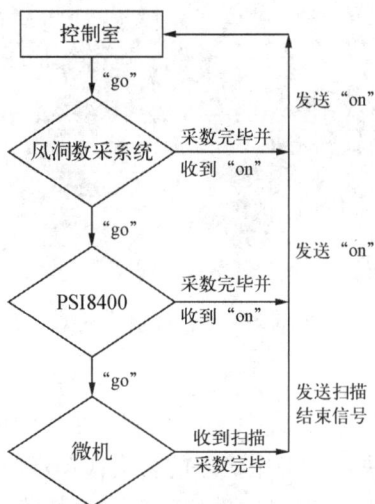

图 16.24　扫描阀协调测量示意图

图 16.25　测压试验数据采集与处理平台[4]

需要说明,在进行大规模测压试验时,测压点如果接近 1 000 个点时,其数据处理程序设计的难度将增大许多,如果不设计、开发一套行之有效的数据处理方法和数据处理平台,仅依靠上述数据处理程序在程序编制和操作上既烦琐又容易出错。CARDC 基于 C++ Builder6.0 企业版在 Windows XP、Windows7 操作系统的软件环境下开发了一套大规模测压试验数据采集与处理平台,实现了扫描阀系统的配置、初始化、校准和检查、测点侦测、联网试验及调试等功能(图 16.25)。

b. PSI9016 电子扫描阀系统

PSI9016 电子扫描阀系统作为 PSI9000 系列之一,是近年来发展的更为智能和网络化多点压力测量系统。

a) 系统构成及原理

PSI9016 电子扫描阀系统以 PSI9016 智能化扫描模块为核心,该系统主要包括主控计算机、压力采集转换子系统、系统气路切换控制子系统(图 16.26)。智能化扫描模块 9016 由压敏电阻传感元件,微型计算机和数字信号处理组成。智能化模块将系统设计师从耗时的研究和传感器信号采集、调理工作中解放出来,网络接口利用网络传输协议实现控制和读取 PSI9016 模块中每个测量通道中的数据,传感器的许多功能可通过网络命令来控制测试和调节,其替换方便且支持即插即用。

系统初始化后,模块开始扫描各通道传感器的信号。模块以其最大的内部速率扫描各传感器,并把扫描各通道传感器所获得到的值取平均(平均遍数可定义),把值存储在内部缓存里,在扫描过程中,扫描阀自动监视传感器的温度,系统内部微处理器自动为温度效应和非线性度、零点漂移提供补偿,在测量系统的输出端提供数学换算并转换为用户需要的工程单位,其计算公式如下[12]:

$$P_T(V) = \left[C_0(T) + C_1(T) V + C_2(T) V^2 + C_3(T) V^3 \right] C_{\text{SPAN}} - C_{\text{RZ}}$$

式中,P_T 为计算压力;V 为传感器输出电压;$C_0(T)$、$C_1(T)$、$C_3(T)$ 为温度 T 时所得温度

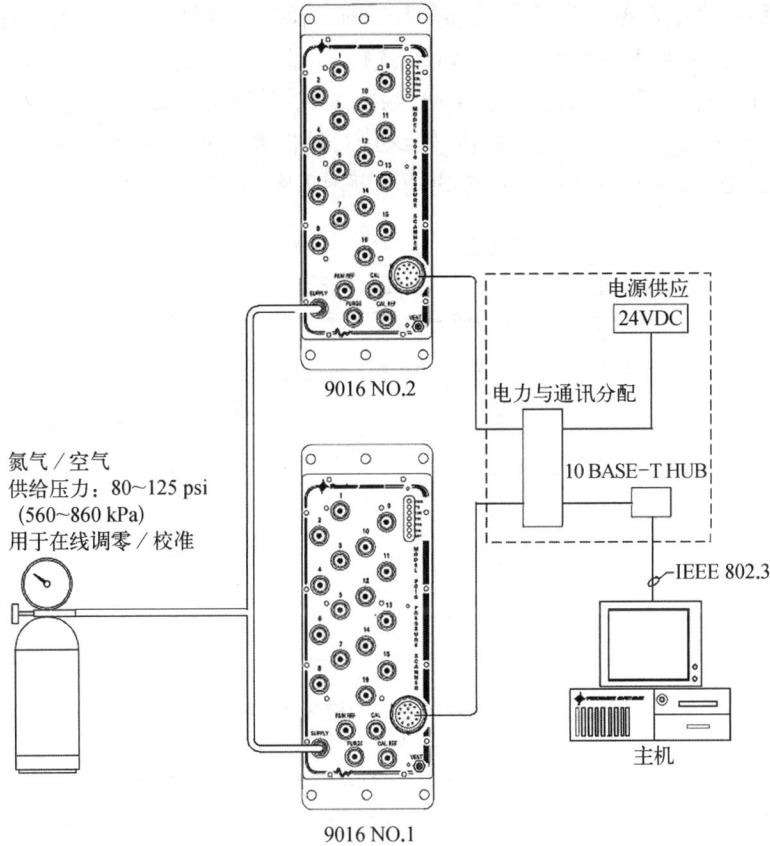

图 16.26　PSI9016 扫描阀网络结构拓扑图[12]

转化系数;C_{SPAN} 为零点偏置;C_{RZ} 为量程内增益修正系数。

b) PSI9016 电子扫描阀各部分功能

PSI9016 扫描阀模块在一个紧密坚固的机壳内整合 16 个硅压阻式压力传感器和一个微处理器。每个压力传感器整合了一个温度传感器和存储校准数据的 EPROM(作为传感器识别信息,如压力范围、工厂校准日期、用户使用的最近或下次校准日期)。

主控计算机:通过 IEEE802.3 或以太网接口与系统处理器连接,实现对系统的软件控制。

微处理器:主要储存、执行各种命令,完成系统初始化、扫描、采集、A/D 转换、数据传送等功能,存储用户程序(初始化参数)、校准数据和采集数据。以高于 100 次测量/通道/秒的连续速率采样,对 EPROM 的数据执行在线传感器零点、增益、线性度和温度误差修正,完成传感器的数字温度补偿,利用这一功能较常规传感器引起的温度误差可降低一个数量级,保证系统精度高于±0.05%FS(满量程)的精度。

电缆接口:与 PSI8400 扫描阀类似,连接集线器与测压模块,为模块提供电源,并实现对模块的逻辑控制。

测压模块:它是测压系统的核心部件,其结构复杂,内部集成了 16 个压力传感器。模块 9016 在使用时,通过切换模块内在的电磁阀状态,具有运行,校正,管路清洁,气密性检查 4 种气路连接方式,通过软件发送命令来控制模块内的电子阀门放到他们相应的位置。关于具体命令串可参考相关文献和操作手册,本书不再赘述。不过值得提醒的是在发送这些命令时,必须保证在"Supply Air"端输入至少 80PSI 的压力,以保证内在电磁阀能够工作。在执行气密性检查时加在 CAL 端的压力不能超过模块的量程,在执行管路清洁时加在 PURGE 端的压力最高不能超过 800PSI,最低要高于输入压力,以保证传感器内部器件不受到损坏。PSI9016 扫描阀模块功能框图见图 16.27。

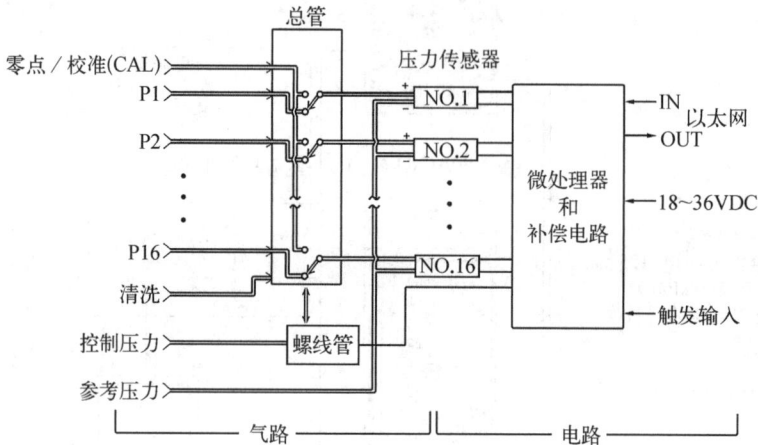

图 16.27　PSI9016 扫描阀模块功能框图[12]

集线器:9016 型智能压力扫描阀是 NetScannerTM 系统的一个组件。它共享 NetScannerTM 相同的网络命令,各种模块可被网络化形成一个分布式智能数据采集系统。压力数据通过 10M 位以太网接口(支持 TCP 和 UDP 协议)输出,所有压力数据通过系统内部自动转换工程单位。

c)PSI9016/9116 电子扫描阀系统校准

连接电子扫描阀线缆,包括电子扫描阀与信号集线器之间、信号集线器与计算机之间,在扫描阀上的 supply air 控制口加 560~860 kPa 的压力,通过软件发送命令来控制模块内的电子阀门到校准位置,把标准压力源压力加到扫描阀的校准接口,采集每个通道压力值并计算精度在±0.05%内。

d)PSI9016 电子扫描阀数据采集与处理[13]

与 8400 型扫描阀基本相似,风洞试验时存在风洞测量系统和电子扫描阀系统同时参与测量,为降低出错概率、减小工作量,需要开发数采/控软件平台。

Ⅰ. 编程语言

PSI9016 测压系统软件开发平台可以是 VB、VC 等,只要函数是基于 TCP/IP 网络协议,可以向模块 9016 发送 TCP/IP 网络命令,模块 9016 在加电后自动注册为服务器,主控计算机必须注册为客户机。编程主要涉及客户机的客户类传输控制函数,下面介绍在 LabWiondows/CVI 开发平台中,实现主控计算机与模块 9016 的命令发送与数据接收的常用控制函数。

在 LabWiondows/CVI 中 TCP 函数库中一共包含 4 个客户类传输控制函数。

Ⅰ)ConnedtToTCPServer 函数

该函数的功能是客户端连接到 TCP 服务器的。函数原型如下:

Int status＝ConnedtToTCPServer(unsigned int * conversationHandle,

unsigned int portNumber,char * serverHostName,

tcpFuncPtr clientCallbackFunction,void * callbackData,

unsigned int timeout)

参数 conversationHandle 为函数得到的连接句柄。参数 portNumber 和 serverHostName 为服务器的端口号和所在主机名或 IP 地址。对于模块 9016 缺省配置 port-Number＝9000 serverHostName 为各模块的 IP 地址。参数 clientCallbackFunction 和 callbackData 为 TCP 回调函数名和回调函数。参数 timeout 为超时限制,单位为 ms。

Ⅱ) ClientTCPRead 函数

该函数的功能是从服务器读取数据,主要用它从模块 9016 读取返回数据,函数原型如下:

int ClientTCPRead (unsigned int Conversation_Handle,void * Data_Buffer,

unsigned int Data_Size, unsigned int Time_Out)

Ⅲ) ClientTCPWrite 函数

该函数的功能是向服务器读发送数据,主要用它模块 9016 发送各种命令,该函数原型如下:

int ClientTCPWrite(unsigned int Conversation_Handle,void * Data_Pointer,

unsigned int Data_Size,unsigned int Time_Out)

Ⅳ) DisconnectFromTCPServer 函数

该函数的功能是注销 TCP 服务器,在完成任务后退出时使用,该函数原型如下:

int DisconnectFromTCPServer (unsigned int Conversation_Handle)

Ⅱ. 模块命令

(Ⅰ) 命令格式: 模块 9016 发送命令(包括应答)格式是由几个短 ASCII 字符串组成的。一个基本的 TCP/IP 命令格式(包括跟在 TCP 包头后面的数据域)是一个长度可变的字符串。

"c[[[[p]p]p]p][dddd][dddd]…]",其中([ ])表示可选项。

包括以下三个部分:

命令字段:一个一位 ASCII 码字符的 command letter (c),区分大小写;

位置字段:一个可选的位置域 position field(pppp),是一个位数可变的 16 进制数字串;

数据字段:一个可选的位数可变的数据域 datum fields(dddd):位数可变的数字串,通常是由 10 进制的数组成的(其中第一位是空格字符),数据域的作用是发送某个特定的值给模块的作用通道。

(Ⅱ) 模块工作通道选择: 位置字段(PPPP)用来标识模块 9016 各个通道,每个模块包括 16 个独立的输入输出通道。其通道对应关系如表 16.3,如果某个通道的标识位置域[用二进制(binary)位 0、1 表示]为 1,输入命令字则该通道工作;反之某个通道的标识位置域为 0,则该通道不受命令字影响,不工作。

表 16.3　通道命令字对应表[13]

Bit#	15	14	13	12	11	10	9	8	7	6	5	4	3	2	1	0
Chan#	16	15	14	13	12	11	10	9	8	7	6	5	4	3	2	1
Binary	1	0	0	0	0	0	0	0	0	0	0	0	0	0	0	1
Hex			8				0				0				1	

如表 16.3 所示,如果只有第一通道工作,则在 binary 域的最右边一位为 1,对应的 16 进制位置域的值应为 0001,如果只有第 16 通道工作则 binary 域的最左边一位为 1,对应的 16 进制位置域的值应为 8000,如果所有通道都工作则 binary 域的每一位都为 1,对应的 16 进制位置域为 FFFF。

(Ⅲ)命令字概述:表 16.4 为模块 9016 所有命令关键字及主要功能,共 17 个命令,命令区分大小写。命令的详细解释和命令参数请参考模块 9016 相关资料。

表 16.4　模块 9016 TCP/IP 命令字[13]

地址符	功　能　注　释
A	Power-Up Clear
B	Reset
C	ConfiguRe/Control Multi-Point Calibration(4 sub-commands)
V	Read Transducer Voltages
Z	Calculate and Set Gains(Span Cal)
a	Read Transducer Raw A/D Counts
b	AcquiRe High Speed Data
c	Define/Control Autonomous Host StReams(6 sub-commands)
h	Calculate and Set Offsets(Re-zero Cal)
m	Read TemperatuRe A/D Counts
n	Read TemperatuRe Voltage
q	Read Module Status
r	Read High PRecision Data
t	Read Transducer TemperatuRe
u	Read Internal Coefficients
v	Download Internal Coefficients
w	Set/Do Operating Options/Functions

2) 电子扫描压力测量系统的特点

电子扫描压力测量系统为程序数据采集系统,主要由硬件和软件两部分组成,它在有限的空间中采用 1 至数个微处理器、存储器(RAM、ROM)、A/D、I/O 等模拟和数字部件,主机可通过标准接口对其进行灵活编程以满足各种测量需要,它具有以下特点。

a. 高密度传感器的电子扫描阀模块

集成电路压力传感器是电子扫描压力测量系统的基本部件和电子扫描阀模块的核心。这类传感器尺寸小、灵敏度高,有较高的短期精度,能提供准确的测点压力而不是平均效应,小尺寸能满足狭小空间进行密集安装的要求。用于电子扫描阀内一典型传感器的尺寸 4 mm×3 mm×1 mm,电子压力扫描阀模块内有一组压力传感器、内部有多路切换器、信号放大器、联机校正集成阀及有关的接插件。

b. 运用微处理器技术

电子扫描压力测量系统提供了一系列以微处理器为基础的仪器功能来提高传感器和系统的全部性能。如用微处理器控制系统的采集过程和数据流动,系统传感器实时压力联机校正,数据内部存贮与预处理以及和主机通信等。

c. 系统联机实时校准技术

为减少或消除传感器的温度误差,使系统在任何时候都有较高的精确度,电子扫描压力测量系统提供了传感器联机压力实时校准技术。它包括提供标准压力、给定压力调节器、实行气路校正时的控制压力和有关的电磁阀操作等。

d. 其他优点

电子扫描压力测量系统,不仅在多点压力测量中实现了高扫描速率、高精度,而且还具有以下优点:有承受较大过压的能力,最高可达规定量程的 300%;维修更换传感器可在现场很方便地进行;易于扩展压力测量通道;在电子压力扫描器中,将各传感器的信号经前置放大输出,所以在长线传输中具有较强的抗干扰能力。

e. 与传统压力测量系统的比较

对于传统的压力测量系统的精度不仅仅取决于单个传感器,而是取决于由传感器和许多独立元件(如数据采集、信号传输、信号调理)组成的整个系统,往往它是测控系统的一部分,而且传统的压力测量系统在数据处理时还必须考虑零点、温度漂移、可重复性、稳定性,因此传统的压力测量系统会带来许多的隐藏误差源,在使用上也耗时费力。

现在新一代的智能型电子扫描阀,特别是最近的 PSI9000 系列扫描阀是将传感元件、微型计算机和数字信号处理三种技术融为一体的智能化扫描阀模块,它提供各种传感功能、信号调理功能、它既可对温度效应和非线性度提供补偿,而且还能在测量系统的输出端提供换算并转换为用户需要的单位,这些工作都在模块中全部完成,最后传感器通过一个抗噪声数字网络接口将数据发送给用户,数据所见即所得,没有任何隐藏误差源,模块标称的指标一般都能够达到。

3) 电子扫描阀测量精度保证

如何发挥并保持电子扫描压力系统的优良性能需考虑多方面的问题,主要包括以下方面。

a. 传感器与测量点间的气路长度

由于受试验模型大小限制,压力引出管路必然较细,从而影响测量的快速性和准确性,如长度 30.48 cm,直径 0.317 5cm 的管子,经验压力延时时间为 0.2 s。为减小这种影响,传感器模块应尽量置近于试验模型,在模型较大、温度变化较小的低速风洞,可把模块放入试验模型内部,尽量缩短小直径管子的使用长度,减小压力延时。

b. 使用系统联机校正技术

温度变化不仅造成半导体传感器零点漂移而且引起灵敏度系数的变化,为弄清校正温度的影响,曾在 25℃下校正传感器得到系数 C_0、C_1、C_2,并用这些系数计算 80℃下传感器测量的标准压力,误差达±2.5%FS,而在正常情况下,系统误差为±0.07%FS。故在采集前作传感器联机压力校正,可以减少或甚至消除温度造成的系统误差。

在使用中尽可能使用零压力校正功能,这是由于零点温度漂移是传感器误差的主要来源,而且实践也证明了消除零点漂移可以大大提高测量的精准度。

c. 测量范围和校正范围的选取

由于传感器系统的校测精确性直接影响到测量结果的精确度,对一个已给定的系统,测量范围和校正范围的合理选择同样可改善系统测量精度。根据现有校测技术,首先估计测量使用范围,选择恰当的传感器量程范围,避免大量程测小量,降低精确度,也要防止小量程测大量,损坏传感器,其次,就传感器校正而言,校正压力点越多,拟合越接近于传感器特性。在三点校正系统中,校正范围对准度偏差影响较大。根据传感器的实际测量范围调整校正压力值就是改善了传感器在使用范围内的拟合特性,从而提高系统的测量精确度。

d. 消除干扰技术

扫描阀压力测量系统主要干扰来源于环境电磁干扰和系统本身噪声干扰。环境电磁干扰是由于现场用电设备启动、高频电磁波感应,静电感应等造成,用示波器观察到尖峰幅度值较大,宽度持续达数微秒之久。对此最简单的是采用软件程序设计对每个数据点进行一点多次采样,取平均进行数字滤波,减少系统噪声和电路、气路波动引起的散布。必要时对测量数据进行异常数据剔除、中值滤波等方法处理后,求其数字期望为测量值。采用硬件高频旁路电容进行衰减,限制尖峰脉冲干扰。在软件上采用一阶递归动态数字滤波器进行处理,可以进行数字低通滤波。

16.4.3 提高试验测试技术

目前,压力传感器和压力测量系统的精准度基本上可以满足各种试验要求,对于压力测点多、设备集成度高的大规模测压试验而言,要想提高试验质量,除了提升压力测量设备的硬件性能外,还必须有正确的测试方法。例如,合理布置测压孔和测压管路、智能侦测测点工况、快速监测与诊断测压系统性能等。关于如何提高试验测试技术,本节主要从以下四个方面进行介绍。

1. 智能侦测测点工况

随着试验设备的更新换代,表面压力测量试验能力得到不断拓展,测压精准度有了显著提高,如国内 FL-26 风洞测压能力多达 2 048 点,测压精度达到了 0.03%。压力测量试验中,需要确定各测点、连接管路以及测压设备之间的对应关系,传统方法是采用多级管路编号"树目录"式传递对应方法(图 16.28),但这种方法随着测压管路的增

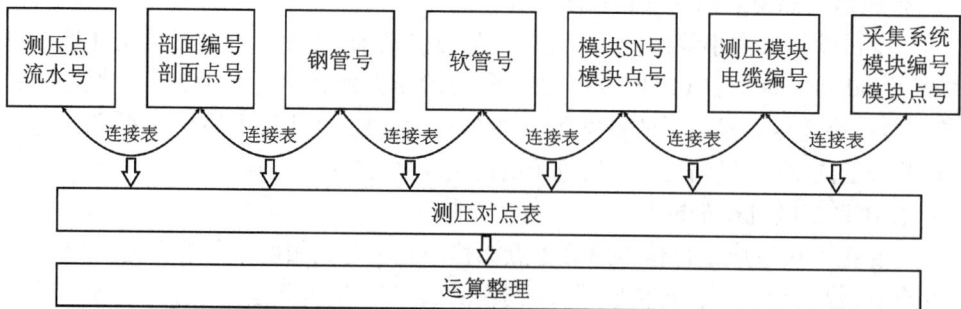

图 16.28　传统测点对应表的多种关系组合[4]

加,尤其是在大规模测压试验中测点数目庞大,工作量呈指数增长,工作强度大、周期长且故障率高。据不完全统计,在大规模测压试验中对测压管的管号加工、粘贴、管路连接并记录对应管号、输入记录表格、计算机整理等工作约占准备时间的55%,"测点—连接管路—测压设备"之间的对应关系确定是影响测压试验准备工作质量与效率的重要因素。

CARDC 总结分析了测压试验关于测点准备、故障分析等要求,发明了测点智能侦测技术,技术原理如图 16.29 所示。该技术采用"约定顺序加压,程序扫描侦测"的方法,在测压管路任意连接好后,通过远程标准压力控制程序(针对数字压力控制器 Ruska7250xi 开发的远程监控系统)按照试验模型上各剖面、各测压点的分布位置,约定加压顺序,逐点加压,测压系统扫描采集所有测点,测点智能侦测程序对所有测点的数据进行快速的分析,侦测出唯一被测点在 PSI 系统中的具体的位置(模块号、点号)及该点采集的压力值,并自动记录下它的位置信息,然后将此信息自动写入对应测点表的相应位置,依次加压完成后,测点对应关系表自动建立完成。全自动的测点智能侦测程序具备数据库表的导入、导出、测点的智能侦测、测点检查、测点的统计查询及容错诊断等功能。

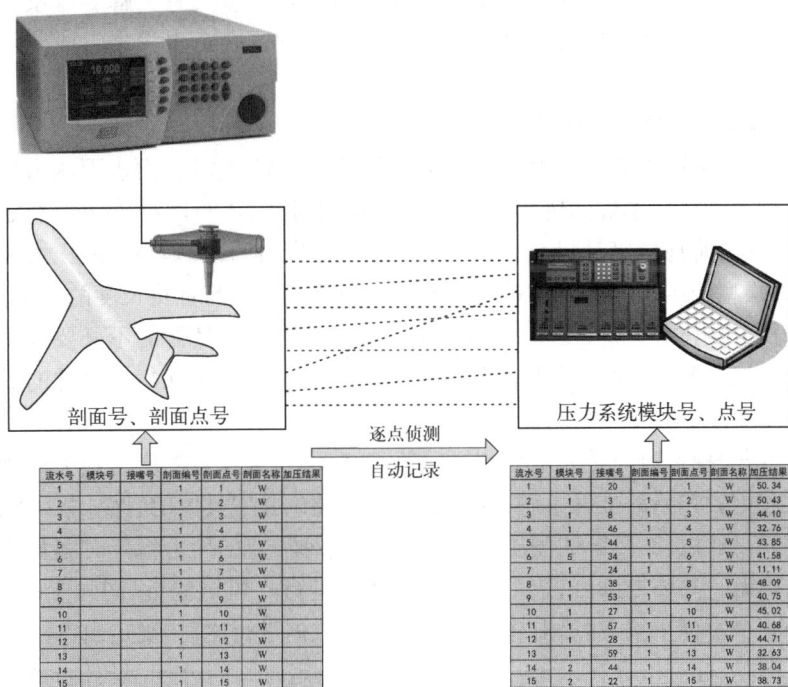

剖面号、剖面点号　　　　压力系统模块号、点号

逐点侦测
自动记录

流水号	模块号	接嘴号	剖面编号	剖面点号	剖面名称	加压结果
1			1	1	W	
2			1	2	W	
3			1	3	W	
4			1	4	W	
5			1	5	W	
6			1	6	W	
7			1	7	W	
8			1	8	W	
9			1	9	W	
10			1	10	W	
11			1	11	W	
12			1	12	W	
13			1	13	W	
14			1	14	W	
15			1	15	W	

流水号	模块号	接嘴号	剖面编号	剖面点号	剖面名称	加压结果
1	1	20	1	1	W	50.34
2	1	25	1	2	W	50.43
3	1	8	1	3	W	44.10
4	1	46	1	4	W	32.76
5	1	44	1	5	W	43.85
6	5	34	1	6	W	41.58
7	1	24	1	7	W	11.11
8	1	38	1	8	W	48.09
9	1	53	1	9	W	9.93
10	1	27	1	10	W	45.02
11	1	57	1	11	W	40.68
12	1	28	1	12	W	44.71
13	1	59	1	13	W	32.63
14	2	44	1	14	W	38.04
15	2	22	1	15	W	38.73

图 16.29　测点智能侦测技术原理图[4]

2. 实时检测测压系统精准度

电子扫描阀系统集成度高,测压模块内部采用的微型压力传感器长期稳定性是很难保证的。系统设计采用了实时自校准、实时测量的方式来保证压力测量的精准度,使压力测量的精度与单个高精度压力传感器相当。但是,通过长期的使用发现正是由于系统的自校准、自测量,容易掩盖系统自身小故障引起的系统准度漂移。例如:2009 年 1 月在某型号的测压耙压力测量试验中,出现测压耙上的总压比风洞前室的总压还要高 3 kPa 的

情况,而此时,系统的校准和加压检查均无异常。出现该问题的主要原因在于:当系统的校准气路或者参考气路出现较为稳定的堵塞或者泄漏时,引起系统的准度发生难以察觉的漂移,进而引起压力测量的准度发生漂移,使测压模块的所有或者部分测点的测值偏离真实压力值,造成测压试验准度发生偏差。

为了克服电子扫描阀系统自身的上述缺陷,在使用过程中应增加另外一只"眼睛",对电子扫描阀系统的标准源进行监控。在压力测量试验中,通常针对电子扫描阀"单一标准源"的结构进行改进设计,增加另外一个标准源,使系统标准源变为"双余度标准源"。将新增加的标准压力接入扫描阀每个测压模块的第 64 点,扫描阀系统扫描采集时,会同步测得第 64 点的值,该测值与新增加的标准压力值进行比较分析,如果吻合则表明电子扫描阀系统准度是可靠的,否则准度可能发生了漂移。测压系统增加"双余度标准源",既可实现系统实时准度校核检查,又可满足试验追溯查询要求,可有效克服系统因准度发生漂移而影响数据质量的问题。同样的道理,电子扫描阀系统的精度也容易受到气路故障或者电路干扰的影响,造成精度下降。精度检查通常是需要对传感器进行多次测量才能得到(常采用 7 次),然而对于风洞试验现场的测压设备,如果每次试验前都进行多次的测试检查,操作人员的工作量和时间难以保障。为了进一步及时了解测压系统的测量精度,可通过系统自身压力校准单元加标准压力和零点测试两个步骤来完成测压系统精度测试。

3. 合理确定测点稳压时间

通常情况下,测压试验中各测点的连接管路具有一定的长度,而表面压力从测压孔通过测压管路传递到测压模块的传感器上需要一定的时间,该时间称为压力稳定时间。在风洞测压试验中,阶梯稳定时间设置必须大于压力稳定时间,否则会造成压力滞后带来的测量误差,因模型测压孔的管路延迟所造成的压力测量误差与管路长度的平方成正比,与管路的截面积成反比。但是,阶梯稳定时间设置太长,将造成气源的不必要浪费。因此对于大规模表面压力测量试验,需要提前确定压力稳定时间,以确保每个阶梯的稳定时间正确、合理。

理论上,压力稳定时间是一个与测压管路的管径、长度及被测压力相关的函数。但是由于缺乏对此函数关系的准确了解,因此当面对风洞试验中具体的管路时,无法估算出管路的延迟时间。所以,在传统的测压试验中,每个阶梯需要的压力稳定时间都是通过首次吹风试验来确定。具体方法是,选定一个基本状态进行吹风试验,以间隔 1 s 为时间单元进行同状态多个阶梯采集,然后对多个阶梯的压力数据进行比对,确定出本项试验的压力稳定时间。但是,此方法存在以下几个不足:压力稳定时间的分辨率较低;每项测压试验都需要进行压力稳定时间测量,不够经济;测试试验通常只能选择在 1~2 个试验状态进行测试,然后推广到所有试验状态中使用,不够精细。

那么如何经济、精确给出测压试验中阶梯稳压时间呢?其关键在于精确求出压力稳定时间 T 与管内径 φ、管路长度、总压 p_0 的函数关系:$T = f(\varphi, L, p_0)$。其方法是:首先,设计确定科学的压力稳定时间的测量方法,选用常用管径的测压软管,在一定压力范围内对长度不同的管路分别进行加压,连续扫描采集、测量并记录各自压力稳定时间;然后,对测得的数据进行互相关函数分析计算,求出多种状态下的压力稳定时间。最后再通过对大量长度不同、压力不同的稳定时间进行综合分析,确立并建立压力稳定时间与管径、压力、管路长度相关的近似函数关系和工程估算公式;最后,再采用风洞试验对压力稳定时间的工程估算公式进行验证。CARDC 就对上述稳压时间进行了详细研究,如图 16.30、图 16.31 所示。

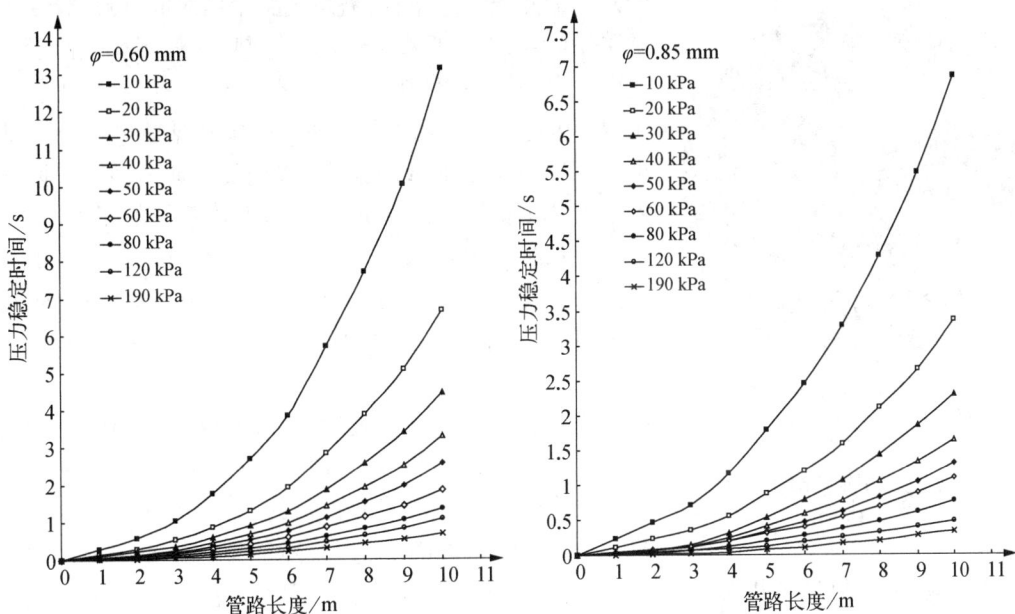

图 16.30 不同压力下稳定时间随管路长度变化曲线[4]

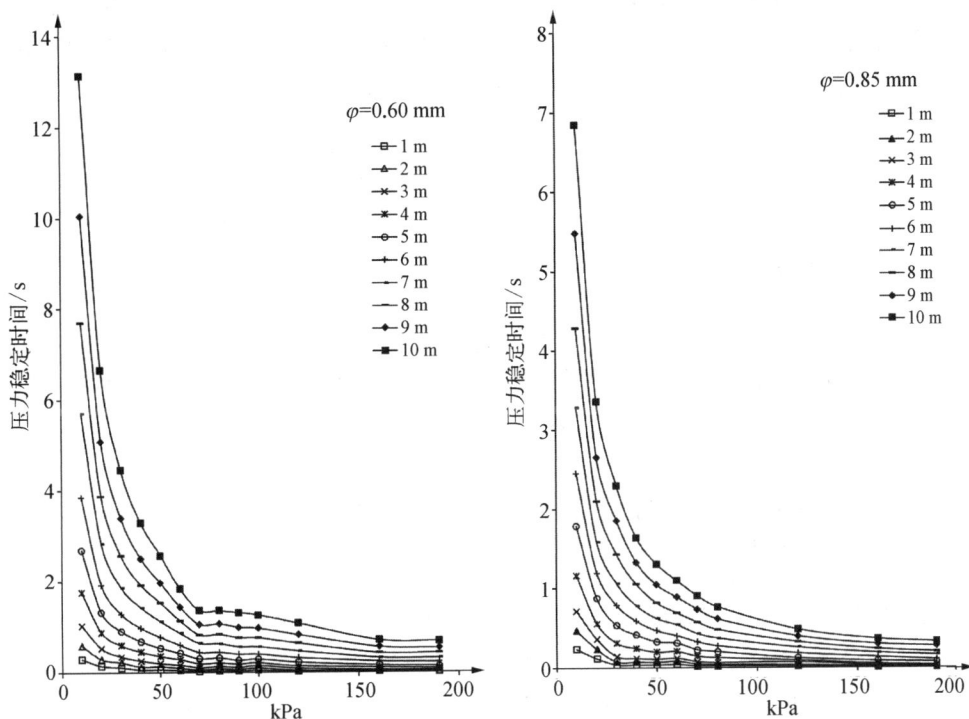

图 16.31 不同管路长度下稳定时间随稳压变化曲线[4]

4. 精确诊断测压系统故障

压力测点多、系统复杂是表面压力分布测量试验的显著特点,测压系统的故障主要集中在控制气路、测量气路、电路及测压模块的各种传感器等关键设备上(图16.32)。为方便众多的测压管路布置,缩短气路稳压时间,测压模块通常采用内置方式,但测压模块、控制气路、测量气路及模块电缆等挤压在模型内腔狭小的空腔中一定程度上提高了故障发生概率,同时也增加了故障快速诊断与定位难度。测压系统智能诊断技术,就是要快速地、智能地、精确地诊断出测压系统中每一个压力传感器的工作状态;能够在系统存在故障的情况下,能够及时定位系统的故障点。但是测压系统的压力传感器数量众多,系统组成复杂,各种管路、电路、气路纵横交错。达到上述目的,并非易事。

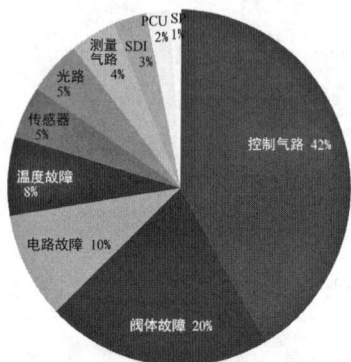

SDI:扫描数字处理接口;
PCU:压力校准单元;
SP:系统处理器

图16.32 系统故障点分布概率图[4]

为实现对测压系统故障的精确诊断,需要解决两个关键问题:一个是对于测压系统在众多压力测点中准确诊断出哪些测点工作是不正常的;第二个问题是如何及时定位出具体的故障点,为故障的排除提供指引。围绕上述问题,完成故障诊断与定位主要从以下方面开展工作:① 利用数据库技术,建立测压模块工作系数的数据库管理系统,测试、分析并确定所有测压模块的工作系数的基准;② 建立测压模块识别技术,并在模块识别技术和全部模块工作系数基准数据的支持下寻找出测压模块工作系数的判定规则,实现对测压系统精细到每一点的快速诊断;③ 研发系统电路、控制气路的测试软件,实现在不打开模型内腔的情况下,及时诊断控制气路或电路的故障;④ 开发测压模块基本状态监测功能,实现对模块温度和阀体位置的实时监测功能。

16.5　数据分析

16.5.1　数据处理方法

1. 压力系数计算

从模型表面测量的压力,通常以无量纲的压力系数给出[式(16.12)]。根据压力系数的定义得

$$C_{pi} = \frac{p_i - p}{q} \tag{16.12}$$

式中,i 为测压点序号;C_{pi} 为模型表面 i 点的压力系数;p_i 为模型表面 i 点测得的静压;p 为试验段来流静压;q 为试验段来流动压。

2. 压力分布积分

试验时,可根据要求将压力或系数测量值积分得出气动力或系数。通过积分和无量纲化可以得出部件和飞行器上的法向力系数、轴向压差阻力系数和俯仰力矩系数。

· 1） 压差法

压差法主要是求解模型表面单位截面的上下压差,然后沿轴线在单位参考长度内积分获取主要气动系数。翼型为例,其法向力系数和压差阻力系数分别为:积分翼型表面压力分布便可得到作用在翼型上的法向力系数 C_N 和轴向力系数 C_A,其积分公式如下:

$$C_N = \int_0^1 (C_{pl} - C_{pu}) \, \mathrm{d}\bar{x} \tag{16.13}$$

$$C_A = \int_{\bar{y}_{1,\,max}}^{\bar{y}_{u,\,max}} (C_{pbe} - C_{paf}) \, \mathrm{d}\bar{y} \tag{16.14}$$

式中, C_{pu}、C_{pl} 分别为翼型上、下表面压力系数; C_{pbe}、C_{paf} 分别为翼型最大厚度之前和最大厚度之后的压力系数; $\bar{x} = x/c$ 为 x 坐标相对于弦长无量纲量; $\bar{y} = y/c$ 为 y 坐标相对于弦长无量纲量; $\bar{y}_{u,\,max}$、$\bar{y}_{1,\,max}$ 分别为翼型上、下表面最大纵坐标相对于弦长 c 的无量纲量。

部件上和飞行器上的法向力系数、俯仰力矩系数和压差阻力系数分别由上下表面压力差、前后表面压力差由平面积分方法获得,这里不再细述。

2） 面元法

基于模型的表面压力分布和模型的表面形状,模型所受的法向力、轴向力与侧向力由下式计算:

$$\boldsymbol{F} = \int_s p \cdot \boldsymbol{n} \cdot \mathrm{d}s \tag{16.15}$$

$\boldsymbol{F}$ 的三个分量即为模型的法向力、轴向力和侧力。模型所受的力矩由下式计算:

$$\boldsymbol{M} = \int_s p \cdot \boldsymbol{n} \times \boldsymbol{l} \cdot \mathrm{d}s \tag{16.16}$$

$\boldsymbol{M}$ 的三个分量即为力矩。式中, p 为模型表面小块所受平均压力; $\boldsymbol{n}$ 为模型表面小块的单位法线; $\boldsymbol{l}$ 为模型表面小块到参考点的力臂; $\mathrm{d}s$ 为模型表面小块的面积。

将所研究的飞行器的三维外形的表面划分成若干网格,在每个网格小块上求得其面积 Δs、平均压力 p 和单位法线 $\boldsymbol{n}$,由以上三个量得到每个小块上的各个方向上的力及相应的力矩,所有小块的力及力矩的和即为总的力及力矩。

具体求法如下:点 $P_1(i, j)$、$P_2(i+1, j)$、$P_3(i+1, j+1)$、$P_4(i, j+1)$ 是在测压点网格上的四点(图 16.33),将其围成的空间曲面小块 $P_1 P_2 P_3 P_4$ 用三角形 $P_1 P_2 P_3$ 和三角形 $P_1 P_3 P_4$ 代替。在两个三角形小块上求其面积 Δs、平均压力 p 和单位法线 $\boldsymbol{n}$。

以三角形 $P_1 P_2 P_3$ 为例:其中以 l_1 表示点 P_1 到点 P_2 的矢量,l_2 表示点 P_1 到点 P_3 的矢量。则面积 $\Delta s = \dfrac{1}{2} \mid l_1 \times l_2 \mid$;单位法线 $\boldsymbol{n} = \dfrac{l_1 \times l_2}{\mid l_1 \times l_2 \mid}$;平均压力 $p = \dfrac{(p_1 + p_2 + p_3)}{3}$。则三角形 $P_1 P_2 P_3$ 上所受的压力 $\boldsymbol{F} = p \cdot \boldsymbol{n} \cdot \Delta s$;力矩 $\boldsymbol{M} = p \cdot \boldsymbol{n} \times \boldsymbol{l} \cdot \Delta s$。

三角形 $P_1 P_3 P_4$ 采取同样方法求得,所有三角形

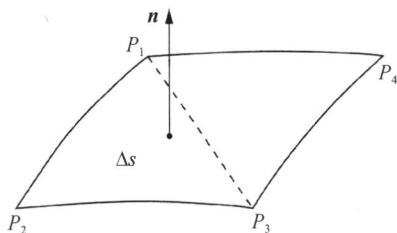

图 16.33　面元法积分示意图

小块上所受压力 F 和力矩 M 的总和则为总的力及力矩。

需要说明的是,在积分之前需要对压力分布进行光滑处理、按误差理论剔除坏点、修正不理想的测压点压力值;积分边界上的压力值可用插值方法或其他方法给出。压力分布积分得出的压差阻力因未计入摩擦阻力,积分结果小于真实阻力。图 16.34 给出了某火箭表面压力积分与部件测力关于法向力 Cy_t 随迎角 α 结果对比曲线。

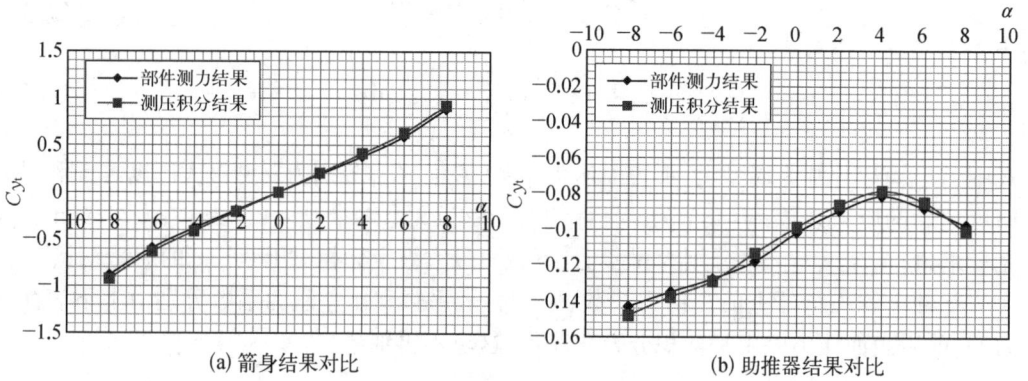

图 16.34 某火箭表面压力积分与部件测力结果对比

3. 翼面声速点压力系数

当翼面上最大流速达到当地声速时,其声速点的压力系数 C_p^* 与相应的来流马赫数 Ma(即临界马赫数)之间的关系为

$$C_p^* = \frac{2}{\gamma Ma^2}\left[\left(\frac{2}{\gamma + 1} + \frac{\gamma - 1}{\gamma + 1}Ma^2\right)^{\frac{\gamma}{\gamma - 1}} - 1\right]$$
$$= \frac{1}{0.7Ma^2}\left[0.52828(1 + 0.2Ma^2)^{3.5} - 1\right] \tag{16.17}$$

式中, $\gamma = 1.4$ 为比热比。

按式(16.17)计算翼面出现声速时的压力系数随来流 Ma 变化的曲线如图 16.35 所示。当翼面上的 C_p 值小于 C_p^* 时,为超声速流动;当翼面上的 C_p 值大于 C_p^* 时,为亚声速流动。

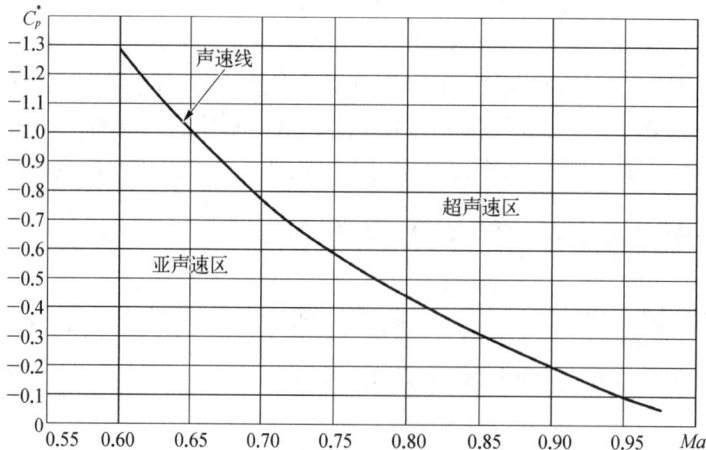

图 16.35 对应声速时的临界压力系数随来流 Ma 变化曲线[5]

16.5.2　试验结果分析

1. 试验曲线(图)的绘制

所测的试验数据可以数据表格的形式和试验曲线两种形式给出。模型表面压力分布曲线通常用两种方式表示,一种是矢量法,另一种是坐标法。

1) 矢量法

矢量法是把压力系数 C_p 用矢量的形式画在翼型或其他测压剖面对应的测压点上。取一适当长度表示压力系数的一个单位,再将各点的 C_p 值比照单位长度画出对应的线段。这些线段分别与模型对应测压点的表面相垂直。C_p 为负时箭头离开表面,为正时箭头指向表面,如图 16.36 所示。

2) 坐标法

坐标法一般是以测压孔在弦向的相对位置 $\bar{x} = \dfrac{x}{c}$(对应于翼型,x 为离前缘的弦向距离,c 为剖面弦长)为横坐标,以压力系数 C_p 为纵坐标,绘制 $C_p = f(\bar{x})$ 曲线。通常习惯于把负的 C_p 绘于横坐标之上,把正的 C_p 绘于横坐标之下,如图

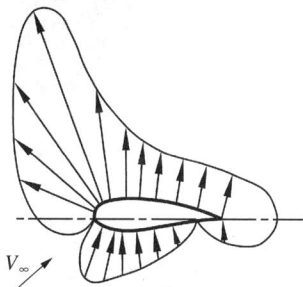

图 16.36　矢量法表示翼型压力分布[5]

16.37(a)所示。图中实线表示翼型上表面的压力系数分布,虚线表示翼型下表面的压力系数分布。也可用翼型上、下表面的测压孔位置 $\bar{y} = \dfrac{y}{c}$(这里把 y 定义为垂直于翼型弦线的法向坐标)为纵坐标,以压力系数 C_p 为横坐标,把各点的压力系数绘成如图 16.37(b)所示的形式。图中实线表示翼型最大厚度之前的压力分布,虚线表示最大厚度之后的压力分布。实际应用中多采用坐标法,但矢量表示法也具有更为直观的优点。

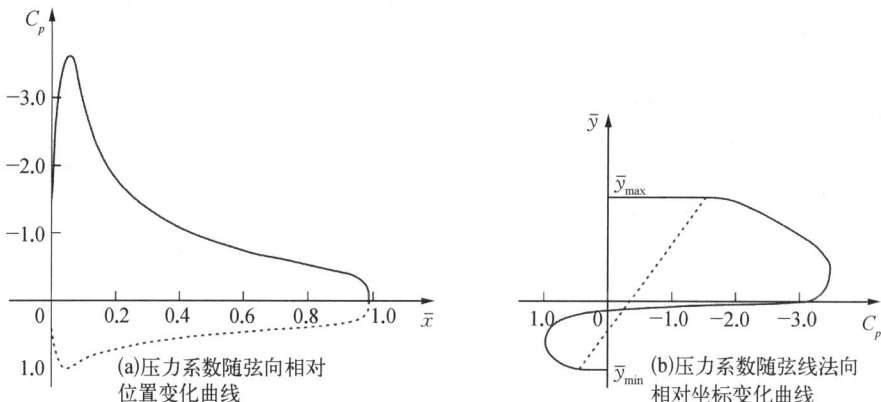

图 16.37　压力分布的坐标表示法[5]

3) 压力等值线云图[14]

云图法是指通过绘制压力等值线云图来表征模型表面压力分布情况。该方法,首先针对试验模型表面进行外边界构建和内部网格单元划分,然后通过表面插值方法,由离散分布的测点压力得到每一个网格单元中心点的压力结果,并写出为 Tecplot 等后处理软件

可读的数据文件,在软件中进行适当处理,即可得到过渡光滑、结果可信的压力分布等值线云图,见图 16.38。

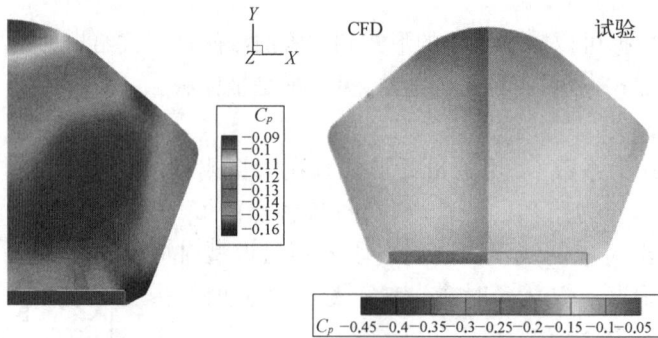

图 16.38　非规则外形底部压力分布云图[14]

通过等值线云图可以清楚地给出模型表面压力分布的整体情况,更为直观地显示出模型表面的压力变化情况,同时为开展试验结果与 CFD 结果的对比分析提供更为便利的条件。

2. 结果分析

从压力分布曲线可以分析表面流动情况。根据边界层转捩和分离的特性,可用压力系数分布曲线来判断翼面上边界层转捩点与分离点的位置,在曲面边界层的情况下,边界层转捩往往发生在开始出现逆压梯度的地方。逆压梯度达到一定程度后,模型表面将会出现分离,在分离区内模型表面压力基本保持不变,所以可通过压力分布曲线在沿弦向导数 $dC_p/dx<0$ 后,出现与沿弦向坐标轴平行来判断。

关于漩涡的判断,由于在涡核处流速加快其表面静压值较低,可通过当地压力值或压力云图分析得出。在翼面出现激波后,激波前后压力值将出现显著变化,可通过压力分布曲线的压力梯度的变化特征进行判断。

16.5.3　数据误差源分析

目前国内表面压力系数测量的均方根误差,低速时 $\sigma_{av} \leqslant 0.005$,高速时 $\sigma_{av} = 0.002 \sim 0.008$。由于表面压力分布测量试验环节多、技术复杂、要求高,涉及的误差源很多,而且不同的试验项目或不同的试验方法,试验误差源也不尽相同。一般而言,该类试验的误差主要源于以下几个方面:① 风洞设备和试验环境方面的影响。风洞试验是对飞行器在大气中飞行的模拟,但两者之间存在明显的差异,这些差异主要表现为洞壁干扰、支撑干扰、静态及动态流场品质、流场控制精度、模型姿态的控制精度等;② 试验技术方面的误差。如试验装置、边界层模拟、模型弹性变形、选用的支撑系统、采用的测压方式等都会带来误差,其中最突出的是压力传递与采集响应的影响;③ 模型设计和加工方面的误差。如尺寸偏差、角度偏差、外形失真度、表面台阶及粗糙度、测压孔的表面质量及垂直度偏差等;④ 测试仪器方面的误差。在仪器校准中还会涉及校准标准的误差、校准装置的误差以及测试仪器使用环境、数据采集和处理的误差等;⑤ 试验操作方面的误差。如试验流场的控制、压力测量设备的安装与性能检测、模型姿态的控制、试验装置的调整、测压管路的安装及某些尺寸的测量和人工读数的偏差等；⑥ 数据采集与处理方面的误差。如数据采集系统的误差、数据处理中近似公式的误差、数据修正的误差、数据插值与曲线拟合的误差等。

在上述误差来源中，可概括为三个方面：一是受模型加工、模型区周围流场等因素影响，模型表面流态发生改变而引起表面压力测量直接误差；二是由压力测量和数据处理的方式方法导致的间接误差；三是因设备故障、操作不当等引起的过失误差。在表面压力分布测量试验中，因模型阻塞度、测压孔及其连接管路等备受关注，本节主要介绍洞壁形式、测压孔及其连接管路特征参数对试验数据的影响。

1. 洞壁形式及其对试验数据的影响

风洞试验时，模型周围存在洞壁边界，而实际飞行时飞行器周围是没有边界的，由于洞壁的存在使绕模型的流场与飞行器的自由飞行之间发生变化，从而改变模型所受的载荷，由此造成的试验数据的误差称为洞壁干扰。洞壁干扰对试验数据的准度存在较大的影响，性质随来流马赫数变化，如图 16.39 所示。

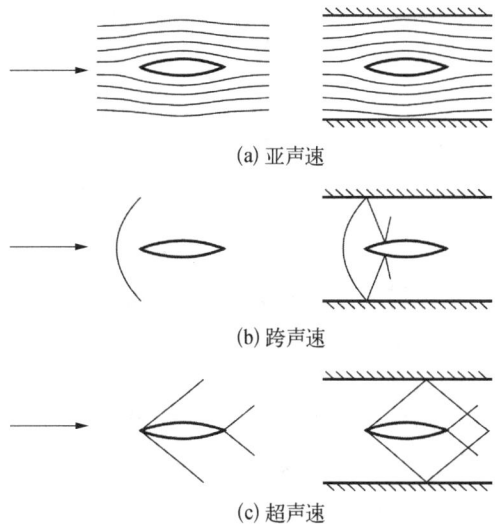

(a) 亚声速

(b) 跨声速

(c) 超声速

图 16.39　洞壁干扰性质随来流马赫数的变化[5]

风洞试验段洞壁的形式和几何结构参数是影响洞壁干扰特性的最主要因素。对于低速风洞，试验段多采用实壁或开口边界形式，只有个别的研究型小尺寸设备使用了纵向开槽壁，图 9.34 给出了流线型模型在两种洞壁边界形式中的示意图[15]。由图 9.34(a)可见，当气流流过模型时，模型本身和模型的尾流都有向外排挤流线的作用，对于实壁边界，洞壁限制流线自由地向外偏移，相邻流线间流管面积小于自由飞行状态，导致模型区平均流速高于试验段入口来流速度，这种干扰称为"阻塞效应"，相当于增大了来流速度和速压，模型受到的气动载荷也相应增大。对于开口边界，为了在射流边界上满足压力平衡条件，流线会过分向外扩展。因此，开口风洞的阻塞效应和闭口实壁风洞的阻塞效应影响规律相反。

对于有升力和侧力的模型，其表面绕流因受洞壁约束影响，流过模型的气流洗角会发生偏斜，使模型的平均迎角或平均侧滑角以及沿风洞轴线的实际迎角或实际侧滑角分布发生变化，产生"升力干扰""侧力干扰"和流线弯曲干扰效应。另外，洞壁还会引起沿风洞轴线方向的气流静压变化，造成一定的沿流向静压梯度。

随着来流马赫数的提高，洞壁干扰效应逐渐增强。在跨声速和低超声速时，模型附近将会出现激波膨胀波，激波通过较大的角度延伸到风洞壁将引起洞壁边界层分离，激波膨胀波经洞壁或自由射流边界反射后形成反射波通过壁板反射到模型表面，导致模型表面压力分布发生变化引起试验结果失真，如图 9.34(b)。为了解决和降低激波反射干扰问题，人们基于壁板穿流特性发展了多孔壁、斜孔壁和槽壁等透气壁。研究结果表明，选择合理的开孔/开槽区域分布、开闭比、开孔角度等参数时,在相当宽的马赫数和激波强度范围内,可以较大程度消除和降低壁板波反射干扰。图 9.35 给出了跨声速多孔壁边界的波反射流动情况,图 9.36 给出了常见的斜孔壁板流线示意图,图 9.37 给出了跨声速试验段壁板典型透气形式。

超声速范围内,主要是试验段入口波、模型头部的反射波落到模型上所带来的影响,头激波与反射波之间形成较大的菱形区,考虑到超声速流动中扰动局限于马赫锥内,如图 16.40 所示,只要模型位于该菱形区内,就可以认为模型不受洞壁干扰的影响,因此进行超声速试验时,通常采用限制模型尺寸的方法来避免洞壁干扰的影响。

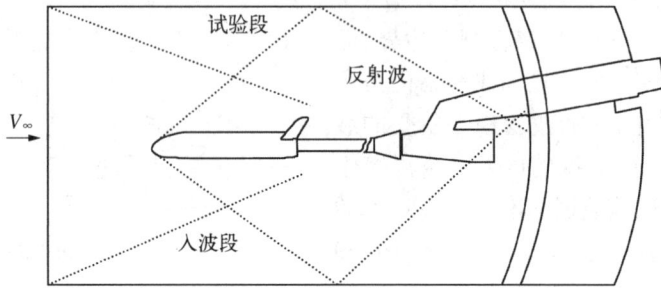

图 16.40　超声速模型位置要求

通过大量试验结果表明,阻塞度较大的模型(如翼型、钝头体等)在表面压力分布测量试验中,洞壁干扰是风洞试验结果的重要影响因素。低亚声速范围内,洞壁干扰效应的影响遍及全流场;而在亚跨声速试验中,洞壁干扰影响随着试验马赫数的提高而增强,尤其是超过临界状态的跨声速范围内,波反射干扰将会改变模型绕流状态和气动特性。洞壁干扰对试验数据的影响与风洞试验应运而生,风洞试验工作者们一直致力于如何消除、减小和修正该影响,经过半个多世纪的发展,除了对风洞壁板结构形式不断改进和增大风洞口径外,在干扰修正方法上也积累了丰富的实践经验,如经典映像法、涡格法、壁压信息法、非线性修正方法等,具体方法在这里不进行介绍。表 16.5 给出了 NACASC(2) 0714 翼型测压试验流动参数修正前、后对比。

表 16.5　NACASC(2)0714 翼型测压试验流动参数修正前后对比[16]

Ma 名义	Ma 修正前	Ma 修正后	迎角/(°)		雷诺数/10⁶	
			α 修正前	α 修正后	Re 修正前	Re 修正后
0.4	0.399 0	0.392 0	0.000 0	−1.137 3	1.300	1.280
0.6	0.599 5	0.583 2	0.000 0	−1.418 5	1.861	1.826
0.8	0.798 1	0.738 6	0.000 0	−2.220 2	2.368	2.281

2. 测压孔及连接管路参数对试验数据的影响

目前,表面压力分布测量试验所测得的壁面压力主要通过壁面测压孔、相连导管及压力测量设备获取,该方法又称为壁面导管法,因其在测量外流对壁面压力过程中操作简单、实用,被国内外风洞普遍采用。图 16.41 给出了壁面压力测量装置示意图。本章主要介绍利用壁面导管基于真实的、有限尺寸的装置所引起的误差。

壁面导管,或者压力计,是一种测量壁面压力 p_w 的简单方法,但是在许多流动测量中有很多地方需要注意。例如,在小尺寸高马赫数的风洞中,精确地确定缩比模型表面的压力分布是很复杂的,因为导管直径(受加工制造或者响应时间的限制)会引起流场的变化。由此可见,即使能够高精度、平滑加工测压孔,也可能因其参数原因导致压力测量被引入误差,即壁面压力测量值 $p_{wm} = p_w + \Delta p_w$。 经量纲分析发现[17],在有壁面限制的流动中对零压力梯度气流(或者导管直径相比于压力变化尺度足够小)的压力导管,使用壁面剪切应力 τ_w 对 Δp_w 进行无量纲化表达:

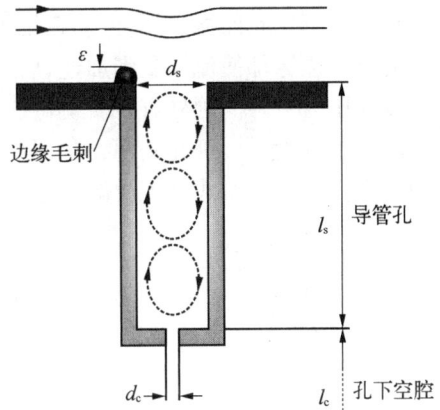

图 16.41　稳态压力的测量[17]

$$\Pi = \frac{\Delta p_w}{\tau_w} = f\left(\frac{d_s u_\tau}{\mu},\ \frac{d_s}{D},\ Ma,\ q,\ \frac{l_s}{d_s},\ \frac{d_c}{d_s},\ \frac{\varepsilon}{d_s}\right) \qquad (16.18)$$

式中, d_s 是壁面导管孔口直径; $u_\tau = \sqrt{\tau_w/\rho}$ 是壁面摩擦速度; D 为流动的长度尺度; Ma 是马赫数; q 为速压; l_s 是导管孔深; d_c 为导管孔下方空腔的直径; ε 是导管孔口边缘毛刺高度的均方根; ρ 是流体密度; μ 是流体运动黏性系数,参数物理意义如图 16.41 所示。壁面真实压力 p_w 可以写成:

$$p_w = p_{wm} - \Pi\tau_w \qquad (16.19)$$

下面分析式(16.18)中主要无量纲参数对压力测量结果的影响。

1) 空腔形状

通常假设垂直于流动边界设置的无限小的直角边缘小孔可以测出准确的静压,那么垂直于流动边界钻一个小孔来感受静压似乎是相当简单的事情。但实际上,加工这样的小孔并非易事,要保持小孔的锐边也是十分困难的。此外,小孔对于压力变化的响应缓慢。因此,利用导管测量压力时人们不用无限小的孔,而采用有限直径的测压孔,并通过读数修正的办法加以解决。

测压孔的误差与孔径、孔形、孔边缘、孔深以及孔轴线与物面夹角有很大关系。大量试验表明,表面气流流经物面测压孔时流线出现向孔的方向弯折,测压孔感受的压力将有所偏大,也就是说即使直角边缘小孔也会带来一定的正误差,该误差而且随孔径 d_s 的增加而增大,如图 16.40 所示。关于小孔边缘的影响,研究与试验结果表明边缘倒圆的小孔将引入较大的正误差,而边缘倒角的小孔则引入微小的负误差(图 16.42)。这些形状影响可做如下设想:在直角边缘测压孔的上游边缘,流体出现纯粹的分离(实际上,流体对该处的约束边界被消除,缺乏反应),因此流线只向直角边缘测压孔内做少量的偏移;然而,由于流体的黏性使测压孔下游壁面存在阻滞效应,导致孔内的流体被施加了一个微小的向前运动,使得压力升高。与此相反,当流体流过带有圆角边缘的测压孔时,并不立即分离,而是流体被引入孔内,同时引起部分动压的恢复,压力增量也较直角边缘大。对于倒角边缘测压孔而言,尽管流动在锥形口测压孔的上游边缘发生分离,但是与此同时,倾斜的下游边缘却使流动受到加速,后一种影响引起一个吸引作用,结果使锥形口测压孔内的流动压力下降。国外有科研机构通过对导管与壁面垂直方向不同连接方式研究了导管方向的敏感性[18],研究发现,当导管中心线向下游倾斜与壁面外法向呈30°时误差为零,随着中心线向上游或者下游倾斜,误差也随着增大。

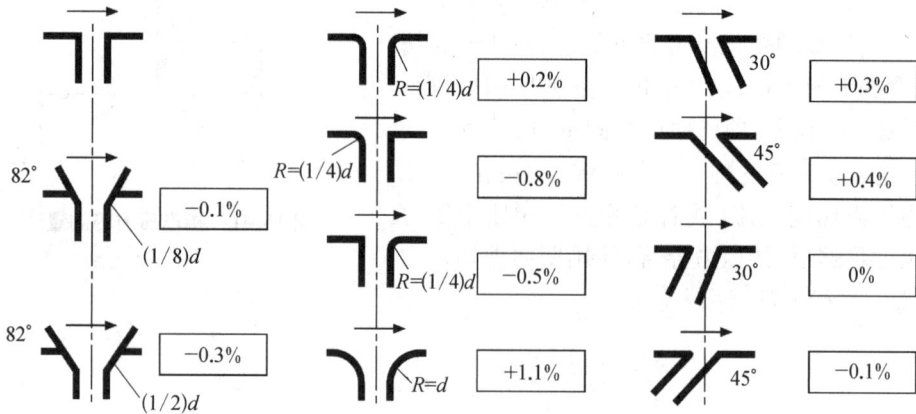

图16.42 各种开孔方式产生的误差[18]

另外,导管下方空腔几何形状、d_s/d_c、l_s/d_s 对压力测量结果也有影响,为了避免或减小与 l_s/d_s 相关的测压孔误差,大多数试验者都保持图16.41中的 l_s/d_s 值在 1.5~15。同时,国外还对圆柱形和槽型导管的误差进行了研究和试验对比,结果表明圆柱形和槽型导管在超声速条件下压力测量差别在±1%以内,这就表明,对于使用那些钻孔不圆的导管获得的测量结果,需要进行适当的修正。

2) 有限面积及有限深度的影响

给定一个光滑边缘的深孔,其有限尺寸(直径)会引起当地流向曲率变化,并且会在空腔内产生复杂的涡系(还有可能在下游壁面形成驻点),如图16.41所示。有限孔径对静压测量结果的影响可以用孔径与黏性尺度之比 $d_s^+ = d_s u_\tau/\mu$ 和流动长度尺度 d_s/D 表示,即: $\Pi = f\left(d_s^+, \dfrac{d_s}{D}\right)$。实际上 Π 的测量是极其困难的,主要有以下四个方面的原因:第一,压力差异很小;第二,加工公差的影响;第三,需要将 d_s^+ 或者 d_s/D 的影响单独考虑(在边界层内尤为困难,因为摩擦速度和位移厚度 δ^* 都是随流向位置发生变化的);第四,很难确定零误差条件(随着 $d_s \to 0$, $\Pi \to 0$),目前常用外推法或者利用壁面齐平安装的压力传感器来确定零误差条件。

导管空腔深度 l_s 定义为壁面和孔口下方空腔或者传感器连接管之间的距离。传感器连接管直径为 d_c,深度为 l_c,如图16.41所示。该参数影响导管内的涡系范围,对压力测量误差具有复杂的影响(与相对于孔口的空腔相对宽度 d_c/d_s 也有关系)。国外在研究发现[17]:对于大的 d_c,压力测量误差随空腔深度的增加而增大,当孔深参数 $l_s/d_s \approx 7.5$ 时,测量误差趋近于定值。对于这种 d_c 结构,在 l_s/d_s 较小时,压力测量误差的符号随着 d^+ 的增大而发生变化,如图 16.43 所示。

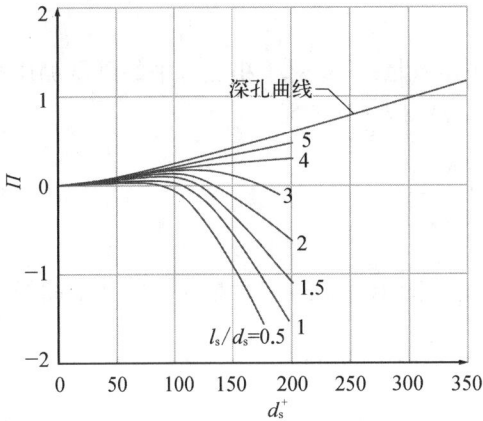

图 16.43　对于微孔式导管 ($d_c = 14d_s$) 压力测量误差 Π 随导管相对深度 l_s/d_s 的变化趋势[17]

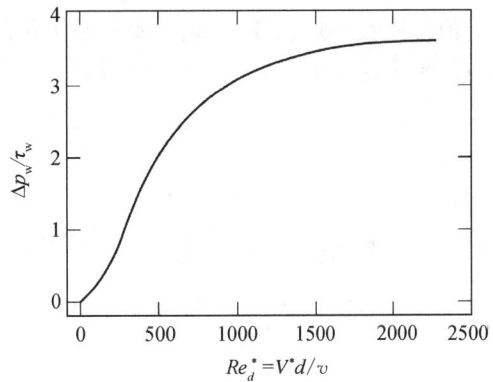

图 16.44　静压测压孔无量纲误差曲线（孔径 0.5~6.3 mm）[18]

3）不可压流摩擦雷诺数对静压孔测量误差的影响

关于不可压流摩擦雷诺数对静压孔测量误差的影响,国内外对此进行了较为权威性研究,主要有两种方法。一种是,对于充分形成的湍流而言,静压孔误差 Δp_w,可根据 $\Delta p_w/\tau_w$ 随摩擦雷诺数 Re_d^* 变化的关系加以概括,如图 16.44 所示,其中雷诺数由测压孔的直径 d 和摩擦速度 V^* 求出。

$$V^* = \left(\frac{\tau_w g}{\rho}\right)^{1/2} = \left(\frac{\tau_w}{2P_0}\right) \cdot V \tag{16.20}$$

由于壁面的剪切应力 τ_w 表征流动的速度梯度 $\left[\text{即 } \tau_w = \mu\left(\dfrac{dv_y}{v_x}\right)_{y=0} \propto \rho V^2/(2g)\right]$,且对壁面测压孔的性能有重要影响,所以应把壁面的剪切应力 τ_w 归入修正项中。

另一种是,利用动压而不用壁面剪切应力,从而使 Δp_w 无量化,它的数值根据管道雷诺数 $Re_d = \rho VD/\mu$ 求出,而不是根据摩擦雷诺数 Re_d^* 求出,即

$$\Delta p_w/q = f(Re_d) \tag{16.21}$$

用代数式表示为

$$\frac{\Delta p_w}{q} = \left(\frac{\Delta p_w}{\tau_w}\right)\left(\frac{\tau_w}{q}\right) \tag{16.22}$$

式中, $q = \rho V^2/(2g)$,并得出下式:

$$\frac{\tau_w}{q} = \frac{f}{4} \tag{16.23}$$

式中, f 是无量纲摩擦系数,对于平滑管一般由隐式表示的普朗特经验公式确定:

$$\frac{1}{\sqrt{f}} = 2\lg(Re_d\sqrt{f}) - 0.8 \qquad (16.24)$$

值得注意的是,上述公式均要求静压孔在平滑管情况下,对于粗糙管中的静压测压孔所得的结论将不可靠。合并式(16.22)、式(16.23)得式(16.25):

$$\frac{\Delta p_{\mathrm{w}}}{q} = \left(\frac{f}{4}\right)\left(\frac{\Delta p_{\mathrm{w}}}{\tau_{\mathrm{w}}}\right) \qquad (16.25)$$

一旦可以用摩擦雷诺数代入时,当然 $\left(\dfrac{\Delta p_{\mathrm{w}}}{\tau_{\mathrm{w}}}\right)$ 项就是图16.45的富兰克林和华莱士曲线中差得的经验数据。摩擦雷诺数可以根据管道雷诺数由下式求得

$$Re_d^* = \left(\frac{f}{8}\right)^{1/2}\left(\frac{d}{D}\right)Re_d \qquad (16.26)$$

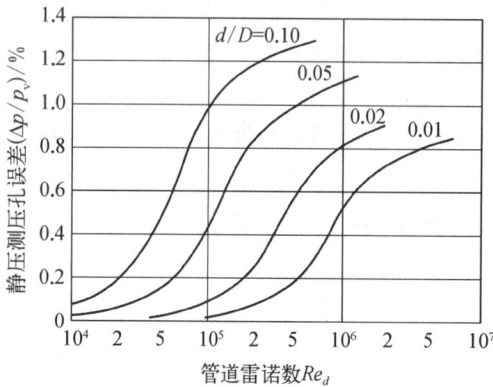

图16.45 管道雷诺数函数的静压孔误差修正曲线[18]

于是,在式(16.22)、式(16.24)、式(16.25)基础上依据式(16.21)绘制曲线充分形成湍流的平滑管道静压测压孔的通用修正曲线,该曲线由怀勒(Wyler)提出,如图16.45所示。

4)孔口边缘条件

孔口边缘条件通过改变导管内或者导管周围的流场而对压力测量产生误差,其影响主要源于两个方面:钻孔后留下的毛刺尺寸和孔边缘半径的大小(由夹具或者钻孔、砂光或抛光引起的)。假设导管上游表面是光滑的。图16.46给出了32倍显微镜下测压孔边缘毛刺情况。

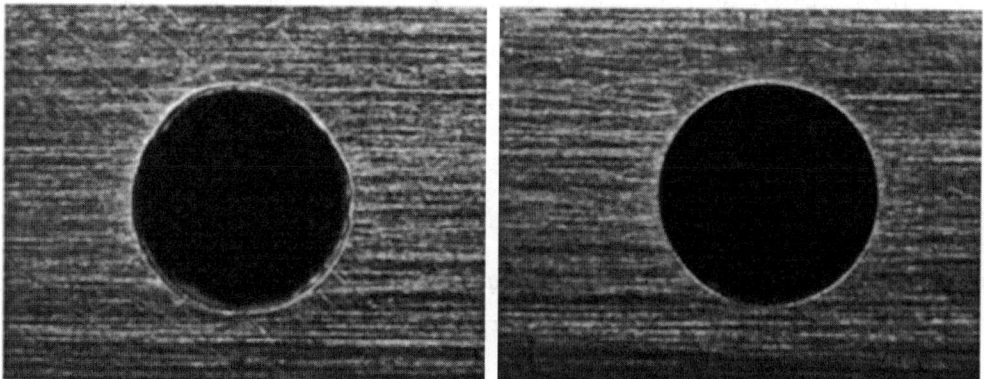

(a) 毛刺边缘测压孔$\varepsilon/d_{\mathrm{s}}=0.63\times10^{-3}$ (b) 光滑边缘测压孔

图16.46 壁面导管($d_{\mathrm{s}}=2.381$)放大图[17]

孔口边缘形状对压力测量误差的影响可以总结为:随着边缘半径的增大,正误差越

来越大;随着凹槽深度(凹槽角度为 82°)的增大,负误差越来越大。研究发现,使用直边缘导管测量压力,相对于动压测量值的测量误差可以达到 -1%。艾伦(Allen)和胡珀(Hooper)很早便证实了测量误差随边缘半径的变化趋势[19],并且建议边缘半径为 $d_s/4$ 或者更小时,误差可以忽略不计。这些研究人员还发现悬挂在导管周围或者内部的毛刺(即没有突出到气流中)还会引起高达 -0.4% 的平均速度头误差,对于突出到气流中的导管,会引起更大的负误差,而且该误差会随着突出高度的增加而增大。图 16.47 给出了国外研究结果,可以看出对于小孔而言,毛刺高度引起的测量误差会超过有限面积带来的误差(当 $d_s^+ \approx 275$ 时,最大高度的毛刺可以引起的最大误差 $\Pi \approx 8$,但是该误差随 d_s^+ 线性变化)。

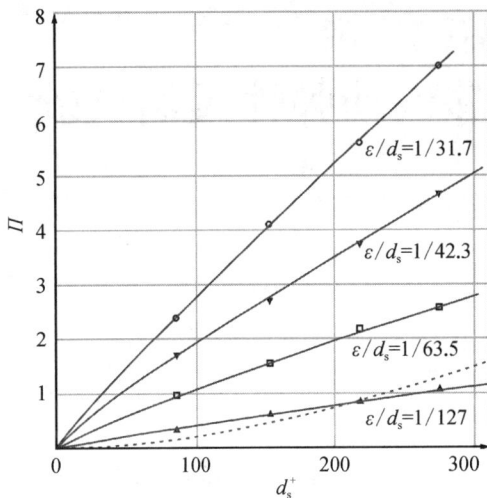

图 16.47　导管孔边缘条件的影响:压力测量误差 Π 随相对毛刺高度 ε/d_s 的变化趋势[17]

(虚线是小导管孔,没有毛刺误差)

5) 测量点的距离修正

在壁面测量湍流内部某一部分的压力时需要对测量结果进行修正,因为湍流脉动会导致壁面压力和当地压力的不同。在高雷诺数条件下,边界层厚度为 δ,修正公式为

$$\frac{p_w - p}{\tau_w} = \frac{\overline{v'^2}}{u_\tau^2} + \frac{1}{u_\tau^2}\int_0^y \left(U\frac{\partial V}{\partial x} + V\frac{\partial V}{\partial y} \right) dy \tag{16.27}$$

修正值与流动的空间变化程度紧密相关,u'、v' 为雷诺应力流向速度,假设雷诺应力的流向梯度 $\partial\overline{u'v'}/\partial x$ 可以忽略不计,则对于半径为 R 的管道流修正公式为

$$\frac{p_w - p}{\tau_w} = \frac{\overline{v'^2}}{u_\tau^2} + \frac{1}{u_\tau^2}\int_r^R \left(\frac{\overline{w'^2} - \overline{v'^2}}{r} \right) dr \tag{16.28}$$

该公式的压力梯度无论使用热线风速仪间接测量,还是用静压管直接测量,在测量的管道雷诺数由小到中等大小,上式的积分项可以忽略。在远离壁面的位置,$(p_w - p)/\tau_w \approx 1$;在壁面附近,$(p_w - p)/\tau_w \approx 0$。

第 16 章习题　　　　第 16 章参考文献

第17章
静气动弹性风洞试验

17.1 概 述

飞行器静气动弹性问题,也称之为气动弹性静力学问题,它属于气动弹性力学研究范畴。如图 17.1 所示,依照气动弹性现象的起因,英国学者 Collar 绘制了气动弹性力学三角形,对气动弹性力学进行了明确的分类。该"三角形"很形象地描述了飞行器气动弹性问题中各种力之间的关系,区分了各学科之间的研究范畴[1]。把气动力和弹性力联系起来,就形成了静气动弹性力学。对于飞机来说,静气动弹性问题研究的是飞机在气动载荷下的变形,以及气动力所产生的静变形的稳定特性,并认为力和运动与时间无关。静气动弹性变形对于飞机定常飞行条件下的载荷分布、操纵效率、配平特性、静和动稳定性等气动性能,对于飞机的安全性、舒适性、经济性等特性也有着不可忽视的影响。早在 1903 年,即在莱特(Wright)兄弟有动力载人飞行成功的前 9 天,史密森尼(Smithsonian)学会的兰利(Langley)教授在波托马克(Potomac)河畔进行的"空中旅行者"号有动力试飞失败了,事后人们才认识到这是由于机翼的静气动弹性发散造成的。Collar 教授曾评论:"若不是气动弹性问题,兰利很可能要取代莱特兄弟的历史地位"[1]。

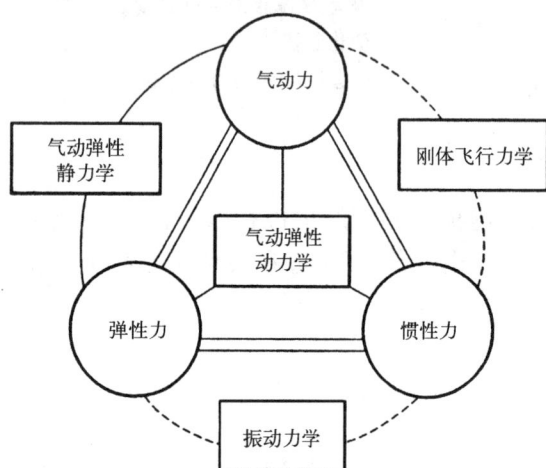

图 17.1　气动弹性力学三角形

在 20 世纪飞机发展之初,飞机主要采用大展弦比直机翼,由于材料和工艺等原因,机翼的刚度较差,其扭转发散和副翼反效是静气动弹性研究的两大主题。以后,随着飞行速度的提高,以及飞机材料制造业的发展,机翼的刚度明显加强,其扭转发散问题基本上已经解决。同时因机翼展弦比变小,其展向与弦向的弹性变形同样复杂,飞机设计师们更关心的是,在飞行中,飞机的弹性变形对其气动特性,特别是升力线斜率、升阻比和稳定性等有何影响[2]。一般来说,常规气动布局飞机主要存在着以下两类典型的静气动弹性问题。

1. 改变载荷分布,影响气动性能

由于机翼的弹性变形改变了机翼及其相邻部件的压力分布,甚至引发升力面的流动分离,导致弹性机翼的气动载荷分布与结构完全刚性时有显著的差别。从而,整个飞机的升力特性、阻力特性、力矩特性、静/动稳定性等都将发生一定程度的变化。例如:波音787 飞机在飞行中,其翼尖的变形可达机翼半展长的 10%以上[3];C‑141 飞机在验证试飞期间,就曾出现过由于机翼弹性变形引起机翼的型阻和升力发生很大变化;在 $Ma=0.8$、$Re=2.1×10^7$ 条件下,弹性变形对 MD‑90 飞机翼身组合体机翼外侧剖面的压力分布影响可达 30%以上;波音 707 飞机在 3km 高度亚声速飞行时,静气动弹性效应可使飞机焦点前移 $0.06b_A$(即机翼平均气动弦长的 6%),航向静稳定性导数下降 50%[4]。在飞机设计中,焦点移动 $0.01b_A$ 就是一个不小的量[5]。仅此足以说明静气动弹性变形对飞机载荷分布影响的严重性,必须对其影响特性进行精确预测和有效评估。

2. 恶化操纵效率,引发安全事故

机翼结构变形对舵面效率会产生很大影响,程度较轻时会导致舵面效率降低,严重时则将会导致舵面失效甚至反效。例如:"协和"号飞机因静气动弹性影响,巡航时升降舵产生了 2°的变化[6];我国某高速歼击机在 $Ma=0.9$、速压 69 kPa 时,舵面效率降低到刚性时的 1/3 左右[7];F/A‑18 战斗机曾发生过副翼反效现象,在跨声速范围飞行时,由于静气动弹性影响,位于其机翼后缘的副翼操纵面反效,致使滚转机动性急剧下降,起初的修改方案是增加机翼刚度,同时增加副翼长度,但试飞结果表明该方案收效甚微,最终确定采用多控制面的方式来改善其跨声速范围的机动性能[8]。对于大展弦比后掠机翼来说,静气动弹性效应引发的副翼效率恶化问题尤其严重,必须引起足够的重视。一方面,大展弦比机翼的翼尖变形很大,而副翼又靠近翼尖;另一方面,由于机翼后掠效应,使得沿翼展方向的外洗流在机翼翼尖很容易引起激波和激波边界层诱导分离,从而进一步影响副翼效率。在飞行器发展初期,许多飞行事故的起因都是由副翼反效造成的。1927 年,英国一架双引擎大展弦比飞机,在飞行中当飞行速度增加时,副翼效率随之降低直至反效而发生事故。英国皇家空军机构的 Cox 和 Pugsley 成功分析了这次事故,并提出了防止这类事故的设计准则。C‑141 运输机和波音 XB‑47 轰炸机在研制阶段也都发生过由于静气动弹性影响导致的副翼反效问题[9, 10]。

17.2　静气动弹性试验相似准则

静气动弹性研究有理论计算和风洞试验两种手段。静气动弹性试验的主要目的,就是采用静气动弹性模型进行风洞试验,在不同的风洞速压条件下(即模拟不同飞行高度),获取试验模型弹性变形对其气动特性的影响量及其变化规律,为风洞模型试验数据与飞行数据相关提供弹性修正数据,同时为检验理论计算方法的准确性提供试验数据。由于静气动弹性问题的特殊性,其试验研究与常规风洞试验有较大的区别,主要有两点不同之处:第一,静气动弹性模型设计与制作,第二,静气动弹性风洞试验技术及其方法。静气动弹性模型的设计与制作,不仅要模拟真实飞机的刚度特性,还要满足风洞试验对模型尺寸、强度等特性的基本要求,因此,在设计中必须遵循有关相似准则[11]。

风洞模型试验相似律可以用量纲分析方法或者根据该物理问题控制方程的无量纲化来建立[12]。静气动弹性风洞试验必须要满足空气动力学与结构动力学相似准则。有关空气动力学相似准则的相关内容可参考本书第 1 章中的相关内容。本节将通过对静气动弹性平衡方程组的无量纲分析来确定静气动弹性风洞试验需要满足的结构动力学相似准则，并为静气动弹性模型的设计及风洞试验研究提供理论依据。

17.2.1　结构动力学相似准则推导

由于静气动弹性模型的设计通常以截面刚度特性或结构柔度影响系数作为设计参数，因此，下面从静气动弹性平衡方程出发来推导得出静气动弹性风洞试验的结构动力学相似条件，也即静气动弹性模型设计需要满足的相似准则。为了简化推导过程，并在不影响结果普适性的前提下，这里以大展弦比后掠机翼为例推导出静气动弹性模型需要满足的截面刚度相似条件。

考虑如图 17.2 所示的大展弦比后掠机翼。假定机翼各剖面绝对刚硬，弹性轴 $\bar{y}$ 垂直于机翼的有效根弦线。气动中心线与弹性轴之间的距离为 $\bar{e}$；重心线与弹性轴之间的距离为 $\bar{d}$；w 为机翼挠度变形量；l 为机翼半展长；$\bar{c}$ 为垂直于 $\bar{y}$ 轴的当地弦长；θ 与 $\bar{\theta}$ 分别为绕 y 与 $\bar{y}$ 轴的扭转角；Λ 为机翼弹性轴后掠角；Z 为垂直于 xy 平面的法向力；t 为绕 y 轴的扭矩；EI 与 GJ 分别为截面弯曲刚度和扭转刚度。通过微元体的受力分析，可建立支配机翼静气动弯曲与扭转特性的微分方程为[13]

$$\frac{\mathrm{d}^2}{\mathrm{d}\bar{y}^2}\left(EI\frac{\mathrm{d}^2 w}{\mathrm{d}\bar{y}^2}\right) = Z(\bar{y}) + \frac{\mathrm{d}t(\bar{y})}{\mathrm{d}\bar{y}}\sin\Lambda \tag{17.1}$$

$$\frac{\mathrm{d}}{\mathrm{d}\bar{y}}\left(GJ\frac{\mathrm{d}\bar{\theta}}{\mathrm{d}\bar{y}}\right) = -t(\bar{y})\cos\Lambda \tag{17.2}$$

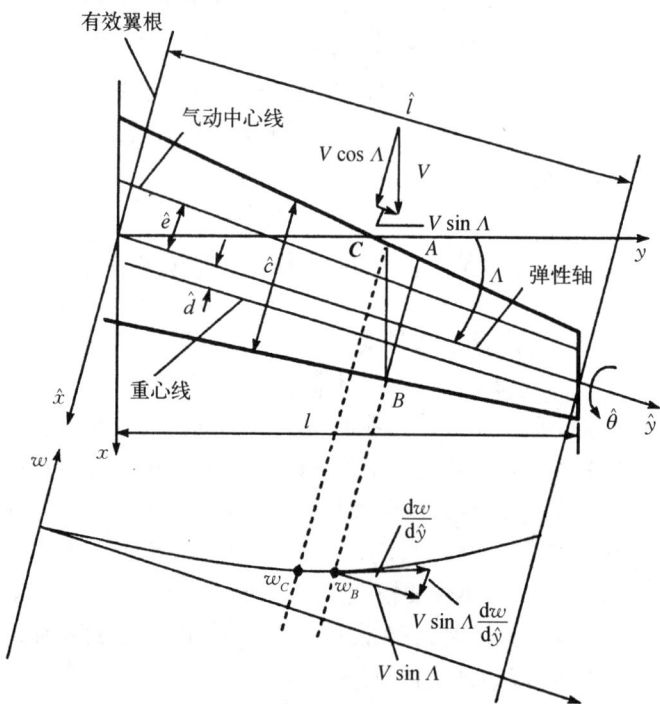

图 17.2　流场与结构交界面的映射

一般在处理大展弦比机翼的气动力时可采用片条理论,片条理论假定展向位置 y 处的翼剖面升力系数可由该展向位置所对应的二维气动力得到。于是,翼剖面 y 处的法向力 $Z(\bar{y})$ 与扭矩 $t(\bar{y})$ 可表示为如下形式:

$$Z(\bar{y}) = \left[q\bar{c}(\bar{y})C_L(\bar{y}) - m(\bar{y})N_g \right]\cos \Lambda \tag{17.3}$$

$$t(\bar{y}) = \left[q\bar{e}(\bar{y})\bar{c}(\bar{y})C_L(\bar{y}) + q\bar{c}^2(\bar{y})C_{mAC}(y) - m(\bar{y})N_g d \right]\cos \Lambda \tag{17.4}$$

其中, C_L 为当地升力系数; C_{mAC} 为相对于气动中心线的当地力矩系数; m 为机翼单位展长的质量; N 为过载系数; g 为重力加速度。

通过对式(17.3)与式(17.4)进行量纲分析可知: $Z(\bar{y})$ 的量纲 $\left[Z(\bar{y}) \right] = \left[q\bar{c}(\bar{y}) \right]$,也即是 $K_{Z(\bar{y})} = K_q K_L$;同理, $K_{t(\bar{y})} = K_q K_L^2$。 另外,再补充式(17.1)与式(17.2)牵涉到的几个比例尺: $K_{EI} = \dfrac{EI_2}{EI_1}$、 $K_{GJ} = \dfrac{GJ_2}{GJ_1}$、 $K_\Lambda = \dfrac{\Lambda_2}{\Lambda_1} = 1$、 $K_{\bar{\theta}} = \dfrac{\bar{\theta}_2}{\bar{\theta}_1} = 1$。 根据式(17.1)与式(17.2)可以写出试验模型的机翼静气动弯曲与扭转特性的微分方程:

$$\frac{d^2}{d\bar{y}_2^2}\left(EI_2 \frac{d^2 w_2}{d\bar{y}_2^2} \right) = Z_2(\bar{y}_2) + \frac{dt_2(\bar{y}_2)}{d\bar{y}_2}\sin \Lambda_2 \tag{17.5}$$

$$\frac{d}{d\bar{y}_2}\left(GJ_2 \frac{d\bar{\theta}_2}{d\bar{y}_2} \right) = -t_2(\bar{y}_2)\cos \Lambda_2 \tag{17.6}$$

将相应比例尺代入式(17.5)与式(17.6)可得

$$\frac{K_{EI}}{K_L^3}\frac{d^2}{d\bar{y}_1^2}\left(EI_1 \frac{d^2 w_1}{d\bar{y}_1^2} \right) = K_q K_L\left[Z_1(\bar{y}_1) + \frac{dt_1(\bar{y}_1)}{d\bar{y}_1}\sin \Lambda_1 \right] \tag{17.7}$$

$$\frac{K_{GJ}}{K_L^2}\frac{d}{d\bar{y}_1}\left(GJ_1 \frac{d\bar{\theta}_1}{d\bar{y}_1} \right) = -K_q K_L^2 t_1(\bar{y}_1)\cos \Lambda_1 \tag{17.8}$$

要满足结构动力学相似,对照式(17.5)与式(17.7)以及式(17.6)与式(17.8)后推导可得

$$K_{EI} = K_{GJ} = K_q K_L^4 \tag{17.9}$$

不失一般性,下面仍然以大展弦比后掠机翼为例推导出静气动弹性模型需要满足的柔度影响系数相似条件。以柔度影响函数积分形式给出的后掠机翼弯曲与扭转静平衡方程为[13]

$$z(y) = \int_0^l C^{zz}(y, \eta)Z(\eta)\,d\eta \tag{17.10}$$

$$\theta(y) = \int_0^l C^{\theta z}(y, \eta)Z(\eta)\,d\eta + \int_0^l C^{\theta \theta}(y, \eta)t(\eta)\,d\eta \tag{17.11}$$

其中, $C^{zz}(y, \eta)$ 表示机翼的弯曲变形柔度影响函数,其元素 C^{zz} 代表的是在 η 处作用 z 向

单位力时在y处产生的z向位移；$C^{\theta z}(y, \eta)$与$C^{\theta \theta}(y, \eta)$表示机翼的弹性扭转角柔度影响函数，其元素$C^{z\theta}$与$C^{\theta\theta}$代表的是在$\eta$处作用单位力或扭矩时在$y$处产生的弹性扭转角。若将式(17.10)与式(17.11)以矩阵方程的形式代替，则$[C^{zz}]$、$[C^{\theta z}]$、$[C^{\theta\theta}]$就是相应柔度影响函数的离散形式，即柔度影响系数矩阵。

根据式(17.10)与式(17.11)可以写出试验模型的弯曲与扭转静平衡方程：

$$z_2(y_2) = \int_0^{l_2} C_2^{zz}(y_2, \eta_2) Z_2(\eta_2) \mathrm{d}\eta_2 \tag{17.12}$$

$$\theta_2(y_2) = \int_0^{l_2} C_2^{\theta z}(y_2, \eta_2) Z_2(\eta_2) \mathrm{d}\eta_2 + \int_0^{l_2} C_2^{\theta\theta}(y_2, \eta_2) t_2(\eta_2) \mathrm{d}\eta_2 \tag{17.13}$$

补充式(17.10)与式(17.11)所涉及的比例尺：$K_{C^{zz}} = \dfrac{[C^{zz}]_2}{[C^{zz}]_1}$、$K_{C^{\theta z}} = \dfrac{[C^{\theta z}]_2}{[C^{\theta z}]_1}$、$K_{C^{\theta\theta}} = \dfrac{[C^{\theta\theta}]_2}{[C^{\theta\theta}]_1}$。代入式(17.12)与式(17.13)后可得

$$K_L z_1(y_1) = K_{C^{zz}} K_q K_L^2 \int_0^{l_1} C_1^{zz}(y_1, \eta_1) Z_1(\eta_1) \mathrm{d}\eta_1 \tag{17.14}$$

$$\theta_1(y_1) = K_{C^{\theta z}} K_q K_L^2 \int_0^{l_1} C_1^{\theta z}(y_1, \eta_1) Z_1(\eta_1) \mathrm{d}\eta_1 + K_{C^{\theta\theta}} K_q K_L^3 \int_0^{l_1} C_1^{\theta\theta}(y_1, \eta_1) t_1(\eta_1) \mathrm{d}\eta_1 \tag{17.15}$$

要满足结构动力学相似，对照式(17.12)与式(17.14)以及式(17.13)与式(17.15)后推导可得

$$K_{C^{zz}} = \frac{1}{K_q K_L} \tag{17.16}$$

$$K_{C^{\theta z}} = \frac{1}{K_q K_L^2} \tag{17.17}$$

$$K_{C^{\theta\theta}} = \frac{1}{K_q K_L^3} \tag{17.18}$$

17.2.2　静气动弹性风洞试验相似参数

根据前面的推导与分析，归纳起来，可以得出如表17.1所示的静气动弹性风洞试验需要满足的相似参数。一般情况下，根据现有的风洞试验技术条件，要同时满足表17.1中列出的所有相似参数几乎是不可能的。对于高速静气动弹性风洞试验而言，通常要求试验模型与真实飞机满足几何外形相似、姿态角与马赫数相等、截面刚度或柔度系数对应成比例。

表 17.1　静气动弹性风洞试验相似参数

类　型	名　称	表达式	说　明
空气动力学相似参数	几何外形	K_L	必须相似
	姿态角	α, β, γ	必须相等
	Ma	$\dfrac{V_1}{a_1} = \dfrac{V_2}{a_2}$	$Ma>0.4$ 的流动必须考虑
	Re	$\dfrac{\rho_1 V_1 L_1}{\mu_1} = \dfrac{\rho_2 V_2 L_2}{\mu_2}$	黏性对流动影响较大时必须考虑
	Fr	$\dfrac{V_1}{\sqrt{L_1 g_1}} = \dfrac{V_2}{\sqrt{L_2 g_2}}$	重力影响较大时必须考虑,如低风速气动载荷很小的情况
	Pr	$\dfrac{\mu_1 c_{p1}}{k_1} = \dfrac{\mu_2 c_{p2}}{k_2}$	试验介质为空气时自动满足
	γ	$\gamma_1 = \gamma_2$	试验介质为空气且温度 $T \leqslant 600$ K 时自动满足
结构动力学相似参数	截面刚度比	$K_{EI} = K_q K_L^4$	截面刚度比与柔度系数比的相似性要求是等价的
		$K_{GJ} = K_q K_L^4$	
	柔度系数比	$K_{C^{zz}} = \dfrac{1}{K_q K_L}$	
		$K_{C^{\theta z}} = \dfrac{1}{K_q K_L^2}$	
		$K_{C^{\theta\theta}} = \dfrac{1}{K_q K_L^3}$	

17.3　静气动弹性模型设计

17.3.1　模型设计流程

　　模型的具体设计与制作,是静气动弹性研究中技术难度最大的一个环节。对于大展弦比机翼静气动弹性模型而言,通常采用单梁或双梁模拟并制作;对小展弦比飞机,如战斗机来说,由于其机翼展、弦向刚度差不多,翼面弯曲与扭转变形同量级,因而往往采用双梁、多梁或组合梁结构来模拟。还要特别说明的是,由于风洞尺寸限制,飞机蒙皮厚度按尺寸缩小到模型上无法制作,因此,一般的静气动弹性模型待其梁、肋加工完毕并经地面刚度试验检查后,再用填充物(泡沫塑料或轻质木料)或金属薄板剪裁安装成形。可以预料,若成形时填充硬质物料(如环氧树脂)或一些金属覆盖物,必然会引起新的附加刚度,从而难以满足原设计要求。这是静气动弹性试验研究中非常困难的一个问题。

　　如图 17.3 所示,静气动弹性模型的设计通常是一个反复迭代设计的过程。一般主要

原型数据分析

↓

比例尺确定

↓

结构布局设计

↓

刚度设计

↓

优化迭代设计

↓

是否满足目标函数 —否→

↓是

是否满足颤振安全 —否→

↓是

是否满足强度要求 —否→

↓是

CAD制图

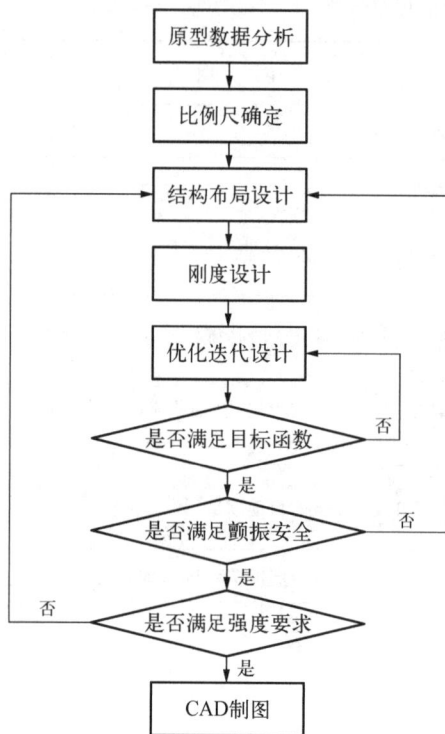

图 17.3　静气动弹性模型设计流程

包含以下工作内容：

（1）对原型飞机的结构有限元模型进行结构分析，获取柔度影响系数矩阵或刚度分布特性等结构参数；

（2）按照相似准则确定模型比例尺，获取原准模型的柔度影响系数矩阵或刚度分布特性等结构参数，并作为后续优化设计的目标值；

（3）根据模型的几何尺寸、承受的载荷范围、制作材料属性、加工工艺水平、风洞安装方式等限制要求来确定模型的结构布局形式，建立初始的简化结构模型；

（4）对简化结构模型进行有限元建模，基于适当的优化程序并联合结构分析软件进行模型结构尺寸优化；

（5）对优化后的模型进行详细的结构分析与颤振分析计算，并进行静强度校核，直至满足风洞试验模型的设计要求。

17.3.2　模型结构布局设计

结构布局设计是静气动弹性模型设计的关键一环，很大程度上决定了模型设计的成败，好的结构布局形式能大大提高优化计算效率，节省加工制作成本，提升模型强度特性等。但是，由于要满足长度、速压、刚度比例尺以及强度设计等要求，静气动弹性模型的结构布局形式可选余地很小，必须对实物的结构进行仔细分析、合理简化，并对当前可利用的模型材料及加工制作工艺具有足够的认识，还必须从前人的工作中总结经验教训，才有可能提出较好的结构布局方案，为下一步的优化设计奠定良好的技术基础。可用于大型飞机机翼的结构布局形式有 3 种：梁架式、承力蒙皮式以及全结构相似型。梁架式结构布局模型的结构刚度难以保证精度，不适合于先进大型飞机工程应用的需求。如果采用复合材料承力蒙皮式结构布局，除了优化计算难度大、加工制作困难、费用昂贵等不足外，根据前面的分析可知，模型的截面许用应力是与力臂长度、截面面积及试验速压成正比的，即便如美国等复合材料设计与制作技术先进的国家也只是在小展弦比机翼模型上有过成功的经验。因此，对于大展弦比机翼静气动弹性模型，采用承力蒙皮式结构布局模型的试验风险太大。若采用全结构相似形布局型式，即使是在国内目前最大的 2.4 m 跨声速风洞开展半模静气动弹性试验，根据如图 17.4 所示的某大型飞机机翼内部结构，按照长度比例尺缩比以后，模型除了结构复杂，加工制作极其困难以外，梁肋尺寸过小，蒙皮厚度太薄，现有的制作工艺水平根本无法实现。

气动中心高速所的研究人员经过多年的探索与实践，在汲取前人研究成果的基础上，结合国内现有的材料制作工艺和模型加工能力，提出了一种新的大展弦比机翼静气动弹性模型结构布局形式：梁架式+承力蒙皮式，简称梁架/蒙皮式。具体来说，就是在模型内

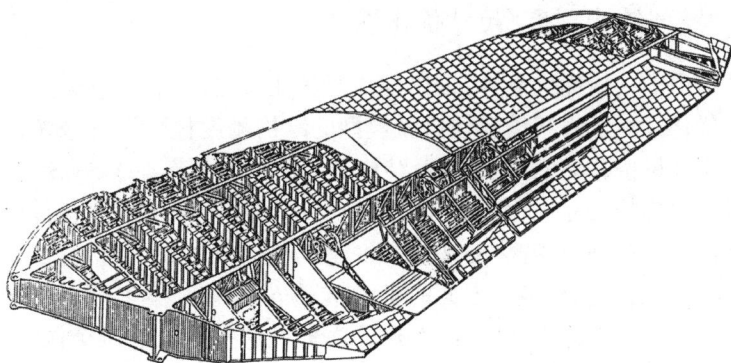

图 17.4 某大型飞机机翼内部结构

部仍然按照梁架式结构布局的型式利用双梁或多梁结构来提供部分刚度,主梁之间通过翼肋来连接;但是与梁架式结构布局模型不同的是,为了保证模型的几何外形精度,在梁架之外不是通过覆以玻璃布(或其他材料)再经过打磨的方式来模拟外形,而是按照制作承力蒙皮式结构模型的方法,将制作好的骨架与复合材料蒙皮放入通过数控机床加工好的阴模模具中,再一体化成型。按照这种技术途径,一方面,模型的外形精度得以精确保证,另一方面,由于梁架与蒙皮同时提供刚度与强度,模型的强度与刚度匹配条件容易满足;更重要的是,在刚度设计时可以通过控制梁架的几何尺寸与分区蒙皮的厚度来确保刚度的精确模拟,避免引入各分区蒙皮复合材料的铺层厚度、铺层顺序、铺层方向等众多设计变量,可极大地减小优化计算搜索的空间和提高优化计算的效率。

依据梁架/蒙皮式模型结构布局设计的思路,图 17.5 给出了某大型飞机机翼的静气动弹性模型结构布局图。为了确保精确的传力形式和尽可能地满足强度设计要求,该机翼模型采用了与真实飞机结构形式相似的多梁结构,并通过承力蒙皮来承担大部分刚度。利用 13 块肋板来连接大梁和支撑蒙皮,蒙皮与骨架之间的空隙用泡沫填充,以起到维形和承受机翼表面压力载荷的作用。梁架材料、蒙皮材料和填充物的材料选择都需要综合考虑工艺要求和刚度特性,蒙皮和梁架材料必须有足够的韧性和强度,填充物材料对整个模型的附加刚度要很小。因此,该机翼模型除了翼根接头部分采用 30CrMnSiA 金属材料以外,其余部分都将采用复合材料来设计制作。承力蒙皮采用高强度碳纤维 T300,大梁与翼肋采用高强度玻璃纤维布 SW - 100A,梁架与蒙皮之间的空隙用德固赛泡沫 ROHACELL51IG/IG - F 来填充维形。

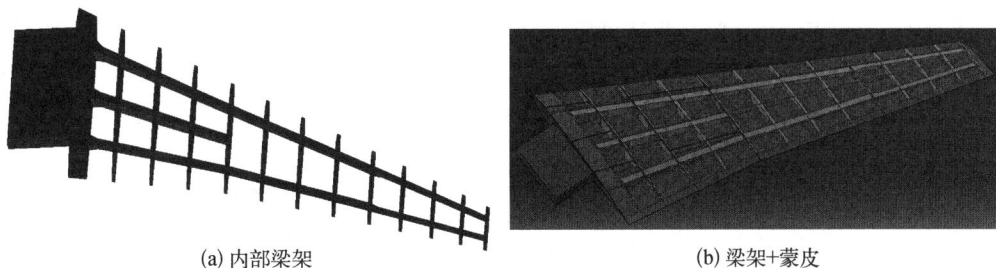

(a) 内部梁架

(b) 梁架+蒙皮

图 17.5 某大型飞机机翼的梁架/蒙皮式结构布局设计

17.3.3　模型结构刚度/尺寸优化设计

气动弹性模型的结构优化设计,根据设计变量性质的不同,可以分为拓扑优化、外形优化以及尺寸优化。对于静气动弹性试验模型的结构刚度优化设计来说,由于模型的几何外形是由原型飞机按几何缩比来确定,结构布局根据上一节所述的研究方法确定,这里的优化主要是指结构的尺寸优化。例如机翼模型中大梁的截面尺寸、肋板与蒙皮的厚度等,它们是设计方案中可调整变化的基本参数,也即是优化设计变量。为了保证结构具有足够的强度、刚度以及工艺和使用方面的考虑,必须对这些基本参数加以限制,这类限制条件一般称为约束。在设计空间中,约束边界面把设计空间分为两个区域:一个是满足所有约束条件的设计点组成的区域,称为可行域;另一个区域则称为不可行域。评判可行方案的优劣必须有一个标准,通常是要求结构的某种属性最佳,例如结构总质量最轻、造价最低、承载能力最好、自振周期最大等。这个广义性能指标就是设计变量的函数,也即是优化设计的目标函数。有了设计变量、约束条件和目标函数以后,才可以建立模型结构设计优化的数学模型。

静气动弹性模型要求刚度与刚度分布相似,也即是受载后模型的变形特性与原型飞机要相似。因此,对原型飞机的柔度系数矩阵进行几何缩比,即可得到优化设计所需的目标柔度系数矩阵 $\boldsymbol{C}_s$。优化的目的就是使得优化模型的柔度系数矩阵 $\boldsymbol{C}$ 和目标柔度系数矩阵 $\boldsymbol{C}_s$ 差异最小。在优化过程中,需要某种准则来判断优化模型的柔度系数矩阵 $\boldsymbol{C}$ 是否和目标柔度系数矩阵 $\boldsymbol{C}_s$ 相匹配,即需要一个设计变量的函数或者结构响应的函数作为优化的数学目标。参考文献[14]、[15]给出了如下5个柔度矩阵相似准则。

(1) 柔度矩阵对角线项误差的平均值。理想情况下,优化模型的柔度系数矩阵 $\boldsymbol{C}$ 和目标柔度系数矩阵 $\boldsymbol{C}_s$ 的对角线元素比值的算术平均值应该是1,该准则的数学表达式为

$$\varsigma_1 = \frac{1}{n} \sum_{i=1}^{n} \frac{C_{ii}}{C_{sii}} - 1 \tag{17.19}$$

这个准则可以同时较好地确定弯曲刚度和扭转刚度。当各对角线所对应点的变形都比较大时,这个准则的应用效果会很好。

(2) 柔度系数矩阵所有项误差的平均值。其数学表达式为

$$\varsigma_2 = \frac{1}{n^2} \sum_{i=1}^{n} \sum_{j=1}^{n} \frac{C_{ij}}{C_{sij}} - 1 \tag{17.20}$$

柔度系数矩阵的非对角线元素表示力作用在这些点上时在其他结构点上所产生的变形,这对非梁结构的变形来说非常重要。该准则与准则(1)形成互补,对于考虑到非对角线上变形影响较小的点是有用的。

(3) 归一化最大误差。也即是两个柔度系数矩阵中各元素偏差的最大值除以 $\boldsymbol{C}_s$ 中元素的最大值:

$$\varsigma_3 = \frac{\max(\mid C_{ij} - C_{sij} \mid)}{\max(\mid C_{sij} \mid)} \tag{17.21}$$

在优化过程中这个准则是最难实现的,因为从一个元素到另外一个元素的最大偏差

跳跃性很大,而且目标函数的平滑性是退化的。

（4）变形能误差。在所有柔度控制点同时加载单位力的作用下,系统的弹性变形能可通过公式 $U = \dfrac{1}{2} \displaystyle\sum_{i=1}^{n} \sum_{j=1}^{n} C_{ij}$ 得到。因此,该准则的数学表达式为

$$\varsigma_4 = \frac{\displaystyle\sum_{i=1}^{n} \sum_{j=1}^{n} C_{ij}}{\displaystyle\sum_{i=1}^{n} \sum_{j=1}^{n} C_{sij}} - 1 \tag{17.22}$$

对于优化计算来说,要满足这个准则通常难度不大。

（5）弯扭联合优化准则。该准则将弯曲变形和扭转变形的效果联合起来考虑,其数学表达式为

$$\varsigma_5 = \sum_{i=1}^{n} \sum_{j=1}^{n} \left| \frac{C_{ij} - C_{sij}}{\max(|C_{sij}|)} \right|_b + \sum_{i=1}^{n} \sum_{j=1}^{n} \left| \frac{C_{ij} - C_{sij}}{\max(|C_{sij}|)} \right|_t \tag{17.23}$$

式中,下标"b"表示结构仅有弯曲变形;下标"t"表示结构仅有扭转变形。

以上五个准则可以选择其中一个作为目标函数,其他的作为约束条件,选择合适的目标函数可以提高优化计算的效率。由于它们都是非线性方程,因此,静气动弹性模型结构设计的优化问题归结为带有非线性约束条件的非线性方程最小值问题。以上准则的实质都是为了将一个多目标设计问题转化为单目标设计问题。设计过程中,强度特性要求也一并可以加入非线性约束条件。

优化计算时可选用多岛遗传算法（multi-island genetic algorithm）进行模型结构优化设计。在遗传算法的应用过程中,一个比较突出的问题是它容易产生"早熟"现象,这将严重地影响遗传算法的应用效果。为了提高遗传算法运算速度而引入的并行遗传算法,除了能提高运算速度外,也有维持群体多样性的能力,从而有可能抑制"早熟"现象的发生,但并行遗传算法要求计算程序运行在并行机或局域网上。基于并行遗传算法的思想,有关研究人员对简单遗传算法进行了改进,开发出一种伪并行遗传算法,使其具有克服早熟现象的能力。具体做法是:在简单遗传算法中利用并行遗传算法的思想,将群体划分为一些子群体,各子群体按一定的模式分别进行独立进化,在适当的时候,某一些子群体之间交换一些信息。这样可以维持群体的多样性,从而达到抑制早熟现象的效果。子群体之间信息交换模型可采用"岛屿模型""踏脚石模型""邻居模型"。由于这些子群体并没有在不同的处理器上独立进化,而仍是在单个处理器上串行地执行,故称其为伪并行遗传算法。采用岛屿模型进行子群体之间信息的伪并行算法称为多岛遗传算法。在多岛遗传算法里,群体被划分为若干子群体,称为"岛屿"。在每个岛屿上按照传统遗传算法对子群体进行独立的选择、交叉、变异等遗传操作。定期在各个岛屿上随机选择一些个体转移到别的岛屿上,这个操作称为"迁移"。这个迁移过程有两个运行控制参数:迁移周期和迁移率。迁移周期是用来决定多少代进行一次迁移,迁移率是用来决定迁移过程中每个岛屿上迁移个体数占子群体数的百分率。多岛遗传算法比传统遗传算法具有更优良的全局求解能力和计算效率。

17.4 静气动弹性风洞试验

静气动弹性风洞试验的主要目的,就是在不同的风洞速压条件下(即模拟不同飞行高度),获取试验模型弹性变形对其气动特性的影响量及变化规律,为风洞与飞行数据相关性修正提供数据支撑,同时也为检验理论分析、数值模拟方法的可靠性提供试验验证数据[5]。与常规测力、测压风洞试验的不同之处在于:静气动弹性风洞试验不仅要测量模型的气动力,还要测量模型的弹性变形。由于试验模型主要采用复合材料等非金属材料制作,相对于金属模型而言,其刚度与强度相对较低,在特定试验工况下有可能会发生颤振或静强度破坏,必须要有专门的安全防护措施。

相对于常规高速风洞试验,高速静气动弹性试验要求风洞试验段尺寸尽可能大,并具备变速压能力。目前,国内相对比较适宜开展高速静气动弹性风洞试验的风洞是气动中心高速所的 2.4 m 跨声速风洞。对于小型飞行器,例如小型无人机或导弹类模型,可以采用全模在风洞中开展静气动弹性试验,气动力试验方法与常规全模测力方法类似,并可直接测量获得其静气动弹性影响特性;但对于大型飞行器,例如大型无人机、战斗机、运输机等而言,该风洞的试验段尺寸仍然偏小,只能进行部件或半模静气动弹性风洞试验。对于大型飞机气动特性,尤其是巡航气动特性而言,其静气动弹性效应还是主要来自机翼的贡献[16]。因此,对于大型飞机高速静气动弹性风洞试验的现阶段可行方案是:首先在风洞中用刚性全模测力试验来获取基础气动力数据,再用翼身组合体静气动弹性半模试验来获取包含机身干扰的机翼静气动弹性影响量,然后在刚性全模基础测力数据中扣除对应模型状态的机翼静气动弹性影响量,从而获得修正机翼静气动弹性影响后的气动力特性数据。当然,这种试验方式没有考虑发房、尾翼的气动干扰及弹性变形影响,这部分影响量的获取可借助于另外的单独部件静气动弹性试验或数值计算的方式来完成。由于飞机的静气动弹性试验技术更具代表性,下面仍以大型飞机的静气动弹性试验为例展开叙述。

17.4.1 静气动弹性半模测力试验技术

如图 17.6 所示,由于风洞尺寸的限制,大型飞机的静气动弹性风洞试验一般采用翼身组合体半模试验方法。具体试验方法如下:

图 17.6 风洞试验半模安装示意图

大型飞机沿机身纵向对称面是左右对称的,从理论上讲,在无侧滑、中小迎角飞行,且不发生非对称分离的条件下,其绕流场也是左右对称的,基于这一原理,可以采用半模试验方法。即以飞机的一半为对象来研究整个飞机的纵向气动特性。这种方法有很多优越性:第一,在相同试验段口径的风洞中,模型几何尺寸可以更大,从而获得更高的试验雷诺数,这对于大展弦比飞机是很重要的;第二,可以对飞机外形作更精细的模拟,使得由于尺寸小无法进行的研究和测量能够进行;第三,半模型只需加工模型的一半,减少了工作量,缩短了加工周期;第四,半模型通常安装在风洞侧壁或下壁板上,例如,对于飞机模型则是机身的纵向对称面贴近风洞壁板,支撑系统或测力天平位于风洞壁板外侧,这样既避免了全模试验通常的支架干扰,又很容易获得更大的模型试验迎角范围;第五,由于模型安装于侧壁,这样就可以利用风洞驻室的空间。对于测力试验,便于天平和支架的设计与安装。但是,半模试验也存在某些缺点。例如,由于它是基于无侧滑飞行流动对称的原理,因此这种试验方法只能研究纵向气动特性问题,不能研究横侧向气动问题。

由于半模型是纵向对称面靠近风洞壁板安装,在试验过程中,为了改变模型的迎角,使得模型随着侧壁转窗能自由转动,模型纵向对称面与风洞侧壁之间要留有一定的间隙,这就必然有气流流过,这种窜流会干扰机身周围的绕流特性,对试验结果造成影响。此外,洞壁边界层内的低速、低能量气流也会对半模机身的试验结果造成某种程度的影响,使之与真实气动特性存在一定的差异。

为了消除间隙窜流以及风洞侧壁边界层对模型气动特性的干扰,风洞试验时可以采取以下的技术措施来解决该问题。

措施一:采用边界层垫块消除风洞侧壁的边界层对模型绕流的影响。如图 17.7 (a)所示,在模型设计时,将半模机身的厚度在沿机翼展向靠近风洞侧壁安装面的一侧增加一定的厚度(该厚度应该是试验风洞在模型安装区域的边界层厚度),使得半模机身的实际外形暴露于风洞侧壁边界层和间隙窜流的影响区之外。这相当于在机身与风洞侧壁之间增加了一个垫块,但该垫块与机身是一体的,这样的设计可以避免在垫块与真实机身之间形成间隙,又带来新的窜流干扰。

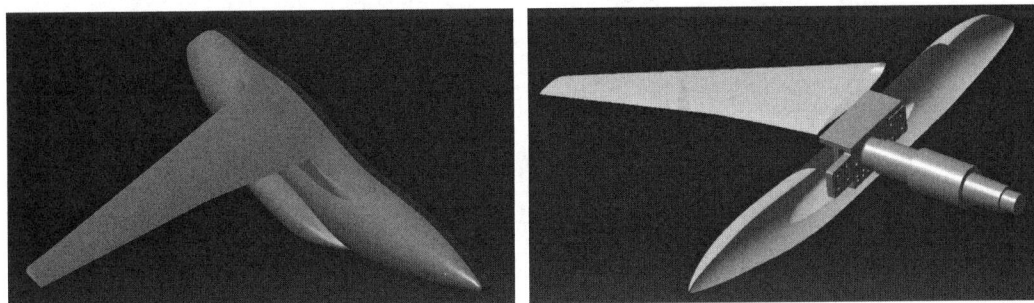

(a) 机身增厚设计　　　　　　　　　　(b) 机翼与天平的连接

图 17.7　静气动弹性半模的改进设计示意图

措施二:将机身与机翼脱离。采用"措施一"将导致机身外形失真,如果按照传统方式将机身的气动力也一并测量,势必导致测量结果失真。考虑到半模静气动弹性试验的目的是获取机翼的静气动弹性影响量,而且机身的变形一般都非常小,只起到为机翼提供真实绕流的作用,因此,可以不必测量机身受到的气动力。于是,如图 17.7(b)所示,模型设计时,将机身与机翼脱开,直接将机身与风洞侧壁转窗固连,机翼则通过天平连接头与半模天平相连,机翼/天平接头与机身之间留有一个小量间隙,防止机翼与机身相碰影响到测力试验数据。该间隙尺寸很小,试验过程中可以通过填充硅胶封堵,以免缝隙窜流对机翼绕流带来干扰。

常规布局大型飞机的机身非常刚硬,在风洞试验包线范围内的变形可以忽略,因此,通常将机身模型做成刚性,只提供整流作用。机翼则加工两副,一副是刚性机翼,另一副是弹性机翼。通过分析刚性机翼与弹性机翼的几何变形和气动特性差异,即可获取试验模型的静气动弹性影响量。静气动弹性试验的测力数据处理方法与常规测力试验数据处理方法是一致的。试验结束后,利用弹性模型的气动力系数或静导数除以或减去刚性模型的对应数据,即可获得所需的静气动弹性修正因子或影响差量。

17.4.2 静气动弹性试验模型变形测量技术

风洞试验中的模型变形视频测量技术是利用光学成像技术无干扰地测量试验模型在气动载荷下的几何变形量。视频测量技术以非接触方式测量风洞试验的相关信息,具有直观、简洁、不影响风洞试验模型和流场的优势,为风洞试验提供了一种新的测量手段和途径,可以辅佐和弥补现有的天平、应变片、传感器等传统接触式测量技术[17,18]。如图17.8 所示,风洞模型变形视频测量试验流程简述如下:试验开始时,通过控制信号启动图像的采集,并保存在采集计算机的硬盘中;试验结束后,通过控制信号关闭图像采集,将采集到的图像通过网络传输至坐标解算计算机中,调用自主开发的三维坐标解算程序,读取采集到的图像,计算试验模型在气动载荷下的几何变形。

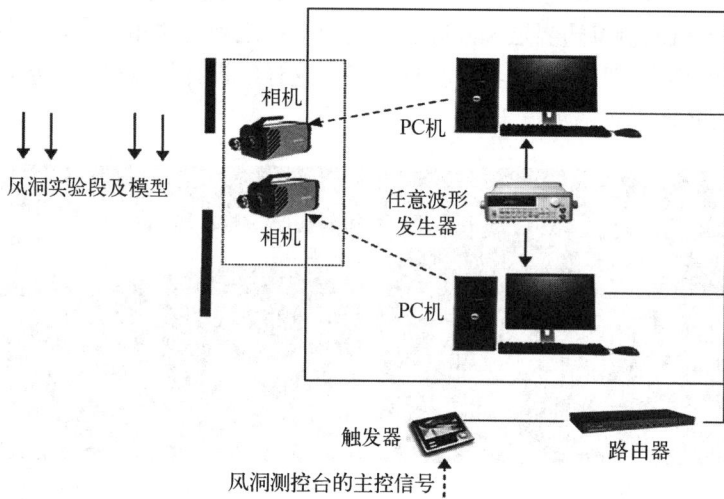

图 17.8　风洞模型变形视频测量示意图

受高速风洞半模试验段观察窗大小、位置以及试验现场测量空间的限制,高速风洞静气动弹性试验不得不采用大角度大重叠视频图像采集方式,加之试验过程中模型的振动较大,需要采用高精度的大角度外方位元素解算技术[19]。传统(航空)摄影测量是近似于垂直的摄影,因此可用小角度的线性化模型解得正确的相机位置与姿态角,但对于大角度重叠的摄影,必须考虑共线方程与共面方程的非线性特征,才能准确获得每张采集照片的相机位置坐标与姿态角,进而利用前方交会确定模型上被测点的三维坐标。气动中心高速所的张征宇等提出了蒙特卡罗搜索域与摄影角间的数学模型,建立了 3 控制点的相机位置与姿态确定技术,在 2 m 量级的高速风洞试验中能够解得正确的外方位元素[20, 21]。相关方法简述如下:如图 17.9 和图 17.10 所示,在静气动弹性机翼表面待测位置黏印圆形标志点,以产生高对比度的标志图像,实现快速、准确而可靠的亚像素图像坐标定位;在风洞洞体上绘制特征编码标志点,通过测量黏印在洞体上的编码标志点坐标,建立风洞坐标系,实现高精度的外方位元素自动求解。

图 17.9　模型表面的视频测量标志点　　　　图 17.10　风洞洞体上的特征编码标志点

其中,编码标志点利用同心环式标记点的编码与解码原理,将位于中心的圆点用于定位,编码点分布在与中心圆同心的圆周上,圆周上不同位置的组合代表了不同的编码值,通过图像识别技术得到不同视角每幅图像的编码标记点编码值,相同编码值的编码标记点即为同名像对,从而实现自动匹配。采用 Canny 边缘检测算子,提取模型标记点并定位圆图像和圆形标志点图像的边缘;采用中值滤波过滤掉图像椭圆内部的噪声,利用灰度重心法、最小二乘拟合法或灰度重心加权等方法,实现 0.01~0.03 像素的定位精度。

17.5　静气动弹性影响修正

截至目前,飞机设计部门围绕型号研制,在静气动弹性影响计算及其修正方面,通常的做法是:基于线化气动力模型,采用离散化数值方法(如 Woodward 面元法、偶极子格网法等)计算主要弹性部件(如机翼)的气动力,并结合计算或试验得到的弹性部件结构柔度系数矩阵,从静气动弹性平衡方程出发,求解静气动弹性影响量,然后基于 K 值法,在风洞试验刚性模型数据的基础上进行静气动弹性影响的修正。这种方法基于线性化的气动理论基础,使用快捷方便,对于早期的飞机研制发挥了积极的作用,也得到了试飞结果的初步验证。但是,随着飞机气动布局越来越复杂,气动性能的日益提升以及飞行速域的进一步扩展,要求尽可能准确地对飞机的气动特性及相关影响因素做出准确预测和评估。因此,基于线性化的气动力计算及修正方法已经不能满足现代先进飞机的研制需求,尤其是在跨声速范围,必须基于 CFD 方法或风洞模型试验来获取气动力,并发展与之相适应的静气动弹性影响修正方法。

静气动弹性对飞机的 C_L、C_D、C_m、C_l、X_F 等气动力特性都有不同程度的影响。其中,机翼的静气动弹性影响占主导作用,而机身、发房、尾翼等部件干扰或变形对静气动弹性影响量也有一定程度的贡献。尽管静气动弹性风洞试验是准确预测飞机静气动弹性效应对全机升阻特性和力矩特性影响的最有力手段。但是,由于硬件设备的限制,国内目前还无法开展大型飞行器全模静气动弹性风洞试验,而鉴于目前的数值计算模拟能力,对于型号研制而言,静气动弹性数值计算的精准度还不能完全替代风洞试验。因此,气动中心高速所发展了一种以风洞试验为主、数值计算为辅的一种飞行器静气动弹性影响修正方法,该修正方法主要包含以下三个方面的内容。一是利用风洞试验获取刚性基础模型(型架外形模型)气动力数据和半模机翼静气动弹性影响量数据,使得基础数据和静气动弹性的主要影响量都是基于风洞试验给出的,从而较大程度地确保修正后数据的可靠性和准确性。二是利用数值模拟手段获取发房、尾翼等部件干扰或变形后的静气动弹性影响量,使得部件的静气动弹性特性得以修正,从而在一定程度上弥补风洞试验数据缺失的不足。这一步修正的主要是部件气动干扰和小变形导致的静气动弹性影响量这种相对量,即使数值计算存在着一定的系统误差,但在计算相对量的过程中,由于是"弹性计算值-刚性计算值",两种结果是基于同样的计算方法,因而系统误差将被扣除;加之相对量又是小量,因此,其误差对总修正量误差水平的影响也有限。三是采用增量法直接针对各项气动力系数进行修正,避免了传统 K 值法修正不准确以及不适用于非线性气动力范围的局限性。

17.5.1 基于气动力静导数/系数的修正分析

传统上,飞机的静气动弹性影响修正被归结到飞机的静导数修正体系。也就是说,在升力系数随迎角呈线性变化范围内,对风洞模型试验得到的气动数据进行相关性修正时,可直接对风洞试验获得的静导数: $C_{L\alpha}$、C_{mCL}、$C_{Y\beta}$、$C_{n\beta}$、$C_{l\beta}$ 进行修正。但是,这种修正方式对于大迎角导致的流动分离或激波/边界层相互作用诱导分离等情况下的非线性段气动力范围则无能为力。为了验证以上结论,以某大型飞机的升力系数为例,采用增量法来计算气动力静导数的静气动弹性影响量。分别对 $Ma=0.74$、$q=35\ kPa$、$\alpha=-4°\sim8°$以及 $Ma=0.82$、$q=35\ kPa$、$\alpha=-4°\sim8°$时某型飞机翼身组合体模型的 C_L 数据进行了修正,以此为例来说明基于修正气动力静导数方式的局限性。

如图 17.11(a)所示,在 $Ma=0.74$、$\alpha<6°$时,可以发现,基于修正静导数的方式计算的 C_L 曲线与通过静气动弹性数值计算的 C_L 曲线几乎重合,因此,可以认为这样修正得到的 C_L 值是有效的。但是,在 $\alpha>6°$时,由于升力系数随迎角呈非线性变化,这种修正方式就无

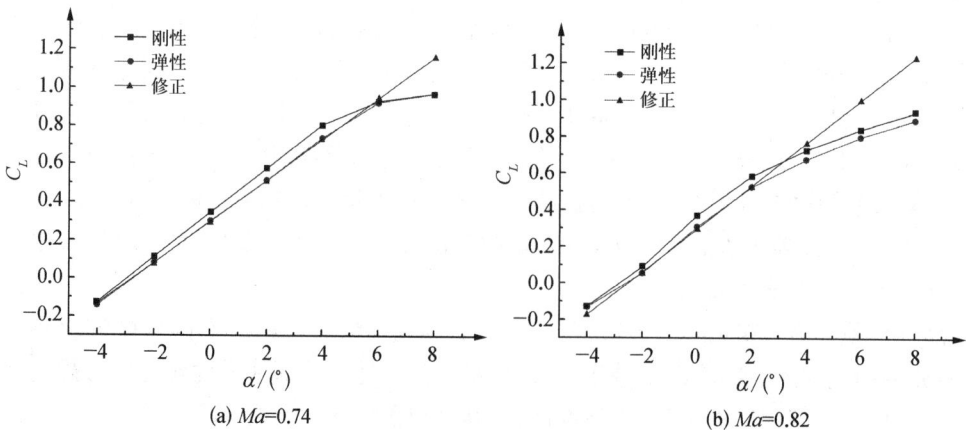

图 17.11 基于修正气动力静导数方式计算弹性模型 C_L 值

法再有效计算 C_L 值了。再由图 17.11(b)所示,在 $Ma = 0.82$ 时,由于激波诱导分离的影响,C_L 曲线随迎角变化几乎不存在线性段,因此,基于修正气动力静导数的方式来计算整个迎角范围内的 C_L 值根本行不通。

针对修正气动力静导数方式计算气动力系数存在的不足,借鉴飞机的推力/阻力修正以及支撑干扰修正等处理方式[5],本书提出直接对飞机的气动力系数进行静气动弹性影响修正。以 C_L 的修正为例,定义如下:

$$\Delta C_L = C_{L_F} - C_{L_R} \tag{17.24}$$

显然,即使在升力系数随迎角变化的非线性段,修正值与实际值不一致的现象也将理所当然得以避免。仍以某型飞机翼身组合体模型的静气动弹性数值计算数据为例,利用式(17.24)进行计算,修正后的结果如图 17.12 所示。

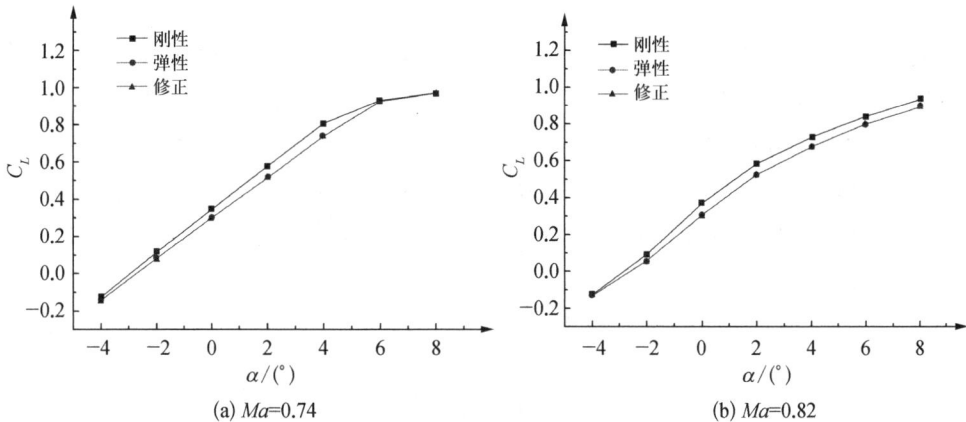

图 17.12　基于修正气动力系数方式计算弹性模型 C_L 值

17.5.2　静气动弹性影响修正方法

由于 CFD 中湍流计算模型的不完备、流场计算网格规模的限制、柔度矩阵维数的限制以及结构非线性影响等因素的综合制约,完全依靠静气动弹性数值模拟方法来修正飞行器的全机静气动弹性影响,并直接用于指导型号的详细设计及飞行控制,这对于现代飞行器而言是行不通的。基于翼身组合体等部件静气动弹性风洞试验获取静气动弹性影响量来修正全机又存在"以偏概全"、模拟不足等缺陷。依据部件空气动力学知识可以知道,常规飞机的静气动弹性影响由其机翼占主导作用,部件的气动干扰/变形影响较小。在跨声速范围,根据国内的风洞设备条件及试验能力,目前可以开展大型飞行器的全机刚性模型试验、翼身组合体半模静气动弹性试验以及全机或部件的静气动弹性数值计算。因此,可以确信能够得到准确的刚性模型基础数据和静气动弹性影响量主体部分。尽管由于发房和尾翼等部件所导致的气动干扰/变形影响修正量无法基于风洞试验得到,但由于它们仅是修正量(影响量)的相对小量,若采用"差量法"进行计算,其系统误差将被自动扣除,加之它们在数值上又是小量,即使包含了一定的随机计算误差,其影响作用也很有限。因此,根据前面提出的飞行器静气动弹性影响修正思路,采用基于风洞试验结合数值模拟的手段来获取静气动弹性修正量,并利用合适的修正计算方法,是可以满足当前大型飞行器的设计研制需求的。

根据前述研究分析,气动中心高速所发展的基于气动力系数增量法的飞行器静气动弹性影响修正方法的具体计算公式如下:

$$\bar{C}_{L_F} = C_{L_R} + \Delta C_{L_{WB}} + \Delta \tilde{C}_{L_{Nac.}} + \Delta \tilde{C}_{L_{Emp.}} \tag{17.25}$$

$$\bar{C}_{D_F} = C_{D_R} + \Delta C_{D_{WB}} + \Delta \tilde{C}_{D_{Nac.}} + \Delta \tilde{C}_{D_{Emp.}} \tag{17.26}$$

$$\bar{C}_{C_F} = C_{C_R} + \Delta C_{C_{WB}} + \Delta \tilde{C}_{C_{Nac.}} + \Delta \tilde{C}_{C_{Emp.}} \tag{17.27}$$

$$\bar{C}_{m_F} = C_{m_R} + \Delta C_{m_{WB}} + \Delta \tilde{C}_{m_{Nac.}} + \Delta \tilde{C}_{m_{Emp.}} \tag{17.28}$$

$$\bar{C}_{n_F} = C_{n_R} + \Delta C_{n_{WB}} + \Delta \tilde{C}_{n_{Nac.}} + \Delta \tilde{C}_{n_{Emp.}} \tag{17.29}$$

$$\bar{C}_{l_F} = C_{l_R} + \Delta C_{l_{WB}} + \Delta \tilde{C}_{l_{Nac.}} + \Delta \tilde{C}_{l_{Emp.}} \tag{17.30}$$

其中, $\bar{C}_{L_F} \sim \bar{C}_{l_F}$ 表示经过修正后的全机模型气动力系数; $C_{L_R} \sim C_{l_R}$ 表示基于风洞全模试验得到的刚性基础气动力系数; $\Delta C_{L_{WB}} \sim \Delta C_{l_{WB}}$ 表示基于风洞试验得到的翼身组合体气动力系数静气动弹性增量; $\Delta \tilde{C}_{L_{Nac.}} \sim \Delta \tilde{C}_{l_{Nac.}}$ 表示基于数值模拟得到的发房对全机气动力系数静气动弹性增量的影响量; $\Delta \tilde{C}_{L_{Emp.}} \sim \Delta \tilde{C}_{l_{Emp.}}$ 表示基于数值模拟得到的尾翼对全机气动力系数静气动弹性增量的影响量。以 $\Delta \tilde{C}_{L_{Nac.}}$ 和 $\Delta \tilde{C}_{L_{Emp.}}$ 为例,式(17.25)~式(17.30)中后面两项的计算方法如下:

$$\Delta \tilde{C}_{L_{Nac.}} = (C_{L_{FWBN}} - C_{L_{RWBN}}) - (C_{L_{FWB}} - C_{L_{RWB}}) \tag{17.31}$$

$$\Delta \tilde{C}_{L_{Emp.}} = (C_{L_{FFM}} - C_{L_{RFM}}) - (C_{L_{FWBN}} - C_{L_{RWBN}}) \tag{17.32}$$

其中, $C_{L_{FWBN}}$ 与 $C_{L_{RWBN}}$ 分别表示弹性无尾构型和刚性无尾构型的升力系数; $C_{L_{FWB}}$ 与 $C_{L_{RWB}}$ 分别表示弹性翼身组合体与刚性翼身组合体的升力系数; $C_{L_{FFM}}$ 与 $C_{L_{RFM}}$ 分别表示弹性全机构型和刚性全机构型的升力系数。

第 17 章习题   第 17 章参考文献

第18章
机翼颤振试验

18.1　概　　述

气动弹性力学关心的问题之一是结构在气流中的稳定性。以惯性力的考虑与否,上述稳定性问题可分为静稳定性与动稳定性两类问题。颤振是动稳定性问题,涉及气动力、惯性力与结构力三者的耦合,是在飞机设计过程中所需要考虑的气动弹性问题中影响最大的一个,在飞机设计的同时就需要考虑防止颤振的发生。

颤振是在飞机、导弹等飞行器飞行中飞行速压超过临界值后出现的一种破坏性的结构振动,它是气动力、弹性力和惯性力相互作用下的一种自激振动。飞机的颤振事故很多。世界上第一次有记载的颤振,发生在第一次世界大战初期的一架双翼轰炸机 Handley Page 上。1947~1957 年这十年期间,仅美国军用飞机就发生 54 起颤振。此后世界各国十分重视,进行了大量的试验和理论研究工作,情况有了很大的改善,但颤振事故仍不能完全避免。例如,1967 年法国"幻影 F1"超声速战斗机因颤振而坠毁,1972 年西德-荷兰联合研制的"VFW－614"短程运输机的第一架原型机也因升降舵调整片颤振而失事。所以,对于每一架新设计的飞机,都必须在颤振方面做大量工作,以确保在飞行包线范围内不出现颤振。

下面以机翼为例,说明在飞行过程中,在弹性体上气动力、弹性力和惯性力的相互作用,如图 18.1 所示。机翼会产生气动力 A,机翼振动时会产生惯性力 I,在这两种力($A+I$)的作用下机翼产生变形 θ,于是又产生弹性恢复力和新的力 A 和 I。这样构成了反馈的闭合回路,在一定的条件下,有可能发生不稳定的振荡,这就是颤振。

机翼是一个多自由度的弹性体,发生颤振时的振型是由很多固有振型叠加而成的。为便于了解发生颤振时的物理关系,可分析如图 18.2 所示的简化振动系统。

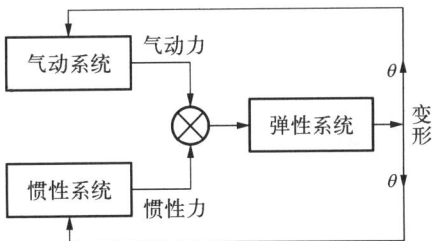

图 18.1　机翼的三种作用力

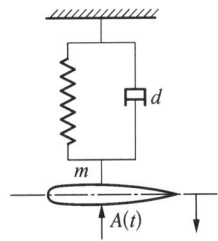

图 18.2　简化的机翼振动系统

该系统的运动微分方程为

$$m\ddot{h} + d\dot{h} + kh + A(t) = 0 \tag{18.1}$$

式中,m 为质量,单位为 kg;d 为结构阻尼系数,单位为 kg/s;k 为弹簧的刚度,单位为 kg/s^2;h 为位移,单位为 m;$A(t)$ 为作用在机翼上的非定常气动力,单位为 N。

假设:

$$A(t) = A_0\dot{h} \tag{18.2}$$

则运动微分方程可改写为

$$m\ddot{h} + (d + A_0)\dot{h} + kh = 0 \tag{18.3}$$

令

$$c = d + A_0 \tag{18.4}$$

式中,c 称为阻尼系数,它包括结构阻尼系数 d 和气动阻尼系数 A_0,方程成为

$$m\ddot{h} + c\dot{h} + kh = 0 \tag{18.5}$$

假设解的形式为

$$h = h_0 e^{\lambda t} \tag{18.6}$$

代入运动微分方程后,求得其特征方程为

$$m\lambda^2 + c\lambda + k = 0 \tag{18.7}$$

$$\lambda = \frac{-c \pm \sqrt{c^2 - 4mk}}{2m} \tag{18.8}$$

用 C_{cr} 表示区分振动与非振动运动的临界阻尼系数,$C_{cr} = 2m\omega_0$,$\omega_0 = \sqrt{\dfrac{k}{m}}$ 是无阻尼固有频率。用 $\tau = \dfrac{c}{c_{cr}}$ 表示阻尼比,则在阻尼振动情况下(即 $\tau < 1$):

$$\lambda = -\tau\omega_0 + i\omega \tag{18.9}$$

式中,ω 为阻尼振动的固有频率,单位为 rad/s。

$$\omega = \omega_0\sqrt{1 - \tau^2} \tag{18.10}$$

于是,可获得方程的解为

$$h = h_0 e^{-\tau\omega_o t}\sin(\omega t + \varphi) \tag{18.11}$$

或

$$h = h_0 e^{-\tau\omega_o t}(a\cos\omega t + b\sin\omega t) \tag{18.12}$$

式中,h_0、a、b 为与振幅有关的常数;ϕ 为初始相位角,单位为 rad。

做小阻尼振动时，$\omega \approx \omega_0$，式（18.12）可写成：

$$h = e^{-\tau\omega t}\left[a\cos\omega t + b\sin\omega t\right] \tag{18.13}$$

下面分析阻尼比 τ 的变化：

$$\tau = \frac{d + A_0}{2m\omega_0} \tag{18.14}$$

在飞行中，结构阻尼是一个几乎不变的正值小量。气动阻尼系数 A_0 随飞行速度是变化的，通常，低速时为正值（$A_0 > 0$，$d + A_0 > 0$，$\tau > 0$），气动力对机翼运动起阻尼作用，机翼作衰减振动，见图 18.3（a）。随着飞行速度的加大，气动阻尼有可能变为负值，当气动阻尼正好与结构阻尼相抵消时（$d + A_0 = 0$，$\tau = 0$），机翼出现等幅的简谐振动，见图 18.3（b），这就是颤振。这时的飞行速度称为颤振临界速度 V_{cr}，这时的振动频率称为颤振频率 f_{cr}。如果飞行速度进一步加大，总阻尼系数变为负值（$d + A_0 < 0$，$\tau < 0$），机翼出现振幅不断增大的颤振，就会迅速导致结构毁坏。

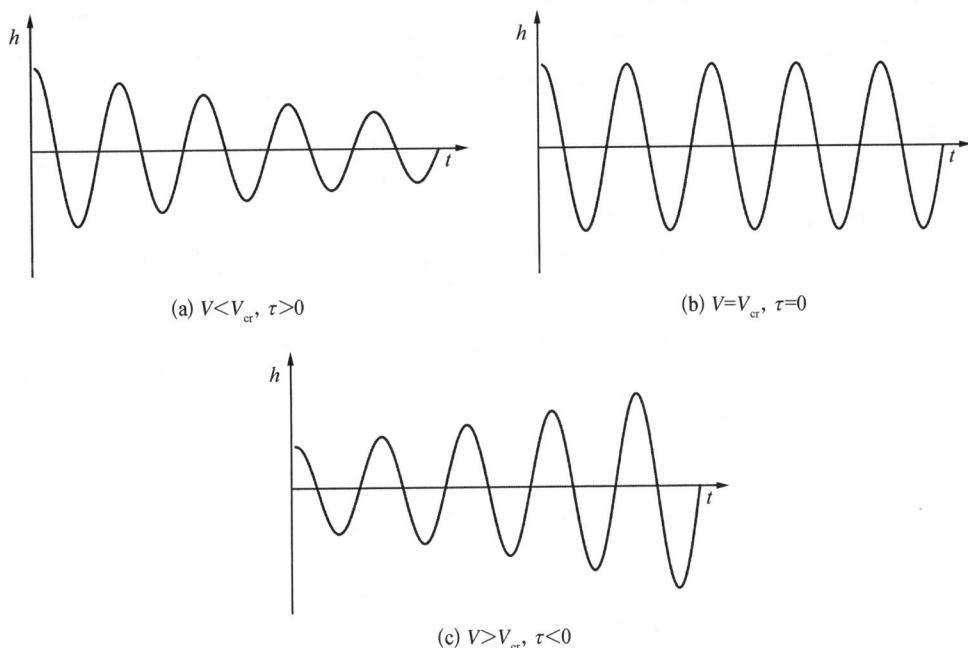

(a) $V<V_{cr}$，$\tau>0$　　(b) $V=V_{cr}$，$\tau=0$

(c) $V>V_{cr}$，$\tau<0$

图 18.3　衰减振动、等幅振动、增幅振动

为确保飞行安全，需要了解飞行器的颤振特性。颤振研究的常用手段主要有三种：颤振计算、风洞颤振试验、飞行颤振试验。就当前的技术条件来说，数值计算、风洞试验、飞行试验均在飞行器的研制过程中发挥着不同的作用，它们相互验证，但不能相互替代。

飞行颤振试验是用真实飞行器进行的颤振试验，一般飞机定型都要求进行飞行颤振试验，以确定飞行包线内不会发生颤振，并给出合适的安全裕量，是用户唯一能认可的验收方法。试验方法一般是逐步提高飞行速度，并记录在每一飞行速度下飞行器结构对外加激励的振动响应，然后导出振动衰减率和飞行速度的关系曲线，最后利用外推法得到振动衰减率为零值时的速度,即为颤振临界速度。飞行颤振试验的危险性较大,成本非常高。

颤振计算在飞行器的研制过程中是必须的、重要的,目前颤振的分析计算可以分为理论计算和数值仿真两类。其中理论计算通过建立准定常气动力或非定常气动力模型,将其与飞行器的结构动力学方程联立,在时域或者频域进行颤振求解,是一类全耦合的计算方法。其中准定常气动力模型包括格罗斯曼(Grossman)理论、细长体理论动导数方法、活塞理论,非定常气动力模型包括西奥道生(Theodorsen)理论、亚超声速偶极子格网法等等。理论计算速度快,能在设计初期获得具有指导意义的颤振特性。

随着计算流体动力学(CFD)和计算结构动力学(computational structural dynamics, CSD)的发展,颤振的数值求解逐渐兴起。对于大型飞机而言,其飞行速域跨度大、飞行范围宽、飞行条件变化大,要实现其宽广范围的颤振风洞试验,对于模型研制、风洞设备、测试技术都将会带来极大的困难,且无论是在经费开支还是试验周期上付出的代价都比较大。数值计算可以用比风洞试验少得多的代价来获得流场内细节的定量描述,只要数值模拟方法的数学模型能够正确建立,就可以对比较广泛的流动参数,如马赫数、雷诺数、飞行高度等较快地给出流场的定量结果,而不受风洞中固有约束条件的影响。因此,开展高精度的颤振数值计算研究是非常有意义的,它可以从某些方面弥补风洞试验与飞行试验的不足。但是采用数值计算来研究大型飞机的颤振问题,仍需要风洞试验和飞行试验来验证其可靠与否。

风洞颤振试验与使用真实飞行器开展的飞行试验相比其成本大大降低,与数值仿真相比更加可信可靠。过去国内的颤振试验基本上都是在低速风洞进行的,因此不能完全反映飞行器的颤振问题。大型飞机的颤振问题主要是高亚声速和跨声速问题,一方面是在高亚声速和跨声速时,流动的强分离效应;另一方面是由于此时出现的弱激波极易受到扰动而发生激波振荡,激波的振荡又与涡脱落相互耦合,产生多频谱的非定常气动力。因此在跨声速范围内,风洞颤振试验是目前颤振研究最可靠最便捷的手段。开展风洞试验可以复现颤振现象,获取颤振边界,研究颤振特性的变化规律,为飞行颤振试验提供依据。

18.2　颤振试验相似参数

进行风洞试验之前必须在相似理论的指导下确定模拟参数和试验方法。风洞模型试验的相似律可以用量纲分析的方法或者根据该物理问题控制方程的无量纲化来建立。颤振风洞试验首先必须要满足空气动力学与结构动力学相似准则。有关空气动力学相似准则的相关内容可参考本书第1章中的相关内容。本节将通过对流动控制方程组与结构运动方程的无量纲分析来获得颤振风洞试验的相似准则要求,并为颤振模型的设计及风洞试验提供理论依据。

结构在弹性范围内变形,用振动模态的概念来表征飞行器表面点的法向振动变形:

$$\Delta z(x, y, t) = \sum_{i=1}^{n} \phi_i(x, y) q_i(t) \tag{18.15}$$

式中,n 是振型数;h_i 为第 i 阶振型的模态;q_i 为第 i 阶振型相对应的广义坐标值。

结合拉格朗日方程,飞行器的结构运动方程可以使用矩阵形式表征为

$$[M]\{q_{tt}\} + [G]\{q_t\} + [K]\{q\} = \{A\} \tag{18.16}$$

式中,$[M]$ 为广义质量矩阵;$[G]$ 为广义阻尼矩阵;$[K]$ 为广义刚度矩阵;$\{A\}$ 为广义气动力,其与飞行器的非定常压强的分布 $C_p(x, y, t)$ 有关:

$$A_i = \frac{1}{2}\rho_\infty V_\infty^2 \oiint C_p(x, y, t)\phi_i(x, y)\mathrm{d}S \tag{18.17}$$

$[M]$、$[G]$ 和 $[K]$ 这三个矩阵由飞行器的结构和质量分布决定,可以通过有限元分析或试验获得。由于结构阻尼难以确定,工程上通常取 $[G] = 0$。然后根据工程经验对计算结果作适当的修正。振型具有正交性,经过质量规一化处理后,$[M]$、$[K]$ 均是对角矩阵,且满足:

$$K_{ii} = \omega_i^2 M_{ii} \tag{18.18}$$

式中,$\omega_i = 2\pi f_i$。为了简化问题,取 $[G] = 0$ 对结构运动方程进行了量纲分析。广义坐标 q 和模态值 h 的乘积具有长度量纲。如果认为 h 无量纲,那么相应地,q 具有长度量纲,于是结构运动方程(18.16)中各项的量纲为:t 是物理时间,具有时间的量纲 T;M 是广义质量,具有质量的量纲 M;K 是广义刚度,具有刚度的量纲 MT^{-2};A 是广义气动力,具有力的量纲 MLT^{-2}。

使用符号 η_X 来表示计算模型的 X 参数 X_M 同实物的 X 参数 X_A 之比,即 $\eta_X = X_M/X_A$,那么计算模型的结构运动方程可以使用实物参数表征为

$$\frac{\eta_M\eta_q}{\eta_t^2}[M]\{q_{tt}\} + \eta_K\eta_q[K]\{q\} = \eta_A\{A\} \tag{18.19}$$

如果方程(18.19)中各参数比满足:

$$\frac{\eta_M\eta_q}{\eta_t^2} = \eta_K\eta_q = \eta_A \tag{18.20}$$

那么计算模型与实物具有相同的结构运动方程。根据方程(18.17)和方程(18.18)可知:

$$\eta_A = \eta_\rho\eta_V^2\eta_{C_p}\eta_h\eta_{\Delta S} \tag{18.21}$$

$$\eta_K = \eta_\omega^2\eta_M \tag{18.22}$$

因此,方程(18.20)可以进一步改写为

$$\frac{\eta_M\eta_q}{\eta_t^2} = \eta_\omega^2\eta_M\eta_q = \eta_\rho\eta_V^2\eta_{C_p}\eta_h\eta_{\Delta S} \tag{18.23}$$

首先看式(18.23)中的右边等式。要求计算模型与实物密度相同($\eta_\rho = 1$)、流体动力学相似($\eta_{C_p} = 1$),并且要求计算得到的速度即为真实速度($\eta_V = 1$),于是有

$$\eta_\omega^2\eta_M\eta_q = \eta_h\eta_{\Delta S} \tag{18.24}$$

如果把实物中具有长度量纲的所有参数以及模态值 h 都缩小 L 倍:

$$\eta_l = \frac{1}{L}, \ \eta_h = \frac{1}{L}, \ \eta_{\Delta s} = \frac{1}{L^2} \qquad (18.25)$$

式中,l 是参考长度。根据式(18.15),气动外形相似要求:

$$\eta_q = 1 \qquad (18.26)$$

因为计算模型和实物的减缩频率 $k(= l\omega/V)$ 相同,即 $\eta_k = \eta_l \eta_\omega / \eta_V = 1$,所以:

$$\eta_\omega = L \qquad (18.27)$$

将式(18.25)、式(18.26)和式(18.27)代入方程(18.24),有

$$\eta_M = \frac{1}{L^5} \qquad (18.28)$$

再来分析式(18.23)中的左边等式,根据式(18.28),可以导出:

$$\eta_t = \frac{1}{L} \qquad (18.29)$$

最后,根据颤振试验相似参数分析,可以总结出颤振风洞试验需要满足的相似比例尺。以下标"1"表示真实飞机参数,下标"2"表示试验模型对应的参数,各参数的比值(比例尺)用 K 表示,K 的下标表示它是哪一个参数。

长度比例尺 $K_L = L_2/L_1$,表示模型参考长度和飞机参考长度比值;

速压比例尺 $K_q = q_2/q_1$,表示风洞试验的速压和飞机飞行速压的比值;

密度比例尺 $K_\rho = \rho_2/\rho_1$,表示风洞试验对应密度和飞机飞行对应密度的比值。

以上三个是模型设计的基本比例尺,根据基本比例尺推导出的模型设计诱导比例尺如下:

频率比例尺:$K_\omega = (K_q/K_\rho)^{1/2}/K_L$;

质量比例尺:$K_M = K_\rho \cdot K_L^3$;

转动惯量比例尺:$K_I = K_\rho \cdot K_L^5$;

梁架截面刚度比例尺:$K_{EI} = K_q \cdot K_L^4$;

线弹簧刚度比例尺:$K_{KL} = K_q \cdot K_L$;

角弹簧刚度比例尺:$K_{K\theta} = K_q \cdot K_L^3$;

柔度比例尺:$K_C = (K_q \cdot K_L)^{-1}$;

力比例尺:$K_F = K_q \cdot K_L^2$;

拉压刚度比例尺:$K_{E\delta} = K_{G\delta} = K_q \cdot K_L$;

弹性模量比例尺:$K_E = E_m \cdot E_a^{-1}$;

蒙皮厚度比例尺:$K_\delta = K_q \cdot K_L \cdot K_E^{-1}$。

18.3　颤振模型设计

18.3.1　颤振模型设计流程

颤振模型的设计流程比较复杂,是一个反复迭代设计的过程。一般主要包含以下工作内容:

(1) 对原型飞机的结构有限元模型进行结构分析,获取刚度分布特性、质量分布特性和结构模态(振型、频率)参数等信息;

(2) 按照相似准则确定模型设计比例尺,获取原准模型的柔度影响系数矩阵、质量分布、模态参数(振型、频率)等,并作为后续优化设计的目标值,这里的原准模型指的是按照模型设计比例尺把原型飞机信息折算后获得的缩比后的模型;

(3) 根据模型的几何尺寸、承受的载荷范围、制作材料属性、加工工艺水平、风洞安装方式等限制要求来确定模型的结构布局形式,建立初始的简化结构模型;

(4) 对简化结构模型进行有限元建模,联合结构分析软件,开发适当的优化设计流程进行模型结构尺寸优化设计;

(5) 对优化后的模型进行详细的结构分析与颤振分析计算,并进行静强度校核,直至满足风洞试验模型的设计要求。

为了便于更清晰地了解颤振模型的设计过程,图 18.4 给出了其工作流程图。

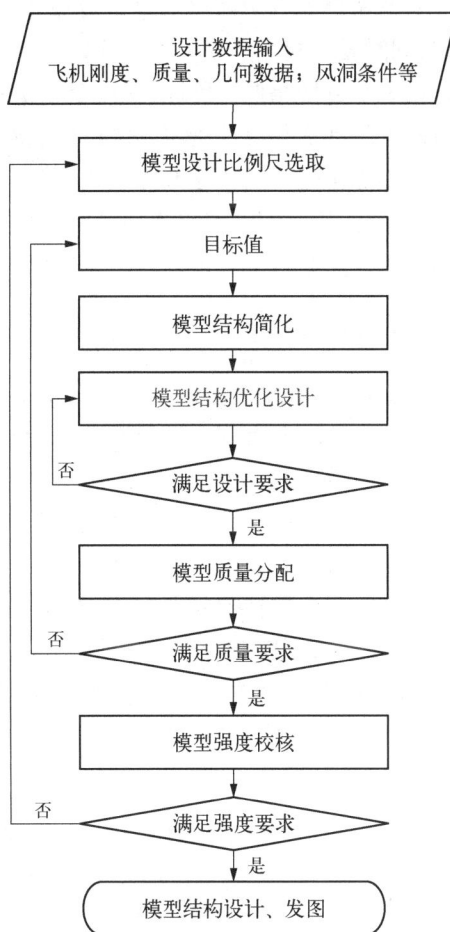

图 18.4　颤振模型设计流程

18.3.2　模型结构优化

颤振模型设计中非常关键的一步就是结构布局设计,甚至能够决定模型设计的成败,好的结构布局形式能大大提高优化计算效率,节省加工制作成本,提升模型强度特性等。由于要满足长度、速压、密度比例尺以及强度设计等要求,颤振模型的结构布局形式必须对实物的结构进行仔细分析、合理简化,并对当前可利用的模型材料及加工制作工艺具有足够的认识,还必须从前人的工作中总结经验教训,才有可能提出较好的结构布局方案,为下一步的优化设计奠定良好的技术基础。

由于模型的几何外形是由原型飞机按几何缩比来确定的,结构布局根据前文所述的研究方法确定,所以仅需要对结构的尺寸优化。例如梁的截面尺寸、肋板与蒙皮的厚度等,它们是设计方案中可调整变化的基本参数,也即是优化设计变量。为了保证结构具有足够的强度、刚度以及工艺和使用方面的考虑,必须对这些基本参数加以限制,即为约束。评判可行方案的好坏必须有一个标准,通常是要求结构的某种属性最佳,例如结构总质量最轻、造价最低、承载能力最好、自振周期最大等。这个广义性能指标就是设计变量的函数,即是优化设计的目标函数。有了设计变量、约束条件和目标函数以后,即可建立模型结构优化的数学模型。

颤振模型要求刚度与刚度分布相似,就是说受载后模型的变形特性与原型飞机要相似;同时要求模型质量分布和原型飞机质量特性相似;刚度和质量相似必然会导致模型结构动力学特性相似。因此,对原型飞机的刚度系数矩阵和质量矩阵按照比例尺进行缩比后即可得到优化设计所需要的目标刚度系数矩阵 K_s 和目标质量矩阵 M_s。优化的目的就是使得优化模型的刚度系数矩阵 K 和目标刚度系数矩阵 K_s 差异最小。首先不需要针对质量矩阵进行优化,可以先把模型中材料密度赋值为 0,直接使用目标质量,在刚度优化结束后再按照各个分区进行质量优化。

18.3.3 颤振模型地面共振试验验证

颤振模型加工完毕后,需要进行模态试验(即地面共振试验)获取模型的模态参数,其目的是检验模型加工是否满足设计要求,模型主要模态频率与设计频率差异一般要求小于 5%,模态振型基本相同。模态试验系统包括模型支持系统、激励系统、测量系统、数据采集系统和分析系统。机翼颤振模型根部采用一般固支约束条件,所以需要将模型固支在承力墙上。

激励系统包括信号发生器、激振器、功率放大器。模型在激振器或力锤的激励下产生振动时,输入到模型的信号和模型的响应信号都必须测量。模型输入是力,用力传感器测量,模型的响应通常采用加速度传感器测量。选用 PCB 公司的 PCB 208C03 力传感器进行力的测量。数据采集系统使用 LMS SCADAS Ⅲ。

典型试验照片见图 18.5,试验主要流程是力传感器和加速传感器采集到的信号通过

图 18.5　机翼模型模态试验照片

电荷放大器放大后传输给 SCADAS 采集前端,信号经过抗混滤波、A/D 转换等处理后再传输给分析电脑,利用 LMS Test Lab 软件包的 Modal Analysis 模块,用其中的 PolyMAX 分析方法进行模态参数的识别,最终得到模型的模态参数。PolyMax 方法,也称为多参考点最小二乘复频域法(polyreference least-squares complex frequency domain method, LSCF),该方法具有较好的抗干扰能力、稳态图清晰且干净,是目前公认的最佳试验模态分析方法之一。图 18.6 给出了该机翼模型模态试验的 PolyMax 方法参数识别结果,图 18.7 给出了地面模态试验测得的模态振型。

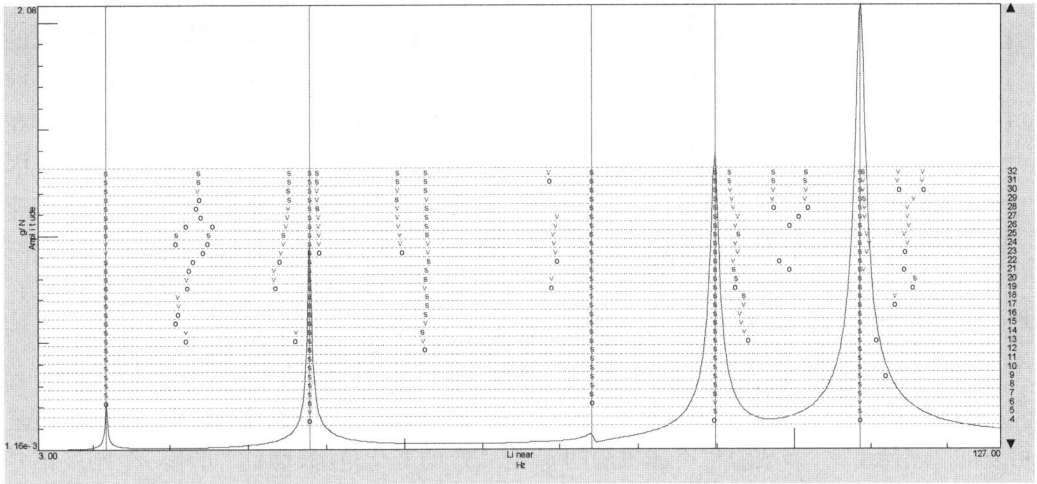

图 18.6　机翼模型模态试验的 PolyMax 参数识别结果

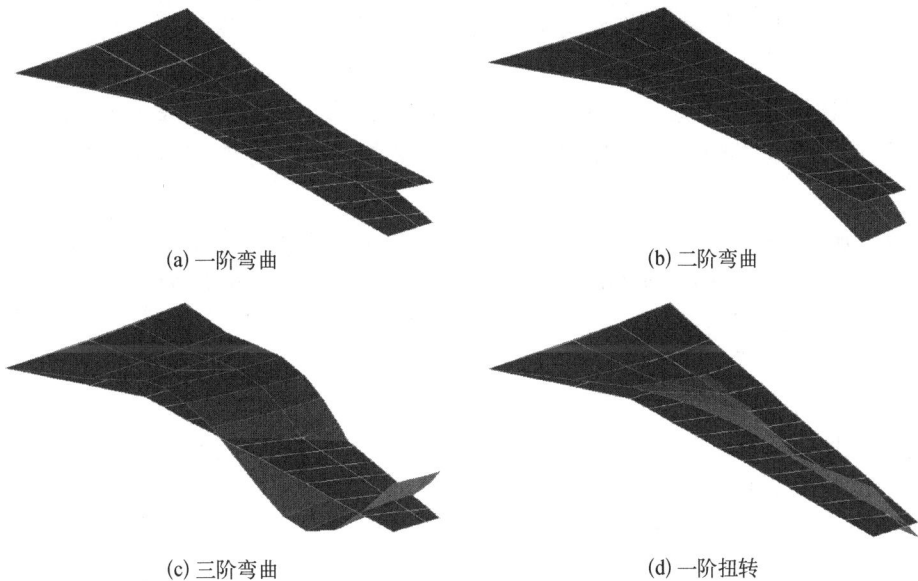

(a) 一阶弯曲

(b) 二阶弯曲

(c) 三阶弯曲

(d) 一阶扭转

图 18.7　机翼模型地面模态试验主要振型结果

18.4　颤振试验流程

为确保飞行安全,颤振风洞试验的目的是要在风洞中用动力相似模型再现颤振现象,了解飞行器的颤振特性,确定危险飞行状态(飞行高度 H、马赫数 Ma)下的颤振临界速压 q_{cr} (或临界速度 V_{cr})和颤振频率 f_{cr} ,为飞行器的安全飞行提供飞行包线数据。同时,颤振风洞试验也可为检验理论分析、数值仿真方法的可靠性提供试验验证数据。

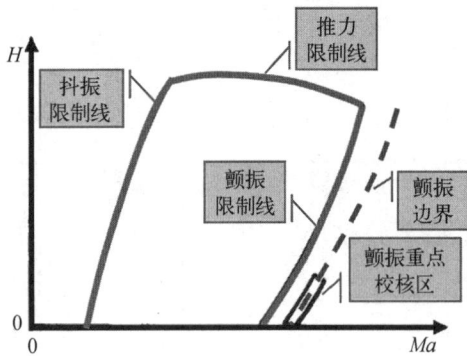

图 18.8　飞行包线

图 18.8 是一架飞机的飞行包线,要求不同飞行高度的颤振临界速压都要大于飞机的最大飞行速压 q_{max} ,并留有一定的安全裕量,即要求 $q_{cr} \geqslant \zeta q_{max}$,式中, ζ 为安全系数。通常在低空、跨声速飞行状态下最容易发生颤振,因此,在风洞试验中主要校核的是低空、跨声速的颤振临界速压。

颤振试验要求模型与飞机保持动力相似。如果试验要模拟一定数量的飞行状态,若模型刚度为定值,则风洞总压 p_0 必须是可变的;若模型质量也是定值,则风洞总温 T_0 也必须是可变的。实际上,大多数跨超声速风洞的 p_0 有一定的变化范围,因此,可用一个刚度不变的模型进行不同马赫数的试验。但 T_0 通常是不可调的,因此,采用质量不变的模型时,质量相似条件不能完全得到满足。

按照相似条件,如果要确定大气条件下的颤振边界,需要在每一个马赫数下试验几个不同密度比的模型,得出颤振临界速压 q_{cr} 随颤振时的风洞气流密度 ρ_{cr} 变化的曲线。如果这条曲线与该马赫数下大气的 q-ρ 变化曲线相交,则交点处的速压就是符合大气条件的颤振临界速压,是颤振边界上的一个点。对若干个不同的马赫数,重复上述过程,可获得一条符合大气条件的颤振边界。但这种方法需要加工多个模型,试验工作量很大,实际上很难实现。

通常的做法是按照要校核的主要飞行状态(H、Ma)来设计模型。由于风洞试验测得的颤振临界速压有可能偏离原先的设计点,以及不同马赫数的颤振临界速压值不同和模型超质量比等原因,在各试验点上,模型的密度比都有可能不符合质量相似的要求,因此,需要对试验结果进行密度修正。

风洞试验模型设计点的选取,应力求颤振边界的跨声速马赫数最低点与所模拟的飞行状态的大气条件相接近。如果试验得到的经密度修正的颤振边界是图 18.9 中的曲线 A ,选取 $H=0\,km$、$Ma=1.0$ 作为模型模拟的飞行状态是合适的。但在有些情况下,例如机翼带翼尖外挂时,可能得到曲线 B 那样的颤振边界,此时应选取

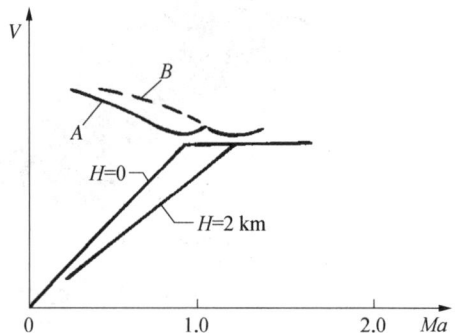

图 18.9　颤振边界与飞行高度

$H=2$ km、$Ma=1.2$ 作为模型模拟的飞行状态,并以 $H=2$ km 的密度值用来作密度修正。

本节介绍了在 CARDC 的 2.4 m 跨声速风洞开展颤振风洞试验研究,首先分别先后介绍了风洞设备、模型支撑、风洞运行和流场测量方式、颤振试验专用设备和数据处理方法等内容。

18.4.1　试验风洞

中国空气动力研究与发展中心的 2.4 m 跨声速风洞是一座试验段尺寸为 2.4 m×2.4 m 的引射式、半回流、暂冲型跨声速增压风洞。风洞运行靠主引射器驱动,运行方式有"常压"和"增压"两大类。常压运行方式是指以最低的稳定段工作压力运行,以延长风洞吹风时间,此运行状态下的稳定段压力主要由主调压阀控制。增压运行方式指以高于常压运行工作压力值运行,以获得高雷诺数,此运行状态下,稳定段压力主要由主排气阀控制。通过多变量控制方法,由主调压阀或主排气阀控制稳定段总压,由栅指或驻室抽气系统控制马赫数。

图 18.10 给出了该风洞变速压时相关流场参数的变化范围。该风洞是目前国内最适合开展颤振试验的大型风洞。

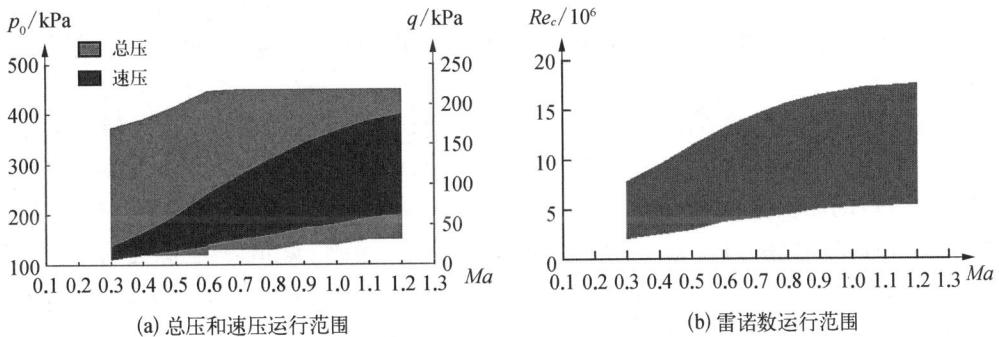

(a) 总压和速压运行范围　　　　　　　　(b) 雷诺数运行范围

图 18.10　2.4 m 跨声速风洞变速压试验运行参数

18.4.2　模型支撑系统

对于大展弦比机翼模型这种类型的部件模型通常固定支撑于试验段侧壁的钢窗上或者下壁板上。为了减小洞壁边界层的影响,可在翼根加一个类似"机身"的整流体。对于根部固支的翼面模型,由于根部的振幅小,边界层的影响较小,但对于全动水平尾翼模型,其根部的运动并不小,应特别注意根部的整流。此外在模型固定区附近,不允许有侧壁开孔或缝隙,否则会对试验结果有影响。

图 18.11 给出了 2.4 m 跨声速风洞的半模转窗支撑系统,转窗的转动用交流伺服电机带动蜗杆及齿轮轴转动来完成。角度的精确控制靠准确安装在驱动轴中心位置的相对式光电编码器来实现。与半模天平连接的联接套通过丝杠、螺母,用手摇的方式可前后移动 560 mm,以便于在风洞内更换模型或天平。不同的天平可以更换联接套。联接套到位后,通过其上方的键将其定位锁紧,防止试验中移动。为确保试验安全,转窗的转动角度范围同时采用了电器限位和机械限位,限位的角度可根据试验需要进行调整。

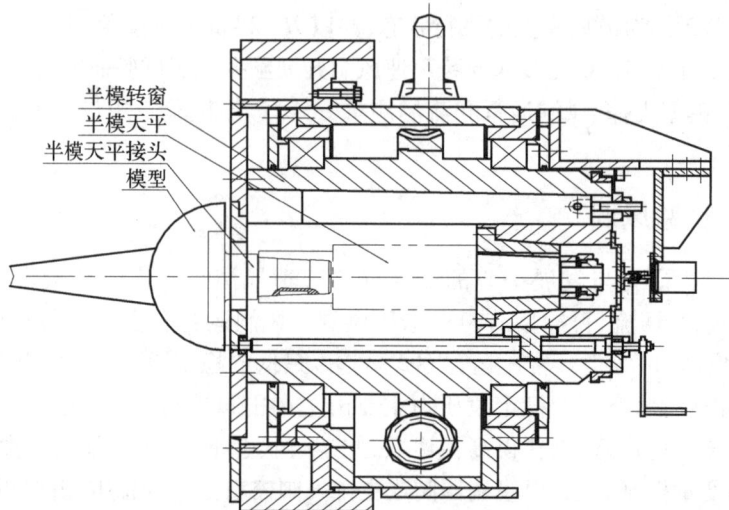

图 18.11 半模转窗支撑系统

18.4.3 风洞运行与流场测量

2.4 m 跨声速风洞采用固定马赫数,逐步增大总压(即增大速压)的方法来趋近颤振临界点。

试验时固定马赫数的方法是,当 $Ma<1$ 时,采用调整超声速扩散段尺寸,使其形成声速喉道的办法。当总压达到一定值、超扩段形成声速喉道后,马赫数的大小取决于试验段与超扩段喉道的面积比(即 h/h_a),而与总压无关。$Ma \geqslant 1$ 时,控制超扩段第一调节片与试验段调节片之间缝隙的大小,当 H/h 为定值,总压 p_0 达到一定值后,缝隙处的气流达到声速,马赫数就保持不变。这样,增压特性如图 18.12 所示,给定不同的超扩段尺寸,可得出不同的马赫数。为了降低使马赫数保持不变的起始总压,可使用吸入引射器,此时,增压特性的下端如图 18.12 中的虚线所示。

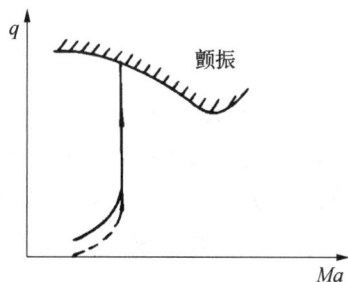

图 18.12 风洞增压特性

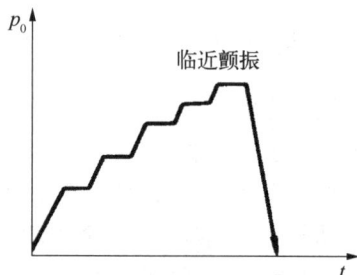

图 18.13 阶梯增速压示意图

具体试验时有固定马赫数阶梯变速压与固定马赫数连续变速压两种开车方式。第一种开车方式:一般在一定的速压范围内设置 4~8 个速压阶梯(每阶梯保持 10 s 左右),一般从风洞的速压下边界开始,以较低的速压起动(图 18.13)。第二种开车方式:与前者不同的是,速压是一直连续增长的,不单独设定速压阶梯,因此在同样的速压范围内,速压以相等速率增长时,连续变速压开车方式吹风时间更短,更节约耗气量。

在每个速压阶梯,待气流稳定后,测定总压 p_0、静压 p 和总温 T_0,按等熵流动基本关系式计算马赫数 Ma、速压 q、密度 ρ、声速 a 和雷诺数 Re 等。计算公式分别为

$$Ma = \sqrt{5.0\left[\left(\frac{p_0}{p}\right)^{\frac{1}{3.5}} - 1\right]} \tag{18.30}$$

$$q = \frac{1}{2}\rho V^2 = \frac{\gamma}{2}pMa^2 = 0.7pMa^2 \tag{18.31}$$

$$\rho = \frac{p}{RT} = \frac{(1 + 0.2Ma^2)^{-2.5}}{287.053} \cdot \frac{p_0}{T_0} \tag{18.32}$$

$$a = \sqrt{\gamma RT} = 20.0468\sqrt{\frac{T_0}{1 + 0.2Ma^2}} \tag{18.33}$$

$$\begin{aligned}
Re &= \frac{\rho V l_{Re}}{\mu} \\
&= \frac{pMal_{Re}}{\mu}\sqrt{\frac{\gamma}{RT}} \\
&= \frac{p \cdot Ma \cdot l_{Re}}{1.458 \times 10^{-6}} \cdot \frac{T + 110.4}{T^2} \cdot \sqrt{\frac{\gamma}{R}} \\
&= 0.04790 \times 10^6 \times \frac{T + 110.4}{T^2} \cdot p \cdot Ma \cdot l_{Re} \\
&= 0.0479 \times 10^6 \times \frac{\left[(1 + 0.2 \cdot Ma^2)^{-1} + \dfrac{110.4}{T_0}\right]}{(1 + 0.2 \cdot Ma^2)^{3/2} \cdot T_0} \cdot P_0 \cdot Ma \cdot l_{Re}
\end{aligned} \tag{18.34}$$

18.4.4　颤振试验数据采集

如图 18.14 所示,试验过程中,模型内部预先布置的应变计和加速度计产生的振动信

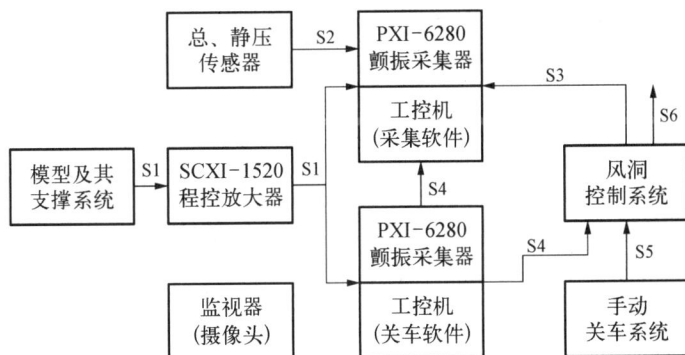

图 18.14　颤振风洞试验数据采集系统框图

S1. 模型振动信号;S2. 传感器信号;S3. 阶梯信号;S4. 程序关车信号;S5. 手动关车信号;S6. 风洞关车信号

号通过 NI 公司的 SCXI-1520 程控放大器调理放大后,由 PXI-6280 数据采集设备实时采集,然后传输到计算机,实时存储、显示所有通道信号的时间历程数据。

为了实时监测流场参数的变化,同时同步采集风洞总压、静压、总温信号,通过计算获得来流 Ma 和 q 等流场参数的时间历程,供分析颤振特性时参考。另外,采集系统同步采集由风洞控制系统发来的阶梯信号、紧急关车信号。

18.4.5　风洞和模型的保护

在高速风洞中进行颤振试验,特别是暂冲式风洞,由于风洞运行速压高,模型承受的载荷大,模型被损坏的可能性很大,而模型损坏很容易造成风洞破坏,为保护模型,会在风洞亚声速扩散段装上防护网。

高速颤振模型的保护方式可以采用:一是在临近颤振时,触发风洞控制系统快速降低速压,使模型快速脱离危险状态;二是触发安装在模型上或其附近的主动保护装置,直接作用于模型,使其快速脱离危险状态。以往均是通过人工观察模型的振动情况来判断模型是否处于危险状态,但人工判断存在反应延迟和失误,因此经常造成模型破坏。

针对这种情况,设计了一种自动紧急关车系统,用于高速风洞颤振试验过程中模型保护。自动关车系统包括程控放大器、滤波器、数据采集设备和计算机及软件,利用该系统可以自动判断模型是否处于危险状态并发出控制信号。自动关车系统原理如图 18.15 所示,即:计算机获得经过程控放大、带通滤波后的模型振动信号,如果在预设的检测时间 T 内有 N 个脉冲超过了预设参考电压值 U_{ref},就由计算机发出关车指令。参考电压值主要依据前几次模型的振动情况和电压幅值来设定。检测时间由公式 $t=N/f$ 决定,其中,f 为模型的颤振频率;N 为脉冲数。如果颤振类型为突发型,则脉冲数 N 取少一点,如为缓慢型,则脉冲数 N 可取多一点。由于风洞是一个多参数控制、多执行机构的复杂系统,从控制系统接收到紧急关车信号到风洞开始执行大约需要 1 s 的反应时间。这样就需要紧急关车系统的门限值设定得稍偏保守,否则在这时间内可能因为颤振发散而导致模型破坏。

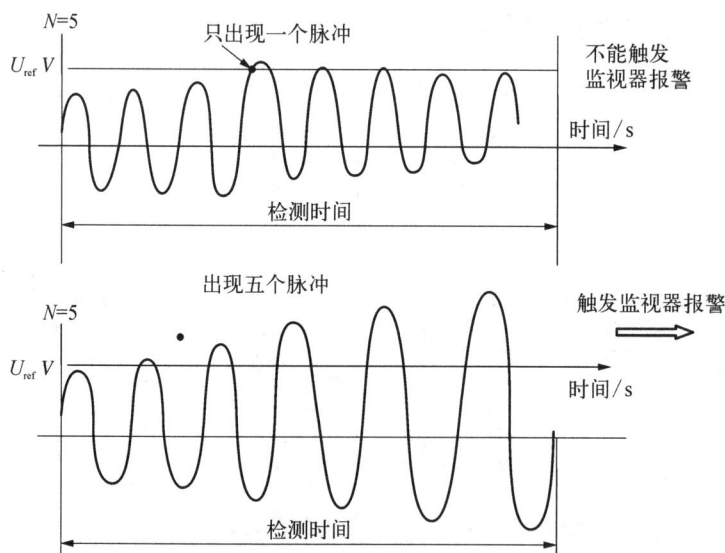

图 18.15　自动紧急关车原理

18.5　颤振数据分析及亚临界预测方法

在跨声速风洞颤振试验中,由于模型的颤振频率高,如采用直接测定颤振临界点的试验方法,模型很容易遭受颤振破坏,因此,广泛采用测定颤振亚临界响应并外推求得临界点的方法。采用这种方法,不仅大大减小模型遭受破坏的可能性,而且由于在风洞试验中能够使亚临界测量点跟临界点相当接近,又可以对颤振特性的变化做出定量分析,因而,在许多情况下能够比直接测量更加准确地确定颤振临界点。

针对定马赫数阶梯增速压方式,一般是采用风洞气流自然湍流激振和以随机衰减法跟功率谱法、最小二乘曲线拟合法相结合的亚临界响应分析方法。这种分析方法的优点是:能够较好地消除风洞气流噪声影响,给出准确的试验结果;能够分离两个频率相近的振型;测量时间较短,每个速压阶梯 10 s 左右;能够快速现场分析,每次试验后,数分钟内就能得到每个速压阶梯下振动的频率、阻尼比和衰减曲线。

以下分别就功率谱分析、随机衰减分析和曲线拟合方法加以说明。

1. 功率谱(或频谱)分析

通过功率谱分析,可以看出与颤振有关的几个振型随速压的变化。例如,由图 18.16 可见,随着速压 q 的增大,弯曲频率 f_1 与扭转频率 f_2 逐步接近,而且扭转振型响应峰的幅值越来越高,半功率点处响应峰的宽度越来越窄,说明扭转振型是阻尼比将要发展为零的颤振主振型。这样,可以判断颤振主振型并用来选择带通滤波器的通带,即所选的通带应大于响应峰的宽度。这样,经带通滤波,保留了颤振主振型的响应信号。有时,有两个频率相近的振型靠在一起,只好把两个振型的响应信号都保留下来。经带通滤波所保留的信号,经过随机衰减分析和最小二乘曲线拟合,就可以求出颤振主振型的频率和阻尼比。

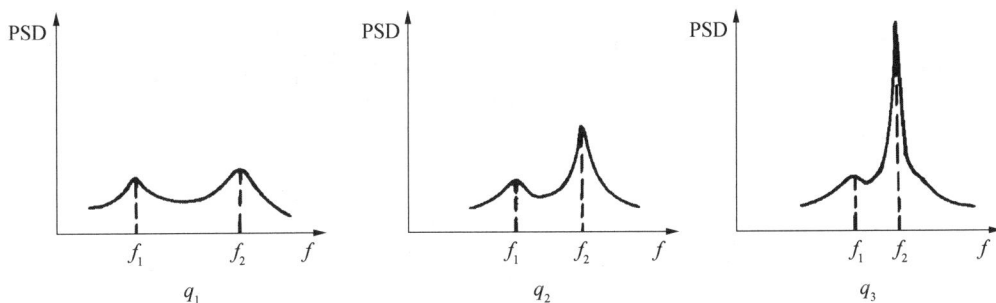

图 18.16　响应功率谱随速压的变化 ($q_1 < q_2 < q_3$)

当颤振主振型的响应峰很明显而其他振型的响应峰很小时,采用低通滤波保留所有这些振型的信号,也能得到很好的结果。

2. 随机衰减分析

在颤振分析中以振动振型作为广义坐标。现在,只分析颤振主振型,把它作为单自由度系统来处理。试验时作用在模型上的非定常气动力包括:① 由风洞气流的压力脉动引起的随机激励力 $F(t)$;② 模型自振引起的非定常气动力,它是广义坐标的位移 z、速度 $\dot{z}$

和加速度 $\ddot{z}$ 的函数,从而可包括在运动微分方程的左端,可将其与结构的惯性项、阻尼项和刚度项合并在一起。于是,运动微分方程成为典型的单自由度系统强迫振动方程,即

$$m\ddot{z} + 2m\omega_0\tau\dot{z} + m\omega_0^2 z = F(t) \tag{18.35}$$

式中,$F(t)$ 为随机激励力,单位为 N;m 为广义质量,单位为 kg;ω_0 为无阻尼固有频率,单位为 rad/s;τ 为阻尼比。

运动微分方程的解包括通解和特解,其特解为

$$z(t) = S(t) + R(t) \tag{18.36}$$

通解就是瞬时响应,可写成:

$$S(t) = \mathrm{e}^{-\tau\omega_0 t}(a\sin\omega t + b\cos\omega t) \tag{18.37}$$

有阻尼固有频率:

$$\omega = \sqrt{1 - \tau^2}\,\omega_0 \tag{18.38}$$

在小阻尼情况下,可认为 $\omega = \omega_0$,$S(t)$ 可写成:

$$S(t) = \mathrm{e}^{-\tau\omega t}(a\sin\omega t + b\cos\omega t) \tag{18.39}$$

式中,a、b 是由初始条件决定的常数;阻尼比 τ 和频率 ω 就是需要通过亚临界响应分析来确定的量。

所谓随机衰减法,就是以一定的初始电平 U_0(代表初始位移)为条件,采集一系列经过滤波的模型响应子样 $U_1(t)$、$U_2(t)$、$\cdots$、$U_N(t)$,经过系集平均(ensemble average),消除由风洞气流噪声引起的随机强迫响应 $R(t)$,保留由初始条件引起的瞬时响应 $S(t)$(图 18.17)。只规定初始位移作为子样截取的初始条件时,经系集平均,由于正负初始速度的概率相

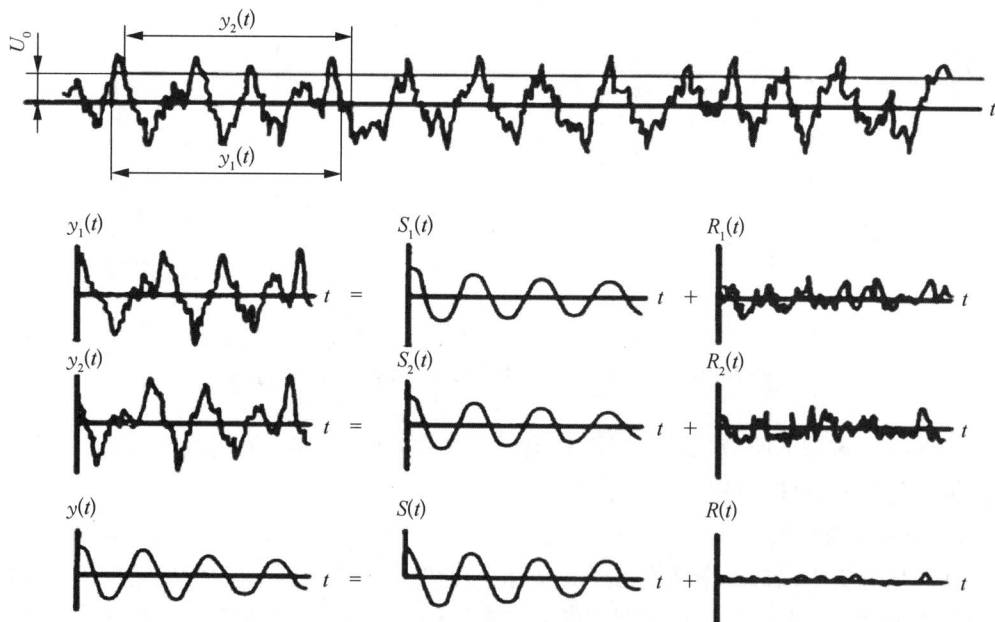

图 18.17 随机衰减法原理示意图

等,由初始速度引起的脉冲响应相互抵消,因此 $S(t)$ 中实际只包含初始位移引起的阶跃响应。经系集平均,由风洞气流噪声引起的随机强迫响应的均方根值为

$$\sigma_{R(t)} = \left[\frac{1}{N} \overline{U^2(t)} \right]^{\frac{1}{2}} \tag{18.40}$$

式中,N 为子样数(即平均数);$\overline{U^2(t)}$ 为模型响应的均方值。可见,随着平均数 N 的加大,$R(t)$ 趋近于零,系集平均结果 $Z(t)$(称为随机衰减标记)趋近于瞬时响应 $S(t)$。随机衰减标记可能是单振型的(图 18.17);也可能包含两个频率相近的振型,如图 18.18 呈现出的"拍振"现象。

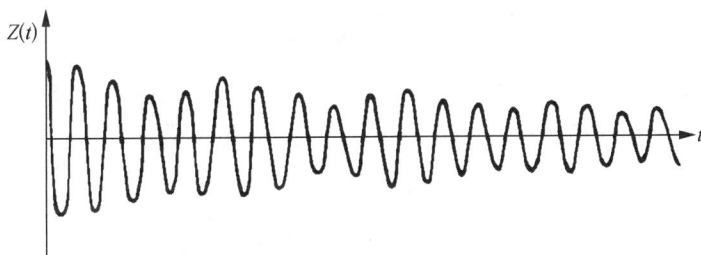

图 18.18　包含两个频率相近振型的随机衰减标记

为了获得振动信号主模态的频率峰值,需要进行功率谱密度计算。由于颤振试验信号中叠加了风洞气流噪声以及受到电磁信号的干扰,若直接进行功率计算,必然引入较大的试验误差。因此通常在求取功率谱前都需要对选定数据进行数字滤波。

数字滤波是对离散数据进行差分方程运算来达到滤波的目的。数据处理过程中选用的 IIR 数字滤波器特征是具有无限持续时间的冲击响应,这种滤波器一般需要用递归模型来实现,其表达式可以定义为一个差分方程:

$$y(n) = \sum_{k=0}^{M} a_k x(n-k) - \sum_{k=1}^{N} b_k y(n-k) \tag{18.41}$$

式中,$x(n)$ 和 $y(n)$ 分别为输入和输出时域信号序列;a_k 和 b_k 均为滤波系数。它的系统传递函数可以用式(18.42)表示:

$$H(z) = \frac{\displaystyle\sum_{k=0}^{K} a_k z^{-k}}{1 + \displaystyle\sum_{k=1}^{N} b_k z^{-k}} \tag{18.42}$$

式中,N 为 IIR 数字滤波器的阶数,或称为滤波器系统传递函数的极点数;K 为滤波器系统传递函数的零点数;a_k 和 b_k 均为权函数系数。

IIR 数字滤波器的设计通常借助于模拟滤波器原型,再将模拟滤波器转换成数字滤波器。常用的模拟滤波器的原型产生函数有巴特沃斯型、切比雪夫型、椭圆型、贝塞尔型等。巴特沃斯滤波器的特点是具有通带内最平坦的幅度特性,而且随着频率升高呈单调递减,加之其设计简单,运算速度快,计算效率高,因此通常选取巴特沃斯型 IIR 数字滤波器。

经过数字滤波后的振动信号仍然被看作是一个随机信号,而一个随机信号的功率谱密度函数正是其自相关函数的傅里叶变换,其表达式为

$$P(f) = \frac{1}{N} \sum_{n=1}^{N} R_{xx}(n) \, \mathrm{e}^{-\mathrm{j}2\pi fn/N} \tag{18.43}$$

求得功率谱密度后,通过搜索找到所关心的模态主峰值,根据峰值提取法构造相应的颤振稳定性参数。

峰值提取法是基于这样一个假设,当处于气流中的弹性系统受到紊流激励时,对于颤振微分方程的解——振幅"ψ"来说,可以用一个简单的表达式来描述:

$$\psi = \frac{\rho Q_{\mathrm{t}}}{V_{\mathrm{f}}^2 A_{\mathrm{f}}(\rho - \rho_{\mathrm{f}})} \tag{18.44}$$

式中,Q 为广义力;A 为广义气动力,它是马赫数与减缩频率的函数;V 为气流速度;ρ 为气流密度;下标 f、t 分别代指颤振与紊流。等式两边分别取倒数得到:

$$\frac{1}{|\psi|} = \frac{\rho_{\mathrm{f}} V_{\mathrm{f}}^2 |A_{\mathrm{f}}|}{|Q_{\mathrm{t}}|} \left(\frac{1}{\rho} - \frac{1}{\rho_{\mathrm{f}}} \right) \tag{18.45}$$

由于速压 $q = \frac{1}{2}\rho V^2$,于是 $\dfrac{1}{|\psi|}$ 与 q 有着一一对应的关系,且在接近颤振临界点时,这种关系是近线性的。因此通过拟合外插便可获得颤振临界点的颤振临界速压。

在具体颤振试验时,数据处理分为以下四步。

(1)预处理。对试验数据截取有效数据,去除趋势项,去除直流分量,并根据地面振动试验所确定的模型振动频率范围,设置带通滤波频率范围,进行数字滤波等预处理。

(2)随机衰减法。运用随机衰减法去除经过预处理后的试验数据中由风洞气流噪声引起的随机干扰响应,保留由初始条件引起的有效物理振动响应数据。

(3)模态参数辨识。选取矩阵束(matrix pencil,MP)方法进行模态参数辨识,获得模型的振动频率和阻尼比。

(4)颤振外插。通常采用阻尼比或功率谱峰值倒数等颤振稳定性参数外插获得颤振临界速压。

第 18 章习题　　　　第 18 章参考文献

第 19 章
风洞动态试验

19.1 研究背景

飞行器的飞行姿态及其性能取决于其所受到的空气动力,而空气动力学研究的基本任务就是为飞行器设计提供真实飞行或接近真实飞行姿态条件下的静态和动态空气动力,以供飞行器设计者对其起降、巡航和机动飞行等性能进行研究,进而给出其飞行控制系统设计,也可为飞行模拟器提供准确的空气动力模型。图 19.1 给出了飞机在空中飞行过程中的受力状态[1]。

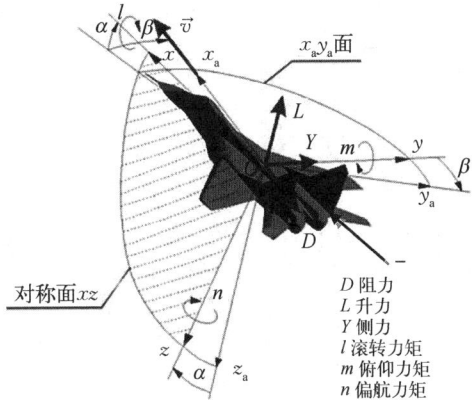

图 19.1 飞机在空中飞行过程中的受力情况[1]

飞行器的发展经历了从小迎角小机动飞行到大迎角大机动飞行的需求过程,随着飞行包线扩展,气动力问题越来越复杂[2, 3]。这里就飞机从小迎角飞行到大迎角几种典型情况逐一说明。气动力系数一般为

$$C_i = C_i(M, \alpha, \beta, \omega_x, \omega_y, \omega_z, \delta_e, \delta_r, \delta_a) \tag{19.1}$$

在小迎角范围内,飞机的稳定性分析和飞行品质评价仅依据线性气动力即可获得较好的结果,仅需要静导数、小迎角动导数。以俯仰力矩系数为例,其表达式为

$$m_z = m_{z0} + m_z^\alpha \alpha + m_z^{\overline{\omega}_z} \omega_z b_A/V + m_z^{\delta_e} \delta_e \tag{19.2}$$

随着飞机飞行包线扩展到失速迎角附近,飞机的稳定性分析和飞行品质评价必须考虑气动力非线性的影响,需要获得大迎角静态气动力及动导数。这时,俯仰力矩系数可表述如下:

$$m_z = m_z(\alpha, \beta) + m_z^{\overline{\omega}_z}(\alpha, \beta) \omega_z b_A/V + m_z^{\delta_e}(\alpha, \beta) \delta_e \tag{19.3}$$

对于失速/尾旋飞行状态情况,还需要计入大迎角状态下的旋转导数的准定常影响:

$$m_z = m_z(a, \beta) + m_z^{\overline{\omega}_z}(a, \beta) \omega_z b_A/V + m_z^{\delta_e}(a, \beta) \delta_e + \Delta m_z(\alpha, \beta; \Omega) \tag{19.4}$$

对于飞机大迎角、大侧滑的非常规飞行状态,气动力不仅与瞬时飞行状态有关,而且

依赖于飞行的整个时间历程,气动力是飞机飞行姿态和运动参数的泛函。

$$m_z(t) = m_z\big[\alpha(\xi), \beta(\xi), \omega_z(\xi), \delta_e(\xi)\big] \tag{19.5}$$

飞行器的动态气动特性目前主要通过风洞动态试验获得,公式(19.2)~式(19.5)中的动态气动特性,主要包括动稳定导数、旋转导数、非定常气动特性等。本书中,将对获得上述动态气动特性的风洞动态试验进行介绍,主要包括:动导数试验、旋转天平试验、大振幅振荡试验、机翼摇滚试验。

1. 动导数试验

动导数又称动稳定性导数,是飞行器 6 个气动系数对飞行器姿态参数时间变化率关于角速度的导数,用来描述飞行器进行机动飞行和受到扰动时的气动特性,在物理上一般表现为气动力对运动的阻尼作用。动导数是设计其导航系统和控制系统以及对飞行器进行动态品质分析所需的重要原始参数。动导数试验通常采用强迫振动法,即强迫模型在一个或多个自由度下作固定频率及振幅的简谐振动(转动或平移),天平测出模型各个自由度下的响应,通过吹风和不吹风状态下的试验,再经数据处理求得动导数。

2. 旋转天平试验

旋转天平试验是研究飞机尾旋特性的一项重要手段,利用风洞中的旋转装置带着飞机模型做绕来流速度矢量的连续旋转运动,可以比较真实地模拟尾旋状态时飞机表面各位置因旋转引起的不同来流速度及当地迎角和侧滑角,测定气动力系数随无因次旋转参数的变化关系,获得旋转角速度对气动特性的非线性影响[4],可为飞机大迎角及失速/尾旋全过程分析计算的数学模型提供较为完整的气动输入。

3. 大振幅振荡试验

对于诸如战斗机过失速机动等动态过程,作用在飞机上的气动力和力矩呈现严重的非线性和"迟滞"效应,传统的基于静、动导数的处理方法由于没有计及高阶分量,不能真实地反映此时的气动力和力矩。大振幅振荡试验,有助于弄清这种非定常的气动力特性及非定常气动力产生的机理,进而寻求利用或消除气动力非线性和"迟滞"效应的措施。

大振幅振荡试验是按照一定的相似准则在风洞中模拟飞机的运动时间历程,进而研究过失速机动非定常气动特性的一种试验技术。根据试验系统运动自由度,大振幅振荡试验通常分为单自由度大振幅振荡试验、两自由度大振幅振荡试验和多自由度机动模拟试验。

4. 机翼摇滚试验

机翼摇滚现象是飞行器在大迎角下由气动力作用激发的滚摆现象。这种自激滚摆不仅造成升力损失,而且由于纵横向自由度的耦合,严重影响了战斗机的安定性和操纵性限制了战斗机的机动性和敏捷性,缩小了飞行包线[5, 6]。而高机动性和敏捷性正是当代和未来战斗机的重要指标之一。因此,研究机翼摇滚的现象及其机理,进而运用气动和控制技术克服或避免这一现象是战斗机设计特别是军机设计时需要考虑的重要问题之一[7]。

19.2　发　展　概　况

19.2.1　动导数试验

国外低速风洞配备了多种动导数试验设备,发展了相应的试验技术。根据其所测目标动导数不同,设备激振方式及结构特点也各不相同。比较典型的有美国 NASA 兰利全尺寸风洞的刚性强迫振动装置、德国的机动振动导数天平、法国莫当 S1MA 风洞中的飞行力学研究装置和瑞典 FFA 的 ϕ3.6 m 低速风洞中的动导数试验装置。

图 19.2 为美国兰利全尺寸风洞中的刚性强迫振动设备,通过电机和减速箱驱动由飞轮、推杆以及主支杆组成的平行四边形机构运动,能进行飞行器滚转、偏航和俯仰振动试验。模型振动振幅通过飞轮无级变换,最大振幅达 30°,振动频率通过调整电机转速实现,频率范围通常在 0.1~1.0 Hz。利用置于模型内部的六分量天平,能测量飞机的全部低速组合动导数。

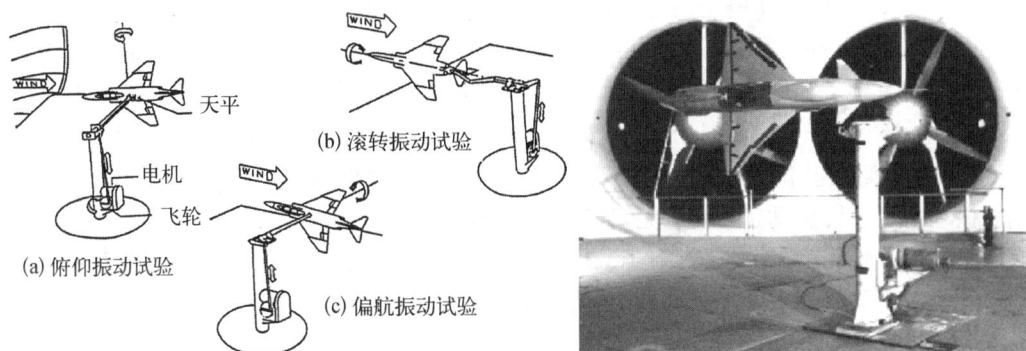

图 19.2　兰利全尺寸风洞中的刚性强迫振动设备[8-11]

德国的机动振动导数天平是一种放在活动架车上的振动导数天平(图 19.3),激振形式是单自由度强迫振动,可实现滚转、偏航、俯仰及升沉振动,配五分量动导天平测量动导数,可测量阻尼导数、交叉导数和交叉耦合导数,试验迎角最大可达 50°。装置角运动最大振幅 5°,升沉运动最大振幅 30 mm,频率范围是 0.2~3 Hz。此装置由原西德专家组成的国家工作小组设计,已装备于哥廷根、不伦瑞克和达姆施塔特技术大学的三座 3 m 量级低速风洞。

瑞典 FFAϕ3.6 m 低速风洞的动导数试验设备是 20 世纪 80 年代中期研制的,20 世纪 90 年代投入使用,可测量滚转阻尼导数、偏航阻尼导数和俯仰阻尼导数。通过三种不同的支撑来实现不同的振动,最大迎角为 ±180°,最大滚转角为 ±180°,最大的振动频率为 4 Hz,最大振幅为 10°,图 19.4 为该装置照片。

法国 ONERA 空气动力试验中心的莫当 S1MA 风洞,有一种专门用于飞行力学分析研究的试验装置,该飞行力学研究装置安装在风洞可更换的直径 8 m 试验段内,可对低速大模型(带动力或无动力)进行静态试验和动态试验,也可进行各种环境因素对飞行影响的试验(如地面效应、机场侧风、大气阵风以及大迎角漂移等)。这套飞行力学研究装置有

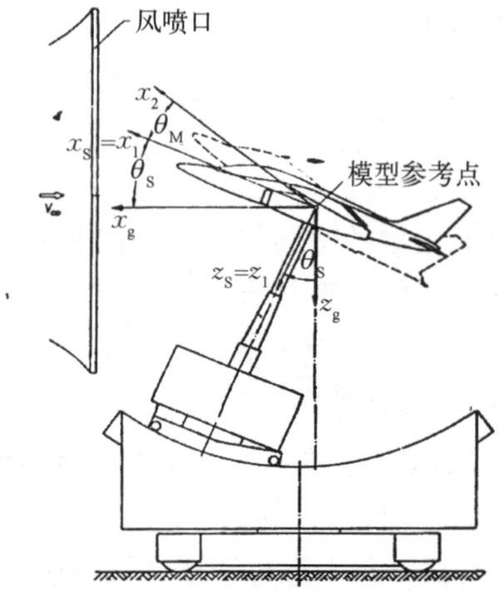

图 19.3 德国机动振动导数天平[9]

图 19.4 瑞典 FFAϕ3.6 m 风洞动导数设备[12]

四个自由度。一方面,在模型内部,可确定俯仰、偏航及滚转的静态试验位置和振动;另一方面,对于垂直运动,可确定支撑杆的静态位置及振动。所有的运动皆由液压驱动,振幅和频率无级可调。利用此装置不仅可获得传统的静态六个气动系数,亦可获得直接和交叉等动导数。图 19.5 为实现俯仰、偏航和滚转的关键部件三轴头结构简图,即一种三自由度机构,可实现迎角与滚转角的改变,以及控制三个运动方向的振动角:俯仰振动角,偏航振动角和滚转振动角。这些运动均由不同的液压作动筒实现:一种直线作动筒控制迎角与俯仰振幅;一种旋转作动筒控制滚转角与滚转振幅;一种直线作动筒控制偏航振幅。这个复杂的机构安装于模型内,可与静态或动态天平相连。

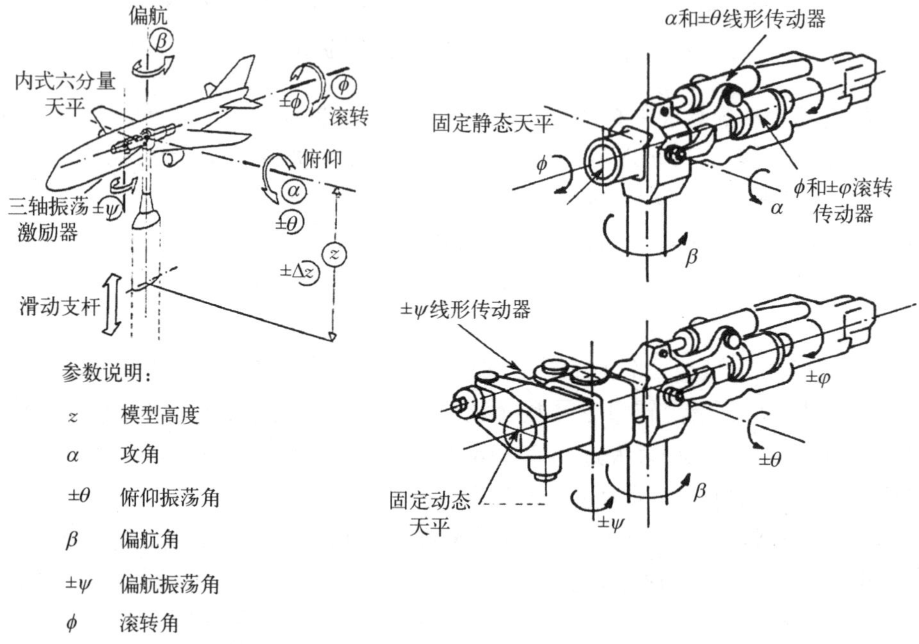

参数说明:

z 模型高度

α 攻角

$\pm\theta$ 俯仰振荡角

β 偏航角

$\pm\psi$ 偏航振荡角

ϕ 滚转角

图 19.5 法国 ONERA 的飞行力学试验装置[9]

　　在国内,中国空气动力研究与发展中心、航空工业空气动力研究院以及南京航空航天大学等科研院所和高校结合自身风洞特点建立了不同的风洞动导数试验装置。气动中心低速所开展动导数风洞试验技术研究工作已有 30 多年,1996 年在 4 m×3 m 低速风洞研制了一套大迎角动导数试验装置(图 19.6)。装置分别设计成了纵向激振装置和横向激振装置两套。通过改变支撑方式,或更换不同支杆,或改变激振装置运动的形式,纵向激振装置可实现模型俯仰振动和升沉振动;横向激振装置可实现模型滚转振动、偏航振动和平移振动。两套装置的共同点均是由直流电机驱动一个齿轮减速器,减速器的输出轴与偏心滑块机构相连,通过滑块机构将转动变成驱动杆的上下直线运动并向上传递,然后再通过不同的支撑方式或不同的机构分别实现模型的五种振动形式。偏心滑块的偏心距可无级调整,通过改变偏心距来改变振幅。整个装置安装在风洞下转盘上,天平中心与转盘中心重合,由转盘转角和支杆转动角的变化可组合出迎角和侧滑角。该装置可实现迎角和侧滑角范围 ±90°,线性位移 100 mm,最大振幅 20°,频率范围 0.3~4 Hz。图 19.7 给出了航空气动院研制的动导数试验装置。该装置采用近弧形支撑系统,以上下支点的形式将装置安装于风洞的上下转盘上,通过 β 角机构以及上下转盘来改变模型的迎角。可实现平移、升沉和滚转、俯仰、偏航方向的振动。该动导数支撑系统主要包括直流电机、偏心机构、正弦发生器、减速机构、线性传动机构、上/下支撑、六分量天平及模型构成。该装置采用腹撑方式实现模型俯仰振动。该装置可实现迎角和侧滑角范围为 ±90°,线位移 60 mm,最大振幅 15°,频率范围 0~2 Hz。

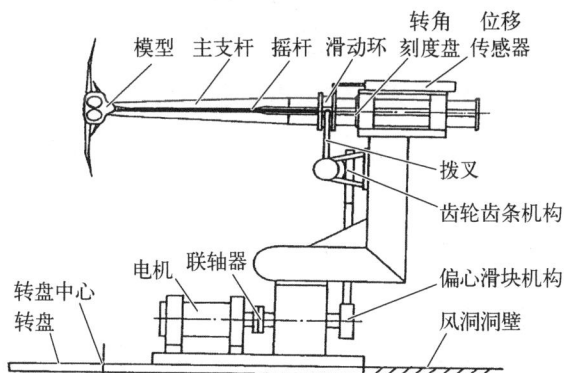

图 19.6　CARDC 96 型动导数试验装置[1]

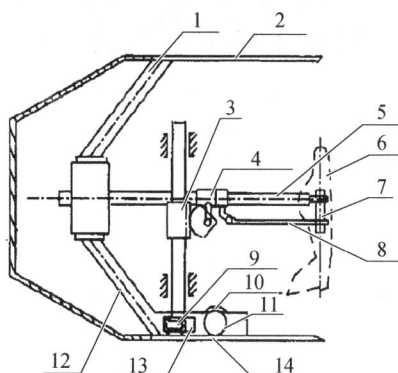

图 19.7　航空气动院动导数试验装置[1]

1. 上支撑;2. 风洞上转盘;3. 齿条;4. 线性传动机构;5. 主支杆;6. 模型;7. 天平;8. 尾支杆;9. 偏心机构;10. 减速机构;11. 电动机;12. 下支撑;13. 正弦发生器;14. 风洞下转盘

19.2.2　旋转天平试验

　　目前在兰利研究中心 20 ft 立式风洞(VST)中使用的旋转天平装置于 1992 年建成投入使用,该装置模拟的迎角范围是 0°~90°,侧滑角范围是 −45°~45°,可实现正反两个方向旋转,最高旋转速度可达 68 r/min,并且具有半径模拟能力。为模拟振荡,已经在旋转天平上安装了强迫振荡机构,如图 19.8 所示,在法兰边缘和尾支杆边缘安装了一个标准的滚转振荡机构,软件和硬件已经更换完毕使得能够进行旋转天平的同时进行滚转振荡试验。与此同时,兰利研究中心正在研究增加俯仰振荡机构,最终使得该装置具备在旋转运动下能绕着三个体轴方向进行振荡。

美国空军研究试验室在它的 12 ft 立式风洞中安装了一个多轴测试系统装置(The Multi-Axis Test Rig)。该装置(图 19.9)不仅能进行常规振荡试验(包括俯仰、偏航和滚转振荡)和稳定尾旋试验,而且还能够将二者结合起来模拟振荡尾旋。振荡尾旋试验可以模拟迎角在 0°~90°,侧滑角在 −30°~30°,可正反两个方向旋转,并且同样具有半径模拟能力。同时振荡机构也能够进行大振幅振荡试验,俯仰振幅在 ±20° 之间,滚转和偏航在 ±40° 之间。

图 19.8　NASA-VST 的旋转天平[13]

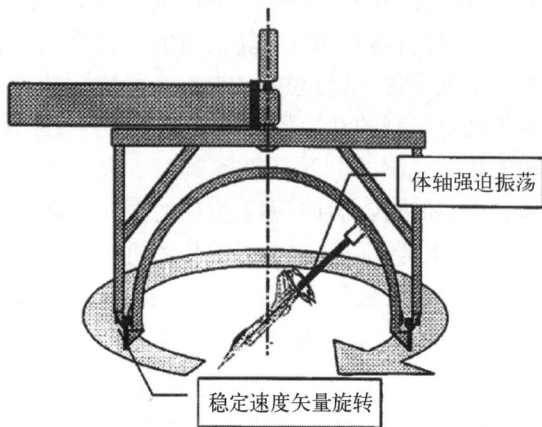

图 19.9　AFRL 12 ft 立式风洞的旋转天平[14]

法国流体力学研究所的立式风洞于 1968 年在里尔建成,1978 年建成旋转天平(图 19.10)并当年完成了第一批试验。这套振荡机构与其他机构最大的不同是,它的旋转轴能够相对于自由来流倾斜一个角度 λ。这个倾斜动作是通过一个电伺服控制机构来达到,操控速度大约为 1(°)/s。当 λ = 0 时,具有模拟稳定尾旋的能力,当 λ ≠ 0 时,就能模拟振荡尾旋。它能模拟迎角在 0°~135°,侧滑角度在 −45°~45°,在不旋转时,λ 可达 30°,旋转时 λ 可达 20°。该装置也能用于旋转大振幅振荡试验,且试验数据表明振荡尾旋与稳定尾旋相比有着明显的差距。迄今为止,包括幻影 2000、疾风、阿尔法喷气机和 ATR42 等大量轻型运输机和军用战斗机都在这套装置上进行过相关试验。

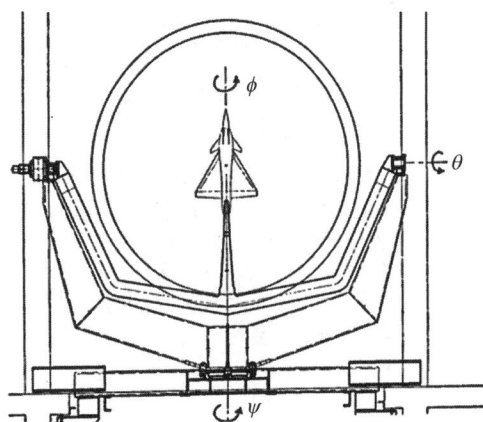

图 19.10　ONERA-IMFL 旋转天平[15]

中国空气动力研究与发展中心低速所于 2010 年在 ϕ5 m 立式风洞建成新一代旋转天平装置。该装置不仅能进行稳定尾旋的旋转天平试验,还能通过驱动电机,在旋转地同时进行俯仰、偏航和滚转的强迫振荡,真实地模拟旋转流场下的振荡运动状态(图 19.11)。

　　图 19.12 为航空工业空气动力研究院研制的旋转/滚转振荡耦合系统,该装置具有三个独立的转动轴,通过在旋转轴的连续旋转运动上叠加滚转振荡运动来实现旋转运动下的滚转振荡运动。装置可正反两个方向旋转,旋转速度可达 150 r/min,滚转振荡频率为 0.5~2.5 Hz,模拟迎角范围为 10°~90°。

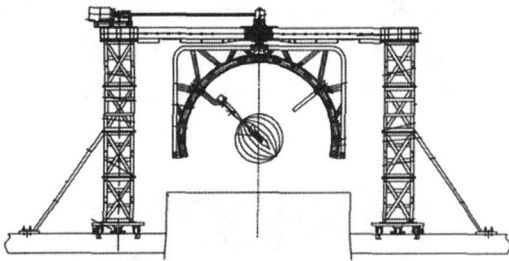

图 19.11　CARDC 立式风洞旋转天平装置[4]

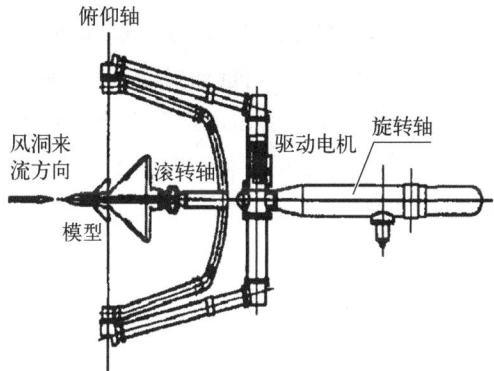

图 19.12　旋转/振荡耦合系统[16]

19.2.3　大振幅振荡试验

　　美国、俄罗斯、法国等航空发达国家十几年前就开始采用大振幅振荡试验系统开展飞行器非定常动态气动特性研究。其中,美国是动态试验技术最先进、也是动态试验设备最多、配套最齐全的国家。图 19.13 为 12 ft 低速风洞的大振幅俯仰振动和滚转振动试验装置。俯仰振动装置采用液压驱动,可进行正弦振动运动、斜坡运动及不同正弦运动的组合运动,可实现模型最大俯仰速率为 260(°)/s,最大俯仰角加速度为 2 290(°)/s²,运动迎角范围达 85°。滚转振动系统由安装于弯刀(c-strut)上的电机传动装置组成,由计算机控制可编程电机,电机驱动模型实现任意设定的滚转振动运动。该装置可采用尾撑方式进行静态和动态滚转试验,同时还可采用腹撑或者背撑的方式进行动态偏航测试。该装置可

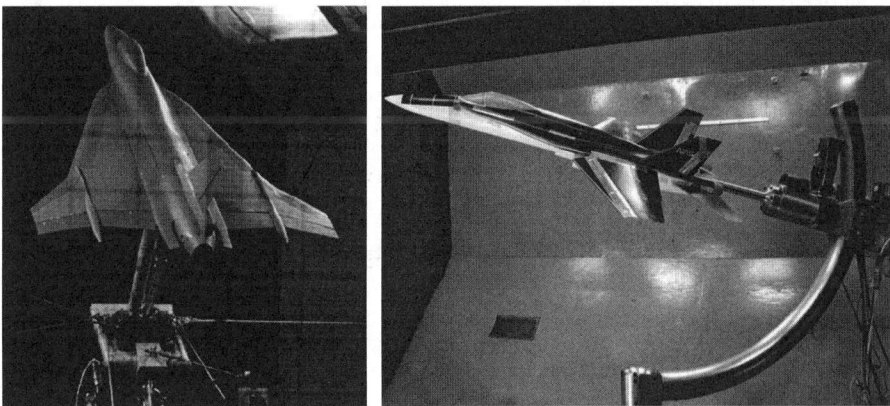

图 19.13　NASA 的 12 ft 低速风洞的俯仰(左)和滚转(右)动态试验装置[13]

实现迎角和侧滑角±170°的角度变化,滚转时滚转速度和加速度分别可达到190(°)/s 和 12 750(°)/s²。

随着我国新型飞行器研制的需求,国内气动中心低速所、南京航空航天大学、航空工业空气动力研究院等气动研究机构从 20 世纪 90 年代起陆续研制了一系列用于飞行器低速大迎角非定常气动特性研究的试验设备,并开展了大量的飞行器大迎角非定常气动特性研究。

气动中心低速所在 20 世纪 90 年代研制了一套大振幅振动试验装置(图 19.14),该装置用于 φ3.2 m 开口低速风洞,可以模拟飞机过失速机动中的俯仰、偏航、滚转等运动,研究过失速机动中的非定常气动力。该装置采用"电机+减速箱+凸轮+连杆"的传动方式,通过更换凸轮实现飞机模型不同的振动振幅,通过改变电机转速实现不同的振动频率。最大振幅可达 35°,迎角范围为−90°~90°,侧滑角范围为−45°~45°,最大振动频率为 1 Hz。

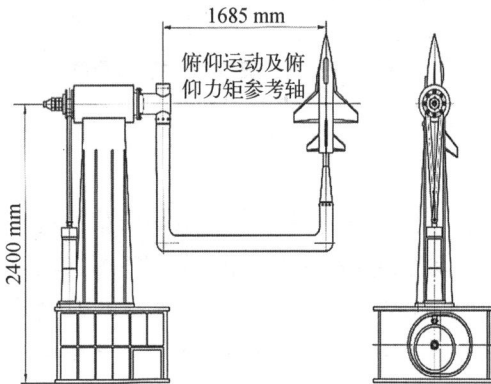

图 19.14　气动中心 φ3.2 m 低速风洞的动态试验装置[1]

图 19.15　南京航空航天大学 NH−2 低速风洞动态试验装置[1]

南京航空航天大学 NH−2 低速风洞(3 m×2.5 m)配套了一套动态试验装置(图 19.15),迎角和滚转角均按余弦变化。试验迎角为 0°~63°,滚转角为−42°~0°,减缩频率 k=0.025。

19.2.4　机翼摇滚试验

对机翼摇滚的研究,国内外大多沿用两种方法:其一,在风洞中进行滚摆试验,获得不同迎角下的摇滚的振幅和频率,从大迎角状态下飞机上旋涡的生成和破碎的角度来分析产生机翼摇滚的气流流动机理;其二,进行单自由度或三自由度的数字仿真计算,从而对时间历程进行分析讨论。

1. 国外研究概况

国外关于机翼摇滚的最早的工作是 20 世纪 40 年代后期 Langley 对细长三角翼的研究,当时的注意力放在高速飞行上。风洞自由飞试验表明这种构型在低于失速迎角的中等迎角时易产生大振幅无阻尼滚转振荡。

20 世纪 50 年代后期,由于在超声速运输机的设计中应用到了细长翼,英国皇家航空研究所(Royal Aircraft Establishment, RAE)重点研究了横向振荡的模拟。制造了两种研究型飞机:HP115 和 Falrey Delta 2。为配合研究,在飞行模拟器上对 HP115 的模型做了一些有意义的试验,并给出了非线性效应在发散振荡中的振荡界限即机翼摇滚时的稳态侧滑数据。

在 20 世纪 60 年代后期,由于失速/尾旋失控事故使飞机损失率上升,导致研究的重点转向战斗机。NASA 研究了在 F-4、F-5 飞机上所认识的机翼摇滚,这是一种在机动飞行中出现的影响飞机可控性和安全性的重要的大迎角现象。大量的试验技术应用到包括静态、动态风洞测力试验、自由飞动力模型试验和计算机模拟等问题中。

20 世纪 70 年代,由于战斗机的可用升力受到突然出现的横向振荡的限制,NASA 的研究活动开始集中于利用气动力和控制系统技术来减轻机翼摇滚的影响,特别对机翼摇滚在大迎角控制系统设计中的影响进行了研究。在英国,针对蚊子飞机,RAE 建立了抖阵和机翼摇滚特性的研究项目,同时研究了从美洲虎和猎人飞机试飞中得到的数据,对重要参数给出了一些有价值的探究,其结果作为研究现代战斗机的背景知识,亦被广泛的风洞试验所证实。

为了弄清楚引起细长三角翼摇滚的空气动力学机理,NASA 兰利研究中心的 Nguyen 等[17]在 1981 年进行了相关的研究。这表明,细长体机翼的摇滚是由前缘涡的不对称引发的,同时涡的突然破裂影响了极限环的振幅和频率值。静态试验的结果表明,迎风面上涡破裂的位置向前缘移动,而在背风面上涡的中心脱离了机翼。这就是说,侧滑是控制机翼摇滚的主要气动机理之一。从动力学上讲,机翼摇滚能够维持取决于侧滑时的滚转阻尼,在摇滚起始时,侧滑较小,滚转阻尼为正值(不稳定);摇滚发展以后,侧滑较大,相应的滚转阻尼为负值(稳定)。这个结论是当前研究机翼摇滚的极限环特性充分考虑侧滑的重要根据。

随后在 1982 年,研究人员进行了类似试验。模型的几何参数与 Nguyen 等的基本相似,只是他们的模型的滚转轴与机体轴是完全一致的。在 Nguyen 等的试验中,模型滚转轴的位移是侧滑有轻微增加的原因。

1986 年,研究人员进行了一项水洞试验来研究机头形状与机翼上主要的涡之间的相互关系。试验中选用了三个普通截面的机头,圆形、90°脊形和 7.5°脊形,分别产生微弱、中等以及强烈的前体涡。分析这三种不同机头截面的影响后发现,前体涡越强给机翼涡系的能量就越多,涡破裂的阻力因此也越大。装配在一个 55°后掠的三角翼模型上的三种前体的无侧滑试验的结果表明,涡开始破裂的迎角在圆形机头情况下为 22.5°,在 90°脊形时为 40°,在 7.5°脊形时为 45°。有侧滑时,机翼迎风面和背风面的涡破裂位置有很大的不同,这加深了涡的不对称的趋势。

2. 国内研究概况

国内近些年来也对亚声速、大迎角机翼摇滚现象进行了大量的风洞试验研究和流态、机理研究。同时对机翼摇滚的数值计算和数值模拟也取得了较好的结果。

唐敏中等[18]在 FL-5 风洞中对 80°和 80°/45°尖前缘平板三角翼模型进行了摇滚试验研究,包括自激摇滚滚转角时间历程测量,强迫摇滚流动显示和翼面非定常压力测量。试验结果表明滚摆的起因是静态非对称涡,而维持滚摆的主要因素在于涡的动态迟滞。

唐敏中等[18]对后掠角为80°的三角翼模型在迎角为35°时自激摇滚非定常流场首次采用粒子图像测速仪(PIV)进行全速度场测量。获得的定量流动显示结果表明,滚摆的前缘分离涡涡核相对于翼面位置的动态迟滞特性和涡强的动态迟滞特性是促使和维持滚摆的主要原因。两者对于维持滚摆具有互补作用。

流场显示试验中的数据和图形信息可以帮助我们更好地、全面地了解机翼摇滚,且流场数据和图像信息与风洞试验数据的结合,将为研究大迎角气动理论提供一个良好的基础。

杨晓峰等[19]在北京航空航天大学 D1 开口回流式风洞中对 80°尖前缘平板三角翼的摇滚进行了研究。结果显示,细长三角翼在一定的迎角范围内可以产生自由滚转振荡,滚转特性表现为等幅的极限环振荡。随着迎角的增加,滚转振荡的振幅经历了由小到大再到小的过程,滚转减缩频率随迎角的增加而增加。而在该三角翼上,添加机头、立尾或两者的组合布局,均可使三角翼的摇滚现象得到抑制。

孙海生和姜裕标[20]在气动中心低速所 4 m×3 m 风洞中对一典型的三角翼布局的战斗机模型的机翼摇滚特性进行了研究。结果表明,机翼摇滚与滚转阻尼丧失出现在同一迎角,迎角小于临界迎角时一定不会出现机翼摇滚现象,迎角大于临界迎角时机翼处于一些范围内才会出现摇滚现象。

姜裕标模拟的机翼模型为后掠角为80°的细长平板三角翼,模型支撑在自由滚转装置上,机翼有一个滚转自由度。无论是理论计算还是试验结果,滚转阻尼导数从负变为正的迎角都在 19.5°附近,从数值积分方程得到的结果也证实迎角小于 19.5°不会出现机翼摇滚现象。因此,80°细长平板三角翼出现机翼摇滚的临界迎角约为 19.5°。

用能量转换法来分析机翼摇滚的发展阶段、稳定阶段的能量转换过程是一种简易、实用的方法。

由图 19.16 可知,在摇滚稳定阶段[图 19.16(b)],滚转角$|\varphi|<9°$时,有一较大的顺时针封闭曲线,说明模型在摇滚过程中获得气动能量 $\Delta E>0$,滚转阻尼为负阻尼;$|\varphi|>9°$时,有两个逆时针方向的封闭环,说明模型在摇滚过程中释放气动能量,$\Delta E<0$,滚转阻尼为正阻尼;而且顺时针方向的环面积与两个逆时针方向的封闭环相当,这说明在机翼摇滚过程中,获得与释放的能量大体相等。因此要使战斗机模型在一定迎角下发展成机翼摇滚,获得与释放的气动能量大体相等。

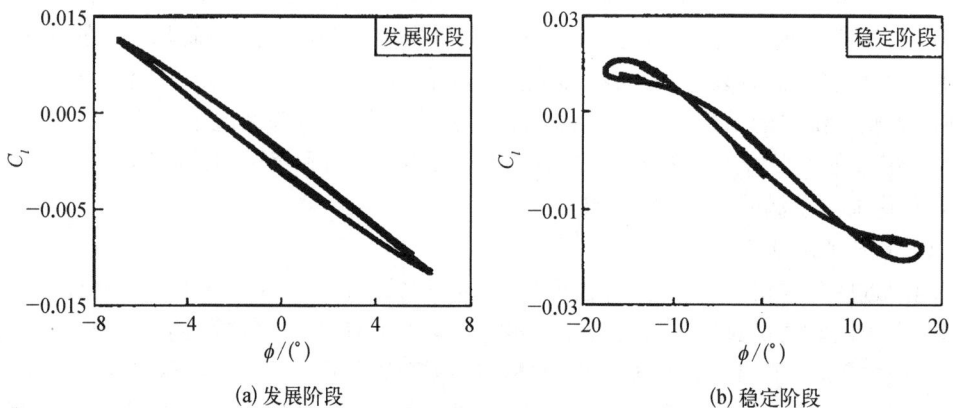

(a) 发展阶段　　　　　　　　　(b) 稳定阶段

图 19.16　摇滚过程中滚转力矩系数随滚转角的变换关系[5]

19.3　风洞动导数试验

19.3.1　动导数试验相似准则

在测量动导数的试验中,一般采用刚性模型。对模型几何外形的要求与常规测力试验模型相同。由于是在振动的情况下进行试验,对动导数试验模型的特殊要求就是在保证强度和刚度的前提下,其质量和转动惯量应尽可能小,以减少惯性力和惯性力矩,同时也提高了天平模型系统的固有频率(应达到 $f_{固} \geqslant 10f$),有利于提高测量精度。在 3 m 量级低速风洞中,动导数试验的模型质量一般应控制在 15 kg 以下。

低速动导数风洞试验除应满足低速常规测力风洞试验所应满足的相似准则外,还应满足减缩频率(斯特劳哈尔数)相等,即

$$K_{\text{lon}} = \frac{2\pi f b_{\text{A}}}{V} = \frac{\omega b_{\text{A}}}{V}(\text{纵向}) \tag{19.6}$$

$$K_{\text{lat}} = \frac{2\pi f l}{2V} = \frac{\omega l}{2V}(\text{横航向}) \tag{19.7}$$

式中,K_{lon} 和 K_{lat} 分别为纵向和横航向减缩频率;b_{A} 为平均气动弦长;l 为机翼展长;f 为绕体轴的振动频率;ω 为绕体轴的振动角频率;V 为未扰动气流速度。

19.3.2　试验方法

整个试验系统是一个强迫振动系统。绕体轴的振动试验可测量组合动导数,升沉和平移振动试验可测量洗流时差导数。结合测试技术的发展,为了实现全数字化的动导数测试与处理,推导了新的动导数试验的理论公式。现以俯仰振动测量俯仰阻尼导数和升沉振动测量洗流时差导数为例加以说明。

1. 俯仰振动试验

在小振幅情况下,固定在天平上的模型,在俯仰强迫振动力矩作用下,作俯仰强迫振动运动,根据线性小扰动假设,则俯仰强迫气动力矩可表示为

$$M_z = M_{z0} + \overline{M}_z \sin(\omega t + \lambda) + u(t) \tag{19.8}$$

式中,M_{z0} 为静态值;$\overline{M}_z$ 为正弦规律基波的幅值;$u(t)$ 为高阶分量;λ 为位移信号与力矩信号之间的相位差。

又根据模型做正弦规律振动,其俯仰力矩可表示为

$$M_z = M_{z0} + M_z^{\alpha} \cdot \Delta\alpha + M_z^{\dot{\alpha}} \cdot \Delta\dot{\alpha} + M_z^{\omega_z} \cdot \omega_z + M_z^{\dot{\omega}_z} \cdot \dot{\omega}_z \tag{19.9}$$

式中,$M_z^{\alpha} = \dfrac{\partial M_z}{\partial \alpha}$;$M_z^{\dot{\alpha}} = \dfrac{\partial M_z}{\partial \dot{\alpha}}$;$M_z^{\omega_z} = \dfrac{\partial M_z}{\partial \omega_z}$;$M_z^{\dot{\omega}_z} = \dfrac{\partial M_z}{\partial \dot{\omega}_z}$。

模型运动方程为

$$\theta = \theta_0 \sin \omega t$$

$$\dot{\theta} = \omega \theta_0 \cos \omega t = \omega_z$$

$$\ddot{\theta} = -\omega^2 \theta_0 \sin \omega t = \dot{\omega}_z \qquad (19.10)$$

$$\Delta \alpha = \theta = \theta_0 \sin \omega t$$

$$\Delta \dot{\alpha} = \dot{\theta} = \omega \theta_0 \cos \omega t$$

将式(19.8)展开,忽略去高阶分量 $u(t)$,则有

$$M_z = M_{z0} + \bar{M}_z \sin \omega t \cdot \cos \lambda + \bar{M}_z \cos \omega t \cdot \sin \lambda \qquad (19.11)$$

又将式(19.10)代入式(19.9),合并同类项,则有

$$M_z = M_{z0} + (M_z^\alpha \cdot \theta_0 - M_z^{\dot{\omega}_z} \omega^2 \theta_0) \cdot \sin \omega t + (M_z^{\dot{\alpha}} \cdot \omega \theta_0 + M_z^{\omega_z} \omega \theta_0) \cdot \cos \omega t$$

$$\qquad (19.12)$$

由式(19.11)等于式(19.12),并令 $\sin \omega t$ 和 $\cos \omega t$ 前的系数相等,可得

$$M_z^{\dot{\alpha}} + M_z^{\omega_z} = \frac{\bar{M}_z \sin \lambda}{\omega \theta_0}$$

$$\qquad (19.13)$$

$$M_z^\alpha - \omega^2 M_z^{\dot{\omega}_z} = \frac{\bar{M}_z \cos \lambda}{\theta_0}$$

无因次化:

$$m_z^{\bar{\dot{\alpha}}} + m_z^{\bar{\omega}_z} = \frac{\bar{M}_z \sin \lambda}{\theta_0 \cdot qsb_A \cdot K}$$

$$\qquad (19.14)$$

$$m_z^\alpha - K^2 m_z^{\bar{\dot{\omega}}_z} = \frac{\bar{M}_z \cos \lambda}{\theta_0 \cdot qsb_A}$$

式中, $K = \dfrac{\omega b_A}{V}$,为减缩频率,所得结果为组合动导数。同理可得出其他全部组合导数, $C_{m\alpha} - K^2 C_m\dot{q}$ 是 $\sin(\omega t)$ 系数,与运动 $\theta = \theta_A \sin(\omega t)$ 同相,称为同相导数(以下称为同相量);而 $C_m\dot{\alpha} + C_{mq}$ 是 $\cos(\omega t)$ 系数,与运动 $\theta = \theta_A \sin(\omega t)$ 正交,称为正交导数(以下称为正交量)。

2. 升沉振动试验

在小振幅情况下,固定在天平上的模型,在升沉强迫力矩作用下,做升沉强迫振动运动,根据线性小扰动假设,则升沉产生的强迫俯仰气动力矩可表示为

$$M_z = M_{z0} + \bar{M}_z \sin(\omega t + \lambda) + \mu(t) \qquad (19.15)$$

又根据模型做正弦规律升沉振动,其俯仰力矩可表示为

$$M_z = M_{z0} + M_z^\alpha \cdot \Delta \alpha + M_z^{\dot{\alpha}} \Delta \dot{\alpha} \qquad (19.16)$$

模型运动方程为

$$Y = Y_0 \sin \omega t$$

$$\dot{Y} = \omega Y_0 \cos \omega t \tag{19.17}$$

$$\ddot{Y} = -\omega^2 Y_0 \sin \omega t$$

则在迎角为 α 时，由升沉运动产生的附加迎角为

$$\Delta \alpha = \frac{-\dot{Y} \cos \alpha}{V} = \frac{-Y_0 \omega \cos \alpha}{V} \cos \omega t$$

$$\Delta \dot{\alpha} = \frac{-\ddot{Y} \cos \alpha}{V} = \frac{Y_0 \omega^2 \cos \alpha}{V} \sin \omega t \tag{19.18}$$

将式（19.15）展开，忽略高阶分量 $\mu(t)$，则有

$$M_z = M_{z0} + \bar{M}_z \sin \omega t \cdot \cos \lambda + \bar{M}_z \cos \omega t \cdot \sin \lambda \tag{19.19}$$

另将式（19.18）代入式（19.16），则有

$$M_z = M_{z0} + M_z^\alpha \left(\frac{-Y_0 \omega \cos \alpha}{V} \right) \cdot \cos \omega t + M_z^{\dot{\alpha}} \left(\frac{Y_0 \omega^2 \cos \alpha}{V} \right) \sin \omega t \tag{19.20}$$

由式（19.19）等于式（19.20），并令 $\sin \omega t$ 和 $\cos \omega t$ 前的系数相等，可得

$$M_z^\alpha \left(\frac{-Y_0 \omega \cos \alpha}{V} \right) = \bar{M}_z \sin \lambda$$

$$M_z^{\dot{\alpha}} \left(\frac{Y_0 \omega^2 \cos \alpha}{V} \right) = \bar{M}_z \cos \lambda \tag{19.21}$$

无因次化：

$$m_z^\alpha = -\bar{M}_z \sin \lambda \cdot \frac{V}{\omega Y_0 \cos \alpha} \cdot \frac{1}{q s b_A}$$

$$m_z^{\dot{\bar{\alpha}}} = \bar{M}_z \cos \lambda \cdot \frac{V}{\omega^2 Y_0 \cos \alpha} \cdot \frac{1}{q s b_A} \cdot \frac{V}{b_A} \tag{19.22}$$

即

$$m_z^\alpha = -\bar{M}_z \sin \lambda \cdot \left(\frac{V}{\omega Y_0 \cos \alpha} \right) \cdot \frac{1}{q s b_A}$$

$$m_z^{\dot{\bar{\alpha}}} = \bar{M}_z \cos \lambda \cdot \left(\frac{V}{\omega Y_0 \cos \alpha} \right) \cdot \frac{1}{q s b_A} \cdot \frac{1}{K} \tag{19.23}$$

同理可得其他洗流时差导数。

由上可见，动导数试验测量的关键是准确测量动态的力和力矩信号以及模型振动的位移信号。运算的参数是力、力矩和位移信号的幅值以及力、力矩信号与位移信号之间的相位差。

动导数数据处理方法有如下两种。

1）减平均相关法

计算机全数字化处理完成相关滤波工作，基本原理是：测量得到的减平均之后的位移信号和载荷信号分别可表示为

$$\theta = \theta_A \sin \omega t$$

$$M = \bar{M}\sin(\omega t + \lambda) \tag{19.24}$$

将 M 移相 90°，得

$$M_{90} = \bar{M}\sin(90° + \omega t + \lambda) = \bar{M}\cos(\omega t + \lambda) \tag{19.25}$$

将 θ 与 M 相关，得

$$
\begin{aligned}
\theta \cdot M &= \theta_A \sin \omega t \cdot \bar{M}\sin(\omega t + \lambda) \\
&= \bar{M}\theta_A \sin \omega t(\sin \omega t \cos \lambda + \cos \omega t \sin \lambda) \\
&= \bar{M}\theta_A(\sin \omega t \sin \omega t \cos \lambda + \sin \omega t \cos \omega t \sin \lambda) \\
&= \bar{M}\theta_A\left(\frac{1}{2}\cos \lambda - \frac{1}{2}\cos 2\omega t \cos \lambda + \frac{1}{2}\sin 2\omega t \sin \lambda\right) \\
&= \frac{1}{2}\bar{M}\theta_A \cos \lambda - \frac{1}{2}\bar{M}\theta_A \cos 2\omega t \cos \lambda + \frac{1}{2}\bar{M}\theta_A \sin 2\omega t \sin \lambda
\end{aligned} \tag{19.26}
$$

将 θ 与 M_{90} 相关相关，得

$$
\begin{aligned}
\theta \cdot M_{90} &= \theta_A \sin \omega t \cdot \bar{M}\cos(\omega t + \lambda) \\
&= \bar{M}\theta_A \sin \omega t(\cos \omega t \cos \lambda - \sin \omega t \sin \lambda) \\
&= \bar{M}\theta_A(\sin \omega t \cos \omega t \cos \lambda - \sin \omega t \sin \omega t \sin \lambda) \\
&= \bar{M}\theta_A\left(\frac{1}{2}\sin 2\omega t \cos \lambda - \frac{1}{2}\sin \lambda + \frac{1}{2}\cos 2\omega t \sin \lambda\right) \\
&= -\frac{1}{2}\bar{M}\theta_A \sin \lambda + \frac{1}{2}\bar{M}\theta_A \sin 2\omega t \cos \lambda + \frac{1}{2}\bar{M}\theta_A \cos 2\omega t \sin \lambda
\end{aligned} \tag{19.27}
$$

将 $\theta \cdot M$ 所得结果在整周期内取平均，则简谐振荡信号经整周期内平均后即为0，仅剩下直流分量，这样就可滤掉动态分量。又由于对某一振荡的试验，振幅 θ_A 为已知，这样就可得到 $\bar{M} \cdot \cos \lambda$ 和 $\bar{M} \cdot \sin \lambda$，进而就可计算出动导数。

2）傅里叶变换方法

以俯仰振荡为例，对俯仰振荡试验测量得到的气动力数据，须先进行傅里叶变换，取其前六项之和为振荡周期内的动态气动力数据，公式为

$$C_i = C_{i0} + \sum_{n=1}^{6} a_{nC_i}\sin(n\omega t) + \sum_{n=1}^{6} b_{nC_i}\cos(n\omega t) \tag{19.28}$$

式中，$i = N, A, m, Y, n, l$。

计算动导数时，根据线性小扰动假设，认为高阶分量不存在，仅有与位移同频的基波分量，即

$$C_i = C_{i0} + a_{1C_i} \sin \omega t + b_{1C_i} \cos \omega t \tag{19.29}$$

式中，$i = N, A, m, Y, n, l$。

参照式（1.3）~式（1.8）推导过程，同样地令 $\sin(\omega t)$ 和 $\cos(\omega t)$ 前的系数相等，可得正交量动导数：

$$C_{iq} + C_{i\dot\alpha} = \frac{b_{1C_i}}{\theta_0 K} \tag{19.30}$$

同相量动导数：

$$C_{i\alpha} - K^2 C_{i\dot q} = \frac{a_{1C_i}}{\theta_0} \tag{19.31}$$

19.3.3　典型案例

下面结合某三角翼布局全机模型的典型试验结果对试验数据进行讨论。测出了全部 36 个同相导数和正交导数（表 19.1）。

表 19.1　动导数定义表 $i = x, y, z$

振动　　动导数	同　　相	正　　交
滚转	$C_i^\beta \sin \alpha - P^2 C_i^{\bar{\dot\omega}_x}$ $m_i^\beta \sin \alpha - P^2 m_i^{\bar{\dot\omega}_x}$	$C_i^{\bar\omega_x} + C_i^{\bar{\dot\beta}} \sin \alpha$ $m_i^{\bar\omega_x} + m_i^{\bar{\dot\beta}} \sin \alpha$
偏航	$C_i^\beta \cos \alpha - P^2 C_i^{\bar{\dot\omega}_y}$ $m_i^\beta \cos \alpha - P^2 m_i^{\bar{\dot\omega}_y}$	$C_i^{\bar\omega_y} + C_i^{\bar{\dot\beta}} \cos \alpha$ $m_i^{\bar\omega_y} + m_i^{\bar{\dot\beta}} \cos \alpha$
俯仰	$C_i^\alpha - P^2 C_i^{\bar{\dot\omega}_z}$ $m_i^\alpha - P^2 m_i^{\bar{\dot\omega}_z}$	$C_i^{\bar\omega_z} + C_i^{\bar{\dot\alpha}}$ $m_i^{\bar\omega_z} + m_i^{\bar{\dot\alpha}}$

1. 滚转振动试验结果

从图 19.17 可以看出，在 α<35°时，滚转阻尼导数为负值，是动稳定的；而当 α>35°后，滚转阻尼导数变号，为正值，出现动不稳定。在迎角 35°左右就有可能出现"机翼下坠"及"机翼摇滚"现象。另外，α<17°时，滚转阻尼导数不随迎角变化，而且减缩频率的影响很小；当 α>17°后，滚转阻尼导数变化起伏很大，这与飞机的布局密切相关。从图 19.18 和图 19.19 得出，在 α<20°时，由滚转引起的交叉导数和交叉耦合导数很小。当 α>20°以后，交叉导数和交叉耦合导数变化剧烈，且与阻尼导数有相同的量级。所以在运动分析中，交叉导数和交叉耦合导数的作用和影响不容忽视。

2. 偏航振动试验结果

从图 19.20 可知，在 α<40°范围内，偏航阻尼导数为负值，是动稳定的；α>40°，出现了动不稳定性，随迎角的变化也更加剧烈。从图 19.21 可以看出，在迎角很小时，偏航产生的滚转交叉导数就与偏航阻尼导数有相同的量级。

从图 19.22 可以看出，在 α<20°范围内，偏航产生的俯仰交叉耦合导数的值较小，在 α>20°后，其也有较大的值。

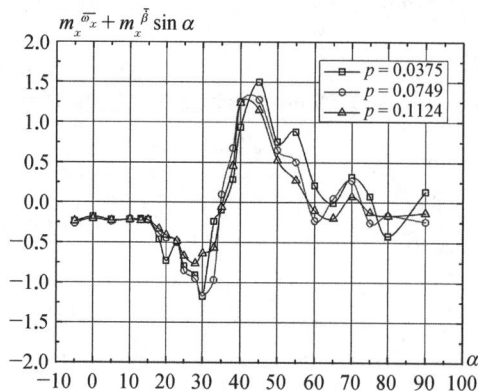

图 19.17　不同减缩频率下滚转阻尼导数随
迎角的变化曲线[6]

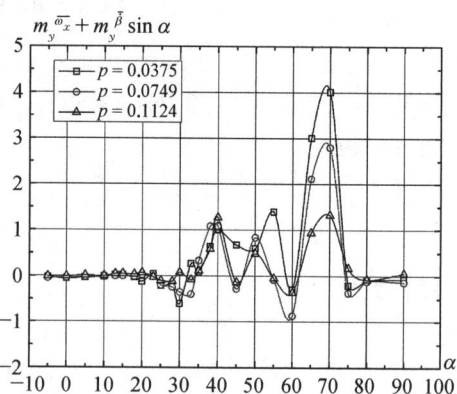

图 19.18　滚转引起的交叉导数随迎角的
变化曲线[6]

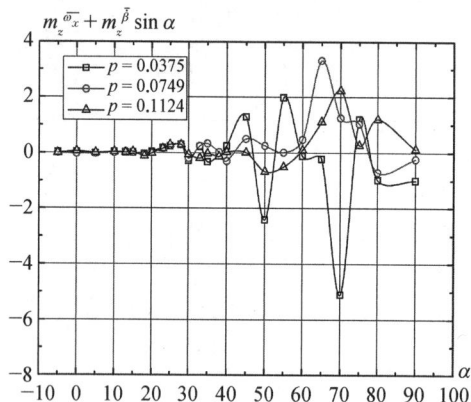

图 19.19　滚转引起的交叉耦合导数随
迎角变化的曲线[6]

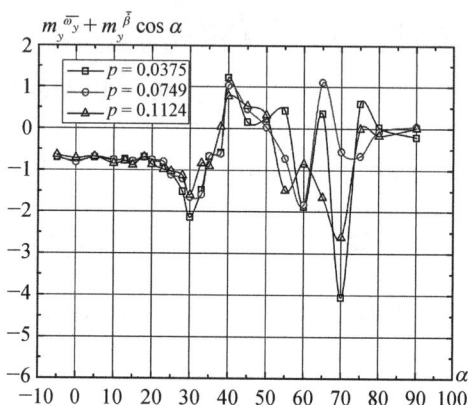

图 19.20　偏航阻尼导数随迎角
变化的曲线[6]

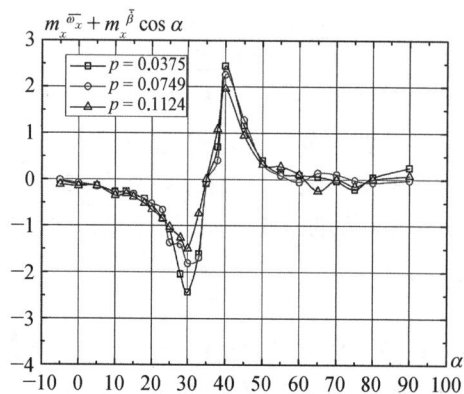

图 19.21　偏航引起的滚转交叉导数随
迎角变化的曲线[6]

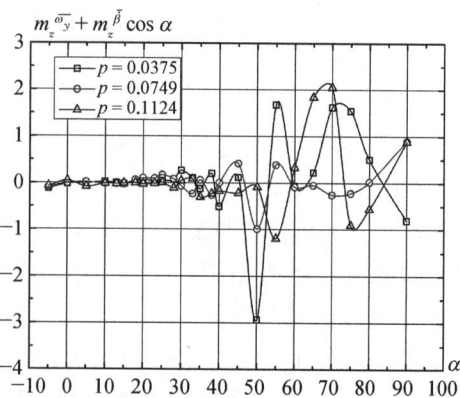

图 19.22　偏航引起的俯仰交叉耦合导数随
迎角变化的曲线[6]

3. 俯仰振动试验结果

从图 19.23 可以看出,在整个迎角范围内,除个别点以外俯仰阻尼均为负值,是动稳定的。从图 19.24 可以看出,俯仰引起的法向力导数数据合理,随 α 变化有很好的规律性;在迎角大于 20° 后,减缩频率对法向力导数有明显的影响,并呈现随减缩频率增加,导数减小的规律性。从图 19.25 可以看出,在 $\alpha > 20°$ 以后,俯仰运动交感出的横向气动力呈较大的值。在大迎角时,必须考虑纵横向之间的交感影响。

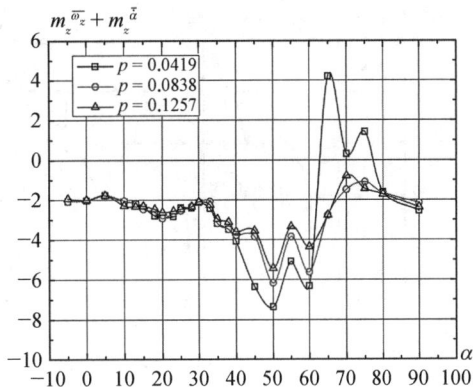

图 19.23　俯仰阻尼导数随迎角变化的曲线[6]

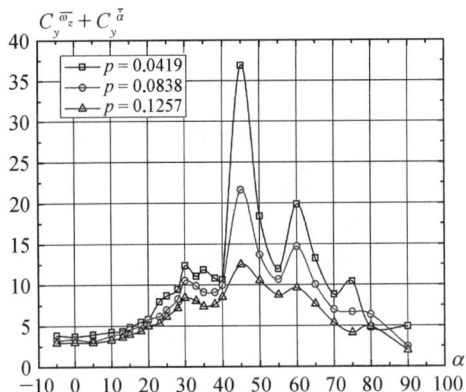

图 19.24　俯仰引起的法向力导数随
迎角变化的曲线[6]

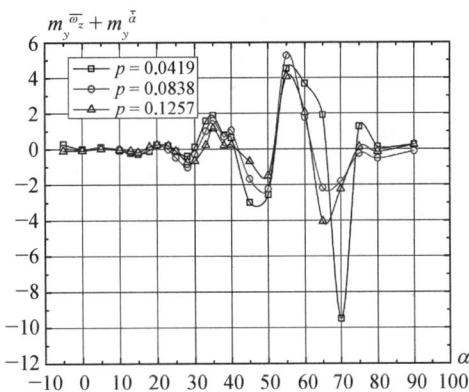

图 19.25　俯仰引起的偏航交叉耦合导数随
迎角变化的曲线[6]

4. 升沉振动试验结果[6]

图 19.26~图 19.29 给出了某三角翼布局飞行器模型的典型试验结果。

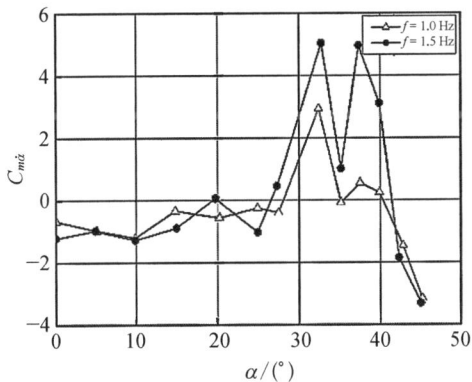

图 19.26　不同频率 $C_{m\dot{z}} - \alpha$ 曲线

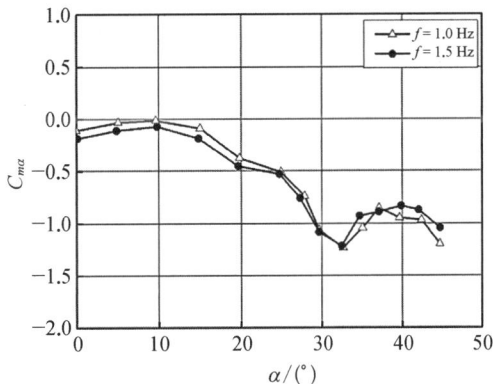

图 19.27　不同频率 $C_{m\alpha} - \alpha$ 曲线

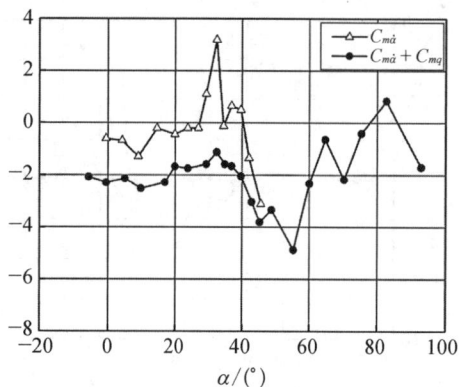

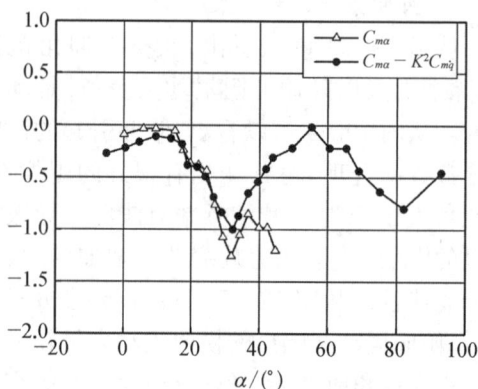

图 19.28 不同频率 $C_{m\dot{\alpha}}$ 与 $C_{m\dot{\alpha}} + C_{mq}$ 曲线　　**图 19.29** 不同频率 $C_{m\alpha}$ 与 $C_{m\alpha} - K^2C_{m\dot{q}}$ 曲线

图 19.26 为升沉振动试验所得 $C_{m\dot{\alpha}}$ 随迎角变化曲线,试验在两种频率下进行,由图 19.26 中可以看到,小迎角情况下,$C_{m\dot{\alpha}}$ 为负值,是动稳定的,且随迎角变化不大,而在大迎角情况下,由于非定常气动力的作用,$C_{m\dot{\alpha}}$ 变化剧烈而且出现动不稳定。另外从图 19.26 可以看到不同振动频率对 $C_{m\dot{\alpha}}$ 有一定影响,且在大迎角时影响较大。图 19.27 是不同频率升沉振动试验所得的 $C_{m\alpha}$ 的比较曲线,升沉振动试验不但可以获得动导数,而且还可以获得静导数,如 $C_{m\alpha}$,这样就拓宽了试验数据的应用范围。

图 19.28 是升沉振动试验所得 $C_{m\dot{\alpha}}$ 与俯仰振动试验所得组合导数 $C_{m\dot{\alpha}} + C_{mq}$ 的比较曲线,在 $\alpha<30°$ 范围内,$C_{m\dot{\alpha}}$ 大约是组合动导数 $C_{m\dot{\alpha}} + C_{mq}$ 的 30%~50%,而且随迎角变化趋势基本一致,数据是合理的,符合实际情况。从组合动导数 $C_{m\dot{\alpha}} + C_{mq}$ 中减去 $C_{m\dot{\alpha}}$ 就得到纯旋转导数 C_{mq}。图 19.29 是升沉振动试验所得 $C_{m\alpha}$ 与俯仰振动试验所得组合导数 $C_{m\alpha} - K^2C_{m\dot{q}}$ 的比较曲线。

19.4　风洞旋转天平试验

19.4.1　旋转天平试验相似准则

低速风洞旋转天平试验除了应该满足低速常规测力风洞试验所应满足的相似准则外,还有两个主要的相似参数。

应满足旋转参数相似:

$$\lambda = \frac{\Omega b}{2V} \tag{19.32}$$

式中,Ω 为旋转角速度,单位为 rad/s;b 为机翼展长,单位为 m;V 为来流速度,单位为 m/s。

气动力与惯性力的比值的表达式如下:

$$\frac{M_a}{M_i} \sim \frac{\rho_a b^5 \Omega^2}{\rho_m b^3 V^2} = \frac{\rho_a}{\rho_m}\left[\frac{\Omega b}{2V}\right]^{-2} = \frac{\rho_a}{\rho_m}\lambda^{-2} \tag{19.33}$$

式中,ρ_a 为流体密度,ρ_m 为模型密度。

从上面式子可知,旋转参数 λ 表征的是气动力与惯性力的比值,λ 也称为无因次旋转参数。式(19.25)中,如果增大旋转参数 λ,气动力与惯性力的比值就会偏小,这样气动力的测量会变得困难,所以试验中旋转参数 λ 不会很大。

19.4.2　试验方法

旋转天平试验在每个转速下,数据采集三个周期,每个周期内采集 2 000 个数据点,再将该转速下采集的 6 000 个数据点做平均,作为该转速下的数据,其具体试验流程是:

(1) 采集无风条件下、$\lambda = 0$ 时的初读数,记为 N_0;

(2) 无风条件,每个转速下采集相应状态的天平输出载荷,正转和反转分别记为 $N_正$ 和 $N_负$,正、反转载荷结果的平均值再减去无风状态下的初读数即为惯性载荷:

$$N_惯性 = \frac{N_正 + N_负}{2} - N_0 \tag{19.34}$$

(3) 采集有风条件下、$\lambda = 0$ 时的数据作为初读数,记为 N_1;

(4) 采集有风条件下,每一个试验转速的天平载荷作为吹风数,记为 N_2,将该值减去惯性载荷和初读数后,即可获得由角速度引起的动态载荷,记为 N:

$$N = (N_2 - N_1) - N_惯性 \tag{19.35}$$

(5) 将 N 代入天平公式计算气动载荷;

(6) 计算纵向动导数参数并无因次化:

$$C_{Nq} = \frac{C_N}{Qs \dfrac{\Omega \sin\theta \sin\varphi \cdot c_A}{V}} = \frac{C_N}{Qs \dfrac{\Omega \sin\beta \cdot c_A}{V}}$$

$$C_{Aq} = \frac{C_A}{Qs \dfrac{\Omega \sin\theta \sin\varphi \cdot c_A}{V}} = \frac{C_A}{Qs \dfrac{\Omega \sin\beta \cdot c_A}{V}} \tag{19.36}$$

$$C_{mq} = \frac{C_m}{Qsc_A \dfrac{\Omega \sin\theta \sin\varphi \cdot c_A}{V}} = \frac{C_m}{Qsc_A \dfrac{\Omega \sin\beta \cdot c_A}{V}}$$

19.4.3　典型案例

图 19.30 为某通用运输机标模示意图,图 19.31 为该模型旋转天平试验照片。试验在中国空气动力研究与发展中心 ϕ5 m 立式风洞进行,图 19.32 给出了 CRM 模型全机基本状态下迎角影响试验结果[21]。

纵向气动特性方面,当 $\alpha \leqslant 70°$ 时,C_L-λ 曲线呈开口向下的抛物线,即 C_L 整体上随着 $|\lambda|$ 增加而减小,且随着迎角的增大,C_L 随着 $|\lambda|$ 增加而产生的变化逐渐变得平缓;当 $\alpha = 80°$ 时,C_L-λ 曲线变成开口向上,但此时 C_L 随 λ 的改变,变化不大。C_D 随 λ 的变化特性

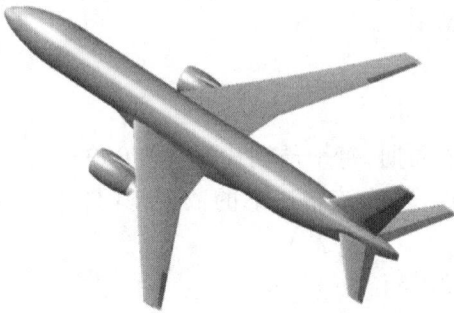

图 19.30 通用运输机(CRM)模型示意图[21]

图 19.31 CRM 模型旋转天平试验照片[21]

与升力类似。当 $\alpha \leqslant 20°$ 时，C_m-λ 曲线呈开口向上的抛物线，而当 $\alpha \geqslant 30°$ 时，C_m-λ 曲线则呈开口向下的抛物线，且在 $50° \leqslant \alpha \leqslant 70°$ 范围内，C_m 随 λ 的变化较为剧烈。

　　横航向气动特性方面，在 $10° \leqslant \alpha \leqslant 30°$ 范围内，C_Y 随 λ 的变化不大，而在其余试验迎角范围内，C_Y-λ 为负斜率。C_{nb} 和 C_l 在整个试验迎角范围内，基本呈现为阻尼特性，即 C_l-λ 为负斜率。

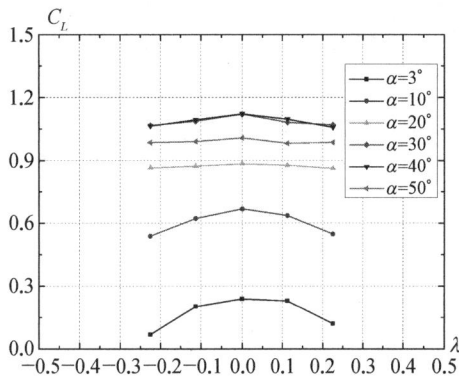

(a) C_L-λ

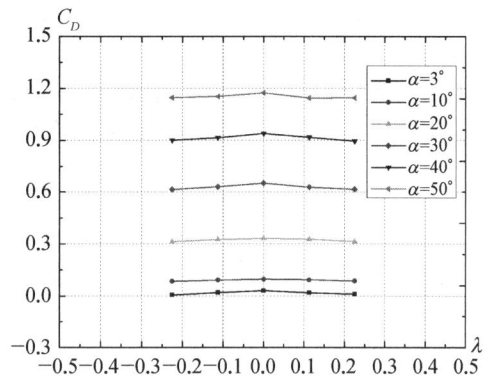

(b) C_D-λ

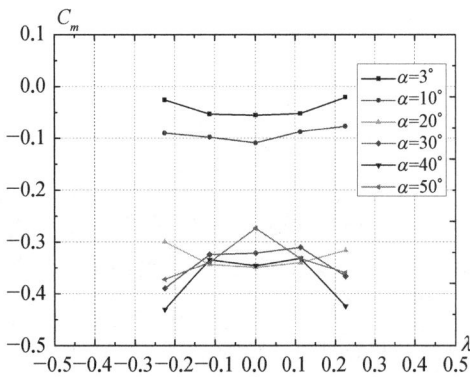

(c) C_m-λ

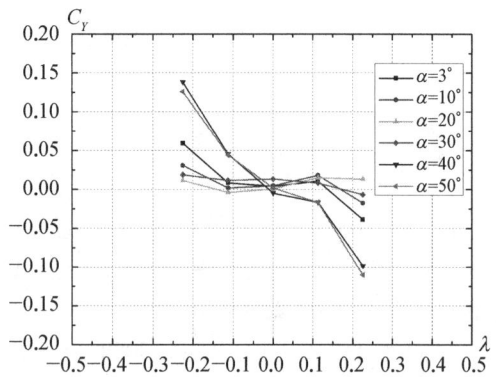

(d) C_Y-λ

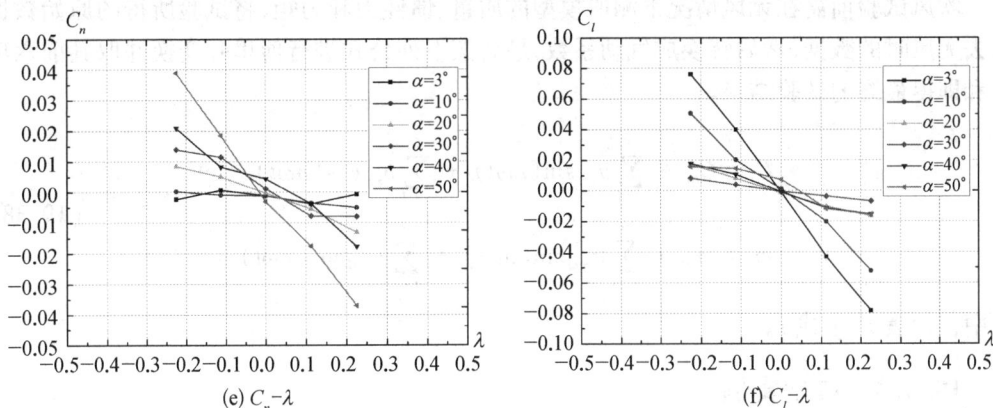

图 19.32 CRM 模型全机基本状态下迎角影响试验结果

19.5 风洞大振幅振荡试验

19.5.1 大振幅振荡试验相似准则

在大振幅振荡试验中,通常以减缩频率 K 表示无因次角速率,即试验中需要满足以下模拟参数:

$$
\begin{cases}
K_{\text{lon}} = \dfrac{2\pi f c_{\text{A}}}{2V} = \dfrac{\omega c_{\text{A}}}{2V} \\[3mm]
K_{\text{lat}} = \dfrac{2\pi f b}{2V} = \dfrac{\omega b}{2V}
\end{cases}
\tag{19.37}
$$

式中, K_{lon} 和 K_{lat} 分别为纵向运动与侧向运动的减缩频率; f 和 ω 分别为振荡的频率与角速率; V 为速度; c_{A} 和 b 为参考弦长与展长。

在试验中,需要确保减缩频率 K_{lon} 、 K_{lat} 以及气流角 α 、 β 与真实飞机一致,从而保证运动相似准则得到满足。

19.5.2 试验方法

模型以尾撑形式安装在大振幅振荡试验装置上,更换支撑支杆,可实现不同的振荡运动方式。装置安装于风洞试验平台上。振荡运动的起始姿态角和振幅分别通过端面齿预置和更换凸轮来实现,调整电机转速可改变模型的振荡频率。通过安装在振荡装置上的电位计实时记录模型的姿态角,试验前需要对电位计进行标定。数据采集采用软触发方式,将定位角信号送入数采系统的一个通道作为信号进行采集用来判断起始姿态角。每次试验采集 7 个周期的天平信号,每个周期等间隔采集 512 个点,先对信号进行滤波处理,使用的滤波器为线性相位有限长单位冲激响应(finite impulse response,FIR)滤波器,再取 7 个周期平均值作为一次试验结果。试验结果一般可实时处理、显示和存储。

吹风试验前需在无风情况下测取模型的质量、惯性力和力矩,将试验所得的原始数据减去无风时的数据,然后转换成气动系数,最后按下列公式进行傅里叶变换并取其前六项之和即得最终的试验结果。

$$C_i = C_{i0} + \sum_{n=1}^{6} a_{nci}\sin(n\omega t) + \sum_{n=1}^{6} b_{nci}\cos(n\omega t)$$

$$m_i = m_{i0} + \sum_{n=1}^{6} a_{nmi}\sin(n\omega t) + \sum_{n=1}^{6} b_{nmi}\cos(n\omega t)$$

(19.38)

式中,i 代表 x、y 或 z。

19.5.3　典型案例

1. 减缩频率对纵向气动特性的影响[2]

图 19.33 给出了俯仰振荡中(无侧滑)减缩频率对升力特性的影响(减缩频率 $k <$ 0.107,以下均在此范围内讨论)。可以看出,在一定迎角范围内,减缩频率对升力的影响很明显,随着减缩频率的增大,升力曲线迟滞环增大。在小迎角($\alpha < 20°$)上仰和很大迎角($\alpha > 80°$)上仰、下俯时,减缩频率对升力的影响并不明显(图未列出),这说明,动态过程中,流动存在较剧烈的涡行为时振荡减缩频率的影响才是很显著的。

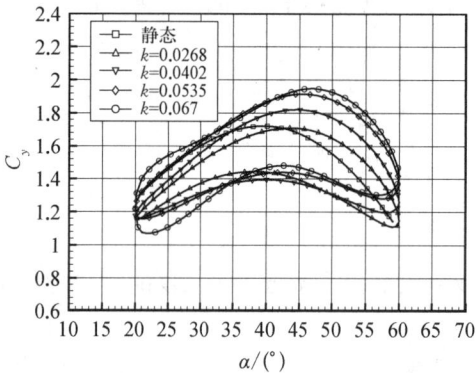

图 19.33　减缩频率对升力特性影响　　　　图 19.34　减缩频率对俯仰力矩特性影响

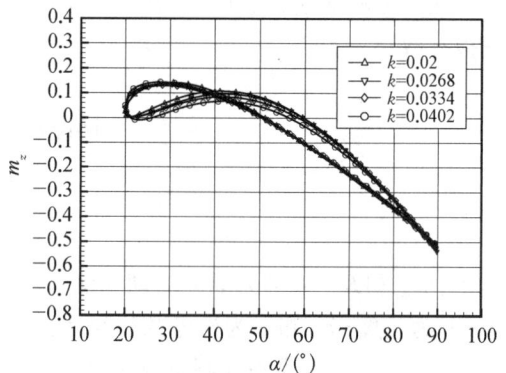

图 19.34 给出了俯仰振荡中减缩频率对俯仰力矩特性的影响。可以看出,随着减缩频率的增大,迟滞回线包围的区域增大。迎角大于 60°时,几种不同的平均迎角振荡方式下都出现了俯仰力矩曲线呈"8"字形的现象。从图 19.34 可以看出,在"8"字形交点之前,俯仰力矩曲线为逆时针方向,说明俯仰振荡增加的非定常力矩起阻尼作用;交点之后,曲线为顺时针方向,则不起阻尼作用。

2. 振幅和平衡迎角对纵向气动特性的影响

图 19.35 为不同平衡迎角下升力曲线,可以看出不同平衡迎角下,曲线衔接较好,且包含了静态特性,表明试验结果是可靠的;衔接处迟滞环的大小明显不同,失速迎角和最大升力也因平衡迎角而异。从图 19.36 可知,即使在相同的迎角范围内,由小振幅振荡运动所形成的气动力迟滞回线的包络线与大振幅振荡运动在该迎角范围内形成的迟滞

回线有很大的不同,原因有两个,一是相同频率不同振荡振幅时,在相同的迎角下运动的角速度和角加速度是不同的,而以前的研究表明这两个因素对非定常气动特性的影响是很大的;二是初始和最终的流动条件对振荡运动中模型的非定常气动特性产生重要的影响,如果初始条件不同,即使在相同迎角下具有相同的角速度和角加速度,气动特性也会不同。

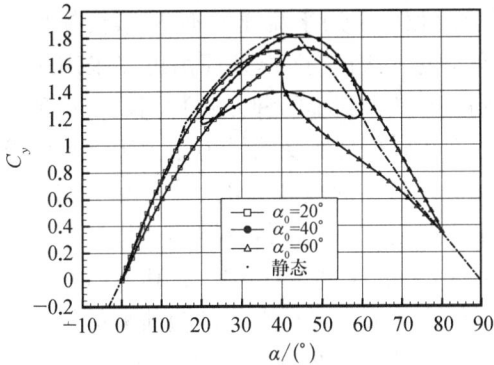

图 19.35　平衡角对升力特性影响($k = 0.0402$)

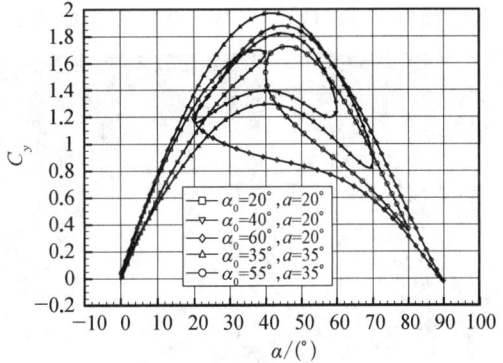

图 19.36　振幅对升力特性的影响($k = 0.0402$)

3. 滚转振荡运动中的滚转力矩特性

图 19.37 为滚转振荡中减缩频率对滚转力矩特性的影响曲线。在本书的振荡减缩频率范围内($k < 0.426$),滚转力矩迟滞环随减缩频率的增大而增大。本次试验中,尽管减缩频率增大到较大值(0.426),但始终未出现频率增大而滚转力矩迟滞环减小的现象。文献采用的模型升力和滚转力矩迟滞环均出现了随着频率增大而减小的情况,两次试验的不同之处在于模型和振幅,对此可作进一步研究。

图 19.38 给出了滚转振荡振幅和平衡角对滚转力矩特性的影响。同样可以看到平衡角和振幅对滚转力矩特性有显著的影响。

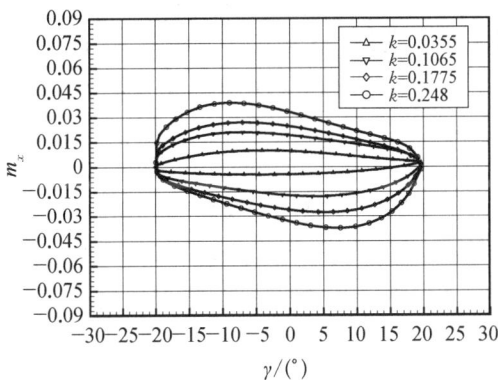

图 19.37　减缩频率对滚转力矩特性的影响

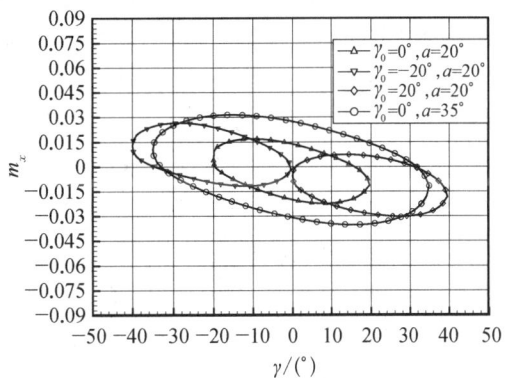

图 19.38　振幅和平衡角对滚转力矩特性的影响

19.6 机翼摇滚试验

19.6.1 试验方法

试验装置通过可自由滚转的支杆以尾撑形式支撑模型(图 19.39),通常在试验前为模型预置一个初始滚转角,相当于初始扰动,试验过程中采用来流速度不变,改变模型姿态角的方法进行(模型迎角可以采用从小到大和从大到小两种方式),当模型达到某一迎角时模型所受滚转力矩大于轴承摩擦并进入稳定的机翼摇滚状态,由安装在摇滚支杆内的角位移传感器测量机翼滚转角时间历程,通过 VXI、PXI 或其他动态采集系统直接采集。在进行试验前需进行角度传感器的地面校准,以测定滚转角与输出电压之间关系。采样频率一般情况下不低于 10 倍滚转频率,采样时间大于 20 个稳定振荡周期。

图 19.39 机翼摇滚风洞试验[5]

将采集到的数据通过事先标定好的转换关系转换为角度值。根据采样频率给出角度对应的时间,最后给出角度的时间历程和相平面图。对角度数据利用傅里叶方法进行频谱分析可以得到其振荡的幅度和频率。

19.6.2 典型结果

1. 滚转角时间历程[5]

图 19.40 给出了 $V = 25$ m/s 时飞机模型的自由摇滚时间历程曲线。由图可知,$\alpha = 50°$ 时,模型上出现稳定的机翼摇滚现象,此时模型做周期性的等振幅滚摆运动,$\alpha = 54°$ 时,模型上的机翼摇滚上保持的较好,频率和周期均未发生变化,但振幅减小到约 18°;$\alpha = 56°$ 时,模型上的机翼摇滚仍继续,但振幅大约只有 9° 了;$\alpha > 58°$ 时,规律性的自由摇滚现象消失,模型做小幅度无规律滚摆。

2. 不同起始角度对摇滚特性的影响

图 19.41 给出了 $V = 25$ m/s、$\alpha = 52°$ 时不同初始滚转角对模型摇滚特性的影响。由图可知,$\Phi_0 = -40°$ 时,模型在 1 个周期之后就进入了稳定的自由摇滚;$\Phi_0 = 0°$ 时,模型经历了约 5 个周期才进入稳定的自由摇滚。但达到稳定的摇滚后,两种状态下模型摇滚的振幅、频率、周期和平衡角均相同。即初始滚转角只对模型的摇滚建立过程有一定的影响,对摇滚稳定后的特性无明显影响。

3. 自由摇滚的相平面分析

图 19.42 ~ 图 19.45 给出了飞机模型自由摇滚不同阶段的相平面曲线($V = 25$ m/s,$\alpha = 52°$)。

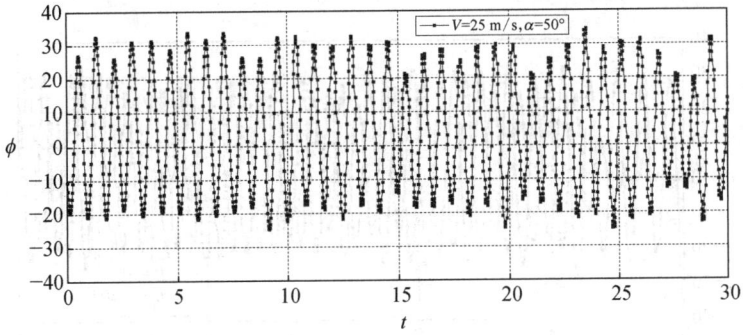

(a) $\alpha = 50°$

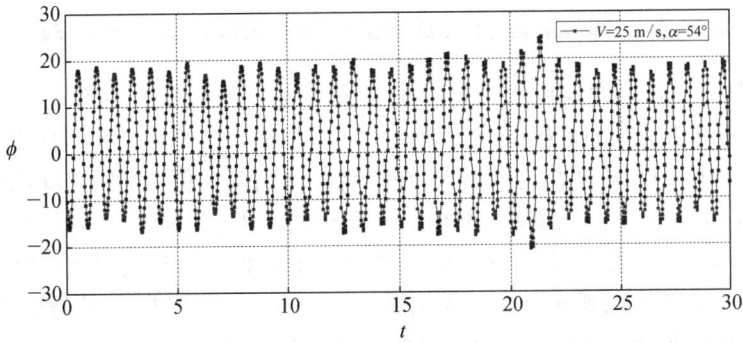

(b) $\alpha = 54°$

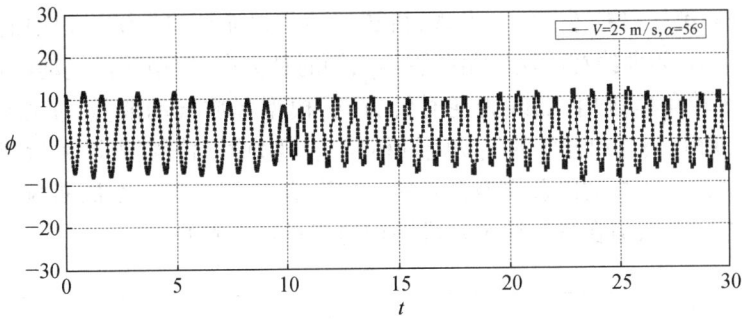

(c) $\alpha = 56°$

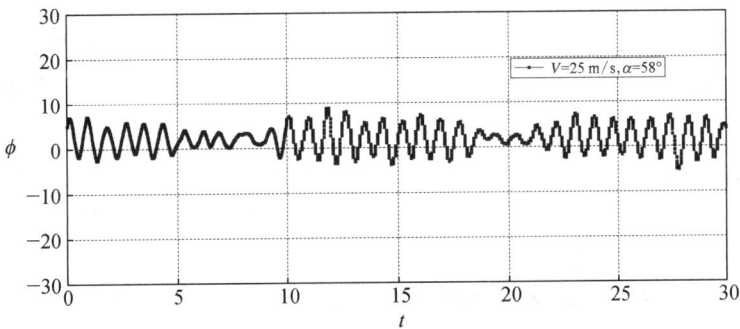

(d) $\alpha = 58°$

图 19.40　$V = 25$ m/s 时飞机模型的自由摇滚时间历程曲线

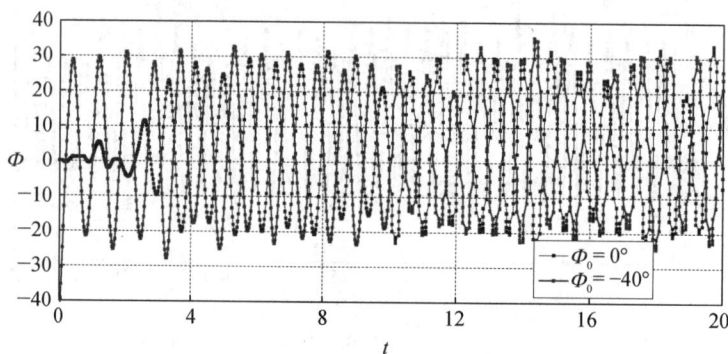

图 19.41　起始滚转角对模型自由摇滚的影响曲线($V=25$ m/s, $\alpha=52°$)

图 19.42(a)是滚转角速度与滚转角的关系曲线。从直观看,曲线呈圆环状,这称为极限环,故自由摇滚运动亦称为极限环运动。$\Phi=0°$时,滚转角速度最大,模型右翼开始向下滚转,角速度逐渐减小,滚转角逐渐增大,在滚转角达到最大值20°时,滚转角速度减小到0,此后运动反向,滚转角逐渐减小,滚转角速度逐渐增大(负向),模型右翼向上运动,当滚转角回到0°时,角速度达到最大(负向);此后模型右翼继续向上运动,直至滚转角达到最大时($-20°$),角速度回到0,此后模型右翼向下运动,角速度增大,滚转角减小(负值),最后回到0°,滚转角速度达到最大值。至此,模型完成一个周期的极限环运动。

图 19.42(b)给出了角加速度与滚转角的关系曲线。曲线呈现出典型的迟滞特性,这是典型的机翼摇滚的迟滞环。研究发现,机翼摇滚的迟滞环与摇滚过程中的能量转换有着密切的关系。封闭曲线在小滚转角范围内为顺时针方向,模型获得气动能量,使振幅继续增大;在大滚转角范围内,曲线为逆时针方向,模型释放气动能量,使振幅逐渐减小;1 个完整的周期内,获得和释放的气动能量相当,表现为振动振幅先增大后减小。需要指出的是,由于风洞的小扰动以及模型自身的一些影响,并不是每一个周期内模型获得和释放的能量都完全相等,但在整个稳定阶段平均的能量是平衡的。

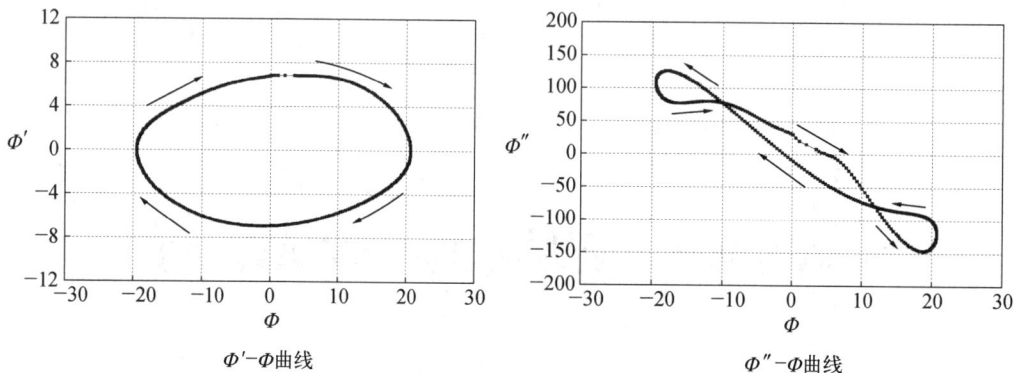

Φ′-Φ曲线　　　　　　　　Φ″-Φ曲线

图 19.42　典型周期的相平面曲线($V=25$ m/s, $\alpha=52°$)

图 19.43~图 19.45 给出了飞机模型机翼摇滚建立过程中的相平面曲线($V=25$ m/s,$\alpha=42°$)。由图可知,摇滚建立过程中,随时间的推移,滚摆的振幅逐渐增大,$\Phi'-\Phi$ 曲线

上极限环的面积也逐渐增大;当摇滚达到稳定后,滚摆振幅和极限环的面积均趋于稳定。这表明,摇滚建立和发展过程中,其外在的表现是振幅的变化,内在的表现是能量的变化,而这二者的变化是同步的。

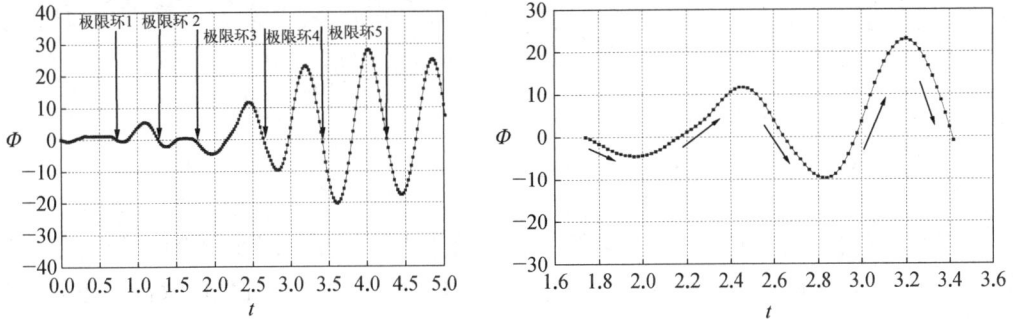

图 19.43　模型机翼摇滚的建立过程曲线($V=25$ m/s,$\alpha=52°$)

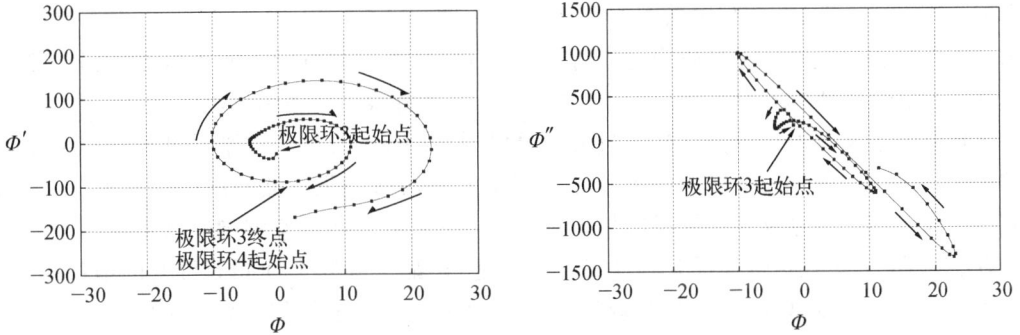

图 19.44　飞机模型摇滚建立过程中的相平面图(极限环 3 和极限环 4)($V=25$ m/s,$\alpha=52°$)

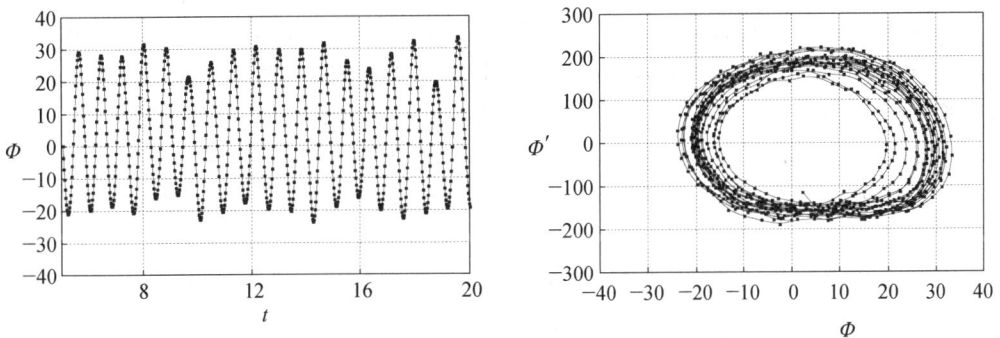

图 19.45　飞机模型机翼摇滚的稳定阶段曲线($V=25$ m/s,$\alpha=52°$)

第 19 章习题　　　　　第 19 章参考文献

第 20 章
气动声学风洞试验

气动声学是一门研究气流自身以及气流与固体边界相互作用而发声的学科,是空气动力学与经典声学的交叉学科分支,主要研究流动分离、旋涡脱落耗散以及湍流边界层等复杂非定常流动产生的气动噪声及其辐射问题。

气动噪声广泛存在于航空飞行器中,对航空飞行器的安全性、舒适性等带来重要影响。特别是飞行器起降阶段辐射的强噪声不仅影响乘员舒适性,而且对机场附近居民区造成噪声污染。为此,国际民航组织(International Civil Aviation Organization, ICAO)专门为航空飞行器制定了一系列噪声适航标准,对不满足噪声适航标准的飞行器严格限制其起降,自从1971年颁布噪声适航标准以来,国际上就有数千架民用飞机停飞,"协和"超声速客机停飞的重要原因就是其噪声过大。可以说民用飞行器噪声水平是其市场可接受性的关键指标。目前国际民航组织已经颁布了第五阶段航空飞行器噪声适航标准,对新研制航空飞行器的气动噪声控制提出越来越高的要求。欧美等航空强国非常重视航空飞行器降噪研究,并把噪声性能提升到与飞行器性能、可靠性和安全性同等重要的地位,开展了大量气动噪声基础和应用研究,取得丰硕的研究成果,先后推出波音 B787 客机、空客 A380 客机等先进低噪声客机。

此外,在地面交通运输领域,随着人类对生活品质要求的提升,人类对汽车、高速列车等地面交通运输工具的噪声控制要求也越来越高。特别是随着汽车、高速列车等运行速度越来越高,它们的气动噪声问题越来越明显。例如,我国高速列车早已跨过 300 km/h 阶段,而高速列车时速超过 250 km/h,气动噪声是其最主要噪声源。因此开展高速地面交通运输工具气动噪声控制研究对提升其性能品质和市场竞争力非常重要。

气动声学的研究手段包括理论分析、数值模拟、风洞试验和飞行试验,由于气动声学代表的物理量与空气动力学代表的物理量的数量级相差巨大,对气动声学的数值计算格式、边界条件设置等要求非常高,试验研究是目前飞行器气动噪声研究最常用的手段。风洞试验费用低、试验条件易于控制,是研究飞行器气动噪声最有效和最可靠的研究手段。国内外先后改造和建设了一批声学风洞,并发展了先进的噪声测量技术,如传声器阵列技术、噪声指向性测量技术等,在声学风洞中系统开展了各类飞行器和地面交通工具气动噪声试验研究,有效地降低了飞行器和地面交通工具噪声,推进了气动声学学科的发展。

本章主要介绍气动声学基本理论、相似理论、气动声学风洞试验设备、气动声学试验方法与数据处理和分析方法以及典型运输机模型和直升机旋翼模型的风洞试验研究情况。

20.1　气动声学基本理论

20.1.1　气动声学基本方程

气动声学理论方法主要包括声比拟方法、基于线性化波动方程、经验/半经验理论法。其中声比拟方法揭示了流动到声的过程，解释了气动声源及其物理机制。本节将系统介绍声比拟方法的主要过程。

1952 年，英国科学家 Lighthill[1] 证明了气动声学问题可以看作为声学的类推，并给出了声流场的基本性质，认为湍流发声提供四极子噪声分布，而且扩展了非定常无散矢源对流运动的主要影响，形成了著名的 Lighthill 声比拟理论[2]。自从 Lighthill 在气动声学方面所做的开创性工作到现在，气动声学作为一门独立的学科分支无论是在理论上还是在实践方面都有了进一步的发展和应用。其中比较著名的基本理论包括 Curle 理论[3]、Powell/Howe[4] 的涡声理论、Ffowcs-Williams 和 Hawking 方程[5]（以下简称 FW－H 方程）等，这些理论的发展极大地推动了气动声学学科的发展。

1969 年，Ffowcs－Williams 和 Hawkings 根据 Lighthill 声学类比法，使用广义函数将原有的气动方程扩展到考虑固体边界运动对声音的影响，得到著名的 FW－H 方程，具体过程如下[5-15]。

1. 推广的连续性方程

在流场中任意选取一个由边界面 Σ 所包含的流体物质体系，并假设边界面 Σ 所包含的流体物质体系的体积为 V。假设流体 V 是被一个不连续的控制面 S 划分为区域 1 和区域 2，如图 20.1 所示，记不连续的面 S 速度为 v，流体速度为 u，S 可以由几个封闭的面组成。假设 n 是面 S 的法向量，它从区域 1 指向区域 2，m 是边界面 Σ 的外法向量。

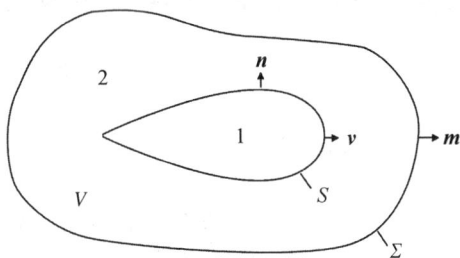

图 20.1　流体体系

上标 1 和 2 代表区域 1 和区域 2，上横线表明这个变量为推广的函数，它在整个区域 V 上有效，例如 $\bar{\rho}$ 在区域 $V^{(1)}$ 等于 $\rho^{(1)}$，在区域 $V^{(2)}$ 等于 $\rho^{(2)}$。假设 ρ 表示流体密度，那么在流体 V 内流体的质量变化率为

$$\frac{\partial}{\partial t}\iiint\limits_{V}\bar{\rho}\mathrm{d}V = \frac{\partial}{\partial t}\iiint\limits_{V^{(1)}}\rho^{(1)}\mathrm{d}V + \frac{\partial}{\partial t}\iiint\limits_{V^{(2)}}\rho^{(2)}\mathrm{d}V \qquad (20.1)$$

两个区域之间有一个运动的边界 S，所以对区域 1，单位时间内通过区域 1 的边界面 S 流出的质量为

$$\oiint\limits_{S}(\rho u_i)^{(1)} n_i \mathrm{d}S$$

单位时间内通过边界面 S 流出的质量为

$$\oiint_{S} [\rho(u_i - v_i)]^{(1)} n_i dS$$

由质量守恒定律可知,单位时间内区域 1 的质量变化率等于区域 1 的边界的质量流量,那么有

$$\frac{\partial}{\partial t} \iiint_{V^{(1)}} \rho^{(1)} dV = -\oiint_{S} (\rho u_i)^{(1)} n_i dS + \oiint_{S} [\rho(u_i - v_i)]^{(1)} n_i dS \qquad (20.2)$$

同理对于区域 2,单位时间内通过区域 2 的边界面 Σ 流出的质量为

$$-\oiint_{\Sigma^{(2)}} (\rho u_i)^{(2)} m_i d\Sigma$$

由于区域 1 和区域 2 共一个边界,区域 1 流出的质量等于区域 2 流进的质量,所以区域 2 的质量守恒方程为

$$\frac{\partial}{\partial t} \iiint_{V^{(2)}} \rho^{(2)} dV = -\oiint_{\Sigma} (\rho u_i)^{(2)} m_i d\Sigma + \oiint_{S} [\rho(u_i - v_i)]^{(2)} n_i dS \qquad (20.3)$$

式中,u_i 是流体速度沿坐标轴方向的分量;m_i 和 n_i 分别表示对应界面的法向量的分量。那么在整个区域 V 中流体质量变化率为

$$\frac{\partial}{\partial t} \iiint_{V} \bar{\rho} dV = -\oiint_{\Sigma} (\overline{\rho u_i}) m_i d\Sigma + \oiint_{S} [\rho(u_i - v_i)]^{(2)}_{(1)} n_i dS \qquad (20.4)$$

式中,符号 $[\quad]^{(2)}_{(1)}$ 表示区域 1 和区域 2 之差。运用散度定理:

$$\iiint_{V} \nabla \cdot A dV = \oiint_{S} A \cdot dS \qquad (20.5)$$

方程(20.4)变为

$$\iiint_{V} \left[\frac{\partial \bar{\rho}}{\partial t} + \frac{\partial}{\partial x_i} (\overline{\rho u_i}) \right] dV = \oiint_{S} [\rho(u_i - v_i)]^{(2)}_{(1)} n_i dS \qquad (20.6)$$

定义 $f = 0$ 为控制面 S 的方程,$f < 0$ 表示在区域 1 中,$f > 0$ 表示在区 2 中,运用广义函数 $\delta(f) | \partial f / \partial x_j |$ 乘以被积函数,那么在面 S 上的一个面积分能被一个在 V 上的体积分所取代,即

$$\iiint_{V} F\delta(f) dV = \oiint_{S} \frac{F}{| \partial f / \partial x_j |} dS \qquad (20.7)$$

式中,$\delta(f)$ 是一维 delta 函数,定义为

$$\delta(f) = \begin{cases} 1, & f = 0 \\ 0, & f \neq 0 \end{cases} \qquad (20.8)$$

因为:

$$| \partial f / \partial x_j | = \{ (\partial f / \partial x_j)^2 \}^{1/2}$$

$$n_i \{ (\partial f / \partial x_j)^2 \}^{1/2} = \partial f / \partial x_j$$

所以方程(20.6)化为广义的质量方程:

$$\frac{\partial \bar{\rho}}{\partial t} + \frac{\partial}{\partial x_i} (\overline{\rho u_i}) = [\rho (u_i - v_i)]_{(1)}^{(2)} \delta (f) \frac{\delta f}{\delta x_i} \tag{20.9}$$

方程(20.9)表明质量守恒是成立的,为了保持在定义域内的无界流体固有的性质,需要定义一个质量源,它的强度为每个区域的质量通量之差。

2. 推广的动量方程

现在来推导推广的动量方程,其基本方法和推导连续性方程类似。在区域 V 内,流体动量变化率为

$$\frac{\mathrm{d}}{\mathrm{d}t} \iiint_V \overline{\rho u_i} \mathrm{d}V = \frac{\mathrm{d}}{\mathrm{d}t} \iiint_{V^{(1)}} (\rho u_i)^{(1)} \mathrm{d}V + \frac{\mathrm{d}}{\mathrm{d}t} \iiint_{V^{(2)}} (\rho u_i)^{(2)} \mathrm{d}V \tag{20.10}$$

区域 1 和区域 2 之间有一个移动的边界面 S,根据动量定理对每一个区域有

$$\frac{\mathrm{d}}{\mathrm{d}t} \iiint_{V^{(1)}} (\rho u_i)^{(1)} \mathrm{d}V = - \oiint_S p_{ij}^{(1)} m_i \mathrm{d}\Sigma - \oiint_S [\rho u_i (u_i - v_i)]^{(1)} n_i \mathrm{d}S - \oiint_S p_{ij}^{(1)} n_i \mathrm{d}S \tag{20.11}$$

$$\frac{\mathrm{d}}{\mathrm{d}t} \iiint_{V^{(2)}} (\rho u_i)^{(2)} \mathrm{d}V = - \oiint_S p_{ij}^{(2)} m_i \mathrm{d}\Sigma + \oiint_S [\rho u_i (u_i - v_i)]^{(2)} n_i \mathrm{d}S + \oiint_S p_{ij}^{(2)} n_i \mathrm{d}S \tag{20.12}$$

式中,p_{ij} 是压力张量;u_i 是流体速度沿坐标轴方向的分量;m_i 和 n_i 分别表示对应界面的外法向量的分量;综合方程(20.11)和方程(20.12)得到整个区域 V 内的动量变化率为

$$\frac{\mathrm{d}}{\mathrm{d}t} \iiint_V \overline{\rho u_i} \mathrm{d}V = - \oiint_\Sigma p_{i,j} m_i \mathrm{d}\Sigma + \oiint_S [p_{i,j} + \rho u_i (u_i - v_i)]_{(1)}^{(2)} n_i \mathrm{d}S \tag{20.13}$$

运用散度定理得

$$\iiint_V \frac{\partial}{\partial t} (\overline{\rho u_i}) + \frac{\partial}{\partial x_j} (\overline{\rho u_i u_j} + \overline{p_{ij}}) \mathrm{d}V = \oiint_S [p_{i,j} + \rho u_i (u_i - v_i)]_{(1)}^{(2)} n_i \mathrm{d}S \tag{20.14}$$

即

$$\frac{\partial}{\partial t} (\overline{\rho u_i}) + \frac{\partial}{\partial x_j} (\overline{\rho u_i u_j} + \overline{p_{ij}}) = [p_{ij} + \rho u_i (u_j - v_j)]_{(1)}^{(2)} \delta (f) \frac{\delta f}{\delta x_j} \tag{20.15}$$

方程(20.9)和方程(20.15)是流体控制方程的推广形式,在整个空间是有效的,如果空间是连续的,质量源和动量源项消失,方程变回到一般的守恒型方程。需要强调的是控制面 S 是光滑的,它能以任意方式运动,改变其形状或方位。

为研究区域中运动控制面 S 产生的自由声场,先来推导运动物体发声的非齐次波动方程。下标(1)表示在面 S 所包含的区域,假设区域 1 内部是静止,其密度和压强分别为 ρ_0 和 p_0,它们的值和真实流体静止时的值是一样的,那么压力张量 $p_{ij} = p_0 \delta_{ij}$。符号 p_{ij} 重新定义为压力张量和它的平均值之差,那么在区域(1)内部 $p_{ij} = 0$。假设控制面 S 是不可渗透的,那么在区域(1)边界 $u_n = v_n$。$\boldsymbol{n}$ 定义为从区域 1 到区域 2 的法向量,即面 S 的外法

向量。将这些值代入方程(20.9)和方程(20.15),去掉下标(2),质量方程和动量方程变为

$$\frac{\partial \bar{\rho}}{\partial t} + \frac{\partial}{\partial x_i}(\overline{\rho u_i}) = \rho_0 v_i \delta(f) \frac{\partial f}{\partial x_i} \tag{20.16a}$$

$$\frac{\partial \overline{\rho u_i}}{\partial t} + \frac{\partial}{\partial x_j}(\overline{\rho u_i u_j} + \overline{p_{ij}}) = \rho_{ij}\delta(f) \frac{\partial f}{\partial x_j} \tag{20.16b}$$

方程(20.16a)对 t 求导,方程(20.16b)对 x_i 求导,然后将方程(20.16a)减去方程(20.16b),消去包含 $\overline{\rho u_i}$ 项,得到声音产生和传播的非齐次波动方程为

$$\left(\frac{\partial^2}{\partial t^2} - c^2 \frac{\partial^2}{\partial x_i^2}\right)(\overline{\rho - \rho_0}) = \frac{\partial^2 \overline{T}_{ij}}{\partial x_i \partial x_j} - \frac{\partial}{\partial x_i}\left[p_{ij}\delta(f) \frac{\partial f}{\partial x_j}\right] + \frac{\partial}{\partial t}\left[\rho_0 v_i \delta(f) \frac{\partial f}{\partial x_i}\right]$$
$$\tag{20.17a}$$

式中,方程的变量已经变为推广的密度扰动变量 $\overline{\rho - \rho_0}$,它作为声振幅的一种度量。对于绝热等熵过程, $p - p_0 = c^2(\rho - \rho_0)$,那么方程(20.17a)化为

$$\left(\frac{1}{c^2}\frac{\partial^2}{\partial t^2} - \frac{\partial^2}{\partial x_i^2}\right)(\overline{p - p_0}) = \frac{\partial^2 \overline{T}_{ij}}{\partial x_i \partial x_j} - \frac{\partial}{\partial x_i}\left[p_{ij}\delta(f) \frac{\partial f}{\partial x_i}\right] + \frac{\partial}{\partial t}\left[\rho_0 v_i \delta(f) \frac{\partial f}{\partial x_i}\right]$$
$$\tag{20.17b}$$

式中, $(\overline{p - p_0})$ 其实就是声压,记 $p' = (\overline{p - p_0})$, $\Box^2 = \left(\frac{1}{c^2}\frac{\partial^2}{\partial t^2} - \frac{\partial^2}{\partial x_i^2}\right)$ 为达朗贝尔算子,方程(20.17b)可继续写为

$$\Box^2 p' = \frac{\partial^2 \overline{T}_{ij}}{\partial x_i \partial x_j} - \frac{\partial}{\partial x_i}\left[p_{ij}\delta(f) \frac{\partial f}{\partial x_j}\right] + \frac{\partial}{\partial t}\left[\rho_0 v_i \delta(f) \frac{\partial f}{\partial x_i}\right] \tag{20.17c}$$

广义函数 $\overline{T}_{ij}$ 是 Lighthill 张量,在控制面 S 外 $T_{ij} = \rho u_i u_j + p_{ij} - c^2(\rho - \rho_0)\delta_{ij}$,而在控制面 S 内部 $T_{ij} = 0$。

由于 $\partial f/\partial x_j = n_i\{(\partial f/\partial x_j)^2\}^{1/2} = n_i |\nabla f|$,并且只考虑控制面外的声音的传播与产生,去掉变量上方的横线,方程(20.17c)变为

$$\Box^2 p' = \frac{1}{c_0^2}\frac{\partial^2 p'}{\partial t^2} - \nabla^2 p' = \frac{\partial}{\partial t}[\rho_0 v_n |\nabla f| \delta(f)] - \frac{\partial}{\partial x_i}[l_i |\nabla f| \delta(f)] + \frac{\partial^2 T_{ij}H(f)}{\partial x_i \partial x_j}$$
$$\tag{20.18}$$

式中, $p' = p - p_0$ 为声压; $l_i = p_{ij}n_j$ 为气动力; $T_{ij} = \rho u_i u_j + p_{ij} - c^2(\rho - \rho_0)\delta_{ij}$; $H(f) = \begin{cases} 1, & f(\boldsymbol{x}, t) > 0,即 \boldsymbol{x} 在控制面 S 外 \\ 0, & f(\boldsymbol{x}, t) < 0,即 \boldsymbol{x} 在控制 S 内 \end{cases}$;方程(20.18)就是气动声学著名的基本方程——FW - H 方程。

方程(20.18)描述的气动噪声由三种声源产生,第一项是由运动控制面引起的单极子声源项,第二项是由压力 l_{ij} 引起的偶极子声源项,第三项是由应力张量 T_{ij} 引起的四极

子声源项,这里需要强调的是,虽然它们不是物理上的声源,但是它们完全可以区分开来,它们发声的机理各不相同,有它们各自固有的特性。

从上面推导过程可以看,所选用的控制面 S 都是不可渗透的控制面,为了推广该问题,考虑 S 为可渗透的控制面,得到 FW–H 方程的推广形式。

对于推广的质量方程和能量方程:

$$\frac{\partial \bar{\rho}}{\partial t} + \frac{\partial}{\partial x_i}(\overline{\rho u_i}) = \left[\rho(u_i - v_i)\right]_{(1)}^{(2)} \delta(f) \frac{\delta f}{\delta x_i}$$

$$\frac{\partial}{\partial t}(\overline{\rho u_i}) + \frac{\partial}{\partial x_j}(\overline{\rho u_i u_j} + \overline{p_{ij}}) = \left[p_{ij} + \rho u_i(u_j - v_j)\right]_{(1)}^{(2)} \delta(f) \frac{\delta f}{\delta x_i}$$

假设可渗透的控制面 S 所包含的区域 1 内部是静止的,其密度和压强分别为 ρ_0 和 p_0,它们的值和真实流体静止的值是一样的,那么压力张量 $p_{ij} = p_0 \delta_{ij}$。符号 p_{ij} 重新定义为压力张量和它的平均值之差,那么在区域(1)内部 $p_{ij} = 0$。去掉下标 2,那么方程(20.9)和方程(20.15)可整理为

$$\frac{\partial \bar{\rho}}{\partial t} + \frac{\partial}{\partial x_i}(\overline{\rho u_i}) = \left[\rho(u_i - v_i) + \rho_0 v_i\right]\delta(f) \frac{\delta f}{\delta x_i} \tag{20.19a}$$

$$\frac{\partial}{\partial t}(\overline{\rho u_i}) + \frac{\partial}{\partial x_j}(\overline{\rho u_i u_j} + \overline{p_{ij}}) = \left[p_{ij} + \rho u_i(u_j - v_j)\right]\delta(f) \frac{\delta f}{\delta x_i} \tag{20.19b}$$

联立方程(20.19a)和方程(20.19b)消去包含 $\overline{\rho u_i}$ 的项,整理得到包含物体的可渗透控制面的发声方程为

$$c^2 \Box^2 \rho' = \Box^2 p' = \left(\frac{1}{c^2}\frac{\partial^2}{\partial t^2} - \frac{\partial^2}{\partial x_i^2}\right) p'(x_{ij}, t)$$

$$= \frac{\partial}{\partial t}\left[\rho_0 U_n \delta(f)\right] - \frac{\partial}{\partial x_i}\left[L_i \delta(f)\right] + \frac{\partial^2 T_{ij} H(f)}{\partial x_i \partial x_j} \tag{20.20}$$

式中,$U_i = (1 - \rho/\rho_0)v_i + \rho/\rho_0 u_i$,$L_i = p_{ij} n_j + \rho u_i(u_n - v_n)$。方程(20.18)和方程(20.20)具有完全相同的形式,后面对其进行求解的方法也完全一样,解的格式也完全一样,只是积分控制面选取不一样。

FW–H 方程(20.18)和方程(20.20)是气动声学的基本方程,是将流体力学 N–S 方程按非齐次波动方程的形式重新整理而成,可用来精确描述任意运动固体边界与流体相互作用的发声问题,具有很重要的理论研究价值和应用价值。FW–H 方程(20.18)和方程(20.20)右边三项分别是单极子声源项,偶极子声源项和四极子声源项。单极子噪声也称厚度噪声,是一种面声源,它是由于物体运动或者振动而引起通过物体表面的质量通量的变化而产生的,对应的声学物理模型就相当于一个脉动的小球;偶极子噪声也称载荷噪声,也是面声源,是由于物体表面作用于相邻流体的应力变化引起的,偶极子可用两个大小相等、相位相反的单极子来描述,常遇到的偶极子是形状和体积不变的来回振动的小球。任何低频振动的物体都是偶极子,如飞越湍流大气的飞机以及螺旋桨、直升机、涡轮等都会产生偶极子声源。四极子噪声是一种体声源,它与控制面内的非线性流动关系很

紧密。流体中如若没有物体,要产生力,只能产生大小相等方向相反的力,这就等价于一对大小相等相位相反的偶极子,高亚声速湍流喷流中的主要声源就是四极子声源。气动声学包含单极子声源、偶极子声源和四极子声源,这三种声源不仅发声机理不同,而且它们的声功率也不相同。单极子声源的声功率与马赫数的四次方成比例,偶极子声源的声功率与马赫数的六次方成比例,四极子声源的声功率与马赫数的八次方成比例。

20.1.2 气动声学试验相似准则

从如下 FW‐H 方程出发,采用量纲分析法推导相似参数如下:

$$\left(\frac{\partial^2}{\partial t^2} - c_0^2 \frac{\partial^2}{\partial x_i^2}\right)(\rho') = \frac{\partial^2 \overline{T}_{ij}}{\partial x_i \partial x_j} - \frac{\partial}{\partial x_i}\left[p_{ij}\delta(f)\frac{\partial f}{\partial x_j}\right] + \frac{\partial}{\partial t}\left[\rho_0 v_i \delta(f)\frac{\partial f}{\partial x_i}\right] \quad (20.17a)$$

式中, p_{ij} 是应力张量; $T_{ij} = \rho u_i u_j + P_{ij} - c^2 \rho \delta_{ij}$ (控制面外)是 Lighthill 应力张量。将方程(20.17a)进行无量纲化,无量纲化后物理量为

$$\bar{x}_i = x_i/D, \quad \bar{t} = tf, \quad \bar{u} = u/u_0, \quad \bar{v} = v/u_0, \quad \bar{w} = w/u_0, \quad \bar{p}' = p'/(\rho_0 u_0^2), \quad \bar{\rho}' = \rho'/\rho_0$$

式中, D 为参考长度; ρ_0 和 u_0 分别为远场密度和速度; f 是频率。将无量纲化后的物理量代入(19.17a)得到无量纲化后的方程为

$$f^2 \rho_0 \frac{\partial^2 \bar{\rho}'}{\partial \bar{t}^2} - \frac{\rho_0 c_0^2}{D^2}\frac{\partial^2 \bar{\rho}'}{\partial \bar{x}_i^2} = \left(\frac{\rho_0 u_0^2}{D^2} + \frac{p_0}{D^2} - \mu\frac{u_0}{D^3} - \frac{\rho_0 c_0^2}{D^2}\right)\frac{\partial^2 \overline{T}_{ij}}{\partial \bar{x}_i \partial \bar{x}_j}$$
$$- \frac{p_0}{D^2}\frac{\partial}{\partial x_i}\left[\overline{P}_{ij}\delta(f)\frac{\partial f}{\partial \bar{x}_j}\right] + \frac{fu_0}{D}\frac{\partial}{\partial \bar{t}}\left[\rho_0 \bar{v}_i \delta(f)\frac{\partial f}{\partial \bar{x}_i}\right] \quad (20.21)$$

整理得到:

$$\left(\frac{fD}{u_0}\right)^2 \frac{\partial^2 \bar{\rho}}{\partial \bar{t}^2} - \left(\frac{c_0}{u_0}\right)^2 \frac{\partial^2 \bar{\rho}}{\partial \bar{x}_i^2} = \left(1 + \frac{p_0}{\rho_0 u_0^2} - \mu\frac{1}{\rho_0 u_0 D} - \frac{c_0^2}{u_0^2}\right)\frac{\partial^2 \overline{T}_{ij}}{\partial \bar{x}_i \partial \bar{x}_j}$$
$$- \frac{gR}{u_0^2}\frac{\partial}{\partial x_i}\left[\overline{P}_{ij}\delta(f)\frac{\partial f}{\partial \bar{x}_j}\right] + \frac{fD}{u_0}\frac{\partial}{\partial \bar{t}}\left[\bar{v}_i \delta(f)\right] \quad (20.22)$$

进一步整理方程可变为

$$Sr^2 \frac{\partial^2 \bar{\rho}}{\partial \bar{t}^2} - \left(\frac{c_0}{cMa}\right)^2 \frac{\partial^2 \bar{\rho}}{\partial \bar{x}_i^2} = \left(1 + Eu - \frac{1}{Re} - \frac{c_0^2}{c^2 Ma^2}\right)\frac{\partial^2 \overline{T}_{ij}}{\partial \bar{x}_i \partial \bar{x}_j}$$
$$- \left(Eu - \frac{1}{Fr}\right)\frac{\partial}{\partial x_i}\left[\overline{P}_{ij}\delta(f)\frac{\partial f}{\partial \bar{x}_j}\right] + Sr\frac{\partial}{\partial \bar{t}}\left[\bar{v}_i \delta(f)\right] \quad (20.23)$$

因此,根据无量纲化准则,可引入相似参数:斯特劳哈尔数 $Sr = \dfrac{fD}{u_0}$、马赫数 $Ma = \dfrac{u_0}{c}$、雷诺数 $Re = \dfrac{\rho_0 u_0 D}{\mu}$、欧拉数 $Eu = \dfrac{p_0}{\rho_0 u_0^2}$、弗劳德数 $Fr = \dfrac{u_0^2}{gR}$,其中 c 是声速。

继续考虑方程(20.23),比较方程(19.23)左边第一项和第二项系数,可得到另外一

个相似参数：

$$\frac{fD}{c_0} = \frac{D}{\lambda} = \text{const}$$

式中，$\lambda = f/c_0$ 是波长。除波动方程外，考虑状态方程和能量方程，可以得到普朗特数 Pr。

此外还需要考虑气动声学边界条件和初始条件。由边界可得到另外一个相似参数：

$$\frac{\bar{Z}}{D/\lambda} = \text{const}$$

式中，$\bar{Z} = Z/(\rho c)$，Z 为界面声阻抗，也即要求模型的无量纲声阻抗与实物相同。气流的起始条件是要求风洞的气流脉动与大气的相同，也即要求风洞气流有很低的背景噪声和很低的湍流度。

综上，气动声学风洞试验中的相似参数有：Sr、Ma、Re、Eu、Fr、Pr、D/λ、$\dfrac{\bar{Z}}{D/\lambda} = \text{const}$ $[\bar{Z} = Z/(\rho c)]$ 以及物体几何相似。

实际试验过程中要遵循所有的相似准则几乎是不可能的，实践证明对不同的试验，由于侧重点和目的不同，可选取主要的相似参数，而忽略次要的相似参数，或对其进行修正，这称之为部分模拟或近似模拟。采用部分模拟所得试验数据通常需要进行某些修正才能应用于实物情况。当然，各种相似参数的物理意义各不相同，对于某一特定项目的试验，并非所有的相似参数都是同等重要的。因此，每做一个试验，特别是新的试验项目，必须对此试验的目的、要求以及影响试验结果的主要物理参数进行透彻的分析与研究，从而决定模拟哪些对该试验起决定作用的相似参数，舍去起次要作用的相似参数。例如，气动的普朗特数 Pr 接近于 1 时，可以忽略。对于自由湍流，可不计重力和压力的作用，也即不考虑 Eu。雷诺数对声音传播的影响也通常忽略不计。于是，对于湍流气动声学风洞试验中的选取的相似准则为：物体几何相似、Sr、Ma、c/c_0、D/λ、物体表面的 $\bar{Z}/(D/\lambda) = \text{const}$ $[\bar{Z} = Z/(\rho c)]$，初始条件。其中斯特劳哈数 Sr 对气动声学风洞试验具有重要的意义，是气动声学试验必须选取的重要相似参数。

20.2　声　学　风　洞

20.2.1　声学风洞设计要求

声学风洞是开展气动声学研究的核心地面试验设施，国外从 20 世纪 70 年代就相继改造和建设一批声学风洞，为气动声学的基础研究、应用基础研究和型号应用研究奠定了重要基础，并在气动声学基本理论、气动声学测试技术、航空飞行器降噪研究、地面交通运输工具降噪研究取得丰硕的成果。

声学风洞要具备开展气动声学试验能力，必须满足以下要求[16, 17]。

（1）风洞背景噪声足够小。风洞本身产生的背景噪声对声学测量影响要小，根据声学测量要求，一般要求背景噪声小于研究对象噪声 6 dB 以上。

（2）风洞试验段满足自由声场条件，且自由声场区域满足远场测量条件。风洞试验段的声反射影响声学测量精准度，并在给定频率范围内不能产生明显的声反射现象；同时测点与声源距离满足声学远场测量条件，一般建议至少大于2倍声波波长或声源尺度。

（3）风洞试验段具备良好的流场品质。气动噪声与气流湍流度密切相关，来流湍流度会影响气动噪声的发声机理，因此风洞试验段流场要尽量模拟研究对象的真实入流条件。

（4）风洞空气动力参数要根据相似理论和研究条件确定。风洞试验段尺寸、风速范围要根据气动声学相似理论确定，特别是要考虑马赫数、雷诺数、斯托劳哈尔数等相似参数的模拟，以及声学测量仪器能力的兼容。

基于上述要求，新建声学风洞通常采用常规风洞布局，具备开口试验段，开口试验段外围包围一个巨大的消声室；并且在风洞风扇段、拐角、喷口、收集器和第一扩散段等关键部位进行消声处理，减小风洞背景噪声，抑制声反射试验段声场的影响。改造的声学风洞通常是在闭口段加装声学处理层，构建自由声场；在风洞拐角、扩散段等重点部位进行消声处理。同时为了提高声学风洞流场品质，声学风洞稳定段前端同时安装有多层阻尼网，因此声学风洞也是一个高品质空气动力试验设施，非常适合于开展脉动压力、抖振以及低湍流度试验。

20.2.2　世界主要声学风洞

为了便于开展气动声学研究，世界上的主要航空机构先后改造和建设了一批声学风洞。由常规风洞改造的声学风洞主要有 NASA 艾姆斯研究中心的 24 m×36 m 风洞、德国的 Ford Europe 风洞等，新建的风洞包括德国和荷兰合建的 DNW－LLF 风洞，中国空气动力研究与发展中心的 5.5 m×4 m 声学风洞和大型低速风洞（声学试验段尺寸为 8 m×6 m）、中国航空工业集团公司哈尔滨空气动力研究院的 8 m×6 m 低速风洞、美国波音公司的双试验段航空声学风洞等。其中 DNW－LLF 风洞是气动声学研究领域最有名的风洞，气动声学的很多开创性研究工作都在那里开展，同时也开展了大量的气动声学型号试验应用研究，为航空飞行器气动噪声评估和降噪研究提供了重要设备支持。中国近年来也开展了大量的气动声学研究，并先后建成了 5.5 m×4 m 声学风洞、大型低速风洞和 8 m×6 m 低速风洞等大型航空声学风洞，以及同济大学和重庆气研院的汽车声学风洞等，这些风洞将在中国航空飞行器和地面交通运输工具气动噪声降噪研究中发挥重要的作用。本节将系统介绍 DNW－LLF 风洞和 5.5 m×4 m 声学风洞等世界知名风洞的性能和情况。

1. DNW－LLF 风洞[18-20]

DNW－LLF 风洞是世界上最著名的大型低速风洞，具备气动声学试验能力，于 1980 年建成，位于荷兰东北部。该风洞是一座回流式低速风洞，包含 9.5 m×9.5 m、8 m×6 m 和 6 m×6 m 三个可更换的闭口试验段和一个 8 m×6 m 开口试验段。其中闭口试验段的最大风速依次为 62 m/s、116 m/s 和 152 m/s，开口试验段最大风速为 85 m/s。DNW－LLF 风洞结构如图 20.2 和图 20.3 所示，主要由大型消声室、试验段、收集器、风扇段、拐角段、扩散段等组成，并配有 2 套支撑系统、声学测量系统、气动力测量系统等。该风洞的风扇段、收集器、第一扩散段、拐角段等进行了消声室处理。

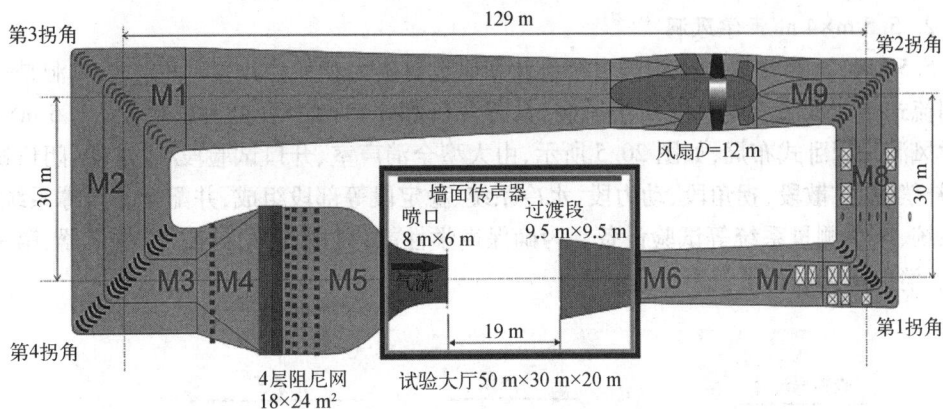

图 20.2　DNW‑LLF 风洞轮廓图

图 20.3　DNW‑LLF 风洞

　　DNW‑LLF 开口试验段主要进行声学试验,其背景噪声范围小于 80 dB(A)(距喷管出口中心侧向距离 12.9 m 处,截止频率 200 Hz,风速 80 m/s)。试验段包围着尺寸为 50 m×30 m×20 m 的全消声室(图 20.4),消声室内正对试验段约 40% 的区域铺设高 1 m 的吸声尖劈,截止频率为 80 Hz;其他区域覆盖着厚 0.2 m 的吸声块,截止频率为 200 Hz。

图 20.4　DNW‑LLF 风洞消声室

2. 5.5 m×4 m 声学风洞[21, 22]

5.5 m×4 m 声学风洞是中国自行设计和建造首座大型航空声学风洞。该风洞是一座单回流式低速低湍流度航空声学风洞,具有开口和闭口两个可更换试验段。5.5 m×4 m 声学风洞采用卧式布局,如图20.5所示,由大型全消声室、开口试验段/收集器、闭口试验段/补偿段、扩散段、拐角段、动力段、水冷系统、稳定段等部段组成,并配套有腹撑系统、尾撑系统、声学测量系统等试验设备。为确保声学性能,风扇、拐角导流片、收集器、第一扩散段、消声室都进行了消声处理。

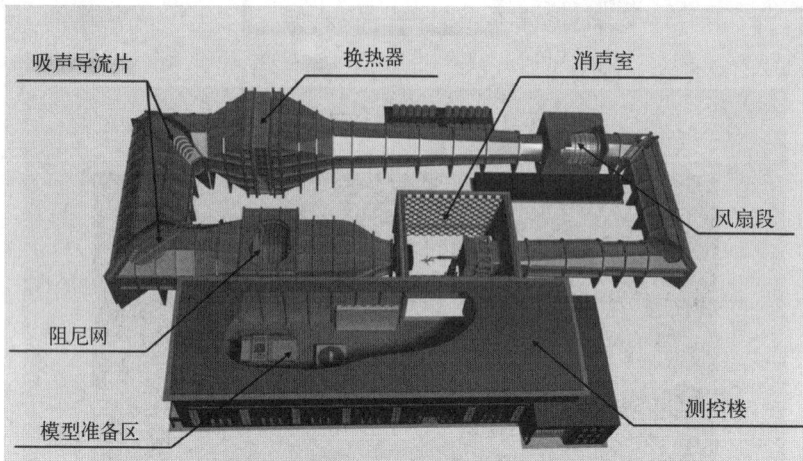

图 20.5 5.5 m×4 m 声学风洞轮廓图

5.5 m×4 m 声学风洞试验段长14 m、宽5.5 m、高4 m,横截面为矩形;空风洞开口试验段(图20.6)的风速范围为8~100 m/s,闭口试验段(图20.7)的风速范围为8~130 m/s。开口试验段主要用于声学试验,其背景噪声为75.6 dB(A)(距喷管出口中心侧向距离7.95 m 处,截止频率100 Hz,风速80 m/s)。开口试验段模型中心区域气流湍流度 $\varepsilon \leqslant 0.2\%$,动压场系数 $|\mu_i| \leqslant 0.3\%$,气流偏角 $|\Delta\alpha| \leqslant 0.3°$、$|\Delta\beta| \leqslant 0.3°$,轴向静压梯度 $L \cdot |\mathrm{d}C_p/\mathrm{d}x| \leqslant 0.003$。闭口试验段主要用于低湍流度试验和气动力试验,其模型区中心湍流度 $\leqslant 0.05\%$,动压场系数 $|\mu_i| \leqslant 0.3\%$,动压稳定性系数 $\eta \leqslant 0.002$,轴向静压梯度 $L \cdot |\mathrm{d}C_p/\mathrm{d}x| \leqslant 0.002$。

图 20.6 5.5 m×4 m 声学风洞开口试验段

图 20.7 5.5 m×4 m 声学风洞闭口试验段

开口试验段外包围着一个内部净空间空尺寸为 26 m(宽)×18 m(高)×27 m(长)的全消声室。消声室六个壁面敷设高度为 1 m 的吸声尖劈,有效抑制了壁面声波反射。全消声室的截止频率为 100 Hz,声场满足 ISO 3745、ISO 6798 和 GB 6882 的要求。消声室大门尺寸为 16.5 m 宽,12.5 m 高,采用气垫整体移动,整体隔声量 NR≥40 dB。

20.3　声学测量系统

20.3.1　传声器

传声器是一种将声波信号转换为电信号的能量转换器件。在气动声学测量中,要求传声器灵敏度高、动态范围宽、稳定性好、频率响应平坦、失真度低等特点。按传声器的电路原理分,传声器可分为电容式传声器、压阻式传声器和微型传声器。

1. 传声器类型

1) 电容式传声器

电容式传声器主要由感受声压的金属膜片和与其平行的金属后极板组成,膜片和后极板在电气上绝缘,构成一个以空气为介质的电容器两极。测量时,在两极之间施加一个稳定的直流电压(极化电压)。在极化电压的作用下,负载电阻上产生与声压大小成比例的交变电压。电容式传声器具有灵敏度高、动态范围宽、频率响应宽而平坦以及优越的瞬态响应和稳定性等特点,因此被广泛用作测量传声器或标准传声器。

电容传声器工作时需要对电容器板(膜片和后极板)充上固定的电荷。根据电荷供给方式的不同,可分为外部极化和预极化(也称为驻极体)传声器:外部极化传声器由外部为电容器板提供一个高(通常为 200 V DC)且稳定的直流电源;而预极化传声器无需外部电源,其背极板上喷涂一层薄而均匀的驻极体材料,并在高温和高压下使之极化,让电荷永久性地存贮在驻极体材料之中,形成"镶嵌"电荷。预极化传声器在构建多路声压测量系统时更加方便和实用,因为其简化了供电设备和线缆的复杂性,降低了设备的成本。

2) 压阻式传声器

压阻式传声器的制作原理是将适当的杂质加入半导体中,利用单晶硅晶片的微小弯曲特性,产生与硅晶片表面压力成正比的电压输出。与电容式传声器相比,压阻式传声器的灵敏度和信噪比较低,但其尺寸更小,在发动机和高速风洞噪声测量时具有优势。

3) 微型传声器

基于微电子技术,多个压力敏感元件可以集成在一个单芯片上,从而可以降低成本,减少体积,放宽安装条件。但是微型传声器的量程通常较大,精度较低,校准不方便。

2. 传声器性能参数

传声器性能主要包括灵敏度、频率响应、动态范围、指向特性、相位匹配等

1) 灵敏度

灵敏度是表示传声器声电转换效率的重要指标,是指其膜片上感受到 1 Pa 声压时在其额定负载阻抗上产生的输出电压值,其单位通常为毫伏/帕(mV/Pa)。需要注意的是,对于传声器,常使用"参考灵敏度"一词,意思是指在参考频率处测得的灵敏度,通常情况下,参考频率为 250 Hz 或 1 000 Hz。灵敏度越大,测量所得的声压分辨率越高。然而传声

器的灵敏度大小与膜片的直径有密切的关系,通常直径越大的传声器灵敏度越高。1/2 in 传声器的灵敏度高于 1/4 in 的传声器,而 1/4 in 传声器的灵敏度又高于 1/8 in 的传声器。

2) 频率响应

频率响应是指传声器灵敏度随频率变化的特征。传声器属于动态测试仪器,能够测量不同频率的声压信号。频率响应实质上是表征传声器在不同频率处的灵敏度。频率响应的大小表示为给定频率的灵敏度与参考频率的灵敏度之比,这个比值常用分贝(dB)表示。频率响应范围是指传声器能够感受到的信号变化频率范围。

对飞行器的噪声测量通常在 45 Hz ~ 11.2 kHz 的频率范围内进行。然而风洞试验的对象通常为缩比模型,根据斯特劳哈尔公式,气动噪声频率与试验模型尺寸呈反比关系,也就是说,模型与真实物体的尺寸差别越大,其测量频率上限就应更高,对于一个 1:5 比例的模型而言,试验感兴趣的频率范围变为 225 Hz ~ 56 kHz。这就要求传声器必须具备足够的频率范围以满足不同测试对象的要求。

传声器的频率响应范围与膜片的直径也有密切的关系,通常直径越小的传声器频率响应上限越大。例如 1/2 in 传声器能够测量 20 kHz 以内的信号,而 1/4 in 传声器的测量频率上限可达到 80 kHz。

3) 动态范围

动态范围是指传声器能够测量的声压级范围。动态范围上限由拾音系统(传声器与前置放大器)的失真容许值决定,其下限由拾音系统本身的固有噪声所决定。两者之差就是声学传感器的动态范围。在强声波的作用下,传声器的输出会出现非线性畸变,通常规定畸变达到 3% 时的声压级即为传声器的声压测量上限。固有噪声是指没有声波作用于传声器时,由于传声器电路的热噪声或周围空气压力起伏的影响,在传声器输出端测得的噪声大小。通常,传声器的尺寸越小,动态范围上限越高;传声器的尺寸越大,动态范围下限越低。

4) 指向特性

指向特性是指传声器的灵敏度随入射声波方向变化的特性。指向性的大小表示为给定方位角的灵敏度与 0°方位角(垂直传声器膜片定义为 0°)的灵敏度之比,这个比值通常用分贝(dB)描述,以极线图来表示。

根据指向特性的不同,传声器可以无指向性和指向性传声器。无指向性传声器是指其灵敏度不随声源入射角度的变化而改变的传声器(或灵敏度变化很小),无论声源从何种角度到达传声器,传声器的输出信号基本保持不变;而指向性传声器的特性则相反,它只会对某一方向的入射声波输出正确的信号,而其他方向的声波则会出现不同程度的衰减。

在识别定位气动噪声源时,应选用无指向性传声器。这是因为采用指向性传声器时,必须提前假设声源是从某限制区域内发出的,传声器的安装应使其轴正确指向这一区域。因此指向性传声器会减小传声器阵列的扫描范围,使其限制在某一方向。

5) 相位匹配

相位匹配通常用于反映一组传声器的输出信号相位差大小。当使用传声器阵列进行声源定位时,根据波束形成算法,对传声器相位一致性提出了严格要求,需要明确一组传声器之间的相对相位响应差。

3. 传声器附件

1）防风罩

在风洞试验中,消声室中会出现的气流扰动,形成一个有风的环境。当风吹过传声器时,由于气流湍流使得传声器的膜片产生振动,从而使测量所得的信号中出现虚假的信号,致使测量数据出现误差。因此,必须将风帽(图 20.8)安装在传声器前端,以防止风噪声的影响。

图 20.8　传声器风帽

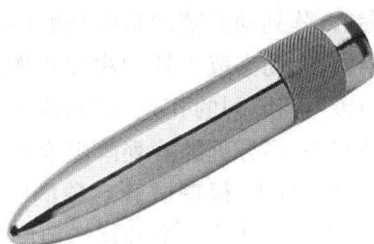

图 20.9　传声器鼻锥

2）鼻锥

在气流内使用传声器测量噪声时,为防止气流作用在膜片上,影响噪声测量精准度,试验时必须给传声器装上鼻锥,且鼻锥必须迎着气流方向。鼻锥外形呈流线型,如图 20.9 所示,抑制流动分离和复杂湍流等流动产生自噪声,并在流动平稳位置安装透声网,用于声波传到传声器膜片上。

20.3.2　传声器阵列

传声器阵列由一定数量的初始相位一致的传声器按一定规则布置而成,如图 20.10 所示。传声器阵列通过对阵列传声器的信号采用延迟求和算法实现测点"声源"信号放大和其他方向噪声信号的抑制来识别声源位置。具体在频域对每个传声器信号采用移相技术,因此有些文献著作也将传声器阵列称为"相位传声器阵列"。传声器阵列技术

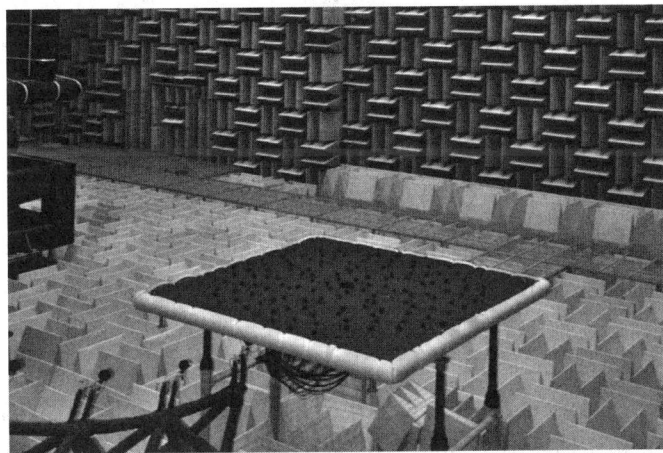

图 20.10　传声器阵列

源自天文学和水声的声呐技术,其具体测量原理是使用大量传声器识别空间声源波阵面,用相同相位检测空间声场截面,通过对阵列传声器信号的相关分析,抑制不相关噪声影响,得到噪声源分布。近年来由于数据采集技术和计算机技术的飞速进步,传声器阵列逐渐克服了通道数受限、信噪比低的缺点,形成了强大的声源测量和识别能力,已广泛用于气动噪声源分布测量试验研究。

传声器阵列性能最重要的评价参数是空间分辨率和动态范围。空间分辨率是阵列响应图谱中主瓣的宽度(称之为瓣宽),它是阵列定位声源的能力和分辨邻近空间声源的重要度量参数;阵列动态范围是阵列响应图谱中旁瓣相对于主瓣的差值,这也就意味着相对于主声源,在动态范围外的次要声源将不会被识别。传声器阵列的空间分辨率和动态范围与传声器阵列的孔径、阵元数量、频率范围、测量距离、声源特性以及传声器的分布等密切相关,不合理的阵列阵型会严重影响阵列的性能。因此在使用传声器阵列测量噪声源分布时,需根据试验对象的噪声特性(频率、指向性)、试验环境、传声器数量等参数,以阵列空间分辨率和动态范围为目标函数,发展优化设计方法进行传声器阵列设计。

1. 传声器阵列响应函数[17]

阵列空间分辨率和动态范围具体在阵列响应图谱上定义。在传声器阵列设计过程中,为了评估阵列的性能,首先需要生成阵列响应图谱,阵列响应图谱由阵列响应函数生成。阵列响应函数可采用"波束形成"(Beamfoming)算法得到。具体如下。

设一单极子点声源位于 x,那么空间 $r > 0$ 处声压为

$$p(r, t) = \frac{C}{r} e^{j(\omega t - kr)} \tag{20.24}$$

式中,C 为常数;r 是声音的传播距离;ω 是声波的频率;k 是波数。假设在距离声源有限距离处有一套 M 通道传声器阵列,第 m 通道传声器接收到的信号可写为

$$p_m(t) = \frac{C}{r_m} e^{j\omega\left(t - \frac{r_m}{c_0}\right)} \tag{20.25}$$

式中,r_m 是定位点到第 m 个传声器位置的距离;$t - r_m/c_0$ 项是声源到传声器的延迟时间。传声器阵列中心位置定义为

$$x_c = \frac{1}{M} \sum_{m=1}^{M} x_m$$

如果将传声器阵列聚焦到空间任一点 x,则阵列的响度可写为

$$W(k, x, x_0) = \sum_{m=1}^{M} w_m \frac{r_0}{r_{0m}} e^{jk[(r_0 - r) - (r_{0m} - r)]} \tag{20.26}$$

式中,x_0 为声源位置;r_0 和 r_{0m} 分别为声源至传声器阵列中心和第 m 路传声器的距离;w_m 是第 m 路传声器的相应加权因子,可用于调整阵列的响度。相对于源点 x_0,传声器阵列对任一点聚焦的响度为

$$dB(x) = 20\lg\left[\frac{W(k, x, x_0)}{W(k, x_0, x_0)}\right] \tag{20.27}$$

当对噪声源聚焦时,传声器阵列有最大响应,因而式(20.26)为负值,可用于检查传声器阵列的瓣宽和瓣结构,检查传声器阵列的空间滤波能力。

在阵列优化设计过程中,为简化问题,通常采用平面波波束形成技术,即假设声源在远场,那么(20.27)可简化为

$$W(k, x, x_0) = \sum_{m=1}^{M} w_m e^{jk \cdot x_m} \tag{20.28}$$

式中,k 表示入射平面波波数向量。

阵列瓣宽 BW_d 定义为在阵列响应图谱中与阵列最大响应点差为 3 dB 处对应的主瓣宽度,如图 20.11 所示,阵列瓣宽是阵列分辨率的度量参数。对于一个固定尺寸的平面传声器阵列来说,其瓣宽与波长呈线性关系,具体表现如下:

$$BW_d = \text{const } \lambda \tag{20.29}$$

式中,BW_d 为传声器阵列的瓣宽;const 为常数;λ 为波长。const 与阵列的尺寸、传声器的位置以及声源与传声器阵列的距离等参数有关。

阵列动态范围是阵列响应图谱中主瓣与旁瓣的最小差值,它是阵列识别声源能力的重要参数。

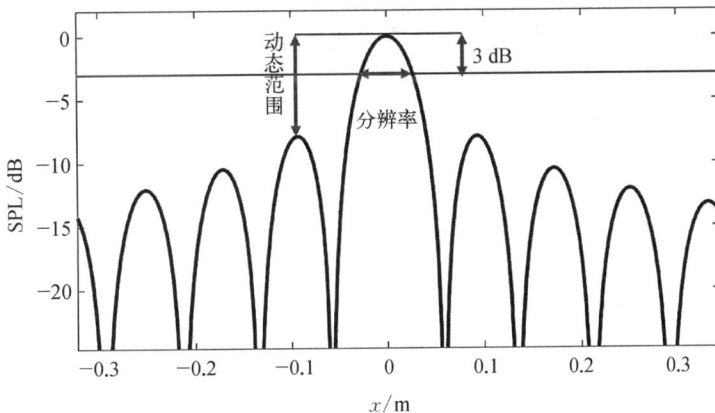

图 20.11　阵列响应图谱中分辨率和动态范围定义

传声器阵列类似以一个空域滤波器,当传声器阵列阵元过稀时阵列会出现空间混淆现象,如图 20.12 所示,这和时域信号采样过程中不满足采样定理时不能有效识别信号频谱特性一样;阵列空间阵元过稀,就不能有效识别不同方向的高频波束。类似于时域信号采集的采样定理,当阵列满足空域信号采样定理[满足奈奎斯特(Nyquist)抽样准则]时,也即阵列阵元间隔不超过分析频率对应的波长一半时,阵列理论能识别任意方向的波束信号。如采用矩形传声器阵列识别声源时,为了防止频率为 20 kHz 声源测量时出现混淆现象,要求设置一个 0.5 m×0.5 m 的矩形平面阵列布置 3 460 个传声器,间隔 0.008 5 cm,显然不现实。为此需要发展欠空间采样条件的传声器阵列设计方法。

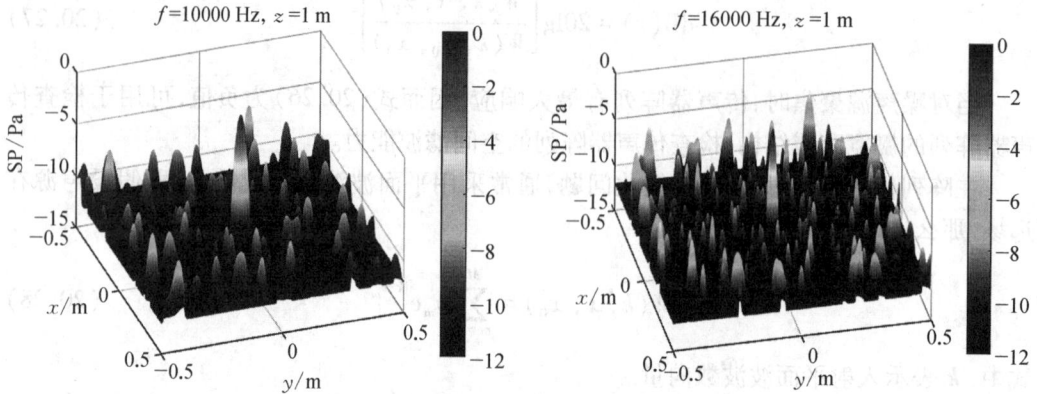

图 20.12　阵列响应图谱（25 通道多臂螺旋桨型传声器阵列）

2. 螺旋型/多臂螺旋型阵列优化设计

螺旋型阵列/多臂螺旋型阵列在宽频范围为能有效抑制旁瓣，抑制阵列空间混淆现象，具有较大的动态范围、较宽的频率范围，非常适合气动噪声的测量。

螺旋型阵列设计[17]等同于将传声器布置在对数螺旋位置。对数螺旋的极坐标方程为

$$r(\theta) = r_0 \exp[\cos(v)\theta] \tag{20.30}$$

式中，θ 表示极角；r 表示原点到螺旋阵列上点 P 的距离；r_0 为当 $\theta = 0$ 时 r 的值；$0 \leqslant v \leqslant \pi/2$ 为螺旋角，螺旋角是一个定常角。螺旋线弧长计算如下：

$$
\begin{aligned}
l(\theta) &= \int_0^\theta \mathrm{d}l = \int_0^\theta r_P \mathrm{d}\theta = \int_0^\theta r\sqrt{1 + \cot^2(v)}\,\mathrm{d}\theta \\
&= \int_0^\theta r_0 \exp[\cos(v)\theta]\sqrt{1 + \cot^2(v)}\,\mathrm{d}\theta
\end{aligned}
\tag{20.31}
$$

令 $h = \cot(v)$，代入上面方程积分可得

$$
\begin{aligned}
l(\theta) &= r_0\sqrt{1 + h^2}\int_0^\theta \exp(h\theta)\,\mathrm{d}\theta \\
&= \frac{r_0\sqrt{1 + h^2}}{h}[\exp(h\theta) - 1]
\end{aligned}
\tag{20.32}
$$

整个螺旋线的长度 $l_{\max}$ 取决于 $\theta_{\max}$，$\theta_{\max}$ 为 θ 最大值，$\theta_{\max}$ 依靠 $r_{\max}$，$r_{\max}$ 为 r 的最大值。根据螺旋线原方程：

$$r_{\max}(\theta_{\max}) = r_0 \exp(h\theta_{\max}) \tag{20.33}$$

所以：

$$\theta_{\max} = \frac{1}{h}\ln\left(\frac{r_{\max}}{r_0}\right) \tag{20.34}$$

并且：

$$l_{\max} = \frac{r_0\sqrt{1+h^2}}{h}\left[\exp(h\theta) - 1\right] = \frac{r_0\sqrt{1+h^2}}{h}\left[\frac{r_{\max}}{r_0} - 1\right] \tag{20.35}$$

如果 M 定义为阵列传声器数目,那么阵列设计取决于 r_0、$r_{\max}$、v 和 M 四个变量。具体设计过程中,阵列孔径取决于阵列的分辨率,螺旋角控制了螺旋曲线围绕坐标原点回转圈数,螺旋角越大回转圈数越多。对于一个给定孔径的阵列,初始直径、螺旋角和传声器数目的组合将会影响空间抽样,进而影响关于旁瓣水平的阵列性能。

螺旋型阵列设计步骤如下：

(1) 选取 r_0、$r_{\max}$、v 和 M 的值；

(2) 用方程(20.35)计算 $l_{\max}$；

(3) 计算 $\Delta l = l_{\max}/(M-1)$ 传声器间的圆弧长度；

(4) 计算传声器坐标, $m = 1, 2, \cdots, M$：

$$l_m = \Delta l(m - 1) \tag{20.36}$$

重写方程(20.34),确定 θ_m：

$$\theta(l) = \frac{1}{h}\ln\left(1 + \frac{hl}{r_0\sqrt{1+h^2}}\right) \tag{20.37}$$

将 $l = l_m$ 代入得到：

$$\theta_m = \frac{1}{h}\ln\left(1 + \frac{hl_m}{r_0\sqrt{1+h^2}}\right) \tag{20.38}$$

最终：

$$r_m = r_0\exp(h\theta_m) \tag{20.39}$$

那么阵列传声器坐标为 $(r_m\cos(\theta_m), r_m\sin(\theta_m))$。

图 20.13 给出了 63 通道螺旋型阵列分布和阵列响应,由图可知,该阵列在频率 10 kHz 内动态范围小于 11.7 dB。

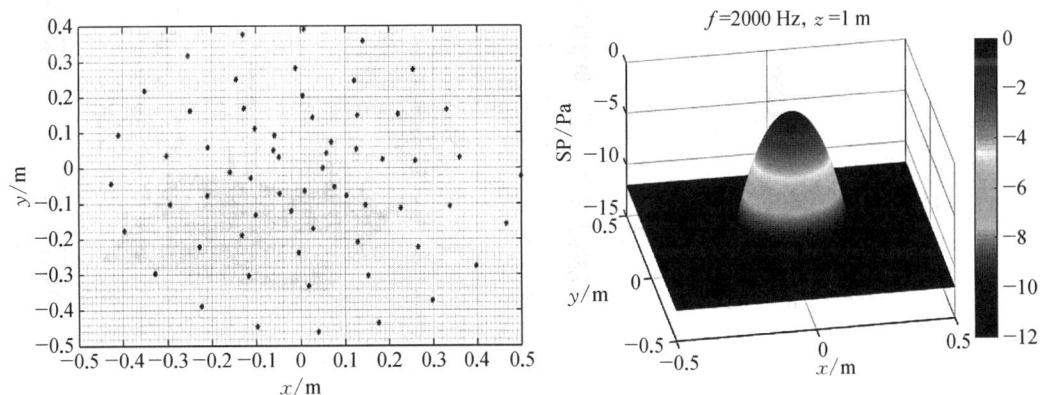

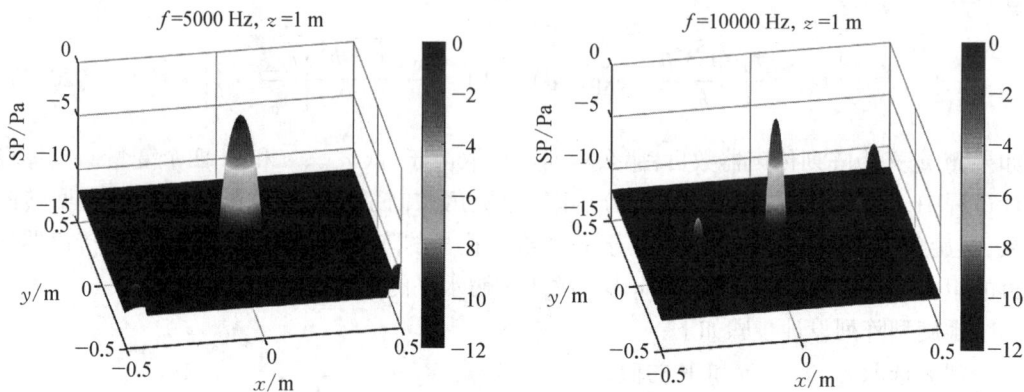

图 20.13　63 通道螺旋型阵列及响应

　　多臂螺旋阵列增加了圆形阵列对称性和额外的旁瓣抑制。多臂螺旋型阵列是由多个环形阵列组合而成,且每个环形阵列上布置奇数个传声器,每一个传声器又落在其中一个螺旋臂上。图 20.14 给出了 63 通道多臂螺旋型阵列及其响应,由图可知,该阵列在频率 10 kHz 内动态范围小于 12.9 dB,而且分辨率也比相同孔径和数量的螺旋型阵列高。

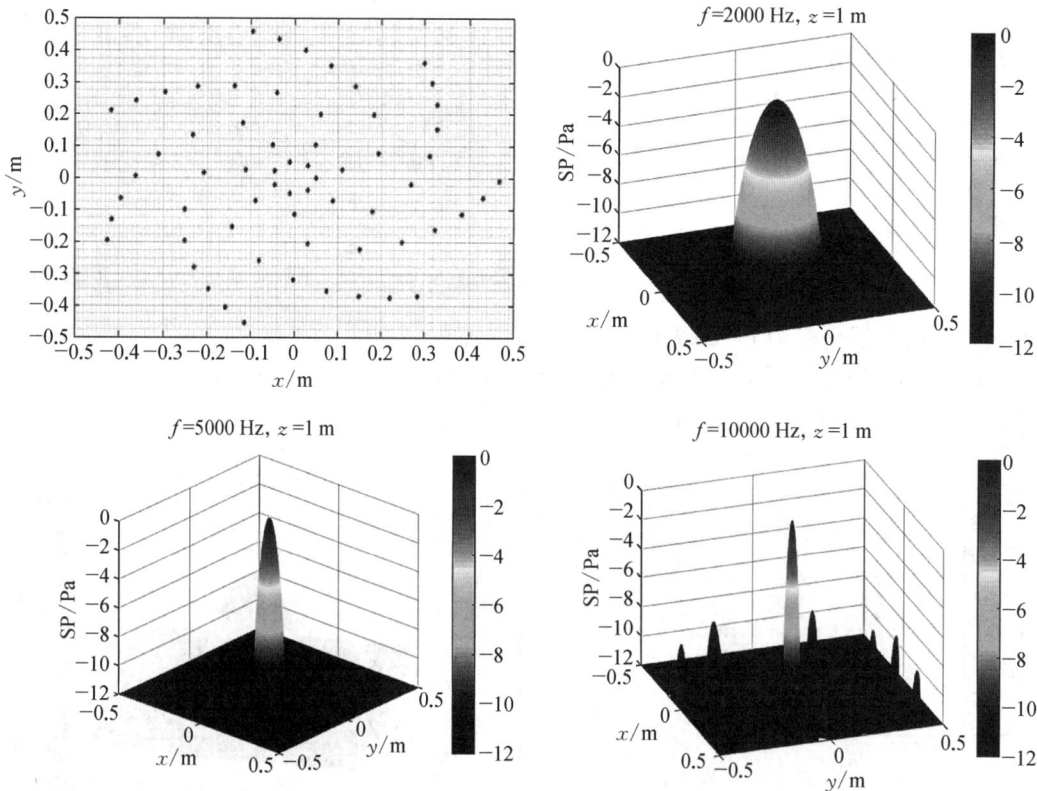

图 20.14　63 通道多臂螺旋型阵列及响应

3. 传声器阵列性能校核

传声器阵列设计完成后,在正式风洞试验前要对传声器阵列性能进行校测。目的是校核传声器阵列的动态范围和分辨率等性能指标,标定传声器阵列和试验模型的空间坐标系。该坐标系的坐标原点位于传声器阵列中心,如图 20.15 所示,z 轴垂直于传声器阵列平面指向模型方向,x 轴沿风洞流向方向,y 轴指向服从右手准则。传声器阵列校核试验中,通常需要在模型上确定位置安装二个以上微型扬声器(尺度远小于试验模型特征尺度),作为已知声源点,控制微型扬声器发试验所需频率的噪声,利用传声器阵列和声学测量系统同步采集噪声信号,经数据处理后得到声学分布,并和声源已知位置对比,标定阵列和模型的相对空间坐标,确认传声器的分辨率和动态范围等性能参数。传声器阵列性能检核试验时,试验段要进行消声处理,减小声学反射导致的阵列性能校核误差。

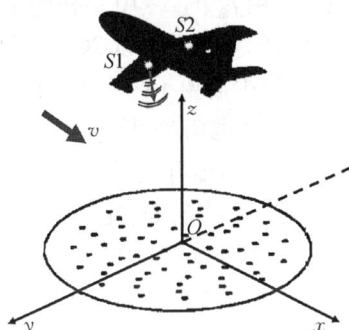

图 20.15 传声器阵列在风洞中的应用示意图

20.3.3 声学数据采集设备

传声器的电信号需要通过声学数据采集设备进行采集,根据气动噪声的时频特性,声学数据采集设备研制和选取需考虑以下要求。

1. 通道数

气动噪声研究过程中需要在多个方位进行噪声测量,特别是需要采用多通道传声器阵列测量模型噪声源分布,因此气动噪声研究的过程要求声学数据采集通道数多,有时高达几百个通道。且各通道需要同步采集数据,对声学数据采集系统要求高。

2. 可变耦合输入

传声器输出信号 $f(t)$ 中包含直流分量 $f_{DC}(t)$ 和交流分量 $f_{AC}(t)$ 两部分:$f_{DC}(t)$ 主要由传声器输出偏置电压所引入,其值通常可达几个伏特;而 $f_{AC}(t)$ 则是我们所感兴趣的声压波动。如果采集通道采用直流耦合输入方式,则 $f(t)$ 信号全部送入 A/D 转换器进行采样量化,此时 $f(t)$ 的峰值电压可能超过 A/D 转换器的输入量程而造成信号幅值截断;而采用交流耦合输入方式则能够将 $f_{DC}(t)$ 信号从 $f(t)$ 中移除,只保留 $f_{AC}(t)$ 信号。

3. 抗频率混叠

采集动态数据时必须充分考虑在模/数转换时由于采样率的不足而造成的频率混叠现象。通常选用集成了抗混叠滤波器的 A/D 转换器输入模块,在信号进行量化前将被分析的模拟信号进行有限带宽的处理。

4. 高转换位数及动态范围

在风洞测试环境下,数据采集系统必须提供足够的动态范围用于处理高低频噪声源之间较大的幅值差异的信号。在低频端,空气流动噪声、风洞动力源噪声和洞体振动决定了信号的最大量级;而试验模型产生的高频气动噪声则可能比低频噪声在量级上相差几十个分贝。测量系统的动态范围取决于 A/D 转换器的转换位数,16 bit 的 A/D 转换器能提供 96 dB 动态测试范围,而 24 bit 的 A/D 转换器在提供更大的动态范围的同时,更能有效地减少量化误差对测量精度的影响。

5. 高采样率和高系统带宽

为保证采样过程不丢失原信号信息,必须使采样频率 f_s 与原始信号最大频率 f_m 满足奈奎斯特采样定理要求:$f_s > 2f_m$,即采样频率 f_s 至少为分析频率 f_m 的两倍以上,工程中通常采用 f_m 的 5~10 倍作为采样频率。多通道与高采样对数据采集系统的总体带宽提出了严格的要求。当以 204.8 kHz 的采样率对 256 通道(24 bit A/D 转换器)进行同步测量时,则至少需要 153.6 MB/s 的系统带宽以保证信号的正常传输。

6. 通道间的同步性

对传声器阵列的数据采集要求对所有测试通道同时进行采样,如果各通道之间存在相位差,必须通过标定后将校准结果代入最终的数据处理中加以修正。

7. 可变输入量程

对 8 bit 的 A/D 转换器而言,如果输入量程为 ±10 V,则信号分辨率为 $2 \times 10 \div 8^2 = 78.125$ mV,如果将输入量程设置为 ±0.1 V,则信号分辨率变为 $2 \times 0.1 \div 8^2 = 0.78125$ mV,分辨率提高了 100 倍。为避免浪费 A/D 转换器的精度,每个采集通道应设置合适的输入量程以提高量化信号的分辨率。需要注意的是,如果量程设置偏小,传声器的输出信号会被限幅,造成采集信号失真。实际使用时,应根据声压大小和传声器灵敏度等指标事前计算出传声器可能输出的电压范围设置合适的输入量程。

8. 与传声器的配合

除了能准确量化传声器感受的声压外,数据采集设备能提供相应的激励源使传声器正常工作;另外,对于自带传感器电子数据表(transducer electronic data sheets,TEDS)的智能传声器,数据采集设备能够访问传声器的 TEDS 信息(包括型号、灵敏度等),便于快速构建测试任务。

20.3.4 传声器校准方法和设备

为了保证测量过程有效和数据的可靠,需对所用的传声器以及声学仪器的关键技术指标进行校准。下面介绍几种传声器校准方法和校准设备。

1. 校准方法

1) 互易校准法

互易校准法主要用于校准传声器开路灵敏度(所谓开路灵敏度,就是不安装前置放大器时,传声器的灵敏度),该方法是目前准确度最高的校准方法。互易校准法是一种绝对校准方法,使用该方法需要测量许多基本的物理单位,如电压、阻抗、温度、湿度和环境压力,但不需要参考声压。

需要指出的是,虽然该校准方法的准确度最高,但是对于用户而言却并不适用:因为该方法操作时复杂,需要同时使用 3 只传声器,并要求两只是互易的(传声器既可以作为声压接收器,也可以作为声压的发生器),其中至少有一只为参考用实验室标准传声器;另外该方法只能得到传声器的开路灵敏度,而所用声学测量时必须将传声器和前置放大器配合使用,使用方最关注的是传声器的负载灵敏度(也就是安装前置放大器后的灵敏度)。

互易校准法主要用于实验室标准传声器的灵敏度校准。不确定度范围通常为 0.03~0.05 dB。

2) 比较校准法

比较校准法的工作原理是：将两只传声器同时或交替暴露于相同的声压中，其中一只为已知灵敏度的参考传声器（通常为实验室标准传声器），另一只是待测的传声器，它们的灵敏度之比由输出电压之比给出，然后从参考传声器的灵敏度计算出待测传声器的灵敏度。

该方法可以同时测量出被测传声器的灵敏度和频率响应数据，也可以计算出被测传声器与参考传声器之间的相对相位响应差。但是不足之处在于：使用该方法时，需要提供一个比较稳定的声压源，且该声压源必须在很宽的频率范围内正常工作，因此，该方法的应用范围受限于声压源的性能；另外，作为参考传声器的实验室标准传声器，其频率范围一般小于 20 kHz，因此有时无法测量出待测传声器的全部频率响应范围。比较法主要用于工作标准传声器的灵敏度校准。不确定度范围通常为 0.06~0.14 dB。

2. 声校准器校准设备

在现场进行测试时，为了保证测量过程有效和数据可靠，经常使用一些不确定度相对较低（相比于互易法和比较法）、便携的、操作简便的声校准器对所使用的传声器及声学仪器进行校准，常用的声校准器有：活塞发生器和声级校准器。

1) 活塞发生器

活塞发生器包括一个刚性壁空腔，空腔内的一端用来装待测传声器，另一端则装有圆柱形活塞，活塞由连接在一个小型直流电机上的凸轮推动，凸轮的形状按正弦规律加工；当电机带动凸轮工作时，使活塞按正弦规律做往复运动，从而在空腔内产生声压，声压频率通常为 250 Hz。测定活塞运动的振幅就可以求出空腔内声压的有效值 p_{rms}，其计算公式如下：

$$p_{rms} = \frac{\gamma \cdot p_0 \cdot S \cdot \zeta_0}{\sqrt{2} \cdot V} \tag{20.40}$$

式中，p_0 为大气静压；S 为活塞面积；V 为活塞在中间位置时，腔体积和传声器等效体积之和；ζ_0 为活塞的位移峰值；γ 为腔体中的气体比热比。

活塞发生器校准传声器灵敏度的方法很简单，先使待测传声器与活塞发生器耦合，接通活塞发生器的电源，使它在传声器的膜片前产生一个恒定的声压。这时传声器的输出电压经放大器放大后，可用具有声压级的刻度电压表测量活塞发生器耦合器内的声压级，依次进行传声器的校准。

活塞发生器产生的声压级、频率等参量是用经过校准的标准传声器和前置放大器等仪器进行标定的，不确定度范围通常为 0.05~0.12 dB。

活塞发生器的不足之处在于只能进行参考灵敏度的校准，无法进行频率响应校准。

2) 声级校准器

常用的声级校准器包括一个性能稳定的频率为 1 kHz 的振荡器和压电振动元件及其振膜。使用时，振荡器的输出馈送给压电元件，带动振膜在耦合腔内产生 1 Pa 声压（94 dB）。近年来，为了克服单一频率对校准带来的缺陷和不便，制造厂商将振荡器设计为多个输出频率，同时可输出多个声压级。声级校准器的使用方法与活塞发生器相似，非常适合在现场进行校准。

声级校准器的不足之处在于,相比前面几种校准方法,其灵敏度校准的不确定度是较差的,通常只能 0.2~0.3 dB。

3) 静电激励器

静电激励器只能对电容传声器进行校准。静电激励器包括一块开槽金属板,安装在传声器的膜片前面。在开槽板与膜片之间施加直流电压 E 和交变信号电压 $e = e_0 \cdot \sin(\omega t)$,当 $E \gg e_0$ 时,由于库伦力的作用,此时在膜片上产生一个频率与 e 的频率相同的交变压力,等效瞬时声压大小 p 为

$$p = \frac{8.85 \cdot E \cdot e_0 \cdot a}{d^2} \times 10^{-12} \tag{20.41}$$

式中,d 为开槽金属板与膜片之间的距离;a 为有效激励器面积与有效膜片面积之比。

由式(20.41)可知,静电激励器产生的声压与频率无关,只要 E、e_0 和 d 保持不变,就能得到电容传声器的压力场灵敏度响应,如果已知待测传声器的不同频率下的自由场和扩散场修正值,那么,只要在压力场频率响应上逐个频率叠加上修正量,就可以得到待测传声器的自由场频率响应或者扩散场频率响应。

静电激励器的优势在于其校准的频率范围可高达 200 kHz。不足之处在于:使用此方法测定传声器的绝对灵敏度,对多数应用来说,所引起的不确定度太大,相对较大的不确定度来源于距离 d 和面积比 a 的测定;另外,使用静电激励器时,传声器的保护罩必须拆除,使传声器的膜片完全暴露,在操作中必须非常小心,避免脆弱的膜片受损而导致整个传声器无法正常工作。

通常,静电激励器仅用于测定相对频率响应。不确定度范围通常为 0.1~0.5 dB。

20.4 气动噪声风洞试验方法

气动噪声风洞试验包含气动噪声指向性测量试验及气动噪声源测量和识别试验。其中气动噪声指向性测量试验主要测量试验对象气动噪声的传播特性,评估试验对象气动噪声对远场的影响。主要仪器设备是远场传声器(带风帽或鼻锥)以及低噪声传声器支撑架等,并且试验过程中传声器支撑架要进行消声处理。传声器位置通常根据研究对象的适航评估要求和研究关注点确定;气动噪声源测量和识别试验主要是识别模型噪声源分布,为试验对象降噪研究提供支撑。主要仪器设备是传声器阵列,试验过程中传声器阵列需根据试验对象噪声特性、阵列性能要求(动态范围、分辨率)、试验环境、试验条件等进行优化设计。

试验模型支撑方式选取的原则是:支撑装置强度足够大,且对模型的气动性能影响小;吹风试验过程中,支撑装置自身噪声小,且要进行消声处理,减小支撑装置声反射对声学测量的影响;支撑方式要便于声学测量,例如对于运输机全机模型,背撑方式比较适合气动噪声试验。对于直升机模型,尾撑方式比较适合气动噪声试验。

气动噪声风洞试验要模拟试验对象的声学环境,通常要求满足自由声场条件或半自由声场条件。因此风洞试验过程中,试验段内的固壁表面要进行消声处理,减小固壁声反射对声场的影响。试验段气流内的装置要设计成流线型,减小装置复杂流动诱导的气动噪声影响试验对象的声学测量和分析。

20.5　气动噪声风洞试验数据处理及分析方法

20.5.1　气动噪声指向性数据处理方法

气动噪声风洞试验过程中,声学测量系统测量噪声的时域信号,数据处理过程中为了方便评估信号的变化特征,通常根据需要转换为频域信号。同时数据处理时还要系统考虑风洞背景噪声、风洞射流剪切层、气流对流、大气吸声效应、传声器自身等对噪声测量的影响;其中射流外数据处理包含滤波器特性修正、传声器自由场响应修正、传声器指向性修正、风帽影响修正、大气吸声效应修正和剪切层折射效应修正等;射流内数据处理包含滤波器特性修正、传声器自由场响应修正、传声器指向性修正、鼻锥影响修正、大气吸声效应修正和对流影响修正等。其中自由场传声器指向性修正和传声器自由场响应修正由传声器制造商提供,其他修正方法具体如下。

1. 气动噪声频谱分析

声信号频谱分析过程中,通常采用快速傅里叶变换将时域信号转换为频域信号,具体首先将信号进行高通滤波,然后将传声器的滤波后的时域信号分为不重叠的长度为 N(如 $N=4\,096$)的数据块,然后对每一个数据块进行快速傅里叶变换。那么对于第 m 数据块的离散傅里叶变换为

$$p_m(f) = \frac{2}{N} \sum_{n=1}^{N} p_m(n) \mathrm{e}^{-\mathrm{j}2\pi fn\Delta t} \tag{20.42}$$

对应的分析频率为

$$f = \frac{k}{N\Delta t}, \ k = 1,\ 2,\ \cdots,\ \frac{N}{2} - 1 \tag{20.43}$$

式中,下标 m 表示第 m 数据块对应的物理量;Δt 表示采样周期。最后对所有数据块声压能量进行算术平均。声学信号数据处理方法具体可参考信号处理的相关分析技术。

2. 风帽影响修正

风帽影响修正因子[17]如下:

$$H_{\mathrm{WS}}(f,\ \theta) = 10\big[\lg G_{xx}(f,\ \theta) - \lg G_{yy}(f,\ 0)\big] \tag{20.44}$$

式中,$G_{xx}(f,\ \theta)$ 是传声器带风帽测得的信号自谱;$G_{yy}(f,\ 0)$ 为正对声源的传声器不带风帽测得的信号自谱。试验时采用下式对试验数据进行修正:

$$Lp(f,\ \Theta) = Lp_{\mathrm{means}}(f,\ \Theta) - H_{\mathrm{ws}}(f) \tag{20.45}$$

3. 传声器鼻锥影响修正

鼻锥的自由场响应增益因子[17]为

$$H_{\mathrm{FR\ AMF}}(f,\ \theta) = 10\big[\lg G_{xx}(f,\ \theta) - \lg G_{yy}(f,\ 0)\big] \tag{20.46}$$

它是频率 f 和入射角 θ 的函数。$G_{xx}(f,\ \theta)$ 是试验传声器信号的自谱;$G_{yy}(f,\ 0)$ 为基准传声器信号的自谱。试验时采用下式对试验数据进行修正:

$$Lp(f, \Theta) = Lp_{\text{means}}(f, \Theta) - H_{\text{FR}}(f) - H_{\text{FR AMF}}(f, \Theta) \tag{20.47}$$

式中，Θ 是传播角；$\theta = 180° - \Theta'$ 是辐射角补角；$Lp(f, \Theta)$ 是修正声压级；$Lp_{\text{means}}(f, \Theta)$ 测量声压级；$H_{\text{FR}}(f)$ 是传声器自由场响应修正；$H_{\text{FR AMF}}(f, \Theta)$ 是鼻锥自由场响应修正。

4. 剪切层影响修正

射流外部采用传声器进行噪声测量时，须对剪切层效应进行修正。根据 Amiet 理论[23, 24]，假设风洞剪切层为无限薄的剪切层，并且假设射流内外空气是均匀的，如图 20.16 所示。设 R_m 为声源到传声器之间距离，R_t 为声源到剪切层距离，Θ_m 为声源到传声器位置向量的角度，Θ 为流场中的声波传播角度，Θ_0 为剪切层折射点到传声器位置向量的角度。

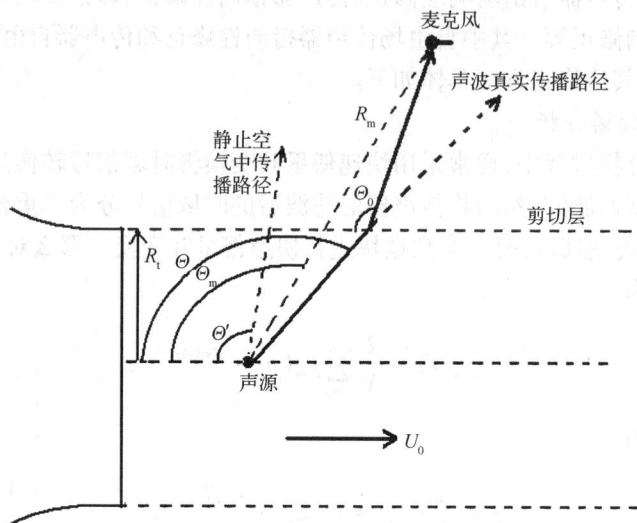

图 20.16　风洞剪切层对声音传播影响示意图

根据位置几何关系，可得到：

$$R_m \cos \Theta_m = R_t \cot \Theta + (R_m \sin \Theta_m - R_t) \cot \Theta_0 \tag{20.48}$$

根据流场对声波传播的对流影响关系有

$$\Theta = \tan^{-1} \frac{\sin \Theta'}{\cos \Theta' - Ma} \tag{20.49}$$

式中，Θ' 为无风环境中声波的辐射角；Ma 为开口射流马赫数。

根据斯涅尔（Snell）折射定律，并作无量纲化可以得到：

$$Ma = \frac{1}{\cos \Theta'} - \frac{c_0/c_t}{\cos \Theta_0} \tag{20.50}$$

采用迭代法求得声波的传播路径：

$$R_{\text{path}} = \frac{R_t}{\sin \Theta} + \frac{(R_m \sin \Theta_m - R_t)}{\sin \Theta_0} \tag{20.51}$$

振幅修正公式如下：

$$A_{m} = \frac{p_{c}}{p_{m}} = (1 - Ma\cos\Theta')^{-2} \cdot \sqrt{R_{m}\left(\frac{\sin\Theta_{m}}{\sin\Theta_{0}}\right) \cdot R_{a} \cdot \left(\frac{R_{t}}{\sin\Theta'}\right)^{-1}} \qquad (20.52)$$

式中，$R_{a} = R_{m}\left(\dfrac{\sin\Theta_{m}}{\sin\Theta_{0}}\right) + \left(\dfrac{R_{t}}{\sin\Theta_{0}}\right)\left[\left(\dfrac{\tan\Theta_{0}}{\tan\Theta'}\right)^{3} - 1\right]$；$p_{c}$ 为修正后的声压；p_{m} 为传声器测量的声压。

5. 大气吸声效应修正

声波在空气中传播会有空气吸声效应导致声的衰减，声衰减量与大气的温度、湿度、压力、声波频率和传播距离有关，空气吸声修正公式如下：

$$SPL_{c} = SPL_{m} + m \cdot L \qquad (20.53)$$

式中，SPL_{c} 为空气吸声修正后的声压级；SPL_{m} 为空气吸声修正前的声压级；m 为空气中声强衰减系数(dB/m)；L 为声音传播距离(单位为 m)。m 与大气温度、湿度、压力、声波频率有关，依据试验时的大厅环境给出空气衰减量系数拟合公式，具体可参考马大酋的《声学手册》[25]。

6. 射流内对流影响修正[17]

考虑马赫数为 Ma 的均匀流中存在一固定声源，采用一个固定传声器测量声源辐射的噪声，如图 20.17 所示。设角度 Θ' 和路径 R' 是静止空气中声源辐射声音的辐射角和传播路径。由于对流影响，声波沿路径 R 和角度 Θ 传播，Θ 是传播角。

根据几何规律，角度关系如下：

$$\Theta' = \cos^{-1}\left[Ma\sin^{2}\Theta + \cos\Theta\sqrt{1 - Ma^{2}\sin^{2}\Theta}\right] \qquad (20.54)$$

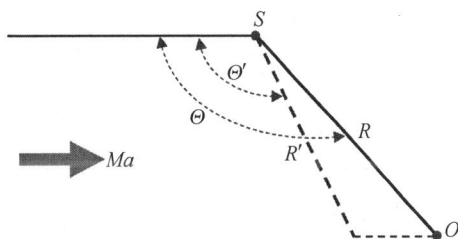

图 20.17　流场中声音传播示意图

距离 R' 代表气流中声波相对于观测点移动的距离，用于声波扩展和大气吸声过程中计算，具体为

$$R' = \frac{R}{-Ma\cos\Theta + \sqrt{Ma^{2}\cos^{2}\Theta - Ma^{2} + 1}} \qquad (20.55)$$

因为气流中由空气吸收效应产生的能量损失可以类似为一个随气流运动的观测点情况，固定的传声器将由于多普勒频移产生能量损失。多普勒频率 f_{d} 为

$$f_{d} = \frac{f}{1 - Ma\cos\Theta'} \qquad (20.56)$$

式中，f 是传声器测量的声源频率。

20.5.2　气动噪声源识别方法

1. 静态噪声源识别方法

基于传声器阵列的静态噪声源识别方法的核心算法是波束形成(beamforming)算法，

该方法具体如下。

1）信号互谱密度函数

首先采用傅里叶变换将传声器阵列中各个传声器的时域信号转换为频域,并增加窗函数来减小"频谱泄漏"。那么信号的互谱密度函数为

$$G_{mm'} = \frac{2}{T} P_m(f) P_{m'}^*(f) \tag{20.57}$$

2）互谱矩阵

对于由 M 个传声器组成的传声器阵列,可形成一个 $M \times M$ 的互谱矩阵,互谱矩阵中每一个矩阵元素可通过快速傅里叶变换取得。将每一个通道的数据分块,对每一块进行傅里叶变换得到频域的噪声信号,那么互谱矩阵计算如下:

$$\hat{\boldsymbol{G}} = \begin{bmatrix} G_{11} & G_{12} & \cdots & G_{1M} \\ & G_{22} & & G_{2M} \\ & & \ddots & \vdots \\ & & & G_{MM} \end{bmatrix} \tag{20.58}$$

式中,

$$G_{mm'}(f) = \frac{2}{KW_s T_B} \sum_{k=1}^{K} \left[P_{mk}^*(f) P_{m'k}(f) \right] \tag{20.59}$$

式中, K 为传声器阵列数据分块数; M 表示阵列的传声器数目; $P_{m'k}(f)$ 表示第 m' 个传声器第 k 段数据块的频域信号; W_s 为频谱分析所选取的数据窗函数常数; T_B 为分析数据块样本数;上标 * 号表示共轭;互谱矩阵下三角矩阵通过上三角对应矩阵元素复共轭得到。

3）波束形成（beamforming）算法

传声器阵列数据处理的经典算法是波束形成（beamforming）算法[26, 27]。假设在声学试验模型附近存在一扫描平面,在扫描平面上可以存在任何声源。那么对于扫描平面上的任一扫描点,阵列的指向向量为

$$\hat{\boldsymbol{e}} = \begin{bmatrix} e_1 & e_2 & \cdots & e_M \end{bmatrix}^T \tag{20.60}$$

式中,第 m 个传声器的指向向量为

$$e_m = A_m \frac{R_m}{R_c} \exp(\mathrm{j}2\pi f \tau_m) \tag{20.61}$$

式中, A_m 为第 m 个传声器的剪切层振幅修正因子; R_m 表示声波扫描点与传声器之间的传播距离,即 $R_m = \tau_m c_0$; R_c 表示阵列中心点到扫描点之间距离; τ_m 表示延迟时间;而

$$2\pi f \tau_m = (\boldsymbol{k} \cdot \boldsymbol{x}_m) + \omega \Delta t_{m,\text{shear}} \tag{20.62}$$

式中, $\boldsymbol{x}_m$ 表示聚焦位置到每 m 个传声器的距离; $\omega \Delta t_{m,\text{shear}}$ 为第 m 个传声器在频率为 ω 时剪切层影响的相位修正值。

利用互谱矩阵和式(20.59),阵列对每一个扫描点的输出功率谱如下:

$$p(\hat{\boldsymbol{e}}) = \frac{\hat{\boldsymbol{e}}^{\mathrm{T}} \hat{\boldsymbol{G}} \hat{\boldsymbol{e}}}{M^2} \tag{20.63}$$

式中,上标 T 表示转置;$p(\hat{\boldsymbol{e}})$ 表示单位带宽的声压的压力均方值;除以传声器数量表示将阵列输出功率谱转化到单一传声器的量级。实际应用过程中,数据采集系统、传声器等本身具有系统通道噪声,它们与声源噪声不相关,因此为改进阵列数据功率谱结果,可将通道噪声扣除。扣除通道噪声后的阵列输出功率谱为

$$p(\hat{\boldsymbol{e}}) = \frac{\hat{\boldsymbol{e}}^{\mathrm{T}} (\hat{\boldsymbol{G}}_{\mathrm{data}} - \hat{\boldsymbol{G}}_{\mathrm{ini}}) \hat{\boldsymbol{e}}}{M^2} \tag{20.64}$$

式中,$\hat{\boldsymbol{G}}_{\mathrm{ini}}$ 表示没有吹风时的初读数,主要是用来扣除数据采集系统的系统噪声。

在风洞试验过程中,风洞背景噪声会降低传声器阵列的信噪比,可通过扣除互谱矩阵 $\hat{\boldsymbol{G}}$ 对角线元素的方法来抑制风洞背景噪声的影响,改进传声器阵列的动态范围。扣除对角线元素后阵列的输出功率为

$$P(\hat{\boldsymbol{e}}) = \frac{\hat{\boldsymbol{e}}^{\mathrm{T}} \boldsymbol{G}_{\mathrm{diag}=0} \hat{\boldsymbol{e}}}{M^2 - M} \tag{20.65}$$

式(20.63)和式(20.65)都是针对窄带信号求解的,对于宽频信号,如 1/3 倍频程、倍频程等,可采取对窄带信号求和的方式求解

2. 运动噪声源识别方法

对于螺旋桨、直升机旋翼、风力机等旋转桨叶来说,其噪声源属于运动声源,传统的静态声源识别算法无法有效识别声源位置,需要针对运动声源特点,采用运动声源识别算法。运动声源识别算法如下。

1) 均匀流中运动单极子声源辐射声波的传递函数

对于运动声源,每一时刻声源位置到传声器的距离是变化的,其传播延时函数随声源位置变化而变化,从最简单的声音模型——单极子声源出发[28],研究运动的单极子声源的传播延时函数,然后重构其声源信号。

均匀流中运动单极子声源的声场分布方程为

$$\nabla^2 p - \frac{1}{c^2} \left(\frac{\partial}{\partial t} + \boldsymbol{U} \cdot \nabla \right)^2 p = \sigma(t) \delta(\boldsymbol{x} - \boldsymbol{\xi}(t)) \tag{20.66}$$

式中,p 为声压;$\boldsymbol{\xi}$ 为声源位置;$\boldsymbol{x}$ 为观测点位置;c 为声速;$\boldsymbol{U}$ 为均匀流速度。上述方程可写为

$$\nabla^2 p - \frac{1}{c^2} \left(\frac{\partial}{\partial t} + \boldsymbol{U} \cdot \nabla \right)^2 p = \int_{-\infty}^{\infty} \sigma(\tau) \delta(\boldsymbol{x} - \boldsymbol{\xi}(\tau)) \delta(t - \tau) \mathrm{d}\tau \tag{20.67}$$

利用自由空间波动方程的格林函数解,上述方程的解为

$$p(\boldsymbol{x}, t) = \int_{-\infty}^{\infty} \sigma(\tau) G(\boldsymbol{x}, \boldsymbol{\xi}(\tau), t, \tau) \mathrm{d}\tau \tag{20.68}$$

式中，G（格林函数）是下面波动方程的解。

$$\nabla^2 G - \frac{1}{c^2}\left(\frac{\partial}{\partial t} + \boldsymbol{U} \cdot \nabla\right)^2 G = \delta(\boldsymbol{x} - \boldsymbol{\xi}(\tau))\delta(t - \tau) \tag{20.69}$$

具体为

$$G = -\frac{\delta\left(t_1 - \tau - \frac{1}{c}\parallel \boldsymbol{x}_1 + \boldsymbol{U}\tau - \boldsymbol{\xi}(\tau) \parallel\right)}{4\pi \parallel \boldsymbol{x}_1 + \boldsymbol{U}\tau - \boldsymbol{\xi}(\tau) \parallel} \tag{20.70}$$

式中，$\parallel \cdot \parallel$ 为三维向量的 2-范数，那么方程(20.68)的解如下：

$$P(\boldsymbol{x}, t) = -\int_{-\infty}^{\infty} \frac{\sigma(\tau)\delta\left(t - \tau - \frac{1}{c}\parallel \boldsymbol{x} - \boldsymbol{\xi}(\tau) - \boldsymbol{U}(t - \tau) \parallel\right)}{4\pi \parallel \boldsymbol{x} - \boldsymbol{\xi}(\tau) - \boldsymbol{U}(t - \tau) \parallel} \mathrm{d}\tau \tag{20.71}$$

式中，时间 τ_e 为下述方程的解：

$$t - \tau_e = \frac{1}{c} \parallel \boldsymbol{x} - \boldsymbol{\xi}(\tau_e) - \boldsymbol{U}(t - \tau_e) \parallel \tag{20.72}$$

只要运动是亚声速的，方程(20.71)的解是唯一的。应用方程(20.71)和恒等式：

$$\int_{-\infty}^{\infty} f(\tau)\delta(\gamma(\tau))\mathrm{d}\tau = \sum \frac{f(\tau_0)}{\mid \gamma'^{(\tau_0)} \mid} \tag{20.73}$$

式中，$\gamma(\tau_0) = 0$。令

$$f(\tau) = \frac{\sigma(\tau)}{4\pi \parallel \boldsymbol{x} - \boldsymbol{\xi}(\tau) - \boldsymbol{U}(t - \tau) \parallel}$$

$$\gamma(\tau) = t - \tau - \frac{1}{c} \parallel \boldsymbol{x} - \boldsymbol{\xi}(\tau) - \boldsymbol{U}(t - \tau) \parallel$$

方程(20.70)写为

$$P(\boldsymbol{x}, t) = \frac{\sigma(\tau_e)}{4\pi\left\{c(t - t_e) + \frac{1}{c}(-\boldsymbol{\xi}'(\tau_e) + \boldsymbol{U}) \cdot (\boldsymbol{x} - \boldsymbol{\xi}(\tau_e) - \boldsymbol{U}(t - \tau_e))\right\}} \tag{20.74}$$

那么位于 $\boldsymbol{\xi}(t)$ 处的运动声源到接收位置 $\boldsymbol{x}$ 的传递函数为

$$F(\boldsymbol{x}, \boldsymbol{\xi}(\tau_e), t, \tau_e) = \frac{P(\boldsymbol{x}, t)}{\sigma(\tau_e)}$$

$$= \frac{1}{4\pi\left\{c(t - t_e) + \frac{1}{c}(-\boldsymbol{\xi}'(\tau_e) + \boldsymbol{U}) \cdot (\boldsymbol{x} - \boldsymbol{\xi}(\tau_e) - \boldsymbol{U}(t - \tau_e))\right\}} \tag{20.75}$$

式中, t 与 t_e 的关系由 (20.72) 确定。

2) 风洞剪切层修正

上述传递函数 T 仅仅对传声器和声音都位于均匀流时成立,当传声器阵列位于开口风洞射流外时,计算传递函数时必须考虑风洞剪切层对声波传播特性的影响。可采用两种方法研究剪切层的影响。

第一种方法是在计算方程 (20.76) 过程中平均声源和传声器位置处的马赫数。例如,如果风洞剪切层位于 $z = z_s$,那么修正后的马赫数为

$$Ma_{cor} = Ma \frac{\zeta(t_e) - z_s}{\zeta(t_e) - z} \tag{20.76}$$

第二种方法根据 Amiet 的理论,将风洞射流剪切层模型化为无限薄的剪切层进行修正,具体参考文献 [23]、[24]。

3) 声源信号重构

假设 $\chi_n(t)$, $n = 1, \cdots, M$ 是位于 x 处的 M 个传声器的时间序列信号。对于位于 $\boldsymbol{\xi}(\tau)$ (时间独立) 处的单极子声源,传声器信号可以表示为

$$\chi_n(t) = T(\boldsymbol{x}_n, \boldsymbol{\xi}(\tau_e), t, \tau_e)\sigma(\tau_e) + \varepsilon_n(t) \tag{20.77}$$

式中, $\varepsilon_n(t)$ 为噪声信号或其他声源信号; τ_e 为延迟时间。

为了从传声器信号 $\chi_n(t)$ 中重构声源信号 $\sigma(\tau)$,假设方程 (20.77) 中的声源辐射时间 τ_e 固定、传声器数也确定,那么方程 (20.77) 可写为

$$\chi_n(t_n) = T(\boldsymbol{x}_n, \boldsymbol{\xi}(\tau_e), t_n, \tau_e)\sigma(\tau_e) + \varepsilon_n(t_n) \tag{20.78}$$

即 $\chi_n(t_n) = T(t_n, \tau_e)\sigma(\tau_e) + \varepsilon_n(t_n)$,而传声器的接受时间满足方程:

$$t_n - \tau_e = \| \boldsymbol{x}_n - \boldsymbol{\xi}(\tau_e) - Ma(t_n - \tau_e)\boldsymbol{e}_x \| \tag{20.79}$$

其解为

$$t_n = \tau_e - \frac{Ma(\boldsymbol{x}_n - \boldsymbol{\xi}(\tau_e)) \cdot \boldsymbol{e}_x}{1 - Ma^2} + \frac{\sqrt{Ma^2\{[\boldsymbol{x}_n - \boldsymbol{\xi}(\tau_e)] \cdot \boldsymbol{e}_x\}^2 - (1 - Ma^2)\| \boldsymbol{x}_n - \boldsymbol{\xi}(\tau_e) \|^2}}{1 - Ma^2}$$

$$\tag{20.80}$$

那么重构的声源信号 $\tilde{\sigma}(\tau_e)$ 能采用延迟求和过程得到:

$$\tilde{\sigma}(\tau_e) = \frac{1}{N}\sum_{n=1}^{N} \tilde{\sigma}_n(\tau_e) \tag{20.81}$$

式中, $\tilde{\sigma}_n(\tau_e) = \chi_n(t_n)/T_n(t_n, \tau_e)$。

计算声源信号频谱的方法就是对方程 (20.82) 实施傅里叶变换,即

$$\Im(\tilde{\sigma}) = \frac{1}{N}\sum_{n=1}^{N} \Im(\tilde{\sigma}_n) \tag{20.82}$$

那么声源信号的自功率谱为

$$\frac{1}{2}\mid \Im(\tilde{\sigma})\mid^2 = \frac{1}{2N^2}\Big|\sum_{n=1}^{N}\Im(\tilde{\sigma}_n)\Big|^2 = \frac{1}{2N^2}\sum_{n=1}^{N}\sum_{m=1}^{N}\Im(\tilde{\sigma}_n)\Im(\tilde{\sigma}_m)^* \qquad (20.83)$$

式中,上标 $*$ 表示共轭。

20.6 典型飞行器气动噪声风洞试验

20.6.1 典型运输机气动噪声试验

噪声是现代先进民用运输机研制必须解决的关键问题,民用飞机气动噪声包括机体噪声和发动机噪声,机体噪声源包括起落架、增升装置等。本节系统介绍了某典型民用飞机模型在 5.5 m×4 m 声学风洞开展气动噪声试验的情况

1. 试验模型和设备

试验在 5.5 m×4 m 声学风洞进行,该风洞开口试验段尺寸为 5.5 m 宽、4 m 高、14 m 长,风速范围为 8~100 m/s,背景噪声为 75.6 dB(A)(距喷管出口中心侧向距离 7.95 m 处,截止频率 100 Hz,风速 80 m/s)。

试验模型为某运输机全机金属模型,包括起落架、增升装置(包括前缘缝翼、襟翼和滑轨)等,模型翼展 2.8 m。模型机翼下方安装 3 个直径为 2 cm 的微型扬声器,分别位于飞机两侧机翼和机腹位置,用于标定传声器阵列。试验模型的支撑设备为声学风洞配套的尾撑系统,模型支撑方式为背撑。

试验声学测量设备为 3 m 孔径的 140 通道传声器阵列、10 通道远场传声器、声学数据采集系统、测力天平等。其中 140 通道传声器阵列为根据试验要求要进行优化设计,阵列孔径为 3 m,阵列传声器通过专用支撑座安装在网格型阵列面板上,如图 20.10 所示。阵列传声器为 1/4 in 自由场传声器,具体技术参数为:频率范围 10 Hz~20 kHz,动态范围 32~135 dB,灵敏度 50 mV/Pa。远场传声器为自由场 1/2 in 自由场传声器,具体安装在 1/4 圆弧型传声器支撑架上,1/4 圆弧型传声器支撑架半径为 5.5 m,具体技术参数为:频率范围 3.15 Hz~20 kHz,动态范围 17~138 dB,灵敏度 50 mV/Pa。声学数据采集系统采用 PXIe 总线平台构建,具有多通道数、高采样率、高动态范围、抗混叠滤波、高精度和易扩展性等特点。具体技术参数为:通道数 256 通道,采样率范围 100 Hz~204.8 kHz 可设置,A/D 转换器类型 24 位,相位线性度±0.01° @ 20 Hz~20 kHz。

2. 试验方法

试验在 5.5 m×4 m 声学风洞开口试验段进行,模型支撑方式为背撑。试验过程中,安装好模型、声学测量系统后,首先进行阵列性能标定,确定阵列性能参数。然后对试验段所有相关设备进行消声处理。试验准备工作完成后,首先将模型降到风洞射流外,进行背景噪声测量试验,然后将模型升至试验段中心,进行吹风试验(图 20.18)。试验风速范围 40~70 m/s,模型状态为典型起降状态和巡航基准状态。声学数据采集系统的采样频率为 51.2 kHz,采样时间为 30 s。试验数据处理采用 20.5 节介绍的数据处理和分析方法。

图 20.18　某型运输机模型气动噪声试验情况图

3. 典型试验结果

图 20.19 给出了某型运输机模型着陆状态下不同迎角的气动噪声频谱曲线,图 20.20 给出了某型运输机模型着陆状态下迎角 6°时噪声源分布图,由图可知,风洞背景噪声远小于模型噪声;着陆状态模型主要噪声源分布在起落架、增升装置、增升装置滑轨、缝翼与机身交接处缺口等位置,且随着迎角的增大,缝翼与机身交接处缺口的噪声越来越强。

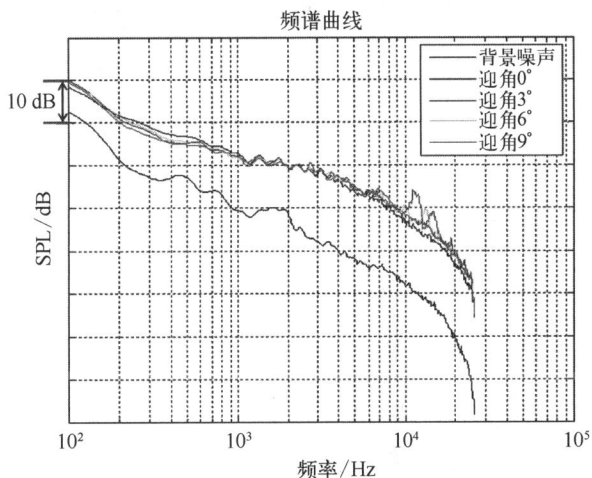

图 20.19　典型远场传声器噪声频谱曲线

20.6.2　直升机旋翼气动噪声试验

噪声对现代直升机性能产生重要影响,特别是严重影响军用直升机战斗力和生存能力,现代直升机研制必须考虑直升机噪声问题。直升机噪声主要包括旋翼产生

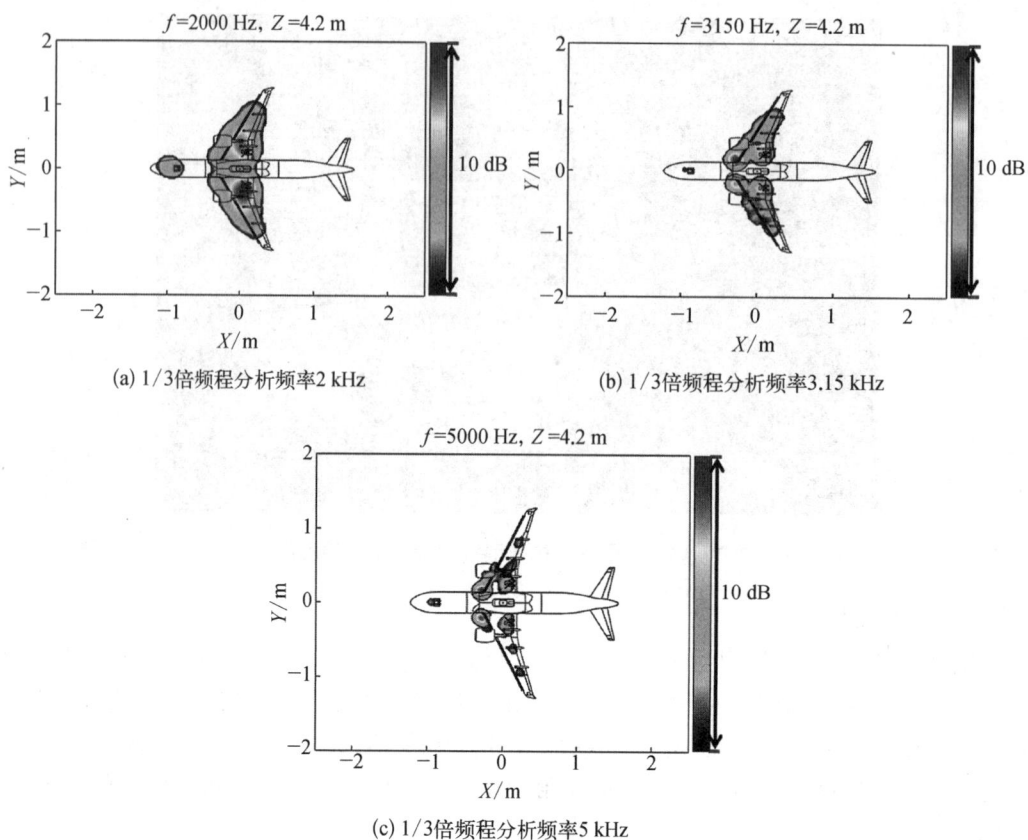

(a) 1/3倍频程分析频率2 kHz

(b) 1/3倍频程分析频率3.15 kHz

(c) 1/3倍频程分析频率5 kHz

图 20.20　着陆状态模型噪声源分布（$\alpha=6°$，$V=60$ m/s，1/3 倍频程分析）

的气动噪声、尾桨产生的气动噪声、发动机以及传动机构噪声等。图 20.21 给出了 UH1A 型直升机典型状态的噪声频谱曲线，可以看出，旋翼产生的气动噪声是直升机

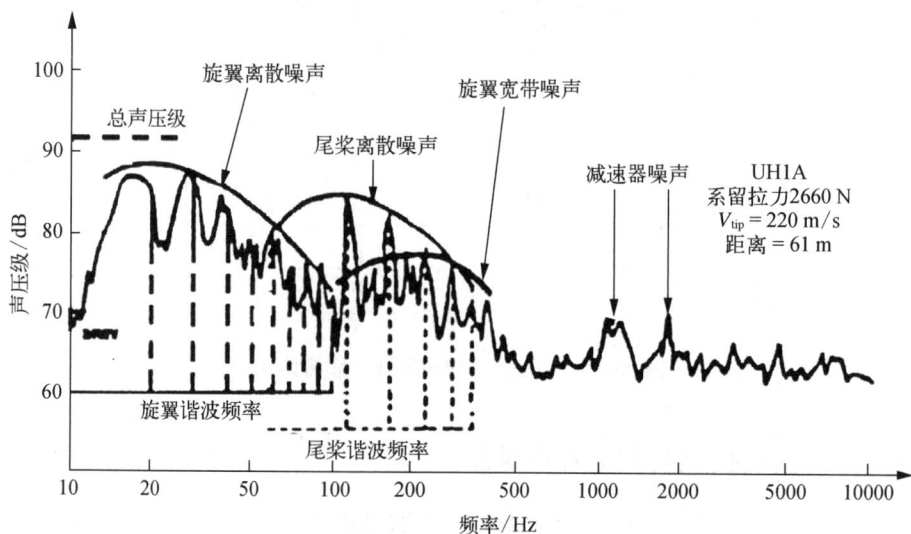

图 20.21　UH1A 直升机的噪声频谱分布情况

最重要的外部噪声源,开展旋翼气动噪声降噪研究对降低直升机噪声意义重大。本节系统介绍了 Bo105 直升机旋翼模型在 5.5 m×4 m 声学风洞进行气动噪声试验的情况。

1. 试验模型和设备

试验模型为 2 m 直径的旋转试验件模型和 Bo105 直升机旋翼模型。旋转试验件模型主要用于阵列标定,包含 2 片桨叶,桨叶横剖面为椭圆形(长轴 3 cm,短轴 1 cm),并在两片桨叶 0.98 m 处安装微型扬声器,如图 20.22 所示。Bo105 直升机旋翼模型包含 4 片桨叶,桨叶延展向呈负 8°扭转,桨尖前缘抛物线后掠,如图 20.23 所示。

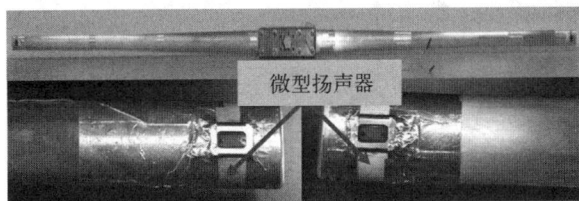

图 20.22　旋转试验件模型

图 20.23　Bo105 直升机旋翼模型

旋转试验件和旋翼模型安装在专用的 $\phi2$ m 旋翼模型试验台上,如图 20.24 所示。$\phi2$ m 旋翼模型试验台额定转速为 2 072 r/min,最大输出功率为 65 kW,转速控制精度小于 1‰。

图 20.24　直升机旋翼模型气动噪声试验情况图

声学测量设备为 3 m 孔径 135 通道传声器阵列、36 通道远场传声器、声学数据采集系统、旋翼天平等,传声器和传声器阵列在风洞中的布置情况如图 20.25 所示,其中传声器阵列布置在旋翼模型前下方,远场传声器布置成半径 5.5 m 和 6 m 的半球型,球心位于旋翼桨毂中心,其中 1 号、4 号、14 号、17 号、20 号、30 号传声器位于桨平面;135 通道传声器阵列根据旋翼噪声特性要进行优化设计,为组合型阵列,阵列孔径为 3 m,阵列传声器通过专用支撑座安装在网格型阵列面板上,如图 20.26 所示。

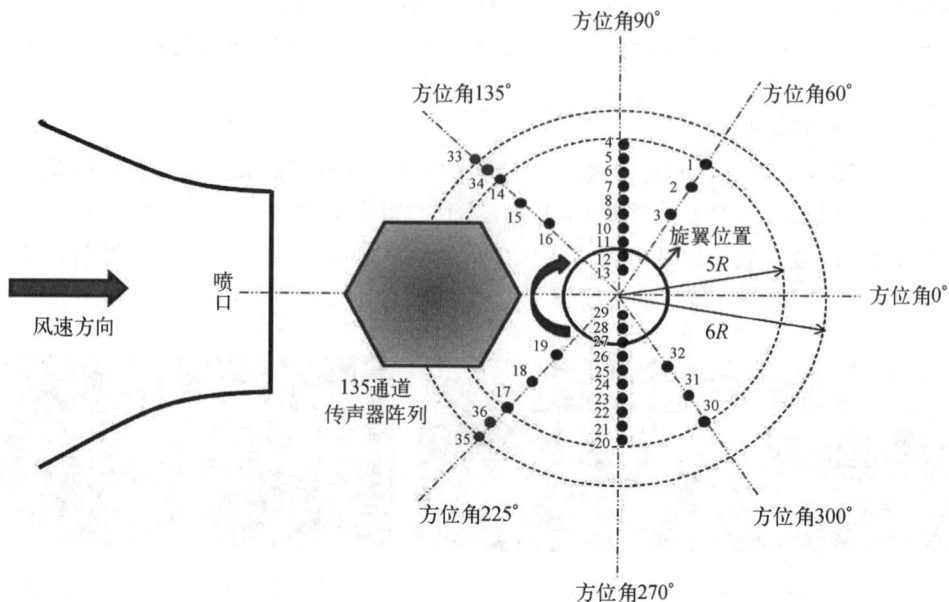

图 20.25　传声器及传声器阵列的布置方式

图 20.26　135 通道传声器阵列

2. 试验方法

试验在 5.5 m×4 m 声学风洞开口试验段进行,ϕ2 m 旋翼模型试验台、旋翼模型、声学测量系统安装好后,进行传声器阵列识别运动声源的能力标定。然后对试验段所有相关设备进行消声处理。试验准备工作完成后,进行背景噪声测量试验,然后进行吹风试验。声学数据采集系统的采样频率为 51.2 kHz,采样时间为 30 s。试验数据处理采用 20.5 节介绍的数据处理和分析方法。

3. 典型试验结果

图 20.27 给出了采用旋转试验件校核传声器阵列的结果,由图可知采用运动声源识别方法后,阵列识别出声源的位置和旋转桨叶上微型扬声器位置一致,如图 20.27 (a)、(b)所示,且可以有效识别出旋转试验件产生的气动噪声,如图 20.27(b)、(c)所示。

图 20.28 给出了 Bo105 直升机旋翼在 μ=0.15,转速 2 066 r/min 条件下 4 号传声器测

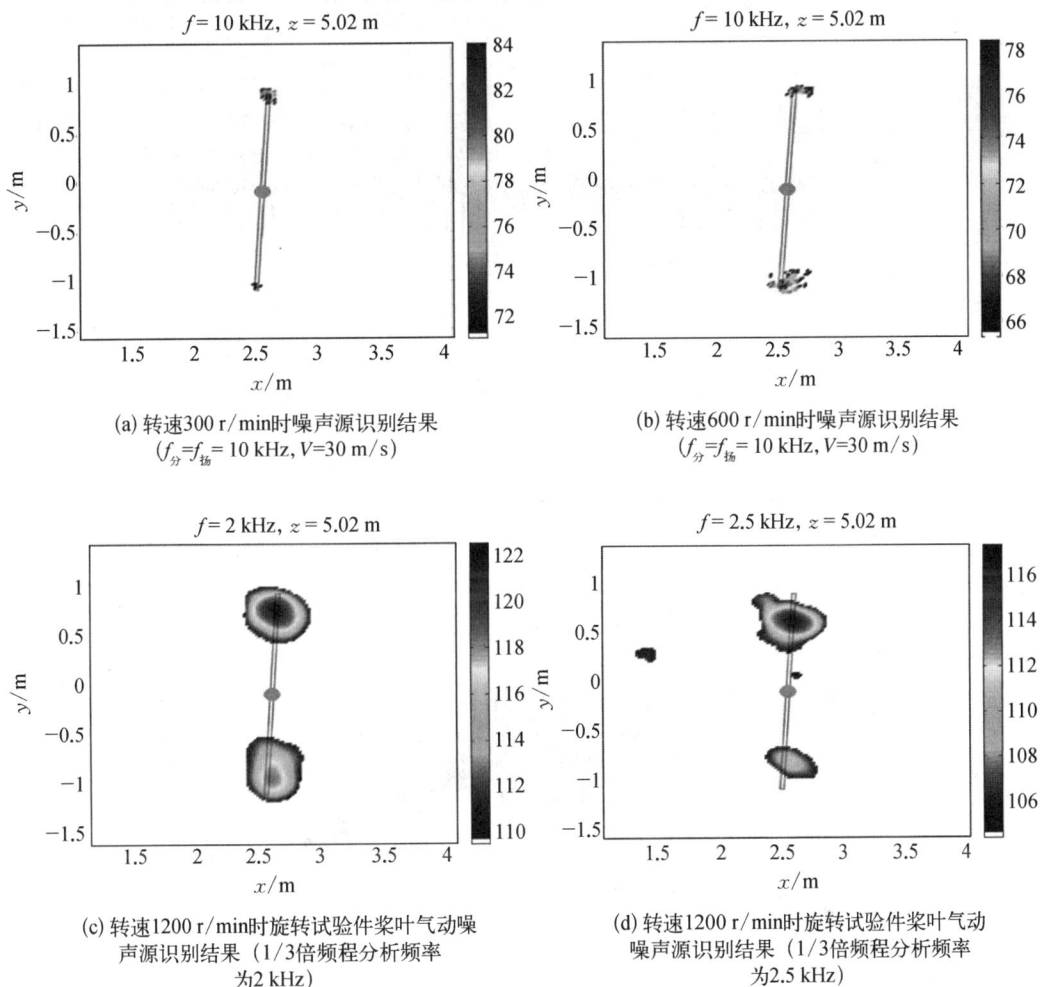

$f = 10$ kHz, $z = 5.02$ m

(a) 转速300 r/min时噪声源识别结果
($f_分 = f_扬 = 10$ kHz，$V = 30$ m/s)

$f = 10$ kHz, $z = 5.02$ m

(b) 转速600 r/min时噪声源识别结果
($f_分 = f_扬 = 10$ kHz，$V = 30$ m/s)

$f = 2$ kHz, $z = 5.02$ m

(c) 转速1200 r/min时旋转试验件桨叶气动噪
声源识别结果（1/3倍频程分析频率
为2 kHz）

$f = 2.5$ kHz, $z = 5.02$ m

(d) 转速1200 r/min时旋转试验件桨叶气动
噪声源识别结果（1/3倍频程分析频率
为2.5 kHz）

图 20.27　旋转试验件噪声识别结果

量噪声信号重复性试验时频图,由图可知,噪声测量的重复性良好,小于 0.2 dB。且位于桨平面位置的 4 号传声器测量的声信号符合旋翼厚度噪声特征。且频谱曲线上出现多个线谱噪声,线谱频率对应旋翼旋转基频的整数倍,旋翼桨叶通过频率及其前 10 倍频对应的幅值较大。

图 20.29 给出了 Bo105 直升机旋翼悬停状态 90°方位的噪声指向性,由图可知,在总距大于 4°时旋翼噪声主要朝桨平面下方 30°附近传播,总距小于 4°时,由于旋翼桨叶宽频干扰噪声明显,旋翼噪声主要桨平面下方 60°附近传播。且随着总距的增大,旋翼噪声呈现先增大,再减小,又增大的趋势。

图 20.30 给出了 Bo105 直升机旋翼在前进比 $\mu = 0.15$、转速为 2 066 r/min 时旋翼 90°（前行）/270°（后行）方位的噪声指向性,由图可知,旋翼前行桨叶（90°方位）噪声明显大于后行桨叶（270°方位）噪声,且前行桨叶随着拉力系数增大,噪声增大。

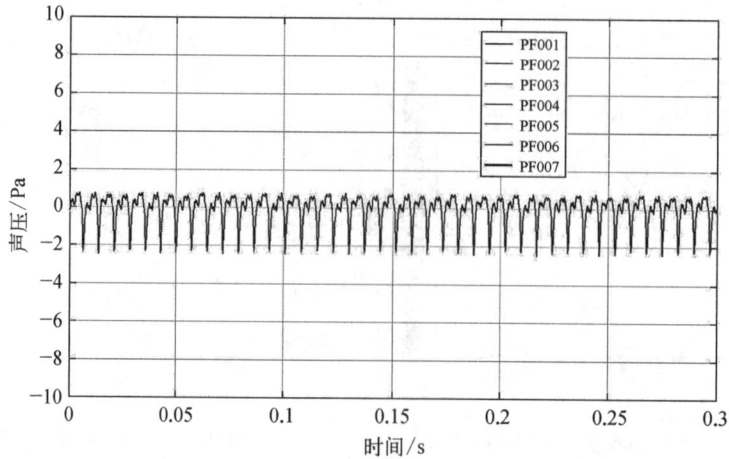

(a) 时域曲线

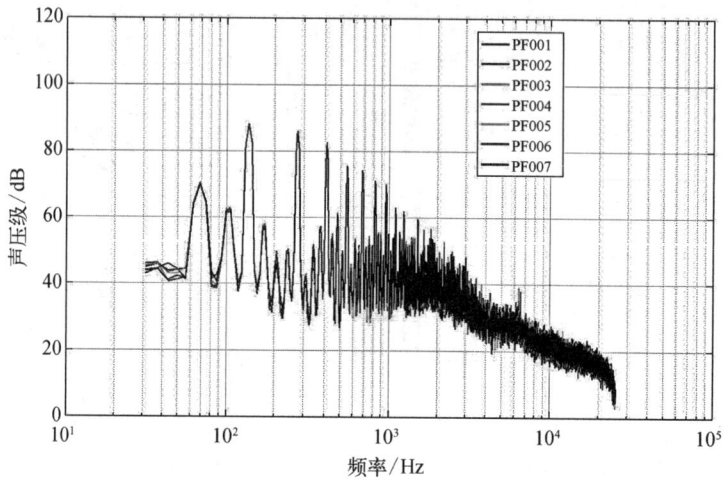

(b) 频谱曲线

图 20.28　Bo105 直升机旋翼气动噪声重复性试验结果（4 号传声器，$\mu = 0.15$，转速 2066 r/min）

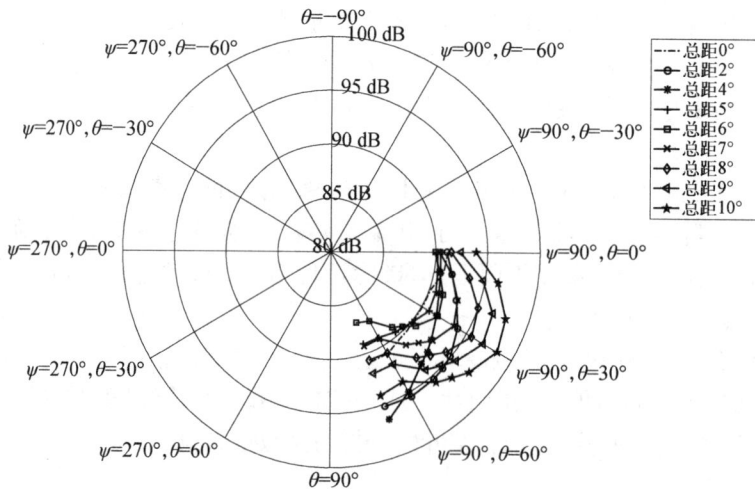

图 20.29　悬停状态 Bo105 直升机旋翼不同总距下的噪声指向性（2 068.4 r/min，90°方位）

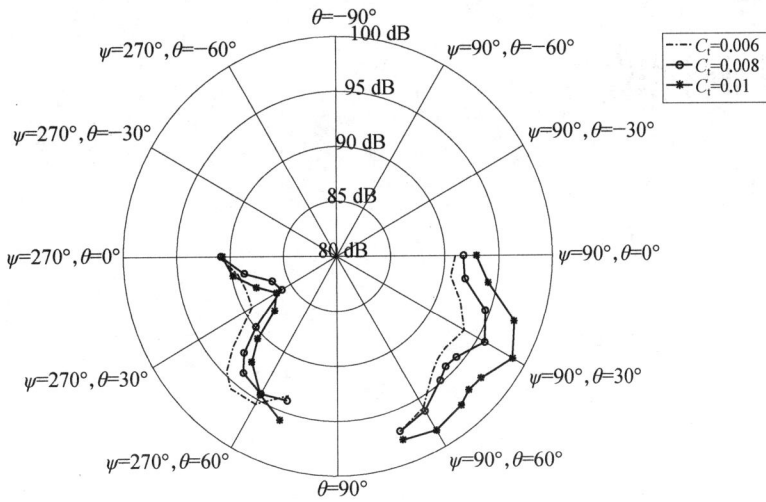

图 20.30　前飞状态 Bo105 直升机旋翼在不同拉力系数下的噪声指向性
（前进比 $\mu = 0.15, 2\,066\ \text{r/min}, 90°/270°$ 方位）

　　

第 20 章习题　　　　　第 20 章参考文献

第 21 章
结冰风洞试验

21.1　飞机结冰概述

21.1.1　飞机结冰

飞机结冰的概念通常讲有两个含义,地面结冰和飞行结冰。地面结冰是指飞机在静止状态下,遭遇降雪、冻雨或其他气象条件导致机体表面形成的明冰、雪泥或者混合形式的积冰。地面结冰的危害主要在于其会影响飞机的起飞性能,可在起飞前通过地面除冰措施进行清除。

飞行结冰是指飞机在云、雾、雨、雪等气象条件下飞行时,由于环境中的过冷水滴撞击或水汽凝结而在飞机的迎风部件表面聚积形成冰层的现象。易于结冰的飞机部件主要是机翼、尾翼、机身、发动机进气道唇口、外露传感器、风挡、螺旋桨、直升机旋翼等,此外操纵舵面、发动机进气道内壁面、缝道等位置也会产生结冰。

21.1.2　结冰部位及其对飞行的影响

飞机在飞行中,机体容易结冰的位置主要在机体的迎风部位,易于结冰的飞机部件主要是机翼、尾翼、机身、发动机进气道唇口、外露传感器、风挡、螺旋桨、直升机旋翼等,此外操纵舵面、发动机进气道内壁面、缝道等位置也会产生结冰[1, 2]。飞机在飞行中结冰后,不仅增加飞机重量,而且会破坏飞机表面的气动外形,改变绕流流场。轻则造成升力下降、阻力增加、发动机效率下降等性能上的影响,重则会导致操纵舵面卡死、发动机失效,产生重大飞行事故,甚至造成机毁人亡的惨剧。

1. 机翼和尾翼结冰

机翼及尾翼结冰对飞机气动力的影响最大,它不仅使飞机的升力系数减小、阻力系数增加[3, 4],而且对操纵性及稳定性也有很大影响,可能使飞机失控。有关结冰影响的测试数据显示,结冰的存在会增加 40% 的阻力,减少 30% 的升力(图 21.1)。由于结冰,流线型部位的形状发生变化,使机翼翼型失真,导致升力系数下降、阻力系数增加。机翼、尾翼结冰时,阻力增加量占飞机因结冰引起总阻力增加量的 70%~80%,在大迎角飞行时更加明显。同时机翼、尾翼结冰,增加了飞机的重量,改变了飞机重心,破坏了原有的气动性能。当其临界迎角由于结冰而减小时,在低速飞行中,特别是在着陆时是非常危险的,极易出现尾翼失速使飞机失控,造成事故。

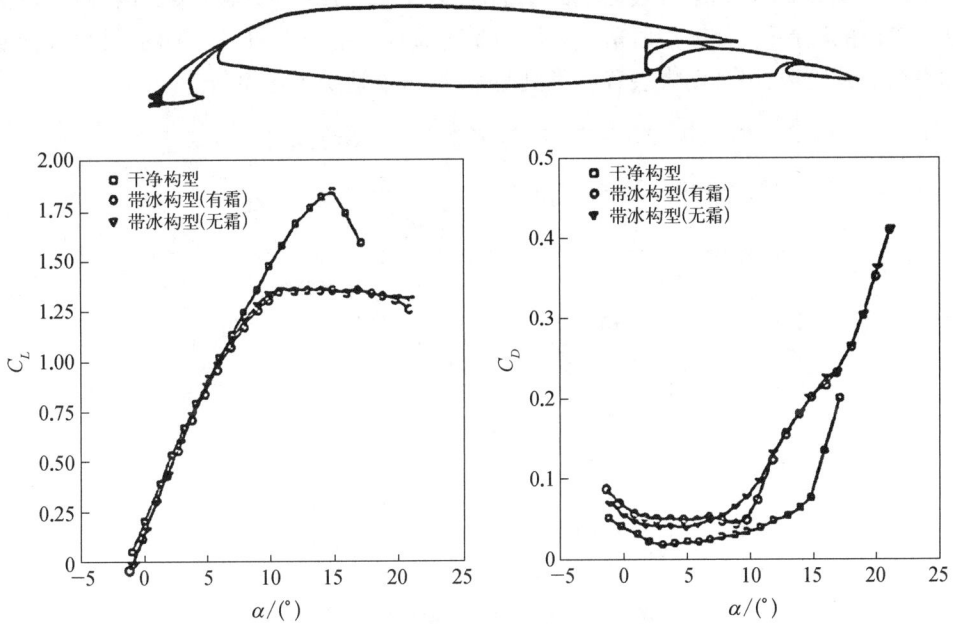

图 21.1 波音 737-200 翼型结冰对飞机升力和阻力的影响

2. 发动机结冰

发动机进气道前缘及第一级压气机前的导向叶片等发动机部件结冰严重威胁飞机的飞行安全,包括改变进气道流场及冰脱落的危险。发动机进气道及进气部件结冰,破坏了他们原来的气动外形,减小了进气道面积,同时也减小了压气机每相邻叶片间的空气流通面积,使进入发动机的空气流量减少,因而发动机功率下降。对进气道入口装有格栅的发动机,结冰时气体流通面积减小更多,可能导致功率严重下降。为了保障发动机的转速和推力,这时必须加大燃油比流量,这样除增大燃油比消耗外,还会使涡轮前燃气温度升高,若超过允许值则会烧坏涡轮叶片,导致发动机停车。由于结冰的不对称性及压气机叶片上冰层的不均匀脱落,都会破坏转子的动平衡,它除造成动力装置及飞机的振动外,严重时还会导致发动机轴承的损坏;脱落的冰层随高速气流进入压气机,打在叶片上还可能造成压气机损坏。

3. 桨叶结冰

对于螺旋桨飞机,在结冰条件下飞行的飞机,其螺旋桨的桨叶、螺旋桨的壳体和整流罩均可发生结冰。飞机螺旋桨实际上是一个扭转了的机翼,因此,其结冰情况与机翼类似,但由于螺旋桨桨叶的弦向尺寸小并且螺旋桨除有向前的运动外,自身还以高速旋转,所以结冰要比机翼严重。螺旋桨桨叶结冰时,首先是在桨叶前缘开始沿弦向逐步扩展,结冰范围可达弦长的 20%～25%。如果飞机在大雷诺数条件下飞行时,气流流动的特征主要取决于表面粗糙度。桨叶结冰后,破坏了表面的光滑,使结冰一开始,就出现了附面层的紊流化,因而极大地增加了翼型阻力使拉力特性变坏,效率降低。图 21.2 给出了某型飞机螺旋桨的冰风洞试验结果。试验时,螺旋桨上装的是槽状冰模型,模拟的结冰范围为 27% 弦长。从曲线上可以看出,结冰后,螺旋桨的效率降低了 10%～12%,相当于飞行速度减小了 20~30 km/h。当桨叶表面上冰层的厚度达 5~7 mm 时,螺旋桨的离心力,可破坏冰层与表面的连接力,使冰层脱落。冰层的脱落通常是不均匀和非对称的,结果又使螺旋桨的平衡遭到破坏,出现动力装置和飞机的振动,可能造成严重事故。

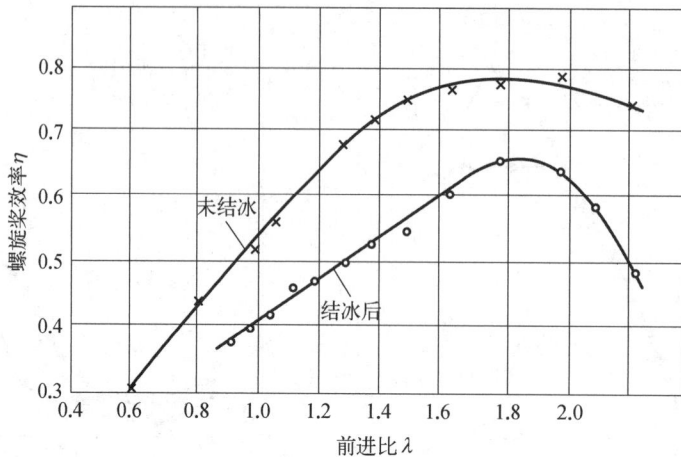

图 21.2 结冰对螺旋桨效率的影响

4. 风挡玻璃、测温、测压传感头结冰

飞机在结冰条件下飞行,座舱盖及正风挡可能结冰。座舱盖和风挡结冰,对飞机的气动特性影响较小,但大大降低了其透明度。在结冰条件下,装在飞机表面上的测温、测压传感头,也会发生结冰。测压口结冰时,减少了进气面积,使入口的动压下降,因此使空速表的指示失真。测温传感头结冰时,由于冰的蒸发,致使指示值下降,由此引起的测量误差可高达 10% 以上。测温、测压传感头,不仅可发生滴状结冰,而且还可以收集冰晶,使孔口堵塞,导致测量完全失效。

5. 直升机结冰

直升机由于其飞行高度和工作特点,在相同的气象条件下,直升机的结冰情况要比固定翼严重得多。一方面,直升机旋翼结冰会使其气动性能大大恶化,升力系数下降,阻力增加,另一方面,结冰会影响直升机的平衡性,同时为保证旋翼转速的稳定,发动机需要提供更大的功率,如果发动机功率无法弥补结冰导致的升力下降,直升机就会丧失高度,严重的结冰会直接导致失事。

21.1.3 结冰的类型

由于飞机结冰时的具体条件不同导致结冰层的形状也不同。不同的冰形对飞行影响也不一样。因此需要对冰形的形状做详细的讨论[5]。

1. 槽状冰(clear ice)

由于槽状冰的表面光滑,冰体透明,也有资料称其为明冰、光冰(图 21.3)。这类冰除光滑透明外,还具有以下各特点,它沿翼型表面的弦向分布较广,一般大于 300 mm;冰的比重较大,一般为 6 000~9 000 N/m³;冰中没有气泡,因而透明并组织致密,所以它的表面的连接力很大,法向结合力可高达 185 N/cm²。

　　槽状冰具有上述特点,是由它形成时的条件决定的。这种冰是在温度较高以及过冷水滴尺寸较大(≥20 μm)的云层中飞行时形成的。由于过冷水滴较大,所以它在表面上的撞击范围也大,再加之环境温度较高,因而水滴在冻结中的潜热不易被散掉,所以其冻结速度较缓慢,使得有机会在气动力的作用下,水向撞击极限的后方流散,这就形成了冰冻结范围较长的特点。也正是由于冻结缓慢,其中的气泡排除得比较干净,因而形成了光滑、透明和组织致密以及与表面结合强度较大的特点。形成槽状的原因,是由于过冷水滴在冻结过程中,由翼型前缘向后方流散得不完全所致。

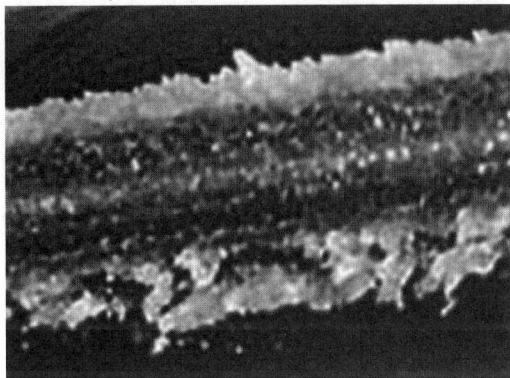

图 21.3　槽状冰

　　槽状冰有时可以过渡为双角状冰,它主要是在气动加热造成前缘区域为正温区条件下发生的。其原因是撞击在机翼前缘上的过冷水,沿着机翼的上、下表面向后流动,当它们流到距前缘有一定距离的负温区时开始冻结,故而形成了双角形状。如果除温度较高、水滴较大的条件外,再遇上液态水含量也较大时,明冰也可呈凸凹不平、形状十分离奇的冰形。

　　飞机部件表面,特别是机翼表面上结了这类冰形,将会严重地破坏飞机的气动外形,由于其表面的结合力较大而难以脱落,所以它对飞行的危害最大。

　　2. 楔形冰(rime ice)

　　楔形冰透明度差,多呈乳白色,无光泽,所以一些资料也称其为“不透明冰”“霜冰”和“乳白色冰”(图 21.4);又由于它很像冬季地面上的雾凇,所以又被称为“雾凇”或“结晶体冰”。

　　楔形冰的显著特点是,在结冰表面上的分布范围小,冰仅在机翼前缘很狭窄的区域上形成,另外冰的比重小,约为 2 000~6 000 N/m³。这类冰在温度较低(-20℃左右)和过冷水滴较小的云层中形成。

　　由于云滴的尺寸小,所以在表面上的撞击范围小,加之温度低,所以冻结过程中的潜热要比热损失小得多。因而它们的冻结速度十分迅速,以致在过冷水滴的外形尚未破坏时,就已冻结在表面上了。撞击区小加上无向后的流散,所以其冻结范围狭窄,又由于冻结迅速,所以水滴之间保持有空隙,其中气泡来不及排除,因而具有像砂纸一样粗糙而不透明的表面。

　　与明冰相比,楔形冰组织比较松脆,所以比较容易脱落。但一旦冰层结得很厚,再加上表面比较粗糙,它会对飞行带来较大的危害。

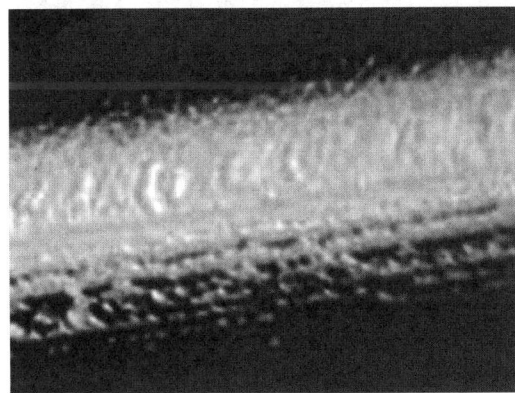

图 21.4　楔形冰

3. 混合冰(mixed ice)

由于表面粗糙,所以又得名"毛冰";又因其色泽类似于白瓷,所以有时也称其为"瓷冰"。

混合冰(图 21.5)的主要特点是,其表面粗糙不平和与表面的连接十分牢固。此种冰多形成于$-20℃\sim-10℃$的云中,因云中大、小水滴并存,所以形成的冰既具有大水滴结冰的特征,又有小水滴冻结的特点。如果云中既含有过冷水滴又含有冰晶,也可以形成混合形冰。

由于这类冰的表面粗糙不平,对飞机外形的破坏比较大,又因其在表面上冻结得十分牢固,因而对飞行的危害并不亚于明冰。

除以上 3 种冰形外,有时还会出现针状冰或霜状冰。

据资料统计,飞机结冰中,经常出现的

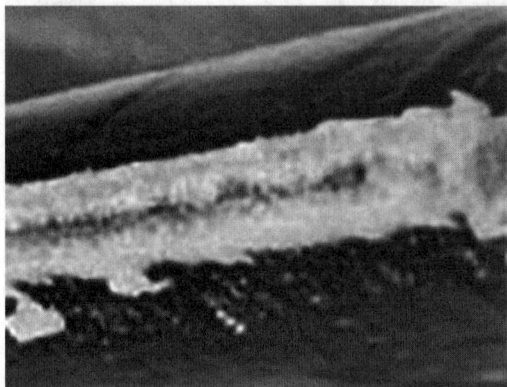

图 21.5 混合冰

为混合形冰,其次为楔形冰。槽状冰出现的机会很少,据空勤人员获得的喷气式飞机结冰的统计数据,苏 14 飞机的 93 次结冰飞行试验,槽状冰占 12.9%,楔形冰占 54.8%,而混合冰仅占 32.3%。

21.1.4 结冰强度和结冰程度

1. 结冰强度

结冰强度是指冰在飞机部件表面上形成的速度(图 21.6)。以每分钟增长的厚度表示。结冰强度与飞行速度、气象条件及飞机部件外形有关,由于各部件外形不同,所以在同样的飞行和气象条件下,各部分的结冰强度是不同的。通常分为四个等级,其划分条件见表 21.1。

弱结冰

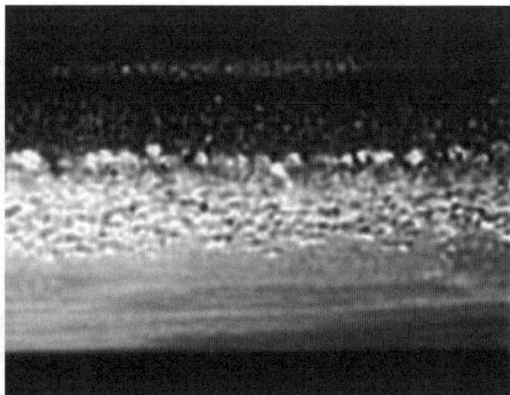

中度结冰

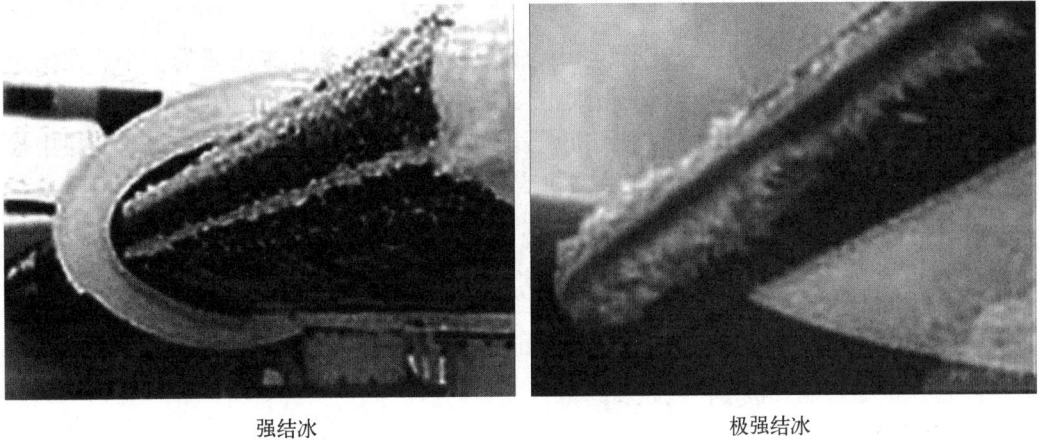

强结冰   极强结冰

图 21.6 结冰强度

表 21.1 结冰强度等级

等 级	弱结冰	中度结冰	强结冰	极强结冰
结冰强度/(mm/min)	<0.6	0.6~1.0	1.1~2.0	>2.0

2. 结冰程度

结冰强度尚不能完全表达飞机结冰的严重程度。如飞机处于极强的结冰条件下的时间短,那么表面上结的冰量不会很多;相反,如飞机处于弱结冰条件下时间很长,飞机上可以结成很厚的冰层。所以在实际飞行中,飞行员为了判断飞出结冰危险区之前结冰的危险度,总的结冰厚度(结冰程度)往往比结冰强度更重要一些,因而又引用结冰程度这一概念。所谓结冰程度,它是指飞机在结冰条件下飞行的整个时间内,表面上所结冰层的最大厚度。显然,结冰程度是由冰生成的速度和飞机在结冰条件下留空时间决定的。根据飞行试验数据,结冰程度的分级情况如表 21.2。

表 21.2 结冰程度等级

等 级	弱结冰	中度结冰	强结冰	极强结冰
最大厚度/mm	0.1~5.0	5.1~15	15.1~30	>30

21.1.5 影响飞机结冰的物理因素

飞行实践证明,飞机结冰量的多少,结冰范围大小及冰层的形状,主要取决于云层温度、液态水含量、水滴直径、云层范围和与飞机有关的参数等。

1. 云层温度

温度是影响飞机结冰的重要参数之一。一般来说,飞机结冰发生在 $-40\sim0$℃的温度范围内,尤其在 $-10\sim-2$℃的温度范围内出现的频率最高,而严重结冰则主要出现在 $-10\sim-8$℃的范围内。此外,在较低温度下,冻结系数较高,容易形成霜冰;在较高温度下,冻结系数较低,未冻结的液态水会溢流后冻结,从而容易形成光冰。

2. 液态水含量

在所有影响飞机结冰的气象学参数中,液态水含量被认为是最重要的一个。在给定的温度和水滴直径下,液态水含量的增大将会使结冰类型从毛冰转化为明冰;且当液态水含量很高时,过冷水滴会更容易撞击到机翼表面上,并向撞击极限的后方溢流。云层中液态水含量愈大,则在单位时间内撞击到飞机表面现象上的水量愈多,愈严重。

3. 水滴直径

水滴直径对飞机结冰区域的大小有着决定性的影响,对结冰形状的影响也比较大,在其他条件相同时,水滴越大,结冰强度越强。大液滴比小液滴具有更大的惯量,因此相对更容易与机翼发生碰撞。液滴的大小同样会影响水滴撞击极限的位置以及收集系数。因此水滴直径也是影响飞机结冰的重要参数。

4. 云层范围

结冰量是正比于结冰时间和液态水含量(liquid water content,LWC)的乘积的。云层的范围关系到飞机在云层中的飞行时间,范围越大,飞机在云层中的飞行和结冰时间越长,因此冰层越厚。可见,云层范围直接关系到结冰时间的长短,也是影响飞机结冰的主要参数之一。

5. 与飞机有关的因素

与飞机有关的主要包括飞机的速度和攻角。飞机的速度会影响过冷水滴的撞击范围,飞机速度越大,使得水滴不易随空气流动而偏转,导致水滴撞击面积扩大,结冰范围增加。同时,飞行速度的增大也会导致单位时间内结冰量的增多。飞机飞行的攻角会影响结冰的位置,攻角为正时,结冰位置相对集中在下翼面,攻角为负时,结冰位置集中在上翼面。

21.2 结 冰 风 洞

21.2.1 结冰研究的主要手段

1. 数值模拟

随着计算机技术的发展,计算流体力学及数值传热学得到了很大的发展,数值模拟在各个领域发挥着越来越大的作用。由于数值模拟具有经济有效、适用范围广的特点,国外从20世纪50年代起就开始将数值模拟应用到飞机结冰的研究中。数值模拟是利用计算机建立结冰模型,模拟结冰的过程,对水滴轨迹、热量传递、结冰外形等进行计算,为指导结冰试验提供依据。目前,国际上一些研究机构都发展有自己的结冰研究软件,美国、加拿大、法国、英国及意大利等发达国家已经进行了大量的研究工作,20世纪90年代以后,相继出现了一些结冰预测软件,例如美国的 LEWICE,法国的 ONERA,英国的 DRA,意大利的 CIRAMIL和加拿大的 FENSAP-ICE。这些软件在飞机防/除冰系统的设计中发挥了很大的作用,其中加拿大的 FENSAP-ICE 引导着第二代结冰预测的研究。虽然这些软件模拟结冰过程的具体方法有所差别,但它们的逻辑结构都是一样的,概括起来都包括以下四个步骤:流场计算、水滴运动及其撞击特性计算、结冰热力学模型求解计算和物面上结冰外形的确定。

2. 地面试验

1)结冰风洞试验

结冰风洞试验是在模拟结冰环境下,采用缩尺模型(或全尺寸部件模型)进行试验

（图 21.7）。该方法最大优点是试验不受外界气候条件的影响，能够准确控制结冰的各种环境参数，而且试验过程安全，成本低。结冰风洞的功能主要有模拟在适航性条件 CCAR-25 部附录 C 规定的连续最大结冰和间断最大结冰两种状态确定的云层液态水含量、水滴平均体积直径和周围空气温度 T、总压力等参数，取得飞机部件或模型在结冰条件下的冰型；研究各种参数几何外形、姿态、速度、周围空气温度、总压力、液态水含量、水滴平均体积直径、结冰时间等对结冰形态（冰型、厚度等）的影响；研究结冰对飞机全机和部件气动特性的影响；飞机防/除冰装置的可靠性研究。因此，结冰风洞是研究和鉴定各类飞行器结冰特性及防/除冰系统性能的重要地面试验设备。

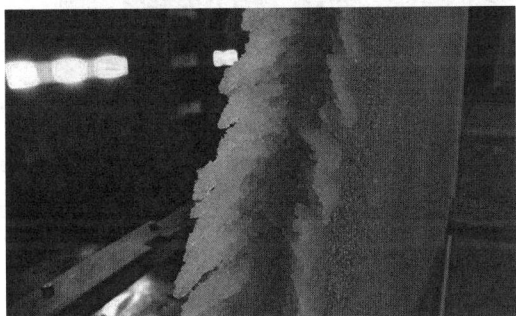

图 21.7　结冰风洞试验

图 21.8　地面喷雾试验

2）地面喷雾试验

地面喷雾设备是一种低速的结冰模拟设备，其产生的水雾可以通过风扇或者自然风吹动。地面喷雾试验（图 21.8）可以在较大空间的室内或者低温环境的户外进行，常用来进行发动机进气道试验和直升机整机试验。

3）环境实验室

环境实验室（图 21.9）是在一个巨大的室内空间里，配备有加热和冷却能力，同时可以模拟风速、喷雾、低温、高湿度、太阳辐射等特殊气象环境，通常用于全尺寸飞机进行环境试验。

图 21.9　环境实验室

4）发动机地面试验

发动机地面模拟设备是一种用于模拟自然结冰条件的大型设备,试验装置为分体结构,通常由风洞洞体和可调角度的试验架组成,可用于研究结冰对发动机性能的影响,评估发动机的防冰性能。图21.10是典型的发动机地面试验照片。

图 21.10 发动机地面试验

3. 飞行试验

1）干空气飞行试验

干空气飞行试验是在进行实际结冰状态试飞之前,在晴空中进行的飞行试验,其结果可为自然结冰试飞提供数据支撑。该试验主要有两个目的,一方面是为了研究结冰对飞机飞行性能的影响,将结冰风洞试验得到的冰模固定在飞机表面,以确定结冰对飞机流场、操纵性等飞行性能的影响;另一方面是可以初步检查防冰系统功能是否正常,通过干空气条件下表面温度试验结果与计算结果对比,检查干空气条件下防冰系统的性能参数是否符合预期。

2）模拟结冰飞行试验

在实际飞行试验时,气象条件不一定能满足预期的要求,因此人为模拟结冰气象条件,用于检验结冰对飞行性能的影响以及防冰系统的效果,根据雾化装置的安装位置,可将试验分为两种。一种是喷雾装置安装在试验件前方,使试验部件在人造的结冰条件下飞行,这种方法适用于发动机进气道、螺旋桨等;另一种喷雾装置与试验件分开,通过喷雾飞机在试验件前方制造水雾,达到结冰气象条件,该方法需要喷雾飞机和试验飞机的飞行速度一致,以保障试验的稳定,如图21.11所示。

3）自然结冰飞行试验

飞机要通过适航验证要求,都必须在自然结冰条件下进行飞行试验(图21.12)。虽然自然结冰试验结果最真实可靠,但自然条件可控性差,实际的自然结冰条件往往和设计的状态存在偏差,且这种飞行试验具有一定的危险性,而且极为昂贵,不可能进行大量的试验研究,一般作为地面模拟试验结果的验证试验。

21.2.2 世界主要结冰风洞

结冰风洞试验是开展飞机结冰及其防护试验研究的最基本手段。与其他试验方法相

图 21.11 模拟结冰飞行试验

图 21.12 自然结冰飞行试验

比,结冰风洞试验具有经济、实用、先行、安全的突出优点。无论是计算模拟,还是飞行试验,都要建立在大量结冰风洞试验研究的基础上。目前世界上在用的能进行结冰试验的风洞有 30 余座,主要分布在美国、加拿大、法国、英国、意大利、俄罗斯等国家,其中有代表性的风洞见表 21.3[6]。专门为承担结冰试验而建造的结冰风洞,以意大利结冰风洞(Icing Wind Tunnel, IWT)和美国结冰研究风洞(Icing Research Tunnel, IRT)为代。意大利的 IWT 于 1997 年开始建造,2002 年完成,是代表世界先进水平的一座结冰风洞,该风洞有三个试验段,分别满足常规速度、高速和大模型等结冰试验要求,兼顾常规测力试验能力。美国的 IRT 始建于 1942 年,为了适应新任务的需要和扩展其运行能力,在 1986~1999 年先后进行了三次重大技术改造。欧盟以 IWT 结冰风洞为中心,完成各航空器的结冰试验任务;美国的 IRT 结冰风洞,承担美国的所有航空器结冰试验。因此形成欧美两大飞行器结冰试验中心。2013 年,中国空气动力研究与发展中心建成一座世界先进水平的结冰风洞,是一座闭口、回流式、高亚声速风洞。风洞配套有转盘支撑、腹撑、尾撑等试验设备,可开展飞行器结冰试验、防除冰系统验证试验、常规气动力试验和高空低雷诺数试验。目前已经完成大量的结冰和防除冰试验。

表 21.3　世界主要结冰风洞一览表

序号	风洞	国家/机构	试验段尺寸/m 宽×高×长	V_{max} /(m/s)	T_{low} /℃	LWC /(g/m³)	MVD /μm	H /km	建成时间
1	IRT	美国 NASA	2.7×1.8×6.1	179	−40	0.2~3.0	15~50	—	1944
2	IWT	意大利 CIRA	2.25×2.35×7 3.6×2.35×8.3 1.15×2.35×5.0	136 85 238	−32 −32 −40	0.2~5	5~300	7	2002
3	3×2	中国 CARDC	3×2×6.5 4.8×3.2×9 2×1.5×4.5	210 78 256	−40	0.2~3	10~300	20	2013
4	BRAIT	美国波音	1.8×1.2×6.1	128	−32	0.5~3	5~40	—	1993
5	Goodrich	美国	0.6×1.1×1.5	95	−30	0.1~3	10~40		1986
6	R-1	美国 AEDC	0.9(直径)×2.7	216	−30	0.2~2	15~30	15	—
7	S1MA	法国 ONERA	8(直径)×14	150	−5	0.3~10	10~200		—
8	ACT	英国 GKN	0.5×0.5×5.5	183	−27	0.1~5	12~100		—
9	AIWT	加拿大 NRC	0.57×0.57×0.61	100	−35	0.1~2	10~30	6	1980
10	Cox	美国	0.71×1.17×1.83 1.22×1.22×1.52	98 53	−30	0.3~5	5~50		1993

21.2.3　结冰风洞典型结构

美国 NASA 的结冰风洞 IRT 是最早建成的结冰风洞之一,该风洞于 1944 年建成,并在 20 世纪 70 年代至 90 年代进行了一系列改造,目前可进行飞机机翼、发动机进气道、直升机旋翼等大型构件的结冰、防冰试验。下面就以 IRT 为例,介绍结冰风洞典型结构。

IRT 是一座回流式风洞,其主要是由洞体、动力系统、制冷系统、喷雾系统等组成(图 21.13)。动力系统是风洞内气体运动的动力来源。IRT 的动力系统由 12 片桨叶的风扇及 5 000 马力*的电机组成,通过电机带动风扇转动,从而加速风洞气体的流动,电机的功率为 3 678 kW,最大转速为 460 r/min。为了使风洞保持较低的恒定温度,必须在结冰风洞中加入制冷系统。制冷系统一般由压缩机和蒸发器组成。压缩机位于风洞外部,通过对各种工质进行相变、压缩达到制冷的目的,制冷剂通过循环系统达到风洞内的蒸发器,冷却风洞及风洞内的气体。喷雾系统用以模拟飞行器穿越含有过冷水滴云层飞行时的云雾环境。喷雾系统由喷雾架和喷嘴组成,在结冰风洞温度、气流速度、压力条件下,喷雾系统通过高压空气和高压水雾化,在试验段形成模拟云雾环境要求的液态水含量、平均水滴直径、水滴温度,并保持这些参数的均匀性和稳定性。对于一些建设较新的结冰风洞,还配套有用于模拟飞机飞行高度的高度模拟系统。

---

* 英制 1 马力(hp)= 745.7 瓦(W)。

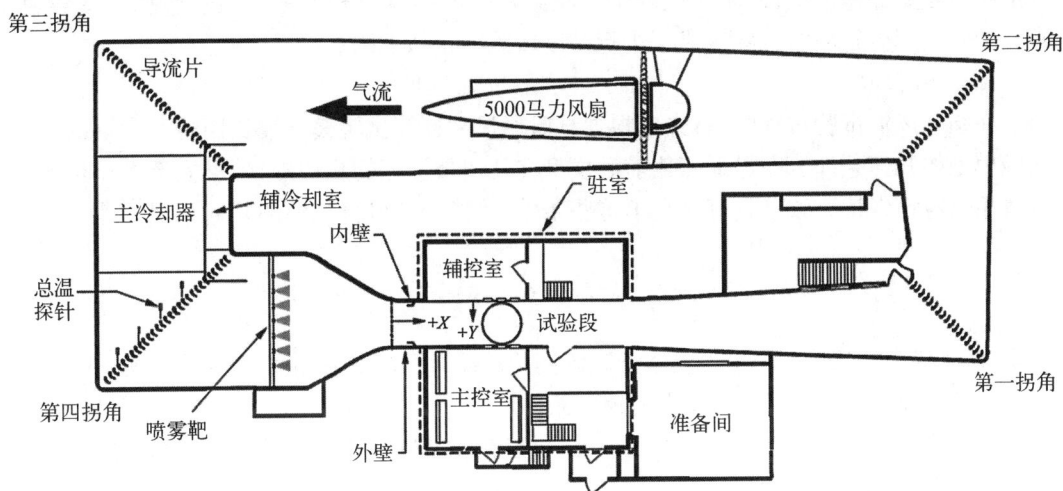

图 21.13 美国 NASA 结冰风洞 IRT 平面图

21.3 试验相似准则

在结冰适航审定中所承认的符合性验证方法主要有地面试验、结冰风洞试验、干空气试验、自然结冰试验四种，而结冰风洞试验因其试验条件不受自然天气限制、试验耗资较低、试验条件易于控制等优点，在结冰适航合格审定过程中得到了较为广泛的应用；但同时由于目前冰风洞试验能力的限制，无法进行全尺寸部件试验，或者无法实现结冰所要求的结冰工况，所以针对典型防冰部件的结冰试验，需运用合理的相似准则对几何模型和结冰工况参数进行缩比，使得冰风洞部件结冰试验等效于高空飞行试验，实现更大范围内的实时马赫数、攻角、结冰温度以及高度的结冰试验模拟[7]。

21.3.1 结冰相似要求

常规风洞试验必须满足一定的相似准则，例如在低速试验时需要保证弗劳德数 Fr、雷诺数 Re 相等，可压流时需要满足普朗特数 Pr、马赫数 Ma 等相等。同样，在结冰风洞中开展结冰试验也需要满足一定的相似准则，才能使获得的试验结果尽可能与真实结果一致。由于结冰是一个复杂的物理过程，包含了气流场、水滴场及其耦合作用过程、水滴运动撞击的动力学过程、水滴汇集形成水膜并沿固壁流动冻结过程、液态水非平衡传热相变等一系列复杂过程。影响结冰结果的参数主要包括部件的几何特征（外形、表面粗糙度、尺寸、材质等）、飞机的飞行状态（速度、高度、迎角、时间等）和云雾环境（温度、过冷水滴直径、液态水含量等）。结冰过程中存在的质量和能量传递对结冰特性有重要影响，这使得结冰试验的相似准则与常规气动试验所要求的相似准则有很大的不同。常规气动试验的相似准则，只需要对流体运动的基本方程进行无量纲化即可得到，而建立结冰试验的相似准则，除了要考虑流体力学的要求外，还必须综合考虑其他影响因素。依据结冰相似要求，建立结冰试验相似准则，就是通过研究一系列相似参数，使得对于两种不同的结冰条件下相似参数保持不变,从而保证两个试验条件下的结冰是相似的。令这些相似参数为常数的一系列方程的组合就构成了进行结冰试验的相似准则。

1. 几何相似

在结冰风洞试验过程中,首先应根据试验段尺寸计算试验模型缩比因子 k_1,从而确定试验模型的几何条件。在保证缩比前后模型在几何外形上的相似外,模型安装的俯仰角、侧滑角也应该保持一致。只有满足了这些条件,才能保证机翼绕流的几何相似。即

$$k_1 = \frac{C_R}{C_S}, \ \alpha_{1R} = \alpha_{1S}, \ \alpha_{2R} = \alpha_{2S} \tag{21.1}$$

式中,C 为翼型特征尺寸;α_1 为模型安装俯仰角;α_2 为模型安装侧滑角;R 为下标,表示原模型的条件;S 为下标,表示缩比后的模型条件。

几何相似是整个结冰过程相似的前提,只有在此基础上才能进行下一步的相似推导。

2. 流场相似

结冰过程相似不仅需要物体几何相似,同时要求绕流流场也要相似。当两个物体具有相似的几何外形,并且与黏性效应有关的边界层厚度和相应的势流修正系数也几何相似,那么它们的流场也相似。空气动力学相似准则运用中所包含的这些特征用来严格限制试验条件。

流场相似意味着缩比试验的雷诺数和马赫数要与参考值匹配。这些参数被表述为

$$Re_a = \frac{V d \rho_a}{\mu_a} \tag{21.2}$$

式中,Re_a 为缩比试验的雷诺数;V 为风速;d 为圆柱模型的直径或机翼前缘半径的 2 倍;ρ_a 为空气密度;μ_a 为空气动力黏度。

$$Ma = \frac{V}{\sqrt{\gamma R_a T_{st}}} \tag{21.3}$$

式中,Ma 为马赫数;γ 为比热比;R_a 为气体常数;T_{st} 为静温。

结冰现象发生的温度在绝对温标下变化很小,通常在 233～273 K。故空气的 γ 和 R_a 可认为是常量,因此满足缩比试验的马赫数和参考值匹配就需要其速度非常接近。然而雷诺数匹配使得速度比与尺寸比成反比,例如,1/2 缩比模型试验就需要试验风速近似为实际情况的两倍。由此可见除非采用全尺寸模型,否则马赫数和雷诺数不可能同时匹配。大多数的结冰分析都采用简化的方法以避免上述矛盾。基本原理为:在大多数的结冰情形中,其飞行马赫数相对较低,从而可以忽略雷诺数的影响。这是因为结冰大多发生在物体表面前缘驻点附近,该区域边界层非常薄,黏性影响也很小,因此可忽略雷诺数对前缘结冰的影响。这种简化的前提条件是试验速度必须大于 $Re_a = 2.0 \times 10^5$ 情况下对应的速度,因此要求试验风速不能过小。但同时试验风速同样不能过大,速度上限由临界马赫数下物体周围的超声速流动决定。当风速大于速度上限时,试验结果会发生重大改变。

因此,在撞击区域建立相似流场需要满足两个条件:① 物体要有相似的几何外形;② 试验马赫数需要大于 $Re_a = 2.0 \times 10^5$ 对应下的马赫数,同时要小于临界马赫数。

3. 水滴运动轨迹相似

水滴运动轨迹决定了云层中水滴撞击在模型表面的位置。如图 21.14 所示,原始模型缩小后,水滴轨迹也会相应缩小,主要表现在相邻轨迹空间步长和撞击区翼面弧长方面。因此要使到达模型表面各个部位的水滴撞击范围大小相似,缩比前后水滴运动轨迹需满足相似。

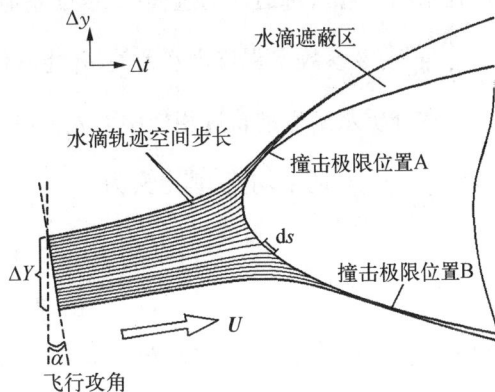

图 21.14　水滴轨迹示意图

研究表明,对于常见的小水滴(粒径 50 μm 以下),其在流场的运动和撞击行为都可以用 MVD 来表征。如果能准确计算出物体周围的绕流,就可以用经典粒子运动方程计算水滴的运动轨迹。水滴在运动过程中,作用在其上的力主要有阻力和重力,由于水滴体积很小(直径微米量级),重力相对于阻力为小量,可忽略,则由牛顿第二定律可得水滴运动的微分方程为

$$m_{\mathrm{d}}\frac{\mathrm{d}\boldsymbol{U}_{\mathrm{d}}}{\mathrm{d}t} = 6\pi\mu_{\mathrm{a}}r_{\mathrm{d}}(\boldsymbol{U}_{\mathrm{a}} - \boldsymbol{U}_{\mathrm{d}})\frac{C_{D}Re}{24} \tag{21.4}$$

式中,m_{d} 为水滴质量;$\boldsymbol{U}_{\mathrm{d}}$ 为水滴速度;r_{d} 为水滴当量直径;$\boldsymbol{U}_{\mathrm{a}}$ 为气流速度;C_{D} 为水滴阻力系数;Re 为相对雷诺数,可以表示为 $Re = \rho_{\mathrm{a}}r_{\mathrm{d}}|\boldsymbol{U}_{\mathrm{a}} - \boldsymbol{U}_{\mathrm{d}}|/\mu_{\mathrm{a}}$。

$C_{D}Re/24$ 为水滴所受的阻力与斯托克斯公式计算结果的符合情况,水滴运动符合斯托克斯定律,则 $C_{D}Re/24 = 1$,否则 $C_{D}Re/24 < 1$。为了将式(21.4)无量纲化,令

$$\frac{\boldsymbol{U}_{\mathrm{d}}}{V_{\infty}} = \boldsymbol{u}_{\mathrm{d}},\quad \frac{\boldsymbol{U}_{\mathrm{a}}}{V_{\infty}} = \boldsymbol{u}_{\mathrm{a}},\quad \frac{tV_{\infty}}{L} = \tau \tag{21.5}$$

式中,V_{∞} 为自由来流速度;$\boldsymbol{u}_{\mathrm{d}}$ 为无量纲水滴速度;$\boldsymbol{u}_{\mathrm{a}}$ 为无量纲当地气流速度;t 为结冰时间;L 为特征长度;τ 为表征时间。

式(21.4)两端分别乘以 L/V_{∞}^{2},方程右端的分子和分母同乘 $2r_{\mathrm{d}}/\mu$,并将 m_{d} 用球形水滴质量计算公式代入,经过整理可以得到:

$$\frac{\mathrm{d}\boldsymbol{u}_{\mathrm{d}}}{\mathrm{d}\tau} = \frac{C_{D}Re}{24}\frac{1}{K}(\boldsymbol{u}_{\mathrm{a}} - \boldsymbol{u}_{\mathrm{d}}) \tag{21.6}$$

定义水滴惯性参数 K 为

$$K = \frac{2}{9}\frac{r_{\mathrm{d}}^{2}\rho_{\mathrm{d}}V_{\infty}}{\mu_{\mathrm{a}}L} \tag{21.7}$$

对于形式一样的无量纲方程,当系数相等时,解的形式相同。由无量纲方程(20.6)可知,在流场分布相同的情况下,两颗水滴只要保证 $\dfrac{K}{C_{D}Re/24}$ 相等,那么水滴运动轨迹也会相似。

根据 $\dfrac{K}{C_D Re/24}$ 中相关参数的定义,可以知道其值与水滴与气流之间的速度差有关。但在水滴沿着轨迹运动的过程中,速度差值是不断变化的,因此需要找到一个参数来代替 $\dfrac{K}{C_D Re/24}$,该参数需要与轨迹无关,并能够作为相似参数。

在分析水滴运动轨迹相似中引入范围因子(range parameter)的概念,用于代替不同轨迹中 $\dfrac{K}{C_D Re/24}$ 的平均值,其定义为

$$\lambda/\lambda_s = \frac{1}{Re_\infty} \int_0^{Re_\infty} \frac{24}{C_D Re} \mathrm{d}Re \tag{21.8}$$

则水滴在自由流中的雷诺数 Re_∞ 可以表示为

$$Re_\infty = \frac{2\rho_a r_d V_\infty}{\mu_a} \tag{21.9}$$

计算过程中认为水滴保持球形,因此可以利用圆球绕流来模拟水滴运动过程中的阻力系数。圆球绕流的阻力系数可以表示为雷诺数的函数,如图 21.15(a)。因此,如果知道了阻力系数随雷诺数变化的表达式,那么公式(21.8)即可求解获得 λ/λ_s。λ/λ_s 随 Re_∞ 变化曲线如图 21.15(b)所示,可以看出,λ/λ_s 只与绕流雷诺数有关。

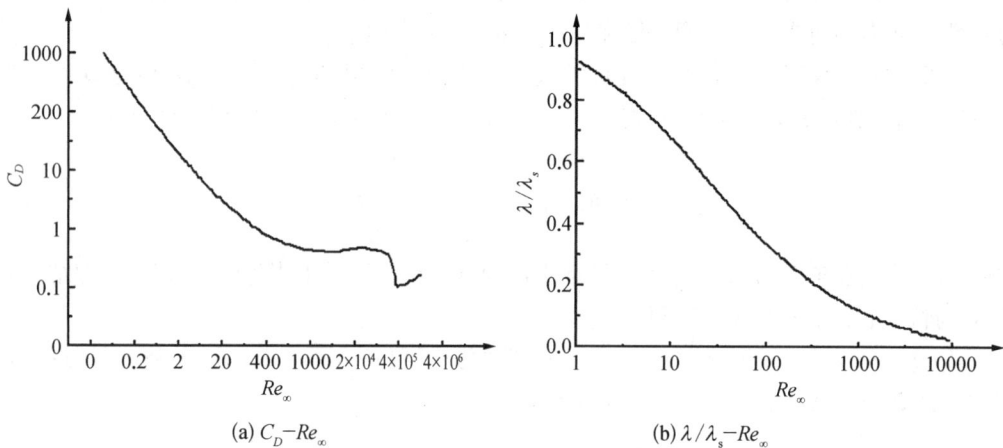

(a) $C_D - Re_\infty$

(b) $\lambda/\lambda_s - Re_\infty$

图 21.15 阻力系数随雷诺数变化曲线

根据以上分析,可以定义修正的惯性参数 K_0 为水滴运动的相似参数,表达式为

$$K_0 = (\lambda/\lambda_s)K \tag{21.10}$$

也可采用另一种方法来定义水滴运动的相似参数,令

$$C_D = Re_\infty^\kappa \tag{21.11}$$

式中,κ 取为在一定雷诺数范围内最匹配图 21.2(a)中曲线的值,为此可以取 $\bar{K}$ 作为水滴轨迹的相似参数:

$$\overline{K} = K/Re_\infty^\gamma \qquad (21.12)$$

通过对比两种相似参数,图 21.16 给出了某翼型上两种不同直径水滴的局部收集系数分布以及采用相似参数计算的结果。可以看出,不论是采用 K_0 还是 $\overline{K}$ 作为相似参数均可得到较为一致的局部收集系数分布。两者进一步对比,可以认为采用 $\overline{K}$ 作为相似参数得到的缩比模型收集系数与全尺寸模型上的收集系数分布更一致。

综上所述,K_0 和 $\overline{K}$ 均可作为水滴运动轨迹的相似参数,其相似要求可概括为

$$K_{0,s} = K_{0,R} \qquad (21.13)$$

或者为

$$\overline{K}_s = \overline{K}_R \qquad (21.14)$$

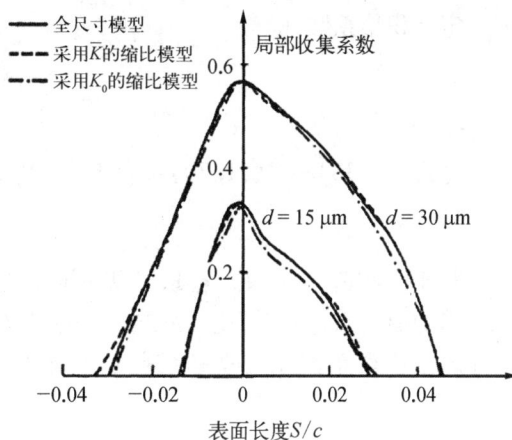

图 21.16 采用不同相似参数的局部收集系数对比

4. 水滴收集特性相似

试验模型表面收集的总水量与局部收集系数、气流速度、液态水含量和结冰时间有关。不同的结冰温度情况下模型表面撞击的水量冻结程度也不同,即冻结系数 n 不同。

对于霜冰情况,$n=1$,单位时间内撞击在模型表面单位面积上水滴总质量为

$$m = \text{LWC} \cdot V\beta \qquad (21.15)$$

式中,m 为水滴总质量;β 为水滴局部收集系数。

因此翼型表面冰层厚度的计算式为

$$\Delta = \frac{\text{LWC} \cdot V\beta\tau}{\rho_i} \qquad (21.16)$$

式中,Δ 为冰层厚度;ρ_i 为冰的密度。

如果要满足模型缩比前后所结冰形相似,则必须要求模型表面的结冰厚度与模型特征尺度的比值是相等的,可以表示为

$$\left.\frac{\Delta}{d}\right|_s = \left.\frac{\Delta}{d}\right|_R \qquad (21.17)$$

将式(21.16)代入式(21.17)中化简得

$$\left.\frac{\text{LWC} \cdot V\beta\tau}{\rho_i d}\right|_s = \left.\frac{\text{LWC} \cdot V\beta\tau}{\rho_i d}\right|_R \qquad (21.18)$$

根据驻点水收集系数与修正惯性系数的关系可知,修正惯性参数 K_0 满足相似要求时表面水收集系数 β_0 也满足相似要求,二者关系如下式:

$$\beta_0 = \frac{1.40(K_0 - 0.125)^{0.84}}{1 + 1.40(K_0 - 0.125)^{0.84}} \qquad (21.19)$$

定义积聚系数 A_C：

$$A_C = \frac{\text{LWC} \cdot V\tau}{\rho_i d} \tag{21.20}$$

将式(21.18)~式(21.20)综合考虑，可以得到水滴收集特性相似的条件为

$$A_{C,S} = A_{C,R} \tag{21.21}$$

对于明冰情况，$0 < n < 1$，模型不同位置的冻结系数不尽相同，当地水收集系数不仅与收集的撞击水量有关，还与冻结过程中控制体内水滴蒸发、液态水流入流出等有关。此时冰厚由积聚系数 A_C、收集系数 β 及驻点处水滴冻结系数 n 等三个因素决定，可以表达为

$$\frac{\Delta}{d} = n \cdot A_C \cdot \beta \tag{21.22}$$

因此，水滴收集特性相似需要满足的条件为

$$n_S \cdot A_{C,S} \cdot \beta_S = n_R \cdot A_{C,R} \cdot \beta_R \tag{21.23}$$

5. 热力学相似

在保证水滴运动轨迹以及水滴收集特性相似之后，可以推导出对于形成霜冰条件，也就是所有的水滴在撞击时都发生冻结，全尺寸模型和缩比模型上的结冰外形应该相似，这也被 Anderson 等[7]所证实。对于明冰条件，之前列出的相似性要求还不足以保证全尺寸模型和缩比模型上的结冰外形具有相同的类型、表面特征(如粗糙度)以及密度等，还需要保证结冰的热力学过程也相似。为此，需要从结冰热力学模型出发研究相应的热力学相似要求。

由 Messinger 模型建立的结冰热力学方程可知，结冰表面任意一个控制体中的热平衡方程可写成：

$$\frac{m_i c_{p,w}}{h_c}\left[(T_\infty - T_0) + \frac{U_\infty^2}{2c_{p,w}}\right] = \left[T_{sur} - T_\infty - \frac{U_\infty^2}{2c_{p,a}} + \frac{m_e h_v}{h_c}\right] + (1-n)\frac{m_i c_{p,w}}{h_c}(T_{sur} - T_0)$$
$$+ \frac{m_i c_{p,w}}{h_c}\frac{n}{c_{p,w}}[c_{p,i}(T_{sur} - T_0) - h_f] \tag{21.24}$$

对于明冰条件，可以认为表面温度 $T_{sur} = T_0 = 273.15\,\text{K}$，将此代入方程(21.24)并进行变换，可得到冻结系数 n 的表达式为

$$n = \frac{h_c\left(T_{st} - T_\infty - r_c\frac{U_\infty^2}{2c_{p,a}}\right) - m_i\left[c_{p,w}(T_\infty - T_0) + \frac{U_\infty^2}{2}\right] + m_e h_v}{m_i h_f} \tag{21.25}$$

通常可以将式(21.25)写成如下形式：

$$n = \frac{c_{p,w}}{h_f}\left(\phi + \frac{1}{b}\theta\right) \tag{21.26}$$

公式(21.26)中，n 和 b 均为无量纲参数，θ 和 ϕ 则具有温度的量纲，明显可以看出要满足缩比模型与全尺寸模型上结冰形状相似，需要保证碰撞水的冻结系数相等，也就是

$$n_S = n_R \tag{21.27}$$

相关的验证试验表明，要较好实现热力学过程相似，仅满足式(21.27)是不够的，研究人员认为相对热因子也是重要的量，因此他们的研究中补充了以下要求：

$$b_S = b_R \tag{21.28}$$

研究人员通过研究发现，只有选择了合适的试验压力，由式(21.27)和式(21.28)所确定的方法方可以实现热力学过程相似，而该方法没有给出选择压力的关系式，如果压力选择不当，也会导致失败。因此，除了冻结系数相等，空气和水滴的能量传递势也应该相等，即满足：

$$\phi_S = \phi_R \tag{21.29}$$

$$\theta_S = \theta_R \tag{21.30}$$

由于水滴在翼面冻结过程中涉及复杂的传热传质，因此为了保证相似准则的适用性，在上述热动力学相似中作了如下两点假设：

（1）空间假设：如果模型驻点处的结冰特征满足相似准则，则模型其他位置处也满足相似；

（2）时间假设：上述推导基于未结冰表面展开，随着结冰过程的进行，模型上的冰层会持续增加；因此假设未结冰时热力学如果满足相似，则随着时间推进，冰层表面的结冰也满足相似。

6. 表面水动力学相似

到此，满足以上的所有相似要求后，就可以实现对霜冰的可靠模拟和明冰的不完全模拟。对于明冰或者 SLD 的情况，由于过冷水滴温度相对较高，其与周围气流的热耗散不足，以至于撞击后并不能完全冻结，会有部分水滴停留在表面。受到气流的作用，这些液态水会向后溢流并在下游冻结，并且不同位置的冻结形态也不同。在驻点附近液态水呈一层很薄的膜状，而在稍远的下游会形成溪流或水珠。而这些溢流水的不同动力学行为也直接决定了冰形的不同形状。具体体现在两个方面，一是它决定了液态水最终将在什么地方冻结，从而直接影响结冰外形；二是由于水珠和溪流会改变表面粗糙度，而粗糙度的改变会极大地影响对流换热和质量传递系数，从而影响与气流间的热传递。

通常，表面水的动力学行为和其表面张力直接相关，而空气动力与表面张力的比值就是韦伯数(We)，因此，需要将 We 作为重要相似参数进行研究。

明冰表面的液态水一般会在滞止区域形成一层水膜。由于水膜的厚度很薄，所以可假定水膜中的流动为忽略惯性力影响的层流流动。由于水膜的流动是受到气流剪切应力和压力梯度作用，这也就意味着水膜的流动可认为是两个空间流动库爱特(Couette)流和泊肃叶(Poiseuille)流的叠加。

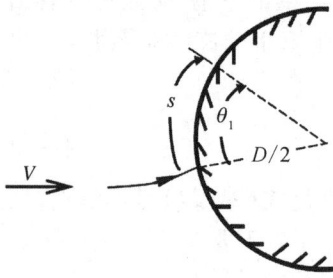

图 21.17　滞止区域示意图

如图 21.17 所示，结冰物体任意位置 s，其液态水的质量流量为

$$m_w = \text{LWC} \cdot VL \int \beta(1 - n) \, ds/L \quad (21.31)$$

式中，m_w 为液态水的质量流量；V 为来流风速；L 为物体特征长度；β 为局部收集系数。

利用连续性，s 处水膜厚度可表达为

$$t_w = m_w/\rho_w u_w \quad (21.32)$$

式中，t_w 为水膜厚度；m_w 为表面液态水的质量；ρ_w 为水的密度；u_w 为表面液态水的平均流速。

假定某一时刻，只有空气动力产生的剪切应力对水的运动起作用，平均水流运动速度可由 Couette 流动关系式给出，如下：

$$u_w = \tau_0 t_w/2\mu_w \quad (21.33)$$

式中，τ_0 为水表面气流产生的剪切应力；μ_w 为水黏性系数。

由方程(21.32)得

$$u_w^2 = \tau_0 m_w/2\mu_w\rho_w \quad (21.34)$$

若缩比模型条件可以正确匹配全尺寸模型，则剪切应力 τ_0 将与来流动压 $0.5\rho V^2$ 成比例，并且式(21.31)中的积分对于模型和参考案例相应点处都相同。

考虑到作用在水流上的剪切力和压力是叠加的，水膜的平均速度 u_w 是剪切应力(Couette 流动)和压力梯度(Poiseuille 流动)综合影响的，故

$$u_w = \tau_0 t_w/2\mu_w - (t_w^2/3\mu_w)(\mathrm{d}p/\mathrm{d}s) \quad (21.35)$$

式中，参量 t_w、τ_0 和 $\mathrm{d}p/\mathrm{d}s$ 随着物体上位置不同而改变，可以采用典型值进行研究。结冰物体前缘区域可近似看成一个直径为 D 的圆柱体，如图 21.4 所示，以 $s = (D/2)\sin\theta_1$ 作为代表点。这点的剪切应力和压力可估算为

$$\tau_0 = 0.5\rho V^2 C_f \quad (21.36)$$

式中，C_f 为表面摩擦系数。

$$\mathrm{d}p/\mathrm{d}s \approx 0.5\rho V^2 \Delta C_p/(\pi D/4) \quad (21.37)$$

式中，ΔC_p 为物体上 $\theta_1 = 0°$ 和 $\theta_1 = 90°$ 之间的压力梯度差。

同样方程(21.31)中的积分可以被替换为 $\beta(1 - n)(D/2L)\sin\theta_1$，这时 β 和 n 分别表示为平均收集效率和 $0 \leqslant \theta_1 \leqslant 90$ 时的冻结系数。将修正后的式(21.31)和式(21.37)~式(21.39)代入式(21.32)中，整理后得

$$t_w^2 = \frac{\mu_w \text{LWC} \cdot V\beta(1 - n)\left(\dfrac{D}{2}\right)\sin\theta_1}{\rho_w(0.5\rho V^2)\left(\dfrac{C_f}{2} + \dfrac{0.42\Delta C_p t_w}{D}\right)} \quad (21.38)$$

We 包含一个特征长度,目前认为应该是某一水流的特征长度,如果取为水膜厚度 t_{w},则 We 变为

$$We_{\mathrm{t}} = \rho V^2 L / \sigma = \rho V^2 t_{\mathrm{w}} / \sigma \tag{21.39}$$

因此,对于明冰、SLD 等存在表面液态水(未完全冻结)的状态,需充分考虑表面水韦伯数的相似,即

$$We_{\mathrm{t,S}} = We_{\mathrm{t,R}} \tag{21.40}$$

7. 相似方程

综上,在结冰风洞开展试验,除了要满足常规的几何相似和流场相似外,还需考虑与水滴有关的相似要求,其相似方程可概括如下:

$$\begin{aligned}
K_{0,\mathrm{S}} &= K_{0,\mathrm{R}} \\
A_{\mathrm{C,S}} &= A_{\mathrm{C,R}} \\
n_{\mathrm{S}} &= n_{\mathrm{R}} \\
b_{\mathrm{S}} &= b_{\mathrm{R}} \\
\phi_{\mathrm{S}} &= \phi_{\mathrm{R}} \\
\theta_{\mathrm{S}} &= \theta_{\mathrm{R}} \\
We_{\mathrm{t,S}} &= We_{\mathrm{t,R}}
\end{aligned} \tag{21.41}$$

21.3.2　模型尺寸缩比方法

如前所述,对模型尺寸进行缩比的主要方法是全尺寸缩比和混合翼方法,两种方法各有利弊。全尺寸缩比的优势是通过缩比可以显著降低风洞阻塞,从而减小阻塞引起的气流加速对模拟参数的影响(T_{st}、LWC 等受风速影响很大),同时可以减小洞壁干扰对模型结冰的影响;相反,其劣势是受风洞尺寸的限制,模型缩放的比例不能太大,其原因在于随着缩比比例的增大,其粒径会急剧减小,速度显著增加,极易超出风洞的能力范围。同样,对于混合翼方法而言,其前缘不变后缘缩小的思想相当于是对全尺寸缩比的一种改良,阻塞度有所减小,而参数变化又不是很大(甚至不需变化),因此,在风洞尺寸无法改变的大前提下,从提出的那天开始,混合翼方法就受到广泛的关注和深入的研究。但该方法也有明显的缺点,由于需要找出与全尺寸模型压力匹配的缩比后缘外形,其实质是破解一个"黑匣子"问题,难度和工作量都非常大;另外,由于该方法先天的"折中"思想,导致对于超大模型,其降低阻塞的作用并不明显。

在实际的飞机模型结冰试验中,这两种方法都是设计者着重考虑的选项。但纠结于风洞尺寸和逐渐增大的飞机部件尺寸的矛盾,设计者往往不得不花大量的精力和资金去开展混合翼的设计。2013 年,3 m×2 m 结冰风洞建成,其更大尺度的试验段空间(次试验段达到 4.8 m 宽、3.2 m 高)和更宽范围的模拟能力(粒径下限可达10 μm),使得全尺寸缩比方法的适用空间得到极大拓展,也再次激发了学者对全尺寸缩比方法研究的热情。下面对几种典型的模型全尺寸缩比准则及其适用性和允许误差进行阐述分析[6]。

1. 缩比准则

对于结冰风洞试验来说,关键的试验参数有模型缩比 c,试验段静温 t_{st},试验段风速 V,水滴的中值体积直径 MVD,液态水含量 LWC,结冰时间 τ 和试验段静压 p_{st}。下标 S 表示是经过相似转换的试验参数,下标 R 表示参考试验状态。

根据前文的推导和梳理,主要的相似转换参数有:① 描述水滴运动状态的水滴惯性系数 K_0;② 描述单位表面上液态水冻结率的冻结系数 n_0;③ 描述结冰热力学过程的三个参数,其一为液态水内能与对流换热强度之比的相对热系数 b,其二为表面水膜与撞击的水滴之间的温度势差,称水滴能量传递势 Φ,其三为考虑水膜表面蒸发传热传质效应下的温度势差,称空气能量传递势 θ;④ 描述结冰过程中总冻结水量的积聚系数 A_C。

由于相似转换涉及较多的试验参数与无量纲相似参数,在本节中将重复提及,故将前节中涉及的参数整理成表 21.4。

表 21.4 试验主要参数及相似参数对照表

参　　　数	符　　号
模型缩比	c
试验段静温	t_{st}
试验段风速	V
水滴中值体积直径	MVD
液态水含量	LWC
结冰时间	τ
试验段静压	p_{st}
水滴惯性系数	K_0
冻结系数	n_0
相对热系数	b
水滴能量传递势	Φ
空气能量传递势	θ
积聚系数	A_C

表 21.5 给出了三种常用的模型尺寸缩比准则。试验时,只需保持模型的几何外形与迎角和真实飞机一致,就可以选择不同的模型比例,通过不同策略调整试验条件来实现风洞模拟。

表 21.5 典型模型尺寸缩比准则

试 验 参 数	Ingelman-Sundberg 方法	ONERA 方法	Ruff 方法
c_S	可选	可选	可选
$t_{st,S}$	$= t_{st,R}$	$t_{tot,S}$ 给定	$\phi_S = \phi_R$
V_S	可选	$n_{0,S} = n_{0,R}$	可选
MVD_S	$K_{0,S} = K_{0,R}$	$K_{0,S} = K_{0,R}$	$K_{0,S} = K_{0,R}$
LWC_S	$= LWC_R$	$b_S = b_R$	$n_{0,S} = n_{0,R}$

试 验 参 数	Ingelman-Sundberg 方法	ONERA 方法	Ruff 方法
τ_S	$A_{C,S} = A_{C,R}$	$A_{C,S} = A_{C,R}$	$A_{C,S} = A_{C,R}$
$p_{st,S}$	$p_{tot,S} = p_{tot,R}$	$p_{tot,S}$ 给定	$\theta = \theta_R$

1）Ingelman-Sundberg 准则

该方法由瑞典-苏联飞行安全研究小组开发。该准则考虑了水捕获量、模型的温度和液态水含量与参考值相等,这近似满足热力学相似。选择模型尺寸和风速,即可求得其他未知量。完整的缩比条件方程如下：

$$\tau_S = \tau_R$$
$$K_{0,S} = K_{0,R}$$
$$\mathrm{LWC}_S = \mathrm{LWC}_R \qquad (21.42)$$
$$A_{C,S} = A_{C,R}$$
$$P_{tot,S} = P_{tot,R}$$

需要注意的是,由于试验速度对冰形的生成也有一定的影响,所以 Ingelman-Sundberg 方法更适用于模拟霜冰结冰过程和较短时间的明冰结冰过程。

2）ONERA 准则

该准则在水捕获分析和水滴运动轨迹分析的基础上,增加了表面能量平衡的分析。能量平衡方程建立在 Messinger 模型的基础上。与其他准则不同的是,缩比参数并不需要与其参考值相等。完整的缩比条件方程如下：

$$n_{0,S} = n_{0,R}$$
$$K_{0,S} = K_{0,R}$$
$$b_S = b_R \qquad (21.43)$$
$$A_{C,S} = A_{C,R}$$

ONERA 准则除了满足上述相似准则外,还需满足 ONERA 准则的特定能量方程：

$$\frac{1.058 \times 10^6}{p_{st}} = T_{st}(1 + b) + 1\,732\,\frac{p_w}{p_{st}} + 79.7 n_0 b + (3.645\,8 + b)\,\frac{u_\infty^2}{8\,373} \quad (21.44)$$

试验时,来流的总温和总压由风洞环境确定,因此缩比模型来流静温和压力可以写成关于速度的表达式。对于给定的缩比模型尺寸 L_S,假设已知缩比后速度,即可求得缩比后的温度；$n_{0,S}$ 和 b_S 可由参考模型的物理参数求出的 $n_{0,R}$、b_R 确定；p_w 可以根据静温得到。将这些参数代入上式,可求得一个新的速度,不断迭代可获得满足相似准则的速度、温度和压力,并求出其他未知量。

3）Ruff（AEDC）准则

Ruff 准则选用了较多的相似特征数,这在试验参数的选择上有了更大的余地。除了给定一个合适的缩比模型尺寸之外,还可以给定温度、速度、水滴直径、液态水含量、时间、压力中任意一个物理量(通常给定一个合适的速度),再求出其他未知量。

其相似方程如下:

$$\begin{aligned}
\varphi_S &= \varphi_R \\
K_{0,S} &= K_{0,R} \\
n_{0,S} &= n_{0,R} \\
A_{C,S} &= A_{C,R} \\
\theta_S &= \theta_R
\end{aligned} \tag{21.45}$$

需要指出的是,Ruff 方法无须匹配压力,这对于没有环境压力模拟(高度模拟)能力的结冰风洞十分适用。

2. 模型尺寸缩比的限制条件

很显然,对模型尺寸进行缩比,可有效降低风洞阻塞和洞壁干扰对试验的影响,但由于风洞参数包线的限制,因而模型缩比比例也有其适用范围。其中对模型缩比比例影响最大的就是水滴尺寸和试验风速。

图 21.18 给出了典型模型缩比比例与水滴尺寸的变化关系。

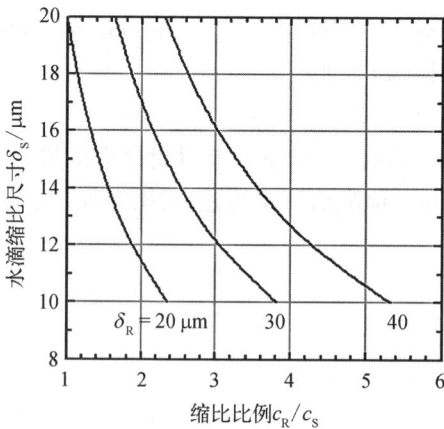

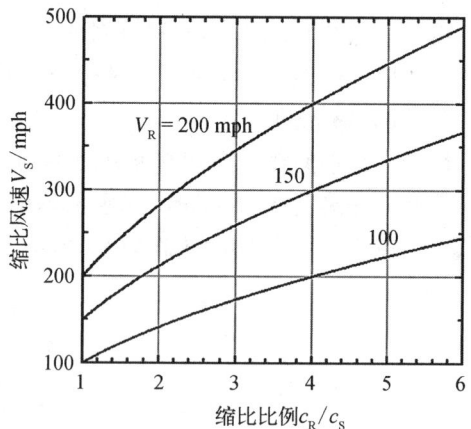

图 21.18　模型缩比比例与水滴尺寸的变化关系　　图 21.19　模型缩比比例与风速的变化关系

从图上可以看出,随着模型缩比比例的增加,需要匹配的水滴尺寸急剧减小。例如,模型缩小到原来的1/2,则真实飞行包线里 20 μm 的水滴,在风洞中就需要用约 11.5 μm 的水滴来模拟,而对结冰风洞而言,一般的最小 MVD 模拟能力约为 10 μm,因此,过小的水滴尺寸给风洞的云雾水滴模拟能力和模拟精准度都提出了更高的要求。

图 21.19 给出了典型模型缩比比例与风速的变化关系。从图上可以看出,随着模型缩比比例的增加,需要匹配的风速显著增加。例如,模型缩小到原来的1/2,则真实飞行包线里飞行速度 100 mph *(44.7 m/s),在风洞中就需要用约 140 mph(62.6 m/s)的水滴来模拟,增加了约40%。

---

* 1 mph = 1.609 344 km/h。

21.3.3　试验参数缩比方法

通常,为了匹配模型尺寸或者匹配风洞包线以外的结冰试验参数,则需要开展试验参数缩比工作。飞机模型结冰试验需要选取的结冰试验参数共有 7 个,分别是模型尺寸(C)、速度(V)、压力(p)、水滴直径(MVD)、液态水含量(LWC)、结冰时间(τ)和温度(T)。对于给定的实际结冰条件,对于不同的相似准则,这些试验参数的选取方法也有所不同。本节将介绍一些准则及其相应的参数缩比方法。

1. 液态水含量的缩比

1)LWC$\times\tau$=const

这种方法主要依据缩比前后捕获水量相似的原理,是一种较为简洁的 LWC 缩比方法,在这种方法中要求保证缩比前后模型尺寸 d、试验静温 T_{st}、风洞压力 p、空速 V 和水滴直径 MVD 都要保持不变,这样便可以得到缩比前后液态水含量 LWC 和结冰时间 τ 之间乘积不变,通过调节结冰时间 τ,便可以得到想要的 LWC 的值。

此方法所做的假设为通过缩比前后静温相等就可以满足机翼前缘的热平衡,忽略液态水含量对前缘热平衡的影响。在相似准则的建立中,只能满足准则数 K_0、Re_{rel}、Ma、ϕ、θ 相同,而冻结系数 n 和传热因子 b 则并不相同,所以此方法能够很好地应用于霜冰以及结冰时间很短的明冰情况,其在大多数情况下并不能保证冻结系数在缩比前后保持一致,故不适用于所有结冰情况。

2)Olsen 方法

Olsen 方法是 Olsen 和 Newton 在对上述方法 1)的改进,在前一种方法所约束条件的基础上,考虑了水的捕获量,这就包含了水滴撞击轨迹的分析。在 Olsen 方法中不同的是缩比前后的静温不一定相同,是通过保证冻结系数的匹配,来反求缩比后的静温。

需要说明的是,此两种方法都要求模型为 1∶1,不能进行几何缩比。

2. 静温的缩比

试验证明,当静温高于−3℃时得到的冰形和温度稍低点的冰形有很大的不同,而采用全尺寸缩比方法后,缩比静温很有可能会高于−3℃,对于这种情况试验就得不到相似的冰形,此时需要对静温进行调整,使其要低于−3℃,以便得到较好的试验结果。

计算过程中首先选择新的静温,即缩比静温 T_{st},使之满足小于−3℃的要求,随后由冻结系数相等求出缩比后的液态水含量,最后根据液态水含量守恒求出结冰时间。

3. 水滴直径的缩比

结冰风洞常用工况的水滴直径一般大于 20 μm(保证云雾的均匀度),当参考状态的水滴直径超过风洞可模拟的直径范围时,需要以水滴直径为对象进行转换,同时保证不改变原有的模型尺寸、飞行速度和云雾液态水含量。

具体做法如下:

(1)首先选择满足结冰风洞实际试验条件的新的 MVD,并保证 MVD 值大于 20 μm;

(2)由于水滴尺寸的改变将会影响撞击极限和收集系数,因此利用新的 MVD 可得获得新的水滴惯性参数 K_0 和局部水收集系数 β_0;

(3)由公式(21.23)可以推导出新的积聚系数 A_C;

(4)利用式(21.20)中积聚系数的定义,可以获得新的结冰时间 τ;

（5）最后利用式（21.27）中冻结系数相等获得试验的静温 T_{st}。

4. 同时对静温和水滴直径进行调整

在结冰风洞试验中可能存在静温 T_{st} 和 MVD 同时超出了结冰风洞能力包线的情况，此时需要对这两个参数同时进行调整。

具体操作流程如下：

（1）首先选择新的静温，即缩比后静温 T_{st}，使之满足温度小于 -3℃的要求；

（2）随后选择一个新的 MVD，使水滴直径大于 15 μm；

（3）与"水滴直径的缩比"一节类似，由新的 MVD 可以得到新的新的水滴惯性参数 K_0 和局部水收集系数 β_0；

（4）在确定静温和水滴直径的基础之上，利用式（21.27）中冻结系数相等获得试验的液态水含量 LWC；

（5）由公式（21.23）可以推导出新的积聚系数 A_C；

（6）最后利用式（21.20）中积聚系数的定义，可以获得新的结冰时间 τ。

由于结冰风洞中 MVD 和 LWC 通常是相互关联的，如果缩比后所得到的 MVD 和 LWC 组合仍然超出了结冰风洞试验范围，则证明选取的 MVD 不合适，需要重新选定 MVD，并利用上述方法对其进行再次缩比。

5. 缩比方法中速度的选择

以往结冰试验中，通常简单地使缩比速度等于参考速度来进行试验，速度的选择并没有得到重视。但是一系列试验表明，速度的选择对于结冰冰形有一定的影响。

从 Ruff 准则的原理来看，定义无量纲修正惯性参数，使得缩比前后的惯性参数相等来保证缩比前后的水滴轨迹是相似的；定义无量纲冰积聚系数 A_C，使得缩比前后的 A_c 相等来保证结冰的增长速度是相似的；定义冻结系数 n、水能量传递参数 ϕ、空气能量传递参数 θ，使得这三个参数在缩比前后分别对应相等，便可以保证能量传递的热力学特性是相似的。通过以上五组相似准则数来建立方程，便可以得到缩比后的结冰试验条件：静温 T_{st}、水滴尺寸 MVD、液态水含量 LWC、结冰时间 τ 以及试验段压力 p_{tot}，但是唯独没有计算出缩比后的速度。在全尺寸缩比方法中，速度的选择是通过匹配韦伯数得到的，但是这种方法仅在温度较低、冻结系数较大的情况下可以得到较为满意的结果，并不适用于所有的情况，下面着重介绍各种速度选择方法，并对各种方法的适用性加以研究。

（1）自由选择速度。在早期的试验中，通常自由选择速度，一般是采用参考速度为试验速度，只需要保证 θ 和 Ma 相等即可。

$$V_S = V_R \tag{21.46}$$

（2）采用韦伯数定义速度。研究表明对于明冰条件，除了表面热力学之外，表面水的物理特性对于冰形也起着重大的影响，因为韦伯数 We 表征表面动力和张力的比值，故在 Ruff 方法中用匹配韦伯数来确定缩比后的速度。表达式如下：

$$V_S = V_R \sqrt{\frac{c_R}{c_S}} \tag{21.47}$$

由于缩比后的模型尺寸较小，故 $V_S > V_R$。

（3）采用雷诺数定义速度。由于雷诺数 Re 在很多物理过程中起着很重要的作用，包括流动和传热领域，所以 Bilanin 提出用匹配雷诺数 Re 来获得缩比后的速度，表达式如下：

$$V_S = V_R \frac{c_R}{c_S} \frac{\rho_{a,R}}{\rho_{a,S}} \frac{\mu_{a,R}}{\mu_{a,S}} \tag{21.48}$$

此方法所获得的缩比速度要略大于方法 2 中的缩比速度。

（4）Feo 方法。当结冰条件中的液态水含量较高，水滴尺寸较大时，一般采用匹配无量纲前缘水膜厚度，也称作 Feo 方法，来求解缩比后速度。表达式如下：

$$V_S = V_R \left(\frac{LWC_S}{LWC_R}\right)^{0.5} \left(\frac{MVD_S}{MVD_R}\right)^{0.5} \left(\frac{c_S}{c_R}\right)^{-0.25} \tag{21.49}$$

（5）平均速度法，这种方法取定韦伯数所得的缩比速度和定雷诺数所得的缩比速度的平均值。此方法的建立没有实质性的物理意义，但是可以用于研究缩比速度对于冰形影响的走向。此方法中所得的缩比速度为

$$V_S = \frac{1}{2} V_R \left(\sqrt{\frac{c_R}{c_S}} + \frac{c_R}{c_S} \frac{\rho_{a,R}}{\rho_{a,S}} \frac{\mu_{a,R}}{\mu_{a,S}}\right) \tag{21.50}$$

图 21.20 中给出了不同速度缩比方法得到的速度值，可以看出相同条件下得到的缩比后速度差异较大，最大幅度接近 100%。

根据不同的冻结系数，采用上述五种不同的速度选择方法分别得相对应的缩比之后的速度，并进行结冰风洞试验，每一种冻结系数均对应有五种冰形，其中与参考冰形吻合最好的一组则为该冻结系数条件下可取的速度选择方法。试验表明：

（1）当结冰为霜冰时，冻结系数 $n=1$，由于对流传热吸收所有结冰释放的潜热，所以水滴一旦撞击到物体表面就会立即冻结，因此不需要对表面的热平衡进行分析。同时，由于冰表面没有液态水，所以也不用考虑液态水表面的动力学特性。因此，只需要考虑缩比前后的集聚系数 A_C 和无量纲水滴惯性参数 K_0 项匹配即可，理论上任何一种速度缩比方法都是适用的，但是一般选择原始速度作为缩比速度；

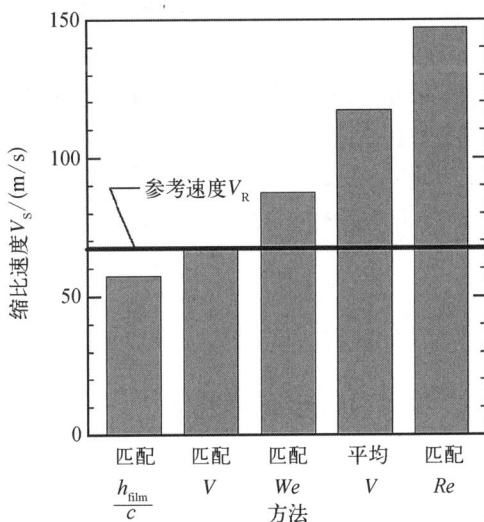

图 21.20　不同速度缩比方法结果对比

（2）当冻结系数 n 处于 0.8 和 0.7 之间，结冰为混合冰，此时速度对于结冰冰形没有太大的影响；

（3）当冻结系数 n 处于 0.6 和 0.5 之间，结冰为明冰，此时平均速度取得的冰形比较好；

（4）当冻结系数 n 处于 0.3 和 0.4 之间,此时由于结冰静温较高,总温有可能大于 0℃,不管采用哪种方法均得不到较好的试验结果。

21.3.4　混合缩比方法

混合缩比方法就是将翼型前缘部分保持不变,而将剩余部分大比例缩小,但是这种方法也需要满足一定的条件,设计流程图如图 21.21 所示。

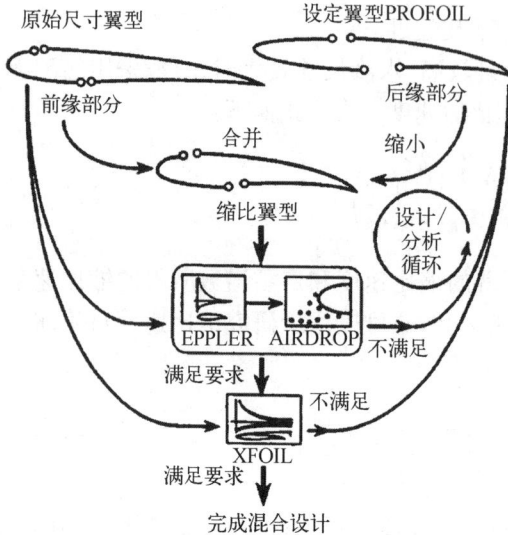

图 21.21　混合缩比方法流程图

首先,采用软件（如 EPPLER 和 AIRDROP 软件）完成原始尺寸翼型的气流流场和水滴撞击特性的数值计算,确定出在一定飞行工况和结冰条件下的水滴撞击极限位置,根据上下表面上的极限位置点将翼型断开,从而形成了翼型前缘部分,这部分几何在冰风洞试验非常重要,它正是结冰模拟的关键部位。

然后,根据 EPPLER 计算得到的翼型壁面上的压力系数,采用 PROFOIL 翼型反设计软件进行翼型后缘部分的设计,同时应该保证设计前后翼型的压力系数相似。完成设计后,将原始翼型前缘和新设计的翼型后缘部分结合,即得到一个缩小的试验翼型。

最后,计算新翼型的表面流场(也可采用 XFOIL)和水滴撞击特性,如果翼型壁面压力系数和水滴收集系数与原始翼型都满足相似,即说明新设计的翼型有效,可用于冰风洞试验研究,否则应该重新设计翼型后缘部分,如此反复,直到满足流场和水滴撞击的相似条件,最终完成混合缩比设计过程。

21.4　试验方法与流程

21.4.1　试验方法

鉴于目前冰风洞尺寸、试验工况等试验能力的限制,很多试验部件不能以全尺寸在试验段中进行试验,而且试验设备只能模拟有限范围内的速度、水滴尺寸以及液态水含量,针对典型需防冰部件的结冰试验,需运用合理的相似准则对模型几何条件和结冰工况参数进行缩比,使得冰风洞部件结冰试验等效于高空飞行试验,实现更大范围内的飞行马赫数、攻角、结冰温度以及高度的结冰试验模拟。

目前国外结冰风洞试验方法研究分为两方面:几何外形缩比方法和结冰试验条件缩比方法。几何外形缩比方法分为全尺寸缩比和混合缩比两种。全尺寸缩比是指整个模型在几何方面按照一定比例缩小,以适应冰风洞试验段的尺寸限制,建立相似准则以满足缩比前后的结冰形态相似的条件,典型的代表就是 Ruff 方法。混合缩比则是保证原模型前缘形状不变,在保证缩比前后的翼面压力系数分布相似的情况下,对后缘襟翼进行适当缩小,采用牛顿迭代,不断地修改后缘的几何形状,使得前缘的压力系数分布在缩比前后的两种情况下是相同的。

通过对两种方法的比较发现,全尺寸缩比方法中,试验模型可以反复使用,只需要改变试验条件,便可以得到同一翼型情况下不同的试验结果,可以研究不同的结冰条件所结的冰形特点以及对气动性能的影响。但是,这种方法是通过对物理现象建立数学模型,利用相似准则变换来搭建原有试验条件和冰风洞中试验条件之间的关系,因而,此方法有一定的局限性,相比真实情况,试验结果的误差比较大,适用性受到限制。而且,缩比后的模型比较小,针对防除冰方法的试验,防除冰试验装备无法安装在模型上,因而采用这种试验方法无法进行这方面的试验。而混合缩比方法,因缩比后模型前缘所得的压力系数分布和真实情况下是相同的,而且试验条件没有改变,所以得到的冰形比较接近真实情况,故而可以得到较好的结果。而且由于其模型只是对后缘进行缩小,前缘几何尺寸和形状均保持不变,故可以进行防除冰技术研究,例如,在热气防除冰技术中,可以将防冰腔放入前缘中进行试验。但是此方法最大的缺点就是一个试验模型仅能进行一次试验,当试验条件改变时,其前缘的压力分布发生变化,故而整个试验模型也发生变化,即一种试验工况对应一种缩比模型,这样势必带来很大的材料浪费。

21.4.2 参数测量方法

1. 云雾参数测量方法

云雾参数是衡量结冰云雾场性能的重要参量,是影响结冰试验结果精准度的关键,其主要包括均匀度、容积平均直径(MVD)和液态水含量(LWC)等[8]。

1)云雾均匀度测量

在进行 MVD 和 LWC 校测前,首先需要进行云雾均匀度校测,用以确定喷雾系统喷嘴的布局与开度。目前国内外大多数结冰风洞均以格栅校测为主。结冰试验按霜冰条件进行,试验静温低于−18℃,MVD 为 20 μm(喷嘴地面测试时初步获得初始的水压、气压匹配),格栅前缘目标厚度 6.4 mm 左右。获得格栅结冰后,采用经过预冷的数显千分尺测量格栅迎风面的结冰厚度,依据编号,记录所有格栅横、竖栅条中心位置的结冰厚度。记录不同条件下均匀度格栅上冰的相对厚度,绘制二维厚度云图(等高线图),用以评估试验段的云雾场均匀度。图 21.22 给出了典型的测量装置和结果。从结果看,等均匀度线上 0.8~1.2 范围(即±20%)的区域可认定为云雾均匀区,如试验模型处于该区域,则其表面的云雾大致均匀。

2)水滴直径测量

云雾中悬浮的液态水滴大小并不一,其变化范围可由几微米至几百微米,通常采用单一参数描述云雾全部水滴的总体特性,常采用 MVD 代表。目前各国结冰风洞对于 MVD 校测采用的仪器有所不同,主要设备包括前向散射分光仪(forward scattering spectrometer probe,FSSP)、光学阵列测量仪(optical array probe,OAP)、马尔文测量仪(Malvern Spraytec)、相位多普勒粒子分析仪(phase Doppler particle analyzer,PDPA)和机载式相位多普勒干涉仪(phase Doppler interferometer-flight probe double range,PDI − FPDR)等。Malvern Spraytec 主要进行喷嘴的地面测试,测量范围为 0.5~2 000 μm,测量精度为±1%

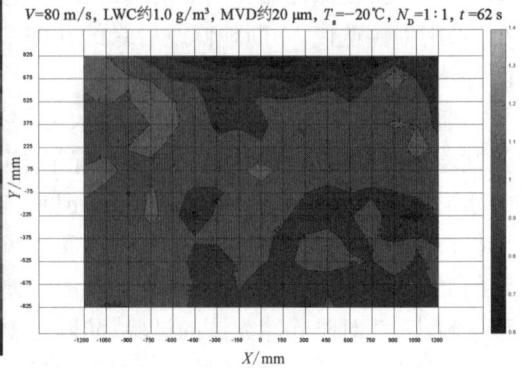

图 21.22 均匀度格栅及结果

（Dv50 标准粒子）。PDI－FPDR 主要用于洞内校测,测量范围为 $0.5\sim1\,000\;\mu m$,测量精度为 $0.5\;\mu m$。PDI－FPDR 是在相位多普勒干涉仪(PDI)基础上的新一代相位多普勒颗粒分析系统,其工作原理是采用激光器作为光源,将颗粒看作一个微小的透镜,测量颗粒对平行入射激光的散射光变化,以其不同空间接收位置散射光的相位变化来反映该微小透镜的焦距大小,即颗粒的粒径大小;通过频率变化反映其运动速度的大小。MVD 洞内校测是将 PDI－FPDR 测量仪置于风洞中心(图 21.23),给定固定的水压(p_w)、气压(p_a)匹配工况,连续采集云雾水滴直径 30 s 以上,待测试结果稳定后记录 MVD、水压、气压。改变不同水压、气压匹配状态,重复测量过程,建立 MVD、p_w、p_a 数据库。

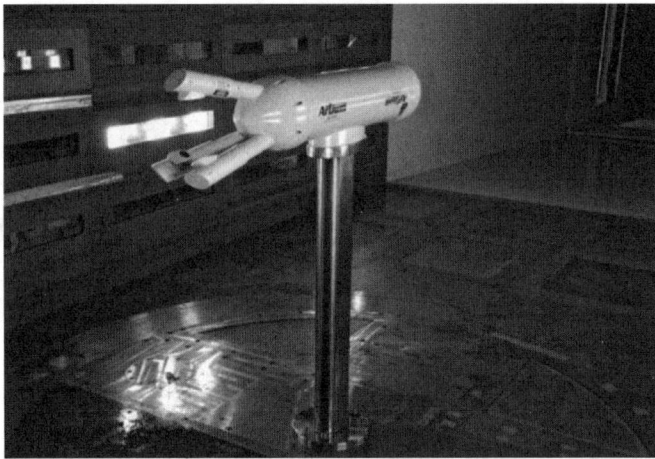

图 21.23 安装于风洞中的 PDI－FPDR

3) 液态水含量测量

LWC 代表单位体积内的总含水量。目前各国结冰风洞采用的测试仪器主要包括冰刀、旋转圆柱、LWC 热线测量仪等。LWC 热线测量仪因能够快速获得 LWC 测量值,主要用于提高 LWC 的校测效率。测量范围为 $0\sim3.0\;g/m^3$,响应频率 25 Hz。测量过程中,测量仪安装在试验段中心,即可以根据仪器测量值建立起 LWC 与其他影响参数之间的关系。冰刀法是国内外常用 LWC 校测方法,但总体效率较低,主要用于校测结果间的相互对比验证。校测过程中,将冰刀支撑于风洞试验段中心(图 21.24),在指定试验条件下运行风洞并开启喷雾系统,喷雾稳定后,将冰刀防护罩打开,待冰生长一定时间后,将防护罩关闭。使用预冷的数显游标卡尺测量冰刀工作面上的冰厚度(不少于 3 个测点位置),记录平均值,并按下式计算液态水含量。

$$LWC = \frac{\rho_i \times \tau}{E_b \times V \times t}$$

式中,ρ_i 为冰的密度;τ 为冰刀上平均结冰厚度;E_b 为收集系数,由 CFD 计算获得;V 为模型区中心风速;t 结冰时间。

改变不同水压、气压、水滴直径、风速(V)、模拟高度(H)、喷嘴开度(N_D)等控制条件,重复测量过程,建立 LWC 与影响参数的数据库。

图 21.24　冰刀在风洞内的安装情况

2. 压力测量方法

静压测量通常是在气流管道的壁面或模型的表面沿法线方向开一个小孔来感受当地的静压,这种方法对气流的扰动较小,测量准确度较高且简单方便。测量总压时需要在测量位置放置一根正对气流方向开口的总压管(皮托管),进入总压管的气流动压减小为零,静压是总压管开口位置的局部总压。常见的压力测量仪器有液压式压力计(如 U 形管压力计)、弹性式测压表(如弹簧管压力表、膜片压力表、波纹管压力表)和电测式压力传感器(如压阻式、应变式、压电式、电容式、电磁式、振式压力传感器)等。发光压力传感(PSP)技术是一种新型的压力测量技术,通过将特殊的压力敏感涂料喷涂在测量表面,并利用特定的光源照射,涂料可发出不同强度的光,发光的强度与其表面压力相关。

3. 温度测量

气流和飞行器部件表面温度可采用电阻式温度感头,也可用热电偶式温度传感头测量。由于热电偶的热惯性小,响应速度快,测量比较稳定、其精度也比较高、因而被广泛使用。热电偶利用塞贝克效应制成在两种金属组成的回路中,如果两个触点的温度不同,则在回路中将产生电动势,即热电势。其中用于测温的接触点称为工作端(热端),被制成温度传感头,另外一个接触点称为补偿端(冷端),与温度显示仪表或热电测温仪器连接,显示热电偶产生的热电势或直接处理为温度值。随着测温技术的不断发展,红外测温技术日益成熟,在结冰、防冰试验中得到了广泛的应用。红外热像仪通过红外探测器将物体辐射的红外能量转换成电信号,一一对应地模拟扫描物体表面温度的空间分布,经计算机处理,得到与物体表面热分布相应的热像图。红外测温技术改变了传统的接触式测温手段,具有非接触、响应快等特点,可实时捕捉防冰表面的温度变化且不会对气流场产生干扰。

4. 风速测量

测量风洞中空气流速的仪器主要有风速管、热线风速仪和激光多普勒测速仪。风速管(总静压管)是通过测量来流的总压和静压,再根据伯努利方程计算空气流速的装置。风速管由皮托管演变而来,由不相通的内管和外管组成,内管测量来流的总压;距总压口一定距离的管壁四周开有很多小孔,用于测量来流的静压。热线风速仪是利用气体流速与气流散热能力的对应关系的测速仪器。其传感器(探头)是一根通以电流被加热的细金属丝(热丝)或一片厚度非常薄的金属膜(热膜),当气流通过时将带走一定的热量,通过热量与流体的关系即可算出流速。而按照工作方式的不同,热线风速仪可分为两种,一种是电流不变,热线电压随流速变化的恒流式热线风速仪;另一种是温度不变,热线电流随流速变化的恒温式热线风速仪。激光多普勒测速仪是利用光的多普勒效应,用激光做光源,测量气体、液体、固体速度的一种仪器。测量时,激光照射到随流体运动的粒子上发生散射,散射光的频率相对入射光的频率发生了变化,利用光电接收器捕捉这两束光波信号,并最终处理为粒子的运动速度。由于是激光测速,具有不对流场产生干扰,测速范围较大(速度范围从零到上千米每秒),不受空气的温度、压力影响等优点。

21.4.3　试验流程

图 21.25 给出了典型试验的运行流程,主要分三个阶段。

1. 试验准备

(1) 试验参数确认。客户向结冰风洞方提供飞机的飞行条件,若存在风洞能力达不到的试验条件,由结冰风洞方完成相似参数的转换并由客户确认。

(2) 试验段准备。根据任务需求,选定合适的试验段,并将试验段安装到位;根据客户方的任务需求,校核典型云雾参数(水滴直径和液态水含量等),确保试验输入条件准确可靠。

(3) 支撑装置及试验模型安装。完成云雾参数校核后,将试验段移出,安装支撑装置及试验模型,并将试验段移进驻室,关闭驻室大门。

(4) 冰形测量设备准备。做好热刀、加热保温装置、方格纸、支撑架等冰形测量设备的准备工作。对有三维扫描的工况,需准备 ROMER 绝对关节臂测量机、显影剂和采集系统。

(5) 试验前检查。洞体检查、模型检查、管路检查、制冷设备检查、数采系统检查、传感器检查、摄录像及照明系统检查等。

(6) 其他系统准备。对于防冰试验,电加热防冰需要准备加热电源、编写控制率等,热气防冰需要准备气源和气加热装置。防冰试验一般需要采集温度,需准备温度传感器和采集系统。根据不同试验的要求,还可能需要准备进气模拟系统、测压系统、高速摄像

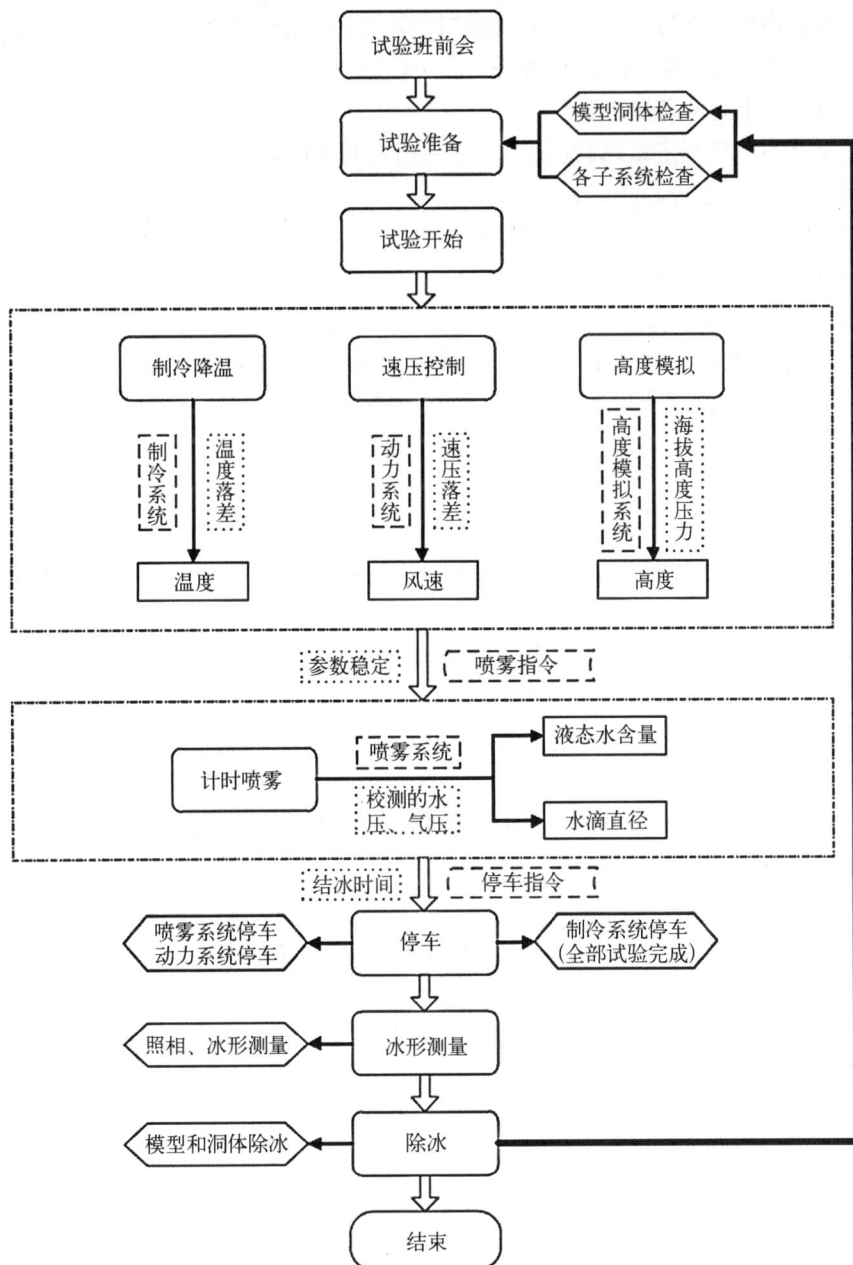

图 21.25　试验运行流程图

系统等辅助系统和设备。

2. 具体试验过程

（1）值班长下令开车；

（2）动力运行岗位按低风速启动风扇电机；

（3）运行制冷系统，将蒸发段总温降至预设温度附近，略高于预设值；

（4）运行高度模拟系统，调整风洞内压力至预设模拟高度压力；

（5）喷雾系统水压、气压、喷嘴内部温度调整到预设值；

（6）风洞内模拟高度压力稳定后，调整试验段速压至预设值；

（7）速压稳定后，制冷系统继续降温至预设值；

（8）值班长下达喷雾指令；

（9）喷雾系统按指定结冰时间喷雾，达到指定时间后关闭；

（10）值班长下达停车指令；

（11）高度模拟系统停车，开启泄压阀门；

（12）动力系统停车；

（13）如全部试验完成，关闭制冷系统；

（14）观察风洞驻室外门密封条状态，确认回压完毕后，开启驻室门；

（15）照相摄像岗位进洞进行拍照记录，并在冰形测量过程中取细节照片；

（16）冰形测量岗位进洞安装冰形测量支架，热刀切割模型结冰，并进行冰形外形绘制；

（17）拆除冰形测量装置，除掉模型结冰，回收已处理结冰；

（18）检查洞体结冰情况，视需要开启洞体防除冰系统，回收洞壁表面结冰和导流片结冰；

（19）检查洞体和模型状态，等待下一个车次开始。

3．试验结束

（1）试验设备和模型拆除。打开驻室大门，移出试验段，拆除试验模型、试验支撑装置，整理和归还试验模型和仪器，打扫风洞现场。

（2）数据分析形成试验报告。根据试验目的及试验内容，分析得到数据的规律及有效信息，形成试验报告。

21.5 冰形测量与处理

冰形测量实质上是对结冰几何外形的量化描述，根据冰形用途的不同，可以采用精度和效率不同的测量方法。获取飞机在特定条件下的结冰冰形，无论在飞机设计阶段还是适航取证阶段，都具有重要用途和意义。

21.5.1 冰形接触测量方法

在早期结冰风洞试验中，由于测量技术的不成熟和方法的局限性，以及对试验冰形数据的低需求，使得冰形测量没有过多采用技术性手段，所应用的方法较为简单、直接。这种简单体现在测量工具与结冰的外表面或内部的直接物理性接触。目前，常用的接触测量方法有描迹法和铸模法。

1．描迹法

描迹法俗称热刀法，它的主要思想是手工描绘出结冰某一特定截面的轮廓图（图21.26）。做法是首先用加热的金属片垂直展向切割带冰翼型，获取一条均匀切割缝隙；随之插入带有翼型缺口的坐标纸，使用铅笔绘制结冰轮廓外形；最后将结冰轮廓外形的二维坐标输入计算机，绘制最终的冰形曲线。冰形的准确测量是结冰后气动评估的基础，从描迹法的操作流程不难看出，它的测量精度主要受以下几个方面影响：

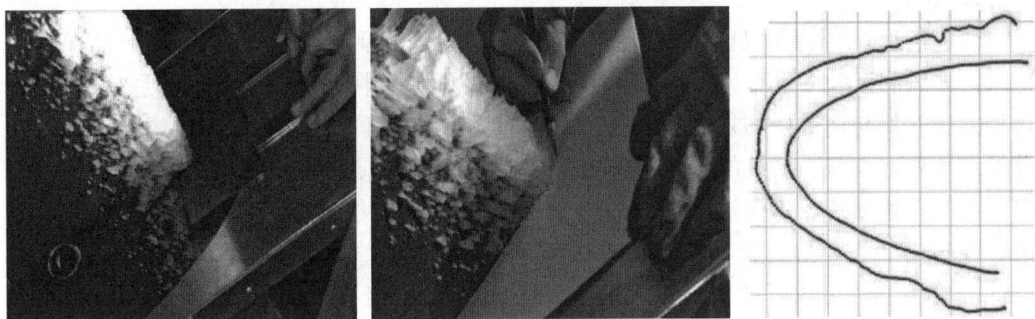

图 21.26　描迹法冰形测量过程

（1）使用加热金属片获取切口缝隙，容易融化结冰粗糙部分的细节，同时它也会破坏缝隙周围结冰的冰形；

（2）冰形轮廓需要人工绘制，这样铅笔与结冰的角度、位置以及笔迹中心线等因素均会对冰形轮廓的测量结果带来误差；

（3）冰形沿展向分布不均匀时，描迹截面的选取会对最终的测量结果产生明显影响。

虽然描迹法的精度不够高，但是仍广泛应用于大型结冰风洞试验中，这是因为相比大风洞结冰的尺寸，该方法的误差可以忽略不计，同时在可靠度和效率两个方面还没有比较成熟的、适用的现代测量技术予以替代。

2. 改进描迹法

描迹法的任一环节都需要人工参与，这样就显得较为烦琐，且会由于主观因素产生误差。针对这一点，发展出了基于图像处理的改进方法（图 21.27）。一种是用热金属片平行切割结冰，获取一段结冰，拍摄结冰截面的俯视图；另一种是直接拍摄试验的结冰俯视图，进而经过图像处理与简单坐标变换便可得到最终的结冰冰形。相比于描迹法，这种方法没有描迹和量化轮廓的过程，比较高效，然而由于操作和成像的特点，会破坏结冰部分细节或者获取到截面之外的无关信息。不过，可以采取着色的手段对截面进行定位，进而获取准确测量结果；另一种方法是直接在翼展某一位置加装带有标记的垂直薄板，通过摄像方法获取薄板处的二维冰形，这是一种介于接触与非接触之间的方法。该方法可以实时测量给定处的结冰生长过程，其测量精度受制于相机的分辨率与来流云雾噪声。另外，这种垂直标定薄板的安装方式会影响气动特性，使得薄板两侧产生相对较厚的结冰，从而带来测量误差。严重时薄板上亦会结冰，导致测量方法失效。这种方法不适用于小型结冰风洞试验。

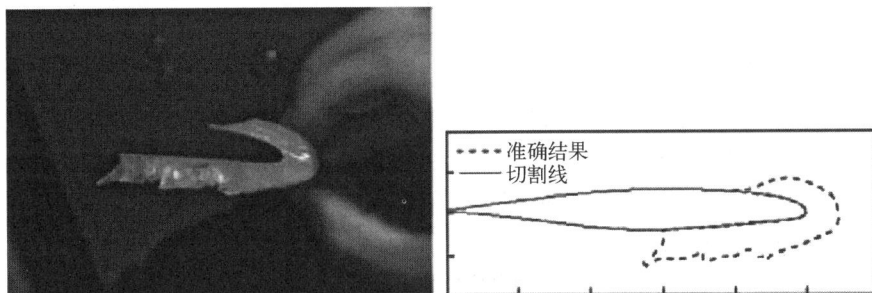

图 21.27　改进描迹法

3. 铸模法

铸模法通过铸造模具的方式来制作三维结冰的复制品,是长期以来唯一可高保真度记录结冰风洞试验中三维冰形的实用技术。在模具制作中可塑材料的选择是关键之一,这种方法发展初期选择的是蜡。好处是可以重复使用,且价格低廉,但是熔蜡温度较高会破坏结冰外部细节。后续的研究中选用了硅胶,因为它更便于低温操作,在制作模具时能更好保持结冰细节。铸模法主要分为两步:首先,将试验模型结冰部分浸在零度以下的液态模料中制作冰形的模具;然后,在该模具中注入合适的铸料就可以得到复制冰形的铸件。由于铸件可较好地保留结冰表面的三维特征和细节,研究人员随后将这些冰形复制品安装在飞机的机翼、机身或者其他位置处,在干风洞试验或者飞行试验中测量飞机结冰后的气动力数据、流场数据等。铸模法的出现使得研究机翼三维结冰成为可能,目前利用该技术在结冰试验中已经获得了大量非常有价值的结果,并建立了一些研究冰形的基准数据库。但是,铸模法不仅耗时而且成本太高,因此在很多情况下也并不适用。铸模法也是一种接触式测量方法,一次风洞运行只能进行一次测量,并不能记录生长的过程。图 21.28 给出了铸模法测量的主要过程。

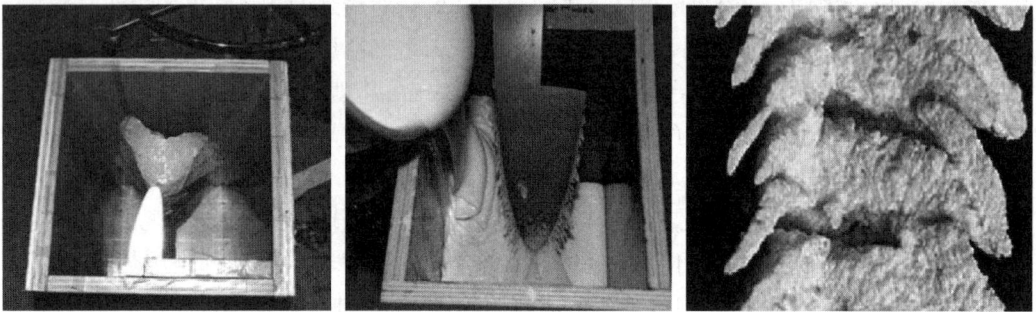

图 21.28　铸模法测量过程

21.5.2　冰形非接触测量方法

接触测量方法人为参与度较高,结果的误差可控、可分析,然而它存在的最大问题是测量过程需要中断结冰试验,不能获得冰形的实时测量结果。随着结冰问题研究的深入,结冰的实时生长过程备受关注,例如过冷大水滴结冰的溢流特性、结冰生长受结冰条件影响规律的研究等。因此,发展精确的冰形实时测量技术,可满足结冰机理精细化研究需求,对防除冰、飞行安全边界等研究具有重要意义。

1. 摄影测量法

摄影测量法是被动式光学三维测量方法,直接使用相机对结冰进行拍摄,通过对图像中结冰表面可识别的特征点进行定位,获取这些特征点的三维坐标。被动式测量方法依靠待测物体周围背景光,采用光学相机成像,应用图像处理方法分析图像信息,最终获取物体外形数据。它主要分为双目立体视觉和单目视觉方法。

双目测量基于人眼视觉"视差"原理,利用两台光学相机,从不同位置、不同角度捕获同一物体同一时刻的两幅图像。将这两幅图像在计算机上进行匹配,找出同一物点在图像中的两个不同像素位置,基于事先标定好的相机内外参数,通过坐标变换,就可以得到图像上物点对应的空间坐标。

理论上,如果准确确定物点在左右相机中的像素点,就可以精确得到物点的空间坐标。然而,在方法的实际应用中,存在以下几方面的问题。

(1) 方法的核心是确定同一物点在两幅图像中的位置,对于与周围差别比较明显的特征点,比较容易辨别;而对于目标物结冰,尤其是明冰,表面比较光滑,成像后几乎无差别,因此精度较低。

(2) 在方法实现中,左右两幅图像的同一物点的像素点匹配是关键过程,而匹配结果易受图像噪声的影响。在结冰风洞的测量成像中,图像噪声主要来自水雾,因此该方法精度不高。

(3) 光学成像系统会造成物面的变形,需对图像进行校正,而校正算法会影响测量的精度。

(4) 需要对目标物体每个点进行匹配,然后获得其三维冰形,数据处理的工作量很大,且效率较低。

因此,该方法只能用于测量简单的冰形状,其可靠性取决于冰的最厚部分是否正好位于图像平面内。简言之,摄影测量通常被用作冰形的定性记录,而不是精确测量。

2. 激光刀切法

激光刀切法主要应用激光器投射激光片光到结冰表面,形成一束变形激光光条,摄像机以一定角度拍摄该激光光条,利用图像处理算法提取激光光条中心线,再根据事先标定的激光平面与摄像机像平面几何关系,计算激光光条中心线三维坐标,并以此得到激光光条处冰形轮廓曲线。图21.29 给出了激光刀切法与热刀法测量结果的对比。

图 21.29　激光刀切法与热刀法测量结果对比

在激光刀切法测量中,转换矩阵和激光线位置是关乎方法精度的重要因素,需要进行相应的摄像机内外参数标定、激光平面标定、激光光条中心线提取等操作。常用的摄像机标定方法有直接线性变换法、RAC 两步法、张正友标定法等;激光平面标定方法有拉丝法、锯齿靶法、二维靶标标定法等;激光光条中心线提取有灰度重心法、曲线拟合法和 Steger 法等。

结合单相机和单激光源进行测量的方法无法满足遮挡部分的测量。为了达到整个结冰表面全测量,近年来,发展了应用多相机单激光源的冰形测量方法,结果验证了方法的可行性,表明了方法的优越性。然而,受明冰对激光透射的影响,激光中心线难以确定,严重降低了测量精度。

3. 三维扫描测量法

由于固定光源的位置,激光刀切法只能获得结冰某一截面的二维冰形,无法实现三维冰形测量。2012 年,NASA 采用三维扫描仪进行了结冰三维外形测量。图21.30 是 NASA 进行的结冰三维扫描过程,以及采用三维扫描仪得到的三维冰形结果。三维扫描仪通常采用点、线、面结构光进行三维测量,它与激光刀切法原理相同,不同之处在于通过增加一维扫描装置用于获取多次测量结果并合成三维外形。测量关节臂的增加可以实现任意位置处的三维扫描测量,使用便捷、无测量盲区,可实现冰形三维完整测量。因此,它常常被用于停车状态的结冰冰形测量。

图 21.30　激光线扫描测量三维冰形

21.5.3　其他方法

除了以上方法,还有若干其他方法用来测量飞机结冰外形。例如,使用声学方法的微波传感器或者超声波传感器。但这些传感器仅能测量若干个点处的结冰厚度,并且测量值是传感器附近结冰厚度的平均值,所以它们常用在飞机上的防/除冰设备中检测冰的存在、类型及厚度。电磁方法设备成本高、空间分辨率低,而且主要用于获取物体内部形状,因此基本不用来测量结冰外形,但是仍有使用 CT 技术测量结冰密度的研究。

由于结冰环境的特殊性及结冰类型的复杂性,结冰冰形的测量方法一直是开展结冰风洞试验研究的关键技术之一。从结冰风洞诞生伊始,冰形测量方法就应运而生并不断发展,遗憾的是,至今尚未有一种足够完美的方法,这也使得冰形测量方法还处于不断研究和发展之中。

21.5.4　典型测量结果处理

描迹法是目前结冰风洞最常用的方法,其数据处理过程主要流程(图 21.31)为图形坐标系识别、冰形迹线数值化、特征量拾取,具体内容如下。

1. 图形坐标系识别

大幅面扫描仪可将方格纸上描绘的冰形迹线扫描成图片,基于数值化轴系定义,以翼型前缘驻点为坐标系原点,进行图形坐标系识别。

2. 冰形迹线数值化

利用图形数值化软件对冰形迹线进行数值化,沿迹线轨迹顺次取离散点,获得离散点坐标值,并以模型弦长为基准对数值结果进行无量纲化处理,最后根据冰形的离散数值点绘制冰形曲线。

3. 特征量拾取

根据冰形几何特征,定义冰形 6 个特征量分别为驻点位置的结冰厚度、最大结冰厚度、最大结冰范围、撞击范围、冰角长度和冰角偏角。其中冰角长度和冰角偏角以图 21.32 的表征为基准,取翼型前缘驻点为参考点。

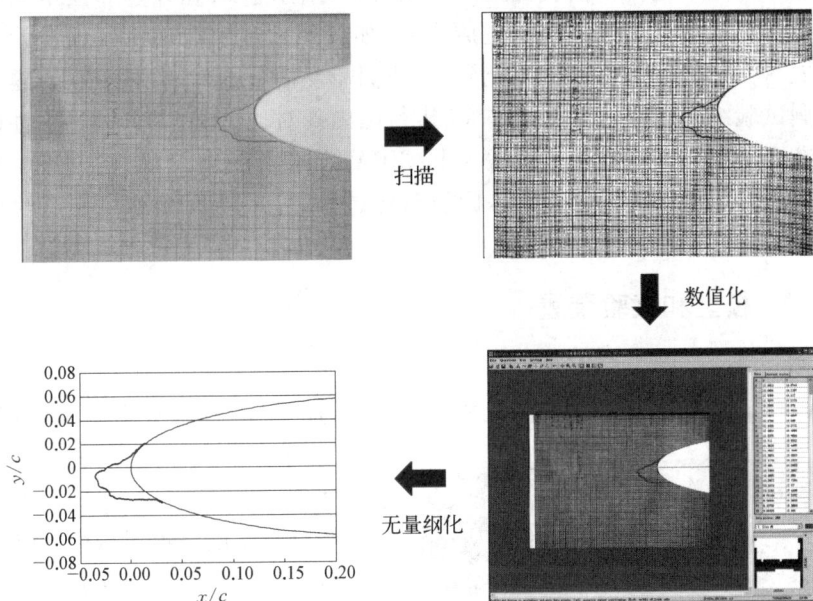

图 21.31　图形识别流程

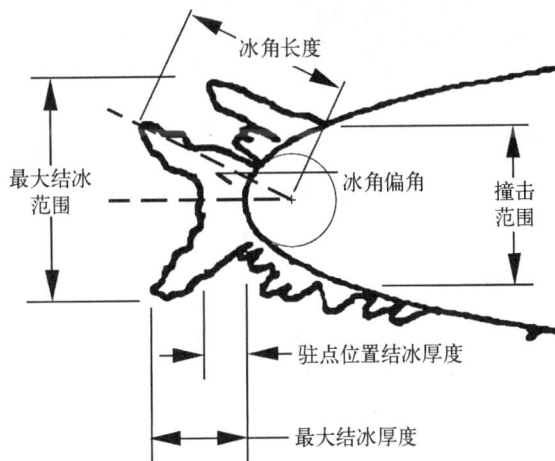

图 21.32　结冰几何特性的定量描述

21.6　典型试验及结果分析

21.6.1　试验简介

2005 年,北美及欧洲国家六座结冰风洞共同发起并开展了采用同一模型、相同试验条件下的结冰对比试验,结果表明:各风洞自相关性令人满意,而各风洞之间略有差别[9]。由此证明,结冰风洞试验由于模拟参数多、测控难度大,在某些条件下结冰模拟的准确性至今依然不足。目前我国的结冰研究才刚刚起步,在设备和技术上与国外仍有较大差距。在我国首座结冰风洞建成之后,如按照常规风洞惯例仅仅设计制作单一标模并开展对比试验就显得非常不充分了,我们需要借鉴国外的研究成果,建立用于检验结冰风洞试验结果可靠性的标定体系,进行国内外对比试验,并开展相关性研究。本试验先后在 3 m×2 m 结冰风洞与意大利 CIRA 结冰风洞中开展,通过 1:1 比例的 NACA0012 翼型模型开展国内外结冰标模对比试验,完成两座结冰风洞试验数据的相关性研究[10]。

21.6.2　模型和试验装置

1. 模型

NACA 0012 作为最简单的翼型,结构简单,易于加工,作为标模可在不同期试验中保

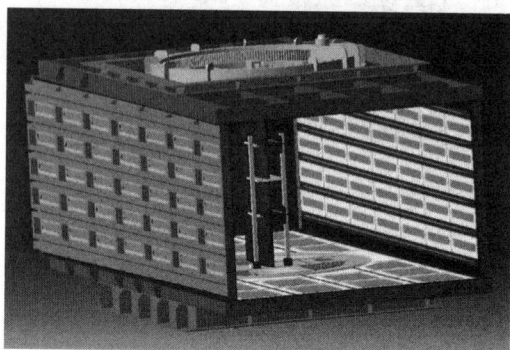

图 21.33　1:1 结冰标模及冰形测量装置

持较好的模型状态,也是国外结冰风洞试验常用的验证模型。以 NACA 0012 翼型为蓝本设计加工的结冰风洞标模(图 21.33),可在气动中心的 3 m×2 m 结冰风洞及意大利 CIRA 的结冰风洞 IWT 中进行结冰风洞试验。弦长 914.4 mm,展长 2 000 mm。为了减轻重量,采用铝合金材料,设计为中空结构;通过 $\phi40$ 的圆柱销、8 个 M12 的螺栓和上下连接板牢固连接在上下转盘上。

2. 冰形测量装置

"热刀"及卡板是结冰风洞中常使用的测量工具(图 21.34)。"热刀"及卡板的内轮廓与 NACA 0012 翼型剖面外轮廓相同,并且能够包络翼型前缘至最大厚度区域。"热刀"的设计由 3 mm 厚的紫铜板和把手构成,在紫铜板的尾部固定用绝热材料制作的把手,这样便于试验人员操作"热刀"进行已结冰的切割而不烫手;卡板由有机玻璃卡板、毫米方格纸等组成,毫米方格纸平整地粘在有机玻璃卡板上,并便于与有机玻璃卡板分离。冰形测量时,先使用"热刀"切割翼型前缘已结冰形,然后将贴有方格纸的卡板置于测量剖面位置,使其内轮廓与翼型外表面贴合,沿冰形外轮廓记录下冰形的轨迹线。

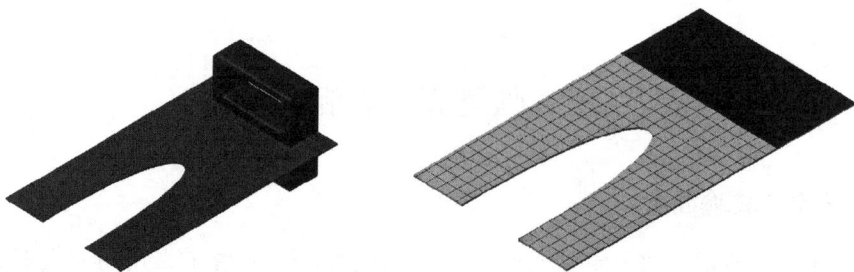

图 21.34　"热刀"及卡板、毫米方格纸图

3. 支架

如图 21.35 所示,支架的主要用途是冰形测量时承托"热刀"及卡板,主要由支架足、支架柱、导向滑槽架等组成。在支架的足部设计有磁力座,通过改变磁力方向,很容易固定和取走试验段内的支架。支架柱设计采用方钢管焊接而成,保证很高的刚度同时重量较轻,能够保持良好的水平度(主试验段)和垂直度(高速试验段)。导向滑槽架的滑槽设计为宽 3.2 mm,便于"热刀"及卡板的进出。冰形测量时,支架安装于翼型前,承托"热刀"及卡板进行冰形的测量。

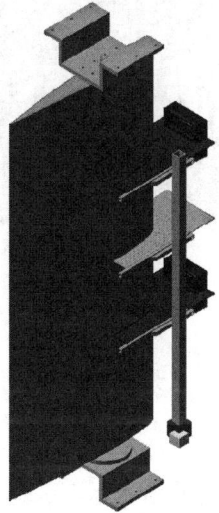

图 21.35　支架

21.6.3　试验方法及数据处理

1. 试验方法

1) 模型检查和安装

试验准备前须将模型置于平台上检测,确保模型状态良好,翼型前后缘表面中心对称线清晰。模型进洞安装后,确保模型与上下转盘之间固定连接可靠,安装到位。利用直尺延长风洞中心线至前缘和后缘处,检测模型中心对称线与风洞中心对称线是否重合,调整翼型姿态角,初始姿态角误差应小于 0.05°。

2) 云雾参数校测

云雾水滴直径校测采用机载液滴分析仪(airborne droplet analyzer, ADA)安装在风洞试验段中心实时测量,采取固定水压改变气压的方法,获得云雾水滴直径与水压、气压之间的关系曲线;液态水含量采用冰刀装置安装在风洞试验段中心进行校测,采取固定云雾水滴直径改变水压的方法,获得液态水含量与云雾水滴直径、水压的关系曲线。所得关系曲线需包含本期试验所需云雾状态点,最终获得的水压、气压组合作为结冰试验中系统的运行依据。

3) 结冰试验流程

运行风洞,同时调节控制风速和压力;待风速和压力稳定后,启动制冷系统,等待降温;待温度达到试验条件后,开启喷雾系统;达到结冰时间后,关闭喷雾系统、制冷系统、动力系统及高度模拟系统;参试人员穿着防寒服进入试验段对结冰结果进行检测,包括照相、测量、绘制冰形迹线等;对模型表面进行除冰,除冰结束后可进行下一次试验。

4) 冰形记录与测量

在模型周围安装冰形测量支架,同时利用乙炔加热喷枪加热铜制"热刀";将加热后的"热刀"沿三个待测剖面位置的导向滑槽切开模型表面的冰;取出热刀,将贴有方格纸的有机玻璃卡板卡于测量剖面位置;用记号笔沿冰形外轮廓手工绘制冰形的轨迹线。

2. 数据处理

冰形测量同样采用国际通用的冰形测量装置"热刀"完成,冰形测量结果为绘制了冰形迹线的方格纸。数据处理过程主要流程为图形坐标系识别、特征量拾取、特征量偏差计算、冰形对比评估。其中图形识别流程为:① 采用大幅面扫描仪将方格纸上描绘的冰形扫描成图片;② 采用图形数值化软件将图片进行数值化处理,获取冰形曲线;③ 以试验模型翼型弦长作为参考长度,对数值结果进行无量纲化,最后根据冰形的离散数值点绘制冰形曲线。图 21.36 给出了典型的冰形测量过程。

切割冰形 卡板方格纸安装 测绘冰形

图 21.36　3 m×2 m 结冰风洞冰形测量过程照片

21.6.4　典型试验结果

本次试验状态参数见表 21.6,试验状态包括了典型的光冰和霜冰条件,图 21.37 为国内外结冰标模试验对比照片,图 21.38 给出典型条件的结冰标模对比结果,其中 CARDC 的试验结果以上剖面冰形为对比冰形,CIRA 的试验结果以顺气流右侧冰形为对比冰形。结果表明:从结冰量及总体特征外形来分析,各冰形结果的吻合度相对较好,驻点位置的结冰厚度相差较小;在霜冰条件下(-23℃)各冰形结果能够达到较好的一致性;在特定的光冰条件下(试验状态 1),冰形结果对比也表现出较好的一致性;在较高风速(89.4 m/s)及较大水滴和液态水含量(40 μm、1.0 g/m³)的情况下,冰形结果表现出较大的差异,主要表现为冰角的偏角及长度不一致,结冰范围也略有差异,同时在该前提下,数值计算结果表现出一定的失真,部分结果已无法表现出结冰的角状及细节特征。

表 21.6　国内外标模对比试验参数

序号	冰型	H/m	V/(m/s)	T_s/℃	MVD/μm	LWC /(g/m³)	时间 /min	α/(°)
1		457	67.1	-7.0	20	0.5	25	3
2	光冰	457	89.4	-7.0	20	0.5	20	3
3		457	67.1	-7.0	40	1.0	20	3
4	霜冰	457	67.1	-23.0	20	0.5	25	3

CARDC标模结冰全貌 CIRA标模结冰全貌

局部冰形

局部冰形

切割位置细节

切割位置细节

图 21.37 国内外结冰标模试验对比照片

在霜冰条件下,冰形表现为单角,因此最大结冰范围和撞击范围相同,驻点位置结冰厚度与最大结冰厚度相同,同时该条件下,各结冰风洞能够表现出更好的一致性,因此冰形特征量对比分析以典型试验状态 4 作为主要对比依据。表 21.7 给出典型霜冰结冰条件下国内外结冰标模试验与理论计算、参考文献的特征参量对比结果。以四种结果的特征参量均值作为参考冰形几何特征参量,计算各几何特征量偏差及特征量平均偏差,计算

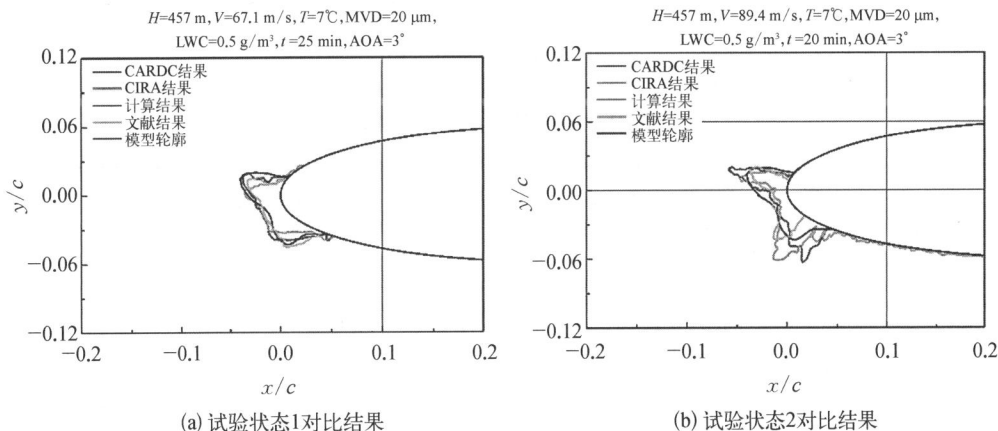

(a) 试验状态1对比结果

(b) 试验状态2对比结果

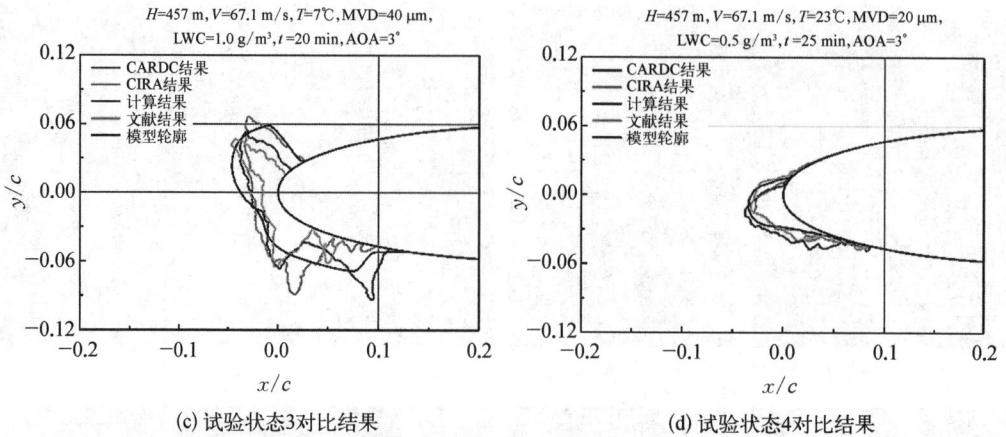

(c) 试验状态3对比结果 (d) 试验状态4对比结果

图 21.38 典型条件下结冰

结果见表 21.8。结果表明,CARDC 结冰风洞试验结果结冰厚度偏差 7.7%,撞击范围偏差 21.3%,冰角偏角偏差 21.4%,冰角长度偏差 5.9%。

表 21.7 特征参量对比

特 征 参 量		CARDC	CIRA	理论计算	参考文献	参量均值
厚度参量	驻点位置结冰厚度/%	3.5	2.8	3.5	3.2	3.25
	最大结冰厚度/%	3.5	2.8	3.5	3.2	3.25
范围参量	撞击范围/%	4.1	6.4	4.8	4.3	4.90
	最大结冰范围/%	4.1	6.4	4.8	4.3	4.90
角度参量	冰角偏角/(°)	11.1	23.2	11.1	11.1	14.13
	冰角长度/%	3.6	3.1	3.6	3.3	3.40

注:%为各几何特征量占翼型弦长的百分比。

表 21.8 特征量偏差计算结果

特 征 参 量		CARDC	CIRA	理论计算	参考文献
厚度参量	驻点位置结冰厚度/%	7.7	13.8	7.7	1.5
	最大结冰厚度/%	7.7	13.8	7.7	1.5
范围参量	撞击范围/%	21.3	30.6	2.0	12.2
	最大结冰范围/%	21.3	30.6	2.0	12.2

特 征 参 量		CARDC	CIRA	理论计算	参考文献
角度参量	冰角偏角/(°)	21.4	64.2	21.4	21.4
	冰角长度/%	5.9	8.8	5.9	2.9
特征量平均偏差		5.5	14.8	0.7	8.7

注：%为计算百分比偏差。

第 21 章习题　　　　第 21 章参考文献　　　　符号